U0230088

Pearson

Mechanical Vibrations

机械振动

（第5版）

Fifth Edition

[美] Singiresu S. Rao 著
李欣业　杨理诚　译
Li Xinye　Yang Licheng

清華大學出版社
北　京

北京市版权局著作权合同登记号　图字：01-2014-8574

图书在版编目(CIP)数据

机械振动：第5版/(美)辛格雷苏·S.拉奥(Singiresu S. Rao)著；李欣业，杨理诚译.—北京：清华大学出版社，2016 (2024.10重印)
书名原文：Mechanical Vibrations(Fifth Edition)
ISBN 978-7-302-44058-1

Ⅰ.①机…　Ⅱ.①辛…　②李…　③杨…　Ⅲ.①机械振动　Ⅳ.①TH113.1

中国版本图书馆CIP数据核字(2016)第128014号

责任编辑：许　龙　赵从棉
封面设计：傅瑞学
责任校对：赵丽敏
责任印制：曹婉颖

出版发行：清华大学出版社
网　　址：https://www.tup.com.cn, https://www.wqxuetang.com
地　　址：北京清华大学学研大厦A座　**邮　　编**：100084
社 总 机：010-83470000　**邮　　购**：010-62786544
投稿与读者服务：010-62776969，c-service@tup.tsinghua.edu.cn
质量反馈：010-62772015，zhiliang@tup.tsinghua.edu.cn
印 装 者：三河市君旺印务有限公司
经　　销：全国新华书店
开　　本：185mm×230mm　**印　　张**：60.75　**字　　数**：1322千字
版　　次：2016年12月第1版　**印　　次**：2024年10月第8次印刷
定　　价：155.00元

产品编号：060752-03

内容简介

本书以单自由度系统、多自由度系统(包括两自由度系统)和无限自由度系统(即连续系统或分布参数系统)的线性振动问题为切入点,结合有阻尼和无阻尼情况下的自由振动和受迫振动的求解,逐渐将理论分析推广到数值分析(包括微分方程的数值积分和有限元分析方法等),即将求精确解推广到求近似解,再将视野拓展到非线性振动问题和随机振动问题。本书还讨论了诸如振动的(被动和主动)控制问题、振动信号的测试以及振动的实验分析方法等这些与工程实际密切相关的问题。本书在每一章的开头和结尾都新增了导读、学习目标和本章小结,相信这对初学者又是一个好消息。书中提供的大量工程实例和30多个设计性题目一定会大大提高读者的学习兴趣,让他们体会到利用所学理论知识解决工程实际问题的乐趣。本书提供的大量的各种形式的思考题和习题以及利用MATALB求解的示例(包括MATLAB源代码)一定会使读者受益匪浅。

本书可作为工程力学、机械工程、车辆工程、动力工程、航空航天工程等专业本科生或研究生的教材使用,亦可供相关专业的工程技术人员参考。

等效质量、等效弹簧与等效黏性阻尼器

等效质量

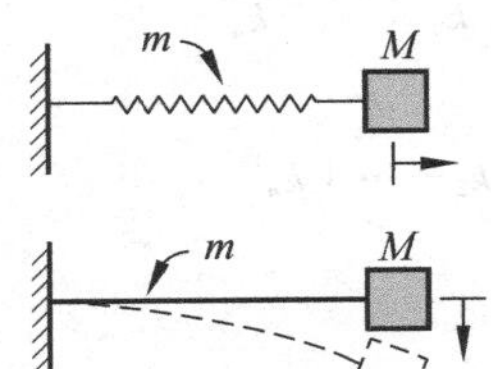

质量为 m 的弹簧末端连接一个质量 M

$$m_{\mathrm{eq}}=M+\frac{m}{3}$$

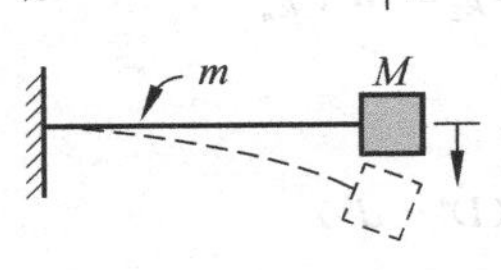

质量为 m 的悬臂梁在自由端具有一个集中质量 M

$$m_{\mathrm{eq}}=M+0.23m$$

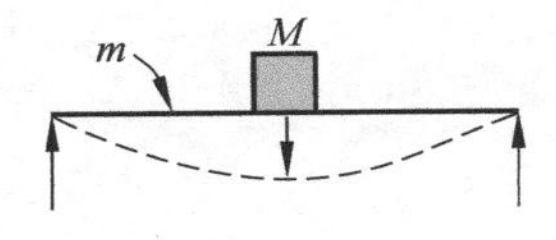

质量为 m 的简支梁在跨度中点具有一个集中质量 M

$$m_{\mathrm{eq}}=M+0.5m$$

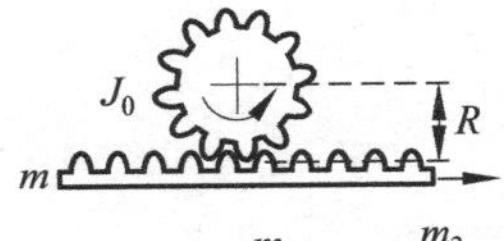

平动质量与转动质量耦合的情况

$$m_{\mathrm{eq}}=m+\frac{J_0}{R^2}$$

$$J_{\mathrm{eq}}=J_0+mR^2$$

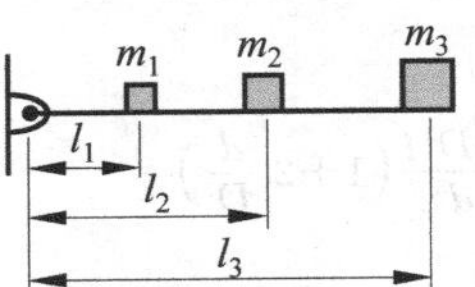

铰支杆上的若干集中质量

$$m_{\mathrm{eq}_1}=m_1+\left(\frac{l_2}{l_1}\right)^2 m_2+\left(\frac{l_3}{l_1}\right)^2 m_3$$

等效弹簧

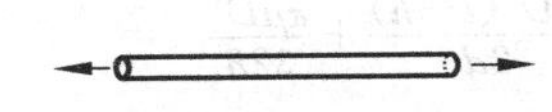

受轴向载荷作用的杆

（l 为杆的长度，A 为杆的横截面面积）

$$k_{\mathrm{eq}}=\frac{EA}{l}$$

受轴向载荷作用的变截面杆

（D 和 d 分别为两个端面的直径）

$$k_{\mathrm{eq}}=\frac{\pi EDd}{4l}$$

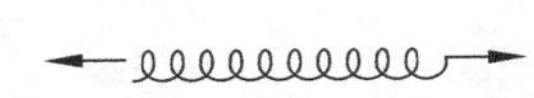

轴向载荷作用下的螺旋弹簧

（d 为簧丝直径，D 为簧圈的平均直径，n 为有效圈数）

$$k_{\mathrm{eq}}=\frac{Gd^4}{8nD^3}$$

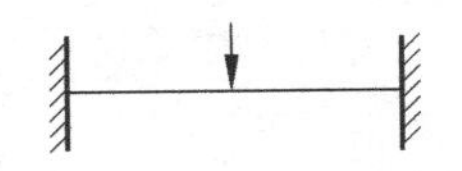

载荷作用在跨度中点的两端固定梁

$$k_{\mathrm{eq}}=\frac{192EI}{l^3}$$

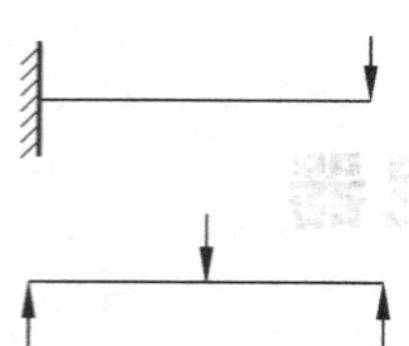

载荷作用在自由端的悬臂梁 $k_{eq}=\dfrac{3EI}{l^3}$

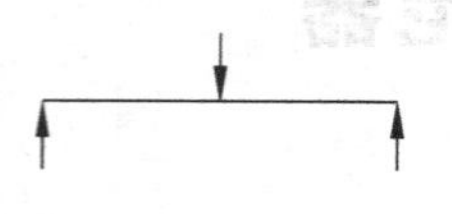

载荷作用在跨度中点的简支梁 $k_{eq}=\dfrac{48EI}{l^3}$

串联弹簧 $\dfrac{1}{k_{eq}}=\dfrac{1}{k_1}+\dfrac{1}{k_2}+\cdots+\dfrac{1}{k_n}$

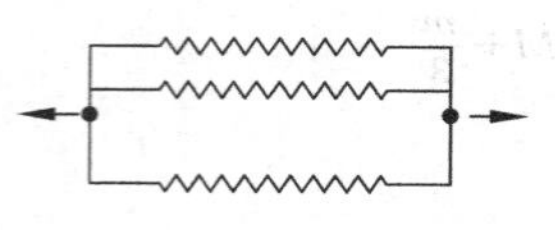

并联弹簧 $k_{eq}=k_1+k_2+\cdots+k_n$

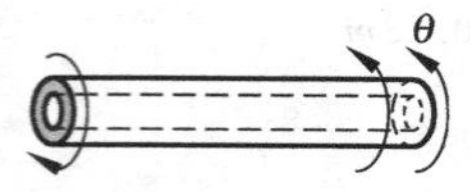

发生扭转变形的空心轴
（l 为长度，D 为外径，d 为内径） $k_{eq}=\dfrac{\pi G}{32l}(D^4-d^4)$

等效黏性阻尼器

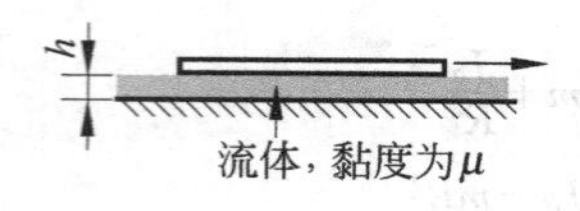

两个平行表面间有相对运动
（A 为较小板的面积） $c_{eq}=\dfrac{\mu A}{h}$

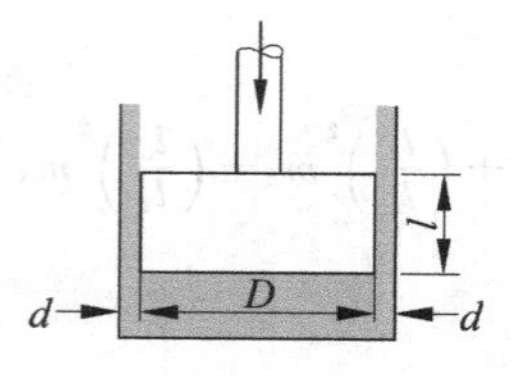

缓冲器（活塞在缸体中作轴向运动） $c_{eq}=\mu\dfrac{3\pi D^3 l}{4d^3}\left(1+2\dfrac{d}{D}\right)$

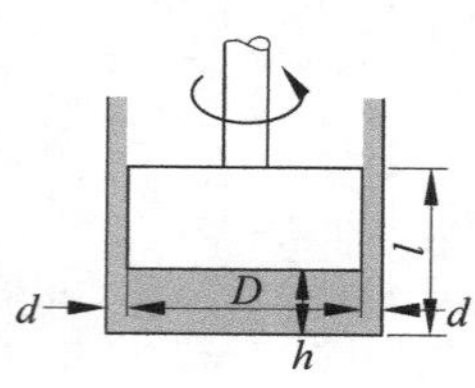

扭转阻尼器 $c_{eq}=\dfrac{\pi\mu D^2(l-h)}{2d}+\dfrac{\pi\mu D^3}{32h}$

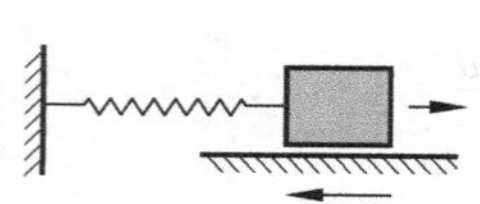

干摩擦（库仑阻尼）
（fN 为摩擦力，ω 为频率，X 为振幅） $c_{eq}=\dfrac{4fN}{\pi\omega X}$

译者序

美国迈阿密大学 Singiresu S. Rao 教授的力作《机械振动》(Mechanical Vibrations)一书的第 5 版秉承了其一贯的内容翔实、叙述简洁、强调工程背景与计算技术的风格，很能体现美国工程与技术鉴认委员会(Accreditation Board For Engineering And Technology)所要求的能力培养目标，即应用数学、科学以及工程方面知识的能力，对工程问题进行识别、公式化建模和求解的能力，利用工程实践所必需的技术、方法和现代工程工具的能力，设计和进行实验以及分析和解释实验数据的能力。

与第 4 版的中译本相比，此译本的亮点如下：

(1) 补全了第 1 章中关于振动研究简史部分的翻译。

(2) 增加了第 11 章(振动分析中的数值方法)和第 12 章(有限元方法)的翻译。

(3) 第 7 章未作任何改编，完全依原著翻译。

(4) 补全了全部 6 个附录的翻译。

此外还对第 4 版中译本中个别翻译不准确的地方和个别文字错误进行了修正。虽然原著第 5 版的第 13、14 两章为可在网站下载的电子文档，但此中译本仍将它们包括进来。译者这样做是期望能给国内读者呈现一个"高保真"的、不做任何改动的美国优质教材的中译本。

与第 4 版相比，本版又新加了 128 道例题，160 道习题，70 道思考题和 107 个插图。并且在每章的开头和结尾分别增加了导读、学习目标和本章小结。我们想这些一定都是读者非常期待的。

本书第 1 章主要介绍机械振动理论的若干基本概念以及振动的运动学基础，如简谐运动的表示方法和谐波分析；第 2 章讨论有阻尼和无阻尼单自由度系统的自由振动；第 3 章讨论单自由度系统在简谐激励下的受迫振动问题；第 4 章讨论单自由度系统在任意激励下的受迫振动问题；第 5 章讨论两自由度系统的自由振动和受迫振动问题；第 6 章借助矩阵运算讨论多自由度系统的振动分析方法。第 7 章介绍确定多自由度系统固有频率和固有振型的各种近似方法，如 Rayleigh 法、Dunkerley 法和矩阵迭代法等；第 8 章讨论弹性体包括弦、杆、轴、梁和薄膜的振动问题；第 9 章讨论振动的(被动和主动)控制问题；第 10 章介绍振动信号的测量原理、测试仪器与振动测量之应用，如实验模态分析和机械运行状况检测技术等；第 11 章介绍振动分析中的数值积分方法；第 12 章介绍有限单元方法及其在振动分析中的应用；第 13 章和第 14 章分别介绍非线性振动和随机振动问题的基础理论。

第 1～8 章的大部分内容可以作为本书的基本部分；第 9～10 章可以作为本书的拓展部

分，亦可理解为是振动理论的应用部分，这两章对应的“振动控制理论与应用”和“振动测量技术”亦有单独成册的专著；第11～12章可以作为本书的提高部分，无论是这两种数值计算方法中的哪一种，对解决工程实际问题都是十分重要的；第13～14章可以作为本书的专题部分。最后这6章只是给读者提供一个入门知识。涉及这六方面内容的专著，不论是中文的还是外文的，都很容易找到。

指导者也完全可以根据需要选用本书的部分内容作为任何层次之教学与培训的辅导材料。

本书第1、7、9、11、12、13章由李欣业执笔，第2～5章及附录由杨理诚执笔，第6、8章由梁勇执笔，第10、14章由陈涛执笔。

感谢硕士研究生忽伟、王振静、段晓炳、白静峰、韩善凯、王旭等在文字和程序校对方面付出的大量时间。

感谢河北工业大学机械工程学院和湖南工程学院的鼎力支持，希望本书的付梓能为我们所在学院特色强势学科的发展尽微薄之力。

衷心感谢清华大学出版社的赵从棉编辑，作为本书的责任编辑，她的专业和敬业非常令人钦佩。

限于水平，译文不准确之处难免，恳请广大同行与读者指正。

译　者

2016年8月于天津

xylihebut@163.com

前　言

本版的变化

本书是为本科大学生准备的一本关于振动工程课程的入门读物。来自读者对《机械振动》第4版的肯定和赞许一直鼓励着作者为大家呈现本书的第5版。本版依然保持了前几版的风格,比如在振动理论、计算与应用方面的介绍都是以尽可能简单的方式给出的,并强调分析中所涉及的计算技术。此外,还对一些基本概念和原理作出了进一步的说明,以便加强对物理含义和概念的理解,这些都有赖于在本科生阶段学习力学所积累的经验。所选的大量的例题和习题都是为了说明一些重要的原理和概念。

在这一版中,对某些题目进行了修改和重写,并增加了一些新的题目。此外,还引入了一些新的特色。而这些新增加或修正的内容大多数都是由这本书的使用者和评论者提出的。一些重要的变化体现在以下几个方面:

(1) 在每一章的开头,给出了"导读和学习目标"。

(2) 在每一章的结尾,给出了"本章小结"。

(3) 为了扩大覆盖的范围以及更加清晰的表述,对部分题目进行了改写。这些题目包括振动系统的基本组成——弹簧元件、阻尼元件和质量或惯性元件,振动的隔离和振动的主动控制。

(4) 详细地论述了许多新的题目并配以直观的例子,这包括一阶系统的响应和时间常数,特征根和解的图形化显示,参数变化和根轨迹表示法,系统的稳定性,受迫振动问题的传递函数方法,求自由和受迫振动问题解的拉普拉斯变换方法,频率传递函数方法,有阻尼单自由度系统的波特图,阶跃响应,瞬态响应的描述和塑性及弹性冲击。

(5) 又新加了128道例题,160道习题,70道思考题和107个插图。

(6) 删去了前几版中在每章最后给出的基于C++和Fortran程序的例题和习题。

本书的特色

机械振动中的每一个题目都自成一章,所有的概念都给出了详尽的解释,所有的推导都给出了全部的细节。

全书从始至终都强调计算方面的原理和技巧。每一章中的最后都给出了基于MATLAB的例题和一些通用MATLAB程序。此外,还给出了大量需要利用MATLAB或MATLAB程序求解的习题。

在某种程度上,某些题目的介绍可能是以不太方便的方式给出的,尤其是第9～11章。

大多数教科书都会在不同的章节讨论隔振器、吸振器和机械的平衡问题。既然研究振动的主要目的之一就是要控制振动响应，所以第9章中的每一个题目都是和振动控制直接相关的。第10章介绍振动测量仪器和激振器、实验模态分析以及设备状态监测。类似地，所有可应用于单自由度和多自由度以及连续系统的数值积分方法构成了第11章的全部内容。

本书的特色之处体现在以下几个方面：

- 240多道说明性的例题以配合大多数所讨论的问题。
- 980多道思考题帮助学生复习和检验他们对教材内容的理解。思考题的形式包括多项选择题、简述题、判断题、连线题和填空题。
- 每一章所给出的大量习题旨在强调所涉及内容之不同应用。全部习题的数量达到了1150多道。习题解答专门编成了一个教师手册。
- 在各章的最后，共有30多道设计性题目，它们中的许多解并不是唯一的。
- 超过25个MATLAB程序以帮助学生理解如何实现教材中讨论的数值方法。
- 在每一章和附录的起始页，给出约20位对振动理论的发展曾作出过重要贡献的科学家和工程师的传记信息。
- 书中给出的MATLAB程序、思考题和习题的答案可以在公司的网站上找到：www.prenhall.com/rao。选用本书作为教材的教师可以得到包含全部习题解答和设计性题目的有关提示的题解手册。

符号和单位

在本书的例题和习题中，同时采用了国际制单位和英制单位。在致谢的后面，不仅给出了符号表，还列出了各种物理量的国际制单位和英制单位。在附录E中，又给出了国际制单位应用于振动领域时的简要讨论。其中，用黑斜体字母表示列向量，用方括号表示矩阵。

材料的组织

本书包括14章正文和6个附录，其中第13、14两章是以电子文档的形式提供的，可以在公司的网站下载。阅读本书的读者应该具备静力学、动力学、强度理论以及微分方程方面的基础知识。尽管也期望读者具备矩阵理论和拉普拉斯变换方面的一些背景知识，但还是在附录C和D中分别给出了一个概要。

第1章简要地讨论了振动研究的历史和重要性，同时还介绍了对实际系统进行振动分析时如何进行简化以及振动分析的各个步骤。接下来介绍了振动系统的基本组成——刚度、阻尼和质量（惯性）以及振动分析中要用到的基本概念和术语。

第2章介绍了单自由度无阻尼和黏性阻尼平动系统以及扭振系统的自由振动分析。讨论了特征根和相应解的图形化显示方法、参数变化以及根轨迹表示法。尽管在控制系统中根轨迹法会经常用到，本章还是直观地示意了其在振动分析中的应用。本章还介绍了单自由度系统有库仑阻尼和滞后阻尼时如何求自由振动响应。

第3章讨论了单自由度无阻尼和有阻尼系统在简谐激励下的响应。还概要地介绍了力传递率和位移传递率的概念以及它们在实际系统中的应用。第 3 章还介绍了传递函数方法、受迫振动的拉普拉斯变换解、频率响应以及波特图。

第 4 章涉及的是单自由度系统在一般力函数作用下的响应。在这一章里还通过示例概要地介绍了周期函数傅里叶级数展开的作用、卷积积分、拉普拉斯变换以及数值方法。此外还利用峰值时间、上升时间和镇定时间讨论了弱阻尼系统响应的特性。

第 5 章讨论了两自由度系统的自由振动和受迫振动问题。在这一章里还讨论了自激振动和系统的稳定性问题。还通过示例给出了传递函数方法、无阻尼和有阻尼系统的拉普拉斯变换解。

第 6 章介绍了多自由度系统的振动问题,在理论上使用了矩阵分析方法。针对受迫振动问题的求解,详细地给出了模态分析的全部过程。

第 7 章介绍了求解离散系统固有频率和模态的几种近似方法,包括邓克莱(Dunkerley)法、瑞利(Rayleigh)法、霍尔茨(Holzer)法、雅可比(Jacobi)法和矩阵迭代法。

与离散系统运动微分方程的形式是常微分方程不同,连续或分布参数系统的运动微分方程的形式是偏微分方程。第 8 章讨论连续体的振动,包括弦的振动、杆的振动、轴的振动、梁的振动和薄膜的振动。这一章还介绍了求解与连续系统有关的偏微分方程时用到的分离变量方法。此外,这一章还通过示例介绍了求解连续系统固有频率的近似方法——瑞利(Rayleigh)法和瑞利-李兹(Rayleigh-Ritz)法。

第 9 章讨论了振动控制方面的问题,包括消振问题、隔振问题和吸振问题。本章还给出了振动列线图和振动标准,据此可以判断可以接受的振动强度。这一章还讨论了旋转和往复运动机械的平衡问题以及轴的弓形回转问题。第 9 章的内容还包括用于控制振动系统响应的主动控制技术。

第 10 章讨论了用于振动响应测量的实验方法,以及振动测量要用到的硬件和信号分析技术。最后介绍了设备运行状态监测和故障诊断技术。

第 11 章讨论了求离散和连续系统动力学响应的几种数值积分方法,包括中心差分法、龙格-库塔法(Runge-Kutta)、侯伯特(Houbolt)法、威尔逊(Wilson)法和纽马克 (Newmark)法,并给出了示例。

第 12 章结合一维单元介绍了有限单元分析方法,对桁架、受扭杆和梁进行静力和动力分析时分别用到了杆单元、轴单元和梁单元。本章还讨论了进行振动分析时一致质量矩阵和集中质量矩阵的使用问题。

非线性振动问题的描述表现为非线性微分方程,非线性振动表现出的某些现象经常是不能用相应的线性问题预测的,甚至是不能提供任何线索。第 13 章关于非线性振动介绍性的内容包括亚谐振动、超谐振动、极限环、时变系数系统和混沌。

第 14 章讨论的是线性振动系统的随机振动问题,介绍了随机过程、平稳过程、功率谱密度、自相关、宽带和窄带随机过程等概念,并讨论了单自由度和多自由度系统的随机振动响应。

附录A和B分别介绍数学关系以及梁和板的变形。附录C、D和E分别介绍矩阵理论基础、拉普拉斯变换和国际制单位。最后，在附录F中介绍了MATLAB程序设计基础。

典型的课程提纲

本书的素材为不同类型的振动课程提供了一个弹性的选择。第1～5章、第9章和第6章的部分内容构成了本课程的基本内容，对于不同的侧重或定位，可按如下的提示增加额外的章节。

- 第8章是针对连续或分布参数系统的。
- 第7和11章是针对数值解的。
- 第10章是针对实验方法和信号分析的。
- 第12章是针对有限元分析的。
- 第13章是针对非线性振动的。
- 第14章是针对随机振动的。

期望的课程效果

本书所提供的材料有助于达到工程与技术鉴定委员会（Accreditation Board for Engineering and Technology，ABET）指定的某些培养方案的效果，它们是：

- 应用数学、科学以及工程方面知识的能力。

如本书所呈现的这样，振动课程是利用数学知识（不同形式的方程、矩阵代数、矢量方法和复数）和科学知识（静力学与运动学）求解工程中的振动问题。

- 对工程问题进行识别、公式化建模和求解的能力。

大量的例题、习题和设计性题目都是为了帮助学生识别各种各样的实际振动问题，建立数学模型、分析、求解以及对结果进行正确的解释。

- 利用工程实践所必需的技术、方法和现代工程工具的能力。

在每一章的最后一节都给出了利用MATLAB软件求振动问题解的示例，并在附录F中总结了MATLAB编程的基础知识。

利用现代分析技术——有限元方法求振动问题的解单独成章（第12章）。有限元方法是工业领域广为人知的对复杂振动系统建模、分析和求解的一种技术。

- 设计和进行实验以及分析和解释实验数据的能力。

本书的第10章为读者呈现的是实验方法和与振动相关的数据分析方面的内容，还讨论了进行振动实验、信号分析和系统参数识别所需的仪器和设备。

致　谢

我愿意表达我对许多学生、研究人员和同事们的谢意，是他们的评价帮助我对本书做了很大的改进。我最感谢的下列人员为我提供了大量的评价、建议和观点。他们是：

亚利桑那大学（University of Arizona）的 Ara Arabyan；加拿大蒙特利尔理工学校（Polytechnic School of Montreal）的 Daniel Granger；印度 V. R. S. 工程学院维杰亚瓦达分校（V. R. S. Engineering College Vijayawada）的 K. M. Rao，；印度班加罗尔燃气轮机研究所（Gas Turbine Research Establishment，Bangalore）的 K. S. Shivakumar Aradhya；缅因大学（University of Maine）的 Donald G. Grant；亚利桑那州立大学（Arizona State University）的 Tom Thornton 和应力分析专家 Alejandro J. Rivas；华盛顿大学（University of Washington）的 Qing Guo；加州理工州立大学（California Polytechnic State University）的 James M. Widmann；佛罗里达大西洋大学（Florida Atlantic University）的 G. Q. Cai；得克萨斯农机大学（Texas A & M University）的 Richard Alexander；俄克拉荷马大学（University of Oklahoma）的 C. W. Bert；圣母大学（University of Notre Dame）的 Raymond M. Brach；哥伦比亚（Universidad Distrital "Francisco Jose de Caldas"）的 Alfonso Diaz-Jimen[F1]ez；达顿大学（University of Dayton）的 George Doyle；南达科塔州立大学（South Dakota State University）的 Hamid Hamidzadeh；东北大学（Northeastern University）的 H. N. Hashemi；伍斯特理工学院（Worchester Polytechnic Institute）的 Zhikun Hou；田纳西理工大学（Tennessee Technological University）的 J. Richard Houghton；加州大学欧文分校（University of California，Irvine）的 Faryar Jabbari；康涅狄格大学（University of Connecticut）的 Robert Jeffers；北卡莱罗那州立大学（North Carolina State University）的 Richard Keltie；宾夕法尼亚州立大学（Pennsylvania State University）的 J. S. Lamancusa；克莱姆森大学（Clemson University）的 Harry Law；弗吉尼亚理工大学（Virginia Polytechnic Institute and State University）的 Robert Leonard；哥伦比亚大学（Columbia University）的 James Li；波士顿大学（Boston University）的 Sameer Madanshetty；普渡大学盖莱默分校（Purdue University，Calumet）的 Masoud Mojtahed；中佛罗里达大学（University of Central Florida）的 Faissal A. Moslehy；斯蒂文思理工学院（Stevens Institute of Technology）的 M. G. Prasad；密歇根理工大学（Michigan Tech）的 Mohan D. Rao；加利福尼亚州立理工大学（California State Polytechnic University）的 Amir G. Rezaei；多伦多大学（University of Toronto）的 F. P. J. Rimrott；奥本大学（Auburn University）的 Subhash Sinha；密苏里大学罗拉分校（University of Missouri-Rolla）的

Daniel Stutts；佐治亚理工学院（Georgia Institute of Technology）的 Massoud Tavakoli；利哈伊大学（Lehigh University）的 Theodore Terry；辛辛那提大学（University of Cincinnati）的 David F. Thompson；马里兰大学伯克分校（University of Maryland, College Park）的 Chung Tsui；伊利诺伊大学香槟分校（University of Illinois, Urbana Champaign）的 Alexander Vakakis；密西根理工大学（Michigan Technological University）的 Chuck Van Karsen；蒙大拿州立大学（Montana State University）的 Aleksandra Vinogradov；宾夕法尼亚州立大学（Pennsylvania State University）的 K. W. Wang；佛罗里达大学（University of Florida）的 Gloria J. Wiens，和 GMI 工程与管理学院（GMI Engineering and Management Institute）的 William Webster。

感谢普渡大学（Purdue University）同意我在习题 2.104 中使用锅炉制造厂特刊（the Boilermaker Special）。真诚地感谢 Qing Liu 博士帮助我写了部分 MATLAB 程序。最后，我要对我的妻子 Kamala 致以深深的谢意，没有她的耐心、鼓励与支持，本版或许永远无法得以完成。

SINGIRESU S. RAO
srao@miami.edu

符　号　表

符　　号	含　　义	英制单位	国际制单位
$a, a_0, a_1, a_2, \cdots$	常量,长度		
a_{ij}	柔度影响系数	in/lb	m/N
$\boldsymbol{a}$	柔度矩阵	in/lb	m/N
A	面积	in^2	m^2
$A, A_0, A_1, \cdots$	常量		
$b, b_1, b_2, \cdots$	常量,长度		
B, B_1, B_2	常量		
$\boldsymbol{B}$	平衡重量	lb	N
$c, \underset{\sim}{c}$	黏性阻尼系数	lb · sec/in	N · s/m
$c, c_0, c_1, c_2, \cdots$	常量		
c	波速	in/sec	m/s
c_c	临界黏性阻尼常数	lb · sec/in	N · s/m
c_i	第 i 个阻尼器的阻尼常数	lb · sec/in	N · s/m
c_{ij}	阻尼影响系数	lb · sec/in	N · s/m
$\boldsymbol{c}$	阻尼矩阵	lb · sec/in	N · s/m
C, C_1, C_2, C_1', C_2'	常量		
d	直径,维	in	m
D	直径	in	m
$\boldsymbol{D}$	动力矩阵	sec^2	s^2
e	自然对数的底		
e	偏心距	in	m
$\vec{e}_x, \vec{e}_y$	平行于 x 和 y 方向的单位矢量		
E	杨氏模量	lb/in^2	Pa

续表

符　　号	含　　义	英制单位	国际制单位
$E[x]$	x的数学期望		
f	线性频率	Hz	Hz
f	单位长度上的力	lb/in	N/m
$f, \boldsymbol{f}$	单位脉冲	lb · swc	N · s
$\widetilde{F}, F_d$	力	lb	N
F_0	力$F(t)$的幅值	lb	N
F_1, F_T	传递的力	lb	N
F_i	作用在第i个质量上的力	lb	N
$\boldsymbol{F}$	力矢量	lb	N
$\underset{\sim}{F}, \boldsymbol{F}$	脉冲	lb · sec	N · s
g	重力加速度	in/sec^2	m/s^2
$g(t)$	脉冲响应函数		
G	剪切模量	lb/in^2	N/m^2
h	滞后阻尼常数	lb/in	N/m
$H(\mathrm{i}\omega)$	频率响应函数		
i	$\sqrt{-1}$		
I	面积的惯性矩	in^4	m^4
$\boldsymbol{I}$	单位矩阵		
Im()	复数的虚部		
j	整数		
J	极惯性矩	in^4	m^4
$J, J_0, J_1, J_2, \cdots$	转动惯量	lb · in/sec^2	kg · m^2
$k, \underset{\sim}{k}$	弹簧常数	lb/in	N/m
k_i	第i个弹簧的弹簧常数	lb/in	N/m
k_t	扭转弹簧常数	lb · in/rad	N-m/rad
k_{ij}	刚度影响系数	lb/in	N/m
$\boldsymbol{k}$	刚度矩阵	lb/in	N/m
l, l_i	长度	in	m

续表

符　号	含　义	英制单位	国际制单位
$m, \underset{\sim}{m}$	质量	lb · sec²/in	kg
m_i	第 i 个质量	lb · sec²/in	kg
m_{ij}	质量影响系数	lb · sec²/in	kg
$\boldsymbol{m}$	质量矩阵	lb · sec²/in	kg
M	质量	lb · sec²/in	kg
M	弯矩	lb · in	N · m
$M_t, M_{t1}, M_{t2}, \cdots$	扭矩	lb · in	N · m
M_{t0}	$M_t(t)$的幅值	lb · in	N · m
n	整数		
n	自由度数		
N	法向力	lb	N
N	时间步长的总数		
p	压力	lb/in²	N/m²
$p(x)$	x 的概率密度函数		
$p(x)$	x 的概率分布函数		
P	力,拉力	lb	N
q_j	第 j 个广义坐标		
$\boldsymbol{q}$	广义位移矢量		
$\dot{\boldsymbol{q}}$	广义速度矢量		
Q_j	第 j 个广义力		
r	频率比$=\frac{\omega}{\omega_n}$		
$\boldsymbol{r}$	径向矢量	in	m
Re()	复数的实部		
$R(\tau)$	自相关函数		
R	电阻	ohm	ohm
R	瑞利耗散函数	lb · in/sec	N · m/s
R	瑞利商	1/sec²	1/s²
s	方程的根,拉普拉斯变量		

续表

符号	含义	英制单位	国际制单位
S_a, S_d, S_v	加速度谱、位移谱、速度谱		
$S_x(\omega)$	x 的谱		
t	时间	sec	s
t_i	第 i 个时间点	sec	s
T	扭矩	lb·in	N·m
T	动能	in·lb	J
T_i	第 i 个质量的动能	in·lb	J
T_d, T_f	位移传递率、力传递率		
u_{ij}	矩阵 $\boldsymbol{U}$ 的一个元素		
U, U_i	轴向位移	in	m
U	势能	in·lb	J
$\boldsymbol{U}$	不平衡重量	lb	N
$\boldsymbol{U}$	上三角矩阵		
v, v_0	线速度	in/sec	m/s
V	剪力	lb	N
V	势能	in·lb	J
V_i	第 i 个弹簧的势能	in·lb	J
w, w_1, w_2, w_i	横向变形	in	m
w_0	$t=0$ 时 w 的值	in	m
$\dot{w}_0$	$t=0$ 时 $\dot{w}$ 的值	in/sec	m/s
w_n	第 n 阶振动模态		
W	重量	lb	N
W	总能量	in·lb	J
W	横向变形	in	m
W_i	$t=t_i$ 时 W 的值	in	m
$W(x)$	x 的一个函数		
x, y, z	笛卡儿坐标，位移	in	m
$x_0, x(0)$	$t=0$ 时 x 的值	in	m

续表

符　号	含　义	英制单位	国际制单位
$\dot{x}_0,\dot{x}(0)$	$t=0$ 时 $\dot{x}$ 的值	in/sec	m/s
x_j	第 j 个质量的位移	in	m
x_j	$t=t_j$ 时 x 的值	in	m
$\dot{x}_j$	$t=t_j$ 时 $\dot{x}$ 的值	in/sec	m/s
x_h	$x(t)$的齐次解部分	in	m
x_p	$x(t)$的特解部分	in	m
$\boldsymbol{x}$	位移向量	in	m
$\boldsymbol{x}_i$	$t=t_i$ 时 $\boldsymbol{x}$ 的值	in	m
$\dot{\boldsymbol{x}}_i$	$t=t_i$ 时 $\dot{\boldsymbol{x}}$ 的值	in/sec	m/s
$\ddot{\boldsymbol{x}}_i$	$t=t_i$ 时 $\ddot{\boldsymbol{x}}$ 的值	in/sec^2	m/s^2
$\boldsymbol{x}^{(i)}(t)$	第 i 阶模态		
X	$x(t)$的幅值	in	m
X_j	$x_j(t)$ 的幅值	in	m
$\boldsymbol{X}^{(i)}$	第 i 阶模态矢量	in	m
$X_i^{(j)}$	第 j 阶模态的第 i 个分量	in	m
$\boldsymbol{X}$	模态矩阵	in	m
$\boldsymbol{X}_r$	某一阶模态的第 r 阶近似		
y	支撑位移	in	m
Y	$y(t)$的幅值	in	m
z	相对位移 $x-y$	in	m
Z	$z(t)$的幅值	in	m
$Z(\mathrm{i}\omega)$	机械阻抗	lb/in	N/m
α	角度，常量		
β	角度，常量		
β	滞后阻尼常数		
γ	容重	lb/in^3	N/m^3
δ	对数缩减率		
$\delta_1,\delta_2,\cdots$	变形	in	m

续表

符号	含义	英制单位	国际制单位
δ_{st}	静变形	in	m
δ_{ij}	狄拉克 δ 函数		
Δ	行列式		
ΔF	F 的增量	lb	N
Δx	x 的增量	in	m
Δt	时间 t 的增量	sec	s
ΔW	在一个循环中消耗的能量	in·lb	J
ε	一个小量		
ε	应变		
ζ	阻尼比		
θ	常量，角位移		
θ_i	第 i 个角位移	rad	rad
θ_0	$t=0$ 时 θ 的值	rad	rad
$\dot{\theta}_0$	$t=0$ 时 $\dot{\theta}$ 的值	rad/sec	rad/s
Θ	$\theta(t)$的幅值	rad	rad
Θ_i	$\theta_i(t)$的幅值	rad	rad
λ	特征值，$\lambda=\frac{1}{\omega^2}$	sec^2	s^2
$\boldsymbol{\lambda}$	变换矩阵		
μ	流体的黏度	lb·sec/in^2	kg/(m·s)
μ	摩擦系数		
μ_x	x 的数学期望		
ρ	质量密度	lb·sec^2/in^4	kg/m^3
η	损失因子		
σ_x	x 的标准差		
σ	应力	lb/in^2	N/m^2
τ	振荡的周期，时间，时间常数	sec	s
τ	剪应力	lb/in^2	N/m^2
ϕ	角度，相角	rad	rad

续表

符　　号	含　　义	英制单位	国际制单位
ϕ_i	第 i 阶模态的相角	rad	rad
ω	振荡频率	rad/sec	rad/s
ω_i	第 i 阶固有频率	rad/sec	rad/s
ω_n	固有频率	rad/sec	rad/s
ω_d	阻尼振动的频率	rad/sec	rad/s

下标符号

符　　号	含　　义
cri	极限值
eq	等效值
i	第 i 个值
L	左端平面
max	最大值
n	对应于固有频率
R	右端平面
O	比值或参考值
t	扭转的

运算符号

符　　号	含　　义
$(\dot{\ })$	$\frac{\mathrm{d}()}{\mathrm{d}t}$
$(\ddot{\ })$	$\frac{\mathrm{d}^2()}{\mathrm{d}t^2}$
$(\vec{\ })$	列向量
[ ]	矩阵
$[\ ]^{-1}$	矩阵的逆
$[\ ]^\mathrm{T}$	矩阵的转置
$\Delta(\ )$	某变量的增量
$\mathscr{L}(\ )$	拉普拉斯变换
$\mathscr{L}^{-1}(\ )$	拉普拉斯逆变换

目 录

伽利略(Galileo Galilei,1564—1642),意大利天文学家、哲学家,曾任比萨(Pisa)大学和帕度亚(Padua)大学数学教授,1609年成为利用望远镜观察天象的第一人,1590年完成了现代动力学的第一篇论文;其对单摆和弦振动的研究奠定了振动理论的基础。

(引自:Struik Dirk J. *A Concise History of Mathematics* (2nd rev. ed.). New York: Dover Publications, Inc.,1948)

第1章 振动理论基础

导读

本章以一种相对简单的方式介绍振动课程,以此课程的简史和振动研究的重要性开始,介绍自由度、离散和连续系统这些基本概念以及振动系统的基本组成;给出了振动的各种分类,也就是自由振动和受迫振动、无阻尼振动和有阻尼振动、线性振动和非线性振动、确定性振动和随机振动;概述了对工程系统中的振动问题进行分析所包含的主要步骤,还介绍了一些其他的基本定义和概念,如简谐运动及其矢量和复数表示方法,以及与简谐运动相关的定义和术语,包括循环、振幅、周期、频率、相位角和固有频率。最后是谐波分析,即基于傅里叶级数理论,任意的周期函数都可以表示为一系列的简谐函数的和,这涉及到周期函数的频谱、时域和频域表示的概念以及定义在有限区间的非周期函数的半区间展开和傅里叶系数的数值计算。

学习目标

学完本章后,读者应能达到以下几点:

- 简述振动研究的历史
- 列举振动研究的重要性
- 给出振动的不同分类
- 叙述振动分析的步骤
- 计算弹簧常数、质量和阻尼常数
- 定义简谐运动和简谐运动的各种表示方法

- 简谐运动的求和与求差运算
- 对给定的周期函数进行傅里叶级数展开
- 利用MATLAB程序数值确定傅里叶系数

1.1 前言

本书将以一种相对简单的方式讲述机械振动这门课程，本章以振动的研究简史开始，接着介绍振动研究的重要性，随后列出了对一个工程问题进行振动分析时通常包括的主要步骤，最后是振动理论中的基本定义和概念。通过学习应建立这样的概念，即所有的机械或结构系统都可以模型化为质量-弹簧-阻尼器系统。在某些系统如汽车中，质量、弹簧和阻尼器可以是不同的零部件(质量是以车身的形式体现，弹簧是以悬架的形式体现，阻尼器是以减震器的形式体现)。而在另外一些情况下，质量、弹簧和阻尼器并不是以不同的零部件体现。它们是系统所固有的必不可少的部分。例如，机翼的质量就是沿着整个翼展分布的。同时，由于它的弹性，飞行过程中其将产生可以观察得到的变形，因而可以将其模型化为一个弹簧。此外，机翼的变形还会由于零部件如联接、支撑之间的相对运动以及微观结构变形而致的内摩擦而引起阻尼。本章介绍弹簧、质量和阻尼元件的分析模型、特点以及当系统中有几个弹簧、质量和阻尼元件时，它们的组合对应的等效弹簧、等效质量和等效阻尼元件。本章介绍的最后一个核心内容是谐波分析，这可以用于分析一般的周期运动。本章不尝试对某些论题进行深入的讨论，因为后续的章节还会详细地阐述许多观点。

1.2 振动研究简史

1.2.1 振动研究的起源

当人类第一次使用乐器(可能是口哨或鼓)时，就已对振动问题产生了兴趣。从此，音乐家和哲人就开始了寻找发声中的规律，以期利用它们来对乐器进行改进，并把它们一代一代地流传了下来。早在公元前4000年[1.1]，音乐就已得到了高度发展并深得中国人、印度人、日本人，或许还包括埃及人的鉴赏。这些早期的人们观察到了某些与音乐艺术有关的明确的规律，尽管他们的知识尚未达到科学的水平。

弦乐器可能起源于狩猎用的弓，这是一种在古埃及的军队里非常常用的武器。楠加(the *nanga*，又名the *ennanga*，the *enanga*，一种埃及乐器)是最原始的弦乐器之一，它像一个有三或四根弦的竖琴，每一根弦都只发一个单音。大英博物馆陈列的这样一把竖琴可以追溯到公元前1500年。此博物馆还珍藏着一把11弦的竖琴，该琴装有金饰，音箱呈牛头状，是在乌尔(Ur，伊拉克一地名)的一个皇家陵园发掘的，可以追溯到大约公元前2600年。早在公元前3000年，埃及墓室的墙上就绘有弦乐器(如竖琴)。

我们今天的音乐系统是建立在古希腊文明基础之上的。希腊哲学家和数学家毕达哥拉斯(Pythagoras,公元前 582—前 507)被认为是基于科学基础研究乐音的第一人(图 1.1)。在其他方面,毕达哥拉斯还利用称为弦音计的简单装置做了弦振动的实验。在图 1.2 所示的弦音计中,编号为 1 和 3 的木制弦马是固定的。而当弦的张力由于悬挂某一重量而保持为常数时,编号为 2 的弦马是可移动的。毕达哥拉斯观察到当长度不同的同样的两根弦承受相同的张力时,较短的那根将会发出较高的音;此外还发现,当较短的那一根的长度是较长的那一根长度的一半时,它所发出的音比较长的那一根发出的音高 8 度。虽然毕达哥拉斯并未对他的实验工作留下任何文字解释(图 1.3),但他所观察到的现象却得到了他人的证实。尽管在毕达哥拉斯时代就已建立了音调的概念,但音调和频率之间的关系直到 16 世纪的伽利略时代才被人们所知晓。

图 1.1 毕达哥拉斯(Pythagoras)(经许可重印自:L. E. Navia,毕达哥拉斯:一本附注释的书目)(*Pythagoras: An Annotated Bibliography*, Garland Publishing, Inc., New York, 1990)

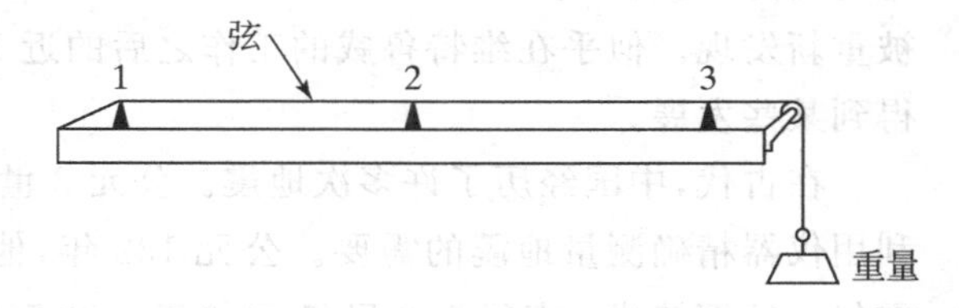

图 1.2 弦音计

大约公元前 350 年,亚里士多德(Aristotle)写了一些关于音乐和声学方面的文章,已经有了"人的声音比乐器的声音更甜美"和"长笛的声音比抱琴(古希腊人的一种七弦琴)的声音更甜美"的记载。公元前 320 年,亚里士多德的学生亚里士多赛诺斯(Aristoxenus)和一名音乐人写了一个名为《谐律元素》(*Elements of Harmony*)的三卷本著作。这些可能是现存最老的由研究者自己撰写的关于音乐方面的著作。公元前 300 年,欧几里得(Euclid)在一篇名为《和声学入门》(*Introduction to Harmonics*)的文章中对音乐作了简短的叙述,其并没有提到任何声学方面的物理性质。在音乐的科学知识方面,希腊人并未取得其他更多的进展。

看来除了维特鲁威(Vitruvius,著名的罗马建筑师,曾在大约公元前 20 年写下了关于

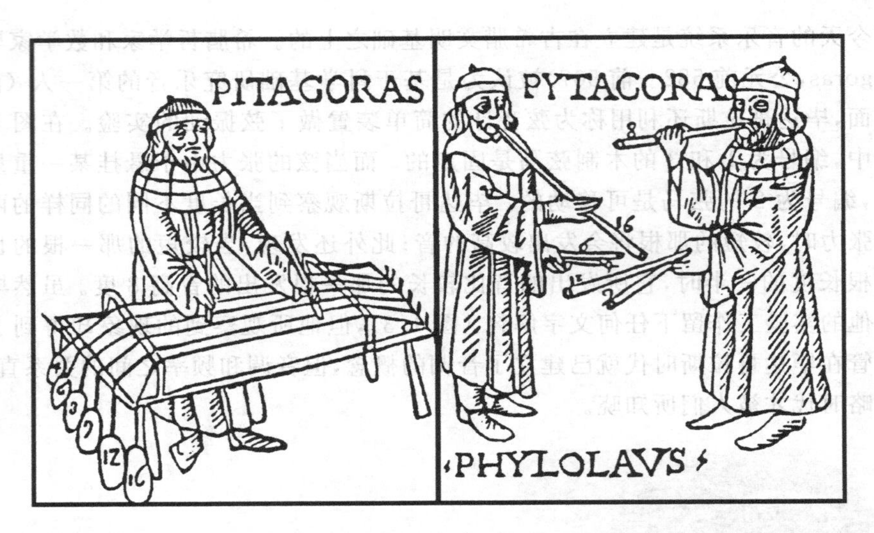

图 1.3　作为乐师的毕达哥拉斯(经许可重印自：D. E. Smith,数学的历史(*History of Mathematics*),第一卷，多佛出版公司(Dover Publications, Inc.),纽约,1958)

剧场声学性质的记述)的工作,罗马人所取得的音乐知识完全是来自于希腊人。维特鲁威所写的名为《建筑十书》(*De Architectura Libri Decem*)的论文丢失了好多年,直到15世纪才被重新发现。似乎在维特鲁威的工作之后的近16个世纪里,关于声和振动方面的理论并未得到某些发展。

在古代,中国经历了许多次地震。公元2世纪,作为历史学家和天文学家的张衡看到了利用仪器精确测量地震的需要。公元132年,他发明了世界上的首台地震仪[1.3, 1.4]。该地震仪由纯铜铸成，直径为8尺(1尺等于0.237 m),其形状像一个酒樽(图1.4)。其内部机

图 1.4　公元132年中国发明的世界上第一台地震仪(经许可重印自：R. Taton(ed),科学的历史(*History of Science*),基本书籍出版公司(Basic Books, Inc.),纽约,1957)

构是由环绕着指向 8 个方向的 8 个控制杆的单摆组成的。口含铜球的 8 条龙排列在地震仪的外部。在每条龙的下方是一只向上张着嘴的蟾蜍。在任何方向的强烈地震都会使那个方向的单摆倾斜,从而触发龙头上的控制杆。这将使龙的嘴打开,从而使铜球吐出。铜球掉在蟾蜍的嘴里,并发出铿锵的声音。所以,地震仪就能使监测人员知道地震发生的时间和地点。

1.2.2 从伽利略(Galileo)到瑞利(Rayleigh)

伽利略被认为是现代实验科学的奠基人。事实上,17 世纪经常被认为是天才辈出的时代,因为在这一时期,奠定了现代哲学和科学的基础。观察到了比萨教堂里吊灯的摆动激发了伽利略要深入研究单摆的行为。一天,当他在听牧师布道过程中感到厌烦时,把目光投向了教堂天花板,一个吊灯的往复摆动吸引了他的注意。他开始用脉搏计量吊灯往复摆动的周期,令他吃惊的是他发现吊灯往复摆动的周期与摆动的幅度并无关系,这导致他后来做了大量的单摆实验。在 1638 年出版的《关于两个新科学的论述》(*Discourses Concerning Two New Sciences*)一书中,伽利略讨论了物体的振动。他提到了振动频率对单摆摆长的依赖关系以及共振现象。伽利略在论文中还指出他对张紧弦的振动频率与弦长、张力和弦的质量密度之间的关系有一个非常清楚的理解[1.5]。然而第一篇发表的关于弦振动的正确报道却出自法国数学家和神学家梅森(Marin Mersenne,1588—1648)在 1636 年出版的《谐声通论》(*Harmonicorum Liber*)一书。梅森还第一次测量了长弦的频率,并基于测量结果预测了具有相同材料密度和张力的短弦的频率。梅森被许多人认为是声学之父,由于发现了弦振动的规律而赢得人们的赞誉,因为他于 1636 年发表的相关结果比伽利略早了两年。然而,荣誉最终还是属于伽利略的,因为他关于弦振动规律的记述比梅森要早许多年,只是由于罗马天主教法庭调查官的授意而被禁止,直到 1638 年才得以出版。

受到伽利略工作的鼓舞,1657 年在佛罗伦萨成立了西芒托学院(the Academia del Cimento)。此后相继于 1662 年和 1666 年分别成立了伦敦皇家学会和巴黎科学院。后来,胡克(Robert Hooke,1635—1703)也通过实验发现了音调和弦振动频率之间的关系。然而,是索沃尔(Joseph Sauveur,1653—1716)彻底地研究了这些实验并为声学创造了 acoustics 一词[1.6]。索沃尔在法国,沃利斯(John Wallis,1616—1703)在英格兰分别观察到了模态形状,他们发现振动着的张紧弦在某些点处可能没有任何运动,但在某些中间点处,又可能出现非常强烈的运动。索沃尔称前者即那些始终不动的点为节点,后者即那些运动非常强烈的点为腹点。还发现有节点时弦的振动频率要比没有节点对应的简单振动的频率高。事实上,还发现高频是简单振动频率的整倍数。索沃尔称各高阶频率为谐波,而称简单振动模式对应的频率为基频。索沃尔还发现弦振动时可能同时出现几个谐波。此外,他观察到了当两个音调稍有不同的风琴管同时发声时所产生的拍振现象。1700 年,索沃尔根据测量弦中点的垂度这一多少有点并不十分有把握的方法计算了张紧弦的频率。

1686 年,牛顿(Sir Isaac Newton, 1642—1727) 出版了其不朽的《自然哲学的数学原

理》(*Philosophiae Naturalis Principia Mathematica*)一书，该书叙述了万有引力定律、运动三大定律和其他一些发现。牛顿第二运动定律在现代的振动书籍中也还是推导振动物体运动微分方程的常规方法。1713年，英国数学家泰勒(Brook Taylor，1685—1731)发现了弦振动问题的理论(动力的)解，他还提出了著名的泰勒级数定理。根据泰勒推导的运动微分方程得到的固有频率与伽利略和梅森观察到的实验值是一致的。伯努利(Daniel Bernoulli，1700—1782)、达朗贝尔(Jean D Alembert，1717—1783)和欧拉(Leonard Euler，1707—1783)通过在运动微分方程中引入偏导数使泰勒采用的分析过程得到了完善。

1755年，伯努利在其于柏林科学院出版的学术论文中利用动力学方程证明了弦振动时在同一时刻同时存在几个谐波成分(在任意瞬时，任意一点的位移等于各次谐波位移的代数和)的可能性[1.7]。该特点称为微振动共存原理，现今称为叠加原理。该原理被证明是在振动理论的发展过程中最有价值的贡献，它使得利用一个有无限多项的正弦和余弦级数来表示任意一个函数(即任意的弦的初始形状)成为可能。由于这个原因，达朗贝尔和欧拉曾怀疑该原理的有效性。然而傅里叶(J. B. J. Fourier，1768—1830)1822年在其《热的解析理论》(*Analytical Theory of Heat*)一书中证明了这种展开的有效性。

1759年，拉格朗日(Joseph Lagrange，1736—1813)在其由杜林(Turin，意大利西北部一城市)科学院出版的论文中提出了振动弦的解析解。在他的研究中，拉格朗日假设弦是由有限多个等长的微段对应的相同的质点组成的，并得到了与质点数同样多个相互无关的频率。当使得质点的数目趋于无限多时，发现所得的频率与张紧弦的谐振频率是相同的。在大多数现代机械振动书籍中都会给出的建立弦振动的运动微分方程(称为波动方程)的方法是1750年由达朗贝尔在其由柏林科学院出版的文章中首次提出的。欧拉和伯努利分别于1744年和1751年首次研究了在不同的支撑和固紧方式下薄梁的振动。他们的方法已被称为欧拉-伯努利梁或薄梁理论。

1784年，库仑(Charles Coulomb)对一个由金属丝悬挂的金属圆柱的扭转振动进行了理论和实验研究(图1.5)。通过假设受扭金属丝的恢复力矩与扭转角度成正比，他得到了悬挂圆柱扭转振动的运动微分方程。对该运动微分方程进行积分后，他发现振动的周期与扭转的角度并无关系。

关于板的振动理论的发展，还有一个有趣的故事[1.8]。1802年，德国科学家克拉尼(E. F. F. Chladni，1756—1824)提出了在振动着的板上放置细沙来确定其模态形状的方法，并观察到了板振动模态样式的漂亮和复杂。1809年，法国科学院邀请克拉尼对其实验进行了演示。参会的波拿巴(Napoléon Bonaparte)受到强烈震撼，竟为法国科学院出资3000法郎以颁发给第一个能够对板的振动给出令人满意的数学理论的人。1811年10月，直到悬赏的最后一天，只有杰曼(Sophie Germain)一个人来参加论证。但作为审查员之一的拉格朗日注意到她的运动微分方程推导中有一个错误。法国科学院又一次开始悬赏。1813年10月，第二次悬赏的最后一天，杰曼又一次来参加论证，这一次她给出了运动微分方程的正确形式。然而，法国科学院并没有把这笔悬赏金颁发给她，因为审查员们要她为推导中所

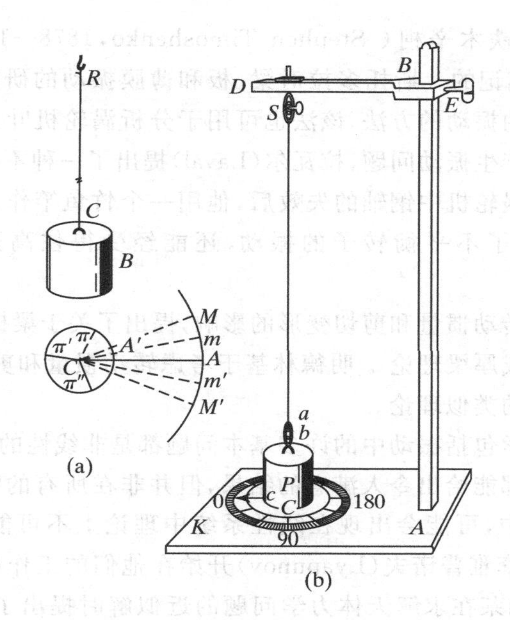

图 1.5　库仑的扭转振动试验装置

(经许可重印自：S. P. Timoshenko，材料强度的历史(*History of Strength of materials*)，麦克劳希尔图书公司(McGraw-Hill Book Company, Inc.)，纽约，1953)

做假设的合理性做出物理解释。第三次悬赏又开始了。在杰曼的第三次尝试中，她最终如愿在 1815 年被授予了这笔奖金，尽管审查员们并非对她的理论完全满意。事实上，人们后来发现她所推得的运动微分方程是正确的，但边界条件是错误的。板振动的正确边界条件是基尔霍夫(G. R. Kirchhoff，1824—1887)于 1850 年给出的。

在此期间，泊松(Simeon Poisson，1781—1840)第一次求解了对理解鼓的发声非常重要的矩形可变形薄膜的振动问题。1862 年，克勒布施(R. F. A. Clebsch，1833—1872)研究了圆形薄膜的振动。此后，对实际机械和结构系统的振动问题进行了大量的研究。1877 年，瑞利(Lord Baron Rayleigh)出版了关于声理论的专著[1.9]，本书迄今仍被认为是关于声和振动方面课程的经典。在瑞利的诸多贡献中，著名的是他提出的基于能量守恒原理确定保守系统振动基频的方法，现称为瑞利法。该法被证明在求解较难的振动问题时是一个非常有用的技术。该法之推广可用于求解多个固有频率，称为瑞利-李兹法(Rayleigh-Ritz method)。

1.2.3　近代之贡献

1902 年，弗拉姆(Frahm)讨论了在轮船传动轴设计中研究扭转振动的重要性。1909 年，他还提出了基于附加辅助弹簧-质量系统的动力吸振器，来消除主系统的振动。在现代对振动理论的诸多贡献中，斯托多拉(Aurel Stodola，1859—1943)、拉瓦尔(C. G. P.

De Laval，1845—1913）、铁木辛柯（ Stephen Timoshenko，1878—1972）和明德林（R. D. Mindlin）的名字是值得铭记的。斯托多拉对梁、板和薄膜振动的研究作出了重要贡献。他发展了一种用于分析梁的振动的方法，该法也可用于分析涡轮机叶片的振动。由于原动机的每一种主要类型都会产生振动问题，拉瓦尔（Laval）提出了一种不平衡旋转圆盘振动问题的实用解。注意到高速涡轮机中钢轴的失效后，他用一个竹鱼竿作为轴来装载转子。他观察到这个系统不仅消除了不平衡转子的振动，还能经受得住高达 100 000 r/min 的转速[1.10]。

铁木辛柯基于考虑转动惯量和剪切变形的影响，提出了关于梁振动的改进理论，该理论现已被称为铁木辛柯梁或厚梁理论 。明德林基于考虑转动惯量和剪切变形的影响，提出了一个关于厚板振动分析的类似理论。

人们早已认识到力学包括振动中的许多基本问题都是非线性的。尽管通常采用的线性处理对大多数分析目的都能给出令人满意的结果，但并非在所有的情况下这样做都是满足要求的。在非线性系统中，可能会出现在线性系统中理论上不可能出现的现象。19 世纪末，庞加莱（Poincaré）和李雅普诺夫（Lyapunov）开始在他们的工作中提出了非线性振动的数学理论。1892 年，庞加莱在求解天体力学问题的近似解时提出了摄动方法。同年，李雅普诺夫奠定了现代稳定性理论的基础，该理论可用于所有类型的动力系统。1920 年以后，达芬（Duffing）和范德波（van der Pol）的工作首先把确定解引入非线性振动理论并开始关注其在工程上的重要性。在过去的 40 年里，许多作者如米诺斯基（Minorsky）和斯托克（Stoker）已经力图在专题论文中收集与非线性振动有关的主要结果。非线性振动的大多数实际应用都用到了某种摄动理论方法。奈弗（Nayfeh）[1.11]全面地研究了摄动理论的现代方法。

随机特性会在各种各样的现象如地震、风、基于轮式交通工具的货物运输、火箭、喷气式发动机的噪声中出现。考虑这些随机效果时，提出新的振动分析的概念和方法是非常必要的。尽管爱因斯坦早在 1905 年以前就研究了布朗运动这种特殊形式的随机振动，但直到 1930 年才有人进行了应用方面的研究。1920 年泰勒（Taylor）提出的相关函数和 20 世纪 30 年代早期维那（Wiener）和辛钦（Khinchin）提出的谱密度的推广为随机振动理论的进步开启了新的方向。Lin 和 Rice 发表于 1943—1945 年的论文铺平了随机振动理论应用于实际工程问题的道路。克兰德尔（Crandall）、马克（Mark）以及罗布森（Robson）的研究工作系统化了随机振动理论方面的已有知识[1.12, 1.13]。

直到大约 40 年前，即使是处理复杂的工程问题，振动分析仍是通过仅具有几个自由度的粗糙模型来进行。然而到了 20 世纪 50 年代，高速数字计算机的出现才使得处理比较复杂的系统且生成半确定形式的近似解成为可能。这种半确定形式的近似解尚依赖于经典解方法，但对那些不能表示成封闭形式的项要使用数值方法进行估计。有限元法的同步发展使得工程师可以利用数字计算机对那些复杂的具有几千个自由度的机械、车辆和结构系统进行详细的数值振动分析[1.14]。虽然直到最近几十年才有了有限单元法这个叫法，但这个概念在几个世纪前就已经使用了。例如，古代的数学家就已知道可以用多边形来逼近一个圆周。多边形的每一个边用今天的话来说就是一个有限单元。我们现在所知道的有限单元法是特纳(Turner)、克劳夫(Clough)、马丁(Martin)和托普(Topp)在对飞机结构进行分析时提出的[1.15]。图 1.6 显示了公共汽车车身的一个理想化的有限元模型[1.16]。

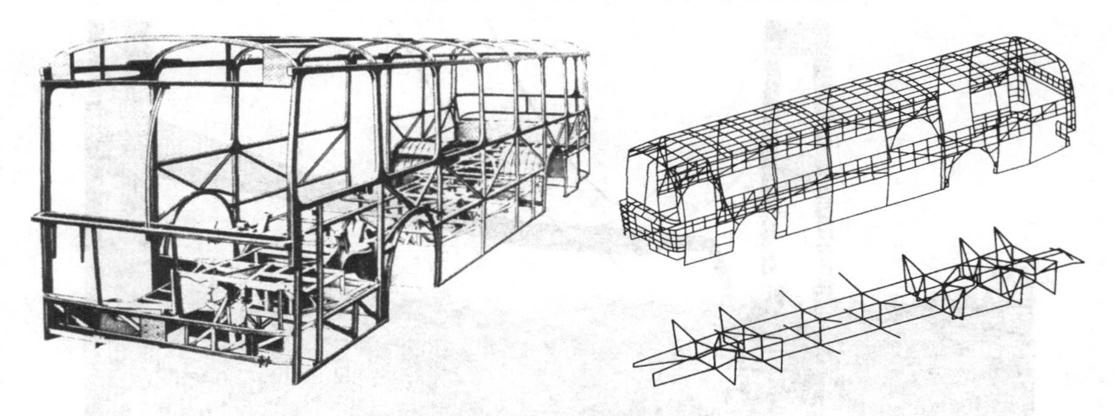

图 1.6　公共汽车车身的有限单元模型
(经美国汽车工程师协会 1974 年许可重印)

1.3　振动研究的重要性

大多数人类活动都包括这样或那样形式的振动。例如，我们能听是由于鼓膜的振动，我们能看是由于光波振动的结果；呼吸与肺的振动紧密相关；行走时人的腿和手臂也都在作机械振动；我们讲话正是咽喉(和舌头)作机械振动的结果。在振动研究的早期，学者们的努力主要集中于解释自然现象并建立相应的数学模型以描述系统的机械振动。现在，许多研究都是为了振动的工程应用。例如，机械设计、基础设计、结构设计、发动机设计、汽轮机设计和控制系统的设计等。

大多数原动机都会由于发动机固有的不平衡而存在振动问题。不平衡可能是由于设计不当或不合格的加工引起的。柴油发动机中的不平衡能够引起足够强的地面波从而产生城市噪音。由于不平衡的影响，某些机车的车轮在高速运行时能脱离轨道达 1 mm 之多。汽轮机的振动可引起惊人的机械失效。工程师们尚不能避免由于汽轮机叶片的振动而引起的失效问题。某些结构常用来支撑较重的离心式机械，例如内燃机和汽轮机，或往复运动的机械，如蒸汽发动机和活塞泵，它们自然也都承受振动。在所有的这些情况中，承受振动的结构或机械零件都会由于振动引起的交变应力而导致材料的疲劳失效。此外，振动还会加剧机械零部件的磨损，例如轴承和齿轮的磨损以及过大的噪声。振动也会使机械中的紧固件如螺母等变松。切削金属时，振动会引起颤振从而导致表面加工质量变差。

一旦机械或结构的固有频率与外部激励的频率一致，就会发生共振现象，从而引起机械或结构的过大变形乃至失效。记载由于元件或系统的共振和过大振动而导致系统失效方面的文献有很多(图 1.7)。由于振动对机械或结构的破坏性,振动测试已成为大多数工程问题中进行机械设计和改进的必不可少的一环(图 1.8)。

图 1.7 风致振动中的塔科马海峡吊桥(Tacoma Narrows Bridge)。该桥 1940 年 7 月 1 日开通,当年 11 月 7 日垮塌(法夸尔森照片(Farquharson photo),历史照片集,华盛顿大学图书馆)

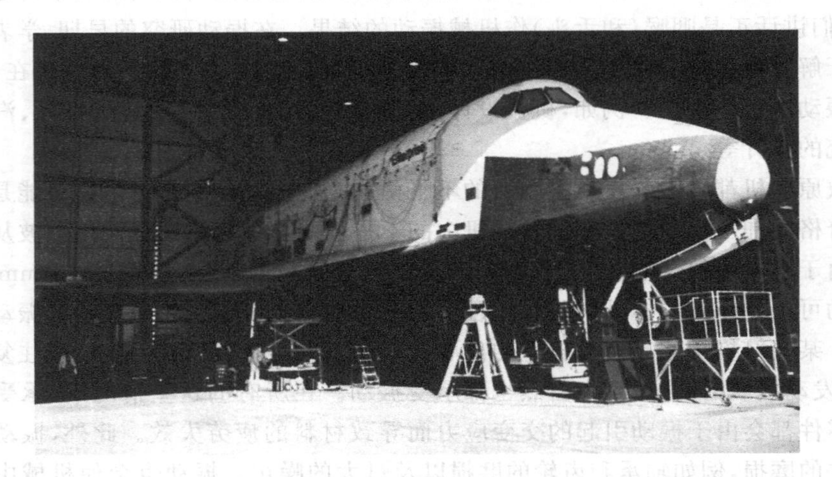

图 1.8 “企业号”航天飞机的振动测试(经 NASA 许可)

在许多工程系统中，人都是其中的一个组成部分。振动传递给人会引起人的不适以及工作效率的降低。发动机引起的振动会导致对人有害的噪声，有时还会引起设施的破坏。仪器面板的振动会导致失灵或造成读数时的困难。所以振动研究的重要目的之一就是通过适当的机械及其基础设计减小振动。基于此，机械工程师进行设计时总是要千方百计使系统的不平衡量最小。

尽管有其不利的一面，振动也常在许多生活和生产实践中得到利用。实际上，振动设备的应用近些年来增长得非常迅速，例如，振动输送机、振动布料器、振动筛、振动压实机、洗衣机、电动牙刷、牙医用的小电钻、钟表以及电子推拿设备都是振动利用的例子。振动也用在管道的推进、材料的振动测试、振动磨削加工以及滤波电路（图 1.9）。人们还发现振动可以提高某些机械加工、铸造、锻造和焊接过程的效率。

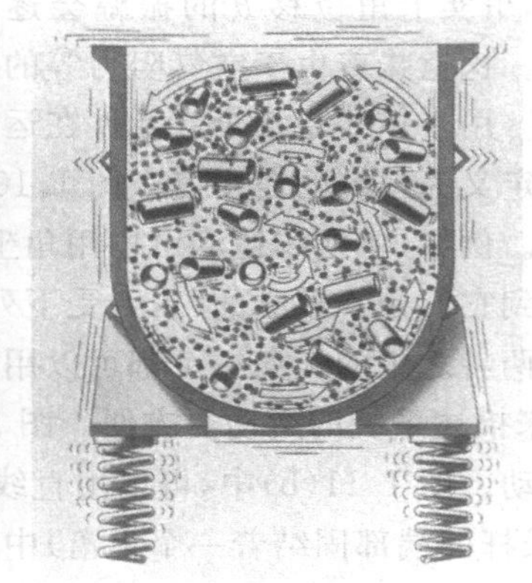

图 1.9　振动抛光过程（经美国制造工程师协会许可重印，工具与制造工程师© 1964）

1.4　振动的基本概念

任何经过某一时间间隔以后不断重复再现的运动都可以称为振动或振荡，单摆的摆动、弹拨时弦的运动都是典型的例子。振动理论研究物体的振动规律与作用在其上的力的关系。

一般来说，一个振动系统通常包括储存势能的元件（例如弹簧）、储存动能的元件（例如质量块或其他惯性元件）和一个耗能元件（阻尼器）。

系统在振动时，动能会不断地转化为势能；反过来，势能也会不断地转化为动能。如果系统存在阻尼，振动的能量在经过一个周期后会有耗散。所以要想保持系统持续的振动就必须通过外力使损耗的能量得到补偿。

作为一个例子，考虑图 1.10 所示的单摆的运动。为此，使单摆偏离竖直位置一个角位移 θ 后释放。在位置 1，振动速度为零，所以振动的动能为零；但相对于参考位置 2，其势能的大小为 $mgl(1-\cos\theta)$。由于重力对悬挂点 O 有力矩 $mgl\sin\theta$，所以振子会从位置 1 向左运动，并具有一个顺时针方向的角加速度。当到达位置2时，全部势能都转化为动能，因此振子在位置2并不会停下来，而是继续向位置3摆动。但是当其通过中间位置2后，由于重力引起的一个逆时针方向的外力矩就开始起作用，所以振子的速度会越来越小，在左边的极限位置处振子的速度为零。此时，振子的全部动能都转化为势能，还是由于重力矩的作用，振子获得一个逆时针方向的角加速度，所以摆球会以一个逐渐增加的速度返回并通过中间位置2。这个过程不断重复，就形成摆的振动。不过，由于周围介质的阻尼作用，事实上角位移 θ 的振幅会逐渐变小，摆最终停下来。这意味着由于空气阻力等的作用，振动的能量在每一个周期都会有损耗。

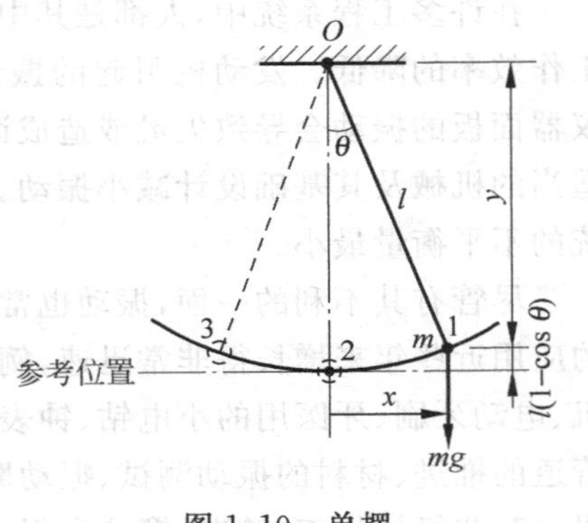

图 1.10 单摆

用来描述系统全部元件在运动过程中的某一瞬时在空间所处几何位置的独立坐标的数目定义为系统的**自由度**。图1.10所示的单摆和图1.11所示的几个系统都只具有1个自由度。例如，单摆的运动可以用角坐标 θ 或笛卡儿坐标 x 和 y 描述。当采用 x 和 y 时，必须注意到它们是不独立的，二者受下列条件的相互约束：$x^2+y^2=l^2$，其中 l 是摆绳的长度。所以两者之中的任何一个都可以用来描述系统的运动。在这个例子中我们会发现，用角坐标 θ 来描述系统的运动更方便。图1.11(a)中的滑块，可以用角坐标 θ 或直线坐标 x 来描述其运动。图1.11(b)中，可以用直线坐标 x 来描述系统的运动。图1.11(c)所示的扭振系统(长杆的端部固结着一个重盘)中，可以用角坐标 θ 来描述系统的运动。

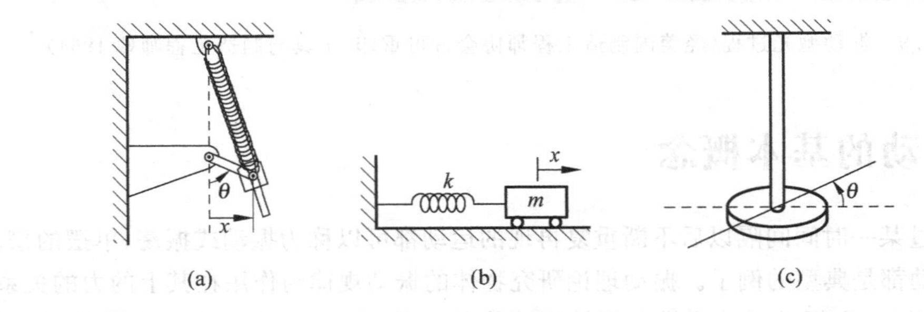

图 1.11 单自由度系统

(a) 曲柄-滑块-弹簧机构；(b) 弹簧-质量系统；(c) 扭振系统

图1.12和图1.13中分别给出了一些两自由度和三自由度系统的例子。图1.12(a)给出了一个用两个直线坐标 x_1 和 x_2 描述其运动的双弹簧-质量系统。图1.12(b)为一用角坐标 θ_1 和 θ_2 描述其运动的双盘转子系统。图1.12(c)所示系统的运动可以用 X 和 θ 或用 x，y 和 X 来描述。若采用后者，x 和 y 受下列条件的约束：$x^2+y^2=l^2$，式中 l 是常量。

对图1.13(a)和(c)所示系统，可以分别用 $x_i(i=1,2,3)$ 和 $\theta_i(i=1,2,3)$ 来描述其运动。

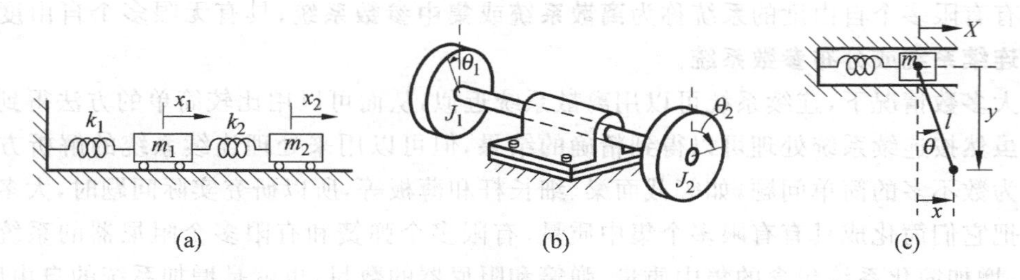

图 1.12　两自由度系统

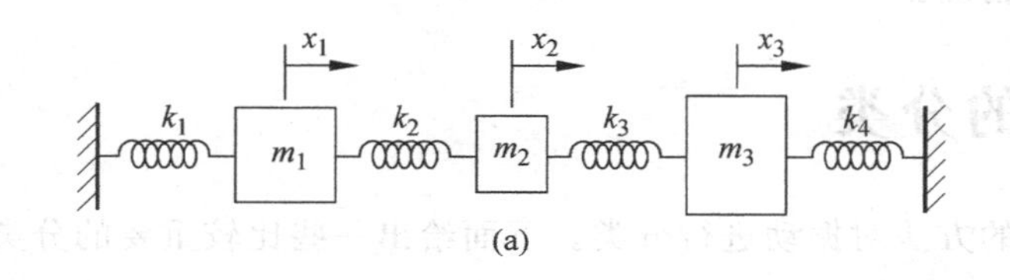

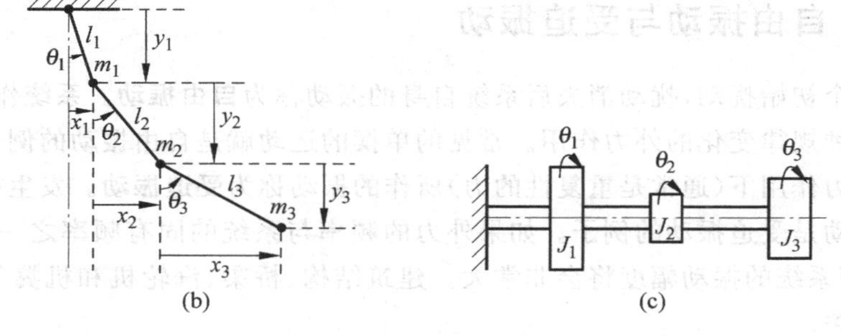

图 1.13　三自由度系统

对图 1.13(b)所示系统，$\theta_i(i=1,2,3)$可以准确说明质量块 $m_i(i=1,2,3)$所处的位置。也可以用坐标 $x_i(i=1,2,3)$和 $y_i(i=1,2,3)$来描述其运动，但必须考虑如下约束条件：$x_i^2+y_i^2=l_i^2(i=1,2,3)$。

用来描述系统运动的一组独立坐标通常称为系统的广义坐标，一般用 $q_1,q_2,\cdots$表示。显然，它们可以是笛卡儿坐标，也可以不是笛卡儿坐标。

大量的实际系统可以用有限多个坐标来描述其运动，如图 1.10～图 1.13 所示的系统。但也有一些系统，尤其是包含弹性体的系统，要用无限多个坐标来描述其运动，所以具有无限多个自由度。作为一个简单的例子，考虑图 1.14 所示的系统。由于一个梁是由无限多个质点组成的，自然需要无限多个坐标来描述其变形以后的形状。这无限多个坐标可以定义其发生弹性变形后的挠曲线，所以这个悬臂梁具有无限多个自由度。大多数结构和机械系统都包含可变形(弹性)的构件，所以也都具有无限多个自由度。

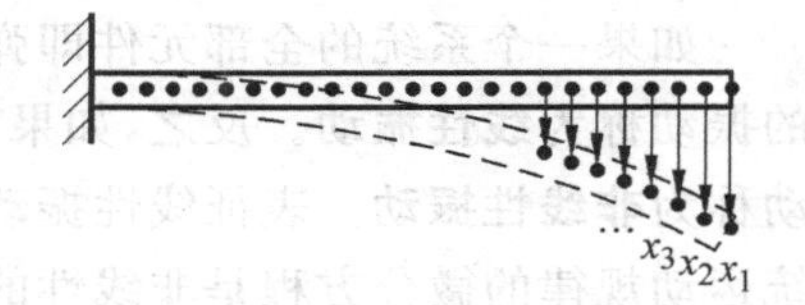

图 1.14　悬臂梁(无限自由度系统)

具有有限多个自由度的系统称为**离散系统**或**集中参数系统**；具有无限多个自由度的系统称为**连续系统**或**分布参数系统**。

在大多数情况下，连续系统可以用离散系统近似，从而可以用比较简单的方法得到系统的解。虽然按连续系统处理可以得到精确的结果，但可以用来处理连续系统的解析方法只能用于为数不多的简单问题，如等截面梁、细长杆和薄板等，所以研究实际问题时，大多数情况下都把它们简化成具有有限多个集中质量、有限多个弹簧和有限多个阻尼器的系统。一般来说，增加简化系统包含的集中质量、弹簧和阻尼器的数目，也就是增加系统的自由度，得到的结果就会更精确。

1.5 振动的分类

可以按不同的方法对振动进行分类。下面给出一些比较重要的分类。

1.5.1 自由振动与受迫振动

给系统一个初始扰动，扰动消失后系统自身的振动称为**自由振动**。系统作自由振动时，并不受到按某种规律变化的外力作用。常见的单摆的运动就是自由振动的例子。

系统在外力作用下（通常是重复性的力）所作的振动称为**受迫振动**。发生在机械如柴油发动机中的振动是受迫振动的例子。如果外力的频率与系统的固有频率之一一致，系统就会发生**共振**，即系统的振动幅度将会非常大。建筑结构、桥梁、汽轮机和机翼等的损坏都与共振的产生有关。

1.5.2 有阻尼振动与无阻尼振动

如果在振动过程中，系统的能量并无由于摩擦或其他形式的阻力引起的损耗，则称为**无阻尼振动**。但如果由于上述因素引起系统的任何一种形式的能量损耗，则称为**有阻尼振动**。在许多物理系统中，阻尼的量值一般很小，因此大多数实际问题的阻尼都可以忽略不计。但是分析系统在共振点附近的振动时，阻尼的影响却变得非常重要。

1.5.3 线性振动与非线性振动

如果一个系统的全部元件即弹簧、质量块和阻尼器的行为都遵循线性规律，则这个系统的振动称为**线性振动**。反之，如果系统中任何一个元件的行为是非线性的，则这个系统的振动称为**非线性振动**。表征线性振动系统运动规律的微分方程是线性的；表征非线性振动系统运动规律的微分方程是非线性的。对于一个线性振动系统，叠加原理成立；但是对于一个非线性振动系统，叠加原理是不成立的，相关的分析方法也远不如线性系统的分析方法那样被人们所熟知。由于所有的振动系统在振动幅度不断增加时都趋于非线性行为，所以在处理实际问题时，关于非线性振动的知识总是被人们所期望。

1.5.4 确定性振动与随机振动

如果作用在振动系统上激励(力或运动)的值或其幅值在任一给定的时间都是确定的，则这种激励称为确定性激励，相应的振动称为**确定性振动**。

但在某些情况下，激励却是不确定的或者叫随机的，也就是激励的值在任一给定的时间都是不能预测的。这时激励的大量记录却可能表现出某种统计规律。因此，估计激励的某种平均如平均值或均方值是可能的。风速、路面粗糙度、地震时地面的运动等都是随机激励的例子。如果一个系统所受的激励是随机的，那么相应的振动就称为**随机振动**。此时系统的响应也是随机的，所以只能用统计量来描述。图 1.15 给出了确定性激励和随机激励的示意图。

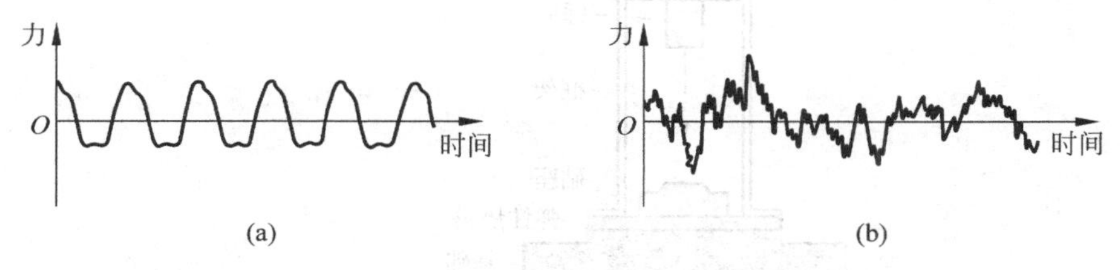

图 1.15 确定性激励和随机激励

(a) 确定性激励；(b) 随机激励

1.6 振动分析的一般步骤

一个振动系统本质上是一个动力系统，这是由于其变量如所受到的激励(输入)和响应(输出)都是随时间变化的。一个振动系统的响应一般来说是依赖于初始条件和外激励的。大多数实际振动系统都十分复杂，因而在进行数学分析时把所有的细节都考虑进来是不可能的。为了预测在指定输入下振动系统的行为，通常只是考虑系统那些最重要的特性。也会经常遇到这样的情况，即对于一个复杂的物理系统，即使采用一个比较简单的模型也能够大体了解其行为。对一个振动系统进行分析通常包括以下步骤。

步骤 1　建立力学模型

建立力学模型的目的是揭示系统的全部重要特性，从而得到描述系统动力学行为的控制方程。一个系统的力学模型应该包括足够多的细节，能够用方程描述系统的行为但又不致使其过于复杂。根据基本元件行为的属性，一个振动系统的力学模型可以是线性的，也可以是非线性的。线性模型处理简单、容易求解。但非线性模型有时能够揭示线性模型不能够预测到的某些系统特性。所以需要对实际系统做大量的工程判断以得到振动系统比较合理的模型。

有时为了得到更准确的结果，需要对系统的力学模型不断进行完善。此时可以先用一个比较粗略的模型，以便能够较快地对系统的大体属性有所了解。之后再通过增加更多的元件和(或)细节对模型不断改进，以便进一步分析系统的动力学行为。为了说明如何对数学模型不断完善，考虑图 1.16(a)所示的锻锤。该锻锤由框架、落下的重物(锤头)、砧座和基础构成。砧座是一个比较重的金属块，通过锤头的持续冲击作用，材料在其上被锻造成所期望的形状。砧座通常放在一个弹性垫上，以减少传到基础和框架上的振动。作为第一次近似，框架、砧座、弹性垫、基础和土壤可以简化为一个单自由度系统，如图 1.16(b)所示。作为改进的模型，框架、砧座和基础可以分开，从而简化为一个两自由度系统，如图 1.16(c)所示。如果想对模型继续改进，可以考虑锤头偏心的影响。这时图 1.16(c)中的每一质量块除了在纸面内的竖向运动，还有在纸面内的转动。

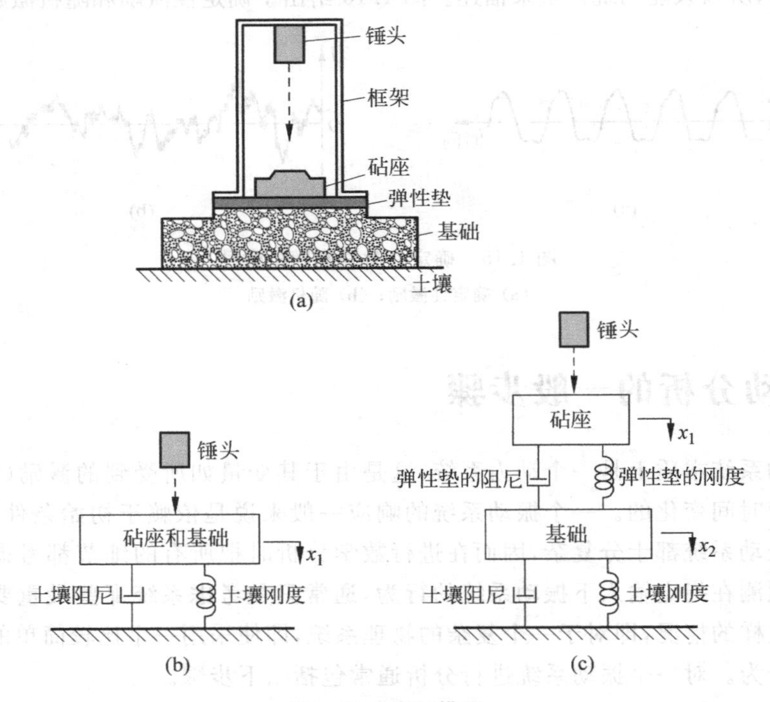

图 1.16　锻锤模型

步骤 2　推导控制方程——建立数字模型

一旦有了系统的力学模型，就可以利用动力学定律推导描述系统响应变化规律的运动微分方程。系统的运动微分方程可以通过作每一个质量块的受力分析图方便地得到。每一质量块的受力分析图可以通过分离该质量块并加上其所受的全部主动力、反作用力和惯性力得到。一个振动系统的运动微分方程对于离散系统来说，通常是一个常微分方程组；对于连续系统来说，通常是一个偏微分方程组。根据基本元件行为的属性，一个振动系统的运动微分方程(组)可以是线性的,也可以是非线性的。以下几种方法经常用来推导系统的控制微分方程:牛顿第二运动定律、达朗贝尔原理和能量守恒原理。

步骤 3　求控制微分方程的解

为了得到振动系统响应的规律,必须求解控制微分方程。根据问题的具体特点,可以采取下述方法之一:求解微分方程的常规方法、拉普拉斯变换方法、矩阵方法和数值计算方法。如果控制微分方程是非线性的,则很少能够得到其封闭形式的解。另外,求解偏微分方程的情况也远比求解常微分方程的情况多。利用计算机的数值计算方法求解微分方程是非常便捷的,但欲根据数值计算结果得到关于系统行为的一般结论却是困难的。

步骤 4　结果分析

虽然控制微分方程的解给出了系统中不同质量块的振动位移、速度和加速度的表达式,但这些结果还必须就某些目的做进一步分析,以期分析结果可能揭示对设计的某些指导意义。

例 1.1　图 1.17(a)是一个载有骑乘人员的摩托车示意图。为了分析它在竖直方向的振动,给出不断改进的三种数学模型。考虑轮胎的弹性、支承杆在竖直方向的弹性和阻尼、车轮的质量、骑乘人员的弹性、阻尼和质量。

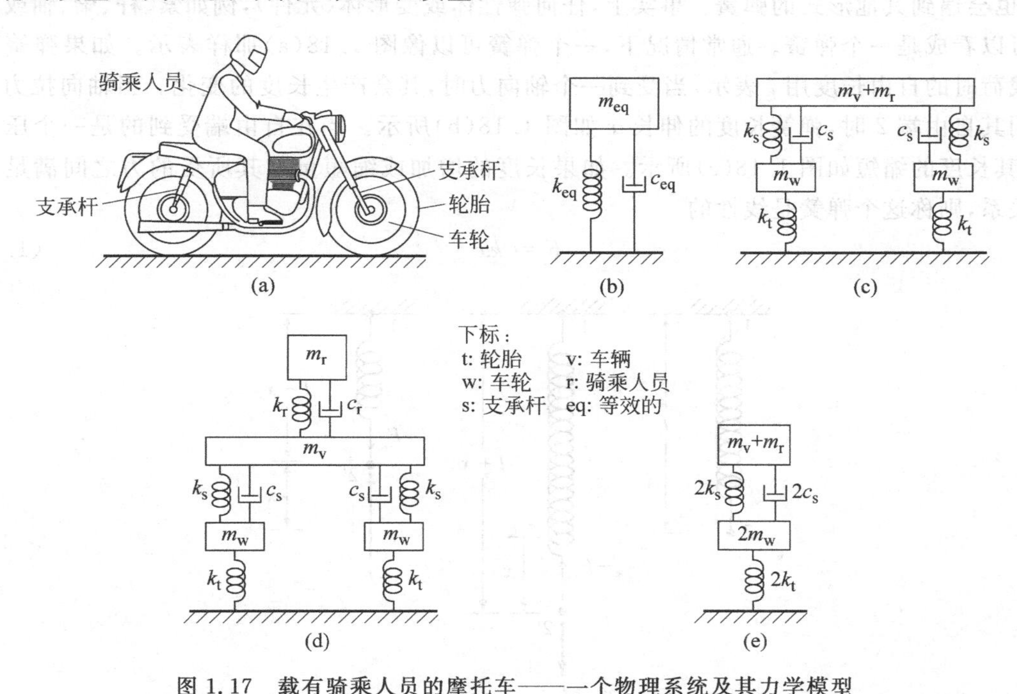

图 1.17　载有骑乘人员的摩托车——一个物理系统及其力学模型

解:从一个最简单的模型开始,然后不断改进。如果认为可以得到系统的等效质量、等效阻尼和等效刚度,那么它的力学模型可以用图 1.17(b)所示的单自由度系统表示。在这个模型中，等效刚度 k_{eq} 考虑了轮胎的刚度、支承杆在竖直方向的刚度以及骑乘人员的刚度。等效阻尼常数 c_{eq} 考虑了支承杆在竖直方向的阻尼以及骑乘人员的阻尼。等效质量 m_{eq} 考虑了轮胎的质量、车身的质量以及骑乘人员的质量。为了对这个模型进行改进，可以把车轮的质量、轮胎的弹性以及其支承杆的弹性和阻尼分别表示出来，从而得到图 1.17(c)所示的三自由度系统。在这个模型中，m_v+m_r 表示车身和骑乘人员的质量。如果还考虑骑乘人员的刚度和阻尼(分别用 k_r 和 c_r 表示)，又可以得到图 1.17(d)所示的力学模型。

应该注意，图 1.17(b)～(d)所示的力学模型并不是唯一的。例如，把两个轮胎的弹性用一个弹簧来代替、把两个车轮的质量用一个质量来代替、把两个支承杆的弹性和阻尼分别用另一个弹簧和阻尼器来代替，就可以根据图 1.17(c)得到图 1.17(e)所示的力学模型。

1.7 弹簧元件

弹簧是一种机械连接形式，在大多数情况下，都假设其质量和阻尼是可以略去不计的。最常见的形式是广泛应用于伸缩笔、订书器和货运卡车悬架的圆柱螺旋弹簧。在工程实际中，也会遇到其他形式的弹簧。事实上，任何弹性体或变形体(元件)，例如索、杆、梁、轴或板都可以看成是一个弹簧。通常情况下，一个弹簧可以像图 1.18(a)那样表示。如果弹簧不受载荷时的自由长度用 l 表示，当受到一个轴向力时，其会产生长度的变化。当轴向拉力 F 作用其自由端 2 时，弹簧长度的伸长 x 如图 1.18(b)所示。当在自由端受到的是一个压力时，其长度的缩短如图 1.18(c)所示。如果长度的增加或缩短量与其所受的力之间满足如下关系，则称这个弹簧是线性的

$$F=kx \tag{1.1}$$

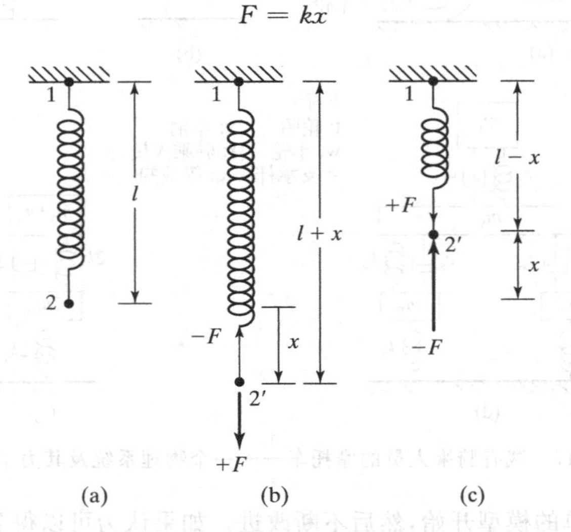

图 1.18 弹簧的变形

式中的常数 k 称为弹簧常数或弹簧刚度，也叫弹簧比。弹簧常数总是正的，它表示使弹簧产生单位变形（伸长或缩短）所需要的力（正的或负的）。根据牛顿第三定律，当弹簧在一个拉力（或压力）F 作用下产生伸长（或缩短）时，会产生一个与此力方向相反的回复力或叫反作用力 $-F$（或 $+F$）。如图 1.18(b)（或图 1.18(c)）所示，这个回复力试图使受拉（压）的弹簧回到其原始或自由长度。如果用图像来描述弹簧所受到的力 F 和变形 x 之间的关系，根据式(1.1)，我们将得到一条直线。在弹簧变形过程中，力所做的功以变形能或势能的形式储存下来，其表达式为

$$U = \frac{1}{2}kx^2 \tag{1.2}$$

1.7.1 非线性弹簧

实际系统中的弹簧大多数都会表现出非线性的力-变形关系，尤其是当变形比较大时。如果一个非线性弹簧产生的是小变形，那么可以用 1.7.2 节所述的方法由一个线性弹簧来代替。在振动分析中，通常使用如下形式的非线性力-变形关系

$$F = ax + bx^3, \quad a > 0 \tag{1.3}$$

式中 a 和 b 分别代表与线性和非线性（立方）部分相关的常数。如果 $b>0$，则称弹簧是硬特性的；反之如果 $b<0$，则称是软特性的。图 1.19 给出了不同的 b 值所对应的力-变形关系。

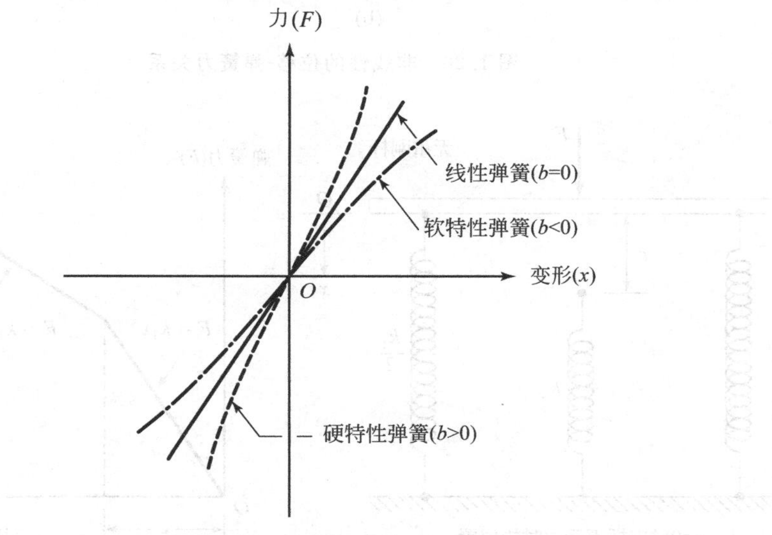

图 1.19 线性与非线性弹簧

有些系统包含两个或多个弹簧，它们也可能表现出非线性的力-变形关系，尽管每一个独立的弹簧都是线性的。图 1.20 和图 1.21 给出了这类系统的一些例子。在图 1.20(a) 中，重物 W 可以在系统中出现的间隙 c_1 和 c_2 间自由运动，但一旦越过某一个间隙而与弹簧

接触，则弹簧力将与那个弹簧的弹簧常数成正比地增加（见图1.20(b)）。可以看出，所得到的变形-力关系是分段线性的，但整体上仍是非线性的。

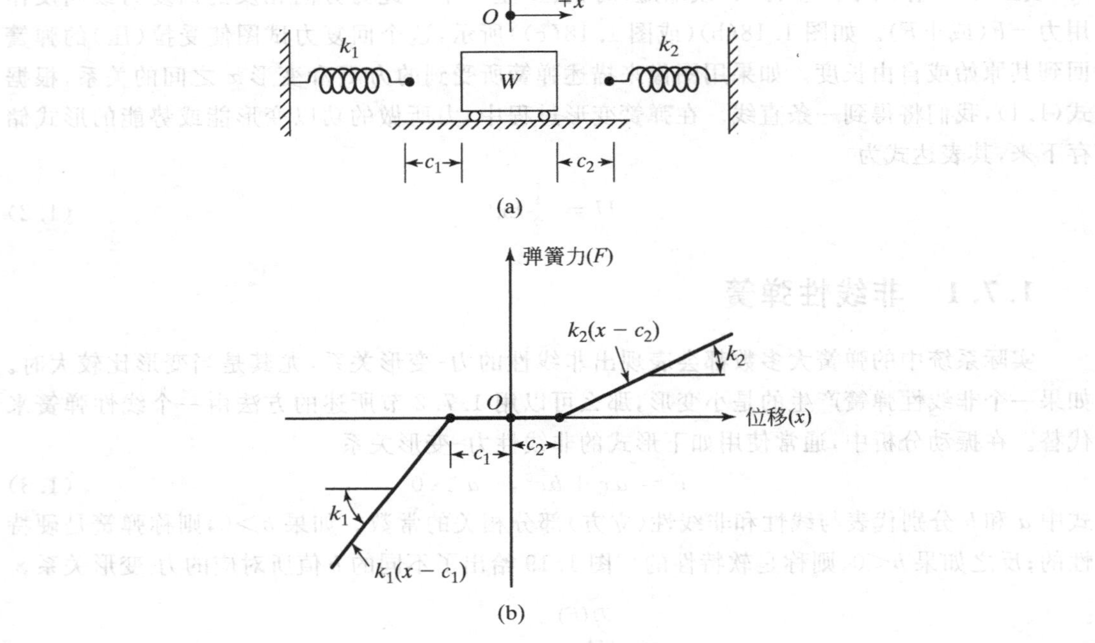

图1.20　非线性的位移-弹簧力关系

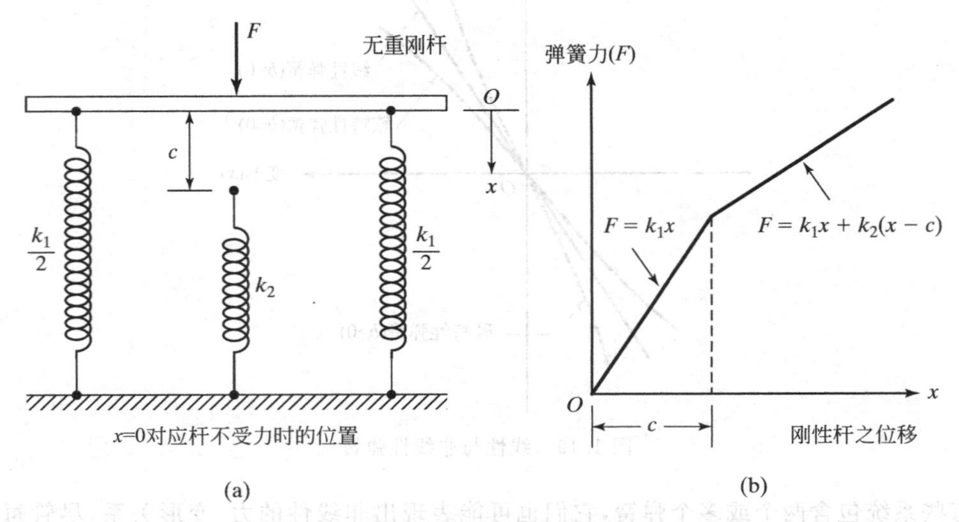

图1.21　非线性的位移-弹簧力关系

在图 1.21(a)中,刚度分别为 k_1 和 k_2 的两个弹簧具有不同的长度。注意此时为简单,刚度为 k_1 的那个弹簧是用两个并联弹簧(每个弹簧的刚度均为 $k_1/2$)表示的。这种弹簧布置方式可用于包装物或飞机起落架悬挂的振动分析。

当弹簧 k_1 的变形量达到 $x=c$ 时,第二个弹簧开始为系统提供附加的刚度 k_2。此时,非线性的变形-力关系如图 1.21(b)所示。

1.7.2 非线性弹簧的线性化

实际的弹簧往往是非线性的,但一般来说在某一变形范围内仍满足式(1.1)。超过某一变形值后(图 1.22 中的 A 点),应力超过材料的屈服极限,力和变形之间的关系就呈非线性了。在许多应用中,人们都假设弹簧只发生较小的变形,因而可以利用式(1.1)。即使力和变形之间是如图 1.23 所示的非线性关系,人们也经常用线性关系来近似。为了说明如何线性化,令 F 表示使弹簧处于静平衡时的外力,x^* 表示相应的变形。如果使力 F 有一个增量 ΔF,相应的变形增量记为 Δx。对 $F+\Delta F$ 在静平衡点 x^* 处作泰勒(Taylor)级数展开,即

$$F+\Delta F=F(x^*+\Delta x)$$

$$=F(x^*)+\left.\frac{\mathrm{d}F}{\mathrm{d}x}\right|_{x^*}(\Delta x)+\frac{1}{2!}\left.\frac{\mathrm{d}^2F}{\mathrm{d}x^2}\right|_{x^*}(\Delta x)^2+\cdots \tag{1.4}$$

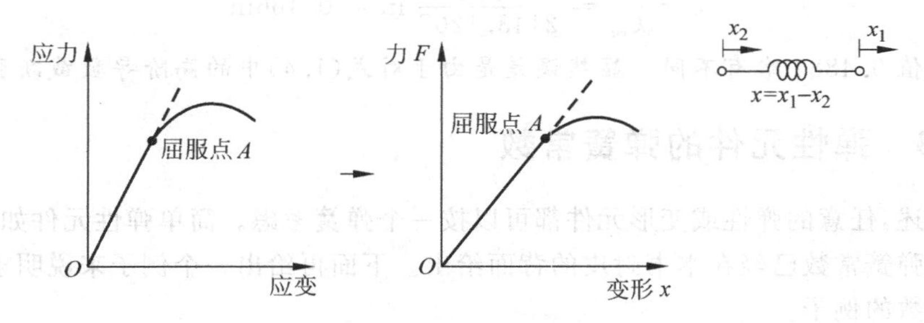

图 1.22 比例极限后的非线性

对于较小的变形增量 Δx,高阶导数项可以忽略不计,所以由式(1.4)得

$$F+\Delta F=F(x^*)+\left.\frac{\mathrm{d}F}{\mathrm{d}x}\right|_{x^*}(\Delta x) \tag{1.5}$$

注意到 $F=F(x^*)$,ΔF 可以写成如下形式

$$\Delta F=k\Delta x \tag{1.6}$$

显然,等效线性弹簧常数为

$$k=\left.\frac{\mathrm{d}F}{\mathrm{d}x}\right|_{x^*} \tag{1.7}$$

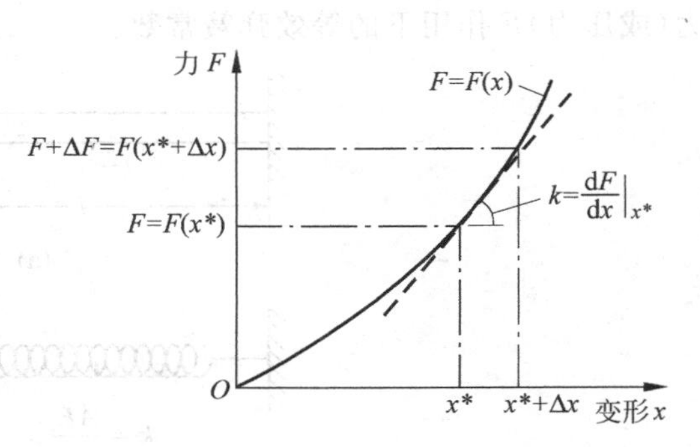

图 1.23 线性化过程

为了简单,可以利用式(1.6),但有时由于这

种近似带来的误差可能比较大。

例 1.2　一个重为 1000 lb(1 lb≈0.454 kg)的精密铣床支撑在一个橡胶支座上。橡胶支座的力-变形关系如下

$$F = 2000x + 200x^3 \tag{E.1}$$

式中，力和变形的单位分别为磅和英寸，求支座在其静平衡位置时的等效线性弹簧常数。

解：支座在其自重作用下的静平衡位置可以由式(E.1)确定

$$1000 = 2000x^* + 200(x^*)^3$$

或

$$2000x^* + 200(x^*)^3 - 1000 = 0 \tag{E.2}$$

方程(E.2)的根(例如可以利用 MATLAB 函数 roots)为

$$x^* = 0.4884, \quad x^* = -0.2442 + 3.1904\mathrm{i}, \quad x^* = -0.2442 - 3.1904\mathrm{i}$$

显然，静平衡的位置对应着方程(E.2)的实根 $x^* = 0.4884$。支座在其静平衡位置时的等效线性弹簧常数可利用式(1.7)确定

$$k_{\mathrm{eq}} = \left.\frac{\mathrm{d}F}{\mathrm{d}x}\right|_{x^*} = 2000 + 600\,(x^*)^2 = 2000 + 600 \times 0.4884^2\ \mathrm{lbf/in} = 2143.1207\ \mathrm{lbf/in}$$

注：等效线性弹簧常数 $k_{\mathrm{eq}} = 2143.1207$ lbf/in，表明铣床的静变形为

$$x = \frac{F}{k_{\mathrm{eq}}} = \frac{1000}{2143.1207}\ \mathrm{in} = 0.466\mathrm{in}$$

此值与真实值 0.4884 略有不同。显然误差是由于对式(1.4)中的高阶导数截断引起的。

1.7.3　弹性元件的弹簧常数

如前所述，任意的弹性或变形元件都可以按一个弹簧考虑。简单弹性元件如杆、梁和空心轴的等效弹簧常数已经在本书封皮的背面给出。下面再给出一个例子来说明求弹性元件等效弹簧常数的例子。

例 1.3　求如图 1.24(a)所示长度为 l、横截面积为 A、弹性模量为 E 的均质杆在轴向拉力(或压力)F 作用下的等效弹簧常数。

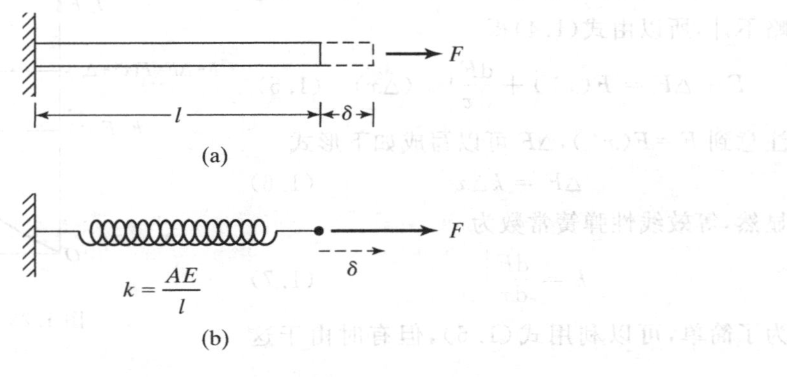

图 1.24　杆的弹簧常数

解：杆在轴向拉力(或压力)F 作用下的伸长(或缩短)可以表示为

$$\delta = \frac{\delta}{l}l = \varepsilon l = \frac{\sigma}{E}l = \frac{Fl}{AE} \tag{E.1}$$

式中，$\varepsilon = \frac{\text{长度的改变}}{\text{原始长度}} = \frac{\delta}{l}$ 是应变，$\sigma = \frac{\text{力}}{\text{横截面积}} = \frac{F}{A}$ 是应力。根据弹簧常数的定义，由式(E.1)得

$$k = \frac{\text{所施加的力}}{\text{由此引起的变形}} = \frac{F}{\delta} = \frac{AE}{l} \tag{E.2}$$

杆的等效弹簧常数的重要性由图 1.24(b)可见一斑。

例 1.4　求如图 1.25(a)所示在自由端受到一个集中载荷作用的悬臂梁的等效弹簧常数。

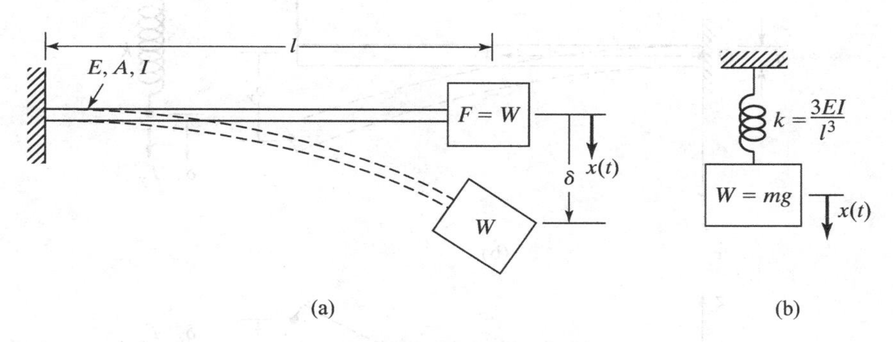

图 1.25　悬臂梁的弹簧常数

(a) 自由端受力的悬臂梁；(b) 等效弹簧

解：为简单，假设梁的自重是可以略去不计的，且集中载荷是由一个点质量的重量($W=mg$)引起的。根据材料力学的结果[1.26]，在集中载荷 $F=W$ 作用下，悬臂梁自由端的变形为

$$\delta_{\mathrm{st}} = \frac{Wl^3}{3EI} \tag{E.1}$$

式中，E 为材料的弹性模量，I 为梁的横截面关于 z 轴(与纸面垂直)的惯性矩。所以该梁的等效弹簧常数为(图 1.25(b))

$$k = \frac{W}{\delta_{\mathrm{st}}} = \frac{3EI}{l^3} \tag{E.2}$$

注：

(1) 悬臂梁的自由端也可能受到两个方向的集中力，例如如图 1.26(a)所示的 y 方向的力 F_y 和 z 方向的力 F_z。当载荷是沿着 y 方向作用时，梁的弯曲是以 z 轴为中性轴发生的(图 1.26(b))。故等效弹簧常数为

$$k = \frac{3EI_{zz}}{l^3} \tag{E.3}$$

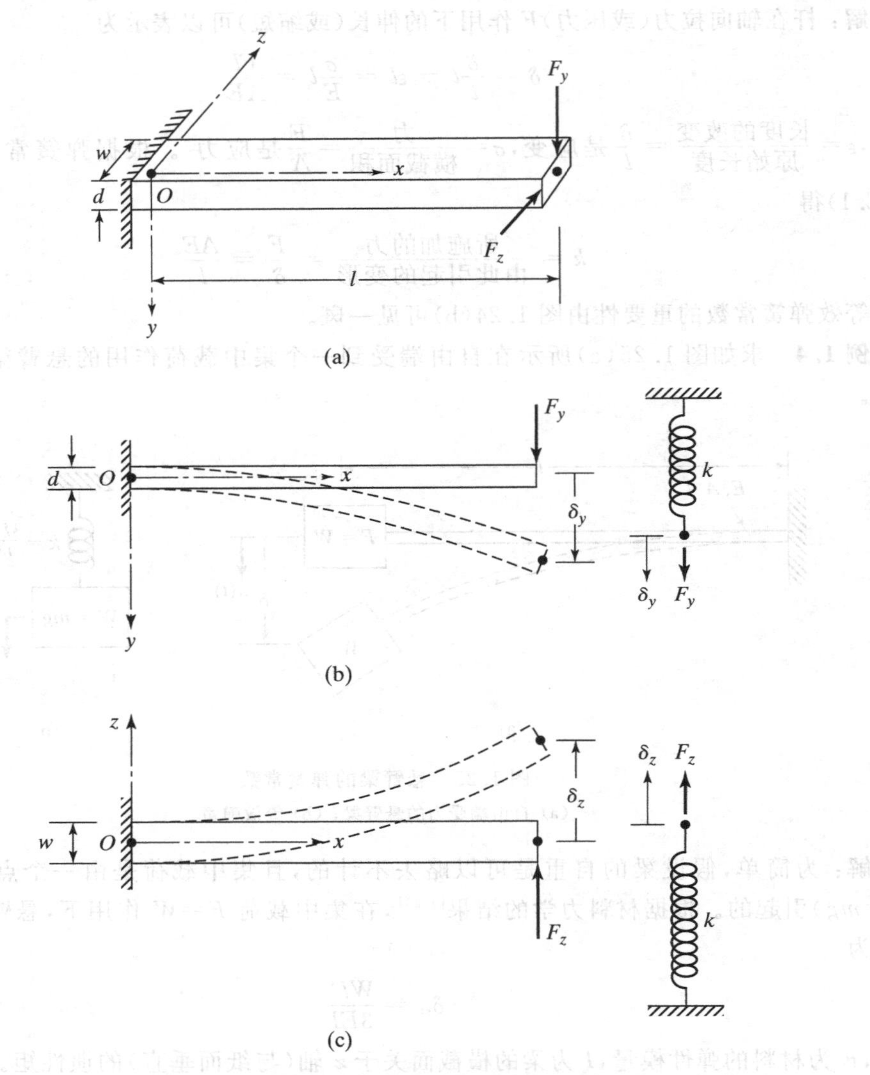

图 1.26 悬臂梁在两个方向上的弹簧常数

当载荷是沿着 z 方向作用时，梁的弯曲是以 y 轴为中性轴发生的，如图 1.26(c)所示。故此时的等效弹簧常数将为

$$k=\frac{3EI_{yy}}{l^3}$$

(2) 具有不同端点条件的梁的弹簧常数也可以根据材料力学的结果，利用类似的方式得到。附录 B 中的计算公式可以用来求所列的梁和板的弹簧常数。例如，为求固定-固定梁在 $x=a$ 处受到一个集中力作用（附录 B 中情况 3）时的弹簧常数，首先要得到载荷作用

$(x=a)$处变形的计算公式

$$y=\frac{P(l-a)^2a^2}{6EIl^3}[3al-3a^2-a(l-a)]=\frac{Pa^2(l-a)^2(al-a^2)}{3EIl^3}$$

所以弹簧常数为

$$k=\frac{P}{y}=\frac{3EIl^3}{a^2(l-a)^2(al-a^2)}$$

式中 $I=I_{zz}$。

(3) 在求梁的等效弹簧常数时，其自重效应也是可以考虑在内的(见例 2.9)。

1.7.4 弹簧的组合

在许多实际应用中，经常遇到几个弹簧同时使用的情况。这些弹簧可以用一个等效弹簧来代替，下面给出详细讨论。

1. 并联弹簧

为推导并联弹簧的等效刚度，考虑图 1.27(a)所示的两个弹簧并联的情况。设在某个载荷 W 的作用下，系统产生静变形 δ_{st}，如图 1.27(b)所示。此时系统的受力如图 1.27(c)所示，静力平衡关系为

$$W=k_1\delta_{st}+k_2\delta_{st} \tag{1.8}$$

如果等效弹簧的刚度用 k_{eq}表示，则此时的静力平衡关系为

$$W=k_{eq}\delta_{st} \tag{1.9}$$

由式(1.8)和式(1.9)得

$$k_{eq}=k_1+k_2 \tag{1.10}$$

不难看出，如果是 n 个弹簧刚度分别为 $k_1,k_2,\cdots,k_n$ 的弹簧并联的情况，等效刚度系数为

$$k_{eq}=k_1+k_2+\cdots+k_n \tag{1.11}$$

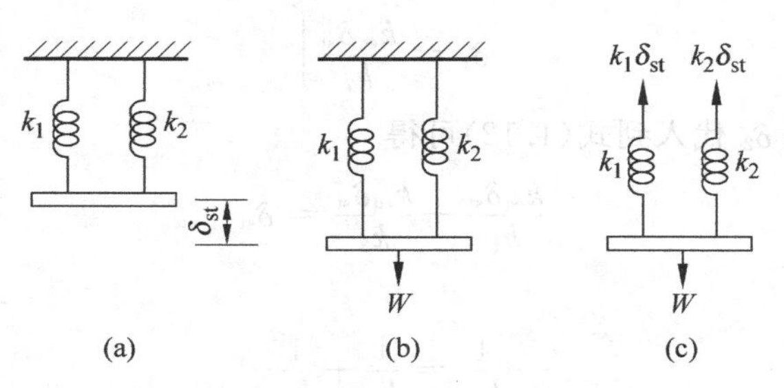

图 1.27 并联弹簧

2. 串联弹簧

为推导几个串联弹簧的等效刚度，考虑图 1.28(a)所示的两个弹簧串联的情况。设在

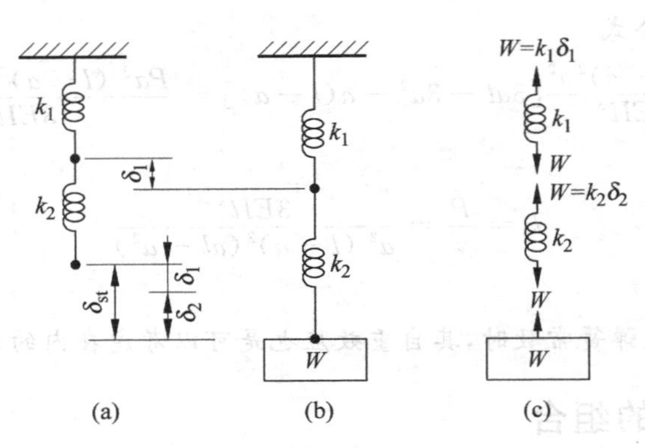

图 1.28 串联弹簧

载荷 W 的作用下，两个弹簧的伸长量分别为 δ_1 和 δ_2，如图 1.28(b)所示。显然两个弹簧静变形的总量为

$$\delta_{st} = \delta_1 + \delta_2 \tag{1.12}$$

由于两个弹簧承受的载荷均为 W，故可得如图 1.28(c)所示的平衡关系

$$\left.\begin{aligned} W &= k_1\delta_1 \\ W &= k_2\delta_2 \end{aligned}\right\} \tag{1.13}$$

等效弹簧的刚度还用 k_{eq} 表示，则对于同样的静变形，有如下静力平衡关系

$$W = k_{eq}\delta_{st} \tag{1.14}$$

由式(1.13)和式(1.14)得

$$k_1\delta_1 = k_2\delta_2 = k_{eq}\delta_{st}$$

或

$$\left.\begin{aligned} \delta_1 &= \frac{k_{eq}\delta_{st}}{k_1} \\ \delta_2 &= \frac{k_{eq}\delta_{st}}{k_2} \end{aligned}\right\} \tag{1.15}$$

把式(1.15)中的 δ_1 和 δ_2 代入到式(1.12)可得

$$\frac{k_{eq}\delta_{st}}{k_1} + \frac{k_{eq}\delta_{st}}{k_2} = \delta_{st}$$

即

$$\frac{1}{k_{eq}} = \frac{1}{k_1} + \frac{1}{k_2} \tag{1.16}$$

对于多个弹簧串联的情况，有

$$\frac{1}{k_{eq}} = \frac{1}{k_1} + \frac{1}{k_2} + \cdots + \frac{1}{k_n} \tag{1.17}$$

在某些应用中，弹簧会与诸如滑轮、杠杆、齿轮等刚体连接。此时，等效弹簧刚度可以利用能

量等效的原则确定，见例 1.8 和例 1.9。

例 1.5　图 1.29 所示为货车转向架的悬挂系统，其中包含 3 个并联的弹簧。如果螺旋弹簧材料的剪切弹性模量为 $G=80\times10^9\,\text{N/m}^2$，有效圈数为 5，簧圈的平均直径为 $D=20$ cm，簧丝直径为 $d=2$ cm，求悬挂系统的等效刚度。

图 1.29　货车转向架中弹簧并联的情况(经 Buckeye Steel Castings Company 许可重印)

解：每一个弹簧的刚度为

$$k=\frac{d^4G}{8D^3n}=\frac{0.02^4\times(80\times10^9)}{8\times0.2^3\times5}\ \text{N/m}=4\times10^4\ \text{N/m}$$

此公式可以从一般的《机械设计手册》或《材料力学》教材中查到。由于 3 个相同的弹簧是并联关系，所以等效弹簧刚度为

$$k_{\text{eq}}=3k=3\times4\times10^4\ \text{N/m}=1.2\times10^5\ \text{N/m}$$

例 1.6　求图 1.30 所示螺旋推进器轴的等效扭簧刚度常数。

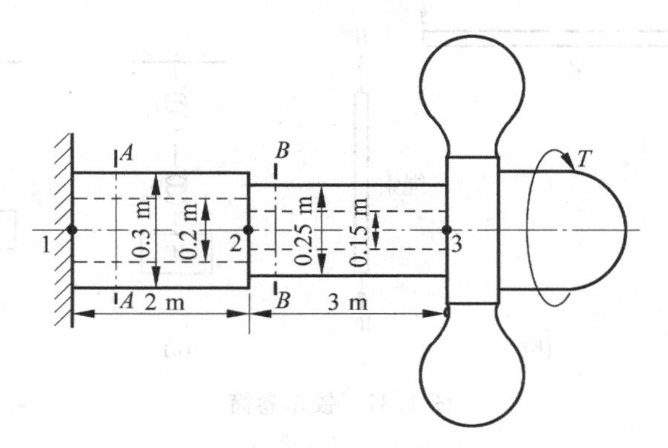

图 1.30　螺旋推进器的轴

解：需要把轴的两段按串联弹簧考虑。根据图 1.30，轴的任意截面所承受的扭矩都等于作用在推进器上的外力矩 T，所以这两段的弹性可以看成是串联关系。两段的刚度分别为

$$k_{t_{12}}=\frac{GJ_{12}}{l_{12}}=\frac{G\pi(D_{12}^4-d_{12}^4)}{32l_{12}}=\frac{80\times10^9\pi\times(0.3^4-0.2^4)}{32\times2}\ \text{N}\cdot\text{m/rad}$$
$$=25.5255\times10^6\ \text{N}\cdot\text{m/rad}$$

$$k_{t_{23}} = \frac{GJ_{23}}{l_{23}} = \frac{G\pi(D_{23}^4 - d_{23}^4)}{32l_{23}} = \frac{80 \times 10^9 \pi \times (0.25^4 - 0.15^4)}{32 \times 3} \text{ N}\cdot\text{m/rad}$$
$$= 8.9012 \times 10^6 \text{ N}\cdot\text{m/rad}$$

由于这两个弹簧是串联关系，由式(1.16)得

$$k_{t_{eq}} = \frac{k_{t_{12}} k_{t_{23}}}{k_{t_{12}} + k_{t_{23}}} = \frac{(25.5255 \times 10^6) \times (8.9012 \times 10^6)}{25.5255 \times 10^6 + 8.9012 \times 10^6} \text{ N}\cdot\text{m/rad}$$
$$= 6.5997 \times 10^6 \text{ N}\cdot\text{m/rad}$$

例 1.7 如图 1.31(a)所示，铰车的卷筒固定在悬臂梁的端部，其上绕有钢丝绳。求悬垂段钢丝绳的长度为 l 时系统的等效弹簧刚度。假设钢丝绳净横截面的直径为 d，梁和钢丝绳材料的杨氏模量为 E。

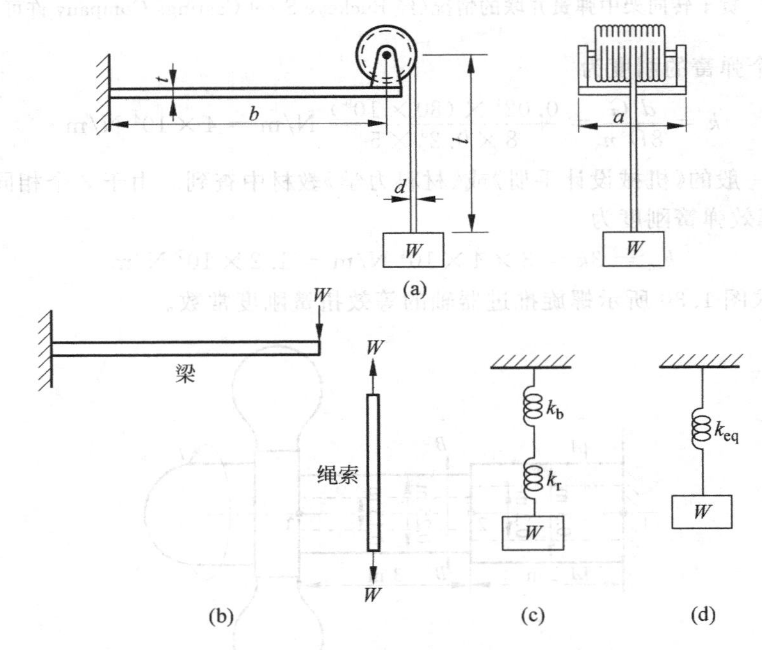

图 1.31 铰车卷筒

解：悬臂梁的弹簧刚度为

$$k_b = \frac{3EI}{b^3} = \frac{3E}{b^3}\left(\frac{1}{12}at^3\right) = \frac{Eat^3}{4b^3} \tag{E.1}$$

承受轴向载荷的钢丝绳的弹簧刚度为

$$k_r = \frac{AE}{l} = \frac{\pi d^2 E}{4l} \tag{E.2}$$

如图 1.31(b)所示，由于钢丝绳和悬臂梁承受同样的载荷，所以可把它们看成是串联的弹簧，如图 1.31(c)所示。故它们的等效弹簧刚度为

$$\frac{1}{k_{eq}}=\frac{1}{k_b}+\frac{1}{k_r}=\frac{4b^3}{Eat^3}+\frac{4l}{\pi d^2 E}$$

或

$$k_{eq}=\frac{E}{4}\left(\frac{\pi a t^3 d^2}{\pi d^2 b^3+lat^3}\right) \tag{E.3}$$

例 1.8　图 1.32(a)是一起重机的示意图。吊臂 AB 是等截面的钢杆，长度为 10 m，横截面的面积为 2500 mm^2。起吊重物 W 并处于静止状态，钢拉索 $CDEBF$ 横截面的面积为 100 mm^2。求该系统在竖直方向的等效弹簧刚度。

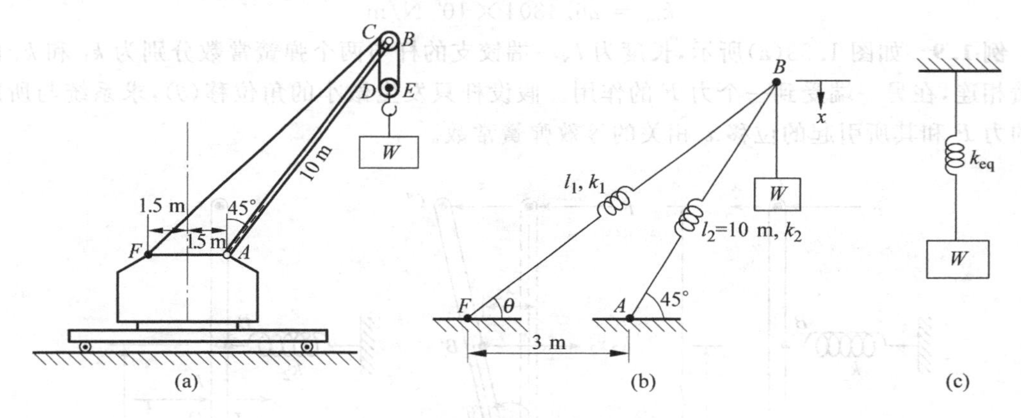

图 1.32　正在作业的起重机

解：利用实际系统与等效系统的势能相等求等效弹簧刚度。起重机的底座可以看成是刚性的，并认为吊臂和拉索分别固定在 A 点和 F 点。忽略 $CDEB$ 段钢索的影响，认为重物 W 通过点 B 作用于系统，如图 1.32(b)所示。

与点 B 在竖直方向的位移 x 对应，弹簧 2(吊臂)和弹簧 1(拉索) 产生的变形分别为 $x_2=x\cos 45°$，$x_1=x\cos(90°-\theta)$。拉索 FB 的长度 l_1 满足

$$l_1^2=3^2+10^2-2\times 3\times 10\cos 135°=151.426$$

由此得

$$l_1=12.3055 \text{ m}$$

角度 θ 满足如下关系：

$$l_1^2+3^2-2\times l_1\times 3\cos\theta=10^2$$

由此得

$$\cos\theta=0.8184,\quad \theta=35.0736°$$

根据式(1.2)，刚度为 k_1 和 k_2 的两个弹簧所储存的全部势能为

$$U=\frac{1}{2}k_1(x\cos 45°)^2+\frac{1}{2}k_2[x\cos(90°-\theta)]^2 \tag{E.1}$$

式中

$$k_1 = \frac{A_1 E_1}{l_1} = \frac{(100 \times 10^{-6}) \times (207 \times 10^9)}{12.3055} \text{ N/m} = 1.6822 \times 10^6 \text{ N/m}$$

$$k_2 = \frac{A_2 E_2}{l_2} = \frac{(2500 \times 10^{-6}) \times (207 \times 10^9)}{10} \text{ N/m} = 5.1750 \times 10^7 \text{ N/m}$$

由于竖直方向的等效弹簧产生的变形为 x，故等效弹簧的势能为

$$U_{eq} = \frac{1}{2} k_{eq} x^2 \tag{E.2}$$

令 $U=U_{eq}$，得系统的等效弹簧刚度为

$$k_{eq} = 26.4304 \times 10^6 \text{ N/m}$$

例 1.9 如图 1.33(a)所示，长度为 l、一端铰支的杆与两个弹簧常数分别为 k_1 和 k_2 的弹簧相连，在另一端受到一个力 F 的作用。假设杆只发生微小的角位移(θ)，求系统与所施加的力 F 和其所引起的位移 x 相关的等效弹簧常数。

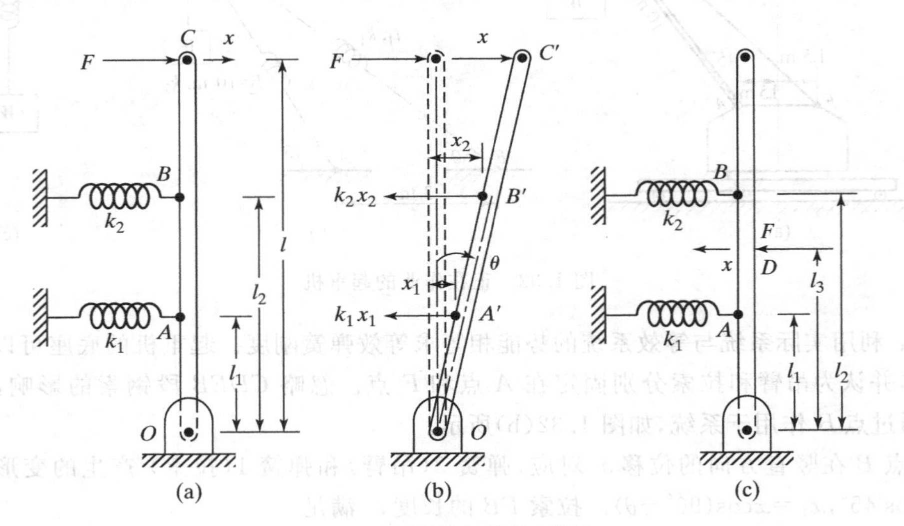

图 1.33 与弹簧相连的刚性杆

解：对于刚性杆的微小角位移 θ，两个弹簧的连接点 A、B 和力的作用点 C 发生的线性或水平位移分别为 $l_1 \sin\theta$、$l_2 \sin\theta$ 和 $l \sin\theta$。因为 θ 足够小，A、B、C 三点的水平位移可以分别近似为 $x_1 = l_1\theta$、$x_2 = l_2\theta$ 和 $x = l\theta$。两个弹簧的反作用力如图 1.33(b)所示。与力 F 的作用点相关的系统的等效弹簧常数可以根据关于铰支点 O 的力矩平衡方程来确定

$$k_1 x_1 l_1 + k_2 x_2 l_2 = Fl$$

或

$$F = k_1 \frac{x_1 l_1}{l} + k_2 \frac{x_2 l_2}{l} \tag{E.1}$$

将 F 表示成 $k_{eq} x$ 的形式，式(E.1)可以写成如下形式

$$F = k_{\rm eq}x = k_1\,\frac{x_1 l_1}{l} + k_2\,\frac{x_2 l_2}{l} \tag{E.2}$$

利用 $x_1 = l_1\theta$、$x_2 = l_2\theta$ 和 $x = l\theta$，由式(E.2)得到如下所期望的结果

$$k_{\rm eq} = k_1\left(\frac{l_1}{l}\right)^2 + k_2\left(\frac{l_2}{l}\right)^2 \tag{E.3}$$

注：

(1) 如图 1.33(c)所示，如果力是施加于另一点 D，可以确定此时的等效弹簧常数为

$$k_{\rm eq} = k_1\left(\frac{l_1}{l_3}\right)^2 + k_2\left(\frac{l_2}{l_3}\right)^2 \tag{E.4}$$

(2) 系统的等效弹簧常数也可以根据下列关系即能量原理来确定，即

$$\text{力所做的功} = \text{弹簧 } k_1 \text{ 和 } k_2 \text{ 的变形能} \tag{E.5}$$

对图 1.33(a)所示的系统，据此可得

$$\frac{1}{2}Fx = \frac{1}{2}k_1 x_1^2 + \frac{1}{2}k_2 x_2^2 \tag{E.6}$$

利用这个关系，也可以很容易地得到如式(E.3)所示的弹簧常数的表达式。

(3) 尽管与刚性杆相连的两个弹簧也是平行的，但却不能应用式(1.12)来确定等效弹簧常数，因为这两个弹簧的位移是不相同的。

1.7.5 与由重力引起的恢复力有关的弹簧常数

在某些场合下，质量块发生一个位移时所受到的恢复力或恢复力矩是由重力引起的。在这种场合下，等效弹簧常数会与重力的恢复力或恢复力矩有关。下面通过一个例子来说明分析过程。

例 1.10 图 1.34 所示单摆的摆长为 l，摆球的质量为 m，当它产生一个角位移 θ 时，确定其与恢复力(矩)相关的等效弹簧常数。

解：当单摆产生一个角位移 θ 时，质量块沿水平(x)方向的位移为 $l\sin\theta$，由质量块的重量 mg 产生的关于铰支点 O 的恢复力矩为

$$T = mgl\sin\theta \tag{E.1}$$

对于小的角位移 θ，$\sin\theta$ 可以近似为 θ(见附录 A)，所以式(E.1)变为

$$T = mgl\theta \tag{E.2}$$

将式(E.2)写成如下形式：

$$T = k_t\theta \tag{E.3}$$

所以要求的等效扭转弹簧常数的形式为

$$k_t = mgl \tag{E.4}$$

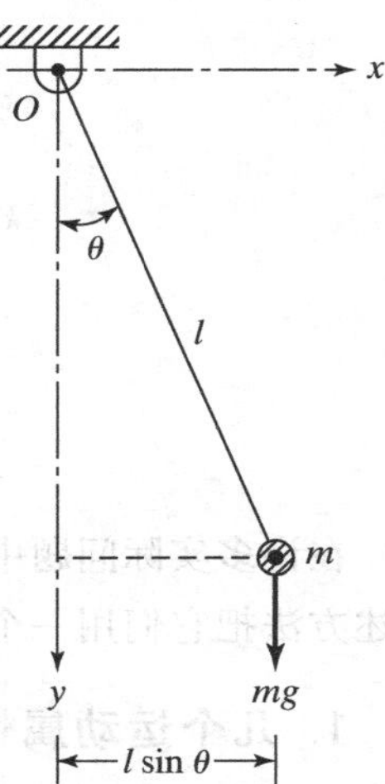

图 1.34 单摆

1.8 质量或惯性元件

质量或惯性元件按刚体考虑，当其速度改变时会导致动能的增加或减少。根据牛顿第二运动定律，刚体的质量与加速度的乘积等于作用在其上的外力。功等于力与沿力方向的位移的乘积。力对物体所做的功使物体具有动能。

在大多数情况下，对一个实际的振动系统建立力学模型时，经常会有几种可能的选择。通常是由分析的目的决定哪一个模型是最适合的。一旦确定了力学模型，系统的质量或惯性元件就容易识别了。例如，当讨论图1.25(a)所示的端部有一个质量块的悬臂梁时，为了较快地得到比较准确的结果，梁的质量和阻尼可以忽略不计。此时系统的简化结果如图1.25(b)所示。显然这时的端部质量是质量元件，弹簧反映梁的弹性。下面再考虑一个多层建筑承受地震波的例子。与楼板相比，框架的质量可以忽略不计。整个建筑物可以简化成如图1.35所示的多自由度系统。每一层楼板的质量用不同的质量元件来表示。竖直方向结构件的弹性用不同的弹簧元件来表示。

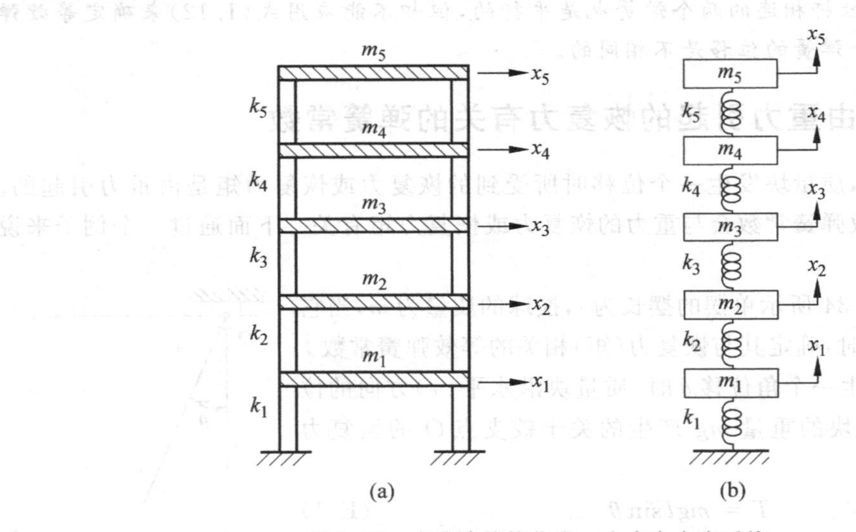

图1.35 多层建筑简化为一个多自由度系统

在许多实际问题中，经常会遇到几个质量块同时出现的情况。对于简单的分析，可以用下述方法把它们用一个等效质量来代替。

1. 几个运动属性相同的质量块由一个刚性杆连在一起

如图1.36(a)所示，此杆可以绕端部的销轴转动。可任意假设等效质量在杆中的位置，作为一种特例，不妨假设等效质量在 m_1 处。对于杆只有较小角位移的情形，m_2 和 m_3 的速

度可以用 m_1 的速度表示，即

$$\dot{x}_2 = \frac{l_2}{l_1}\dot{x}_1, \quad \dot{x}_3 = \frac{l_3}{l_1}\dot{x}_1 \tag{1.18}$$

另外

$$\dot{x}_{eq} = \dot{x}_1 \tag{1.19}$$

令这 3 个质量块的动能等于等效质量的动能，即

$$\frac{1}{2}m_1\dot{x}_1^2 + \frac{1}{2}m_2\dot{x}_2^2 + \frac{1}{2}m_3\dot{x}_3^2 = \frac{1}{2}m_{eq}\dot{x}_{eq}^2 \tag{1.20}$$

利用式(1.18)和式(1.19)，由式(1.20)得

$$m_{eq} = m_1 + \left(\frac{l_2}{l_1}\right)^2 m_2 + \left(\frac{l_3}{l_1}\right)^2 m_3 \tag{1.21}$$

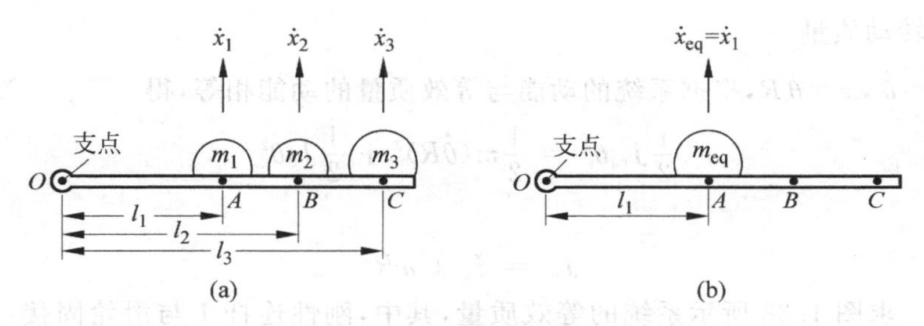

图 1.36 几个质量块由一个转动的刚性杆连在一起

2. 平动质量和转动质量耦合在一起

如图 1.37 所示，设齿条的质量为 m，平动速度为 $\dot{x}$，齿轮的转动惯量为 J_0，角速度为 $\dot{\theta}$。这两个质量块既可以用一个等效的平动质量来代替，也可以用一个等效的转动质量来代替。

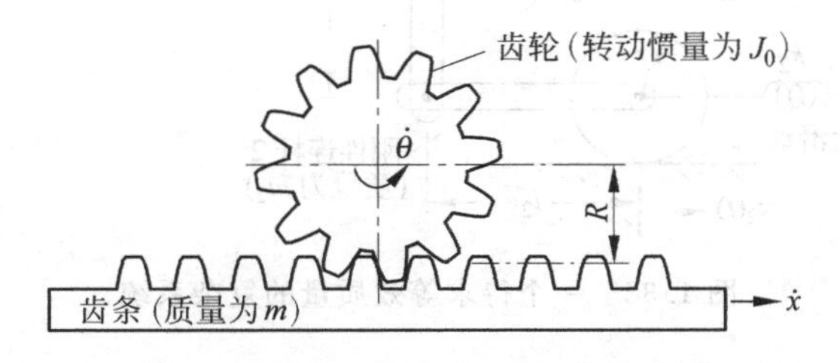

图 1.37 齿轮齿条机构中的平动质量和转动质量

1) 等效平动质量

整个系统的动能，也就是齿条和齿轮的动能，为

$$T = \frac{1}{2}m\dot{x}^2 + \frac{1}{2}J_0\dot{\theta}^2 \tag{1.22}$$

等效平动质量动能的表达式为

$$T_{eq} = \frac{1}{2}m_{eq}\dot{x}_{eq}^2 \tag{1.23}$$

由于$\dot{x}_{eq}=\dot{x}$，$\dot{\theta}=\dot{x}/R$，所以根据系统的动能与等效质量的动能相等，得

$$\frac{1}{2}m_{eq}\dot{x}^2 = \frac{1}{2}m\dot{x}^2 + \frac{1}{2}J_0\left(\frac{\dot{x}}{R}\right)^2$$

故

$$m_{eq} = m + \frac{J_0}{R^2} \tag{1.24}$$

2）等效转动质量

注意$\dot{\theta}_{eq}=\dot{\theta}$，$\dot{x}=\dot{\theta}R$，根据系统的动能与等效质量的动能相等，得

$$\frac{1}{2}J_{eq}\dot{\theta}^2 = \frac{1}{2}m(\dot{\theta}R)^2 + \frac{1}{2}J_0\dot{\theta}^2$$

故

$$J_{eq} = J_0 + mR^2 \tag{1.25}$$

例 1.11　求图1.38所示系统的等效质量，其中，刚性连杆1与滑轮固接，并绕滑轮的销轴转动。

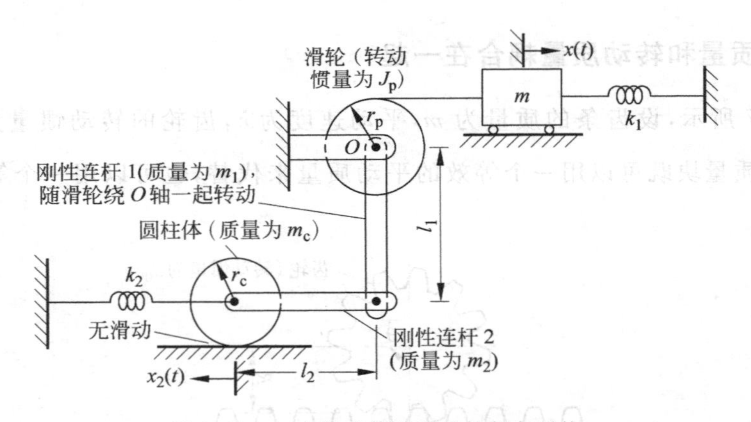

图1.38　一个待求等效质量的复杂系统

解：对于小位移，可根据等效质量的动能与原系统的动能相等来确定等效质量m_{eq}。当质量块m有一个位移x时，滑轮和刚性连杆1转过的角度为$\theta_p=\theta_1=x/r_p$，与此对应，刚性连杆2和圆柱产生的位移为$x_2=\theta_p l_1=xl_1/r_p$。由于圆柱只滚不滑，圆柱转过的角度为$\theta_c=x_2/r_c=xl_1/r_p r_c$。所以系统的动能为

$$T=\frac{1}{2}m\dot{x}^2+\frac{1}{2}J_p\dot{\theta}_p^2+\frac{1}{2}J_1\dot{\theta}_1^2+\frac{1}{2}m_2\dot{x}_2^2+\frac{1}{2}J_c\dot{\theta}_c^2+\frac{1}{2}m_c\dot{x}_2^2 \tag{E.1}$$

式中，J_p，J_1 和 J_c 分别代表滑轮、刚性连杆 1(相对于轴 O)和圆柱的转动惯量；$\dot{\theta}_p$，$\dot{\theta}_1$ 和 $\dot{\theta}_c$ 分别代表滑轮、刚性连杆 1(相对于轴 O)和圆柱的角速度；$\dot{x}$ 和 $\dot{x}_2$ 分别代表质量块 m 和刚性连杆 2 的线速度。注意 $J_c=m_c r_c^2/2$，$J_1=m_1 l_1^2/3$，式(E.1)可以重写为

$$T=\frac{1}{2}m\dot{x}^2+\frac{1}{2}J_p\left(\frac{\dot{x}}{r_p}\right)^2+\frac{1}{2}\left(\frac{m_1 l_1^2}{3}\right)\left(\frac{\dot{x}}{r_p}\right)^2+\frac{1}{2}m_2\left(\frac{\dot{x}l_1}{r_p}\right)^2$$
$$+\frac{1}{2}\left(\frac{m_c r_c^2}{2}\right)\left(\frac{\dot{x}l_1}{r_p r_c}\right)^2+\frac{1}{2}m_c\left(\frac{\dot{x}l_1}{r_p}\right)^2 \tag{E.2}$$

等效质量的动能表达式为

$$T=\frac{1}{2}m_{eq}\dot{x}^2 \tag{E.3}$$

令式(E.2)与式(E.3)相等，得

$$m_{eq}=m+\frac{J_p}{r_p^2}+\frac{1}{3}m_1\frac{l_1^2}{r_p^2}+m_2\frac{l_1^2}{r_p^2}+\frac{1}{2}m_c\frac{l_1^2}{r_p^2}+m_c\frac{l_1^2}{r_p^2} \tag{E.4}$$

例 1.12 图 1.39 所示凸轮-从动杆机构利用一个轴的旋转运动实现阀的往复运动。从动杆系统由推杆(质量为 m_p)、摇臂(质量为 m_r，对其重心轴的转动惯量为 J_r)、阀杆(质量为 m_v)和阀门弹簧(不计质量)组成。求该机构的等效质量 m_{eq}，分别假设等效质量的位置在 A 点和 C 点。

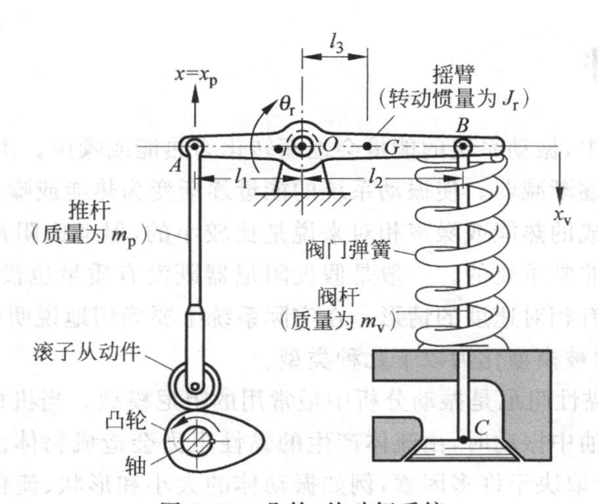

图 1.39 凸轮-从动杆系统

解：该机构的等效质量可以根据等效质量的动能与原系统的动能相等来确定。当推杆有一个竖向位移 x 时，摇臂转过的角度为 $\theta_r=x/l_1$，阀杆的向下位移为 $x_v=\theta_r l_2=x l_2/l_1$，摇

臂重心的向下位移为 $x_r=\theta_r l_3=xl_3/l_1$。系统的动能为①

$$T=\frac{1}{2}m_p\dot{x}_p^2+\frac{1}{2}m_v\dot{x}_v^2+\frac{1}{2}J_r\dot{\theta}_r^2+\frac{1}{2}m_r\dot{x}_r^2 \tag{E.1}$$

式中，$\dot{x}_p$，$\dot{x}_r$和$\dot{x}_v$分别代表推杆、摇臂重心和阀杆的线速度；$\dot{\theta}_r$代表摇臂的角速度。

(1) 如果假设等效质量的位置在 A 点，令其速度为$\dot{x}_{eq}=\dot{x}$，则其动能表达式为

$$T_{eq}=\frac{1}{2}m_{eq}\dot{x}_{eq}^2 \tag{E.2}$$

令 T 与 T_{eq}相等，并注意下列关系：

$$\dot{x}_p=\dot{x},\quad \dot{x}_v=\frac{l_2}{l_1}\dot{x},\quad \dot{x}_r=\frac{l_3}{l_1}\dot{x},\quad \dot{\theta}_r=\frac{\dot{x}}{l_1}$$

得

$$m_{eq}=m_p+\frac{J_r}{l_1^2}+m_v\frac{l_2^2}{l_1^2}+m_r\frac{l_3^2}{l_1^2} \tag{E.3}$$

(2) 类似地，如果假设等效质量的位置在 C 点，显然其速度为$\dot{x}_{eq}=\dot{x}_v$，其动能表达式为

$$T_{eq}=\frac{1}{2}m_{eq}\dot{x}_{eq}^2=\frac{1}{2}m_{eq}\dot{x}_v^2 \tag{E.4}$$

令式(E.4)与式(E.1)相等，得

$$m_{eq}=m_v+\frac{J_r}{l_2^2}+m_p\frac{l_1^2}{l_2^2}+m_r\frac{l_3^2}{l_2^2} \tag{E.5}$$

1.9 阻尼元件

在许多实际系统中，振动系统的能量会逐渐转化为热能或噪声。由于能量的减少，响应(例如系统的位移)会逐渐减弱。使振动系统的能量逐渐变为热能或噪声的机理用系统的阻尼来描述。即使转换成的热能或噪声相对来说是比较小的，但考虑阻尼的影响对准确预测系统的振动响应也是非常重要的。一般是假设阻尼器既没有质量也没有弹性，并且阻尼力只存在于阻尼器两端有相对速度的情形。在实际系统中要确切地说明引起阻尼的原因是很困难的，因此阻尼器常被模型化为以下几种类型。

(1) **黏性阻尼**。黏性阻尼是振动分析中最常用的阻尼模型。当机械系统在流体介质例如在空气、气体、水和油中振动时，由流体产生的黏性阻力会造成物体能量损耗。在这种情况下，大量损耗的能量取决于许多因素，例如振动体的大小和形状、流体的黏性和振动频率以及振动体的速度等。在黏性阻尼中，阻尼力与振动体的速度大小成正比。最典型的黏性阻尼的例子包括滑动面之间的油膜、活塞汽缸周围的流体绕流、流体通过一个小孔以及轴承

① 若阀门弹簧的质量为 m_s，则其等效质量为$\frac{1}{3}m_s$(见例 2.8)，所以阀门弹簧的动能为$\frac{1}{2}\left(\frac{1}{3}m_s\right)\dot{x}_v^2$。

与滚珠之间的油膜等。

（2）**库仑或干摩擦阻尼**。此时阻尼力大小是常数，但是方向与振动体的相对运动方向相反。这是因为相互摩擦的两个面都是干的或欠润滑的。

（3）**材料阻尼（固体阻尼，滞后阻尼）**。当材料产生变形时，能量就会被材料吸收和消耗。当产生变形时，材料的内部平面之间会产生滑移或错位，因而内部平面之间的相互摩擦就会引起能量损耗。当一个具有材料阻尼的物体振动时，其应力-应变曲线是如图 1.40(a) 所示的滞后回线。该回路所围成的面积确定了由于阻尼的作用，单位体积的物体在一个循环中所损失的能量①。

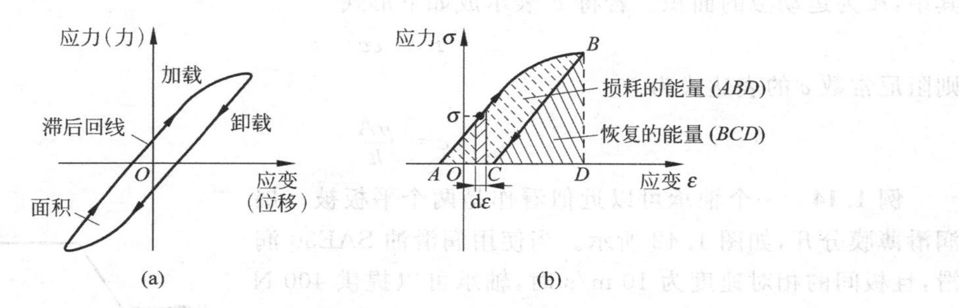

图 1.40 弹性材料的应力-应变滞后回线

1.9.1 黏性阻尼器的结构

黏性阻尼器可以有几种构成方式。例如，当两个平行的平板之间充满黏性的流体，其中的一个平板相对于另一个作相对运动时，就构成了一个黏性阻尼器。下面的例子用来说明在实际应用中构成黏性阻尼器的各种方法。

例 1.13 两块平行的板之间的距离为 h，其间流体的黏度为 μ，如图 1.41 所示，其中的一块板相对于另一块板的运动速度为 v，推导阻尼系数的表达式。

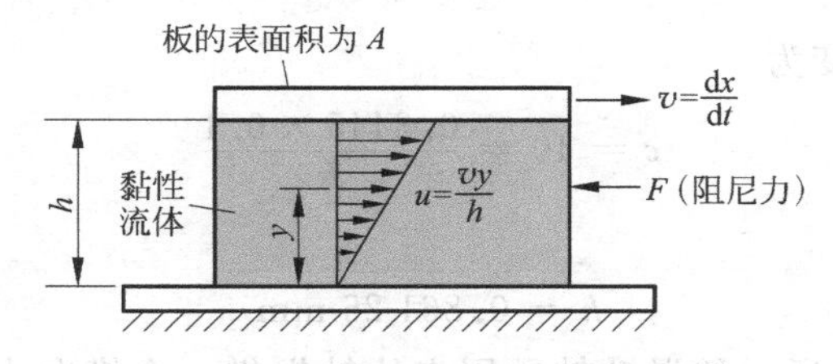

图 1.41 两平行板之间充满黏性流体

① 当施加于弹性体的载荷增加时，弹性体中的应力(σ)和应变(ε)也增加。σ-ε 曲线下方的面积为

$$u=\int\sigma d\varepsilon$$

它表示单位体积的弹性体所储存的能量（载荷做功的结果）。卸载时，弹性体释放能量。当卸载路径与加载路径不同时，图 1.40(b)中的面积 ABC 和图 1.40(a)中滞后回线的面积表示单位体积的弹性体所损耗的能量。

解：令其中的一块板固定，另一块板在其所在平面内的运动速度为v。紧临运动板的流体层的速度为v，而和固定板相接触的流体层不动。中间流层的速度假设从0到v呈线性变化。由黏性流体的牛顿定律，距固定板为y的液体层的切应力为

$$\tau = \mu \frac{\mathrm{d}u}{\mathrm{d}y} \tag{E.1}$$

其中，$\mathrm{d}u/\mathrm{d}y = v/h$是速度梯度。在运动板的下表面产生的切力或阻力$F$为

$$F = \tau A = \frac{\mu A v}{h} \tag{E.2}$$

其中，A为运动板的面积。若将F表示成如下形式

$$F = cv \tag{E.3}$$

则阻尼常数c的表达式为

$$c = \frac{\mu A}{h} \tag{E.4}$$

例 1.14　一个轴承可以近似看作是两个平板被一层润滑薄膜分开，如图1.42所示。当使用润滑油SAE30润滑，且板间的相对速度为10 m/s时，轴承可以提供400 N的阻力。若板的面积为0.1 m^2，润滑油SAE30的绝对黏度为50×10^{-6}雷恩(reyn)（或0.3445 Pa·s）。求两板之间的间隙。

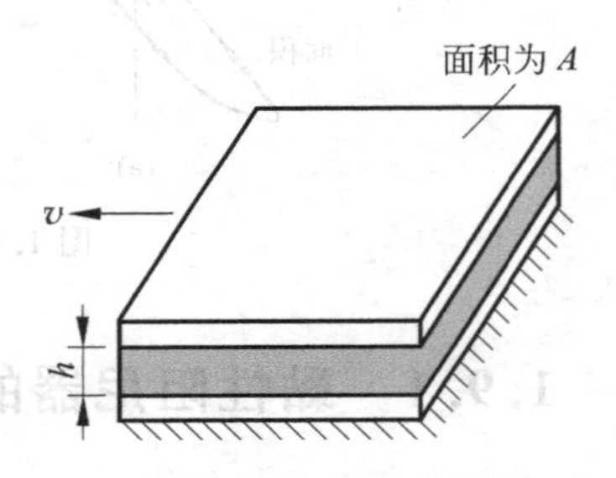

图1.42　被薄润滑膜分开的平板

解：由于阻力F可以表达为$F=cv$的形式，其中c为阻尼常数，v为速度，故有

$$c = \frac{F}{v} = \frac{400}{10}\ \mathrm{N\cdot s/m} = 40\ \mathrm{N\cdot s/m} \tag{E.1}$$

把轴承模型化为一个平板类型的阻尼器，阻尼常数由例1.13中的式(E.4)给出：

$$c = \frac{\mu A}{h} \tag{E.2}$$

代入已知数据，式(E.2)变为

$$c = 40 = \frac{0.3445\times 0.1}{h}$$

故

$$h = 0.861\,25\ \mathrm{mm} \tag{E.3}$$

例 1.15　如图1.43所示的滑动轴承用来给轴提供一个横向支撑。若轴的半径为R，角速度是ω，轴和轴承间的径向间隙为d，流体（润滑剂）的黏度为μ，轴承的长度是l，推导滑动轴承旋转阻尼常数的表达式。假设流体的泄漏是可以忽略的。

解：滑动轴承的阻尼常数可利用黏性流体中的剪应力公式确定。与旋转轴接触的流体将有一个切线方向的线速度，而与静止的轴承相接触的流体的速度为零。假设流体的速度

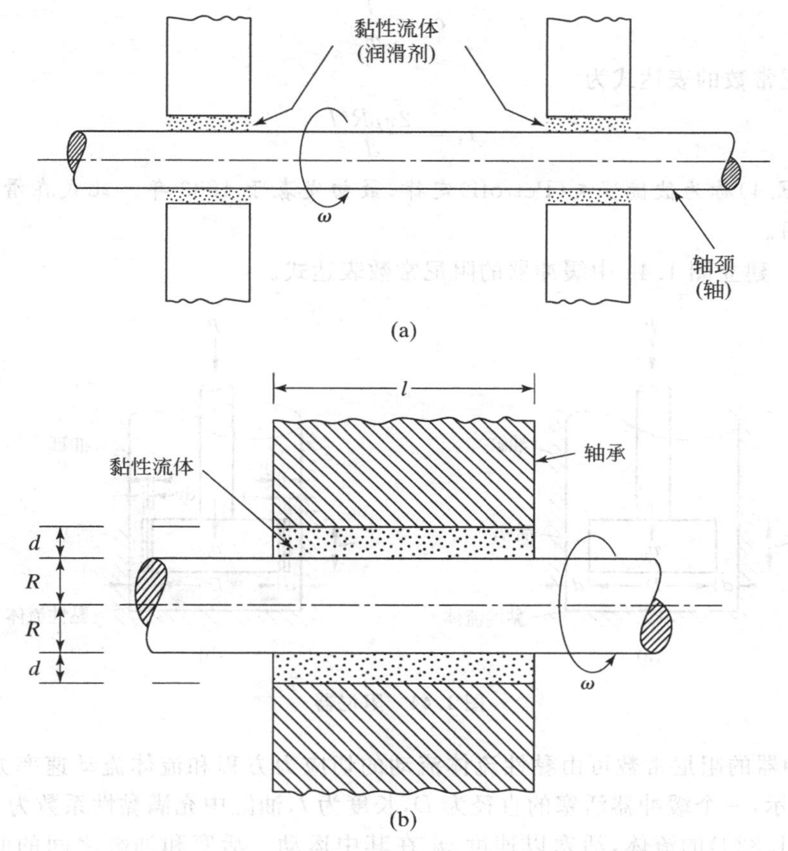

图 1.43 滑动轴承

在径向是线性变化的，即

$$v(r)=\frac{vr}{d}=\frac{rR\omega}{d} \tag{E.1}$$

润滑剂中的剪应力等于径向的速度梯度与黏度的乘积

$$\tau=\mu\frac{\mathrm{d}v}{\mathrm{d}r}=\frac{\mu R\omega}{d} \tag{E.2}$$

剪断润滑膜所需要的力等于剪应力乘以面积，作用在轴上的扭矩等于力乘以力臂，所以

$$T=\tau AR \tag{E.3}$$

式中，$A=2\pi Rl$ 是轴暴露在润滑剂中的表面积。所以式(E.3)可以重新写成如下的形式

$$T=\left(\frac{\mu R\omega}{d}\right)(2\pi Rl)R=\frac{2\pi\mu R^3 l\omega}{d} \tag{E.4}$$

根据轴承旋转阻尼常数的定义

$$c_t = \frac{T}{\omega} \tag{E.5}$$

可得旋转阻尼常数的表达式为

$$c_t = \frac{2\pi\mu R^3 l}{d} \tag{E.6}$$

注：式(E.4)称为彼德罗夫(Petroff)定律，最初发表于1883年。此式在滑动轴承的设计中广泛应用。

例1.16　建立图1.44中缓冲器的阻尼常数表达式。

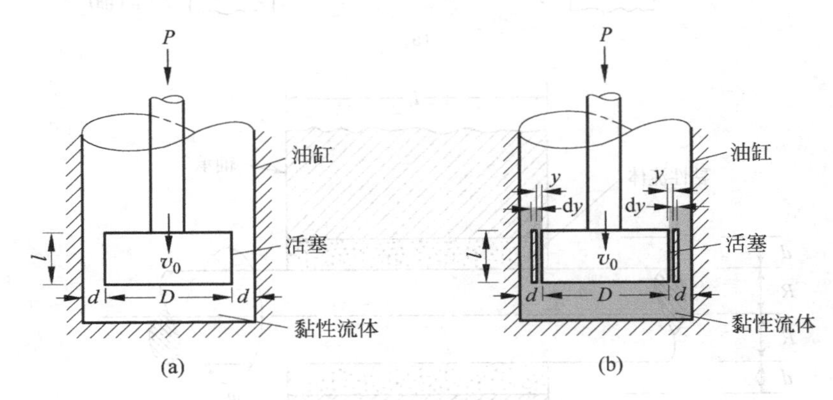

图1.44　阻尼器

解：缓冲器的阻尼常数可由黏性流体流动的切应力方程和流体流动速率方程来确定。如图1.44所示，一个缓冲器活塞的直径为D，长度为l，油缸中充满黏性系数为μ(见参考文献[1.24]和[1.32])的流体，活塞以速度v_0在其中运动。活塞和油缸之间的间隙为d，如图1.44(b)所示。在距运动表面为y处的速度和切应力分别为v和τ，在$(y+dy)$处的速度和切应力相应地分别为$(v-dv)$和$(\tau+d\tau)$。dv前的“－”号表明y朝缸壁方向增大时速度在减小。该微小圆环上的黏性阻力为

$$F = \pi D l\, d\tau = \pi D l \frac{d\tau}{dy} dy \tag{E.1}$$

但切应力为

$$\tau = -\mu \frac{dv}{dy} \tag{E.2}$$

其中，“－”号与速度减小的方向一致[1.33]。将式(E.2)代入式(E.1)，有

$$F = -\pi D l\, dy \mu \frac{d^2 v}{dy^2} \tag{E.3}$$

作用在活塞上的力将引起活塞两端的压力差，其大小为

$$p = \frac{P}{\frac{\pi D^2}{4}} = \frac{4P}{\pi D^2} \tag{E.4}$$

因此,作用在活塞两端的压力为

$$p(\pi D\mathrm{d}y)=\frac{4P}{D}\mathrm{d}y \tag{E.5}$$

其中,$\pi D\mathrm{d}y$ 为介于 y 和$(y+\mathrm{d}y)$之间的环形面积。如果假设平均速度在流体运动方向上是均匀分布的,在式(E.3)和式(E.5)中给出的力必须相等,这样就得到

$$\frac{4P}{D}\mathrm{d}y=-\pi Dl\,\mathrm{d}y\mu\,\frac{\mathrm{d}^2v}{\mathrm{d}y^2}$$

或

$$\frac{\mathrm{d}^2v}{\mathrm{d}y^2}=-\frac{4P}{\pi D^2l\mu} \tag{E.6}$$

对上式积分两次,并且考虑边界条件 $v=-v_0|_{y=0}$,$v=0|_{y=d}$,得到

$$v=\frac{2P}{\pi D^2l\mu}(yd-y^2)-v_0\left(1-\frac{y}{d}\right) \tag{E.7}$$

流过间隙的流体的流速 Q 可以通过对流过活塞的流体的流速积分得到,积分上下限分别为 $y=0$ 和 $y=d$,则

$$Q=\int_0^d v\pi D\mathrm{d}y=\pi D\left(\frac{2Pd^3}{6\pi D^2l\mu}-\frac{1}{2}v_0d\right) \tag{E.8}$$

流体每秒流过间隙的体积必须等于每秒活塞排出的流体的体积。这样活塞的速度 v_0 将等于这个流量除以活塞面积,即

$$v_0=\frac{Q}{\left(\frac{\pi}{4}D^2\right)} \tag{E.9}$$

由式(E.9)和式(E.8)可知

$$P=\left[\frac{3\pi D^3l\left(1+\frac{2d}{D}\right)}{4d^3}\right]\mu v_0 \tag{E.10}$$

令 $P=cv_0$,这样阻尼常数 c 就为

$$c=\mu\left[\frac{3\pi D^3l}{4d^3}\left(1+\frac{2d}{D}\right)\right] \tag{E.11}$$

1.9.2 非线性阻尼器的线性化

如果一个阻尼器中的阻尼力与速度的关系是非线性的,即

$$F=F(v) \tag{1.26}$$

可像处理非线性弹簧那样,在工作速度 v^* 处对其进行线性化处理。线性化处理给出的等效阻尼常数的形式为

$$c=\left.\frac{\mathrm{d}F}{\mathrm{d}v}\right|_{v^*} \tag{1.27}$$

1.9.3　阻尼器的组合

在某些动力学系统中，会用到多个阻尼器。在这种情况下，全部阻尼器可以用一个等效阻尼器代替。当阻尼器以某种组合形式出现时，可像确定多个弹簧的等效弹簧常数那样，确定等效阻尼器的阻尼常数。例如，当两个阻尼常数分别为 c_1 和 c_2 的平动阻尼器，以组合形式出现时，等效阻尼常数可按如下式子确定(参见习题 1.55)：

$$\text{并联阻尼器：} c_{eq} = c_1 + c_2 \tag{1.28}$$

$$\text{串联阻尼器：} \frac{1}{c_{eq}} = \frac{1}{c_1} + \frac{1}{c_2} \tag{1.29}$$

例 1.17　如图 1.45(a)所示，一个精密铣床由 4 个防振支架支承，每个支架的弹性和阻尼可以分别用一个弹簧和一个黏性阻尼器模拟，如图 1.45(b)所示。找出用防振支架的弹簧常数 k_i 和阻尼常数 c_i 表示的机床支承系统的等效弹簧常数 k_{eq} 和等效阻尼常数 c_{eq}。

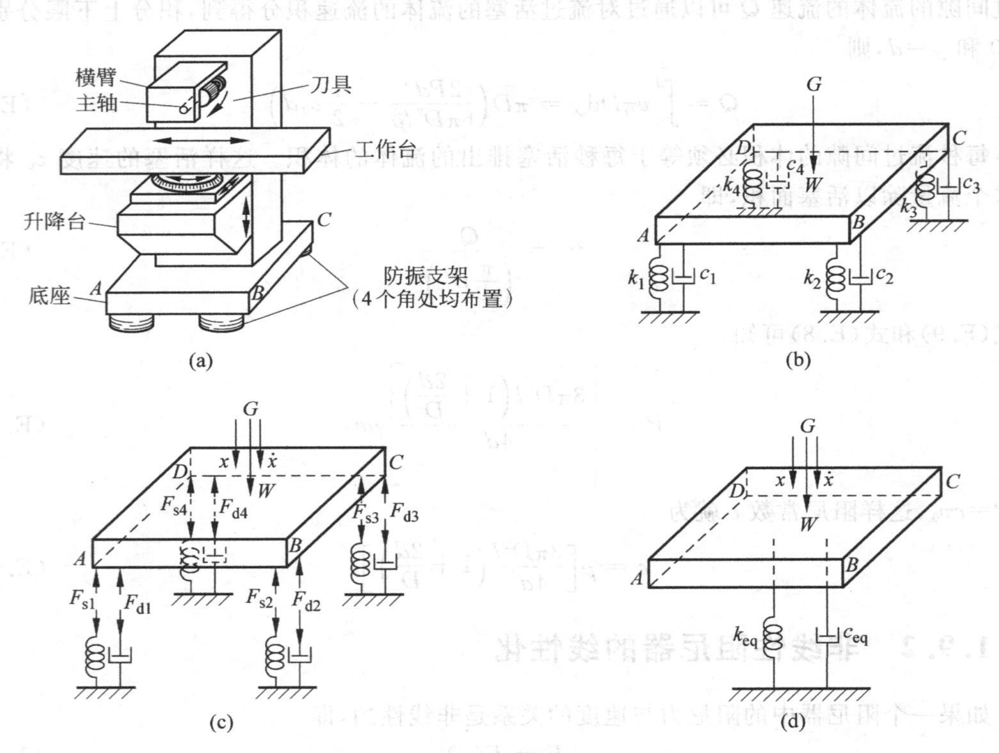

图 1.45　卧式铣床

解：4 个弹簧和 4 个阻尼器的受力图如图 1.45(c)所示。假设质心 G 在 4 个弹簧和 4 个阻尼器的对称中心处。注意到所有的弹簧有相同的位移 x，所有的阻尼器有相同的相对速度$\dot{x}$，其中 x 和$\dot{x}$分别表示质心 G 的位移和速度。作用在弹簧上的力 F_{si}和作用在阻尼器上的力 F_{di}可以表示成

$$\left.\begin{aligned} F_{si} &= k_i x, \quad i = 1,2,3,4 \\ F_{di} &= c_i \dot{x}, \quad i = 1,2,3,4 \end{aligned}\right\} \tag{E.1}$$

令作用在弹簧和阻尼器上所有力的合力分别为 F_s 和 F_d（如图 1.45(d)），故

$$\left.\begin{aligned} F_s &= F_{s1} + F_{s2} + F_{s3} + F_{s4} \\ F_d &= F_{d1} + F_{d2} + F_{d3} + F_{d4} \end{aligned}\right\} \tag{E.2}$$

其中，$F_s+F_d=W$，W 表示作用在铣床上的总的竖直力（包括惯性力）。从图 1.45(d)可知

$$\left.\begin{aligned} F_s &= k_{eq} x \\ F_d &= c_{eq} \dot{x} \end{aligned}\right\} \tag{E.3}$$

将式(E.1)和式(E.3)代入式(E.2)，并注意 $k_i=k$，$c_i=c(i=1,2,3,4)$，则

$$\left.\begin{aligned} k_{eq} &= k_1 + k_2 + k_3 + k_4 = 4k \\ c_{eq} &= c_1 + c_2 + c_3 + c_4 = 4c \end{aligned}\right\} \tag{E.4}$$

注：如果质心 G 不是在 4 个弹簧和 4 个阻尼器的对称中心处，那么第 i 个弹簧产生一个为 x_i 的位移，第 i 个阻尼器产生一个为$\dot{x}_i$的速度，其中 x_i 和$\dot{x}_i$是与铣床质心的 x 和$\dot{x}$有关系的量。这样，式(E.1)和式(E.4)就需要做适当的修改。

1.10 简谐运动

振动可以是有规律的重复性的运动，例如单摆的运动，也可以是没有规律的运动，例如地震时地面的运动。能够在相等的时间间隔后重复的运动，称为**周期运动**。最简单的周期运动是简谐运动。如图 1.46 所示，正弦机构传递给质量块 m 的运动，是简谐运动的一个例子。在这个系统中，半径为 A 的曲柄绕着 O 点转动，曲柄的另一端 P 在连杆槽中滑动，而连杆在竖直导轨 R 中作往复运动。当曲柄以角速度 ω 旋转时，连杆的末端 S 和弹簧-质量系统的质量块 m 将从中间位置偏移一个位移量 x（在时刻 t）

$$x = A\sin\theta = A\sin\omega t \tag{1.30}$$

这个运动由图 1.46 所示的正弦曲线来表示。质量块 m 在 t 时刻的速度为

$$\frac{\mathrm{d}x}{\mathrm{d}t} = \omega A\cos\omega t \tag{1.31}$$

加速度为

$$\frac{\mathrm{d}^2 x}{\mathrm{d}t^2} = -\omega^2 A\sin\omega t = -\omega^2 x \tag{1.32}$$

从中可以看出，加速度与位移成正比。这种加速度与位移成正比并指向中间位置的运动称为**简谐运动**。由 $x=A\cos\omega t$ 确定的运动是简谐运动的另一个例子。从图 1.46 中可以明显地看出简谐的周期运动与正弦运动的相似性。

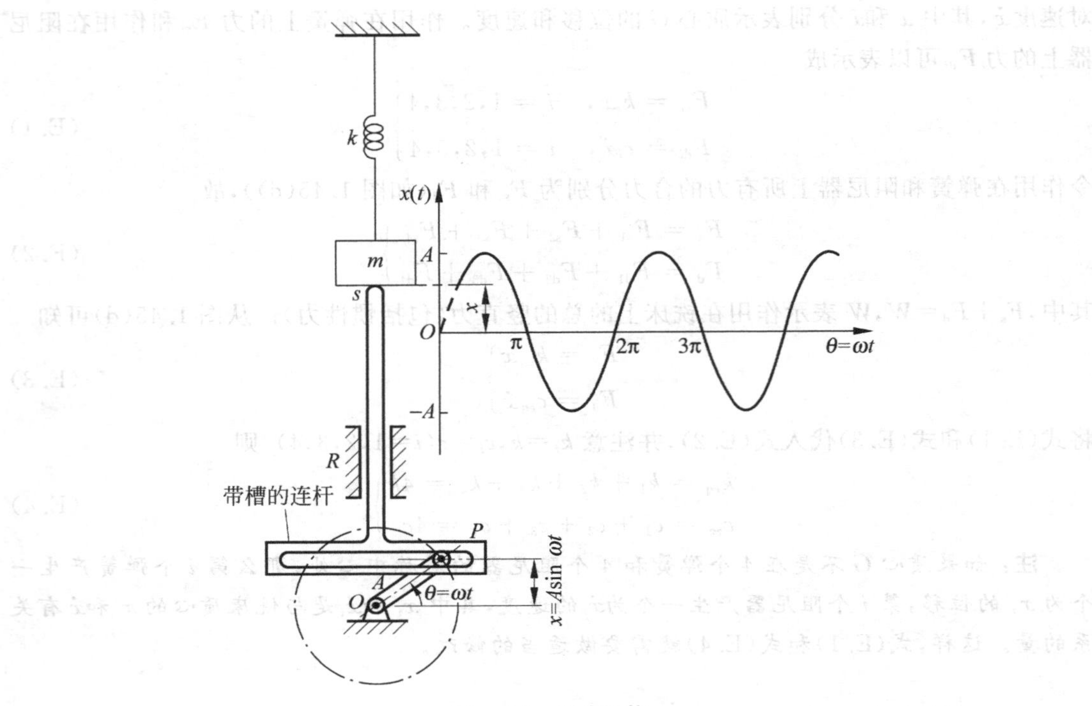

图 1.46　正弦机构

1.10.1　简谐运动的矢量表示

简谐运动可以方便地用长度为 A 且以固定的角速度 ω 旋转的向量 $\overrightarrow{OP}$ 来表示。在图 1.47 中，向量 $\boldsymbol{X}=\overrightarrow{OP}$ 在竖直轴上的投影为

$$y = A\sin \omega t \tag{1.33}$$

在水平轴的投影为

$$x = A\cos \omega t \tag{1.34}$$

式(1.33)和式(1.34)就是简谐运动的表达式。

1.10.2　简谐运动的复数表示

从上面的讨论可以看出，简谐运动的矢量表示方法要求同时描述出在水平轴和竖直轴的分量。现在可以用复数形式来更方便地表示简谐运动。任何一个 xy 平面上的矢量 $\boldsymbol{X}$ 都可以表示成复数的形式：

$$\boldsymbol{X} = a + \mathrm{i}b \tag{1.35}$$

其中，$\mathrm{i}=\sqrt{-1}$，并且 a 和 b 分别表示 $\boldsymbol{X}$ 沿 x 和 y 方向的分量（见图 1.48），分量 a 和 b 也称

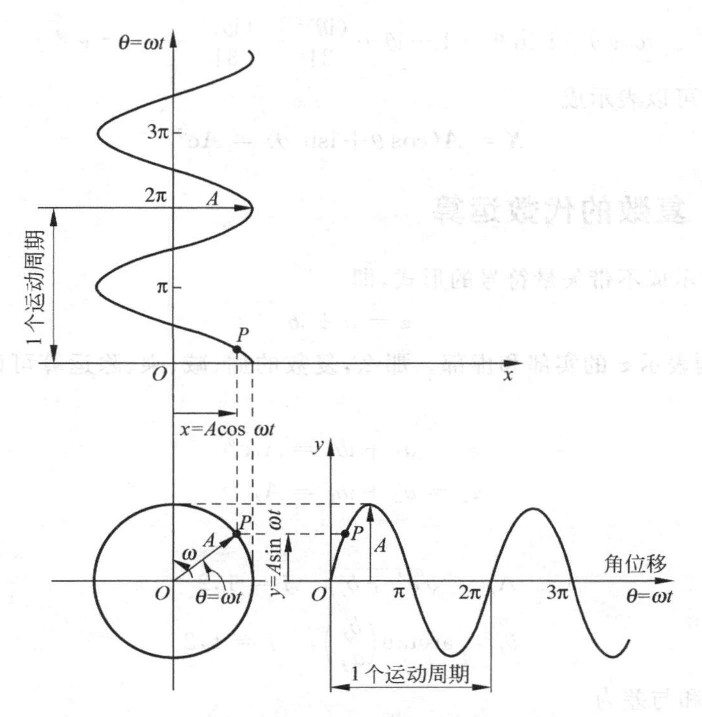

图 1.47　简谐运动-旋转矢量端点的投影

为矢量 $\boldsymbol{X}$ 的实部和虚部。如果用 A 表示矢量 $\boldsymbol{X}$ 的模(绝对值),θ 表示该矢量和 x 轴的夹角,那么矢量 $\boldsymbol{X}$ 也可以表示成

$$\boldsymbol{X} = A\cos\theta + \mathrm{i}A\sin\theta \tag{1.36}$$

其中

$$A = (a^2 + b^2)^{1/2} \tag{1.37}$$

$$\theta = \arctan\frac{b}{a} \tag{1.38}$$

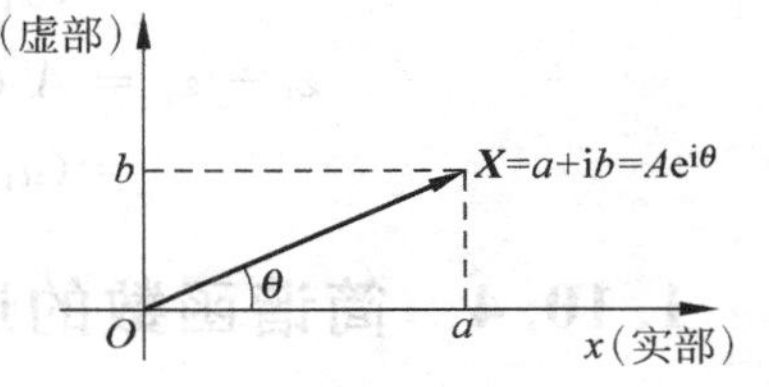

图 1.48　复数的表示方法

注:$\mathrm{i}^2=-1,\mathrm{i}^3=-\mathrm{i},\mathrm{i}^4=1,\cdots$,所以 $\cos\theta$ 和 $\mathrm{i}\sin\theta$ 可以展成如下级数形式

$$\cos\theta = 1-\frac{\theta^2}{2!}+\frac{\theta^4}{4!}-\cdots = 1+\frac{(\mathrm{i}\theta)^2}{2!}+\frac{(\mathrm{i}\theta)^4}{4!}+\cdots \tag{1.39}$$

$$\mathrm{i}\sin\theta = \mathrm{i}\left[\theta-\frac{\theta^3}{3!}+\frac{\theta^5}{5!}-\cdots\right] = \mathrm{i}\theta+\frac{(\mathrm{i}\theta)^3}{3!}+\frac{(\mathrm{i}\theta)^5}{5!}+\cdots \tag{1.40}$$

由式(1.39)和式(1.40)有

$$\cos\theta+\mathrm{i}\sin\theta = 1+\mathrm{i}\theta+\frac{(\mathrm{i}\theta)^2}{2!}+\frac{(\mathrm{i}\theta)^3}{3!}+\cdots = \mathrm{e}^{\mathrm{i}\theta} \tag{1.41}$$

$$\cos\theta - \mathrm{i}\sin\theta = 1 - \mathrm{i}\theta + \frac{(\mathrm{i}\theta)^2}{2!} - \frac{(\mathrm{i}\theta)^3}{3!} + \cdots = \mathrm{e}^{-\mathrm{i}\theta} \tag{1.42}$$

那么方程(1.36)可以表示成

$$\boldsymbol{X} = A(\cos\theta + \mathrm{i}\sin\theta) = A\mathrm{e}^{\mathrm{i}\theta} \tag{1.43}$$

1.10.3 复数的代数运算

复数经常表示成不带矢量符号的形式，即

$$z = a + \mathrm{i}b \tag{1.44}$$

其中，a 和 b 分别表示 z 的实部和虚部。那么，复数的加、减、乘、除运算可以按常规的代数方法进行。令

$$z_1 = a_1 + \mathrm{i}b_1 = A_1\mathrm{e}^{\mathrm{i}\theta_1} \tag{1.45}$$

$$z_2 = a_2 + \mathrm{i}b_2 = A_2\mathrm{e}^{\mathrm{i}\theta_2} \tag{1.46}$$

其中

$$A_j = \sqrt{a_j^2 + b_j^2}, \quad j = 1,2 \tag{1.47}$$

$$\theta_j = \arctan\left(\frac{b_j}{a_j}\right), \quad j = 1,2 \tag{1.48}$$

那么 z_1 和 z_2 的和与差为

$$\begin{aligned} z_1 + z_2 &= A_1\mathrm{e}^{\mathrm{i}\theta_1} + A_2\mathrm{e}^{\mathrm{i}\theta_2} = (a_1 + \mathrm{i}b_1) + (a_2 + \mathrm{i}b_2) \\ &= (a_1 + a_2) + \mathrm{i}(b_1 + b_2) \end{aligned} \tag{1.49}$$

$$\begin{aligned} z_1 - z_2 &= A_1\mathrm{e}^{\mathrm{i}\theta_1} - A_2\mathrm{e}^{\mathrm{i}\theta_2} = (a_1 + \mathrm{i}b_1) - (a_2 + \mathrm{i}b_2) \\ &= (a_1 - a_2) + \mathrm{i}(b_1 - b_2) \end{aligned} \tag{1.50}$$

1.10.4 简谐函数的运算

如果用复数表示方法，图1.47中的旋转矢量 $\boldsymbol{X}$ 可以写成

$$\boldsymbol{X} = A\mathrm{e}^{\mathrm{i}\omega t} \tag{1.51}$$

其中，ω 表示矢量 $\boldsymbol{X}$ 沿逆时针方向旋转的圆频率(单位：rad/s)。对式(1.51)中给出的简谐运动函数求关于时间的微分

$$\frac{\mathrm{d}\boldsymbol{X}}{\mathrm{d}t} = \frac{\mathrm{d}}{\mathrm{d}t}(A\mathrm{e}^{\mathrm{i}\omega t}) = \mathrm{i}\omega A\mathrm{e}^{\mathrm{i}\omega t} = \mathrm{i}\omega\boldsymbol{X} \tag{1.52}$$

$$\frac{\mathrm{d}^2\boldsymbol{X}}{\mathrm{d}t^2} = \frac{\mathrm{d}}{\mathrm{d}t}(\mathrm{i}\omega A\mathrm{e}^{\mathrm{i}\omega t}) = -\omega^2 A\mathrm{e}^{\mathrm{i}\omega t} = -\omega^2\boldsymbol{X} \tag{1.53}$$

这样，位移、速度、加速度可以表示为①

$$位移 = \mathrm{Re}[Ae^{\mathrm{i}\omega t}] = A\cos\omega t \tag{1.54}$$

$$速度 = \mathrm{Re}[\mathrm{i}\omega A e^{\mathrm{i}\omega t}] = -\omega A\sin\omega t = \omega A\cos(\omega t + 90°) \tag{1.55}$$

$$加速度 = \mathrm{Re}[-\omega^2 A e^{\mathrm{i}\omega t}] = -\omega^2 A\cos\omega t = \omega^2 A\cos(\omega t + 180°) \tag{1.56}$$

其中，Re 表示实部。这些量就是在图 1.49 中表示出的旋转矢量。从中可以看出，加速度矢量超前速度矢量 90°，而速度矢量又超前位移矢量 90°。

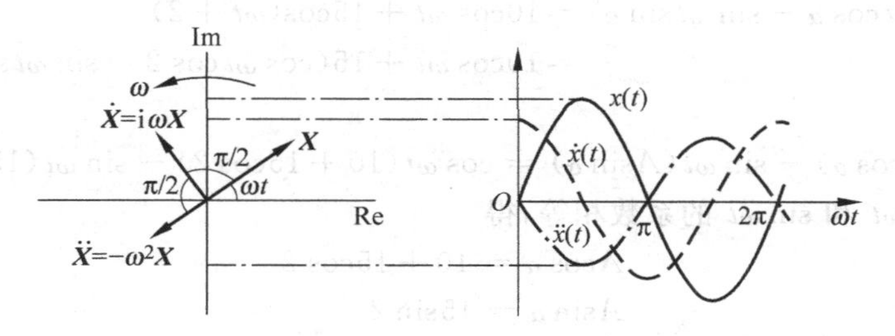

图 1.49 用旋转矢量表示位移、速度和加速度

简谐函数相加也可以借助于矢量运算完成，如图 1.50 所示。若 $\mathrm{Re}(\boldsymbol{X}_1) = A_1\cos\omega t$，$\mathrm{Re}(\boldsymbol{X}_2) = A_2\cos(\omega t + \theta)$，那么合矢量的模为

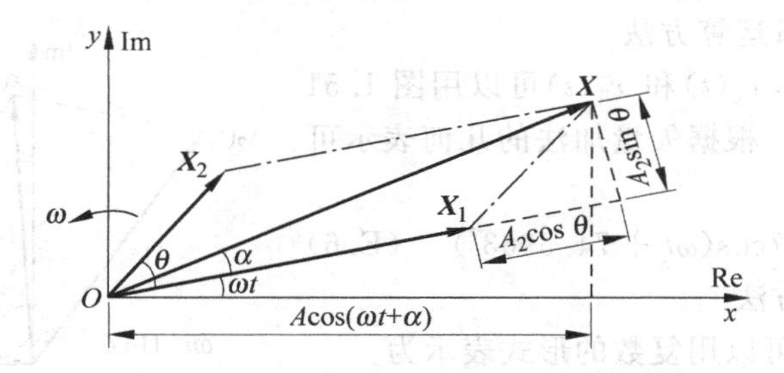

图 1.50 用矢量加法求简谐运动的合成

$$A = \sqrt{(A_1 + A_2\cos\theta)^2 + (A_2\sin\theta)^2} \tag{1.57}$$

角度 α 为

$$\alpha = \arctan\left(\frac{A_2\sin\theta}{A_1 + A_2\cos\theta}\right) \tag{1.58}$$

由于原来的函数都是用复数的实部表示的，所以合矢量 $\boldsymbol{X}_1 + \boldsymbol{X}_2$ 可以表示为 $\mathrm{Re}(\boldsymbol{X}) =$

---

① 如果简谐位移的原始形式为 $x(t) = A\sin\omega t$，那么有

$$位移 = \mathrm{Im}[Ae^{\mathrm{i}\omega t}] = A\sin\omega t$$

$$速度 = \mathrm{Im}[\mathrm{i}\omega Ae^{\mathrm{i}\omega t}] = \omega A\sin(\omega t + 90°)$$

$$加速度 = \mathrm{Im}[-\omega^2 Ae^{\mathrm{i}\omega t}] = \omega^2 A\sin(\omega t + 180°)$$

式中，Im 代表复数的虚部。

$A\cos(\omega t+\alpha)$。

例 1.18 求两个简谐运动 $x_1(t)=10\cos\omega t$ 与 $x_2(t)=15\cos(\omega t+2)$的和。

解：方法 1 利用三角函数关系

因为 $x_1(t)$和 $x_2(t)$的圆频率一样，所以合成运动的形式为

$$x(t)=A\cos(\omega t+\alpha)=x_1(t)+x_2(t) \tag{E.1}$$

由于

$$\begin{aligned}A(\cos\omega t\cos\alpha-\sin\omega t\sin\alpha)&=10\cos\omega t+15\cos(\omega t+2)\\&=10\cos\omega t+15(\cos\omega t\cos 2-\sin\omega t\sin 2)\end{aligned} \tag{E.2}$$

所以

$$\cos\omega t(A\cos\alpha)-\sin\omega t(A\sin\alpha)=\cos\omega t(10+15\cos 2)-\sin\omega t(15\sin 2) \tag{E.3}$$

令方程两边 $\cos\omega t$ 和 $\sin\omega t$ 的系数相等，得

$$A\cos\alpha=10+15\cos 2$$

$$A\sin\alpha=15\sin 2$$

由以上二式得

$$A=\sqrt{(10+15\cos 2)^2+(15\sin 2)^2}=14.1477 \tag{E.4}$$

$$\alpha=\arctan\left(\frac{15\sin 2}{10+15\cos 2}\right)=74.5963^\circ \tag{E.5}$$

方法 2 利用矢量运算方法

对于任意一个 ωt，$x_1(t)$和 $x_2(t)$可以用图 1.51 中所示的矢量来表示。根据矢量加法的几何表示可求得合矢量为

$$x(t)=14.1477\cos(\omega t+74.5963^\circ) \tag{E.6}$$

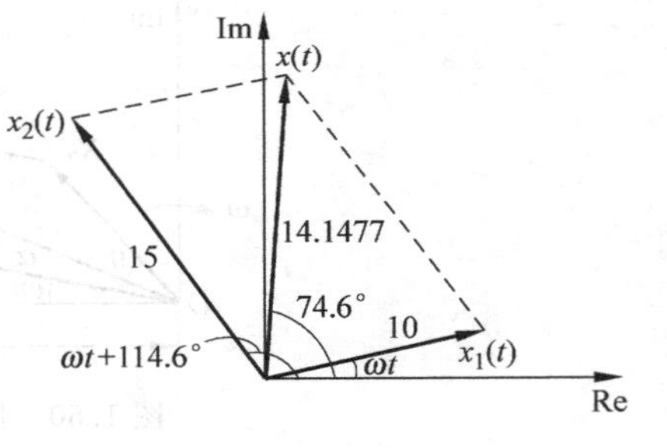

图 1.51 简谐运动的合成

方法 3 用复数方法

这两个简谐运动可以用复数的形式表示为

$$\left.\begin{aligned}x_1(t)&=\mathrm{Re}[A_1e^{i\omega t}]\equiv\mathrm{Re}[10e^{i\omega t}]\\x_2(t)&=\mathrm{Re}[A_2e^{i(\omega t+2)}]\equiv\mathrm{Re}[15e^{i(\omega t+2)}]\end{aligned}\right\} \tag{E.7}$$

这样，$x_1(t)$和 $x_2(t)$的和可以表示为

$$x(t)=\mathrm{Re}[Ae^{i(\omega t+\alpha)}] \tag{E.8}$$

其中，A 和 α 可以用式(1.47)和式(1.48)确定

$$A=14.1477$$

$$\alpha=74.5963^\circ$$

1.10.5 定义和术语

1. 振动循环

振动物体从平衡位置(即未受到干扰时所处的位置)向一个方向运动到极限位置后回到

平衡位置，再运动到另一个方向的极限位置，然后再回到平衡位置，这称为一个**振动循环**。在图1.46中，销钉P旋转1周(角位移为2π rad)或图1.47中的矢量$\overrightarrow{OP}$旋转1周都构成一个循环。

2．振幅

振动物体距平衡位置的最大位移称为振动的**振幅**。图1.46和图1.47中，振幅均为A。

3．振动周期

完成一个运动循环的时间称为**振动周期**，用τ表示。它等于图1.47中的矢量$\overrightarrow{OP}$旋转2π角度所需要的时间，故

$$\tau=\frac{2\pi}{\omega} \tag{1.59}$$

其中，ω称为圆频率。

4．振动频率

单位时间内完成的运动循环数叫做**振动频率**，或简称为**频率**，用f表示。所以

$$f=\frac{1}{\tau}=\frac{\omega}{2\pi} \tag{1.60}$$

这里，ω称为圆频率，以区别线频率$f=\omega/2\pi$。ω表示周期运动的角速度，其单位为rad/s，f表示每秒经过的振动循环的次数，其单位为秒分之一。

5．相角

考虑两个振动

$$x_1=A_1\sin\omega t \tag{1.61}$$

$$x_2=A_2\sin(\omega t+\phi) \tag{1.62}$$

式(1.61)和式(1.62)给出的这两个简谐运动叫做**同步运动**，因为它们具有相同的圆频率或角速度。两个同步振动不需要有相同的振幅，并且不用在相同的时刻达到它们的极值。式(1.61)和式(1.62)表示的运动可以用图1.52中的矢量表示。在这个图中，矢量$\overrightarrow{OP_2}$超前矢量$\overrightarrow{OP_1}$一个角度ϕ，这个角度称为**相角**。这意味着第二个矢量将比第一个矢量提前ϕ达到最大值。注意：不只是在最大值点，在任何其他点也都可以找到相角。在式(1.61)和式(1.62)中或在图1.52中，这两个矢量有一个相位差ϕ。

6．固有频率

如果一个系统受最初的扰动后，不再受外界激励而振动，此时的振动频率称为**固有频率**。正如稍后要看到的，通常一个n自由度的振动系统有n个不同的固有振动频率。

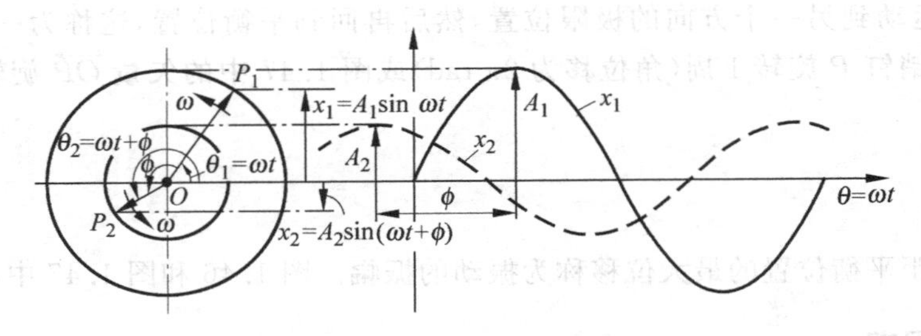

图 1.52　两个矢量的相角差

7. 拍振

当两个频率相近的简谐振动合成时，合成后的振动称为**拍振**。例如，如果两个振动为

$$x_1(t) = X\cos \omega t \tag{1.63}$$

$$x_2(t) = X\cos(\omega + \delta)t \tag{1.64}$$

其中，δ 是一个小量，则这两个运动的合成为

$$x(t) = x_1(t) + x_2(t) = X[\cos \omega t + \cos(\omega + \delta)t] \tag{1.65}$$

由三角关系

$$\cos A + \cos B = 2\cos\left(\frac{A+B}{2}\right)\cos\left(\frac{A-B}{2}\right) \tag{1.66}$$

式(1.65)可以写成

$$x(t) = 2X\cos\frac{\delta t}{2}\cos\left(\omega + \frac{\delta}{2}\right)t \tag{1.67}$$

这个式子的图形如图 1.53 所示。从该图中可以看出，合成的振动 $x(t)$ 描述了一个频率为 $\omega+\delta/2$（近似等于 ω）的余弦波，但振幅随时间按 $2X\cos\delta t/2$ 变化。当振幅达到一最大值时称为**拍**。振幅在 0 和 $2X$ 之间增强和减弱时的频率 δ 称为**拍频**。在机械系统、结构系统和电厂中经常可以观察到拍振现象。例如，在机械或结构系统中，当激振力频率和系统固有频率接近时就会出现拍的现象（见 3.3.2 节）。

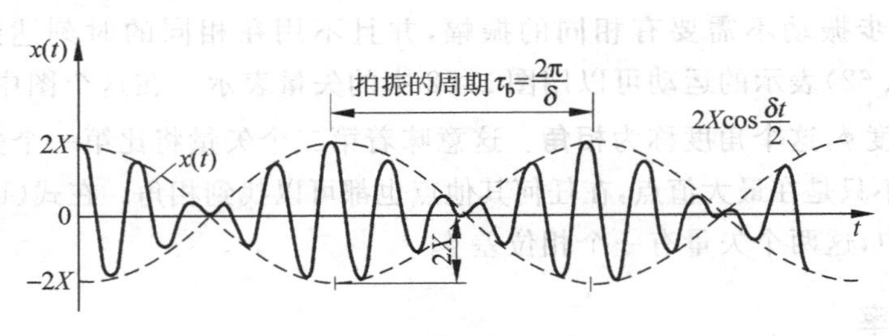

图 1.53　拍振

8. 倍频

当某一个频率范围的最大值是最小值的 2 倍时，称为**倍频带**。例如 75～150 Hz，150～300 Hz，300～600 Hz 的频率范围都是倍频带。若每个频率范围的最大值和最小值的比例为 2∶1，就说它们相差 1 个倍频。

9. 分贝

在振动和噪声领域，许多量（如位移、速度、加速度、压力、功率等）往往用分贝（dB）表示。dB 的最初定义是电功率的比 P/P_0，即

$$1\ \mathrm{dB} = 10\lg\left(\frac{P}{P_0}\right) \tag{1.68}$$

其中，P_0 是电功率的某个参考值。既然电功率与电压的平方成正比，dB 也可以表达为

$$1\ \mathrm{dB} = 10\lg\left(\frac{X}{X_0}\right)^2 = 20\lg\left(\frac{X}{X_0}\right) \tag{1.69}$$

其中，X_0 是特定的电压参考值。在实际应用中，式（1.69）也常用来表达其他量，如位移、速度、加速度、压力的比值。例如，压力的参考值 X_0 常取 $2\times10^{-5}\ \mathrm{N/m^2}$，加速度的参考值常取 $1\ \mu g=9.81\times10^{-6}\ \mathrm{m/s^2}$。

1.11 谐波分析[①]

虽然简谐运动处理起来最简单，但是很多振动系统的运动却不是简谐的。然而，很多情况下的振动是周期的，就像图 1.54（a）所示的情况。所幸的是，任何关于时间的周期函数都能用傅里叶级数，即无限多个正弦函数和余弦函数的和表示。

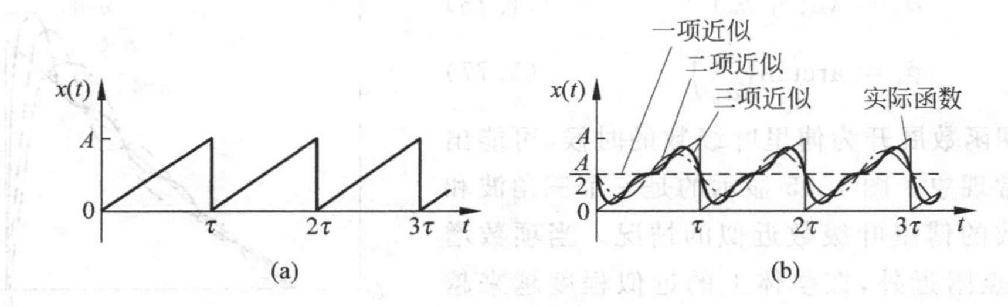

图 1.54　周期函数

① 谐波分析是 4.2 节的基础。

1.11.1 傅里叶级数展开

如果 $x(t)$ 的周期是 τ，则它的傅里叶级数展开如下

$$x(t)=\frac{a_0}{2}+a_1\cos\omega t+a_2\cos 2\omega t+\cdots+b_1\sin\omega t+b_2\sin 2\omega t+\cdots$$

$$=\frac{a_0}{2}+\sum_{n=1}^{\infty}(a_n\cos n\omega t+b_n\sin n\omega t) \tag{1.70}$$

其中，$\omega=2\pi/\tau$ 是基波频率；$a_0,a_1,a_2,\cdots,b_1,b_2,\cdots$ 是常系数。a_n,b_n 是通过对方程(1.70)两边分别乘以 $\cos n\omega t$ 和 $\sin n\omega t$，并在一个周期 $\tau=2\pi/\omega$ 内求积分得到的，例如，从 $0\sim 2\pi/\omega$ 积分。注意到方程右边积分后只有一项不为零，从而得到

$$a_0=\frac{\omega}{\pi}\int_0^{2\pi/\omega}x(t)\mathrm{d}t=\frac{2}{\tau}\int_0^{\tau}x(t)\mathrm{d}t \tag{1.71}$$

$$a_n=\frac{\omega}{\pi}\int_0^{2\pi/\omega}x(t)\cos n\omega t\,\mathrm{d}t=\frac{2}{\tau}\int_0^{\tau}x(t)\cos n\omega t\,\mathrm{d}t \tag{1.72}$$

$$b_n=\frac{\omega}{\pi}\int_0^{2\pi/\omega}x(t)\sin n\omega t\,\mathrm{d}t=\frac{2}{\tau}\int_0^{\tau}x(t)\sin n\omega t\,\mathrm{d}t \tag{1.73}$$

方程(1.70)的物理含义是所有的周期函数都能用简谐函数的和来表示。虽然方程(1.70)是无穷级数，但却可以用有限个简谐函数近似出大多数的周期函数。例如，如图1.54(a)所示的三角波就可以用3个简谐函数得到很好的近似，如图1.54(b)所示。

傅里叶级数也能仅用正弦或余弦项表示。例如，仅用余弦项的级数可以表示如下：

$$x(t)=d_0+d_1\cos(\omega t-\phi_1)+d_2\cos(2\omega t-\phi_2)+\cdots \tag{1.74}$$

其中

$$d_0=a_0/2 \tag{1.75}$$

$$d_n=(a_n^2+b_n^2)^{1/2} \tag{1.76}$$

$$\phi_n=\arctan\left(\frac{b_n}{a_n}\right) \tag{1.77}$$

当一个周期函数展开为傅里叶级数的时候，可能出现一个异常现象。图1.55显示的是一个三角波和用不同项数的傅里叶级数近似的情况。当项数增加时，除尖点附近外，在整体上的近似程度越来越好。即在整体上与真实波形的偏离度变小，却在振幅的接近程度方面没有太多改善。已被验证，即使 k 趋于无限大，振幅仍大约相差9%。这个现象后来被称为**吉伯斯**(Gibbs)**现象**。

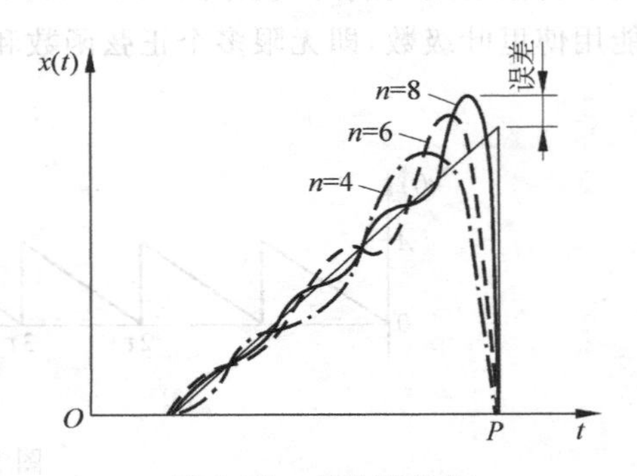

图1.55 吉伯斯现象

1.11.2 傅里叶级数的复数形式

傅里叶级数也可以表示成复数形式。从式(1.41)和式(1.42)可得

$$e^{i\omega t}=\cos\omega t+i\sin\omega t \tag{1.78}$$

$$e^{-i\omega t}=\cos\omega t-i\sin\omega t \tag{1.79}$$

从而 $\cos\omega t$ 和 $\sin\omega t$ 可以表示为

$$\cos\omega t=\frac{e^{i\omega t}+e^{-i\omega t}}{2} \tag{1.80}$$

$$\sin\omega t=\frac{e^{i\omega t}-e^{-i\omega t}}{2i} \tag{1.81}$$

这样方程(1.70)可写成如下形式:

$$\begin{aligned}x(t)&=\frac{a_0}{2}+\sum_{n=1}^{\infty}\left\{a_n\left(\frac{e^{in\omega t}+e^{-in\omega t}}{2}\right)+b_n\left(\frac{e^{in\omega t}-e^{-in\omega t}}{2i}\right)\right\}\\&=e^{i(0)\omega t}\left(\frac{a_0}{2}-\frac{ib_0}{2}\right)+\sum_{n=1}^{\infty}\left\{e^{in\omega t}\left(\frac{a_n}{2}-\frac{ib_n}{2}\right)+e^{-in\omega t}\left(\frac{a_n}{2}+\frac{ib_n}{2}\right)\right\}\end{aligned} \tag{1.82}$$

其中,$b_0=0$。通过定义复傅里叶系数 c_n 和 c_{-n}

$$c_n=\frac{a_n-ib_n}{2} \tag{1.83}$$

$$c_{-n}=\frac{a_n+ib_n}{2} \tag{1.84}$$

方程(1.82)可以表示为

$$x(t)=\sum_{n=-\infty}^{\infty}c_n e^{in\omega t} \tag{1.85}$$

复傅里叶系数 c_n 可以用式(1.71)~式(1.73)确定

$$c_n=\frac{a_n-ib_n}{2}=\frac{1}{\tau}\int_0^{\tau}x(t)[\cos n\omega t-i\sin n\omega t]dt=\frac{1}{\tau}\int_0^{\tau}x(t)e^{-in\omega t}dt \tag{1.86}$$

1.11.3 频谱

方程(1.70)中的简谐函数 $a_n\cos n\omega t$ 和 $b_n\sin n\omega t$ 称为周期函数 $x(t)$ 的 n 阶谐波。n 阶简谐函数的周期是 τ/n。为清晰地表达一个周期函数中所含各阶简谐函数的频率、振幅及相角的关系,可以 $n\omega(n=1,2,\cdots)$ 为横坐标,以 a_n,b_n 或者 d_n,ϕ_n 为纵坐标,绘出如图 1.56

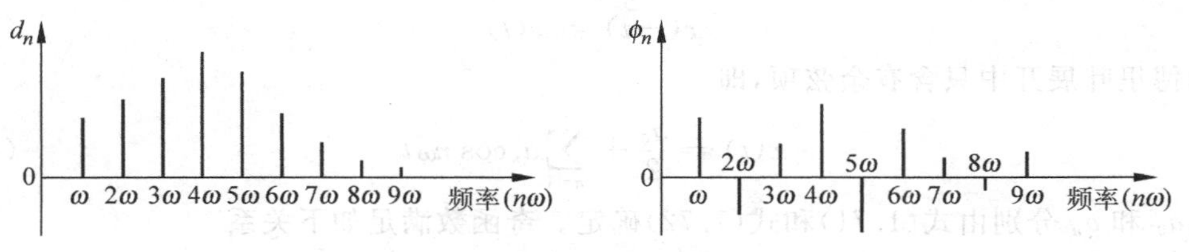

图 1.56 周期函数的频谱

所示的频谱图，简称频谱。

1.11.4 时域表示法与频域表示法

傅里叶级数展开使得任意一个周期函数既可以用时域描述，也可以用频域描述。例如，如图1.57(a)所示的时域内的简谐函数 $x(t)=A\sin\omega t$，可以用频域内的振幅和频率描述（见图1.57(b)）。与此类似，一个如图1.57(c)所示的时域内的锯齿波函数，也能用如图1.57(d)所示的频域方法表示。注意：在频域表示中一般用振幅 d_n 和相应的相角 ϕ_n 代替 a_n 和 b_n。利用傅里叶积分（在14.9节讨论）甚至可以将时域内的非周期函数用频域表示。图1.57所示的频域表示法显然不能提供关于初始条件的信息。然而，在大多数的实际应用中初始条件都不必考虑，稳态响应才是主要的研究兴趣。

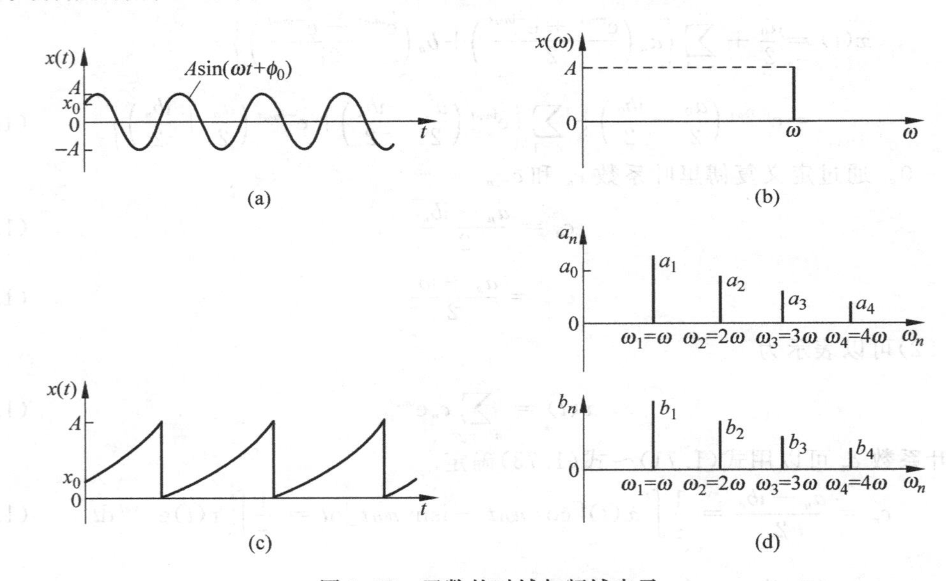

图1.57　函数的时域与频域表示

1.11.5 奇函数和偶函数

偶函数满足如下关系

$$x(-t)=x(t) \tag{1.87}$$

此时，傅里叶展开中只含有余弦项，即

$$x(t)=\frac{a_0}{2}+\sum_{n=1}^{\infty}a_n\cos n\omega t \tag{1.88}$$

其中，a_0 和 a_n 分别由式(1.71)和式(1.72)确定。奇函数满足如下关系

$$x(-t)=-x(t) \tag{1.89}$$

此时,其傅里叶展开中只含有正弦项,即

$$x(t)=\sum_{n=1}^{\infty}b_n\sin n\omega t \tag{1.90}$$

其中,b_n 由式(1.73)确定。

在有些情况下,根据坐标轴位置的不同,一个给定的函数既可以看成是奇函数,也可以看成是偶函数。例如,将图 1.58(a)中的纵坐标轴从(i)处分别移动到(ii)和(iii)处,将分别使原来的函数变为奇函数和偶函数。这就意味着只需要计算系数 b_n 或 a_n。同理,把时间轴从(iv)处移动到(v)处,相当于在响应中增加了一个常数。在图 1.58(b)中,函数为奇函数,傅里叶级数展开式为(见习题 1.107)

$$x_1(t)=\frac{4A}{\pi}\sum_{n=1}^{\infty}\frac{1}{2n-1}\sin\frac{2\pi(2n-1)t}{\tau} \tag{1.91}$$

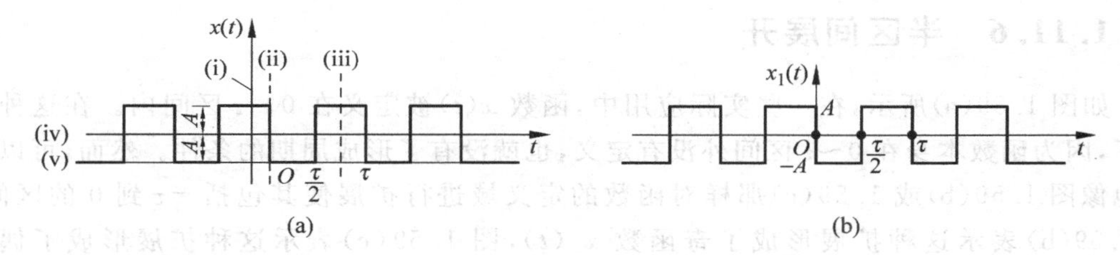

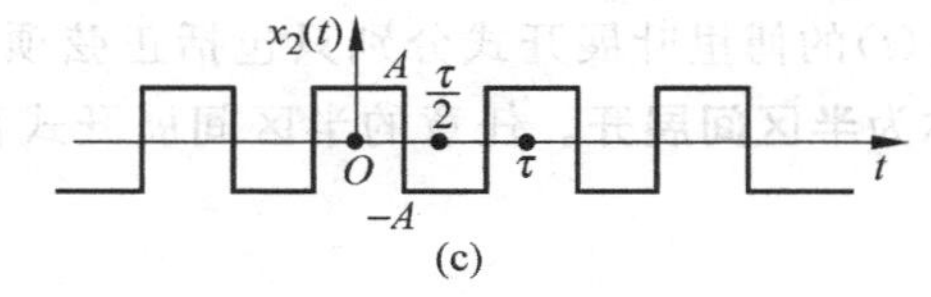

图 1.58　偶函数与奇函数

(a) 原函数; (b) 奇函数; (c) 偶函数

另一方面,如果函数为偶函数,如图 1.58(c)所示,它的傅里叶级数展开式为(见习题 1.107)

$$x_2(t)=\frac{4A}{\pi}\sum_{n=1}^{\infty}\frac{(-1)^{n+1}}{2n-1}\cos\frac{2\pi(2n-1)}{\tau}t \tag{1.92}$$

既然函数 $x_1(t)$ 和函数 $x_2(t)$ 表示的是同一个波,只不过坐标原点不同,所以这两个傅里叶级数展开式之间也存在着一定的关系。注意

$$x_1\left(t+\frac{\tau}{4}\right)=x_2(t) \tag{1.93}$$

从方程(1.91)得

$$\begin{aligned}x_1\left(t+\frac{\tau}{4}\right)&=\frac{4A}{\pi}\sum_{n=1}^{\infty}\frac{1}{2n-1}\sin\frac{2\pi(2n-1)}{\tau}\left(t+\frac{\tau}{4}\right)\\&=\frac{4A}{\pi}\sum_{n=1}^{\infty}\frac{1}{2n-1}\sin\left[\frac{2\pi(2n-1)t}{\tau}+\frac{2\pi(2n-1)}{4}\right]\end{aligned} \tag{1.94}$$

利用关系 $\sin(A+B)=\sin A\cos B+\cos A\sin B$，方程(1.94)可以表示为

$$x_1\left(t+\frac{\tau}{4}\right)=\frac{4A}{\pi}\sum_{n=1}^{\infty}\left[\frac{1}{2n-1}\sin\frac{2\pi(2n-1)t}{\tau}\cos\frac{2\pi(2n-1)}{4}\right.$$
$$\left.+\cos\frac{2\pi(2n-1)t}{\tau}\sin\frac{2\pi(2n-1)}{4}\right] \tag{1.95}$$

因为

$$\cos[2\pi(2n-1)/4]=0,\quad n=1,2,\cdots$$
$$\sin[2\pi(2n-1)/4]=(-1)^{n+1},\quad n=1,2,\cdots$$

所以方程(1.95)能够化简为和式(1.92)一样的方程

$$x_1\left(t+\frac{\tau}{4}\right)=\frac{4A}{\pi}\sum_{n=1}^{\infty}\frac{(-1)^{n+1}}{2n-1}\cos\frac{2\pi(2n-1)t}{\tau} \tag{1.96}$$

1.11.6　半区间展开

如图1.59(a)所示，在一些实际应用中，函数 $x(t)$ 被定义在 $0\sim\tau$ 区间内。在这种情况下，因为函数本身在 $0\sim\tau$ 区间外没有定义，也就没有了形成周期的条件。然而，可以任意地像图1.59(b)或1.59(c)那样对函数的定义域进行扩展使其包括 $-\tau$ 到0的区间。图1.59(b)表示这种扩展形成了奇函数 $x_1(t)$，图1.59(c)表示这种扩展形成了偶函数 $x_2(t)$，从而 $x_1(t)$ 和 $x_2(t)$ 的傅里叶展开式分别只包括正弦项或余弦项。$x_1(t)$，$x_2(t)$ 等函数的傅里叶级数展开称为**半区间展开**。任意的半区间展开式都能被用来观察在 $0\sim\tau$ 区间内的 $x(t)$。

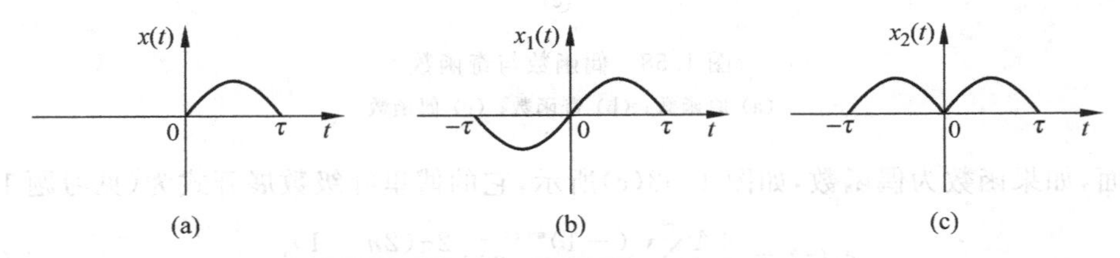

图1.59　半区间函数的扩展

(a) 原函数；(b) 扩展为偶函数；(c) 扩展为奇函数

1.11.7　系数的数字计算

对于简单形式的函数 $x(t)$ 来说，式(1.71)～式(1.73)的积分都能被很容易地算出。但如果函数 $x(t)$ 的形式复杂，积分就会很难。在一些实际应用中，如在实验中用振动传感器测量振动的幅度，并没有函数 $x(t)$ 的数学表达式，仅得到在 $t_1,t_2,\cdots,t_N$ 等一些点处的函数值(见图1.60)，在这种情况下，式(1.71)～式(1.73)中的系数 a_n，b_n 可以用数值积分方法(如梯形法则或辛普森法则)求得。

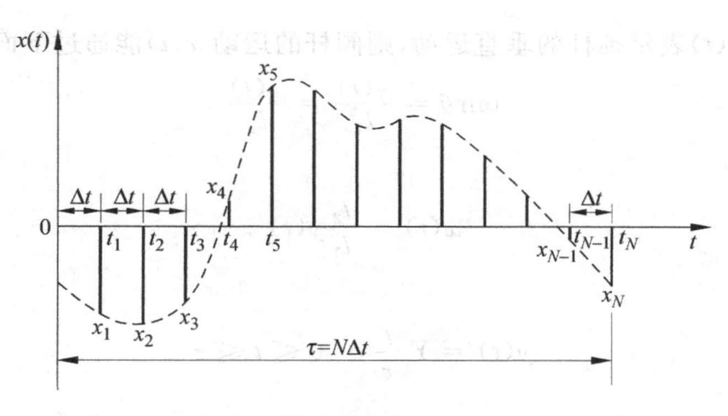

图 1.60　周期函数在离散点 $t_1, t_2, \cdots, t_N$ 处的值

假设 $t_1, t_2, \cdots, t_N$ 是周期 τ 的偶数个等分点，对应的 $x(t)$ 的值分别为 $x_1 = x(t_1)$，$x_2 = x(t_2), \cdots, x_N = x(t_N)$，应用梯形法则得出的系数 a_n 和 b_n 为（设 $\tau = N\Delta t$）①

$$a_0 = \frac{2}{N}\sum_{i=1}^{N} x_i \tag{1.97}$$

$$a_n = \frac{2}{N}\sum_{i=1}^{N} x_i \cos\frac{2n\pi t_i}{\tau} \tag{1.98}$$

$$b_n = \frac{2}{N}\sum_{i=1}^{N} x_i \sin\frac{2n\pi t_i}{\tau} \tag{1.99}$$

例 1.19　计算如图 1.61 所示的凸轮-从动杆系统中阀杆运动的傅里叶级数展开。

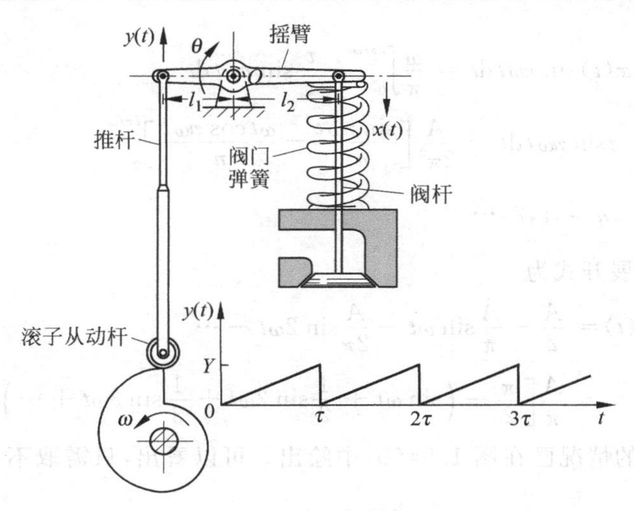

图 1.61　凸轮-从动杆系统

① 辛普森法则要求 N 为偶数，但梯形法则无此要求。式(1.97)～式(1.99)假设周期条件 $x_0 = x_N$ 成立。

解：如果用 $y(t)$表示推杆的垂直运动，则阀杆的运动 $x(t)$能通过下面的关系求得

$$\tan\theta = \frac{y(t)}{l_1} = \frac{x(t)}{l_2}$$

即

$$x(t) = \frac{l_2}{l_1} y(t) \tag{E.1}$$

其中

$$y(t) = Y\frac{t}{\tau}, \quad 0 \leqslant t \leqslant \tau \tag{E.2}$$

式中，周期 $\tau = \frac{2\pi}{\omega}$。

令 $A = Yl_2/l_1$，$x(t)$可以写作

$$x(t) = A\frac{t}{\tau}, \quad 0 \leqslant t \leqslant \tau \tag{E.3}$$

式(E.3)如图 1.54(a)所示。用式(1.71)～式(1.73)计算傅里叶系数 a_n，b_n

$$a_0 = \frac{\omega}{\pi}\int_0^{2\pi/\omega} x(t)\mathrm{d}t = \frac{\omega}{\pi}\int_0^{2\pi/\omega} A\frac{t}{\tau}\mathrm{d}t = \frac{\omega}{\pi}\frac{A}{\tau}\left[\frac{t^2}{2}\right]_0^{2\pi/\omega} = A \tag{E.4}$$

$$\begin{aligned} a_n &= \frac{\omega}{\pi}\int_0^{2\pi/\omega} x(t)\cos n\omega t\,\mathrm{d}t = \frac{\omega}{\pi}\int_0^{2\pi/\omega} A\frac{t}{\tau}\cos n\omega t\,\mathrm{d}t \\ &= \frac{A\omega}{\pi\tau}\int_0^{2\pi/\omega} t\cos n\omega t\,\mathrm{d}t = \frac{A}{2\pi^2}\left[\frac{\cos n\omega t}{n^2} + \frac{\omega t\sin n\omega t}{n}\right]_0^{2\pi/\omega} = 0, \quad n = 1,2,\cdots \end{aligned} \tag{E.5}$$

$$\begin{aligned} b_n &= \frac{\omega}{\pi}\int_0^{2\pi/\omega} x(t)\sin n\omega t\,\mathrm{d}t = \frac{\omega}{\pi}\int_0^{2\pi/\omega} A\frac{t}{\tau}\sin n\omega t\,\mathrm{d}t \\ &= \frac{A\omega}{\pi\tau}\int_0^{2\pi/\omega} t\sin n\omega t\,\mathrm{d}t = \frac{A}{2\pi^2}\left[\frac{\sin n\omega t}{n^2} - \frac{\omega t\cos n\omega t}{n}\right]_0^{2\pi/\omega} \\ &= -\frac{A}{n\pi}, \quad n = 1,2,\cdots \end{aligned} \tag{E.6}$$

因此 $x(t)$的傅里叶展开式为

$$\begin{aligned} x(t) &= \frac{A}{2} - \frac{A}{\pi}\sin\omega t - \frac{A}{2\pi}\sin 2\omega t - \cdots \\ &= \frac{A}{\pi}\left[\frac{\pi}{2} - \left(\sin\omega t + \frac{1}{2}\sin 2\omega t + \frac{1}{3}\sin 3\omega t + \cdots\right)\right] \end{aligned} \tag{E.7}$$

取级数前 3 项近似的情况已在图 1.54(b)中绘出。可以看出，只需取不多的项就能近似达到锯齿状。

例 1.20 对管道中水流压力的波动，每隔 0.01 s 测量一次，数据如表 1.1 所示。这种波动在自然界中具有可重复性。对水流压力作谐波分析，并计算傅里叶展开式的前 3 阶谐波分量。

表 1.1

测量点 i	时间 t_i/s	压力 p_i/(N/m²)	测量点 i	时间 t_i/s	压力 p_i/(N/m²)
0	0	0	7	0.07	60000
1	0.01	20000	8	0.08	36000
2	0.02	34000	9	0.09	22000
3	0.03	42000	10	0.10	16000
4	0.04	49000	11	0.11	7000
5	0.05	53000	12	0.12	0
6	0.06	70000			

解：因为流体压力每 0.12 s 重复一次，所以周期 $\tau=0.12$ s，一阶谐波的圆频率为 $\omega=2\pi/0.12=52.36$(rad/s)。因为每个周期内有 12 个观测值，从而由方程(1.97)得

$$a_0=\frac{2}{N}\sum_{i=1}^{N}p_i=\frac{1}{6}\sum_{i=1}^{12}p_i=68166.7 \tag{E.1}$$

系数 a_n,b_n 根据式(1.98)和式(1.99)确定

$$a_n=\frac{2}{N}\sum_{i=1}^{N}p_i\cos\frac{2n\pi t_i}{\tau}=\frac{1}{6}\sum_{i=1}^{12}p_i\cos\frac{2n\pi t_i}{0.12} \tag{E.2}$$

$$b_n=\frac{2}{N}\sum_{i=1}^{N}p_i\sin\frac{2n\pi t_i}{\tau}=\frac{1}{6}\sum_{i=1}^{12}p_i\sin\frac{2n\pi t_i}{0.12} \tag{E.3}$$

式(E.2)和式(E.3)的相关计算结果列于表 1.2。通过计算，流体压力 $p(t)$(单位：N/m²)的傅里叶展开式为

$$\begin{aligned}p(t)=&34\,083.3-26\,996.0\cos 52.36t+8307.7\sin 52.36t\\&+1416.7\cos 104.72t+3608.3\sin 104.72t\\&-5833.3\cos 157.08t-2333.3\sin 157.08t+\cdots\end{aligned} \tag{E.4}$$

表 1.2

i	t_i	p_i	$n=1$		$n=2$		$n=3$	
			$p_i\cos\frac{2\pi t_i}{0.12}$	$p_i\sin\frac{2\pi t_i}{0.12}$	$p_i\cos\frac{4\pi t_i}{0.12}$	$p_i\sin\frac{4\pi t_i}{0.12}$	$p_i\cos\frac{6\pi t_i}{0.12}$	$p_i\sin\frac{6\pi t_i}{0.12}$
1	0.01	20000	17320	10000	10000	17320	0	20000
2	0.02	34000	17000	29444	−17000	29444	−34000	0
3	0.03	42000	0	42000	−42000	0	0	−42000
4	0.04	49000	−24500	42434	−24500	−42434	49000	0
5	0.05	53000	−45898	26500	26500	−45898	0	53000
6	0.06	70000	−70000	0	70000	0	−70000	0
7	0.07	60000	−51960	−30000	30000	51960	0	−60000
8	0.08	36000	−18000	−31176	−18000	31176	36000	0
9	0.09	22000	0	−22000	−22000	0	0	22000

续表

i	t_i	p_i	$n=1$		$n=2$		$n=3$	
			$p_i\cos\frac{2\pi t_i}{0.12}$	$p_i\sin\frac{2\pi t_i}{0.12}$	$p_i\cos\frac{4\pi t_i}{0.12}$	$p_i\sin\frac{4\pi t_i}{0.12}$	$p_i\cos\frac{6\pi t_i}{0.12}$	$p_i\sin\frac{6\pi t_i}{0.12}$
10	0.10	16000	8000	−13856	−8000	−13856	−16000	0
11	0.11	7000	6062	−3500	3500	−6062	0	−7000
12	0.12	0	0	0	0	0	0	0
$\sum_{i=1}^{12}()$		409000	−161976	49846	8500	21650	−35000	−14000
$\frac{1}{6}\sum_{i=1}^{12}()$		68166.7	−26996.0	8307.7	1416.7	3608.3	−5833.3	−2333.3

1.12 利用 MATLAB 求解的例子[①]

例 1.21 利用 MATLAB 绘出下列函数

$$x(t)=A\frac{t}{\tau},\quad 0\leqslant t\leqslant \tau \tag{E.1}$$

以及它的傅里叶级数展开

$$\bar{x}(t)=\frac{A}{\pi}\left[\frac{\pi}{2}-\left(\sin\omega t+\frac{1}{2}\sin 2\omega t+\frac{1}{3}\sin 3\omega t\right)\right] \tag{E.2}$$

的图形。其中,$0\leqslant t\leqslant\tau, A=1, \omega=\pi, \tau=\frac{2\pi}{\omega}=2$。

解:下面的 MATLAB 程序用来绘出不同项数的方程(E.1)和方程(E.2)的图形。

```
%ex1_14.m
%plot the function x(t)=A * t/tau
A=1;
w=pi;
tau=2;
for i=1:101
    t(i)=tau * (i-1)/100;
    x(i)=A * t(i)/tau;
end
subplot(231);
plot(t,x);
```

① 所有 MATLAB 程序的源代码都已放在本书的网站上。

```
ylabel('x(t)');
xlabel('t');
title('x(t)=A*t/tau');
for i=1:101
    x1(i)=A/2;
end
subplot(232);
plot(t,x1);
xlabel('t');
title('One term');
for i=1:101
    x2(i)=A/2-A*sin(w*t(i))/pi;
end
subplot(233);
plot(t,x2);
xlabel('t');
title('Two terms');
for i=1:101
    x3(i)=A/2-A*sin(w*t(i))/pi-A*sin(2*w*t(i))/(2*pi);
end
subplot(234);
plot(t,x3);
ylabel('x(t)');
xlabel('t');
title('Three terms');
for i=1:101
    t(i)=tau*(i-1)/100;
    x4(i)=A/2-A*sin(w*t(i))/pi-A*sin(2*w*t(i))/(2*pi)
    -A*sin(3*w*t(i))/(3*pi);
end
subplot(235);
plot(t,x4);
xlabel('t');
title('Four terms');
```

所绘出的图形如图 1.62 所示。

例 1.22 拍振的图形表示。

一个质量块的运动包含两个谐波成分 $x_1(t)=X\cos\omega t$ 和 $x_2(t)=X\cos(\omega+\delta)t$，其中 $X=1$ cm，$\omega=20$ rad/s，$\delta=1$ rad/s。用 MATLAB 画出这个质量块的合成运动并确定拍频。

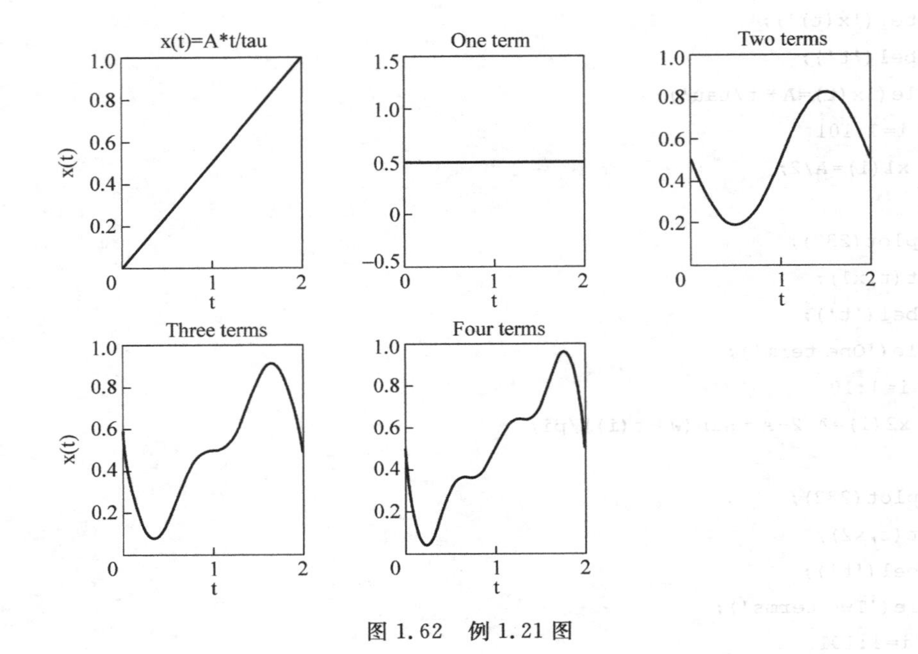

图 1.62　例 1.21 图

解：质量块的合成运动为

$$x(t) = x_1(t) + x_2(t) = X\cos\omega t + X\cos(\omega+\delta)t$$

$$= 2X\cos\frac{\delta t}{2}\cos\left(\omega+\frac{\delta}{2}\right)t \tag{E.1}$$

不难看出，质量块的运动存在拍振现象，拍频为 $\omega_b=(\omega+\delta)-(\omega)=\delta=1$ rad/s。方程(E.1)可用下面的 MATLAB 程序绘出其图形。

```
%ex1_15.m
%Plot the Phenomenon of beats
A=1;
w=20;
delta=1;
for i=1:1001
    t(i)=15*(i-1)/1000;
    x(i)=2*A*cos(delta*t(i)/2)*cos((w+delta/2)*t(i));
end
plot(t,x);
xlabel('t');
ylabel('x(t)');
title('Phenomenon of beats');
```

所绘出的图形如图 1.63 所示。

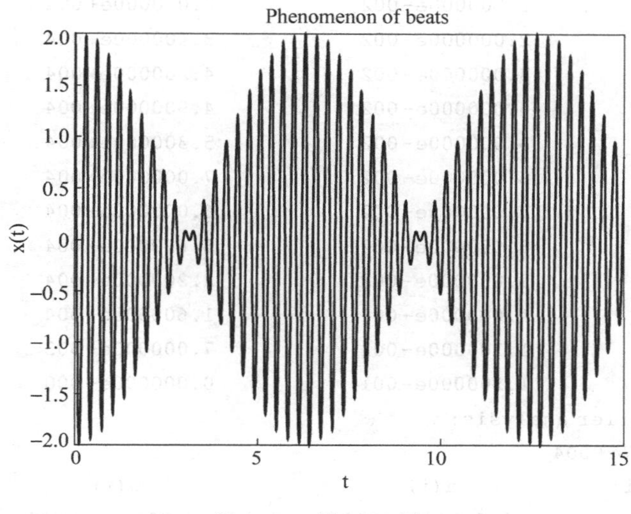

图 1.63 例 1.22 图

例 1.23 应用 MATLAB,对表 1.1 中流体压力进行傅里叶分析,并计算傅里叶级数展开式的前 5 项。

解:为了求得流体压力的前 5 阶谐波(如 $a_0,a_1,\cdots,a_5,b_1,b_2,\cdots,b_5$),开发了一个应用式(1.97)~式(1.99)对函数 $x(t)$ 进行谐波分析的通用 MATLAB 程序 Program1.m,它需要如下输入数据:

n——在已知的 $x(t)$ 中等距采样点的数量

m——需要计算的傅里叶系数数量

time——函数 $x(t)$ 的时间周期

x——n 维数组,包含数值 $x(t)$,$x(i)=x(t_i)$

t——n 维数组,包含数值 t,$t(i)=t_i$

下面是程序的输出:

azero——方程(1.97)的 a_0

i,a(i),b(i);i=1,2,…,m

其中,a(i)和 b(i)分别表示方程(1.98)和方程(1.99)中 a_i,b_i 的计算值。

```
>>program1
  Fourier series expansion of the function x(t)
  Data:
  Number of data points in one cycle=12
  Number of Fourier Coefficients required=5
  Time period=1.200000e-001
  Station i      Time at station i: t(i)        x(i) at t(i)
```

```
        1                1.000000e-002               2.000000e+004
        2                2.000000e-002               3.400000e+004
        3                3.000000e-002               4.200000e+004
        4                4.000000e-002               4.900000e+004
        5                5.000000e-002               5.300000e+004
        6                6.000000e-002               7.000000e+004
        7                7.000000e-002               6.000000e+004
        8                8.000000e-002               3.600000e+004
        9                9.000000e-002               2.200000e+004
        10               1.000000e-001               1.600000e+004
        11               1.100000e-001               7.000000e+003
        12               1.200000e-001               0.000000e+000
Results of Fourier analysis:
azero=6.816667e+004
    values of i             a(i)                       b(i)
        1               -2.699630e+004              8.307582e+003
        2                1.416632e+003              3.608493e+003
        3               -5.833248e+003             -2.333434e+003
        4               -5.834026e+002              2.165061e+003
        5               -2.170284e+003             -6.411708e+002
```

1.13 振动方面的文献

振动方面的参考文献很多，而且不同的参考文献之间的差别也可能很大。在文献[1.39]中，列出了一些教科书和几十种与振动有关的定期出版的学术期刊。这主要是因为振动问题出现在许多学科领域中，例如材料科学、机械装备分析和空间飞行器设计。很多领域的研究人员都应该留意振动研究的动态和进展。

在发表的与振动有关的科技论文的期刊中，影响最大的有：《美国机械工程师学会会刊-振动与声学期刊》(*ASME Journal of Vibration and Acoustics*)；《美国机械工程师学会会刊-应用力学期刊》(*ASME Journal of Applied Mechanics*)；《声与振动期刊》(*Journal of Sound and Vibration*)；《美国航空航天学会期刊》(*AIAA Journal*)；《美国土木工程师学会会刊-工程力学期刊》(*ASCE Journal of Engineering Mechanics*)；《地震工程与结构动力学》(*Earthquake Engineering and Structural Dynamics*)；《日本机械工程师学会会刊》(*Bulletin of the Japan Society of Mechanical Engineers*)；《国际固体与结构期刊》(*International Journal of Solids and Structures*)；《国际工程中的数值方法期刊》(*International Journal for Numerical Methods in Engineering*)；《美国声学学会期刊》(*Journal of the Acoustical Society of America*)；《声与振动》(*Sound and Vibration*)；《振动，机械系统与信号处理》(*Vibrations, Mechanical Systems and Signal Processing*)；《国际

理论与实验模态分析期刊》(*International Journal of Analytical and Experimental Modal Analysis*);《日本机械工程师学会国际期刊系列 Ⅲ——振动控制工程》(*JSME International Journal Series* Ⅲ—*Vibration Control Engineering*);《车辆系统动力学》(*Vehicle System Dynamics*)。以上所列期刊中的许多都出现在本书每章后面所列的参考文献中。

另外,《冲击与振动文摘》(*Shock and Vibration Digest*)、《应用力学评论》(*Applied Mechanics Reviews*)和《环球噪声与振动》(*Noise and Vibration Worldwide*)都是只登录摘要的月刊,但也几乎包括对每篇文章的简单讨论。振动工程中用到的公式和结果可以很容易地在参考文献[1.40～1.42]中找到。

本章小结

本章给出了机械振动的一些基本概念、振动研究简史以及振动研究的重要性;介绍了自由度、离散和连续系统的概念以及振动的不同分类;概要地叙述了对一个系统进行振动分析所包括的主要步骤;介绍了振动的最基本形式,即简谐振动以及相关的术语;介绍了谐波分析、周期函数的傅里叶级数表示以及傅里叶系数数值计算的示例。

参考文献

1.1 D.C. Miller, *Anecdotal History of the Science of Sound*, Macmillan, New York, 1935.

1.2 N.F. Rieger, "The quest for $\sqrt{k/m}$: Notes on the development of vibration analysis, Part Ⅰ. genius awakening," *Vibrations*, Vol. 3, No. 3/4, December 1987, pp. 3-10

1.3 Chinese Academy of Sciences (compiler), *Ancient China's Technology and Science*, Foreign Languages Press, Beijing, 1983.

1.4 R. Taton(ed.), *Ancient and Medieval Science: From the beginnings to 1450*, A. J. Pomerans (trans), Basic Books, New York, 1957.

1.5 S.P. Timoshenko, *History of Strength of Materials*, McGraw-Hill, New York, 1953.

1.6 R.B. Lindsay, "The story of acoustics," *Journal of the Acoustical Society of America*, Vol. 39, No. 4, 1966, pp. 629-644.

1.7 J.T. Cannon and S. Dostrovsky, *The Evolution of Dynamics: Vibration Theory from 1687 to 1742*, Springer-Verlag, New York, 1981.

1.8 L.L. Bucciarelli and N. Dworsky, *Sophie Germain: An Essay in the History of the Theory of Elasticity*, D. Reidel Publishing, Dordrecht, Holland, 1980.

1.9 J.W. Strutt(Baron Rayleigh), *The Theory of Sound*, Dover, New York, 1945.

1.10 R. Burton, *Vibration and Impact*, Addison-Wesley, Reading, Mass., 1958.

1.11 A.H. Nayfeh, *Perturbation Methods*, Wiley, New York, 1973.

1.12 S. H. Crandall and W. D. Mark, *Random Vibration in Mechanical Systems*, Academic Press, New York, 1963.

1.13 J. D. Robson, *Random Vibration*, Edinburgh University Press, Edinburgh, 1964.

1.14 S. S. Rao, *The Finite Element Method in Engineering* (4th ed.), Elsevier Butterworth Heinemann, Burlington, MA, 2005.

1.15 M. J. Turner, R. W. Clough, H. C. Martin, and L. J. Topp, "Stiffness and deflection analysis of complex structures," *Journal of Aeronautical Sciences*, Vol. 23, 1956, pp. 805-824.

1.16 D. Radaj et al., "Finite element analysis, an automobile engineer's tool," *International Conference on Vehicle Structural Mechanics: Finite Element Application to Design*, Society of Automotive Engineers, Detroit, 1974.

1.17 R. E. D. Bishop, *Vibration* (2nd ed.), Cambridge University Press, Cambridge, 1979.

1.18 M. H. Richardson and K. A. Ramsey, "Integration of dynamic testing into the product design cycle," *Sound and Vibration*, Vol. 15, No. 11, November 1981, pp. 14-27.

1.19 M. J. Griffin and E. M. Whitham, "The discomfort produced by impulsive whole-body vibration," *Journal of the Acoustical Society of America*, Vol. 65, No. 5, 1980, pp. 1277-1284.

1.20 J. E. Ruzicka, "Fundamental concepts of vibration control," *Sound and Vibration*, Vol. 5, No. 7, July 1971, pp. 16-23.

1.21 T. W. Black, "Vibratory finishing goes automatic" (Part 1: Types of machines; Part 2: Steps to automation), *Tool and Manufacturing Engineer*, July 1964, pp. 53-56; and August 1964, pp. 72-76.

1.22 S. Prakash and V. K. Puri, *Foundations for Machines; Analysis and Design*, Wiley, New York, 1988.

1.23 L. Meirovitch, *Fundamentals of Vibrations*, McGraw-Hill, New York, 2001.

1.24 A. Dimarogonas, *Vibration for Engineers*, (2nd ed.), Prentice-Hall, Upper Saddle River, N. J., 1996.

1.25 E. O. Doebelin, *System Modeling and Response*, Wiley, New York, 1980.

1.26 R. W. Fitzgerald, *Mechanics of Materials* (2nd ed.), Addison-Wesley, Reading, Mass., 1982.

1.27 I. Cochin and W. Cadwallender, *Analysis and Design of Dynamic Systems*, (3rd ed.), Addison-Wesley, Reading, MA, 1997.

1.28 F. Y. Chen, *Mechanics and Design of Cam Mechanisms*, Pergamon Press, New York, 1982.

1.29 W. T. Thomson and M. D. Dahleh, *Theory of Vibration with Applications* (5th ed.), Prentice-Hall, Upper Saddle River, NJ, 1998.

1.30 N. O. Myklestad, *Fundamentals of Vibration Analysis*, McGraw-Hill, New York, 1956.

1.31 C. W. Bert, "Material damping: An introductory review of mathematical models, measures, and experimental techniques," *Journal of Sound and Vibration*, Vol. 29, No. 2, 1973, pp. 129-153.

1.32 J. M. Gasiorek and W. G. Carter, *Mechanics of Fluids for Mechanical Engineers*, Hart Publishing, New York, 1968.

1.33 A. Mironer, *Engineering Fluid Mechanics*, McGraw-Hill, New York, 1979.

1.34 F. P. Beer and E. R. Johnston, *Vector Mechanics for Engineers* (6th ed.), McGraw-Hill, New York, 1997.

1.35 A. Higdon and W. B. Stiles, *Engineering Mechanics*(2nd ed.), Prentice-Hall, New York, 1955.

1.36 E. Kreyszig, *Advanced Engineering Mathematics* (9th ed.), Wiley, New York, 2006.

1.37 M. C. Potter and J. Goldberg and E. F. *Aboufadel*, *Advanced Engineering Mathematics* (3rd ed.), Oxford University Press, New York, 2005.

1.38 S. S. Rao, *Applied Numerical Methods for Engineers and Scientists*, Prentice Hall, Upper Saddle River, N. J., 2002.

1.39 N. F. Rieger, "The literature of vibration engineering," *Shock and Vibration Digest*, Vol. 14, No. 1, January 1982, pp. 5-13.

1.40 R. D. Blevins, *Formulas for Natural Frequency and Mode Shape*, Van Nostrand Reinhole, New York, 1979.

1.41 W. D. Pilkey and P. Y. Chang, *Modern Formulas for Statics and Dynamics*, McGraw-Hill, New York, 1978.

1.42 C. M. Harris (ed.), *Shock and Vibration Handbook* (4th ed.), McGraw-Hill, New York, 1996.

1.43 R. G. Budynas and J. K. Nisbett, *Shigleys Mechanical Engineering Design* (8th ed.), McGraw-Hill, New York, 2008.

1.44 N. P. Chironis(ed.), *Machine Devices and Instrumentation*, McGraw-Hill, New York, 1966.

1.45 D. Morrey and J. E. Mottershead, "Vibratory bowl feeder design using numerical modelling techniques," in *Modern Practice in Stress and Vibration Analysis*, J. E. Mottershead (ed.), Pergamon Press, Oxford, 1989, pp. 211-217.

1.46 K. McNaughton(ed.), *Solids Handling*, McGraw-Hill, New York, 1981.

1.47 M. M. Kamal and J. A. Wolf, Jr. (eds.), *Modern Automotive Structural Analysis*, Van Nostrand Reinhold, New York, 1982.

1.48 D. J. Inman, *Engineering Vibration*, (3rd ed.), Pearson Prentice-Hall, Upper Saddle River, NJ, 2007.

1.49 J. H. Ginsberg, *Mechanical and Structural Vibrations: Theory and Applications*, John Wiley, New York, 2001.

1.50 S. S. Rao, *Vibration of Continuous Systems*, John Wiley, Hoboken, NJ, 2007.

1.51 S. Braun, D. J. Ewins and S. S. Rao (eds.), *Encyclopedia of Vibration*, Vols. 1-3, Academic Press, London, 2002.

1.52 B. R. Munson, D. F. Young, T. H. Okiishi and W. W. Huebsch, *Fundamentals of Fluid Mechanics* (6th ed.), Wiley, Hoboken, NJ, 2009.

1.53 C. W. de Silva (ed.), *Vibration and Shock Handbook*, Taylor & Francis, Boca Raton, FL, 2005.

思 考 题

1.1 简答题

1. 分别列举两个振动优、缺点的例子。

2. 构成振动系统的三要素是什么?
3. 如何定义一个振动系统的自由度?
4. 离散系统与连续系统的区别是什么?是不是对于任意一个振动问题都能作为离散系统来解决?
5. 在振动分析中,能否总忽略阻尼?
6. 能否根据控制微分方程来识别一非线性振动问题?
7. 确定性振动与随机振动的区别是什么?分别给出两个实例。
8. 可以用哪些方法求解振动问题的控制方程?
9. 如何布置弹簧可以增加整体刚度?
10. 弹簧刚度和阻尼系数是如何定义的?
11. 阻尼的一般类型是什么?
12. 列举根据其谐波表示周期函数的3种不同方法。
13. 定义如下术语:振动循环、振幅、相角、线频率、周期、固有频率。
14. 振动周期 τ、角频率 ω 和频率 f 之间的关系是怎样的?
15. 根据相应的旋转矢量如何得到简谐运动的频率、相位、振幅?
16. 如何叠加两个不同频率的简谐运动?
17. 什么是拍振?
18. 定义术语:分贝和倍频。
19. 解释吉伯斯(Gibbs)现象。
20. 什么是半区间展开?

1.2 判断题

1. 如果在振动过程中能量总是以某种方式不断损耗,则系统可以被看作是有阻尼的。 ( )
2. 叠加原理适用于线性与非线性系统。 ( )
3. 受初始扰动后,系统自由振动的频率称为固有频率。 ( )
4. 任意一个周期函数都可以展成傅里叶级数。 ( )
5. 简谐运动是周期运动。 ( )
6. 几个不同位置质量的等效质量可以用动能等效得到。 ( )
7. 广义坐标不一定是笛卡儿坐标。 ( )
8. 离散系统和集中参数系统是相同的。 ( )
9. 计算简谐运动的和:$x(t)=x_1(t)+x_2(t)=A\cos(\omega t+\alpha)$,其中 $x_1(t)=15\cos\omega t$,$x_2(t)=20\cos(\omega t+1)$,振幅 $A=30.8088$。 ( )
10. 计算简谐运动的和:$x(t)=x_1(t)+x_2(t)=A\cos(\omega t+\alpha)$,其中 $x_1(t)=15\cos\omega t$,$x_2(t)=20\cos(\omega t+1)$,初相角 $\alpha=1.57$ rad。 ( )

1.3 填空题

1. 在________时系统会承受相当大的振动。
2. 没有________损失的振动为非衰减振动。
3. 振动系统包括弹簧、阻尼器和________。
4. 如果运动在间隔相同的时间后不断重复，则称为________振动。
5. 如果加速度与位移成正比且方向指向中间位置，则称这种运动为________。
6. 完成一个运动循环的时间称为振动的________。
7. 单位时间内循环的次数称为振动的________。
8. 具有相同频率的两个简谐运动称为________。
9. 两简谐运动到达某一相似位置时对应的角度差称为________。
10. 连续或分布系统可以认为具有________个自由度。
11. 具有有限自由度的系统称为________系统。
12. 系统的自由度表明能够描述系统各部分在任一瞬时位置的独立________的最小数目。
13. 如果系统的振动仅取决于初始扰动，则称为________振动。
14. 如果系统的振动取决于外部激励，则称为________振动。
15. 共振表明系统________频率与外部激励频率是一致的。
16. 如果________，则函数 $f(t)$ 是奇函数。
17. ________区间展开可用来描述那些仅在时间间隔 0 到 τ 内有定义的函数。
18. ________分析涉及周期函数的傅里叶级数表示。
19. 转速为 1000 r/min 等于________rad/s。
20. 当一个涡轮机的转速为 6000 r/min 时，它完成一个旋转需要________s。

1.4 选择题

1. 世界最早的地震仪在________发明。
   (a) 日本　(b) 中国　(c) 埃及
2. 最早的单摆实验是________做的。
   (a) 伽利略(Galileo)
   (b) 毕达哥拉斯(Pythagoras)
   (c) 亚里士多德(Aristotle)
3. 《自然哲学的数学原理》(*Philosophiae Naturalis Principia Mathematica*)是________出版的。
   (a) 居里　(b) 毕达哥拉斯　(c) 牛顿
4. 第一个用向振动的盘子上放沙子的办法得到其波形的人是________。

(a) Chladni (b) D'Alembert (c) Galieo

5. 第一个提出厚梁理论的人是________。

(a) Mindlin (b) Einstein (c) Timosheko

6. 单摆的自由度是________。

(a) 0 (b) 1 (c) 2

7. 振动可以按________方式分类。

(a) 1种 (b) 2种 (c) 几种

8. 吉伯斯(Gibbs)现象是指对________进行傅里叶级数展开时的异常现象。

(a) 简谐函数 (b) 周期函数 (c) 随机函数

9. 周期函数的各种频率成分对应的振幅和相角的图形表示称为________。

(a) 谱图 (b) 频率图 (c) 谐波图

10. 当一个系统在流体介质中振动时，则阻尼是________。

(a) 黏性的 (b) 库仑的 (c) 固体的

11. 振动系统的某些部分在无润滑的平面上滑动时，阻尼是________。

(a) 黏性的 (b) 库仑的 (c) 固体的

12. 当振动系统材料的应力-应变曲线表现为一个滞后回线时，则阻尼是________。

(a) 黏性的 (b) 库仑的 (c) 固体的

13. 刚度系数分别为 k_1、k_2 的两并联弹簧的等效刚度系数是________。

(a) k_1+k_2 (b) $\dfrac{1}{\dfrac{1}{k_1}+\dfrac{1}{k_2}}$ (c) $\dfrac{1}{k_1}+\dfrac{1}{k_2}$

14. 刚度系数分别为 k_1、k_2 的两串联弹簧的等效刚度系数是________。

(a) k_1+k_2 (b) $\dfrac{1}{\dfrac{1}{k_1}+\dfrac{1}{k_2}}$ (c) $\dfrac{1}{k_1}+\dfrac{1}{k_2}$

15. 在端部作用集中质量的悬臂梁的刚度系数是________。

(a) $\dfrac{3EI}{l^3}$ (b) $\dfrac{l^3}{3EI}$ (c) $\dfrac{Wl^3}{3EI}$

16. 如果函数 $f(t)$ 满足 $f(-t)=f(t)$，则称其为________。

(a) 偶函数 (b) 奇函数 (c) 连续的

1.5 连线题

1. 毕达哥拉斯(公元前582—507年) (a) 出版了一本关于声学原理的书
2. 欧几里得(公元前300年) (b) 第一位利用科学原理研究乐声的人
3. 张衡(公元78—139年) (c) 写了一篇叫做《和声学入门》(*Introduction to Harmonics*)的论文

4. 伽利略(1564—1642 年)　　(d) 现代实验科学的奠基人
5. 瑞利(1842—1919 年)　　(e) 发明了世界上第一台地震仪

1.6 连线题

1. 柴油发动机的不平衡　　(a) 可以导致透平机和飞机发动机的失效
2. 机床的振动　　(b) 导致切削金属时人体的不适
3. 叶片和圆盘的振动　　(c) 可引起机车车轮脱离轨道
4. 风致振动　　(d) 可引起桥梁的破坏
5. 振动的传递　　(e) 可导致颤振

1.7 连线题(求等效弹簧刚度系数,已知 $k_1=20$ lbf/in,$k_2=50$ lbf/in,$k_3=100$ lbf/in,$k_4=200$ lbf/in)

1. k_1,k_2,k_3,k_4 并联　　(a) 18.9189 lbf/in
2. k_1,k_2,k_3,k_4 串联　　(b) 370.0 lbf/in
3. k_1,k_2 并联($k_{eq}=k_{12}$)　　(c) 11.7647 lbf/in
4. k_3,k_4 并联($k_{eq}=k_{34}$)　　(d) 300.0 lbf/in
5. k_1,k_2,k_3 并联($k_{eq}=k_{123}$)　　(e) 70.0 lbf/in
6. k_{123} 与 k_4 串联　　(f) 170.0 lbf/in
7. k_2,k_3,k_4 并联($k_{eq}=k_{234}$)　　(g) 350.0 lbf/in
8. k_1 与 k_{234} 串联　　(h) 91.8919 lbf/in

习　题

§1.4 振动的基本概念,§1.6 振动分析的一般步骤

1.1* 关于人体对振动或冲击的反应的研究在许多应用领域都是非常重要的。在站立姿势时,头、躯干上部、臀部和腿的质量,颈部、脊柱、腹部和腿的弹性或阻尼都会影响人体反应的特点。连续建立 3 种近似模型,以期对人体的模型不断改善。

1.2* 图 1.64 显示的是汽车发生碰撞时的人体与约束系统,考虑座位、人体和约束的弹性、质量及阻尼,给出一个分析系统振动的简单力学模型。

1.3* 如图 1.65 所示,一活塞式发动机安装在基础上,发动机内产生的不平衡力和不平衡力矩传递到框架和基础上。一弹性垫置于发动机和基础之间用来减少振动的传递。利用建模过程的逐步改善建立系统的两种力学模型。

---

* 表示此题为设计题或无唯一解的题。

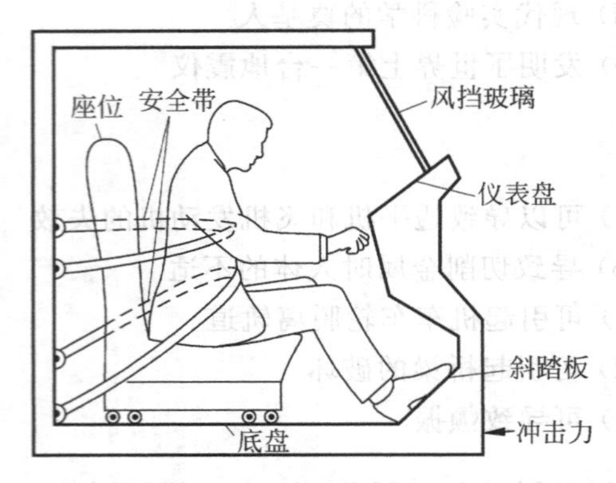

图 1.64　人体及其约束系统

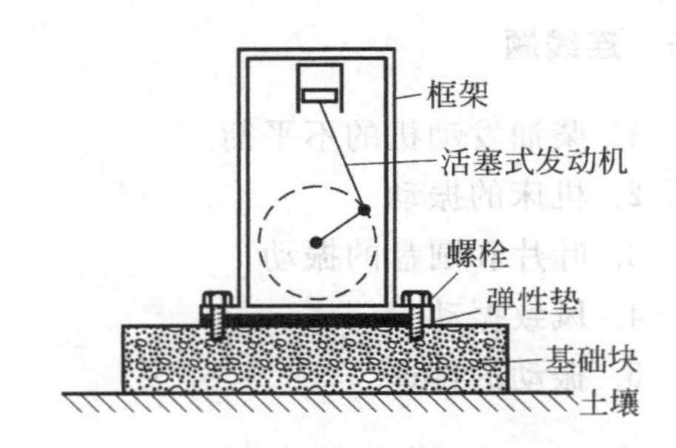

图 1.65　置于基础上的活塞式发动机

1.4* 考虑(a)车身、乘客、坐椅、前轮和后轮的重量；(b)轮胎(悬挂)、主弹簧和坐椅的弹性；(c)坐椅、减振器和轮胎的阻尼,可建立汽车在不平路面上行驶的力学模型。利用建模过程的逐步改善给出系统的3种力学模型(见图 1.66)。

1.5* 研究两汽车迎头相撞的问题时,可以转化为讨论汽车对障碍物的冲击问题。如图 1.67 所示,考虑汽车、发动机、传动系统、悬挂的质量以及保险杠、散热器、车身金属板、传动系和发动机支座的弹性,建立其力学模型。

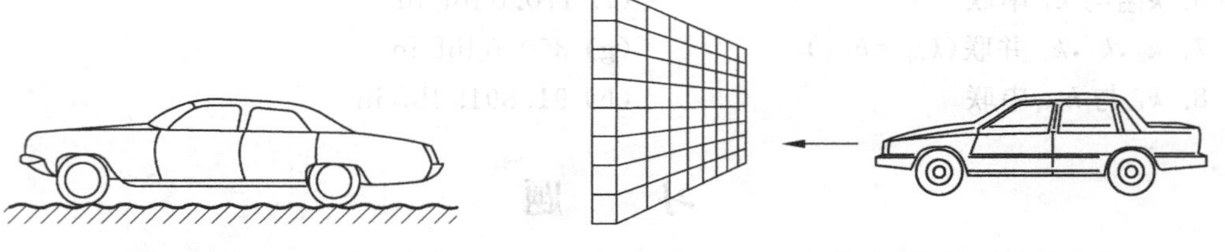

图 1.66　在不平路面上行驶的汽车　　　　图 1.67　与障碍物发生碰撞的汽车

1.6* 考虑轮胎、减振器和犁的质量、弹性及阻尼,建立如图 1.68 所示的拖拉机和犁的力学模型。

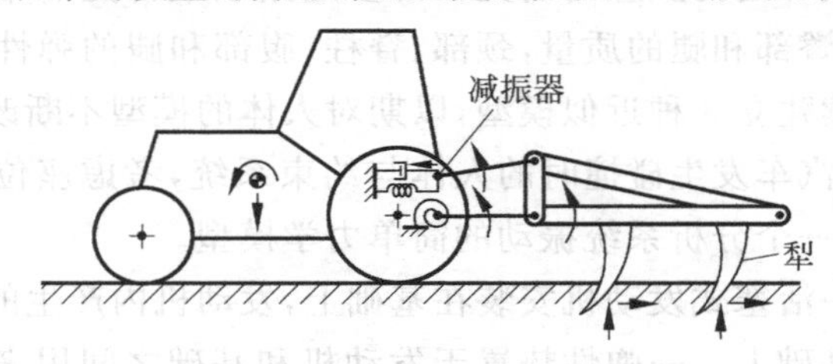

图 1.68　拖拉机与犁

§1.7　弹簧元件

1.7　计算如图 1.69 所示系统的等效刚度系数。

1.8　如图 1.70 所示,系统由两个弹簧常数分别为 k_1 和 k_2 的并联弹簧组成。当力 F 等于零时，与这两个弹簧相连的刚性杆保持水平。计算系统的等效弹簧常数(k_e)，以使得所施加的力(F)和相应位移(x)间的关系可以表示为

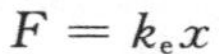

$$F = k_e x$$

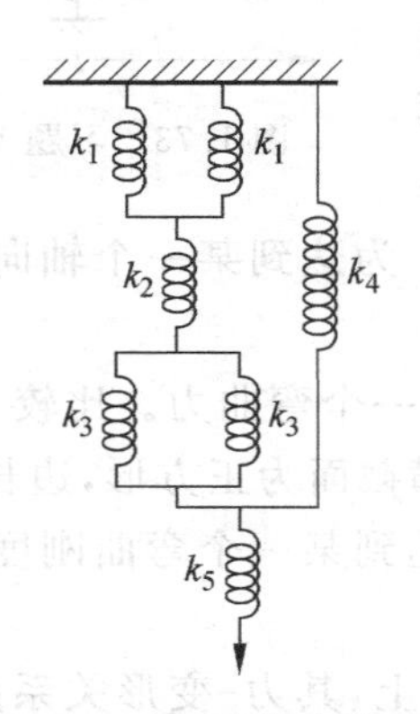

图 1.69 串、并联弹簧系统

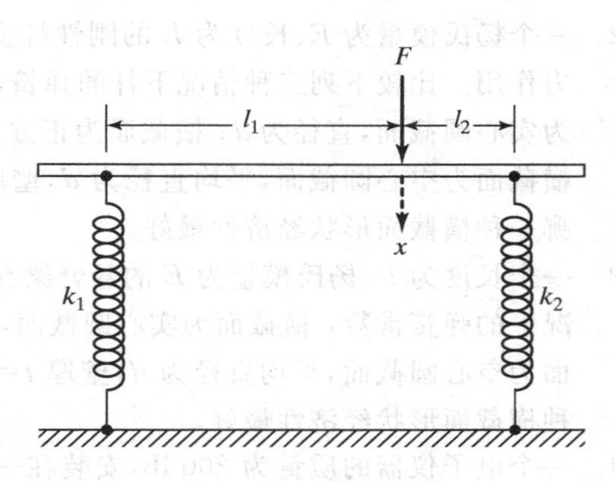

图 1.70 习题 1.8 图

提示：由于两个弹簧的弹簧常数不同并且距离 l_1 和 l_2 也不一样，所以当作用力 F 时刚性杆将不会保持在水平位置。

1.9 在图 1.71 中，计算系统沿 θ 方向的等效刚度系数。

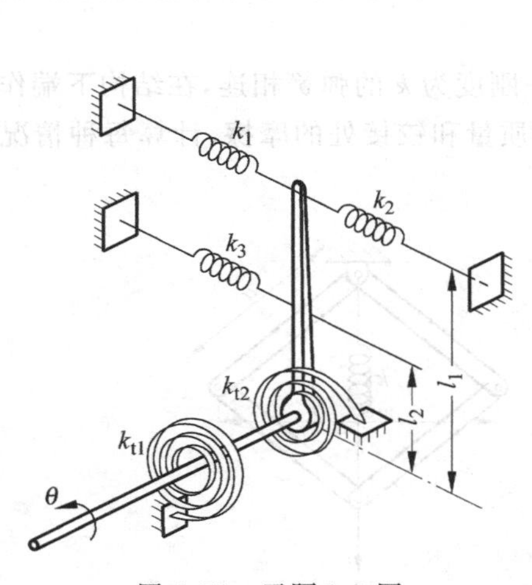

图 1.71 习题 1.9 图

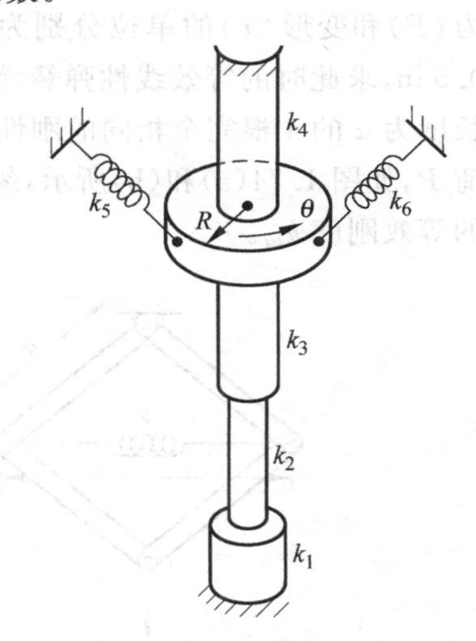

图 1.72 习题 1.10 图

1.10 计算如图 1.72 所示系统的等效扭转刚度系数。假定 k_1,k_2,k_3,k_4 是扭转刚度，k_5,k_6 是线刚度系数。

1.11 一质量为 500 kg 的机器安装在长为 2 m 的简支钢梁上，梁的横截面高为 0.1 m，宽为 1.2 m，杨氏模量 $E=2.06\times10^{11}\,\text{N/m}^2$。为了减小梁的挠度，如图 1.73 所示，在梁

的中点处连接一刚度系数为 k 的弹簧。确定 k 值的大小，使梁的挠度分别为原挠度的(a)25%；(b)50%；(c)75%。假设梁的质量不计。

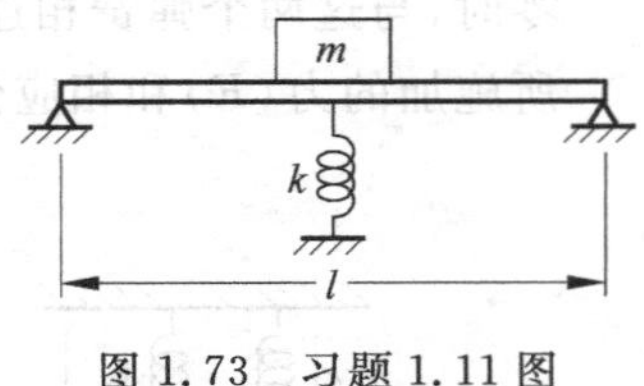

图 1.73　习题 1.11 图

1.12　一个杨氏模量为 E、长度为 L 的刚性杆受到一个轴向力作用。比较下列三种情况下杆的弹簧常数：横截面为实心圆截面，直径为 d；横截面为正方形，边长为 d；横截面为空心圆截面，平均直径为 d，壁厚 $t=0.1\,d$。为达到某一个轴向刚度值，问哪一种横截面形状经济性最好。

1.13　一个长度为 L、杨氏模量为 E 的悬臂梁在自由端受到一个弯曲力。比较下列三种情况下的弹簧常数：横截面为实心圆截面，直径为 d；横截面为正方形，边长为 d；横截面为空心圆截面，平均直径为 d，壁厚 $t=0.1\,d$。为达到某一个弯曲刚度值，问哪一种横截面形状经济性最好。

1.14　一个电子仪器的质量为 200 lb，安装在一个橡胶支座上，其力-变形关系为 $F(x)=800x+40x^3$，其中力(F)和变形(x)的单位分别为 lbf 和 in，求：

(a) 支座在其静平衡位置时的等效线性弹簧常数。

(b) 基于等效线性弹簧常数的支座变形。

1.15　使用在发动机上的钢制螺旋弹簧的力-变形关系为 $F(x)=200x+50x^2+10x^3$，其中力(F)和变形(x)的单位分别为 lbf 和 in。如果发动机运行时弹簧的稳态变形为 0.5 in，求此时的等效线性弹簧常数。

1.16　长度为 a 的 4 根完全相同的刚性杆，与一刚度为 k 的弹簧相连，在结构下端作用一载荷 P，如图 1.74(a)和(b)所示，忽略杆的质量和铰接处的摩擦，计算每种情况下系统的等效刚度 k_{eq}。

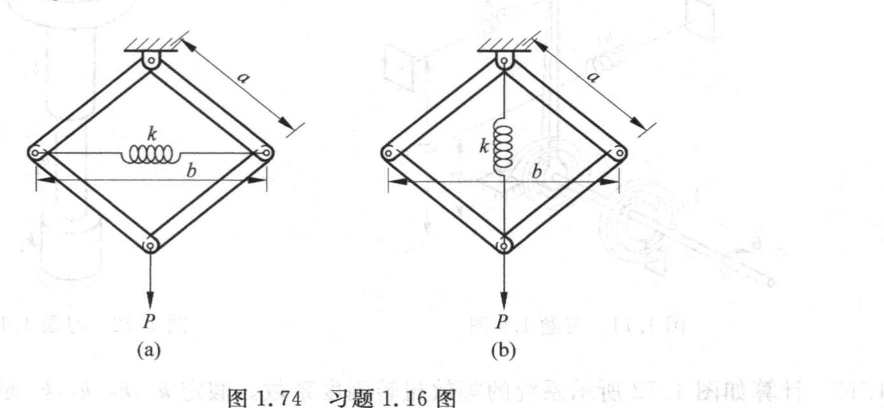

图 1.74　习题 1.16 图

1.17　如图 1.75 所示的三脚架用来固定测量空间两点之间距离所用的电子设备。三脚架的 3 条腿关于中垂线对称布置，每条腿均与铅垂线成 α 角，如果每条腿长均为 l，且轴

向刚度为 k，计算三脚架在铅垂方向的等效刚度系数。

1.18　可绕铰支点 O 转动且与两弹簧相连的无质量刚性杆的静平衡位置如图 1.76 所示。假设作用在 A 点的力 F 引起的位移（x）是一个小量，求系统的等效弹簧常数 k_e，以使得力和位移的关系可以表示为 $F=k_e x$。

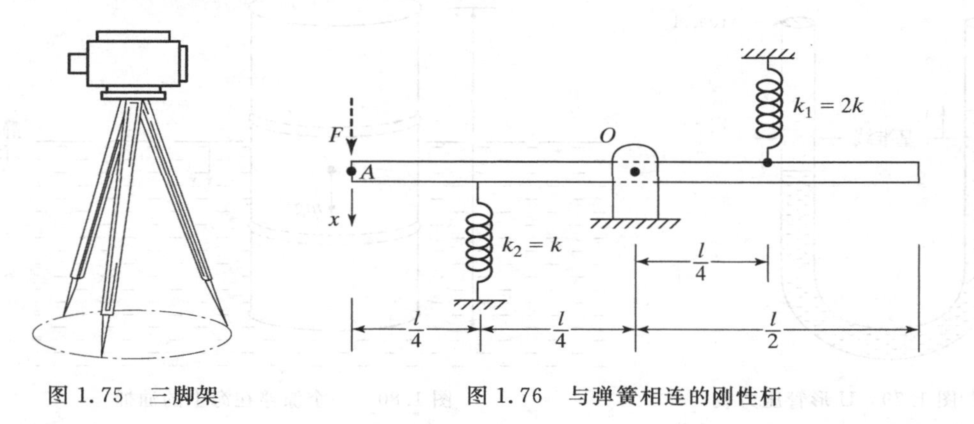

图 1.75　三脚架　　图 1.76　与弹簧相连的刚性杆

1.19　如图 1.77 所示系统中，质量块与弹簧常数为 k_1 和 k_2 的两个弹簧直接相连，但与弹簧常数为 k_3 和 k_4 的两个弹簧是否接触则取决于质量块位移的大小。问质量块的位移发生变化时，作用在其上的弹簧力如何变化。

1.20　如图 1.78 所示，一个质量为 m 的均质刚性杆与弹簧常数分别为 k_1 和 k_2 的两个弹簧相连，并可绕 O 点转动。考虑杆绕 O 点转动产生的一个微小位移 θ，确定与弹簧的恢复力矩有关的等效弹簧常数。

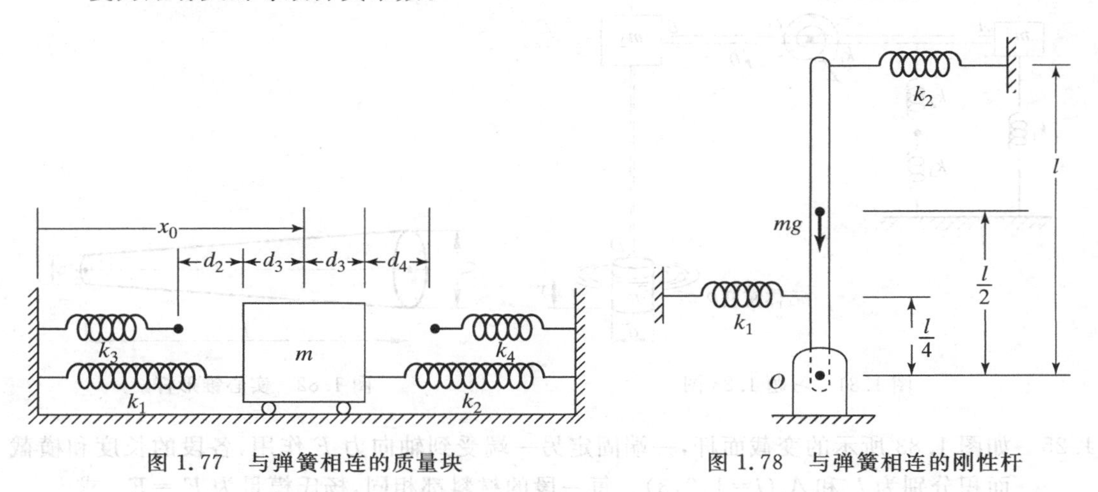

图 1.77　与弹簧相连的质量块　　图 1.78　与弹簧相连的刚性杆

1.21　如图 1.79 所示，一个两端开口的 U 形管压力表，其内液态汞柱的长度为 l，质量为 γ，考虑液面关于平衡位置的一个微小位移 x，确定其与恢复力相关的等效弹簧常数。

1.22 如图 1.80 所示，直径为 d、质量为 m 的油桶漂浮在一个海水（密度为 ρ_ω）浴场。考虑其偏离静平衡位置的一个微小位移 x，确定其与恢复力相关的弹簧常数。

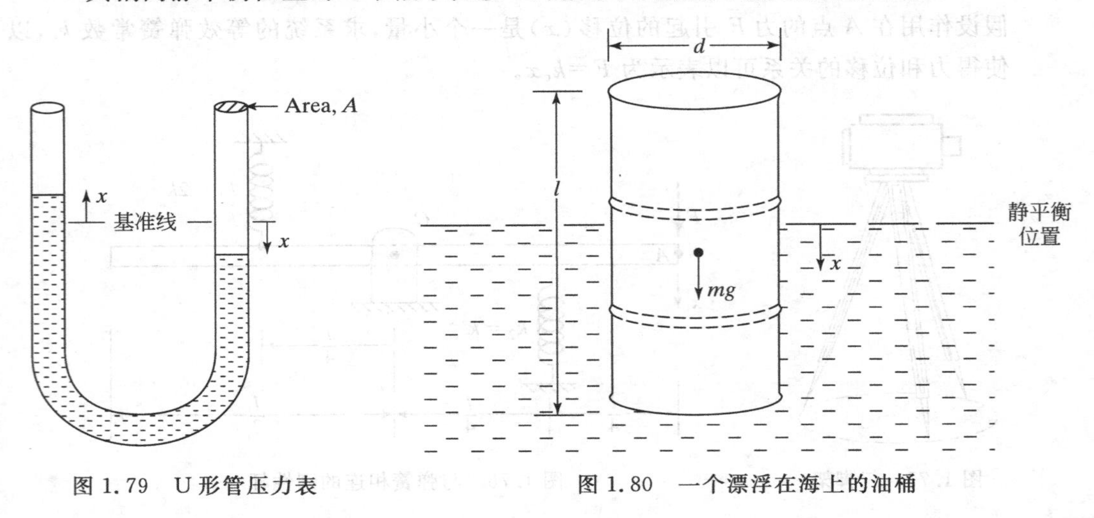

图 1.79 U形管压力表　　图 1.80 一个漂浮在海上的油桶

1.23 计算如图 1.81 所示系统的等效刚度常数、等效质量（选取 θ 为广义坐标）。假定杆 AOB 和 CD 是刚体且不计质量。

1.24 计算与图 1.82 所示实心变截面杆具有相同轴向刚度系数的等截面空心杆的长度。设空心杆的内径为 d，壁厚为 t。

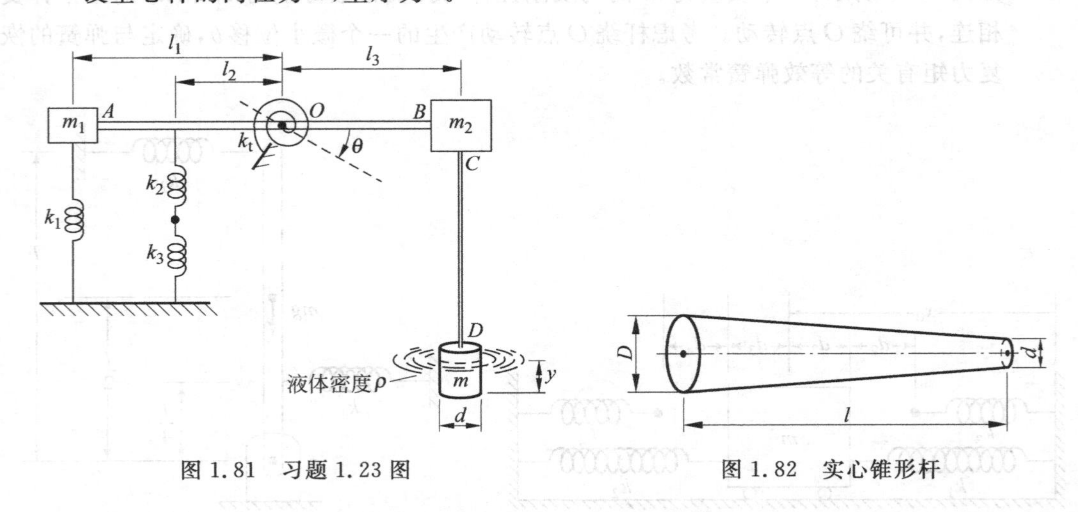

图 1.81 习题 1.23 图　　图 1.82 实心锥形杆

1.25 如图 1.83 所示的变截面杆，一端固定另一端受到轴向力 F 作用，各段的长度和横截面积分别为 l_i 和 $A_i(i=1,2,3)$。每一段的材料都相同，杨氏模量为 $E_i=E$。求

(a) 每一段沿轴线方向的弹簧常数 $k_i(i=1,2,3)$。

(b) 整个杆沿轴线方向的等效弹簧常数 k_{eq}，以使得沿轴线方向的力和变形的关系为

$F=k_{eq}x$。

(c) 说明此变截面杆相当于串联的弹簧还是并联的弹簧。

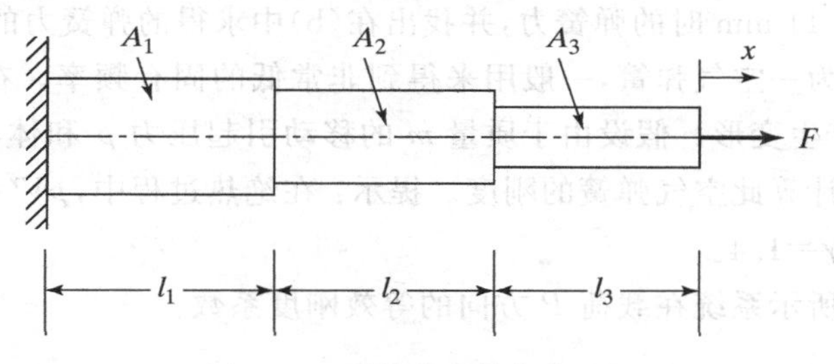

图 1.83　受轴向力的变截面杆

1.26　求如图 1.84 所示系统的等效弹簧常数。

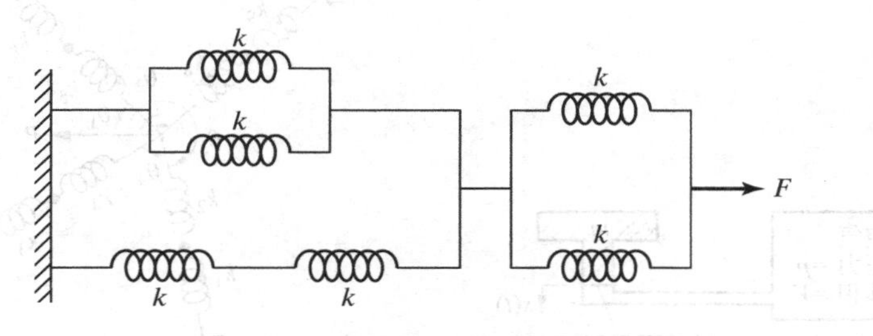

图 1.84　弹簧通过串联和并联连接

1.27　如图 1.85 所示的变截面轴，一端固定另一端受到扭转力矩 T 的作用。各段的长度和直径分别为 l_i 和 $D_i(i=1,2,3)$。每一段的材料都相同，剪切弹性模量为 $G_i=G$。求

(a) 各段的扭转弹簧常数 k_{t_i}。

(b) 整个轴的等效扭转弹簧常数 $k_{t_{eq}}$，以使得扭转角位移与所施加的扭转力矩的关系为 $T=k_{t_{eq}}\theta$。

(c) 说明此变截面轴是相当于串联的弹簧还是并联的弹簧。

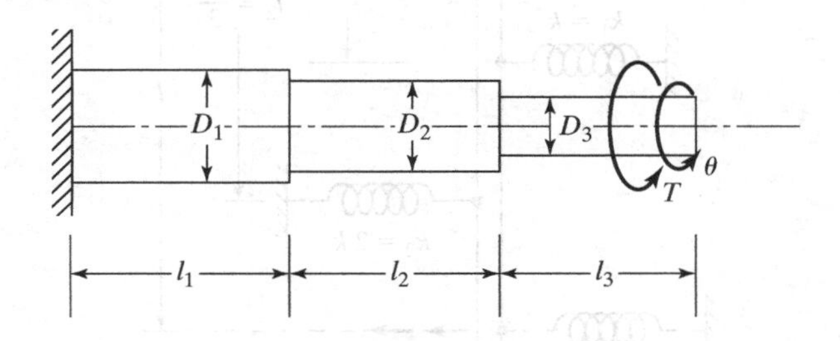

图 1.85　受到扭矩的阶梯轴

1.28　一个弹簧的力与变形的关系为 $F=500x+2x^3$，其中力 F 的单位为 N，x 的单位为 mm。计算：(a)在 $x=10$ mm 时的等效线性刚度系数；(b)利用线性刚度系数求在 $x=9$ mm，$x=11$ mm 时的弹簧力，并找出在(b)中求得的弹簧力的误差。

1.29　图 1.86 所示为一空气弹簧，一般用来得到非常低的固有频率。在静载荷作用下，可以认为其不产生变形。假设由于质量 m 的移动引起压力 p 和体积 V 的变化时是一个绝热过程，计算此空气弹簧的刚度。提示：在绝热过程中，$pV^{\gamma}=$常数，其中 γ 是比热。对空气，$\gamma=1.4$。

1.30　计算图 1.87 所示系统在载荷 P 方向的等效刚度系数。

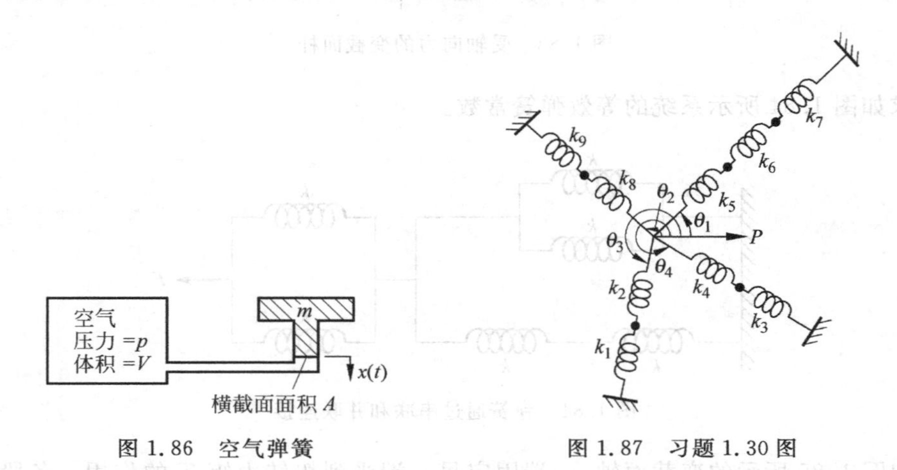

图 1.86　空气弹簧　　　　图 1.87　习题 1.30 图

1.31　推导如图 1.88 所示系统的力(F)-变形(x)关系的表达式以得到其等效弹簧常数(假设杆的位移足够小)。

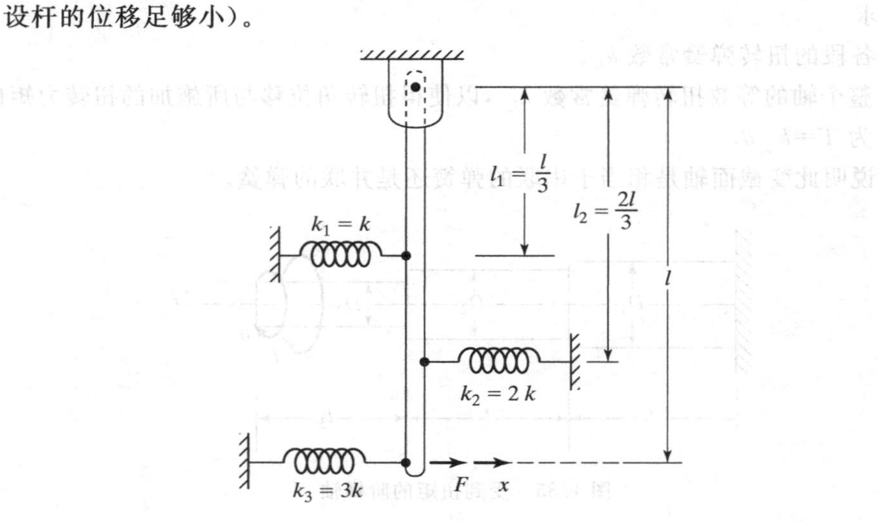

图 1.88　与弹簧相连的刚性杆

1.32 在轴向载荷作用下的螺旋弹簧的弹簧常数为 $k=\dfrac{Gd^4}{8ND^3}$。G 为材料的剪切弹性模量，d 为簧丝直径，D 为簧圈直径，N 为圈数。求钢制螺旋弹簧的弹簧常数，其中 $D=0.2\ \mathrm{m}$，$d=0.005\ \mathrm{m}$，$N=10$。

1.33 一个用钢制成另一个用铝制成的两个螺旋弹簧，具有相同的 d 和 D。(a)如果钢制弹簧的圈数为 10，确定要达到与钢制弹簧一样效果的铝制弹簧的圈数。(b)求两个弹簧的弹簧常数。

1.34 如图 1.89 所示的三个并联弹簧，一个弹簧常数为 $k_1=k$，另外两个弹簧常数为 $k_2=k$。常数为 k_1 的那个弹簧的长度为 l，另外两个常数为 k_2 的弹簧的长度为 $l-a$，求系统的力-变形关系。

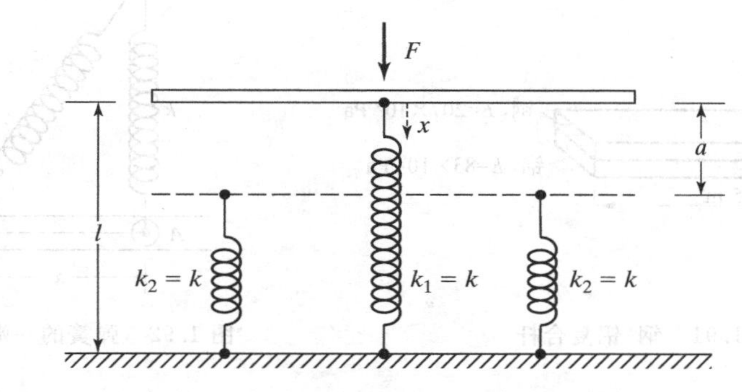

图 1.89 线性弹簧的非线性行为

1.35* 用柱状容器和活塞设计一空气弹簧，使其刚度系数为 75 lbf/in。假设可得到的最大空气压强为 200 lbf/in²。

1.36 非线性弹簧的力(F)与变形(x)的关系由式 $F=ax+bx^3$ 给出，其中 a，b 均为常数。求解当变形 $x=0.01$，$a=20\ 000\ \mathrm{N/m}$，$b=40\times10^6\ \mathrm{N/m^3}$ 时的等效线性弹簧常数。

1.37 如图 1.90 所示，两非线性弹簧 S_1，S_2 以两种不同的方式连接，弹簧 S_i 内的力 F_i 与其变形 x_i 的关系为 $F_i=a_ix_i+b_ix_i^3$，$i=1,2$，其中 a_i，b_i 是常数。如果等效线性刚度系数 k_{eq} 由式 $W=k_{eq}x$ 决定，其中 x 是系统变形。求解在每种情况下 k_{eq} 的表达式。

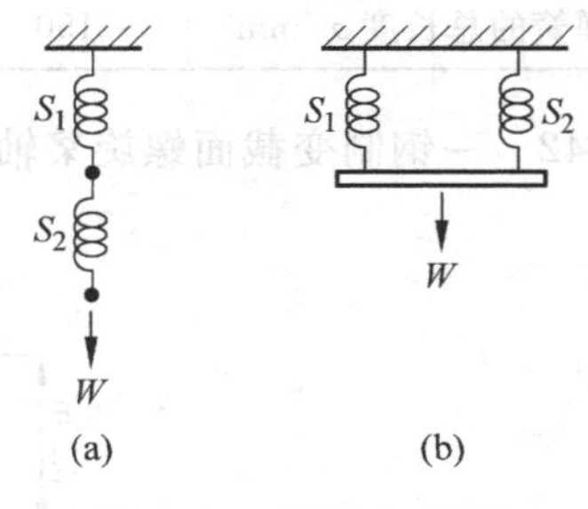

图 1.90 习题 1.37 图

1.38* 设计一钢制螺旋压缩弹簧来满足下列要求：

弹簧刚度 $k\geqslant8000\ \mathrm{N/mm}$； 振动的固有频率 $f_1\geqslant0.4\ \mathrm{Hz}$

弹簧指数 $D/d\geqslant6$； 有效圈数 $N\geqslant10$

计算弹簧刚度和固有频率的公式分别为$k=\frac{Gd^4}{8D^3N}$，$f_1=\frac{1}{2}\sqrt{\frac{kg}{W}}$。其中，$G$是簧丝材料的剪切模量；$d$是簧丝直径；$D$是簧圈直径；$W$是弹簧重量；$g$是重力加速度。

1.39　求解如图1.91所示钢-铝复合杆在轴线方向的刚度系数。

1.40　如图1.92所示，考虑一个弹簧常数为k的弹簧从其自由长度伸长了距离x_0的情况。弹簧的一端固定在O点，另一端与一滚子相连。滚子只能在水平方向运动并且没有摩擦力。求当滚子在水平方向上产生一个距离x到达B点时力(F)和位移(x)的关系，并对其进行讨论，从而确定沿x方向的刚度系数k。

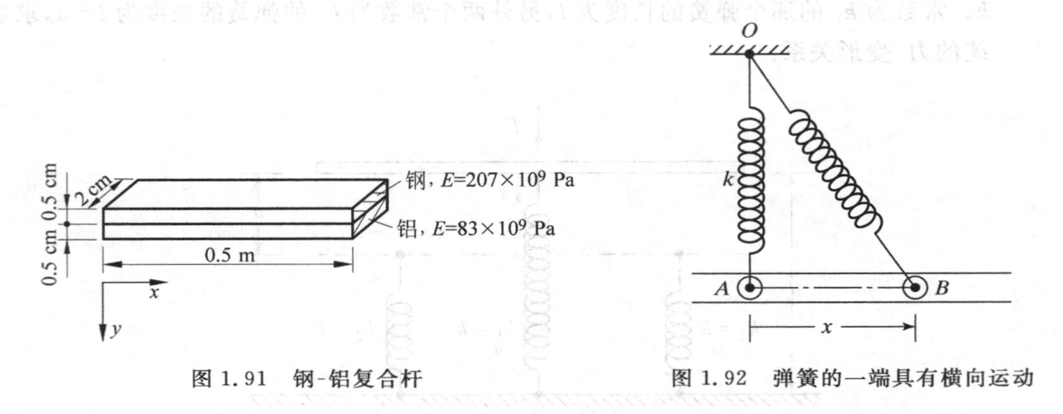

图1.91　钢-铝复合杆　　　图1.92　弹簧的一端具有横向运动

1.41　螺旋弹簧的一端固定，另一端受到5个不同的拉力。弹簧的长度和力的大小如下表所示，确定该弹簧的力-变形关系。

拉力 F/N	0	100	250	330	480	570
弹簧的总长度 x/mm	150	163	183	194	214	226

1.42　一钢制变截面螺旋桨轴如图1.93所示，求其扭转刚度系数。

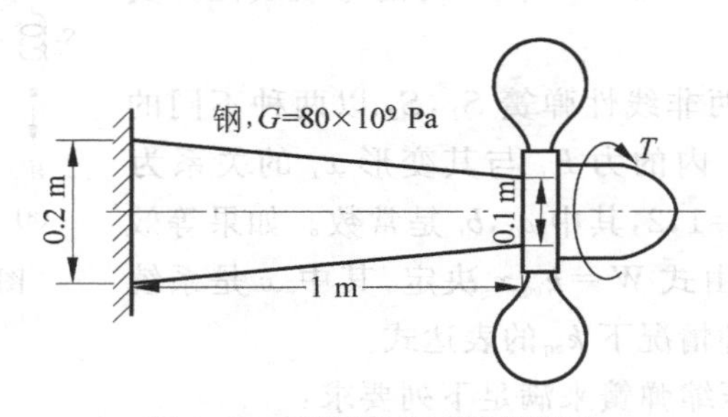

图1.93　钢制变截面螺旋桨轴

1.43　一钢-铝复合螺旋桨轴如图1.94所示。

(a) 求其扭转刚度常数。

(b) 当内部铝筒的直径由 10 cm 改为 5 cm 时，该复合轴的扭转刚度系数变为多少？

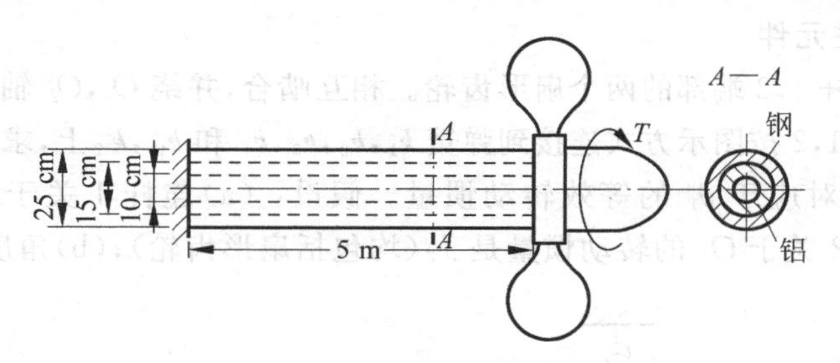

图 1.94　钢-铝复合螺旋桨轴

1.44　考虑如下两螺旋弹簧

弹簧 1：材料——钢；圈数——10；平均簧圈直径——12 in；簧丝直径——2 in；自由长度——15 in；剪切弹性模量——12×10^6 lbf/in²。

弹簧 2：材料——铝；圈数——10；平均簧圈直径——10 in；簧丝直径——1 in；自由长度——15 in；剪切弹性模量——4×10^6 lbf/in²。

当(a)弹簧 2 置于弹簧 1 内部，(b)弹簧 2 置于弹簧 1 顶部时，求等效刚度常数。

1.45　假如弹簧 1,2 的金属丝直径分别用 1.0 in 和 1.5 in 替代 2.0 in 和 1.0 in，解习题 1.44 中的问题。

1.46　图 1.95 所示挖掘机的臂 AD 长为 100 in，可以用一外径为 10 in、内径为 9.5 in、黏性阻尼系数为 0.4 的钢管近似，臂 DE 可以用一外径为 7 in、内径为 6.5 in、长为 75 in、黏性阻尼系数为 0.3 的钢管近似。假设支座 AC 是固定的，估计挖掘机的等效刚度常数和等效阻尼系数。

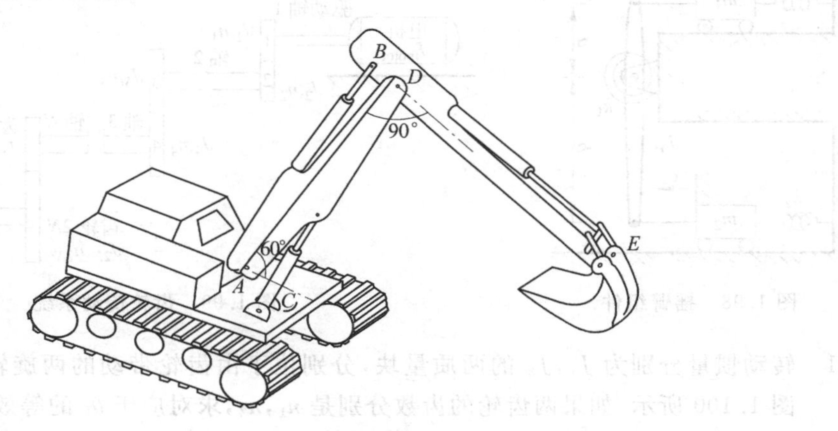

图 1.95　挖掘机

1.47　如图 1.96 所示，一个热交换器由 6 根相同的不锈钢管平行连接组成，每根钢管的外径为 0.3 in，内径为 0.29 in，长度为 50 in。试确定关于热交换器纵向轴的轴向刚度和扭转刚度。

§1.8　质量或惯性元件

1.48　分别位于连杆 1，2 端部的两个扇形齿轮。相互啮合，并绕 O_1，O_2 轴转动，如图 1.97 所示。若连杆 1，2 按图示方式连接到弹簧 k_1，k_2，k_3，k_4 和 k_{t1}，k_{t2} 上，求出等效的扭转弹簧刚度和系统对应于 θ_1 的等效转动惯量。假设：(a)连杆 1 关于 O_1 轴的转动惯量是 J_1，连杆 2 关于 O_2 的转动惯量是 J_2（均包括扇形齿轮）；(b)角度 θ_1，θ_2 非常小。

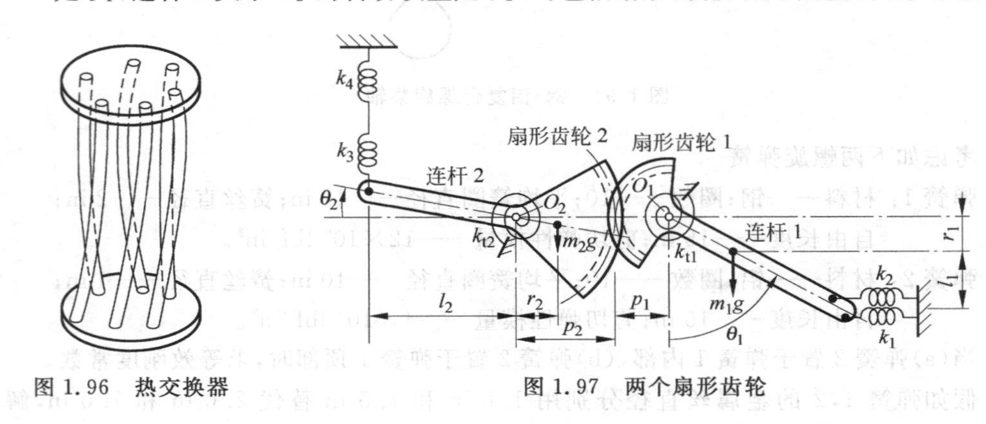

图 1.96　热交换器　　　　图 1.97　两个扇形齿轮

1.49　在图 1.98 中，求摇臂组件关于 x 坐标的等效质量。

1.50　求图 1.99 所示的齿轮系关于驱动轴的等效转动惯量。图中的 J_i，n_i 分别表示齿轮 i 的转动惯量和齿数($i=1,2,\cdots,2N$)。

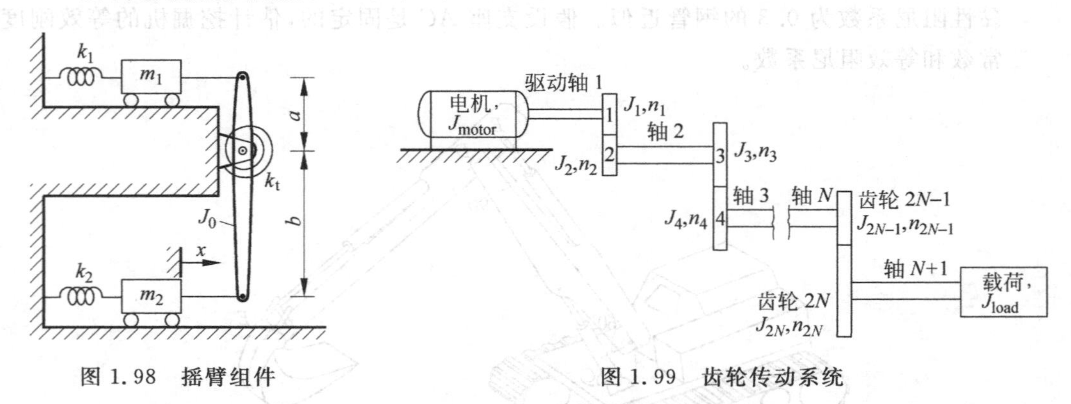

图 1.98　摇臂组件　　　　图 1.99　齿轮传动系统

1.51　转动惯量分别为 J_1，J_2 的两质量块，分别位于由齿轮带动的两旋转（刚性）轴上，如图 1.100 所示。如果两齿轮的齿数分别是 n_1，n_2，求对应于 θ_1 的等效转动惯量。

1.52　图 1.101 所示为采油泵的简化模型，曲柄的旋转运动被转化为活塞的往复运动。求系统在 A 处的等效质量。

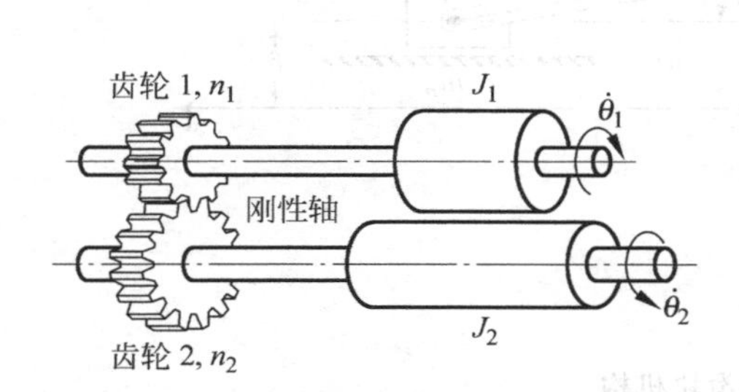

图 1.100 齿轮轴上的旋转质量

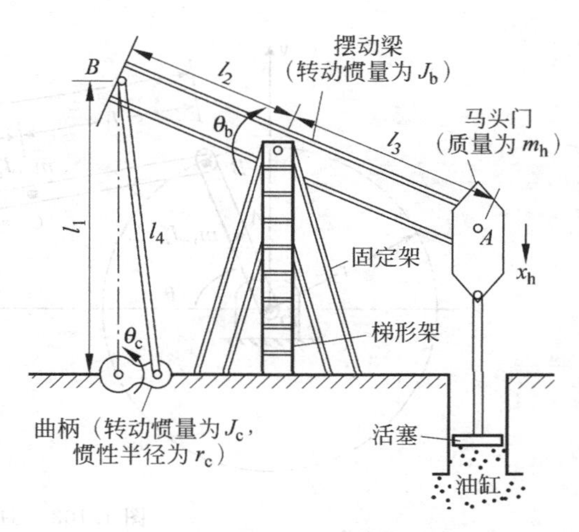

图 1.101 采油泵简化模型

1.53 求图 1.102 中系统的等效质量。

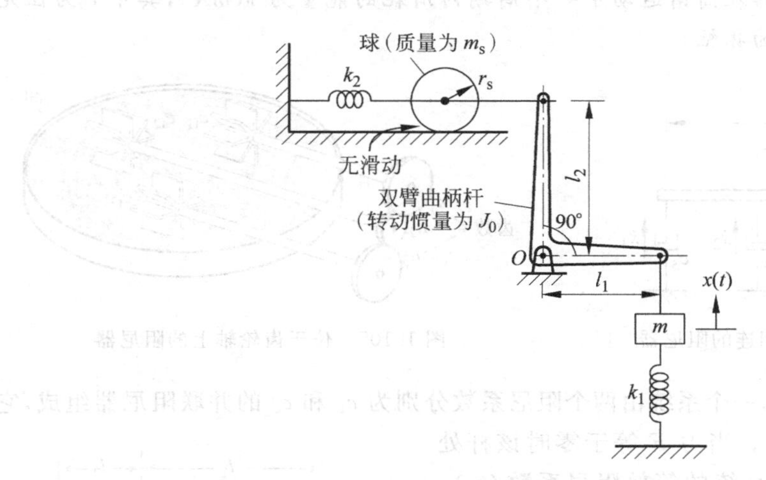

图 1.102 习题 1.53 图

1.54 图 1.103 所示为一个偏装错位曲柄-滑块机构，曲柄的长度为 r，连杆的长度为 l，偏装量为 δ。如果曲柄位于其质心 A 处的质量和转动惯量分别为 m_r 和 J_r。连杆位于其质心 C 处的质量和转动惯量分别为 m_c 和 J_c，活塞的质量为 m_p，求系统关于曲柄的旋转中心 O 点的等效转动惯量。

§1.9 阻尼元件

1.55 求下述情况下的等效阻尼常数

(a)3 个阻尼器并联；(b)3 个阻尼器串联；(c)3 个阻尼器与刚性杆相连（见图 1.104）时在 c_1 处的等效阻尼；(d)3 个阻尼器分别位于 3 个齿轮轴上（见图 1.105）时在 c_{t1} 处

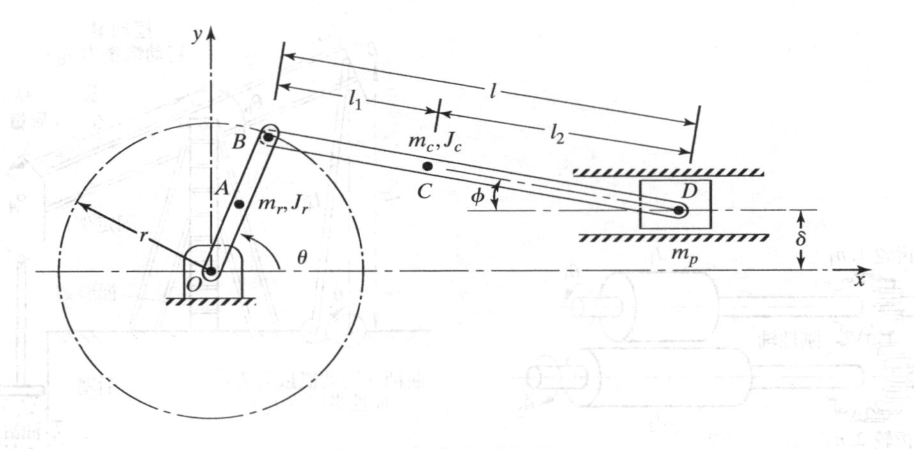

图 1.103　曲柄滑块机构

的等效阻尼。

提示：黏性阻尼器在简谐运动中一个周期内消耗的能量为 $\pi c\omega X^2$，其中 c 为阻尼系数，ω 为频率，X 为振幅。

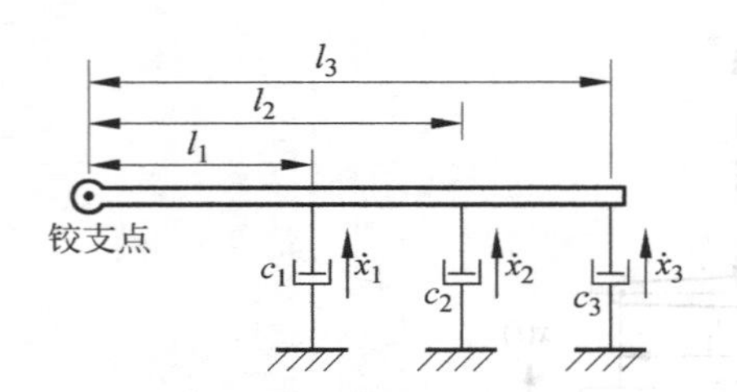

图 1.104　与刚性杆相连的阻尼器

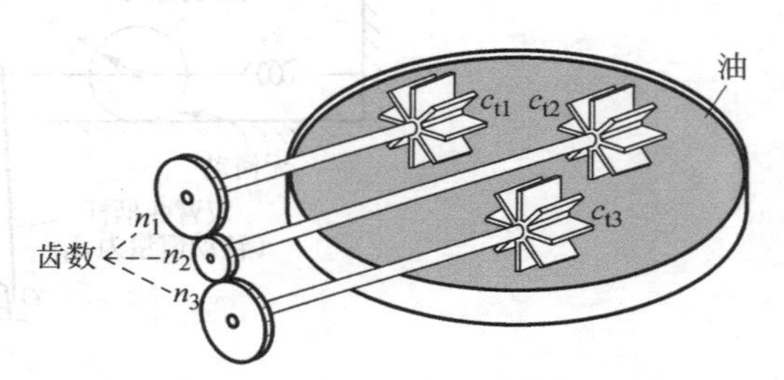

图 1.105　位于齿轮轴上的阻尼器

1.56　如图 1.106 所示，一个系统由两个阻尼系数分别为 c_1 和 c_2 的并联阻尼器组成，它们与一刚性杆相连。当力 F 等于零时该杆处于水平位置。求系统的等效阻尼系数（c_e），其将所施加的力（F）与所引起的速度联系起来，并可表示为 $F=c_e v$。

提示：由于两个阻尼器的阻尼系数是不同的，且长度 l_1 和 l_2 也不一样，当刚性杆受力 F 时其不能保持水平位置。

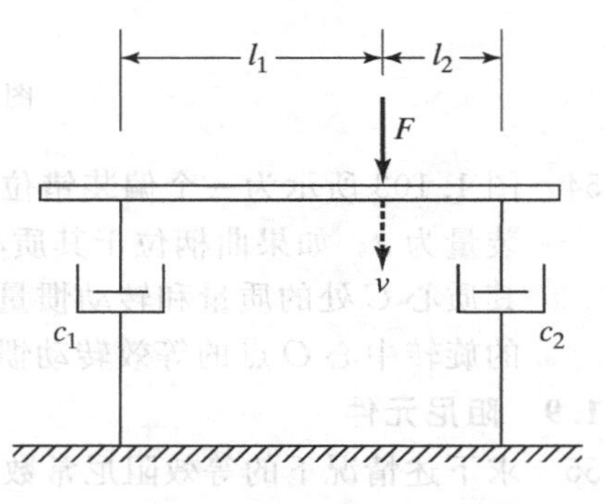

图 1.106　受到不对称载荷的并联阻尼器

1.57*　设计一个活塞-油缸式黏性阻尼器，使阻尼常数为 1 lbf·s/in。已知流体的黏度为 4×10^{-6} reyn（1 reyn=1 lbf·s/in²）。

1.58* 设计一个阻尼系数为 10^5 lbf·s/in 的活塞-油缸式冲击减振器，工作温度 70°F，用 SAE30 油，活塞直径不大于 2.5 in。

1.59 如图 1.107 所示旋转阻尼器，试用 D,d,l,h,ω,μ 表示其阻尼系数。其中 ω 表示内圆柱的角速度，d 和 h 分别表示内外圆柱径向和轴向的间隙。

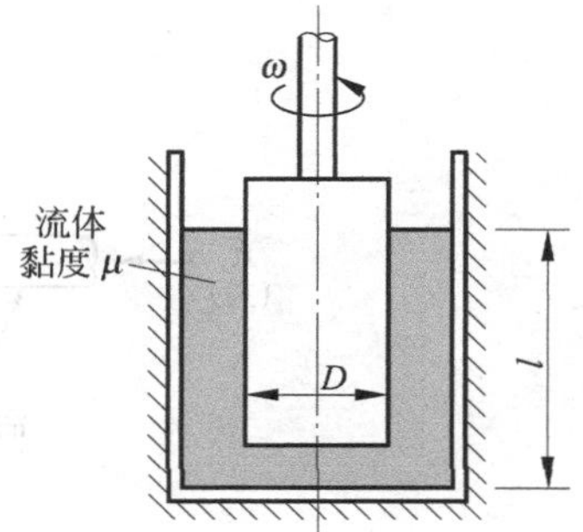

图 1.107 旋转阻尼器

1.60 两个非线性阻尼器的力-速度关系均为 $F=1000v+400v^2+20v^3$，式中 F 和 v 的单位分别为 N 和 m/s。求当工作速度为 10 m/s 时，阻尼器的线性阻尼系数。

1.61 如果习题 1.60 中的线性阻尼器是并联的，确定它们的等效阻尼系数。

1.62 如果习题 1.60 中的线性阻尼器是串联的，确定它们的等效阻尼系数。

1.63 非线性阻尼器的力-速度关系为 $F=500v+100v^2+50v^3$，F 和 v 的单位分别为 N 和 m/s。求阻尼器在工作速度为 5 m/s 时的线性阻尼系数。若此结果应用于工作速度为 10 m/s 的情况，确定由此引起的误差。

1.64 根据实验，某阻尼器与几个运行速度对应的阻尼力如下表所示，确定该阻尼器的阻尼系数。

阻尼力/N	80	150	250	350	500	600
阻尼器的速率/(m/s)	0.025	0.045	0.075	0.110	0.155	0.185

1.65 一个表面积为 0.25 m² 的金属平板在另一个与之平行的表面上移动，两者之间充满厚度为 1.55 mm 的润滑油。如果润滑油的黏度为 0.5 Pa·s，求

(a) 阻尼系数。

(b) 当平板的运动速度为 2 m/s 时的阻尼力。

1.66 根据以下数据确定径向轴承的扭转阻尼系数，润滑油的黏度(μ)为 0.35 Pa·s，轴的直径($2R$)为 0.05 m，轴承的长度(l)为 0.075 m，轴承的间隙(d)为 0.005 m。如果轴的转速 N 为 3000 r/min，确定阻尼力矩。

1.67 如果习题 1.66 中径向轴承的每一个参数(μ,R,l,d 和 N)相对于所给的值都有 ±5%的变化，求阻尼系数波动的百分比以及此时的阻尼力矩。

注意：参数的变化可能有以下几个原因，例如测量误差、制造公差和轴承工作温度的波动等。

1.68 如图 1.108 所示，油缸中液体的黏度系数为 μ，活塞上开有一个小孔。活塞在油缸中运动时，液体可以穿过小孔，由此可以引起摩擦或阻尼力。推导推动活塞以速度 v 运动所需要的力的表达式，并说明是哪一种阻尼。

提示：流体通过小孔的速度表达式为 $q=\alpha\sqrt{\Delta p}$，对于给定的流体和油缸的横截面

积，α 是常数[1.52]。

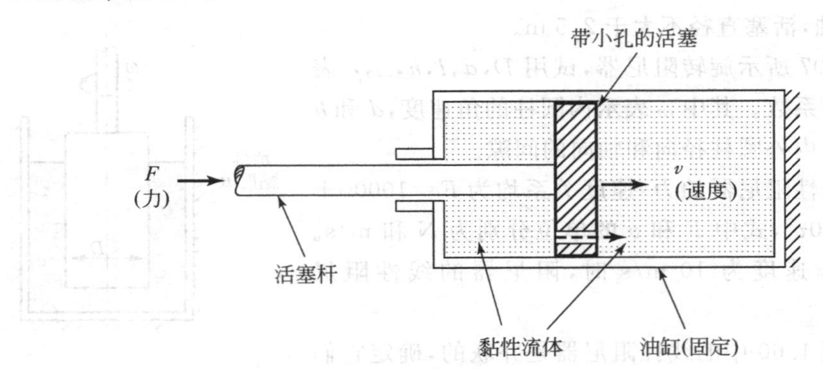

图 1.108　开有小孔的活塞和油缸

1.69　非线性阻尼器的力（F）与速度（$\dot{x}$）的关系由式 $F=a\dot{x}+b\dot{x}^2$ 确定，其中，a,b 为常数。当相对速度为 5 m/s，$a=5$ N·s/m，$b=0.2$ N·s²/m² 时，求等效线性阻尼系数。

1.70　如图 1.109 所示，一块方形板在黏度为 μ 的流体中运动时，由于表面摩擦力而引起的阻尼系数由下式计算：$c=100\mu l^2 d$。设计一平板形阻尼器（参见图 1.42），使其相对于相同的流体能提供相同的阻尼系数。

1.71　图 1.110 所示减振器的阻尼系数由下式给出：$c=\dfrac{6\pi\mu l}{h^3}\left[\left(a-\dfrac{h}{2}\right)^2-r^2\right]\left[\dfrac{a^2-r^2}{a-\dfrac{h}{2}}-h\right]$。确定阻尼器的阻尼系数，已知 $\mu=0.3445$ Pa·s，$l=10$ cm，$h=0.1$ cm，$a=2$ cm，$r=0.5$ cm。

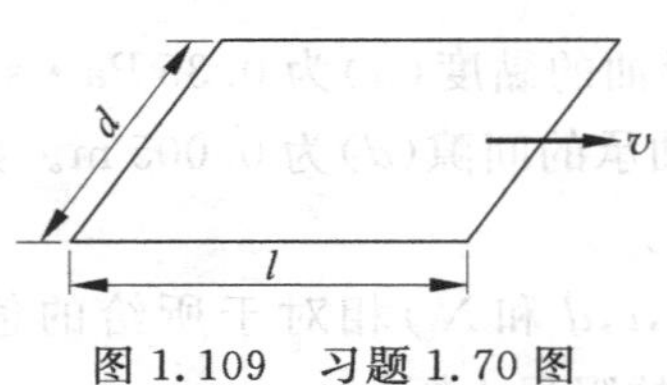

图 1.109　习题 1.70 图

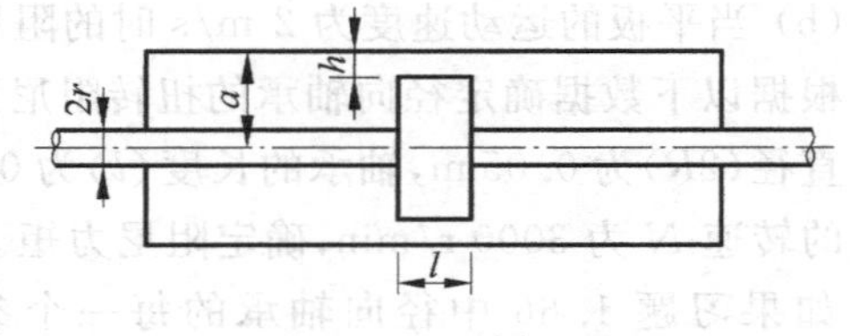

图 1.110　减振器

1.72　在习题 1.71 中，用给出的数据，求下列情况时的阻尼系数 c：(a)r 从 0.5 cm 变为 1.0 cm；(b)h 从 0.05 cm 变为 0.10 cm；(c)a 从 2 cm 变为 4 cm。

1.73　如图 1.111 所示，一个长度为 1 m 的无质量杆，一端为固定铰支约束，另一端受到力 F 的作用，两个阻尼系数分别为 $c_1=10$ N·s/m 和 $c_2=15$ N·s/m 的平动阻尼器与其相连。确定系统的等效阻尼系数 c_{eq}，以使得作用在 A 点的力可以表示为 $F=c_{eq}v$，其中 v 为 A 点的线速度。

1.74 求如图 1.112 所示系统的等效平动阻尼系数的表达式，以使得力 F 可以表示为 $F=c_{eq}v$ 的形式，其中 v 为刚性杆 A 的速度。

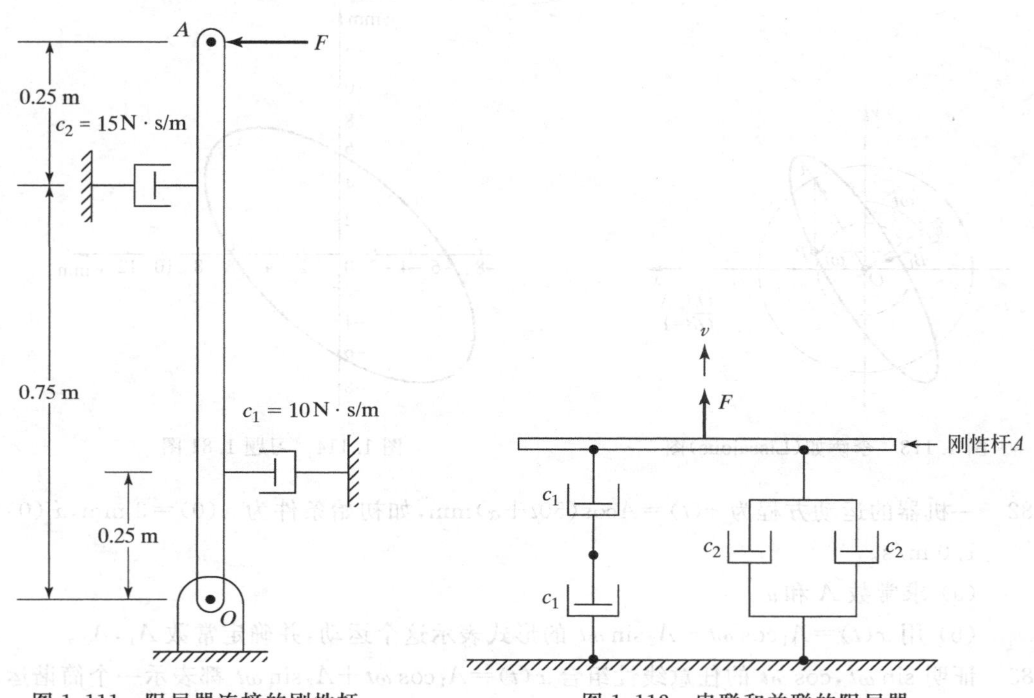

图 1.111 阻尼器连接的刚性杆

图 1.112 串联和并联的阻尼器

§1.10 简谐运动

1.75 用指数形式($Ae^{i\theta}$)表示复数 5+2i。

1.76 求两复数(1+2i)和(3−4i)的和，并用指数形式($Ae^{i\theta}$)表示其结果。

1.77 求(3−4i)减去(1+2i)的差，并用指数形式($Ae^{i\theta}$)表示其结果。

1.78 已知 $z_1=1+2i, z_2=3-4i$，求这两个复数的积，并用指数形式($Ae^{i\theta}$)表示其结果。

1.79 已知 $z_1=1+2i, z_2=3-4i$，求$\frac{z_1}{z_2}$，并用指数形式($Ae^{i\theta}$)表示其结果。

1.80 往复式发动机的基础在 x, y 方向分别作简谐运动：$x(t)=X\cos\omega t$, $y(t)=Y\cos(\omega t+\phi)$，其中 X, Y 为振幅，ω 为角速度，ϕ 为相位差。

(a) 证明两个运动的合成运动满足下式给出的椭圆方程(见图 1.113)

$$\frac{x^2}{X^2}+\frac{y^2}{Y^2}-2\frac{xy}{XY}\cos\phi=\sin^2\phi \tag{E.1}$$

(b) 讨论由上述方程描述的合成运动在 $\phi=0$, $\phi=\pi/2$, $\phi=\pi$ 时的性质。

注：代表方程(E.1)的椭圆图形就是著名的李萨如(Lissajous)图，经常用来解释示波器所显示的某种类型的实验结果。

1.81 空气压缩机的基础承受相互垂直的两个方向的简谐运动，其频率相同，示波器里显示的合成运动如图1.114所示。求两个方向的振幅和它们的相位差。

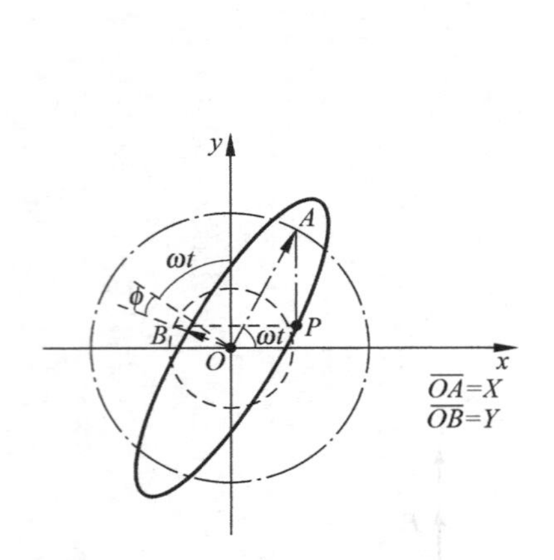

图1.113 李萨如(Lissajous)图

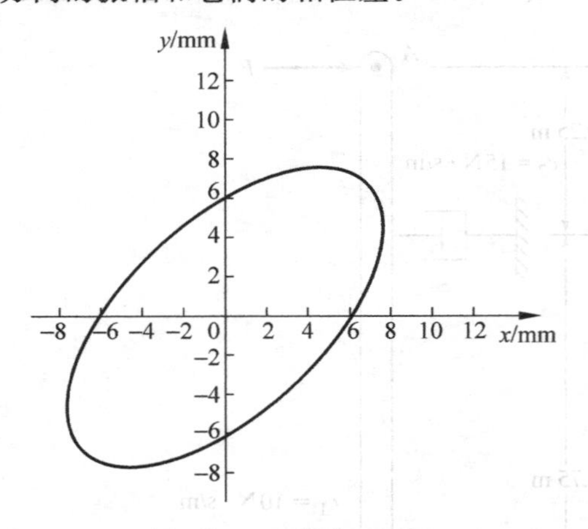

图1.114 习题1.81图

1.82 一机器的运动方程为 $x(t)=A\cos(50t+\alpha)$ mm，如初始条件为 $x(0)=3$ mm，$\dot{x}(0)=1.0$ m/s。

(a) 求常数 A 和 α。

(b) 用 $x(t)=A_1\cos\omega t+A_2\sin\omega t$ 的形式表示这个运动，并确定常数 A_1，A_2。

1.83 证明 $\sin\omega t$，$\cos\omega t$ 的任意线性组合 $x(t)=A_1\cos\omega t+A_2\sin\omega t$ 都表示一个简谐运动（A_1，A_2 为常数）。

1.84 求两简谐运动 $x_1(t)=5\cos(3t+1)$ 与 $x_2(t)=10\cos(3t+2)$ 的和，利用：(a)三角关系；(b)矢量相加；(c)复数表示。

1.85 如果简谐运动 $x(t)=10\sin(\omega t+60°)$ 的分量之一是 $x_1(t)=5\sin(\omega t+30°)$，求另一分量。

1.86 两简谐运动分别为 $x_1(t)=\frac{1}{2}\cos\frac{\pi}{2}t$，$x_2(t)=\sin\pi t$，这两个运动的和是否为周期运动？如果是，求出其周期。

1.87 两简谐运动分别为 $x_1(t)=2\cos 2t$，$x_2(t)=\cos 3t$，这两个运动的和是否为周期运动？如果是，求出其周期。

1.88 两简谐运动分别为 $x_1(t)=\frac{1}{2}\cos\frac{\pi}{2}t$，$x_2(t)=\cos\pi t$，这两个运动的差是否为周期运动？如果是，求出其周期。

1.89 $x(t)=x_1(t)+x_2(t)$，其中，$x_1(t)=3\sin 30t$，$x_2(t)=3\sin 29t$，求其最大、最小振幅，同时求出对应 $x(t)$ 的拍频。

1.90 一机器承受两个简谐运动，示波器显示的合成运动如图1.115所示，求两简谐运动的振幅和频率。

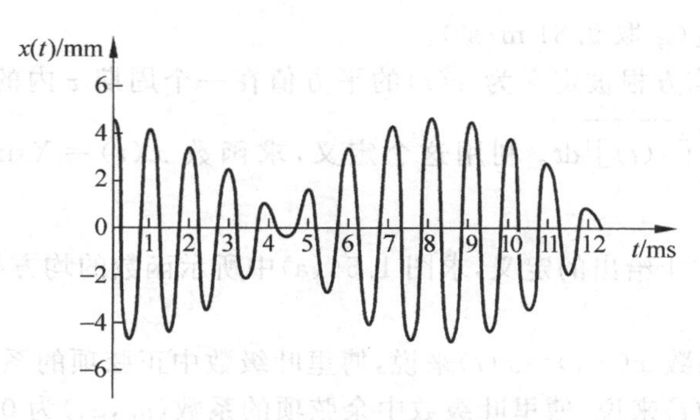

图 1.115 习题 1.90 图

1.91 一简谐运动的振幅为 0.05 m，频率为 10 Hz，求其周期、最大速度、最大加速度。

1.92 固定在结构框架上的加速度计表明结构作简谐运动（每秒循环 15 次），最大加速度为 $0.5g$，求建筑结构的振幅和最大速度。

1.93 离心泵基础的振幅为 $x_{\max}=0.25$ mm，最大加速度 $\ddot{x}_{\max}=0.4g$，求泵的工作速度。

1.94 一个指数函数的形式为 $x(t)=Ae^{-\alpha t}$，若 $t=1$ 时 $x(1)=0.752985$，$t=2$ 时 $x(2)=0.226795$，确定 A 和 α 的值。

1.95 若一个机器的位移表达式为 $x(t)=18\cos 8t$，其中 x 和 t 的单位分别是 mm 和 s。求(a)机器的振动周期（单位用 s）；(b)机器的振动频率（单位分别用 rad/s 和 Hz）。

1.96 如果一个机器的运动可以表示为 $8\sin(5t+1)=A\sin 5t+B\cos 5t$，确定 A 和 B 的值。

1.97 一个机器的振动形式为 $x(t)=-3.0\sin 5t-2.0\cos 5t$，将其表示为 $x(t)=A\cos(5t+\varphi)$的形式。

1.98 如果一个机器的位移表达式为 $x(t)=0.2\sin(5t+3)$，其中 x 和 t 的单位分别是 m 和 s，问机器的速度和加速度如何变化，并确定机器的位移振幅、速度振幅和加速度振幅。

1.99 如果一个机器的位移表达式为 $x(t)=0.15\sin 4t+2.0\cos 4t$，其中 x 和 t 的单位分别是 in 和 s，确定机器运动的速度和加速度的表达式，以及机器的位移振幅、速度振幅和加速度振幅。

1.100 机器的位移表达式为 $x(t)=0.05\sin(6t+\phi)$，其中 x 和 t 的单位分别是 m 和 s。如果机器在 $t=0$ 时的位移为 0.04 m，确定相位角 ϕ 的值。

1.101 机器的位移表达式为 $x(t)=A\sin(6t+\phi)$，其中 x 和 t 的单位分别是 m 和 s。如果机器在 $t=0$ 时的位移和速度分别为 0.05 m 和 0.005 m/s，确定 A 和 ϕ 的值。

1.102 一个机器的振动形式为简谐运动，频率和加速度的振幅分别为 20 Hz 和 $0.5g$，确定机器的位移幅值和速度幅值（g 取 9.81 m/s²）。

1.103 一个不平衡的涡轮机转子的位移振幅和加速度振幅分别为 0.5 mm 和 $0.5g$，求转子的旋转速度（g 取 $9.81\ \mathrm{m/s^2}$）。

1.104 函数 $x(t)$ 的均方根被定义为 $x(t)$ 的平方值在一个周期 τ 内的平均值的平方根，即 $x_{\mathrm{rms}}=\sqrt{\frac{1}{\tau}\int_0^{\tau}[x(t)]^2\,\mathrm{d}t}$。利用这个定义，求函数 $x(t)=X\sin\omega t=X\sin\frac{2\pi t}{\tau}$ 的均方根。

1.105 利用习题1.104给出的定义，求图1.54(a)中所示函数的均方根值。

§1.11 谐波分析

1.106 证明：对偶函数 $x(-t)=x(t)$ 来说，傅里叶级数中正弦项的系数(b_n)为0；对奇函数 $x(-t)=-x(t)$ 来说，傅里叶级数中余弦项的系数(a_0,a_n)为0。

1.107 求图1.58(b)和(c)所示函数的傅里叶级数展开式。当时间轴向下平移 A 时，再求其傅里叶级数展开式。

1.108 由锻锤产生的激振力如图1.116所示，求其傅里叶级数展开式。

1.109 求图1.117所示周期函数的傅里叶级数展开式，同时绘制相应的频谱图。

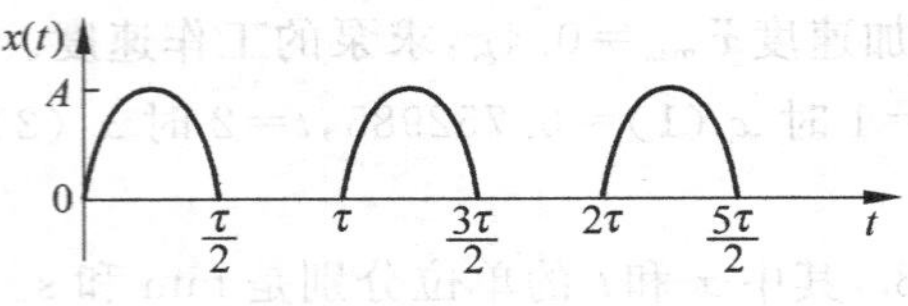

图1.116 习题1.108图

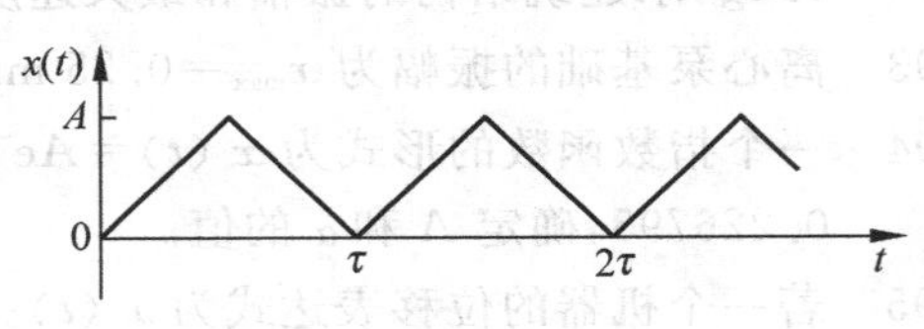

图1.117 习题1.109图

1.110 求图1.118所示周期函数的傅里叶级数展开式，同时绘制相应的频谱图。

1.111 求图1.119所示周期函数的傅里叶级数展开式，同时绘制相应的频谱图。

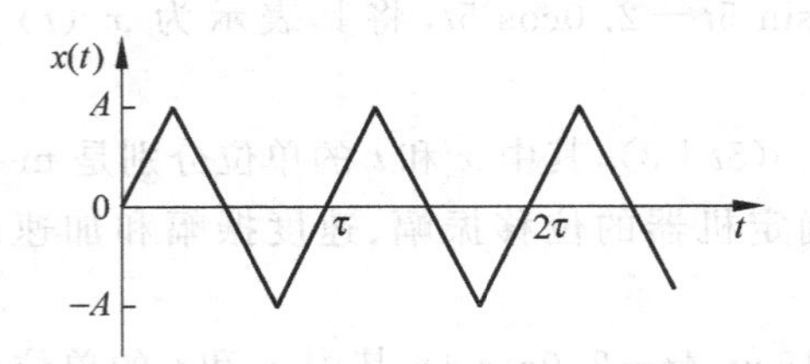

图1.118 习题1.110图

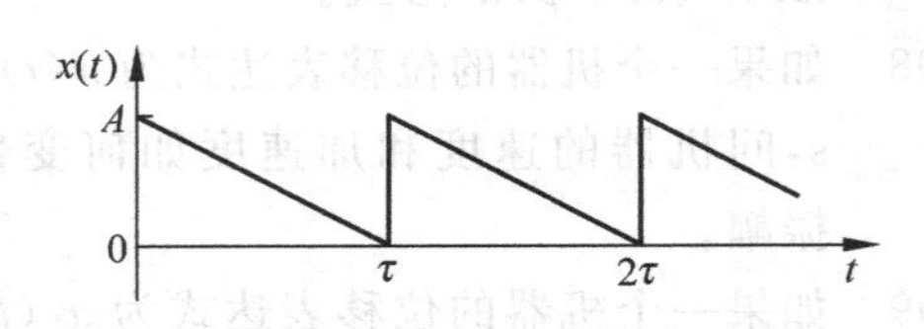

图1.119 习题1.111图

1.112 周期函数 $x(t)$ 的傅里叶级数是一个无穷级数

$$x(t)=\frac{a_0}{2}+\sum_{n=1}^{\infty}(a_n\cos n\omega t+b_n\sin n\omega t) \tag{E.1}$$

其中

$$a_0=\frac{\omega}{\pi}\int_0^{\frac{2\pi}{\omega}}x(t)\,\mathrm{d}t \tag{E.2}$$

$$a_n=\frac{\omega}{\pi}\int_0^{\frac{2\pi}{\omega}}x(t)\cos n\omega t\,\mathrm{d}t \tag{E.3}$$

$$b_n = \frac{\omega}{\pi}\int_0^{\frac{2\pi}{\omega}} x(t)\sin n\omega t\,\mathrm{d}t \tag{E.4}$$

ω 是圆频率，$\frac{2\pi}{\omega}$是周期。与式(E.1)中包含无限项不同，经常对其进行截断只保留 k 项，即

$$x(t) \approx \widetilde{x}(t) = \frac{\widetilde{a}_0}{2} + \sum_{n=1}^{k}(\widetilde{a}_n \cos n\omega t + \widetilde{b}_n \sin n\omega t) \tag{E.5}$$

此时的误差为

$$e(t) = x(t) - \widetilde{x}(t) \tag{E.6}$$

求系数 $\widetilde{a}_0,\widetilde{a}_n,\widetilde{b}_n$，使在一个周期内误差的平方 $\int_{-\frac{\pi}{\omega}}^{\frac{\pi}{\omega}} e^2(t)\mathrm{d}t$ 最小。

并将 $\widetilde{a}_0,\widetilde{a}_n,\widetilde{b}_n$ 的表达式与式(E.2)～式(E.4)进行比较。

1.113　在下面的表格中给出了某时间函数的离散值，对其进行谐波(只取前 3 阶)分析。

t_i	0.02	0.04	0.06	0.08	0.10	0.12	0.14	0.16
x_i	9	13	17	29	43	59	63	57
t_i	0.18	0.20	0.22	0.24	0.26	0.28	0.30	0.32
x_i	49	35	35	41	47	41	13	7

1.114　如图 1.120(a)所示离心风扇，当叶片经过任意一点时，该点处的空气就会产生一个脉冲，如图 1.120(b)所示，这种脉冲的频率由叶轮的转速 n 和叶片数 N 决定，当 n=100 r/min 和 N=4 时，求图 1.120(b)所示压力波动的前 3 阶谐波。

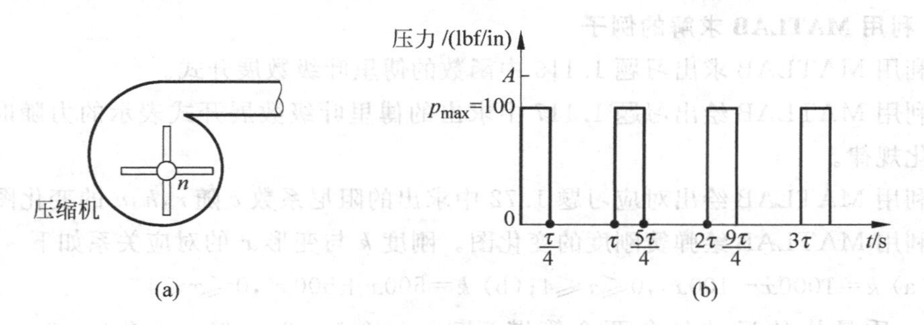

图 1.120　习题 1.114 图

(a) 离心风扇；(b) 某点处的压力波动

1.115　求解习题 1.114，取 n=200 r/min，N=6。

1.116　内燃机的扭矩 M_t 随时间 t 的变化如表 1.3 所示。作扭矩的谐波分析，并求前 3 阶谐波的振幅。

表　1.3

t/s	M_t/(N·m)	t/s	M_t/(N·m)	t/s	M_t/(N·m)
0.00050	770	0.00450	1890	0.00850	1050
0.00100	810	0.00500	1750	0.00900	990
0.00150	850	0.00550	1630	0.00950	930
0.00200	910	0.00600	1510	0.01000	890
0.00250	1010	0.00650	1390	0.01050	850
0.00300	1170	0.00700	1290	0.01100	810
0.00350	1370	0.00750	1190	0.01150	770
0.00400	1610	0.00800	1110	0.01200	750

1.117　作图1.121所示函数的包含前3阶谐波的谐波分析。

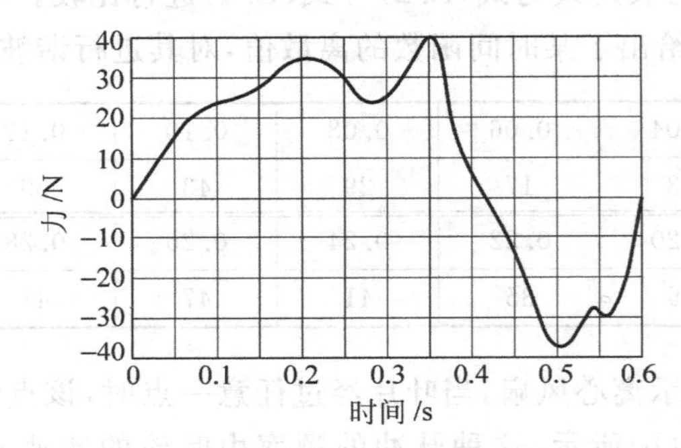

图1.121　习题1.117图

§1.12　利用MATLAB求解的例子

1.118　利用MATLAB求出习题1.113中函数的傅里叶级数展开式。

1.119　利用MATLAB绘出习题1.117中求出的傅里叶级数展开式表示的力随时间的变化规律。

1.120　利用MATLAB绘出对应习题1.72中求出的阻尼系数c随r,h,a的变化图。

1.121　利用MATLAB绘弹簧刚度的变化图。刚度k与变形x的对应关系如下

(a) $k=1000x-100x^2$,$0\leqslant x\leqslant 4$;(b) $k=500x+500x^2$,$0\leqslant x\leqslant 4$

1.122　一质量块的运动包含两个简谐运动：$x_1(t)=3\sin 30t$，$x_2(t)=3\sin 29t$。用MATLAB绘出其合成运动,并确定拍频和拍的周期。

设计题目

1.123*　在图1.122所示的曲柄滑块机构中,曲柄的长度为r,连杆的长度为l,曲柄的角速度为ω,推导活塞P的运动方程。

(a) 讨论利用这个机构产生简谐运动的可行性。

(b) 求 l/r 的值,使第一阶谐波的振幅至少为各阶高次谐波振幅的 25 倍。

1.124* 图 1.123 所示的振动台用来检测某种电子产品,两根轴 O_1 和 O_2 都固定在框架 F 上,两个相同的互相啮合的齿轮 G_1 和 G_2 分别绕 O_1 和 O_2 转动,两个质量为 m 的相同质量块对中间竖直轴对称分布,如图 1.123 所示。齿轮转动过程中,将产生一个不平衡的竖直方向的力促使平台振动,其大小为 $P=2m\omega^2 r\cos\theta,\theta=\omega t,\omega$ 为齿轮角速度。设计一振动台,使之在 25～50 Hz 的频率范围内能产生 0～100 N 的力。

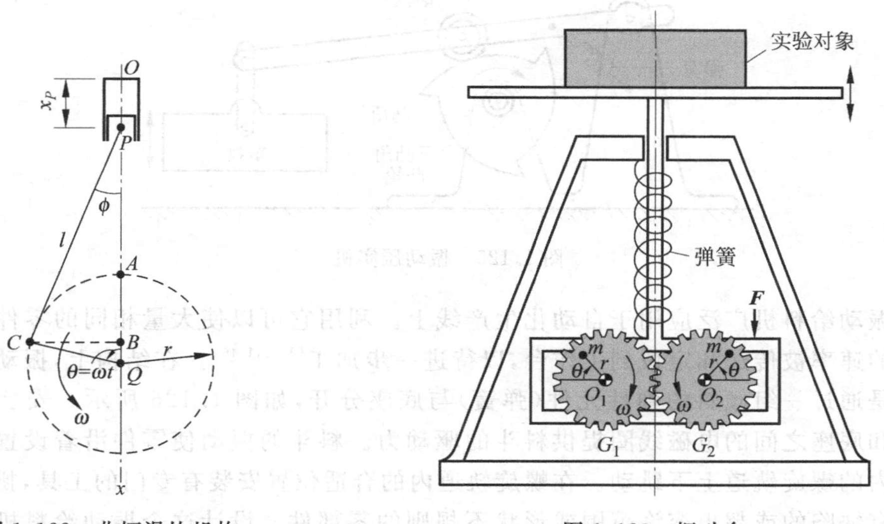

图 1.122　曲柄滑块机构　　图 1.123　振动台

1.125* 图 1.124 所示的装置用来控制由漏斗落到传送带上物料的重量,曲柄通过楔形块使作动杆作往复运动。传递给作动杆的运动的振幅大小随楔形块的上下运动而变化,由于传送带是铰接在 O 点,一旦传送带超载,就使杠杆 OA 向下倾斜,从而使楔

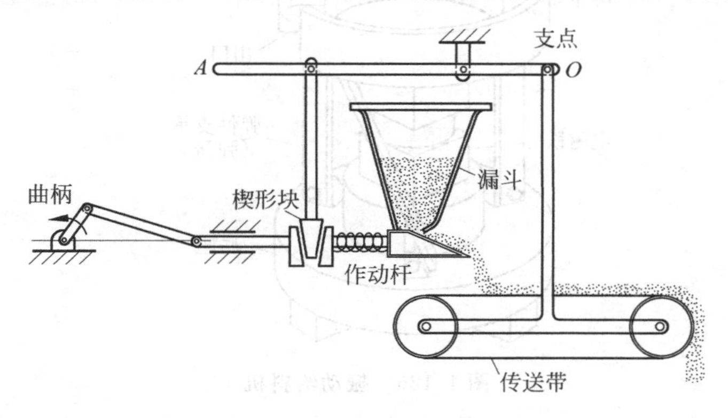

图 1.124　振动调重系统

形块上升，这使作动杆的运动幅度减小，因而导致喂料速度减小。设计这样一个给料调节系统来维持每分钟的给料重量为(10±0.1) lbf。

1.126* 图1.125所示的振动压实机，由三凸角凸轮、振动滚柱和从动杆构成。当凸轮旋转时，滚柱每经过一个上升后就下降一次，所以连接在从动杆一端的重物也随着上升和下降。滚柱和凸轮的接触由弹簧维持。设计一个振动压实机，使其以50 Hz的频率提供大小为200 lbf的力。

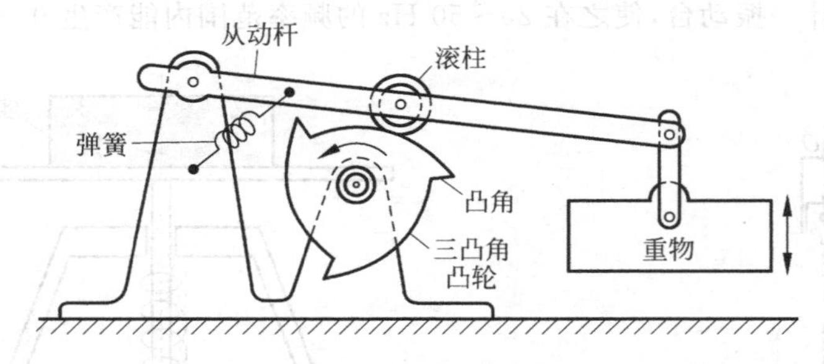

图1.125　振动压实机

1.127* 振动给料机广泛应用于自动化生产线上。利用它可以使大量相同的零件以稳定的速率被传送和定位到工作台，以待进一步加工[1.45,1.46]。在结构上，振动给料机是通过一组倾斜的弹性元件(弹簧)与底座分开，如图1.126所示。安装在料斗和底座之间的电磁线圈提供料斗的驱动力。料斗的振动使零件沿着设置在料斗内的螺旋轨道上下跳动。在螺旋轨道内的合适位置安装有专门的工具，挑出那些有缺陷的或超出容许范围或形状不规则的零部件。设计这个振动给料机时必须考虑哪些因素？

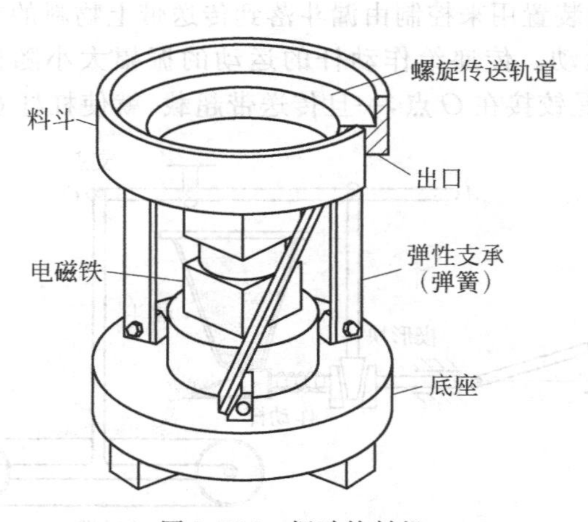

图1.126　振动给料机

1.128* 图1.127(a)所示的热交换器可以简化为图1.127(b)所示的模型来进行振动分析。

求管的横截面积使热交换器在轴向的刚度超过 200×10^{6} N/m，切向刚度超过 20×10^{6} N·m/rad。假设各管的长度、截面相同，在壳体内均匀分布。

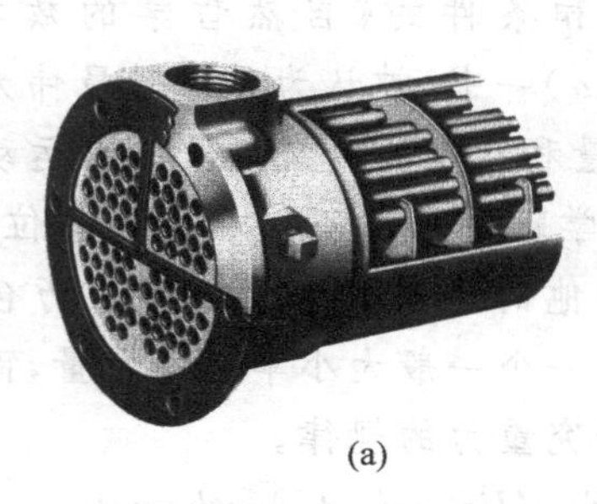

(a)

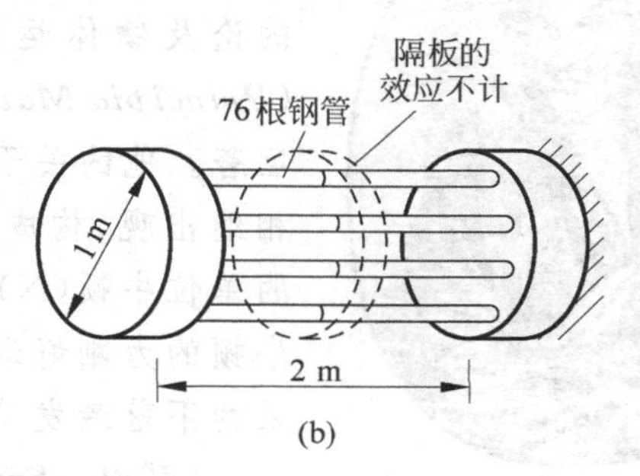

(b)

图 1.127　热交换器

(a) 实物；(b) 模型

牛顿(Sir Isaac Newton,1642—1727),英国自然哲学家、剑桥大学数学教授、英国皇家学会主席。他于1687年出版的论及物体运动规律和条件的《自然哲学的数学原理》(*Principia Mathematica*)一书,被认为是当时最伟大的科学巨著。他的关于力、质量和动量的定义以及三大运动定律的相继出现,构成了动力学理论的基石。在国际单位制中,力的单位牛顿(N)就是用他的名字命名的。非常巧合的是,1牛顿的力刚好近似等于一个一般大小苹果的重量,而正是苹果的下落激发了牛顿研究重力的规律。

(引自: Smith D E, *History of Mathematics*, *Vol*. 1—*General Survey of the History of Elementary Mechanics*. New York: Dover Publications, Inc., 1958)

第2章 单自由度系统的自由振动

导读

本章首先讨论无阻尼单自由度(弹簧-质量)系统的自由振动。自由振动是指系统由于受到初始扰动而产生的运动,在运动过程中,除了受到弹簧力、阻尼力与重力外,不受外界激励的作用。要研究质量块的自由振动响应,首先需要推导出控制方程,即运动微分方程。无阻尼平动系统的运动微分方程可采用四种方法得到。基于单自由度无阻尼系统的运动微分方程,定义了系统振动的固有频率,并介绍了如何根据适当的初始条件得到运动方程的解。单自由度无阻尼系统的自由振动响应是简谐运动。与此对应的是无阻尼扭振系统自由振动的运动微分方程及其解。还讨论了一阶系统的响应和时间常数。通过几个例子说明了基于能量守恒原理的瑞利方法是如何应用的。

本章第二部分的核心内容是黏性阻尼单自由度系统的自由振动方程及其解的讨论。介绍了临界阻尼常数、阻尼比和阻尼振动频率的概念,解释了欠阻尼、临界阻尼和过阻尼系统的区别,介绍了黏性阻尼和特定阻尼的能量损耗及耗散系数。黏性阻尼扭振系统也被认为是类似于黏性阻尼系统之应用。讨论了特征根及其相应解的图形表示以及参数变化和根轨迹图的概念。给出了库仑和迟滞阻尼单自由度系统的运动方程及其解,还提出了复刚度的概念。稳定性的概念及其重要性是通过实例来解释的。最后给出了若干利用 MATLAB 求单自由度系统响应的例子。

学习目标

学完本章后，读者应能达到以下几点：

- 采用适当的方法，如牛顿第二运动定理、达朗贝尔原理、虚位移原理和能量守恒原理，建立单自由度系统的运动方程。
- 非线性运动微分方程的线性化。
- 对于不同的阻尼程度，求解弹簧-质量-阻尼器系统的自由振动响应。
- 计算固有频率、阻尼频率、对数衰减率和时间常数。
- 确定一个给定的系统是否稳定。
- 求解库仑和迟滞阻尼系统的响应。
- 利用 MATLAB 求自由振动响应。

2.1 引言

如果一个系统只在初始时受到外界扰动，例如，用力将弹簧-质量系统的质量块偏离静平衡位置后突然释放，或者给质量块以突然一击使之得到一个初速度，此后并不受到其他力的作用而发生的振动，称为**自由振动**。秋千受到初始的推动后所作的往复摆动、由于路面的凹凸而引起的自行车在竖直方向的颠簸，都是自由振动的例子。

图 2.1(a)所示的弹簧-质量系统就是一个最简单的振动系统。由于用一个坐标 x 就可以表示质量块在任意时刻的位置，因此，该系统被称为**单自由度系统**。由于质量块不受外力，因此系统受到初始扰动后将作自由振动。由于质量块在振动过程中没有耗能元件，因此该运动的振幅将不随时间而改变，而是一个常量，这样的系统称为**无阻尼系统**。在工程实际中，除非是在真空环境，自由振动的振幅都会随着时间而逐渐减小，这是由于受到周围介质(如空气)的阻碍作用所致。这时系统的振动称为**有阻尼振动**。单自由度系统的无阻尼自由振动和有阻尼自由振动是以后讨论其他复杂振动问题的基础。

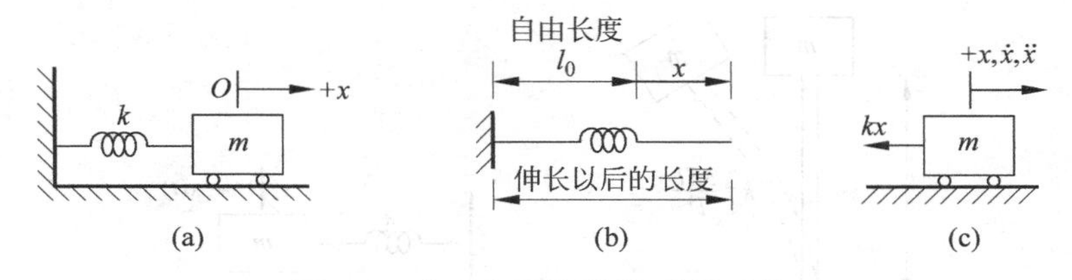

图 2.1　水平布置的弹簧-质量系统

许多机械或结构系统都可以简化为单自由度系统。在大多数实际系统中，质量都是分散的，但为了简化分析，可以将这些质量用一个在某一点处的集中质量来近似代替。同样，系统的弹性(也是分散的)则可以理想化为一个弹簧。以图 1.39 所示的凸轮顶杆机构为例(例 1.12),各种质量用等效质量 m_{eq}代替。推杆、摇臂、阀杆和阀门弹簧都是有弹性的,它们可用一个弹簧刚度为 k_{eq}的等效弹簧来替代。因此,该凸轮顶杆机构理想化为一个单自由度的弹簧-质量系统,如图 2.2 所示。

与此类似,图 2.3 所示的结构可以看成是一个固定在地面上的悬臂梁。为了研究它的横向振动,可以把上端的质量当作一个集中质量,把起支承作用的结构近似为一个弹簧,从而得到一个如图 2.4 所示的单自由度系统模型。图 2.5(a)中的建筑框架也可以简化为一个如图 2.5(b)所示的弹簧-质量系统。在这种情况下,由于弹簧系数 k 仅仅是力与偏离位移的比值,因此可以由支柱的几何和材料性质来确定。若支柱的质量可以忽略,那么简化系统中的质量就等于楼板的质量。

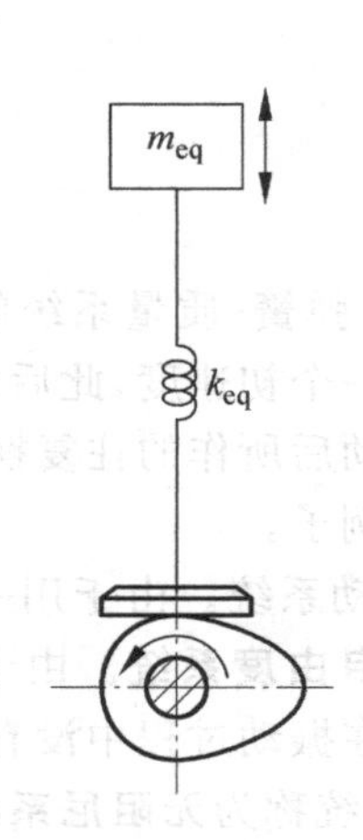

图 2.2　图 1.39 中凸轮-从动杆系统的等效弹簧-质量系统

图 2.3　针形空间结构

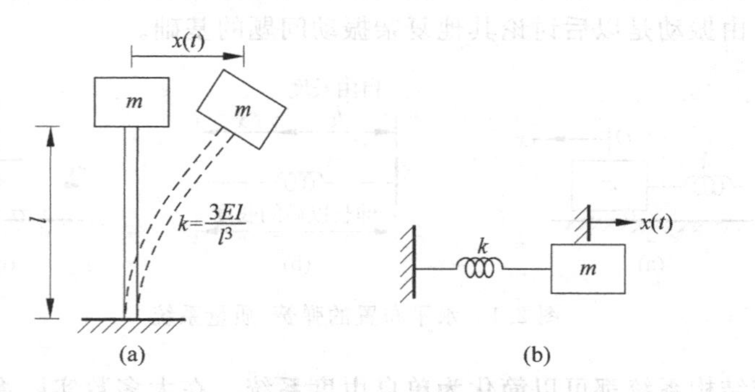

图 2.4　高耸结构模型化为一个弹簧-质量系统

(a) 高耸结构的理想化模型；(b) 等效弹簧-质量系统

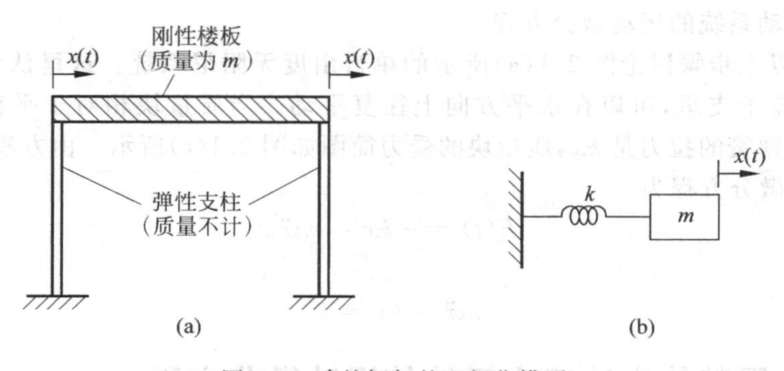

图 2.5　建筑框架的理想化模型

(a) 建筑框架；(b) 等效弹簧-质量系统

2.2　无阻尼平动系统的自由振动

2.2.1　根据牛顿第二定律建立系统的运动微分方程

可以运用牛顿第二定律，建立振动系统的运动微分方程，具体步骤如下。

(1) 选择合适的坐标系来描述系统中质量块（刚体）的位置。一般来说，用直线坐标来描述集中质量或刚体的直线运动；用角坐标来描述刚体的转动。

(2) 确定系统的静平衡位置，并以静平衡位置为振动位移的坐标原点。

(3) 给质量块（或刚体）一个正向位移和正向速度，画出此时质量块（或刚体）的受力图，标明所有的主动力和约束反力。

(4) 对质量块（或刚体）运用牛顿第二定律列方程。牛顿第二定律可表述为：物体动量的变化量等于物体所受的合外力。因此，质量块 m 在合力 $\boldsymbol{F}(t)$ 的作用下沿其方向产生位移 $\boldsymbol{x}(t)$ 时，二者存在关系

$$\boldsymbol{F}(t)=\frac{\mathrm{d}}{\mathrm{d}t}\left(m\frac{\mathrm{d}\boldsymbol{x}(t)}{\mathrm{d}t}\right)$$

如果质量 m 是常量，则该方程可简化为

$$\boldsymbol{F}(t)=m\frac{\mathrm{d}^2\boldsymbol{x}(t)}{\mathrm{d}t^2}=m\ddot{\boldsymbol{x}} \tag{2.1}$$

式中，$\ddot{\boldsymbol{x}}=\dfrac{\mathrm{d}^2x(t)}{\mathrm{d}t^2}$ 是质量块的加速度。方程(2.1)表明，作用在质量块上的合外力等于质量乘以加速度。对于绕固定轴转动的刚体，牛顿定律给出

$$\boldsymbol{M}(t)=J\ddot{\boldsymbol{\theta}} \tag{2.2}$$

式中，$\boldsymbol{M}$ 是刚体所受的合力矩，$\boldsymbol{\theta}$ 和 $\ddot{\boldsymbol{\theta}}=\mathrm{d}^2\boldsymbol{\theta}(t)/\mathrm{d}t^2$ 分别是角位移和角加速度。方程(2.1)或方

程(2.2)就是振动系统的运动微分方程。

下面根据以上步骤讨论图 2.1(a)所示的单自由度无阻尼系统。这里认为质量块由不受摩擦力的小轮子支承，可以在水平方向上往复平动。当质量块相对于平衡位置有一个 $+x$ 的位移时，弹簧的拉力是 kx，质量块的受力简图如图 2.1(c)所示。由方程(2.1)可得质量块 m 的运动微分方程为

$$F(t)=-kx=m\ddot{x}$$

或

$$m\ddot{x}+kx=0 \tag{2.3}$$

2.2.2 用其他方法建立系统的运动微分方程

在 1.6 节中曾提到振动系统的运动微分方程可以用多种不同的方法得到。在这一部分，将分别用达朗贝尔原理、虚位移原理和能量守恒定律来建立振动系统的运动微分方程。

1. 达朗贝尔原理

运动微分方程(2.1)和方程(2.2)可以写成如下形式

$$\boldsymbol{F}(t)-m\ddot{\boldsymbol{x}}=0 \tag{2.4a}$$

$$\boldsymbol{M}(t)-J\ddot{\boldsymbol{\theta}}=0 \tag{2.4b}$$

如果把 $-m\ddot{\boldsymbol{x}}$ 和 $-J\ddot{\boldsymbol{\theta}}$ 分别看成是力和力矩，那么以上两个方程可以看成是平衡方程。这个非真实的力(或力矩)称为**惯性力**(或**惯性力矩**)。式(2.4a)和式(2.4b)所表示的这种形式上的平衡方程称为**动平衡方程**，它们称为**达朗贝尔原理**。对图 2.1(c)所示的系统应用达朗贝尔原理得到的运动微分方程为

$$-kx-m\ddot{x}=0$$

或

$$m\ddot{x}+kx=0$$

2. 虚位移原理

虚位移原理可以表述为：“如果在一组力作用下处于平衡状态的系统发生了一个虚位移，那么所有力所做虚功的和为零”。这里的**虚位移**是指在约束允许条件下假想的瞬时(即与时间变化无关的)微小位移。**虚功**是指所有力在虚位移上所做的功，对动力系统而言，包括惯性力做的功。

考虑图 2.6(a)所示的弹簧-质量系统，图中的 x 表示质量块的位移。图 2.6(b)是质量块的受力图，包括约束力和惯性力。当质量块有一虚位移 δx 时，全部力所做的虚功可以通过下面的方法计算

$$\text{弹簧力所做的虚功}=\delta W_s=-(kx)\delta x$$

$$\text{惯性力所做的虚功}=\delta W_i=-(m\ddot{x})\delta x$$

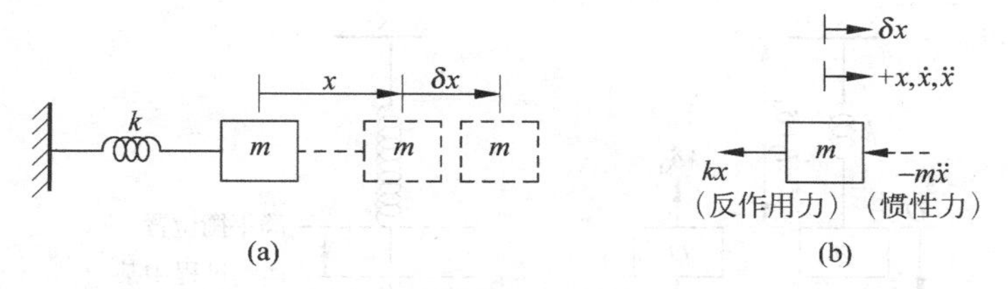

图 2.6　具有虚位移的质量块

(a) 发生位移 x 的质量块；(b) 质量块受力简图

令虚功之和等于零，得

$$-m\ddot{x}\delta x - kx\delta x = 0 \tag{2.5}$$

因为虚位移可以是任意的微量，即 $\delta x \neq 0$，所以由方程(2.5)可以得到弹簧-质量系统的运动微分方程为

$$m\ddot{x} + kx = 0$$

3. 能量守恒原理

如果一个系统没有由于摩擦或其他消耗能量的非弹性元件引起的能量损耗，那么称这个系统是保守的。如果该系统除了重力和其他有势力外，其他外力不做功，那么这个系统的总能量守恒。对于一个无阻尼的振动系统来说，由于质量块具有速度，而储存了动能 T，由于弹簧有弹性变形，而具有势能 U，因此动能与势能之和为常量，即 $T+U=$常量，或

$$\frac{\mathrm{d}}{\mathrm{d}t}(T+U) = 0 \tag{2.6}$$

由于

$$\text{动能 } T = \frac{1}{2}m\dot{x}^2 \tag{2.7}$$

$$\text{势能 } U = \frac{1}{2}kx^2 \tag{2.8}$$

将式(2.7)和式(2.8)代入式(2.6)可得

$$m\ddot{x} + kx = 0$$

2.2.3　铅垂方向上弹簧-质量系统的运动微分方程

现在考虑图 2.7(a)所示的弹簧-质量系统。弹簧上端固定，下端与质量块相连。系统静止时质量块所处的位置称为**静平衡位置**。此时向上的弹簧拉力与向下的重力相等。此时弹簧的长度为 $l_0+\delta_{\mathrm{st}}$，其中静伸长 δ_{st}是由质量块的重力引起的。由图 2.7(a)可得

$$W = mg = k\delta_{\mathrm{st}} \tag{2.9}$$

其中，g 是重力加速度。现在让质量块相对于平衡位置移动一距离 $+x$，那么弹簧力为

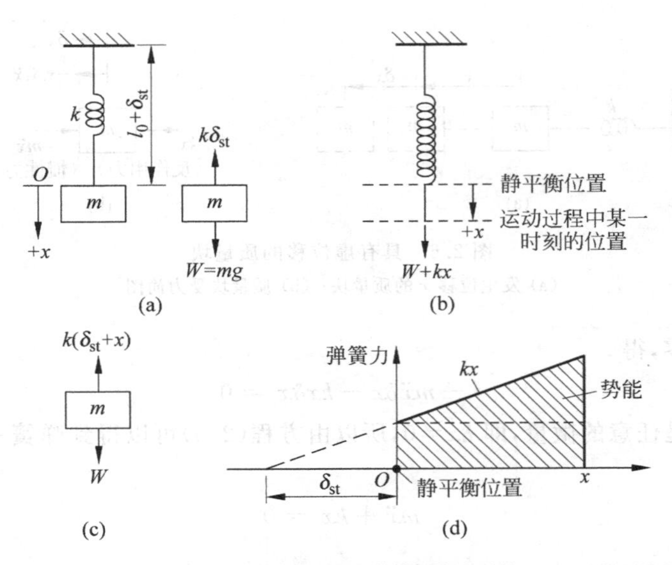

图 2.7　竖直布置的弹簧-质量系统

$-k(x+\delta_{st})$，如图2.7(c)所示。由牛顿第二定律可得

$$m\ddot{x}=-k(x+\delta_{st})+W$$

由于 $k\delta_{st}=W$，故得

$$m\ddot{x}+kx=0 \tag{2.10}$$

不难看出，式(2.3)与式(2.10)是相同的。这表明当质量块在竖直方向上运动时，如果以静平衡位置为坐标原点，在列质量块的运动微分方程时就不用考虑重力。

图2.7所示系统的运动微分方程，即式(2.10)同样可以用达朗贝尔原理、虚位移原理或能量守恒定律来求得。以利用能量守恒定律为例，系统动能 T 的表达式与式(2.7)相同。但在求系统势能 U 的表达式时则要考虑质量块的重量。质量块在静平衡位置（即 $x=0$）时弹簧的拉力是 mg。当弹簧有变形 x 时，其势能的增量为 $mgx+\frac{1}{2}kx^2$（见图2.7(d)）。另一方面，由于质量块下降了 x，重力势能的减少为 mgx，因此以静平衡位置为零势能点，则系统最终的势能为

$$U=\text{弹簧势能}+\text{重力势能的改变量}=mgx+\frac{1}{2}kx^2-mgx=\frac{1}{2}kx^2$$

由于动能 T 和势能 U 的表达式都没有改变，因此应用能量守恒定律可以求出相同的运动微分方程，即方程(2.3)。

2.2.4　运动微分方程的解

方程(2.3)的解可以通过假设

$$x(t) = Ce^{st} \tag{2.11}$$

求得,其中,C 和 s 是待定常数。将式(2.11)代入式(2.3)得

$$C(ms^2 + k) = 0$$

因为 C 不为零,所以得

$$ms^2 + k = 0 \tag{2.12}$$

即

$$s = \pm\left(-\frac{k}{m}\right)^{\frac{1}{2}} = \pm\,\mathrm{i}\omega_n \tag{2.13}$$

其中,$\mathrm{i} = (-1)^{\frac{1}{2}}$,

$$\omega_n = \left(\frac{k}{m}\right)^{\frac{1}{2}} \tag{2.14}$$

称方程(2.12)为微分方程(2.3)的**特征方程**。由式(2.13)求得的 s 值称为该问题的**特征值**。因为 s 的两个值都满足方程(2.12),所以方程(2.3)的通解可以表示为

$$x(t) = C_1 e^{\mathrm{i}\omega_n t} + C_2 e^{-\mathrm{i}\omega_n t} \tag{2.15}$$

其中,C_1 和 C_2 为常数。根据欧拉公式:

$$e^{\pm\mathrm{i}\alpha t} = \cos\alpha t \pm \mathrm{i}\sin\alpha t$$

式(2.15)可写成

$$x(t) = A_1\cos\omega_n t + A_2\sin\omega_n t \tag{2.16}$$

其中,A_1 和 A_2 为两个新的常数。C_1 和 C_2 或 A_1 和 A_2 这些常数可由系统的两个初始条件决定。确定这些常数所需的初始条件的个数与控制微分方程的阶数相同。如果位移 $x(t)$、速度 $\dot{x}(t) = (\mathrm{d}x/\mathrm{d}t)(t)$ 在 $t=0$ 时的值分别为 x_0 和 $\dot{x}_0$,由式(2.16)可得

$$\begin{aligned} x(t=0) &= A_1 = x_0 \\ \dot{x}(t=0) &= \omega_n A_2 = \dot{x}_0 \end{aligned} \tag{2.17}$$

因此方程(2.3)的解为

$$x(t) = x_0\cos\omega_n t + \frac{\dot{x}_0}{\omega_n}\sin\omega_n t \tag{2.18}$$

2.2.5　简谐运动

式(2.15)、式(2.16)和式(2.18)都是时间的简谐函数。该运动对于质量块的静平衡位置是对称的。当质量块经过静平衡位置时,速度的值最大,加速度的值为零。而在位移最大位置,速度的值为零,加速度的值最大。由于这种运动为简谐运动(见 1.10 节),所以弹簧-质量系统称为**简谐振子**。式(2.14)所定义的 ω_n 是振动系统的**固有圆频率**。式(2.16)还可以写成其他形式。令

$$\left.\begin{aligned} A_1 &= A\cos\phi \\ A_2 &= A\sin\phi \end{aligned}\right\} \tag{2.19}$$

其中,A 和 ϕ 是新的常数,可用 A_1 和 A_2 表示为

$$A = (A_1^2 + A_2^2)^{\frac{1}{2}} = \left[x_0^2 + \left(\frac{\dot{x}_0}{\omega_n}\right)^2\right]^{\frac{1}{2}} = \text{振幅}$$

$$\phi = \arctan\left(\frac{A_2}{A_1}\right) = \arctan\left(\frac{\dot{x}_0}{x_0\omega_n}\right) = \text{相角} \tag{2.20}$$

将式(2.19)代入式(2.16)，可得

$$x(t) = A\cos(\omega_n t - \phi) \tag{2.21}$$

若令

$$\left.\begin{aligned} A_1 &= A_0 \sin\phi_0 \\ A_2 &= A_0 \cos\phi_0 \end{aligned}\right\} \tag{2.22}$$

式(2.16)还可以表示为

$$x(t) = A_0 \sin(\omega_n t + \phi_0) \tag{2.23}$$

其中

$$A_0 = A = \left[x_0^2 + \left(\frac{\dot{x}_0}{\omega_n}\right)^2\right]^{\frac{1}{2}} \tag{2.24}$$

$$\phi_0 = \arctan\left(\frac{x_0\omega_n}{\dot{x}_0}\right) \tag{2.25}$$

下面利用图2.8(a)说明简谐振动的特点。如果**A**代表一个大小为A的向量，它与竖直

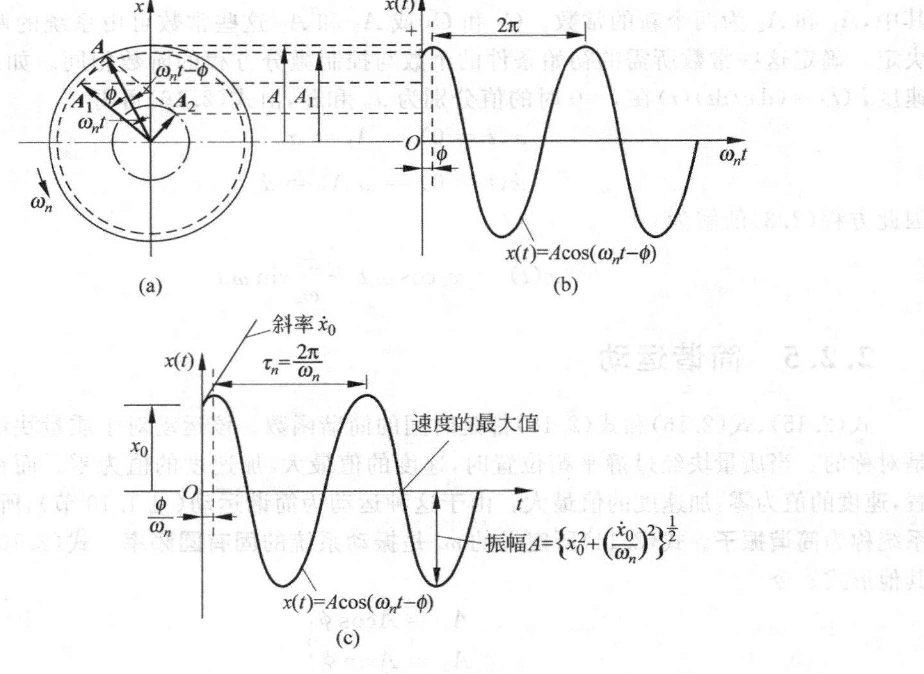

图2.8　简谐运动的图形表示

轴 x 的夹角为 $\omega_n t-\phi$，那么振动方程的解即式(2.21)，可以由向量 $\boldsymbol{A}$ 在 x 轴上的投影来表示。由式(2.19)给出的两个常数 A_1，A_2 就是向量 $\boldsymbol{A}$ 在两个互相垂直轴上的投影，这两个轴与向量 $\boldsymbol{A}$ 的夹角分别是 ϕ 和 $-\left(\frac{\pi}{2}-\phi\right)$。因为角度 $\omega_n t-\phi$ 是时间的线性函数，它随着时间线性增加，因此整个图形以角速度 ω_n 沿逆时针方向旋转。当向量 $\boldsymbol{A}$ 旋转时，其在 x 轴上的投影就会按简谐规律变化。每转过 2π 弧度，运动就会重复一次。向量 $\boldsymbol{A}$ 的投影也就是 $x(t)$，已被作为 $\omega_n t$ 和 t 的函数用图形表示出来，分别如图 2.8(b)和(c)所示。$x(t)$ 中相角 ϕ 可以看成是从初始位置到第一个波峰之间的角度。

下面把弹簧-质量系统的一些结论总结如下：

(1) 如果弹簧-质量系统是在铅垂方向上，如图 2.7(a)所示，由于固有圆频率可以表示为

$$\omega_n=\left(\frac{k}{m}\right)^{\frac{1}{2}} \tag{2.26}$$

而弹簧刚度 k 可以由质量块 m 表示为

$$k=\frac{W}{\delta_{\mathrm{st}}}=\frac{mg}{\delta_{\mathrm{st}}} \tag{2.27}$$

所以将式(2.27)代入式(2.14)得

$$\omega_n=\left(\frac{g}{\delta_{\mathrm{st}}}\right)^{\frac{1}{2}} \tag{2.28}$$

因此，固有频率即每秒钟完成运动循环的次数和固有周期可以表示为

$$f_n=\frac{1}{2\pi}\left(\frac{g}{\delta_{\mathrm{st}}}\right)^{\frac{1}{2}} \tag{2.29}$$

$$T_n=\frac{1}{f_n}=2\pi\left(\frac{\delta_{\mathrm{st}}}{g}\right)^{\frac{1}{2}} \tag{2.30}$$

即当质量块在铅垂方向上振动时，通过测量弹簧的静变形 δ_{st} 就可以计算系统的固有频率。

(2) 由式(2.21)可得质量块 m 的速度 $\dot{x}(t)$ 和加速度 $\ddot{x}(t)$ 的表达式为

$$\left.\begin{aligned}\dot{x}(t)&=\frac{\mathrm{d}x}{\mathrm{d}t}(t)=-\omega_n A\sin(\omega_n t-\phi)=\omega_n A\cos\left(\omega_n t-\phi+\frac{\pi}{2}\right)\\ \ddot{x}(t)&=\frac{\mathrm{d}^2x}{\mathrm{d}t^2}(t)=-\omega_n^2 A\cos(\omega_n t-\phi)=\omega_n^2 A\cos(\omega_n t-\phi+\pi)\end{aligned}\right\} \tag{2.31}$$

式(2.31)说明，速度的相位超前位移的相位 $\frac{\pi}{2}$，加速度的相位超前位移的相位 π。

(3) 如果初始位移 x_0 是零，那么式(2.21)变为

$$x(t)=\frac{\dot{x}_0}{\omega_n}\cos\left(\omega_n t-\frac{\pi}{2}\right)=\frac{\dot{x}_0}{\omega_n}\sin\omega_n t \tag{2.32}$$

如果初始速度 $\dot{x}_0$ 是零，那么结果变为

$$x(t)=x_0\cos\omega_n t \tag{2.33}$$

(4) 单自由度系统的响应还可以在位移(x)-速度($\dot{x}$)平面上表示，这被称为**状态空间**或**相平面**。考虑式(2.21)所给的位移以及与之相对应的速度

$$x(t) = A\cos(\omega_n t - \phi)$$

或写作

$$\cos(\omega_n t - \phi) = \frac{x}{A} \tag{2.34}$$

$$\dot{x}(t) = -A\omega_n \sin(\omega_n t - \phi)$$

或

$$\sin(\omega_n t - \phi) = -\frac{\dot{x}}{A\omega_n} = -\frac{y}{A} \tag{2.35}$$

其中，$y=\dot{x}/\omega_n$。将式(2.34)与式(2.35)两边平方再相加，可得

$$\cos^2(\omega_n t - \phi) + \sin^2(\omega_n t - \phi) = 1$$

或写作

$$\frac{x^2}{A^2} + \frac{y^2}{A^2} = 1 \tag{2.36}$$

式(2.36)的图形在(x,y)平面上是一个圆，如图2.9(a)所示，它是在相平面或状态空间上表示一个无阻尼系统的自由振动。圆的半径A是由振动的初始条件决定的。注意：式(2.36)在(x,$\dot{x}$)平面上的图形为椭圆，如图2.9(b)所示。

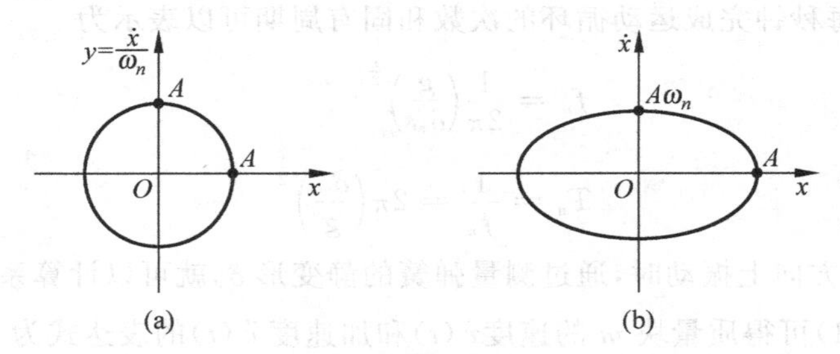

图2.9 无阻尼系统的相平面表示

例2.1 如图2.10(a)所示，水塔塔身的高度为300 ft，材料为钢筋混凝土，横截面的内、外径分别为8 ft和10 ft，装满水时水塔的重量为6×10^5 lbf。假设钢筋混凝土的弹性模量为4×10^6 lbf/in^2，并忽略塔身的质量。求(1)水塔横向振动的固有频率和周期。(2)由于10 in的横向初始位移而引起的水塔的振动响应。(3)水塔速度和加速度的最大值。

解：假设水箱是一个集中质量，塔身为等截面且其质量可忽略不计，因此系统可简化为在自由端具有一个集中重量的悬臂梁，如图2.10(b)所示。

(1) 根据材料力学的结果，由于横向载荷P而引起的自由端的变形为$Pl^3/3EI$，所以

$$k = \frac{p}{\delta} = \frac{3EI}{l^3}$$

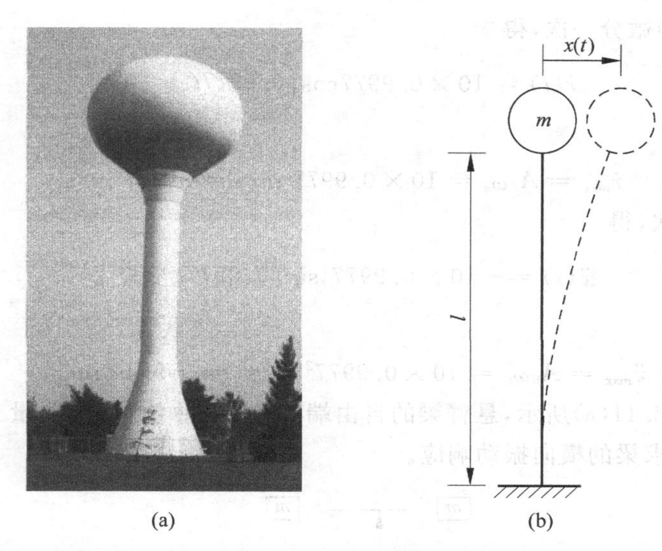

图 2.10　压力水塔(经 West Lafayette Water Company 许可使用)

由于

$$l=3600\ \text{in}, E=4\times10^6\ \text{lbf/in}^2, I=\frac{\pi}{64}(d_0^4-d_i^4)=\frac{\pi}{64}(120^4-96^4)\ \text{in}^4=600.9554\times10^4\ \text{in}^4$$

所以

$$k=\frac{3\times(4\times10^6)\times(600.9554\times10^4)}{3600^3}\ \text{lbf/in}=1545.6672\ \text{lbf/in}$$

因此水塔横向振动的固有频率为

$$\omega_n=\sqrt{\frac{k}{m}}=\sqrt{\frac{1545.6672\times386.4}{6\times10^5}}\ \text{rad/s}=0.9977\ \text{rad/s}$$

而相应的周期为

$$\tau_n=\frac{2\pi}{\omega_n}=\frac{2\pi}{0.9977}\ \text{s}=6.2977\ \text{s}$$

(2) 根据初始位移 $x_0=10$ in 和初始速度 $\dot{x}_0=0$，由式(2.23)，水塔的简谐响应为

$$x(t)=A_0\sin(\omega_n t+\phi_0)$$

式中，振幅和相角分别由以下两式决定：

$$A_0=\left[x_0^2+\left(\frac{\dot{x}_0}{\omega_n}\right)^2\right]^{1/2}=x_0=10\ \text{in}$$

$$\phi_0=\arctan\left(\frac{x_0\omega_n}{0}\right)=\frac{\pi}{2}$$

所以

$$x(t)=10\sin\left(0.9977t+\frac{\pi}{2}\right)\ \text{in}=10\cos 0.9977t\ \text{in} \tag{E.1}$$

(3) 对式(E.1)微分一次，得

$$\dot{x}(t) = 10 \times 0.9977\cos\left(0.9977t + \frac{\pi}{2}\right) \tag{E.2}$$

所以

$$\dot{x}_{\max} = A_0\omega_n = 10 \times 0.9977 \text{ in/s} = 9.977 \text{ in/s}$$

对式(E.2)微分一次，得

$$\ddot{x}(t) = -10 \times 0.9977^2\sin\left(0.9977t + \frac{\pi}{2}\right) \tag{E.3}$$

所以

$$\ddot{x}_{\max} = A_0\omega_n^2 = 10 \times 0.9977^2 \text{ in/s}^2 = 9.9540 \text{ in/s}^2$$

例 2.2 如图 2.11(a)所示，悬臂梁的自由端有一个集中质量 M，质量 m 自高度处落下与 M 作塑性碰撞，求梁的横向振动响应。

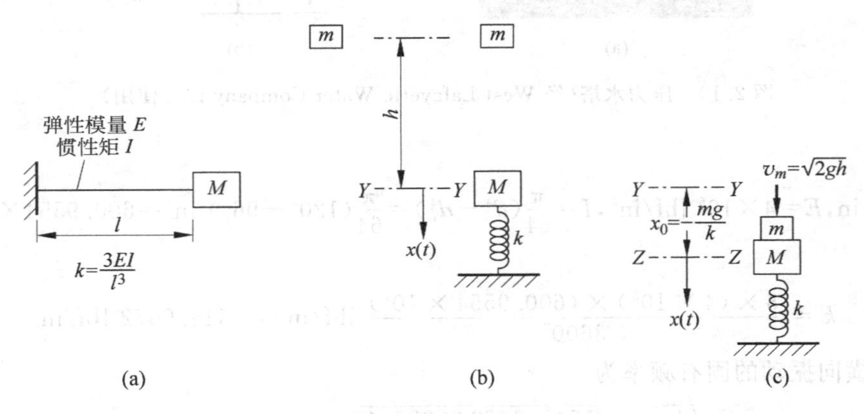

图 2.11 冲击响应

解：质量 m 自高度处落下与 M 碰撞前的速度为 $v_m = \sqrt{2gh}$，g 是重力加速度。由于两者作塑性碰撞，根据动量守恒，

$$mv_m = (M+m)\,\dot{x}_0$$

碰撞后两者的共同速度 $\dot{x}_0$ 为

$$\dot{x}_0 = \left(\frac{m}{M+m}\right)v_m = \left(\frac{m}{M+m}\right)\sqrt{2gh} \tag{E.1}$$

如图 2.11(c)所示，$(M+m)$共同作用下的静平衡位置在原载荷 M 作用下静平衡位置以下 mg/k。悬臂梁的刚度为 $k=3EI/l^3$。以$(M+m)$共同作用下的静平衡位置为振动位移的坐标原点，则该问题的初始条件为

$$x_0 = -\frac{mg}{k}, \quad \dot{x}_0 = \left(\frac{m}{M+m}\right)\sqrt{2gh} \tag{E.2}$$

所以，由于 m 的冲击而引起的梁的横向振动响应为

$$x(t) = A\cos(\omega_n t - \phi)$$

其中

$$A = \left[x_0^2 + \left(\frac{\dot{x}_0}{\omega_n}\right)^2\right]^{1/2}, \quad \phi = \arctan\left(\frac{\dot{x}_0}{x_0\omega_n}\right), \quad \omega_n = \sqrt{\frac{k}{M+m}} = \sqrt{\frac{3EI}{l^3(M+m)}}$$

例 2.3 正方形截面(5 mm×5 mm)两端固定梁的长度为 $l=1$ m,在其中点固结一个 2.3 kg 的集中质量,如果其横向振动的固有频率为 30 rad/s,求梁材料的弹性模量 E。

解: 忽略梁的自重,则其横向振动固有频率的表达式为

$$\omega_n = \sqrt{\frac{k}{m}} \tag{E.1}$$

其中

$$k = \frac{192EI}{l^3} \tag{E.2}$$

而横截面的惯性矩为

$$I = \frac{1}{12} \times (5 \times 10^{-3}) \times (5 \times 10^{-3})^3 \text{ m}^4 = 0.5208 \times 10^{-10} \text{ m}^4$$

由式(E.1)和式(E.2)得

$$k = \frac{192EI}{l^3} = m\omega_n^2$$

所以

$$E = \frac{m\omega_n^2 l^3}{192I} = \frac{2.3 \times 30.0^2 \times 1.0^3}{192 \times (0.5208 \times 10^{-10})} \text{ N/m}^2 = 207.0132 \times 10^9 \text{ N/m}^2$$

例 2.4 如图 2.12(a)所示,消防车的座舱位于伸缩臂的端部。座舱和人的总重量为 2000 N,求座舱在竖直方向振动的固有频率。已知材料的弹性模量为 $E=2.1\times10^{11}$ N/m²,$l_1=l_2=l_3=3$ m,各段横截面的面积分别为 $A_1=20$ cm²,$A_2=10$ cm²,$A_3=5$ cm²。

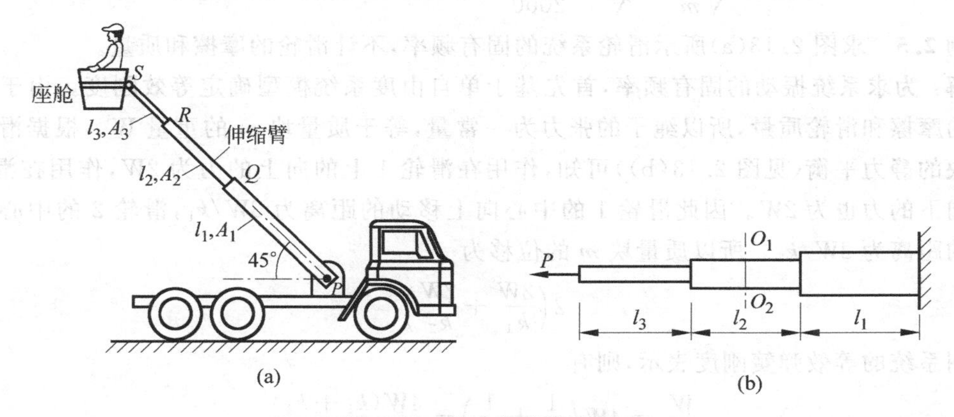

图 2.12 消防车的伸缩臂

解：为求系统振动的固有频率，首先基于单自由度系统模型确定伸缩臂在竖直方向的等效刚度。假设可以忽略伸缩臂的质量，且伸缩臂只产生轴向变形（无弯曲）。由于任一横截面上的内力等于作用在端部的轴向载荷，所以伸缩臂的轴向刚度满足以下关系

$$\frac{1}{k_b}=\frac{1}{k_{b1}}+\frac{1}{k_{b2}}+\frac{1}{k_{b3}} \tag{E.1}$$

其中，k_{bi} 代表伸缩臂第 i 段的轴向刚度

$$k_{bi}=\frac{A_iE_i}{l_i},\quad i=1,2,3$$

根据已知数据可得

$$k_{b1}=\frac{(20\times10^{-4})\times(2.1\times10^{11})}{3}\ \text{N/m}=14\times10^{7}\ \text{N/m}$$

$$k_{b2}=\frac{(10\times10^{-4})\times(2.1\times10^{11})}{3}\ \text{N/m}=7\times10^{7}\ \text{N/m}$$

$$k_{b3}=\frac{(5\times10^{-4})\times(2.1\times10^{11})}{3}\ \text{N/m}=3.5\times10^{7}\ \text{N/m}$$

所以

$$\frac{1}{k_b}=\frac{1}{14\times10^{7}}+\frac{1}{7\times10^{7}}+\frac{1}{3.5\times10^{7}}=\frac{1}{2\times10^{7}}$$

即

$$k_b=2\times10^{7}\ \text{N/m}$$

伸缩臂在竖直方向的刚度可按下式确定

$$k=k_b\cos^2 45^\circ=10^{7}\ \text{N/m}$$

故座舱在竖直方向振动的固有频率为

$$\omega_n=\sqrt{\frac{k}{m}}=\sqrt{\frac{10^{7}\times9.81}{2000}}\ \text{rad/s}=221.4723\ \text{rad/s}$$

例 2.5 求图 2.13(a)所示滑轮系统的固有频率，不计滑轮的摩擦和质量。

解：为求系统振动的固有频率，首先基于单自由度系统模型确定等效刚度。由于不计滑轮的摩擦和滑轮质量，所以绳子的张力为一常量，等于质量块 m 的重量 W。根据滑轮和质量块的静力平衡（见图 2.13(b)）可知，作用在滑轮 1 上的向上的力为 $2W$，作用在滑轮 2 上的向下的力也为 $2W$。因此滑轮 1 的中心向上移动的距离为 $2W/k_1$，滑轮 2 的中心向下移动的距离为 $2W/k_2$。所以质量块 m 的位移为

$$2\left(\frac{2W}{k_1}+\frac{2W}{k_2}\right)$$

如果用系统的等效弹簧刚度表示，则有

$$\frac{W}{k_{eq}}=4W\left(\frac{1}{k_1}+\frac{1}{k_2}\right)=\frac{4W(k_1+k_2)}{k_1k_2}$$

即

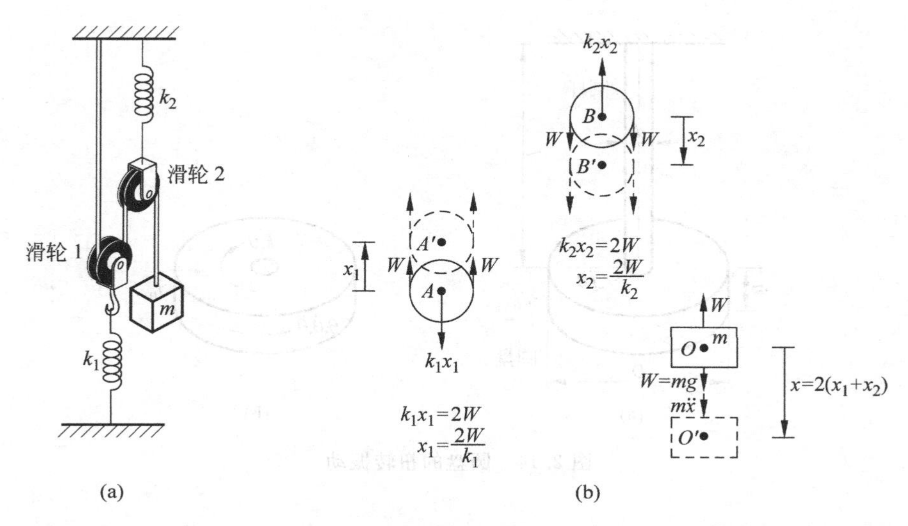

图 2.13　滑轮系统

$$k_{eq}=\frac{k_1k_2}{4(k_1+k_2)} \tag{E.1}$$

使质量块有一个从静平衡位置量起的位移 x，其运动微分方程为

$$m\ddot{x}+k_{eq}x=0 \tag{E.2}$$

所以振动的固有频率为

$$\omega_n=\left(\frac{k_{eq}}{m}\right)^{1/2}=\left[\frac{k_1k_2}{4m(k_1+k_2)}\right]^{1/2}\text{rad/s} \tag{E.3}$$

或

$$f_n=\frac{\omega_n}{2\pi}=\frac{1}{4\pi}\left[\frac{k_1k_2}{m(k_1+k_2)}\right]^{1/2}\text{cycles/s} \tag{E.4}$$

2.3　无阻尼扭转系统的自由振动

如果刚体绕着某一特定的参考轴摆动时，对应着弹性元件的扭转变形，则将这种运动称为**扭振**。此时，刚体的位移要用角坐标描述。在扭振问题中，恢复力矩可能是由于弹性部件的扭转引起的，也可能是由于不平衡的力矩或力偶矩引起的。

如图 2.14 所示的圆盘，其转动惯量为 J_0，安装在圆杆的一端，而圆杆的另一端固定。设圆盘绕杆轴转过的角度为 θ，θ 也表示杆的扭转角。由圆截面杆的扭转理论可知

$$M_t=\frac{GI_0}{l}\theta \tag{2.37}$$

其中，M_t 是引起扭转角 θ 的扭矩，G 是剪切弹性模量，l 是杆长，I_0 是杆横截面的极惯性矩，

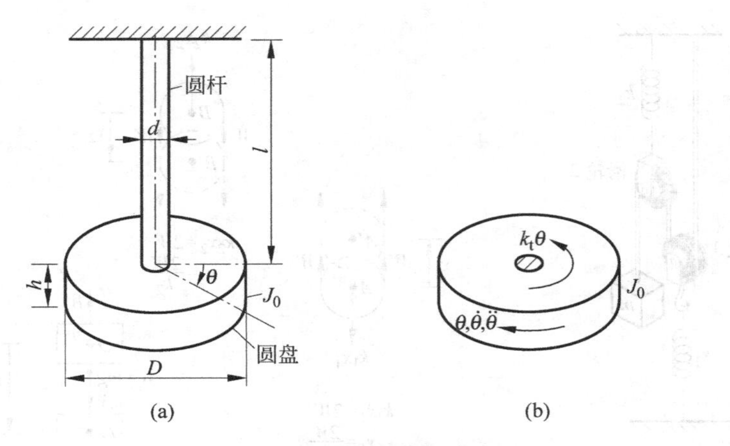

图 2.14　圆盘的扭转振动

大小为

$$I_0 = \frac{\pi d^4}{32} \tag{2.38}$$

其中，d 为杆横截面的直径。如果圆盘由静平衡位置转动了角度 θ，那么杆将产生恢复力矩 M_t。因此，就像受扭弹簧一样，杆的弹簧刚度为

$$k_t = \frac{M_t}{\theta} = \frac{GI_0}{l} = \frac{\pi G d^4}{32l} \tag{2.39}$$

2.3.1　运动微分方程

圆盘扭振的运动微分方程可以用牛顿第二定律或在 2.2.2 节中讨论的方法求得。圆盘的受力如图 2.14(b)所示，应用牛顿第二定律，可得运动微分方程

$$J_0\ddot{\theta} + k_t\theta = 0 \tag{2.40}$$

若用质量、线位移和弹簧常数分别代替上式中的转动惯量、角位移和扭簧的刚度，则上式与方程(2.3)完全一样。因此，扭振系统的固有角频率为

$$\omega_n = \left(\frac{k_t}{J_0}\right)^{\frac{1}{2}} \tag{2.41}$$

周期和频率分别为

$$\tau_n = 2\pi\left(\frac{J_0}{k_t}\right)^{\frac{1}{2}} \tag{2.42}$$

$$f_n = \frac{1}{2\pi}\left(\frac{k_t}{J_0}\right)^{\frac{1}{2}} \tag{2.43}$$

对此类扭振系统还应注意以下几点：

(1) 如果圆盘是安装在非圆截面杆的一端，那么也可以找到一个近似的扭簧刚度。

(2) 圆盘的转动惯量为 $J_0=\frac{\rho h\pi D^4}{32}=\frac{WD^2}{8g}$。其中，$\rho$ 是材料的质量密度，h，D 和 W 分别是圆盘的厚度、直径和重量。

(3) 图 2.14 所示的系统一般称为**扭摆**。它的重要应用之一是机械式钟表，其中的棘轮把微小扭摆的规则振动转变成表针的运动。

2.3.2　运动微分方程的解

方程(2.40)的通解可以像求解方程(2.3)那样得到。令

$$\theta(t)=A_1\cos\omega_n t+A_2\sin\omega_n t \tag{2.44}$$

其中，ω_n 由式(2.41)给出，A_1 和 A_2 则由初始条件决定。如果

$$\begin{aligned}\theta(t=0)&=\theta_0\\ \dot{\theta}(t=0)&=\frac{d\theta}{dt}(t=0)=\dot{\theta}_0\end{aligned} \tag{2.45}$$

则可得

$$\left.\begin{aligned}A_1&=\theta_0\\ A_2&=\frac{\dot{\theta}_0}{\omega_n}\end{aligned}\right\} \tag{2.46}$$

不难看出，式(2.44)描述的也是简谐运动。

例 2.6　任何悬挂于不经过质心的旋转轴的刚体在其自身重力作用下都会绕旋转轴摆动，这样的物理系统称为**复摆**。求复摆微幅摆动的固有频率。

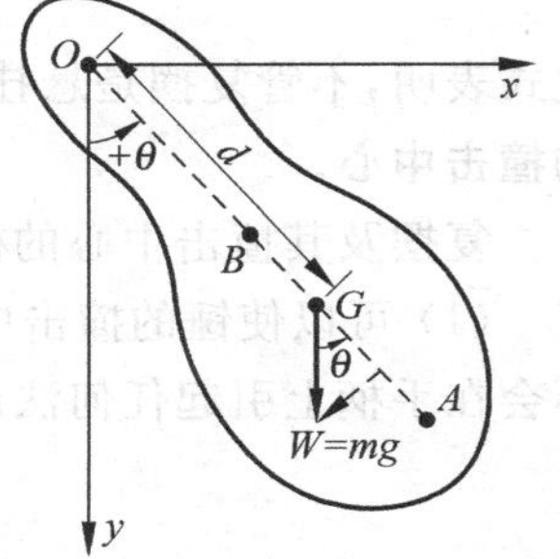

图 2.15　复摆

解：如图 2.15 所示，设悬挂点在 O 处，G 表示复摆的质心。当其在 xy 平面内摆动时，可以选 θ 为广义坐标。用 d 表示悬挂点到质心的距离，J_0 表示刚体对旋转轴的转动惯量。当摆动的角位移为 θ 时，由于重力 W 而引起的恢复力矩为 $Wd\sin\theta$，系统的运动微分方程为

$$J_0\ddot{\theta}+Wd\sin\theta=0 \tag{E.1}$$

这是一个二阶非线性的常微分方程。虽然能够得到其精确的解析解，但对于大多数非线性的常微分方程而言，却不能得到它们的精确解析解。可以通过下列两种方法之一得到它们的近似解：其一是数值求解；其二是对方程(E.1)进行线性化。事实上，对于微幅摆动有 $\sin\theta\approx\theta$，故式(E.1)可以近似为如下线性方程

$$J_0\ddot{\theta}+Wd\theta=0 \tag{E.2}$$

由此可得复摆的固有角频率为

$$\omega_n=\left(\frac{Wd}{J_0}\right)^{1/2}=\left(\frac{mgd}{J_0}\right)^{1/2} \tag{E.3}$$

将式(E.3)与单摆的固有频率 $\omega_n=(g/l)^{1/2}$ 比较，可知等效单摆长度(参见习题2.61)为

$$l=\frac{J_0}{md} \tag{E.4}$$

用 mk_0^2 代替 J_0(其中 k_0 为关于 O 点的回转半径)，则式(E.3)和式(E.4)分别成为

$$\omega_n=\left(\frac{gd}{k_0^2}\right)^{1/2} \tag{E.5}$$

$$l=\frac{k_0^2}{d} \tag{E.6}$$

如果 k_G 表示对质心 G 的回转半径，由于存在下列关系：

$$k_0^2=k_G^2+d^2 \tag{E.7}$$

所以，式(E.6)成为

$$l=\frac{k_G^2}{d}+d \tag{E.8}$$

将$\overline{OG}$延长至 A 点，使得

$$\overline{GA}=\frac{k_G^2}{d} \tag{E.9}$$

则式(E.8)成为

$$l=\overline{GA}+d=\overline{OA} \tag{E.10}$$

利用式(E.5)，固有频率的表达式为

$$\omega_n=\left(\frac{g}{k_0^2/d}\right)^{1/2}=\left(\frac{g}{l}\right)^{1/2}=\left(\frac{g}{\overline{OA}}\right)^{1/2} \tag{E.11}$$

此式表明，不管复摆是悬挂于 O 点还是悬挂于 A 点，其固有频率是一样的。A 点称为复摆的**撞击中心**。

复摆及其撞击中心的概念在许多实际问题中都有应用，下面是其中的一些例子。

(1) 可以使锤的撞击中心位于锤头，而旋转中心在手柄上。此时作用于锤头的冲击力不会在手柄上引起任何法向反作用力(图2.16(a))。

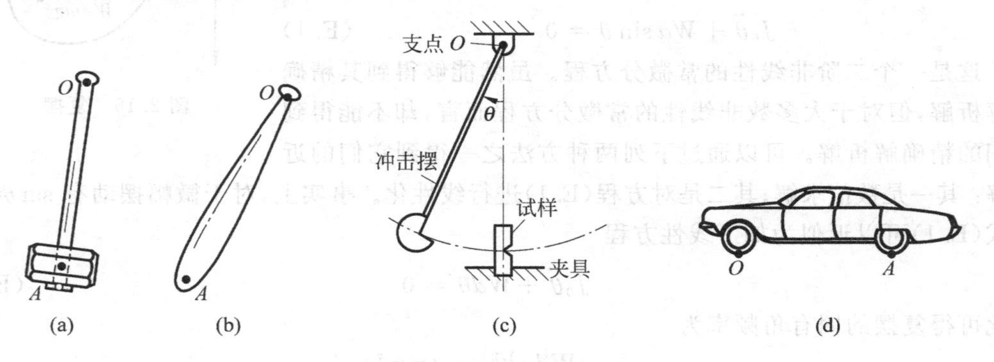

图2.16　撞击中心的应用

(2) 打棒球时，如果能使球棒的撞击中心与球接触，而手可看作是球棒的旋转中心，那么击球手将不会受到与球棒垂直方向上的反作用力(图 2.16(b))。另一方面，如果击球的部位靠近端部或手握的部位，击球手就会由于受到与球棒垂直方向上的反作用力而感到疼痛。

(3) 在材料的冲击实验中，要在试样上开一个合适的槽口，并固定在机械的底座上(图 2.16(c))。从一个标准高度处释放冲击摆，当其通过最低位置时，撞击试样的自由端。如果摆的撞击中心在冲击刃口的附近，就可以减小摆的弯曲变形。此时，摆的悬挂点不会受到任何冲击反作用力。

(4) 当汽车前轮受到一个冲击而产生颠簸时，如果它的撞击中心在后轴附近，乘员就基本上不会感觉到。与此类似，后轮在 A 点受到一个冲击而产生颠簸时，如果它的撞击中心在前轴附近，乘员也基本上不会感觉到。所以设计时希望车身的振动中心在某一个轴上时，撞击中心要在另一个轴上(图 2.16(d))。

2.4　一阶系统的响应与时间常数

考虑如图 2.17(a)所示的一个安装在轴承上的涡轮转子。当涡轮转子旋转时，轴承中的黏性液体(润滑剂)提供黏滞阻尼。假设转子对转轴的转动惯量为 J，轴承的转动阻尼常数为 c_t，应用牛顿运动第二定律，则转子的运动方程为

$$J\dot{\omega} + c_t\omega = 0 \tag{2.47}$$

其中，ω 为转子的角速度，$\dot{\omega}=\mathrm{d}\omega/\mathrm{d}t$ 是角速度的时间变化率，作用于系统的外部扭矩假定为零。假设初始角速度 $\omega(t=0)=\omega_0$ 作为输入，转子角速度视为系统的输出。请注意，为获得运动方程(一阶微分方程)，角速度(而不是角位移)视为系统的输出。

转子运动方程(2.47)的解假设为

$$\omega(t) = A\mathrm{e}^{st} \tag{2.48}$$

其中 A 与 s 为未知常量，借助初始条件 $\omega(t=0)=\omega_0$，方程(2.48)可表示为

$$\omega(t) = \omega_0\mathrm{e}^{st} \tag{2.49}$$

将式(2.49)代入式(2.47)，可得

$$\omega_0\mathrm{e}^{st}(Js + c_t) = 0 \tag{2.50}$$

由于 $\omega_0=0$ 将导致转子“无运动”，即 $\omega_0\neq 0$，则方程(2.50)表示为

$$Js + c_t = 0 \tag{2.51}$$

方程(2.51)即为熟知的特征方程，其满足 $s=-\frac{c_t}{J}$，于是其解，即式(2.49)变为

$$\omega(t) = \omega_0\mathrm{e}^{-\frac{c_t}{J}t} \tag{2.52}$$

角速度随时间的变化由式(2.52)确定，如图 2.17(b)所示。曲线从 ω_0 开始随 t 的增大而衰减，无限趋于零。在处理指数衰减响应时，如式(2.52)对应的响应，可根据时间常数(τ)方

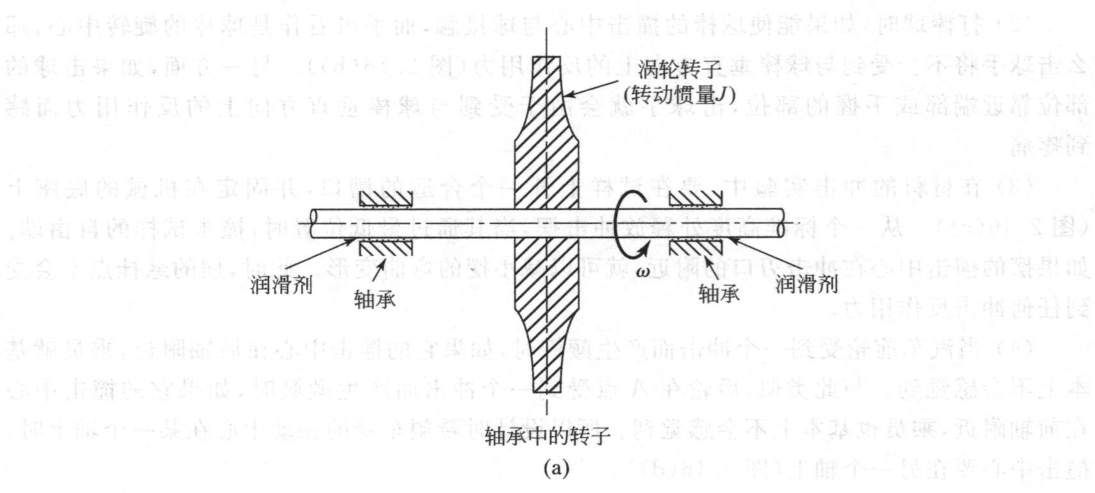

(a)

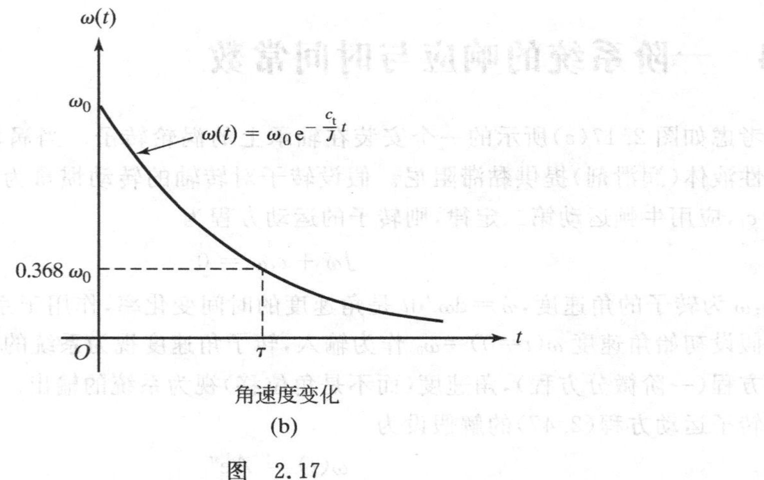

(b)

图　2.17

便地描述该响应。时间常数可定义为这样一个时间值，它使式(2.52)中的指数等于−1。由于式(2.52)中指数为$-\frac{c_t}{J}t$，则时间常数等于

$$\tau=\frac{J}{c_t} \tag{2.53}$$

对于$t=\tau$，式(2.52)可变为

$$\omega(t)=\omega_0 e^{-\frac{c_t}{J}t}=\omega_0 e^{-1}=0.368\omega_0 \tag{2.54}$$

因此，该响应降低到其初始值的0.368倍，当时间等于系统的时间常数时。

2.5 瑞利能量法

如 2.2.2 节所述，对于单自由度系统，可以利用能量方法得到其运动微分方程。本节中将运用能量法来求单自由度系统的固有频率。对无阻尼的振动系统而言，能量守恒定律也可以这样表示

$$T_1 + U_1 = T_2 + U_2 \tag{2.55}$$

其中，下标 1,2 代表两个不同的时刻。特别地，用下标 1 代表质量块通过其静平衡位置的时刻，并取此刻为零势能位置即 $U_1=0$；用下标 2 代表质量块达到最大位移的时刻，此时有动能 $T_2=0$。因此式(2.55)变为

$$T_1 + 0 = 0 + U_2 \tag{2.56}$$

如果系统作的是简谐运动，那么 T_1 和 U_2 分别代表了动能 T 和势能 U 的最大值。因此式(2.56)变为

$$T_{\max} = U_{\max} \tag{2.57}$$

这就是瑞利能量法。应用这种方法可以直接求出系统的固有频率。下面通过具体例子进一步说明。

例 2.7 从单缸四冲程柴油机中排出的废气与一个静音器相连。可以利用一个 U 形压力计(见图 2.18)对其中的气体压力进行测量。计算压力计 U 形管的最小长度，以使静音器中压力波动的频率是汞柱振动固有频率的 3.5 倍。发动机的转速为 600 r/min，静音器中压力波动的频率为

$$\frac{\text{汽缸数} \times \text{发动机的转速}}{2}$$

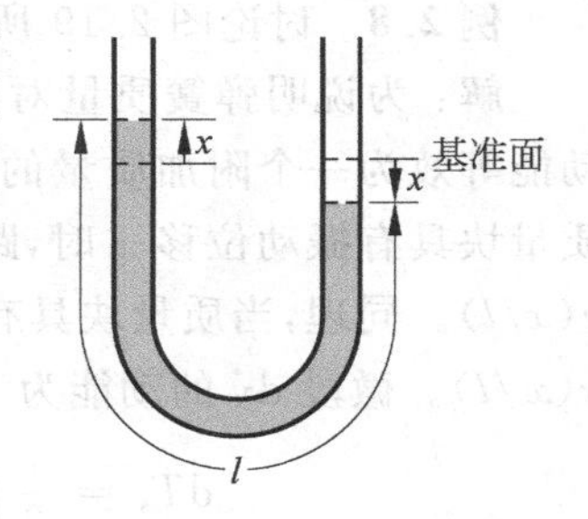

图 2.18 U 形管式压力计

解：以图 2.18 中的基准面为汞柱的静平衡位置，用 x 表示汞柱自静平衡位置算起的振动位移，势能的变化为

U = 上升汞柱的势能 + 下降汞柱的势能

= 上升汞柱的重量 × 此段汞柱重心的位移 + 下降汞柱的重量 × 此段汞柱重心的位移

$$=(A\gamma x)\frac{x}{2}+(A\gamma x)\frac{x}{2}=A\gamma x^2 \tag{E.1}$$

式中，A 是汞柱的横截面面积，γ 是汞柱单位体积的重量。动能的变化为

$$T=\frac{1}{2}\times\text{汞的质量}\times\text{速度}^2=\frac{1}{2}\frac{Al\gamma}{g}\dot{x}^2 \tag{E.2}$$

式中，l 是汞柱的长度。假设汞柱作简谐运动，即令

$$x(t)=X\cos\omega_n t \tag{E.3}$$

式中，X 是振幅，ω_n 是固有圆频率。将式(E.3)代入式(E.1)和式(E.2)得

$$U=U_{\max}\cos^2\omega_n t \tag{E.4}$$

$$T = T_{\max}\sin^2\omega_n t \tag{E.5}$$

式中

$$U_{\max} = A\gamma X^2 \tag{E.6}$$

$$T_{\max} = \frac{1}{2}\frac{A\gamma l\omega_n^2}{g}X^2 \tag{E.7}$$

令 $U_{\max}=T_{\max}$，得

$$\omega_n = \left(\frac{2g}{l}\right)^{1/2} \tag{E.8}$$

由于静音器中压力波动的频率为

$$\frac{1\times 600}{2}\ \text{r/min} = 300\ \text{r/min} = \frac{300\times 2\pi}{60}\ \text{rad/s} = 10\pi\ \text{rad/s} \tag{E.9}$$

所以，压力计中汞柱振动的频率为 $10\pi/3.5$ rad/s$=9.0$ rad/s。由式(E.8)得

$$\left(\frac{2g}{l}\right)^{1/2} = 9.0 \tag{E.10}$$

即

$$l = \frac{2.0\times 9.81}{9.0^2}\ \text{m} = 0.243\ \text{m} \tag{E.11}$$

例 2.8 讨论图 2.19 所示弹簧-质量系统中弹簧质量对固有频率的影响。

解：为说明弹簧质量对系统固有频率的影响，将弹簧的动能等效为一个附加质量的动能。用 l 表示弹簧的长度，当质量块具有振动位移 x 时，距悬挂点为 y 的微质量的位移为 $y(x/l)$。同理，当质量块具有振动速度 $\dot{x}$ 时，微质量的速度为 $y(\dot{x}/l)$。微段 dy 的动能为

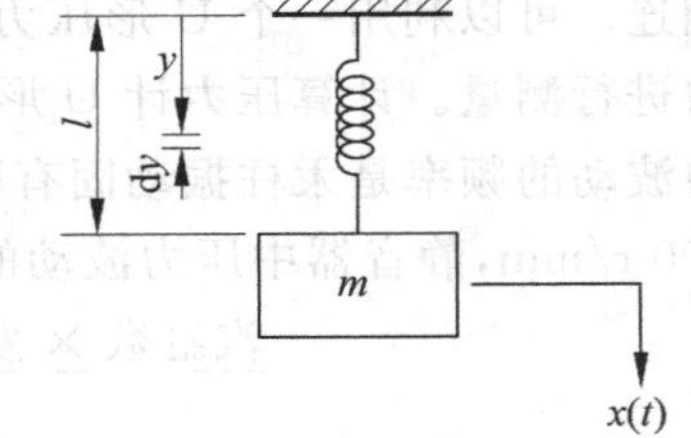

图 2.19 弹簧的等效质量

$$\mathrm{d}T_s = \frac{1}{2}\left(\frac{m_s}{l}\mathrm{d}y\right)\left(\frac{y\dot{x}}{l}\right)^2 \tag{E.1}$$

式中，m_s 是弹簧的质量。所以系统的总动能为

$$\begin{aligned} T &= \text{质量块的动能}\ T_m + \text{弹簧的动能}\ T_s \\ &= \frac{1}{2}m\dot{x}^2 + \int_{y=0}^{l}\frac{1}{2}\left(\frac{m_s}{l}\mathrm{d}y\right)\left(\frac{y^2\dot{x}^2}{l^2}\right) \\ &= \frac{1}{2}m\dot{x}^2 + \frac{1}{2}\frac{m_s}{3}\dot{x}^2 \end{aligned} \tag{E.2}$$

系统的总势能为

$$U = \frac{1}{2}kx^2 \tag{E.3}$$

假设系统的自由振动是简谐的，即

$$x(t) = X\cos\omega_n t \tag{E.4}$$

式中，X 是振幅，ω_n 是固有频率。动能和势能的最大值分别为

$$T_{\max}=\frac{1}{2}\left(m+\frac{m_s}{3}\right)X^2\omega_n^2 \tag{E.5}$$

$$U_{\max}=\frac{1}{2}kX^2 \tag{E.6}$$

令 $T_{\max}=U_{\max}$，得

$$\omega_n=\left[\frac{k}{m+\dfrac{m_s}{3}}\right]^{1/2} \tag{E.7}$$

所以考虑弹簧质量的影响时，其等效质量为 $\frac{1}{3}m_s$。

例 2.9　讨论例 2.1 中水塔塔身的质量对水塔横向振动固有频率的影响。

解：为说明塔身质量对水塔横向振动固有频率的影响，需要确定将其等效到自由端时等效质量的大小，然后就可借助于单自由度系统模型得到水塔横向振动的固有频率。塔身可以看成是一个在自由端具有附加质量的悬臂梁。悬臂梁自由端受一个集中载荷时，其变形为(见图 2.20)

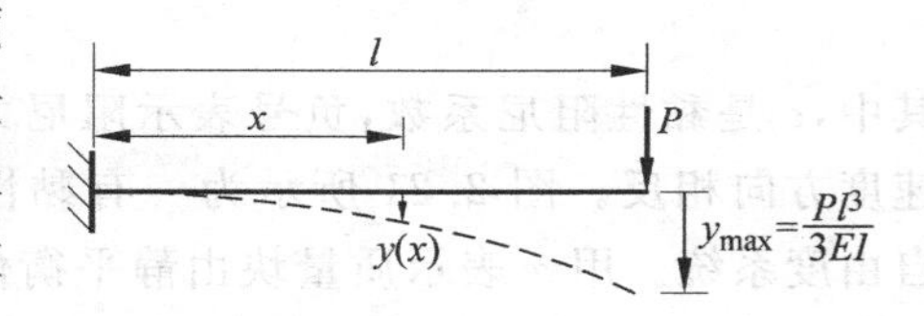

图 2.20　梁的等效质量

$$y(x)=\frac{Px^2}{6EI}(3l-x)=\frac{y_{\max}x^2}{2l^3}(3l-x)=\frac{y_{\max}}{2l^3}(3x^2l-x^3) \tag{E.1}$$

梁本身的最大动能为

$$T_{\max}=\frac{1}{2}\int_0^l\frac{m}{l}\{\dot{y}(x)\}^2\mathrm{d}x \tag{E.2}$$

式中，m 是梁的总质量，m/l 是梁单位长度的质量。由式(E.1)可得各点的速度为

$$\dot{y}(x)=\frac{\dot{y}_{\max}}{2l^3}(3x^2l-x^3) \tag{E.3}$$

代入式(E.2)得

$$T_{\max}=\frac{m}{2l}\left(\frac{\dot{y}_{\max}}{2l^3}\right)^2\int_0^l(3x^2l-x^3)^2\mathrm{d}x=\frac{1}{2}\,\frac{m}{l}\,\frac{\dot{y}_{\max}^2}{4l^6}\left(\frac{33}{35}l^7\right)$$

$$=\frac{1}{2}\left(\frac{33}{140}m\right)\dot{y}_{\max}^2 \tag{E.4}$$

如果用 m_{eq} 表示塔身的质量等效到悬臂梁自由端时的大小，它的最大动能可表示为

$$T_{\max}=\frac{1}{2}m_{eq}\dot{y}_{\max}^2 \tag{E.5}$$

令式(E.4)和式(E.5)相等，得

$$m_{eq}=\frac{33}{140}m \tag{E.6}$$

所以考虑塔身质量的影响时，作用于悬臂梁端部的全部质量为

$$M_{\mathrm{eff}}=M+m_{\mathrm{eq}} \tag{E.7}$$

式中，M 是水箱的质量。故水塔横向振动的固有频率为

$$\omega_n=\sqrt{\frac{k}{M_{\mathrm{eff}}}}=\sqrt{\frac{k}{M+\frac{33}{140}m}} \tag{E.8}$$

2.6 黏性阻尼系统的自由振动

2.6.1 运动微分方程

如1.9节所述，黏性阻尼力 F 与速度 v 成正比，即可表示为

$$F=-c\dot{x} \tag{2.58}$$

其中，c 是黏性阻尼系数，负号表示阻尼力的方向与速度方向相反。图2.21所示为一有黏性阻尼的单自由度系统。用 x 表示质量块由静平衡位置算起的振动位移，向下为正。应用牛顿定律可得运动微分方程

$$m\ddot{x}=-c\dot{x}-kx$$

或

$$m\ddot{x}+c\dot{x}+kx=0 \tag{2.59}$$

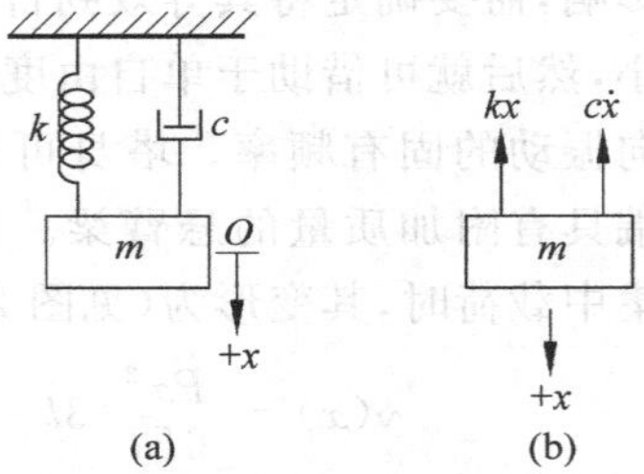

图2.21 带黏性阻尼器的单自由度系统

(a) 系统组成；(b) 受力图

2.6.2 方程的解

为了求解方程(2.59)，假设解的形式为

$$x(t)=C\mathrm{e}^{st} \tag{2.60}$$

其中，C 和 s 是待定常数。将式(2.60)代入方程(2.59)可得如下特征方程

$$ms^2+cs+k=0 \tag{2.61}$$

该特征方程的根为

$$s_{1,2}=\frac{-c\pm\sqrt{c^2-4mk}}{2m}=-\frac{c}{2m}\pm\sqrt{\left(\frac{c}{2m}\right)^2-\frac{k}{m}} \tag{2.62}$$

由这两个根可得方程(2.59)的两个特解为

$$x_1(t)=C_1\mathrm{e}^{s_1t},\quad x_2(t)=C_2\mathrm{e}^{s_2t} \tag{2.63}$$

因此方程(2.59)的通解为这两个特解的线性组合，即

$$x(t)=C_1\mathrm{e}^{s_1t}+C_2\mathrm{e}^{s_2t}=C_1\mathrm{e}^{\left[-\frac{c}{2m}+\sqrt{\left(\frac{c}{2m}\right)^2-\frac{k}{m}}\right]t}+C_2\mathrm{e}^{\left[-\frac{c}{2m}-\sqrt{\left(\frac{c}{2m}\right)^2-\frac{k}{m}}\right]t} \tag{2.64}$$

其中，C_1，C_2 是两个任意的常数，可由系统的初始条件来确定。

使式(2.62)中根式的值为零的阻尼系数称为**临界阻尼系数**，用 c_c 表示，即

$$\left(\frac{c_c}{2m}\right)^2 - \frac{k}{m} = 0$$

或

$$c_c = 2m\sqrt{\frac{k}{m}} = 2\sqrt{km} = 2m\omega_n \tag{2.65}$$

对于有阻尼系统，阻尼系数与临界阻尼系数的比值称为**阻尼比**，用 ζ 表示，即

$$\zeta = \frac{c}{c_c} \tag{2.66}$$

由式(2.65)和式(2.66)可得

$$\frac{c}{2m} = \frac{c}{c_c}\frac{c_c}{2m} = \zeta\omega_n \tag{2.67}$$

因此

$$s_{1,2} = (-\zeta \pm \sqrt{\zeta^2 - 1})\omega_n \tag{2.68}$$

故通解(2.64)可化为

$$x(t) = C_1 e^{(-\zeta+\sqrt{\zeta^2-1})\omega_n t} + C_2 e^{(-\zeta-\sqrt{\zeta^2-1})\omega_n t} \tag{2.69}$$

可见，特征根 s_1 和 s_2 的性质以及通解(2.69)的特点取决于阻尼的大小。当 $\zeta=0$ 时，就是 2.2 节中讨论的无阻尼的情形。因此下面只考虑 $\zeta\neq 0$ 的情形。

情形 1　欠阻尼的情形($\zeta<1$ 或 $c<c_c$ 或 $c/2m<\sqrt{k/m}$，欠阻尼也称为小阻尼或弱阻尼)

对于这种情况，(ζ^2-1)是负的，因此 s_1 和 s_2 可表示为

$$s_1 = (-\zeta + i\sqrt{1-\zeta^2})\omega_n$$
$$s_2 = (-\zeta - i\sqrt{1-\zeta^2})\omega_n$$

通解成为如下形式

$$\begin{aligned}
x(t) &= C_1 e^{(-\zeta+i\sqrt{1-\zeta^2})\omega_n t} + C_2 e^{(-\zeta-i\sqrt{1-\zeta^2})\omega_n t} \\
&= e^{-\zeta\omega_n t}\{C_1 e^{i\sqrt{1-\zeta^2}\omega_n t} + C_2 e^{-i\sqrt{1-\zeta^2}\omega_n t}\} \\
&= e^{-\zeta\omega_n t}\{(C_1 + C_2)\cos\sqrt{1-\zeta^2}\omega_n t + i(C_1 - C_2)\sin\sqrt{1-\zeta^2}\omega_n t\} \\
&= e^{-\zeta\omega_n t}\{C_1'\cos\sqrt{1-\zeta^2}\omega_n t + C_2'\sin\sqrt{1-\zeta^2}\omega_n t\} \\
&= X_0 e^{-\zeta\omega_n t}\sin(\sqrt{1-\zeta^2}\omega_n t + \phi_0) \\
&= X e^{-\zeta\omega_n t}\cos(\sqrt{1-\zeta^2}\omega_n t - \phi)
\end{aligned} \tag{2.70}$$

其中，(C_1', C_2')，(X, ϕ)和(X_0, ϕ_0)为任意常数，可根据具体的初始条件来确定。例如，对于初始条件 $x(t=0)=x_0$ 和$\dot{x}(t=0)=\dot{x}_0$，可求得 C_1'和 C_2'分别为

$$\left.\begin{aligned}
C_1' &= x_0 \\
C_2' &= \frac{\dot{x}_0 + \zeta\omega_n x_0}{\sqrt{1-\zeta^2}\omega_n}
\end{aligned}\right\} \tag{2.71}$$

因此解的具体形式为

$$x(t)=\mathrm{e}^{-\zeta\omega_n t}\left\{x_0\cos\sqrt{1-\zeta^2}\,\omega_n t+\frac{\dot{x}_0+\zeta\omega_n x_0}{\sqrt{1-\zeta^2}\,\omega_n}\sin\sqrt{1-\zeta^2}\,\omega_n t\right\} \tag{2.72}$$

常数(X,ϕ)和(X_0,ϕ_0)可以表示为

$$X=X_0=\sqrt{C_1'^2+C_2'^2}=\frac{\sqrt{x_0^2\omega_n^2+\dot{x}_0^2+2x_0\dot{x}_0\zeta\omega_n}}{\sqrt{1-\zeta^2}\,\omega_n} \tag{2.73}$$

$$\phi=\arctan\left(\frac{C_1'}{C_2'}\right)=\arctan\left(\frac{x_0\omega_n\sqrt{1-\zeta^2}}{\dot{x}_0+\zeta\omega_n x_0}\right) \tag{2.74}$$

$$\phi_0=\arctan\left(-\frac{C_2'}{C_1'}\right)=\arctan\left(\frac{\dot{x}_0+\zeta\omega_n x_0}{x_0\omega_n\sqrt{1-\zeta^2}}\right) \tag{2.75}$$

式(2.72)所描述的运动是角频率为$\sqrt{1-\zeta^2}\,\omega_n$的有阻尼简谐运动。但由于$\mathrm{e}^{-\zeta\omega_n t}$项的存在，振幅将随着时间按指数规律减小，如图2.22所示。令

$$\omega_{\mathrm{d}}=\sqrt{1-\zeta^2}\,\omega_n \tag{2.76}$$

称为**阻尼振动的频率**。可以看出，有阻尼自由振动的频率ω_{d}总小于无阻尼自由振动的固有频率ω_n。由式(2.76)可知，有阻尼系统自由振动的频率随着阻尼的增大而减小，这种变化如图2.23所示。欠阻尼的情形在研究机械振动时是非常重要的，因为它是唯一一种能够引起振动的情形[2.10]。

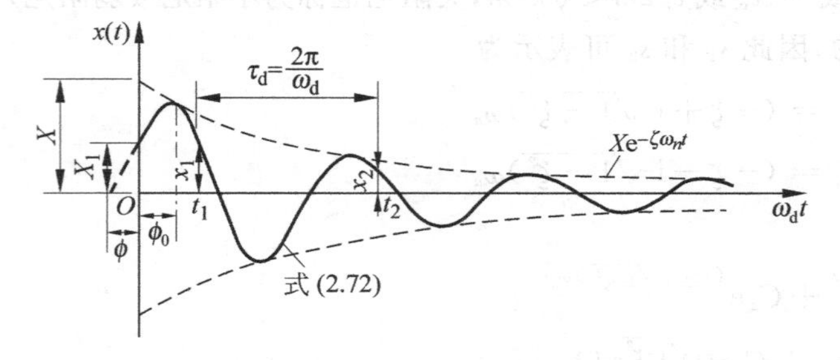

图2.22　弱阻尼系统的衰减振动

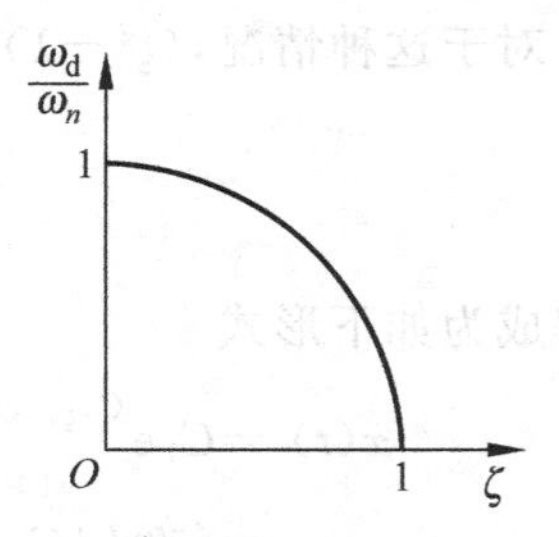

图2.23　ω_{d}随阻尼的变化

情形2　临界阻尼的情形（$\zeta=1$或$c=c_{\mathrm{c}}$或$c/2m=\sqrt{k/m}$）

在这种情形下，方程(2.68)的两个根s_1和s_2相等，即

$$s_1=s_2=-\frac{c_{\mathrm{c}}}{2m}=-\omega_n \tag{2.77}$$

由于是重根，方程(2.59)的通解为①

---

①　式(2.78)还可以通过令式(2.70)中的$\zeta\to1$得到。由于$\zeta\to1,\omega_{\mathrm{d}}\to0$，故$\cos\omega_{\mathrm{d}}t\to1,\sin\omega_{\mathrm{d}}t\to\omega_{\mathrm{d}}t$。所以由式(2.70)得

$$x(t)=\mathrm{e}^{-\omega_n t}(C_1'+C_2'\omega_{\mathrm{d}}t)=(C_1+C_2t)\mathrm{e}^{-\omega_n t}$$

式中，$C_1=C_1',C_2=C_2'\omega_{\mathrm{d}}$是新的常数。

$$x(t) = (C_1 + C_2 t)\mathrm{e}^{-\omega_n t} \tag{2.78}$$

由初始条件 $x(t=0)=x_0$ 和 $\dot{x}(t=0)=\dot{x}_0$ 可得

$$\left.\begin{aligned} C_1 &= x_0 \\ C_2 &= \dot{x}_0 + \omega_n x_0 \end{aligned}\right\} \tag{2.79}$$

因此通解为

$$x(t) = [x_0 + (\dot{x}_0 + \omega_n x_0)t]\mathrm{e}^{-\omega_n t} \tag{2.80}$$

可以看出，式(2.80)所代表的运动是非周期的。当 $t\to\infty$ 时，$\mathrm{e}^{-\omega_n t}\to 0$，因此，该运动会最终消失，如图 2.24 所示。

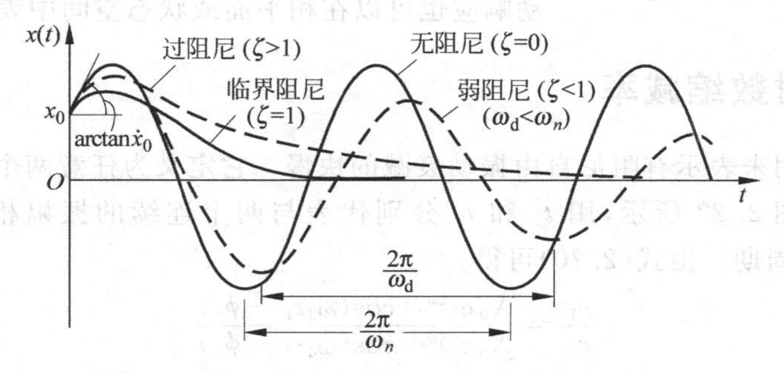

图 2.24　具有不同强弱的阻尼时解曲线的对比

情形 3　过阻尼的情形($\zeta>1$ 或 $c>c_c$ 或 $c/2m>\sqrt{k/m}$，过阻尼也称为大阻尼或强阻尼)

因为 $\sqrt{\zeta^2-1}>0$，由式(2.68)可知，s_1 和 s_2 为两个不相等的实根，即

$$s_1 = (-\zeta + \sqrt{\zeta^2-1})\omega_n < 0$$

$$s_2 = (-\zeta - \sqrt{\zeta^2-1})\omega_n < 0$$

且 $s_2 \ll s_1$。通解式(2.69)可写作

$$x(t) = C_1\mathrm{e}^{(-\zeta+\sqrt{\zeta^2-1})\omega_n t} + C_2\mathrm{e}^{(-\zeta-\sqrt{\zeta^2-1})\omega_n t} \tag{2.81}$$

由初始条件 $x(t=0)=x_0$ 和 $\dot{x}(t=0)=\dot{x}_0$，可得常数 C_1，C_2 为

$$\left.\begin{aligned} C_1 &= \frac{x_0\omega_n(\zeta+\sqrt{\zeta^2-1})+\dot{x}_0}{2\omega_n\sqrt{\zeta^2-1}} \\ C_2 &= \frac{-x_0\omega_n(\zeta-\sqrt{\zeta^2-1})-\dot{x}_0}{2\omega_n\sqrt{\zeta^2-1}} \end{aligned}\right\} \tag{2.82}$$

式(2.81)表明，不管初始条件怎样，该运动都不会是周期的。因为 s_1 和 s_2 都为负数，所以运动将随着时间按指数规律衰减，如图 2.24 所示。

下面将阻尼系统的特点作一总结：

(1) 在 2.7 节中会介绍不同类型特征根 s_1 和 s_2 的图形表示以及相应的系统响应(解)。在 2.8 节中将讨论在复平面上，随着系统参数 c、k 和 m 的变化，特征根 s_1 和 s_2 的变化规律

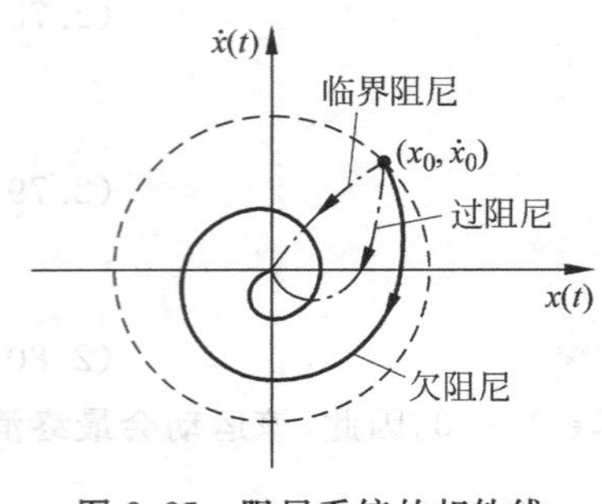

图 2.25 阻尼系统的相轨线

(即根轨迹图)。

(2) 临界阻尼系数是使系统作非周期运动的最小阻尼。因此,质量块将以最短的时间回到静止平衡位置。在许多实际应用中都利用了临界阻尼的这一性质。例如,大型火炮的枪膛具有临界阻尼,这样火炮受反冲力后,会以最短的时间回到初始位置而不致引起振动。如果枪膛的阻尼大于临界阻尼,那么就会拖延第二次开火的时间。

(3) 如图 2.25 所示,单自由度有阻尼系统的自由振动响应也可以在相平面或状态空间中表示出来。

2.6.3 对数缩减率

对数缩减率用来表示有阻尼自由振动衰减的快慢。它定义为任意两个相邻的振幅之比的自然对数。如图 2.22 所示,用 t_1 和 t_2 分别代表与两个连续的振幅相对应的时间,即 t_1 和 t_2 相差一个周期。由式(2.70)可得

$$\frac{x_1}{x_2}=\frac{X_0\mathrm{e}^{-\zeta\omega_n t_1}\cos(\omega_\mathrm{d}t_1-\phi_0)}{X_0\mathrm{e}^{-\zeta\omega_n t_2}\cos(\omega_\mathrm{d}t_2-\phi_0)} \tag{2.83}$$

因为 $t_2=t_1+\tau_\mathrm{d}$,其中 $\tau_\mathrm{d}=2\pi/\omega_\mathrm{d}$ 是有阻尼振动的周期,因此 $\cos(\omega_\mathrm{d}t_2-\phi_0)=\cos(2\pi+\omega_\mathrm{d}t_1-\phi_0)=\cos(\omega_\mathrm{d}t_1-\phi_0)$,进而式(2.83)可化为

$$\frac{x_1}{x_2}=\frac{\mathrm{e}^{-\zeta\omega_n t_1}}{\mathrm{e}^{-\zeta\omega_n(t_1+\tau_\mathrm{d})}}=\mathrm{e}^{\zeta\omega_n\tau_\mathrm{d}} \tag{2.84}$$

由式(2.84)可得对数缩减率为

$$\begin{aligned}\delta&=\ln\frac{x_1}{x_2}=\zeta\omega_n\tau_\mathrm{d}=\zeta\omega_n\frac{2\pi}{\sqrt{1-\zeta^2}\,\omega_n}\\&=\frac{2\pi\zeta}{\sqrt{1-\zeta^2}}=\frac{2\pi}{\omega_\mathrm{d}}\cdot\frac{c}{2m}\end{aligned} \tag{2.85}$$

对于小阻尼($\zeta\ll1$)的情况,式(2.85)可近似为

$$\delta\approx2\pi\zeta,\quad \zeta\ll1 \tag{2.86}$$

图 2.26 分别根据式(2.85)和式(2.86)给出了对数缩减率 δ 随 ζ 的变化规律。可以看出,在 $0<\zeta<0.3$ 这一区间内,这两条曲线非常接近。

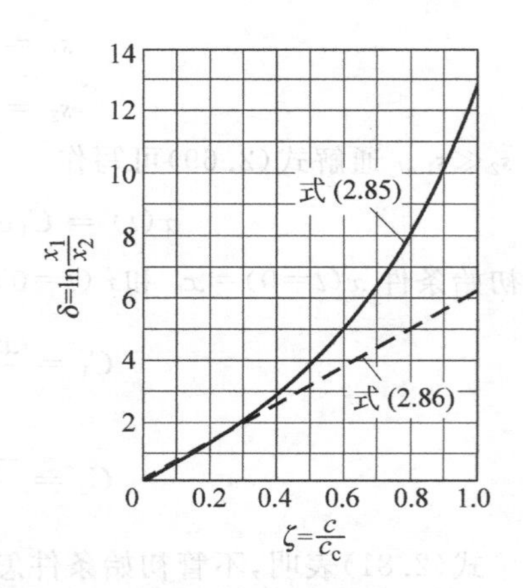

图 2.26 对数缩减率 δ 随阻尼的变化

对数缩减率是一个无量纲量,可以看作是无量纲阻尼比 ζ 的另一种形式。只要知道了 δ,就可以由式(2.85)求出 ζ

$$\zeta=\frac{\delta}{\sqrt{(2\pi)^2+\delta^2}} \tag{2.87}$$

如果不用式(2.85)而用式(2.86),可得

$$\zeta \approx \frac{\delta}{2\pi} \tag{2.88}$$

如果一个给定系统的阻尼大小未知,可以通过实验测量相差一个周期的两个相邻位移 x_1 和 x_2,对 x_1 与 x_2 的比值取自然对数就可得到对数缩减率 δ 的大小,再由式(2.87)计算出阻尼比 ζ。事实上,阻尼比 ζ 也可通过测量相差任意整数个周期的两个位移来求得。如 x_1 和 x_{m+1} 分别代表 t_1 时刻和 t_{m+1} 时刻的振动幅度,其中 $t_{m+1}=t_1+m\tau_d$(m 为整数),则

$$\frac{x_1}{x_{m+1}} = \frac{x_1}{x_2}\frac{x_2}{x_3}\frac{x_3}{x_4}\cdots\frac{x_m}{x_{m+1}} \tag{2.89}$$

因为相差 1 个周期的任意两相邻振幅满足

$$\frac{x_j}{x_{j+1}} = e^{\zeta\omega_n\tau_d} \tag{2.90}$$

故式(2.89)变为

$$\frac{x_1}{x_{m+1}} = (e^{\zeta\omega_n\tau_d})^m = e^{m\zeta\omega_n\tau_d} \tag{2.91}$$

由式(2.91)与式(2.85)可得

$$\delta = \frac{1}{m}\ln\left(\frac{x_1}{x_{m+1}}\right) \tag{2.92}$$

将式(2.92)代入式(2.87)或式(2.88)可求得黏性阻尼的阻尼比 ζ。

2.6.4 黏性阻尼消耗的能量

一个有黏性阻尼的系统,能量随时间的变化率($\mathrm{d}W/\mathrm{d}t$)等于力与速度的乘积。利用式(2.58)可得

$$\frac{\mathrm{d}W}{\mathrm{d}t} = Fv = -cv^2 = -c\left(\frac{\mathrm{d}x}{\mathrm{d}t}\right)^2 \tag{2.93}$$

该式中的负号说明,随着时间的延续,能量在不断损耗。假设简谐运动为 $x(t)=X\sin\omega_d t$,其中 X 是该运动的振幅,则该系统在一个周期中消耗的能量为[①]

$$\Delta W = \int_{t=0}^{2\pi/\omega_d} c\left(\frac{\mathrm{d}x}{\mathrm{d}t}\right)^2 \mathrm{d}t = \int_0^{2\pi} cX^2\omega_d\cos^2\omega_d t\,\mathrm{d}(\omega_d t) = c\pi\omega_d X^2 \tag{2.94}$$

式(2.94)说明,能量的减少量与振幅的平方成正比。注意:当阻尼大小和振幅一定时,能量的消耗也不是一个常数,因为它还是 ω_d 的函数。

当给黏性阻尼器并联上一个刚度为 k 的弹簧后,式(2.94)仍然成立。为了证明这一点,

① 对阻尼系统,只有考虑在频率为 ω_d 的简谐力作用下的稳态响应时,简谐运动 $x(t)=X\cos\omega_d t$ 才是可能的(见 3.4 节)。在稳态受迫振动中,由阻尼器而引起的能量损失由激励补给。

现在研究图 2.27 所示的系统。全部运动阻力可写为

$$F=-kx-cv=-kx-c\dot{x} \tag{2.95}$$

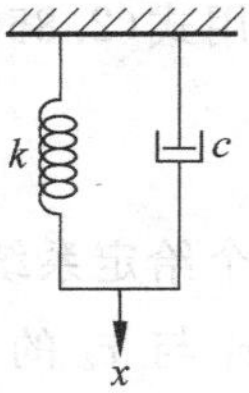

像前面一样,仍假设运动是简谐的:

$$x(t)=X\sin\omega_d t \tag{2.96}$$

那么式(2.95)可化为

$$F=-kX\sin\omega_d t-c\omega_d X\cos\omega_d t \tag{2.97}$$

在一个周期中消耗的能量为

$$\Delta W=\int_{t=0}^{2\pi/\omega_d}Fv\mathrm{d}t=\int_0^{2\pi/\omega_d}kX^2\sin\omega_d t\cos\omega_d t\mathrm{d}(\omega_d t)$$

$$+\int_0^{2\pi/\omega_d}c\omega_d X^2\cos^2\omega_d t\mathrm{d}(\omega_d t)=c\pi\omega_d X^2 \tag{2.98}$$

图 2.27 弹簧和阻尼器并联的情况

可见,式(2.98)与式(2.94)的结果是一致的。此结论正是我们所预料的,因为弹簧的恢复力在一个周期或任意整数个周期内实际做功为零。

也可以按如下方法计算每个运动周期中消耗的能量占系统总能量的多少,即 $\Delta W/W$。一个系统的能量可以用最大势能$\left(\frac{1}{2}kX^2\right)$或最大动能$\left(\frac{1}{2}mv_{\max}^2=\frac{1}{2}mX^2\omega_d^2\right)$来表示。就小阻尼而言,这两个值近似相等。因此根据式(2.85)和式(2.88)可得

$$\frac{\Delta W}{W}=\frac{c\pi\omega_d X^2}{\frac{1}{2}m\omega_d^2X^2}=2\left(\frac{2\pi}{\omega_d}\right)\left(\frac{c}{2m}\right)=2\delta\approx 4\pi\zeta=\text{常数} \tag{2.99}$$

$\frac{\Delta W}{W}$称为**阻尼比容**,在比较工程材料的阻尼时经常用到它。另一个用来描述工程材料阻尼的量是**损耗系数**,它定义为每弧度所消耗的能量与系统总能量的比,即

$$\eta=\frac{\Delta W/2\pi}{W}=\frac{\Delta W}{2\pi W} \tag{2.100}$$

2.6.5 有黏性阻尼的扭振系统

2.6.1 节~2.6.4 节中提到的处理有黏性阻尼的直线振动的方法可以直接推广到有黏性阻尼的扭振系统。为此,考虑图 2.28(a)所示的有黏性阻尼的单自由度扭振系统。黏性阻尼力矩为(见图 2.28(b))

$$T=-c_t\dot{\theta} \tag{2.101}$$

其中,c_t 为扭转黏性阻尼系数,$\dot{\theta}=\mathrm{d}\theta/\mathrm{d}t$ 是圆盘的角速度,负号表示阻尼力矩与角速度方向相反。此时的运动微分方程为

$$J_0\ddot{\theta}+c_t\dot{\theta}+k_t\theta=0 \tag{2.102}$$

其中,J_0 是圆盘的转动惯量,k_t 是系统的弹簧常数(发生单位角位移所需的扭矩),θ 是圆盘

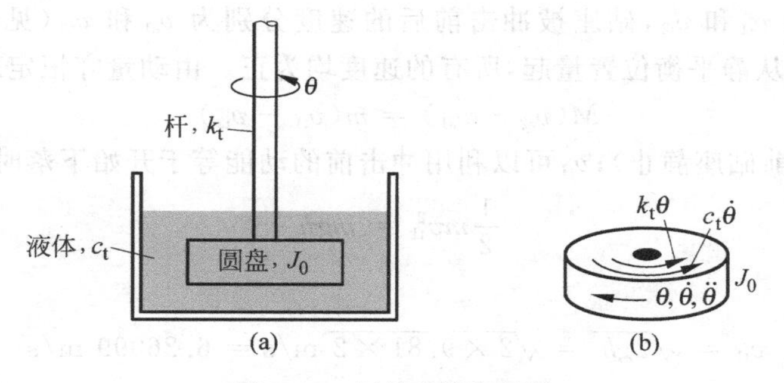

图 2.28 扭转黏性阻尼器

的角位移。方程(2.102)的解可根据直线振动的结论直接得到。例如，在欠阻尼的情形下，该振动的周期为

$$\omega_d = \sqrt{1-\zeta^2}\,\omega_n \tag{2.103}$$

其中

$$\omega_n = \sqrt{\frac{k_t}{J_0}} \tag{2.104}$$

阻尼比 ζ 为

$$\zeta = \frac{c_t}{c_{tc}} = \frac{c_t}{2J_0\omega_n} = \frac{c_t}{2\sqrt{k_t J_0}} \tag{2.105}$$

其中，c_{tc}是临界扭振阻尼系数。

例 2.10 锻锤的砧座重 5000 N，安装在一个基础上。基础的黏性阻尼系数为 10000 N·s/m，支承弹簧的刚度为 5×10^6 N/m。某次锻造加工时，重为 1000 N 的锻锤从 2 m 高处落下(见图 2.29(a))，冲击前砧座静止。求砧座的响应。假设砧座和锻锤之间的恢复系数为 0.4。

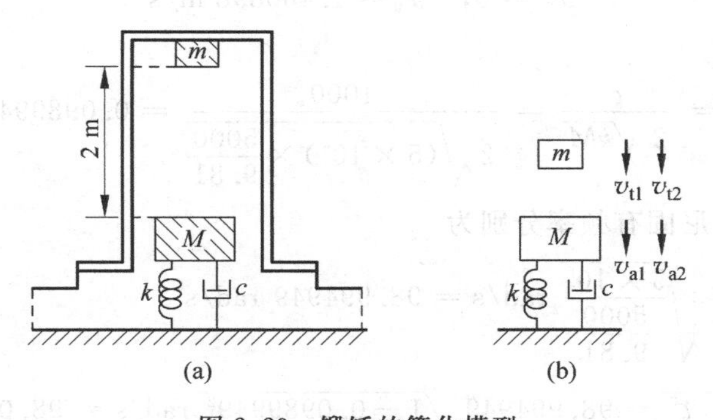

图 2.29 锻锤的简化模型

解：首先根据动量守恒定理和恢复系数的定义求砧座的初始速度。设锻锤与砧座冲击

前后的速度分别为 v_{t1} 和 v_{t2}，砧座被冲击前后的速度分别为 v_{a1} 和 v_{a2}（见图 2.29(b)）。注意：砧座的位移是从静平衡位置量起，所有的速度均为正。由动量守恒定理得

$$M(v_{a2}-v_{a1})=m(v_{t1}-v_{t2}) \tag{E.1}$$

式中，$v_{a1}=0$（冲击前砧座静止）；v_{t1} 可以利用冲击前的动能等于开始下落时的势能确定，即

$$\frac{1}{2}mv_{t1}^2=mgh \tag{E.2}$$

由此得

$$v_{t1}=\sqrt{2gh}=\sqrt{2\times 9.81\times 2}\ \mathrm{m/s}=6.26099\ \mathrm{m/s}$$

所以式(E.1)成为

$$\frac{5000}{9.81}(v_{a2}-0)=\frac{1000}{9.81}(6.26099-v_{t2})$$

即

$$510.204082v_{a2}=638.87653-102.040813v_{t2} \tag{E.3}$$

根据恢复系数的定义

$$r=-\frac{v_{a2}-v_{t2}}{v_{a1}-v_{t1}} \tag{E.4}$$

得

$$0.4=-\frac{v_{a2}-v_{t2}}{0-6.26099}$$

即

$$v_{a2}=v_{t2}+2.504396 \tag{E.5}$$

由式(E.3)和式(E.5)解得

$$v_{a2}=1.460898\ \mathrm{m/s},\quad v_{t2}=-1.043498\ \mathrm{m/s}$$

所以砧座的初始条件为

$$x_0=0,\quad \dot{x}_0=1.460898\ \mathrm{m/s}$$

阻尼比为

$$\zeta=\frac{c}{2\sqrt{kM}}=\frac{1000}{2\sqrt{(5\times 10^6)\times\dfrac{5000}{9.81}}}=0.0989949$$

砧座的无阻尼和有阻尼固有频率分别为

$$\omega_n=\sqrt{\frac{k}{M}}=\sqrt{\frac{5\times 10^6}{\dfrac{5000}{9.81}}}\ \mathrm{rad/s}=98.994949\ \mathrm{rad/s}$$

$$\omega_d=\omega_n\sqrt{1-\zeta^2}=98.994949\sqrt{1-0.0989949^2}\ \mathrm{rad/s}=98.024799\ \mathrm{rad/s}$$

由式(2.72)，砧座的位移响应为

$$x(t)=\mathrm{e}^{-\zeta\omega_n t}\left[\frac{\dot{x}_0}{\omega_d}\sin\omega_d t\right]$$

$$=e^{-9.799995t}[0.01490335\sin 98.024799t]\ \text{m}$$

例 2.11　如图 2.30(a)所示，摩托车的质量为 200 kg，为其设计了一个弱阻尼吸振器。当吸振器受到一个由于路面冲击而引起的竖直方向的速度时，相应的位移-时间曲线如图 2.30(b)所示。如果阻尼振动的周期为 2 s，经过半个周期后振幅衰减为原来的 1/4(即 $x_{1.5}=x_1/4$)。求(1)弹簧的刚度以及阻尼器的阻尼系数；(2)引起 250 mm 的最大位移所需的最小初始速度。

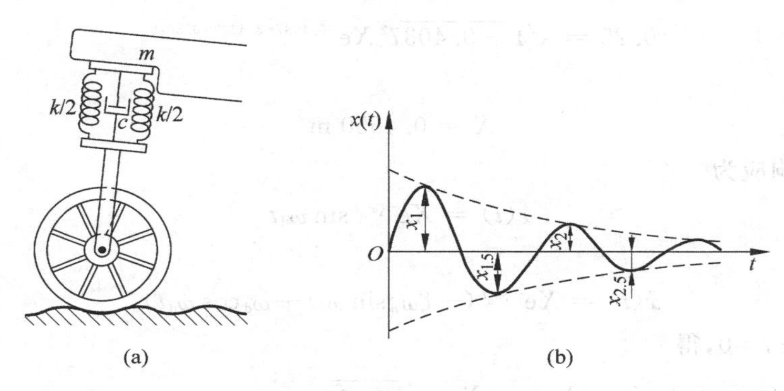

图 2.30　摩托车的吸振器

解：由于 $x_{1.5}=x_1/4$，$x_2=x_{1.5}/4=x_1/16$，所以对数缩减率为

$$\delta=\ln\left(\frac{x_1}{x_2}\right)=\ln 16=2.7726=\frac{2\pi\zeta}{\sqrt{1-\zeta^2}} \tag{E.1}$$

据此可以求出 $\zeta=0.4037$。由于已知衰减振动的周期为 2 s，故

$$2=\tau_d=\frac{2\pi}{\omega_d}=\frac{2\pi}{\omega_n\sqrt{1-\zeta^2}}$$

$$\omega_n=\frac{2\pi}{2\sqrt{1-0.4037^2}}\ \text{rad/s}=3.4338\ \text{rad/s}$$

所以临界阻尼系数为

$$c_c=2m\omega_n=2\times 200\times 3.4338\ \text{N}\cdot\text{s/m}=1373.54\ \text{N}\cdot\text{s/m}$$

而阻尼系数为

$$c=\zeta c_c=0.4037\times 1373.54\ \text{N}\cdot\text{s/m}=554.4981\ \text{N}\cdot\text{s/m}$$

弹簧刚度为

$$k=m\omega_n^2=200\times 3.4338^2\ \text{N/m}=2358.2652\ \text{N/m}$$

位移达到最大值的时间由下式确定(见习题 2.99)

$$\sin\omega_d t_1=\sqrt{1-\zeta^2}$$

即

$$\sin\omega_d t_1=\sin\pi t_1=\sqrt{1-0.4037^2}=0.9149$$

由此得

$$t_1 = \frac{\arcsin 0.9149}{\pi}\ \text{s} = 0.3678\ \text{s}$$

衰减振动的包络线为

$$x = \sqrt{1-\zeta^2} X e^{-\zeta\omega_n t} \tag{E.2}$$

在式(E.2)中，令 $x=250$ mm，$t=t_1$，得

$$0.25 = \sqrt{1-0.4037^2} X e^{-0.4037\times 3.4338\times 0.3678}$$

即

$$X = 0.4550\ \text{m}$$

质量块的位移响应为

$$x(t) = X e^{-\zeta\omega_n t}\sin\omega_d t$$

微分一次得

$$\dot{x}(t) = X e^{-\zeta\omega_n t}(-\zeta\omega_n\sin\omega_d t + \omega_d\cos\omega_d t) \tag{E.3}$$

在式(E.3)中令 $t=0$，得

$$\begin{aligned}\dot{x}(t=0) &= \dot{x}_0 = X\omega_d = X\omega_n\sqrt{1-\zeta^2}\\ &= 0.4550\times 3.4338\sqrt{1-0.4037^2}\ \text{m/s} = 1.4294\ \text{m/s}\end{aligned}$$

例 2.12 图 2.31 为一大型火炮的示意图[2.8]。发射时，高压气体使炮弹在炮筒内获得一个很高的速度。后坐力使炮筒沿与炮弹射出相反的方向移动。由于希望火炮不会由此产生振动并能以最短的时间停下来，所以设计了一个具有临界阻尼的弹簧-阻尼器系统，称为反冲机构。设炮筒和反冲机构的总质量为 500 kg，反冲弹簧的刚度为 10000 N/m，发射时后坐的距离为 0.4 m。求：(1)阻尼器的临界阻尼系数；(2)初始后坐速度；(3)火炮返回到距初始位置 0.1 m 所需的时间。

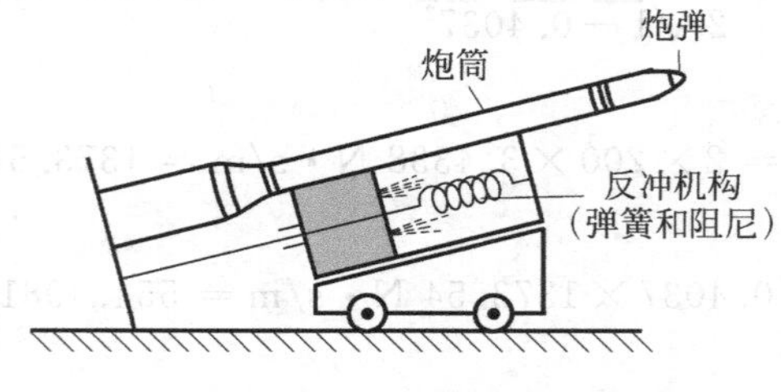

图 2.31　火炮的后坐问题

解：(1) 系统的无阻尼固有频率为

$$\omega_n = \sqrt{\frac{k}{m}} = \sqrt{\frac{10000}{500}}\ \text{rad/s} = 4.4721\ \text{rad/s}$$

由式(2.65)得临界阻尼系数为

$$c_c = 2m\omega_n = 2 \times 500 \times 4.4721\ \text{N} \cdot \text{s/m} = 4472.1\ \text{N} \cdot \text{s/m}$$

(2) 根据式(2.78)，临界阻尼系统的响应为

$$x(t) = (C_1 + C_2 t)\mathrm{e}^{-\omega_n t} \tag{E.1}$$

式中，$C_1 = x_0$，$C_2 = \dot{x}_0 + \omega_n x_0$。令 $\dot{x}_0(t) = 0$ 可以确定 $x(t)$ 达到最大值的时间。由式(E.1)得

$$\dot{x}(t) = C_2 \mathrm{e}^{-\omega_n t} - \omega_n (C_1 + C_2 t)\mathrm{e}^{-\omega_n t}$$

由 $\dot{x}_0(t) = 0$ 得

$$t_1 = \frac{1}{\omega_n} - \frac{C_1}{C_2} \tag{E.2}$$

由于此时 $C_1 = x_0 = 0$，故由式(E.2)得 $t_1 = 1/\omega_n$。由于 $x(t)$ 的最大值即后坐距离为 $x_{\max} = 0.4\ \text{m}$，即

$$x_{\max} = x(t = t_1) = C_2 t_1 \mathrm{e}^{-\omega_n t_1} = \frac{\dot{x}_0}{\omega_n}\mathrm{e}^{-1} = \frac{\dot{x}_0}{\mathrm{e}\omega_n}$$

故

$$\dot{x}_0 = x_{\max}\omega_n \mathrm{e} = 0.4 \times 4.4721 \times 2.7183\ \text{m/s} = 4.8626\ \text{m/s}$$

(3) 如果用 t_2 表示火炮返回到距初始位置 0.1 m 所需的时间，则有

$$0.1 = C_2 t_2 \mathrm{e}^{-\omega_n t_2} = 4.8626 t_2 \mathrm{e}^{-4.4721 t_2} \tag{E.3}$$

由上式得

$$t_2 = 0.8258\ \text{s}$$

2.7 特征根的图解表示及相应的解[①]

2.7.1 特征方程的根

如图 2.21 所示的单自由度弹簧-质量-阻尼器系统的自由振动受控于式(2.59)

$$m\ddot{x} + c\dot{x} + kx = 0 \tag{2.106}$$

其特程方程可表示为(式(2.61))

$$ms^2 + cs + k = 0 \tag{2.107}$$

或

$$s^2 + 2\zeta\omega_n s + \omega_n^2 = 0 \tag{2.108}$$

特征方程的根叫做特征根或简称根，其有助于我们理解系统的特性。式(2.107)或式(2.108)的根可表示为(见式(2.62)与式(2.68))

$$s_1, s_2 = \frac{-c \pm \sqrt{c^2 - 4mk}}{2m} \tag{2.109}$$

---

① 若必要，2.7 节和 2.8 节可以跳过。

或

$$s_1, s_2 = -\zeta\omega_n \pm \mathrm{i}\omega_n\sqrt{1-\zeta^2} \tag{2.110}$$

2.7.2 根的图解表示及相应的解

由式(2.110)确定的根可以绘制在一个复平面内，也称为 s 面(以水平轴表示实部，垂直轴表示虚部)。应该注意的是，系统的响应可由式(2.111)得到

$$x(t) = C_1 e^{s_1 t} + C_2 e^{s_2 t} \tag{2.111}$$

其中，C_1 和 C_2 为常量，以下结论可通过观察式(2.110)和式(2.111)得到。

(1) 因为大的负实指数(如 e^{-2t})衰减得快于较小的负实指数(如 e^{-t})，所以，位于 s 平面内虚轴左侧远离虚轴的根，相应的响应比根靠近虚轴所对应的响应衰减得快。

(2) 如果根 s 有正的实数值，即该根位于 s 平面的右半平面，相应的响应按指数律增长，因而是不稳定的。

(3) 如根位于虚轴上(无实部值)，相应的响应是必然稳定的。

(4) 如果根有一零虚部，相应的响应将不会发生振荡。

(5) 只有当根具有非零虚部，系统的响应方可表现出振荡行为。

(6) 根在 s 左半平面距离虚轴越远，则相应的响应衰减得越快。

(7) 根的虚部值越大，则系统对应响应的振荡频率越高。

图 2.32 给出了 s 平面内的特征根的代表性位置及其响应[2.15]。表征系统响应的行为

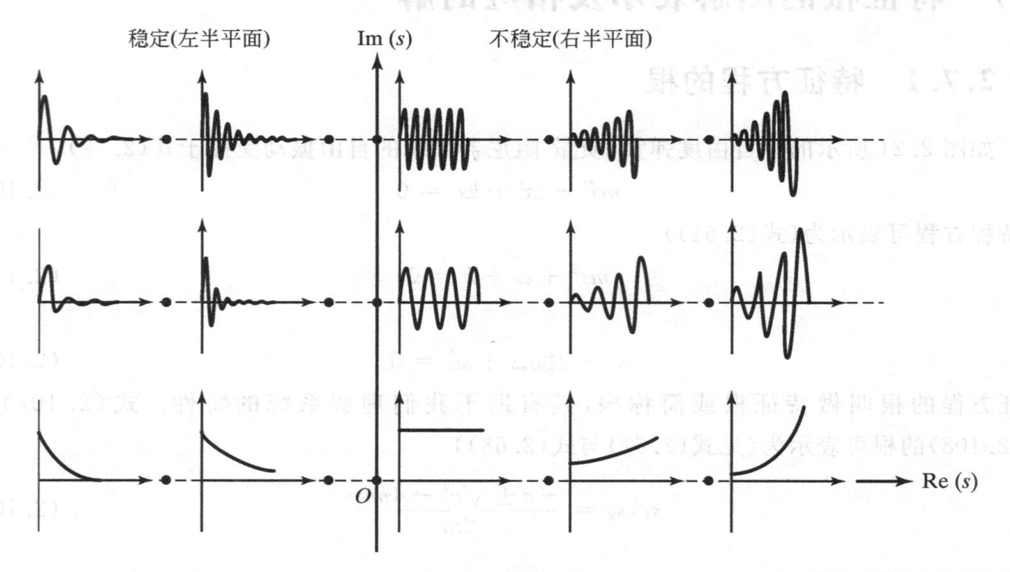

图 2.32　系统的特征根(·)位置及相应的响应

特征包括振荡频率和响应时间。这些特性都是系统固有的(取决于m、c与k值),由系统特征根而不是由初始条件确定。初始条件只决定振幅和相位角。

2.8 参数变化与根轨迹表示

2.8.1 s平面中ω_n、ω_d、ζ与τ的说明

由于根s_1与s_2是复共轭的,我们只考虑根位于s上半平面的情况。图2.33将根s_1示于点A,其实部为$\zeta\omega_n$,虚部为$\omega_n\sqrt{1-\zeta^2}$,则OA的长度为ω_n。于是位于半径为ω_n的圆上的根都对应于相同的固有频率ω_n(PAQ表示四分之一个圆)。因此不同的同心圆代表具有不同固有频率的系统,如图2.34所示。通过A点的水平线对应阻尼固有频率$\omega_d=\omega_n\sqrt{1-\zeta^2}$。从而,平行于实轴的线表示具有不同阻尼固有频率的系统,如图2.35所示。

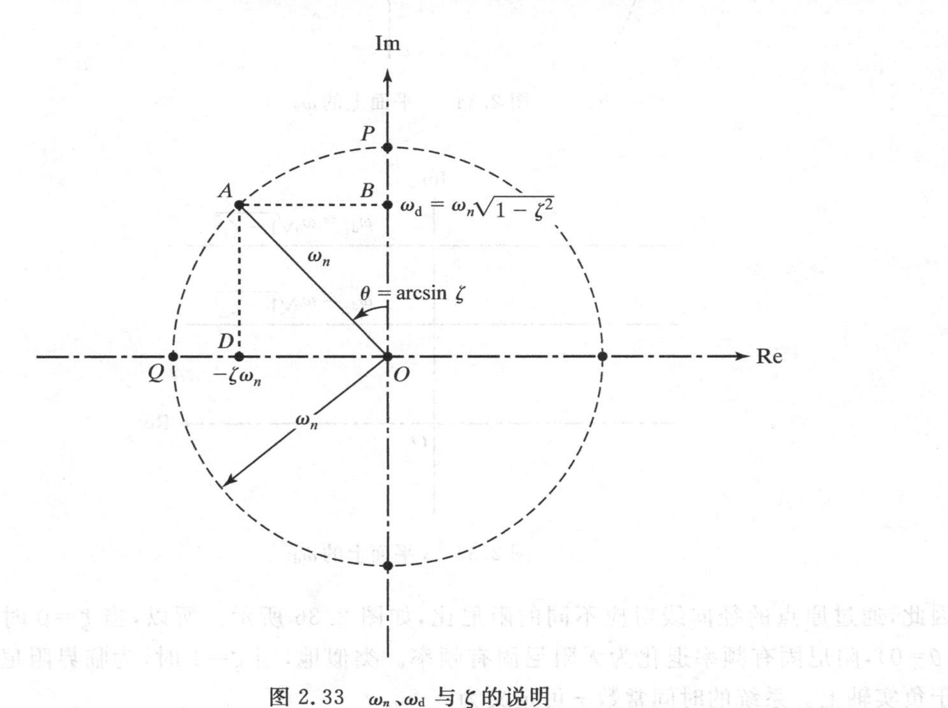

图2.33 ω_n、ω_d与ζ的说明

从图2.33可以看出,线OA与虚轴的夹角正弦值为

$$\sin\theta=\frac{\zeta\omega_n}{\omega_n}=\zeta \tag{2.112}$$

或

$$\theta=\arcsin\zeta \tag{2.113}$$

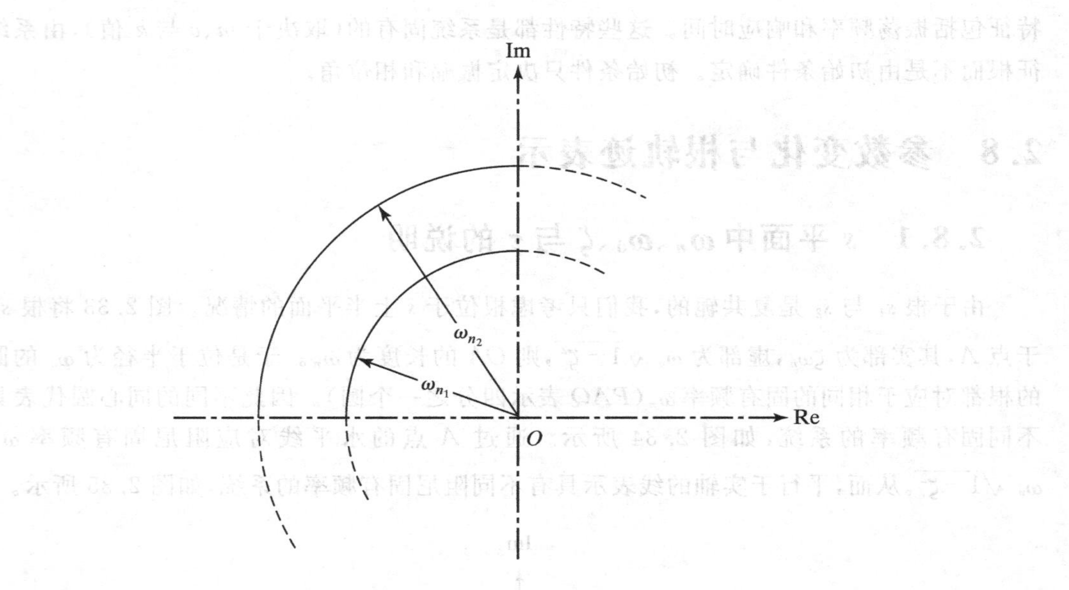

图 2.34 s 平面上的 ω_n

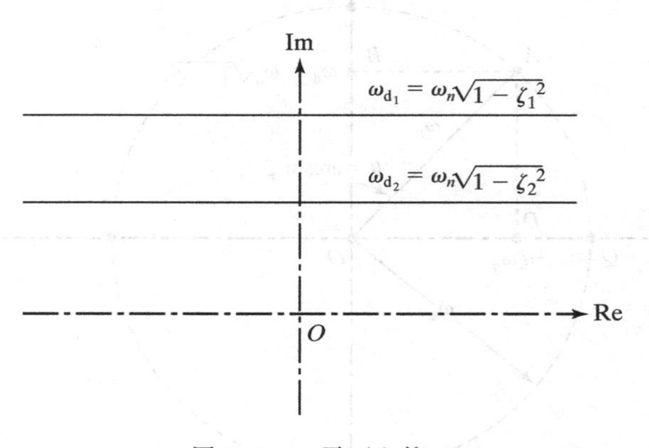

图 2.35 s 平面上的 ω_d

因此，通过原点的径向线对应不同的阻尼比，如图 2.36 所示。所以，当 $\zeta=0$ 时，没有阻尼 ($\theta=0$)，阻尼固有频率退化为无阻尼固有频率。类似地，当 $\zeta=1$ 时，为临界阻尼，径向线位于负实轴上。系统的时间常数 τ 可定义为

$$\tau = \frac{1}{\zeta\omega_n} \tag{2.114}$$

因此，线段 DO 或 AB 的长度表示时间常数的倒数，因此各条与虚轴平行的线代表了不同的时间常数的倒数（见图 2.37）。

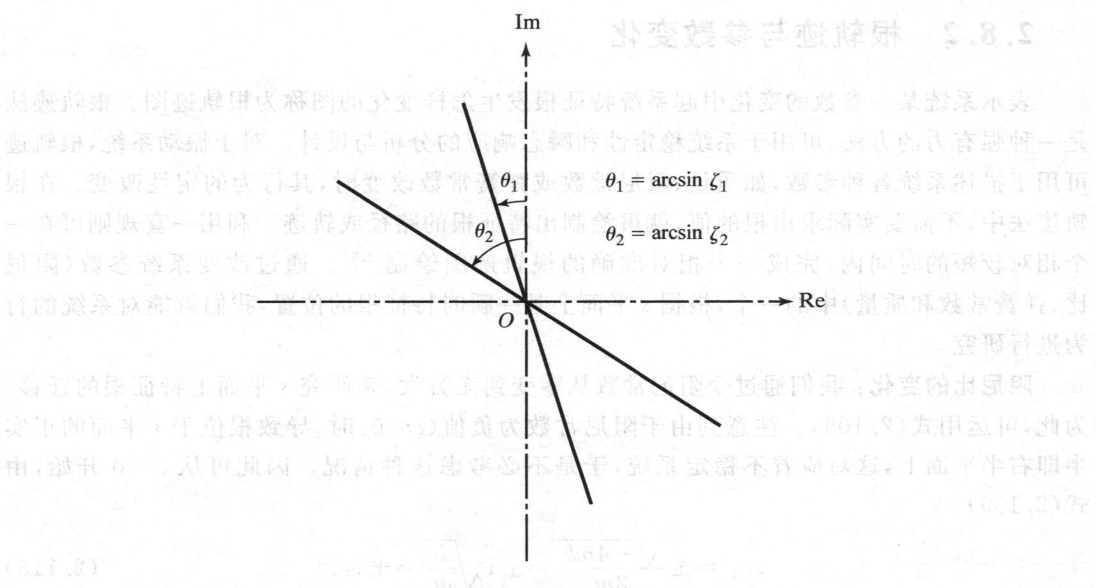

图 2.36 s 平面上的 ζ

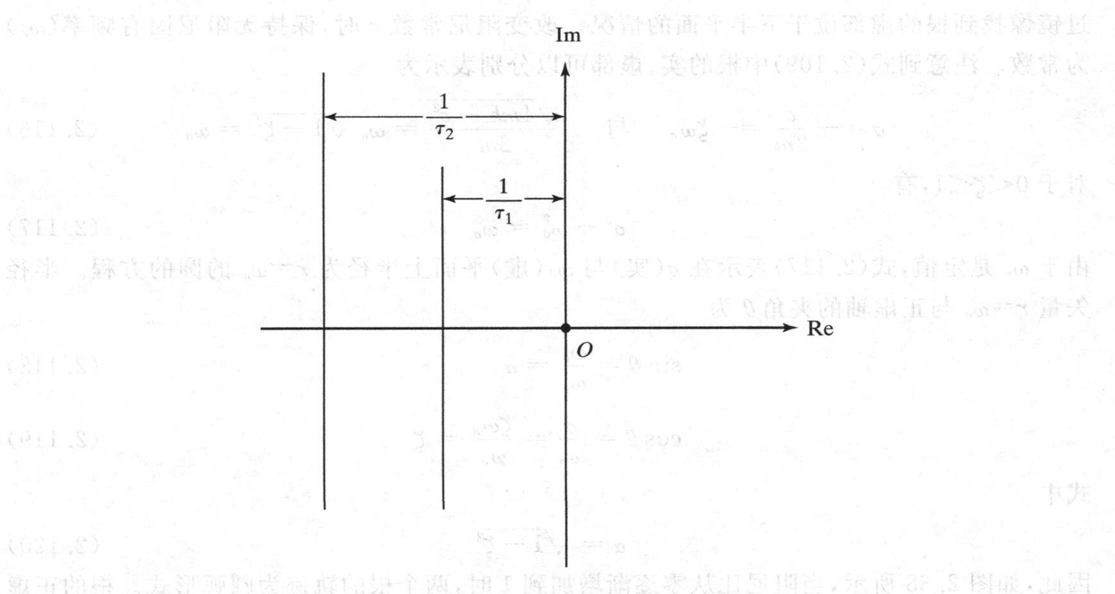

图 2.37 s 平面上的 τ

2.8.2 根轨迹与参数变化

表示系统某一参数的变化引起系统特征根发生怎样变化的图称为根轨迹图。根轨迹法是一种强有力的方法，可用于系统稳定性和瞬态响应的分析与设计。对于振动系统，根轨迹可用于描述系统各种参数，如质量、阻尼常数或弹簧常数改变时，其行为的定性改变。在根轨迹法中，不需要实际求出根的值，就可绘制出特征根的路径或轨迹。利用一套规则可在一个相对较短的时间内，完成一个相对准确的根轨迹图绘制[2.8]。通过改变系统参数（阻尼比、弹簧常数和质量）中的一个，根据 s 平面上某一瞬时特征根的位置，我们就能对系统的行为进行研究。

阻尼比的变化：我们通过令阻尼常数从零变到无穷大，来研究 s 平面上特征根的迁移。为此，可运用式(2.109)。注意到由于阻尼常数为负值（$c<0$）时，导致根位于 s 平面的正实半即右半平面上，这对应着不稳定系统，于是不必考虑这种情况。因此可从 $c=0$ 开始，由式(2.109)

$$s_{1,2}=\pm\frac{\sqrt{-4mk}}{2m}=\pm\mathrm{i}\sqrt{\frac{k}{m}}=\pm\mathrm{i}\omega_n \tag{2.115}$$

于是特征根始于虚轴。因为根呈复共轭对出现，先讨论特征根虚部在上半平面的情况，再通过镜像找到根的虚部位于下半平面的情况。改变阻尼常数 c 时，保持无阻尼固有频率（ω_n）为常数。注意到式(2.109)中根的实、虚部可以分别表示为

$$-\sigma=-\frac{c}{2m}=-\zeta\omega_n \quad 与 \quad \frac{\sqrt{4mk-c^2}}{2m}=\omega_n\sqrt{1-\zeta^2}=\omega_{\mathrm{d}} \tag{2.116}$$

对于 $0<\zeta<1$，有

$$\sigma^2+\omega_{\mathrm{d}}^2=\omega_n^2 \tag{2.117}$$

由于 ω_n 是定值，式(2.117)表示在 σ（实）与 ω_{d}（虚）平面上半径为 $r=\omega_n$ 的圆的方程。半径矢量 $r=\omega_n$ 与正虚轴的夹角 θ 为

$$\sin\theta=\frac{\omega_{\mathrm{d}}}{\omega_n}=\alpha \tag{2.118}$$

$$\cos\theta=\frac{\sigma}{\omega_n}=\frac{\zeta\omega_n}{\omega_n}=\zeta \tag{2.119}$$

式中

$$\alpha=\sqrt{1-\zeta^2} \tag{2.120}$$

因此，如图2.38所示，当阻尼比从零逐渐增加到1时，两个根的轨迹为圆弧形式。根的正虚部以逆时针方向移动，而根的负虚部沿顺时针方向移动。当阻尼比（ζ）等于1时，两个根的轨迹相遇，这表明这两个根相等，即特征方程有重根。当阻尼比大于1时，系统是过阻尼的。如2.6节所述，此时的两个根均为实根。根据一元二次方程的性质，两个根的积等于 s 的最低阶项的系数（在式(2.108)中等于 ω_n^2）。

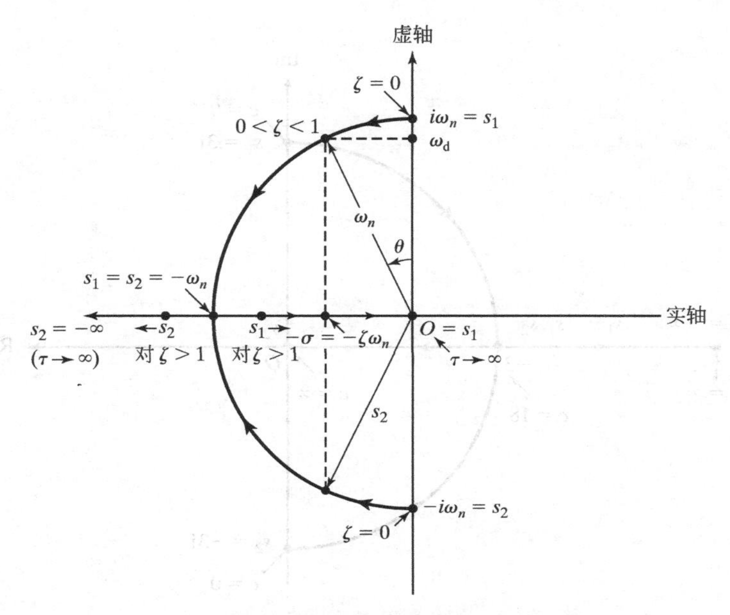

图 2.38　随阻尼比 ζ 变化的根轨迹图

在本研究中，由于 ω_n 的值保持为常数，因此二根的乘积为一常数。随着阻尼比(ζ)的增加，一个根将增大，另一根会减小，且每一个根均位于负实轴上。因此，一个根将趋于$-\infty$，另一个根将趋于零。两个根的轨迹重合于负实轴上的那一点，称为裂点。位于负实轴上这两个部分(称为段)轨迹，一段从裂点 P 到$-\infty$，另一端从裂点 P 到原点。

例 2.13　绘制由下列方程控制的系统的根轨迹图

$$3s^2 + cs + 27 = 0 \tag{E.1}$$

其中 $c>0$。

解：式(E.1)的根等于

$$s_{1,2} = \frac{-c \pm \sqrt{c^2 - 324}}{6} \tag{E.2}$$

我们首先从 $c=0$ 考虑。在 $c=0$ 时，式(E.2)的根 $s_{1,2}=\pm 3\text{i}$。这些根在虚轴上如图 2.39 所示。通过逐步增加 c 的值，可以得到式(E.2)的根，如表 2.1 所示。

表　2.1

c 的值	s_1 的值	s_2 的值
0	+3i	−3i
2	−0.3333+2.9814i	−0.3333−2.9814i
4	−0.6667+2.9721i	−0.6667−2.9721i
6	−1.0000+2.8284i	−1.0000−2.8284i
8	−1.3333+2.6874i	−1.3333−2.6874i

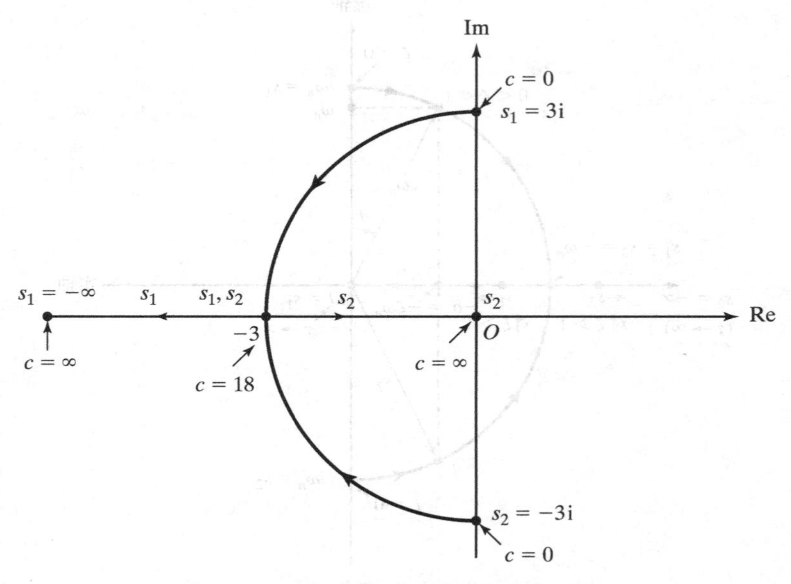

图 2.39 阻尼常数(c)变化时的根轨迹图

续表

c 的值	s_1 的值	s_2 的值
10	−1.6667+2.4944i	−1.6667−2.4944i
12	−2.0000+2.2361i	−2.0000−2.2361i
14	−2.3333+1.8856i	−2.3333−1.8856i
16	−2.6667+1.3744i	−2.6667−1.3744i
18	−3.0000	−3.0000
20	−1.8803	−4.7863
30	−1.0000	−9.0000
40	−0.7131	−12.6202
50	−0.5587	−16.1079
100	−0.2722	−33.0611
1000	−0.0270	−333.3063

可以看出,在 c 不断增加到 $c=18$ 以前,两个根一直保持复共轭关系。在 $c=18$ 时,方程的两个根的值都为−3。当 c 不断增加超过 $c=18$ 时,这些根依旧明显表现为负的实数。一个负根的绝对值越来越大,另一个负根的绝对值却越来越小。因此,当 c 趋向于∞时,一个根趋向于−∞,另一个根趋向于 0。根的走向如图 2.39 所示。

弹簧系数变化:由于在式(2.108)中弹簧常数没有明确表现出对根的影响,我们考虑将特征方程即式(2.107)的具体形式变为

$$s^2 + 16s + k = 0 \tag{2.121}$$

从式(2.121)可以得出根为

$$s_{1,2}=\frac{-16\pm\sqrt{256-4k}}{2}=-8\pm\sqrt{64-k} \tag{2.122}$$

由于弹簧系数在实际振动系统中不能为负值，我们考虑 k 的变化区间为 $0\sim\infty$。从式(2.121)可以看出当 $k=64$ 时，两根的值为相同的实值。当 k 的值大于 64 时，根呈现出复共轭关系。当 k 变化时，根的值如表 2.2 所示。两根的变化轨迹如图 2.40 所示。

表 2.2

k 的值	s_1 的值	s_2 的值
0	0	−16
16	−1.0718	−14.9282
32	−2.3431	−13.6569
48	−4	−12
64	−8	−8
80	−8+4i	−8−4i
96	−8+5.6569i	−8−5.6569i
112	−8+6.9282i	−8−6.9282i
128	−8+8i	−8−8i

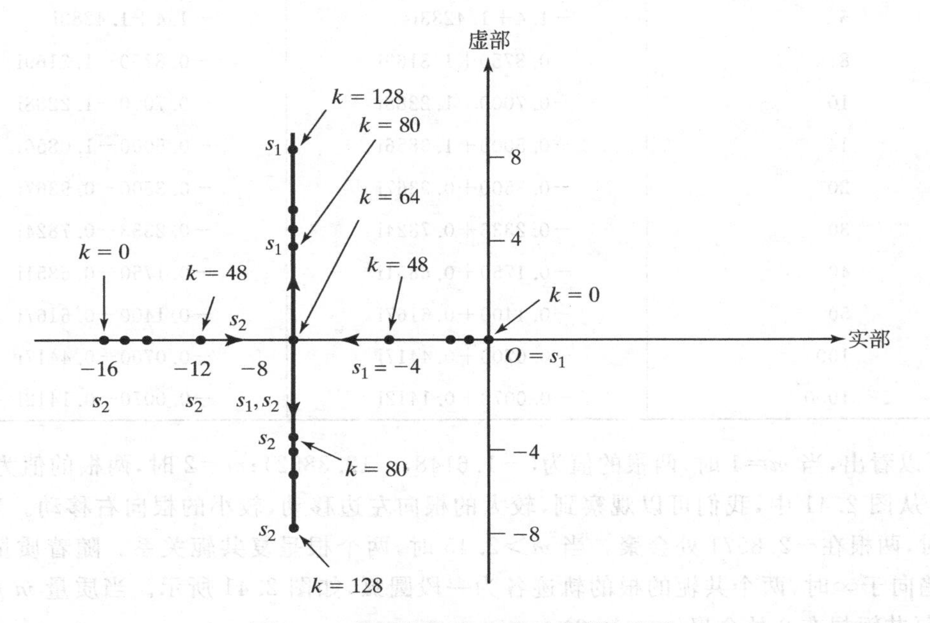

图 2.40　弹簧常数(k)变化时的根轨迹图

质量的变化：为寻找出根与质量 m 之间的比例关系，考虑将特征方程式(2.107)的具体

形式变为

$$ms^2+14s+20=0 \tag{2.123}$$

可得根为

$$s_{1,2}=\frac{-14\pm\sqrt{196-80m}}{2m} \tag{2.124}$$

在自然界中，质量 m 不可能为负值以及0，我们只考虑 $1\leqslant m<\infty$。通过式(2.124)可以求得部分质量 m 以及相对应的根，如表2.3所示。

表 2.3

m 的值	s_1 的值	s_2 的值
1	−1.6148	−12.3852
2	−2.0	−5.0
2.1	−2.0734	−4.5932
2.4	−2.5	−3.3333
2.45	−2.8571	−2.8571
2.5	−2.8+0.4000i	−2.8+0.4000i
3	−2.3333+1.1055i	−2.3333−1.1055i
5	−1.4+1.4283i	−1.4+1.4283i
8	−0.8750+1.3169i	−0.8750−1.3169i
10	−0.7000+1.2288i	−0.7000−1.2288i
14	−0.5000+1.0856i	−0.5000−1.0856i
20	−0.3500+0.9367i	−0.3500−0.9367i
30	−0.2333+0.7824i	−0.2333−0.7824i
40	−0.1750+0.6851i	−0.1750−0.6851i
50	−0.1400+0.6167i	−0.1400−0.6167i
100	−0.0700+0.4417i	−0.0700−0.4417i
1000	−0.0070+0.1412i	−0.0070−0.1412i

可以看出，当 $m=1$ 时，两根的值为(−1.6148，−12.3852)；$m=2$ 时，两根的值为(−2，−5)。从图2.41中，我们可以观察到，较大的根向左边移动，较小的根向右移动。当 $m=2.45$ 时，两根在−2.8571处会聚。当 $m>2.45$ 时，两个根呈复共轭关系。随着质量 m 从2.45趋向于∞时，两个共轭的根的轨迹各为一段圆弧，如图2.41所示。当质量 m 趋向于∞，两复共轭根在0处会聚($s_1,s_2\rightarrow 0$)。

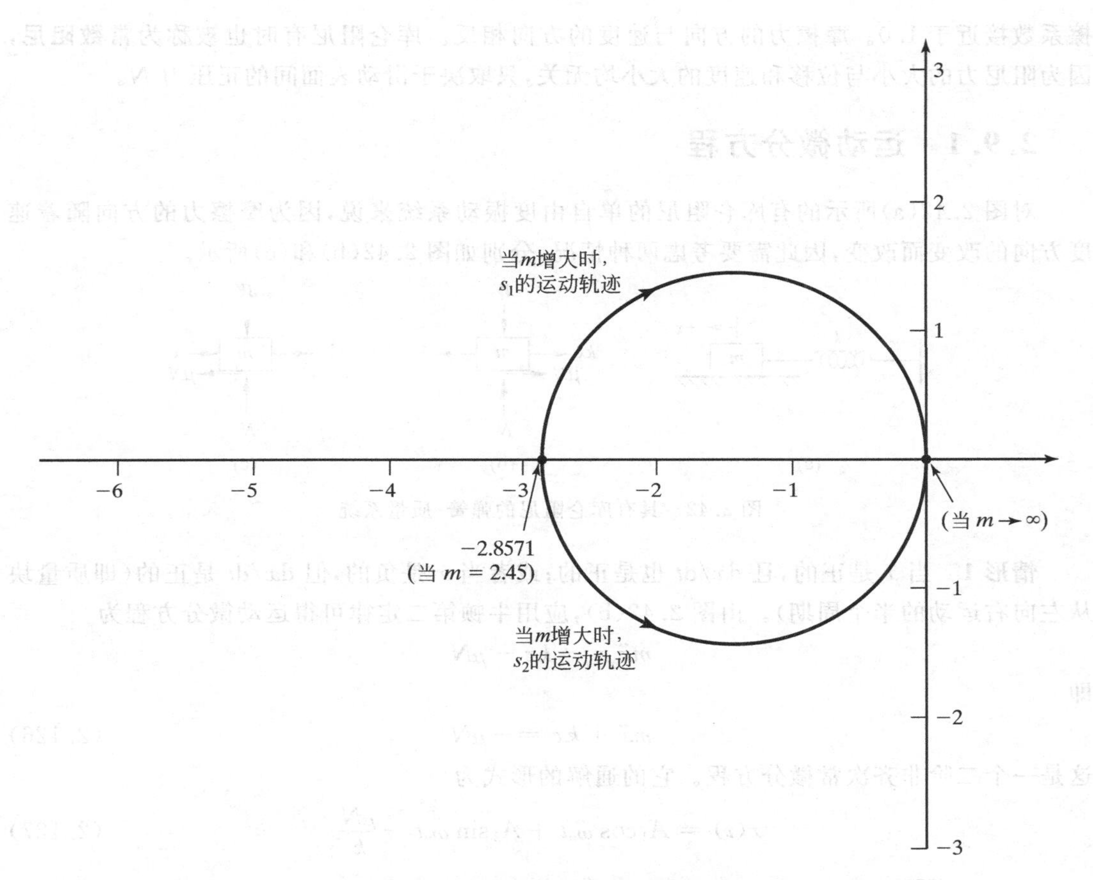

图 2.41　质量 m 变化时的根轨迹图

2.9　库仑阻尼系统的自由振动

在许多机械系统中，为了简单和方便，经常采用**库仑阻尼**（或称干摩擦阻尼）模型[2.9]。两个相互接触的物体有相对滑动时，它们之间会产生摩擦阻力，在振动结构中也是这样。如 1.9 节所述，物体在干的表面上滑动时会有库仑阻尼。库仑干摩擦定律表明，对于两个相互接触的物体，为使它们之间产生相对滑动所需的力，与作用在接触面上的正压力成正比，因此摩擦力可写为

$$F = \mu N = \mu W = \mu m g \tag{2.125}$$

其中，N 是法向力（等于质量块的重量 $W = mg$），μ 是动摩擦系数。该摩擦系数 μ 的值取决于相互接触物体的材料性质以及接触表面的粗糙程度。例如，有润滑时的金属与金属之间的摩擦系数 $\mu \approx 0.1$，没有润滑时金属与金属之间的摩擦系数 $\mu \approx 0.3$，橡胶与金属之间的摩

擦系数接近于1.0。摩擦力的方向与速度的方向相反。库仑阻尼有时也被称为**常数阻尼**,因为阻尼力的大小与位移和速度的大小均无关,只取决于滑动表面间的正压力 N。

2.9.1 运动微分方程

对图2.42(a)所示的有库仑阻尼的单自由度振动系统来说,因为摩擦力的方向随着速度方向的改变而改变,因此需要考虑两种情况,分别如图2.42(b)和(c)所示。

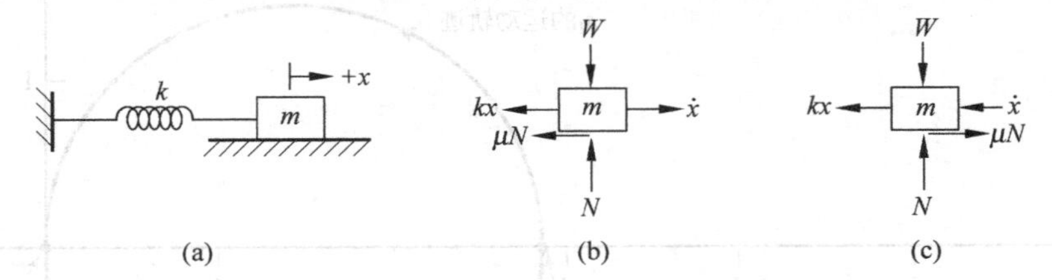

图2.42 具有库仑阻尼的弹簧-质量系统

情形1 当 x 是正的,且 $\mathrm{d}x/\mathrm{d}t$ 也是正的;或者当 x 是负的,但 $\mathrm{d}x/\mathrm{d}t$ 是正的(即质量块从左向右运动的半个周期)。由图2.42(b),应用牛顿第二定律可得运动微分方程为

$$m\ddot{x}=-kx-\mu N$$

即

$$m\ddot{x}+kx=-\mu N \tag{2.126}$$

这是一个二阶非齐次常微分方程。它的通解的形式为

$$x(t)=A_1\cos\omega_n t+A_2\sin\omega_n t-\frac{\mu N}{k} \tag{2.127}$$

其中,$\omega_n=\sqrt{k/m}$是振动的固有圆频率,A_1 和 A_2 为常数,它们的大小可由这半个周期的初始条件来确定。

情形2 当 x 是正的,但 $\mathrm{d}x/\mathrm{d}t$ 是负的;或者当 x 是负的,且 $\mathrm{d}x/\mathrm{d}t$ 也是负的(即质量块从右向左运动的半个周期)。由图2.42(c)可得运动微分方程为

$$-kx+\mu N=m\ddot{x}$$

即

$$m\ddot{x}+kx=\mu N \tag{2.128}$$

方程(2.128)的通解为

$$x(t)=A_3\cos\omega_n t+A_4\sin\omega_n t+\frac{\mu N}{k} \tag{2.129}$$

其中,A_3 和 A_4 为常数,它们的大小可由这半个周期的初始条件来确定。式(2.127)和式(2.129)中出现的 $\mu N/k$ 这一项,可以看作是常力 μN 以静载荷方式作用在质量块上时弹簧产生的虚位移。式(2.127)和式(2.129)表明在每一个半周期中运动都是简谐的,只是对应的静平衡位置从 $\mu N/k$ 变为 $-\mu N/k$,如图2.43所示。

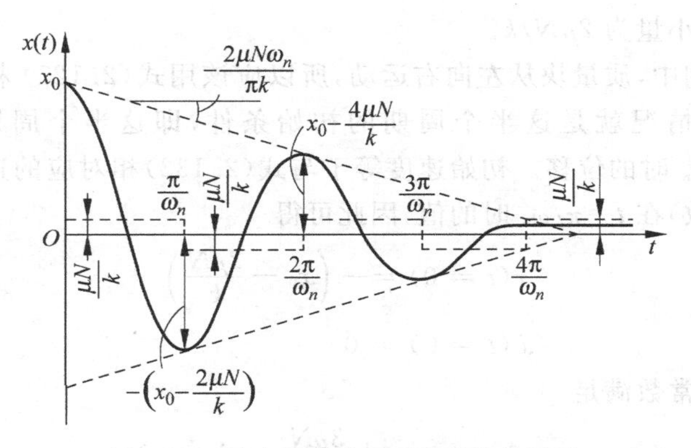

图 2.43　具有库仑阻尼时质量块的运动

2.9.2　方程的解

方程(2.126)和方程(2.128)可以用一个方程来表示，注意到 $N=mg$，该方程可写为

$$m\ddot{x}+\mu mg\,\mathrm{sgn}(\dot{x})+kx=0 \tag{2.130}$$

其中，$\mathrm{sgn}(y)$称为符号函数，y 是正数时 $\mathrm{sgn}\,y$ 的值为 1，y 是负数时 $\mathrm{sgn}\,y$ 的值为 -1，y 为零时 $\mathrm{sgn}\,y$ 的值也为零。可见，方程(2.130)是一个非线性的微分方程，它没有单一的解析解。数值方法则可以很方便地求解方程(2.130)(如例题 2.21)。但如果用 $\dot{x}=0$ 对应的时刻把时间轴分段(即在同一时间段里运动的方向相同，在相邻时间段的运动方向不相同)，就能写出方程的解析解。为了求出这一解析解，假设初始条件为

$$\left.\begin{aligned}x(t=0)&=x_0\\ \dot{x}(t=0)&=0\end{aligned}\right\} \tag{2.131}$$

这说明，系统在初始时刻，即 $t=0$ 时刻，速度为零，位移为 x_0。因为在 $t=0$ 时刻 $x=x_0$，所以质量块是从右向左运动。我们用 $x_0,x_1,x_2,\cdots$ 来代表一系列连续的半周期内运动的振幅。利用式(2.129)和式(2.131)可以计算出常数 A_3 和 A_4

$$A_3=x_0-\frac{\mu N}{k},\quad A_4=0$$

因此，方程(2.129)可变为

$$x(t)=\left(x_0-\frac{\mu N}{k}\right)\cos\omega_n t+\frac{\mu N}{k} \tag{2.132}$$

这一解析解只在这半个周期，即 $0\leqslant t\leqslant \pi/\omega_n$ 这一时间段是成立的。当 $t=\pi/\omega_n$ 时，质量块会到达它的最左端的位置，它距平衡位置的位移可以由式(2.132)求出

$$x_1=x\left(t=\frac{\pi}{\omega_n}\right)=\left(x_0-\frac{\mu N}{k}\right)\cos\pi+\frac{\mu N}{k}=-\left(x_0-\frac{2\mu N}{k}\right)$$

因为运动是由 $x=x_0$ 开始，半个周期后位移 x 的值变为 $-\left(x_0-\frac{2\mu N}{k}\right)$，所以在 π/ω_n 这一时

间内，位移大小的减小量为 $2\mu N/k$。

在第 2 个半周期中，质量块从左向右运动，所以应该用式(2.127)来求解。前一个半周期终止时刻的运动情况就是这半个周期的初始条件，即这半个周期的初始位移等于式(2.132)中 $t=\pi/\omega_n$ 时的位移。初始速度等于与式(2.132)相对应的速度表达式(即 $x(t)$ 关于时间求一阶导数)在 $t=\pi/\omega_n$ 时的值，因此可得

$$x(t=0)=-\left(x_0-\frac{2\mu N}{k}\right)$$

$$\dot{x}(t=0)=0$$

因此式(2.127)中的常数满足

$$-A_1=-x_0+\frac{3\mu N}{k},\quad A_2=0$$

所以，式(2.127)可写为

$$x(t)=\left(x_0-\frac{3\mu N}{k}\right)\cos\omega_n t-\frac{\mu N}{k} \tag{2.133}$$

这一表达式也只在第 2 个半周期成立，即在 $\pi/\omega_n\leqslant t\leqslant 2\pi/\omega_n$ 这一时间段成立。在这半个周期的最后时刻的位移和速度分别为式(2.133)和与其相对应的速度表达式在 $t=2\pi/\omega_n$ 时的值，具体大小为

$$x_2=x_0-\frac{4\mu N}{k},\quad \dot{x}=0$$

这又是第 3 个半周期的初始条件。这样的计算过程可以一直重复下去，直到运动结束。当 $x_n\leqslant\mu N/k$ 时运动就会停止，因为这时弹簧的恢复力 kx 将小于摩擦力 μN。因此在运动终止前，发生的半周期的个数 r 为

$$x_0-r\frac{2\mu N}{k}\leqslant\frac{\mu N}{k}$$

即

$$r\geqslant\frac{x_0-\dfrac{\mu N}{k}}{\dfrac{2\mu N}{k}} \tag{2.134}$$

要注意有库仑阻尼系统的下列特性：

(1) 黏性阻尼系统的运动微分方程是线性的，而库仑阻尼系统的运动微分方程是非线性的。

(2) 黏性阻尼增加会使系统的固有频率减小；而库仑阻尼增加，系统的固有频率却不发生变化。

(3) 有黏性阻尼的系统，在过阻尼的情形下运动是非周期的；而库仑阻尼系统的运动则是周期的。

(4) 即使只有一个极小的振幅，黏性阻尼或滞后阻尼系统的振动在理论上将永远运动

下去；但有库仑阻尼的系统，运动一段时间后肯定会停止下来。

(5) 有黏性阻尼的系统，振幅随时间按指数规律减小；而有库仑阻尼的系统，振幅是按线性规律减小的。

(6) 在一个整周期内，运动的振幅减小了 $4\mu N/k$。因此任意两相邻周期的终点时刻的振幅满足

$$X_m = X_{m-1} - \frac{4\mu N}{k} \tag{2.135}$$

因为振幅在 1 个周期(即在 $2\pi/\omega_n$ 这一时间段内)减少 $4\mu N/k$，所以图 2.43 中振动曲线的包络线(即图中的虚线)的斜率为

$$-\frac{4\mu N}{k}\bigg/\frac{2\pi}{\omega_n} = -\frac{2\mu N\omega_n}{\pi k}$$

质量块最后的位置一般与平衡位置($x=0$)之间有一定位移，在这一位置，摩擦力是固定的。轻轻地敲击质量块就可以让它回到平衡位置。

2.9.3　有库仑阻尼的扭振系统

在扭振系统中，如果摩擦力引起的扭矩为常数，那么这一振动系统的运动微分方程为

$$J_0\ddot{\theta} + k_t\theta = -T \tag{2.136}$$

或

$$J_0\ddot{\theta} + k_t\theta = T \tag{2.137}$$

其中，T 是由摩擦力引起的扭矩。可以看出，方程(2.136)、方程(2.137)与方程(2.126)、方程(2.128)非常相似，因而它们的解与直线振动时也是相似的。扭振的周期为

$$\omega_n = \sqrt{\frac{k_t}{J_0}} \tag{2.138}$$

第 2 个半周期结束时的振幅为

$$\theta_r = \theta_0 - r\frac{2T}{k_t} \tag{2.139}$$

其中，θ_0 是 $t=0$ 时刻的角位移($t=0$ 时 $\dot{\theta}=0$)。当

$$r \geqslant \frac{\theta_0 - \dfrac{T}{k_t}}{\dfrac{2T}{k_t}} \tag{2.140}$$

时，运动会停止。

例 2.14　放在粗糙表面上的金属块系在一个弹簧上，获得一个 10 cm 的初始位移(从平衡位置量起)。经过 5 个周期(2 s)后，其与平衡位置的距离为 1 cm。求金属块和粗糙表面之间的摩擦系数。

解：由于在 2 s 内经过了 5 个周期，所以周期为 $\tau_n=2/5\ \text{s}=0.4\ \text{s}$，振动的角频率为

$$\omega_n=\sqrt{\frac{k}{m}}=\frac{2\pi}{\tau_n}=\frac{2\pi}{0.4}\ \text{rad/s}=15.708\ \text{rad/s}$$

由于在一个周期内振幅的减少为$\frac{4\mu N}{k}=\frac{4\mu mg}{k}$，故由已知条件得

$$5\times\frac{4\mu mg}{k}=0.10-0.01\ \text{m}=0.09\ \text{m}$$

所以摩擦系数为

$$\mu=\frac{0.09k}{20mg}=\frac{0.09\omega_n^2}{20g}=\frac{0.09\times 15.708^2}{20\times 9.81}=0.1132$$

例 2.15　钢制圆轴长 1 m，直径为 50 mm，一端固定，另一端装有一个转动惯量为 25 kg·m² 的滑轮。带式制动器沿滑轮的圆周施加的摩擦力矩为 400 N·m。如果使滑轮转动 6°后释放。求：(1)滑轮停止角振动前经过的周期数；(2)滑轮的最终位置。

解：(1) 根据式(2.140)，滑轮停止角振动前经过的半周期数为

$$r\geqslant\frac{\theta_0-\frac{T}{k_t}}{\frac{2T}{k_t}}\tag{E.1}$$

式中，$\theta_0=6°=0.104\,72\ \text{rad}$ 是初始角位移，k_t 是轴的扭转弹簧刚度，其表达式为

$$k_t=\frac{GJ}{l}=\frac{(8\times 10^{10})\times\left(\frac{\pi}{32}\times 0.05^4\right)}{1}\ \text{N}\cdot\text{m/rad}=49087.5\ \text{N}\cdot\text{m/rad}$$

T 为施于滑轮的恒定摩擦力矩。由式(E.1)得

$$r\geqslant\frac{0.10472-\frac{400}{49087.5}}{\frac{800}{49087.5}}=5.926$$

故经过 6 个半周期后滑轮停止运动。

(2) 根据式(2.139)，经过 6 个半周期后滑轮的角位移为

$$\theta=0.10472-6\times 2\times\frac{400}{49087.5}\ \text{rad}=0.006935\ \text{rad}=0.39734°$$

所以滑轮停止的位置与平衡位置的夹角为 0.39734°，且与初始角位移在平衡位置的同侧。

2.10　滞后阻尼系统的自由振动

如图 2.44(a)所示，对于弹簧与黏性阻尼器并联的系统，引起位移 $x(t)$ 所需的力 F 为

$$F=kx+c\dot{x}\tag{2.141}$$

对于频率为 ω、振幅为 X 的简谐运动来说，有

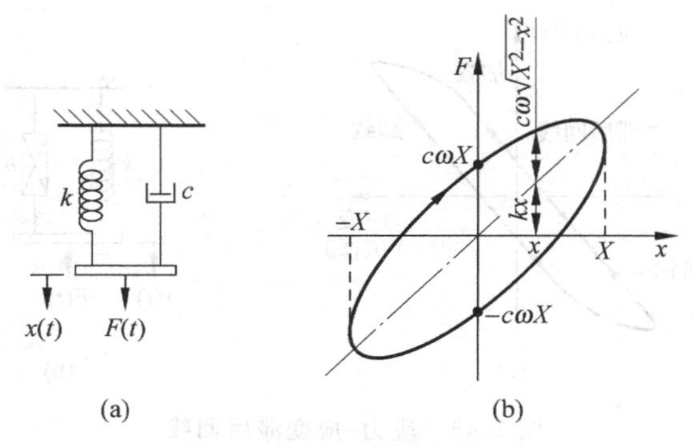

图 2.44　弹簧-黏性阻尼器系统

$$x(t)=X\sin\omega t \tag{2.142}$$

由式(2.141)和式(2.142)得

$$\begin{aligned}F(t)&=kX\sin\omega t+cX\omega\cos\omega t=kx\pm c\omega\sqrt{X^2-(X\sin\omega t)^2}\\&=kx\pm c\omega\sqrt{X^2-x^2}\end{aligned} \tag{2.143}$$

如图 2.44(b)所示，F 随 x 的变化曲线是一条闭合回线。该曲线所围成的面积代表了阻尼器在一个周期内消耗的能量，其大小为

$$\Delta W=\oint F\mathrm{d}x=\int_0^{2\pi/\omega}(kX\sin\omega t+cX\omega\cos\omega t)(\omega X\cos\omega t)\mathrm{d}t=c\pi\omega X^2 \tag{2.144}$$

上式在 2.6.4 节中也曾推导过(见式(2.98))。

如 1.9 节所述，由于结构变形使内部材料之间发生相对滑动而产生的阻尼被称为滞后阻尼(或固体阻尼、结构阻尼)。这样在应力-应变平面或力-位移平面就会形成一条封闭曲线，如图 2.45(a)所示。在一次加载与卸载的过程中，所消耗的能量就等于封闭曲线所围成的面积[2.11~2.13]。由于图 2.45(a)与图 2.44(b)很相近，所以可以由图 2.45(a)来定义一个滞后阻尼常数。实验发现，在一个周期中，由内部摩擦力所消耗的能量近似与振幅的平方成正比，但与频率无关。为使式(2.144)满足这一结论，假定阻尼系数 c 与频率成反比，即

$$c=\frac{h}{\omega} \tag{2.145}$$

其中，h 称为滞后阻尼系数。由式(2.144)和式(2.145)得

$$\Delta W=\pi hX^2 \tag{2.146}$$

在图 2.44(a)中，弹簧与黏性阻尼器并联。对于一般的简谐运动 $x=Xe^{i\omega t}$，则力 F 为

$$F=kXe^{i\omega t}+c\omega iXe^{i\omega t}=(k+i\omega c)x \tag{2.147}$$

同理，弹簧与滞后阻尼器并联时，如图 2.45(b)所示，则力与位移的关系可表达为

$$F=(k+ih)x \tag{2.148}$$

其中

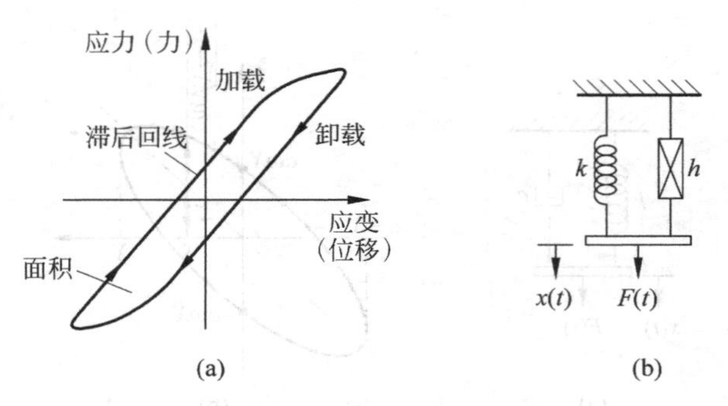

图 2.45 应力-应变滞后回线

$$k + \mathrm{i}h = k\left(1 + \mathrm{i}\,\frac{h}{k}\right) = k(1 + \mathrm{i}\beta) \tag{2.149}$$

称为系统的**复数刚度**。$\beta = h/k$ 是一个常数，表示系统的无量纲阻尼。

由于阻尼，在一个周期中系统损耗的能量可以表示成 β 的函数

$$\Delta W = \pi k \beta X^2 \tag{2.150}$$

滞后阻尼系统的运动也可以认为是近似简谐的(因为 ΔW 很小)，每个周期中振幅的减小可以用能量平衡来确定。例如，图 2.46 中相差半个周期的 P 和 Q 两点的能量之间的关系为

$$\frac{kX_j^2}{2} - \frac{\pi k \beta X_j^2}{4} - \frac{\pi k \beta X_{j+0.5}^2}{4} = \frac{kX_{j+0.5}^2}{2}$$

即

$$\frac{X_j}{X_{j+0.5}} = \sqrt{\frac{2 + \pi\beta}{2 - \pi\beta}} \tag{2.151}$$

同理，由点 Q 和点 R 的能量之间的关系可得

$$\frac{X_{j+0.5}}{X_{j+1}} = \sqrt{\frac{2 + \pi\beta}{2 - \pi\beta}} \tag{2.152}$$

将式(2.151)与式(2.152)相乘可得

$$\frac{X_j}{X_{j+1}} = \frac{2 + \pi\beta}{2 - \pi\beta} = \frac{2 - \pi\beta + 2\pi\beta}{2 - \pi\beta} \approx 1 + \pi\beta = \text{常数} \tag{2.153}$$

因此滞后阻尼系统自由振动的对数缩减率为

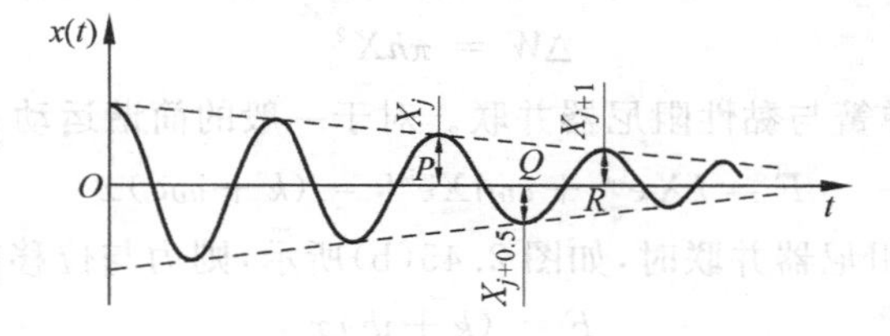

图 2.46 滞后阻尼系统的响应

$$\delta = \ln\left(\frac{X_j}{X_{j+1}}\right) \approx \ln(1+\pi\beta) \approx \pi\beta \tag{2.154}$$

因为假设运动是近似简谐的，由此可知，相对应的频率为[2.10]

$$\omega = \sqrt{\frac{k}{m}} \tag{2.155}$$

等效黏性阻尼比 ζ_{eq} 可由与对数缩减率 δ 的关系导出，即由

$$\delta \approx 2\pi\zeta_{eq} \approx \pi\beta = \frac{\pi h}{k}$$

得

$$\zeta_{eq} = \frac{\beta}{2} = \frac{h}{2k} \tag{2.156}$$

因此，等效黏性阻尼系数 c_{eq} 为

$$c_{eq} = c_c\zeta_{eq} = 2\sqrt{mk}\,\frac{\beta}{2} = \beta\sqrt{mk} = \frac{\beta k}{\omega} = \frac{h}{\omega} \tag{2.157}$$

注意：以上这种计算等效黏性阻尼系数的方法，只在简谐激励的情况下成立，并认为系统的响应是一个近似于以 ω 为频率的简谐振动。

例 2.16 由实验测量所得某结构的力-变形关系曲线如图 2.47 所示。根据此结果，估计滞后阻尼常数 β 和对数缩减率 δ。

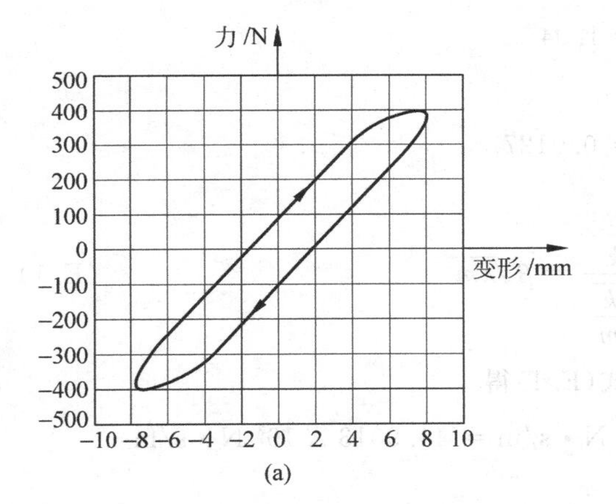

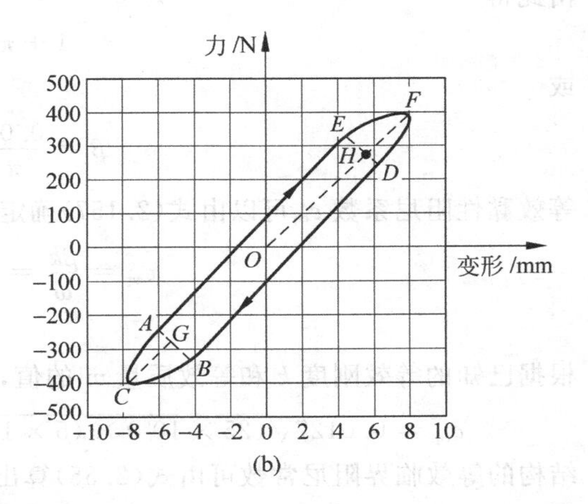

图 2.47 力-变形关系曲线

解：一个加载卸载循环内的能量耗散等于滞后回线所围的面积。图 2.47 中每一个正方形表示 100×2 N·mm=200 N·mm。由滞后回线所围绕的面积可以通过如下方式找到：面积 ACB+面积 $ABDE$+面积 $DFE\approx\frac{1}{2}L_{AB}L_{CG}+L_{AB}L_{AE}+\frac{1}{2}L_{DE}L_{FH}=\frac{1}{2}\times1.25\times1.8+1.25\times8+\frac{1}{2}\times1.25\times1.8=12.25$ 个正方形单元。所以这个区域表示的能量大小为

12.25×200/1000 N·m=2.5 N·m。根据式(2.146)，有

$$\Delta W=\pi h X^2=2.5\ \text{N}\cdot\text{m} \tag{E.1}$$

由于最大变形为 0.008 m，并且力-变形曲线的斜率（由直线 OF 的斜率近似给出）为 k=400/8 N/mm=50 N/mm=50000 N/m，则滞后阻尼系数为

$$h=\frac{\Delta W}{\pi X^2}=\frac{2.5}{\pi\times 0.008^2}=12433.95 \tag{E.2}$$

因此

$$\beta=\frac{h}{k}=\frac{12433.95}{50000}=0.248679$$

对数缩减率 δ 可由下式得出

$$\delta\approx\pi\beta=\pi\times 0.248679=0.78125 \tag{E.3}$$

例 2.17 一个桥梁结构可以模拟成一个单自由度系统，等效质量为 5×10^5kg，等效刚度为 25×10^6N/m。在一次自由振动实验中，测得相邻振幅比为 1.04。试估计结构阻尼常数 β 和桥梁结构的近似自由振动响应。

解：利用相邻振幅的比，式(2.154)给出的对数缩减率 δ 为

$$\delta=\ln\frac{X_j}{X_{j+1}}=\ln 1.04=\ln(1+\pi\beta)$$

由此得

$$1+\pi\beta=1.04$$

或

$$\beta=\frac{0.04}{\pi}=0.0127$$

等效黏性阻尼系数 c_{eq} 可以由式(2.157)确定

$$c_{\text{eq}}=\frac{\beta k}{\omega}=\frac{\beta k}{\sqrt{\dfrac{k}{m}}}=\beta\sqrt{km} \tag{E.1}$$

根据已知的等效刚度 k 和等效质量 m 的值，由式(E.1)得

$$c_{\text{eq}}=0.0127\sqrt{(25\times10^6)\times(5\times10^5)}\ \text{N}\cdot\text{s/m}=44.9013\times10^3\ \text{N}\cdot\text{s/m}$$

结构的等效临界阻尼常数可由式(2.65)算出

$$c_{\text{c}}=2\sqrt{km}=2\sqrt{(25\times10^6)\times(5\times10^5)}\ \text{N}\cdot\text{s/m}=7071.0678\times10^3\ \text{N}\cdot\text{s/m}$$

因为 $c_{\text{eq}}<c_{\text{c}}$，所以是弱阻尼的情况。由式(2.72)，其自由振动响应为

$$x(t)=\mathrm{e}^{-\zeta\omega_n t}\left\{x_0\cos\sqrt{1-\zeta^2}\omega_n t+\frac{\dot{x}_0+\zeta\omega_n x_0}{\sqrt{1-\zeta^2}\omega_n}\sin\sqrt{1-\zeta^2}\omega_n t\right\}$$

其中，x_0 和 $\dot{x}_0$ 表示在开始自由振动时的初始位移和初始速度。ζ 为

$$\zeta=\frac{c_{\text{eq}}}{c_{\text{c}}}=\frac{40.9013\times10^3}{7071.0678\times10^3}=0.0063$$

2.11 系统的稳定性

虽然根据不同的系统类型和观点，可以给出稳定性的各种不同定义，我们只考虑针对线性、时不变系统的稳定性问题（如系统的 c、k 和 m 不随时间的变化而变化）。如果当时间趋向于无穷大时，系统自由振动的响应无限接近为零，则该系统被定义为渐近稳定的（在控制方面的文献中称为稳定系统）。如果当时间趋向于无穷大时，系统自由振动的响应增加并趋于无穷大，则该系统被定义为不稳定的。如果当时间趋于无穷大时，系统自由振动的响应不衰减也不增长，但保持不变或一直震荡时，该系统被定义为稳定的（在控制方面的文献中也称为临界稳定）。显而易见，一个自由振动响应趋于无穷大的不稳定系统，会对其本身、相邻设备以及人的生活造成损害。通常，在设计动态系统时，也会设计限制装置，目的是为了防止动态系统的响应无限制地增长。

在第 3 章和第 4 章中将要介绍，当系统受到外部施加的力或激励时，系统的总响应由两部分组成——一个为受迫响应，另一个为系统自由振动响应。对于这样的系统，上述关于渐近稳定、不稳定和稳定的定义同样适用。这就意味着，对于稳定系统来说，只有受迫响应保持下来，因为自由振动响应会随时间趋向于无穷大而无限接近于零。

我们还可以通过系统的特征根来解释稳定性的概念。如 2.7 节所述，当系统的根在左半平面上时，该系统自由振动响应或按纯指数规律衰减或是正弦函数的振幅按指数规律衰减。当时间趋于无穷大时，这些自由振动响应最终都衰减为零。因此，当系统的根在 s 平面上的左半部分（负实部）时，则该系统是渐近稳定的。当系统的特征根在右半平面上，自由振动响应或按纯指数规律增加或是正弦函数的振幅按指数规律增加。故当时间趋于无穷大时，该系统的自由振动响应会增加到无穷大。因此，当系统的特征根在 s 平面上的右半部分（正实部）时，系统是不稳定的。最后，当系统的根在 s 平面的虚轴上时，该系统自由振动响应是按正弦函数振荡。系统的响应不随时间的增长而增强或衰减。因此，当系统的特征根在 s 平面的虚轴上（零实部）时，系统是稳定的①。

注：（1）根据给定的定义，显然特征方程即式（2.107）中的各系数符号决定着系统的稳定性行为。例如，根据多项式理论，在多项式中如果有任意数量的负项或缺失包含 s 的任一项，那么有一个根将为正量，这将会导致系统的不稳定行为。对此，还将在 3.11 节以及 5.8 节以罗斯-霍尔威茨稳定性准则的形式进行进一步的讨论。

（2）在不稳定系统中，系统的自由振动响应可能在没有振荡的情况下无限制地增大，也可能在有振荡的情况下无限制地增大。第一种情况称为发散不稳定性，第二种情况称为脉动不稳定性。这两种情况在 3.11 节中也被称为自激振动。

---

① 严格地说，此结论仅当位于虚轴上的特征根不是重根时才成立。如果这种特征根的重复度 $n>1$，系统将是不稳定的，因为此时系统的自由振动响应的形式将为 $Ct^n\sin(\omega t+\phi)$。

(3) 如果系统的线性模型是渐近稳定的,那么不可能找到一组初始条件,使响应趋向于无穷大。另一方面,如果系统的线性模型是不稳定的,则有可能存在某些初始条件,使响应随时间的增长趋于零。例如,一系统的运动微分方程为 $\ddot{x}-x=0$,其特征根为 $s_{1,2}=\mp 1$。其响应的表达式为 $x(t)=C_1\mathrm{e}^{-t}+C_2\mathrm{e}^{t}$,其中 C_1 和 C_2 是常数。如果给定初始条件为 $x(0)=1$ 和 $\dot{x}(0)=-1$,我们可以得到 $C_1=1$ 和 $C_2=0$,因此它的响应变为 $x(t)=\mathrm{e}^{-t}$,该响应会随着时间的增大趋向于零。

(4) 图 2.48(a)~(d)给出了与不同种类的稳定性对应的典型响应。

(5) 系统的稳定性也可以从能量的角度进行解释。基于李雅普诺夫稳定性准则的基本观点,当系统的能量分别随时间减少、不变或增加时,则系统分别是渐近稳定、稳定或不稳定的。

(6) 系统的稳定性也可以根据系统的响应或运动在参数(m、c 和 k)受到干扰或初始条件受到小扰动时的敏感性来考虑。

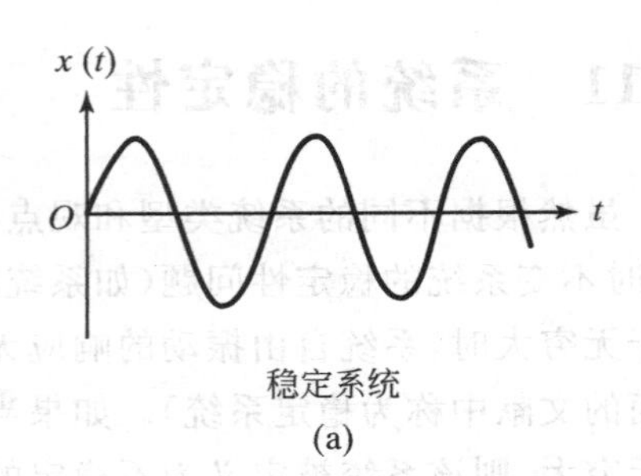

稳定系统

(a)

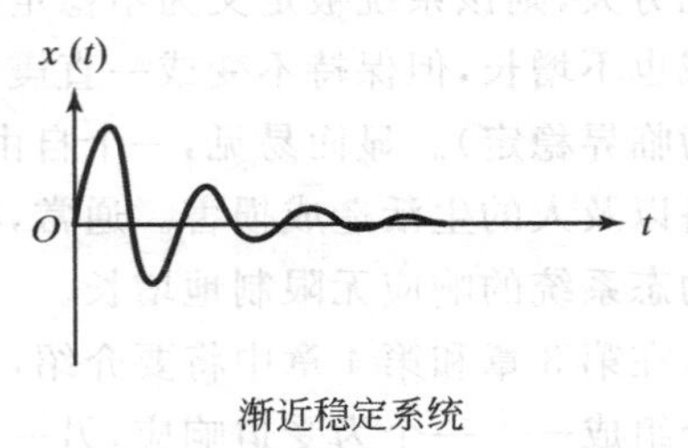

渐近稳定系统

(b)

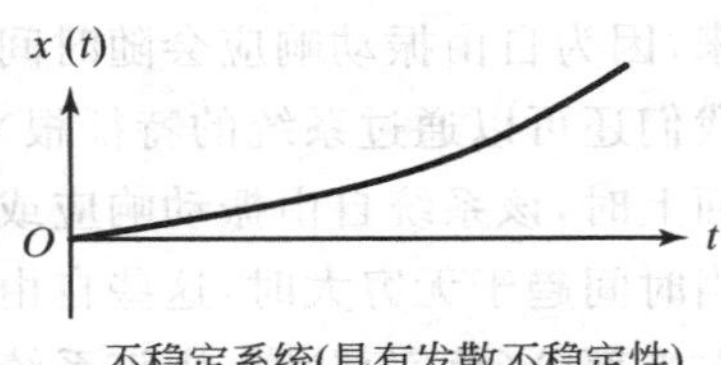

不稳定系统(具有发散不稳定性)

(c)

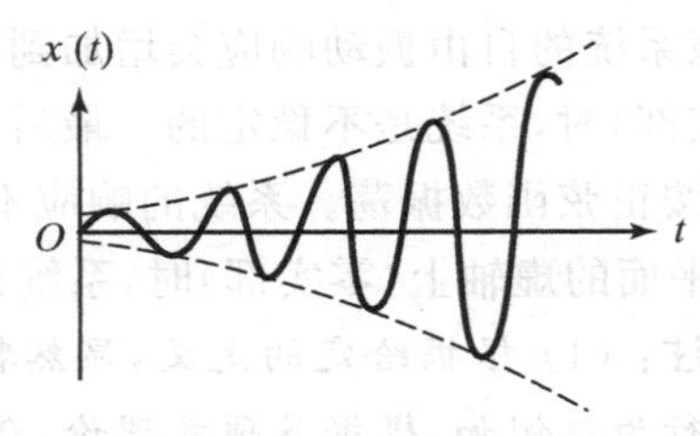

不稳定系统(具有脉动不稳定性)

(d)

图 2.48 不同类型的稳定性

例 2.18 如图 2.49 所示,一均匀的刚性杆,质量为 m,长度为 l,其一端铰支在地面上,另一端通过弹簧与墙面连接。假设杆处于竖直位置时,弹簧无伸长,试推导杆绕支点 O 作微幅摆动时的运动微分方程,并分析该系统的稳定性。

解: 当杆产生角位移 θ 时,每个弹簧的弹性力为 $kl\sin\theta$,总的弹簧力为 $2kl\sin\theta$。在杆的中心 G 处受到重力 $M=mg$ 的作用,方向竖直向下。由于角加速度 $\ddot{\theta}$ 而引起的关于支点 O 的惯性力矩为 $J_0\ddot{\theta}=(ml^2/3)\ddot{\theta}$。因此,杆绕 O 点旋转的运动微分方程可以写成

$$\frac{ml^2}{3}\ddot{\theta}+(2kl\sin\theta)l\cos\theta-W\frac{l}{2}\sin\theta=0 \tag{E.1}$$

对于微幅振动问题,可以将上式简化为

$$\frac{ml^2}{3}\ddot{\theta}+2kl^2\theta-W\frac{l}{2}\theta=0 \tag{E.2}$$

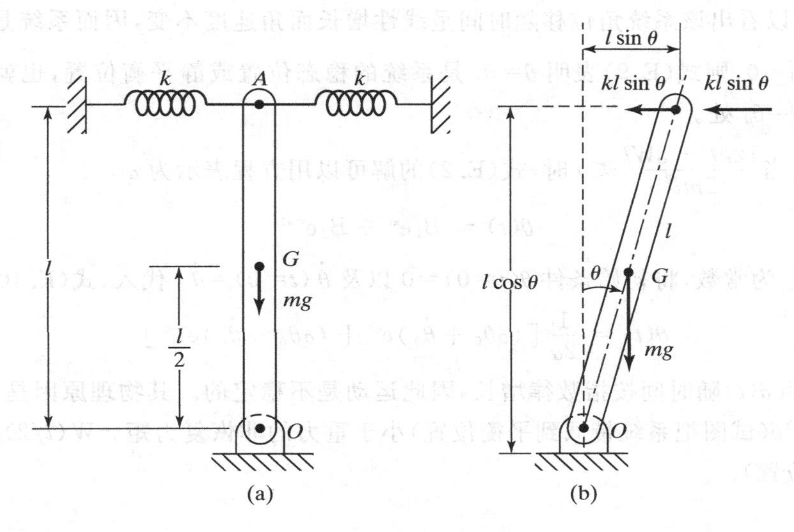

图 2.49　杆的稳定性

或

$$\ddot{\theta}+\alpha^2\theta=0 \tag{E.3}$$

其中

$$\alpha^2=\frac{12kl^2-3Wl}{2ml^2} \tag{E.4}$$

式(E.3)的特征方程为

$$s^2+\alpha^2=0 \tag{E.5}$$

由此可以看出式(E.2)的解与 α^2 的值有关，我们从以下几种情况进行讨论。

情况 1　当$\frac{12kl^2-3Wl}{2ml^2}>0$ 时，式(E.2)的解表明该系统是一个稳定振荡的系统，振荡解可以表示为

$$\theta(t)=A_1\cos\omega_n t+A_2\sin\omega_n t \tag{E.6}$$

其中 A_1 和 A_2 为常数，且

$$\omega_n=\left(\frac{12kl^2-3Wl}{2ml^2}\right)^{1/2} \tag{E.7}$$

情况 2　当$\frac{12kl^2-3Wl}{2ml^2}=0$，由式(E.2)可以得出 $\ddot{\theta}=0$，可通过直接对其进行两次积分得到解为

$$\theta(t)=C_1t+C_2 \tag{E.8}$$

对初始条件 $\theta(t=0)=\theta_0$ 以及 $\dot{\theta}(t=0)=\theta_0$，解成为

$$\theta(t)=\theta_0t+\theta_0 \tag{E.9}$$

从式(E.9)可以看出该系统角位移随时间呈线性增长而角速度不变，因而系统是不稳定的。然而，如果 $\dot{\theta}_0=0$，则式(E.9)表明 $\theta=\theta_0$ 是系统的稳态位置或静平衡位置，也就是说，杆会一直停留在 $\theta=\theta_0$ 处。

情况 3　当 $\dfrac{12kl^2-3Wl}{2ml^2}<0$ 时，式(E.2)的解可以用方程表示为 αt

$$\theta(t)=B_1\mathrm{e}^{\alpha t}+B_2\mathrm{e}^{-\alpha t} \tag{E.10}$$

其中 B_1 和 B_2 为常数，将初始条件 $\theta(t=0)=0$ 以及 $\dot{\theta}(t=0)=\dot{\theta}_0$ 代入，式(E.10)可以写成

$$\theta(t)=\frac{1}{2\alpha}\left[(\alpha\theta_0+\dot{\theta}_0)\mathrm{e}^{\alpha t}+(\alpha\theta_0-\dot{\theta}_0)\mathrm{e}^{-\alpha t}\right] \tag{E.11}$$

式(E.11)表明 $\theta(t)$ 随时间按指数律增长，因此运动是不稳定的。其物理原因是由于弹簧的恢复力矩 $2kl^2\theta$（试图把系统带回到平衡位置）小于重力的非恢复力矩 $-W(l/2)\theta$（它试图使杆离开平衡位置）。

2.12　利用 MATLAB 求解的例子

例 2.19　绘制无阻尼单自由度系统的固有频率和周期随静变形的变化曲线。

解：固有频率 ω_n 和周期 τ_n 由式(2.28)和式(2.30)给出，即

$$\omega_n=\sqrt{\frac{g}{\delta_{\mathrm{st}}}},\quad \tau_n=2\pi\sqrt{\frac{\delta_{\mathrm{st}}}{g}}$$

取 $g=9.81\ \mathrm{m/s^2}$。可以利用下面的 MATLAB 程序画出 δ_{st} 在 0～0.5 范围内 ω_n 和 τ_n 的变换曲线。

```
%Ex2_17.m
g=9.81;
for i=1: 101
    t(i)=0.01+(0.5-0.01)*(i-1)/100;
    w(i)=(g/t(i))^0.5;
    tao(i)=2*pi*(t(i)/g)^0.5;
end
plot(t,w);
gtext('w_n');
hold on;
plot(t,tao);
gtext('T_n');
xlabel('Delta_s_t');
title('Example 2. 17');
```

所绘曲线如图 2.50 所示。

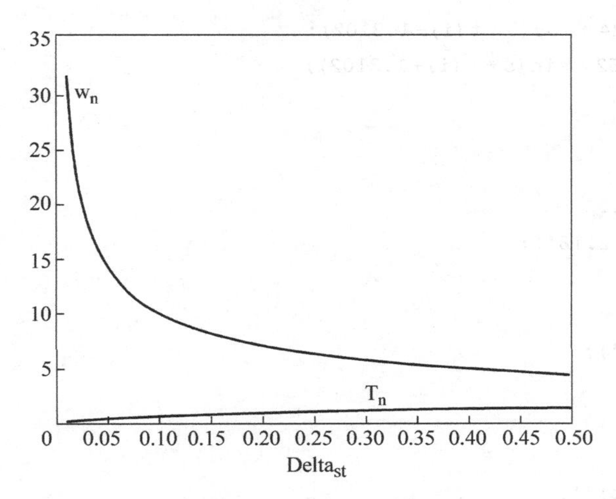

图 2.50 例 2.19 图

例 2.20 一个弹簧-质量系统的质量为 20 lbf·s²/in,刚度为 500 lbf/in,在初始激励下作自由振动,初始位移和初始速度分别为 $x_0=3.0$ in 和 $\dot{x}_0=4.0$ in/s。用 MATLAB 画图表示质量块的位移、速度和加速度随时间的变化。

解:根据式(2.23),无阻尼系统的位移可表示为

$$x(t)=A_0\sin(\omega_n t+\phi_0) \tag{E.1}$$

其中

$$\omega_n=\sqrt{\frac{k}{m}}=\sqrt{\frac{500}{20}}\ \text{rad/s}=5\ \text{rad/s}$$

$$A_0=\left[x_0^2+\left(\frac{\dot{x}_0}{\omega_n}\right)^2\right]^{1/2}=\left[3.0^2+\left(\frac{4.0}{5.0}\right)^2\right]^{1/2}\ \text{in}=3.1048\ \text{in}$$

$$\phi_0=\arctan\frac{x_0\omega_n}{\dot{x}_0}=\arctan\frac{3.0\times5.0}{4.0}=75.0686^\circ=1.3102\ \text{rad}$$

故由式(E.1)得

$$x(t)=3.1048\sin(5t+1.3102)\ \text{in} \tag{E.2}$$

$$\dot{x}(t)=15.524\cos(5t+1.3102)\ \text{in/s} \tag{E.3}$$

$$\ddot{x}(t)=-77.62\sin(5t+1.3102)\ \text{in/s}^2 \tag{E.4}$$

根据式(E.2)～式(E.4),利用 MATLAB 绘制 0～6 s 内位移、速度和加速度随时间变化的程序如下。

```
%Ex2_18.m
for i=1: 101
    t(i)=6 * (i-1)/100;
    x(i)=3.1048 * sin(5 * t(i)+1.3102);
```

```
    x1(i)=15.524*cos(5*t(i)+1.3102);
    x2(i)=-77.62*sin(5*t(i)+1.3102);
end
subplot(311);
plot(t,x);
ylabel('x(t)');
title('Example 2.18');
subplot(312);
plot(t,x1);
ylabel('x^.(t)');
subplot(313);
plot(t,x2);
xlabel('t');
ylabel('x^.^.(t)');
```

所绘图形如图 2.51 所示。

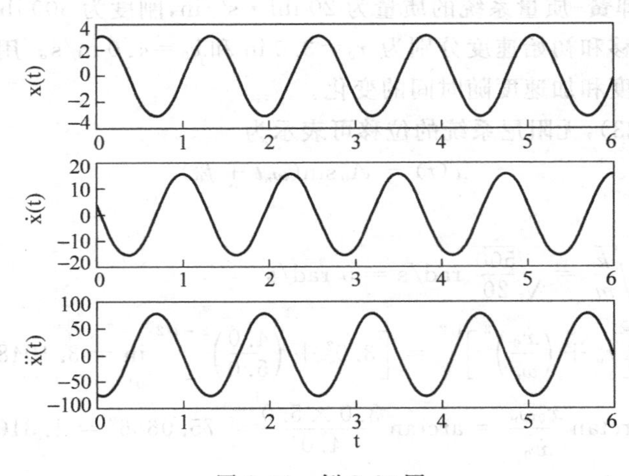

图 2.51　例 2.20 图

例 2.21　求具有库仑阻尼的弹簧-质量系统的自由振动响应，初始条件为 $x(0)=0.5$ m，$\dot{x}(0)=0$。其他参数为 $m=10$ kg，$k=200$ N/m，$\mu=0.5$。

解：系统的运动微分方程为

$$m\ddot{x}+\mu mg\,\text{sgn}(\dot{x})+kx=0 \tag{E.1}$$

用龙格-库塔法解式(E.1)。令 $x_1=x, x_2=\dot{x}_1=\dot{x}$，可将其写成如下一阶微分方程组的形式

$$\dot{x}_1=x_2\equiv f_1(x_1,x_2) \tag{E.2}$$

$$\dot{x}_2=-\mu g\,\text{sgn}(x_2)-\frac{k}{m}x_1\equiv f_2(x_1,x_2) \tag{E.3}$$

式(E.2)和式(E.3)也可写成如下矩阵形式

$$\dot{\boldsymbol{X}} = \boldsymbol{f}(\boldsymbol{X}) \tag{E.4}$$

其中

$$\boldsymbol{X} = \begin{Bmatrix} x_1(t) \\ x_2(t) \end{Bmatrix}, \quad \boldsymbol{f} = \begin{Bmatrix} f_1(x_1, x_2) \\ f_2(x_1, x_2) \end{Bmatrix}, \quad \boldsymbol{X}(t=0) = \begin{Bmatrix} x_1(0) \\ x_2(0) \end{Bmatrix}$$

利用 MATLAB 的 ode23 指令求解式(E.4)的程序如下。

```
%Ex2_19.m
%This program will use dfunc1.m
tspan=[0: 0.05: 8];
x0=[5.0; 0.0];
[t, x]=ode23('dfunc1', tspan, x0);
plot(t, x(:, 1));
xlabel('t');
ylabel('x(1)');
title('Example 2.19');

%dfunc1.m
function f=dfunc1(t, x)
f=zeros(2,1);
f(1)=x(2);
f(2)=-0.5*9.81*sign(x(2))-200*x(1)/10;
```

所绘图形如图 2.52 所示。

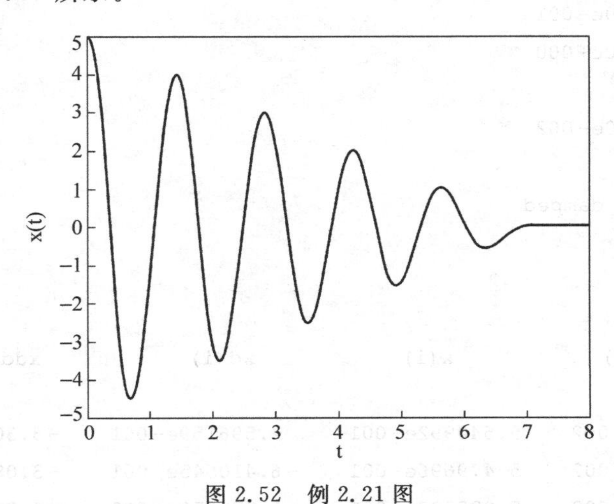

图 2.52　例 2.21 图

例 2.22　编写一个命名为 Program2.m 的通用 MATLAB 程序，求黏性阻尼系统的自由振动响应。已知数据如下：$m=450.0$，$k=26519.2$，$c=1000.0$，$x_0=0.539657$，$\dot{x}_0=1.0$。

解：程序 Program2. m 中的如下数据需要在运行后由键盘输入

m——质量；

k——弹簧刚度；

c——阻尼常数；

x0——初始位移；

xd0——初始速度；

n——一个周期内所取步长数以确定在一个周期内计算响应的离散点数；

delt——时间步长(Δt)。

程序的输出为

步长的序号 i, x(i), $\dot{x}$(i), $\ddot{x}$(i)

程序还可绘制 x,$\dot{x}$和$\ddot{x}$随时间的变化曲线。程序的运行结果为

```
>>program2
Free vibration analysis of a single degree of freedom analysis


Data:


m=    4.50000000e+002
k=    2.65192000e+004
c=    1.00000000e+003
x0=   5.39657000e-001
xd0=  1.00000000e+000
n=    100
delt=2.50000000e-002

system is under damped

Results:

i        time(i)            x(i)              xd(i)              xdd(i)

1    2.500000e-002    5.540992e-001     1.596159e-001     -3.300863e+001
2    5.000000e-002    5.479696e-001    -6.410545e-001     -3.086813e+001
3    7.500000e-002    5.225989e-001    -1.375559e+000     -2.774077e+001
4    1.000000e-001    4.799331e-001    -2.021239e+000     -2.379156e+001
5    1.250000e-001    4.224307e-001    -2.559831e+000     -1.920599e+001
6    1.500000e-001    3.529474e-001    -2.977885e+000     -1.418222e+001
```

```
.
.
.
96   2.400000e+000    2.203271e-002     2.313895e-001    -1.812621e+000
97   2.425000e+000    2.722809e-002     1.834092e-001    -2.012170e+000
98   2.450000e+000    3.117018e-002     1.314707e-001    -2.129064e+000
99   2.475000e+000    3.378590e-002     7.764312e-002    -2.163596e+000
100  2.500000e+000    3.505350e-002     2.395118e-002    -2.118982e+000
```

所绘的曲线如图 2.53 所示。

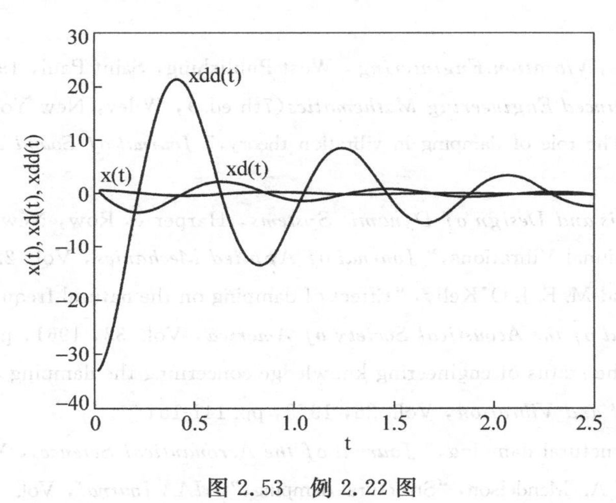

图 2.53　例 2.22 图

本章小结

本章讨论了无阻尼和有阻尼单自由度系统自由振动的运动微分方程及其解；指出可采用四种不同的方法，即牛顿第二定律、达朗贝尔原理、虚位移原理和能量守恒原理来推导无阻尼系统的运动微分方程；考虑了平动和扭转振动两种情况，给出了无自阻尼系统的自由振动解；考虑了质量-阻尼系统(没有弹簧)的一阶微分方程形式的运动方程，介绍了时间常数的概念。

本章还给出了黏性阻尼系统的自由振动解以及欠阻尼、过阻尼和临界阻尼系统的概念，同时还讨论了库仑阻尼和滞回阻尼系统的自由振动解，对复平面上特征根的图形表示和相应的解进行了解释。同时讨论了参数 m、c 和 k 的变化对特征根的影响规律以及根轨迹图的应用，还解释了系统的稳定性状态的识别问题。

参考文献

2.1 R. W. Fitzgerald, *Mechanics of Materials* (2nd ed.), Addison-Wesley, Reading, Mass., 1982.

2.2 R. F. Steidel, Jr., *An Introduction to Mechanical Vibrations* (4th ed.), Wiley, New York, 1989.

2.3 W. Zambrano, "A brief note on the determination of the natural frequencies of a spring-mass system," *International Journal of Mechanical Engineering Education*, Vol. 9, October 1981, pp. 331-334; Vol. 10, July 1982, p. 216.

2.4 R. D. Blevins, *Formulas for Natural Frequency and Mode Shape*, Van Nostrand Reinhold, New York, 1979.

2.5 A. D. Dimarogonas, *Vibration Engineering*, West Publishing, Saint Paul, 1976.

2.6 E. Kreyszig, *Advanced Engineering Mathematics* (7th ed.), Wiley, New York, 1993.

2.7 S. H. Crandall, "The role of damping in vibration theory," *Journal of Sound and Vibration*, Vol. 11, 1970, pp. 3-18.

2.8 I. Cochin, *Analysis and Design of Dynamic Systems*, Harper & Row, New York, 1980.

2.9 D. Sinclair, "Frictional Vibrations," *Journal of Applied Mechanics*, Vol. 22, 1955, pp. 207-214.

2.10 T. K. Caughey and M. E. J. O'Kelly, "Effect of damping on the natural frequencies of linear dynamic systems," *Journal of the Acoustical Society of America*, Vol. 33, 1961, pp. 1458-1461.

2.11 E. E. Ungar, "The status of engineering knowledge concerning the damping of built-up structures," *Journal of Sound and Vibration*, Vol. 26, 1973, pp. 141-154.

2.12 W. Pinsker, "Structural damping," *Journal of the Aeronautical Sciences*, Vol. 16, 1949, p. 699.

2.13 R. H. Scanlan and A. Mendelson, "Structural damping," *AIAA Journal*, Vol. 1, 1963, pp. 938-939.

2.14 D. J. Inman, *Vibration with Control, Measurement, and Stability*, Prentice Hall, Englewood Cliffs, NJ, 1989.

2.15 G. F. Franklin, J. D. Powell, and A. Emami-Naeini, *Feedback Control of Dynamic Systems* (5th ed.), Pearson Prentice Hall, Upper Saddle River, NJ, 2006.

2.16 N. S. Nise, *Control Systems Engineering* (3rd ed.), Wiley, New York, 2000.

2.17 K. Ogata, *System Dynamics* (4th ed.), Pearson Prentice Hall, Upper Saddle River, NJ, 2004.

思考题

2.1 简答题

1. 给出一种用来求大黏性阻尼振动系统的阻尼系数的方法。
2. 能将2.2节的结果应用于恢复力不与位移成正比关系，即k不为常数的系统吗？
3. 说明在扭振系统中，与m,c,k,x相对应的参数。
4. 质量减小对系统的固有频率有什么影响？

5. 刚度减小对系统的固有周期有什么影响？
6. 为什么在实际系统中，自由振动的振幅会逐渐变小？
7. 为什么求振动系统的固有频率非常重要？
8. 一个二阶微分方程的通解中至少有几个任意常数？它们怎样确定？
9. 是否能将能量法用于求所有单自由度系统的运动微分方程？
10. 利用能量法求单自由度系统的固有频率时，是基于什么假设？
11. 有阻尼系统自由振动的频率与固有频率，哪个大？
12. 什么是对数缩减率？
13. 滞后阻尼是最大应力的函数吗？
14. 什么是临界阻尼？它有何重要意义？
15. 由阻尼引起的能量耗散会引起哪些后果？
16. 什么是等效黏性阻尼？等效黏性阻尼系数是常数吗？
17. 为什么要研究单自由度系统的振动？
18. 怎样通过测量静变形求出系统的固有频率？
19. 列举实际应用中两个利用扭摆的例子。
20. 名词解释：阻尼比，对数缩减率，损失系数，阻尼比容。
21. 库仑阻尼系统的响应与其他阻尼系统的响应有什么不同？
22. 什么是复数刚度？
23. 滞后阻尼常数是如何定义的？
24. 给出 3 个利用撞击中心的实际例子。
25. 给定的运动方程 $m\dot{v}+cv=0$ 的阶数是多少？
26. 什么是时间常数？
27. 什么是根轨迹图？
28. $c<0$ 的重要性是什么？
29. 什么是时不变系统？

2.2　判断题

1. 无阻尼系统的振幅不随时间变化。（　）
2. 在空气中振动的系统可以看作是一个阻尼系统。（　）
3. 对于单自由度系统而言，无论质量是在水平面还是在斜面上运动，运动微分方程都是相同的。（　）
4. 当质量块在垂直方向振动时，推导运动微分方程时都可以不计重力。（　）
5. 能量守恒定律可用于推导有阻尼系统和无阻尼系统的运动微分方程。（　）
6. 有阻尼系统自由振动的频率有时会大于无阻尼系统的固有频率。（　）
7. 有阻尼系统自由振动的频率有时可能是零。（　）

8. 扭转系统振动的固有频率等于$\sqrt{\dfrac{k}{m}}$,其中 k,m 分别表示扭簧的刚度和物体的转动惯量。 ( )
9. 瑞利法的基础是能量守恒定律。 ( )
10. 在库仑阻尼的情况下,质量的最终位置永远是平衡位置。 ( )
11. 无阻尼系统的固有频率等于$\sqrt{g/\delta_{st}}$,其中 δ_{st}是质量的静位移。 ( )
12. 对于无阻尼系统,速度超前位移 $\pi/2$。 ( )
13. 对于无阻尼系统,速度超前加速度 $\pi/2$。 ( )
14. 库仑阻尼也叫做常数阻尼。 ( )
15. 损失系数表示每弧度每单位应变能的能量损耗。 ( )
16. 在欠阻尼和过阻尼的情况下,运动都将衰减为零。 ( )
17. 对数缩减率可以用来求阻尼比。 ( )
18. 材料的应力-应变曲线的滞后回线引起阻尼。 ( )
19. 复数刚度可以用来求滞后阻尼系统的阻尼力。 ( )
20. 滞后阻尼系统的运动可以认为是简谐的。 ( )
21. 在 s 平面内,对应恒定固有频率的轨迹是圆。 ( )
22. 单自由度系统的特征方程有一个实根和一个复数根。 ( )

2.3 填空题

1. 无阻尼系统的自由振动反映了________能和________能不断转换。
2. 作简谐运动的系统叫做________振子。
3. 机械式钟表是________摆的例子。
4. ________中心可有效地应用于网球拍。
5. 对于黏性阻尼和滞后阻尼,理论上运动可以永远________。
6. 计算库仑阻尼中阻尼力的公式为________。
7. ________系数用于比较不同工程材料的阻尼效果。
8. 当________体关于一个轴线作往复摆动时,称为扭转振动。
9. ________阻尼的性质有许多实际应用,比如在大型火炮中。
10. 对数缩减率表示有阻尼自由振动________衰减的快慢。
11. 瑞利法可用于直接求出系统的________频率。
12. 系统中间隔一个周期的两个相邻位移可以用来求得________缩减率。
13. 有阻尼固有频率可以用无阻尼固有频率 ω_n 表示为________。
14. 时间常数定义为当初始响应降为________%时对应的时间。
15. 当时间 t 增加时,项 e^{-2t} 比项 e^{-t} 衰减得要________。
16. 在 s 平面中,平行于实轴的线表示系统具有不同的________频率。

2.4 选择题

1. 质量为 m、刚度为 k 的系统，固有频率为________。

(a) $\frac{k}{m}$　　(b) $\sqrt{\frac{k}{m}}$　　(c) $\sqrt{\frac{m}{k}}$

2. 在库仑阻尼中，每一周期运动的振幅减少________。

(a) $\frac{\mu N}{k}$　　(b) $\frac{2\mu N}{k}$　　(c) $\frac{4\mu N}{k}$

3. 初始位移为 0、初始速度为 $\dot{x}_0$ 的有阻尼系统的振幅为________。

(a) $\dot{x}_0$　　(b) $\dot{x}_0\omega_n$　　(c) $\frac{\dot{x}_0}{\omega_n}$

4. 考虑弹簧质量的影响，应该在系统质量中加上弹簧质量的________。

(a) $\frac{1}{2}$　　(b) $\frac{1}{3}$　　(c) $\frac{4}{3}$

5. 对于阻尼常数为 c 的黏性阻尼来说，阻尼力为________。

(a) $c\dot{x}$　　(b) cx　　(c) $c\ddot{x}$

6. 一个机械系统内各部分之间的相对滑动，可产生________。

(a) 干摩擦阻尼　　(b) 黏性阻尼　　(c) 滞后阻尼

7. 在扭转振动中，位移用________来描述。

(a) 线坐标　　(b) 角坐标　　(c) 力坐标

8. 阻尼比用阻尼常数和临界阻尼常数可表示为________。

(a) $\frac{c_c}{c}$　　(b) $\frac{c}{c_c}$　　(c) $\sqrt{\frac{c}{c_c}}$

9. 初始位移为 x_0、初始速度为 0 的欠阻尼系统的振幅为________。

(a) x_0　　(b) $2x_0$　　(c) $x_0\omega_n$

10. 初始位移为 x_0、初始速度为 0 的无阻尼系统的相角为________。

(a) x_0　　(b) $2x_0$　　(c) 0

11. 由黏性阻尼引起的能量耗散与振幅的________次幂成正比。

(a) 1　　(b) 2　　(c) 3

12. 对于临界阻尼系统，其运动为________。

(a) 周期的　　(b) 非周期的　　(c) 简谐的

13. 作简谐运动 $x(t)=X\sin\omega_d t$ 的黏性阻尼系统，阻尼常数为 c，每个周期的能量耗散为________。

(a) $\pi c\omega_d X^2$　　(b) $\pi\omega_d X^2$　　(c) $\pi c\omega_d X$

14. 对于总能量为 W、每个周期能量耗散为 ΔW 的振动系统，其阻尼比容的表达式为________。

(a) $\dfrac{W}{\Delta W}$　　(b) $\dfrac{\Delta W}{W}$　　(c) ΔW

15. 如果特征根有正实值，则系统的响应是________。

(a) 稳定的　　(b) 不稳定的　　(c) 渐近稳定的

16. 根的虚部如何变化时，会引起系统响应的振荡频率将变得更高________。

(a) 变小　　(b) 为零　　(c) 变大

17. 如果特征根具有非零虚部，则系统的响应将表现出________。

(a) 振荡　　(b) 不振荡　　(c) 稳定

18. 对于 $0\leqslant\xi\leqslant1$，单自由度系统的根轨迹形状是________。

(a) 圆形　　(b) 水平线　　(c) 径向线

19. 当 k 发生变化时，单自由度系统的根轨迹形状是________。

(a) 垂直和水平的线　　(b) 圆弧　　(c) 径向线

2.5　连线题（对于单自由度系统：$m=1,k=2,c=0.5$）

1. 固有频率 ω_n	(a) 1.3919
2. 线性频率 f_{n}	(b) 2.8284
3. 固有周期 τ_n	(c) 2.2571
4. 有阻尼频率 ω_{d}	(d) 0.2251
5. 临界阻尼系数 c_{c}	(e) 0.1768
6. 阻尼比 ξ	(f) 4.4429
7. 对数缩减率 δ	(g) 1.4142

2.6　连线题（质量 $m=5$ kg 的物体，以 $v=10$ m/s 的速度运动）

阻尼力	阻尼类型
1. 20 N	(a) 库仑阻尼，摩擦系数为 0.3
2. 1.5 N	(b) 黏性阻尼，阻尼系数为 1 N·s/m
3. 30 N	(c) 黏性阻尼，阻尼系数为 2 N·s/m
4. 25 N	(d) 滞后阻尼，滞后阻尼系数为 12 N/m（当频率为 4 rad/s 时）
5. 10 N	(e) 平方阻尼（$F=av^2$），阻尼常数 $a=0.25\ \mathrm{N\cdot s^2/m^2}$

2.7　连线题（在 s 平面内，连线各个轨迹图对应的特征）

轨迹	意义
1. 同心圆	(a) 阻尼固有频率的不同值
2. 平行于实轴的直线	(b) 时间系数的倒数的不同值
3. 平行于虚轴的直线	(c) 阻尼比的不同值

4. 过原点的径向线　　(d) 固有频率的不同值

2.8　连线题(对与系统的稳定性相关的下列述语进行连线)

系 统 类 型	自由振动响应随时间趋于无穷大的性质
(1) 渐近稳定	(a) 既不衰减也不增大
(2) 不稳定	(b) 振荡式增大
(3) 稳定	(c) 增大但无振荡
(4) 发散不稳定性	(d) 趋于零
(5) 脉动不稳定性	(e) 无边界地增大

习　题

§2.2　无阻尼平动系统的自由振动

2.1　一个工业压力机放置在一个橡胶垫上,使它与地基隔开。如果橡胶垫被压力机的自重压缩了 5 mm,求系统的固有频率。

2.2　一个弹簧-质量系统的固有周期为 0.21 s。当(a)弹簧刚度增加 50%;(b)弹簧刚度减少 50%时,周期将分别变为多少?

2.3　一个弹簧-质量系统的固有频率为 10 Hz,当弹簧刚度减少了 800 N/m 时,频率改变了 45%,求原系统的质量和弹簧的刚度。

2.4　一个螺旋弹簧,一端固定,在另一端施加 100 N 的力时能产生 10 mm 的伸长量。现将弹簧垂直放置,两端刚性固定。在弹簧中点处悬挂一个质量为 10 kg 的物体。求物体在垂直方向上振动一个周期所需的时间。

2.5　一个重 2000 lbf 的空调制冷设备由 4 个空气弹簧支承(见图 2.54)。设计弹簧,使该设备振动的固有频率在 5～10 rad/s 之间。

2.6　一个简谐振荡器质量的最大速度为 10 cm/s,振荡周期为 2 s。如果将物体在初始位移为 2 cm 的地方释放,求:(a)振幅;(b)初始速度;(c)加速度最大值;(d)相角。

2.7　如图 2.55 所示,一个刚性无重量杆 *PQ* 上连接着 3 个弹簧和 1 个质量块,求振动系统的固有频率。

2.8　一辆质量为 2000 kg 的汽车在静载条件下使其悬架弹簧产生了 0.02 m 的变形。假设忽略阻尼影响,求汽车在垂直方向上的固有频率。

2.9　如图 2.56 所示,求放置在斜面上的弹簧-质量系统的固有振动频率。

2.10　如图 2.57 所示,重 5000 lbf 的满载运煤小车,由一个无摩擦的滑轮和钢丝绳牵引。求在图中所给位置小车的振动固有频率。

图 2.54　习题 2.5 图（经 *Sound and Vibration* 许可使用）

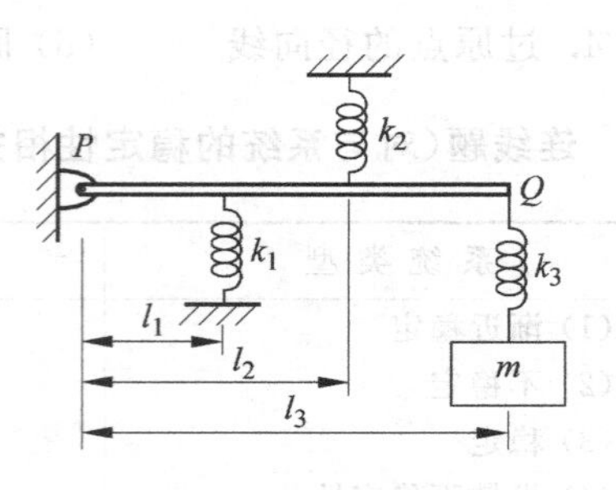

图 2.55　习题 2.7 图

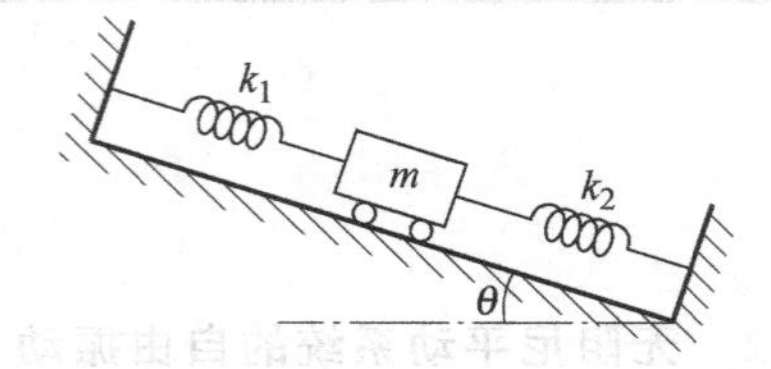

图 2.56　习题 2.9 图

2.11　一台重 500 N 的电子底盘由 4 个螺旋弹簧支承进行隔振，如图 2.58 所示。设计弹簧，使该设备能应用在振动频率在 0～5 Hz 之间的环境中。

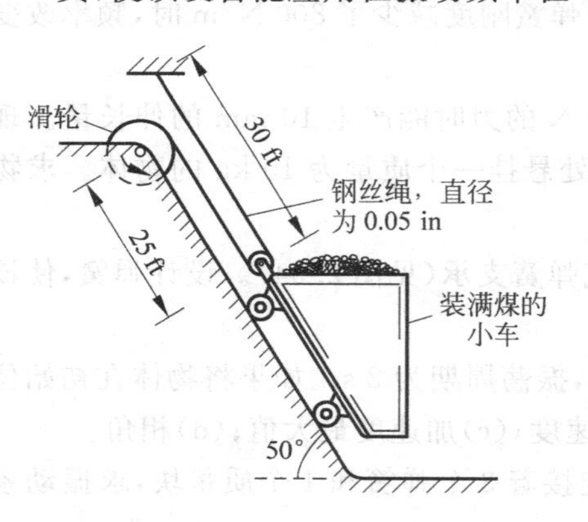

图 2.57　习题 2.10 图

图 2.58　安装在隔振器上的电子底盘（经 Titan SESCO. 许可使用）

2.12　如图 2.59 所示的弹性梁，分别求出在梁中间装有弹簧 k_1，k_2，以及没有弹簧 k_1，k_2 情况下的系统固有频率。

2.13　如图 2.60 所示，忽略摩擦和滑轮质量，求滑轮系统的固有频率。

2.14　如图 2.61 所示，一重物 W 由 3 个不计摩擦及质量的滑轮和一个刚度为 k 的弹簧支承，求 W 作微小摆动时的固有频率。

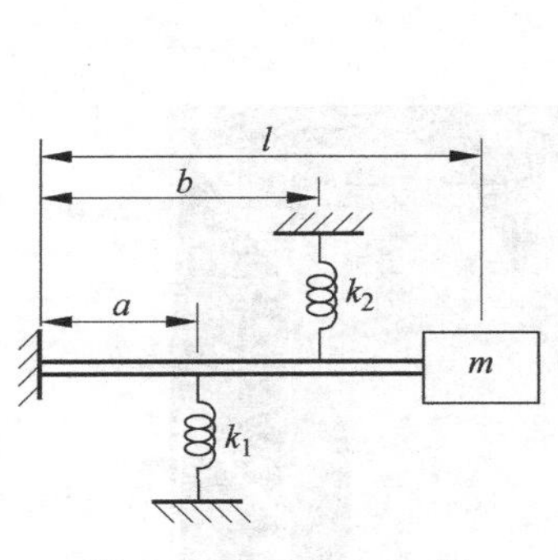

图 2.59　习题 2.12 图

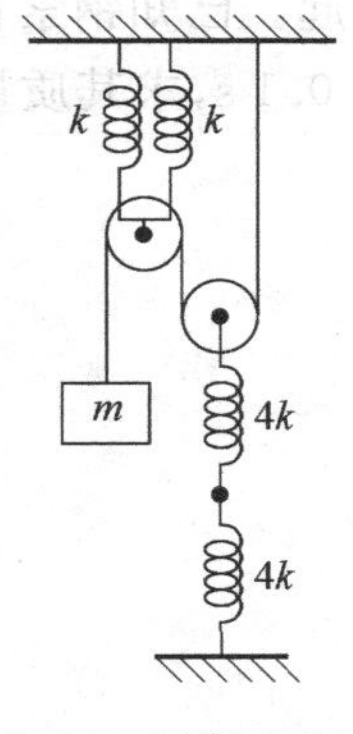

图 2.60　习题 2.13 图

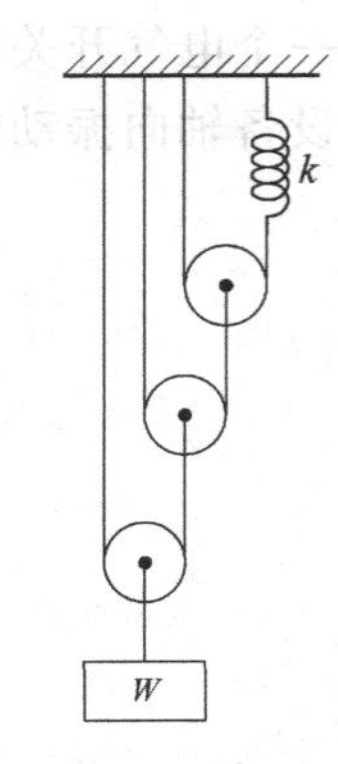

图 2.61　习题 2.14 图

2.15　如图 2.62 所示，质量为 M 的刚体由 4 个弹性支座支承。一个质量为 m 的物体由高度 l 处落下，附着在刚体上没有反弹。如果每个弹性支座的刚度为 k，求在如下情况下系统的固有频率：(a) m 没有掉落时；(b) m 掉落后。并求出(b)情况下系统的运动。

2.16　锤子以 50 ft/s 的速度敲击砧座(见图 2.63)。锤子和砧座分别重 12 lbf 和 100 lbf。砧座由 4 个刚度 $k=100$ lbf/in 的弹簧支承。求砧座的运动：(a)锤子与砧座保持接触；(b)在最初的敲击后，锤子与砧座不再接触。

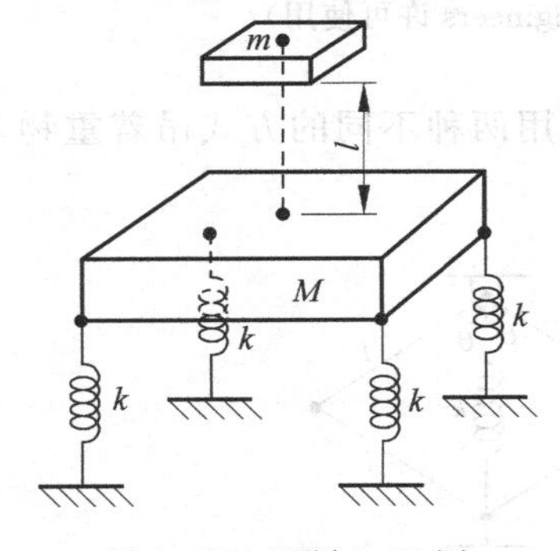

图 2.62　习题 2.15 图

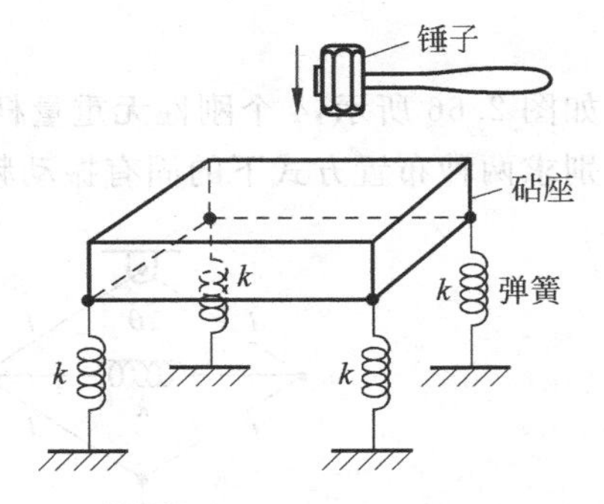

图 2.63　习题 2.16 图

2.17　导出图 2.64 所示系统的固有频率表达式。注意：载荷 W 作用于梁 1 的末端和梁 2 的中点。

2.18　一台重 9810 N 的机器被卷扬机以 2 m/s 的速度匀速下放。吊机器的钢丝绳直径为 0.01 m。当放到绳长为 20 m 时，卷扬机突然停止工作。求由此引起的机器振动的周期和振幅。

2.19　一个弹簧-质量系统的固有频率为 2 Hz，当 1 kg 的额外质量加到原质量 m 上时，固有频率减少到 1 Hz。求系统的刚度 k 和质量 m。

2.20　一个电气开关设备被吊车吊起。已知钢索长 4 m，直径 0.01 m（见图 2.65）。如果此设备轴向振动的固有周期为 0.1 s，求其质量。

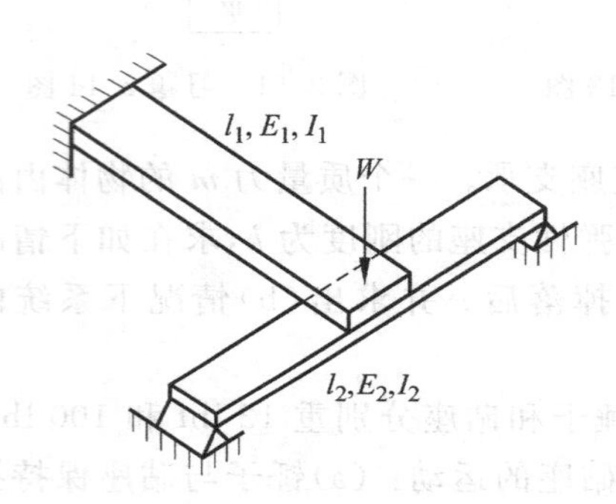

图 2.64　习题 2.17 图

图 2.65　习题 2.20 图（经 Institution of Electrical Engineers 许可使用）

2.21　如图 2.66 所示，4 个刚性无重量杆和 1 个弹簧，用两种不同的方式吊着重物 W。分别求两种布置方式下的固有振动频率。

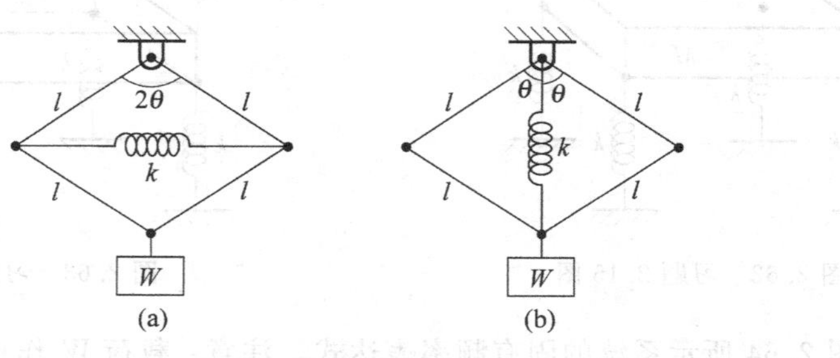

图 2.66　习题 2.21 图

2.22　一个剪形千斤顶用来举起重物 W。千斤顶的支承杆是刚性的，套管可以顶着弹簧沿着轴自由移动。弹簧刚度分别为 k_1 和 k_2（见图 2.67）。求重物在竖直方向振动的固有频率。

2.23　如图 2.68 所示，一个重物由 6 个刚性杆和 2 个弹簧以两种不同方式悬挂。求两种悬挂方式下的固有振动频率。

2.24　如图 2.69 所示，一个小质量块 m 被 4 个线弹性弹簧约束。每个弹簧的原长为 l，与

x 轴的夹角为 45°。求质量块在 x 方向上产生微小位移时的运动微分方程。

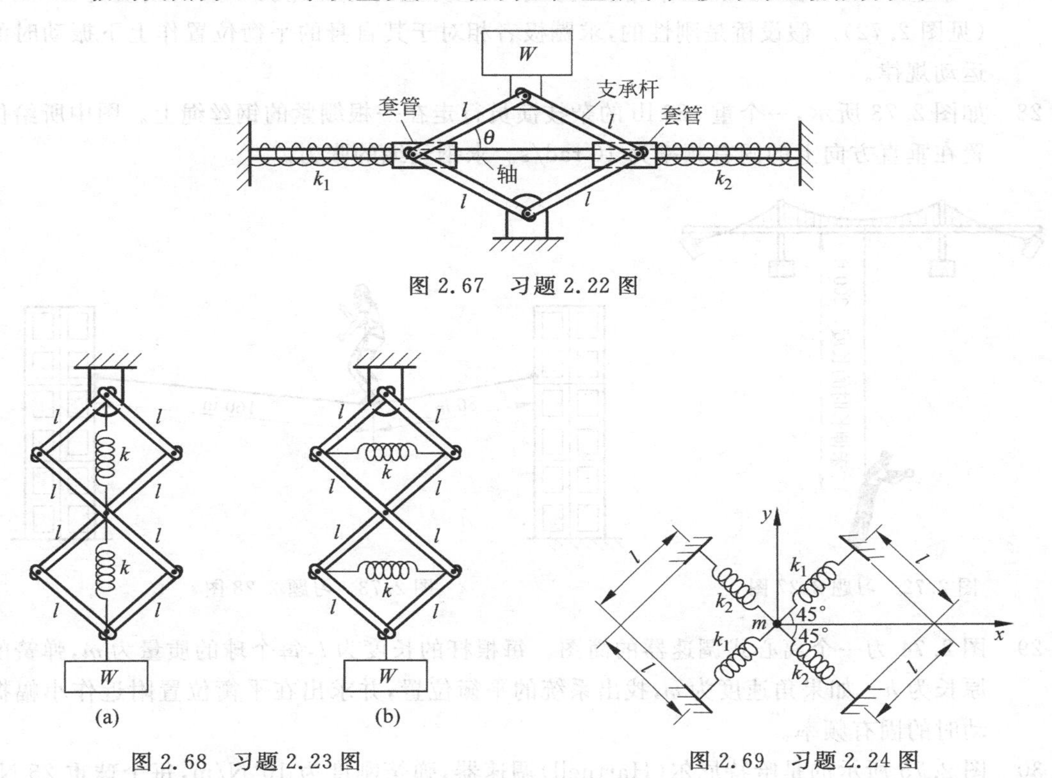

图 2.67　习题 2.22 图

图 2.68　习题 2.23 图

图 2.69　习题 2.24 图

2.25　如图 2.70 所示，一个质量块 m 被两对与 X 轴夹角分别为 30°和 120°的弹簧支承。现增加一对刚度为 k_3 的弹簧，使系统沿任意方向 x 的振动固有频率为常数。求弹簧刚度 k_3 及其与 X 轴的夹角。

2.26　如图 2.71 所示，一个质量块 m 系在绳索上，绳的张紧力为 T。假设质量块产生垂直于绳的位移时，张紧力 T 不变。(a)写出横向振动的运动微分方程；(b)求出振动的固有频率。

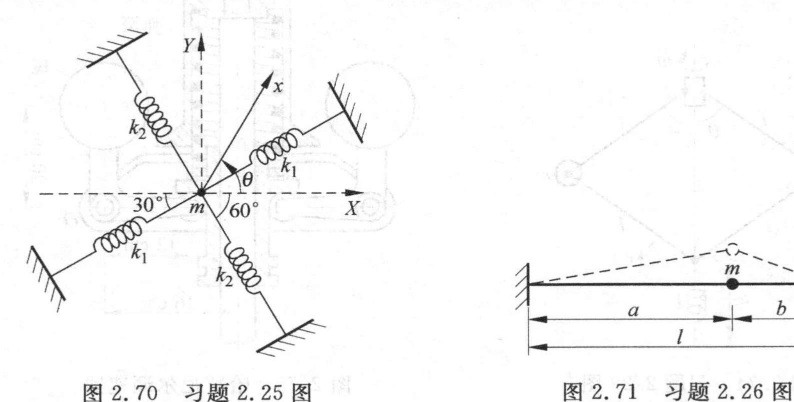

图 2.70　习题 2.25 图

图 2.71　习题 2.26 图

2.27 一个重 160 lb 的人从桥上作蹦极跳。系在他身上的弹性绳长 200 ft，刚度为 10 lb/in（见图 2.72）。假设桥是刚性的，求蹦极者相对于其自身的平衡位置作上下振动时的运动规律。

2.28 如图 2.73 所示，一个重 120 lb 的杂技演员行走在一根绷紧的钢丝绳上。图中所给位置在垂直方向上的固有频率为 10 rad/s。求钢丝绳的张力。

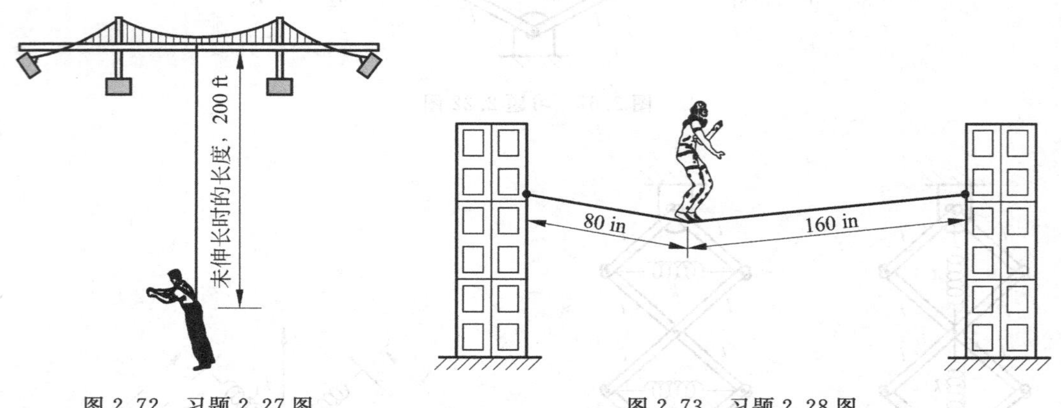

图 2.72 习题 2.27 图　　图 2.73 习题 2.28 图

2.29 图 2.74 为一个离心式调速器的简图。每根杆的长度为 l，每个球的质量为 m，弹簧的原长为 h。如果角速度为 ω，找出系统的平衡位置，并求出在平衡位置附近作小幅振动时的固有频率。

2.30 图 2.75 所示的是哈特尼尔（Hartnell）调速器，弹簧刚度为 10^4 N/m，每个球重 25 N。球臂长 20 cm，套筒长 12 cm，转轴到曲杆转轴的距离为 16 cm。当球臂处于垂直位置的时候，弹簧被压缩了 1 cm。求(a)当球臂保持竖直的时候，调速器的速度；(b)球臂在垂直位置有小位移时的固有振动频率。

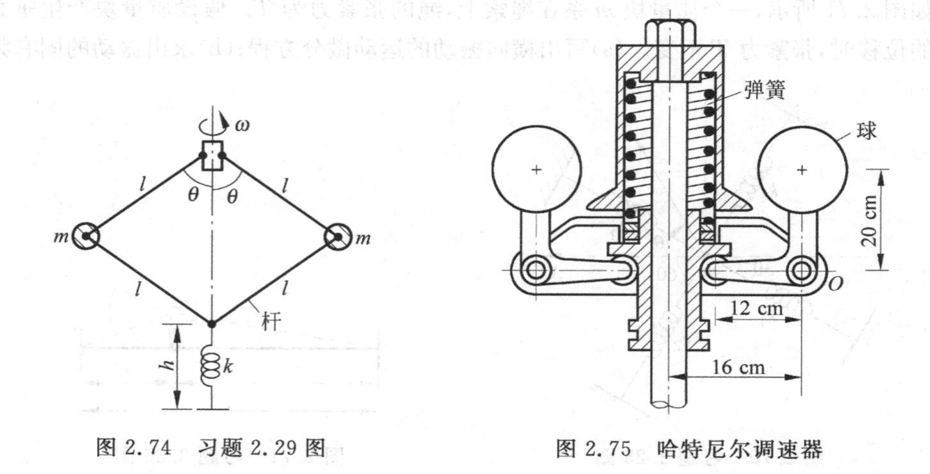

图 2.74 习题 2.29 图　　图 2.75 哈特尼尔调速器

2.31　一个正方形平台 $PQRS$ 上放着一辆小汽车，它们的总质量为 M。平台由 4 条从定点 O 引出的弹性钢丝绳吊着，如图 2.76 所示。悬点 O 与平台水平平衡位置的垂直距离为 h。如果平板边长为 a，每条钢丝绳刚度均为 k。求平台垂直振动的周期。

2.32　如图 2.77 所示，一个斜压力计用来测量压力。如管中的水银柱总长为 L，求水银摆动的固有频率的表达式。

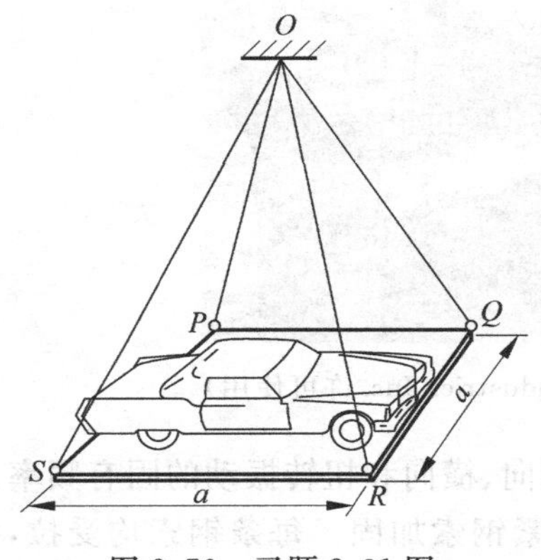

图 2.76　习题 2.31 图

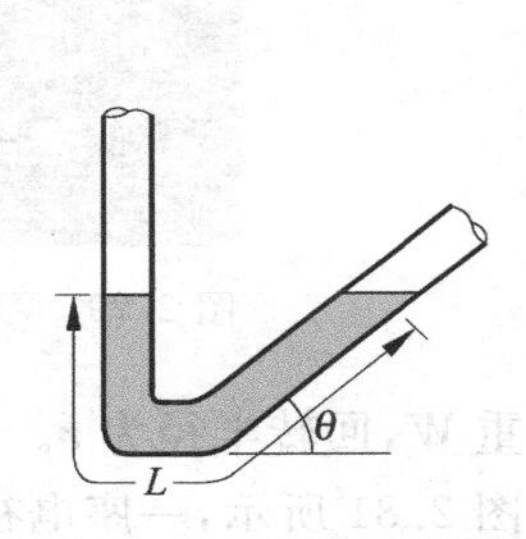

图 2.77　习题 2.32 图

2.33　一个质量为 250 kg 的箱子被直升机吊着(如图 2.78(a)所示)。这个情形可以简化为图 2.78(b)。直升机的螺旋桨速度为 300 r/min，求钢索的直径，使箱子振动的固有频率至少是螺旋桨频率的 2 倍。

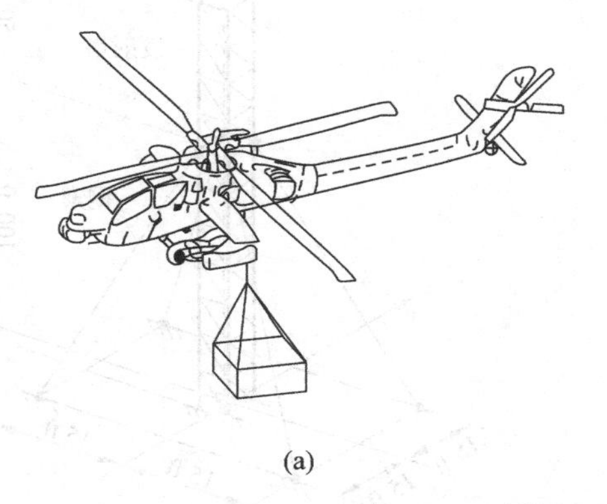

(a)

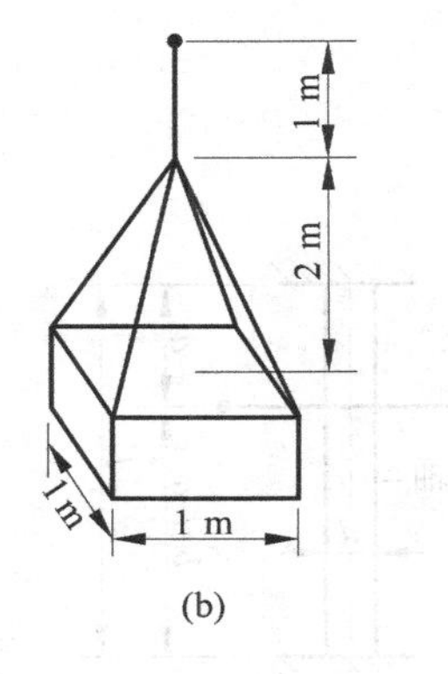

(b)

图 2.78　习题 2.33 图

2.34　如图 2.79 所示，一个压力罐的顶部被一组长 2 m 的钢索吊着。当压力罐顶部增加一个 5000 kg 的质量后，系统的轴向振动周期(垂直方向)由 5 s 变为 4.0825 s。求钢索的等效横截面积和压力罐顶部的质量。

2.35　如图 2.80 所示，一个飞轮安装在一个垂直轴上，轴的直径为 d，长为 l，两端固定；飞

图 2.79　习题 2.34 图(经 CBI Industries Inc. 许可使用)

轮重 W,回转半径为 r。分别求出系统作轴向、横向和扭转振动的固有频率。

2.36　如图 2.81 所示,一座电视发射塔由 4 根张紧钢索加固。每条钢索均受拉,截面积为 0.5 in^2,发射塔可以简化为一个边长为 1 in 的方形截面钢质梁以便估算其质量和刚度,求发射塔沿 y 轴方向发生弯曲振动的固有频率。

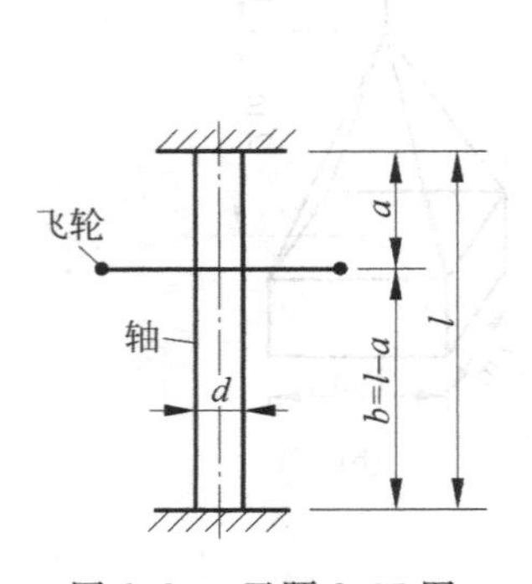

图 2.80　习题 2.35 图

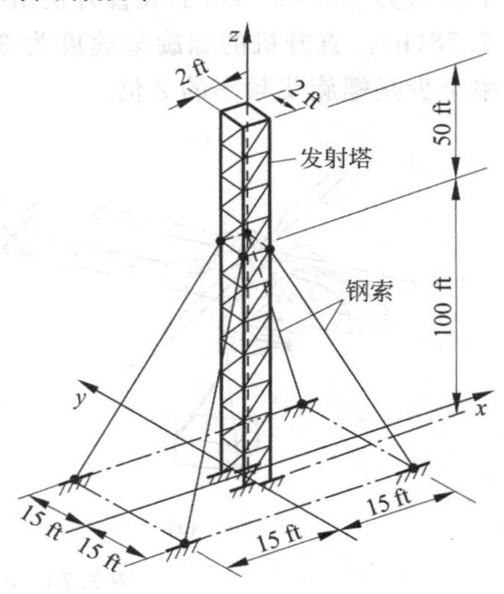

图 2.81　习题 2.36 图

2.37　图 2.82(a)中,一个厚 1/8 in 的钢质交通标志牌固定一根钢质立柱上。立柱高 72 in,截面积为 2 in×1/4 in。它可以承受扭转振动(关于 z 轴)或弯曲振动(在 zx 面内或在 yz 面内),确定立柱的风致振动模式。设风速波动的频率为 1.25 Hz。

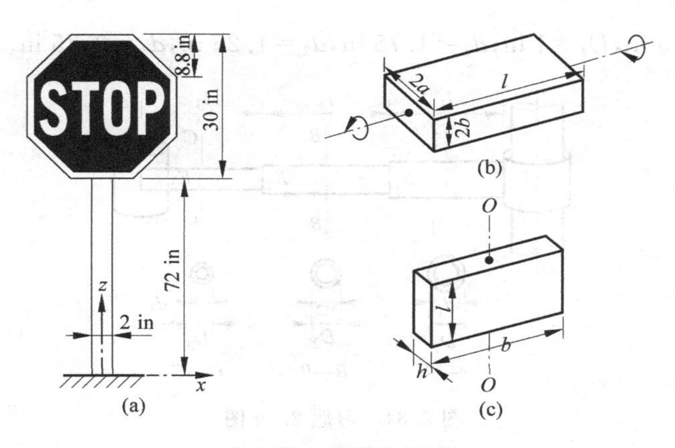

图 2.82 习题 2.37 图

提示：

(1) 求振动固有频率时忽略立柱的重量。

(2) 矩形截面梁的扭转刚度(如图 2.82(b))为

$$k_t = 5.33\frac{ab^3G}{l}\left[1-0.63\frac{b}{a}\left(1-\frac{b^4}{12a^4}\right)\right]$$

其中，G 为材料的剪切弹性模量。

(3) 矩形质量块关于轴 OO 的转动惯量(见图 2.82(c))为

$$I_{OO} = \frac{\rho l}{3}(b^3h + h^3b)$$

其中，ρ 为质量块材料的密度。

2.38 一个建筑框架可以简化为 4 个相同的钢质支柱(每个重 w)和一个重为 W 的刚性平板。每个钢柱的下端与地面固定，抗弯刚度为 EI。假设平板与支柱的连接为(a)铰接，如图 2.83(a)所示；(b)固接，如图 2.83(b)所示。考虑支柱自重影响，求在(a)，(b)两种情况下，框架作水平振动的固有频率。

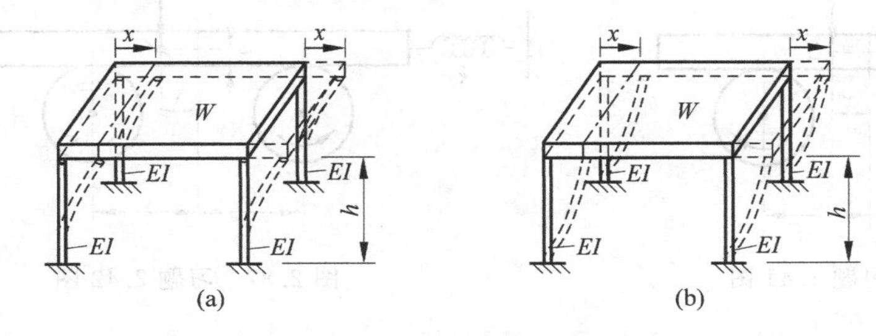

图 2.83 习题 2.38 图

2.39 如图 2.84 所示，一个抓放机器手臂抓着一个重 10 lbf 的物体。求机器手臂作轴向振动的固有频率。数据如下：$l_1 = 12$ in，$l_2 = 10$ in，$l_3 = 8$ in；$E_1 = E_2 = E_3 = 10^7$ Pa；$D_1 =$

2 in，D_2＝1.5 in，D_3＝1 in；d_1＝1.75 in，d_2＝1.25 in，d_3＝0.75 in。

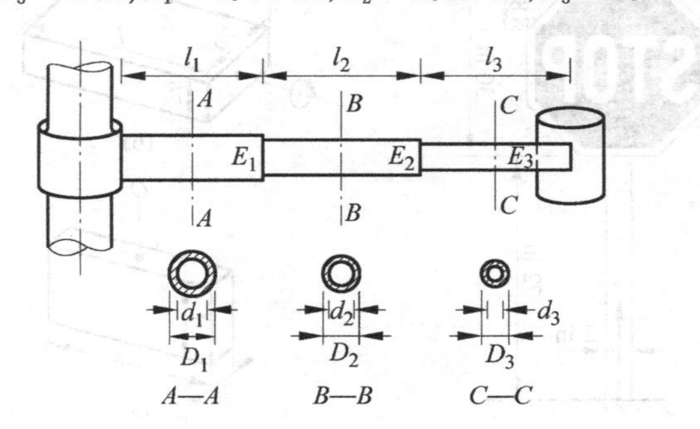

图 2.84　习题 2.39 图

2.40　如图 2.85(a)所示，一根刚度为 k 的螺旋弹簧被切成等长的两段，中间连上一个质量为 m 的物体，该系统的固有周期为 0.5 s。如果一根同样的弹簧从原长的 1/4 点处被切开，中间连上一个质量为 m 的物体，如图 2.85(b)所示，则此时系统的固有周期是多少？

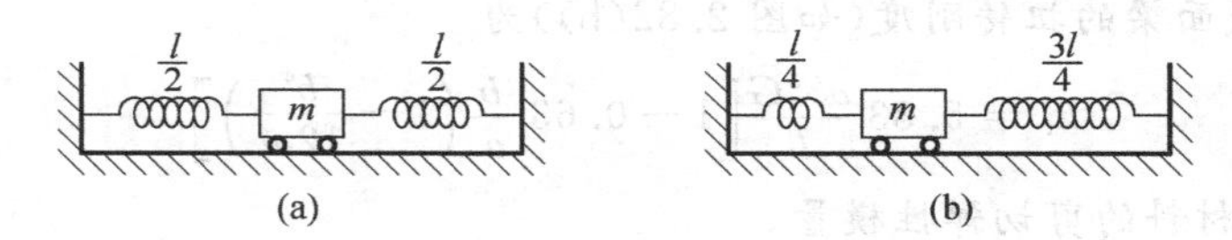

图 2.85　习题 2.40 图

2.41*　如图 2.86 所示，一个金属块由两个相同的圆柱形滚筒支承。这两个滚筒的角速度大小相等但方向相反。当金属块的重心产生一个大小为 x 的初始位移时，金属块作简谐振动。如果金属块的运动频率为 ω，求金属块与滚筒之间的摩擦系数。

2.42*　如果两个相同的刚度为 k 的弹簧连接在习题 2.41 中的金属块上，如图 2.87 所示。求金属块与滚筒之间的摩擦系数。

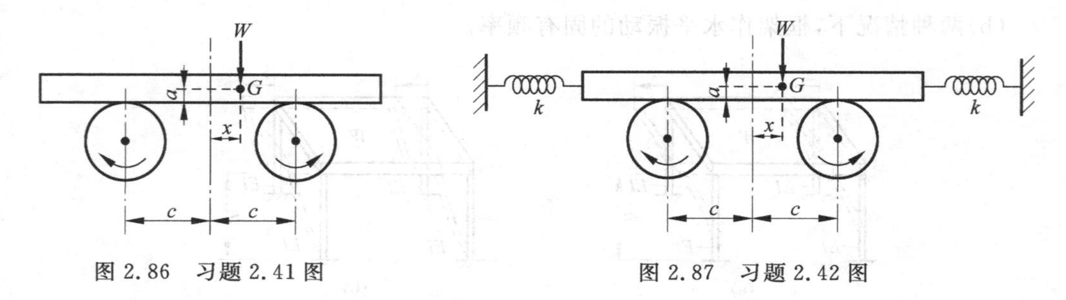

图 2.86　习题 2.41 图　　　　图 2.87　习题 2.42 图

2.43　在一个停放报废汽车的院子，一台自重为 3000 lbf 的电磁铁吸住了一台重 2000 lbf

* 表示此题为设计题或无唯一解的题。

的汽车。由于突然停电，汽车掉了下来。假设起重机和吊索的等效弹簧刚度为 1000 lbf/in。试求：(a)电磁铁的固有振动频率；(b)电磁铁随后的运动；(c)运动过程中吊索中的最大拉力。

2.44　求图 2.88 所示系统的运动微分方程，分别利用以下方法：(a)牛顿第二定律；(b)达朗贝尔原理；(c)虚功原理；(d)能量守恒定律。

2.45　对图 2.89 所示系统，先画受力分析图，再运用牛顿第二定律建立系统的运动微分方程。

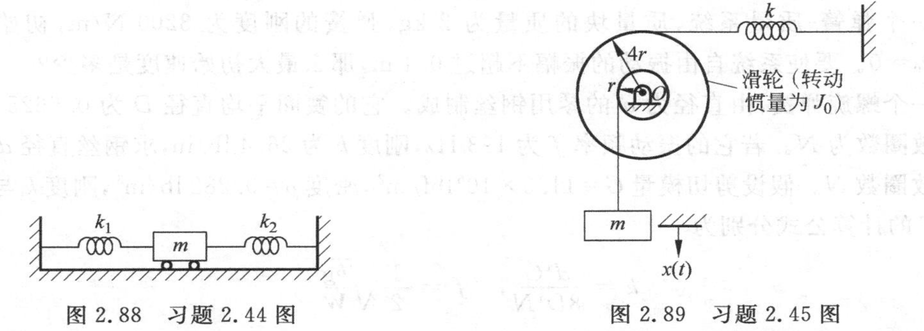

图 2.88　习题 2.44 图　　图 2.89　习题 2.45 图

2.46　对图 2.90 所示系统，先画受力分析图，再运用牛顿第二定律建立系统的运动微分方程。

2.47　运用能量守恒定律建立图 2.89 所示系统的运动微分方程。

2.48　运用能量守恒定律建立图 2.90 所示系统的运动微分方程。

2.49　一根长 1 m 的钢梁在其自由端放置着质量为 50 kg 的质量块，如图 2.91 所示。将其简化为一个单自由度系统，求质量块作横向振动时的固有频率。

2.50　一根长 1 m 的钢梁在其自由端放置着质量为 50 kg 的质量块，如图 2.92 所示。将其简化为一个单自由度系统，求质量块作横向振动时的固有频率。

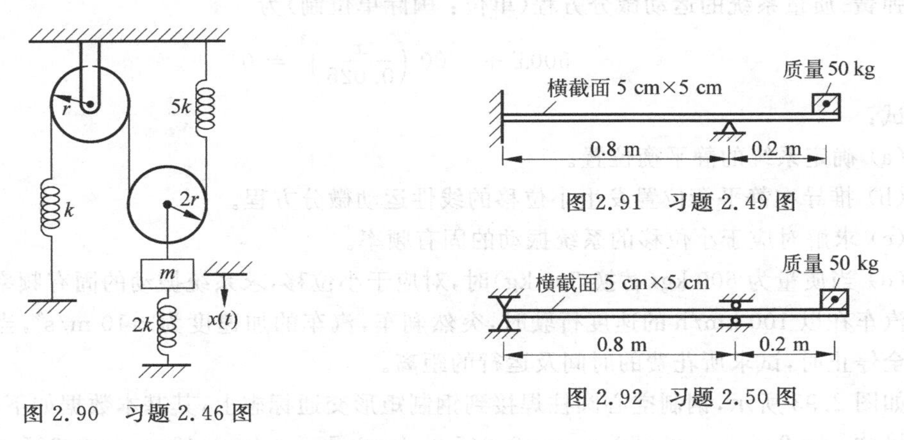

图 2.90　习题 2.46 图

图 2.91　习题 2.49 图

图 2.92　习题 2.50 图

2.51　一个弹簧-质量系统，$k=500$ N/m，$m=2$ kg，$x_0=0.1$ m，$\dot{x}_0=5$ m/s。求质量块的位移，速度和加速度。

2.52 一个弹簧-质量系统，$\omega_n=10$ rad/s，初始条件为 $x_0=0.05$ m，$\dot{x}_0=1$ m/s。求系统的位移(x)、速度($\dot{x}$)、加速度($\ddot{x}$)，并画出 $x(t)$，$\dot{x}(t)$，$\ddot{x}(t)$从 $t=0$ 到 $t=5$ s 的图形。

2.53 一个弹簧-质量系统的自由振动响应频率为 2 rad/s，振幅为 10 mm，初相角为 1 rad。求产生此自由振动的初始条件。假设系统阻尼比为 0.1。

2.54 一辆汽车，空车时的固有频率为 20 rad/s，载有 500 kg 乘客时的固有频率为 17.32 rad/s。将汽车看作单自由度系统，求它的质量和刚度。

2.55 一个弹簧-质量系统，质量块的质量为 2 kg，弹簧的刚度为 3200 N/m，初始位移 $x_0=0$。要使系统自由振动的振幅不超过 0.1 m，那么最大初始速度是多少？

2.56 一个螺旋弹簧，由直径为 d 的琴用钢丝制成。它的簧圈平均直径 D 为 0.5625 in，有效圈数为 N。若它的振动频率 f 为 193 Hz，刚度 k 为 26.4 lb/in，求钢丝直径 d 和有效圈数 N。假设剪切模量 $G=11.5\times10^6\,\text{lbf/in}^2$，密度 $\rho=0.282\,\text{lb/in}^3$，刚度 k 与频率 f 的计算公式分别为

$$k=\frac{d^4G}{8D^3N},\quad f=\frac{1}{2}\sqrt{\frac{kg}{W}}$$

其中，W 为弹簧重量；g 为重力加速度。

2.57 如果将习题 2.56 中螺旋弹簧的材料由琴用钢丝换为铝丝，$G=4\times10^6\,\text{lbf/in}^2$，$\rho=0.1\,\text{lb/in}^3$，其相应结果是多少？

2.58 一个钢质悬臂梁的自由端放置着一台机器。为了减轻重量，想把钢质梁换成同样尺寸的铝质梁。试求系统固有频率的变化。

2.59 一个直径为 1 m，质量为 500 kg 的油桶，漂浮在密度为 $\rho_w=1050\,\text{kg/m}^3$ 的盐水中，考虑油桶在垂直方向(x)有小位移，试确定该系统振动的固有频率。

2.60 弹簧-质量系统的运动微分方程(单位：国际单位制)为

$$500\ddot{x}+1000\left(\frac{x}{0.025}\right)^3=0$$

试：

(a) 确定系统的静平衡位置。

(b) 推导在静平衡位置发生小位移的线性运动微分方程。

(c) 求解对应于小位移的系统振动的固有频率。

(d) 当质量为 600 kg(替换 500 kg)时，对应于小位移，求系统振动的固有频率。

2.61 汽车在以 100 km/h 的速度行驶时，突然刹车，汽车的加速度为 $-10\,\text{m/s}^2$，当汽车完全停止时，试求所花费的时间及运行的距离。

2.62 如图 2.93 所示，钢制空心圆柱焊接到钢制矩形交通标志上，其基本数据如下：

尺寸：$l=2$ m，$r_0=0.050$ m，$r_i=0.045$ m，$b=0.75$ m，$d=0.40$ m，$t=0.005$ m；

材料属性：$\rho=76.50\,\text{kN/m}^3$，$E=207$ GPa，$G=79.3$ GPa

同时考虑交通标志和立柱的质量，求在 xz 平面和 yz 平面内横向振动时系统的固有

频率。

提示：在某个平面内横向振动时，将杆视为悬臂梁。

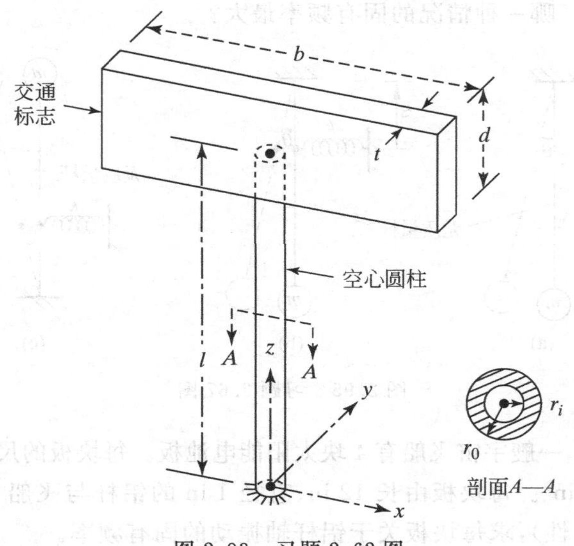

图 2.93 习题 2.62 图

2.63 将习题 2.62 中的圆柱及交通标志的材料由钢变为青铜重新求解。材料特性为：$\rho=80.1\ \text{kN/m}^3$，$E=110\ \text{GPa}$，$G=41.4\ \text{GPa}$。

§2.3 无阻尼扭转系统的自由振动

2.64 一个单摆，在其静止位置受到一个大小为 1 rad/s 的角速度后振动起来。若已知摆动的幅值为0.5 rad。求单摆的固有频率和摆长。

2.65 一个直径为 250 mm 的皮带轮通过皮带带动另一个直径为 1000 mm 的皮带轮(见图 2.94)，被动轮的转动惯量为 0.2 kg·m²。两轮间的皮带表示成两根弹簧，刚度为 k。当 k 取何值时系统的固有频率为 6 Hz?

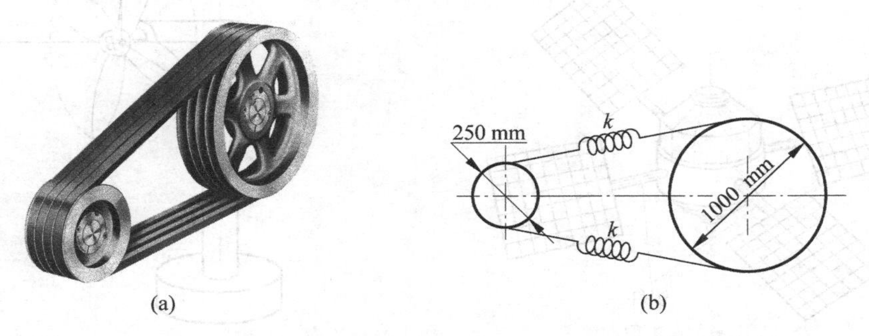

图 2.94 习题 2.65 图(经 Reliance Electric Company 许可使用)

2.66 推导如图1.10所示单摆的固有频率的表达式并求单摆的周期,其中$m=5$ kg,$l=0.5$ m。

2.67 一个质量为m的物体连在一根杆(质量可忽略)的末端,并在图2.95所示的3种不同布置下振动。哪一种情况的固有频率最大?

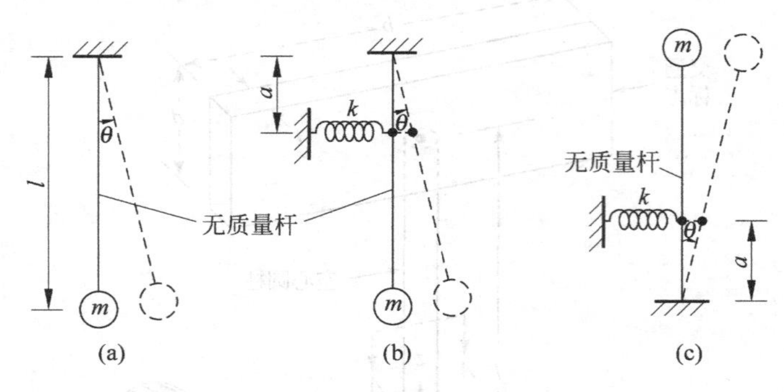

图2.95 习题2.67图

2.68 如图2.96所示,一艘宇宙飞船有4块太阳能电池板。每块板的尺寸为5 ft×3 ft×1 ft,密度为0.1 lb/in³。每块板由长12 in、直径1 in的铝杆与飞船主体连接。假设飞船主体非常大(刚性),求每块板关于铝杆轴振动的固有频率。

2.69 由于某种原因,电风扇的一个扇叶被去除了(如图2.97中虚线所示)。安装扇叶的钢轴AB等效为直径是1 in、长是6 in的均质杆。每个扇叶都可模型化为重2 lbf、长12 in的均质细长杆。求余下3个叶片关于y轴振动的固有频率。

2.70 一个转动惯量为1 kg·m²的重环安装在一个长2 m的双层空心轴的一端(见图2.98)。如果双层空心轴由钢和铜制成。求重环作扭转振动时的固有周期。

2.71 图2.99所示的单摆摆杆的质量相对于摆锤的质量不能忽略,求单摆的固有频率。

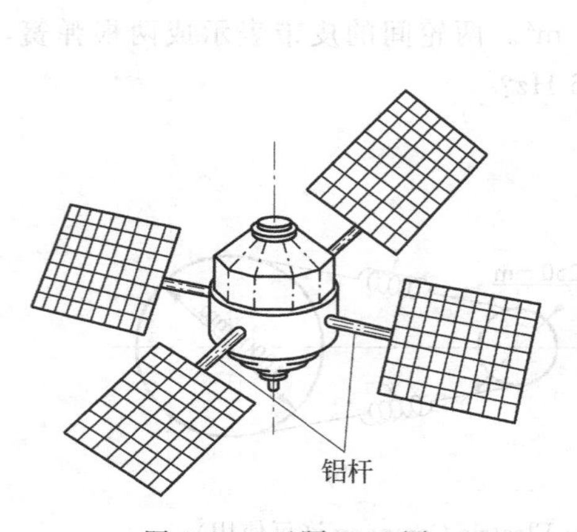

图2.96 习题2.68图

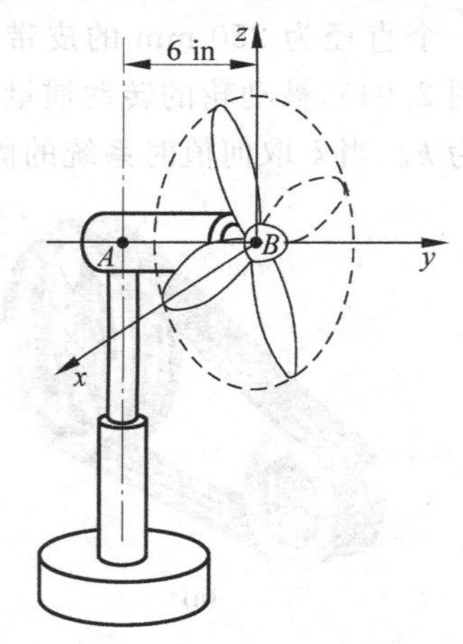

图2.97 习题2.69图

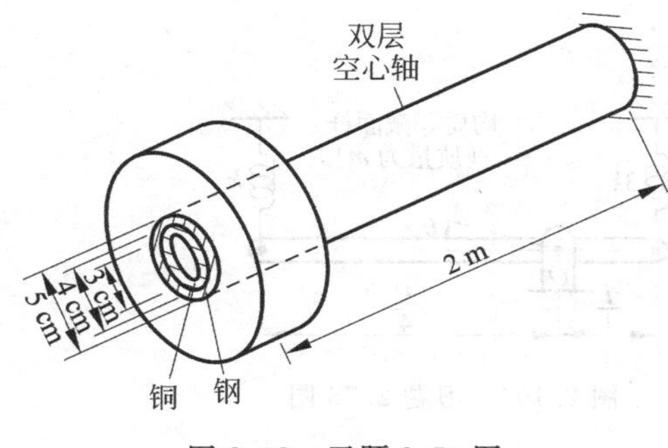

图 2.98 习题 2.70 图

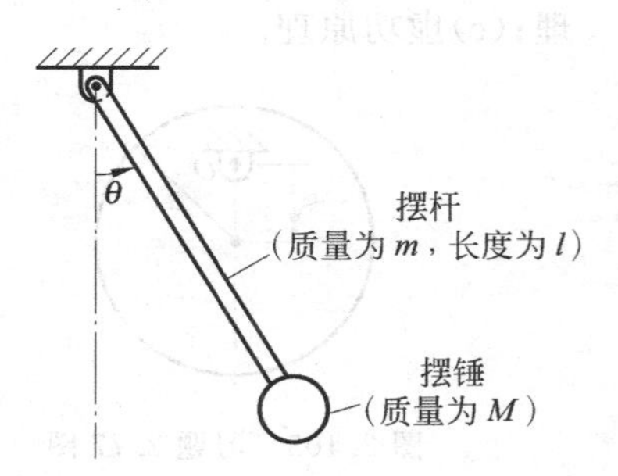

图 2.99 习题 2.71 图

2.72 如图 2.14 所示，直径为 0.05 m、长为 2 m 的钢质杆，一端固定，另一端连着一个直径为 1 m、厚度为 0.1 m 的钢质圆盘。求系统作扭转振动时的固有频率。

2.73 一根质量为 m、长为 l 的均质细杆，在 A 点用铰支座支承。杆上还连接着 4 根线性弹簧和 1 个扭转弹簧，如图 2.100 所示。如果 $k=2000$ N/m，$k_t=1000$ N·m/rad，$m=10$ kg，$l=5$ m，求系统的固有频率。

2.74 一个质量为 m、转动惯量为 J_0 的圆柱体自由转动，没有滑动。它被两根刚度分别为 k_1，k_2 的弹簧约束，如图 2.101 所示。求振动的固有频率，并求出当固有频率最大时 a 的值。

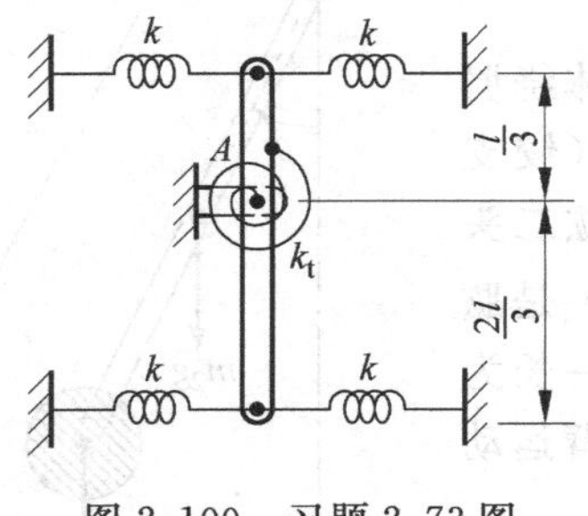

图 2.100 习题 2.73 图

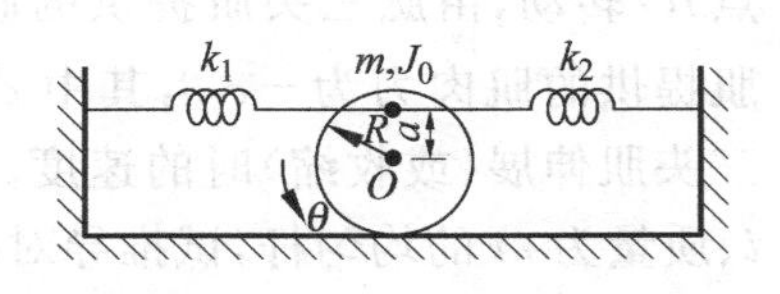

图 2.101 习题 2.74 图

2.75 如果习题 2.66 中的单摆放在垂直上升、加速度为 5 m/s^2 的火箭中，那么单摆的周期是多少？

2.76 如图 2.102 所示，均质刚性杆 OA 长为 l，质量为 m。建立其运动微分方程，并求出固有频率。

2.77 一个均质圆盘装在水平轴 O 上，如图 2.103 所示。求系统的固有频率，并求出当 b 值变化时固有频率的最大值。

2.78 求图 2.104 所示系统的运动微分方程，分别利用以下方法：(a)牛顿第二定律；(b)达朗贝尔原

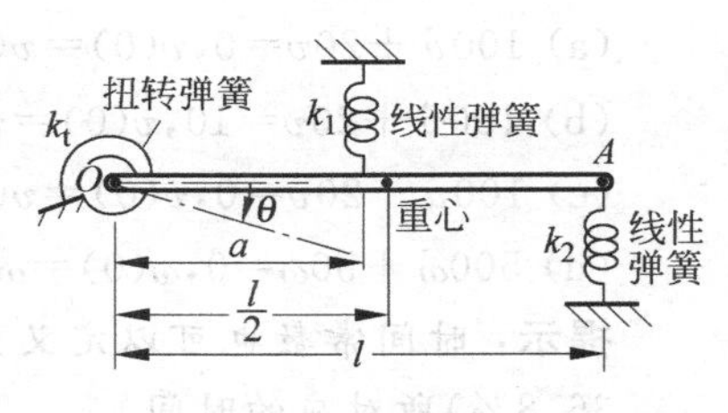

图 2.102 习题 2.76 图

理；(c)虚功原理。

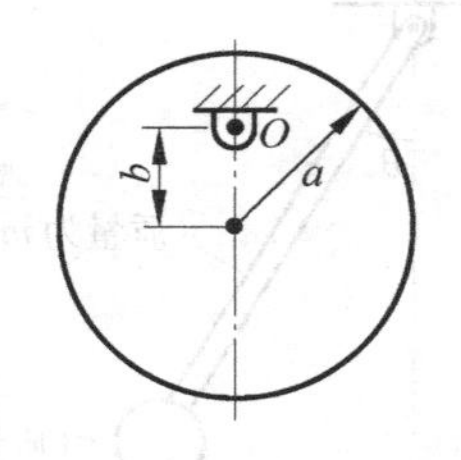

图 2.103　习题 2.77 图

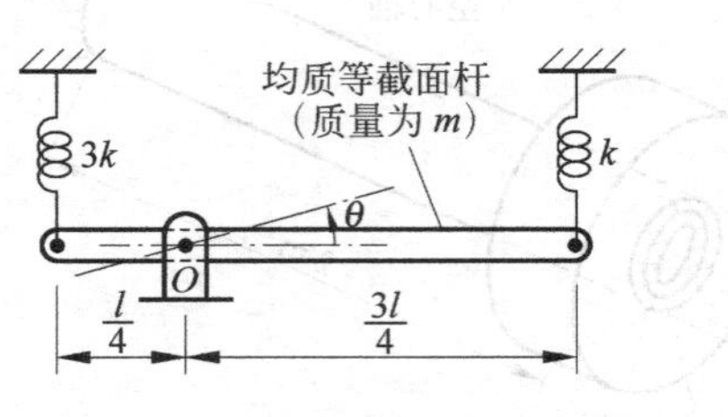

图 2.104　习题 2.78 图

2.79　求习题 2.62 中交通标志系统绕 z 轴扭转振动的固有频率。同时考虑立柱和交通标志的质量。

提示：关于 z 轴扭转振动时，立柱的弹簧系数为 $k_t=\frac{\pi G}{2l}(r_0^4-r_1^4)$。交通标志关于 z 轴的转动惯量为 $I_0=\frac{1}{12}m_0(d^2+b^2)$，其中 m_0 为交通标志的质量。

2.80　将习题 2.79 中的立柱及交通标志的材料由钢变为青铜时进行求解，材料特性为 $\rho=80.1\ \text{kN/m}^3$，$E=110\ \text{GPa}$，$G=41.4\ \text{GPa}$。

2.81　一质量为 m_1 的物体连接在质量为 m_2 的均匀杆的一端，均匀杆的另一端铰接于 O 点，如图 2.105 所示。试推导出此摆在小角位移振动时的固有频率。

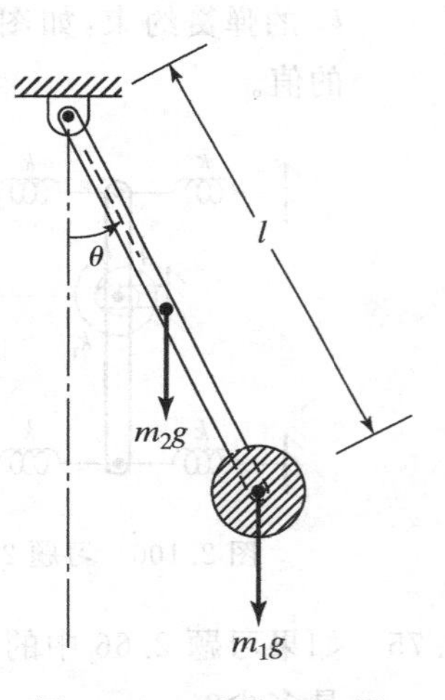

图 2.105　习题 2.81 图

2.82　如图 2.106 所示，人手中握有一质量为 m_0 的物体绕肘部作角运动。在运动过程中，前臂视为绕关节(铰支点)O 转动，由肱三头肌提供的肌肉力为$c_1\dot{x}$，由肱二头肌提供的肌肉力为$-c_2\theta$，其中 c_1 与 c_2 为常数，$\dot{x}$ 是肱三头肌伸展(或收缩)时的速度。将前臂近似为一长为 l、质量为 m 的均匀杆，试推导对小角位移 θ 的前臂运动的微分方程，并求解前臂的固有频率。

§2.4　一阶系统的响应与时间常数

2.83　利用下列给出的系统运动微分方程，求其自由振动响应与时间常数

(a) $100\dot{v}+20v=0, v(0)=v(t=0)=10$；

(b) $100\dot{v}+20v=10, v(0)=v(t=0)=10$；

(c) $100\dot{v}-20v=0, v(0)=v(t=0)=10$；

(d) $500\dot{\omega}+50\omega=0, \omega(0)=\omega(t=0)=0.5$。

提示：时间常数也可以定义为系统的阶跃响应上升到其最终值的 63.2%(100%－36.8%)所对应的时间。

2.84　如图 2.107 所示，阻尼常数为 c 的阻尼器和弹簧刚度为k 的弹簧与一无质量的杆 AB

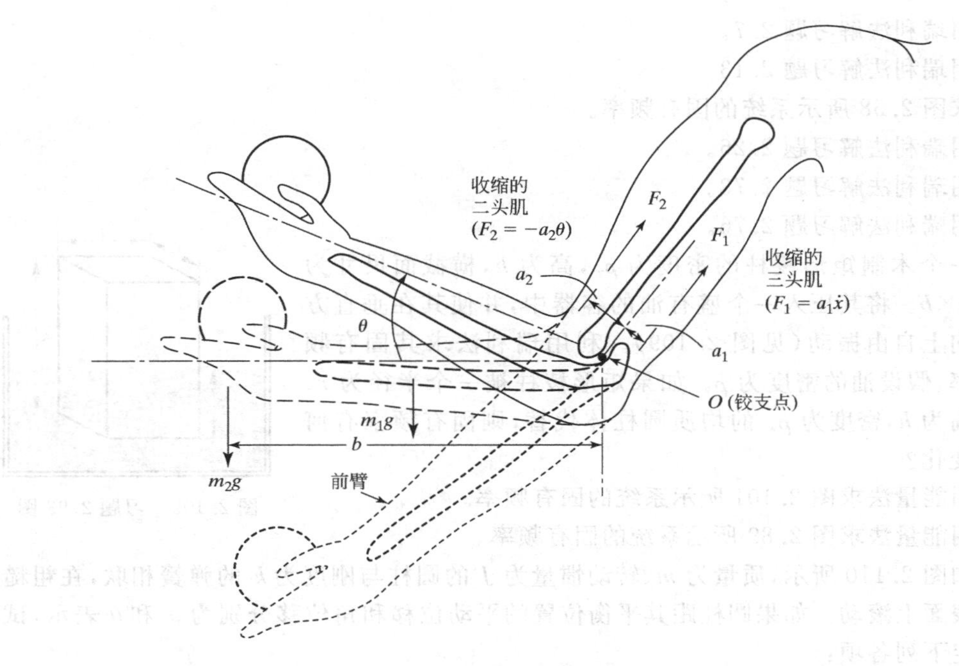

图 2.106 手臂的运动

相连接，当受到常力 $F=500$ N 作用时，杆 AB 移动了长 $x=0.1$ m 的距离。然后，作用力 F 突然从该位移处释放，如果 $t=10$ 杆 AB 的位移从初始值 $x=0.1$ m($t=0$)衰减为 $x=0.01$ m，试求阻尼常数 c 以及弹簧刚度 k 的值。

2.85 质量为 m 的火箭在垂直上升时受到推力 F 和空气阻力(或拽力)D 的作用，其运动微分方程由下式确定

$$m\dot{v}=F-D-mg$$

假设 $m=1000$ kg，$F=50000$ N，$D=2000v$ 以及 $g=9.81$ m/s²，试求火箭的速度 $v(t)=\dfrac{dx(t)}{dt}$ 随时间的变化规律。初始条件为 $x(0)=0$ 与 $v=0$，其中 $x(t)$ 是指火箭在时间 t 内所运动的距离。

§2.5 瑞利能量法

2.86 分析图 2.108 所示简支梁的自重对振动固有频率的影响。

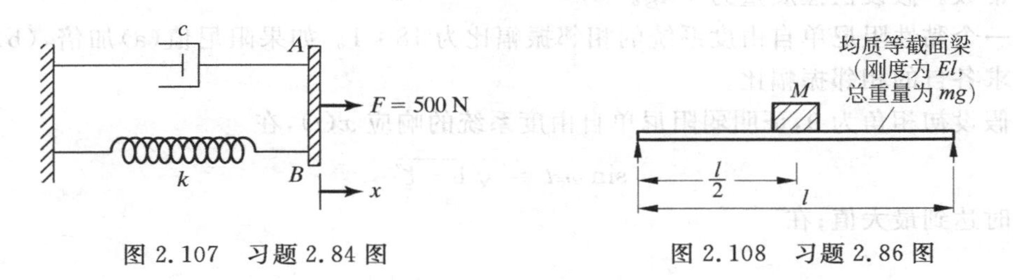

图 2.107 习题 2.84 图　　　　图 2.108 习题 2.86 图

2.87　用瑞利法解习题2.7。

2.88　用瑞利法解习题2.13。

2.89　求图2.58所示系统的固有频率。

2.90　用瑞利法解习题2.26。

2.91　用瑞利法解习题2.73。

2.92　用瑞利法解习题2.76。

2.93　一个木制矩形棱柱的密度为ρ_w，高为h，横截面尺寸为$a\times b$。将其压入一个盛有油的容器中，并使其在垂直方向上自由振动（见图2.109）。利用瑞利法求其固有频率，假设油的密度为ρ。如果矩形棱柱被一个半径为r、高为h，密度为ρ_w的均质圆柱体代替，则固有频率有何变化？

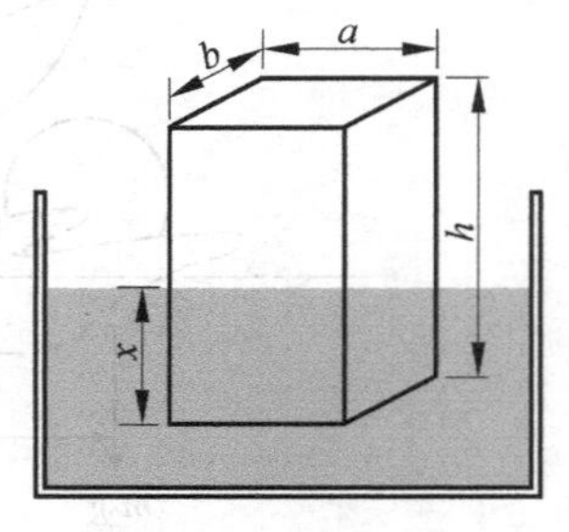

图2.109　习题2.93图

2.94　用能量法求图2.101所示系统的固有频率。

2.95　用能量法求图2.89所示系统的固有频率。

2.96　如图2.110所示，质量为m、转动惯量为J的圆柱与刚度为k的弹簧相联，在粗糙的表面上滚动。如果圆柱距其平衡位置的平动位移和角位移分别为x和θ表示，试确定下列各项：

(a) 采用能量法确定系统在小位移x下的运动微分方程。

(b) 采用能量法确定系统在小位移θ下的运动微分方程。

(c) 应用(a)与(b)推导的运动微分方程，求解系统的固有频率，两者是否相等？

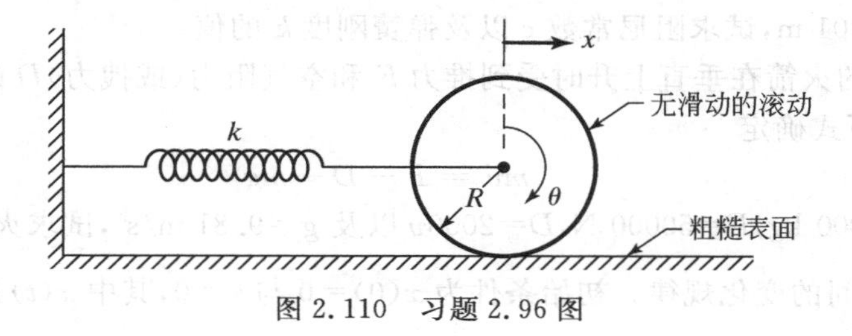

图2.110　习题2.96图

§2.6　黏性阻尼系统的自由振动

2.97　一个单摆在真空中的频率为0.5 Hz，在黏性流体介质中的频率为0.45 Hz。求阻尼常数。假设摆锤质量为1 kg。

2.98　一个黏性阻尼单自由度系统的相邻振幅比为18∶1。如果阻尼值(a)加倍，(b)减半，求各自的相邻振幅比。

2.99　假设初相角为0，证明弱阻尼单自由度系统的响应$x(t)$，在

$$\sin \omega_d t = \sqrt{1-\zeta^2}$$

时达到最大值；在

$$\sin\omega_d t = -\sqrt{1-\zeta^2}$$

时达到最小值。并证明 $x(t)$ 的包络线方程分别为

$$x = \sqrt{1-\zeta^2}\,X\mathrm{e}^{-\zeta\omega_n t}$$

和

$$x = -\sqrt{1-\zeta^2}\,X\mathrm{e}^{-\zeta\omega_n t}$$

2.100　求当临界阻尼系统的响应达到最大值时的时间表达式，并求出最大响应的表达式。

2.101　设计一个减振器要求其超调量为初始位移的 15%，求所需的阻尼比 ζ_0。如果令 ζ 分别等于(a)$\frac{3}{4}\zeta_0$，(b)$\frac{5}{4}\zeta_0$，则超调量分别是多少？

2.102　一台重 500 N 的电动机放置在不同地基上的自由振动响应分别如图 2.111(a)和(b)所示。讨论：(a)地基提供的阻尼的性质；(b)地基的刚度系数和阻尼系数；(c)在无阻尼和有阻尼情况下电动机的固有频率。

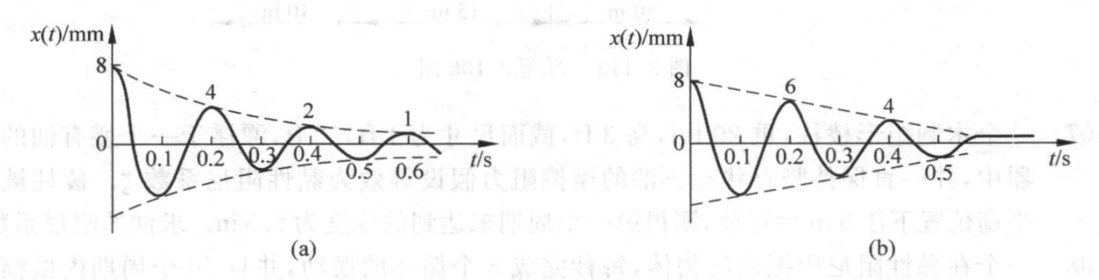

图 2.111　习题 2.102 图

2.103　一个弹簧-质量-阻尼系统，$m=50$ kg，$k=5000$ N/m。求：(a)临界阻尼常数 c_c；(b)当 $c=\frac{c_c}{2}$ 时的固有频率；(c)对数缩减率。

2.104　一个质量为 2000 kg 的火车头，以 $v=10$ m/s 的速度前进时被铁轨末端的弹簧-阻尼系统挡住并停下来，如图 2.112 所示。如果弹簧刚度 $k=40$ N/mm，阻尼常数 $c=20$ N·s/mm。求：(a)火车头与弹簧-阻尼系统接触后的最大位移；(b)达到最大位移所需的时间。

图 2.112　习题 2.104 图

2.105 一个扭转摆在真空中的固有频率为每分钟200个循环，圆盘的转动惯量为0.2 kg·m^2。将扭转摆浸没入油中后，测得其固有频率为每分钟180个循环。求阻尼常数。如果将圆盘放入油中时有2°的初始位移，求在第一个周期末的位移。

2.106 一个骑着自行车的男孩可以简化为一个弹簧-质量-阻尼系统。它的等效重量、刚度和阻尼常数分别为800 N，50000 N/m和1000 N·s/m。由于路基下沉造成了如图2.113所示的路面不平。如果自行车的速度为5 m/s(18 km/h)，求男孩在垂直方向上的位移变化规律。假设自行车在遇到路面的阶跃变化前没有竖直方向的振动。

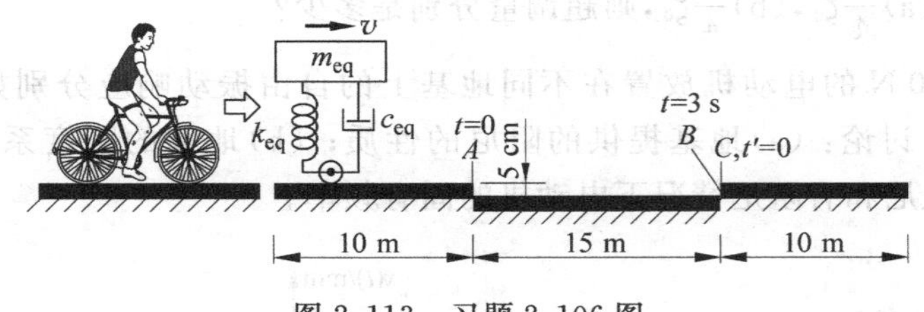

图2.113 习题2.106图

2.107 一个木制矩形棱柱，重20 lbf，高3 ft，截面尺寸为1 ft×2 ft，漂浮于一个盛有油的容器中，并一直保持竖直状态。油的摩擦阻力假设等效为黏性阻尼系数ζ。棱柱被从平衡位置下压6 in后释放，测得第一个周期末达到的深度为5.5 in。求油的阻尼系数。

2.108 一个在黏性阻尼中振动的物体，每秒完成5个循环的摆动，并且50个周期内振幅减少为原来的10%。求对数缩减率和阻尼比。如果去掉阻尼，振动周期会减少为原来的几分之几？

2.109 一门大炮的最大允许后坐距离为0.5 m。如果大炮的初始后坐速度在8 m/s和10 m/s之间，求大炮的质量和后坐机构的刚度系数。假设后坐机构使用了临界阻尼器，并且大炮的质量至少为500 kg。

2.110 黏性阻尼系统的刚度为5000 N/m，临界阻尼常数为0.2 N·s/mm，对数缩减率为2.0。如果系统的初始速度为1 m/s，求系统的最大位移。

2.111 当(a)只有初始位移，(b)只有初始速度时，解释为什么过阻尼系统不会通过静平衡位置。

2.112 求图2.114所示系统的运动微分方程和固有振动频率。

2.113 求图2.115所示系统的运动微分方程和固有振动频率。

2.114 求图2.116所示系统的运动微分方程和固有振动频率。

2.115 用虚功原理求图2.114所示系统的运动微分方程。

2.116 用虚功原理求图2.115所示系统的运动微分方程。

2.117 用虚功原理求图2.116所示系统的运动微分方程。

2.118 一个木制矩形棱柱，截面尺寸为40 cm×60 cm，高为120 cm，质量为40 kg，漂浮于液体中，如图 2.109 所示。当受到扰动时，棱柱产生固有周期为 0.5 s 的自由振动，求液体的密度。

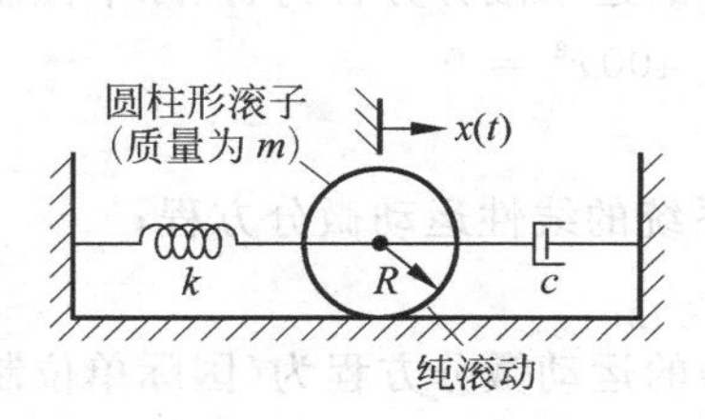

图 2.114 习题 2.112 图

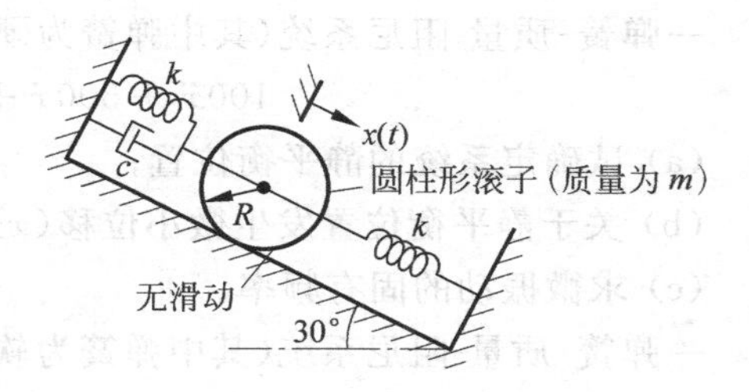

图 2.115 习题 2.113 图

2.119 图 2.117 所示系统固有频率为 5 Hz，$m=10$ kg，$J_0=5$ kg·m²，$r_1=10$ cm，$r_2=25$ cm。当受到扰动使系统具有一个初始位移时，自由振动的振幅在 10 个周期内减小了 80%。求 k 和 c 的值。

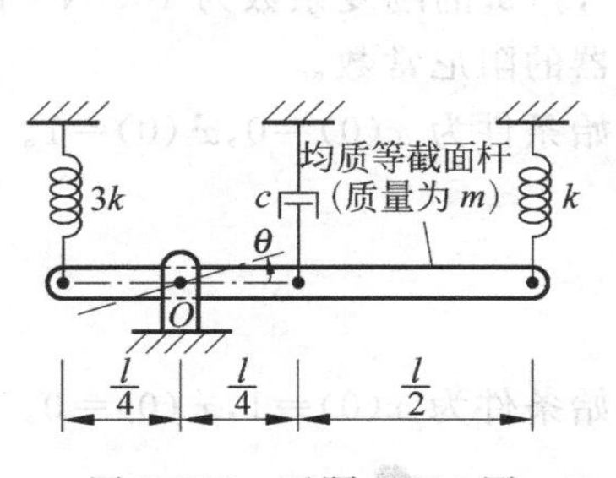

图 2.116 习题 2.114 图

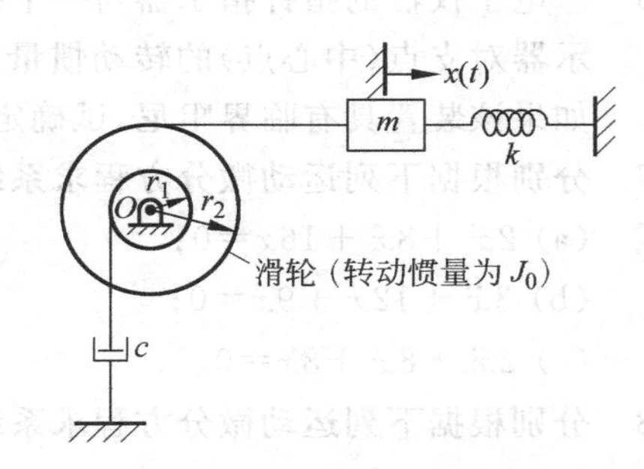

图 2.117 习题 2.119 图

2.120 一个刻度盘指示器转子与一个扭簧和一个扭转阻尼器相连，构成一个单自由度扭转系统。表盘上刻度均匀，并且其平衡位置对应着零刻度位置。当有一个 2×10^{-3} N·m 的扭矩作用时，转子产生了 50°的角位移，表盘上指针指向 80 刻度位置。当转子从此位置被释放时，第一秒末指针摆动到 −20 刻度位置，第二秒末又摆动到 5 刻度位置。求：(a)转子的转动惯量；(b)转子的无阻尼固有周期；(c)扭转阻尼系数；(d)扭转弹簧刚度。

2.121 求以下黏性阻尼系统 ζ 和 ω_d 的值

(a) $m=10$ kg，$c=150$ N·s/m，$k=1000$ N/m；

(b) $m=10$ kg，$c=200$ N·s/m，$k=1000$ N/m；

(c) $m=10$ kg，$c=250$ N·s/m，$k=1000$ N/m。

2.122 求习题 2.121 中黏性阻尼系统的自由振动响应，设 $x_0=0.1$ m，$\dot{x}_0=10$ m/s。

2.123 具有以下参数的黏性阻尼单自由度系统的简谐运动由 $x(t)=0.2\sin\omega_d t$ 给出，求系统一周期内的能量损耗

(a) $m=10$ kg，$c=50$ N·s/m，$k=1000$ N/m；

(b) $m=10$ kg，$c=150$ N·s/m，$k=1000$ N/m。

2.124 一弹簧-质量-阻尼系统（其中弹簧为硬特性弹簧）的运动微分方程为（国际单位制）

$$100\ddot{x}+500\dot{x}+10000x+400x^2=0$$

(a) 试确定系统的静平衡位置；

(b) 关于静平衡位置发生微小位移(x)时，推导系统的线性运动微分方程；

(c) 求微振动的固有频率。

2.125 一弹簧-质量-阻尼系统（其中弹簧为软特性弹簧）的运动微分方程为（国际单位制）

$$100\ddot{x}+500\dot{x}+10000x-400x^2=0$$

(a) 试确定系统的静平衡位置；

(b) 关于静平衡位置发生微小位移(x)时，推导系统的线性运动微分方程；

(c) 求微振动的固有频率。

2.126 一电子仪器的指针指示器与一个扭转黏性阻尼器和一扭转弹簧相联。假设指针指示器对支点（中心点）的转动惯量为 25 kg·m²，弹簧的刚度系数为 100 N·m/rad。如果该装置具有临界阻尼，试确定该扭转阻尼器的阻尼常数。

2.127 分别根据下列运动微分方程求系统的响应，初始条件为 $x(0)=0$，$\dot{x}(0)=1$。

(a) $2\ddot{x}+8\dot{x}+16x=0$；

(b) $3\ddot{x}+12\dot{x}+9x=0$；

(c) $2\ddot{x}+8\dot{x}+8x=0$。

2.128 分别根据下列运动微分方程求系统的响应，初始条件为 $x(0)=1$，$\dot{x}(0)=0$。

(a) $2\ddot{x}+8\dot{x}+16x=0$；

(b) $3\ddot{x}+12\dot{x}+9x=0$；

(c) $2\ddot{x}+8\dot{x}+8x=0$。

2.129 分别根据下列运动微分方程求系统的响应，初始条件为 $x(0)=1$，$\dot{x}(0)=-1$。

(a) $2\ddot{x}+8\dot{x}+16x=0$；

(b) $3\ddot{x}+12\dot{x}+9x=0$；

(c) $2\ddot{x}+8\dot{x}+8x=0$。

2.130 一弹簧-质量系统在空气中的振动频率是 120 次/min，在液体中的振动频率为 100 次/min。假设质量为 $m=10$ kg，试求系统在液体中的弹簧系数 k、阻尼系数 c 以及阻尼比 ξ。

2.131 根据下列运动微分方程分别求系统的振荡频率及时间常数。

(a) $\ddot{x}+2\dot{x}+9x=0$；

(b) $\ddot{x}+8\dot{x}+9x=0$；

(c) $\ddot{x}+6\dot{x}+8x=0$。

2.132 对于非均匀和（或者）形状复杂的回转体关于旋转轴旋转时的转动惯量，可以通过首先求解该物体绕旋转轴旋转时扭转振动的固有频率来确定。在图 2.118 所示的扭转系统中，转动惯量为 J 的回转体(或转子)支撑在两个无摩擦的轴承上并与一个刚度系数为 k_t 的扭转弹簧相连接。对转子提供一个初始扭转(角位移)θ_0 并释放转子。测量出其振动周期为 τ。

(a) 根据 τ 以及 k_t，求解转子的转动惯量 J 的表达式；

(b) 若 $\tau=0.5$ s，$k_1=5000$ N・m/rad 时，计算转动惯量 J 的值。

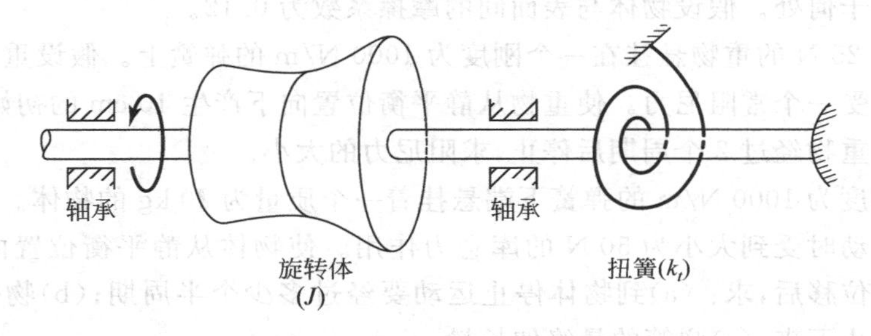

图 2.118 习题 2.132 图

§2.7 特征根的图解表示及相应的解

2.133 单自由度系统的特征根如下，根据特征方程求系统的时间常数、无阻尼固有频率、有阻尼固有频率和阻尼比。

(a) $s_{1,2}=-4\pm5\mathrm{i}$；

(b) $s_{1,2}=4\pm5\mathrm{i}$；

(c) $s_{1,2}=-4,-5$；

(d) $s_{1,2}=-4,-4$。

2.134 对于问题 2.133(a)～(d)给出的特征根，在 s 平面上进行表示，并描述系统在每一种情况下的响应特性。

2.135 由式(2.107)给定的单自由度系统的特征方程，可改写为

$$s^2+as+b=0 \tag{E.1}$$

其中 $a=c/m$，$b=k/m$ 可视为系统参数。试在参数平面内(即 a 和 b 分别表示垂直轴和水平轴)确定对应系统临界稳定、不稳定以及稳定的区域。

§2.8 参数变化与根轨迹表示

2.136 对特征方程 $2s^2+cs+18=0$，当 $c\geqslant0$ 时，试画出系统的根轨迹图。

2.137 对特征方程 $2s^2+12s+k=0$，当 $k\geqslant0$ 时，试画出系统的根轨迹图。

2.138 对特征方程 $ms^2+12s+4=0$，当 $m\geqslant0$ 时，试画出系统的根轨迹图。

§2.9 库仑阻尼系统的自由振动

2.139 一个单自由度系统由一个质量为 20 kg 的物体和一个刚度为 4000 N/m 的弹簧组成。相邻周期的振幅依次为 50，45，40，35，…mm。求阻尼力的种类和大小，以及阻

尼振动的频率。

2.140 一个质量为 20 kg 的物体，连在一根刚度为 10 N/mm 的弹簧上，在干燥表面上来回滑动。4 个整周期后，振幅为 100 mm。如果原振幅为 150 mm，两表面间的摩擦系数是多少？振动 4 个周期所需的时间是多少？

2.141 一个质量为 10 kg 的物体连在一根刚度为 3000 N/m 的弹簧上。使物体产生 100 mm 的初始位移后释放。假设物体在水平面上运动，如图 2.42(a)所示。求物体静止于何处。假设物体与表面间的摩擦系数为 0.12。

2.142 一个重 25 N 的重物悬挂在一个刚度为 1000 N/m 的弹簧上。假设重物在垂直方向振动时受一个常阻尼力。使重物从静平衡位置向下产生 10 cm 的初始位移，然后释放。若重物经过 2 个周期后停止，求阻尼力的大小。

2.143 一个刚度为 1000 N/m 的弹簧下端悬挂着一个质量为 20 kg 的物体。设物体在垂直方向运动时受到大小为 50 N 的库仑力作用。使物体从静平衡位置向下产生 5 cm 的初始位移后，求：(a)到物体停止运动要经过多少个半周期；(b)物体需要多长时间才停止下来；(c)弹簧的最终伸长量。

2.144 查贝(Charpy)冲击实验是一种动力学实验。实验时，用摆锤(或锤子)冲击试样直至破坏，并把试样破坏前所吸收的能量记录下来。这些能量的值用来比较不同材料的冲击强度。如图 2.119 所示，摆悬挂在一根轴上，从特定的位置释放，使它落下并冲击试样。如果使摆锤自由摆动(没有试样)，求：(a)每个周期由摩擦引起的角度减小量的表达式；(b)$\theta(t)$的解，如果摆锤从 θ_0 释放；(c)运动停止时经过的周期数。假设摆锤的质量为 m，轴与轴承之间的摩擦系数为 μ。

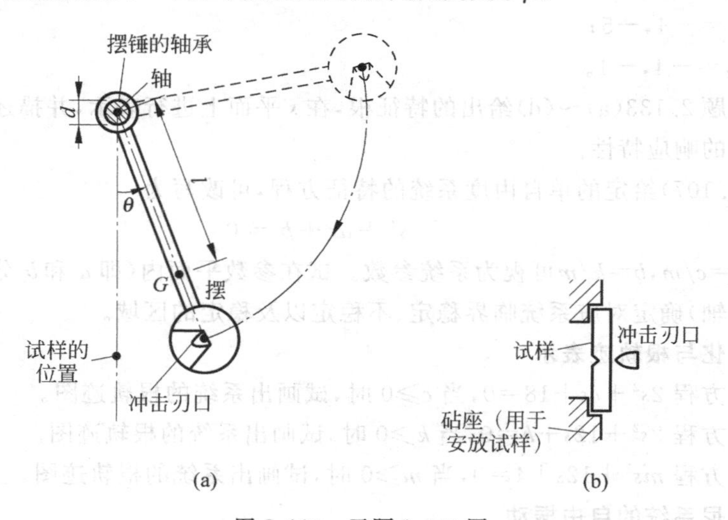

图 2.119 习题 2.144 图

2.145 求作正弦振动的库仑阻尼系统的等效黏性阻尼系数。

2.146　一个单自由度系统由一个质量块、一个弹簧和一个同时具有干摩擦和黏性阻尼的阻尼器组成。如果振幅为 20 mm，自由振动的振幅每周期减少 1%；如果振幅为 10 mm，自由振动的振幅每周期减少 2%。求阻尼中的干摩擦成分 $\mu N/k$ 的值。

2.147　一个放置在粗糙表面上的金属块，连接着一个弹簧。金属块从平衡位置产生一个 10 cm 的初始位移。已知运动的固有周期为 1.0 s，并且振幅每周期减少 0.5 cm。求：(a)金属块与表面间的动摩擦系数；(b)金属块停止时经过了多少个运动周期。

2.148　一个弹簧-质量系统，$k=10000$ N/m，$m=5$ kg，在粗糙表面上振动。如果摩擦力 $F=20$ N，并且物体的振幅 10 个周期内减少了 50 mm。求完成 10 个周期所需的时间。

2.149　一个弹簧-质量系统布置在与水平面成 30°的斜面上，如图 2.120 所示。(a)建立运动微分方程；(b)求系统的响应。数据如下：$m=20$ kg，$k=1000$ N/m，$x_0=0.1$ m，$\dot{x}_0=5$ m/s。

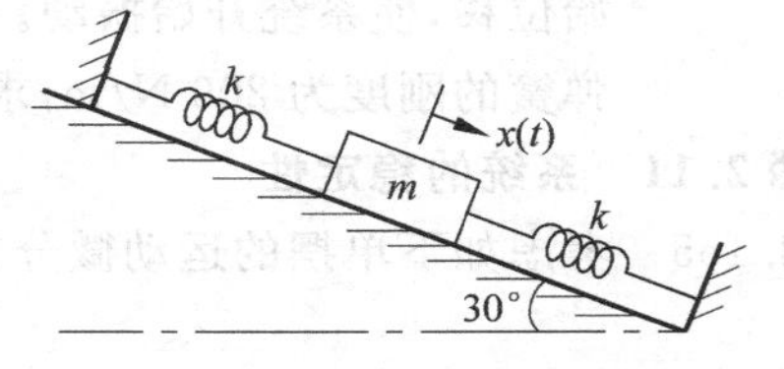

图 2.120　习题 2.149 图

2.150　一个弹簧-质量系统，物体受 25 N 的力时，从没有变形时的位置产生了 10 cm 的初始位移(这个力是物体重量的 5 倍)。如果物体从这个位置释放，那么经过多长时间物体才能停下来？最终位置与未变形时的位置之间的距离是多少？假设摩擦系数为 0.2。

§2.10　滞后阻尼系统的自由振动

2.151　由实验得出的一个复合结构的力-变形曲线如图 2.121 所示，求曲线对应的滞后阻尼系数、对数缩减率、等效黏性阻尼比。

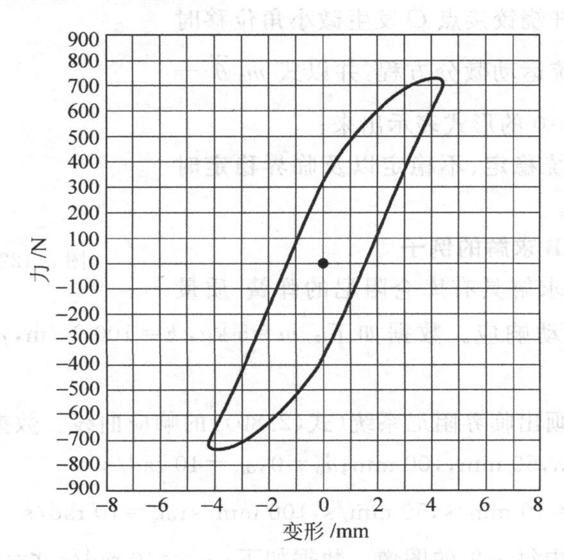

图 2.121　习题 2.151 图

2.152　一个由纤维加强复合材料制成的板，可以看作质量为1 kg、刚度为2 N/m的单自由度系统。若相邻振幅比为1.1，求滞后阻尼系数β、等效黏性阻尼常数c_{eq}和振幅为10 mm时每个周期的能量损失。

2.153　一个弯曲刚度为200 N/m的组合悬臂梁，在其自由端放置一个质量为2 kg的物体。物体产生了一个30 mm的初始位移后释放，经过100个周期后，振幅变为20 mm。估算梁的滞后阻尼系数β。

2.154　一个螺旋弹簧的上端连接着一个质量为5 kg的质量块。给质量块一个25 mm的初始位移，使系统开始振动。若质量块的振幅经过100个周期后减少到10 mm，螺旋弹簧的刚度为200 N/m，求弹簧滞后阻尼系数β的值。

§2.11　系统的稳定性

2.155　考虑如下单摆的运动微分方程

$$\dddot{\theta}+\frac{g}{l}\sin\theta=0 \tag{E.1}$$

(a) 对式(E.1)中单摆的任意角位移进行线性化处理；

(b) 使用线性运动微分方程，讨论单摆在$\theta=0$和$\theta=\pi$处的稳定性。

2.156　图2.122表示质量为m、长度为l的匀质刚性杆，在一端铰支(点O)，另一端(点P)与质量为M、转动惯量为J的圆盘固连。圆盘又分别与刚度系数为k的弹簧和阻尼常数为c的黏性阻尼器连接。

(a) 推导出刚杆绕铰接点O发生微小角位移时对应的系统运动微分方程，并以式$m_0\dddot{\theta}+c_0\ddot{\theta}+k_0\theta=0$的形式表示出来；

(b) 推导出系统稳定、不稳定以及临界稳定时所对应的条件。

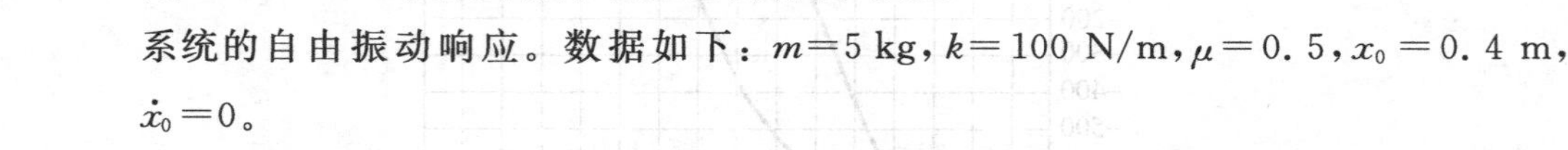

图2.122　习题2.156图

§2.12　利用MATLAB求解的例子

2.157　用MATLAB求解具有库仑阻尼的弹簧-质量系统的自由振动响应。数据如下：$m=5$ kg，$k=100$ N/m，$\mu=0.5$，$x_0=0.4$ m，$\dot{x}_0=0$。

2.158　用MATLAB画出临界阻尼系统(式(2.80))的响应曲线。数据如下：

(a) $x_0=10$ mm，50 mm，100 mm；$\dot{x}_0=0$，$\omega_n=10$ rad/s。

(b) $x_0=0$，$\dot{x}_0=10$ mm/s，50 mm/s，100 mm/s；$\omega_n=10$ rad/s。

2.159　画出式(2.81)中每一项的图像。数据如下：$\omega_n=10$ rad/s，$\zeta=2.0$，$x_0=20$ mm，$\dot{x}_0=50$ mm/s。

2.160 用 MATLAB 程序 Program2.m 画出黏性阻尼系统的自由振动响应曲线。其中 $m=4$ kg,$k=2500$ N/m,$x_0=100$ mm,$\dot{x}_0=-10$ m/s,$\Delta t=0.01$ s,$n=50$,阻尼常数 $c=0$。

2.161 用 MATLAB 程序 Program2.m 画出黏性阻尼系统的响应曲线。其中 $m=4$ kg,$k=2500$ N/m,$x_0=100$ mm,$\dot{x}_0=-10$ m/s,$\Delta t=0.01$ s,$n=50$,阻尼常数 $c=100$ N·s/m。

2.162 用 MATLAB 程序 Program2.m 画出黏性阻尼系统的响应曲线。其中 $m=4$ kg,$k=2500$ N/m,$x_0=100$ mm,$\dot{x}_0=-10$ m/s,$\Delta t=0.01$ s,$n=50$,阻尼常数 $c=200$ N·s/m。

2.163 用 MATLAB 程序 Program2.m 画出黏性阻尼系统的响应曲线。其中 $m=4$ kg,$k=2500$ N/m,$x_0=100$ mm,$\dot{x}_0=-10$ m/s,$\Delta t=0.01$ s,$n=50$,阻尼常数 $c=400$ N·s/m。

2.164 用 MATLAB 程序求解习题 2.149 中系统的响应。

设计题目

2.165* 如图 2.123 所示,一个质量为 1000 kg、转动惯量为 500 kg·m² 的水轮机安装在一个钢制轴上。水轮机的工作速度为 2400 r/min。假设轴两端固定,求 l,a 和 b 的值,使水轮机在轴向、横向、周向的振动固有频率大于其工作速度。

2.166* 为图 2.83(a)和(b)所示的建筑框架设计立柱。要求立柱的重量最小,以使振动固有频率大于 50 Hz。地板重量 W 为 4000 lbf,立柱高度 l 为 96 in。假设立柱是钢制的,管状横截面外径为 d,壁厚为 t。

2.167* 质量为 m 的均质刚性杆的一端通过铰支座 O 与墙体相连,另一端放置一集中质量 M,如图 2.124 所示。杆绕铰支座 O 转动时受到一个扭簧和一个扭转阻尼器的阻碍。现想用这个装置,加上一个机械计数器,来控制游乐场的入口。求质量 m、M、扭簧的刚度 k_t 和阻尼力 F_d。要求:(a)可以使用黏性阻尼或库仑阻尼;(b)当杆从初始位置 $\theta=75°$释放后,必须在 2 s 内返回到 5°以内的关闭状态。

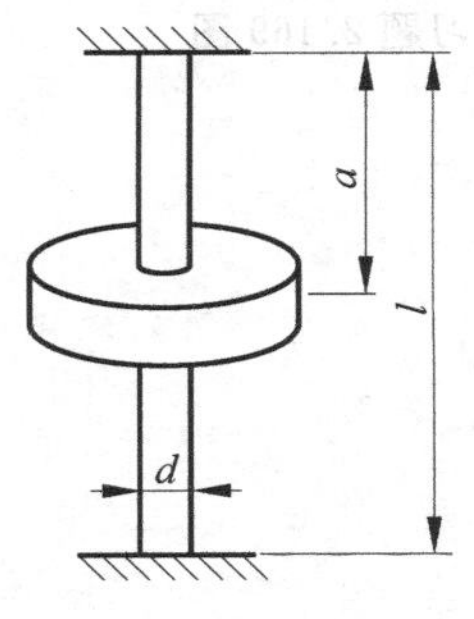

图 2.123 习题 2.165 图

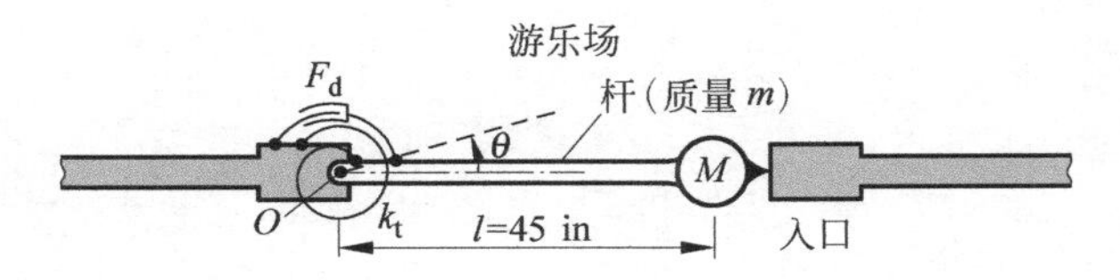

图 2.124 习题 2.167 图

2.168 登月舱可以简化为由4个对称布置的杆支承的质量块。每根杆可以近似看作可忽略质量的弹簧-阻尼系统(见图2.125)。设计该系统的弹簧和阻尼器，使有阻尼振动周期在1～2 s之间。

2.169 考虑图2.12(a)所示消防车的伸缩臂和座舱。假设伸缩臂 $PQRS$ 由支柱 QT 支承，如图2.126所示。求支柱 QT 的横截面尺寸，使装有消防队员的座舱振动固有周期为1 s。假设伸缩臂的每一段和支柱的横截面均为中空圆截面，支柱像弹簧一样只产生轴向变形。数据如下：

各段长度：$\overline{PQ}=12$ ft，$\overline{QR}=10$ ft，$\overline{RS}=8$ ft，$\overline{TP}=3$ ft

伸缩臂和支柱的弹性模量：30×10^6 lbf/in^2

截面外径：PQ 段为2.0 in，QR 段为1.5 in，RS 段为1.0 in

截面内径：PQ 段为1.75 in，QR 段为1.25 in，RS 段为0.75 in

座舱的重量：100 lbf

消防队员的重量：200 lbf

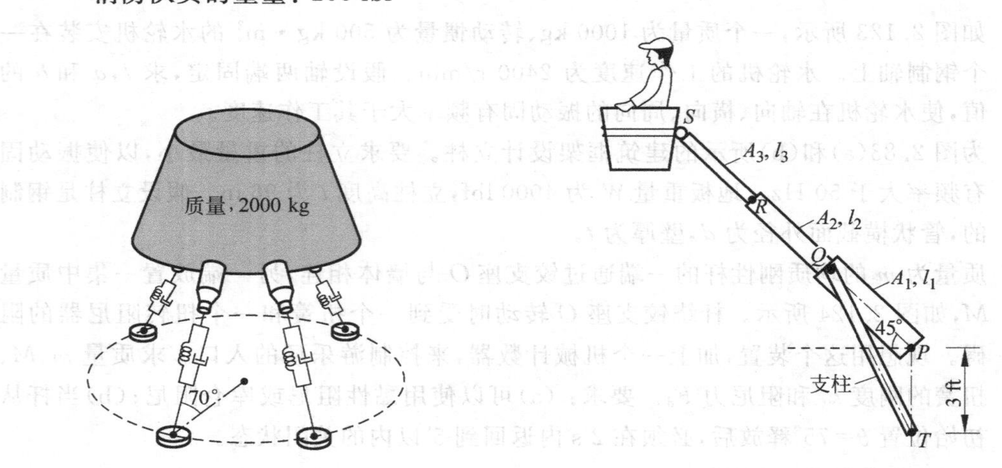

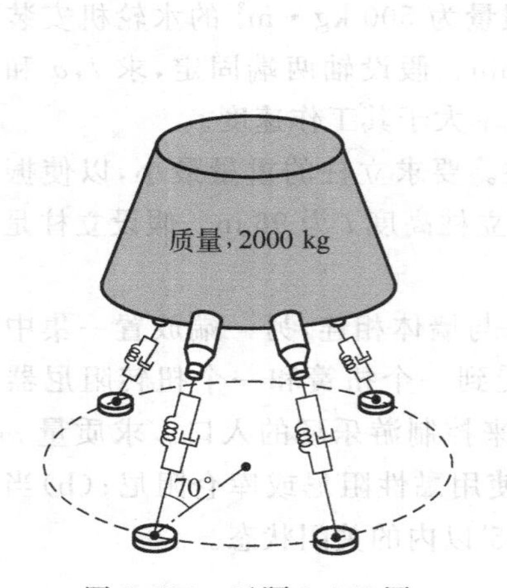

图2.125 习题2.168图

图2.126 习题2.169图

库仑(Charles Augustin de Coulomb,1736—1806),法国物理学家、军事工程师。1779 年,总结其早年关于静力学和机械学工作的论文集《简单机械理论》面世,其描述的摩擦力与正压力之间成比例的关系,即人们熟知的库仑摩擦定律。1784 年,他得到了刚体微幅扭振问题的准确解。他因提出电磁力的计算公式而广为人知。在国际单位制中,电荷的单位库仑就是用他的名字命名的。

(蒙 *Applied Mechanics Reviews* 许可使用。)

第 3 章　单自由度系统在简谐激励下的振动

导读

本章主要讨论单自由度系统在简谐激励下的响应。首先,推导了单自由度系统在简谐激励作用下的运动微分方程以及求解过程,同时考虑了有阻尼和无阻尼两种情况。针对无阻尼质量-弹簧系统,介绍了振幅放大系数(或幅值比)、共振以及拍振现象。非齐次二阶微分方程的解可表示成齐次解(自由振动解)与特解(受迫振动)之和。系统的已知初始条件可用于确定全解的常数。详细介绍了黏性阻尼系统的放大系数以及相位角的重要特征。给出了品质因数、带宽及半功率点的定义,同时介绍了如何利用品质因数来确定机械系统的黏性阻尼系数。

介绍了无阻尼系统在简谐函数为复数形式时的响应,并且引入了复频响应的概念。介绍了阻尼系统在基础作简谐运动时的响应,引入位移传递率及力传递率的概念,这可以应用于如在飞机滑行或起降过程中跑道的粗糙度引起的飞机的振动、车辆由于道路不平而引起的振动以及建筑物由于地震引起的振动等问题。还介绍了阻尼系统在旋转不平衡情况下的响应,可以应用于转子不平衡的旋转机器。介绍了质量-弹簧系统在库仑阻尼、滞后阻尼及其他类型阻尼下的受迫振动。给出了单自由度系统的自激振动和稳定性分析及应用。对求解简谐激励系统的三种传递函数法(一般传递函数法、拉普拉斯变换法及谐波传递函数法)进行了概述。最后,给出了若干利用 MATLAB 求解不同类型的简谐激励下阻尼和无阻尼振动问题的例子。

学习目标

学完本章后，读者应能达到以下几点：

- 求解在不同类型的简谐力作用下阻尼或无阻尼单自由度系统的响应，包括基础激励和有旋转不平衡的情况。
- 区分瞬态振动、稳态振动以及全解。
- 了解放大系数和相位角随激励频率的变化规律，以及共振和拍振的概念。
- 求在库仑阻尼、滞后阻尼及其他类型阻尼下系统的响应。
- 识别自激振动问题并分析其稳定性。
- 推导受控于常系数线性微分方程的系统的传递函数。
- 利用拉普拉斯变换求解单自由度系统在谐波作用下的振动问题。
- 从一般传递函数推导出频率传递函数，并用伯德(Bode)图画出频率响应特性。
- 利用MATLAB求解简谐激励下的振动响应。

3.1 引言

当有外部能量供给机械或机构系统时，一般会导致受迫振动。提供给系统的外部能量，既可能是作用力，也可能是强加的位移激励。作用力或位移激励本质上可能是简谐形式、非简谐但为周期性形式、非周期或随机形式。简谐激励下系统的响应称为**简谐响应**。非周期激励可能经历或长或短的一段时间。动力学系统对突加非周期激励的响应称为**瞬态响应**。

本章将讨论在简谐激励 $F(t)=F_0 e^{i(\omega t+\phi)}$ 或 $F(t)=F_0\cos(\omega t+\phi)$ 或 $F(t)=F_0\sin(\omega t+\phi)$（其中，$F_0$ 为幅值，ω 是频率，ϕ 为简谐激励的相角）作用下的单自由度系统的动态响应。ϕ 的值取决于 $F(t)$ 在 $t=0$ 时刻的值，通常取为零。在简谐激励作用下，系统的响应也将是简谐形式的。若激励频率等于系统的固有频率，则系统的响应会非常大，称为**共振**。应尽量避免出现这种现象，以防止系统失效。由旋转机器的不平衡导致的振动、在稳定的风中因涡流脱落导致的高耸烟囱的振荡以及在正弦曲线路面上行驶的汽车的垂向运动，均可视为简谐激励下振动的例子。

本章也讨论了应用传递函数、拉普拉斯变换及频率函数法求简谐激励系统的解。

3.2 运动微分方程

若力 $F(t)$ 作用在图3.1所示的黏性阻尼弹簧-质量系统上，则应用牛顿第二运动定律可得系统的运动微分方程为

$$m\ddot{x}+c\dot{x}+kx=F(t) \tag{3.1}$$

由于该方程是非齐次的，所以其通解 $x(t)$ 可表示成齐次解 $x_h(t)$ 与特解 $x_p(t)$ 之和。齐次解

即齐次方程

$$m\ddot{x}+c\dot{x}+kx=0 \tag{3.2}$$

的解，表示系统的自由振动，已在第2章讨论。如2.6.2节所述，该自由振动在3种可能的阻尼条件(欠阻尼、临界阻尼与过阻尼)和所有的初始条件下都将逐渐消失。于是式(3.1)的通(全)解最终演化为特解 $x_p(t)$，它表示系统的稳态振动。只要受到力函数的作用，系统就会有稳态响应。齐次解、特解与通解随时间变化的典型情况如图3.2所示。由该图可知，经过一段时间 τ 之后，$x_h(t)$ 就消失了，而 $x(t)$ 变为 $x_p(t)$。由于阻尼存在导致消失的那部分运动(自由振动部分)称为**瞬态振动**。瞬态运动衰减的快慢主要取决于系统的参数 k，c 和 m。在本章中除了3.3节外，均忽略瞬态运动，只推导式(3.1)的特解，即在简谐力函数作用下，系统的稳态响应。

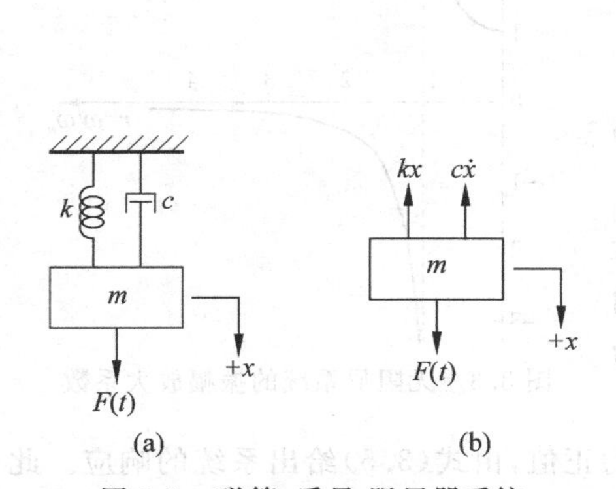

图3.1 弹簧-质量-阻尼器系统

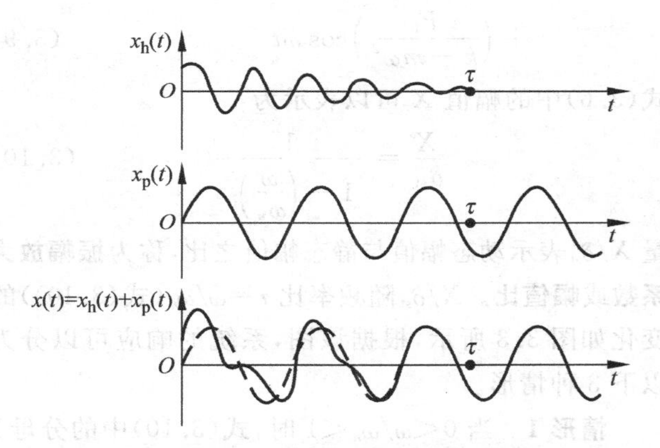

图3.2 欠阻尼时，方程(3.1)的齐次解、特解和通解

3.3 无阻尼系统在简谐力作用下的响应

在研究阻尼系统的响应前，为简单，先考虑一受简谐力作用的无阻尼系统。若力 $F(t)=F_0\cos\omega t$ 作用在无阻尼系统的质量块 m 上，则运动微分方程式(3.1)简化为

$$m\ddot{x}+kx=F_0\cos\omega t \tag{3.3}$$

该方程的齐次解可以表示为

$$x_h(t)=C_1\cos\omega_n t+C_2\sin\omega_n t \tag{3.4}$$

其中，$\omega_n=(k/m)^{1/2}$ 为系统的固有频率。由于激振力 $F(t)$ 为简谐形式，则特解 $x_p(t)$ 也是简谐的，同时具有与激励频率相同的频率 ω。于是假定其解的形式为

$$x_p(t)=X\cos\omega t \tag{3.5}$$

其中，X 为常量，表示 $x_p(t)$ 的振幅。将式(3.5)代入式(3.3)，可得

$$X=\frac{F_0}{k-m\omega^2}=\frac{\delta_{st}}{1-\left(\dfrac{\omega}{\omega_n}\right)^2} \tag{3.6}$$

其中,$\delta_{st}=F_0/k$ 表示在力 F_0 作用下弹簧的变形。由于 F_0 是常(静态)力,故有时 δ_{st} 也称为**静变形**。于是式(3.3)的全解为

$$x(t)=C_1\cos\omega_n t+C_2\sin\omega_n t+\frac{F_0}{k-m\omega^2}\cos\omega t \tag{3.7}$$

应用初始条件 $x(t=0)=x_0$ 与 $\dot{x}(t=0)=\dot{x}_0$,求得

$$C_1=x_0-\frac{F_0}{k-m\omega^2},\quad C_2=\frac{\dot{x}_0}{\omega_n} \tag{3.8}$$

因此

$$x(t)=\left(x_0-\frac{F_0}{k-m\omega^2}\right)\cos\omega_n t+\left(\frac{\dot{x}_0}{\omega_n}\right)\sin\omega_n t+\left(\frac{F_0}{k-m\omega^2}\right)\cos\omega t \tag{3.9}$$

式(3.6)中的幅值 X 可以表示为

$$\frac{X}{\delta_{st}}=\frac{1}{1-\left(\frac{\omega}{\omega_n}\right)^2} \tag{3.10}$$

量 X/δ_{st} 表示动态幅值与静态幅值之比,称为**振幅放大系数**或**幅值比**。X/δ_{st} 随频率比 $r=\omega/\omega_n$(式(3.10))的变化如图3.3所示,根据该图,系统的响应可以分为以下3种情形。

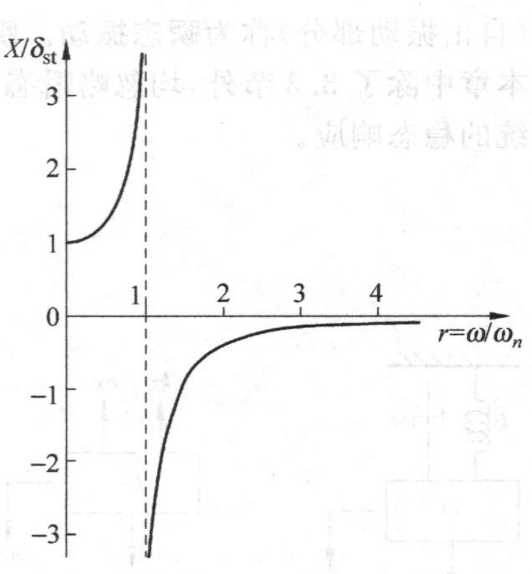

图3.3 无阻尼系统的振幅放大系数

情形1 当 $0<\omega/\omega_n<1$ 时,式(3.10)中的分母为正值,由式(3.5)给出系统的响应。此时称系统的简谐响应 $x_p(t)$ 与外力同相,如图3.4所示。

情形2 当 $\omega/\omega_n>1$ 时,式(3.10)中的分母为负值,稳态解可以表示为

$$x_p(t)=-X\cos\omega t \tag{3.11}$$

其中,运动的幅值 X 重新定义为另一个正量

$$X=\frac{\delta_{st}}{\left(\frac{\omega}{\omega_n}\right)^2-1} \tag{3.12}$$

$F(t)$ 与 $x_p(t)$ 随时间 t 的变化如图3.5所示。由于 $x_p(t)$ 与 $F(t)$ 符号相反,则说明响应与外力反相,即响应与激励有180°的相角差。此外,当 $\omega/\omega_n\to\infty$ 时,$X\to0$,即简谐力的频率非常高时,则系统的响应趋于零。

情形3 当 $\omega/\omega_n=1$ 时,由式(3.10)或式(3.12)给出的幅值 X 成为无限大。激振力频率 ω 等于系统的固有频率 ω_n,此条件称为共振。为求此条件对应的响应,将式(3.9)重新表示为

$$x(t)=x_0\cos\omega_n t+\frac{\dot{x}_0}{\omega_n}\sin\omega_n t+\delta_{st}\left[\frac{\cos\omega t-\cos\omega_n t}{1-\left(\frac{\omega}{\omega_n}\right)^2}\right] \tag{3.13}$$

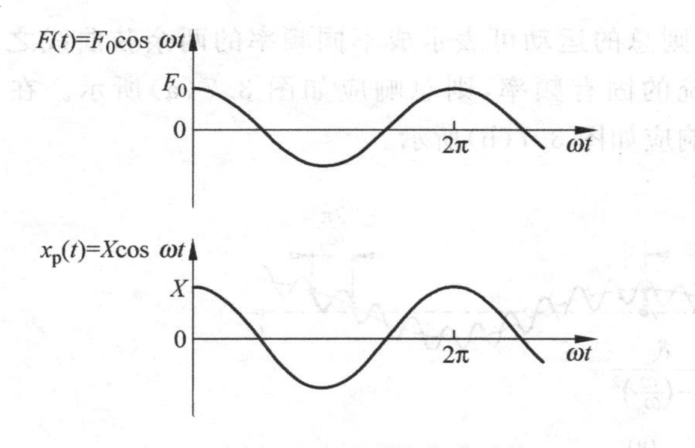

图 3.4　$0<\omega/\omega_n<1$ 时的简谐响应

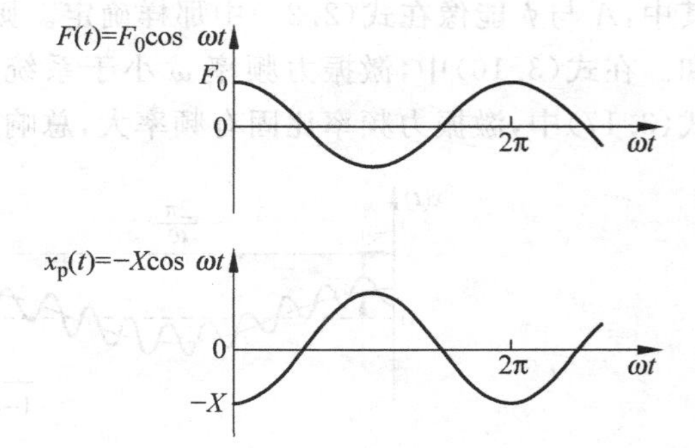

图 3.5　$\omega/\omega_n>1$ 时的简谐响应

由于该式的最后一项对应于 $\omega=\omega_n$ 为 0∶0 型的不定式，为此应用罗毕塔(L'Hospital)法则计算该项的极限值

$$\lim_{\omega\to\omega_n}\left[\frac{\cos\omega t-\cos\omega_n t}{1-\left(\dfrac{\omega}{\omega_n}\right)^2}\right]=\lim_{\omega\to\omega_n}\left[\frac{\dfrac{\mathrm{d}}{\mathrm{d}\omega}(\cos\omega t-\cos\omega_n t)}{\dfrac{\mathrm{d}}{\mathrm{d}\omega}\left(1-\dfrac{\omega^2}{\omega_n^2}\right)}\right]$$

$$=\lim_{\omega\to\omega_n}\left[\frac{t\sin\omega t}{2\dfrac{\omega}{\omega_n^2}}\right]=\frac{\omega_n t}{2}\sin\omega_n t \tag{3.14}$$

于是，共振时系统的响应为

$$x(t)=x_0\cos\omega_n t+\frac{\dot{x}_0}{\omega_n}\sin\omega_n t+\frac{\delta_{\mathrm{st}}\omega_n t}{2}\sin\omega_n t \tag{3.15}$$

由式(3.15)可知，共振时 $x(t)$ 无限地增大。式(3.15)中的最后一项如图 3.6 所示，这表明响应的振幅随时间线性地增大。

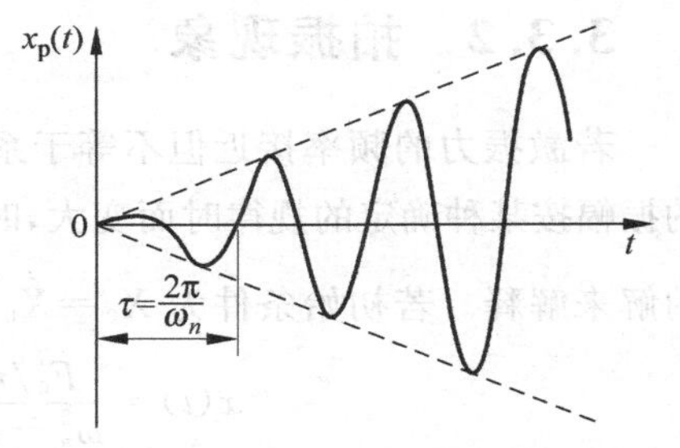

图 3.6　$\omega/\omega_n=1$ 时的响应

3.3.1　总响应

系统的总响应即式(3.7)或式(3.9)也可以表示为

$$x(t)=A\cos(\omega_n t-\phi)+\frac{\delta_{\mathrm{st}}}{1-\left(\dfrac{\omega}{\omega_n}\right)^2}\cos\omega t,\quad \frac{\omega}{\omega_n}<1 \tag{3.16}$$

$$x(t)=A\cos(\omega_n t-\phi)-\frac{\delta_{\mathrm{st}}}{1-\left(\dfrac{\omega}{\omega_n}\right)^2}\cos\omega t,\quad \frac{\omega}{\omega_n}>1 \tag{3.17}$$

其中,A 与 ϕ 能像在式(2.21)中那样确定。则总的运动可表示成不同频率的两余弦曲线之和。在式(3.16)中,激振力频率 ω 小于系统的固有频率,则总响应如图 3.7(a)所示。在式(3.17)中,激振力频率比固有频率大,总响应如图 3.7(b)所示。

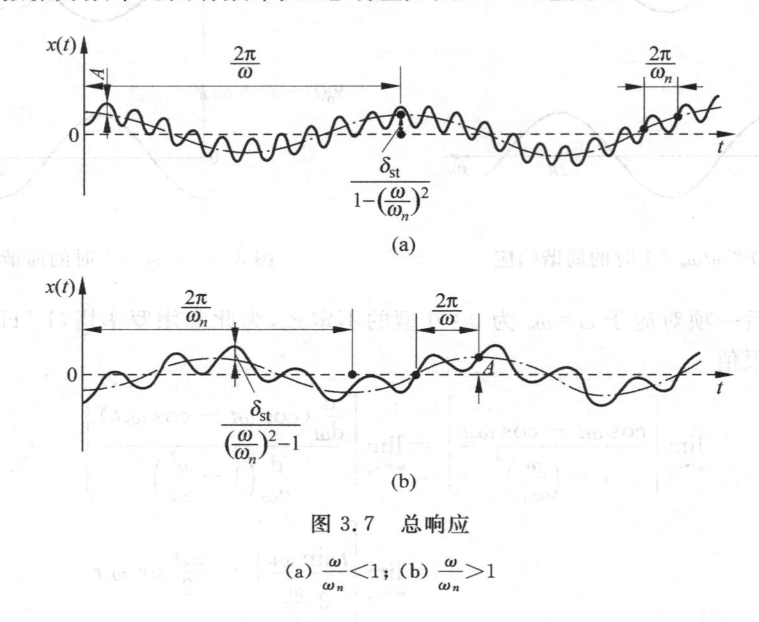

图 3.7 总响应

(a) $\frac{\omega}{\omega_n}<1$; (b) $\frac{\omega}{\omega_n}>1$

3.3.2 拍振现象

若激振力的频率接近但不等于系统的固有频率,则可能发生**拍振**。发生拍振时,质量块的振幅按某种确定的规律时而变大,时而变小(见1.10.5节)。拍振现象可通过形如式(3.9)的解来解释。若初始条件为 $X_0=\dot{X}_0=0$,则式(3.9)简化为

$$x(t)=\frac{F_0/m}{\omega_n^2-\omega^2}(\cos\omega t-\cos\omega_n t)$$

$$=\frac{F_0/m}{\omega_n^2-\omega^2}\left(2\sin\frac{\omega+\omega_n}{2}t\cdot\sin\frac{\omega_n-\omega}{2}t\right)\tag{3.18}$$

令激振力频率略小于固有频率,即

$$\omega_n-\omega=2\varepsilon\tag{3.19}$$

其中,ε 为一小的正数,则 $\omega_n\approx\omega$,以及

$$\omega+\omega_n\approx 2\omega\tag{3.20}$$

将式(3.19)与式(3.20)相乘,得

$$\omega_n^2-\omega^2=4\varepsilon\omega\tag{3.21}$$

将式(3.19)~式(3.21)代入式(3.18)中,有

$$x(t)=\left(\frac{F_0/m}{2\varepsilon\omega}\sin\varepsilon t\right)\sin\omega t \tag{3.22}$$

由于 ε 非常小，函数 $\sin\varepsilon t$ 变化缓慢，其周期 $2\pi/\varepsilon$ 的值较大。则式(3.22)可视为周期为 $2\pi/\omega$ 的振动，其可变幅值为

$$\frac{F_0/m}{2\varepsilon\omega}\sin\varepsilon t$$

从图 3.8 也可观察到，曲线 $\sin\omega t$ 经过几个循环时，$\sin\varepsilon t$ 只经过一个循环，其幅值呈连续地增大和减小。两零幅值点或两最大幅值点对应的时间，称为**拍振周期**(τ_b)，其表达式为

$$\tau_b=\frac{2\pi}{2\varepsilon}=\frac{2\pi}{\omega_n-\omega} \tag{3.23}$$

与之对应的拍振(角)频率定义为

$$\omega_b=2\varepsilon=\omega_n-\omega$$

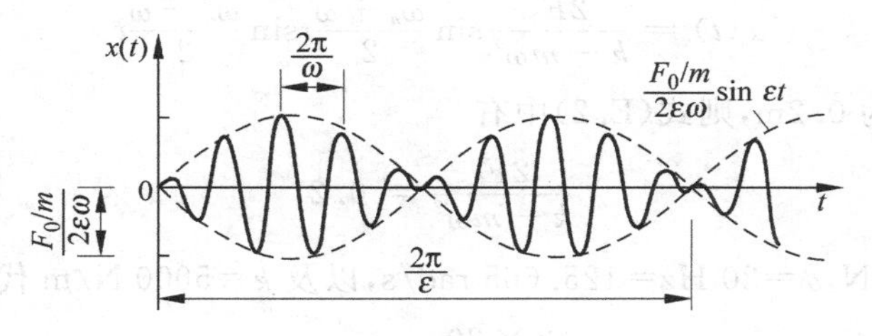

图 3.8 拍振现象

例 3.1 重为 150 lbf 的往复式活塞泵安装在钢板的中部。该钢板厚为 0.5 in，宽为 20 in，长为 100 in，两端固定，如图 3.9 所示。泵工作时，钢板受到一个大小为 $F(t)=50\cos 62.832t$ lbf 的简谐力作用。求钢板的振动幅值。

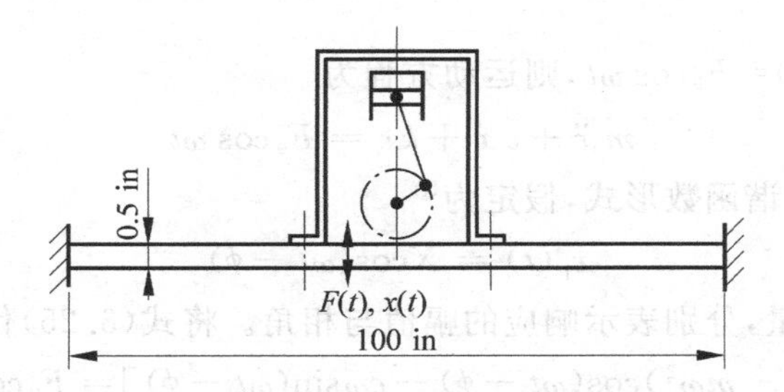

图 3.9 支承具有不平衡质量活塞泵的钢板

解：钢板可以模型化为两端固定的梁，弹性模量 $E=30\times10^6$ lbf/in²，长 $l=100$ in，惯性矩 $I=\frac{1}{12}\times20\times0.5^3\ \text{in}^4=0.2083\ \text{in}^4$，梁的弯曲刚度为

$$k=\frac{192EI}{l^3}=\frac{192\times(30\times10^6)\times0.2083}{100^3}\ \text{lbf/in}=1200\ \text{lbf/in} \tag{E.1}$$

简谐振动响应的幅值由式(3.6)确定，其中 $F_0=50$ lbf，$m=150/386.4$ lbf · s²/in（忽略钢板的重量），$k=1200$ lbf/in，$\omega=62.832$ rad/s。于是，由式(3.6)得

$$X=\frac{F_0}{k-m\omega^2}=\frac{50}{1200-(150/386.4)\times 62.832^2}\text{ in}=-0.1504\text{ in} \tag{E.2}$$

负号表示钢板的响应 $x(t)$ 与激振力 $F(t)$ 反相。

例 3.2 弹簧-质量系统中弹簧刚度为 5000 N/m，受到大小为 30 N、频率为 20 Hz 的简谐力作用。质量块振动的幅值为 0.2 m，假设振动从静止状态开始，试求系统的质量。

解：根据式(3.9)及初始条件 $x_0=\dot{x}_0=0$，可以得到系统振动响应为

$$x(t)=\frac{F_0}{k-m\omega^2}(\cos\omega t-\cos\omega_n t) \tag{E.1}$$

或写成

$$x(t)=\frac{2F_0}{k-m\omega^2}\sin\frac{\omega_n+\omega}{2}t\sin\frac{\omega_n-\omega}{2}t \tag{E.2}$$

由于振动幅值为 0.2m，则式(E.2)中有

$$\frac{2F_0}{k-m\omega^2}=0.2 \tag{E.3}$$

将已知条件 $F_0=30$ N，$\omega=20$ Hz$=125.665$ rad/s，以及 $k=5000$ N/m 代入式(E.3)中，有

$$\frac{2\times 30}{5000-m\,(125.664)^2}=0.2 \tag{E.4}$$

从而由式(E.4)可以解出 $m=0.2976$ kg。

3.4 阻尼系统在简谐力作用下的响应

如果激振力为 $F(t)=F_0\cos\omega t$，则运动方程为

$$m\ddot{x}+c\dot{x}+kx=F_0\cos\omega t \tag{3.24}$$

式(3.24)的特解也是简谐函数形式，假定为①

$$x_p(t)=X\cos(\omega t-\phi) \tag{3.25}$$

其中，X 与 ϕ 为待定常量，分别表示响应的幅值与相角。将式(3.25)代入式(3.24)中，则得

$$X[(k-m\omega^2)\cos(\omega t-\phi)-c\omega\sin(\omega t-\phi)]=F_0\cos\omega t \tag{3.26}$$

运用下列三角函数关系

$$\cos(\omega t-\phi)=\cos\omega t\cos\phi+\sin\omega t\sin\phi$$
$$\sin(\omega t-\phi)=\sin\omega t\cos\phi-\cos\omega t\sin\phi$$

于式(3.26)中再令方程两边 $\cos\omega t$ 和 $\sin\omega t$ 的系数分别相等，则可得

---

① 也可假定 $x_p(t)=C_1\cos\omega t+C_2\sin\omega t$，此式中也包含两个常数 C_1 与 C_2，但这两种表述方式的最终结果一致。

$$\left.\begin{aligned} X[(k-m\omega^2)\cos\phi+c\omega\sin\phi]&=F_0 \\ X[(k-m\omega^2)\sin\phi-c\omega\cos\phi]&=0 \end{aligned}\right\} \tag{3.27}$$

式(3.27)的解为

$$X=\frac{F_0}{[(k-m\omega^2)^2+c^2\omega^2]^{1/2}} \tag{3.28}$$

$$\phi=\arctan\frac{c\omega}{k-m\omega^2} \tag{3.29}$$

将式(3.28)与式(3.29)代入式(3.25),则可得式(3.24)的特解。图 3.10(a)所示为力函数与稳态响应的典型形式,式(3.26)中各项的矢量表示如图 3.10(b)所示。式(3.28)中的分子与分母均除以 k 并作如下代换

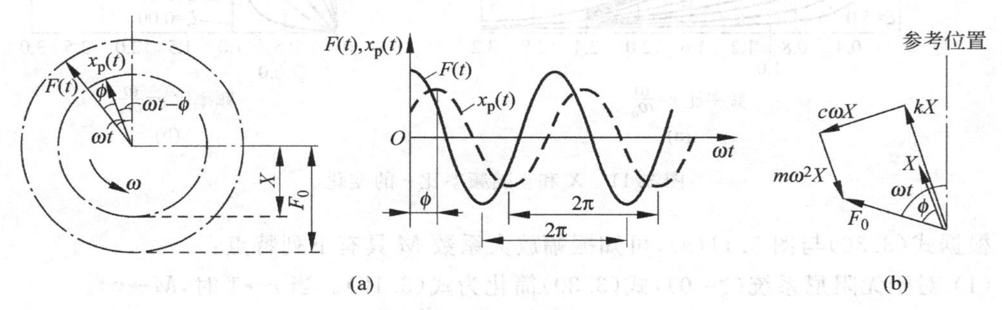

图 3.10　力函数和响应

(a) 图形表示；(b) 矢量表示

$$\omega_n=\sqrt{\frac{k}{m}}\quad(\text{无阻尼固有频率})$$

$$\zeta=\frac{c}{c_c}=\frac{c}{2m\omega_n}=\frac{c}{2\sqrt{mk}},\quad \frac{c}{m}=2\zeta\omega_n$$

$$\delta_{st}=\frac{F_0}{k}\quad(\text{静态力 } F_0 \text{ 作用下的变形})$$

$$r=\frac{\omega}{\omega_n}\quad(\text{频率比})$$

则得

$$\frac{X}{\delta_{st}}=\frac{1}{\left\{\left[1-\left(\frac{\omega}{\omega_n}\right)^2\right]^2+\left(2\zeta\frac{\omega}{\omega_n}\right)^2\right\}^{1/2}}=\frac{1}{\sqrt{(1-r^2)^2+(2\zeta r)^2}} \tag{3.30}$$

$$\phi=\arctan\left[\frac{2\zeta\frac{\omega}{\omega_n}}{1-\left(\frac{\omega}{\omega_n}\right)^2}\right]=\arctan\frac{2\zeta r}{1-r^2} \tag{3.31}$$

如 3.3 节所述,量 $M=X/\delta_{st}$ 称为**振幅放大系数或振幅比**。X/δ_{st} 与 ϕ 随频率比 r 与阻尼比 ζ

的变化如图 3.11 所示。

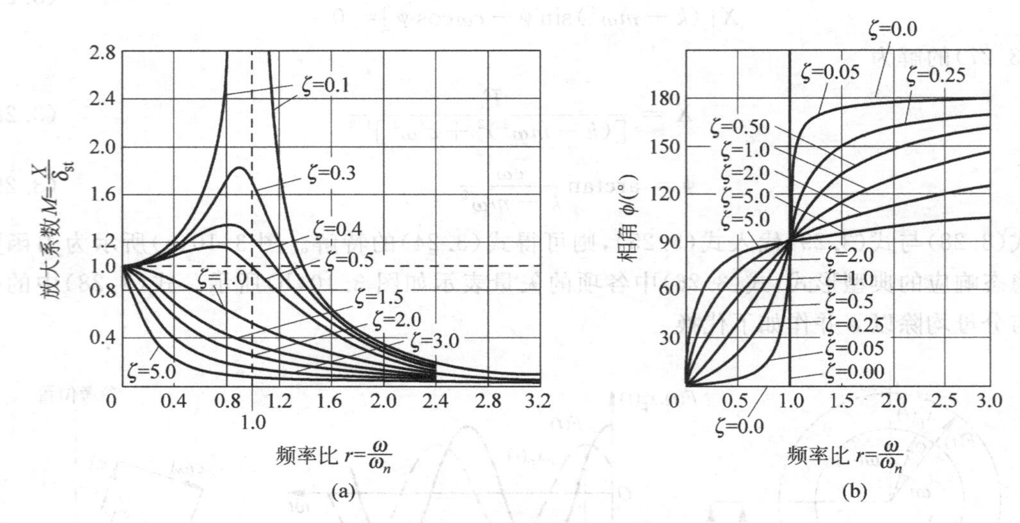

图 3.11　X 和 ϕ 随频率比 r 的变化

根据式(3.30)与图 3.11(a)，可知振幅放大系数 M 具有下列特点：

(1) 对于无阻尼系统($\zeta=0$)，式(3.30)简化为式(3.10)。当 $r\to1$ 时，$M\to\infty$。

(2) 对于激振力的各频率值，任意大小的阻尼($\zeta>0$)均将使振幅放大系数 M 减小。

(3) 对于任意确定的 r 值，阻尼值越大，则 M 值越小。

(4) 当激振力为常力(即 $r=0$)时，$M=1$。

(5) 当发生共振或在其附近时，阻尼的存在将显著降低 M 值。

(6) 受迫振动的幅值随激振力频率的增加而显著地降低(即当 $r\to\infty$ 时，$M\to0$)。

(7) 对于 $0<\zeta<\frac{1}{\sqrt{2}}$，当

$$r=\sqrt{1-2\zeta^2}\quad 或 \quad \omega=\omega_n\sqrt{1-2\zeta^2} \tag{3.32}$$

时，M 值达到最大。显然，ω 值小于无阻尼固有频率 ω_n 和有阻尼固有频率 $\omega_d=\omega_n\sqrt{1-\zeta^2}$。

(8) 当 $r=\sqrt{1-2\zeta^2}$ 时，X 的最大值为

$$\left(\frac{X}{\delta_{st}}\right)_{max}=\frac{1}{2\zeta\sqrt{1-\zeta^2}} \tag{3.33}$$

当 $\omega=\omega_n$ 时，X 的值由下式确定

$$\left(\frac{X}{\delta_{st}}\right)_{\omega=\omega_n}=\frac{1}{2\zeta} \tag{3.34}$$

式(3.33)可用于通过实验测定系统的阻尼值。在振动测试中，若测量出了响应的最大幅值 X_{max}，则系统的阻尼比可应用式(3.33)来确定。反过来，若已知阻尼值，则可估算出振动系

统的最大幅值。

(9) 对于 $\zeta=\dfrac{1}{\sqrt{2}}$，当 $r=0$ 时，$\dfrac{dM}{dr}=0$。对于 $\zeta>\dfrac{1}{\sqrt{2}}$，$M$ 的图像随着 r 值的增大而单调下降。

根据式(3.31)与图 3.11(b)可知，相角 ϕ 具有下列特点：

(1) 对于无阻尼系统($\zeta=0$)，式(3.31)表明当 $0<r<1$ 时，相角为零；当 $r>1$ 时，相角为 $180°$。这表明对无阻尼系统，当 $0<r<1$ 时，响应与激励同相；当 $r>1$ 时，响应与激励反相。

(2) 对 $\zeta>0$ 且 $0<r<1$，相角为 $0<\phi<90°$，表明响应滞后于激励。

(3) 对 $\zeta>0$ 且 $r>1$，相角为 $90°<\phi<180°$，表明响应超前于激励。

(4) 对 $\zeta>0$ 且 $r=1$，相角为 $\phi=90°$，表明激励与响应间的相位差为 $90°$。

(5) 对 $\zeta>0$ 且 r 值较大的情况，相角接近 $180°$，表明激励与响应反相。

3.4.1 总响应

方程(3.24)的全解为 $x(t)=x_h(t)+x_p(t)$，其中，$x_h(t)$ 由式(2.70)确定。则对于小阻尼系统，有

$$x(t)=X_0 e^{-\zeta\omega_n t}\cos(\omega_d t-\phi_0)+X\cos(\omega t-\phi) \tag{3.35}$$

其中

$$\omega_d=\sqrt{1-\zeta^2}\,\omega_n$$

X 与 ϕ 分别由式(3.30)与式(3.31)确定。X_0 与 ϕ_0(不同于式(2.70)中的 X_0 与 ϕ_0)根据初始条件确定。对初始条件 $x(t=0)=x_0$，$\dot{x}(t=0)=\dot{x}_0$，由式(3.35)得

$$\left.\begin{aligned} x_0 &= X_0\cos\phi_0+X\cos\phi \\ \dot{x}_0 &= -\zeta\omega_n X_0\cos\phi_0+\omega_d X_0\sin\phi_0+\omega X\sin\phi \end{aligned}\right\} \tag{3.36}$$

由式(3.36)即可求得 X_0 与 ϕ_0

$$X_0=\left[(x_0-X\cos\phi)^2+\frac{1}{\omega_d^2}(\zeta\omega_n x_0+\dot{x}_0-\zeta\omega_n X\cos\phi-\omega X\sin\phi)^2\right]^{\frac{1}{2}}$$

$$\tan\phi_0=\frac{\zeta\omega_n x_0+\dot{x}_0-\zeta\omega_n X\cos\phi-\omega X\sin\phi}{\omega_d(x_0-X\cos\phi)} \tag{3.37}$$

例 3.3　单自由度系统的质量 $m=10$ kg，$c=20$ N·s/m，$k=4000$ N/m，$x_0=0.01$ m 和 $\dot{x}_0=0$，根据下列条件求系统的总响应。

(a) 作用在系统的外激励为 $F(t)=F_0\cos\omega t$，其中 $F_0=100$ N，$\omega=10$ rad/s。

(b) $F(t)=0$ 时的自由振动。

解：(a) 根据已知数据，得到

$$\omega_n=\sqrt{\frac{k}{m}}=\sqrt{\frac{4000}{10}}\ \text{rad/s}=20\ \text{rad/s}$$

$$\delta_{st}=\frac{F_0}{k}=\frac{100}{4000}\ \text{m}=0.025\ \text{m}$$

$$\zeta=\frac{c}{c_c}=\frac{c}{2\sqrt{km}}=\frac{20}{2\sqrt{4000\times10}}=0.05$$

$$\omega_d=\sqrt{1-\zeta^2}\omega_n=\sqrt{1-0.05^2}\times20\ \text{rad/s}=19.974984\ \text{rad/s}$$

$$r=\frac{\omega}{\omega_n}=\frac{10}{20}=0.5$$

$$X=\frac{\delta_{st}}{\sqrt{(1-r^2)^2+(2\zeta r)^2}}$$

$$=\frac{0.025}{[(1-0.05^2)^2+(2\times0.5\times0.5)^2]^{\frac{1}{2}}}\ \text{m}=0.03326\ \text{m} \tag{E.1}$$

$$\phi=\arctan\left(\frac{2\zeta r}{1-r^2}\right)=\arctan\left(\frac{2\times0.05\times0.5}{1-0.5^2}\right)=3.814075^\circ \tag{E.2}$$

利用初始条件 $x_0=0.01$ 与 $\dot{x}_0=0$,由式(3.36)得

$$0.01=X_0\cos\phi_0+0.03326\times0.997785$$

或

$$X_0\cos\phi_0=-0.023186 \tag{E.3}$$

和

$$0=-0.05\times20X_0\cos\phi_0+X_0\times19.974984\sin\phi_0$$
$$+0.03326\times10\sin3.814075^\circ \tag{E.4}$$

将式(E.3)代入式(E.4),得

$$X_0\sin\phi_0=-0.002268 \tag{E.5}$$

由式(E.3)和式(E.5)得

$$X_0=[(X_0\cos\phi_0)^2+(X_0\sin\phi_0)^2]^{1/2}=0.023297$$

和

$$\tan\phi_0=\frac{X_0\sin\phi_0}{X_0\cos\phi_0}=0.0978176 \tag{E.6}$$

或

$$\phi_0=5.586765^\circ \tag{E.7}$$

(b) 对于自由振动,总响应为

$$x(t)=X_0e^{-\zeta\omega_n t}\cos(\omega_d t-\phi_0) \tag{E.8}$$

利用初始条件 $x(0)=x_0=0.01$ 与 $\dot{x}(0)=\dot{x}_0=0$,式(E.8)中的 X_0 与 ϕ_0 可确定为(见式(2.73)与式(2.75))

$$X_0=\left[x_0^2+\left(\frac{\zeta\omega_n x_0}{\omega_d}\right)^2\right]^{1/2}=\left[0.01^2+\left(\frac{0.05\times20\times0.01}{19.974984}\right)^2\right]^{1/2}$$
$$=0.010012 \tag{E.9}$$

$$\phi_0=\arctan\left(-\frac{\dot{x}_0+\zeta\omega_n x_0}{\omega_d x_0}\right)=\arctan\left(-\frac{0.05\times 20}{19.974984}\right)=-2.865984° \quad \text{(E.10)}$$

注意：对应于情况(a)与(b)，常量 X_0 与 ϕ_0 显然是不同的。

3.4.2 品质因子与带宽

对于较小的阻尼值($\zeta<0.05$)，由式(3.33)可得

$$\left(\frac{X}{\delta_{st}}\right)_{max}\approx\left(\frac{X}{\delta_{st}}\right)_{\omega=\omega_n}=\frac{1}{2\zeta}=Q \quad (3.38)$$

共振时的振幅比值也称为 Q 系数或系统的**品质因数**。在某些电子工程中也有类似的定义。例如，对收音机中的调谐电路，人们感兴趣的是使共振时声音信号的幅值尽可能地大。图 3.12 中，点 R_1 与 R_2 处的振幅放大系数降为$Q/\sqrt{2}$，称为**半功率点**。这是因为在某一已知频率下，阻尼器(或电路中的电阻)所吸收的能量 ΔW 与幅值的平方成正比(见式(2.94))，即

$$\Delta W=\pi c\omega X^2 \quad (3.39)$$

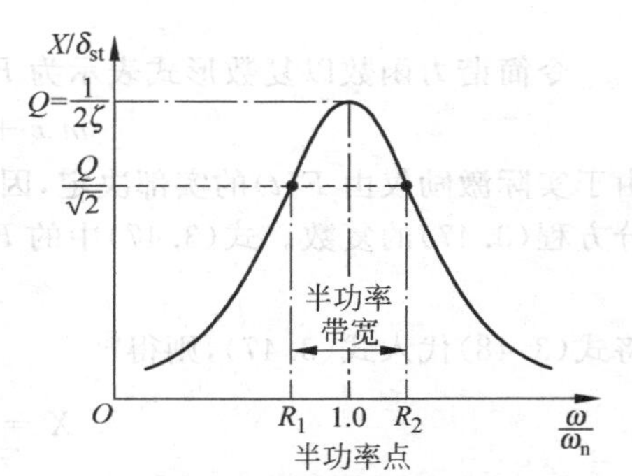

图 3.12 简谐响应曲线上的半功率点和对应的半功率带宽

半功率点 R_1 与 R_2 处对应的频率差称为系统的**半功率带宽**(如图 3.12)。为求 R_1 与 R_2 的值，可令式(3.30)中 $X/\delta_{st}=Q/\sqrt{2}$，则

$$\frac{1}{\sqrt{(1-r^2)^2+(2\zeta r)^2}}=\frac{Q}{\sqrt{2}}=\frac{1}{2\sqrt{2}\zeta}$$

或

$$r^4-r^2(2-4\zeta^2)+(1-8\zeta^2)=0 \quad (3.40)$$

式(3.40)的解为

$$r_1^2=1-2\zeta^2-2\zeta\sqrt{1+\zeta^2}, \quad r_2^2=1-2\zeta^2+2\zeta\sqrt{1+\zeta^2} \quad (3.41)$$

对于较小的 ζ 值，式(3.41)可以近似表示成

$$\left.\begin{aligned} r_1^2=R_1^2=\left(\frac{\omega_1}{\omega_n}\right)^2\approx 1-2\zeta \\ r_2^2=R_2^2=\left(\frac{\omega_2}{\omega_n}\right)^2\approx 1+2\zeta \end{aligned}\right\} \quad (3.42)$$

其中，$\omega_1=\omega|_{R_1}$ 与 $\omega_2=\omega|_{R_2}$，由式(3.42)得

$$\omega_2^2-\omega_1^2=(\omega_2+\omega_1)(\omega_2-\omega_1)=(R_2^2-R_1^2)\omega_n^2\approx 4\zeta\omega_n^2 \quad (3.43)$$

运用下面的关系

$$\omega_2+\omega_1=2\omega_n \quad (3.44)$$

可通过式(3.43)求得带宽 $\Delta\omega$ 为

$$\Delta\omega = \omega_2 - \omega_1 \approx 2\zeta\omega_n \tag{3.45}$$

由式(3.38)与式(3.45)，可得

$$Q \approx \frac{1}{2\zeta} \approx \frac{\omega_n}{\omega_2 - \omega_1} \tag{3.46}$$

可以看出，品质因数可用来估计机械系统的等效黏性阻尼。①

3.5 $F(t)=F\mathrm{e}^{\mathrm{i}\omega t}$ 作用下阻尼系统的响应

令简谐力函数以复数形式表示为 $F(t)=F_0\mathrm{e}^{\mathrm{i}\omega t}$，则运动微分方程为

$$m\ddot{x} + c\dot{x} + kx = F_0\mathrm{e}^{\mathrm{i}\omega t} \tag{3.47}$$

由于实际激励仅由 $F(t)$ 的实部决定，因此响应也仅由 $x(t)$ 的实部确定，其中 $x(t)$ 为满足微分方程(3.47)的复数。式(3.47)中的 F_0 一般来说也为复数。假定特解 $x_{\mathrm{p}}(t)$ 为

$$x_{\mathrm{p}}(t) = X\mathrm{e}^{\mathrm{i}\omega t} \tag{3.48}$$

将式(3.48)代入式(3.47)，则得②

$$X = \frac{F_0}{(k - m\omega^2) + \mathrm{i}c\omega} \tag{3.49}$$

将式(3.49)右边的分子与分母乘以 $[(k-m\omega^2)-\mathrm{i}c\omega]$，并分离实部与虚部，得

$$X = F_0\left[\frac{k - m\omega^2}{(k - m\omega^2)^2 + c^2\omega^2} - \mathrm{i}\,\frac{c\omega}{(k - m\omega^2)^2 + c^2\omega^2}\right] \tag{3.50}$$

运用关系式 $x+\mathrm{i}y=A\mathrm{e}^{\mathrm{i}\phi}$，其中 $A=\sqrt{x^2+y^2}$，$\tan\phi=y/x$，则式(3.50)可以表示为

$$X = \frac{F_0}{[(k - m\omega^2)^2 + c^2\omega^2]^{1/2}}\mathrm{e}^{-\mathrm{i}\phi} \tag{3.51}$$

其中

$$\phi = \arctan\frac{c\omega}{k - m\omega^2} \tag{3.52}$$

则稳态解即式(3.48)为

$$x_{\mathrm{p}}(t) = \frac{F_0}{[(k - m\omega^2)^2 + (c\omega)^2]^{1/2}}\mathrm{e}^{\mathrm{i}(\omega t - \phi)} \tag{3.53}$$

1. 频率响应

式(3.49)也可以表示为以下形式

$$\frac{kX}{F_0} = \frac{1}{1 - r^2 + \mathrm{i}2\zeta r} \equiv H(\mathrm{i}\omega) \tag{3.54}$$

---

① 基于半功率点确定系统参数(m、c 与 k)和其他响应特性将在10.8节中讨论。

② 式(3.49)也可以表示为 $Z(\mathrm{i}\omega)X=F_0$，其中 $Z(\mathrm{i}\omega)=-m\omega^2+\mathrm{i}\omega c+k$ 称为系统的机械阻抗[3.8]。

其中，$H(\mathrm{i}\omega)$称为系统的**复频率响应**，其绝对值为

$$|H(\mathrm{i}\omega)|=\left|\frac{kX}{F_0}\right|=\frac{1}{[(1-r^2)^2+(2\zeta r)^2]^{1/2}} \tag{3.55}$$

它表示式(3.30)中所定义的振幅放大系数。利用欧拉公式 $e^{\mathrm{i}\phi}=\cos\phi+\mathrm{i}\sin\phi$，可得式(3.54)与式(3.55)之间的如下关系：

$$H(\mathrm{i}\omega)=|H(\mathrm{i}\omega)|e^{-\mathrm{i}\phi} \tag{3.56}$$

其中，ϕ 由式(3.52)确定，也可以表示为

$$\phi=\arctan\frac{2\zeta r}{1-r^2} \tag{3.57}$$

则式(3.53)可以表示为

$$x_p(t)=\frac{F_0}{k}|H(\mathrm{i}\omega)|e^{\mathrm{i}(\omega t-\phi)} \tag{3.58}$$

可以看出，复频率响应函数 $H(\mathrm{i}\omega)$包含稳态响应的大小与相位，该函数在通过实验确定系统参数(m,c,k)中的应用将在 10.8 节讨论。若 $F(t)=F_0\cos\omega t$，则相应的稳态解由式(3.53)的实部确定，即

$$\begin{aligned}x_p(t)&=\frac{F_0}{[(k-m\omega^2)^2+(c\omega)^2]^{1/2}}\cos(\omega t-\phi)\\&=\mathrm{Re}\left[\frac{F_0}{k}H(\mathrm{i}\omega)e^{\mathrm{i}\omega t}\right]=\mathrm{Re}\left[\frac{F_0}{k}|H(\mathrm{i}\omega)|e^{\mathrm{i}(\omega t-\phi)}\right]\end{aligned} \tag{3.59}$$

该式与式(3.25)相同。类似地，若 $F(t)=F_0\sin\omega t$，则相应的稳态解由式(3.53)的虚部确定，即

$$\begin{aligned}x_p(t)&=\frac{F_0}{[(k-m\omega^2)^2+(c\omega)^2]^{1/2}}\sin(\omega t-\phi)\\&=\mathrm{Im}\left[\frac{F_0}{k}|H(\mathrm{i}\omega)|e^{\mathrm{i}(\omega t-\phi)}\right]\end{aligned} \tag{3.60}$$

2. 简谐振动的复矢量表示

简谐激励以及有阻尼系统对简谐激励的响应可以在复平面中用图形表示。将式(3.58)对时间取微分，则得

$$\left.\begin{aligned}&\text{速度：}\dot{x}_p(t)=\mathrm{i}\omega\frac{F_0}{k}|H(\mathrm{i}\omega)|e^{\mathrm{i}(\omega t-\phi)}=\mathrm{i}\omega x_p(t)\\&\text{加速度：}\ddot{x}_p(t)=(\mathrm{i}\omega)^2\frac{F_0}{k}|H(\mathrm{i}\omega)|e^{\mathrm{i}(\omega t-\phi)}=-\omega^2x_p(t)\end{aligned}\right\} \tag{3.61}$$

由于 i 可以表示为

$$\mathrm{i}=\cos\frac{\pi}{2}+\mathrm{i}\sin\frac{\pi}{2}=e^{\mathrm{i}\frac{\pi}{2}} \tag{3.62}$$

则速度等于位移乘以 ω，且相角超前 $\pi/2$。类似地，-1 可以表示为

$$-1 = \cos\pi + \mathrm{i}\sin\pi = \mathrm{e}^{\mathrm{i}\pi} \tag{3.63}$$

则加速度等于位移乘以 ω^2,且相角超前 π。

因此运动微分方程(3.47)中的各项可以在复平面中表示,如图 3.13 所示。该图表明,复矢量 $m\ddot{x}(t)$,$c\dot{x}(t)$与 $kx(t)$的和等于 $F(t)$,正好满足式(3.47)。此外,还可以看出,整个图形都在复平面内以角速度 ω 旋转。如果仅仅考虑响应的实部,则整个图形应投影到实轴上。类似地,如果仅仅考虑响应的虚部,则应将图形投影到虚轴上。注意:式(3.13)中的力 $F(t)=F_0\mathrm{e}^{\mathrm{i}\omega t}$表示为与实轴的夹角为 ωt 的矢量,这表明 F_0 为实数。若 F_0 也是复数,则该力矢量 $F(t)$与实轴的夹角将为$(\omega t+\psi)$,其中 ψ 是由 F_0 引起的相角。此时,所有的矢量,即 $m\ddot{x}(t)$,$c\dot{x}(t)$与 $kx(t)$都将有相同的角度变化 ψ,这等效于式(3.47)的两边均乘以 $\mathrm{e}^{\mathrm{i}\psi}$。

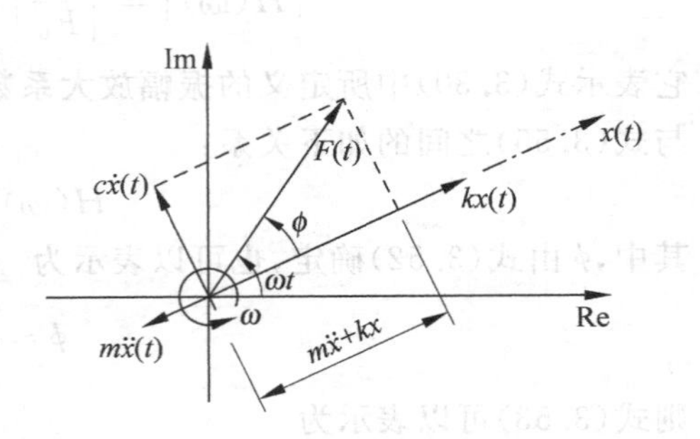

图 3.13 在复平面上表示式(3.47)

3.6 基础作简谐运动时阻尼系统的响应

如图 3.14(a)所示,有时基础或弹簧-质量-阻尼器系统的支承会发生简谐运动。令 $y(t)$表示基础的位移,$x(t)$表示在 t 时刻质量块距其静平衡位置的位移,则弹簧的净伸长为$(x-y)$,阻尼器两端的相对速度为$(\dot{x}-\dot{y})$。根据图 3.14(b)所示的受力图,可得运动微分方程

$$m\ddot{x}+c(\dot{x}-\dot{y})+k(x-y)=0 \tag{3.64}$$

若 $y(t)=Y\sin\omega t$,则式(3.64)变为

$$\begin{aligned} m\ddot{x}+c\dot{x}+kx &= ky+c\dot{y}=kY\sin\omega t+c\omega Y\cos\omega t \\ &= A\sin(\omega t-\alpha) \end{aligned} \tag{3.65}$$

其中,$A=Y\sqrt{k^2+(c\omega)^2}$,$\alpha=\arctan\left(-\dfrac{c\omega}{k}\right)$。上式表明基础运动激励等效于质量块受到一

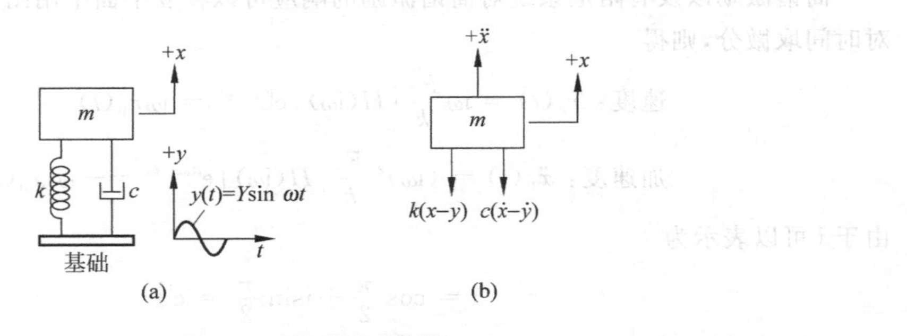

图 3.14 基础运动激励

个幅值为 A 的简谐力的作用。根据式(3.60),质量块的稳态响应 $x_p(t)$ 可表示为

$$x_p(t)=\frac{Y\sqrt{k^2+(c\omega)^2}}{[(k-m\omega^2)^2+(c\omega)^2]^{1/2}}\sin(\omega t-\phi_1-\alpha) \tag{3.66}$$

式中

$$\phi_1=\arctan\frac{c\omega}{k-m\omega^2}$$

运用三角恒等式,式(3.66)也可以表示为

$$x_p(t)=X\sin(\omega t-\phi) \tag{3.67}$$

其中,X 与 ϕ 由下述公式求出

$$\frac{X}{Y}=\left[\frac{k^2+(c\omega)^2}{(k-m\omega^2)^2+(c\omega)^2}\right]^{1/2}=\left[\frac{1+(2\zeta r)^2}{(1-r^2)^2+(2\zeta r)^2}\right]^{1/2} \tag{3.68}$$

$$\phi=\arctan\left[\frac{mc\omega^3}{k(k-m\omega^2)+(\omega c)^2}\right]=\arctan\left[\frac{2\zeta r^3}{1+(4\zeta^2-1)r^2}\right] \tag{3.69}$$

响应 $x_p(t)$ 的幅值与基础运动 $y(t)$ 的幅值之比即 X/Y,称为**位移传递率**。对于不同的 r 与 ζ 值,由式(3.68)与式(3.69)确定的 $\frac{X}{Y}\equiv T_d$ 与 ϕ 随 ζ 与 r 的变化分别如图 3.15(a)与(b)所示。

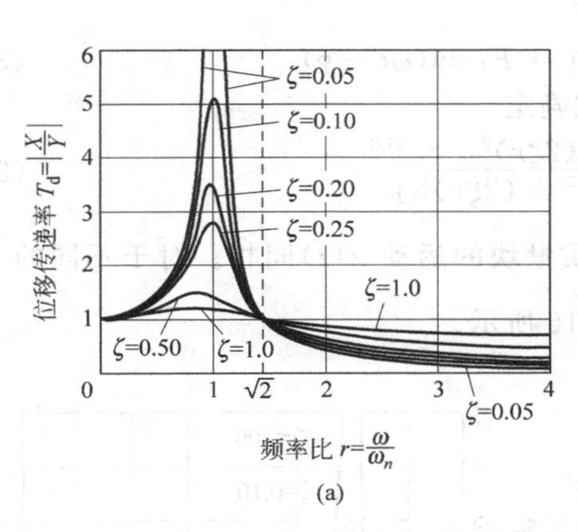

(a)

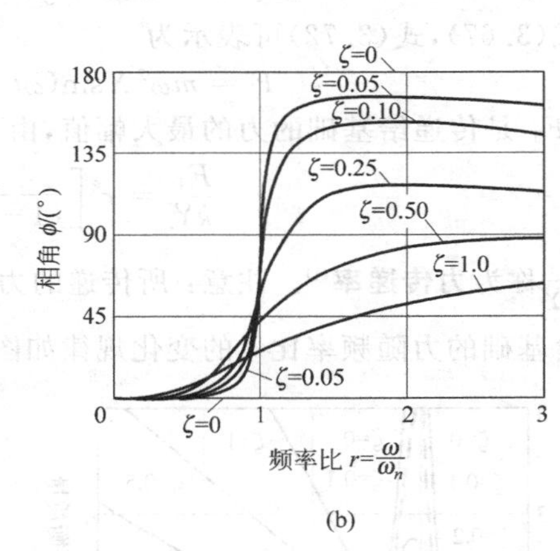

(b)

图 3.15　T_d 和 ϕ 随频率比 r 的变化

注意:*如果基础的简谐激励以复数形式表示为* $y(t)=\mathrm{Re}\,(Ye^{i\omega t})$,*应用 3.5 节中的分析方法,则系统的响应可以表示为*

$$x_p(t)=\mathrm{Re}\left\{\left(\frac{1+i2\zeta r}{1-r^2+i2\zeta r}\right)Ye^{i\omega t}\right\} \tag{3.70}$$

而位移传递率为

$$\frac{X}{Y}=T_d=[1+(2\zeta r)^2]^{1/2}\,|H(i\omega)| \tag{3.71}$$

其中,$|H(i\omega)|$ 由式(3.55)确定。

根据图 3.15(a)，可以看出位移传递率$\frac{X}{Y}\equiv T_d$具有下列特点：

(1) 当 $r=0$ 时，$T_d=1$；对于较小的 r 值，$T_d\to 1$。

(2) 对无阻尼系统($\zeta=0$)，共振时($r=1$)，$T_d\to\infty$。

(3) 当 $r>\sqrt{2}$时，对于任意大小的阻尼值 ζ，$T_d<1$。

(4) 当 $r=\sqrt{2}$时，对于任意大小的阻尼值 ζ，$T_d=1$。

(5) 当 $r<\sqrt{2}$时，阻尼比越小则 T_d 越大；而当 $r>\sqrt{2}$时，阻尼比越小则 T_d 值也越小。

(6) 对于 $0<\zeta<1$，当频率比 $r=r_m<1$ 时，位移传递函数 T_d 有最大值。其中，r_m 的值为(见习题 3.60)

$$r_m=\frac{1}{2\zeta}(\sqrt{1+8\zeta^2}-1)^{1/2}$$

3.6.1 所传递的力

在图 3.14 中，由于弹簧与阻尼器的反作用，会有一个力 F 传递给基础(支承)，该力为

$$F=k(x-y)+c(\dot{x}-\dot{y})=-m\ddot{x} \tag{3.72}$$

根据式(3.67)，式(3.72)可表示为

$$F=m\omega^2X\sin(\omega t-\phi)=F_T\sin(\omega t-\phi) \tag{3.73}$$

其中，F_T 是传递给基础的力的最大幅值，由下式确定

$$\frac{F_T}{kY}=r^2\left[\frac{1+(2\zeta r)^2}{(1-r^2)^2+(2\zeta r)^2}\right]^{1/2} \tag{3.74}$$

比值$\frac{F_T}{kY}$称为**力传递率**①。注意：所传递的力与质量块的运动 $x(t)$同相。对于不同的 ζ 值，传递给基础的力随频率比 r 的变化规律如图 3.16 所示。

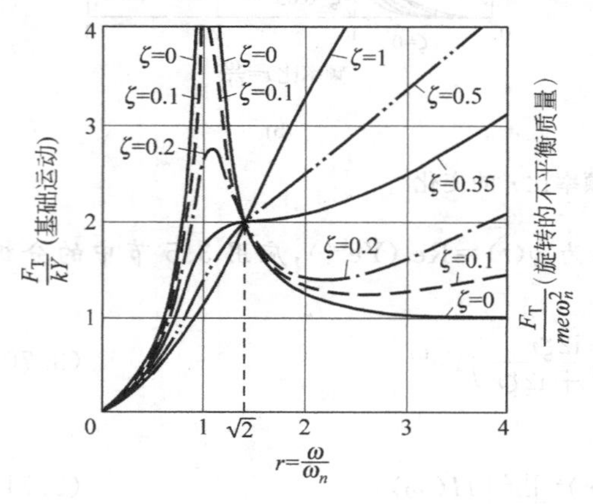

图 3.16 力的传递率

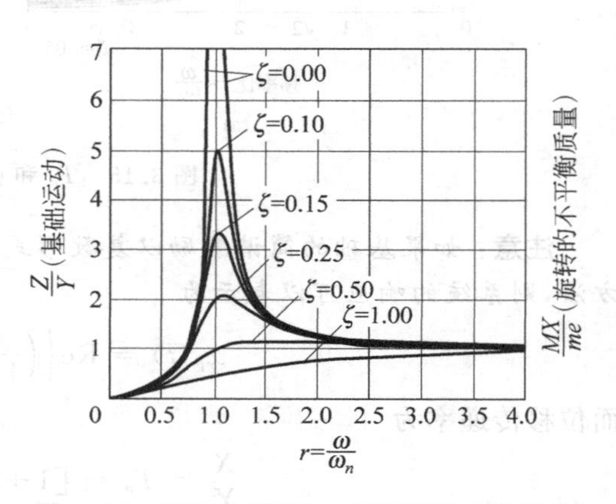

图 3.17 Z/Y 或 MX/me 随频率比 r 的变化

① 在设计隔振系统时用到的传递率的概念将在第 9 章讨论。

3.6.2 相对运动

若用 $z=x-y$ 表示质量块相对于基础的运动，则运动微分方程式(3.64)也可以表示为

$$m\ddot{z}+c\dot{z}+kz=-m\ddot{y}=m\omega^2Y\sin\omega t \tag{3.75}$$

式(3.75)的稳态解为

$$z(t)=\frac{m\omega^2Y\sin(\omega t-\phi_1)}{[(k-m\omega^2)^2+(c\omega)^2]^{1/2}}=Z\sin(\omega t-\phi_1) \tag{3.76}$$

其中，Z 为 $z(t)$ 的幅值，可以表示为

$$Z=\frac{m\omega^2Y}{\sqrt{(k-m\omega^2)^2+(c\omega^2)}}=Y\frac{r^2}{\sqrt{(1-r^2)^2+(2\zeta r)^2}} \tag{3.77}$$

同时 ϕ_1 为

$$\phi_1=\arctan\frac{c\omega}{k-m\omega^2}=\arctan\frac{2\zeta r}{1-r^2}$$

对于不同的 ζ 值，比值 Z/Y 随频率比 r 的变化如图 3.17 所示。不难看出，ϕ_1 的变化规律与图 3.11(b)所示 ϕ 的变化规律相同。

例 3.4　图 3.18 所示为汽车通过粗糙路面而引起竖向振动的一个简单模型。设汽车的质量为 1200 kg，悬架系统的弹簧常数为 400 kN/m，阻尼比为 $\zeta=0.5$。若汽车的行驶速度为 20 km/h，求汽车的位移幅值。已知路面的起伏按正弦规律变化，幅值为 $Y=0.05$ m，波长为 6 m。

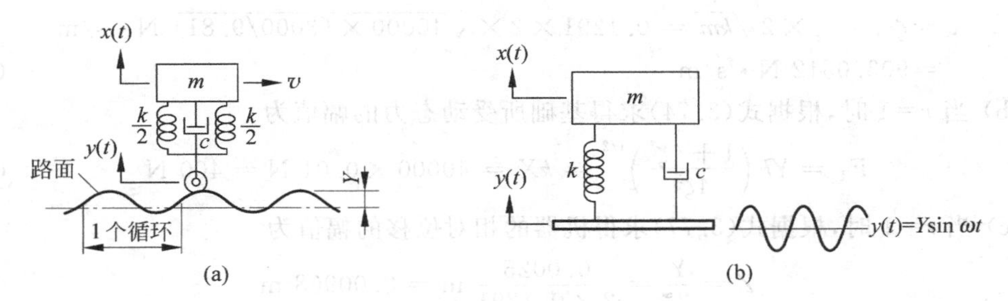

图 3.18　在粗糙路面上行驶的汽车

解：基础运动激励的频率可以通过汽车速度 v (km/h)除以路面起伏的一个循环的长度求得：

$$\omega=2\pi f=2\pi\left(\frac{v\times1000}{3600}\right)\times\frac{1}{6}=0.290889v\ \text{rad/s}$$

$v=20$ km/h 时，$\omega=5.81778$ rad/s。汽车的固有频率为

$$\omega_n=\sqrt{\frac{k}{m}}=\left(\frac{400\times10^3}{1200}\right)^{1/2}\ \text{rad/s}=18.2574\ \text{rad/s}$$

因此，频率比 r 为

$$r=\frac{\omega}{\omega_n}=\frac{5.81778}{18.2574}=0.318653$$

于是,由式(3.68)得振幅比为

$$\frac{X}{Y}=\left\{\frac{1+(2\zeta r)^2}{(1-r^2)^2+(2\zeta r)^2}\right\}^{1/2}=\left\{\frac{1+(2\times0.5\times0.318653)^2}{(1-0.318653)^2+(2\times0.5\times0.318653)^2}\right\}^{1/2}$$
$$=1.100964$$

因此,汽车竖向振动的振幅为

$$X=1.100964Y=1.100964\times0.05\ \mathrm{m}=0.055048\ \mathrm{m}$$

这表明:幅值为5 cm的路面起伏引起汽车底盘与乘客的竖向振动的振幅是7.3 cm。因此在当前状态下,乘客感觉到的上下颠簸比路面的实际起伏要大。

例3.5 重为3000 N的重型机器,支承在弹性基础上。由于机器的重量引起的基础的静变形为7.5 cm。当基础简谐振动的频率等于隔振系统的无阻尼固有频率,幅值为0.25 cm时,观察到机器的振动幅值为1 cm。求:(a)基础的阻尼常数;(b)基础所受动态力的幅值;(c)机器相对于基础的振动位移的幅值。

解: (a) 基础的刚度可根据其静变形求得:$k=$机器重量$/\delta_{\mathrm{st}}=3000/0.075\ \mathrm{N/m}=40000\ \mathrm{N/m}$。

根据式(3.68),共振时($\omega=\omega_n$ 或 $r=1$)的振幅比为

$$\frac{X}{Y}=\frac{0.010}{0.0025}=4=\left[\frac{1+(2\zeta)^2}{(2\zeta)^2}\right]^{1/2} \tag{E.1}$$

式(E.1)的解为 $\zeta=0.1291$,所以阻尼常数为

$$c=\zeta c_c=\zeta\times2\sqrt{km}=0.1291\times2\times\sqrt{40000\times(3000/9.81)}\ \mathrm{N\cdot s/m}$$
$$=903.0512\ \mathrm{N\cdot s/m} \tag{E.2}$$

(b) 当 $r=1$ 时,根据式(3.74)求得基础所受动态力的幅值为

$$F_{\mathrm{T}}=Yk\left(\frac{1+4\zeta^2}{4\zeta^2}\right)^{1/2}=kX=40000\times0.01\ \mathrm{N}=400\ \mathrm{N} \tag{E.3}$$

(c) 当 $r=1$ 时,根据式(3.77)求得机器的相对位移的幅值为

$$Z=\frac{Y}{2\zeta}=\frac{0.0025}{2\times0.1291}\ \mathrm{m}=0.00968\ \mathrm{m} \tag{E.4}$$

注意到 $X=0.01\ \mathrm{m}$,$Y=0.0025\ \mathrm{m}$,$Z=0.00968\ \mathrm{m}$,因此 $Z\neq X-Y$,这是由于 x,y 与 z 之间存在相位差。

3.7 具有旋转不平衡质量的阻尼系统的响应

旋转机器中的不平衡质量是导致振动的主要原因之一,这类机器的简化模型如图3.19所示。设机器的总质量为 M,质量为 $m/2$ 的两偏心质量以不变角速度 ω 沿相反的方向旋转。每个质量所导致的离心力可视为机器 M 的激励,旋转方向相反的两相等质量 $m/2$ 引起的激励在水平方向的分量互相抵消,但两垂直分量方向相同,相加后作用在对称轴 A—A

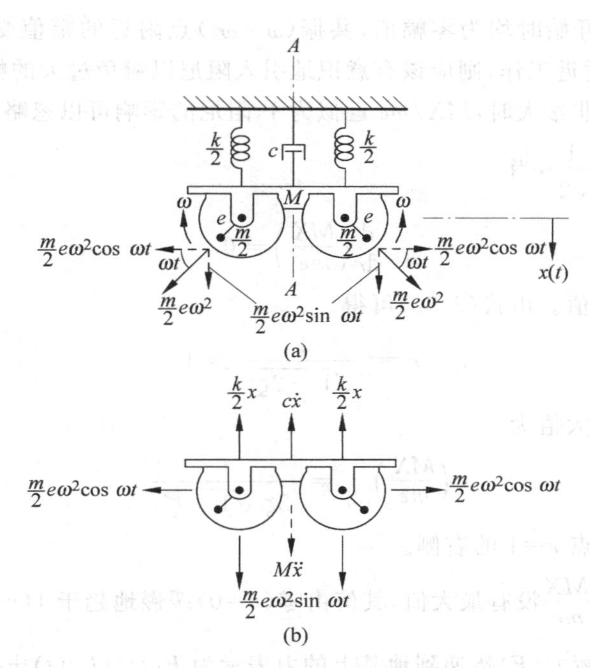

图 3.19 旋转的不平衡质量

上,如图 3.19 所示。若质量块的角位置坐标从水平位置量起,则激励的总垂直分量可以表示为 $F(t)=me\omega^2\sin\omega t$,运动方程可以通过通常的步骤得到

$$M\ddot{x}+c\dot{x}+kx=me\omega^2\sin\omega t \tag{3.78}$$

若用 M 与 $me\omega^2$ 分别代替 m 与 F_0,则方程(3.78)的解与式(3.60)一致。该解也可以表示为

$$x_{\mathrm{p}}(t)=X\sin(\omega t-\phi)=\operatorname{Im}\left[\frac{me}{M}\left(\frac{\omega}{\omega_n}\right)^2|H(\mathrm{i}\omega)|\mathrm{e}^{\mathrm{i}(\omega t-\phi)}\right] \tag{3.79}$$

其中,$\omega_n=\sqrt{k/M}$;X 与 ϕ 分别表示振动的幅值与相角,分别按下式计算

$$X=\frac{me\omega^2}{[(k-M\omega^2)^2+(c\omega^2)]^{1/2}}=\frac{me}{M}\left(\frac{\omega}{\omega_n}\right)^2|H(\mathrm{i}\omega)|$$

$$\phi=\arctan\frac{c\omega}{k-M\omega^2} \tag{3.80}$$

定义 $\zeta=c/c_{\mathrm{c}}$ 与 $c_{\mathrm{c}}=2M\omega_n$,则式(3.80)也可以表示为

$$\frac{MX}{me}=\frac{r^2}{[(1-r^2)^2+(2\zeta r)^2]^{1/2}}=r^2|H(\mathrm{i}\omega)|$$

$$\phi=\arctan\frac{2\zeta r}{1-r^2} \tag{3.81}$$

对于不同的 ζ 值,MX/me 随 r 的变化规律如图 3.17 所示;ϕ 随 r 的变化规律如图 3.11(b)所示。根据式(3.81)与图 3.17 可得以下结论:

(1) 所有的曲线开始时均为零幅值，共振($\omega=\omega_n$)点附近的幅值受阻尼影响显著。于是，若机器在共振点附近工作，则应该有意识地引入阻尼以避免过大的幅值。

(2) 当角速度 ω 非常大时，MX/me 近似为1，阻尼的影响可以忽略。

(3) 对于 $0<\zeta<\frac{1}{\sqrt{2}}$，当

$$\frac{\mathrm{d}}{\mathrm{d}r}\left(\frac{MX}{me}\right)=0 \tag{3.82}$$

时，MX/me 出现最大值。由式(3.82)可得

$$r=\frac{1}{\sqrt{1-2\zeta^2}}>1$$

相应地，MX/me 的最大值为

$$\left(\frac{MX}{me}\right)_{\max}=\frac{1}{2\zeta\sqrt{1-\zeta^2}} \tag{3.83}$$

于是峰值出现在共振点 $r=1$ 的右侧。

(4) 对于 $\zeta>\frac{1}{\sqrt{2}}$，$\frac{MX}{me}$没有最大值，其值由零($r=0$)缓慢地趋于1($r\to\infty$)。

(5) 由旋转不平衡力(F)传递到地基上的力表示为 $F(t)=kx(t)+c\dot{x}(t)$。F 的幅值（或最大值）为（见习题3.73）：

$$|F|=me\omega^2\left[\frac{1+4\zeta^2r^2}{(1-r^2)^2+4\zeta^2r^2}\right]^{\frac{1}{2}} \tag{3.84}$$

例3.6 如图3.20所示，一质量为 M 的电动机，安装在弹性基础上，发现其共振时振幅为0.15 m。因制造误差的原因，电动机不平衡质量为电动机转子质量的8%，基础的阻尼比 $\zeta=0.025$，试求

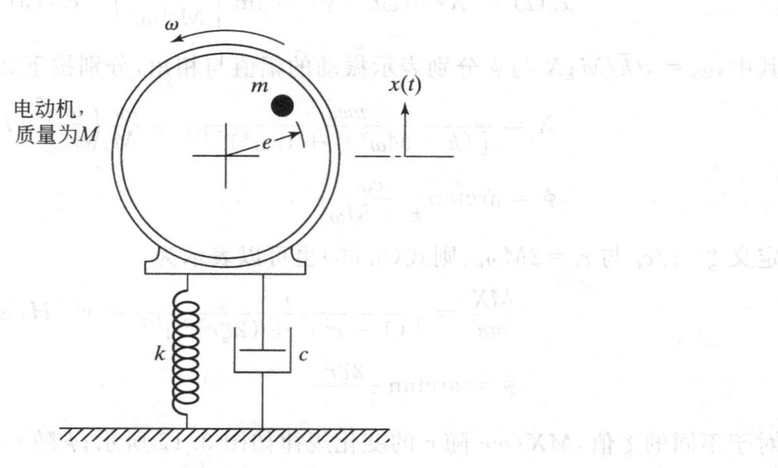

图3.20 例3.6图

(1) 不平衡质量的偏心距或径向位置(e)；

(2) 过共振时电动机振幅的峰值；

(3) 若将共振时电动机振幅减少到 0.1 m，确定在电动机上应均匀附加的质量。当质量附加在电动机上时，假设偏心质量保持不变。

解：(1) 由式(3.81)可知，在共振($r=1$)时的振幅

$$\frac{MX}{me}=\frac{1}{2\zeta}=\frac{1}{2\times0.025}=20$$

从而偏心距为

$$e=\frac{MX}{20m}=\frac{M\times0.15}{20\times0.08M}=0.09375$$

(2) 由式(3.83)可得电动机的最大振幅

$$\left(\frac{MX}{me}\right)_{\max}=\frac{1}{2\zeta\sqrt{1-\zeta^2}}=\frac{1}{2\times0.025\times\sqrt{1-0.025^2}}=20.0063$$

因此

$$X_{\max}=\frac{20.0063me}{M}=\frac{20.0063\times0.08M\times0.09375}{M}=0.150047$$

(3) 假设附加在电动机上的质量为 M_a，由式(3.81)可以得出相应的振幅为

$$\frac{(M+M_a)\times0.1}{0.08M\times0.09375}=20$$

由此得 $M_a=0.5M$。即增加 50% 的电动机质量，就可以在共振时将振幅从 0.15 m 减至 0.1 m。

例 3.7　弗兰克斯(Francis)水轮机的示意图如图 3.21 所示。水从 A 处流进叶片 B 并向下流向尾端出口处。转子的质量为 250 kg，不平衡量(me)的大小为 5 kg·mm，转子与定

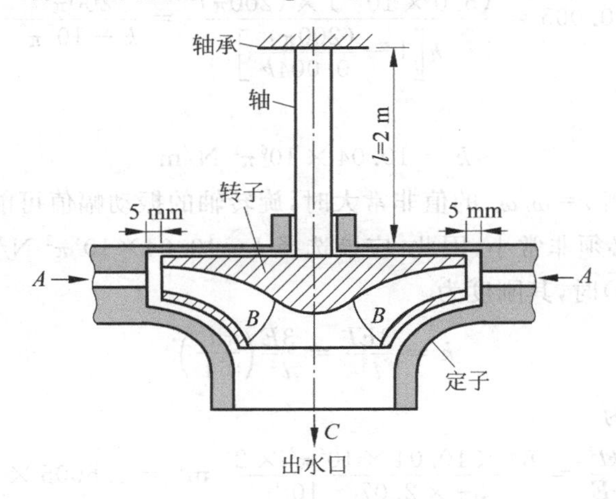

图 3.21　弗兰克斯水轮机

子间的径向间隙为 5 mm,水轮机的转速在 600～6000 r/min 之间,假定承载转子的轴固定在轴承上。为使水轮机以各种速度运转时,转子与定子间总存在间隙,求轴的直径。假设阻尼可以忽略不计。

解:由旋转的不平衡质量所引起的轴(转子)的最大幅值可根据式(3.80)求解。令 $c=0$,则

$$X=\frac{me\omega^2}{k-M\omega^2}=\frac{me\omega^2}{k(1-r^2)} \tag{E.1}$$

其中,$me=5\ \text{kg}\cdot\text{mm}$,$M=250\ \text{kg}$,且极限值 $X=5\ \text{mm}$。ω 的范围从

$$600\ \text{r/min}=600\times\frac{2\pi}{60}\ \text{rad/s}=20\pi\ \text{rad/s}$$

到

$$6000\ \text{r/min}=6000\times\frac{2\pi}{60}\ \text{rad/s}=200\pi\ \text{rad/s}$$

系统的固有频率为

$$\omega_n=\sqrt{\frac{k}{M}}=\sqrt{\frac{k}{250}}=0.063245\sqrt{k}\ \text{rad/s} \tag{E.2}$$

其中 k 的单位为 N/m。当 $\omega=20\pi$ rad/s 时,式由(E.1)得

$$0.005=\frac{(5.0\times10^{-3})\times(20\pi)^2}{k\left[1-\dfrac{(20\pi)^2}{0.004k}\right]}=\frac{2\pi^2}{k-10^5\pi^2}$$

则

$$k=10.04\times10^4\pi^2\ \text{N/m} \tag{E.3}$$

当 $\omega=200\pi$ rad/s 时,式由(E.1)得

$$0.005=\frac{(5.0\times10^{-3})\times(200\pi)^2}{k\left[1-\dfrac{(200\pi)^2}{0.004k}\right]}=\frac{200\pi^2}{k-10^7\pi^2}$$

则

$$k=10.04\times10^6\pi^2\ \text{N/m} \tag{E.4}$$

从图 3.17 可知,当 $r=\omega/\omega_n$ 的值非常大时,旋转轴的振动幅值可能达到最小值,这意味着 ω_n 应小于 ω,即 k 必须非常小,因此,应该选择 $k=10.04\times10^4\pi^2$ N/m。由于悬臂梁(轴)的末端装有载荷(转子)时,其刚度为

$$k=\frac{3EI}{l^3}=\frac{3E}{l^3}\left(\frac{\pi d^4}{64}\right) \tag{E.5}$$

故悬臂梁(轴)的直径为

$$d^4=\frac{64kl^3}{3\pi E}=\frac{64\times10.04\times10^4\pi^2\times2^3}{3\pi\times2.07\times10^{11}}\ \text{m}^4=2.6005\times10^{-4}\ \text{m}^4$$

即

$$d = 0.1270\ \mathrm{m} = 127\ \mathrm{mm} \tag{E.6}$$

3.8 库仑阻尼系统的受迫振动

如图 3.22 所示，有库仑阻尼或干摩擦阻尼的单自由度系统，受简谐激振力 $F(t)=F_0\sin\omega t$ 作用的情况，其运动微分方程为

$$m\ddot{x} + kx \pm \mu N = F(t) = F_0 \sin\omega t \tag{3.85}$$

当质量块从左向右运动(从右向左运动)时，摩擦力($\mu N=\mu mg$)的符号为正(负)。

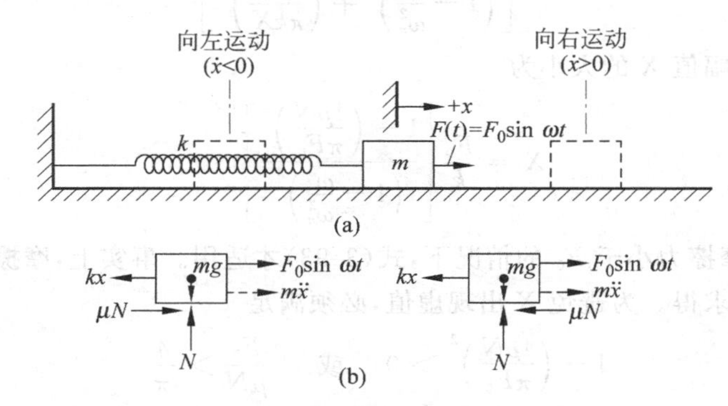

图 3.22 具有库仑阻尼的单自由度系统

式(3.85)的精确解的形式是相当复杂的。若干摩擦阻尼力较大，则质量块的运动是不连续的。另一方面，若干摩擦力小于作用力的幅值 F_0，则可以认为稳态解是近似简谐的。此时，利用等效黏性阻尼比可以求得式(3.85)的近似解。为求该比值，可令在运动的一个完整循环中因干摩擦导致的能量耗散等于因等效阻尼导致的能量损耗。若运动的幅值用 X 表示，则干摩擦力 μN 在 1/4 个循环中的能量耗散为 μNX。因此在一个完整循环中，因干摩擦导致的能量损耗为

$$\Delta W = 4\mu NX \tag{3.86}$$

若等效黏性阻尼常数用 c_{eq} 表示，则在一个完整循环内的能量损耗(见式(2.94))为

$$\Delta W = \pi c_{eq}\omega X^2 \tag{3.87}$$

令式(3.86)等于式(3.87)，得

$$c_{eq} = \frac{4\mu N}{\pi\omega X} \tag{3.88}$$

于是稳态响应为

$$x_p(t) = X\sin(\omega t - \phi) \tag{3.89}$$

其中，幅值 X 可根据式(3.60)确定

$$X=\frac{F_0}{[(k-m\omega^2)^2+(c_{eq}\omega)^2]^{1/2}}=\frac{F_0/k}{\left[\left(1-\frac{\omega^2}{\omega_n^2}\right)^2+\left(2\zeta_{eq}\frac{\omega}{\omega_n}\right)^2\right]^{1/2}} \tag{3.90}$$

令

$$\zeta_{eq}=\frac{c_{eq}}{c_c}=\frac{c_{eq}}{2m\omega_n}=\frac{4\mu N}{2m\omega_n\pi\omega X}=\frac{2\mu N}{\pi m\omega\omega_n X} \tag{3.91}$$

将式(3.91)代入式(3.90)，得

$$X=\frac{F_0/k}{\left[\left(1-\frac{\omega^2}{\omega_n^2}\right)^2+\left(\frac{4\mu N}{\pi kX}\right)^2\right]^{1/2}} \tag{3.92}$$

该方程的解给出了幅值 X 的大小为

$$X=\frac{F_0}{k}\left[\frac{1-\left(\frac{4\mu N}{\pi F_0}\right)^2}{\left(1-\frac{\omega^2}{\omega_n^2}\right)^2}\right]^{1/2} \tag{3.93}$$

如前所述，只有当摩擦力小于 F_0 的情况下，式(3.93)才适用。事实上，摩擦力 μN 的极限值可以根据式(3.93)求得。为避免 X 出现虚值，必须满足

$$1-\left(\frac{4\mu N}{\pi F_0}\right)^2>0 \quad 或 \quad \frac{F_0}{\mu N}>\frac{4}{\pi}$$

如果不满足此条件，就要作更详细的理论分析，这方面的工作见参考文献[3.3]。在式(3.89)中出现的相角 ϕ 可利用式(3.52)求得

$$\phi=\arctan\frac{c_{eq}\omega}{k-m\omega^2}=\arctan\frac{2\zeta_{eq}\frac{\omega}{\omega_n}}{1-\frac{\omega^2}{\omega_n^2}}=\arctan\frac{\frac{4\mu N}{\pi kX}}{1-\frac{\omega^2}{\omega_n^2}} \tag{3.94}$$

将式(3.93)代入式(3.94)，则得

$$\phi=\arctan\frac{\frac{4\mu N}{\pi F_0}}{\left[1-\left(\frac{4\mu N}{\pi F_0}\right)^2\right]^{1/2}} \tag{3.95}$$

式(3.95)表明，对于给定的 $F_0/\mu N$ 的值，$\tan\phi$ 为常值。因为当 $\omega/\omega_n<1$ 时，ϕ 取正值；当 $\omega/\omega_n>1$ 时，ϕ 取负值；故在 $\omega/\omega_n=1$(共振)处，ϕ 是不连续的。于是式(3.95)也可以表示为

$$\phi=\arctan\frac{\pm\frac{4\mu N}{\pi F_0}}{\left[1-\left(\frac{4\mu N}{\pi F_0}\right)^2\right]^{1/2}} \tag{3.96}$$

式(3.93)表明，对于 $\omega/\omega_n\neq1$ 的情况，摩擦起到限制受迫振动幅值的作用。但是共振时($\omega/\omega_n=1$)，该幅值为一无限值，这可以解释如下。当系统受简谐激励时，在一个循环内供给的能量为

$$\Delta W' = \int_{\text{cycle}} F\mathrm{d}x = \int_0^{\tau} F\frac{\mathrm{d}x}{\mathrm{d}t}\mathrm{d}t$$
$$= \int_0^{2\pi/\omega} F_0 \sin\omega t[\omega X\cos(\omega t - \phi)]\mathrm{d}t \tag{3.97}$$

共振时,由式(3.94)得 $\phi = 90°$,则式(3.97)变为

$$\Delta W' = F_0 X\omega\int_0^{2\pi/\omega} \sin^2\omega t\,\mathrm{d}t = \pi F_0 X \tag{3.98}$$

系统的能量损耗表达式为式(3.86)。由于 X 为实数时,$\pi F_0 X > 4\mu NX$,则共振时 $\Delta W' > \Delta W$(见图3.23)。于是,每个循环内供给系统的能量比系统的能量损耗大。这些多余的能量使得振动的幅值不断变大。对于非共振($\omega/\omega_n \neq 1$)的情况,输入的能量可根据式(3.97)求得,即

$$\Delta W' = \omega F_0 X\int_0^{2\pi/\omega} \sin\omega t\cos(\omega t - \phi)\mathrm{d}t$$
$$= \pi F_0 X\sin\phi \tag{3.99}$$

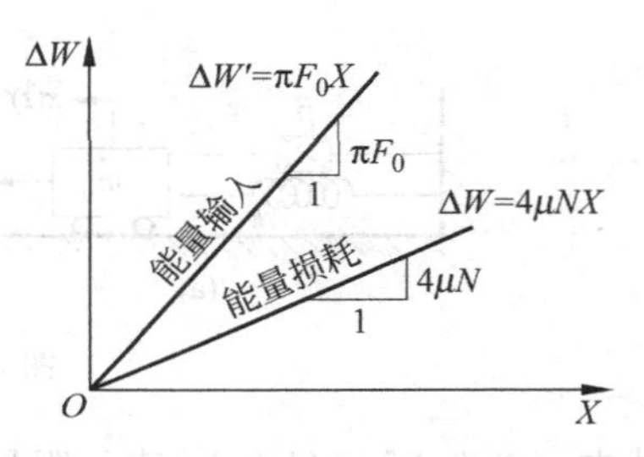

图3.23 库仑阻尼系统的能量输入与能量损耗

由于式(3.99)中 $\sin\phi$ 的存在,图3.23中的输入能量曲线与能量损耗曲线重合,所以幅值是有限的。可以看出,相角 ϕ 限制了运动的幅值。

受基础激励,具有库仑阻尼的弹簧-质量系统的周期响应见参考文献[3.10,3.11]。

例3.8 在水平面上振动的弹簧-质量系统,质量块的质量为10 kg,弹簧刚度为4000 N/m,动摩擦系数为0.12。当系统受到频率为2 Hz的简谐力作用时,质量块的振动幅值为40 mm。试确定作用于质量块上的简谐力幅值的大小。

解:质量块的重量 $N = mg = 10\times 9.81\ \mathrm{N} = 98.1\ \mathrm{N}$。系统的固有频率为

$$\omega_n = \sqrt{\frac{k}{m}} = \sqrt{\frac{4000}{10}}\ \mathrm{rad/s} = 20\ \mathrm{rad/s}$$

频率比为

$$\frac{\omega}{\omega_n} = \frac{2\times 2\pi}{20} = 0.6283$$

振动幅值 X 由式(3.93)确定

$$X = \frac{F_0}{k}\left\{\frac{1-\left(\frac{4\mu N}{\pi F_0}\right)^2}{\left[1-\left(\frac{\omega}{\omega_n}\right)^2\right]^2}\right\}^{1/2},\quad 0.04 = \frac{F_0}{4000}\left[\frac{1-\left(\frac{4\times 0.12\times 98.1}{\pi F_0}\right)^2}{(1-0.6283^2)^2}\right]^{1/2}$$

该式的解为 $F_0 = 97.9874\ \mathrm{N}$。

3.9 滞后阻尼系统的受迫振动

有滞后阻尼的单自由度系统，受简谐力 $F(t)=F_0\sin\omega t$ 作用的情况如图3.24所示。根据式(2.157)，质量块的运动微分方程为

$$m\ddot{x}+\frac{\beta k}{\omega}\dot{x}+kx=F_0\sin\omega t \tag{3.100}$$

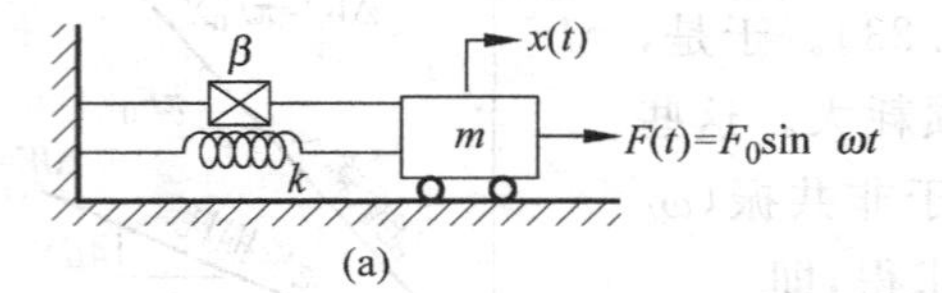

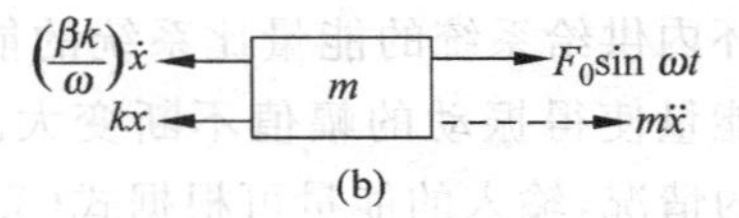

图3.24 具有滞后阻尼的振动系统

其中，$(\beta k/\omega)\dot{x}=(h/\omega)\dot{x}$ 表示阻尼力①。虽然式(3.100)的解对一般的力函数 $F(t)$ 来说是非常复杂的，但我们的兴趣在于确定简谐力作用下的响应。

式(3.100)的稳态解可以假定为

$$x_p(t)=X\sin(\omega t-\phi) \tag{3.101}$$

将式(3.101)代入式(3.100)，得

$$X=\frac{F_0}{k\left[\left(1-\frac{\omega^2}{\omega_n^2}\right)^2+\beta^2\right]^{1/2}} \tag{3.102}$$

和

$$\phi=\arctan\frac{\beta}{1-\frac{\omega^2}{\omega_n^2}} \tag{3.103}$$

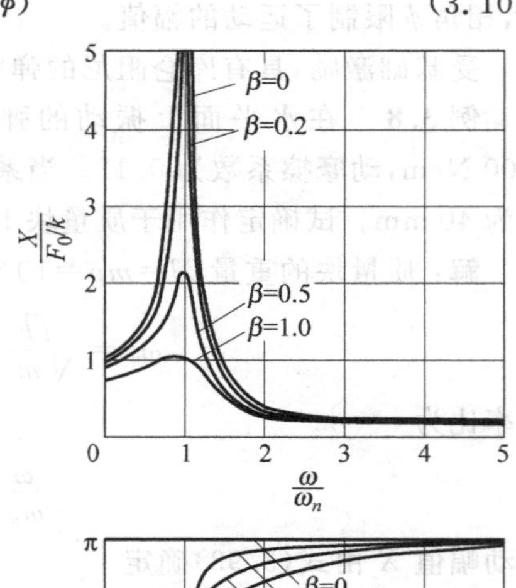

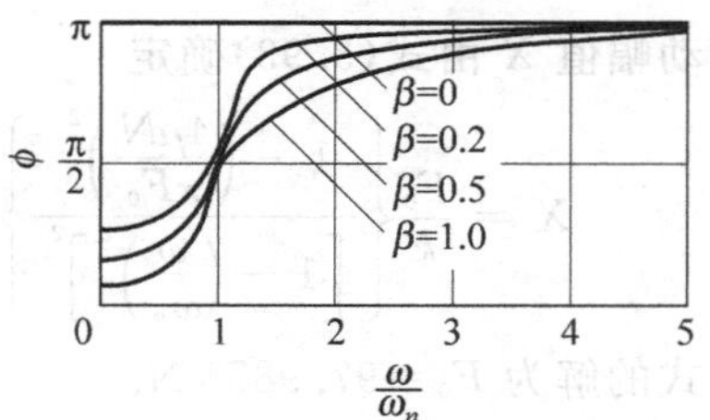

图3.25 稳态响应

图3.25中给出了对应于不同的 β 值，式(3.102)和式(3.103)中的 X 和 ϕ 随 $\frac{\omega}{\omega_n}$ 的变化规律。比较图3.25和图3.11(对应于黏性阻尼系统)可得如下结论：

(1) 对于滞后阻尼系统，幅值比 $\frac{X}{F_0/k}$ 在共振时达到最大值 $F_0/k\beta$；而对于黏性阻尼系统，最大值出现在小于共振频率处($\omega<\omega_n$)。

(2) 对于滞后阻尼系统，在 $\omega=0$ 时，相角 $\phi=$

① 与黏性阻尼相比，这里的阻尼力为激振力频率 ω 的函数(见2.10节)。

$\arctan(\beta)$；而对于黏性阻尼系统，在 $\omega=0$ 时，相角 $\phi=0$。这表明对于滞后阻尼系统，响应与力函数不可能同相。

若图 3.24 中的简谐力为 $F(t)=F_0\mathrm{e}^{\mathrm{i}\omega t}$，则运动微分方程为

$$m\ddot{x}+\frac{\beta k}{\omega}\dot{x}+kx=F_0\mathrm{e}^{\mathrm{i}\omega t} \tag{3.104}$$

此时，响应 $x(t)$ 是包括因子 $\mathrm{e}^{\mathrm{i}\omega t}$ 的简谐函数。因此 $\dot{x}(t)=\mathrm{i}\omega x(t)$，式(3.104)变为

$$m\ddot{x}+k(1+\mathrm{i}\beta)x=F_0\mathrm{e}^{\mathrm{i}\omega t} \tag{3.105}$$

其中，$k(1+\mathrm{i}\beta)$ 称为**复数刚度或复数阻尼**。式(3.105)的稳态解为下式的实部

$$x(t)=\frac{F_0\mathrm{e}^{\mathrm{i}\omega t}}{k\left[1-\left(\dfrac{\omega}{\omega_n}\right)^2+\mathrm{i}\beta\right]} \tag{3.106}$$

3.10 其他类型阻尼系统的受迫振动

由于黏性阻尼对应的系统的运动微分方程是线性的，因而它是实际应用中的一种最简单的阻尼形式。在库仑阻尼与滞后阻尼情况下，为简化分析，定义等效黏性阻尼系数。即使对于更复杂形式的阻尼，也可定义类似的等效黏性阻尼系数，如下面例 3.9 所示。文献[3.12]讨论了等效阻尼的实际应用。

例 3.9　当物体在湍流中运动时，所受阻力与速度的平方成正比，求这类平方阻尼的等效黏性阻尼系数。

解：假定阻尼力为

$$F_{\mathrm{d}}=\pm a(\dot{x})^2 \tag{E.1}$$

其中，a 是常数，$\dot{x}$ 是阻尼器中的相对速度。当 $\dot{x}$ 为正(负)值时，式(E.1)中采用负(正)号。在简谐运动 $x(t)=X\sin\omega t$ 的一个周期中能量的损耗为

$$\Delta W=2\int_{-x}^{x}a\,\dot{x}^2\,\mathrm{d}x=2X^3\int_{-\pi/2}^{\pi/2}a\omega^2\cos^3\omega t\,\mathrm{d}(\omega t)=\frac{8}{3}\omega^2aX^3 \tag{E.2}$$

令此能量等于等效黏性阻尼在一个周期中损耗的能量(见式(2.94))

$$\Delta W=\pi c_{\mathrm{eq}}\omega X^2 \tag{E.3}$$

则得等效黏性阻尼系数 c_{eq} 为

$$c_{\mathrm{eq}}=\frac{8}{3\pi}a\omega X \tag{E.4}$$

注意：c_{eq} 不是常量，而是随 ω 与 X 发生变化。

稳态响应的幅值可以根据式(3.30)求得

$$\frac{X}{\delta_{\mathrm{st}}}=\frac{1}{\sqrt{(1-r^2)^2+(2\zeta_{\mathrm{eq}}r)^2}} \tag{E.5}$$

其中，$r=\omega/\omega_n$，ζ_{eq} 为

$$\zeta_{eq}=\frac{c_{eq}}{c_c}=\frac{c_{eq}}{2m\omega_n} \tag{E.6}$$

利用式(E.4)与式(E.6)，由式(E.5)得

$$X=\frac{3\pi m}{8ar^2}\left[-\frac{(1-r^2)^2}{2}+\sqrt{\frac{(1-r^2)^4}{4}+\left(\frac{8ar^2\delta_{st}}{3\pi m}\right)^2}\right]^{1/2} \tag{E.7}$$

3.11 自激振动与稳定性分析

一般地说，作用于振动系统的力是外加的，因而不依赖于系统的运动，但也有一些系统的激振力是系统运动参数(位移、速度或加速度)的函数。由于系统本身的运动会引起激振力(见习题3.92)，所以这类系统称为**自激振动系统**。旋转轴的不稳定运动、涡轮叶片的颤振、液流所导致的管道的振动、汽车转向轮的摆振和空气动力所导致的桥的振动均是典型的自激振动的例子。

3.11.1 动力稳定性分析

若运动(或位移)随时间收敛或保持恒定状态，则称系统是动力稳定的。另一方面，若位移的幅值随时间连续地增加(发散)，则称系统是动力不稳定的。如果由于自激使得能量不断输入系统，则运动将是发散的，从而系统是不稳定的。为研究导致系统不稳定的情况，考虑如下的单自由度系统的运动微分方程

$$m\ddot{x}+c\dot{x}+kx=0 \tag{3.107}$$

若假设解的形式为 $x(t)=Ce^{st}$，其中 C 是常数，则由式(3.107)可得特征方程为

$$s^2+\frac{c}{m}s+\frac{k}{m}=0 \tag{3.108}$$

该方程的根为

$$s_{1,2}=-\frac{c}{2m}\pm\frac{1}{2}\left[\left(\frac{c}{m}\right)^2-4\frac{k}{m}\right]^{1/2} \tag{3.109}$$

由于假设解的形式为 $x(t)=Ce^{st}$，故若 s_1 与 s_2 是正实根，则运动将是发散的并呈非周期性。如果 c/m 与 k/m 均为正值，则可避免这种情况。若根 s_1 与 s_2 是共轭复根并具有正实部，则运动也将是发散的。为研究这种情况，将式(3.108)的根 s_1 与 s_2 表示为

$$s_1=p+iq,\quad s_2=p-iq \tag{3.110}$$

其中，p 与 q 均为实数，则

$$(s-s_1)(s-s_2)=s^2-(s_1+s_2)s+s_1s_2=s^2+\frac{c}{m}s+\frac{k}{m}=0 \tag{3.111}$$

由式(3.111)与式(3.110)可得

$$\frac{c}{m}=-(s_1+s_2)=-2p,\quad \frac{k}{m}=s_1s_2=p^2+q^2 \tag{3.112}$$

式(3.112)表明,若 p 为负数,则值 c/m 为正;若 p^2+q^2 为正数,则 k/m 必为正。于是若 c 与 k 为正值(假定 m 为正),则系统将是动力稳定的。

例 3.10 考虑如图 3.26(a)所示放置在运动的皮带上的弹簧-质量系统。质量块与皮带之间的动摩擦系数随相对(滑动)速度发生变化,如图 3.26(b)所示。当相对滑动速度增加时,摩擦系数首先自其静态值线性地下降,然后再开始增加。假定相对滑动速度 v 小于临界值 v_Q,则摩擦系数可以表示为

$$\mu=\mu_0-\frac{a}{W}v$$

其中,a 为常数,$W=mg$ 是质量块的重量。试讨论质量块在其静平衡位置附近所作的自由振动特点。

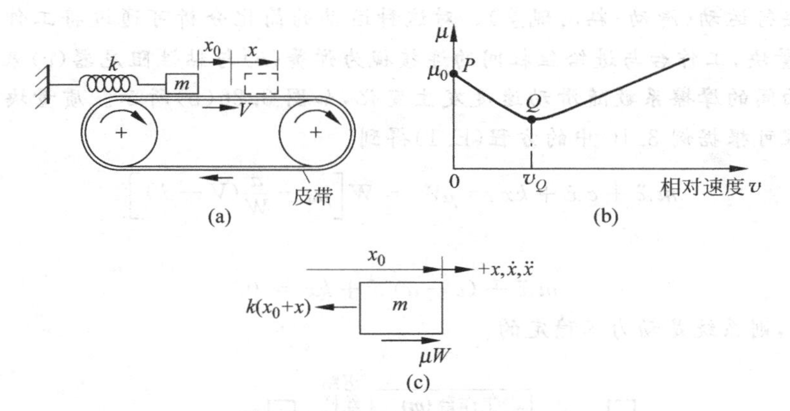

图 3.26 受弹簧约束的质量块在皮带摩擦力作用下的运动

解:令质量块 m 的平衡位置对应于弹簧的伸长 x_0,则

$$\mu W=kx_0$$

即

$$x_0=\frac{\mu W}{k}=\frac{\mu_0 W}{k}-\frac{aV}{k}$$

其中,V 是皮带的速度。若质量块相对于静平衡位置 x_0 的距离为 x,则相对滑动速度 v 为

$$v=V-\dot{x}$$

应用牛顿第二定律,质量块自由振动的运动微分方程可以表示为(见图 3.26(c))

$$m\ddot{x}=-k(x_0+x)+\mu W=-k(x_0+x)+W\left(\mu_0-\frac{a}{W}(V-\dot{x})\right)$$

即

$$m\ddot{x}-a\dot{x}+kx=0 \tag{E.1}$$

由于$\dot{x}$的系数为负,所以由式(E.1)所确定的运动是不稳定的。式(E.1)的解为

$$x(t)=\mathrm{e}^{(a/2m)t}\left(C_1\mathrm{e}^{r_1t}+C_2\mathrm{e}^{r_2t}\right) \tag{E.2}$$

其中，C_1 与 C_2 为常数，而

$$r_1=\frac{1}{2}\left[\left(\frac{a}{m}\right)^2-4\frac{k}{m}\right]^{1/2}$$

$$r_2=-\frac{1}{2}\left[\left(\frac{a}{m}\right)^2-4\frac{k}{m}\right]^{1/2}$$

从式(E.2)可以看出，x 值随时间不断增大，一直增大到满足 $V-\dot{x}=0$ 或 $V+\dot{x}=\mu_0$。此后，动滑动摩擦系数 μ 将具有一个正斜率。因而运动的特点将是完全不同的[3.13]。

注意：类似的运动还可以在皮带-带轮式刹车装置和机床的滑座中观察到[3.14]。例如，在机床中，工作台安装在导轨上，进给丝杠用来将运动传递给工作台，如图3.27所示。在某些情况下，工作台可能以不均匀运动的方式滑动，甚至当进给丝杠工作平稳时也是如此。这种运动俗称爬行运动(滑动-粘附现象)。对这种运动的简化分析可通过将工作台视为一质量为 m 的质量块，工作台与进给丝杠间的连接视为弹簧(k)与黏性阻尼器(c)来进行。质量块与滑动表面间的摩擦系数随滑动速度发生变化，如图3.26(b)所示。质量块(工作台)的运动微分方程可根据例3.10中的方程(E.1)得到

$$m\ddot{x}+c\dot{x}+kx=\mu W=W\left[\mu_0-\frac{a}{W}(V-\dot{x})\right]$$

即

$$m\ddot{x}+(c-a)\dot{x}+kx=0$$

显然，若 $c<a$，则系统是动力不稳定的。

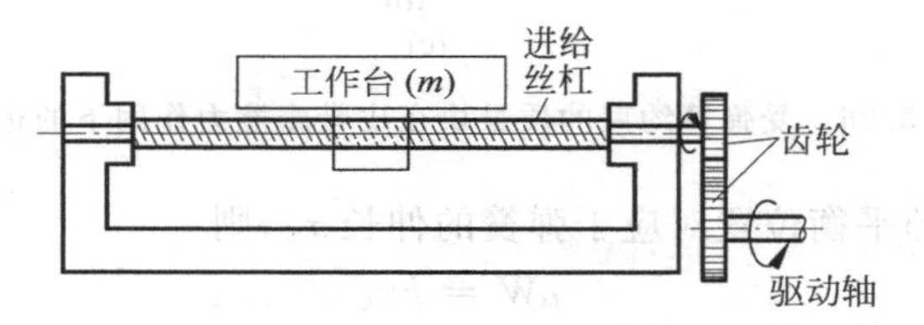

图3.27 机床工作台在丝杠驱动下运动

3.11.2 流体导致的动力不稳定

因流体在物体周围流动所导致的振动称为**流(动)致振动**[3.4](flow-induced vibration)。例如，当流体在高的烟囱、潜艇潜望镜、输电线以及核燃料棒的周围流动时，都会引起它们产生剧烈的振动。与此类似，当流体通过水管、油管、气体压缩机管子时，同样会引起它们产生剧烈的振动。在所有这些例子中，系统的振动都连续地从振源处吸收能量，导致越来越大的振动幅值。

流致振动可能是因多种现象导致的。例如，在覆冰输电线中，称为**舞动**(galloping)的低频(1～2 Hz)振动的发生是因空气在覆冰输电线周围流动所形成的升力与阻力作用的结果。机翼的颤振也是因空气流经其周围时所形成的升力与阻力作用的结果。此外，称为**输电线**

蜂鸣(singing of transmission lines)的高频振动是因涡流脱落导致的。

为了研究输电线的舞动现象,考虑图 3.28(a)所示受风载荷(风速为 U)作用的圆形截面的情况[3.3]。由于截面的对称性,风引起的作用力方向与风的方向相同。若圆柱体有一方向向下的速度 u,则风将有一向上的速度分量 u(相对于圆柱体)和水平分量 U。于是由风作用于圆柱体的合力方向是斜向上的,如图 3.28(b)所示。由于该力(向上方向)与圆柱体的运动方向(向下)相反,所以圆柱体的运动将被消弱。与此相反,若考虑一非圆形截面如覆冰的圆柱形导线,风的合力并不总是与导线的运动方向相反,如图 3.28(c)所示。在这种情况下,是由于风力而引起导线的运动,因而表明系统具有负阻尼。

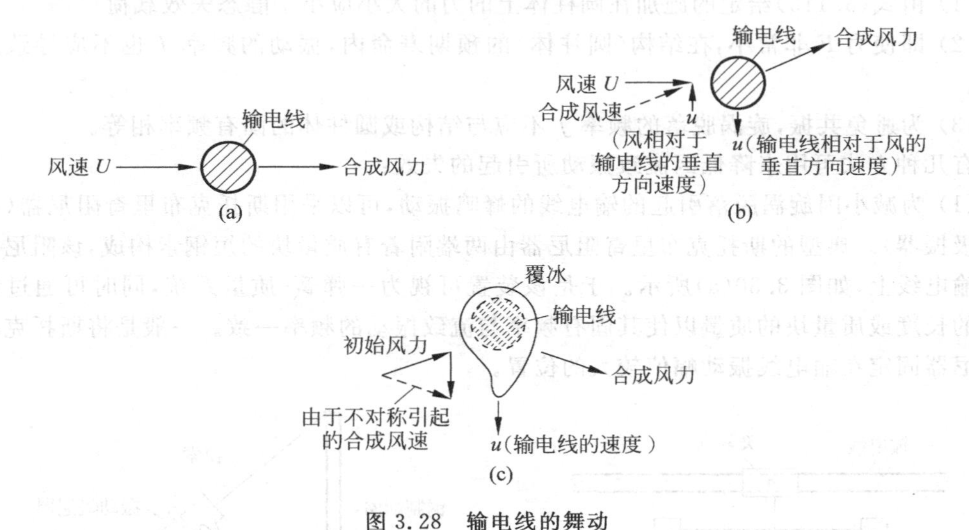

图 3.28 输电线的舞动

为了更形象地解释引起输电线蜂鸣的原因,考虑一流经光滑圆柱体的流体。在某些条件下,在下游会形成规则形式的交变旋涡,如图 3.29 所示。为纪念杰出的流体机械师 Theodor von Karman,将这些旋涡称为**卡门旋涡**(Karman vortices),他于 1911 年首次从理论上预言了旋涡的稳态空间。卡门旋涡沿顺时针与逆时针方向交替地变化,从而在圆柱体上形成简谐变化的升力,该力垂直于流体的速度方向。实验数据表明,当雷诺数 Re 在 60~5000 的范围内时,会强烈地发生规则的旋涡脱落。此时

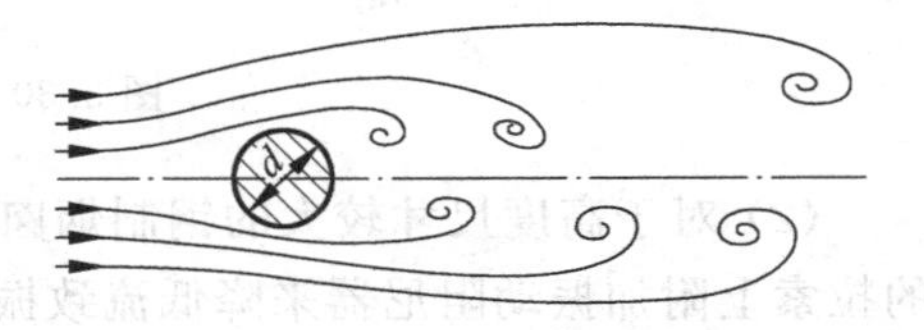

图 3.29 经过圆柱体的液流

$$Re = \frac{\rho V d}{\mu} \tag{3.113}$$

其中,d 是圆柱体的直径,ρ 为流体的密度,V 是风速,μ 是流体的绝对黏度。当 $Re>1000$ 时,涡流脱落的无量纲频率可以表示为斯特罗哈(Strouhal)数 St,其值近似等于 0.21[3.15]

$$St \equiv \frac{fd}{V} = 0.21 \tag{3.114}$$

其中,f 是旋涡脱落的频率。简谐变化的升力 F 为

$$F(t) = \frac{1}{2}c\rho V^2 A\sin\omega t \tag{3.115}$$

其中,c 是常数(对于圆柱体,$c\approx1$),A 是圆柱体在与速度 V 垂向方向上的投影面积,ω 是圆频率($\omega=2\pi f$),t 是时间。由于流体流速 V 没有交变分量,所以旋涡脱落的机理也可称为是自激的。从设计的观点看,必须保证下面的条件:

(1) 由式(3.115)给定的施加在圆柱体上的力的大小应小于静态失效载荷。

(2) 即使力 F 非常小,在结构(圆柱体)的预期寿命内,振动的频率 f 也不应导致疲劳失效。

(3) 为避免共振,旋涡脱落的频率 f 不应与结构或圆柱体的固有频率相等。

有几种方法可用来降低因流致振动所引起的失效:

(1) 为减小因旋涡脱落引起的输电线的蜂鸣振动,可以采用斯托克布里奇阻尼器(有阻尼的吸振器)。典型的斯托克布里奇阻尼器由两端附着有质量块的短钢索构成,该阻尼器固定在输电线上,如图 3.30(a)所示。于是该装置可视为一弹簧-质量系统,同时可通过调整钢索的长度或质量块的质量以使其固有频率与流致振动的频率一致。一般是将斯托克布里奇阻尼器固定在输电线振动幅值较大的位置。

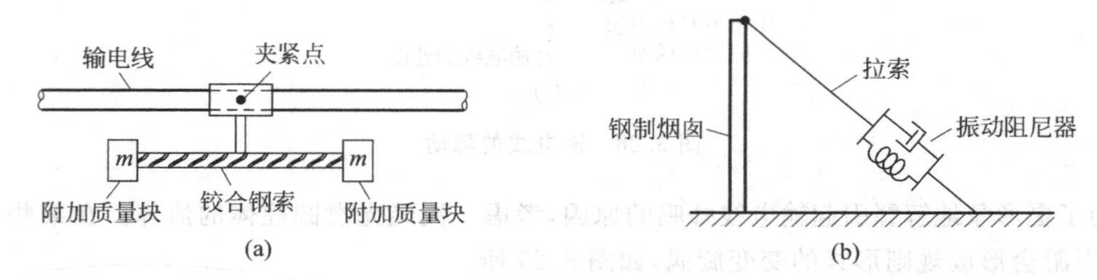

图 3.30 斯托克布里奇阻尼器

(2) 对于高度尺寸较大的钢制烟囱,如图 3.30(b)所示,可以通过在烟囱上端与地面间的拉索上附加振动阻尼器来降低流致振动的效应。

(3) 对于高度尺寸较大的烟囱,常在烟囱的周围缠绕螺旋形扰流器或铁箍,如图 3.31 所示。螺旋形扰流器可以破坏旋涡脱落的方式,从而使在烟囱上不会产生规则的激振力。

(4) 对于高速行驶的汽车,风致升力可导致轮胎空载,从而会出现转向控制与汽车稳定性方面的问题。虽然利用扰流器可以抵消部分升力,但同时又会使阻力增大。近年来,出现了可拆卸式反向翼型用来形成向下的动态力,以提高系统的稳定性(见图 3.32)。

例 3.11 试求导致图 3.33 所示机翼(单自由度系统模型)失去稳定性的自由流速 u。

解: 解题的方法是求作用在机翼(或质量块 m)上的垂向力,以求得导致零阻尼的条件。由于流体的流动,作用在机翼(或质量块 m)上的垂向力可以表示为

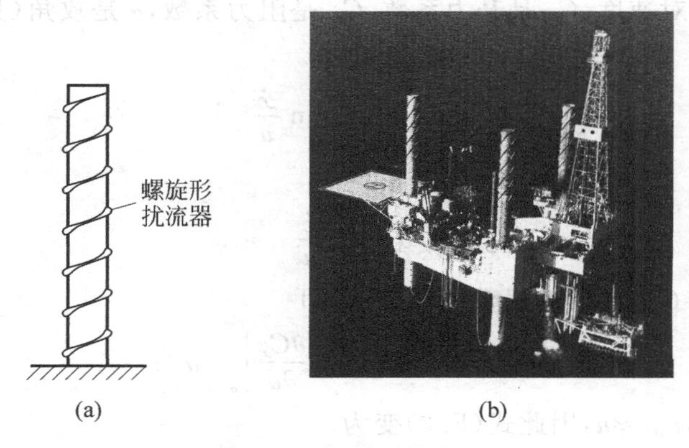

图 3.31　螺旋形扰流器

图 3.32　满足空气动力学特性的赛车具有很小的空气阻力和很高的稳定性

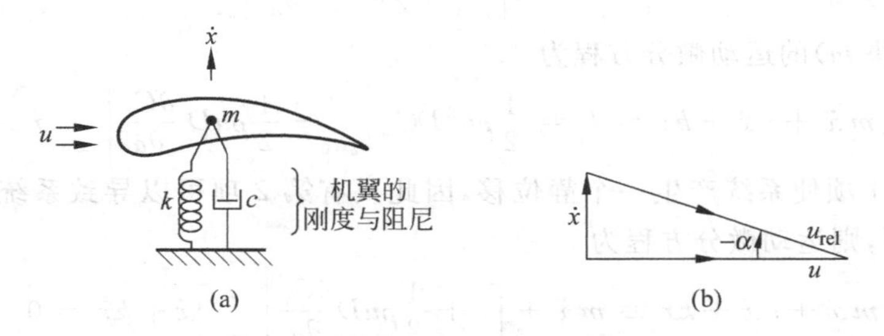

图 3.33　机翼简化为一单自由度系统模型

$$F = \frac{1}{2}\rho u^2 D C_x \tag{E.1}$$

其中，ρ 是流体的密度，u 是自由流的速度，D 是垂直于流动方向的横截面的宽度，C_x 是垂向力系数，它可表示为

$$C_x = \frac{u_{\mathrm{rel}}^2}{u^2}(C_{\mathrm{L}}\cos\alpha + C_{\mathrm{D}}\sin\alpha) \tag{E.2}$$

其中,u_{rel}是流体的相对速度,C_L 是升力系数,C_D 是阻力系数,α 是攻角(见图 3.33),按下式计算

$$\alpha = -\arctan \frac{\dot{x}}{u} \tag{E.3}$$

若攻角较小,则

$$\alpha = -\frac{\dot{x}}{u} \tag{E.4}$$

C_x 可近似地用在 $\alpha=0$ 处的泰勒级数展开表示,即

$$C_x \approx C_x \big|_{\alpha=0} + \frac{\partial C_x}{\partial \alpha}\bigg|_{\alpha=0} \alpha \tag{E.5}$$

其中,当 α 值较小时,$u_{rel} \approx u$,因此式(E.2)变为

$$C_x = C_L \cos\alpha + C_D \sin\alpha \tag{E.6}$$

利用式(E.6)与式(E.4),式(E.5)可以表示为

$$\begin{aligned} C_x &= (C_L \cos\alpha + C_D \sin\alpha)\big|_{\alpha=0} \\ &\quad + \alpha\left[\frac{\partial C_L}{\partial \alpha}\cos\alpha - C_L \sin\alpha + \frac{\partial C_D}{\partial \alpha}\sin\alpha + C_D\cos\alpha\right]\bigg|_{\alpha=0} \\ &= C_L\big|_{\alpha=0} + \alpha\frac{\partial C_x}{\partial \alpha}\bigg|_{\alpha=0} \\ &= C_L\big|_{\alpha=0} - \frac{\dot{x}}{u}\left[\frac{\partial C_L}{\partial \alpha}\bigg|_{\alpha=0} + C_D\big|_{\alpha=0}\right] \end{aligned} \tag{E.7}$$

将式(E.7)代入式(E.1),得

$$F = \frac{1}{2}\rho u^2 D C_L \bigg|_{\alpha=0} - \frac{1}{2}\rho u D \frac{\partial C_x}{\partial \alpha}\bigg|_{\alpha=0} \dot{x} \tag{E.8}$$

故机翼(或质量块 m)的运动微分方程为

$$m\ddot{x} + c\dot{x} + kx = F = \frac{1}{2}\rho u^2 D C_L \bigg|_{\alpha=0} - \frac{1}{2}\rho u D \frac{\partial C_x}{\partial \alpha}\bigg|_{\alpha=0} \dot{x} \tag{E.9}$$

式(E.9)右边第 1 项使系统产生一个静位移,因此只有第 2 项可以导致系统不稳定。若仅考虑右端第 2 项,则运动微分方程为

$$m\ddot{x} + c\dot{x} + kx \equiv m\ddot{x} + \left[c + \frac{1}{2}\rho u D \frac{\partial C_x}{\partial \alpha}\bigg|_{\alpha=0}\right]\dot{x} + kx = 0 \tag{E.10}$$

注意 m 包含夹带流体的质量。由式(E.10)可知,若 c 为负数,则机翼(或质量块 m)的位移将不断增大而不会有一个界限(即系统出现不稳定性现象)。因此,由 $c=0$ 可以确定导致机翼产生不稳定振动的最小气流速度 u 为

$$u = \frac{-2c}{\rho D \dfrac{\partial C_x}{\partial \alpha}\bigg|_{\alpha=0}} \tag{E.11}$$

对于矩形横截面,可取$\dfrac{\partial C_x}{\partial \alpha}\bigg|_{\alpha=0} = -2.7$[3.4]。

注意：与例3.11中类似的分析也可用于其他结构，如水箱(图3.34(a))和覆冰输电线在风载荷作用下的振动问题。

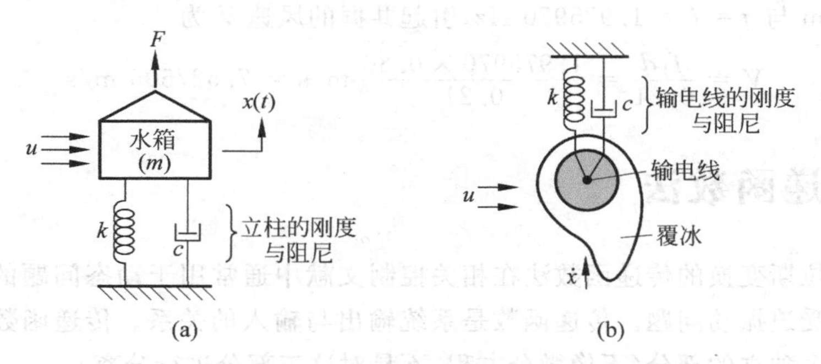

图3.34 典型振动结构的不稳定性

例3.12 钢制烟囱高20 m，内径0.75 m，外径0.80 m。流经烟囱周围的风会导致其沿气流方向的横向振动。试求临界风速。

解：解题的方法是将烟囱视为悬臂梁模型，再令其横向振动的频率等于旋涡脱落的频率。

为求烟囱横向振动的固有频率，可假定适当的横向变形形式(见8.7节)，再应用瑞利能量法求解。也可采用如表8.4所给悬臂梁的固有频率。如表8.4，悬臂梁横向振动的第一阶固有频率为ω_1

$$\omega_1 = (\beta_1 l)^2 \sqrt{\frac{EI}{\rho A l^4}} \tag{E.1}$$

其中

$$\beta_1 l = 1.875104 \tag{E.2}$$

烟囱的相关参数为：$E=207\times10^9\ \mathrm{N/m^2}$，单位体积的重量为$\rho g=76.5\times10^3\ \mathrm{N/m^3}$，$l=20$ m，$d=0.75$ m，$D=0.80$ m，所以

$$A = \frac{\pi}{4}(D^2-d^2) = \frac{\pi}{4}(0.80^2-0.75^2)\ \mathrm{m^2} = 0.0608685\ \mathrm{m^2}$$

$$I = \frac{\pi}{64}(D^4-d^4) = \frac{\pi}{64}(0.80^4-0.75^4)\ \mathrm{m^4} = 0.004574648\ \mathrm{m^4}$$

于是

$$\omega_1 = 1.875104^2 \times \left[\frac{207\times10^9\times0.004574648}{\dfrac{76.5\times10^3}{9.81}\times0.0608685\times20^4}\right]^{1/2}\ \mathrm{rad/s}$$

$$=12.415417\ \mathrm{rad/s} = 1.975970\ \mathrm{Hz}$$

旋涡脱落的频率f由斯特哈罗(Strouhal)数确定

$$St = \frac{fd}{V} = 0.21$$

利用 $d=0.80$ m 与 $f=f_1=1.975970$ Hz,引起共振的风速 V 为

$$V = \frac{f_1 d}{0.21} = \frac{1.975970 \times 0.80}{0.21} \text{ m/s} = 7.527505 \text{ m/s}$$

3.12　传递函数法

基于拉普拉斯变换的传递函数法在相关控制文献中通常用于动态问题的描述与求解。它也便于求解受迫振动问题。传递函数是系统输出与输入的关系。传递函数使输入、系统和输出分为三个独立的部分(不像微分方程,不易对这三部分进行分离)。

假设初始条件为零,线性时不变常微分方程的传递函数定义为输出(响应量)的拉普拉斯变换与输入(激励量)的拉普拉斯变换之比。

求解线性微分方程传递函数的一般过程为:假设初始条件为零,对等式两边同时进行拉普拉斯变换,求解输出的拉普拉斯变换与输入的拉普拉斯变换之比。由于线性微分方程由变量以及变量的导数构成,拉普拉斯变换将微分方程转化为一个变量为 s 的拉普拉斯多项式方程。利用附录D中给出的导数的拉普拉斯变换表达式可直接导出传递函数。

例3.13　考虑下面的 n 阶线性常微分方程,该方程用于控制动态系统的行为

$$a_n \frac{\mathrm{d}^n x(t)}{\mathrm{d}t^n} + a_{n-1} \frac{\mathrm{d}^{n-1} x(t)}{\mathrm{d}t^{n-1}} + \cdots + a_0 x(t)$$

$$= b^m \frac{\mathrm{d}^m f(t)}{\mathrm{d}t^m} + b^{m-1} \frac{\mathrm{d}^{m-1} f(t)}{\mathrm{d}t^{m-1}} + \cdots + b_0 f(t) \tag{E.1}$$

其中 $x(t)$ 为输出,$f(t)$ 为输入,t 为时间,a_i 和 b_i 是常数。求系统的传递函数,用简图表示系统、输入和输出。

解:对等式(E.1)两边进行拉普拉斯变换,可以得到

$$a_n s^n X(s) + a_{n-1} s^{n-1} X(s) + \cdots + a_0 X(s) + \text{关于 } x(t) \text{ 的初始条件}$$

$$= b_m s^m F(s) + b_{m-1} s^{m-1} F(s) + \cdots + b_0 F(s) + \text{关于 } f(t) \text{ 的初始条件} \tag{E.2}$$

可以看出,式(E.2)为一个纯代数表达式。假设所有初始条件全为零,则式(E.2)简化为

$$(a_n s^n + a_{n-1} s^{n-1} + \cdots + a_0) X(s) = (b_m s^m + b_{m-1} s^{m-1} + \cdots + b_0) F(s) \tag{E.3}$$

对式(E.3)求解,可得零初始条件下系统传递函数 $T(s)$ 即输出的拉普拉斯变换与输入的拉普拉斯变换之比为

$$T(s) = \frac{X(s)}{F(s)} = \frac{(a_n s^n + a_{n-1} s^{n-1} + \cdots + a_0)}{(b_m s^m + b_{m-1} s^{m-1} + \cdots + b_0)} \tag{E.4}$$

可以看出,传递函数可以识别输出 $X(s)$、输入 $F(s)$ 及系统(将式(E.4)右边定义为一个单独实体)。根据式(E.4),系统的输出可以定义为

$$X(s) = T(s) F(s) \tag{E.5}$$

对式(E.5)进行拉普拉斯逆变换,可求得系统在时域中与已知输入对应的系统的输出。

如图3.35所示,传递函数可以表示为一个方框图。其中输入和输出分别在方框图中的左右两侧,方框表示传递函数。注意传递函数的分母与微分方程的特征多项式是相同的。

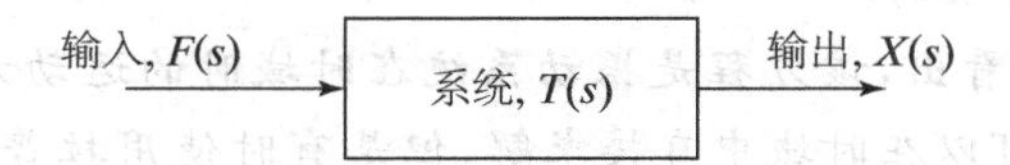

图3.35 输入、系统与输出的方框图表示

例3.14 求黏性阻尼单自由度系统在受到如图3.1所示的外力 $f(t)$ 下的传递函数。

解:系统的运动微分方程为

$$m\ddot{x}+c\dot{x}+kx=f(t) \tag{E.1}$$

对等式(E.1)两边进行拉普拉斯变换,可得

$$m\mathscr{L}[\ddot{x}(t)]+c\mathscr{L}[\dot{x}(t)]+k\mathscr{L}[x(t)]=\mathscr{L}[f(t)] \tag{E.2}$$

或

$$m[s^2X(s)-sx(0)-\dot{x}(0)]+[sX(s)-x(0)]+kX(s)=F(s) \tag{E.3}$$

式(E.2)可以写成

$$(ms^2+cs+k)X(s)-[msx(0)+m\dot{x}(0)+sx(0)]=F(s) \tag{E.4}$$

其中,$X(s)=\mathscr{L}[x(t)]$,$F(s)=\mathscr{L}[f(t)]$。将 $x(0)=\dot{x}(0)=0$ 代入式(E.4)中可得系统的传递函数为

$$T(s)=\left.\frac{\mathscr{L}[\text{output}]}{[\text{input}]}\right|_0=\frac{X(s)}{F(s)}=\frac{1}{ms^2+cs+k} \tag{E.5}$$

注意:

(1) 传递函数是系统的一个特性,与输入函数或激励函数无关。

(2) 传递函数不提供对系统物理结构的任何信息。事实上,许多不同物理系统的传递函数可以是相同的。

(3) 利用传递函数对于在控制理论中表示动态系统,在振动测试中测试动态响应以及系统辨识是非常有用的。例如,一个系统的参数,如质量(m),阻尼常数(c)和弹簧刚度(k)是未知的,由于输入已知,传递函数可以通过测量响应或输出经实验测定。一旦确定了传递函数,它就可提供对系统动态特性的完整描述。

在振动测试中,测得的振动响应(由于已知的输入或激励函数)可能为位移、速度或更常见的为加速度。对应的加速度传递函数定义为 $\frac{s^2X(s)}{F(s)}$ 之比,其中 $F(s)$ 为输入的拉普拉斯变换,$s^2X(s)$ 为加速度的拉普拉斯变换。

(4) 如果一个系统的传递函数是已知的,根据任意类型的输入,可求出该系统的输出或响应。

(5) 在拉普拉斯变换中,变量 s 是一个复数,因此传递函数将变为一个复数量。变量 s 与用来表示微分方程的解的特征根 s 相似(见式(2.61))。在拉普拉斯变换中,以复数形式

表示的变量 s 为

$$s=\sigma+\mathrm{i}\omega_{\mathrm{d}} \tag{3.116}$$

其中 σ 和 ω_{d} 分别表示 s 的实部和虚部。可以看出，在2.8节中所讨论的完整分析，对拉普拉斯变换的变量 s 也是有效的。

(6) 从式(3.1)可以看出，该方程是振动系统在时域时的运动方程。如3.4节所述，虽然该系统的输出或响应可以在时域中直接求解，但是有时使用拉普拉斯变换更易求解系统的响应。拉普拉斯变换将线性微分方程转换成为代数表达式，这样更易于进行处理。它将根据独立变量(如时间)定义的函数变换为根据复数量 s(作为独立变量)定义的函数。为应用拉普拉斯变换，首先需要确定系统的传递函数。

(7) 虽然传递函数可根据拉普拉斯变换的应用正式进行推导，但它也可以简单方式进行推导。为此，考虑以下方程

$$m\ddot{x}+c\dot{x}(t)+kx(t)=f(t) \tag{3.117}$$

与该方程相关联的传递函数可通过用 $X(s)\mathrm{e}^{st}$ 与 $F(s)\mathrm{e}^{st}$ 分别代替 $x(t)$ 与 $f(t)$ 来进行推导。$x(t)$ 对时间的导数，可以通过 $X(s)\mathrm{e}^{st}$ 对时间的微分 $\dot{x}(t)=X(s)s\mathrm{e}^{st}$ 与 $\ddot{x}(t)=X(s)s^2\mathrm{e}^{st}$ 求得。因此式(3.117)可以写成

$$ms^2X(s)\mathrm{e}^{st}+csX(s)\mathrm{e}^{st}+kX(s)\mathrm{e}^{st}=F(s)\mathrm{e}^{st} \tag{3.118}$$

式(3.118)可以通过求 $\dfrac{X(s)}{F(s)}$ 之比而得到传递函数 $T(s)$

$$T(s)=\frac{X(s)}{F(s)}=\frac{1}{ms^2+cs+k} \tag{3.119}$$

该式与例3.14中的式(E.5)是相同的。

3.13 利用拉普拉斯变换求解

下面通过实例来说明如何利用拉普拉斯变换求单自由度系统的响应。

例3.15 如图3.1所示，有阻尼单自由度系统受到一广义力 $f(t)$ 的作用，利用拉普拉斯变换推导出该系统全响应的表达式。

解： 根据拉普拉斯变换式(3.1)可导出如下关系式(见例3.14中式(E.4))

$$X(s)=\frac{F(s)}{m(s^2+2\zeta\omega_n s+\omega_n^2)}+\frac{s+2\zeta\omega_n}{s^2+2\zeta\omega_n s+\omega_n^2}x(0)+\frac{1}{s^2+2\zeta\omega_n s+\omega_n^2}\dot{x}(0) \tag{E.1}$$

对式(E.1)右边的每一项进行拉普拉斯逆变换，可以得到该系统的全响应。为了方便起见，定义函数下标 i 与 s 分别表示输入与系统

$$F_{\mathrm{i}}(s)=F(s) \tag{E.2}$$

$$F_{\mathrm{s}}(s)=\frac{1}{m(s^2+2\zeta\omega_n s+\omega_n^2)} \tag{E.3}$$

注意到，$F_{\mathrm{i}}(s)$ 的拉普拉斯逆变换等于已知激励函数

$$f_{\mathrm{i}}(t) = F_0 \cos \omega t \tag{E.4}$$

$F_{\mathrm{s}}(s)$的拉普拉斯逆变换为(见附录 D)

$$f_{\mathrm{s}}(t) = \frac{1}{m\omega_{\mathrm{d}}} \mathrm{e}^{-\zeta\omega_n t} \sin \omega_{\mathrm{d}} t \tag{E.5}$$

其中

$$\omega_{\mathrm{d}} = \sqrt{1-\zeta^2}\,\omega_n \tag{E.6}$$

式(E.1)右边第一项的拉普拉斯逆变换的表达式为(见附录 D)

$$\mathscr{L}^{-1} F_{\mathrm{i}}(s) F_{\mathrm{s}}(s) = \int_{\tau=0}^{t} f_{\mathrm{i}}(\tau) f_{\mathrm{s}}(t-\tau) \mathrm{d}\tau = \frac{1}{m\omega_{\mathrm{d}}} \int_{\tau=0}^{t} f(\tau) \mathrm{e}^{-\zeta\omega_n (t-\tau)} \sin \omega_{\mathrm{d}} (t-\tau) \mathrm{d}\tau \tag{E.7}$$

式(E.1)中 $x(0)$的系数的拉普拉斯逆变换为

$$\mathscr{L}^{-1} \frac{s+2\zeta\omega_n}{s^2+2\zeta\omega_n s+\omega_n^2} = \left(\frac{\omega_n}{\omega_{\mathrm{d}}}\right) \mathrm{e}^{-\zeta\omega_n t} \cos(\omega_{\mathrm{d}} t - \phi_1) \tag{E.8}$$

其中

$$\phi_1 = \arctan \frac{\zeta\omega_n}{\omega_{\mathrm{d}}} = \arctan \frac{\zeta}{\sqrt{1-\zeta^2}} \tag{E.9}$$

$\dot{x}(0)$的系数的拉普拉斯逆变换可通过 $f_{\mathrm{s}}(t)$乘以 m 得到，从而

$$\mathscr{L}^{-1} \frac{1}{s^2+2\zeta\omega_n s+\omega_n^2} = \left(\frac{1}{\omega_{\mathrm{d}}}\right) \mathrm{e}^{-\zeta\omega_n t} \sin \omega_{\mathrm{d}} t \tag{E.10}$$

应用式(E.7)，式(E.8)和式(E.10)右侧给出的响应，系统的全响应可表示为

$$\begin{aligned} x(t) = &\frac{1}{m\omega_{\mathrm{d}}} \int_{\tau=0}^{t} f(\tau) \mathrm{e}^{-\zeta\omega_n (t-\tau)} \sin \omega_{\mathrm{d}} (t-\tau) \mathrm{d}\tau \\ &+ \frac{\omega_n}{\omega_{\mathrm{d}}} \mathrm{e}^{-\zeta\omega_n t} \cos(\omega_{\mathrm{d}} t - \phi_1) + \frac{1}{\omega_{\mathrm{d}}} \mathrm{e}^{-\zeta\omega_n t} \sin \omega_{\mathrm{d}} t \end{aligned} \tag{E.11}$$

注意式(E.7)中积函数的拉普拉斯逆变换也可以写成

$$\mathscr{L}^{-1} F_{\mathrm{i}}(s) F_{\mathrm{s}}(s) = \int_{\tau=0}^{t} f_{\mathrm{i}}(t-\tau) f_{\mathrm{s}}(\tau) \mathrm{d}\tau = \frac{1}{m\omega_{\mathrm{d}}} \int_{\tau=0}^{t} f(t-\tau) \mathrm{e}^{-\zeta\omega_n \tau} \sin \omega_{\mathrm{d}} \tau \mathrm{d}\tau \tag{E.12}$$

系统的全响应也可表示为

$$\begin{aligned} x(t) = &\frac{1}{m\omega_{\mathrm{d}}} \int_{\tau=0}^{t} f(t-\tau) \mathrm{e}^{-\zeta\omega_n \tau} \sin \omega_{\mathrm{d}} \tau \mathrm{d}\tau \\ &+ \frac{\omega_n}{\omega_{\mathrm{d}}} \mathrm{e}^{-\zeta\omega_n t} \cos(\omega_{\mathrm{d}} t - \phi_1) + \frac{1}{\omega_{\mathrm{d}}} \mathrm{e}^{-\zeta\omega_n t} \sin \omega_{\mathrm{d}} t \end{aligned} \tag{E.13}$$

例 3.16　有阻尼单自由度系统受到一简谐力 $f(t)=F_0\cos \omega t$ 的作用，利用拉普拉斯变换求该系统的稳态响应。

解：对式(3.1)进行拉普拉斯变换可得如下关系式(见例 3.15 中式(E.1)对应的零初始条件下的稳态响应)

$$X(s)=\frac{F(s)}{m(s^2+2\zeta\omega_n s+\omega_n^2)} \tag{E.1}$$

输入 $f(t)=F_0\cos\omega t$ 的拉普拉斯变换为 $F(s)=F_0\dfrac{1}{s^2+\omega^2}$。因此式(E.1)变为

$$X(s)=\frac{F_0}{m}\frac{s}{s^2+\omega^2}\frac{1}{s^2+2\zeta\omega_n s+\omega_n^2} \tag{E.2}$$

其中已用到了关系式 $\omega_n=\sqrt{\dfrac{k}{m}}$ 与 $\zeta=\dfrac{c}{2\sqrt{mk}}$。式(E.2)右边可表示为

$$F(s)=\frac{F_0}{m}\left(\frac{a_1 s+a_2}{s^2+\omega^2}+\frac{a_3 s+a_4}{s^2+2\zeta\omega_n s+\omega_n^2}\right) \tag{E.3}$$

常数 a_1、a_2、a_3 和 a_4 分别为(见习题3.99)

$$a_1=\frac{\omega_n^2-\omega^2}{(2\zeta\omega_n)^2\omega^2+(\omega_n^2-\omega^2)^2} \tag{E.4}$$

$$a_2=\frac{2\zeta\omega_n\omega^2}{(2\zeta\omega_n)^2\omega^2+(\omega_n^2-\omega^2)^2} \tag{E.5}$$

$$a_3=\frac{\omega_n^2-\omega^2}{(2\zeta\omega_n)^2\omega^2+(\omega_n^2-\omega^2)^2} \tag{E.6}$$

$$a_4=\frac{\omega_n^2-\omega^2}{(2\zeta\omega_n)^2\omega^2+(\omega_n^2-\omega^2)^2} \tag{E.7}$$

因此，$X(s)$可以表示为

$$X(s)=\frac{F_0}{m}\frac{1}{(2\zeta\omega_n)^2\omega^2+(\omega_n^2-\omega^2)^2}\left\{(\omega_n^2-\omega^2)\frac{s}{s^2+\omega^2}+(2\zeta\omega_n\omega)\frac{s}{s^2+\omega^2}\right.$$
$$\left.-(\omega_n^2-\omega^2)\frac{s}{s^2+2\zeta\omega_n s+\omega_n^2}-(2\zeta\omega_n)\frac{\omega_n^2}{s^2+2\zeta\omega_n s+\omega_n^2}\right\} \tag{E.8}$$

利用附录D中的关系式14、15、27及28，系统响应可表示为

$$x(t)=\frac{F_0}{m}\frac{1}{(2\zeta\omega_n)^2+(\omega_n^2-\omega^2)^2}\left\{(\omega_n^2-\omega^2)\cos\omega t+2\zeta\omega_n\omega\sin\omega t\right.$$
$$\left.+\frac{(\omega_n^2-\omega^2)}{\sqrt{1-\zeta^2}}e^{-\zeta\omega_n t}\sin(\omega_n\sqrt{1-\zeta^2}t-\phi)-\frac{2\zeta\omega_n^2}{\sqrt{1-\zeta^2}}e^{-\zeta\omega_n t}\sin(\omega_n\sqrt{1-\zeta^2}t)\right\}$$
$$\tag{E.9}$$

其中

$$\phi_1=\arctan\frac{1-\zeta^2}{\zeta} \tag{E.10}$$

可以看出，当 $t\to\infty$ 时，式(E.9)中的 $e^{-\zeta\omega_n t}$ 趋于零。因此系统的稳态响应可以表示为

$$x(t)=\frac{F_0}{m}\frac{1}{(2\zeta\omega_n)^2+(\omega_n^2-\omega^2)^2}\{(\omega_n^2-\omega^2)\cos\omega t+2\zeta\omega_n\omega\sin\omega t\} \tag{E.11}$$

上式可以化简为

$$x(t)=\frac{F_0}{\sqrt{c^2\omega^2+(k-m\omega^2)^2}}\cos(\omega t-\phi) \tag{E.12}$$

此解与在 3.4 节求得的解(式(3.25)、(3.28)及(3.29))是一致的。

3.14 频率传递函数

在 3.4 节中,线性系统受到一个正弦(或谐波)的输入时的稳态响应也为同频率的正弦(或谐波)。尽管响应的频率与激励的频率相同,但响应的相位角以及幅值与激励存在着差异,这些差异是频率的函数(见图 3.11)。同时,由 1.10.2 节可知,任何正弦信号可以表示为复数(称为相量)。复数的模是正弦函数的振幅,复数的辐角则是正弦函数的相位角。因此,输入相量 $M_i\sin(\omega t+\phi_i)$,可以在极坐标中表示为 $M_i e^{i\phi_i}$,其中频率 ω 被认为是隐函数形式。

由于系统会使输入的振幅和相位角均发生改变(见 3.4 节实例),所以可以将系统本身考虑为由一个复数或复函数来表示,且输出相量可视为系统函数和输入相量的乘积。例如,如图 3.36(a)所示的弹簧-质量-阻尼系统,输入-输出关系为如图 3.36(b)所示的框图。因

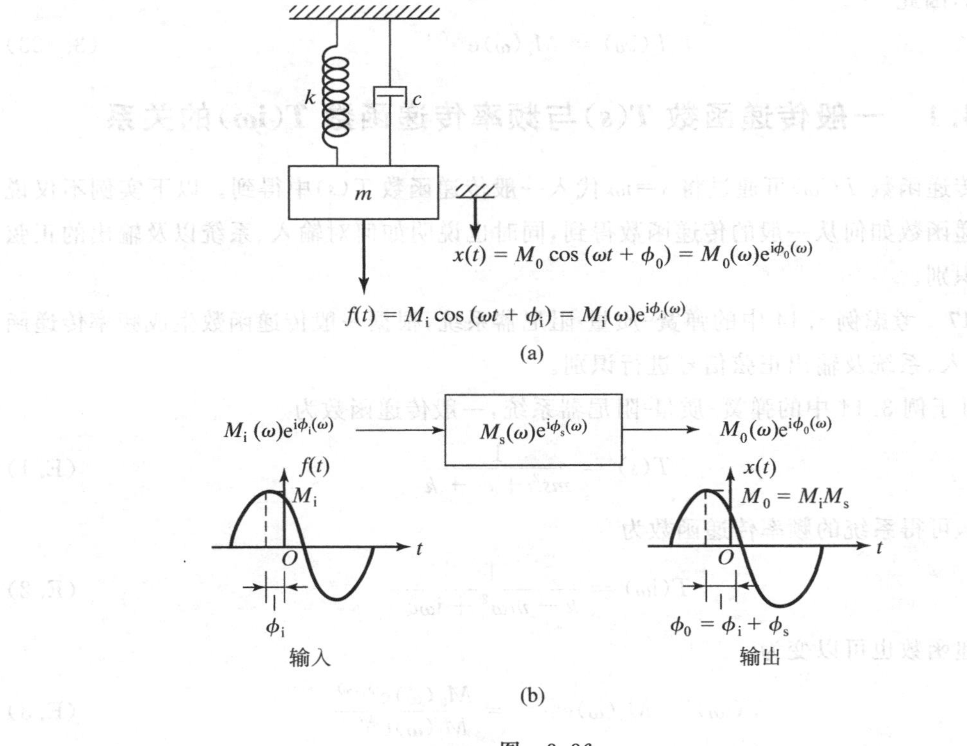

图　3.36

(a) 物理系统;(b) 方框图

此系统的稳定输出或正弦响应可以表示为

$$M_0(\omega)e^{i\phi_0(\omega)}=M_s(\omega)e^{i\phi_s(\omega)}M_i(\omega)e^{i\phi_i(\omega)}=M_s(\omega)M_i(\omega)e^{i(\phi_s(\omega)+\phi_i(\omega))} \tag{3.120}$$

其中，M 与 ϕ 分别表示正弦函数的振幅和相位角。从式(3.120)可以看出系统函数 $M_s(\omega)\cdot e^{i\phi_s(\omega)}$ 是由函数本身的振幅

$$M_s(\omega)=\frac{M_0(\omega)}{M_i(\omega)} \tag{3.121}$$

以及相位角

$$\phi_s(\omega)=\phi_0(\omega)-\phi_i(\omega) \tag{3.122}$$

定义的。系统函数 $M_s(\omega)e^{i\phi_s(\omega)}$ 称为频率-响应函数，$M_s(\omega)$ 则称为幅-频响应函数，$\phi_s(\omega)$ 称为系统的相-频响应函数。

频率响应的幅值是由输出正弦信号的幅值与输入正弦信号幅值之比决定的。相位响应则是由输入正弦信号与输出正弦信号的相位角的差决定的。每个响应都是频率的函数，且将只应用于系统的稳态正弦响应。为了方便起见，频率响应函数有时称为频率传递函数，用 $T(i\omega)$ 表示，因此

$$T(i\omega)=M_s(\omega)e^{i\phi_s(\omega)} \tag{3.123}$$

3.14.1 一般传递函数 $T(s)$ 与频率传递函数 $T(i\omega)$ 的关系

频率传递函数 $T(i\omega)$ 可通过将 $s=i\omega$ 代入一般传递函数 $T(s)$ 中得到。以下实例不仅说明频率传递函数如何从一般的传递函数得到，同时也说明如何对输入、系统以及输出的正弦信号进行识别。

例 3.17 考虑例 3.14 中的弹簧-质量-阻尼器系统，根据一般传递函数生成频率传递函数，并对输入、系统及输出正弦信号进行识别。

解： 对于例 3.14 中的弹簧-质量-阻尼器系统，一般传递函数为

$$T(s)=\frac{1}{ms^2+cs+k} \tag{E.1}$$

应用 $s=i\omega$，可得系统的频率传递函数为

$$T(i\omega)=\frac{1}{k-m\omega^2+i\omega c} \tag{E.2}$$

该频率传递函数也可以变为

$$T(i\omega)=M_s(\omega)e^{i\phi_s(\omega)}=\frac{M_0(\omega)e^{i\phi_0(\omega)}}{M_i(\omega)e^{i\phi_i(\omega)}} \tag{E.3}$$

其中

$$M_0(\omega)=1,\quad \phi_0(\omega)=0 \tag{E.4}$$

$$M_{\mathrm{i}}(\omega)=\frac{1}{\sqrt{(k-m\omega^{2})^{2}+(\omega c)^{2}}},\quad \phi_{\mathrm{i}}(\omega)=\arctan\left(\frac{\omega c}{k-m\omega^{2}}\right) \tag{E.5}$$

可以看出 $T(\mathrm{i}\omega)$的振幅或幅值为

$$M_{\mathrm{s}}(s)=|T(\mathrm{i}\omega)|=\frac{1}{[(k-m\omega^{2})^{2}+(\omega c)^{2}]^{\frac{1}{2}}} \tag{E.6}$$

而相位角为

$$\phi_{\mathrm{s}}=\arctan\left(\frac{\omega c}{m\omega^{2}-k}\right) \tag{E.7}$$

不难看出,式(E.5)与式(3.30)及式(3.31)相同。因此系统频率传递函数 $T(\mathrm{i}\omega)$,可以通过将 $\mathrm{i}\omega$ 代替 s,从一般传递函数 $T(s)$得到。此结论虽然只是由单自由度有阻尼系统(二阶微分方程)得到的,但是同样可以应用于 n 阶线性时不变常微分方程。

3.14.2 频响特征的表示

二阶系统如弹簧-质量-阻尼系统的频率响应,表示系统对不同频率的正弦输入的稳态响应,它可以通过几种不同的图形方式给出。在 3.4 节中,用两张独立的图来显示振幅或幅值比 M 以及相位角 ϕ 随频率 ω 的变化。对于某些系统,频率 ω 会在一个很大的范围内变化。在这种情况下,可以采用对数坐标的形式以覆盖频率 ω 的整个范围,并将其绘制在标准尺寸图纸上。

伯德图:伯德图由两张图组成,其中一张为频率传递函数振幅 M 的自然对数与频率 ω 的自然对数图,另一张为相位角 ϕ 与频率 ω 的自然对数图。伯德图也称为频率响应的对数图。

函数 $T(\mathrm{i}\omega)$的对数幅值的标准表示为对数单位分贝,简写为 dB。用分贝作单位的幅值比 m 的定义为

$$m=10\lg(M^{2})=20\lg M\quad \mathrm{dB} \tag{3.124}$$

数值-分贝换算线:从式(3.124)可以看出,对于任意一个数值 N,它的分贝值为 $20\lg N$。对于一些代表性的 N 值,换算成分贝后的值如下。

N	0.001	0.01	0.1	0.5	$\frac{1}{\sqrt{2}}$	1	$\sqrt{2}$	2	10	100	1000
分贝值	−60	−40	−20	−6	−2	0	3	6	20	40	60

伯德图应用于频率响应特性的主要优势如下:

(1) 从伯德图上可以识别系统的传递函数(即实验判定)。

（2）可以在一个很大的频率范围内绘制频率响应曲线。

（3）在某些应用中，需要增加频率响应的幅值，在这种情况下，可以通过在伯德图上进行简单的加法就能得到所期望的结果。

例 3.18　绘制二阶有阻尼（弹簧-质量-阻尼）系统的标准形式的伯德图。系统传递函数为

$$T(s)=\frac{\omega_n^2}{s^2+2\zeta\omega_n s+\omega_n^2} \tag{E.1}$$

解：用 $\mathrm{i}\omega$ 代替 s，可以得到频率传递函数 $T(\mathrm{i}\omega)$ 为

$$T(\mathrm{i}\omega)=\frac{\omega_n^2}{(\mathrm{i}\omega)^2+2\zeta\omega_n(\mathrm{i}\omega)+\omega_n^2} \tag{E.2}$$

或

$$T(\mathrm{i}\omega)=\frac{1}{1-r^2+\mathrm{i}2\zeta r} \tag{E.3}$$

其中 $r=\omega/\omega_n$，函数 $T(\mathrm{i}\omega)$ 的幅值 M 为

$$M=|T(\mathrm{i}\omega)|=\left|\frac{1}{1-r^2+\mathrm{i}2\zeta r}\right|=\frac{1}{\sqrt{(1-r^2)^2+(2\zeta r)^2}} \tag{E.4}$$

从而

$$20\lg M=-20\lg\sqrt{(1-r^2)^2+(2\zeta r)^2} \tag{E.5}$$

注意：对于较低频率 $\omega\ll\omega_n$ 或 $r\ll 1$，式（E.5）变为

$$-20\lg 1\ \mathrm{dB}=0\ \mathrm{dB}$$

对于较高频率 $\omega\gg\omega_n$ 或 $r\gg 1$，式（E.5）变为

$$-20\lg r^2=-40\lg r\ \mathrm{dB}$$

由式（E.3）给出的相位角为

$$\phi=\frac{1}{1-r^2+\mathrm{i}2\zeta r}=-\arctan\frac{2\zeta r}{1-r^2} \tag{E.6}$$

式（E.6）表明 ϕ 是一个 ω 和 ζ 的函数。当 $\omega=0$ 时，$\phi=0$；当 $\omega=\omega_n$ 时，$\phi=-90^\circ$，不管 ζ 的值如何，因为

$$\phi=-\arctan\frac{2\zeta}{0}=-\arctan\infty=-90^\circ$$

当 $\omega=\infty$ 时，相位角变为 -180°，相位角关于拐点反对称，拐点在 $\phi=-90^\circ$。

式（E.5）与式（E.6）的伯德图分别如图 3.37(a)和(b)所示。

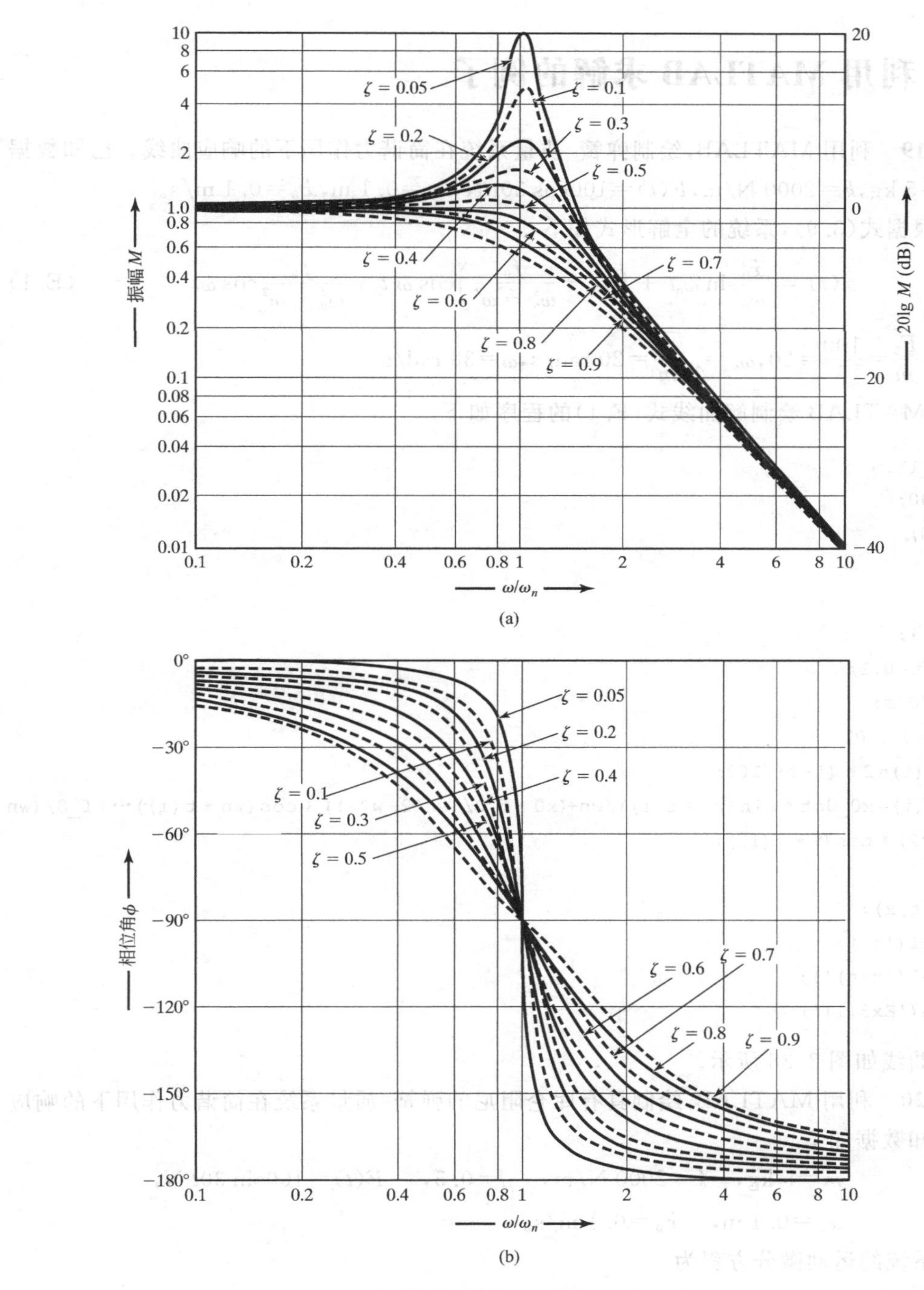

图 3.37　伯德图

(a) 振幅；(b) 相位角

3.15 利用MATLAB求解的例子

例3.19 利用MATLAB，绘制弹簧-质量系统在简谐力作用下的响应曲线。已知数据如下：$m=5$ kg，$k=2000$ N/m，$F(t)=100\cos 30t$ N，$x_0=0.1$ m，$\dot{x}_0=0.1$ m/s。

解：根据式(3.9)，系统的全解形式如下

$$x(t)=\frac{\dot{x}_0}{\omega_n}\sin\omega_n t+\left(x_0-\frac{f_0}{\omega_n^2-\omega^2}\right)\cos\omega_n t+\frac{f_0}{\omega_n^2-\omega^2}\cos\omega t \tag{E.1}$$

式中，$f_0=\dfrac{F_0}{m}=\dfrac{100}{5}=20$，$\omega_n=\sqrt{\dfrac{k}{m}}=20$ rad/s，$\omega=30$ rad/s。

利用MATLAB绘制解曲线式(E.1)的程序如下。

```
%Ex3_11.m
F0=100;
wn=20;
m=5;
w=30;
x0=0.1;
x0_dot=0.1;
f_0=F0/m;
for i=1 :101
    t(i)=2 * (i-1)/100;
    x(i)=x0_dot * sin(wn * t(i))/wn+(x0 -f_0/(wn^2-w^2)) * cos(wn * t(i))…+f_0/(wn
^2-w^2) * cos(w * t(i));
end
plot(t,x);
xlabel('t');
ylabel('x(t)');
title('Ex3.11')
```

所绘曲线如图3.38所示。

例3.20 利用MATLAB，绘制具有库仑阻尼的弹簧-质量系统在简谐力作用下的响应曲线。已知数据如下

$$m=5\text{ kg},\quad k=2000\text{ N/m},\quad \mu=0.5,\quad F(t)=100\sin 30t\text{ N},$$
$$x_0=0.1\text{ m},\quad \dot{x}_0=0.1\text{ m/s}。$$

解：系统的运动微分方程为

$$m\ddot{x}+kx+\mu mg\,\text{sgn}\,\dot{x}=F_0\sin\omega t \tag{E.1}$$

令$x_1=x$，$x_2=\dot{x}$，式(E.1)可以写成如下一阶微分方程组的形式

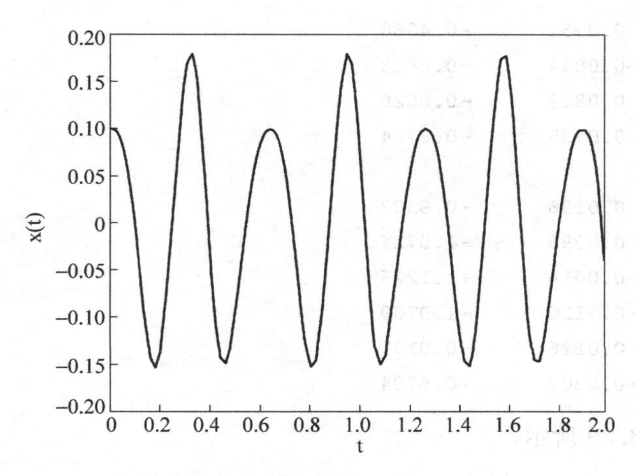

图 3.38 例 3.19 图

$$\left.\begin{aligned}\dot{x}_1 &= x_2 \\ \dot{x}_2 &= \frac{F_0}{m}\sin\omega t - \frac{k}{m}x_1 - \mu g\,\mathrm{sgn}\,x_2\end{aligned}\right\} \tag{E.2}$$

初始条件为 $x_1(0)=0.1, x_2(0)=0.1$。利用 MATLAB 的 ode23 指令求解式(E.2)的程序如下。

```
%Ex3_12.m
%This program will use the function dfunc3_12.m, they should be in the same folder
tspan=[0: 0.01: 4];
x0=[0.1;0.1];
[t,x]=ode23 ('dfunc3_12',tspan,x0);
disp('    t     x(t)     xd(t)');
disp([t,x]);
plot(t,x(:,1));
xlabel('t');
gtext('x(t)');
title('Ex3.12');

%dfunc3_12.m
function f=dfunc3_12(t,x)
f=zeros(2,1);
f(1)=x(2);
f(2)=100 * sin(30 * t)/5 -9.81 * 0.5 * sign(x(2))-(2000/5) * x(1);
>>Ex3-12
    t            x(t)          xd(t)
         0       0.1000        0.1000
    0.0100       0.0991       -0.2427
```

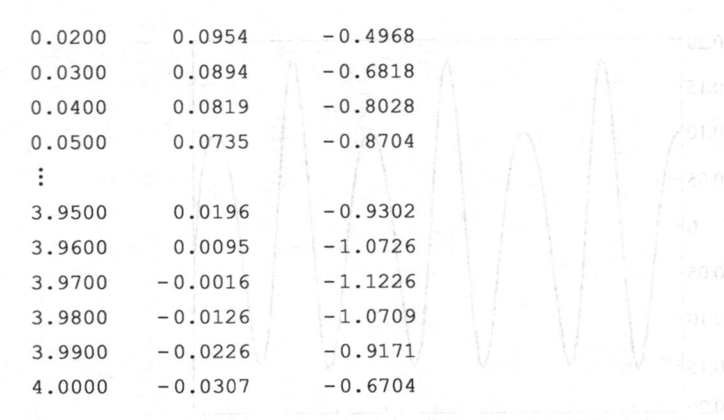

```
0.0200      0.0954      -0.4968
0.0300      0.0894      -0.6818
0.0400      0.0819      -0.8028
0.0500      0.0735      -0.8704
⋮
3.9500      0.0196      -0.9302
3.9600      0.0095      -1.0726
3.9700     -0.0016      -1.1226
3.9800     -0.0126      -1.0709
3.9900     -0.0226      -0.9171
4.0000     -0.0307      -0.6704
```

所绘图形如图 3.39 所示。

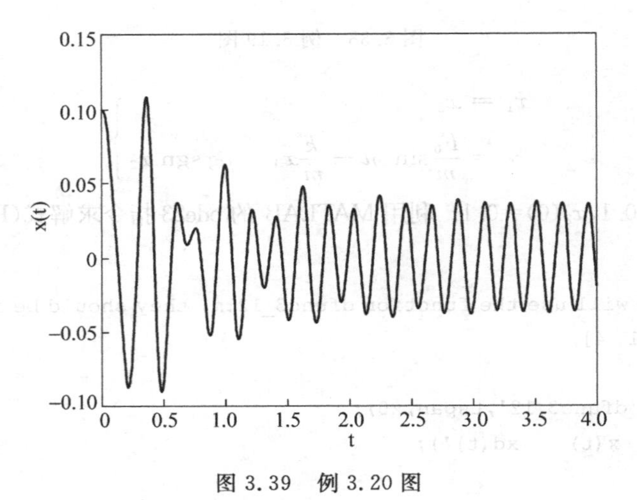

图 3.39　例 3.20 图

例 3.21　利用 MATLAB，求具有黏性阻尼的弹簧-质量系统在基础激励 $y(t)=Y\sin\omega t$ 作用下的响应并绘制曲线。已知数据如下

$$m = 1200\ \text{kg},\quad k = 4\times10^5\ \text{N/m},\quad \zeta = 0.5,\quad Y = 0.05\ \text{m},$$

$$\omega = 29.0887\ \text{rad/s},\quad x_0 = 0,\quad \dot{x}_0 = 0.1\ \text{m/s}。$$

解：根据式(3.64)，系统的运动微分方程为

$$m\ddot{x} + c\dot{x} + kx = ky + c\dot{y} \tag{E.1}$$

令 $x_1=x, x_2=\dot{x}$，式(E.1)可以写成如下一阶微分方程组的形式

$$\left.\begin{aligned} \dot{x}_1 &= x_2 \\ \dot{x}_2 &= -\frac{c}{m}x_2 - \frac{k}{m}x_1 + \frac{k}{m}y + \frac{c}{m}\dot{y} \end{aligned}\right\} \tag{E.2}$$

其中，$c=\zeta c_c = 2\zeta\sqrt{km} = 2\times0.5\sqrt{4\times10^5\times1200}$，$y=0.5\sin 29.0887t$，$\dot{y}=29.0887\times$

0.05cos 29.0887t。利用 MATLAB 的 ode23 指令求解式(E.2)的程序如下。

```
%Ex3_13.m
%This program will use the function dfunc3_13.m,they shoud be in the same
%folder
tspan=[0: 0.01: 2];
x0=[0; 0.1];
[t, x]=ode23 ('dfunc3_13', tspan, x0);
disp(' t x(t) xd(t)');
disp([t x]);
plot(t, x (:, 1));
xlabel('t');
gtext('x(t)');
title('Ex3.13');

%dfunc3_13.m
function f =dfunc3_13(t, x)
f=zeros(2, 1);
f(1)=x(2);
f(2)=400000 * 0.05 * sin(29.0887 * t)/1200+…sqrt (400000 * 1200) * 29.0887 * 0.05 *
cos(29.0887 * t)/1200…-sqrt(400000 * 1200) * x(2)/1200-(400000/1200) * x(1);

>>Ex3_13
  t          x(t)         xd(t)
  0              0        0.1000
  0.0100    0.0022        0.3422
  0.0200    0.0067        0.5553
  0.0300    0.0131        0.7138
  0.0400    0.0208        0.7984
  0.0500    0.0288        0.7976
  ⋮
  1.9500   -0.0388        0.4997
  1.9600   -0.0322        0.8026
  1.9700   -0.0230        1.0380
  1.9800   -0.0118        1.1862
  1.9900    0.0004        1.2348
  2.0000    0.0126        1.1796
```

所绘曲线如图 3.40 所示。

例 3.22　编写一个命名为 Program3.m 的通用 MATLAB 程序，求具有黏性阻尼的单自由度弹簧-质量系统在简谐激励 $F_0=\cos\omega t$ 或 $F_0=\sin\omega t$ 作用下的稳态响应，并根据以下

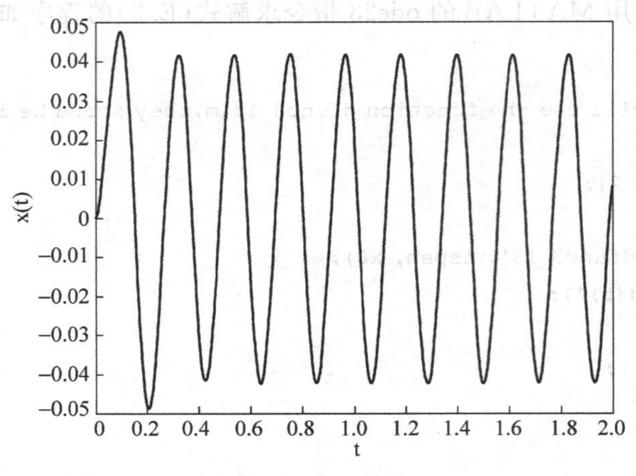

图 3.40 例 3.21 图

数据求解并绘制曲线

$m=5$ kg, $c=20$ N·s/m, $k=500$ N/m, $F_0=250$ N,

$\omega=40$ rad/s, $n=40$, $ic=0$。

解:程序 Progrom3.m 中的如下数据需要在运行后由键盘输入

xm——质量块的质量　　　　　　xc——阻尼常数

xk——弹簧常数　　　　　　　　f0——激励力的幅值

om——激励力的频率

n——一个周期内所取步长数以确定在一个周期内计算响应的离散点数

ic——取 1,对余弦形激励;取 0,对余弦形激励

程序的输出为:

步长的序号 i, x(i), $\dot{x}$(i), $\ddot{x}$(i)

程序还绘制$\dot{x}$和$\ddot{x}$随时间的变化曲线。程序的运行结果如下。

```
>>program3
steady state response of an undamped single degree of freedom system under
harmonic force

Given data
xm=5.00000000e+000
xc=2.00000000e+001
xk=5.00000000e+002
f0=2.50000000e+002
om=4.00000000e+001
ic=0
```

```
n=20
Response:
   i          x(i)                 xd(i)               xdd(i)
   1     1.35282024e-002      1.21035472e+000      -2.16451238e+001
   2     2.22166075e-002      9.83897315e-001      -3.55465721e+001
   3     2.87302863e-002      6.61128738e-001      -4.59684581e+001
   4     3.24316314e-002      2.73643972e-001      -5.18906102e+001
   5     3.29583277e-002     -1.40627096e-001      -5.27333244e+001
   6     3.02588184e-002     -5.41132540e-001      -4.84141094e+001
   7     2.45973513e-002     -8.88667916e-001      -3.93557620e+001
   8     1.65281129e-002     -1.14921388e+000      -2.64449806e+001
   9     6.84098018e-003     -1.29726626e+000      -1.09455683e+001
  10    -3.51579846e-003     -1.31833259e+000       5.62527754e+000
  11    -1.35284247e-002     -1.21035075e+000       2.16454794e+001
  12    -2.22167882e-002     -9.83890787e-001       3.55468612e+001
  13    -2.87304077e-002     -6.61120295e-001       4.59686523e+001
  14    -3.24316817e-002     -2.73634442e-001       5.18906907e+001
  15    -3.29583019e-002      1.40636781e-001       5.27332831e+001
  16    -3.02587190e-002      5.41141432e-001       4.84139504e+001
  17    -2.45971881e-002      8.88675144e-001       3.93555009e+001
  18    -1.65279018e-002      1.14921874e+000       2.64446429e+001
  19    -6.84074192e-003      1.29726827e+000       1.09451871e+001
  20     3.51604059e-003      1.31833156e+000      -5.62566494e+000
```

所绘曲线如图 3.41 所示。

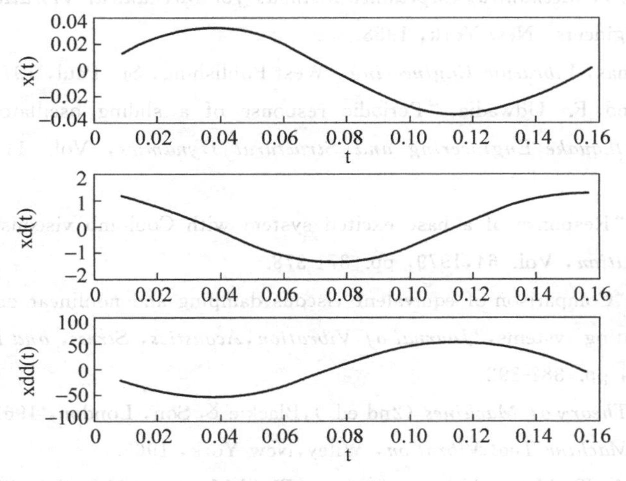

图 3.41　例 3.22 图

本章小结

本章考虑了无阻尼或黏性阻尼系统受到简谐激励时的受迫振动响应。简谐激励的形式包括作用于质量块的外力、基础运动以及由于旋转不平衡质量作用于系统质量块上的力。此外，也讨论了共振、拍振、振幅放大系数或幅值比、相位角、瞬态振动以及稳态振动等诸多特性。最后，研究了利用传递函数、拉普拉斯变换以及频率传递函数求解简谐激励系统的响应。

参考文献

3.1 G. B. Thomas and R. L. Finney, *Calculus and Analytic Geometry* (6th ed.), Addison-Wesley, Reading, Mass., 1984.

3.2 J. W. Nilsson, *Electric Circuits*, Addison-Wesley, Reading, Mass., 1983.

3.3 J. P. Den Hartog, "Forced vibrations with combined Coulomb and viscous friction," *Journal of Applied Mechanics* (Transactions of ASME), Vol. 53, 1931, pp. APM 107-115.

3.4 R. D. Blevins, *Flow-Induced Vibration* (2nd ed.), Van Nostrand Reinhold, New York, 1990.

3.5 J. C. R. Hunt and D. J. W. Richards, "Overhead line oscillations and the effect of aerodynamic dampers," *Proceedings of the Institute of Electrical Engineers*, London, Vol. 116, 1969, pp. 1869-1874.

3.6 K. P. Singh and A. I. Soler, *Mechanical Design of Heat Exchangers and Pressure Vessel Components*, Arcturus Publishers, Cherry Hill, N. J., 1984.

3.7 N. O. Myklestad, "The concept of complex damping," *Journal of Applied Mechanics*, Vol. 19, 1952, pp. 284-286.

3.8 R. Plunkett (eds.), *Mechanical Impedance Methods for Mechanical Vibrations*, American Society of Mechanical Engineers, New York, 1958.

3.9 A. D. Dimarogonas, *Vibration Engineering*, West Publishing, St. Paul, 1976.

3.10 B. Westermo and F. Udwadia, "Periodic response of a sliding oscillator system to hamonic excitation," *Earthquake Engineering and Structural Dynamics*, Vol. 11, No. 1, 1983, pp. 135-146.

3.11 M. S. Hundal, "Response of a base excited system with Coulomb viscous friction," *Journal of Sound and Vibration*, Vol. 64, 1979, pp. 371-378.

3.12 J. P. Bandstra, "Comparison of equivalent viscous damping and nonlinear damping in discrete and continuous vibrating systems," *Journal of Vibration, Acoustics, Stress, and Reliability in Design*, Vol. 105, 1983, pp. 382-392.

3.13 W. G. Green, *Theory of Machines* (2nd ed.), Blackie & Son, London, 1962.

3.14 S. A. Tobias, *Machine-Tool Vibration*, Wiley, New York, 1965.

3.15 R. W. Fox and A. T. McDonald, *Introduction to Fluid Mechanics* (4th ed.), Wiley, New York, 1992.

3.16 N. S. Currey, *Aircraft Landing Gear Design: Principles and Practice*, AIAA Education Series,

American Institute of Aeronautics and Astronautics, 1988.

3.17 K. Ogata, *System Dyanamics*, (4th ed.), Prentice Hall, Upper Saddle River, NJ, 2004.

3.18 C. M. Close, D. K. Frederick and J. C. Newell, *Modelling and Analysis of Dynamics Systems*, 3rd Ed., Wiley, New York, 2002.

思 考 题

3.1 简答题

1. 无阻尼系统在简谐激励作用下稳态振动的振幅、频率和相角与简谐激励的振幅、频率和相角有怎样的关系？
2. 为什么作用在一个振动质量上的常力对稳态振动没有影响？
3. 振幅放大系数是如何定义的？它与频率比有怎样的关系？
4. 如果振幅放大系数小于 1，激励频率与系统的固有频率有怎样的关系？
5. 在共振点附近，黏性阻尼系统响应的振幅和相角分别是多少？
6. 对黏性阻尼系统而言，与振幅的峰值对应的相角能大于 90°吗？
7. 为什么在大多数情况下，只是在共振点附近才需要考虑阻尼？
8. 用矢量图表示黏性阻尼受迫振动系统运动微分方程中的各量。
9. 对无阻尼系统而言，共振时的响应会发生什么现象？
10. 定义下列术语：拍振，品质因子，传递率，复数刚度，平方阻尼。
11. 从物理上解释为什么对于小的频率比，振幅放大系数接近于 1；而对于大的频率比，振幅放大系数却比较小？
12. 在主动隔振中，增大阻尼会减小传递到基础上的力吗？
13. 在主动隔振中，当机器的旋转速度增大时，传递到基础上的力发生怎样的变化？
14. 当车辆行驶在不平的路面上而产生剧烈的振动时，改变车速会使振动情况有所改变吗？
15. 在确定有阻尼系统受迫振动振幅的最大值时，对于任意频率比 r 的值，都可以假设阻尼消耗的能量与外力所做的功相等吗？
16. 在求非黏性阻尼系统受迫振动的振幅时，对其受迫振动做了怎样的假设？
17. 确定有阻尼受迫振动振幅的近似值时，可以完全不考虑阻尼吗？如果是，在什么样的情况下才可以？
18. 干摩擦对限制共振振幅有作用吗？
19. 如何求黏性阻尼系统由于一个旋转的不平衡质量引起的响应？
20. 黏性阻尼系统受到外激励 $F_0 \sin \omega t$ 作用时，响应的频率是什么？此响应是简谐的吗？
21. 振幅的峰值和共振振幅有什么区别？
22. 为什么在大多数情况下都使用黏性阻尼模型而不是其他阻尼形式？

23. 什么是自激振动?
24. 如何定义传递函数?
25. 如何根据一般传递函数生成频率传递函数?
26. 什么是伯德图?
27. 如何定义分贝?

3.2 判断题

1. 振幅放大系数是振幅和静变形的比。（ ）
2. 如果激励是简谐的，那么响应也是简谐的。（ ）
3. 响应的相角依赖于系统参数 m,c,k,ω。（ ）
4. 响应的相角依赖于激励函数的幅值。（ ）
5. 拍振时，响应的振幅按一定的方式时而增大时而减小。（ ）
6. 品质因子可以用来估计系统的阻尼。（ ）
7. 半功率点是指振幅放大系数减小为 $Q/\sqrt{2}$时，那两个频率比所对应的点。（ ）
8. 在黏性阻尼的情况下，振幅放大系数在共振点处取得最大值。（ ）
9. 在滞后阻尼的情况下，响应总是与激励函数同相。（ ）
10. 对于任意的激励频率值，阻尼总是使振幅放大系数减小。（ ）
11. 旋转机械中的不平衡质量会引起系统产生振动。（ ）
12. 对于小的干摩擦力，可以假设系统的稳态解是简谐的。（ ）
13. 在一个具有旋转不平衡质量的系统中，当旋转速度较高时，阻尼的影响可以忽略不计。（ ）
14. 传递函数是系统的属性，与输入无关。（ ）
15. 不同系统的传递函数可以相同。（ ）
16. 如果系统的传递函数已知，可以求解各种类型的输入。（ ）

3.3 填空题

1. 就性质上来说，激励可以是________、非简谐但周期的、非周期的或随机的。
2. 系统对简谐激励的响应称为________响应。
3. 系统对突加非周期激励的响应称为________响应。
4. 当激励的频率与系统的固有频率相等时，此条件称为________。
5. 振幅放大系数也称为________系数。
6. 当激励的频率与系统的固有频率接近时，会产生________现象。
7. 在基础运动(振幅为 Y)激励下，系统响应的振幅为 X，比值 X/Y 称为位移的________。
8. $Z(\mathrm{i}\omega)=-m\omega^2+\mathrm{i}\omega c+k$ 称为系统的机械________。
9. 与两个半功率点对应的频率差称为系统的________。

10. 共振时振幅比的值称为________因子。
11. 干摩擦阻尼也称为________阻尼。
12. 对于________的干摩擦阻尼值，质量块的运动将是不连续的。
13. 在滞后阻尼中，$k(1+i\beta)$称为________刚度。
14. 当物体在________流体中运动时，存在平方或速度平方阻尼。
15. 在自激振动系统中，________本身可以产生激励力。
16. 汽轮机叶片的颤振是________振动的一个例子。
17. 在自激情况下，系统的运动是________，因而系统是不稳定的。
18. 传递函数方法是基于________变换。
19. ________可以明显识别输入、系统及输出。
20. $f(t)$的拉普拉斯变换可定义为________。
21. 拉普拉斯变换将线性微分方程转换成________表达式。

3.4　选择题

1. 共振时无阻尼系统的响应为________。
   (a) 很大　(b) 无限大　(c) 零
2. 阻尼系统振幅放大系数的减小是非常显著的，在________时。
   (a) 在 $\omega=\omega_n$ 附近　(b) 在 $\omega=0$ 附近　(c) 在 $\omega=\infty$附近
3. 拍振的频率是________。
   (a) $\omega_n-\omega$　(b) ω_n　(c) ω
4. 干摩擦阻尼在一个周期中所消耗的能量为________。
   (a) $4\mu NX$　(b) $4\mu N$　(c) $4\mu NX^2$
5. 复频率响应 $H(i\omega)$的定义是________。
   (a) $\dfrac{kX}{F_0}$　(b) $\dfrac{X}{F_0}$　(c) $\left|\dfrac{kX}{F_0}\right|$
6. 求库仑阻尼系统的等效黏性阻尼系数时，是基于考虑在________内所消耗的能量。
   (a) 半个周期　(b) 一个整周期　(c) 1 s
7. 在________情况下，阻尼力依赖于激励力的频率。
   (a) 黏性阻尼　(b) 库仑阻尼　(c) 滞后阻尼
8. 控制微分方程为 $m\ddot{x}+c\dot{x}+kx=0$ 的系统是动力稳定的，如果________。
   (a) k 是正的　(b) k 和 c 都是正的　(c) c是正的
9. 在________情况下，可以定义复数刚度或复数阻尼。
   (a) 滞后阻尼　(b) 库仑阻尼　(c) 黏性阻尼
10. 具有大小为 m、偏心距为 e 的不平衡质量的旋转机械，转速为 ω，质量为 M，则其运动微分方程为________。

(a) $m\ddot{x}+c\dot{x}+kx=me\omega^2\sin\omega t$

(b) $M\ddot{x}+c\dot{x}+kx=me\omega^2\sin\omega t$

(c) $M\ddot{x}+c\dot{x}+kx=Me\omega^2\sin\omega t$

11. 承受基础运动（幅值为 Y）激励的系统，传递给基础的力为 F_T，则力的传递率定义为________。

(a) $\frac{F_T}{kY}$　　(b) $\frac{X}{kY}$　　(c) $\frac{F_T}{k}$

3.5 连线题（其中，$r=\omega/\omega_n$ 代表频率比，ω 是激励频率，ω_n 是系统的固有频率，ζ 是阻尼比，ω_1 和 ω_2 分别是半功率点对应的频率）

1. 无阻尼系统的振幅放大系数	(a) $\frac{2\pi}{\omega_n-\omega}$
2. 拍的周期	(b) $\left[\frac{1+(2\zeta r)^2}{(1-r^2)^2+(2\zeta r)^2}\right]^{1/2}$
3. 阻尼系统的振幅放大系数	(c) $\frac{\omega_n}{\omega_2-\omega_1}$
4. 阻尼系统的固有频率	(d) $\frac{1}{1-r^2}$
5. 品质因子	(e) $\omega_n\sqrt{1-\zeta^2}$
6. 位移传递率	(f) $\left[\frac{1}{(1-r^2)^2+(2\zeta r)^2}\right]^{1/2}$

3.6 连线题

1. $m\ddot{z}+c\dot{z}+kz=-m\ddot{y}$	(a) 具有库仑阻尼的系统
2. $M\ddot{x}+c\dot{x}+kx=me\omega^2\sin\omega t$	(b) 具有黏性阻尼的系统
3. $m\ddot{x}+kx\pm\mu N=F(t)$	(c) 承受基础运动激励的系统
4. $m\ddot{x}+k(1+\mathrm{i}\beta)x=F_0\sin\omega t$	(d) 具有滞后阻尼的系统
5. $m\ddot{x}+c\dot{x}+kx=F_0\sin\omega t$	(e) 具有旋转不平衡质量的系统

习题

§3.3 无阻尼系统在简谐力作用下的响应

3.1 重为 50 N 的质量块悬挂在刚度为 4000 N/m 的弹簧上，受幅值为 60 N、频率为 6 Hz 的简谐激振力作用。求：(a)悬挂的重物引起的弹簧伸长；(b)最大作用力引起的弹簧静位移；(c)质量块受迫振动的幅值。

3.2 弹簧-质量系统所受简谐力的频率与系统的固有频率接近，若简谐力的频率为

39.8 Hz，系统的固有频率为 40 Hz，求拍振的周期。

3.3　弹簧-质量系统的刚度和质量分别为 $k=4000$ N/m，$m=10$ kg，所受的简谐力为 $F(t)=400\cos 10t$ N。求系统对下列初始条件的全响应，并画图表示。

(a) $x_0=0.1$ m，$\dot{x}_0=0$；

(b) $x_0=0$，$\dot{x}_0=10$ m/s；

(c) $x_0=0.1$ m，$\dot{x}_0=10$ m/s。

3.4　弹簧-质量系统的刚度和质量分别为 $k=4000$ N/m，$m=10$ kg，所受的简谐力为 $F(t)=400\cos 20t$ N。求系统对下列初始条件的总响应，并画图表示。

(a) $x_0=0.1$ m，$\dot{x}_0=0$；

(b) $x_0=0$，$\dot{x}_0=10$ m/s；

(c) $x_0=0.1$ m，$\dot{x}_0=10$ m/s。

3.5　弹簧-质量系统的刚度和质量分别为 $k=4000$ N/m，$m=10$ kg，所受的简谐力为 $F(t)=400\cos 20.1t$ N。求系统对下列初始条件的总响应，并画图表示。

(a) $x_0=0.1$ m，$\dot{x}_0=0$；

(b) $x_0=0$，$\dot{x}_0=10$ m/s；

(c) $x_0=0.1$ m，$\dot{x}_0=10$ m/s。

3.6　弹簧-质量系统的刚度和质量分别为 $k=4000$ N/m，$m=10$ kg，所受的简谐力为 $F(t)=400\cos 30t$ N。求系统对下列初始条件的总响应，并画图表示。

(a) $x_0=0.1$ m，$\dot{x}_0=0$；

(b) $x_0=0$，$\dot{x}_0=10$ m/s；

(c) $x_0=0.1$ m，$\dot{x}_0=10$ m/s。

3.7　弹簧-质量系统中，弹簧的刚度为 $k=2000$ N/m，质量块的重量为 100 N，在简谐力 $F(t)=25\cos\omega t$ N 作用下产生共振。求在 $\frac{1}{4}$ 周期末、$2\frac{1}{2}$ 周期末和 $5\frac{3}{4}$ 周期末受迫振动的幅值。

3.8　一质量块悬挂在刚度为 4000 N/m 的弹簧上，所受简谐力的幅值和频率分别为 100 N 和 5 Hz，若质量块的振幅为 20 mm，求质量块的质量 m。

3.9　弹簧-质量系统的刚度和质量分别为 $k=5000$ N/m，$m=10$ kg，所受简谐力的幅值为 250 N。若质量块的振幅为 100 mm，求激励频率 ω。

3.10　如图 3.1(a)所示，周期力 $F(t)=F_0\cos\omega t$ 作用在弹簧上的某点，该位置距固定端的距离为总长度的 25%。假定 $c=0$，求质量块 m 的稳态响应。

3.11　如图 3.42 所示的弹簧-质量-阻尼系统放置在一斜面上，受到简谐力的作用。假设零初始条件，求系统的响应。

3.12　人站在水平地面上时，其振动固有频率为 5.2 Hz。假设阻尼忽略不计，

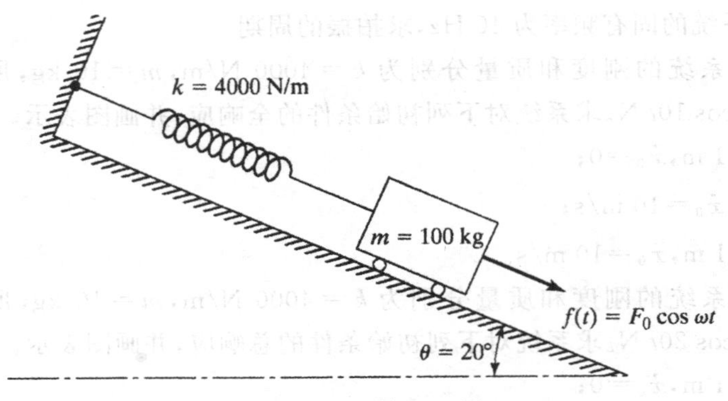

图 3.42 习题 3.11 图

(a) 求身体在垂直方向上的等效刚度，假设人重 70 kg；

(b) 由于在地面上进行不平衡旋转作业，若地板沿垂直方向上受到振动频率为 5.2 Hz、振幅为 0.1 m 的垂直简谐振动，试确定人沿垂直方向上的位移。

3.13 根据以下数据，试绘制式(3.13)给定的弹簧-质量-阻尼系统的受迫振动响应。

(a) 数据 1：$\delta_{st}=0.1$，$\omega=5$，$\omega_n=6$，$x_0=0.1$，$\dot{x}_0=0.5$；

(b) 数据 2：$\delta_{st}=0.1$，$\omega=6.1$，$\omega_n=6$，$x_0=0.1$，$\dot{x}_0=0.5$；

(c) 数据 3：$\delta_{st}=0.1$，$\omega=5.9$，$\omega_n=6$，$x_0=0.1$，$\dot{x}_0=0.5$。

3.14 弹簧-质量-阻尼系统在简谐力的作用下，从零初始条件开始振动。发现响应呈现拍振现象，拍振周期为 0.5 s，振荡周期为 0.05 s。试确定系统的固有频率以及简谐力的频率。

3.15 质量为 $m=100$ kg、弹簧刚度系数为 $k=400$ N/m 的弹簧-质量系统，受到简谐力 $f(t)=F_0\cos\omega t$ 的作用，其中 $F_0=10$ N。求系统在频率 ω 分别为 2 rad/s、0.2 rad/s 和 20 rad/s 时系统的响应，并对结果进行讨论。

3.16 飞机发动机具有一个大小为 m、偏心距为 r 的不平衡质量，如果机翼可以简化成如图 3.43(b)所示的横截面为 $a\times b$ 的等截面悬臂梁，求发动机转速为 N(r/min)时的最大位移。假设阻尼和从发动机到机翼自由端部分的影响不计。

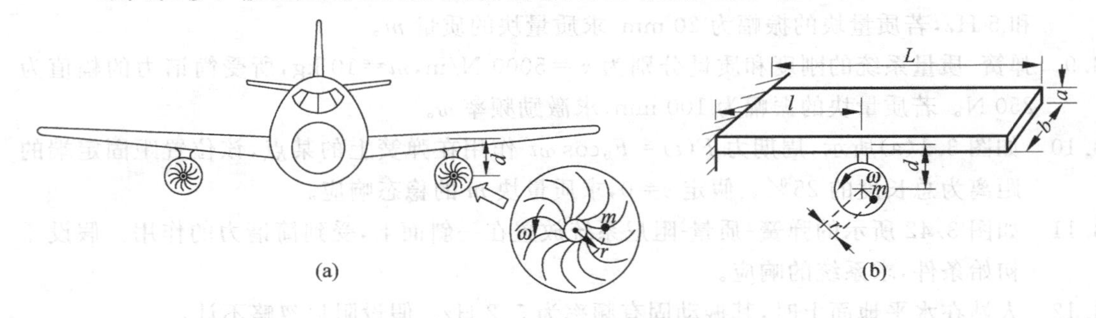

图 3.43 习题 3.16 图

3.17　如图 3.44(a)所示，三叶风力发电机在叶片转动平面内具有一个大小为 m、偏心距为 r 的不平衡质量，叶片到中心垂直轴 y 的距离为 R，转动的角速度为 ω。如果支承架可以简化成内径为 0.08 m、外径为 0.1 m 的空心钢轴，求支承架中的最大应力(A 处)。假设系统关于垂直轴 y 的转动惯量为 $J_0=100\ \mathrm{kg\cdot m^2}$，$R=0.5$ m，$m=0.1$ kg，$r=0.1$ m，$h=8$ m，$\omega=31.416$ rad/s。

(a)

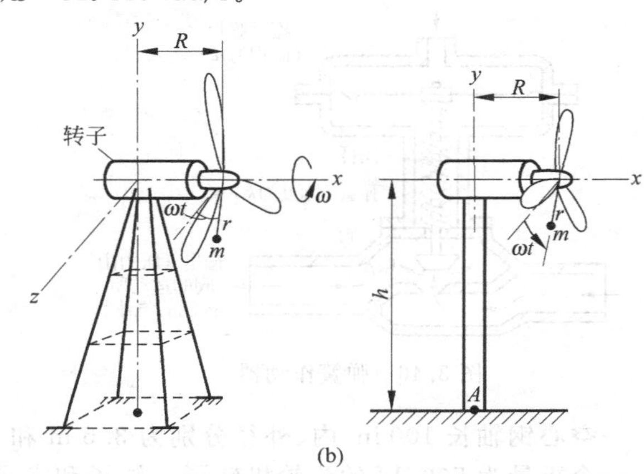

(b)

图 3.44　三叶风力发电机

3.18　如图 3.45 所示的电磁疲劳实验机，它可以靠使一个频率为 f 的交流电通过电枢而给试样提供一个交变的作用力。如果电枢的重量是 40 lbf，弹簧的刚度是 $k_1=10217.0296$ lbf/in，钢试样的刚度是 $k_2=75\times10^4$ lbf/in。求使试样产生的应力为磁铁产生应力的 2 倍时交流电的频率。

图 3.45　电磁疲劳实验机

3.19　如图 3.46 所示，弹簧作动器利用来自风压控制器的风压作为输入来驱动阀产生一个与输入风压成正比的位移。纤维基橡胶膜片的面积为 A，在输入风压的作用下产生变形。求输入风压按简谐规律 $p(t)=p_0\sin\omega t$ 变化时阀的响应。其中，$p_0=10\ \mathrm{lbf/in^2}$，$\omega=8$ rad/s，$A=100\ \mathrm{in^2}$，$k=400$ lbf/in，弹簧的重量为 15 lbf，阀和阀杆的重量为 20 lbf。

3.20　在图 3.47 所示的凸轮-从动件系统中，凸轮的旋转使从动件作垂直运动。推杆可视为一弹簧，在装配前已有大小为 x_0 的压缩量。求：(a)考虑重力时，从动件的运动微分方程；(b)凸轮施加在从动件上的力；(c)从动件与凸轮失去接触的条件。

3.21*　设计一实心钢轴，在其中点固定一个汽轮机转子，用轴承支承。转子的重量是

* 表示此题为设计题或无唯一解的题。

500 lbf,传递的功率是 200 hp,转速为 3000 r/min。为了使由于转子的不平衡而引起的轴的应力较小,要求轴的临界转速是工作转速的 1/5,长度至少是直径的 30 倍。

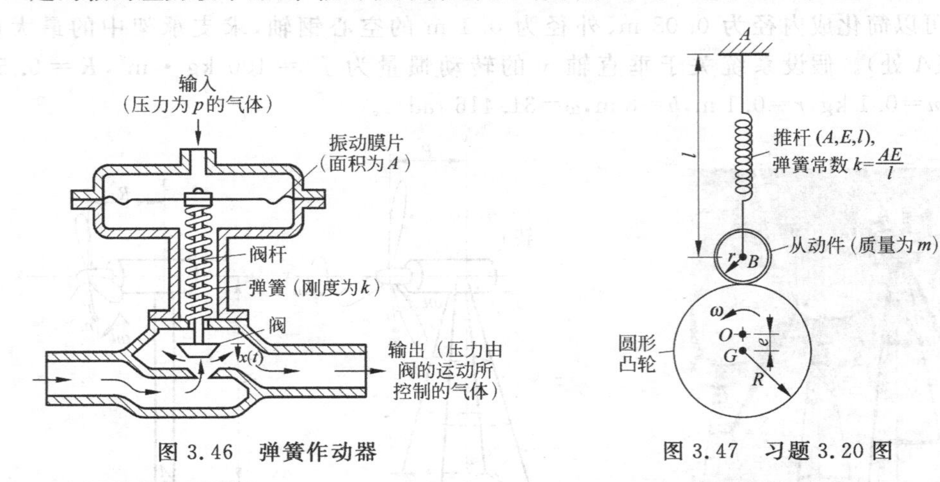

图 3.46　弹簧作动器　　　　图 3.47　习题 3.20 图

3.22　一空心钢轴长 100 in,内、外径分别为 3.5 in 和 4 in,两端轴承支承,在其中点固定着一个重量为 500 lbf 的汽轮机转子。转子和定子之间的间隙是 0.5 in。转子的偏心相当于一个重量为 0.5 lbf、偏心距为 2 in 的偏心质量。为防止转子和定子发生接触,安装了一个限位开关,以保证一旦转子和定子发生接触,转子就会停下来。如果转子运行时满足共振条件,问需要多长时间会导致限位开关动作。假设转子沿与轴垂直方向的初始位移和初始速度均为零。

3.23　在自由端有一个重为 0.1 lbf 集中质量的悬臂钢梁用来作频率计。梁的长度为 10 in,横截面的宽度和高度分别为 0.2 in 和 0.05 in,结构阻尼相当于阻尼比为 0.01。当梁的固定端承受简谐位移激励 $y(t)=0.05\cos\omega t$ 时,自由端处的最大位移为 2.5 in。求激励频率。

3.24　如图 3.48 所示,等截面刚性杆可绕铰支点 O 转动,试推导其运动微分方程并求稳态响应。有关数据为 $k_1=k_2=5000$ N/m,$a=0.25$ m,$b=0.5$ m,$l=1$ m,$M=50$ kg,$m=10$ kg,$F_0=500$ N,$\omega=1000$ r/min。

3.25　如图 3.49 所示,等截面刚性杆可绕铰支点 O 转动,试推导其运动微分方程并求稳态响应。有关数据为 $k=5000$ N/m,$l=1$ m,$m=10$ kg,$M_0=100$ N·m,$\omega=1000$ r/min。

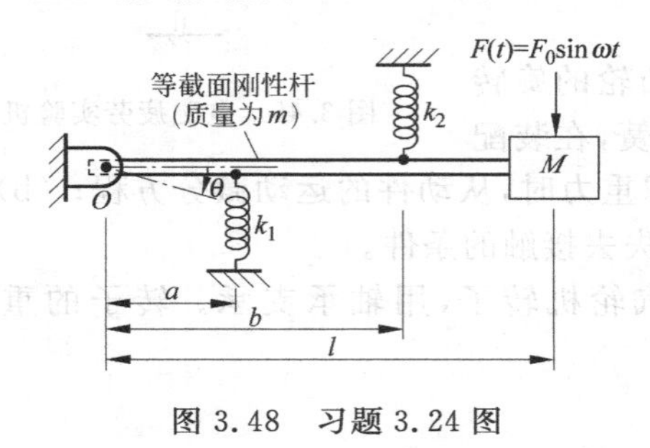

图 3.48　习题 3.24 图

图 3.49　习题 3.25 图

§3.4 阻尼系统在简谐力作用下的响应

3.26 弹簧-质量-阻尼器系统的参数如下：$k=4000$ N/m，$m=10$ kg，$c=40$ N·s/m。求系统的稳态响应和总响应，所受的简谐力和初始条件为：$F(t)=200\cos 10t$ N，$x(0)=0.1$ m，$\dot{x}(0)=0$。

3.27 弹簧-质量-阻尼器系统的参数如下：$k=4000$ N/m，$m=10$ kg，$c=40$ N·s/m。求系统的稳态响应和总响应，所受的简谐力和初始条件为：$F(t)=200\cos 10t$ N，$x(0)=0$，$\dot{x}(0)=10$ m/s。

3.28 弹簧-质量-阻尼器系统的参数如下：$k=4000$ N/m，$m=10$ kg，$c=40$ N·s/m。求系统的稳态响应和总响应，所受的简谐力和初始条件为：$F(t)=200\cos 20t$ N，$x(0)=0.1$ m，$\dot{x}(0)=0$。

3.29 弹簧-质量-阻尼器系统的参数如下：$k=4000$ N/m，$m=10$ kg，$c=40$ N·s/m。求系统的稳态响应和总响应，所受的简谐力和初始条件为：$F(t)=200\cos 20t$ N，$x(0)=0$，$\dot{x}(0)=10$ m/s。

3.30 如图 3.50 所示，四冲程汽车发动机支承在 3 个防振支架上，发动机组总成的重量为 500 lbf。若由发动机产生的不平衡力为 $200\sin \pi t$ lbf，试设计 3 个防振支架（每个支架的刚度为 k，黏性阻尼常数为 c），以使振幅不超过 0.1 in。

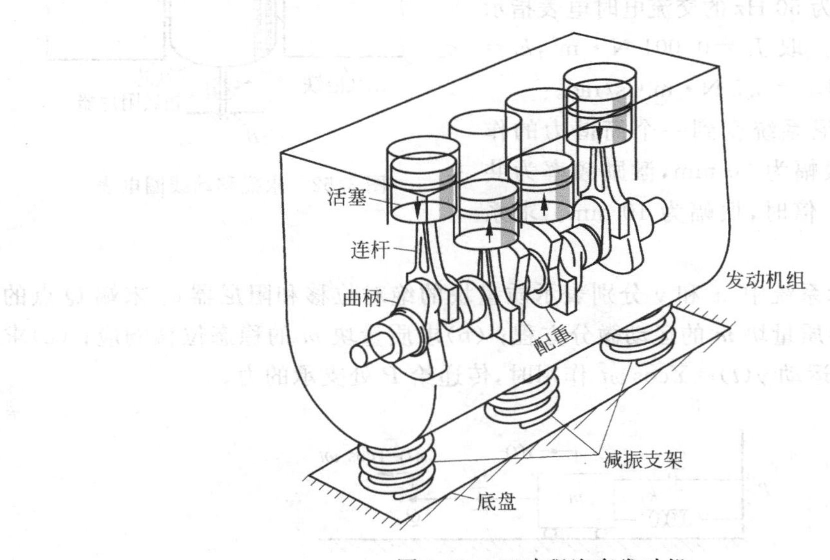

图 3.50 四冲程汽车发动机

3.31 如图 3.51 所示，船舶螺旋桨重为 10^5 N，转动惯量为 10000 kg·m^2，通过一空心阶梯轴与发动机相连。假设水的黏性阻尼比为 0.1，求当发动机引起推进轴的根部（A 点）有一个简谐角位移 $0.05\sin 314.16t$ rad 时，推进器的扭振响应。

3.32 求单自由度有阻尼系统的振幅达到最大值时的频率比，以及此时的振幅值。

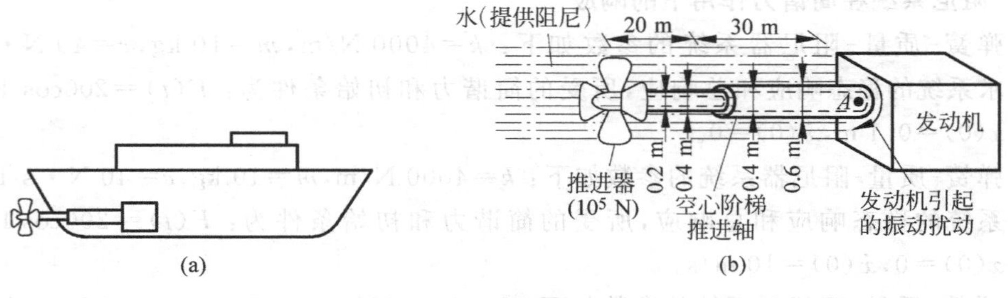

图 3.51　轮船螺旋桨

3.33　图 3.52 所示是一个永磁运动线圈电表。当电流通过缠绕在铁芯上的线圈时，线圈将转过一个与通过电流幅值成正比的角度，该角度由指针指示。铁芯和线圈的转动惯量为 J_0，扭转弹簧的刚度系数为 k_t，扭转阻尼器的阻尼系数为 c_t。校准后，当线圈中通过 1 A 的直流电时，电表的指针指示 1 A。此电表也要用来测量交流电的幅值。求当线圈中通过幅值为 5 A、频率为 50 Hz 的交流电时电表指示的电流稳态值。取 $J_0=0.001\ \text{N}\cdot\text{m}^2$，$k_t=62.5\ \text{N}\cdot\text{m/rad}$，$c_t=0.5\ \text{N}\cdot\text{m}\cdot\text{s/rad}$。

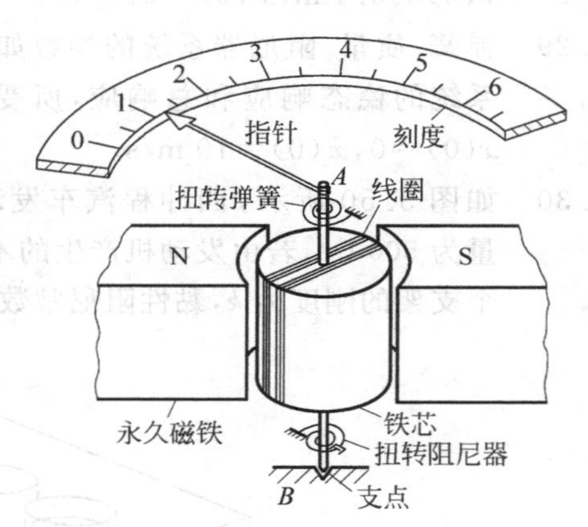

图 3.52　永磁移动线圈电表

3.34　弹簧-质量-阻尼系统受到一个简谐力的作用，共振时的振幅为 20 mm，激励频率为共振频率的 0.75 倍时，振幅为 10 mm。求系统的阻尼比。

3.35　在图 3.53 所示系统中，x 和 y 分别表示质量块的绝对位移和阻尼器 c_1 末端 Q 点的位移。(a)推导质量块 m 的运动微分方程；(b)求质量块 m 的稳态位移响应；(c)求当 Q 端受简谐运动 $y(t)=Y\cos\omega t$ 作用时，传递给 P 处支承的力。

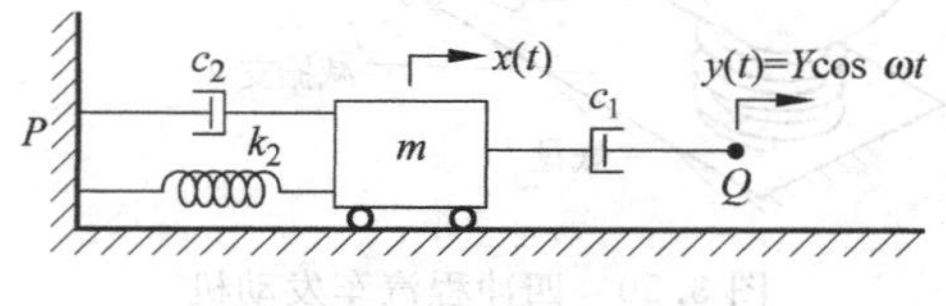

图 3.53　习题 3.35 图

3.36　弹簧-质量-阻尼系统受简谐力作用下的运动微分方程可表示为

$$\ddot{x}+2\zeta\omega_n\dot{x}+\omega_n^2=f_0\cos\omega t \tag{E.1}$$

其中，$f_0=\dfrac{F_0}{m}$，$\omega_n=\sqrt{\dfrac{k}{m}}$，$\zeta=c/2m\omega_n$。

(a) 求系统形如 $x_s(t)=C_1\cos\omega t+C_2\sin\omega t$ 的稳态响应。

(b) 求形如下面函数的系统的总响应

$$x_s(t)=x_h(t)+x_p(t)=A\cos\omega_d t+B\sin\omega_d t+C_1\cos\omega t+C_2\sin\omega t \quad \text{(E.2)}$$

假设系统的初始条件为 $x(t=0)=x_0$ 与 $\dot{x}(t=0)=\dot{x}_0$。

3.37 一质量为 2 kg 的摄像机，安装在银行大楼顶部用于监控。如图 3.54 所示，摄像机安装在铝管的一端，铝管的另一端固定在楼顶。风对摄像机的作用力 $f(t)$ 是形如 $f(t)=25\cos 75.3984t$ N 的简谐力。假设摄像机振动的最大振幅为 0.005 m，试求铝管的横截面尺寸。

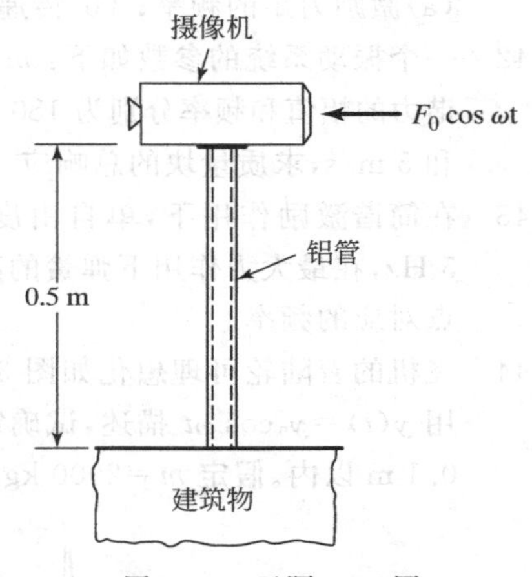

图 3.54 习题 3.37 图

3.38 如图 3.55 所示，汽轮机安装在两端固定的阶梯轴上。两段轴的扭转刚度分别为 $k_{t1}=3000$ N·m/rad，$k_{t2}=4000$ N·m/rad。汽轮机关于对称轴产生的简谐扭矩为 $M(t)=M_0\cos\omega t$，其中 $M_0=200$ N·m，$\omega=500$ rad/s。汽轮机的转子关于对称轴的转动惯量为 $J_0=0.005$ kg·m²。假设系统的等效扭转阻尼常数为 $c_t=2.5$ N·m·s/rad，试求转子的稳态响应 $\theta(t)$。

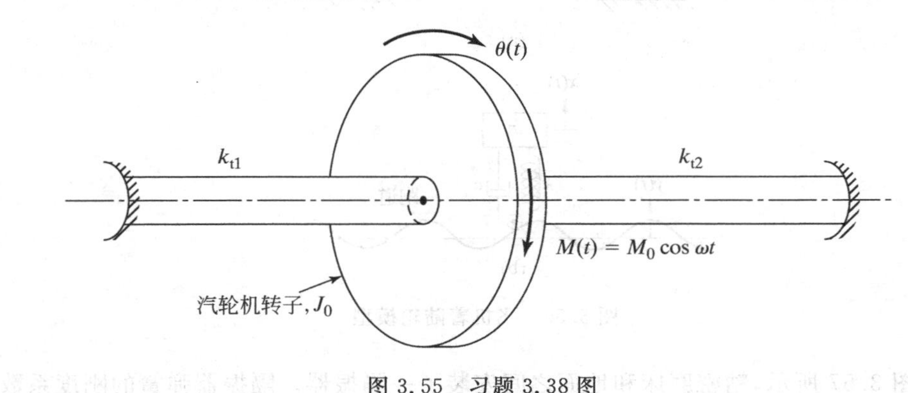

图 3.55 习题 3.38 图

3.39 要求设计的机电系统的固有频率为 1000 Hz，品质因数 Q 为 1200。试确定阻尼系数及系统的带宽。

3.40 证明在小阻尼情况下，阻尼比可以表示为

$$\zeta=\frac{\omega_2-\omega_1}{\omega_2+\omega_1}$$

其中，ω_1和ω_2分别为半功率点对应的激励频率。

3.41 一个盘轴扭振系统的扭转阻尼系数为 $c_t=300\ \text{N}\cdot\text{m}\cdot\text{s/rad}$，盘的转动惯量为 $J_0=10\ \text{kg}\cdot\text{m}^2$，轴的直径和长度分别为4 cm和1 m。轴的一端固定，自由端固结着圆盘。当在盘上作用幅值为1000 N·m的简谐力矩时，角振动的振幅是2°。求：(a)激励力矩的频率；(b)传递给支承的最大力矩。

3.42 一个振动系统的参数如下：$m=10$ kg，$k=2500$ N/m，$c=45$ N·s/m。质量块所受简谐力的幅值和频率分别为180 N和3.5 Hz。如果初始位移和初始速度分别为15 mm和5 m/s，求质量块的总响应。

3.43 在简谐激励作用下，单自由度系统响应的峰值为0.2 in，如果无阻尼固有频率为5 Hz，在最大力作用下弹簧的静变形为0.1 in。(a)估计系统的阻尼比；(b)求半功率点对应的频率。

3.44 飞机的着陆轮可理想化如图3.56所示的弹簧-质量-阻尼器系统。如果跑道路面可用 $y(t)=y_0\cos\omega t$ 描述，试确定刚度 k 与阻尼 c 的值以使飞机的振动幅值 x 限制在0.1 m以内。假定 $m=2000$ kg，$y_0=0.2$ m以及 $\omega=157.08$ rad/s。

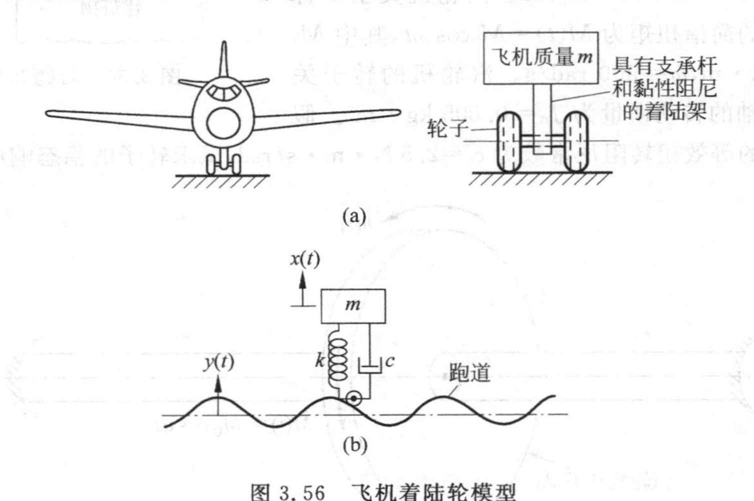

图3.56 飞机着陆轮模型

3.45 如图3.57所示，精密磨床和地面之间安装了一隔振器。隔振器弹簧的刚度系数和阻尼器的黏性阻尼系数分别为1 MN/m和1 kN·s/m。由于受邻近磨床的影响，地面承受一个简谐扰动。求当磨轮的振幅要限制在 10^{-6} m以下时，地面承受的最大位移振幅的许可值。假设磨床(包括磨轮)是一个重量为5000 N的刚体。

3.46 在图3.58所示系统中，刚性杆可绕铰支点 O 转动。(a)推导其运动微分方程；(b)求其稳态响应，数据如下：$m=10$ kg，$k=5000$ N/m，$c=1000$ N·s/m，$l=1$ m，

$M_0 = 100\ \text{N} \cdot \text{m}, \omega = 1000\ \text{r/min}$。

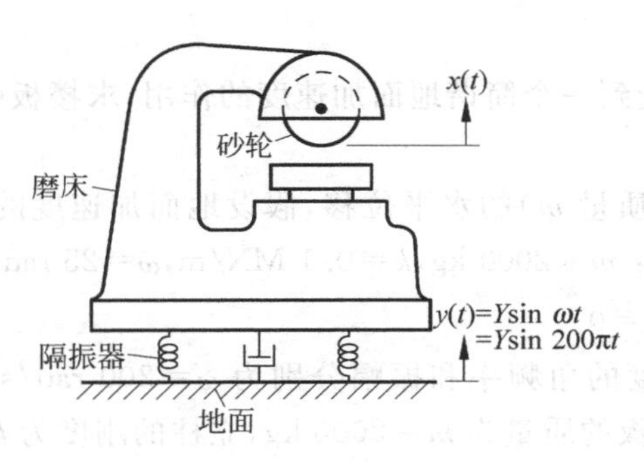

图 3.57 习题 3.45 图

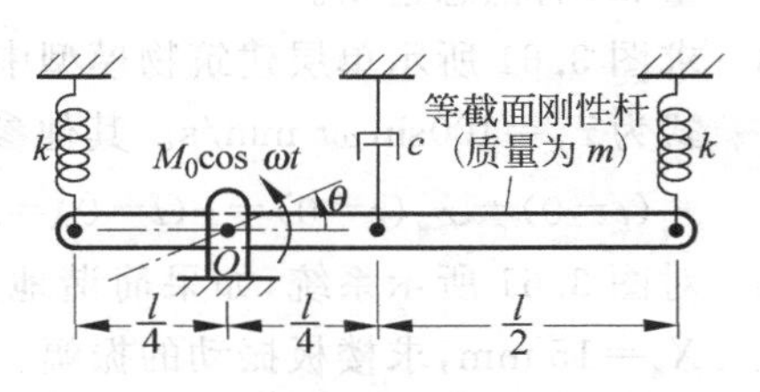

图 3.58 习题 3.46 图

3.47 一空气压缩机的质量为 100 kg，安装在一弹性地基上。当压缩机受到一个幅值为 100 N 的简谐力作用时，稳态位移的最大值和角频率分别为 5 mm 和 300 r/min。求地基的等效刚度系数和等效阻尼系数。

3.48 根据下列数据求图 3.59 所示系统的稳态响应：$m = 10\ \text{kg}$，$k_1 = 1000\ \text{N/m}$，$k_2 = 500\ \text{N/m}$，$c = 500\ \text{N} \cdot \text{s/m}$，$r = 5\ \text{cm}$，$J_0 = 1\ \text{kg} \cdot \text{m}^2$，$F_0 = 50\ \text{N}$，$\omega = 20\ \text{rad/s}$。

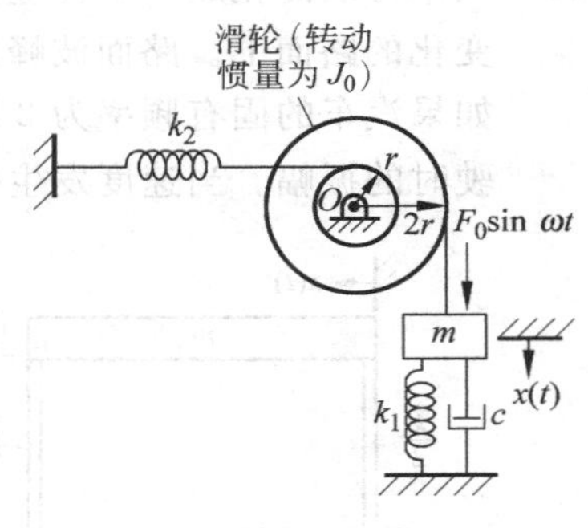

图 3.59 习题 3.48 图

3.49 质量为 m 的等截面细长杆，可采用如图 3.60 所示的两种形式之一支承。若在杆的中部作用简谐激振力 $F_0 \sin \omega t$，问哪一种支承方式对应的稳态响应的幅值较小？

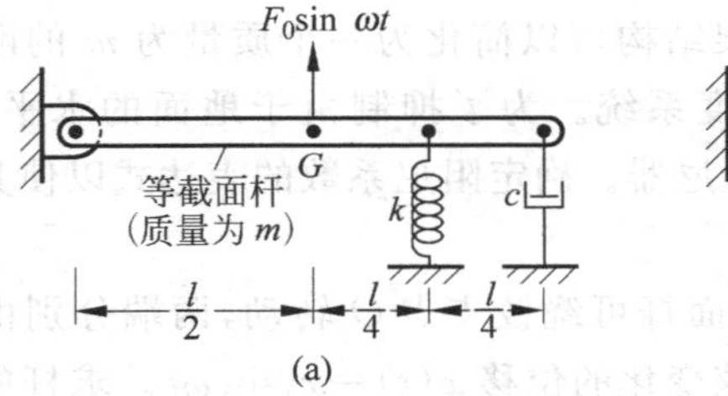

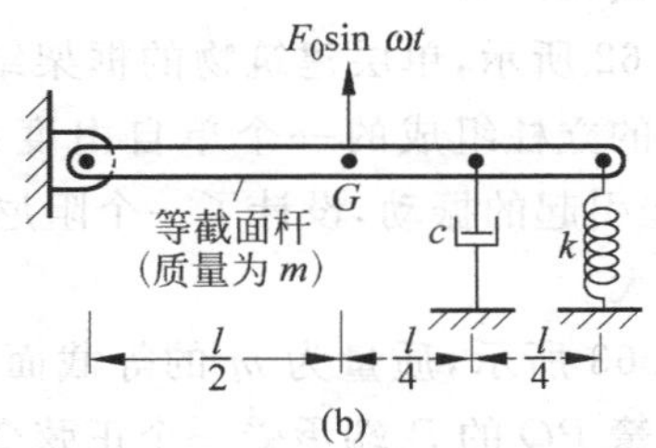

图 3.60 习题 3.49 图

§ 3.5 $F(t) = Fe^{i\omega t}$ 作用下阻尼系统的响应

3.50 试推导无阻尼扭转系统复频率响应的表达式。

3.51 单自由度阻尼系统，其参数为 $m = 150\ \text{kg}$，$k = 25\ \text{kN/m}$，$c = 2000\ \text{N} \cdot \text{s/m}$，受到简谐力 $f(t) = 100\cos 20t$ N的作用。使用作图的方法确定系统稳态响应的幅值以及相

位角。

§3.6　基础作简谐运动时阻尼系统的响应

3.52　如图3.61所示，单层建筑物的框架结构受到一个简谐地面加速度的作用，求楼板（质量 m）的稳态运动。

3.53　求图3.61所示单层建筑物模型中，楼板（质量 m）的水平位移，假设地面加速度的形式为 $\ddot{x}_g=100\sin\omega t$ mm/s。其他参数如下：$m=2000$ kg，$k=0.1$ MN/m，$\omega=25$ rad/s，$x_g(t=0)=\dot{x}_g(t=0)=x(t=0)=\dot{x}(t=0)=0$。

3.54　对图3.61所示系统，如果简谐地面加速度的角频率和振幅分别为 $\omega=200$ rad/s 和 $X_g=15$ mm，求楼板振动的振幅。假设楼板的质量为 $m=2000$ kg，立柱的刚度为 $k=0.5$ MN/m。

3.55　汽车可以简化成一个在竖直方向振动的单自由度系统。它行驶在一高度按正弦规律变化的路面上。路面波峰到波谷的落差为0.2 m，两个波峰之间的纵向距离为35 m。如果汽车的固有频率为2 Hz，减振器的阻尼比为0.15，求汽车以60 km/h 的速度行驶时的振幅。当速度发生变化时，求当速度的大小为多少时乘客会感到最不舒适？

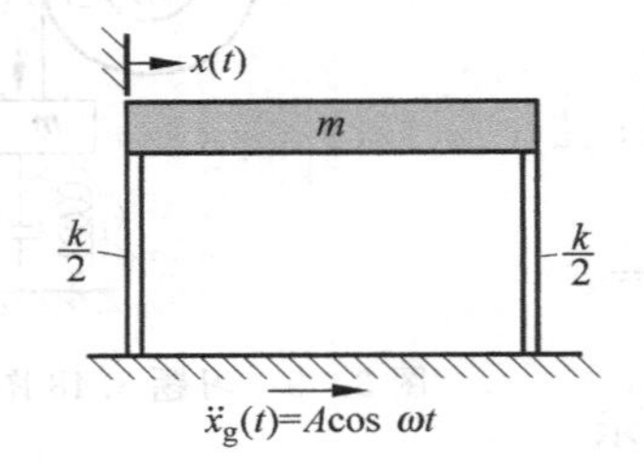

图3.61　习题3.52～习题3.54图

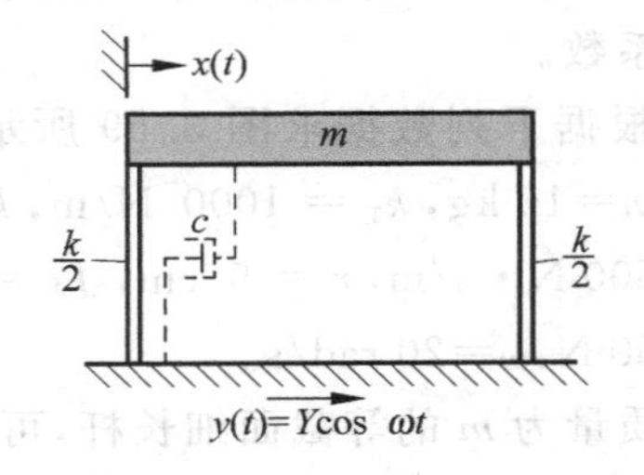

图3.62　习题3.57图

3.56　推导公式(3.74)。

3.57　如图3.62所示，单层建筑物的框架结构可以简化为一个质量为 m 的刚性楼板和刚度为 k 的立柱组成的一个单自由度系统。为了抑制由于地面的水平运动 $y(t)=Y\sin\omega t$ 引起的振动，设计了一个阻尼器。确定阻尼系数的表达式以使其吸收的振动能量最大。

3.58　如图3.63所示，质量为 m 的等截面杆可绕铰支点 O 转动，两端分别由两个弹簧支承。弹簧 PQ 的 P 端承受一个正弦变化的位移 $x(t)=x_0\sin\omega t$。求杆的稳态角位移响应，参数如下：$l=1$ m，$k=1000$ N/m，$m=10$ kg，$x_0=1$ cm，$\omega=10$ rad/s。

3.59　如图3.64所示，质量为 m 的等截面杆可绕铰支点 O 转动，两端分别由两个弹簧支承。弹簧 PQ 的 P 端承受一个正弦变化的位移 $x(t)=x_0\sin\omega t$。求杆的稳态角位移响应，参数如下：$l=1$ m，$k=1000$ N/m，$c=500$ N·m/s，$m=10$ kg，$x_0=1$ cm，$\omega=10$ rad/s。

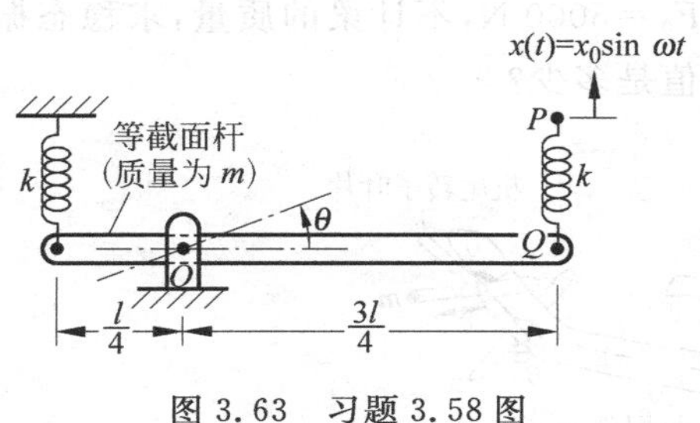

图 3.63　习题 3.58 图

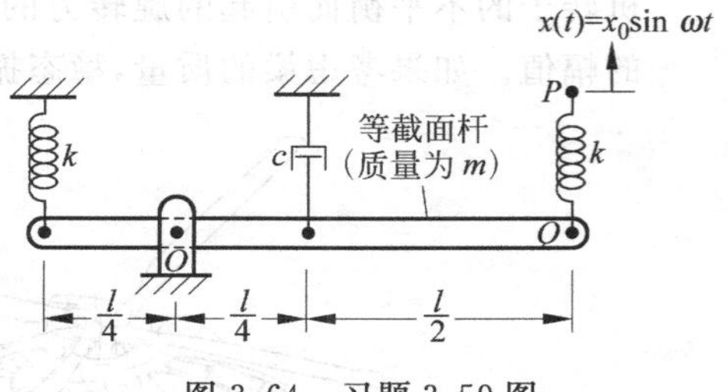

图 3.64　习题 3.59 图

3.60　求使由式(3.68)给出的位移传递率取得最大值的频率比。

3.61　汽车空载时重 1000 lbf,满载时重 3000 lbf,当以 55 mile/h 的速度在粗糙路面行驶时,在垂直方向上作正弦波形的振动,幅值为 Y ft,其周期为 12 s。假定汽车可模型化为刚度为 30000 lbf/ft 和阻尼比 $\zeta=0.2$ 的单自由度系统,试求汽车空载与满载时的振动幅值。

3.62　有阻尼弹簧-质量系统的质量为 $m=25$ kg,刚度系数为 $k=2500$ N/m,其基础受到简谐激励 $y(t)=Y_0\cos\omega t$ 的作用。当基础激励的频率等于系统的固有频率 $Y_0=0.01$ m 时,质量块的振幅为 0.05 m,试确定系统的阻尼常数。

§3.7　具有旋转不平衡质量的阻尼系统的响应

3.63　如图 3.65 所示,质量为 100 kg 的单缸空气压缩机安放在一个橡胶垫上。橡胶垫的刚度系数和阻尼系数分别为 10^6 N/m 和 2000 N·m/s。如果压缩机的不平衡相当于一个位于曲柄末端 A 处、大小为 0.1 kg 的不平衡质量,求当曲柄的转速为 3000 r/min 时,压缩机的响应。假设 $r=10$ cm,$l=40$ cm。

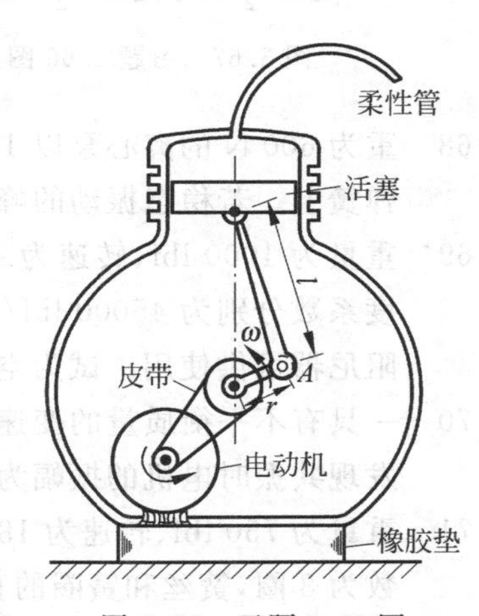

图 3.65　习题 3.63 图

3.64　如图 3.66 所示,直升机尾部的转子叶片之一有一个不平衡量,大小为 $m=0.5$ kg,距旋转轴的距离为 $e=0.15$ m。机尾部分的长度为 4 m,质量为 240 kg,弯曲刚度为 $EI=2.5$ MN·m², 阻尼比为 0.15,机尾转子叶片(包括它们的驱动系统)的质量为 20 kg。求当机尾转子叶片的转动速度为 1500 r/min 时,机尾部分的受迫响应。

3.65　质量为 380 kg 的排气扇安放在一个不计阻尼的弹簧上,引起的静变形为 45 mm。如果排气扇的旋转不平衡量为 0.15 kg·m,求:(a)转速为 1750 r/min 时的振幅;(b)此转速时传给地面的力。

3.66　如图 3.67 所示,两端固定钢梁的长度为 5 m,横截面的高和宽分别为 0.1 m 和 0.5 m。在其中部安装着一个质量为 75 kg、转速为 1200 r/min 的电动机。由于电动机转子的不平衡而引起的旋转力的大小为 $F_0=5000$ N,不计梁的质量,求稳态振动的幅值。如果考虑梁的质量,稳态振动的幅值是多少?

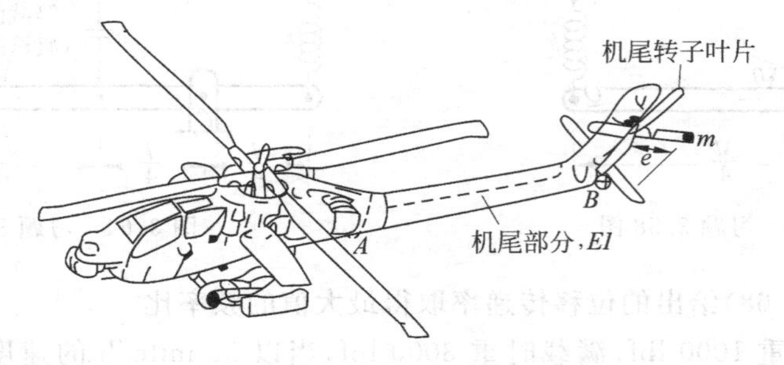

图 3.66　习题 3.64 图

3.67* 如图 3.68 所示,一电机安装在长为 5 m 的悬臂梁的自由端,如果要求振幅不能超过 0.5 cm,求梁横截面的最小尺寸。计算时考虑梁的质量。

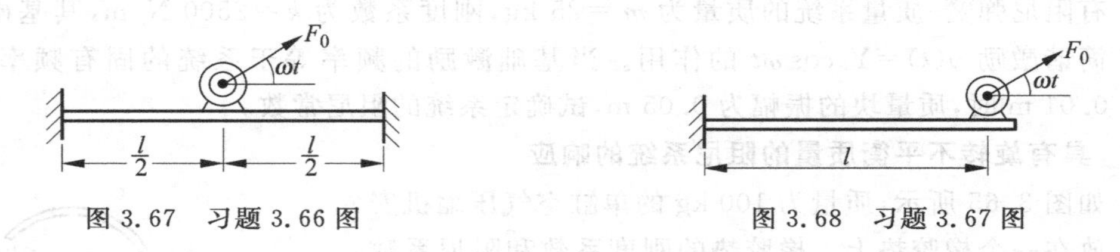

图 3.67　习题 3.66 图　　图 3.68　习题 3.67 图

3.68 重为 600 N 的离心泵以 1000 r/min 速度转动,固定在每根刚度为 6000 N/m 的 6 根弹簧上。若稳态振动的峰-峰值限定为 5 mm,试求最大允许不平衡量的大小。

3.69* 重量为 1000 lbf、转速为 1500 r/min 的空气压缩机安放在一个隔振器上。有两个刚度系数分别为 45000 lbf/in 和 15000 lbf/in 的螺旋弹簧,另有一个阻尼比为 0.15 的阻尼器可供使用。试为空气压缩机设计一个最好的隔振系统。

3.70 一具有不平衡质量的变速电机安放在一个隔振器上。当电机的转速从零开始增加,发现共振时电机的振幅为 0.55 in,过共振时的振幅为 0.15 in。求隔振器的阻尼比。

3.71 重量为 750 lbf、转速为 1800 r/min 的电机由 4 个螺旋弹簧支承,每个弹簧的有效圈数为 8 圈,簧丝和簧圈的直径分别为 0.25 in 和 3 in。电机转子的重量为 100 lbf,其质心到转动轴的距离为 0.01 in。求电机的振幅和通过弹簧传递给地面的力。

3.72 一小型排风扇的转速为 1500 r/min,安装在直径为 0.2 in 的钢轴上。风扇的转子重 30 lbf,与旋转轴有 0.01 in 的偏心距。求:(a)传递给轴承的最大力;(b)驱动轴转动所需扭矩的马力值。

3.73 由于电机转子旋转不平衡,当力传递到基础时,试推导式(3.84)。

3.74 如图 3.69 所示,刚性板的 P 端为铰支支承,Q 端支承在一个阻尼器上,阻尼器的黏性阻尼系数为 $c=1$ lbf・s/in。一重为 50 lbf 的小电扇安放在杆的 S 点处,其转速为

750 r/min，支承弹簧的刚度系数为 $k=200$ lbf/in。如果电扇的重心与其旋转轴的距离为 0.1 in，求 Q 端的稳态响应以及传递给 S 点的力。

3.75 电机安装在悬臂梁的自由端，当其转速为 1500 r/min 时，悬臂梁的挠度为 0.02 m。忽略悬臂梁的质量和阻尼，为使动力放大系数(关于其静平衡值)不超过 10%，电机的转速应为多少？假设 $M=5$ kg，$K=30000$ N/m。

3.76 质量为 50 kg 的空气压缩机安装在弹性支撑上，其转速为 1000 r/min。空气压缩机有一不平衡质量为 2 kg，与旋转轴的径向距离(偏心距)为 0.1 m。假设弹性支撑的阻尼因子 $\zeta=0.1$，试确定：(a)当传递不超过 25% 的不平衡力到基础时，弹性支撑的弹性系数；(b)传递到基础的力的大小。

3.77 质量为 200 kg 的涡轮转子，具有的不平衡质量为 15 kg，安装在等效刚度为 5000 N/m、阻尼比为 $\zeta=0.05$ 的基座上。若共振时转子的振幅为 0.1 m，试确定：(a)不平衡质量的径向距离(偏心量)；(b)当要求共振时的转子振幅减少到 0.05 m 时，转子质量需要增加多少？(c)当频率比(r)变化时，涡轮转子的峰值振幅。

§3.8 库仑阻尼系统的受迫振动

3.78 推导公式(3.99)。

3.79 推导图 3.70 所示系统中，质量块 m 的运动微分方程。假设液压缸中的压力按正弦规律变化。刚度系数均为 k_1 的两个弹簧承受的初始张力为 T_0，质量块和接触面之间的摩擦系数为 μ。

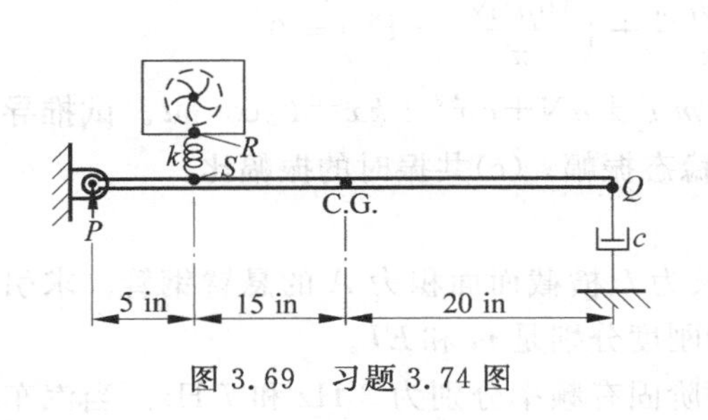

图 3.69 习题 3.74 图

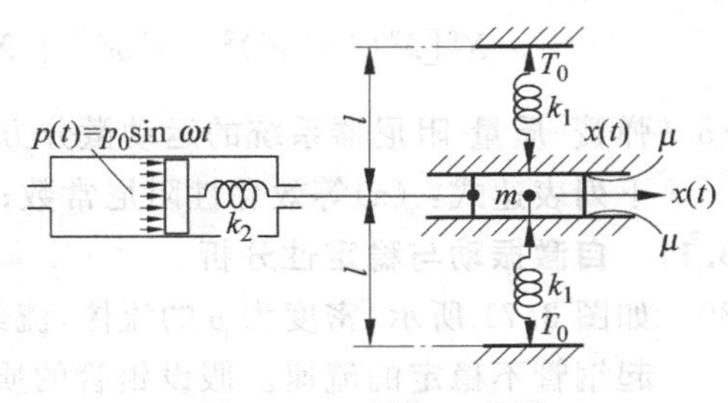

图 3.70 习题 3.79 图

3.80 质量为 $m=15$ kg、刚度系数为 $k=25$ kN/m 的弹簧-质量系统，在水平面上受到振幅 200 N、频率为 20Hz 的简谐激励。假设水平面与质量块之间的摩擦系数为 0.25，求系统稳态振动的振幅。

3.81 质量为 $m=15$ kg、刚度系数为 $k=10$ kN/m 的弹簧-质量系统，在水平面上振动，其摩擦系数 $\mu=0.25$。在频率为 8 Hz 的简谐激振力作用下，质量块的稳态振幅为 0.2 m。试确定系统的等效黏性阻尼常数。

3.82 一具有库仑阻尼的弹簧-质量系统，受到幅值为 120 N、频率为 2.5173268 Hz 的简谐力作用时，振幅为 75 mm。如果 $m=2$ kg，$k=2100$ N/m，求干摩擦系数。

§3.9 滞后阻尼系统的受迫振动

3.83 在一复合材料结构中，5000 N的载荷引起的静态位移为0.05 m。简谐激振力的幅值为1000 N，所引起的共振幅值为0.1 m。求：(a)结构的滞后阻尼常数；(b)共振时每周期的能量耗散；(c)1/4共振频率所对应的稳态幅值；(d)三倍共振频率所对应的稳态幅值。

3.84 受简谐激励作用时，滞后阻尼在一个周期内所消耗的能量可以表示成如下的一般形式

$$\Delta W = \pi\beta k X^{\gamma} \tag{E.1}$$

其中，γ是指数(在式(2.150)中$\gamma=2$)β是量纲为$[\mathrm{m}]^{2-\gamma}$的系数。$k=60$ kN/m的具有滞后阻尼的弹簧-质量系统在简谐激励作用下，共振时的稳态振幅为40 mm，相应的能量输入为3.8 N·m。若共振时的能量输入增加到9.5 N·m，则稳态振幅为60 mm。确定式中β和γ的值。

§3.10 其他类型阻尼系统的受迫振动

3.85 弹簧-质量-阻尼器系统受简谐力$F(t)=5\cos 3\pi t$ lbf作用时，位移响应的规律为$x(t)=0.5\cos(3\pi t-\pi/3)$。求在前1 s内和前4 s内简谐力所做的功。

3.86 一阻尼器提供的阻尼力的形式为$F_{\mathrm{d}}=c\dot{x}^{n}$，式中的$c$和$n$均为常数，$\dot{x}$为相对速度。求其等效黏性阻尼系数以及振幅。

3.87 证明同时具有黏性阻尼和库仑阻尼的系统，稳态响应振幅的近似值由下式决定

$$X^2[k^2(1-r^2)^2+c^2\omega^2]+X\frac{8\mu Nc\omega}{\pi}+\left(\frac{16\mu^2N^2}{\pi^2}-F_0^2\right)=0$$

3.88 弹簧-质量-阻尼器系统的运动微分方程为$m\ddot{x}\pm\mu N+c\dot{x}^3+kx=F_0\cos\omega t$。试推导下列表达式：(a)等效黏性阻尼常数；(b)稳态振幅；(c)共振时的振幅比。

§3.11 自激振动与稳定性分析

3.89 如图3.71所示，密度为ρ的流体，流经一长为l、横截面面积为A的悬臂钢管。求引起钢管不稳定的流速。假设钢管的质量和刚度分别是m和EI。

3.90 如图3.72所示，汽车上伸缩式天线的前两阶固有频率分别为3 Hz和7 Hz。当汽车以50～75 km/h的速度行驶时，旋涡脱落是否会引起天线的不稳定？

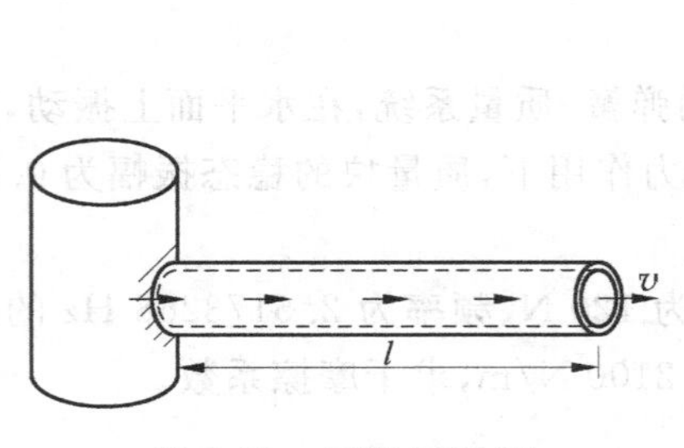

图3.71 习题3.89图

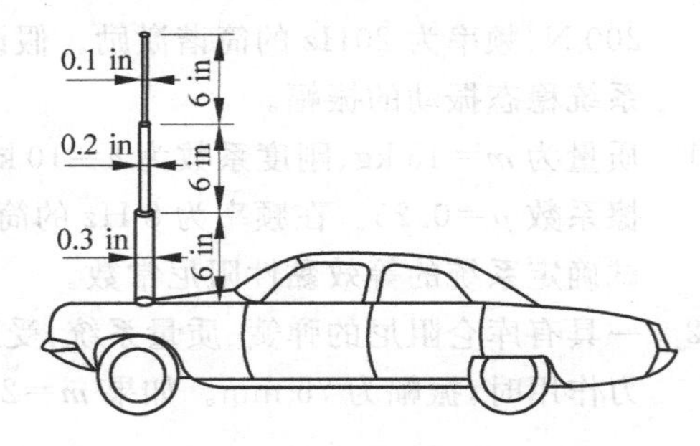

图3.72 习题3.90图

3.91 一个快餐店的标志牌固定在内、外径分别为 d 和 D，高度是 h 的空心钢管的上端。空心钢管下端与地面固定，上端的集中质量为 M。为分析其在风激励下的横向振动特性，可将其简化为黏性阻尼比为 0.1 的单自由度弹簧-质量-阻尼系统。求：(a)标志牌横向振动的固有频率；(b)标志牌产生最大稳态位移的风速；(c)标志牌产生的最大风致稳态位移。数据如下：$h=10$ m，$D=25$ cm，$d=20$ cm，$M=200$ kg。

3.92 单自由度系统的运动微分方程为 $m\ddot{x}+c\dot{x}+kx=F$。推导在下列各种情况下出现发散振动的条件：(a)力函数与位移成正比，即 $F(t)=F_0x(t)$；(b)力函数与速度成正比，即 $F(t)=F_0\dot{x}(t)$；(c)力函数与加速度成正比，即 $F(t)=F_0\ddot{x}(t)$。

§3.12 传递函数法

3.93 推导黏性阻尼系统在简谐基础运动激励下的传递函数，其运动方程为

$$m\ddot{x}+c(\dot{x}-\dot{y})+k(x-y)=0$$

其中 $y(t)=Y\sin\omega t$。

3.94 推导黏性阻尼系统在旋转不平衡状态下的传递函数，其运动方程为

$$M\ddot{x}+c\dot{x}+kx=me\omega^2\sin\omega t$$

§3.13 利用拉普拉斯变换求解

3.95 利用拉普拉斯变换，求 3.6 节中黏性阻尼单自由度系统在简谐基础运动激励下的稳态响应。

3.96 利用拉普拉斯变换，求 3.7 节中黏性阻尼单自由度系统在旋转不平衡激励下的稳态响应。

3.97 利用拉普拉斯变换，求 3.3 节中无阻尼单自由度系统在简谐力作用下的稳态响应。

3.98 如图 3.73 所示，弹簧和黏性阻尼器与无质量的刚性杆相连，受到简谐力 $f(t)$ 作用。利用拉普拉斯变换，求系统的稳态响应。

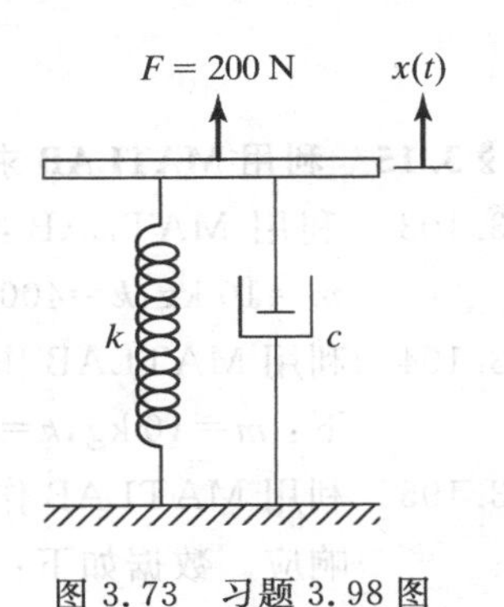

图 3.73 习题 3.98 图

3.99 推导例 3.16 中的式(E.4)～式(E.7)。

3.100 工程实际中，可以通过实验获得汽车车轮装配系统的动态响应特性。如图 3.74 所示，车轮通过连杆与轴相连，其受到简谐力 $f(t)$ 的作用。当车轮产生关于轴的轴线的扭转振动时，轴的扭转刚度为 k_t。假设初始条件为零，利用拉普拉斯变换求系统的响应 $\theta(t)$。

§3.14 频率传递函数

3.101 对习题 3.93 中讨论的黏性阻尼系统受到简谐基础运动激励问题，试根据一般传递函数推导出频率传递函数并识别出输入、系统及输出正弦信号。

3.102 考虑习题 3.94 中的黏性阻尼系统具有旋转不平衡的情况，试根据一般传递函数推导出频率传递函数并说明如何识别输入、系统及输出正弦信号。

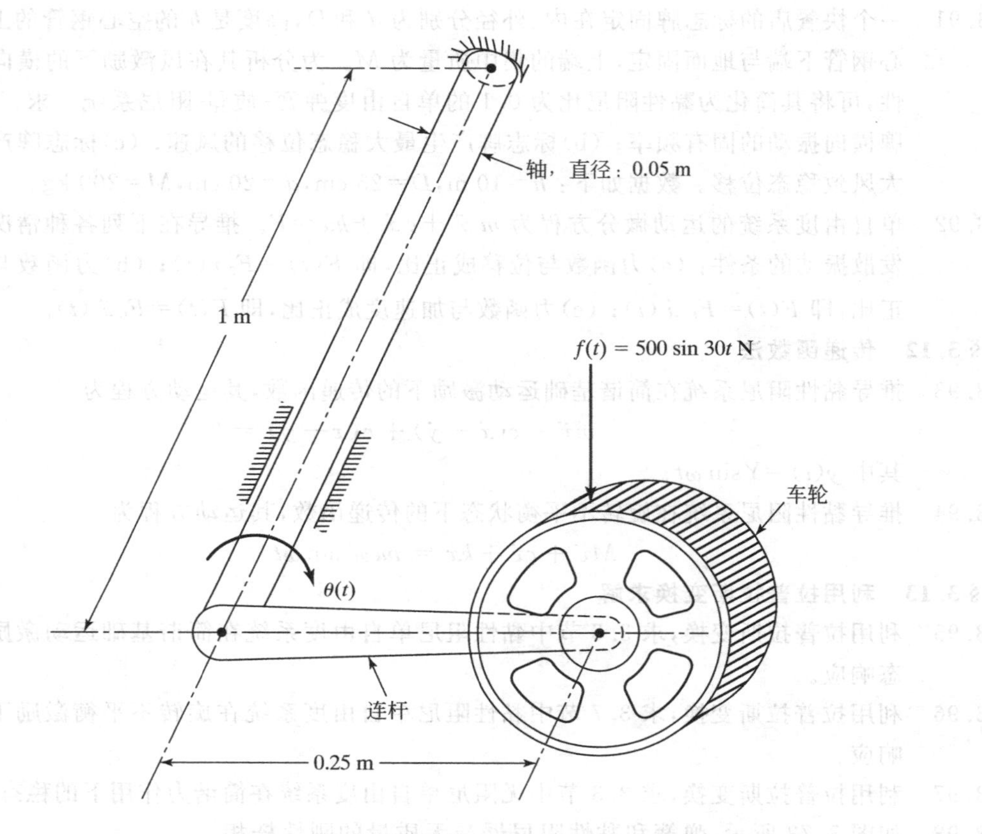

图 3.74　习题 3.100 图

§3.15　利用 MATLAB 求解的例子

3.103　利用 MATLAB 绘制无阻尼弹簧-质量系统的受迫振动响应曲线。其条件为：$m=10$ kg，$k=4000$ N/m，$F(t)=200\cos 10t$ N，$x_0=0.1$ m，$\dot{x}_0=10$ m/s。

3.104　利用 MATLAB 作图表示具有库仑阻尼的弹簧-质量系统的受迫振动响应。数据如下：$m=10$ kg，$k=4000$ N/m，$F(t)=200\sin 10t$ N，$\mu=0.3$，$x_0=0.1$ m，$\dot{x}_0=10$ m/s。

3.105　利用 MATLAB 作图表示黏性阻尼系统在简谐基础运动 $y(t)=Y\sin\omega t$ m 激励下的响应。数据如下：$m=100$ kg，$k=4\times10^4$ N/m，$\zeta=0.25$，$Y=0.05$ m，$\omega=10$ rad/s，$x_0=1$ m，$\dot{x}_0=0$。

3.106　利用 MATLAB 作图表示黏性阻尼系统在简谐激励 $F(t)=F_0\cos\omega t$ 作用下的稳态响应。数据如下：$m=10$ kg，$k=1000$ N/m，$\zeta=0.1$，$F_0=100$ N，$\omega=20$ rad/s。

3.107　一辆以速度 v(km/h)行驶在不平路面上的汽车，其悬挂系统的弹簧常数为 40 kN/m，阻尼比为 $\zeta=0.1$。路面的高度按正弦规律变化，其中振幅为 $Y=0.05$ m，波长为 6 m。编写一个 MATLAB 程序，根据下列条件求汽车位移响应的振幅：(a)空载和满载时汽车的质量分别为 600 kg 和 1000 kg；(b)行驶速度分别为 10 km/h,50 km/h 和 100 km/h。

3.108　编写一个计算机程序,求弹簧-质量-黏性阻尼器系统承受基础运动激励时的总响应。并利用此程序求针对下列数据的解：$m=2$ kg,$c=10$ N·s/m,$k=100$ N/m,$y(t)=0.1\sin 25t$ m,$x_0=10$ mm,$\dot{x}_0=5$ m/s。

3.109　利用 MATLAB 画出旋转不平衡(式(3.81))激励下有阻尼系统的$\frac{MX}{me}$与r,ϕ与r的关系曲线。阻尼比分别为$\zeta=0$,0.2,0.4,0.6,0.8 以及 1。

3.110　利用 MATLAB 画出基础运动激励(式(3.68)及式(3.69))下有阻尼系统的$\frac{X}{Y}$与r,ϕ与r的关系曲线。阻尼比分别为$\zeta=0$,0.2,0.4,0.6,0.8 以及 1。

设计题目

3.111　如图 3.75 所示系统由两个以相同转速反向转动的偏心质量组成,用作机械式激振器,要求其工作频率为 20～30 Hz。确定ω,e,M,m,k,c的值以满足下列要求：(a)在要求的频率范围内激振器的平均功率输出至少为 1 hp；(b)两个偏心质量的振幅在 0.1～0.2 in 之间；(c)激振器的质量M至少为偏心质量m的 50 倍。

3.112　对如图 3.76 所示水塔,设计其空心钢立柱的最小重量。已知水箱的重量为 100000 lbf,高度是 50 ft。当由于地震使地面产生大小为 0.5g(g为重力加速度)、频率为 15 Hz 的简谐加速度时,要求立柱中的应力不能超过材料的屈服应力 30000 lbf/in²。此外,还要求水箱的固有频率大于 15 Hz。假设立柱的阻尼比为 0.15。

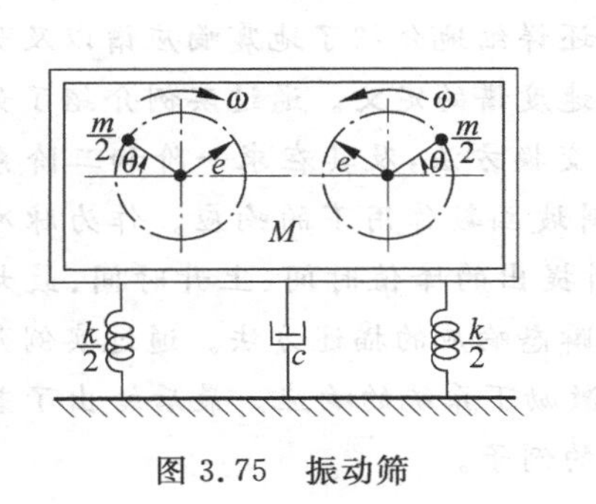

图 3.75　振动筛

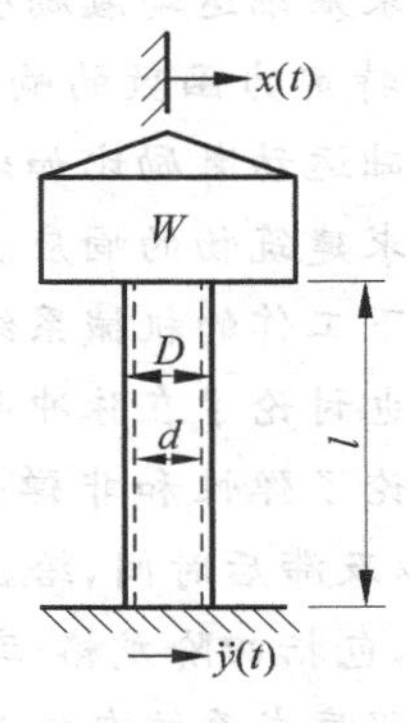

图 3.76　水塔

傅里叶(Jean Baptiste Joseph Fourier,1768—1830),法国数学家,巴黎埃可尔(Ecole)工业大学教授。他于1822年出版的关于热的传播的工作及在三角级数理论方面取得的成就广为人知。把一个周期函数展开成简谐函数的和,称为傅里叶级数,就是以他的名字命名的。

(经 *Applied Mechanics Reviews* 许可使用。)

第4章　单自由度系统在一般激励下的振动

导读

这一章将讨论单自由度系统受到任意激励作用时的响应。首先利用傅里叶级数将周期力展开成一系列的简谐力,然后将单个简谐力作用引起的响应叠加,叠加起来的响应即系统在周期力作用下的响应。对于非周期力作用下系统的响应,可以通过卷积积分与拉普拉斯变换两种方法得到。卷积积分或杜哈美积分方法是利用脉冲响应函数求系统的响应。此方法也可以用于求基础运动激励引起的响应。通过许多实例介绍了如何应用该方法。还概要地介绍了针对特定力函数的响应谱的概念,以及如何利用响应谱得到系统响应的最大值。也讨论了与基础运动激励比如地震对应的响应谱。还详细地介绍了地震响应谱以及如何利用地震响应谱求建筑物的响应。给出了伪速度及伪速度谱的定义。通过实例介绍了如何设计在振动环境下工作的机械系统。介绍了拉普拉斯变换方法,及其在求一阶和二阶系统响应中的应用。也讨论了在脉冲函数、阶跃函数以及斜坡函数作用下的响应。作为脉冲响应计算的应用讨论了弹性和非弹性碰撞问题。根据所提出的峰值时间、上升时间、最大超调量、镇定时间以及滞后时间,给出了阶跃响应分析与瞬态响应的描述方法。通过实例介绍了采用数值方法,包括四阶龙格-库塔法求解在不规则激励下系统的响应。最后给出了若干利用 MATLAB 程序求系统在任意激励作用下的响应的例子。

学习目标

学完本章后,读者应能达到以下几点:

- 利用傅里叶级数求单自由度系统在一般周期激励下的响应。

- 利用卷积积分或杜哈美积分方法求系统在任意激励下的振动问题。
- 利用响应谱求系统受地震作用时的响应。
- 利用拉普拉斯变换，求解在任意激励(包括脉冲激励、阶跃激励及斜坡激励)作用下的无阻尼或有阻尼系统。
- 了解瞬态响应特性，如峰值时间、超调量、稳定时间、上升时间、衰减时间等，并对其进行估计。
- 利用数值方法求解在用数值描述的力作用下的系统振动问题。
- 利用 MATLAB 求解受迫振动问题。

4.1 引言

在第 3 章中，我们已讨论了单自由度系统在简谐激励下的响应。然而，许多实际的系统会受到非简谐激励的作用。一般的力函数可能是周期性的(非简谐的)也可能是非周期性的。非周期性的力包括力可能是突然施加的常力(称为阶跃力)、线性增加的力(称为斜坡力)和呈指数变化的力。非周期性的力函数可以是作用在短时间、长时间或者无限长时间内。如果激励(力)作用的时间与系统的固有周期相比很短，那么这种激励就称为**冲击**。顶杆在凸轮作用下所产生的运动，包装从高处落下后设备所承受的振动，锻压机对地基的作用，汽车通过不平路面时的运动，地震时房屋和路面的振动，这些都是由于一般力函数作用引起振动的例子。

根据 1.11 节中谐波分析的过程，如果力函数是周期的(但不是简谐的)，那么这一函数可以用简谐函数的和来表示。根据叠加原理，系统的响应可以由单个简谐力作用引起响应的叠加得到。

系统在任意类型的非周期力作用下，通常可以使用以下几种方法求其响应：

(1) 卷积积分；

(2) 拉普拉斯变换；

(3) 数值方法。

前面两种方法为解析方法，即系统的响应或解可通过解析表达式表示，这有助于研究具有各种参数的系统在受到外界力作用时的行为以及进行系统设计。另一方面，第三种方法可以用来求解在任意力作用下的系统响应，尤其是当解析解难以或不可能得到时。然而，该求解方法仅适用于寻求一组特定参数值对应的系统的响应。这使得用这种方法研究当参数发生变化时系统的行为比较困难。本章将介绍以上全部三种求解方法。

4.2 一般周期力作用下的响应

若外力 $F(t)$ 是以 $\tau=2\pi/\omega$ 为周期的周期力，那么可以将其展开为傅里叶级数(见 1.11 节)：

$$F(t) = \frac{a_0}{2} + \sum_{j=1}^{\infty} a_j \cos j\omega t + \sum_{j=1}^{\infty} b_j \sin j\omega t \tag{4.1}$$

其中

$$a_j = \frac{2}{\tau}\int_0^{\tau} F(t)\cos j\omega t\,\mathrm{d}t, \quad j = 0,1,2,\cdots \tag{4.2}$$

$$b_j = \frac{2}{\tau}\int_0^{\tau} F(t)\sin j\omega t\,\mathrm{d}t, \quad j = 1,2,\cdots \tag{4.3}$$

本节主要讨论一阶和二阶系统在任意周期力作用下的响应。一阶系统的运动微分方程是一阶的。类似地，二阶系统的运动微分方程是二阶的。一阶和二阶系统的典型实例分别如图4.1和图4.2所示。

4.2.1 一阶系统

考虑如图4.1(a)所示的受到周期力作用的弹簧-阻尼系统。系统的运动微分方程为

$$c\dot{x} + k(x - y) = 0 \tag{4.4}$$

其中 $y(t)$ 是传递到系统 A 点（如通过凸轮）的周期运动（或激励）。如果将点 A 的周期位移 $y(t)$ 像式(4.1)右边那样展开为傅里叶级数，则系统的运动微分方程可以表示为

$$\dot{x} + ax = ay = A_0 + \sum_{j=1}^{\infty} A_j \sin\omega_j t + \sum_{j=1}^{\infty} B_j \cos\omega_j t \tag{4.5}$$

其中：

$$a = \frac{k}{c}, \quad A_0 = \frac{aa_0}{2}, \quad A_j = aa_j, \quad B_j = ab_j, \quad \omega_j = j\omega, \quad j = 1,2,3,\cdots \tag{4.6}$$

式(4.5)的求解将在例4.1中进行讨论。

例4.1 求如图4.1(a)所示的弹簧-阻尼系统在周期力作用下的响应，其运动微分方程为式(4.5)。

解：可以看出，运动微分方程式(4.5)的右边是一常数与简谐（正弦和余弦）函数的线性叠加之和。运用叠加原理，式(4.5)的稳态解可以由式(4.5)右边单个力作用引起稳态解的叠加得到。

对应常数力 A_0，运用 x_0 代替 x，运动微分方程可以表示为

$$\dot{x}_0 + ax_0 = A_0 \tag{E.1}$$

式(E.1)的解（可通过代入到式(E.1)得到验证）为

$$x_0(t) = \frac{A_0}{a} \tag{E.2}$$

在力 $A_j \sin\omega_j t$ 作用下，运动微分方程可表示为

$$\dot{x}_j + ax_j = A_j \sin\omega_j t \tag{E.3}$$

式(E.3)的稳态解可以假定为

$$x_j(t) = X_j \sin(\omega_j t - \phi_j) \tag{E.4}$$

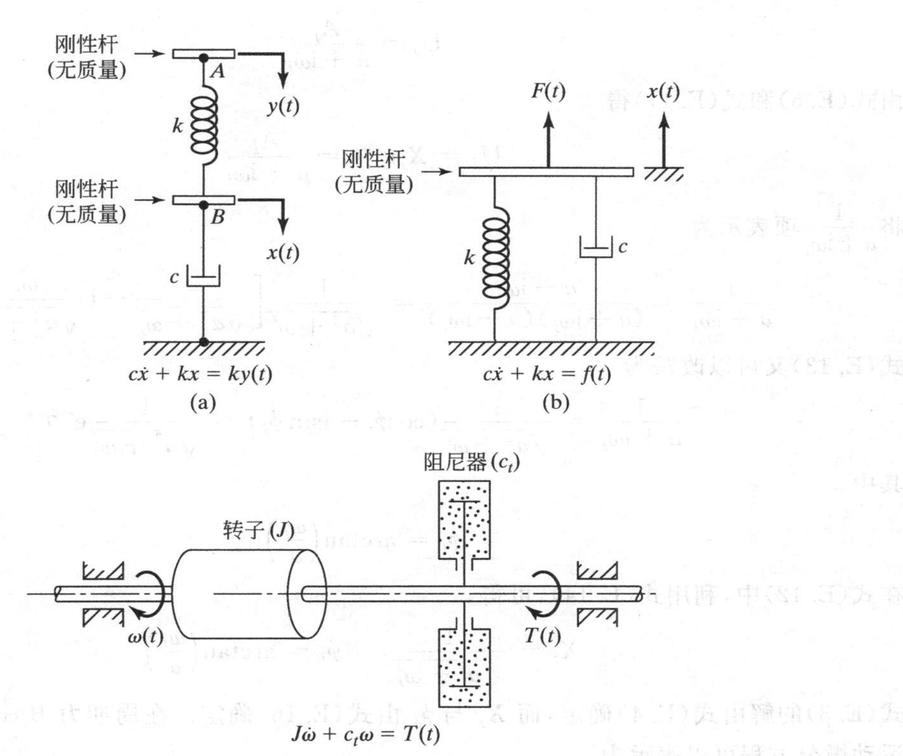

图 4.1　一阶系统的实例

其中振幅 X_j 与相位角 ϕ_j 为未知的待定常数。式(E.4)的解可以表示为下列复数形式的虚部

$$x_j(t) = \mathrm{Im}\left[X_j \mathrm{e}^{\mathrm{i}(\omega_j t-\phi_j)}\right] = X_j \mathrm{e}^{\mathrm{i}(\omega_j t-\phi_j)} = U_j \mathrm{e}^{\mathrm{i}\omega_j t} \tag{E.5}$$

其中 U_j 表示复数

$$U_j = X_j \mathrm{e}^{-\mathrm{i}\phi_j} \tag{E.6}$$

注意 $x_j(t)$ 关于时间的导数由下式确定

$$\dot{x}_j(t) = \mathrm{i}\omega_j U_j \mathrm{e}^{\mathrm{i}\omega_j t} \tag{E.7}$$

式(E.3)可以表示成激励项为复数的形式(为了便于理解,我们只对解的虚部感兴趣)

$$\dot{x}_j + a x_j = A_j \mathrm{e}^{\mathrm{i}\omega_j t} = A_j(\cos\omega_j t + \mathrm{i}\sin\omega_j t) \tag{E.8}$$

将式(E.5)和式(E.7)代入式(E.8),得到

$$\mathrm{i}\omega_j U_j \mathrm{e}^{\mathrm{i}\omega_j t} + a U_j \mathrm{e}^{\mathrm{i}\omega_j t} = A \mathrm{e}^{\mathrm{i}\omega_j t} \tag{E.9}$$

由于 $\mathrm{e}^{\mathrm{i}\omega_j t} \neq 0$,式(E.9)可以简化为

$$\mathrm{i}\omega_j U_j + a U_j = A_j \tag{E.10}$$

或

$$U_j = \frac{A_j}{a + i\omega_j} \tag{E.11}$$

由式(E.6)和式(E.11)得

$$U_j = X_j e^{-i\phi_1} = \frac{A_j}{a + i\omega_j} \tag{E.12}$$

将$\frac{1}{a+i\omega_j}$项表示为

$$\frac{1}{a + i\omega_j} = \frac{a - i\omega_j}{(a + i\omega_j)(a - i\omega_j)} = \frac{1}{\sqrt{a^2 + \omega_j^2}}\left[\frac{a}{\sqrt{a^2 + \omega_j^2}} - i\frac{\omega_j}{\sqrt{a^2 + \omega_j^2}}\right] \tag{E.13}$$

式(E.13)又可以改写为

$$\frac{1}{a + i\omega_j} = \frac{1}{\sqrt{a^2 + \omega_j^2}}(\cos\phi_j - i\sin\phi_j) = \frac{1}{\sqrt{a^2 + \omega_j^2}}e^{-i\phi_j} \tag{E.14}$$

其中

$$\phi_j = \arctan\left(\frac{\omega_j}{a}\right) \tag{E.15}$$

在式(E.12)中,利用式(E.14),可得

$$X_j = \frac{1}{\sqrt{a^2 + \omega_j^2}}, \quad \phi_j = \arctan\left(\frac{\omega_j}{a}\right) \tag{E.16}$$

式(E.3)的解由式(E.4)确定,而 X_j 与 ϕ_j 由式(E.16)确定。在周期力 $B_j\cos\omega_j t$ 作用下的运动微分方程可以表示为

$$\dot{x}_j + a x_j = B_j \cos\omega_j t \tag{E.17}$$

式(E.17)的稳态解可以假定为

$$x_j(t) = Y_j\cos(\omega_j t - \phi_j) \tag{E.18}$$

与式(E.3)的求解过程类似,可以确定常数 Y_j 与 ϕ_j 为

$$Y_j = \frac{B_j}{\sqrt{a^2 + \omega_j^2}}, \quad \phi_j = \arctan\left(\frac{\omega_j}{a}\right) \tag{E.19}$$

故式(4.5)的完整稳态解(或特解)可以表示为

$$x_p(t) = \frac{A_0}{a} + \sum_{j=1}^{\infty}\frac{A_j}{\sqrt{a^2+\omega_j^2}}\sin\left[\omega_j t - \arctan\left(\frac{\omega_j}{a}\right)\right] + \sum_{j=1}^{\infty}\frac{B_j}{\sqrt{a^2+\omega_j^2}}\cos\left[\omega_j t - \arctan\left(\frac{\omega_j}{a}\right)\right] \tag{E.20}$$

其中 a、A_0、A_j、B_j、ω_j 由式(4.6)确定。

注意:式(4.5)的全解为齐次解与特解(稳态解)之和

$$x(t) = x_h(t) + x_p(t) \tag{E.21}$$

其中特解由式(E.20)确定,而齐次解可以表示为

$$x(t) = Ce^{-at} \tag{E.22}$$

其中C是未知常数，可利用系统的初始条件来确定。故全解可以表示为

$$x(t) = Ce^{-at} + \frac{A_0}{a} + \sum_{j=1}^{\infty} X_j \sin(\omega_j t - \phi_j) + \sum_{j=1}^{\infty} Y_j \cos(\omega_j t - \phi_j) \tag{E.23}$$

将初始条件$x(t=0)=x_0$应用于式(E.23)中，可得

$$x_0 = C + \frac{A_0}{a} - \sum_{j=1}^{\infty} X_j \sin\phi_j + \sum_{j=1}^{\infty} Y_j \cos\phi_j \tag{E.24}$$

故

$$C = x_0 - \frac{A_0}{a} + \sum_{j=1}^{\infty} X_j \sin\phi_j - \sum_{j=1}^{\infty} Y_j \cos\phi_j \tag{E.25}$$

于是式(4.5)的全解为

$$x(t) = \left(x_0 - \frac{A_0}{a} + \sum_{j=1}^{\infty} X_j \sin\phi_j - \sum_{j=1}^{\infty} Y_j \cos\phi_j\right)e^{-at}$$
$$+ \frac{A_0}{a} + \sum_{j=1}^{\infty} X_j \sin(\omega_d t - \phi_j) + \sum_{j=1}^{\infty} Y_j \cos(\omega_d t - \phi_j) \tag{E.26}$$

在下面的例子中，考虑一个更简单形式的力函数来研究系统的响应特性。

例4.2 求如图4.1(a)所示的弹簧-阻尼系统的响应，其运动微分方程为

$$\dot{x} + 1.5x = 7.5 + 4.5\cos t + 3\sin 5t$$

假设初始条件为$x(t=0)=0$。

解：系统的运动微分方程为

$$\dot{x} + 1.5x = 7.5 + 4.5\cos t + 3\sin 5t \tag{E.1}$$

首先，由式(E.1)的右边提供的单个时间激励项来求解微分方程的解，然后将这些解叠加以得到式(E.1)的全解。对于常数项，要求解的方程为

$$\dot{x} + 1.5x = 7.5 \tag{E.2}$$

式(E.2)的解为$x=7.5/1.5=5$，对于余弦项，方程的解由下式确定

$$\dot{x} + 1.5x = 4.5\cos t \tag{E.3}$$

利用例4.1中如式(E.21)所示的稳态解，式(E.3)的解可表示为

$$x(t) = Y\cos(t - \phi) \tag{E.4}$$

其中

$$Y = \frac{4.5}{\sqrt{1.5^2 + 1^2}} = \frac{4.5}{\sqrt{3.25}} = 2.4961 \tag{E.5}$$

$$\phi = \arctan\left(\frac{1}{1.5}\right) = 0.5880\ \text{rad} \tag{E.6}$$

同理，对于正弦项，需要求解的方程为

$$\dot{x} + 1.5x = 3\sin 5t \tag{E.7}$$

利用例4.1中如式(E.4)所示的稳态解，式(E.7)的解可表示为

$$x(t) = X\sin(5t - \phi) \tag{E.8}$$

其中

$$X=\frac{3}{\sqrt{1.5^2+5^2}}=\frac{3}{\sqrt{27.25}}=0.5747 \tag{E.9}$$

和

$$\phi=\arctan\left(\frac{5}{1.5}\right)=1.2793\ \text{rad} \tag{E.10}$$

因此，式(E.1)的全解为式(E.2)、式(E.3)与式(E.7)的叠加

$$x(t)=5+2.4961\cos(t-0.5880)+0.5747\sin(5t-1.2793) \tag{E.11}$$

由式(E.1)右边确定的激励函数以及式(E.11)确定的稳态响应的图形如图4.3所示。响应的前两项(式(E.11)右边的前两项)也已在图4.3中表示出来。从图中可以看出系统不过滤常数项。然而，在某种程度上它过滤掉了低频(余弦项)并在更大程度上过滤掉了高频(正弦项)。

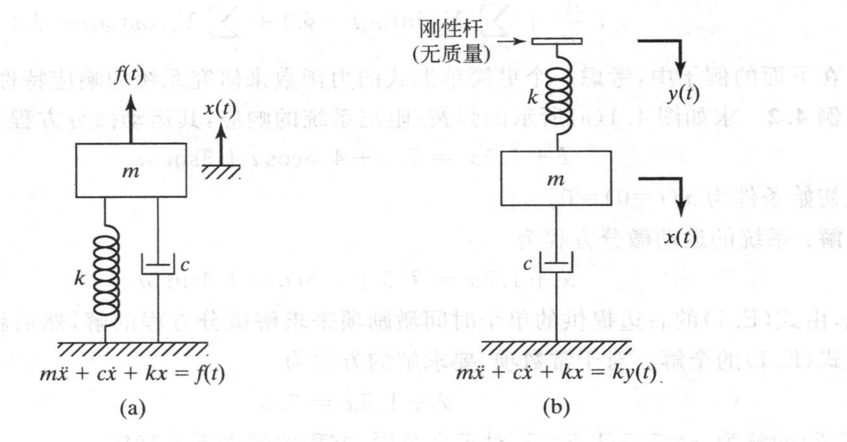

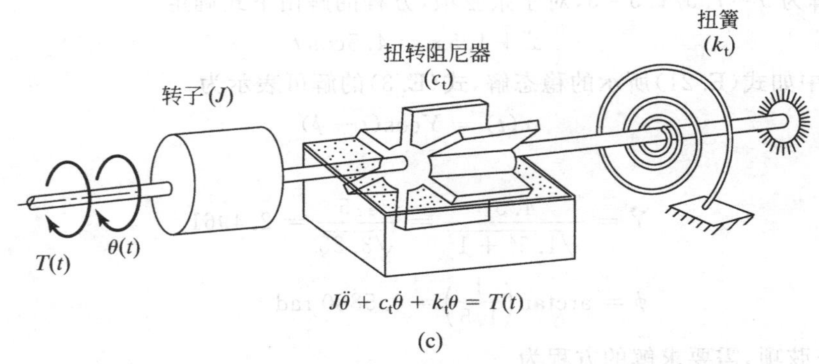

图4.2 二阶系统的实例

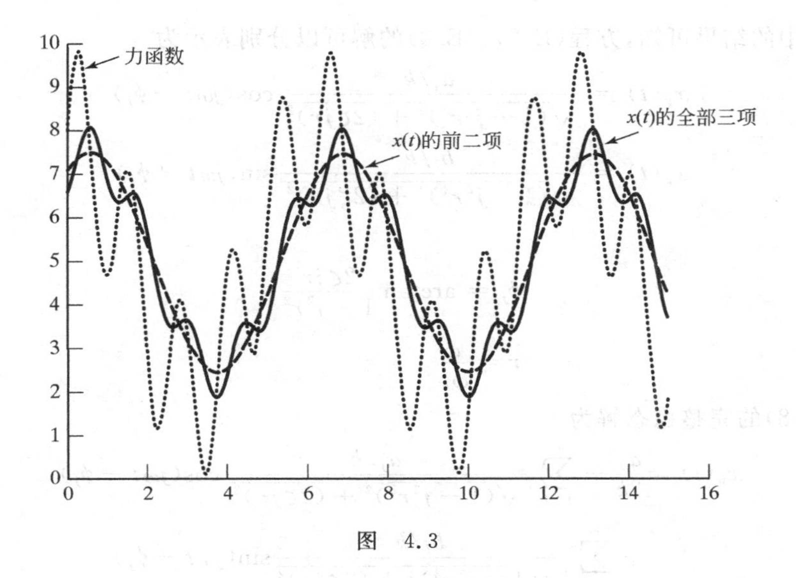

图　4.3

4.2.2　二阶系统

如图 4.2(a)所示的弹簧-质量-阻尼器系统受到周期力的作用。由于下列控制微分方程为二阶的，因而这是一个二阶系统：

$$m\ddot{x}+c\dot{x}+kx=f(t) \tag{4.7}$$

假设激励函数 $f(t)$ 是周期函数，可以表示为傅里叶级数的形式，于是系统的运动微分方程为

$$m\ddot{x}+c\dot{x}+kx=F(t)=\frac{a_0}{2}+\sum_{j=1}^{\infty}a_j\cos j\omega t+\sum_{j=1}^{\infty}b_j\sin j\omega t \tag{4.8}$$

下面在例 4.3 中介绍如何对式(4.8)进行求解。

例 4.3　对弹簧-质量-阻尼器系统的运动微分方程式(4.8)，求其在周期力作用下的响应。假设初始条件为零。

解：式(4.8)右边是一个常数加上一系列简谐函数的和。根据叠加原理，式(4.8)的稳态解就是下述各方程的稳态解的和

$$m\ddot{x}+c\dot{x}+kx=\frac{a_0}{2} \tag{E.1}$$

$$m\ddot{x}+c\dot{x}+kx=a_j\cos j\omega t \tag{E.2}$$

$$m\ddot{x}+c\dot{x}+kx=b_j\sin j\omega t \tag{E.3}$$

注意到方程(E.1)的解为

$$x_{\mathrm{p}}(t)=\frac{a_0}{2k} \tag{E.4}$$

而由 3.4 节中的结果可知，方程(E.2)、(E.3)的解可以分别表示为

$$x_{\mathrm{p}}(t)=\frac{a_j/k}{\sqrt{(1-j^2r^2)^2+(2\zeta jr)^2}}\cos(j\omega t-\phi_j) \tag{E.5}$$

$$x_{\mathrm{p}}(t)=\frac{b_j/k}{\sqrt{(1-j^2r^2)^2+(2\zeta jr)^2}}\sin(j\omega t-\phi_j) \tag{E.6}$$

其中

$$\phi_j=\arctan\frac{2\zeta jr}{1-j^2r^2} \tag{E.7}$$

$$r=\frac{\omega}{\omega_n} \tag{E.8}$$

因此方程(4.8)的完整稳态解为

$$x_{\mathrm{p}}(t)=\frac{a_0}{2k}+\sum_{j=1}^{\infty}\frac{a_j/k}{\sqrt{(1-j^2r^2)^2+(2\zeta jr)^2}}\cos(j\omega t-\phi_j)$$
$$+\sum_{j=1}^{\infty}\frac{b_j/k}{\sqrt{(1-j^2r^2)^2+(2\zeta jr)^2}}\sin(j\omega t-\phi_j) \tag{E.9}$$

由式(E.9)可知，第 j 项的振幅和相角差均依赖于 j。如果 j 取某一值使 $j\omega=\omega_n$，那么相应的谐响应的振幅就会比较大。特别是当 j 和 ζ 比较小时，就更容易出现这种情况。另外，随着 j 增大，振幅会逐渐减小，相应的项将趋于零。因此只取前几项就可以得到足够精确的结果。

式(E.9)给出的解是系统的稳态响应。为了求出全解，还应该求出与系统的初始条件对应的瞬态响应。为此，需要令全解中的位移及相应的速度在 $t=0$ 时的值等于特定的初始条件，即根据 $x(0)$ 和 $\dot{x}(0)$ 来确定任意常数。这一结果会使全解中瞬态解的形式非常复杂。

例 4.4 在研究液压控制系统中阀的振动时，可将阀及其弹性杆简化为有阻尼的弹簧-质量系统，如图 4.4(a)所示。除了弹簧力和阻尼力，阀还受到随着其开启和关闭量变化的液体的压力。当液压缸内的液体压力按照图 4.4(b)所示变化时，试求阀的稳态响应，其中 $k=2500\ \mathrm{N/m}$，$c=10\ \mathrm{N\cdot s/m}$，$m=0.25\ \mathrm{kg}$。

解：阀可简化为一端与阻尼器和弹簧相连，另一端受到力 $F(t)$ 作用的质量块，$F(t)$ 的表达式为

$$F(t)=Ap(t) \tag{E.1}$$

其中，A 是缸体的横截面面积，大小为

$$A=\frac{\pi\times 50^2}{4}\ \mathrm{mm}^2=625\pi\ \mathrm{mm}^2=0.000625\pi\ \mathrm{m}^2 \tag{E.2}$$

$p(t)$ 是在任意瞬时 t 作用在阀上的液体压力。由于 $p(t)$ 的周期是 $\tau=2\ \mathrm{s}$，而 A 为常数，因此 $F(t)$ 也是周期变化的，且周期也是 $\tau=2\ \mathrm{s}$。作用力 $F(t)$ 的角频率为 $\omega=2\pi/\tau=\pi\ \mathrm{rad/s}$。将 $F(t)$ 作傅里叶级数展开

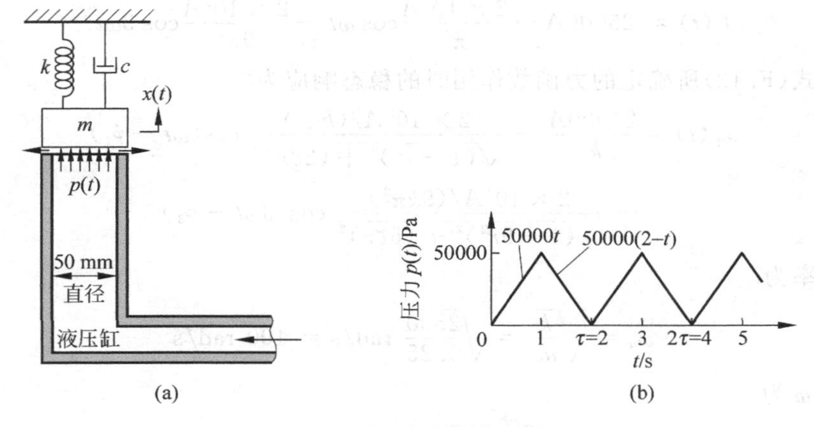

图 4.4　液压阀的周期振动

$$F(t)=\frac{a_0}{2}+a_1\cos\omega t+a_2\cos 2\omega t+\cdots$$
$$+b_1\sin\omega t+b_2\sin 2\omega t+\cdots \tag{E.3}$$

其中，a_j 和 b_j 由式(4.2)和式(4.3)给出。由于 $F(t)$的定义如下

$$F(t)=\begin{cases}50000At, & 0\leqslant t\leqslant\dfrac{\tau}{2}\\ 50000A(2-t), & \dfrac{\tau}{2}\leqslant t\leqslant\tau\end{cases} \tag{E.4}$$

所以由式(4.2)和式(4.3)可求出傅里叶系数 a_j 和 b_j 为

$$a_0=\frac{2}{2}\left[\int_0^1 50000At\,\mathrm{d}t+\int_1^2 50000A(2-t)\,\mathrm{d}t\right]=50000A \tag{E.5}$$

$$a_1=\frac{2}{2}\left[\int_0^1 50000At\cos\pi t\mathrm{d}t+\int_1^2 50000A(2-t)\cos\pi t\mathrm{d}t\right]=-\frac{2\times 10^5 A}{\pi^2} \tag{E.6}$$

$$b_1=\frac{2}{2}\left[\int_0^1 50000At\sin\pi t\mathrm{d}t+\int_1^2 50000A(2-t)\sin\pi t\mathrm{d}t\right]=0 \tag{E.7}$$

$$a_2=\frac{2}{2}\left[\int_0^1 50000At\cos 2\pi t\mathrm{d}t+\int_1^2 50000A(2-t)\cos 2\pi t\mathrm{d}t\right]=0 \tag{E.8}$$

$$b_2=\frac{2}{2}\left[\int_0^1 50000At\sin 2\pi t\mathrm{d}t+\int_1^2 50000A(2-t)\sin 2\pi t\mathrm{d}t\right]=0 \tag{E.9}$$

$$a_3=\frac{2}{2}\left[\int_0^1 50000At\cos 3\pi t\mathrm{d}t+\int_1^2 50000A(2-t)\cos 3\pi t\mathrm{d}t\right]=-\frac{2\times 10^5 A}{9\pi^2} \tag{E.10}$$

$$b_3=\frac{2}{2}\left[\int_0^1 50000At\sin 3\pi t\mathrm{d}t+\int_1^2 50000A(2-t)\sin 3\pi t\mathrm{d}t\right]=0 \tag{E.11}$$

与此类似，可得 $a_4=a_5=a_6=\cdots=b_4=b_5=b_6=\cdots=0$。只取级数的前 3 项，力函数可近似为

$$F(t) \approx 25000A - \frac{2\times10^5 A}{\pi^2}\cos\omega t - \frac{2\times10^5 A}{9\pi^2}\cos 3\omega t \tag{E.12}$$

故阀受到如式(E.12)所确定的力函数作用时的稳态响应为

$$x_p(t) = \frac{25000A}{k} - \frac{2\times10^5 A/(k\pi^2)}{\sqrt{(1-r^2)^2+(2\zeta r)^2}}\cos(\omega t-\phi_1)$$
$$-\frac{2\times10^5 A/(9k\pi^2)}{\sqrt{(1-9r^2)^2+(6\zeta r)^2}}\cos(3\omega t-\phi_3) \tag{E.13}$$

阀的固有频率为

$$\omega_n = \sqrt{\frac{k}{m}} = \sqrt{\frac{2500}{0.25}}\ \mathrm{rad/s} = 100\ \mathrm{rad/s} \tag{E.14}$$

外力的频率 ω 为

$$\omega = \frac{2\pi}{\tau} = \frac{2\pi}{2}\ \mathrm{rad/s} = \pi\ \mathrm{rad/s} \tag{E.15}$$

所以频率比为

$$r = \frac{\omega}{\omega_n} = \frac{\pi}{100} = 0.031416 \tag{E.16}$$

阻尼比为

$$\zeta = \frac{c}{c_c} = \frac{c}{2m\omega_n} = \frac{10.0}{2\times0.25\times100} = 0.2 \tag{E.17}$$

相角 ϕ_1 和 ϕ_3 可由下面的式子求得

$$\phi_1 = \arctan\frac{2\zeta r}{1-r^2} = \arctan\frac{2\times0.2\times0.031416}{1-0.031416^2}$$
$$= 0.0125664\ \mathrm{rad} \tag{E.18}$$

$$\phi_3 = \arctan\frac{6\zeta r}{1-9r^2} = \arctan\frac{6\times0.2\times0.031416}{1-9\times0.031416^2}$$
$$= 0.0380483\ \mathrm{rad} \tag{E.19}$$

由式(E.2)、式(E.14)～式(E.19)，可将稳态解进一步化简为

$$x_p(t) = 0.019635 - 0.015930\cos(\pi t - 0.0125664)$$
$$- 0.0017828\cos(3\pi t - 0.0380483)\ \mathrm{m} \tag{E.20}$$

例 4.5 试求黏性阻尼单自由度系统在受到简谐基础运动激励时的全响应。已知数据如下：$m=10$ kg，$c=20$ N·m/s，$k=4000$ N/m，$y(t)=0.05\sin 5t$ m，$x_0=0.02$ m，$\dot{x}_0=10$ m/s。

解：系统的运动微分方程(见式(3.65))为

$$m\ddot{x} + c\dot{x} + kx = ky + c\dot{y} = kY\sin\omega t + c\omega Y\cos\omega t \tag{E.1}$$

注意到式(E.1)与式(4.8)的相似性，比较两者可知 $a_0=0$，$a_1=c\omega Y$，$b_1=kY$，$a_i=b_i=0(i=2,3,\cdots)$。由例 4.3 中的式(E.9)可得系统的稳态响应为

$$x_p(t) = \frac{1}{\sqrt{(1-r^2)^2+(2\zeta r)^2}}\left[\frac{a_1}{k}\cos(\omega t-\phi_1) + \frac{b_1}{k}\sin(\omega t-\phi_1)\right] \tag{E.2}$$

由已知数据可得

$$Y = 0.05\ \mathrm{m}, \omega = 5\ \mathrm{rad/s},\quad \omega_n = \sqrt{\frac{k}{m}} = \sqrt{\frac{4000}{10}}\ \mathrm{rad/s} = 20\ \mathrm{rad/s}$$

$$r = \frac{\omega}{\omega_n} = \frac{5}{20} = 0.25,\quad \zeta = \frac{c}{c_c} = \frac{c}{2\sqrt{km}} = \frac{20}{2\sqrt{4000\times 10}} = 0.05$$

$$\omega_d = \sqrt{1-\zeta^2}\,\omega_n = 19.975\ \mathrm{rad/s}$$

$$a_1 = c\omega Y = 20\times 5\times 0.05 = 5,\quad b_1 = kY = 4000\times 0.05 = 200$$

$$\phi_1 = \arctan\frac{2\zeta r}{1-r^2} = \arctan\frac{2\times 0.05\times 0.25}{1-0.25^2} = 0.02666\ \mathrm{rad}$$

$$\sqrt{(1-r^2)^2+(2\zeta r)^2} = \sqrt{(1-0.25^2)^2+(2\times 0.05\times 0.25)^2} = 0.937833$$

齐次方程的解(见式(2.70))为

$$x_h(t) = X_0 e^{-\zeta\omega_n t}\cos(\omega_d t-\phi_0) = X_0 e^{-t}\cos(19.975t-\phi_0) \tag{E.3}$$

其中,X_0 和 ϕ_0 为待定常数。由 $x_h(t)$ 和 $x_p(t)$ 的叠加可得全解如下

$$\begin{aligned} x(t) &= X_0 e^{-t}\cos(19.975t-\phi_0) \\ &\quad + \frac{1}{0.937\,833}\left[\frac{5}{4000}\cos(5t-\phi_1)+\frac{200}{4000}\sin(5t-\phi_1)\right] \\ &= X_0 e^{-t}\cos(19.975t-\phi_0)+0.001333\cos(5t-0.02666) \\ &\quad +0.053314\sin(5t-0.02666) \end{aligned} \tag{E.4}$$

其中,未知常数 X_0 和 ϕ_0 可由初始条件确定。由式(E.4)可得质量块的速度为

$$\begin{aligned} \dot{x}(t) &= \frac{dx}{dt}(t) = -X_0 e^{-t}\cos(19.975t-\phi_0) - 19.975X_0 e^{-t}\sin(19.975t-\phi_0) \\ &\quad -0.006665\sin(5t-0.02666)+0.266572\cos(5t-0.02666) \end{aligned} \tag{E.5}$$

由式(E.4)和式(E.5)可得

$$\begin{aligned} x_0 = x(t=0) = 0.02 &= X_0\cos\phi_0 + 0.001333\cos 0.02666 \\ &\quad -0.053314\sin 0.02666 \end{aligned}$$

或

$$X_0\cos\phi_0 = 0.020088 \tag{E.6}$$

和

$$\begin{aligned} \dot{x}_0 = \dot{x}(t=0) = 10 &= -X_0\cos\phi_0 + 19.975X_0\sin\phi_0 \\ &\quad + 0.006665\sin 0.02666 + 0.266572\cos 0.02666 \end{aligned}$$

或

$$-X_0\cos\phi_0 + 19.975\sin\phi_0 = 9.733345 \tag{E.7}$$

由式(E.6)和式(E.7)可解得 $X_0=0.488695$ 和 $\phi_0=1.529683\ \mathrm{rad}$。因此在简谐基础运动激励下质量块的全解为

$$
\begin{aligned}
x(t) =& 0.488695\mathrm{e}^{-t}\cos(19.975t - 1.529683) \\
&+ 0.001333\cos(5t - 0.02666) \\
&+ 0.053314\sin(5t - 0.02666)
\end{aligned} \tag{E.8}
$$

式(E.8)所表示的曲线已在例 4.32 中画出。

4.3 不规则形式的周期力作用下的响应

有些情况下，作用在系统上的力可能是非常不规则的或者只能通过实验确定。风和地震引起的力就属于这样的例子。此时，力的变化可能以曲线的形式给出，但不能得到 $F(t)$ 的解析表达式。有时，只能得到 $F(t)$ 在若干离散时刻 $t_1, t_2, \cdots, t_N$ 处的值。所有上述情况，都可根据 1.11 节中所述的数值积分方法来求出傅里叶系数。如果用 $F_1, F_2, \cdots, F_N$ 分别代表 $F(t)$ 在 $t_1, t_2, \cdots, t_N$ 处的值，其中 N 代表在一个周期 $\tau(\tau = N\Delta t)$ 内等间隔离散点的个数（偶数），如图 4.5 所示。应用梯形法则[4.1]有

$$
a_0 = \frac{2}{N}\sum_{i=1}^{N} F_i \tag{4.9}
$$

$$
a_j = \frac{2}{N}\sum_{i=1}^{N} F_i \cos\frac{2j\pi t_i}{\tau}, \quad j = 1, 2, \cdots \tag{4.10}
$$

$$
b_j = \frac{2}{N}\sum_{i=1}^{N} F_i \sin\frac{2j\pi t_i}{\tau}, \quad j = 1, 2, \cdots \tag{4.11}
$$

一旦知道了傅里叶系数 a_0, a_j 和 b_j，就可以由例 4.3 的式(E.9)得到系统的稳态解，其中

$$
r = \frac{2\pi}{\tau\omega_n}
$$

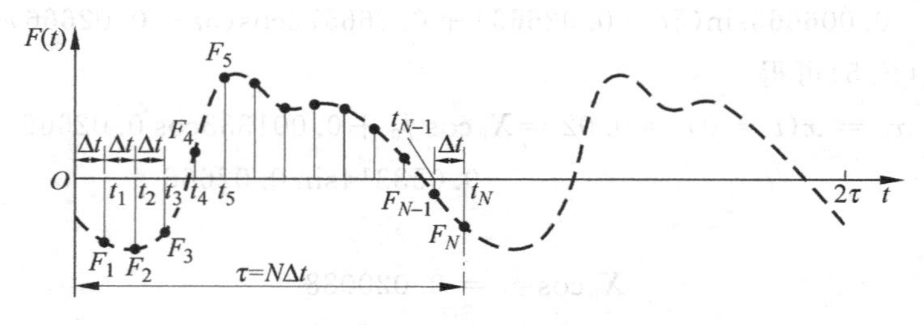

图 4.5 不规则形式的周期力

例 4.6 求例 4.4 中阀的稳态响应。假设缸体内液体的压力波动是周期变化的，在一个周期内每隔 0.01 s 压力的大小为

时间 t_i/s	0	0.01	0.02	0.03	0.04	0.05	0.06	0.07	0.08	0.09	0.10	0.11	0.12
$p_i = p(t_i)$/(kN/m²)	0	20	34	42	49	53	70	60	36	22	16	7	0

解：阀所受的液体压力是周期变化的，根据一个周期内所给的压力值进行傅里叶分析（见例 1.20）可得

$$\begin{aligned}p(t) = & 34083.3 - 26996.0\cos 52.36t + 8307.7\sin 52.36t \\ & + 1416.7\cos 104.72t + 3608.3\sin 104.72t \\ & - 5833.3\cos 157.08t + 2333.3\sin 157.08t + \cdots \text{ N/m}^2\end{aligned} \tag{E.1}$$

求解过程中所需的其他数据有

$$\omega = \frac{2\pi}{\tau} = \frac{2\pi}{0.12} \text{ rad/s} = 52.36 \text{ rad/s}$$

$$\omega_n = 100 \text{ rad/s}$$

$$r = \frac{\omega}{\omega_n} = 0.5236$$

$$\zeta = 0.2$$

$$A = 0.000625\pi \text{ m}^2$$

$$\phi_1 = \arctan\frac{2\zeta r}{1-r^2} = \arctan\frac{2\times 0.2\times 0.5236}{1-0.5236^2} = 16.1°$$

$$\phi_2 = \arctan\frac{4\zeta r}{1-4r^2} = \arctan\frac{4\times 0.2\times 0.5236}{1-4\times 0.5236^2} = -77.01°$$

$$\phi_3 = \arctan\frac{6\zeta r}{1-9r^2} = \arctan\frac{6\times 0.2\times 0.5236}{1-9\times 0.5236^2} = -23.18°$$

由例 4.3 中的式(E.9)可得阀的稳态响应为

$$\begin{aligned}x_{\mathrm{p}}(t) = & \frac{34083.3A}{k} - \frac{26996.0A/k}{\sqrt{(1-r^2)^2+(2\zeta r)^2}}\cos(52.36t-\phi_1) \\ & + \frac{8309.7A/k}{\sqrt{(1-r^2)^2+(2\zeta r)^2}}\sin(52.36t-\phi_1) \\ & + \frac{1416.7A/k}{\sqrt{(1-4r^2)^2+(4\zeta r)^2}}\cos(104.72t-\phi_2) \\ & + \frac{3608.3A/k}{\sqrt{(1-4r^2)^2+(4\zeta r)^2}}\sin(104.72t-\phi_2) \\ & - \frac{5833.3A/k}{\sqrt{(1-9r^2)^2+(6\zeta r)^2}}\cos(157.08t-\phi_3) \\ & + \frac{2333.3A/k}{\sqrt{(1-9r^2)^2+(6\zeta r)^2}}\sin(157.08t-\phi_3)\end{aligned}$$

4.4　非周期力作用下的响应

我们已经知道，具有任意波形的周期力可以用具有不同频率的简谐函数的叠加即傅里叶级数来表示。对于线性系统，所有激振力的谐响应之和就是系统的响应。如果激振

力 $F(t)$是非周期的，比如爆炸时产生的冲击力，则需要用别的方法来计算系统的响应。有很多方法可以求解受任意激振力时系统的响应，例如

（1）利用傅里叶积分来表示激振力；

（2）利用卷积积分方法；

（3）利用拉普拉斯变换方法；

（4）对运动微分方程进行数值积分。

在接下来的章节中主要介绍方法(2)，(3)和(4)，数值方法也将在第11章中详细介绍。

4.5 卷积积分

非周期变化的激振力的大小是随着时间变化的。它一般作用在一段确定的时间内，此后就停止作用。最简单的非周期变化的激振力是冲击力——这种力 F 的大小很大，但作用时间 Δt 却很短。由动力学理论可知，这一冲量的大小可以用它所引起的系统动量的改变来量度。如果$\dot{x}_1$ 和$\dot{x}_2$ 代表质量块 m 在受到冲量前后的速度，那么有

$$\text{冲量} = F\Delta t = m\dot{x}_2 - m\dot{x}_1 \tag{4.12}$$

如果用 $\boldsymbol{F}$ 来表示冲量 $F\Delta t$ 的大小，则其一般形式为

$$\boldsymbol{F} = \int_t^{t+\Delta t} F\,\mathrm{d}t \tag{4.13}$$

单位冲量 $\boldsymbol{f}$ 定义为

$$\boldsymbol{f} = \lim_{\Delta t\to 0}\int_t^{t+\Delta t} F\,\mathrm{d}t = F\mathrm{d}t = 1 \tag{4.14}$$

可以看出，要使 $F\mathrm{d}t$ 为有限值，F 就应该趋向于无穷大(因为 $\mathrm{d}t$ 是趋于0的)。虽然单位冲量没有物理意义，但却是一个非常方便的分析工具。①

单位冲量 $\boldsymbol{f}=1$ 发生在时间 $t=0$ 时，同样可用狄拉克 δ 函数表示为

$$\boldsymbol{f} = \boldsymbol{f}\delta(t) = \delta(t) \tag{4.15}$$

振幅大小为 $\boldsymbol{F}$ 的冲量在 $t=0$ 作用时可定义为

$$\boldsymbol{F} = \boldsymbol{F}\delta(t) \tag{4.16}$$

4.5.1 对冲量的响应

首先考虑单自由度系统受到冲量时的响应。这对研究系统受更一般激励作用时的响应

---

① 作用在 $t=0$ 时刻的单位冲量也可以用狄拉克 $\delta(t)$ 函数来表示。在 $t=\tau$ 时刻的狄拉克 δ 函数记作 $\delta(t-\tau)$，其性质如下：$\delta(t-\tau)=0$，当 $t\neq\tau$；

$$\int_0^{\infty}\delta(t-\tau)\mathrm{d}t = 1,\quad \int_0^{\infty}\delta(t-\tau)F(t)\mathrm{d}t = F(\tau)$$

其中，$0<\tau<\infty$。因此在 $t=\tau$ 时刻作用的冲量可以记作 $F(t)=\boldsymbol{F}\delta(t-\tau)$。

非常有用。考虑如图 4.6(a)和(b)所示具有黏性阻尼的弹簧-质量系统在 $t=0$ 时受到一个单位冲量作用的情况。

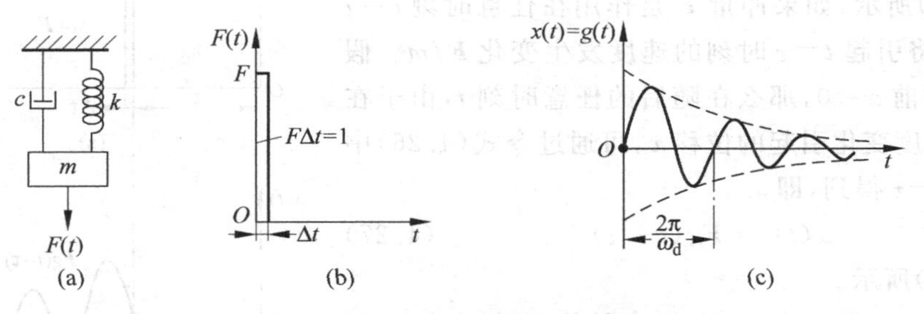

图 4.6　受一冲量作用的单自由度系统

对于欠阻尼系统，运动微分方程为

$$m\ddot{x}+c\dot{x}+kx=0 \tag{4.17}$$

由式(2.72)可得该方程的解为

$$x(t)=\mathrm{e}^{-\zeta\omega_n t}\left(x_0\cos\omega_{\mathrm{d}}t+\frac{\dot{x}_0+\zeta\omega_n x_0}{\omega_{\mathrm{d}}}\sin\omega_{\mathrm{d}}t\right) \tag{4.18}$$

其中

$$\zeta=\frac{c}{2m\omega_n} \tag{4.19}$$

$$\omega_{\mathrm{d}}=\omega_n\sqrt{1-\zeta^2}=\sqrt{\frac{k}{m}-\left(\frac{c}{2m}\right)^2} \tag{4.20}$$

$$\omega_n=\sqrt{\frac{k}{m}} \tag{4.21}$$

如果在施加单位冲量之前质量块处于静止状态(即在 $t<0$ 或 $t=0^-$ 时 $x=\dot{x}=0$)，由动量定理可得

$$冲量=f=1=m\dot{x}(t=0)-m\dot{x}(t=0^-)=m\dot{x}_0 \tag{4.22}$$

故初始条件为

$$x(t=0)=x_0=0 \tag{4.23}$$

$$\dot{x}(t=0)=\dot{x}_0=\frac{1}{m} \tag{4.24}$$

根据式(4.23)，式(4.24)，式(4.18)可化简为

$$x(t)=g(t)=\frac{\mathrm{e}^{-\zeta\omega_n t}}{m\omega_{\mathrm{d}}}\sin\omega_{\mathrm{d}}t \tag{4.25}$$

式(4.25)就是单自由度系统受到单位冲量时的响应，称为**单位脉冲响应函数**，记作 $g(t)$，如图 4.6(c)所示。

如果冲量的大小是 $\boldsymbol{F}$ 而不是 1，那么初始速度 $\dot{x}_0$ 就是 $\boldsymbol{F}/m$，而系统的响应为

$$x(t)=\frac{\boldsymbol{F}\mathrm{e}^{-\zeta\omega_n t}}{m\omega_{\mathrm{d}}}\sin\omega_{\mathrm{d}}t=\boldsymbol{F}g(t) \tag{4.26}$$

如图 4.7(a)所示，如果冲量 $\boldsymbol{F}$ 是作用在任意时刻 $t=\tau$ 处，那么它将引起 $t=\tau$ 时刻的速度发生变化 $\boldsymbol{F}/m$。假设冲量作用前 $x=0$，那么在随后的任意时刻 t，由于在时刻 τ 的速度变化引起的位移 x，可通过令式(4.26)中的 t 等于 $t-\tau$ 得到，即

$$x(t)=\boldsymbol{F}g(t-\tau) \tag{4.27}$$

如图 4.7(b)所示。

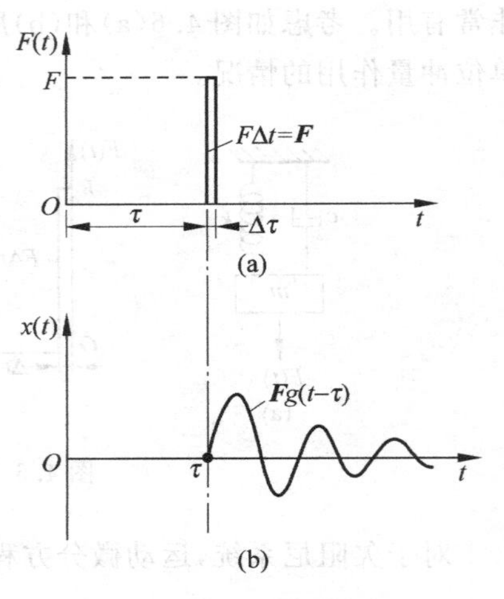

图 4.7　冲量响应

例 4.7　如图 4.8(a)所示，在结构振动测试中，用一个装有测力传感器的冲击锤激振。假设 $m=5$ kg，$k=2000$ N/m，$c=10$ N·s/m 和 $\boldsymbol{F}=20$ N·s，求系统的响应。

解：由已知数据，可得

$$\omega_n=\sqrt{\frac{k}{m}}=\sqrt{\frac{2000}{5}}\ \mathrm{rad/s}=20\ \mathrm{rad/s}$$

$$\zeta=\frac{c}{c_{\mathrm{c}}}=\frac{c}{2\sqrt{km}}=\frac{10}{2\sqrt{2000\times 5}}=0.05$$

$$\omega_{\mathrm{d}}=\sqrt{1-\zeta^2}\,\omega_n=19.975\ \mathrm{rad/s}$$

假设冲量是在 $t=0$ 时刻施加的，由式(4.26)可得系统的响应为

$$\begin{aligned}x_1(t)&=\frac{\boldsymbol{F}\mathrm{e}^{-\zeta\omega_n t}}{m\omega_{\mathrm{d}}}\sin\omega_{\mathrm{d}}t=\frac{20}{5\times 19.975}\mathrm{e}^{-0.05\times 20t}\sin 19.975t\ \mathrm{m}\\&=0.20025\mathrm{e}^{-t}\sin 19.975t\ \mathrm{m}\end{aligned} \tag{E.1}$$

式(E.1)所代表的曲线见例 4.33。

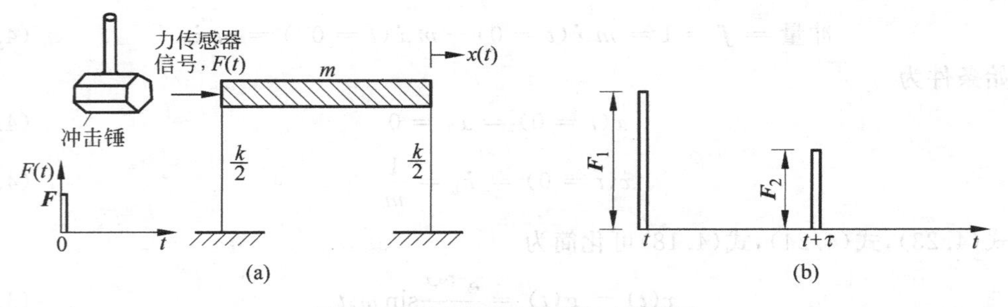

图 4.8　利用冲击锤的结构动态测试

例 4.8　在许多情况下，不能假设只有一个力锤的冲量作用在结构上。如图 4.8(b)所示，有时候在施加了一个冲量之后还要再施加第二个冲量。此时作用力 $F(t)$ 可以表示为

$$F(t) = \boldsymbol{F}_1\delta(t) + \boldsymbol{F}_2\delta(t-\tau)$$

其中，$\delta(t)$是狄拉克 δ 函数，τ 是两个冲量 $\boldsymbol{F}_1$ 和 $\boldsymbol{F}_2$ 之间的时间间隔。如果 $m=5$ kg，$k=2000$ N/m，$c=10$ N·s/m，$F(t)=20\delta(t)+10\delta(t-0.2)$ N，求结构的响应。

解：由已知数据，可得 $\omega_n=20$ rad/s（见例 4.7 的结果），$\zeta=0.05$，$\omega_d=19.975$ rad/s。例 4.7 的方程(E.1)给出了由冲量 $\boldsymbol{F}_1\delta(t)$引起的响应，而由式(4.27)、式(4.26)可得由冲量 $\boldsymbol{F}_2\delta(t-0.2)$引起的响应为

$$x_2(t) = \boldsymbol{F}_2\,\frac{e^{-\zeta\omega_n(t-\tau)}}{m\omega_d}\sin\omega_d(t-\tau) \tag{E.1}$$

当 $\tau=0.2$ 时，式(E.1)可化为

$$\begin{aligned} x_2(t) &= \frac{10}{5\times19.975}e^{-0.05\times20(t-0.2)}\sin19.975(t-0.2) \\ &= 0.100125e^{-(t-0.2)}\sin19.975(t-0.2),\quad t>0.2 \end{aligned} \tag{E.2}$$

将两个响应 $x_1(t)$和 $x_2(t)$叠加，可以得到由这两个冲量引起的响应（单位是 m）

$$x(t) = \begin{cases} 0.20025e^{-t}\sin19.975t, & 0\leqslant t\leqslant0.2 \\ 0.20025e^{-t}\sin19.975t+0.100125e^{-(t-0.2)}\sin19.975(t-0.2), & t>0.2 \end{cases} \tag{E.3}$$

式(E.3)所代表的曲线见例 4.33。

4.5.2　对一般力的响应

下面研究受任意外力 $F(t)$（图 4.9）作用时系统的响应。这个力可以看成是由一系列大小变化的冲量组成的。假设在 τ 时刻，$F(\tau)$在很短的时间 $\Delta\tau$ 内作用在系统上，则在 $t=\tau$ 时刻的冲量就是 $F(\tau)\Delta\tau$。对于任意时刻 t，冲量发生作用的时间为 $t-\tau$，那么这一冲量在 t 时刻引起的系统的响应由式(4.27)确定，其中 $\boldsymbol{F}=F(\tau)\Delta\tau$，即

$$\Delta x(t) = F(\tau)\Delta\tau g(t-\tau) \tag{4.28}$$

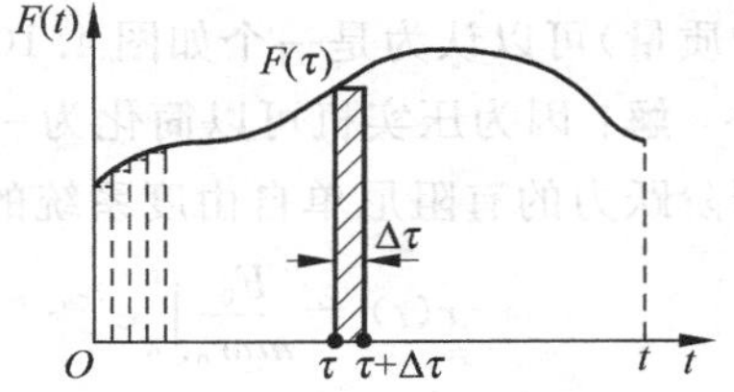

图 4.9　任意力函数（非周期函数）

系统在时刻 t 的总响应等于作用在所有 τ 时刻的微冲量引起的响应的叠加，即

$$x(t) \approx \sum F(\tau)g(t-\tau)\Delta\tau \tag{4.29}$$

令 $\Delta\tau\to0$，并用积分代替求和，可得

$$x(t) = \int_0^t F(\tau)g(t-\tau)\mathrm{d}\tau \tag{4.30}$$

将式(4.25)代入式(4.30)可得

$$x(t) = \frac{1}{m\omega_d}\int_0^t F(\tau)e^{-\zeta\omega_n(t-\tau)}\sin\omega_d(t-\tau)\mathrm{d}\tau \tag{4.31}$$

这就是单自由度欠阻尼系统对任意激励 $F(t)$ 的响应。注意式(4.31)没有考虑初始条件的影响。因为在脉冲作用前,质量块被认为是静止的,这隐含在式(4.25)及式(4.28)中。式(4.30)和式(4.31)中的积分称作**卷(褶)积**或**杜哈美积分**。许多情况下,函数 $F(t)$ 的形式都可以实现对式(4.31)的直接积分。而有些时候无法直接积分,但可以比较容易地用数值积分进行估计,见4.9节和第11章。对振动分析中的杜哈美积分所作的初步探讨可参见文献[4.6]。

4.5.3 对基础激励的响应

当一个弹簧-质量-阻尼器系统受到一个用位移、速度或者加速度描述的基础运动激励时,以相对位移 $z=x-y$ 表示的运动微分方程为(见3.6.2节)

$$m\ddot{z}+c\dot{z}+kz=-m\ddot{y} \tag{4.32}$$

如果用变量 z 替换 x,用 $-m\ddot{y}$ 代替激励函数 F,则式(4.32)与下式类似

$$m\ddot{x}+c\dot{x}+kx=F \tag{4.33}$$

因此,受到外力激励系统的解的结果可直接应用于受基础激励的系统,即必须在式(4.33)中用 $-m\ddot{y}$ 代替 F 就可以确定式(4.32)的解。对于一个承受基础激励的欠阻尼系统,相对位移可以由式(4.31)求出

$$z(t)=-\frac{1}{\omega_{\mathrm{d}}}\int_0^t \ddot{y}(\tau)\mathrm{e}^{-\zeta\omega_n(t-\tau)}\sin\omega_{\mathrm{d}}(t-\tau)\mathrm{d}\tau \tag{4.34}$$

例 4.9 一台压实机,可以简化为一个如图4.10(a)所示的单自由度系统。由于一个突然的压力而引起的作用在质量 m 上的力(m 包括活塞的质量、工作台的质量和被压实材料的质量)可以认为是一个如图4.10(b)所示的阶跃函数。求系统的响应。

解:因为压实机可以简化为一个质量-弹簧-阻尼器系统,所以问题就转化为求一个受到阶跃力的有阻尼单自由度系统的响应。注意到 $F(t)=F_0$,由式(4.31)得

$$\begin{aligned}x(t)&=\frac{F_0}{m\omega_{\mathrm{d}}}\int_0^t \mathrm{e}^{-\zeta\omega_n(t-\tau)}\sin\omega_{\mathrm{d}}(t-\tau)\mathrm{d}\tau\\&=\frac{F_0}{m\omega_{\mathrm{d}}}\left\{\mathrm{e}^{-\zeta\omega_n(t-\tau)}\left[\frac{\zeta\omega_n\sin\omega_{\mathrm{d}}(t-\tau)+\omega_{\mathrm{d}}\cos\omega_{\mathrm{d}}(t-\tau)}{(\zeta\omega_n)^2+\omega_{\mathrm{d}}^2}\right]\right\}_{\tau=0}^{t}\\&=\frac{F_0}{k}\left[1-\frac{1}{\sqrt{1-\zeta^2}}\mathrm{e}^{-\zeta\omega_n t}\cos(\omega_{\mathrm{d}}t-\phi)\right]\end{aligned} \tag{E.1}$$

其中

$$\phi=\arctan\frac{\zeta}{\sqrt{1-\zeta^2}} \tag{E.2}$$

这个响应如图4.10(c)所示。如果系统是无阻尼的($\zeta=0$ 且 $\omega_{\mathrm{d}}=\omega_n$),式(E.1)可化简为

$$x(t)=\frac{F_0}{k}[1-\cos\omega_n t] \tag{E.3}$$

式(E.3)代表的振动位移随时间的变化规律如图 4.10(d)所示。可以看出，如果一个突加载荷作用在无阻尼系统上，系统的最大位移将是静位移的 2 倍，即 $x_{\max}=2F_0/k$。

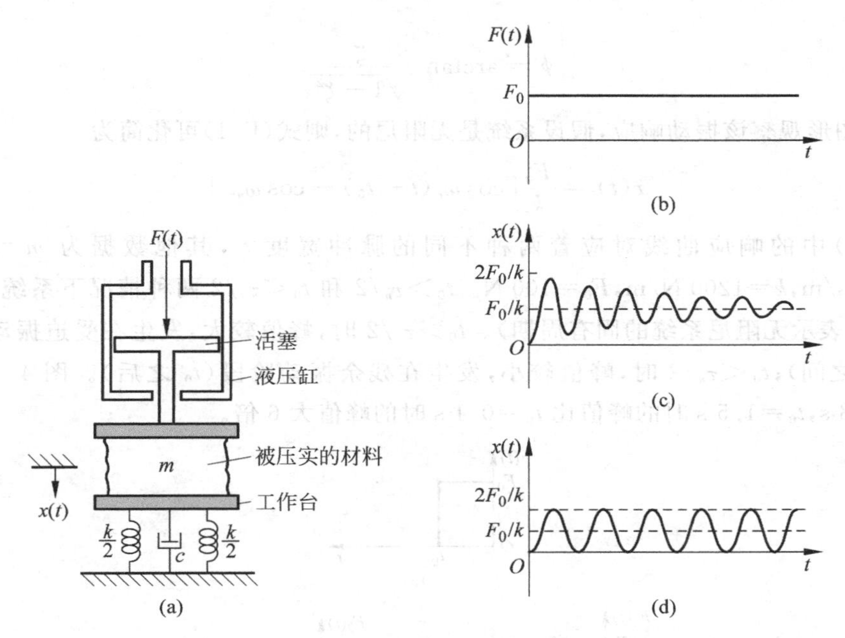

图 4.10 作用在压实机上的阶跃力

例 4.10 如果图 4.10(a)所示的压实机受到图 4.11 所示的延迟阶跃力，求压实机的响应。

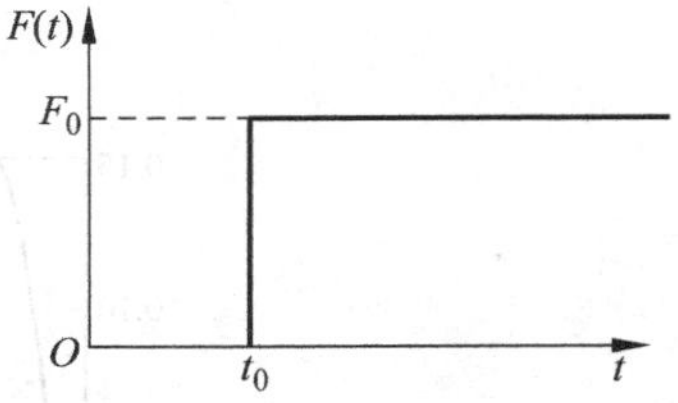

解：因为激励函数起始于 $t=t_0$，而不是 $t=0$ 时刻，将例 4.9 中式(E.1)中的 t 用 $t-t_0$ 代替，就得到了系统的响应

$$x(t)=\frac{F_0}{k\sqrt{1-\zeta^2}}\{\sqrt{1-\zeta^2}-\mathrm{e}^{-\zeta\omega_n(t-t_0)}\cos[\omega_\mathrm{d}(t-t_0)-\phi]\} \tag{E.1}$$

图 4.11 有时滞的阶跃力

如果系统是无阻尼的，式(E.1)可化简为

$$x(t)=\frac{F_0}{k}[1-\cos\omega_n(t-t_0)] \tag{E.2}$$

例 4.11 如果图 4.10(a)所示的压实机只是在 $0\leqslant t\leqslant t_0$ 时间内受到一个恒定的力(图 4.12(a))，求它的响应。

解：所给的激励函数 $F(t)$ 可以看成是一个起始于 $t=0$、大小为 $+F_0$ 的阶跃函数 $F_1(t)$ 和一个起始于 $t=t_0$、大小为 $-F_0$ 的阶跃函数 $F_2(t)$ 的和，如图 4.12(b)所示。因此系统的响应可以从例 4.9 中的式(E.1)减去例 4.10 中的式(E.1)得到

$$x(t)=\frac{F_0\mathrm{e}^{-\zeta\omega_n t}}{k\sqrt{1-\zeta^2}}\{-\cos(\omega_{\mathrm{d}}t-\phi)+\mathrm{e}^{\zeta\omega_n t_0}\cos[\omega_{\mathrm{d}}(t-t_0)-\phi]\}\tag{E.1}$$

其中

$$\phi=\arctan\frac{\zeta}{\sqrt{1-\zeta^2}}\tag{E.2}$$

为了利用图形观察该振动响应，假设系统是无阻尼的，则式(E.1)可化简为

$$x(t)=\frac{F_0}{k}[\cos\omega_n(t-t_0)-\cos\omega_n t]\tag{E.3}$$

图4.12(c)中的响应曲线对应着两种不同的脉冲宽度 t_0，其他数据为 $m=100$ kg，$c=50$ N·s/m，$k=1200$ N/m，$F_0=100$ N。$t_0>\tau_n/2$ 和 $t_0<\tau_n/2$ 两种情况下系统的响应是不同的（τ_n 表示无阻尼系统的固有周期）。$t_0>\tau_n/2$ 时，峰值较大，发生在受迫振动阶段（介于0和 t_0 之间）；$t_0<\tau_n/2$ 时，峰值较小，发生在残余振动阶段（t_0 之后）。图4.12(c)中，$\tau_n=1.8138$ s，$t_0=1.5$ s时的峰值比 $t_0=0.1$ s时的峰值大6倍。

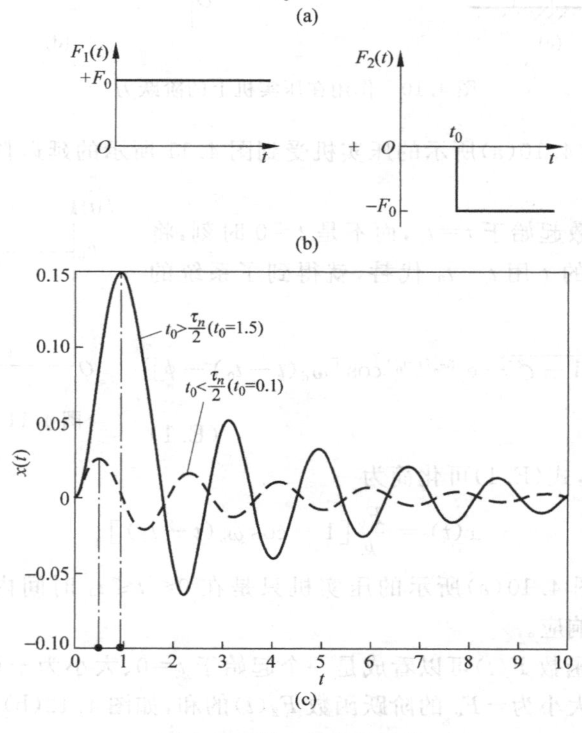

图4.12 脉冲载荷的响应

例 4.12　如图 4.13(a)所示的压实机受到一个由凸轮运动产生的线性变化的力(图 4.13(b)),求其响应。

解:图 4.13(b)所示的线性变化的力的表达式显然是时间的一次函数。该激励函数可以写成 $F(\tau)=\delta F\cdot\tau$,这里 δF 表示力 F 在单位时间内的增长率。将其代入到式(4.31)可得

$$x(t)=\frac{\delta F}{m\omega_{\mathrm{d}}}\int_0^t \tau\mathrm{e}^{-\zeta\omega_n(t-\tau)}\sin\omega_{\mathrm{d}}(t-\tau)\mathrm{d}\tau$$

$$=\frac{\delta F}{m\omega_{\mathrm{d}}}\int_0^t (t-\tau)\mathrm{e}^{-\zeta\omega_n(t-\tau)}\sin\omega_{\mathrm{d}}(t-\tau)(-\mathrm{d}\tau)$$

$$-\frac{\delta F\cdot t}{m\omega_{\mathrm{d}}}\int_0^t \mathrm{e}^{-\zeta\omega_n(t-\tau)}\sin\omega_{\mathrm{d}}(t-\tau)(-\mathrm{d}\tau)$$

经过积分运算,该响应可以表示为

$$x(t)=\frac{\delta F}{k}\left[t-\frac{2\zeta}{\omega_n}+\mathrm{e}^{-\zeta\omega_n t}\left(\frac{2\zeta}{\omega_n}\cos\omega_{\mathrm{d}}t-\left(\frac{\omega_{\mathrm{d}}^2-\zeta^2\omega_n^2}{\omega_n^2\omega_{\mathrm{d}}}\right)\sin\omega_{\mathrm{d}}t\right)\right] \tag{E.1}$$

若不计系统阻尼,式(E.1)化简为

$$x(t)=\frac{\delta F}{\omega_n k}(\omega_n t-\sin\omega_n t) \tag{E.2}$$

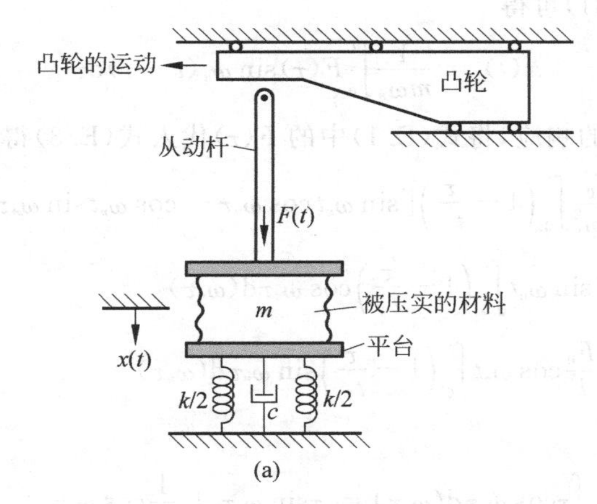

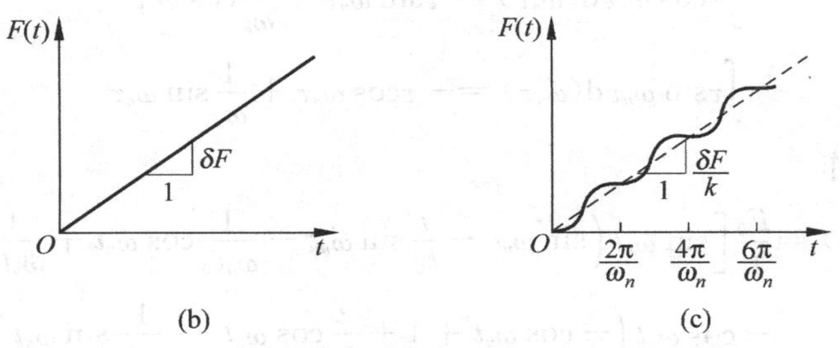

图 4.13　承受线性力的压实机

图 4.13(c)是式(E.2)对应的响应曲线。

例 4.13 一个建筑结构可以简化为如图 4.14(a)所示的无阻尼单自由度系统。如果所受的阵风载荷可表示为图 4.14(b)所示的三角形脉冲，求它的响应。

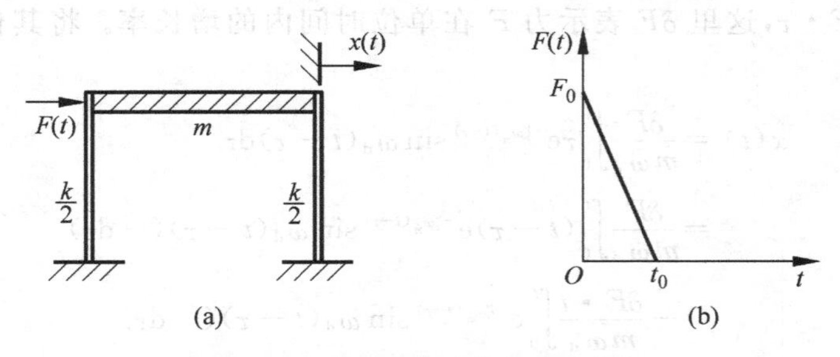

图 4.14 承受阵风载荷的建筑框架

解：激励函数为

$$F(\tau)=F_0\left(1-\frac{\tau}{t_0}\right),\quad 0\leqslant\tau\leqslant t_0 \tag{E.1}$$

$$F(\tau)=0,\quad \tau>t_0 \tag{E.2}$$

不计阻尼时，根据式(4.31)可得

$$x(t)=\frac{1}{m\omega_n}\int_0^t F(\tau)\sin\omega_n(t-\tau)\mathrm{d}\tau \tag{E.3}$$

为求在 $0\leqslant t\leqslant t_0$ 时间内的响应，将式(E.1)中的 $F(\tau)$ 代入式(E.3)得

$$\begin{aligned}x(t)&=\frac{F_0}{m\omega_n^2}\int_0^t\left(1-\frac{\tau}{t_0}\right)[\sin\omega_n t\cos\omega_n\tau-\cos\omega_n t\sin\omega_n\tau]\mathrm{d}(\omega_n\tau)\\&=\frac{F_0}{k}\sin\omega_n t\int_0^t\left(1-\frac{\tau}{t_0}\right)\cos\omega_n\tau\,\mathrm{d}(\omega_n\tau)\\&\quad-\frac{F_0}{k}\cos\omega_n t\int_0^t\left(1-\frac{\tau}{t_0}\right)\sin\omega_n\tau\,\mathrm{d}(\omega_n\tau)\end{aligned} \tag{E.4}$$

利用分部积分法得

$$\int\tau\cos\omega_n\tau\,\mathrm{d}(\omega_n\tau)=\tau\sin\omega_n\tau+\frac{1}{\omega_n}\cos\omega_n\tau \tag{E.5}$$

$$\int\tau\sin\omega_n\tau\,\mathrm{d}(\omega_n\tau)=-\tau\cos\omega_n\tau+\frac{1}{\omega_n}\sin\omega_n\tau \tag{E.6}$$

故式(E.4)可以写作

$$\begin{aligned}x(t)=\frac{F_0}{k}\Big[&\sin\omega_n t\left(\sin\omega_n t-\frac{t}{t_0}\sin\omega_n t-\frac{1}{\omega_n t_0}\cos\omega_n t+\frac{1}{\omega_n t_0}\right)\\&-\cos\omega_n t\left(-\cos\omega_n t+1+\frac{t}{t_0}\cos\omega_n t-\frac{1}{\omega_n t_0}\sin\omega_n t\right)\Big]\end{aligned} \tag{E.7}$$

将上式化简得

$$x(t)=\frac{F_0}{k}\left(1-\frac{t}{t_0}-\cos\omega_n t+\frac{1}{\omega_n t_0}\sin\omega_n t\right) \tag{E.8}$$

接着再求 $t>t_0$ 时的响应。这里仍使用式(E.1)给出的 $F(\tau)$，但是式(E.3)的积分上限为 t_0，因为当 $\tau>t_0$ 时 $F(\tau)=0$。因此令式(E.7)中圆括号内的 $t=t_0$，可得系统的响应为

$$x(t)=\frac{F_0}{k\omega_n t_0}[(1-\cos\omega_n t_0)\sin\omega_n t-(\omega_n t_0-\sin\omega_n t_0)\cos\omega_n t] \tag{E.9}$$

4.6 响应谱

反映在特定的激励作用下单自由度系统的最大响应(最大位移、速度、加速度或者其他的量)随固有频率(或者固有周期)变化的曲线称为**响应谱**(response spectrum)。因为所绘的是最大响应对固有频率(或者固有周期)的关系曲线，所以响应谱提供了所有可能的单自由度系统的最大响应。响应谱在地震工程设计中有着广泛的应用[4.2,4.5]。回顾最近的文献，关于工程设计中冲击和地震响应谱方面的最近文献之综述见文献[4.7]。

一旦得到了对应于某一特定激励的响应谱，只需要知道系统的固有频率就可以求出它的最大响应。下面通过具体的例子来说明如何得到响应谱。

例 4.14　求图 4.15(a)所示正弦脉冲函数的无阻尼响应谱，初始条件为 $x(0)=\dot{x}(0)=0$。

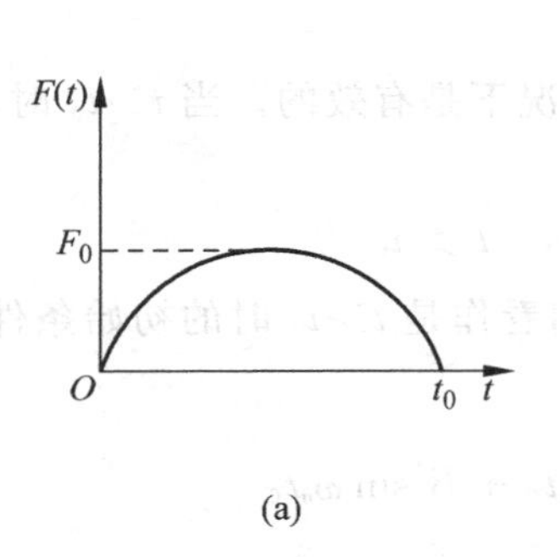

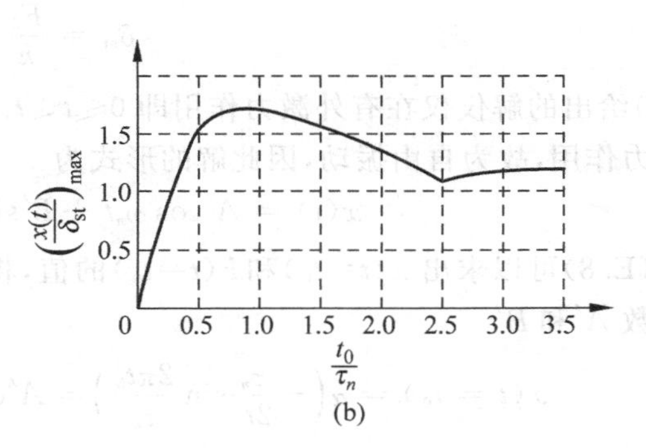

图 4.15　正弦脉冲引起的响应谱

解：无阻尼单自由度系统的运动微分方程为

$$m\ddot{x}+kx=F(t)=\begin{cases}F_0\sin\omega t, & 0\leqslant t\leqslant t_0\\ 0, & t>t_0\end{cases} \tag{E.1}$$

其中

$$\omega=\frac{\pi}{t_0} \tag{E.2}$$

方程(E.1)的解由齐次方程的通解 $x_c(t)$ 和特解 $x_p(t)$ 组成

$$x(t)=x_c(t)+x_p(t) \tag{E.3}$$

即

$$x(t)=A\cos\omega_n t+B\sin\omega_n t+\left(\frac{F_0}{k-m\omega^2}\right)\sin\omega t \tag{E.4}$$

其中，A 和 B 为常数，ω_n 是系统的固有频率

$$\omega_n=\frac{2\pi}{\tau_n}=\sqrt{\frac{k}{m}} \tag{E.5}$$

将初始条件 $x(0)=\dot{x}(0)=0$ 代入式(E.4)，可以确定常数 A 和 B 如下

$$A=0,\quad B=-\frac{F_0\omega}{\omega_n(k-m\omega^2)} \tag{E.6}$$

因此解(E.4)成为

$$x(t)=\frac{F_0/k}{1-(\omega/\omega_n)^2}\left(\sin\omega t-\frac{\omega}{\omega_n}\sin\omega_n t\right),\quad 0\leqslant t\leqslant t_0 \tag{E.7}$$

上式又可以写成如下形式

$$\frac{x(t)}{\delta_{st}}=\frac{1}{1-\left(\frac{\tau_n}{2t_0}\right)^2}\left(\sin\frac{\pi t}{t_0}-\frac{\tau_n}{2t_0}\sin\frac{2\pi t}{\tau_n}\right),\quad 0\leqslant t\leqslant t_0 \tag{E.8}$$

这里

$$\delta_{st}=\frac{F_0}{k} \tag{E.9}$$

式(E.8)给出的解仅仅在有外激力作用即 $0\leqslant t\leqslant t_0$ 的情况下是有效的。当 $t>t_0$ 时，由于没有外激力作用，故为自由振动，因此解的形式为

$$x(t)=A'\cos\omega_n t+B'\sin\omega_n t,\quad t>t_0 \tag{E.10}$$

根据式(E.8)可以求出 $x(t=t_0)$ 和 $\dot{x}(t=t_0)$ 的值，将它们看作是 $t>t_0$ 时的初始条件就可以确定常数 A' 和 B'

$$x(t=t_0)=\alpha\left(-\frac{\tau_n}{2t_0}\sin\frac{2\pi t_0}{\tau_n}\right)=A'\cos\omega_n t_0+B'\sin\omega_n t_0 \tag{E.11}$$

$$\dot{x}(t=t_0)=\alpha\left(\frac{\pi}{t_0}-\frac{\pi}{t_0}\cos\frac{2\pi t_0}{\tau_n}\right)=-\omega_n A'\sin\omega_n t+\omega_n B'\cos\omega_n t \tag{E.12}$$

其中

$$\alpha=\frac{\delta_{st}}{1-\left(\frac{\tau_n}{2t_0}\right)^2} \tag{E.13}$$

由方程(E.11)和方程(E.12)得

$$A'=\frac{\alpha\pi}{\omega_n t_0}\sin\omega_n t_0,\quad B'=-\frac{\alpha\pi}{\omega_n t_0}(1+\cos\omega_n t_0) \tag{E.14}$$

将式(E.14)代入式(E.10)得

$$\frac{x(t)}{\delta_{st}} = \frac{\tau_n/t_0}{2[1-(\tau_n/2t_0)^2]}\left[\sin 2\pi\left(\frac{t_0}{\tau_n}-\frac{t}{\tau_n}\right)-\sin 2\pi \frac{t}{\tau_n}\right], \quad t \geqslant t_0 \tag{E.15}$$

式(E.8)和式(E.15)给出了系统无量纲形式的响应,即反映的是无量纲响应 x/δ_{st} 随无量纲时间 t/τ_n 的变化。因此对应着特定的 t_0/τ_n 就可以得到 x/δ_{st} 的最大值。画出 x/δ_{st} 的最大值随 t_0/τ_n 的变化曲线就得到了响应谱,如图4.15(b)所示。可以看出,响应的最大值为 $(x/\delta_{st})_{max}\approx 1.75$,发生在 $t_0/\tau_n \approx 0.75$ 时。

此例中,输入力比较简单,因此得到了响应谱的封闭解。然而对于任意的激励函数,或许只能求出响应谱的数值解。这时,根据式(4.31)可以得到一个无阻尼单自由度系统在任意输入力 $F(t)$ 作用下的最大响应为

$$x(t)\mid_{max} = \frac{1}{m\omega_n}\int_0^t F(\tau)\sin \omega_n(t-\tau)\mathrm{d}\tau \mid_{max} \tag{4.35}$$

4.6.1 基础激励对应的响应谱

在设计承受地面冲击(比如地震产生的冲击)的结构和机械时,对应于基础激励的响应谱是非常有用的。一个有阻尼单自由度系统的基础受到一个加速度 $\ddot{y}(t)$ 激励时,式(4.32)给出了用相对位移 $z=x-y$ 表示的运动微分方程,响应 $z(t)$ 可以根据式(4.34)求出。在地面冲击情况下,最常用的是速度响应谱。而位移响应谱和加速度响应谱都可以利用速度响应谱来表示。对于一个简谐振子(一个无阻尼自由振动系统),由于存在下列关系

$$\ddot{x}\mid_{max} = -\omega_n^2 x \mid_{max} \tag{4.36}$$

$$\dot{x}\mid_{max} = \omega_n x \mid_{max} \tag{4.37}$$

因此可以得到用速度谱 S_v 表示的加速度谱 S_a 和位移谱 S_d 为

$$S_d = \frac{S_v}{\omega_n}, \quad S_a = \omega_n S_v \tag{4.38}$$

为考虑系统的阻尼,如果假设最大相对位移发生在冲击作用之后,那么随后的运动一定是简谐的。这时就可以应用式(4.38)。这种与真正的简谐运动相关的虚拟速度叫做**伪速度**(pseudo velocity),其响应谱 S_v 称为**伪速度谱**(pseudo spectrum)。阻尼系统的速度谱在地震分析中有广泛的应用。

为了得到相对速度谱,对式(4.34)求导,并利用下列关系

$$\frac{\mathrm{d}}{\mathrm{d}t}\int_0^t f(t,\tau)\mathrm{d}\tau = \int_0^t \frac{\partial f}{\partial t}(t,\tau)\mathrm{d}\tau + f(t,\tau)\mid_{\tau=t}$$

可得

$$\dot{z}(t) = -\frac{1}{\omega_d}\int_0^t \ddot{y}(\tau)\mathrm{e}^{-\zeta\omega_n(t-\tau)}[-\zeta\omega_n \sin \omega_d(t-\tau) + \omega_d \cos \omega_d(t-\tau)]\mathrm{d}\tau \tag{4.39}$$

式(4.39)还可以写为

$$\dot{z}(t) = \frac{e^{-\zeta\omega_n t}}{\sqrt{1-\zeta^2}}\sqrt{P^2+Q^2}\sin(\omega_d t-\phi) \tag{4.40}$$

其中

$$P = \int_0^t \ddot{y}(\tau)e^{\zeta\omega_n t}\cos\omega_d\tau d\tau \tag{4.41}$$

$$Q = \int_0^t \ddot{y}(\tau)e^{\zeta\omega_n t}\sin\omega_d\tau d\tau \tag{4.42}$$

$$\phi = \arctan\left[\frac{-(P\sqrt{1-\zeta^2}+Q\zeta)}{P\zeta - Q\sqrt{1-\zeta^2}}\right] \tag{4.43}$$

速度响应谱可以根据式(4.40)求出

$$S_v = |\dot{z}(t)|_{\max} = \left|\frac{e^{-\zeta\omega_n t}}{\sqrt{1-\zeta^2}}\sqrt{P^2+Q^2}\right|_{\max} \tag{4.44}$$

因此可以求出伪响应谱为

$$S_d = |z|_{\max} = \frac{S_v}{\omega_n},\quad S_v = |\dot{z}|_{\max},\quad S_a = |\ddot{z}|_{\max} = \omega_n S_v \tag{4.45}$$

例 4.15　图 4.16(a)所示水塔，受到一个由于地震造成的线性变化的地面加速度的作用，如图 4.16(b)所示。水塔的质量为 m，支承架的刚度为 k，阻尼可以忽略不计。求水塔相对位移 $z=x-y$ 的响应谱。

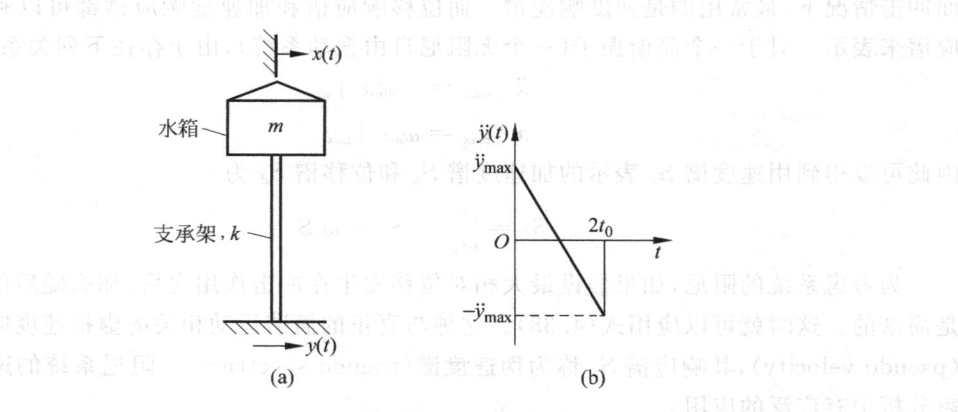

图 4.16　承受基础运动的水塔

解：基础的加速度可以表示为

$$\ddot{y}(t) = \ddot{y}_{\max}\left(1-\frac{t}{t_0}\right),\quad 0 \leqslant t \leqslant 2t_0 \tag{E.1}$$

$$\ddot{y}(t) = 0,\quad t > 2t_0 \tag{E.2}$$

先求 $0\leqslant t\leqslant 2t_0$ 的响应。将式(E.1)代入式(4.34)，由于不计阻尼，系统的响应可以表示为

$$z(t) = -\frac{1}{\omega_n}\ddot{y}_{\max}\left[\int_0^t\left(1-\frac{\tau}{t_0}\right)(\sin\omega_n t\cos\omega_n\tau - \cos\omega_n t\sin\omega_n\tau)d\tau\right] \tag{E.3}$$

上式和例4.13中的式(E.4)是相同的(只是$(-\ddot{y}_{max})$替换了F_0/m)。因此,根据例4.13中的式(E.8),$z(t)$可以写作

$$z(t)=-\frac{\ddot{y}_{max}}{\omega_n^2}\left(1-\frac{t}{t_0}-\cos\omega_n t+\frac{1}{\omega_n t_0}\sin\omega_n t\right) \tag{E.4}$$

为了求得最大响应z_{max},令

$$\dot{z}(t)=-\frac{\ddot{y}_{max}}{t_0\omega_n^2}\left[-1+\omega_n t_0\sin\omega_n t+\cos\omega_n t\right]=0 \tag{E.5}$$

由这个方程可以求出z_{max}对应的时间t_m

$$t_m=\frac{2}{\omega_n}\arctan\omega_n t_0 \tag{E.6}$$

将式(E.6)代入式(E.4),即可求出水塔的最大响应

$$z_{max}=-\frac{\ddot{y}_{max}}{\omega_n^2}\left(1-\frac{t_m}{t_0}-\cos\omega_n t_m+\frac{1}{\omega_n t_0}\sin\omega_n t_m\right) \tag{E.7}$$

接下来求$t>2t_0$时的响应。因为在这一段时间内没有激励,所以可以使用自由振动的解(见式(2.18))

$$z(t)=z_0\cos\omega_n t+\frac{\dot{z}_0}{\omega_n}\sin\omega_n t \tag{E.8}$$

其中,初始位移和初始速度根据式(E.7)确定

$$z_0=z(t=2t_0)\quad 及\quad \dot{z}_0=\dot{z}(t=2t_0) \tag{E.9}$$

由式(E.8)可知,$z(t)$的最大值为

$$z_{max}=\left[z_0^2+\left(\frac{\dot{z}_0}{\omega_n}\right)^2\right]^{1/2} \tag{E.10}$$

这里的z_0和$\dot{z}_0$由式(E.9)确定。

4.6.2 地震响应谱

地震运动在时域上最直接的描述就是地震加速度曲线,它是由一种叫做**强震加速度计**(strong motion accelerographs)的仪器记录下来的。加速度计记录了特定位置地面加速度的3个直角分量。图4.17就是一个典型的地震加速度曲线。加速度曲线一般记录在相纸或者胶片上,从而为工程应用提供数据。由加速度曲线可以得到地震时的地面

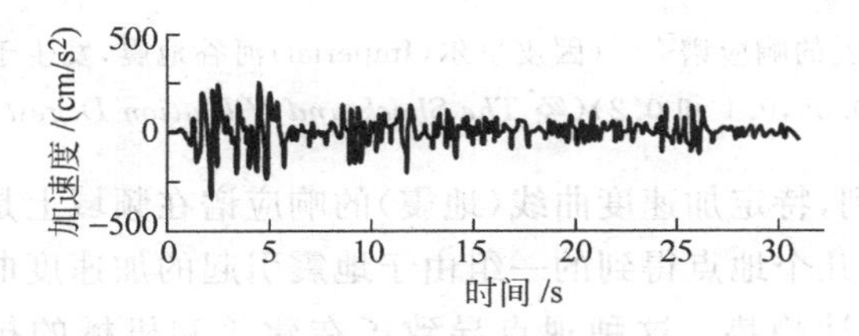

图4.17　一个典型的地震加速度图

加速度的峰值、持续时间和频率组成。对地震加速度曲线进行积分可以得到地面速度和位移随时间的变化。

响应谱最容易说明地震对结构和机械的影响。使用对数比例尺可以画出以加速度、相对速度(伪速度)和相对位移表示的单自由度系统的最大响应。图 4.18 是一张以 4 种形式画在对数纸上的响应谱。图中纵轴表示谱速度,横轴表示固有周期,45°轴代表谱加速度,135°轴表示谱位移。

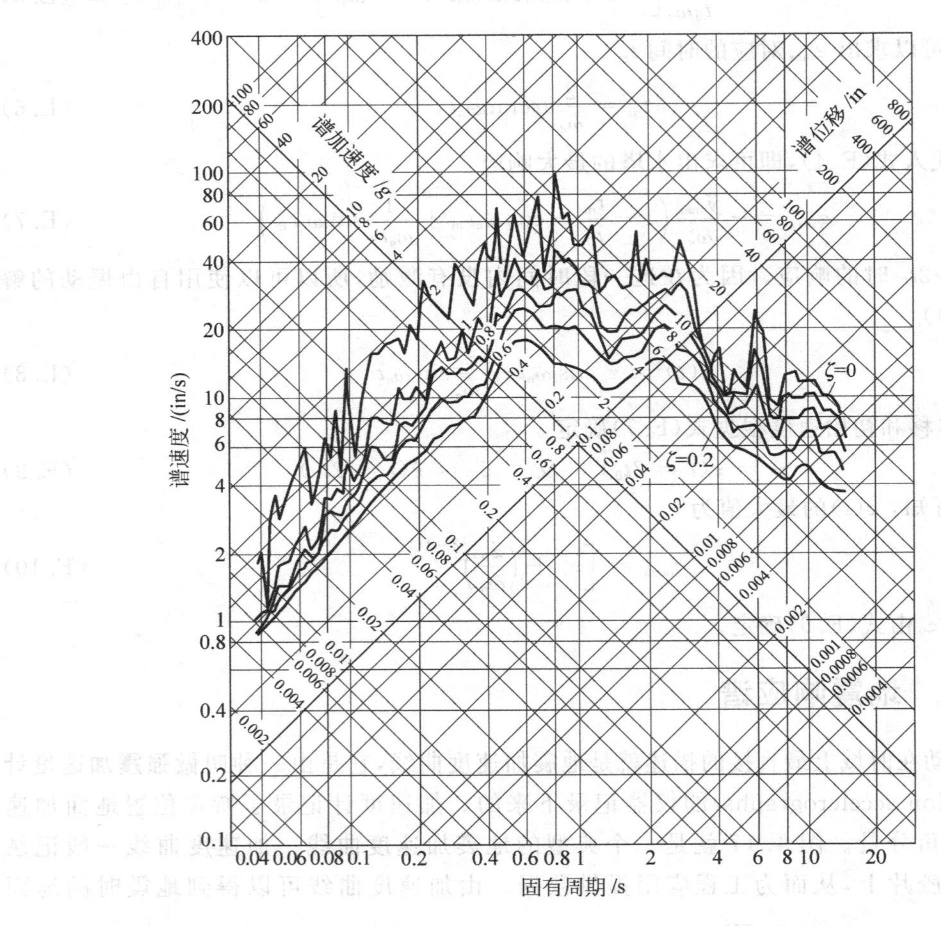

图 4.18 一个典型地震的响应谱[4.12](因皮里尔(Imperial)河谷地震,发生于 1940 年 5 月 18 日;$\zeta=0,0.02,0.05,0.1$ 和 0.2)(经 *The Shock and Vibration Digest* 许可重印)

从图 4.18 可以看到,特定加速度曲线(地震)的响应谱在频域上是很不规则的。然而在地理和地震特征相似的几个地点得到的一组由于地震引起的加速度曲线的谱是时间的光滑函数,它们有共同的统计趋势。这种观点导致了在建筑和机械的抗震设计中设计谱(见图 4.19)思想的发展。下面用几个例子说明响应和地震设计谱的应用。

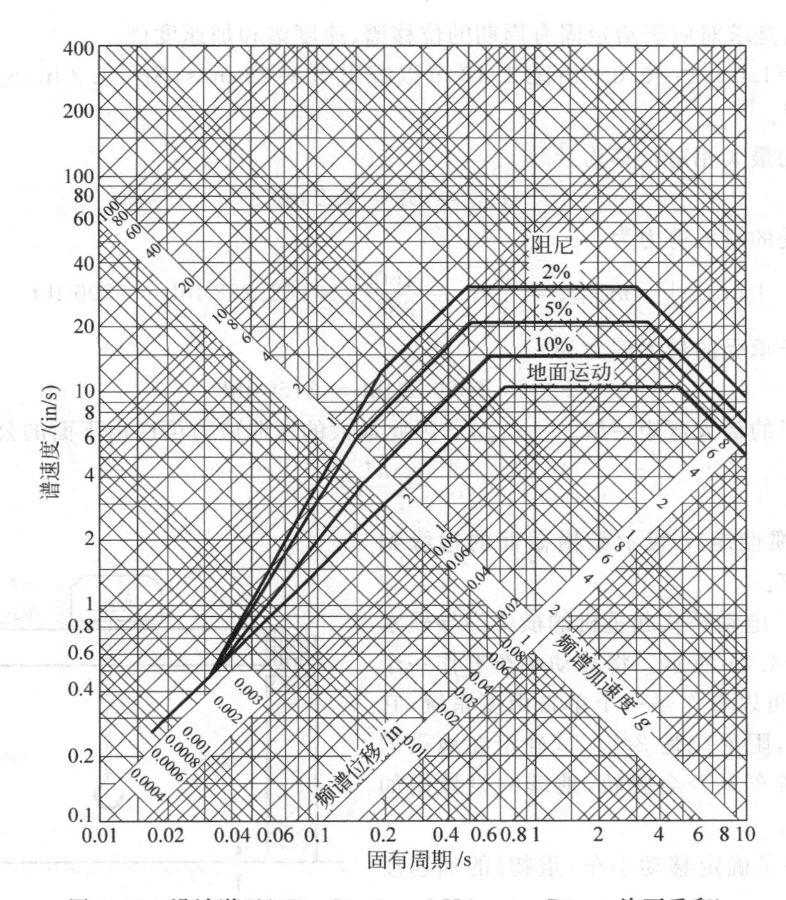

图 4.19 设计谱(经 *The Shock and Vibration Digest* 许可重印)

例 4.16 一建筑框架的重量 15000 lbf,两根柱子的总刚度为 k,如图 4.20 所示。它的阻尼比为 0.05,固有周期是 1.0 s。对图 4.18 中所描述的地震,试求:(a)质量块的最大相对位移 $x_{\max}$;(b)柱子受到的最大剪力;(c)柱子的最大弯曲应力。

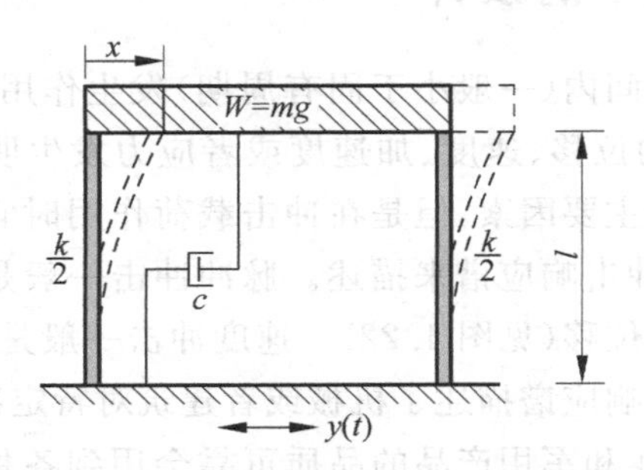

图 4.20 承受基础运动的建筑物框架

解：思路是求对应于给定固有周期的位移谱、速度谱和加速度谱。

因为 $\tau_n=1.0\ \text{s}$，$\zeta=0.05$，由图 4.18 可以查出 $S_v=25\ \text{in/s}$，$S_d=4.2\ \text{in}$，$S_a=0.42\ g=162.288\ \text{in/s}^2$。

质量块的最大相对位移为

$$x_{\max}=S_d=4.2\ \text{in}$$

柱子承受的最大剪力为

$$|kx_{\max}|=m\ddot{x}_{\max}=\frac{W}{g}S_a=\frac{15000}{386.4}\times 162.288\ \text{lbf}=6300\ \text{lbf}$$

因此每根柱子承受的最大剪力为

$$F_{\max}=6300/2\ \text{lbf}=3150\ \text{lbf}$$

每根柱子的最大弯矩$=M_{\max}=F_{\max}l$。因此最大的弯曲应力可以由下面的公式求出

$$\sigma_{\max}=\frac{M_{\max}c}{I}$$

这里，I 表示惯性矩，c 表示梁横截面的边缘到中性轴的距离。

例 4.17 电动桥式起重机的横梁沿导轨水平运动，如图 4.21 所示。将移动小车看作一个质点，起重机可以看作是一个单自由度系统，它的周期为 2 s，阻尼比是 2%。试确定在地震的垂直激励下滑车是否会脱轨，地震的设计谱如图 4.19 所示。

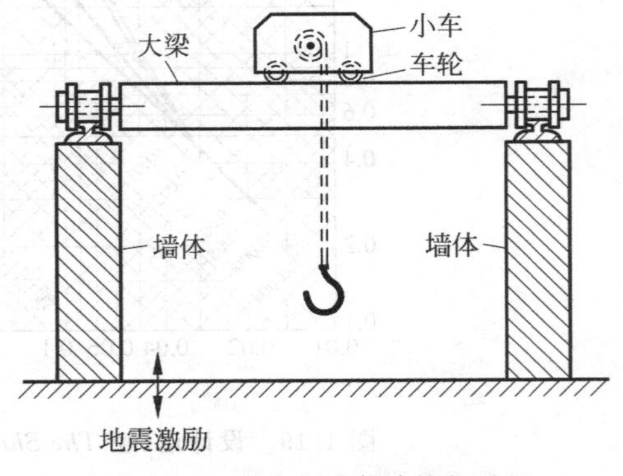

图 4.21 承受地震激励的起重机

解：思路是确定移动小车(重物)的加速度是否超过 $1g$。

因为 $\tau_n=2\ \text{s}$，$\zeta=0.02$，图 4.19 给出了谱加速度为 $S_a=0.25g$，所以小车将不会脱轨。

4.6.3 冲击环境下的设计

如果一个力在很短的时间内(一般小于固有周期)发生作用，则被称为**冲击载荷**(shock load)。冲击会使机械系统的位移、速度、加速度或者应力发生明显的增大。虽然在简谐力的作用下疲劳是产生破坏的主要因素，但是在冲击载荷作用时它不是最重要的。冲击可以用脉冲冲击、速度冲击或者冲击响应谱来描述。脉冲冲击一般是突加一个方形、半正弦形、三角形或其他形状的力或者位移(见图 4.22)。速度冲击一般是由速度的突然变化造成的，例如包裹从高处落下。冲击响应谱描述了机械或者建筑对特定冲击的响应方式而不是描述冲击本身。为保证商业、工业和军用产品的品质可靠会用到各种不同的冲击脉冲。许多军用规范比如 MIL-E-5400 和 MIL-STD-810 限定了不同的冲击脉冲及其详细的脉冲检测方

法。下面的例子用来说明冲击环境下限制机械系统动应力的方法。

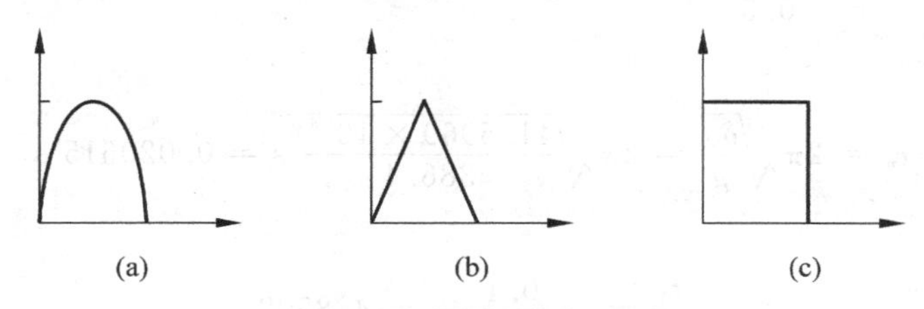

图 4.22　几种常见的冲击脉冲

(a) 半正弦脉冲；(b) 三角脉冲；(c) 矩形脉冲

例 4.18　一块印刷电路板(PCB)安装在一个悬臂的铝制托架上，如图 4.23(a)所示。托架放在一个盒子里，盒子将会从低空飞行的直升机上落下。造成的冲击可以近似看作一个半正弦的脉冲波，如图 4.23(b)所示。为了保证电路板在冲击下的加速度不大于 100g，试设计托架。假定铝的密度为 0.1 lbf/in^3，弹性模量为 10^7 lbf/in^2，许用应力为 26000 lbf/in^2。

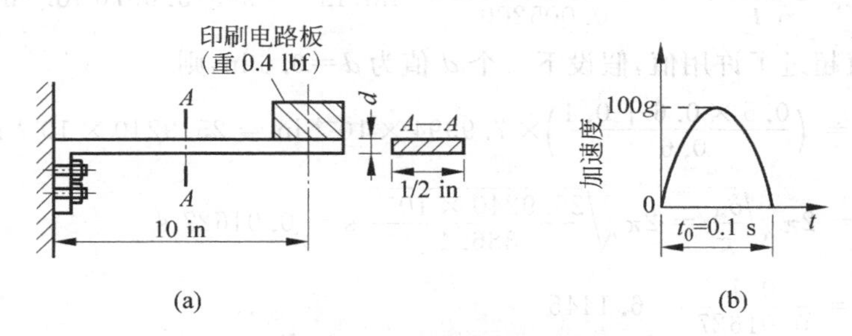

图 4.23　承受冲击载荷的悬臂梁

解：梁的自重 w 为

$$w = 10 \times \frac{1}{2} d \times 0.1 = 0.5d$$

假定电路板的质量集中作用在梁的自由端，则总重 W 为

$$W = \text{梁的重量} + \text{印刷电路板的重量} = 0.5d + 0.4$$

梁横截面的惯性矩 I 为

$$I = \frac{1}{12} \times \frac{1}{2} d^3 = 0.04167 d^3$$

在 W 作用下，梁的静变形 δ_{st} 为

$$\delta_{st} = \frac{Wl^3}{3EI} = \frac{(0.5d + 0.4) \times 10^3}{3 \times 10^7 \times 0.04167 d^3} = \frac{0.5d + 0.4}{d^3} \times 7.9994 \times 10^{-4}$$

如果不知道 t_0/τ_n 的值，冲击放大系数(图 4.15(b)的纵坐标)就无法确定。下面采用试算法来确定 τ_n 的值，从而求出 t_0/τ_n。如果假定 d 为 $\frac{1}{2}$in，则

$$\delta_{st}=\frac{0.5\times0.5+0.4}{0.5^3}\times7.9997\times10^{-4}\text{ in}=41.5969\times10^{-4}\text{ in}$$

由式(2.30)可得

$$\tau_n=2\pi\sqrt{\frac{\delta_{st}}{g}}=2\pi\sqrt{\frac{41.5969\times10^{-4}}{386.4}}\text{ s}=0.020615\text{ s}$$

因此

$$\frac{t_0}{\tau_n}=\frac{0.1}{0.020\,615}=4.8508$$

从图4.15(b)可以查出冲击放大系数A_a为1.1。作用在悬臂上的动载荷P_d为

$$P_d=A_aMa_s=1.1\times\frac{0.65}{g}\times100g=71.5\text{ lbf}$$

这里，a_s表示对应于冲击的加速度，M为作用在梁端的质量，Ma_s是梁的惯性力。注意到$I=0.04167d^3=0.005209\text{ in}^4$，悬臂支架根部的最大弯曲应力为

$$\sigma_{\max}=\frac{M_bc}{I}=\frac{(71.5\times10)\times\frac{0.5}{2}}{0.005209}\text{ lbf/in}^2=34315.6076\text{ lbf/in}^2$$

由于这个应力值超过了许用值，假设下一个d值为$d=0.6$ in，则

$$\delta_{st}=\left(\frac{0.5\times0.6+0.4}{0.6^3}\right)\times7.9994\times10^{-4}\text{ in}=25.9240\times10^{-4}\text{ in}$$

$$\tau_n=2\pi\sqrt{\frac{\delta_{st}}{g}}=2\pi\sqrt{\frac{25.9240\times10^{-4}}{386.4}}\text{ s}=0.01627\text{ s}$$

$$\frac{t_0}{\tau_n}=\frac{0.1}{0.01627}=6.1445$$

从图4.15(b)可以查到，冲击放大系数$A_a\approx1.1$，因此作用在梁上的动载荷为

$$P_d=1.1\times\frac{0.7}{g}\times100g=77.0\text{ lbf}$$

因为$d=0.6$ in，有$I=0.04167d^3=0.009001\text{ in}^4$，支架根部的最大弯曲应力为

$$\sigma_{\max}=\frac{M_bc}{I}=\frac{(77.0\times10)\times\frac{0.6}{2}}{0.009001}\text{ lbf/in}^2=25663.8151\text{ lbf/in}^2$$

此应力在许用范围内，所以支架的厚度可以取为$d=0.6$ in。

4.7 拉普拉斯变换

如前所述，拉普拉斯变换法可以用来求一个系统在任何激励下的响应，包括谐波和周期激励。这种方法的一个主要优势是它自动考虑了初始条件。拉普拉斯变换的介绍见附录D，其以列表的形式给出了拉普拉斯变换对。应用拉普拉斯变换法求解系统响应，基本步骤

如下：

(1) 写出系统的运动微分方程。

(2) 利用已知的初始条件,对方程中的每一项进行变换。

(3) 求解变换后系统的响应。

(4) 应用拉普拉斯逆变换求出所需要的解(响应)。

4.7.1　瞬态响应与稳态响应

瞬态响应是指由于初始条件的存在造成随时间消失的那部分响应。稳态响应是指施加力或激励引起的那部分响应,其会随时间延续而趋于一个稳定状态。

响应初始值:假设系统的响应或输出在时域上是已知的,可通过设置时间 $t=0$,得到响应的初始值 $x(t=0)$。如果系统的响应是在拉普拉斯域中给出的,那么初始值可通过下式得到

$$x(t=0)=\lim_{s\to\infty}[sX(s)] \tag{4.46}$$

式(4.46)称为初值定理。

响应稳态值:假设系统的响应是在时域上已知的,当时间趋向于无穷时,通过取极限可确定系统的稳定值 x_{ss}。如果系统的响应是在拉普拉斯域上给出的,则当 s 趋向于零时,通过在拉普拉斯域对 s 与响应的乘积取极限可得到稳态值为

$$x_{ss}=\lim_{s\to 0}[sX(s)] \tag{4.47}$$

式(4.47)称为终值定理。

下面讨论如何应用拉普拉斯变换求受不同激励作用的一阶和二阶系统的响应。

4.7.2　一阶系统的响应

一弹簧-阻尼系统(见图 4.1(b))受到激励函数 $\bar{F}(t)$的作用,其运动微分方程为

$$c\dot{x}+kx=\bar{F}(t) \tag{4.48}$$

式(4.48)可以写成

$$\dot{x}+ax=F(t) \tag{4.49}$$

其中

$$a=\frac{k}{c},\quad F(t)=F\bar{F}(t),\quad F=\frac{1}{c} \tag{4.50}$$

下面通过实例来介绍求在不同激励函数 $\bar{F}(t)$作用下式(4.49)的解。

例 4.19　求式(4.49)在 $t=0$ 时受到脉冲激励作用时的解,并确定响应的初始值及稳态值。

解:此时运动微分方程式(4.49)为

$$\dot{x}+ax=F\delta(t) \tag{E.1}$$

其中 $F=1/c$，对式(E.1)进行拉普拉斯变换，得到

$$sX(s)-x(0)+aX(s)=F \tag{E.2}$$

假设初始条件为零，$x(0)=0$，式(E.2)可以表示为

$$X(s)=\frac{F}{s+a}=F\frac{1}{s+a} \tag{E.3}$$

对式(E.3)进行拉普拉斯逆变换可以得到系统的稳态响应为

$$x(t)=F\mathrm{e}^{-at} \tag{E.4}$$

在时域响应式(E.4)中，令 $t=0$，可以得出响应的初始值为

$$x(t=0+)=F \tag{E.5}$$

对拉普拉斯域上的解，可以通过初值定理得到响应的初始值

$$x(t=0+)=\lim_{s\to\infty}[sX(s)]=\lim_{s\to\infty}F\left(\frac{s}{s+a}\right)=\lim_{s\to\infty}F\left(\frac{1}{1+(a/s)}\right)=F \tag{E.6}$$

同理，根据时域上的响应式(E.4)，响应稳态值可通过求当时间 $t\to\infty$ 时的极限得到，于是由式(E.4)得

$$x_{ss}=\lim_{t\to\infty}F\mathrm{e}^{-at}=0 \tag{E.7}$$

也可以利用终值定理通过式(E.3)得到系统响应的稳态值

$$x_{ss}=\lim_{s\to 0}[sX(s)]=\lim_{s\to 0}\frac{Fs}{s+a}=0 \tag{E.8}$$

例 4.20　求式(4.49)受到斜坡激励时的解。

解：运动方程式(4.49)可以写成

$$\dot{x}+ax=Fbt=dt \tag{E.1}$$

其中 $d=Fb$，$F=1/c$，b 为斜坡激励的斜率(图 4.24)。对式(E.1)进行拉普拉斯变换，可得

$$sX(s)-x(0)+aX(s)=\frac{d}{x^2} \tag{E.2}$$

假设初始条件为零即 $x(0)=0$，式(E.2)可以表示为

$$X(s)=d\left(\frac{1}{s^2(s+a)}\right)=\frac{d}{a^2}\,\frac{a^2}{s^2(s+a)} \tag{E.3}$$

对式(E.3)进行拉普拉斯逆变换可以得到系统的稳态响应为

$$x(t)=\frac{d}{a^2}\left[at-(1-\mathrm{e}^{-at})\right] \tag{E.4}$$

4.7.3　二阶系统的响应

一弹簧-质量-阻尼系统(见图 4.2(a))受到激励 $\bar{F}(t)$ 作用，其运动微分方程为

$$m\ddot{x}+c\dot{x}+kx=\bar{F}(t) \tag{4.51}$$

下面通过实例来介绍求在不同激励函数 $\bar{F}(t)$ 作用下式(4.51)的解。

例 4.21　求无阻尼单自由度系统受到单位脉冲激励作用的响应。

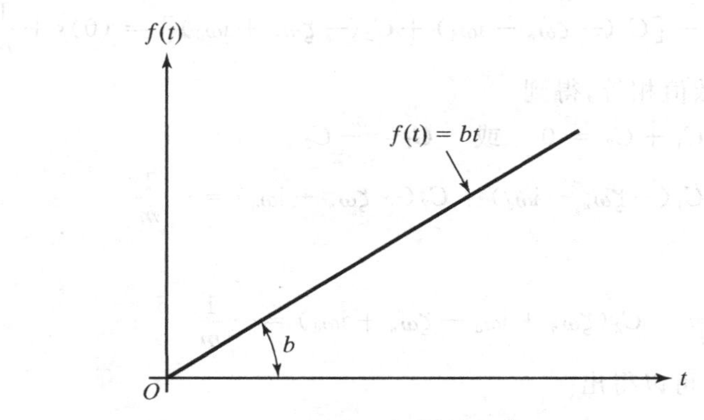

图 4.24 斜坡函数

解：运动微分方程为

$$m\ddot{x}+c\dot{x}+kx=\delta(t) \tag{E.1}$$

对式(E.1)两边进行拉普拉斯变换，得到

$$[m(s^2-sx_0-\dot{x}_0)+c(s-x_0)+k]X(s)=1$$

或

$$(ms^2+cs+k)X(s)=m\dot{x}_0+(ms+c)x_0+1 \tag{E.2}$$

假设初始条件为零即 $x_0=\dot{x}_0=0$，式(E.2)成为

$$(ms^2+cs+k)X(s)=1$$

或

$$X(s)=\frac{1}{m(s^2+2\zeta\omega_n s+\omega_n^2)} \tag{E.3}$$

将式(E.3)的右边用部分分式表示为

$$X(s)=\frac{C_1}{s-s_1}+\frac{C_2}{s-s_2} \tag{E.4}$$

其中 s_1 与 s_2 为多项式

$$s^2+2\zeta\omega_n s+\omega_n^2=0 \tag{E.5}$$

的根，由此得

$$s_1=-\zeta\omega_n+\mathrm{i}\omega_\mathrm{d},\quad s_2=-\zeta\omega_n-\mathrm{i}\omega_\mathrm{d} \tag{E.6}$$

其中

$$\omega_\mathrm{d}=\omega_n\sqrt{1-\zeta^2} \tag{E.7}$$

为系统的有阻尼固有频率。将式(E.6)代入式(E.4)整理得

$$C_1(s-s_2)+C_2(s-s_1)=\frac{1}{m}$$

或

$$(C_1+C_2)s-[C_1(-\zeta\omega_n-\mathrm{i}\omega_\mathrm{d})+C_2(-\zeta\omega_n+\mathrm{i}\omega_\mathrm{d})]=(0)s+\frac{1}{m} \tag{E.8}$$

令式(E.8)两边各项系数值相等，得到

$$C_1+C_2=0 \quad 或 \quad C_1=-C_2$$

$$C_1(-\zeta\omega_n-\mathrm{i}\omega_\mathrm{d})+C_2(-\zeta\omega_n+\mathrm{i}\omega_\mathrm{d})=-\frac{1}{m} \tag{E.9}$$

或

$$C_2(\zeta\omega_n+\mathrm{i}\omega_\mathrm{d}-\zeta\omega_n+\mathrm{i}\omega_\mathrm{d})=-\frac{1}{m} \tag{E.10}$$

由式(E.9)与式(E.10)，可以得出

$$C_2=-\frac{1}{2\mathrm{i}m\omega_\mathrm{d}}=-C_1 \tag{E.11}$$

将式(E.11)代入式(E.4)，$X(s)$可以表示为

$$X(s)=\frac{1}{2\mathrm{i}m\omega_\mathrm{d}}\left(\frac{1}{s-s_1}-\frac{1}{s-s_2}\right) \tag{E.12}$$

对式(E.12)进行拉普拉斯逆变换，得

$$\begin{aligned}x(t)&=\frac{1}{2\mathrm{i}m\omega_\mathrm{d}}(\mathrm{e}^{s_1t}-\mathrm{e}^{s_2t})=\frac{1}{2\mathrm{i}m\omega_\mathrm{d}}\left[\mathrm{e}^{(-\zeta\omega_n+\mathrm{i}\omega_\mathrm{d})}-\mathrm{e}^{(-\zeta\omega_n+\mathrm{i}\omega_\mathrm{d})}\right]\\&=\frac{1}{2\mathrm{i}m\omega_\mathrm{d}}\mathrm{e}^{-\zeta\omega_nt}(\mathrm{e}^{\mathrm{i}\omega_\mathrm{d}t}-\mathrm{e}^{-\mathrm{i}\omega_\mathrm{d}t})\\&=\frac{1}{m\omega_\mathrm{d}}\mathrm{e}^{-\zeta\omega_nt}\sin\omega_\mathrm{d}t,\quad t\geqslant 0\end{aligned} \tag{E.13}$$

注意：(1) 当时间 $t<0$，响应 $x(t)=0$。(因为是在 $t=0$ 时作用的单位脉冲激励)

(2) 可以看出，式(E.13)与应用传统方法推导出的单位脉冲响应函数(式(4.25))相同。

下面两个例题介绍在非弹性和弹性碰撞问题中的脉冲响应计算的应用。

例 4.22 如图 4.25(a)所示一物块质量为 m，以速度 v_1 冲击质量为 M 的阻尼单自由度系统。碰撞后，质量块 m 黏附在质量块 M 上，如图 4.25(b)所示。试求系统的位移响应。

思路：利用动量定理即动量的改变＝冲量，或

$$mv_2-mv_1=\int_0^1 f(\tau)\mathrm{d}\tau \tag{E.1}$$

其中，m 是冲击质量，v_2 是最终速度(碰撞后)，v_1 为初始速度(碰撞前)，$f(t)$是在微小时间段 $0\sim t$ 内施加的激励，积分表示冲量(等于力-时间曲线下方的面积)。

解：因为碰撞后，质量块 m 依附于质量块 M，碰撞可以认为是完全塑性或非弹性的。碰撞后，两质量块(黏在一起如图 4.25(b))受到随合并质量块的速度而变化的脉冲作用。冲击力 $f(t)$可以认为是系统内力，假设为 0，于是，式(E.1)可以改写为

$$(m+M)V_s-(mv_1+M(0))=0 \tag{E.2}$$

其中 V_s 是冲击后合并质量$(m+M)$的速度。由式(E.2)可以得到碰撞后系统的瞬时速度

$$V_s = \frac{mv_1}{m+M} \tag{E.3}$$

合并质量的运动微分方程为

$$(m+M)\ddot{x} + c\dot{x} + kx = 0 \tag{E.4}$$

既然碰撞发生后的瞬时仅导致速度的变化(而不是系统的位移变化),所以初始条件为 $x(t=0)=0, \dot{x}(t=0)=v_s=\frac{mv_1}{m+M}$。根据式(4.18)可以得到系统的自由振动响应(式(E.4)的解)为

$$x(t) = \mathrm{e}^{-\zeta\omega_n t}\frac{\dot{x}_0}{\omega_\mathrm{d}}\sin\omega_\mathrm{d} t = \frac{mv_1}{(m+M)\omega_\mathrm{d}}\mathrm{e}^{-\zeta\omega_n t}\sin\omega_\mathrm{d} t \tag{E.5}$$

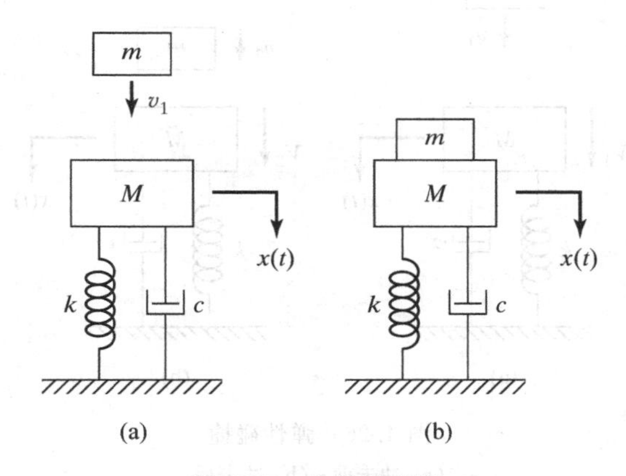

图 4.25　非弹性碰撞

(a) 碰撞前；(b) 碰撞后

例 4.23　如图 4.26(a)所示,一物块 m 以速度 v_1 冲击由物块 M 构成的黏性阻尼单自由度系统。碰撞是完全弹性碰撞。因此,碰撞后 m 的反弹速度为 v_2,求物块 M 引起的位移响应。

思路：碰撞前物块 m,M 的速度分别为 v_1 和 V_1,碰撞后速度分别为 v_2 和 V_2,如图 4.26(b)所示。根据动量守恒定律

$$mv_1 + MV_1 = mv_2 + MV_2$$

或

$$m(v_1 - v_2) = -M(V_1 - V_2) \tag{E.1}$$

因为是完全弹性碰撞,应用能量守恒定律,有

$$\frac{1}{2}mv_1^2 + \frac{1}{2}MV_1^2 = \frac{1}{2}mv_2^2 + \frac{1}{2}MV_2^2$$

或

$$\frac{1}{2}m(v_1^2 - v_2^2) = -\frac{1}{2}M(V_1^2 - V_2^2)$$

上式可以改写为

$$\frac{1}{2}m(v_1+v_2)(v_1-v_2)=-\frac{1}{2}M(V_1+V_2)(V_1-V_2) \tag{E.2}$$

将式(E.1)代入式(E.2)得

$$V_1+V_2=v_1+v_2$$

或

$$v_1-V_1=-(v_2-V_2) \tag{E.3}$$

式(E.3)表明完全弹性碰撞时，物块的相对速度大小不变，但符号相反。

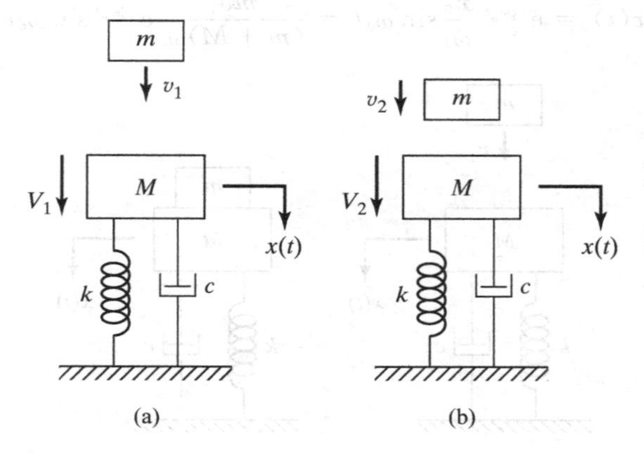

图 4.26　弹性碰撞

(a) 冲击前；(b) 冲击后

解：由于在碰撞之前物块 m 与物块 M 的速度分别为 v_1 和 $V_1=0$，由式(E.1)和式(E.3)可以得到碰撞发生后瞬间它们的速度为

$$m(v_1-v_2)=-M(0-V_2)=MV_2$$

或

$$V_2=\frac{mv_1}{M}-\frac{mv_2}{M} \tag{E.4}$$

以及

$$v_1-0=V_1=-(v_2-V_2)=V_2-v_2 \tag{E.5}$$

式(E.4)与式(E.5)的解为

$$v_2=\frac{m-M}{m+M}v_1,\quad V_2=\frac{2m}{m+M}v_1 \tag{E.6}$$

质量块 m 的动量改变由下式确定

$$m(v_2-v_1)=m\left(\frac{m-M}{m+M}-1\right)v_1=-\left(\frac{2mM}{m+M}\right)v_1 \tag{E.7}$$

在碰撞时，施加在质量块 m 上的冲量为

$$\int_0^t f(\tau)\mathrm{d}\tau = -\left(\frac{2mM}{m+M}\right)v_1 \tag{E.8}$$

根据牛顿第三定律，施加在质量块 M 的脉冲与施加在质量块 m 上的脉冲大小相等，但方向相反。在此冲量作用下质量块 M 的运动微分方程可表示为

$$M\ddot{x} + c\dot{x} + kx = \int_0^t F(\tau)\mathrm{d}\tau = F = \frac{2mM}{m+M}v_1\delta(t) \tag{E.9}$$

运用质量块 M 的初始条件 $x(t=0)=x_0=0, \dot{x}(t=0)=\dot{x}_0=0$，并根据式(4.26)，则式(E.9)的解可以表示为

$$x(t) = \frac{F\mathrm{e}^{-\zeta\omega_n t}}{M\omega_\mathrm{d}}\sin\omega_\mathrm{d}t = \frac{2mM}{m+M}\frac{v_1}{M\omega_\mathrm{d}}\mathrm{e}^{-\zeta\omega_n t}\sin\omega_\mathrm{d}t \tag{E.10}$$

4.7.4 阶跃激励的响应

例 4.24 求无阻尼单自由度系统在单位阶跃激励作用下的响应。

解：运动微分方程为

$$m\ddot{x} + c\dot{x} + kx = f(t) = 1 \tag{E.1}$$

假设零初始条件为 $x_0 = \dot{x}_0 = 0$，对式(E.1)两边进行拉普拉斯变换，可得

$$(ms^2 + cs + k)X(s) = \mathcal{L}[1] = \frac{1}{s} \tag{E.2}$$

可改写为

$$X(s) = \frac{1}{ms(s^2 + 2\zeta\omega_n s + \omega_n^2)} \tag{E.3}$$

将式(E.3)右边表示为部分分式的形式

$$X(s) = \frac{1}{ms(s^2 + 2\zeta\omega_n s + \omega_n^2)} = \frac{C_1}{s-s_1} + \frac{C_2}{s-s_2} + \frac{C_3}{s-s_3} \tag{E.4}$$

其中 s_1, s_2 和 s_3 为多项式

$$s(s^2 + 2\zeta\omega_n s + \omega_n^2) = 0 \tag{E.5}$$

的根

$$s_1 = 0, \quad s_2 = -\zeta\omega_n + \mathrm{i}\omega_\mathrm{d}, \quad s_3 = -\zeta\omega_n - \mathrm{i}\omega_\mathrm{d} \tag{E.6}$$

因此可确定式(E.4)中的常数 C_1, C_2 和 C_3 如下。将由式(E.6)确定的 s_1, s_2 和 s_3 的值代入式(E.4)中，整理后为

$$\frac{1}{m} = C_1(s^2 + 2\zeta\omega_n s + \omega_n^2) + C_2[s^2 + s(\zeta\omega_n + \mathrm{i}\omega_\mathrm{d})] + C_3[s^2 + s(\zeta\omega_n - \mathrm{i}\omega_\mathrm{d})] \tag{E.7}$$

式(E.7)可改写为

$$\begin{aligned} &s^2(C_1 + C_2 + C_3) + s[(2\zeta\omega_n)C_1 + (\zeta\omega_n + \mathrm{i}\omega_\mathrm{d})C_2 + (\zeta\omega_n - \mathrm{i}\omega_\mathrm{d})C_3] + C_1\omega_n^2 \\ &= (0)s^2 + (0)s + \frac{1}{m} \end{aligned} \tag{E.8}$$

令式(E.8)左右两边对应项的系数相等,可以得到

$$C_1 + C_2 + C_3 = 0 \tag{E.9}$$

$$C_1(2\zeta\omega_n) + C_2(-\zeta\omega_n + \mathrm{i}\omega_d) + C_3(\zeta\omega_n - \mathrm{i}\omega_d) = 0 \tag{E.10}$$

$$C_1\omega_n^2 = \frac{1}{m} \tag{E.11}$$

式(E.9)～式(E.11)的解为

$$C_1 = \frac{1}{m\omega_n^2} \tag{E.12}$$

$$C_2 = \frac{2}{2\mathrm{i}m\omega_d(-\zeta\omega_n + \mathrm{i}\omega_d)} \tag{E.13}$$

$$C_3 = \frac{1}{2\mathrm{i}m\omega_d(\zeta\omega_n + \mathrm{i}\omega_d)} \tag{E.14}$$

将式(E.12)～式(E.14)代入式(E.3),$X(s)$可表示为

$$X(s) = \frac{1}{m\omega_n^2}\frac{1}{s} + \frac{1}{2\mathrm{i}m\omega_d}\left[\frac{1}{-\zeta\omega_n + \mathrm{i}\omega_d}\frac{1}{s-(-\zeta\omega_n + \mathrm{i}\omega_d)} - \frac{1}{-\zeta\omega_n - \mathrm{i}\omega_d}\frac{1}{s-(-\zeta\omega_n - \mathrm{i}\omega_d)}\right] \tag{E.15}$$

对式(E.15)进行拉普拉斯逆变换,同时利用附录D给出的结果,得到

$$\begin{aligned} x(t) &= \frac{1}{m\omega_n^2} + \frac{\mathrm{e}^{-\zeta\omega_n t}}{2\mathrm{i}m\omega_d}\left(\frac{\mathrm{e}^{\mathrm{i}\omega_d t}}{-\zeta\omega_n + \mathrm{i}\omega_d} - \frac{\mathrm{e}^{-\mathrm{i}\omega_d t}}{-\zeta\omega_n - \mathrm{i}\omega_d}\right) \\ &= \frac{1}{m\omega_n^2}\left\{1 + \frac{\mathrm{e}^{-\zeta\omega_d t}}{2\mathrm{i}\omega_d}\left[(-\zeta\omega_n - \mathrm{i}\omega_d)\mathrm{e}^{\mathrm{i}\omega_d t} - (-\zeta\omega_n + \mathrm{i}\omega_d)\mathrm{e}^{-\mathrm{i}\omega_d t}\right]\right\} \\ &= \frac{1}{k}\left\{1 - \frac{\mathrm{e}^{-\zeta\omega_n t}}{\omega_d}\left[\zeta\omega_n \sin\omega_d t + \omega_d\cos\omega_d t\right]\right\} \\ &= \frac{1}{k}\left\{1 - \frac{\mathrm{e}^{-\zeta\omega_n t}}{\sqrt{1-\zeta^2}}\cos(\omega_d t - \phi)\right\} \end{aligned} \tag{E.16}$$

其中

$$\phi = \arctan\left(\frac{\zeta}{\sqrt{1-\zeta^2}}\right) \tag{E.17}$$

可以看出式(E.16)与利用传统方法推导的单位阶跃响应(例4.9中的式(E.1)中令$F_0=1$)一致。由式(E.16)确定的响应如图4.27所示。

例4.25　根据例4.24中形如式(E.16)和式(E.3)的响应,试求出无阻尼系统的单位阶跃响应的初始值以及稳态值。

解:系统在时域上的响应,即例4.24中的式(E.16)为

$$x(t) = \frac{1}{k}\left\{1 - \frac{\mathrm{e}^{-\zeta\omega_n t}}{\omega_d}\left[\zeta\omega_n \sin\omega_d t + \omega_d\cos\omega_d t\right]\right\} \tag{E.1}$$

在式(E.1)中令$t=0$,可以得到初始值为0;取当$t\to\infty$时的极限,项$\mathrm{e}^{-\zeta\omega_n t}\to 0$,则$x(t)$的稳态值为$\frac{1}{k}$。系统在拉普拉斯域上的响应由例4.24中式(E.3)给出。使用初值定理,求得初始

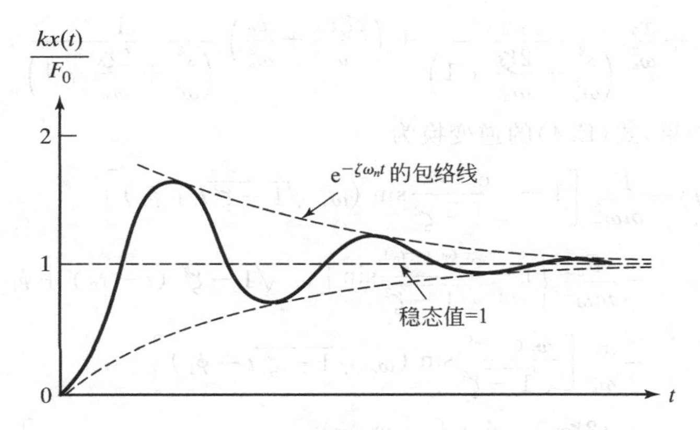

图 4.27 受阶跃激励作用的无阻尼系统的响应

值为

$$x(t=0+)=\lim_{s\to\infty}[sX(s)]=\lim_{s\to\infty}\left[\frac{1}{m(s^2+2\zeta\omega_n s+\omega_n^2)}\right]=0$$

根据终值定理,稳态值为

$$x_{ss}=\lim_{s\to\infty}[sX(s)]=\lim_{s\to\infty}\left[\frac{1}{m(s^2+2\zeta\omega_n s+\omega_n^2)}\right]=\frac{1}{m\omega_n^2}=\frac{1}{k}$$

例 4.26 求例 4.9 中压实机的响应,假定系统是弱阻尼的(即 $\zeta<1$)。

思路:将压实机简化为一个弹簧-质量-阻尼器模型,并采用拉氏变换法。

解:力的表达式为

$$F(t)=\begin{cases}F_0, & 0\leqslant t\leqslant t_0\\ 0, & t>t_0\end{cases} \tag{E.1}$$

对微分方程(4.51)作拉氏变换,同时利用附录 D,得到如下方程

$$X(s)=\frac{F(s)}{m(s^2+2\zeta\omega_n s+\omega_n^2)}+\frac{s+2\zeta\omega_n}{s^2+2\zeta\omega_n s+\omega_n^2}x_0 + \frac{1}{s^2+2\zeta\omega_n+\omega_n^2}\dot{x}_0 \tag{E.2}$$

其中

$$F(s)=\mathscr{L}F(t)=\frac{F_0(1-e^{-t_0 s})}{s} \tag{E.3}$$

式(E.2)可以写为

$$X(s)=\frac{F_0(1-e^{-t_0 s})}{ms(s^2+2\zeta\omega_n s+\omega_n^2)}+\frac{s+2\zeta\omega_n}{s^2+2\zeta\omega_n s+\omega_n^2}x_0+\frac{1}{s^2+2\zeta\omega_n+\omega_n^2}\dot{x}_0$$

$$=\frac{F_0}{m\omega_n^2}\frac{1}{\left(\frac{s^2}{\omega_n^2}+\frac{2\zeta s}{\omega_n}+1\right)}-\frac{F_0}{m\omega_n^2}\frac{e^{-t_0 s}}{s\left(\frac{s^2}{\omega_n^2}+\frac{2\zeta s}{\omega_n}+1\right)}$$

$$+\frac{x_0}{\omega_n^2}\frac{s}{\left(\frac{s^2}{\omega_n^2}+\frac{2\zeta s}{\omega_n}+1\right)}+\left(\frac{2\zeta x_0}{\omega_n}+\frac{\dot{x}_0}{\omega_n^2}\right)\frac{1}{\left(\frac{s^2}{\omega_n^2}+\frac{2\zeta s}{\omega_n}+1\right)} \tag{E.4}$$

应用附录D中的结果,式(E.4)的逆变换为

$$\begin{aligned}x(t)=&\frac{F_0}{m\omega_n^2}\left[1-\frac{e^{-\zeta\omega_n t}}{\sqrt{1-\zeta^2}}\sin\left(\omega_n\sqrt{1-\zeta^2}t+\phi_1\right)\right]\\&-\frac{F_0}{m\omega_n^2}\left\{1-\frac{e^{-\zeta\omega_n(t-t_0)}}{\sqrt{1-\zeta^2}}\sin\left[\omega_n\sqrt{1-\zeta^2}\left(t-t_0\right)+\phi_1\right]\right\}\\&-\frac{x_0}{\omega_n^2}\left[\frac{\omega_n^2e^{-\zeta\omega_n t}}{\sqrt{1-\zeta^2}}\sin\left(\omega_n\sqrt{1-\zeta^2}t-\phi_1\right)\right]\\&+\left(\frac{2\zeta x_0}{\omega_n}+\frac{\dot{x}_0}{\omega_n^2}\right)\left[\frac{\omega_n}{\sqrt{1-\zeta^2}}e^{-\zeta\omega_n t}\sin\left(\omega_n\sqrt{1-\zeta^2}t\right)\right]\end{aligned} \tag{E.5}$$

其中

$$\phi_1=\arccos\zeta \tag{E.6}$$

于是压实机的响应可以表示为

$$\begin{aligned}x(t)=&\frac{F_0}{m\omega_n^2\sqrt{1-\zeta^2}}\left[-e^{-\zeta\omega_n t}\sin\left(\omega_n\sqrt{1-\zeta^2}t+\phi_1\right)\right]\\&+e^{-\zeta\omega_n(t-t_0)}\sin\left[\omega_n\sqrt{1-\zeta^2}\left(t-t_0\right)+\phi_1\right]\\&-\frac{x_0}{\sqrt{1-\zeta^2}}e^{-\zeta\omega_n t}\sin\left(\omega_n\sqrt{1-\zeta^2}t-\phi_1\right)\\&+\frac{2\zeta\omega_n x_0+\dot{x}_0}{\omega_n\sqrt{1-\zeta^2}}e^{-\zeta\omega_n t}\sin\left(\omega_n\sqrt{1-\zeta^2}t\right)\end{aligned} \tag{E.7}$$

虽然预想式(E.7)的第一部分应该与例4.11中的式(E.1)相同,现在却很难看出它们有什么共同点。但是,对于无阻尼系统,式(E.7)可以化简为

$$\begin{aligned}x(t)=&\frac{F_0}{m\omega_n^2}\left\{-\sin\left(\omega_n t+\frac{\pi}{2}\right)+\sin\left[\omega_n\left(t-t_0\right)+\frac{\pi}{2}\right]\right\}\\&-x_0\sin\left(\omega_n t-\frac{\pi}{2}\right)+\frac{\dot{x}_0}{\omega_n}\sin\omega_n t\\=&\frac{F_0}{k}\left[\cos\omega_n\left(t-t_0\right)-\cos\omega_n t\right]+x_0\cos\omega_n t+\frac{\dot{x}_0}{\omega_n}\sin\omega_n t\end{aligned} \tag{E.8}$$

式(E.8)的第一项或叫稳态项与例4.11中的式(E.3)是相同的。

例4.27 求过阻尼单自由度系统受阶跃激励作用时的响应,运动微分方程为

$$2\ddot{x}+8\dot{x}+6x=5u_s(t) \tag{E.1}$$

假设初始条件为$x_0=1,\dot{x}_0=2$。

解:对式(E.1)两边进行拉普拉斯变换,得到

$$[2(s^2X(s)-sx_0-\dot{x}_0)+8(sX(s)-x_0)+6X(s)]=\frac{5}{s}$$

或

$$s(2s^2+8s+6)X(s)=5+2s(sx_0+\dot{x}_0)+8sx_0 \tag{E.2}$$

根据给出的初始条件 $x_0=1,\dot{x}_0=2$,式(E.2)可以表达成

$$s(2s^2+8s+6)X(s)=2s^2+12s+5$$

或

$$X(s)=\frac{2s^2+12s+5}{2s(s^2+4s+3)}=\frac{s^2+6s+2.5}{s(s+1)(s+3)} \tag{E.3}$$

注意式(E.3)右边分式中分母的根为 $s_1=0,s_2=-1$ 和 $s_3=-3$,运用部分分式形式,$X(s)$可以表示为

$$X(s)=\frac{C_1}{s-s_1}+\frac{C_2}{s-s_2}+\frac{C_3}{s-s_3} \tag{E.4}$$

由式(D.1)可以得到常数值为

$$C_k=\frac{A(s)}{B'(s)}\Big|_{s=s_k},\quad k=1,2,3 \tag{E.5}$$

其中 $A(s)$与 $B(s)$分别是式(E.3)中中间那个表达式的分子和分母,撇号表示对 s 的导数,由式(E.3)的中间项得

$$\frac{A(s)}{B'(s)}=\frac{s^2+6s+2.5}{3s^2+8s+3} \tag{E.6}$$

式(E.5)与式(E.6)可给出

$$\begin{aligned}C_1&=\frac{A(s)}{B'(s)}\Big|_{s=s_1=0}=\frac{2.5}{3}=\frac{5}{6}\\C_2&=\frac{A(s)}{B'(s)}\Big|_{s=s_2=-1}=\frac{-2.5}{-2}=\frac{5}{4}\\C_3&=\frac{A(s)}{B'(s)}\Big|_{s=s_3=-3}=\frac{-6.5}{6}=-\frac{13}{12}\end{aligned} \tag{E.7}$$

根据式(E.7),式(E.4)可以变为

$$X(s)=\frac{5}{6s}+\frac{5}{4(s+1)}-\frac{13}{12(s+3)} \tag{E.8}$$

对式(E.8)作拉普拉斯逆变换,可以得到系统的响应为

$$x(t)=\frac{5}{6}+\frac{5}{4}\mathrm{e}^{-t}-\frac{13}{12}\mathrm{e}^{-3t} \tag{E.9}$$

如式(E.9)的响应曲线如图 4.28 所示。

4.7.5 阶跃响应分析

单自由度阻尼系统在阶跃力作用下的响应(由例 4.9 中式(E.1)与式(E.2)及例 4.24

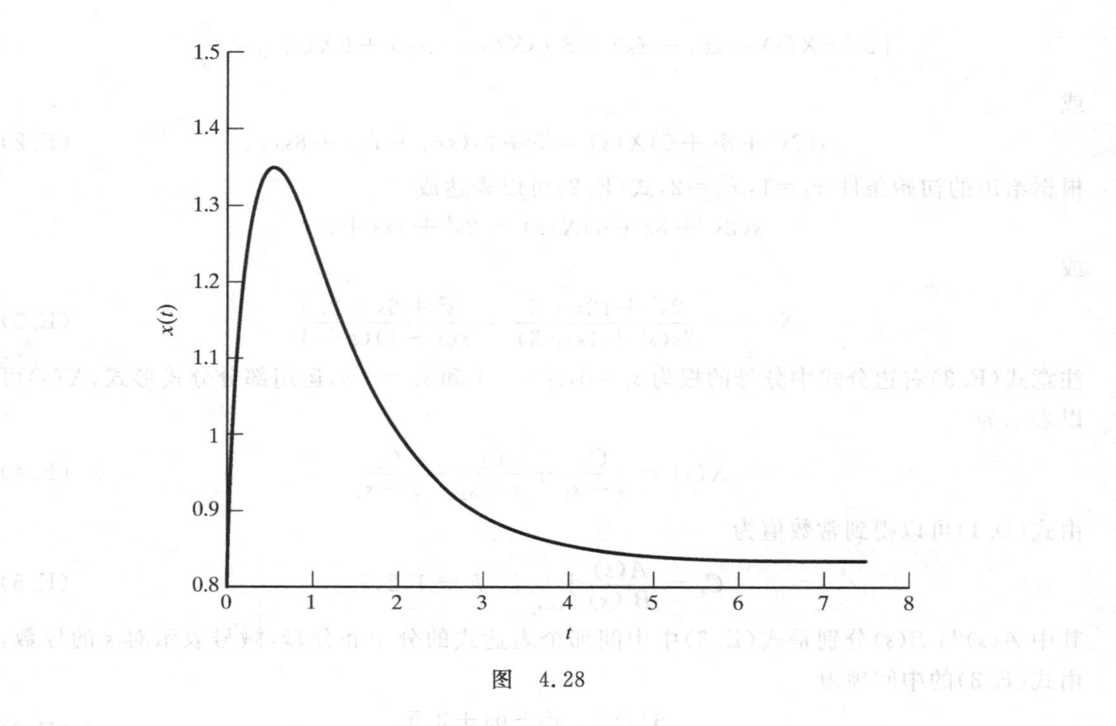

图 4.28

中式(E.16)与式(E.17)给出)可以表示为下列形式

$$\frac{kx(t)}{F_0} = 1 - \frac{e^{-\zeta\omega_n t}}{\sqrt{1-\zeta^2}}\cos(\omega_d t - \phi) \tag{4.52}$$

其中

$$\phi = \arctan\left(\frac{\zeta}{\sqrt{1-\zeta^2}}\right) \tag{4.53}$$

不同阻尼比 ζ 下的无量纲响应 $kx(t)/F_0$ 随无量纲时间 $\omega_n t$ 的变化如图 4.29 所示。可以看出，对于无阻尼系统（$\zeta=0$），其响应呈显振荡状态，且不会消失。对于弱阻尼系统（$\zeta<1$），其响应上冲后，在最终（稳态值）值附近振荡。此外，阻尼比的值越小，上冲量越大，于是振荡将持续更长时间才消失。对于临界阻尼系统（$\zeta=1$），系统响应迅速达到最终响应值或稳态响应值而不呈现振荡现象。对于过阻尼系统（$\zeta>1$），系统响应缓慢达到稳态响应值而无上冲现象。

4.7.6 瞬态响应的描述

用来描述振动系统瞬态性能和行为的参数包括最大超调量、峰值时间、上升时间、迟滞时间以及镇定时间。这些参数如图 4.30（表示一个典型的弱阻尼系统的阶跃响应）所示。现讨论如下。

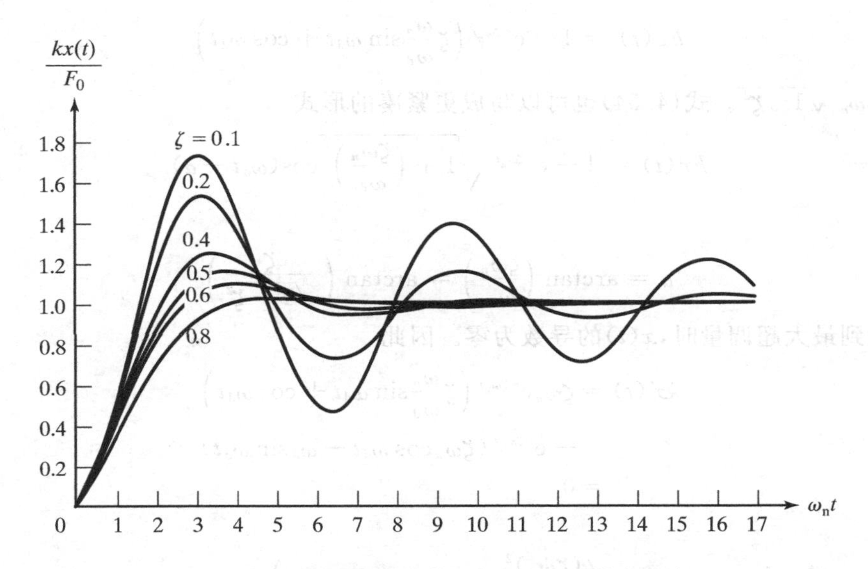

图 4.29　在单位阶跃力作用下弱阻尼系统的响应

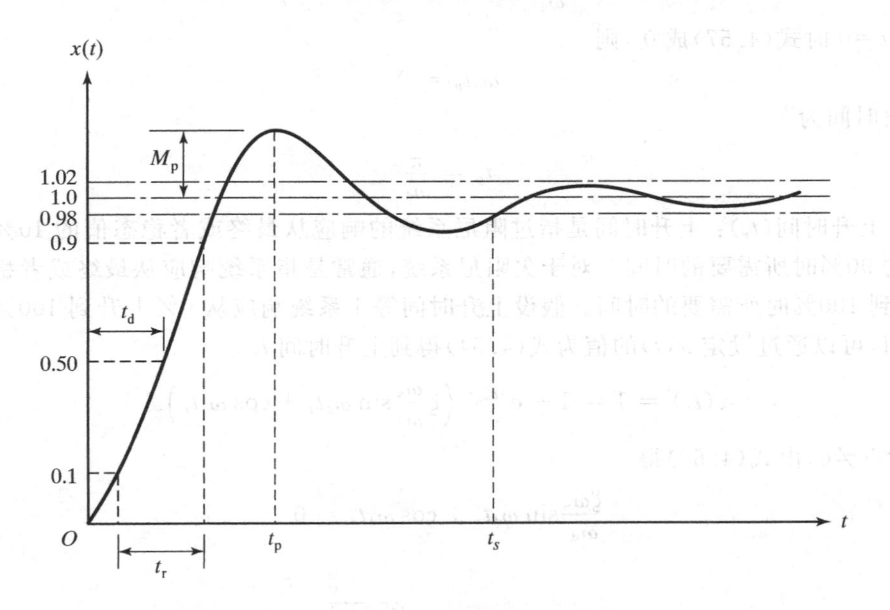

图 4.30　欠阻尼系统响应的描述

(1) 峰值时间(t_p)：峰值时间是指到达超调(上冲)的第一个峰值所需的时间。

响应超调的最大值 M_p 出现在 $x(t)$的导数为零时。例 4.24 中的式(E.16)给出了欠阻尼系统的单位阶跃响应随时间的变化规律

$$kx(t) = 1 - e^{-\zeta\omega_n t}\left(\zeta\frac{\omega_n}{\omega_d}\sin\omega_d t + \cos\omega_d t\right) \tag{4.54}$$

其中 $\omega_d=\omega_n\sqrt{1-\zeta^2}$。式(4.54)也可以写成更紧凑的形式

$$kx(t) = 1 - e^{-\zeta\omega_n t}\sqrt{1+\left(\frac{\zeta\omega_n}{\omega_d}\right)^2}\cos(\omega_d t - \alpha) \tag{4.55}$$

其中

$$\alpha = \arctan\left(\frac{\zeta\omega_n}{\omega_d}\right) = \arctan\left(\frac{\zeta}{\sqrt{1-\zeta^2}}\right) \tag{4.56}$$

当 $x(t)$达到最大超调量时，$x(t)$的导数为零。因此

$$\begin{aligned} k\dot{x}(t) &= \zeta\omega_n e^{-\zeta\omega_n t}\left(\zeta\frac{\omega_n}{\omega_d}\sin\omega_d t + \cos\omega_d t\right) \\ &\quad - e^{-\zeta\omega_n t}(\zeta\omega_n\cos\omega_d t - \omega_d\sin\omega_d t) \\ &= 0 \end{aligned}$$

或

$$e^{-\zeta\omega_n t}\left(\frac{(\zeta\omega_n)^2}{\omega_d}\sin\omega_d t + \omega_d\sin\omega_d t\right) = 0 \tag{4.57}$$

当 $\sin\omega_d t=0$ 时式(4.57)成立，则

$$\omega_d t_p = 0 \tag{4.58}$$

因此峰值时间为

$$t_p = \frac{\pi}{\omega_d} \tag{4.59}$$

(2) 上升时间(t_r)：上升时间是指过阻尼系统的响应从最终或者稳态值的10%上升到稳态值的90%时所需要的时间。对于欠阻尼系统，通常是指系统响应从最终或者稳态值的0%上升到100%时所需要的时间。假设上升时间等于系统响应从0%上升到100%时所需要的时间，可以通过设定 $x(t)$的值为式(4.54)得到上升时间 t_r

$$x(t_r) = 1 = 1 - e^{-\zeta\omega_n t_r}\left(\zeta\frac{\omega_n}{\omega_d}\sin\omega_d t_r + \cos\omega_d t_r\right) \tag{4.60}$$

注意 $e^{-\zeta\omega_n t_r}\neq 0$，由式(4.60)得

$$\frac{\zeta\omega_n}{\omega_d}\sin\omega_d t_r + \cos\omega_d t_r = 0$$

或

$$\tan\omega_d t = -\sqrt{\frac{1-\zeta^2}{\zeta}} \tag{4.61}$$

由此确定的上升时间 t_r 为

$$t_r = \frac{1}{\omega_d}\arctan\left(-\frac{\sqrt{1-\zeta^2}}{\zeta}\right) = \frac{\pi-\alpha}{\omega_d} \tag{4.62}$$

其中 α 由式(4.56)确定。式(4.56)表明可以通过增大 ξ 或 ω_n 的值，减小上升时间。

(3) 最大超调量(M_p)：最大超调量是指系统响应最大峰值与响应最终或稳态值($x(\infty)$或 x_{ss})之比，通常表示为百分比的形式，例如可按下式计算

$$\text{超调量} = \frac{x(t_p) - x(\infty)}{x(\infty)} \tag{4.63}$$

将式(4.59)代入式(4.54)中 $x(t)$的表达式，可以得到

$$x(t_p) = 1 + M_p = 1 - e^{-\frac{\zeta\omega_n\pi}{\omega_d}}\left(\frac{\zeta\omega_n}{\omega_d}\sin\pi + \cos\pi\right) = 1 + e^{-\frac{\zeta\omega_n\pi}{\omega_d}} \tag{4.64}$$

于是超调量为

$$M_p = e^{-\frac{\zeta\omega_n\pi}{\omega_d}} = e^{-\frac{\zeta\pi}{\sqrt{1-\zeta^2}}} \tag{4.65}$$

而超调量的百分比为

$$\%M_p = 100e^{-\frac{\zeta\pi}{\sqrt{1-\zeta^2}}} \tag{4.66}$$

对于给定的超调量的百分比，通过对式(4.66)进行转化，可求得阻尼比(ζ)为

$$\zeta = \frac{\ln(\%M/100)}{\sqrt{\pi^2 + \ln^2(\%M/100)}} \tag{4.67}$$

由式(4.65)确定的超调量的图形如图 4.31 所示。

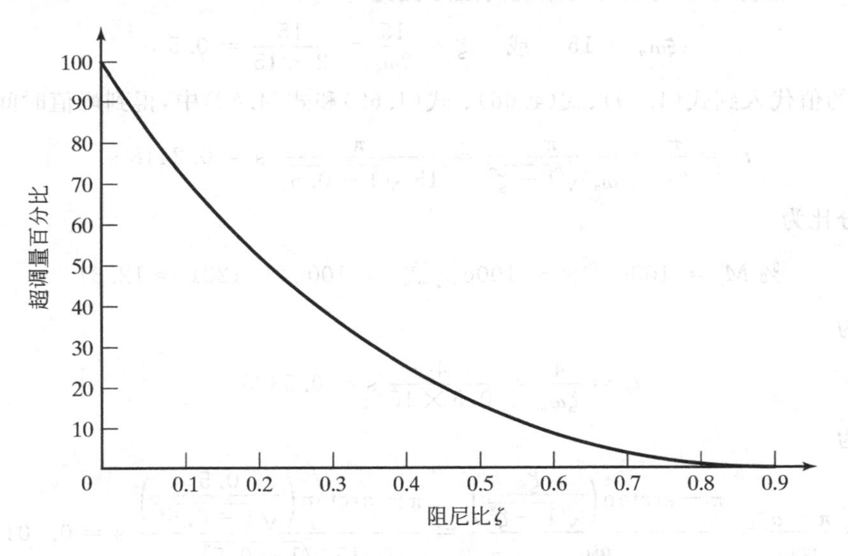

图 4.31 超调量百分比随阻尼比的变化

(4) 镇定时间(t_s)：根据定义，镇定时间就是指式(4.55)中 $x(t)$达到并保持在稳态值 x_{final}的±2%以内的时间。假设式(4.55)中的余弦项的值近似等于 1，稳态时间则是余弦项的乘法因子达到 0.02 所需的时间

$$e^{-\zeta\omega_n t_s}\sqrt{1 + \left(\frac{\zeta\omega_n}{\omega_d}\right)^2} = e^{-\zeta\omega_n t_s}\frac{1}{\sqrt{1-\zeta^2}} = 0.02$$

从而得到

$$t_s = \frac{-\ln(0.02\sqrt{1-\zeta^2})}{\zeta\omega_n} \tag{4.68}$$

当ζ从0变化到0.9时,式(4.68)的分子从3.01变化为4.74。因此,对于任何ζ值均近似有效的镇定时间为

$$t_s \approx \frac{4}{\zeta\omega_n} \tag{4.69}$$

(5) 迟滞时间(t_d):迟滞时间是指响应第一次达到最终或稳态值的50%时所需的时间。

例 4.28 系统的传递函数如下,试求系统的峰值时间(t_p),超调量($\% M_p$),镇定时间(t_s)和上升时间t_r

$$T(s) = \frac{X(s)}{F(s)} = \frac{225}{s^2 + 15s + 225} \tag{E.1}$$

解:可以从式(E.1)中的分母中最后一项得出系统的固有频率

$$\omega_n = \sqrt{225}\ \text{rad/s} = 15\ \text{rad/s} \tag{E.2}$$

根据式(E.1)中的分母中间项得出系统的阻尼比为

$$2\xi\omega_n = 15 \quad 或 \quad \zeta = \frac{15}{2\omega_n} = \frac{15}{2\times 15} = 0.5 \tag{E.3}$$

将ξ和ω_n的值代入到式(4.59)、式(4.66)、式(4.69)和式(4.62)中,得到峰值时间为

$$t_p = \frac{\pi}{\omega_d} = \frac{\pi}{\omega_n\sqrt{1-\zeta^2}} = \frac{\pi}{15\sqrt{1-0.5^2}}\ \text{s} = 0.2418\ \text{s} \tag{E.4}$$

超调量百分比为

$$\% M_p = 100\text{e}^{\frac{\pi\zeta}{\sqrt{1-\zeta^2}}} = 100\text{e}^{\frac{0.5\pi}{\sqrt{1-0.5^2}}} = 100\times 0.1231 = 12.31 \tag{E.5}$$

镇定时间为

$$t_s = \frac{4}{\zeta\omega_n} = \frac{4}{0.5\times 15}\ \text{s} = 0.5333\ \text{s} \tag{E.6}$$

上升时间为

$$t_r = \frac{\pi-\alpha}{\omega_d} = \frac{\pi - \arctan\left(\dfrac{\zeta}{\sqrt{1-\zeta^2}}\right)}{\omega_d} = \frac{\pi - \arctan\left(\dfrac{0.5}{\sqrt{1-0.5^2}}\right)}{15\sqrt{1-0.5^2}}\ \text{s} = 0.2015\ \text{s} \tag{E.7}$$

本例表明确定描述瞬态响应特性的诸量如峰值时间、超调量百分比、稳态时间及上升时间,可以不借助通过拉普拉斯逆变换求时间响应,画时间响应曲线以及根据时间响应曲线测量等诸多繁琐的工作。

例 4.29 如图4.32所示,试确定扭转系统的转动惯量以及扭转阻尼常数。已知对应阶跃扭矩$T_0(t)$(输入)的超调量百分比为25%,镇定时间为2.5 s,系统的扭转刚度为

10 N・m/rad。

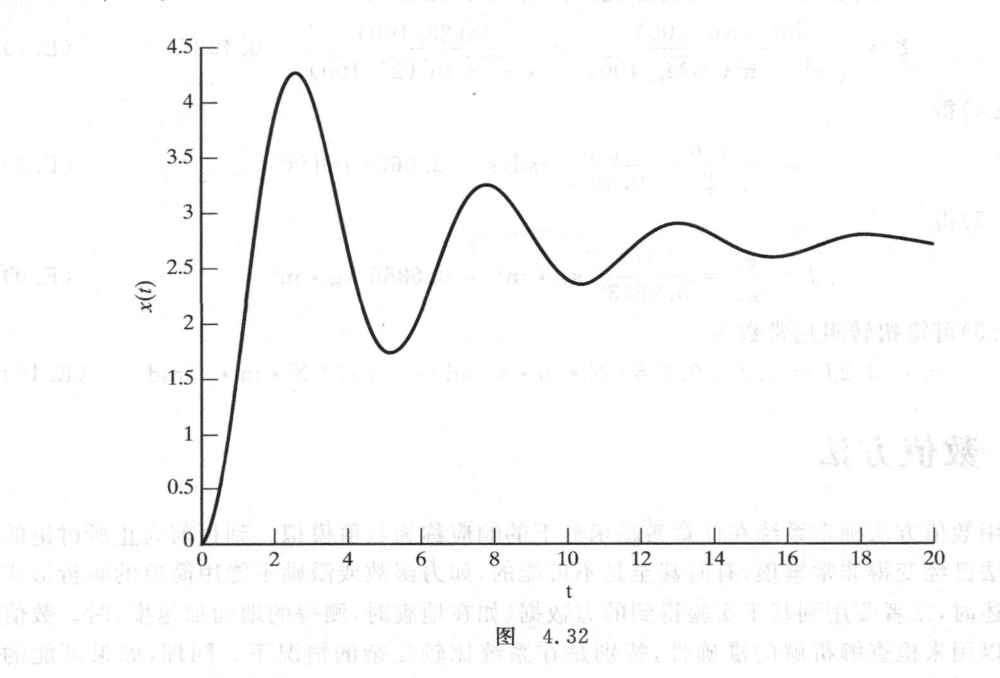

图　4.32

解：系统的传递函数可以表示为

$$T(t) = \frac{\Theta(s)}{T_0(s)} = \frac{1/J}{s^2 + \frac{c_t}{J} + \frac{k_t}{J}} \tag{E.1}$$

根据式(E.1)的分母中最后项可以得到

$$\omega_n = \sqrt{\frac{k_t}{J}} \tag{E.2}$$

式(E.1)分母中的中间项为

$$2\xi\omega_n = \frac{c_t}{J} \tag{E.3}$$

因为镇定时间为 2.5 s，可得(根据式(4.69))

$$t_s = \frac{4}{\zeta\omega_n} = 2.5 \quad 或 \quad \zeta\omega_n = 1.6 \tag{E.4}$$

由式(E.3)与式(E.4)可得

$$2\xi\omega_n = 3.2 = \frac{c_t}{J} \tag{E.5}$$

式(E.2)与式(E.4)得

$$\zeta = \frac{1.6}{\omega_n} = 1.6\sqrt{\frac{J}{k_t}} \tag{E.6}$$

根据式(4.67)，应用已知的超调量百分比，可以得到阻尼比为

$$\zeta=\frac{\ln(\%M_p/100)}{\sqrt{\pi^2+\ln^2(\%M_p/100)}}=\frac{\ln(25/100)}{\sqrt{\pi^2+\ln^2(25/100)}}=0.4037 \tag{E.7}$$

由式(E.4)得

$$\omega_n=\frac{1.6}{\zeta}=\frac{1.6}{0.4037}\text{ rad/s}=3.9633\text{ rad/s} \tag{E.8}$$

由式(E.2)得

$$J=\frac{k_t}{\omega_n^2}=\frac{10}{3.9633^2}\text{ kg}\cdot\text{m}^2=0.6366\text{ kg}\cdot\text{m}^2 \tag{E.9}$$

由式(E.5)可得扭转阻尼常数为

$$c_t=3.2J=3.2\times0.6366\text{ N}\cdot\text{m}\cdot\text{s/rad}=2.0372\text{ N}\cdot\text{m}\cdot\text{s/rad} \tag{E.10}$$

4.8 数值方法

利用数值方法确定系统在任意激励函数下的响应称为数值模拟。到目前为止所讨论的解析方法已经变得非常繁琐，有时甚至是不可能的，如力函数或激励不能用简单的解析形式进行描述时，或者要用到基于实验得到的力数据(如在地震时，测得的地面加速度)时。数值模拟可以用来检查解析解的准确性，特别是在系统比较复杂的情况下。同理，如果可能的话，数值解也可以利用解析解来对其进行验证。这一节，主要讨论应用数值方法求解在任意激励作用下的单自由度系统。

解析解对理解参数变化时系统的行为非常有用。在进行系统设计时，解析解有助于通过选择适当的参数以满足任何特定的响应特性。如果难以获得解析解，则可以通过应用合适的数值积分程序得到系统的响应。可用于数值积分常微分方程的方法有几种，其中龙格-库塔法是最常用的。

考虑单自由度阻尼系统在任意激励 $f(t)$ 作用下的运动微分方程

$$m\ddot{x}(t)+c\dot{x}(t)+kx(t)=f(t) \tag{4.70}$$

初始条件为 $x(t=0)=x_0$，$\dot{x}(t=0)=\dot{x}_0$。大多数数值方法假设微分方程是一阶微分方程的形式(或一组联立的一阶微分方程)。因此，需要将二阶微分方程式(4.70)转换成两个等效的联立一阶微分方程。对此，引入未知函数

$$x_1(t)=x(t),x_2(t)=\dot{x}(t)=\frac{\mathrm{d}x(t)}{\mathrm{d}t}\equiv\dot{x}_1(t) \tag{4.71}$$

同时将式(4.70)改写为

$$m\ddot{x}(t)=-c\dot{x}(t)-kx(t)+f(t) \tag{4.72}$$

或者，由于在式(4.71)中引入的函数 $x_1(t)$ 与 $x_2(t)$，上式可写为

$$m\dot{x}_2=-cx_2(t)-kx_1(t)+f(t) \tag{4.73}$$

式(4.73)与由式(4.71)确定的第二个关系式可以表示为

$$\dot{x}_1(t) = x_2(t) \tag{4.74}$$

$$\dot{x}_2(t) = \frac{c}{m}x_2(t) - \frac{k}{m}x_1(t) + \frac{1}{m}f(t) \tag{4.75}$$

式(4.74)与式(4.75)表示两个一阶微分方程,联立在一起则代表式(4.70)。式(4.74)与式(4.75)以矢量形式可以表示为

$$\dot{\boldsymbol{X}}(t) = \boldsymbol{F}(\boldsymbol{X}, t) \tag{4.76}$$

其中

$$\boldsymbol{X}(t) = \begin{bmatrix} x_1(t) \\ x_2(t) \end{bmatrix}, \quad \dot{\boldsymbol{X}}(t) = \begin{bmatrix} \dot{x}_1(t) \\ \dot{x}_2(t) \end{bmatrix}$$

$$\boldsymbol{F}(\boldsymbol{X}, t) = \begin{bmatrix} F_1(t) \\ F_2(t) \end{bmatrix} = \begin{bmatrix} x_2(t) \\ -\frac{k}{m}x_1(t) - \frac{c}{m}x_2(t) + \frac{1}{m}f(t) \end{bmatrix} \tag{4.77}$$

在大多数的数值方法中,根据下列公式基于当前解(从已知的在时间零点的初始值开始)可求得其改进解

$$x_{i+1} = x_i + \Delta x_i \tag{4.78}$$

其中 x_{i+1} 是 x 在时间 $t=t_{i+1}$ 时的值,x_i 是 x 在时间 $t=t_i$ 时的值,Δx 是在 x_i 上的增量。如果在时间间隔 $0 \leqslant t \leqslant T$ 之内求解响应 $x(t)$,则可以将总时间 T 等分为 n 份,每等份为 $\Delta t = T/n$。因此有 $t_0=0, t_1=\Delta t, t_2=2\Delta t, \cdots, t_n=n\Delta t=T$。

在龙格-库塔法中,所采用的基于 x_i 计算 x_{i+1} 的近似公式,刚好与 x 在 x_{i+1} 处的泰勒级数展开(直到 $(\Delta t)^k$ 项)一致,其中 k 表示龙格-库塔法的阶数。$x(t)$ 在 $(t+\Delta t)$ 处的泰勒级数展开为

$$x(t+\Delta t) = x(t) + \dot{x}\Delta t + \ddot{x}\frac{(\Delta t)^2}{2!} + \dddot{x}\frac{(\Delta t)^3}{3!} + \cdots \tag{4.79}$$

与式(4.79)要求更高阶导数相比,龙格-库塔法只需要用到一阶导数项。

在最常使用的四阶龙格-库塔法中,下面的递推公式用于求解从已知初始向量

$$\boldsymbol{X}_0 = \begin{bmatrix} x(t=0) \\ \dot{x}(t=0) \end{bmatrix} = \begin{bmatrix} x_0 \\ \dot{x}_0 \end{bmatrix}$$

计算不同时间 t_i 对应的 $\boldsymbol{X}(t)$ 值

$$\boldsymbol{X}_{i+1} = \boldsymbol{X}_i + \frac{1}{6}[\boldsymbol{K}_1 + 2\boldsymbol{K}_2 + 2\boldsymbol{K}_3 + \boldsymbol{K}_4] \tag{4.80}$$

其中

$$\boldsymbol{K}_1 = h\boldsymbol{F}(\boldsymbol{X}_i, t_i) \tag{4.81}$$

$$\boldsymbol{K}_2 = h\boldsymbol{F}\left(\boldsymbol{X}_i + \frac{1}{2}\boldsymbol{K}_1, t_i + \frac{1}{2}h\right) \tag{4.82}$$

$$\boldsymbol{K}_3 = h\boldsymbol{F}\left(\boldsymbol{X}_i + \frac{1}{2}\boldsymbol{K}_2, t_i + \frac{1}{2}h\right) \tag{4.83}$$

$$\boldsymbol{K}_4 = h\boldsymbol{F}(\boldsymbol{X}_i + \boldsymbol{F}_3, t_{i+1}) \tag{4.84}$$

该方法是稳定和自启动的，即只需要知道在上一时间状态点的向量函数 $\boldsymbol{F}$ 的值，就能求解当前时间状态下的函数值。下面通过实例介绍该方法的计算过程。

例 4.30 采用四阶龙格-库塔法求单自由度系统在激励作用下的响应，其运动微分方程为

$$500\ddot{x} + 200\dot{x} + 750x = 2000 \tag{E.1}$$

于是 $m=500, c=200, k=750$ 和 $F(t)=F_0=2000$。假设初始条件为 $x(t=0)=x_0=0$，$\dot{x}(t=0)=\dot{x}_0=0$。

解：运动微分方程(E.1)可以表示为如式(4.76)所示的两个一阶微分方程，其中

$$\boldsymbol{F} = \begin{bmatrix} f_1(t) \\ f_2(t) \end{bmatrix} = \begin{bmatrix} x_2(t) \\ \dfrac{1}{500}(2000 - 200x_2 - 750x_1) \end{bmatrix}$$

和

$$\boldsymbol{X}_0 = \begin{bmatrix} x_1(0) \\ x_2(0) \end{bmatrix} = \begin{bmatrix} 0 \\ 0 \end{bmatrix}$$

计算在时间 $(0,T)$ 之间的响应。延续时间 $T=20$ s，被分为 400 等份，于是时间步长为

$$\Delta t = h = \frac{T}{n} = \frac{20}{400} = 0.05 \text{ s}$$

因此，$t_0=0, t_1=0.05, t_2=0.10, \cdots, t_{400}=20$。对于 $i=1,2,3,\cdots,400$，所生成的向量解如表 4.1 所示，系统的响应曲线如图 4.32 所示。

表 4.1

i	$x_1(i)=x(t_i)$	$x_2(i)=x(t_i)$
1	0.000000E+00	0.000000E+00
2	4.965271E−03	1.978895E−01
3	1.971136E−02	3.911261E−01
4	4.398987E−02	5.790846E−01
5	7.752192E−02	7.611720E−01
6	1.199998E−01	9.368286E−01
7	1.710888E−01	1.105530E+00
8	2.304287E−01	1.266787E+00
9	2.976359E−01	1.420150E+00
10	3.723052E−01	1.565205E+00
⋮	⋮	⋮
391	2.675602E+00	−6.700943E−02
392	2.672270E+00	−6.622167E−02
393	2.668983E+00	−6.520372E−02
394	2.665753E+00	−6.396391E−02

续表

i	$x_1(i)=x(t_i)$	$x_2(i)=x(t_i)$
395	2.662590E+00	−6.251125E−02
396	2.659505E+00	−6.085533E−02
397	2.656508E+00	−5.900634E−02
398	2.653608E+00	−5.697495E−02
399	2.650814E+00	−5.477231E−02
400	2.648133E+00	−5.241000E−02

4.9　利用数值方法求不规则激励下的响应

在上节所述的求常微分方程数值解的方法中，我们都假定激励函数 $F(t)$是存在的，而且是显含时间 t 的。但是在许多实际问题中激励 $F(t)$是没有解析表达式的。如果激励项是由实验确定的，则 $F(t)$可能是一个不规则的曲线。有些时候，只有在一张图或者一个表中给出了在一系列点 $t=t_i$ 时 $F(t)=F_i$ 的值。这时，可以用数据来求出拟和函数或曲线，并对它们作杜哈美(Duhamel)积分即式(4.31)，来求解系统的响应。而另一种更常用的求解响应的方法是将时间轴划分成一系列的离散点，再在每一步应用 $F(t)$的简单变化形式。本节将介绍使用 $F(t)$的线性插值函数的数值方法[4.8]。

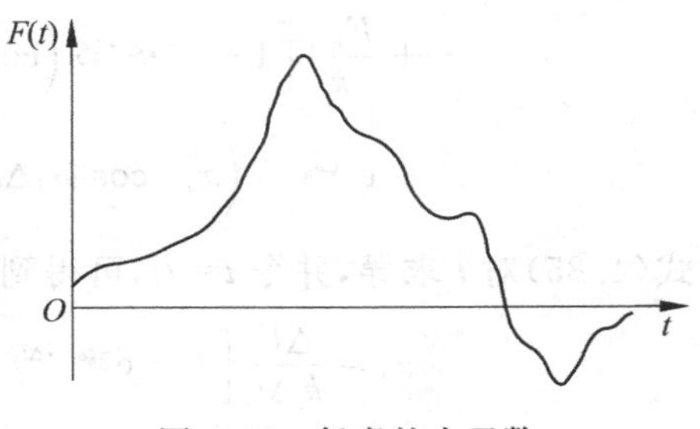

图 4.33　任意的力函数

假设函数 $F(t)$随时间的变化是任意的，如图 4.33 所示。在分段线性插值时，$F(t)$在任意时间段内的变化率被假定为线性的，如图 4.34 所示。这样，系统在时间段 $t_{j-1}\leqslant t\leqslant t_j$ 内的响应可以通过将作用于当前时间段内的线性(斜)多项式引起的响应加上 $t=t_{j-1}$ 时的响应(初始条件)得到，即

$$\begin{aligned} x(t) =& \frac{\Delta F_j}{k\,\Delta t_j}\left\{t-t_{j-1}-\frac{2\zeta}{\omega_n}+\mathrm{e}^{-\zeta\omega_n(t-t_{j-1})}\left[\frac{2\zeta}{\omega_n}\cos\omega_{\mathrm{d}}(t-t_{j-1})\right.\right.\\ &\left.\left.-\frac{\omega_{\mathrm{d}}^2-\zeta^2\omega_n^2}{\omega_n^2\omega_{\mathrm{d}}}\sin\omega_{\mathrm{d}}(t-t_{j-1})\right]\right\}\\ &+\frac{F_{j-1}}{k}\left\{1-\mathrm{e}^{-\zeta\omega_n(t-t_{j-1})}\left[\cos\omega_{\mathrm{d}}(t-t_{j-1})+\frac{\zeta\omega_n}{\omega_{\mathrm{d}}}\sin\omega_{\mathrm{d}}(t-t_{j-1})\right]\right\}\\ &+\mathrm{e}^{-\zeta\omega_n(t-t_{j-1})}\left[x_{j-1}\cos\omega_{\mathrm{d}}(t-t_{j-1})+\frac{\dot{x}_{j-1}+\zeta\omega_n x_{j-1}}{\omega_{\mathrm{d}}}\sin\omega_{\mathrm{d}}(t-t_{j-1})\right] \end{aligned} \tag{4.85}$$

这里，$\Delta F_j=F_j-F_{j-1}$。令式(4.85)中的 $t=t_j$，就可得到时间段 Δt_j 结束时系统的响应

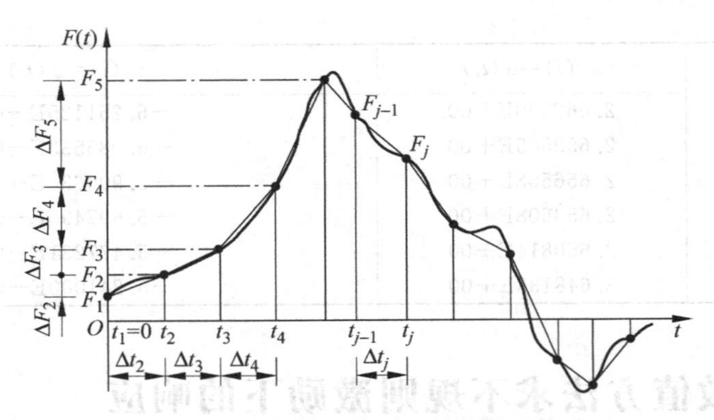

图 4.34　用分段线性函数来逼近激励函数

$$\begin{aligned} x_j &= \frac{\Delta F_j}{k\Delta t_j}\left[\Delta t_j - \frac{2\zeta}{\omega_n} + \mathrm{e}^{-\zeta\omega_n\cdot\Delta t_j}\left(\frac{2\zeta}{\omega_n}\cos\omega_{\mathrm{d}}\Delta t_j - \frac{\omega_{\mathrm{d}}^2-\zeta^2\omega_n^2}{\omega_n^2\omega_{\mathrm{d}}}\sin\omega_{\mathrm{d}}\Delta t_j\right)\right] \\ &\quad + \frac{F_{j-1}}{k}\left[1-\mathrm{e}^{-\zeta\omega_n\cdot\Delta t_j}\left(\cos\omega_{\mathrm{d}}\Delta t_j + \frac{\zeta\omega_n}{\omega_{\mathrm{d}}}\sin\omega_{\mathrm{d}}\Delta t_j\right)\right] \\ &\quad + \mathrm{e}^{-\zeta\omega_n\cdot\Delta t_j}\left(x_{j-1}\cos\omega_{\mathrm{d}}\Delta t_j + \frac{\dot{x}_{j-1}+\zeta\omega_n x_{j-1}}{\omega_{\mathrm{d}}}\sin\omega_{\mathrm{d}}\Delta t_j\right) \end{aligned} \tag{4.86}$$

将式(4.85)对 t 求导，并令 $t=t_j$，可得到时间段 Δt_j 结束时的速度 $\dot{x}_j$

$$\begin{aligned} \dot{x}_j &= \frac{\Delta F_j}{k\Delta t_j}\left[1-\mathrm{e}^{-\zeta\omega_n\cdot\Delta t_j}\left(\cos\omega_{\mathrm{d}}\Delta t_j + \frac{\zeta\omega_n}{\omega_{\mathrm{d}}}\sin\omega_{\mathrm{d}}\Delta t_j\right)\right] \\ &\quad + \frac{F_{j-1}}{k}\mathrm{e}^{-\zeta\omega_n\cdot\Delta t_j}\frac{\omega_n^2}{\omega_{\mathrm{d}}}\sin\omega_{\mathrm{d}}\Delta t_j + \mathrm{e}^{-\zeta\omega_n\cdot\Delta t_j}\left[\dot{x}_{j-1}\cos\omega_{\mathrm{d}}\Delta t_j\right. \\ &\quad \left. - \frac{\zeta\omega_n}{\omega_{\mathrm{d}}}\left(\dot{x}_{j-1}+\frac{\omega_n}{\zeta}x_{j-1}\right)\sin\omega_{\mathrm{d}}\Delta t_j\right] \end{aligned} \tag{4.87}$$

式(4.86)和式(4.87)是确定第 j 个时间段结束时响应的递推关系。

例 4.31　已知弹簧-质量-阻尼系统受到的激励为

$$F(t) = F_0\left(1-\sin\frac{\pi t}{2t_0}\right) \tag{E.1}$$

其中，$0\leqslant t\leqslant t_0$，应用数值方法求系统的响应。假设 $F_0=1, k=1, m=1, \zeta=0.1$ 和 $t_0=\tau_n/2$。这里，τ_n 表示系统的固有周期，由下式给出

$$\tau_n = \frac{2\pi}{\omega_n} = \frac{2\pi}{(k/m)^{1/2}} = 2\pi \tag{E.2}$$

$t=0$ 时 x 和 $\dot{x}$ 的值均为 0。

解：激励函数(E.1)如图 4.35 所示。为了进行数值计算，时间段 $0\sim t_0$ 被分为 10 段，即

$$\Delta t_i = \frac{t_0}{10} = \frac{\pi}{10}, \quad i=2,3,\cdots,11 \tag{E.3}$$

图 4.36 中,利用分段线性脉冲来近似激励函数 $F(t)$。表 4.2 给出了数值计算的结果。利用高阶多项式插值(而不是线性插值)可以改善计算精度。

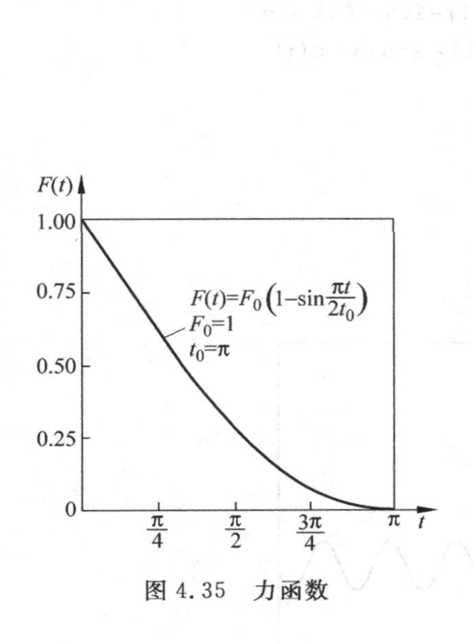

图 4.35　力函数

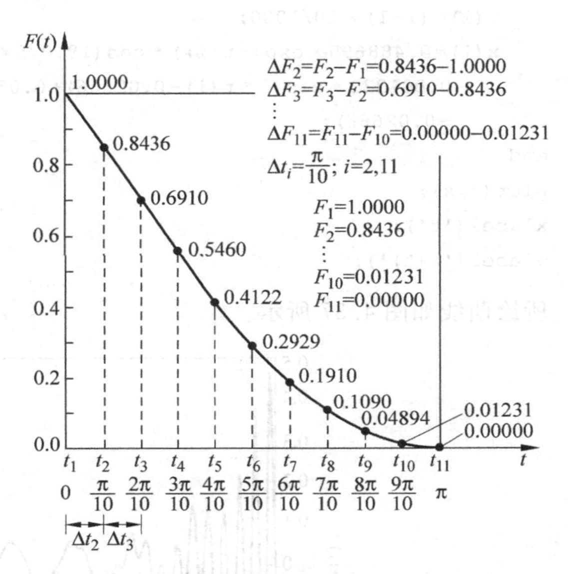

图 4.36　分段线性近似

表 4.2　系统的响应

i	t_i	$x(t_i)$	i	t_i	$x(t_i)$
1	0	0.00000	7	0.6π	0.76238
2	0.1π	0.04541	8	0.7π	0.81255
3	0.2π	0.16377	9	0.8π	0.79323
4	0.3π	0.32499	10	0.9π	0.70482
5	0.4π	0.49746	11	π	0.55647
6	0.5π	0.65151			

4.10　利用 MATLAB 求解的例子

例 4.32　绘制例 4.5 中讨论的黏性阻尼系统对简谐基础激励的响应随时间变化的曲线。

解:例 4.5 中的式(E.8)给出的响应为

$$x(t)=0.488695e^{-t}\cos(19.975t-1.529683)+0.001333\cos(5t-0.02666)+0.053314\sin(5t-0.02666)$$

应用 MATLAB 画上述方程对应曲线的程序如下。

```
%Ex4_18.m
for i=1: 1001
    t(i)=(i-1)*10/1000;
    x(i)=0.488695*exp(-t(i))*cos(19.975*t(i)-1.529683)+…
        0.001333*cos(5*t(i)-0.02666)+0.053314*sin(5*t(i)
        -0.02666);
end
plot(t,x);
xlabel('t');
ylabel('x(t)');
```

所绘曲线如图 4.37 所示。

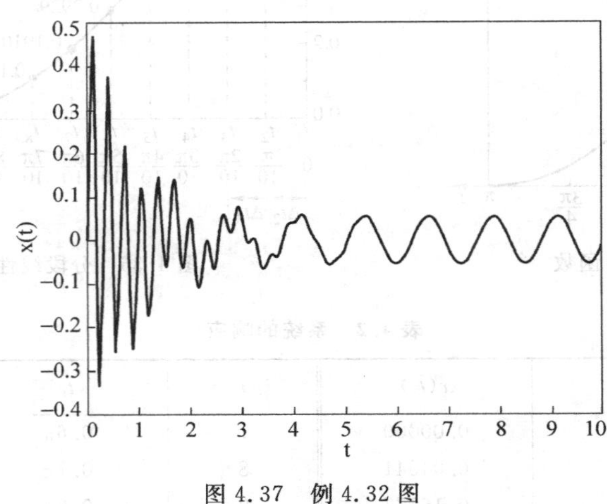

图 4.37　例 4.32 图

例 4.33　应用 MATLAB，画单自由度结构系统的脉冲响应曲线。假设结构受例 4.7 和例 4.8 中提到的单冲击和双冲击作用。

解：结构受单冲击和双冲击的脉冲响应由例 4.7 和例 4.8 中的方程(E.1)和方程(E.3)给出，分别是

$$x(t)=0.20025\mathrm{e}^{-t}\sin 19.975t \tag{E.1}$$

$$x(t)=\begin{cases}0.20025\mathrm{e}^{-t}\sin 19.975t, & 0\leqslant t\leqslant 0.2\\ 0.20025\mathrm{e}^{-t}\sin 19.975t+0.100125\mathrm{e}^{-(t-0.2)}\sin 19.975(t-0.2), & t\geqslant 0.2\end{cases} \tag{E.2}$$

应用 MATLAB 画方程(E.1)和方程(E.2)对应曲线的程序如下。

```
%Ex4_19.m
for i=1: 1001
    t(i)=(i-1)*5/1000;
```

```
    x1(i)=0.20025*exp(-t(i))*sin(19.975*t(i));
    if t(i)>0.2
        a=0.100125;
    else
        a=0.0;
    end
    x2(i)=0.20025*exp(-t(i))*sin(19.975*t(i))+ ...
        a*exp(-(t(i)-0.2))*sin(19.975*(t(i)-0.2));
end
plot(t,x1);
gtext('Eq.(E.1):solid line');
hold on;
plot(t,x2,'-');
gtext('Eq.(E.2):dashed line');
xlabel('t');
```

所绘曲线如图 4.38 所示。

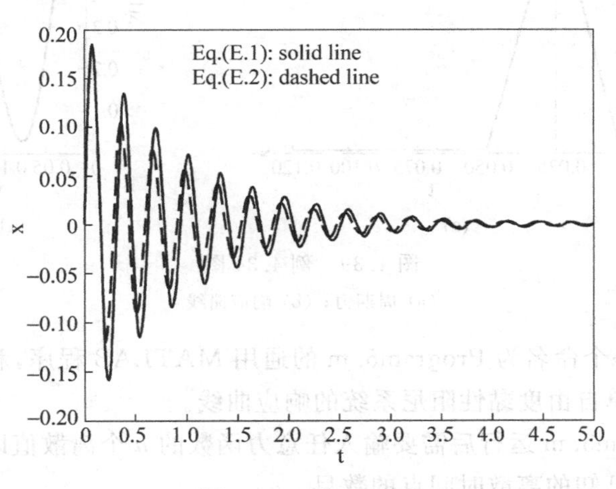

图 4.38　例 4.33 图

例 4.34　编写一个命名为 Program4.m 的通用 MATLAB 程序，以绘制单自由度黏性阻尼系统在周期力作用下的稳态响应曲线。系统参数如下：$m=100$ kg，$k=10^5$ N/m，$\zeta=0.1$，周期力的形式如图 4.39(a)所示。

解：Program4.m 被发展为可以接受在时间的 n 个离散值处周期力的值。程序输入的数值如下

xm——系统的质量

xk——系统的刚度

xai——阻尼比 ζ

n——等距离点的数目，在这些点处力 $F(t)$ 的值已知

m——解中需要考虑的傅里叶系数的数目

time——函数 $F(t)$ 的时间周期

f——包含力 $F(t)$ 已知值的 n 维数组；$f(i)=F(t_i)$，$i=1,2,\cdots,n$

t——包含 t 的时间已知离散值的 n 维数组；$t(i)=t_i$，$i=1,2,\cdots,n$

该程序的输出结果如下：

```
步数 i,t(i),f(i),x(i)
```

这里，$x(i)=x(t=t_i)$ 是在时间步 i 处的响应。这个程序也能画出 x 随时间的变化。所绘曲线如图 4.39(b)所示。

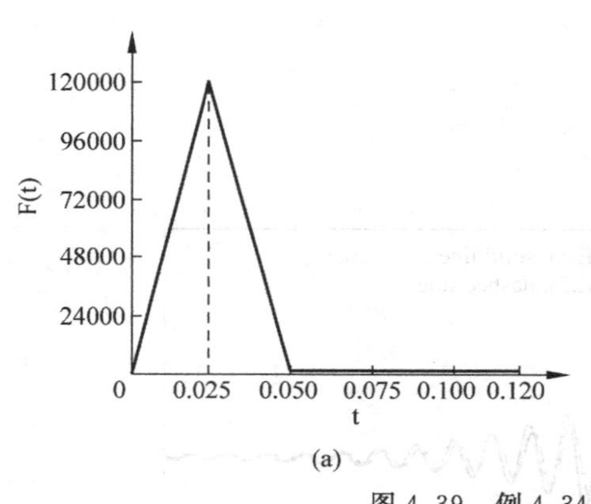

(a)

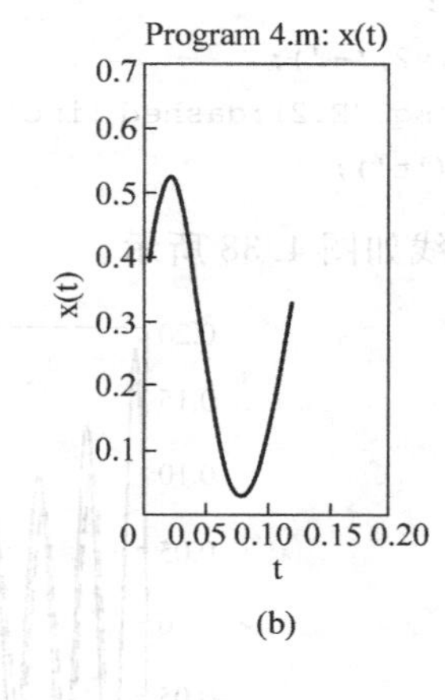

(b)

图 4.39　例 4.34 图

(a) 周期力；(b) 响应曲线

例 4.35　编写一个命名为 Program5. m 的通用 MATLAB 程序，利用 4.9 节中介绍的方法绘制例 4.31 中单自由度黏性阻尼系统的响应曲线。

解：程序 Program5. m 运行后需要输入任意力函数的 n 个离散值以及如下数据

n——力函数值已知的离散时间点的数目

t——力函数值已知的 n 维时间数组

f——在不同离散时间处的 n 维力函数值数组，按图 4.34 所示简化方法确定（对例 4.31，按图 4.36 确定）

ff——在不同离散时间处的 n 维力函数值数组，按图 4.34 所示简化方法确定（对例 4.31，按图 4.36确定）

xai——阻尼比 ζ

omn——系统的无阻尼固有频率

delt——时间步长

xk——弹簧刚度

这个程序通过数值方法给出了系统在离散时间点 i 处的响应 $x(i)$。此程序还能画出 x 随时间变化的曲线(图 4.40)。

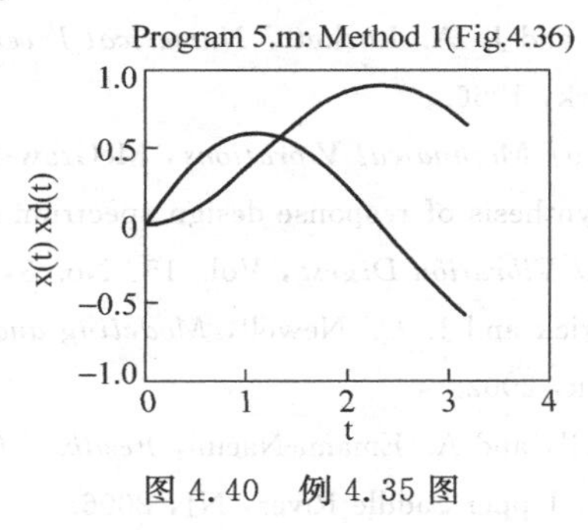

图 4.40 例 4.35 图

本章小结

本章讨论了利用傅里叶级数求单自由度系统在一般周期力作用下的响应。对于系统受到任意激励作用的情况,讨论了利用卷积积分以及拉普拉斯变换求解无阻尼或有阻尼系统的响应。同时给出了响应谱的概念,并利用响应谱求解系统受到地震激励时的响应。最后,讨论了数值方法,包括四阶龙格-库塔法,用于求解系统在任意激励(包括以离散数据形式给出的)下的响应。

参考文献

4.1 S. S. Rao, *Applied Numerical Methods for Engineers and Scientists*, Prentice Hall, Upper Saddle River, NJ, 2002.

4.2 M. Paz, *Sturctural Dynamics: Theory and Computation* (2nd ed.), Van Nostrand Reinhold, New York, 1985.

4.3 E. Kreyszig, *Advanced Engineering Mathematics* (7th ed.), Wiley, New York, 1993.

4.4 F. Oberhettinger and L. Badii, *Tables of Laplace Transforms*, Springer Verlag, New York, 1973.

4.5 G. M. Hieber et al., "Understanding and measuring the shock response spectrum. Part Ⅰ," *Sound and Vibration*, Vol. 8, March 1974, pp. 42-49.

4.6 R. E. D. Bishop, A. G. Parkinson, and J. W. Pendered, "Linear analysis of transient vibration," *Journal of Sound and Vibration*, Vol. 9, 1969, pp. 313-337.

4.7 Y. Matsuzaki and S. Kibe, "Shock and seismic response spectra in design problems." *Shock and Vibration Digest*, Vol. 15, October 1983, pp. 3-10.

4.8 S. Timoshenko, D. H. Young, and W. Weaver, Jr., *Vibration Problems in Engineering* (4th ed.), Wiley, New York, 1974.

4.9 R. A. Spinelli, "Numerical inversion of a Laplace transform," *SIAM Journal of Numerical Analysis*, Vol. 3, 1966, pp. 636-649.

4.10 R. Bellman, R. E. Kalaba, and J. A. Lockett, *Numerical Inversion of the Laplace Transform*, American Elsevier, New York, 1966.

4.11 S. G. Kelly, *Fundamentals of Mechnaical Vibrations*, McGraw-Hill, New York, 1993.

4.12 P-T. D. Spanos, "Digital synthesis of response-design spectrum compatible earthquake records for dynamic analyses," *Shock and Vibration Digest*, Vol. 15, No. 3, March 1983, pp. 21-30.

4.13 C. M. Close, D. K. Frederick and J. C. Newell, *Modeling and Analysis of Dynamic Systems*, (3rd ed.), Wiley, New York, 2002.

4.14 G. F. Franklin, J. D. Powell, and A. Emami-Naeini, *Feedback Control of Dynamic Systems* (5th ed.), Pearson Prentice Hall, Upper Saddle River, NJ, 2006.

4.15 N. S. Nise, *Control Systems Engineering* (3rd ed.), Wiley, New York, 2000.

4.16 K. Ogata, *System Dynamics* (4th ed.), Pearson Prentice Hall, Upper Saddle River, NJ, 2004.

思 考 题

4.1 简答题

1. 在周期激励作用下，把几个谐响应的总和作为系统响应的理论基础是什么？
2. 简要列举一些求系统受非周期力作用时响应的方法。
3. 什么是杜哈美(Duhamel)积分？有什么用途？
4. 在 $t=0$ 时受到一个脉冲激励作用的单自由度系统的初始条件怎样确定？
5. 推导系统受基础运动激励时的运动微分方程。
6. 什么是响应谱？
7. 拉普拉斯变换法的优点是什么？
8. 伪速度谱的作用是什么？
9. 函数 $x(t)$的拉普拉斯变换是怎样定义的？
10. 如何定义系统的广义阻抗和导纳？
11. 简述可以用来近似任意力函数的插值模型。
12. 当外力不是简谐力时有多少个共振条件？
13. 怎样计算周期激励中第一阶谐波的频率？
14. 周期激励的第一阶谐波的频率和高阶谐波频率之间是什么关系？
15. 瞬态响应与稳态响应之间的区别是什么？
16. 什么是一阶系统？
17. 什么是脉冲？
18. 狄拉克函数 $\delta(t)$的性质是什么？

4.2 判断题

1. 动量的改变称为冲量。（　）
2. 根据对几个基本冲量的响应求和能得到系统在任意力作用下的响应。（　）
3. 基础运动激励下系统的响应谱在机械抗振设计中是非常有用的。（　）
4. 有些周期函数不能用一些简谐函数的和来代替。（　）
5. 系统的响应中谐波阶数越高振幅越小。（　）
6. 在拉普拉斯变换中会自动考虑初始条件。（　）
7. 即使激振力是非周期的，运动微分方程也能进行数值积分。（　）
8. 响应谱给出所有可能单自由度系统中的最大响应。（　）
9. 对于一个简谐振子，加速度谱和位移谱可由速度谱得到。（　）
10. 如果质量块 m_1 与 m_2 碰撞后两质量块黏附在一起，则称为弹性碰撞。（　）
11. 瞬态响应的特性可以从传递函数中得到。（　）
12. 龙格-库塔法可用于求任意阶微分方程的数值解。（　）
13. 1 的拉普拉斯变换为$\frac{1}{s}$。（　）

4.3 填空题

1. 线性系统在任意周期力作用下的响应可以通过对合适的谐波响应________得到。
2. 任何非周期函数都可以用________积分表示。
3. 冲击力的特点是数值很大，但作用时间很________。
4. 单位________作用下单自由度系统的响应称为脉冲响应函数。
5. 杜哈美积分也称为________积分。
6. 单自由度系统的最大响应随其固有频率的变化称为________谱。
7. 应用________积分可以求出系统的瞬态响应。
8. 振动问题的全解由________态解和瞬态解组成。
9. 拉普拉斯变换将微分方程转换为________方程。
10. 传递函数是广义阻抗的________。
11. 冲量的大小可由系统________的改变来确定。
12. 杜哈美积分是基于系统的________响应函数得到的。
13. 杜哈美积分可以用来求任意激励作用下________单自由度系统的响应。
14. 根据加速度谱得到的速度响应谱也称为________谱。
15. 任意的周期力函数都可以展开成________级数的形式。
16. 在拉普拉斯域，极限$\lim\limits_{s\to 0}[sX(s)]$给出响应的________值。
17. 系统动量的改变能给出________。

18. 系统总响应是由瞬态值与________组成的。

19. $x(t)$的拉普拉斯变换可以表示为________。

20. $f(t)$表示________的拉普拉斯逆变换。

21. 运动微分方程 $m\ddot{x}(t)+c\dot{x}(t)+kx(t)=f(t)$对应________阶系统。

22. $\delta(t)$的拉普拉斯变换为________。

4.4 选择题

1. 瞬态解是由________引起的。
   (a) 力函数　(b) 初始条件　(c) 边界条件
2. 如果对系统突然施加一非周期力，该响应将是________。
   (a) 周期的　(b) 瞬态的　(c) 稳态的
3. 初始条件用来求解________。
   (a) 稳态解　(b) 瞬态解　(c) 全解
4. 加速度谱 S_a 可由位移谱 S_d 表示为________。
   (a) $S_a=-\omega_n^2S_d$　(b) $S_a=\omega_nS_d$　(c) $S_a=\omega_n^2S_d$
5. 伪谱与________相对应。
   (a) 伪加速度　(b) 伪速度　(c) 伪位移
6. 当函数 $f(t)$的值是________时，可以利用数值方法得到傅里叶系数。
   (a) 解析形式　(b) 离散时间 t 处的值　(c) 复杂方程的形式
7. 在基础运动 $y(t)$激励下单自由度系统的响应可以由外力确定，其形式为________。
   (a) $-m\ddot{y}$　(b) $m\ddot{y}$　(c) $m\ddot{y}+c\dot{y}+ky$
8. 响应谱被广泛应用于________。
   (a) 大的活载荷作用下的建筑物设计　(b) 抗震设计
   (c) 机械的疲劳设计
9. 在基础运动 $y(t)$激励下，系统的运动微分方程为________。
   (a) $m\ddot{x}+c\dot{x}+kx=-m\ddot{y}$
   (b) $m\ddot{z}+c\dot{z}+kz=-m\ddot{y}$；$z=x-y$
   (c) $m\ddot{x}+c\dot{x}+kx=-m\ddot{z}$；$z=x-y$
10. 在拉普拉斯变换中，函数 e^{-st}称为________。
    (a) 积分核　(b) 被积函数　(c) 辅助项
11. $x(t)$的拉普拉斯变换定义为________。
    (a) $\bar{x}(s)=\int_0^{\infty}e^{-st}x(t)dt$　(b) $\bar{x}(s)=\int_{-\infty}^{\infty}e^{-st}x(t)dt$
    (c) $\bar{x}(s)=\int_0^{\infty}e^{st}x(t)dt$

12. 在拉普拉斯域，$\lim\limits_{s\to 0}[sX(s)]$给出了________。

(a) 初始值　(b) 瞬态值　(c) 稳态值

13. $F(t)=\alpha t$ 对应于________。

(a) 一个脉冲　(b) 阶跃力　(c) 斜坡力函数

14. $f(t)=\delta(t-\tau)$表示激励施加在________。

(a) $t-\tau=0$　(b) $t-\tau<0$　(c) $t-\tau>0$

15. 质量块 m_1 与 m_2 进行完全弹性碰撞，________守恒。

(a) 能量　(b) 动能　(c) 速度

16. 过阻尼系统的阶跃响应会出现________。

(a) 无振荡　(b) 振荡　(c) 超调量

17. 将$\dfrac{3s+4}{(s+1)(s+2)}$表示为$\dfrac{C_1}{(s+1)}+\dfrac{C_2}{(s+2)}$的方法称为________法。

(a) 分离　(b) 部分分式　(c) 分解

18. 大多数数值方法求解微分方程时，假设方程的阶数为________。

(a) 一阶　(b) 二阶　(c) 任意阶

4.5　连线题

1. $x(t)=\dfrac{1}{m\omega_{\mathrm{d}}}\mathrm{e}^{-\zeta\omega_n t}\sin\omega_{\mathrm{d}}t$　(a) $\bar{x}(s)$的拉普拉斯逆变换
2. $x(t)=\int_0^t F(\tau)g(t-\tau)\mathrm{d}\tau$　(b) 广义阻抗函数
3. $x(t)=\mathscr{L}^{-1}\bar{Y}(s)\bar{F}(s)$　(c) 单位脉冲响应函数
4. $\bar{Y}(s)=\dfrac{1}{ms^2+cs+k}$　(d) 拉普拉斯变换
5. $\bar{z}(s)=ms^2+cs+k$　(e) 卷积积分
6. $\bar{x}(s)=\int_0^\infty \mathrm{e}^{-st}x(t)\mathrm{d}t$　(f) 导纳函数

4.6　将下列瞬态响应的特性进行连线

1. 峰值时间　(a) 最大峰值
2. 上升时间　(b) 达到最大值所需时间
3. 最大超调量　(c) 达到稳定在偏差为稳态值的$\pm 2\%$所需的时间
4. 镇定时间　(d) 达到稳态值的 50%所需的时间
5. 滞后时间　(e) 从稳态值的 10%增加到 90%所需的时间

习　题

§4.2　一般周期力作用下的响应

4.1　求图 4.4(a)所示液压控制阀的稳态响应，作用在其上的力函数如图 1.116 所示。注意将 $x(t)$ 替换为 $F(t)$，A 替换为 F_0。

4.2　求图 4.4(a)所示液压控制阀的稳态响应，作用在其上的力函数如图 1.117 所示。注意将 $x(t)$ 替换为 $F(t)$，A 替换为 F_0。

4.3　求图 4.4(a)所示液压控制阀的稳态响应，作用在其上的力函数如图 1.118 所示。注意将 $x(t)$ 替换为 $F(t)$，A 替换为 F_0。

4.4　求图 4.4(a)所示液压控制阀的稳态响应，作用在其上的力函数如图 1.119 所示。注意将 $x(t)$ 替换为 $F(t)$，A 替换为 F_0。

4.5　求出单自由度黏性阻尼系统的稳态响应，作用在其上的力函数如图 1.54(a)所示。注意将 $x(t)$和 A 分别替换为 $F(t)$和 F_0。

4.6　在稳定运行条件下，固定在轴上的从动齿轮的扭转振动（见图 4.41）由下列方程控制

$$J_0\ddot{\theta}+k_t\theta=M_t$$

其中 k_t 是从动轴的扭转刚度，M_t 是传递的扭矩，J_0 是转动惯量，θ 是从动齿轮的角变形。如果主动齿轮（共 16 齿）的一个轮齿发生了损坏，求从动齿轮的扭转振动。数据如下：从动齿轮的 $J_0=0.1\ \text{N}\cdot\text{m}\cdot\text{s}^2$，转速 1000 r/min；从动轴为钢质，横截面直径为 5 cm，长为 1 m，$M_{t0}=1000\ \text{N}\cdot\text{m}$。

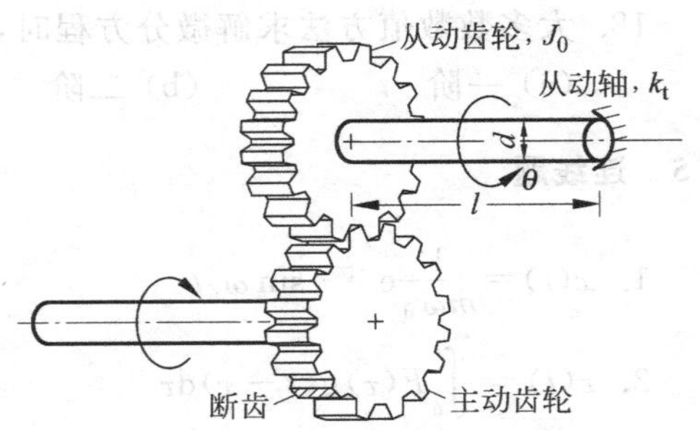

图 4.41　习题 4.6 图

4.7　一曲柄滑块机构用来产生弹簧-质量-阻尼系统基础的运动，如图 4.42 所示。若将 $y(t)$ 近似为一系列简谐函数，求质量块的响应。系统参数如下：$m=1$ kg，$c=10$ N·s/m，$k=100$ N/m，$r=10$ cm，$l=1$ m，$\omega=100$ rad/s。

4.8　弹簧-质量-阻尼系统的基础作如图 4.43 所示的周期运动，应用叠加原理确定质量块的响应。

4.9　如图 4.44 所示，一个具有库仑阻尼的弹簧-质量系统，左边与一个曲柄滑块机构相连，试确定系统的响应。其中，质量块和接触面间的摩擦系数为 μ，$y(t)$ 近似为一系列简谐函数，$m=1$ kg，$k=100$ N/m，$r=10$ cm，$l=1$ m，$\mu=0.1$，$\omega=100$ rad/s。并讨论所给解的局限性。

4.10　如图 4.45 所示，一个转动凸轮用来给一个弹簧-质量系统的支承提供周期性的运动。如果质量块与接触面间的摩擦系数为 μ，应用叠加原理确定系统的响应，并讨论结果的有效性。

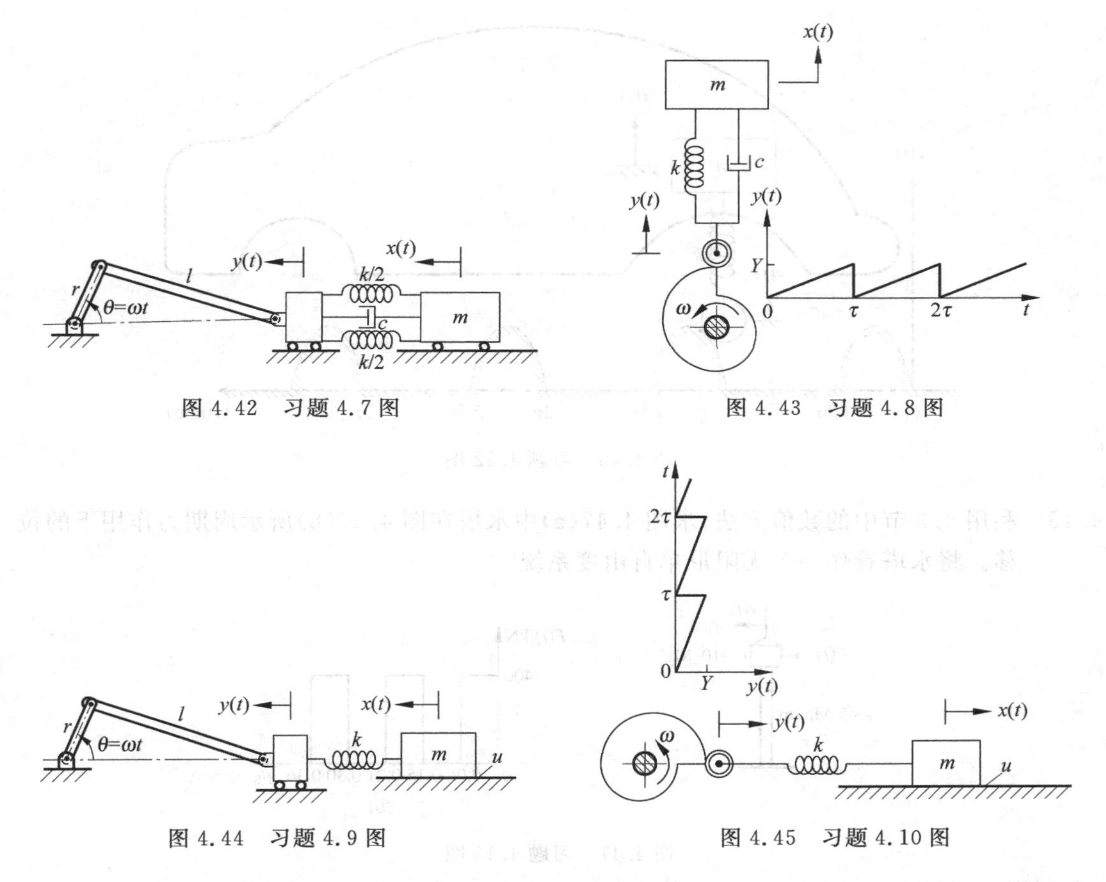

图 4.42　习题 4.7 图

图 4.43　习题 4.8 图

图 4.44　习题 4.9 图

图 4.45　习题 4.10 图

4.11　求单自由度黏性阻尼系统的全响应。已知系统受到基础激励的作用,相应数据如下:$m=10$ kg,$c=20$ N·s/m,$k=4000$ N/m,$y(t)=0.05\cos 5t$ m,$x_0=0.1$ m,$\dot{x}_0=1$ m/s。

4.12　在颠簸道路上行驶的汽车,其悬架系统的刚度系数为 $k=5\times10^6$ N/m,汽车的等效质量为 $m=750$ kg。颠簸的道路可以认为是具有周期性的正弦半波,如图 4.46 所示。试求汽车的位移响应。假设系统的阻尼忽略不计。

提示:道路的傅里叶级数表达式为

$$y(t)=\frac{1}{\pi}+\frac{1}{2}\sin 2\pi t-\frac{2}{\pi}\left[\frac{\cos 4\pi t}{1(3)}+\frac{\cos 8\pi t}{3(5)}+\frac{\cos 12\pi t}{5(7)}+\cdots\right]$$

§4.3　不规则形式的周期力作用下的响应

4.13　单自由度黏性阻尼系统受如图 1.121 所示周期性载荷的作用,求系统响应。已知 $m=1$ kg,$k=15$ kN/m,$\zeta=0.1$。

4.14　求黏性阻尼系统在习题 1.116 中所述周期力作用下的响应。假定 M_t 表示在 t_i 时刻的力的大小,单位为 N。其他参数如下:$m=0.5$ kg,$k=8000$ N/m,$\zeta=0.06$。

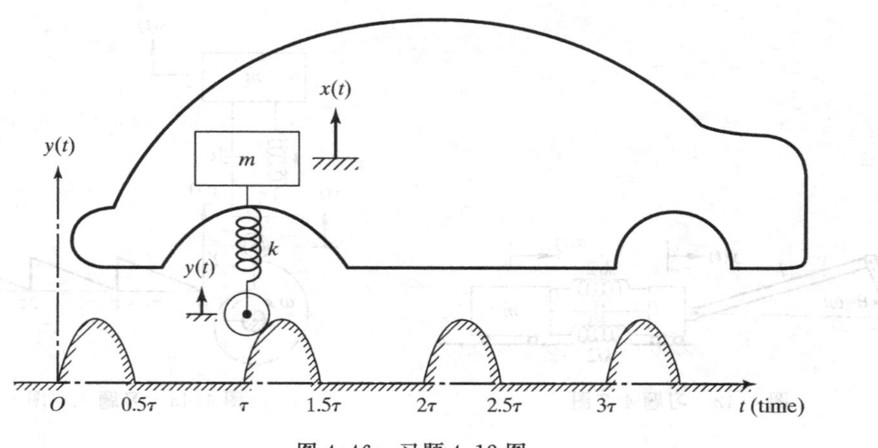

图 4.46 习题 4.12 图

4.15 利用 4.3 节中的数值方法，求图 4.47(a)中水塔在图 4.47(b)所示周期力作用下的位移。将水塔看作一个无阻尼单自由度系统。

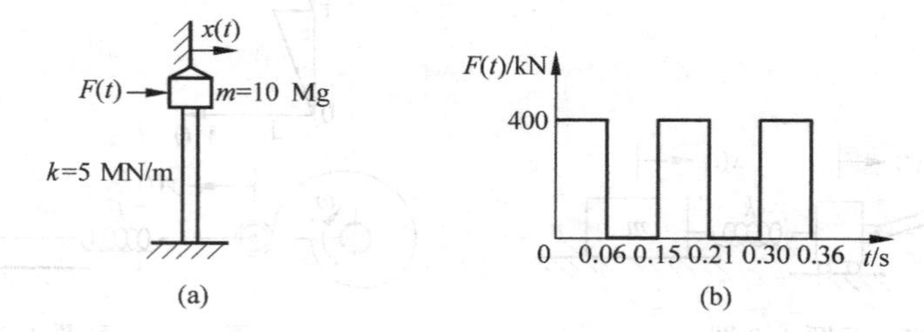

图 4.47 习题 4.15 图

§4.5 卷积积分

4.16 喷砂的过程是将细砂构成喷射流直接喷射到铸件表面，从而达到清洁铸件表面的目的。某喷沙装置是将质量为 m 的铸件固定在如图 4.48(a)所示的刚度为 k 的弹性支承上。如果喷砂过程中施加在铸件表面上的力随时间的变化如图 4.48(b)所示，求铸件的响应。

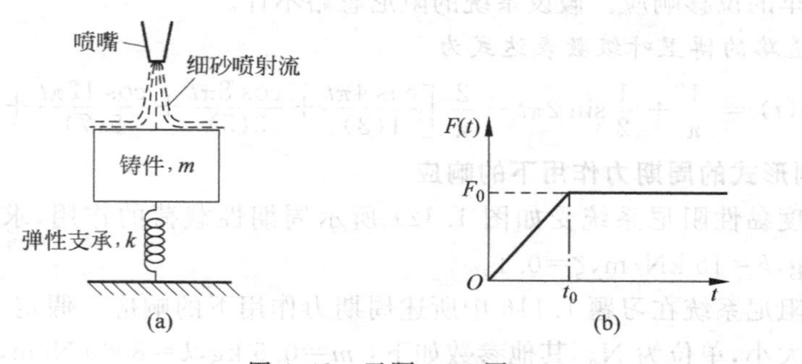

图 4.48 习题 4.16 图

4.17　求在力函数 $F(t)=F_0\mathrm{e}^{-\alpha t}$ 作用下单自由度阻尼系统的位移，α 是常量。

4.18　如图 4.49(a)所示，压缩空气瓶和一个弹簧-质量系统相连。阀门开启后作用在活塞上的压力 $p(t)$ 的变化如图 4.49(b)所示。根据下列数据求活塞的响应：$m=10\ \mathrm{kg}$，$k=1000\ \mathrm{N/m}$，$d=0.1\ \mathrm{m}$。

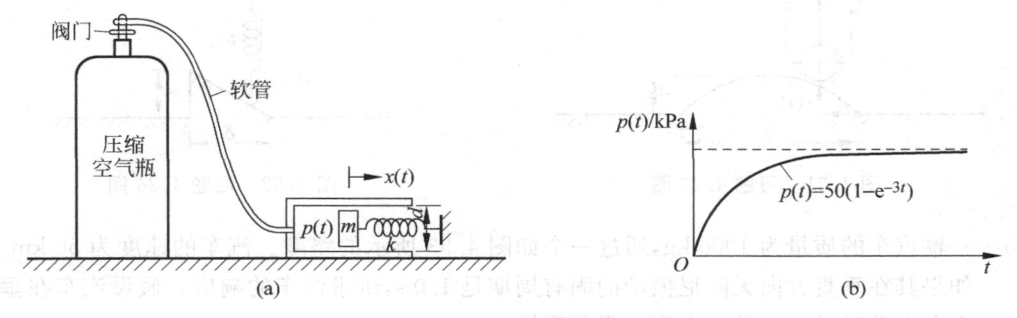

图 4.49　习题 4.18 图

4.19　求当 $t>\omega/\pi$ 时无阻尼弹簧-质量系统的瞬态响应，质量块的受力为

$$F(t)=\begin{cases}\dfrac{F_0}{2}(1-\cos\omega t), & 0\leqslant t\leqslant\dfrac{\pi}{\omega}\\[2ex] F_0, & t>\dfrac{\pi}{\omega}\end{cases}$$

假设质量块的位移和速度在 $t=0$ 时为零。

4.20　利用杜哈美积分推导在图 4.50(a)所示的力函数作用下，无阻尼系统响应的表达式。

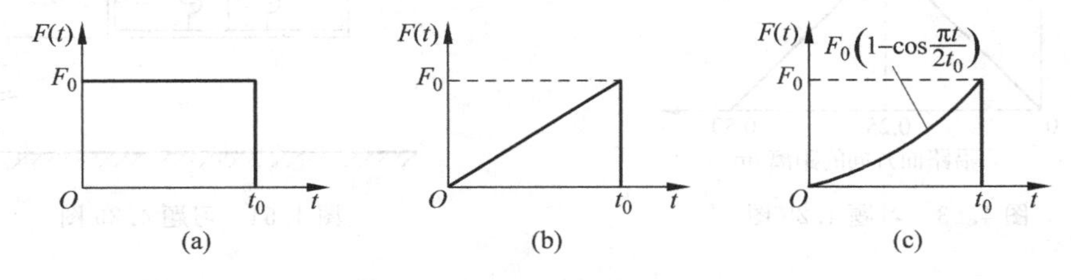

图 4.50　习题 4.20～习题 4.22 图

4.21　利用杜哈美积分推导在图 4.50(b)所示的力函数作用下，无阻尼系统响应的表达式。

4.22　利用杜哈美积分推导在图 4.50(c)所示的力函数作用下，无阻尼系统响应的表达式。

4.23　图 4.51 所示为一在水平方向行驶的摩托车的单自由度模型。试求当其通过一个路面凸起时的相对位移。该凸起的函数表达为 $y(s)=Y\sin\pi s/\delta$。

4.24　如图 4.52 所示，一辆在水平方向以速度 v 匀速行驶的车辆经过一个三角形的路面凸起。把该车辆看成是一个无阻尼弹簧-质量系统，求其在垂直方向的响应。

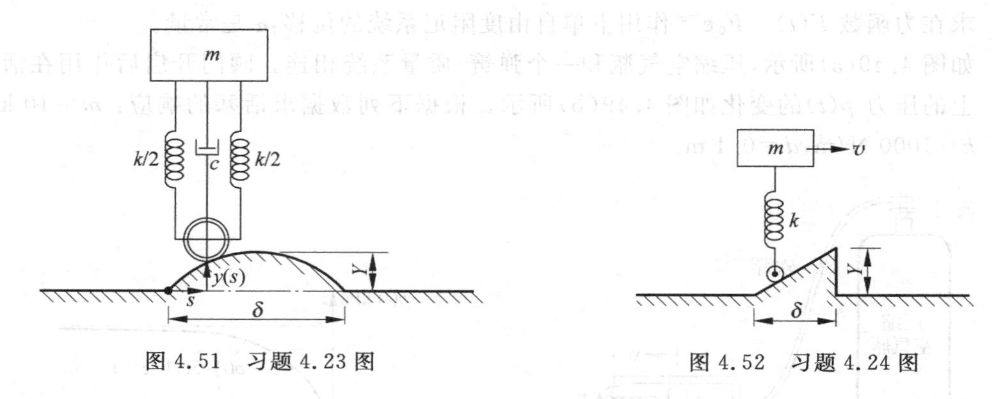

图 4.51　习题 4.23 图　　　　图 4.52　习题 4.24 图

4.25　一辆汽车的质量为 1000 kg，通过一个如图 4.53 所示的路障。汽车的速度为 50 km/h，如果其在垂直方向无阻尼振动的固有周期是 1.0 s，试求汽车的响应。假设汽车在垂直方向振动时是一个单自由度无阻尼系统。

4.26　一台质量为 m 的便携式摄像机置于一个用柔性材料做成的包装箱内。包装材料的刚度和黏性常数分别由 k 和 c 给出，并且包装箱的质量可以忽略不计。如果包装箱偶然从高 h 处掉落到刚性地面上（如图 4.54 所示），试求摄像机的运动。

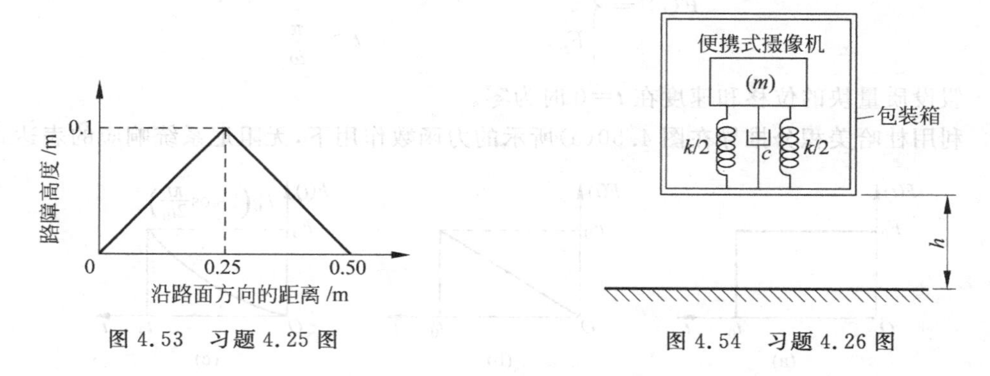

图 4.53　习题 4.25 图　　　　图 4.54　习题 4.26 图

4.27　一架在跑道上滑行的飞机遇到了一个障碍后，引起的机翼根部位移可表示为

$$y(t)=\begin{cases}Y(t^2/t_0^2), & 0\leqslant t\leqslant t_0\\ 0, & t>t_0\end{cases}$$

如果机翼的刚度为 k，求位于机翼端部的质量块的响应（见图 4.55）。

4.28　推导例 4.12 中的式（E.1）。

4.29　在火箭的静态点火实验中，将火箭通过弹簧-阻尼系统固定在刚性墙上，如图 4.56(a) 所示。作用在火箭上的推力在一个极短的时间内达到其最大值 F，此后保持为一常量，直到燃料燃尽，如图 4.56(b) 所示。作用在火箭上的推力可由 $F=m_0 v$ 得到，这里 m_0 是燃料燃烧的速率，v 是喷射气流的速度。火箭的初始质量是 M，所以在任意

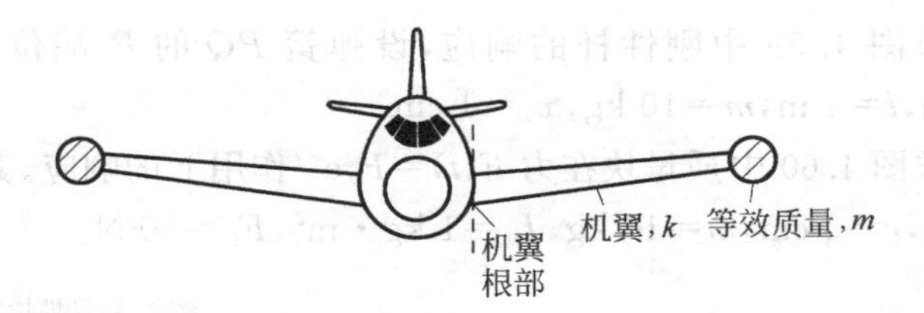

图 4.55　习题 4.27 图

时刻 t 它的质量为 $m=M-m_0t, 0\leqslant t\leqslant t_0$。如果其他参数为 $k=7.5\times10^6$ N/m，$c=0.1\times10^6$ N·s/m，$m_0=10$ kg/s，$v=2000$ m/s，$M=2000$ kg，$t_0=100$ s。(a)推导火箭的运动微分方程；(b)假定火箭的平均质量(恒定)为$\left(M-\dfrac{1}{2}m_0t_0\right)$，求火箭的最大稳态位移。

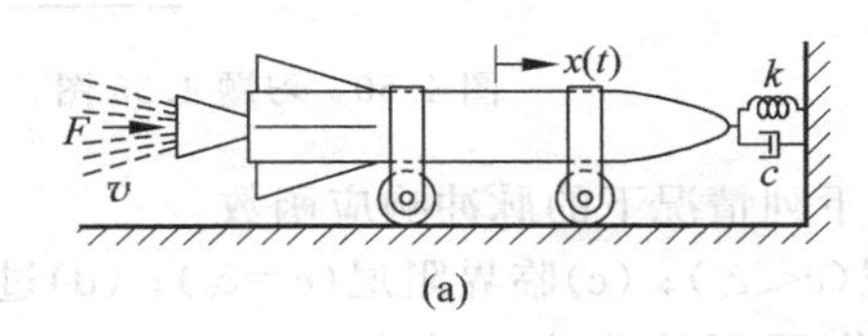

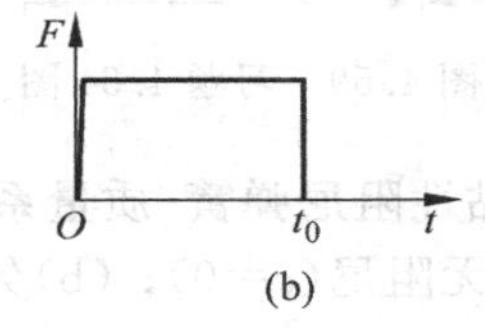

图 4.56　习题 4.29 图

4.30　证明单位阶跃函数 $h(t)$(如图 4.10(b)所示，其中 $F_0=1$)作用下单自由度系统的响应与如式(4.25)所示的脉冲响应函数 $g(t)$之间的关系为

$$g(t)=\frac{\mathrm{d}h(t)}{\mathrm{d}t}$$

4.31　证明式(4.31)所示的卷积积分，也可以利用单位阶跃函数表示为

$$x(t)=F(0)h(t)+\int_0^t\frac{\mathrm{d}F(\tau)}{\mathrm{d}\tau}h(t-\tau)\mathrm{d}\tau$$

4.32　用卷积积分求图 4.57 中刚性杆的响应。其中，$k_1=k_2=5000$ N/m，$a=0.25$ m，$b=0.5$ m，$l=1.0$ m，$M=50$ kg，$m=10$ kg，$F_0=500$ N。

4.33　用卷积积分求图 4.58 中刚性杆的响应，其中 $k=5000$ N/m，$l=1$ m，$m=10$ kg，$M_0=100$ N·m。

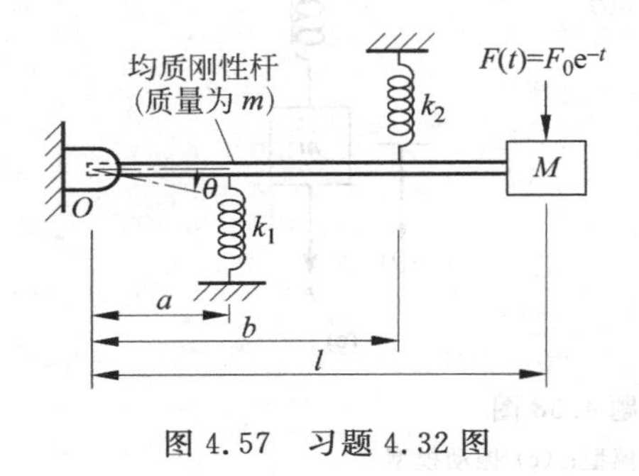

图 4.57　习题 4.32 图

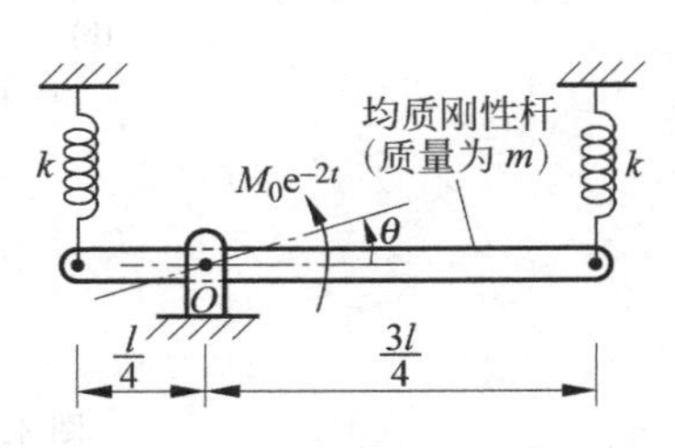

图 4.58　习题 4.33 图

4.34 用卷积积分求图4.59中刚性杆的响应，设弹簧 PQ 的 P 端位移为 $x(t)=x_0\mathrm{e}^{-t}$，$k=5000\ \mathrm{N/m}$，$l=1\ \mathrm{m}$，$m=10\ \mathrm{kg}$，$x_0=1\ \mathrm{cm}$。

4.35 用卷积积分求图4.60中质量块在力 $F(t)=F_0\mathrm{e}^{-t}$ 作用下的响应。其中，$k_1=1000\ \mathrm{N/m}$，$k_2=500\ \mathrm{N/m}$，$r=5\ \mathrm{cm}$，$m=10\ \mathrm{kg}$，$J_0=1\ \mathrm{kg\cdot m^2}$，$F_0=50\ \mathrm{N}$。

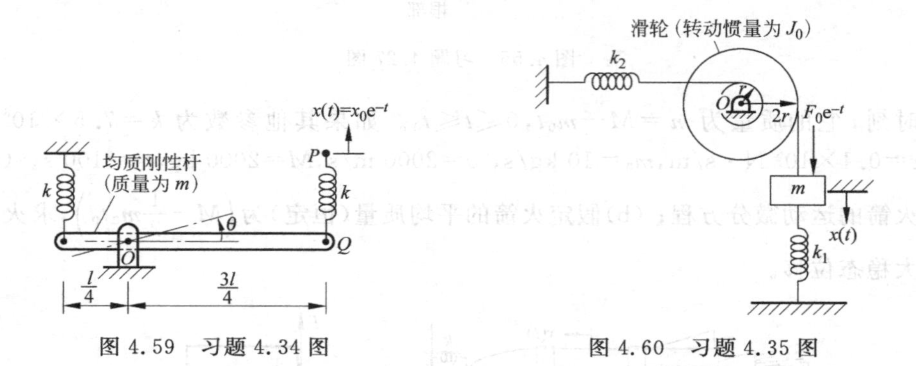

图4.59 习题4.34图 图4.60 习题4.35图

4.36 求黏性阻尼弹簧-质量系统在下列情况下的脉冲响应函数

(a)无阻尼（$c=0$）；(b)欠阻尼（$c<c_c$）；(c)临界阻尼（$c=c_c$）；(d)过阻尼（$c>c_c$）

4.37 求单自由度系统在一个冲量 $\boldsymbol{F}$ 作用下的响应。其中，$m=2\ \mathrm{kg}$，$c=4\ \mathrm{N\cdot s/m}$，$k=32\ \mathrm{N/m}$，$\boldsymbol{F}=4\delta(t)$，$x_0=0.01\ \mathrm{m}$，$\dot{x}_0=1\ \mathrm{m/s}$。

4.38 如图4.61所示，战斗机机翼的末端载有导弹。在讨论机翼的振动时，可以将其简化

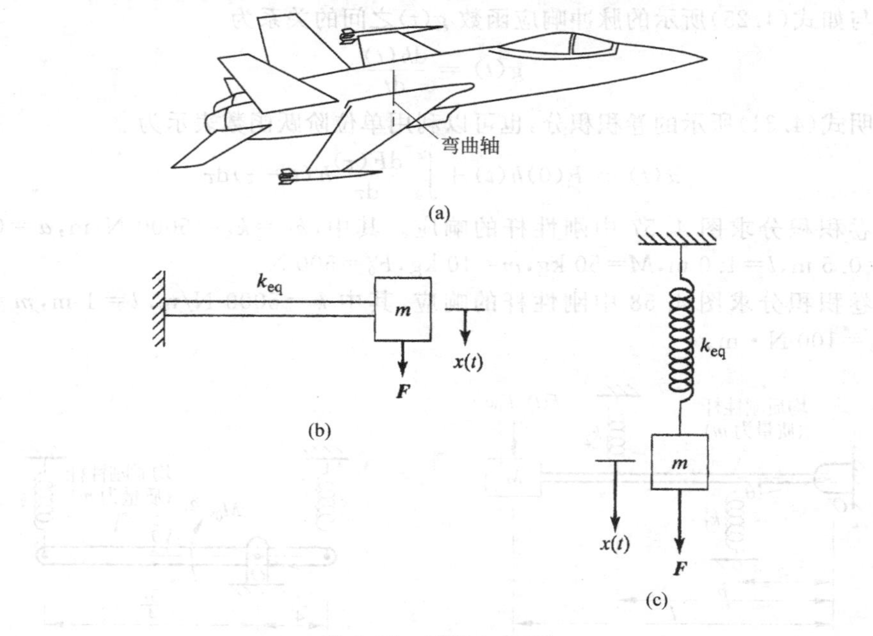

图4.61 习题4.38图

(a) 实际系统；(b) 梁模型；(c) 振动模型

为一长为 $l=10$ m、关于竖直方向轴的抗弯刚度为 $EI=15\times10^9$ N·m² 的悬臂梁。假设机翼在末端的等效质量(包括导弹及其支架系统的质量)为 $m=2500$ kg,求由于导弹发射而引起的机翼(即等效质量 m)的振动响应。假设由于导弹发射而作用在质量 m 上的力可近似为大小等于 50 N·s 的冲量。

4.39　如图 4.62(a)所示锻锤的框架、铁砧以及底座的总质量为 m。弹性支撑垫的刚度系数为 k,如果锻锤施加如图 4.62(b)所示的激励,求铁砧的响应。

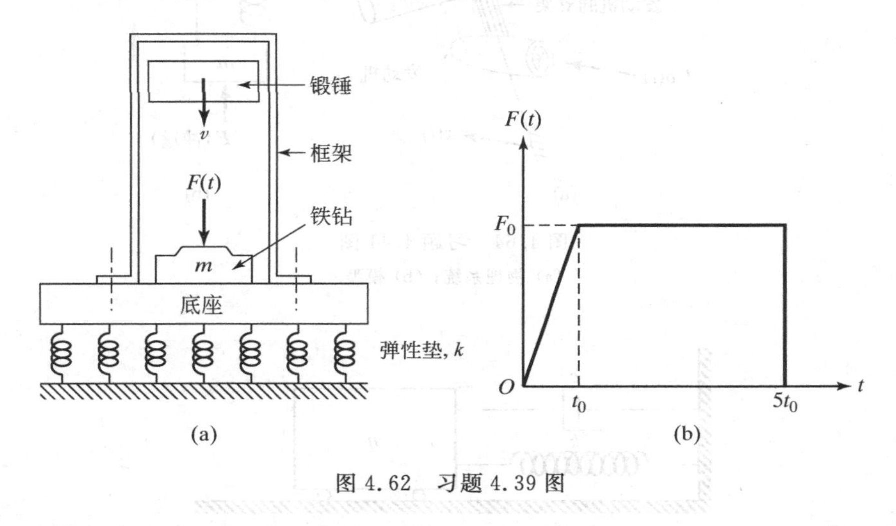

图 4.62　习题 4.39 图

4.40　内燃机通过凸轮在 0.001 s 内对阀施加 $F=15000$ N 的力,如图 4.63 所示(见图 1.39 所示的阀结构)。阀的质量为 15 kg,刚度系数为 10000 N/m,阻尼参数为 20 N·s/m。凸轮施加力的周期为 0.5 s 求:(a)凸轮第一次施加力 F 时,阀从静平衡位置量起的位移;(b)凸轮第二次施加力 F 时,阀从静平衡位置量起的位移。

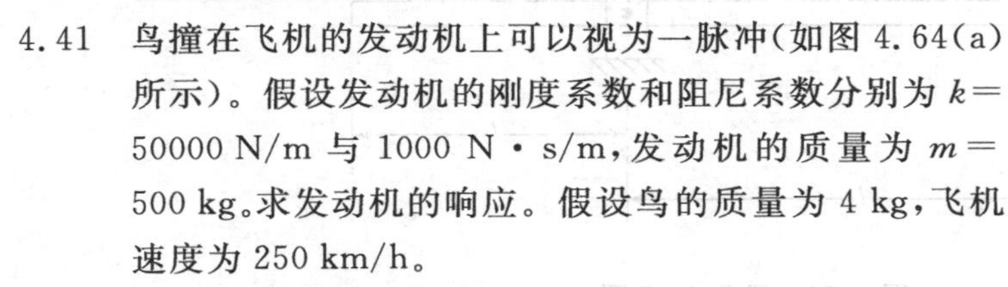

4.41　鸟撞在飞机的发动机上可以视为一脉冲(如图 4.64(a)所示)。假设发动机的刚度系数和阻尼系数分别为 $k=50000$ N/m 与 1000 N·s/m,发动机的质量为 $m=500$ kg。求发动机的响应。假设鸟的质量为 4 kg,飞机速度为 250 km/h。

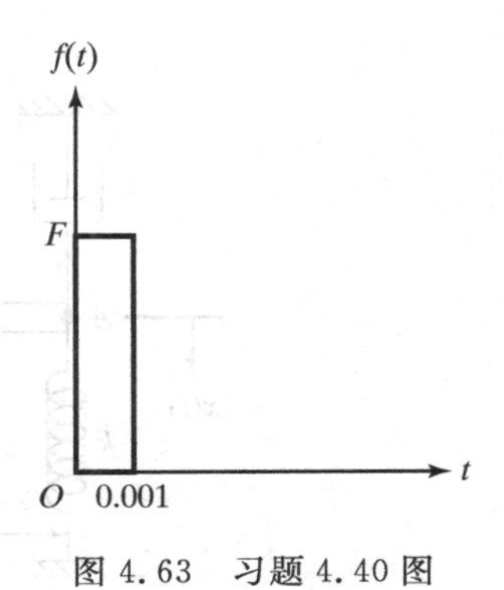

图 4.63　习题 4.40 图

4.42　如图 4.65 所示的轨道车辆,初始时刻静止,由于受到一个冲量 $5\delta(t)$而开始运动。(a)确定该车辆的运动;(b)如果对此车辆施加另外一个脉冲以期使之停下来,试求需要多大的冲量。

4.43　一个弹簧-阻尼系统连接到一个无质量的刚性杆上,如图 4.66 所示。如果阶跃激励的幅值为 F_0,在 $t=0$ 时刻施加,试确定该杠杆上点 A 的位移 $x(t)$。

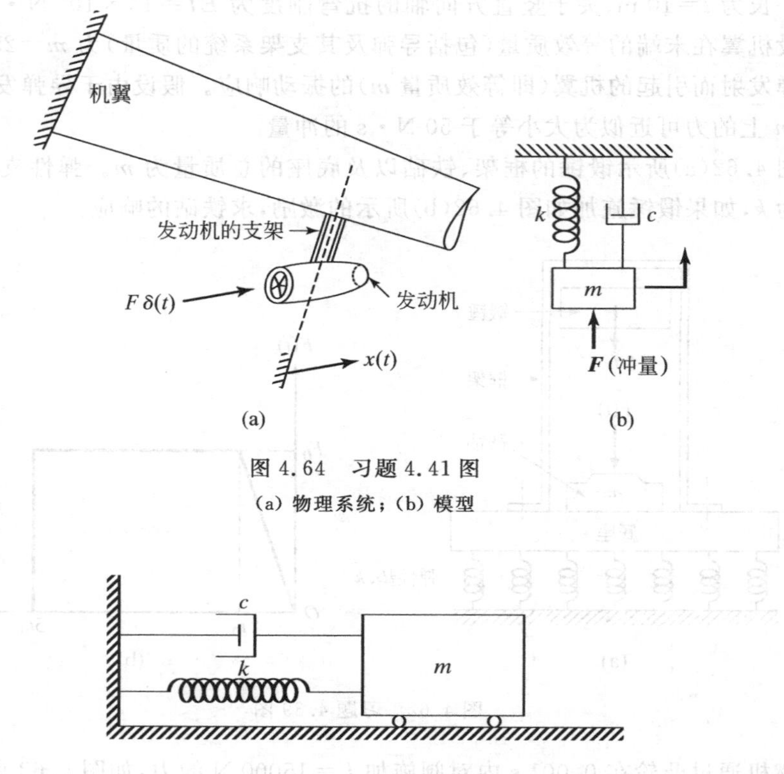

图 4.64　习题 4.41 图

(a) 物理系统；(b) 模型

图 4.65　习题 4.42 图

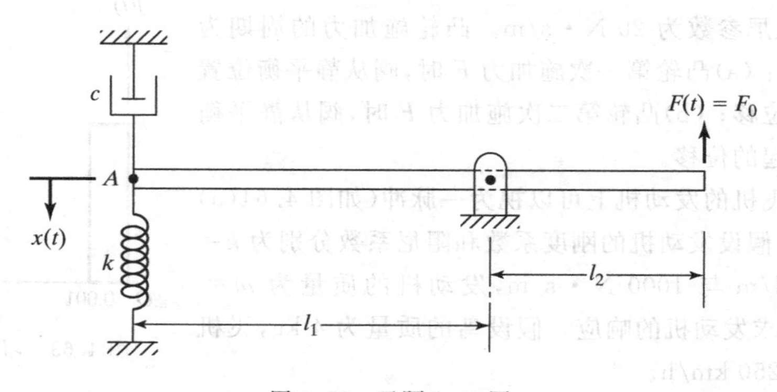

图 4.66　习题 4.43 图

4.44　在航天飞机上，一质量为 m 的太空实验包放在刚度系数为 k 的弹性悬架上。在发射过程中，航天飞机（包的支撑基座）以 $\ddot{y}(t)=\alpha t$ 不断加速，其中 α 为常数。试确定太空实验包随时间变化的位移 $x(t)$，以及相对位移 $x(t)-y(t)$。假设零初始条件。

4.45　一个人手里举着一质量为 m 的精密仪器站在建筑物中的电梯中（见图 4.67）。电梯

在 $t=0$ 时的速度为 v_0，在 τ 时的速度为 0(停止)，于是速度变化可表示为

$$V(t)=\begin{cases}v_0\left(1-\dfrac{t}{\tau}\right), & 0\leqslant t\leqslant\tau\\ 0, & t>\tau\end{cases}$$

假设人在站姿时的刚度系数为 k，试确定精密仪器的位移变化 $x(t)$。

4.46　如图 4.47(a)所示的水箱，受到一阵飓风的强力作用，其随时间的变化如图 4.68 所示。假设零初始条件，试求水箱的位移响应 $x(t)$。

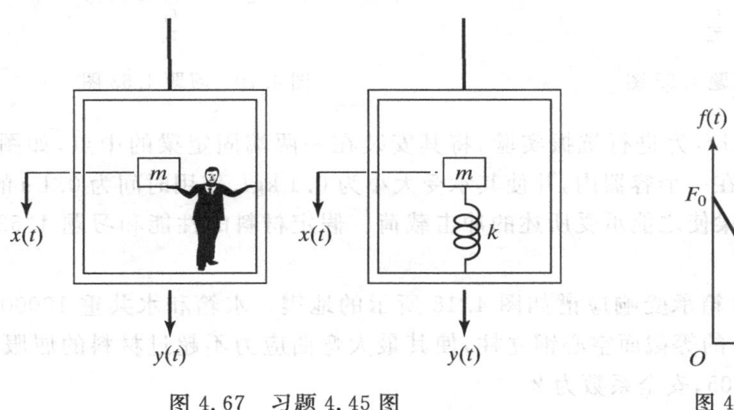

图 4.67　习题 4.45 图

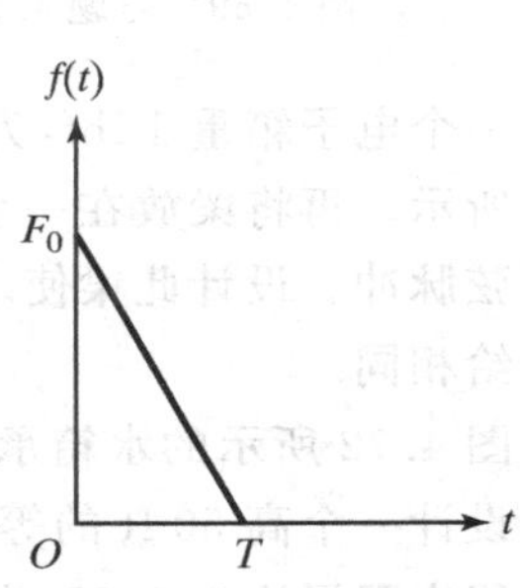

图 4.68　习题 4.46 图

§4.6　响应谱

4.47　推导无阻尼系统在如图 4.50(a)所示矩形脉冲作用下的响应谱，并画图表示 $(x/\delta_{st})_{max}$ 和 t_0/τ_n 之间的关系。

4.48　求无阻尼系统在如图 4.50(c)所示脉冲作用下的位移响应谱。

4.49　一无阻尼弹簧-质量系统的基础承受一加速度激励 $a_0[1-\sin(\pi t/2t_0)]$，求质量块的相对位移 z。

4.50　求例 4.13 中所讨论系统的响应谱，并画图表示 $\left(\dfrac{kx}{F_0}\right)_{max}$ 和 $\omega_n t_0$ 之间的关系($0\leqslant\omega_n t_0\leqslant15$)。

4.51　一建筑物框架受到爆炸载荷的作用，框架和载荷的简化模型如图 4.14 所示。如果 $m=5000$ kg，$F_0=4$ MN，$t_0=0.4$ s，求当位移不超过 10 mm 时所需的最小刚度值。

4.52　如图 4.23(a)所示，印刷电路板固定在一铝制的悬臂支架上。对支架进行设计以使其在如图 4.69 所示矩形脉冲作用下引起的加速度不超过 $100g$(g 是重力加速度)。假设梁单位体积的重量、弹性模量和许用应力分别为 0.1 lbf/in^3，10^7 lbf/in^2 和 26000 lbf/in^2。

4.53　如图 4.23(a)所示，印刷电路板固定在一铝制的悬臂支架上。对支架进行设计以使其在如图 4.70 所示三角形脉冲作用下引起的加速度不超过 $100g$(g 是重力加速度)，假设材料性质如习题 4.52 中所述。

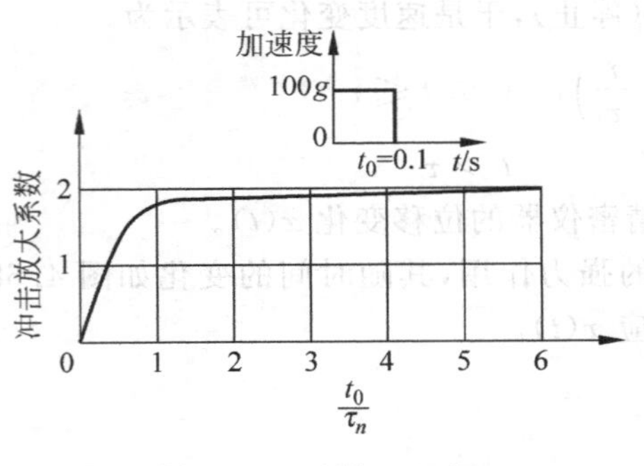

图 4.69 习题 4.52 图

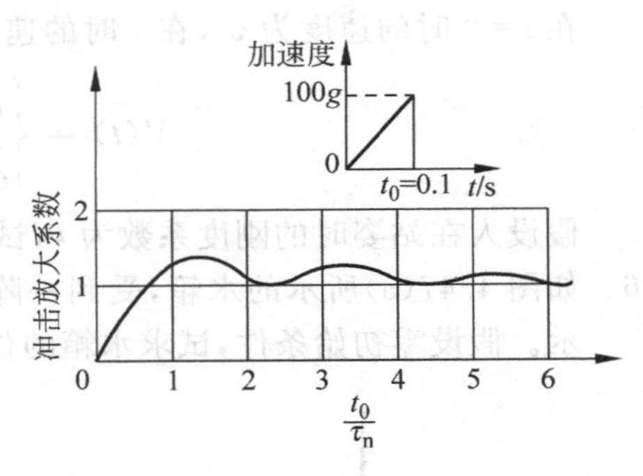

图 4.70 习题 4.53 图

4.54 一个电子箱重 1 lbf,为进行抗振实验,将其安装在一两端固定梁的中点,如图 4.71 所示。再将梁放在一个容器内,并使其承受大小为 0.1 kgf、作用时间为 0.1 s 的半正弦脉冲。设计此梁使之能承受所述的冲击载荷。假定材料的性能和习题 4.52 中所给相同。

4.55 图 4.72 所示的水箱承受响应谱如图 4.18 所示的地震。水箱和水共重 100000 lbf。设计一个高 50 ft 的等截面空心钢立柱,使其最大弯曲应力不超过材料的屈服应力。假定阻尼比为 0.05,安全系数为 2。

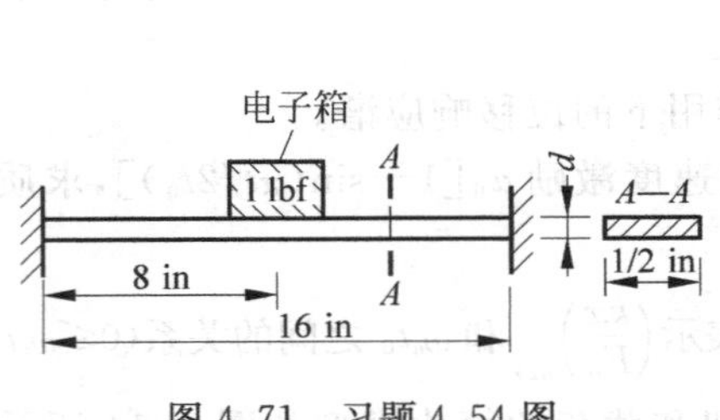

图 4.71 习题 4.54 图

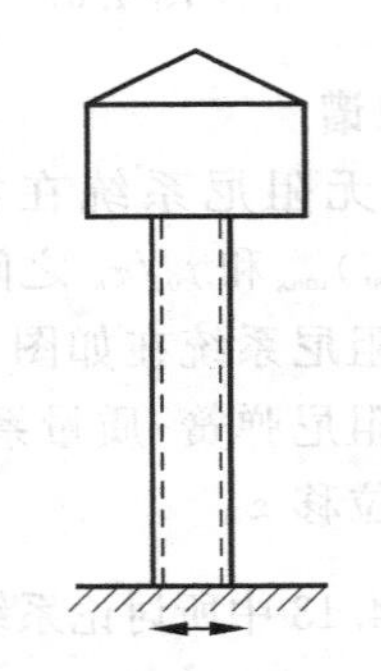

图 4.72 习题 4.55 图

4.56 如图 4.21 所示的桥式起重机中,假设小车重 5000 lbf,总的阻尼比为 2%。确定系统所必需的最小刚度,使之能在图 4.19 中给出的竖向地震中不致出轨。

4.57 一圆形截面的电线杆,刚度系数为 $k=5000$ N/m,阻尼比 $\zeta=0.05$。一质量为 $m=250$ kg 的变压器安装在其上,如图 4.73 所示。地震的响应谱特性如图 4.18 所示,试求:(a)变压器的相对最大位移;(b)电线杆的最大剪力;(c)电线杆的最大弯矩。

§4.7 拉普拉斯变换

4.58 利用拉普拉斯变换求一个无阻尼单自由度系统在力 $F(t)=F_0e^{i\omega t}$ 作用下的稳态响应。

4.59　利用拉普拉斯变换求一个有阻尼弹簧-质量系统在一个大小为 F_0 的阶跃函数作用下的响应。

4.60　利用拉普拉斯变换求一个无阻尼系统在矩形脉冲 $F(t)=F_0(0\leqslant t\leqslant t_0)$ 作用下的响应。假定初始条件为0。

4.61　推导有阻尼单自由度系统对下列力函数响应的拉普拉斯变换表达式

(a) $f(t)=A\sin\omega t$

(b) $f(t)=A\cos\omega t$

(c) $f(t)=Ae^{-\omega t}$

(d) $f(t)=A\delta(t-t_0)$

4.62　推导单自由度临界阻尼系统的脉冲响应函数的表达式。

4.63　求由如下运动微分方程描述的系统对初始激励的响应，并画出系统的响应曲线。系统的初始条件为 $x(t=0)=x_0=0.05m$，$\dot{x}(t=0)=\dot{x}_0=0$。运动微分方程为

$$2\ddot{x}+8\dot{x}+16x=5\delta(t)$$

4.64　一质量为 m_0 的球从高 h 处落向一单自由度系统，如图4.74所示。球第一次反弹后被抓住，试求质量块 m 的位移响应。假设碰撞时属于完全弹性碰撞，系统在碰撞前处于平衡状态。数据：$M=2$ kg，$m_0=0.1$ kg，$k=100$ N/m，$c=5$ N·s/m，$h=2$ m。

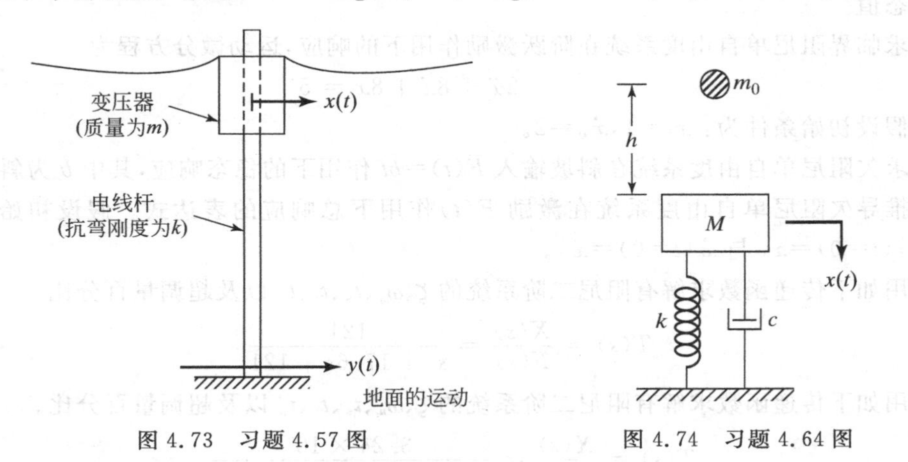

图4.73　习题4.57图　　图4.74　习题4.64图

4.65　考虑如下一阶系统的运动微分方程

$$0.5\dot{x}+4x=f(t)$$

其中力函数 $f(t)$ 是周期函数。如果 $f(t)$ 的傅里叶级数展开式为

$$f(t)=4\sin 2t+2\sin 4t+\sin 6t+0.5\sin 8t+\cdots$$

(a) 系统带宽为多少？

(b) 只考虑激励 $f(t)$ 中在系统带宽范围之内的部分，试求系统的稳态响应。

4.66　试求由下列运动微分方程所描述系统的阶跃响应。

(a) $2\ddot{x}+10\dot{x}+12.5=10u_s(t)$;

(b) $2\ddot{x}+10\dot{x}+8=10u_s(t)$;

(c) $2\ddot{x}+10\dot{x}+18=10u_s(t)$。

4.67 根据拉普拉斯变换的定义,推导出斜坡激励 $F(t)=bt(t\geqslant 0)$的拉普拉斯变换。

4.68 试求下式的拉普拉斯逆变换

$$F(s)=\frac{-s+3}{(s+1)(s+2)}$$

4.69 试求下式的拉普拉斯逆变换

$$F(s)=\frac{3s+8}{(s+1)(s+2)}$$

4.70 基于下面的运动微分方程,求如图 4.1(a)所示弹簧-阻尼(一阶)系统的响应。

$$c\dot{x}+kx=\bar{F}(t)$$

其中激励 $\bar{F}(t)$为单位阶跃函数。同时分别从时域和拉普拉斯域确定系统响应的初始值以及稳态值。

4.71 分别从时域和拉普拉斯域求例 4.20 中一阶系统斜坡响应的初始值以及稳态值。

4.72 运用时域解和拉普拉斯域解,求例 4.19 所示的无阻尼系统的脉冲响应的初始值及稳态值。

4.73 求临界阻尼单自由度系统在阶跃激励作用下的响应,运动微分方程为

$$2\ddot{x}+8\dot{x}+8x=5$$

假设初始条件为:$x_0=1,\dot{x}_0=2$。

4.74 求欠阻尼单自由度系统在斜坡输入 $\bar{F}(t)=bt$ 作用下的稳态响应,其中 b 为斜率。

4.75 推导欠阻尼单自由度系统在激励 $F(t)$作用下总响应的表达式。假设初始条件为 $x(t=0)=x_0$ 与 $\dot{x}(t=0)=\dot{x}_0$。

4.76 用如下传递函数求解有阻尼二阶系统的 ζ、ω_n、t_s、t_r、t_p 以及超调量百分比。

$$T(s)=\frac{X(s)}{F(s)}=\frac{121}{s^2+17.6s+121}$$

4.77 用如下传递函数求解有阻尼二阶系统的 ζ、ω_n、t_s、t_r、t_p 以及超调量百分比。

$$T(s)=\frac{X(s)}{F(s)}=\frac{3.24\times 10^6}{s^2+17.6s+3.24\times 10^6}$$

4.78 如图 4.2(a)所示的平动二阶系统,其中 $m=6$ kg,$c=30$ N·s/m,$k=45$ N/m。试求 ζ、ω_n、t_s、t_r、t_p 的值及超调量百分比。

4.79 如图 4.2(c)所示的扭转二阶系统,其中 $J=6$ kg·m²,$c_t=3$ N·s/rad,$k_t=45$ N/rad。求 ζ、ω_n、t_s、t_r、t_p 的值及超调量百分比。

4.80 如图 4.2(a)所示的平动系统,$k=1$,$f(t)$为一单位阶跃函数,确定 m 与 c 的值,使得系统的超调量为40%,镇定时间为 5 s。

§4.8 数值方法

4.81 利用龙格-库塔法求运动微分方程为 $m\ddot{x}+c\dot{x}+kx=F(t)$ 的单自由度阻尼系统的响应。假设 $m=5$ kg，$c=200$ N·s/m，$k=750$ N/m，以及

$$F(t)=\begin{cases}\dfrac{F_0 t}{t_1}, & 0\leqslant t\leqslant t_1\\ F_0, & t\geqslant t_1\end{cases}$$

其中 $F_0=2000$ N，$t_1=6$ s。

4.82 利用龙格-库塔方法求解习题 4.81，力函数如下

$$F(t)=\begin{cases}F_0\sin\dfrac{\pi t}{t_1}, & 0\leqslant t\leqslant t_1\\ 0, & t\geqslant t_1\end{cases}$$

其中 $F_0=2000$ N，$t_1=6$ s。

4.83 同 4.82，即利用龙格-库塔方法求解习题 4.81，力函数如下

$$F(t)=\begin{cases}\dfrac{F_0 t}{t_1}, & 0\leqslant t\leqslant t_1\\ F_0\dfrac{t_2-t}{t_2-t_1}, & t_1\leqslant t\leqslant t_2\\ 0, & t\geqslant t_2\end{cases}$$

其中 $F_0=2000$ N，$t_1=3$ s，$t_2=6$ s。

§4.9 利用数值方法求不规则激励下的响应

4.84 根据 4.9 节所述的线性插值函数推导出无阻尼时 x_j 以及 $\dot{x}_j$ 的表达式。并利用这些表达式求例题 4.31 的解(假设系统阻尼为零)。

4.85 利用 4.9 节所述的数值方法，试求运动微分方程为 $m\ddot{x}+c\dot{x}+kx=F(t)$ 的单自由度阻尼系统的响应。假设 $m=5$ kg，$c=200$ N·s/m，$k=750$ N/m，激励 $F(t)$ 在离散时间点处的值如下表所示

t	0	1	2	3	4	5	6	7	8	9	10
$F(t)$	0	400	800	1200	1600	2000	2000	2000	2000	2000	2000

4.86 利用 4.9 节所述的数值方法求运动微分方程为 $m\ddot{x}+c\dot{x}+kx=F(t)$ 的单自由度阻尼系统的响应。假设 $m=5$ kg，$c=200$ N·s/m，$k=750$ N/m，激励 $F(t)$ 在离散时间点处的值如下表所示

t	0	1	2	3	4	5	6	7	8	9	10
$F(t)$	0	1000	1732	2000	1732	1000	0	0	0	0	0

4.87 利用 4.9 节所述的数值方法求运动微分方程为 $m\ddot{x}+c\dot{x}+kx=F(t)$ 的单自由度阻

尼系统的响应。假设 $m=5$ kg,$c=200$ N·s/m,$k=750$ N/m,激励 $F(t)$ 在离散时间点处的值如下表所示

t	0	1	2	3	4	5	6	7	8	9	10
$F(t)$	0	666.7	133.3	2000	1333.3	666.7	0	0	0	0	0

§4.10 利用 MATLAB 求解的例子

4.88 一台机器受到力锤的冲击作用。如果该机器可以简化为一单自由度系统,各参数分别为 $m=10$ kg,$k=4000$ N/m,$c=40$ N·s/m,而冲击作用的大小为 $F=100$ N·s。求该机器的响应,并用 MATLAB 画图表示。

4.89 如果习题 4.88 中的机器受到该冲击锤的双脉冲作用,试求该机器的响应。假定冲击力为 $F(t)=100\delta(t)+50\delta(t-0.5)$ N,其中 $\delta(t)$ 为狄拉克 δ 函数。并利用 MATLAB 画图表示该响应。

4.90 利用 MATLAB 画图表示黏性阻尼弹簧-质量系统在如图 4.12(a)所示矩形脉冲作用下的响应:(a)$t_0=0.1$ s;(b)$t_0=1.5$ s。其他参数如下:$m=100$ kg,$k=1200$ N/m,$c=50$ N·s/m,$F_0=100$ N。

4.91 利用程序 Program4.m 求在图 4.75 所示周期力作用下黏性阻尼系统的稳态响应。其中,$m=1$ kg,$k=400$ N/m,$c=5$ N·s/m。

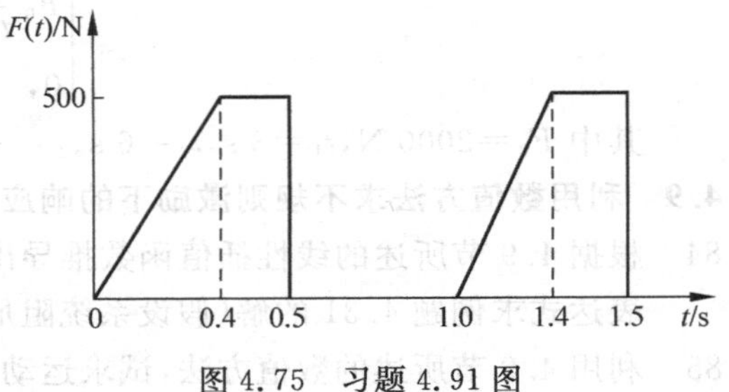

图 4.75 习题 4.91 图

4.92 利用程序 Program5.m 求黏性阻尼系统在力 $F(t)=1000(1-\cos\pi t)$ N 作用下的响应。其中,$m=100$ kg,$k=10^5$ N/m,$\zeta=0.1$。

4.93 一单自由度系统的质量为 $m=2$,弹簧的刚度系数为 $k=50$,阻尼器的阻尼系数为 $c=2$。作用在质量块上的力的大小如下表所示,作用时间为 1 s。利用程序 Program5.m 基于 4.9 节所述的分段线性插值法求该系统的响应。

时间 t_i	$F(t_i)$	时间 t_i	$F(t_i)$
0.0	−8.0	0.6	−4.0
0.1	−12.0	0.7	3.0
0.2	−15.0	0.8	10.0
0.3	−13.0	0.9	15.0
0.4	−11.0	1.0	18.0
0.5	−7.0		

4.94 一个运动微分方程为 $2\ddot{x}+1500x=F(t)$ 的无阻尼系统,其中力如图 4.76 所示,用

MATLAB 中的 ode23 求当 $0 \leqslant t \leqslant 0.5$ 时系统的响应。假定初始条件为 $x_0 = \dot{x}_0 = 0$，时间步长取 $\Delta t = 0.01$ s。

4.95 用 MATLAB 中的 ode23 求解习题 4.94。假设该系统具有黏性阻尼，运动微分方程为 $2\ddot{x} + 10\dot{x} + 1500x = F(t)$。

4.96 编写一个计算机程序，用数值方法计算杜哈美积分，从而求单自由度系统在任意力作用下的稳态响应，并用此程序求解例 4.31。

4.97 利用习题 4.96 中所编程序，求图 4.47(a)所示水塔当基础受到如图 1.117 所示的地震加速度时的相对位移。假设图中纵坐标代表加速度，其单位为重力加速度 g。

4.98 一无阻尼系统的运动微分方程为 $2\ddot{x} + 150x = F(t)$，初始条件为 $x_0 = \dot{x}_0 = 0$，$F(t)$ 如图 4.77 所示。利用习题 4.96 中所编程序求此系统的响应。

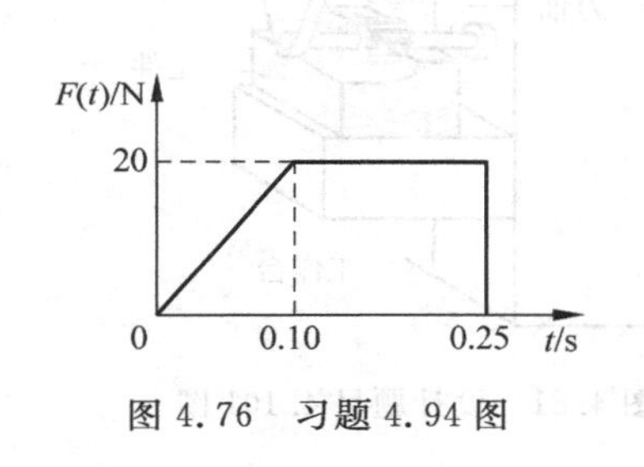

图 4.76　习题 4.94 图

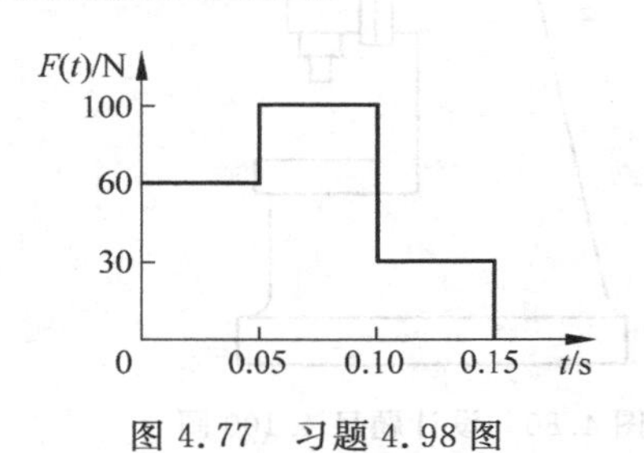

图 4.77　习题 4.98 图

设计题目

4.99 设计一个如图 4.78(a)所示的地震仪，即确定 a，m 和 k 的大小用来进行地震测量。要求地震仪本身的固有频率为 10 Hz，当基础承受如图 4.78(b)所示的位移时，质量块的最大相对位移至少为 2 cm。

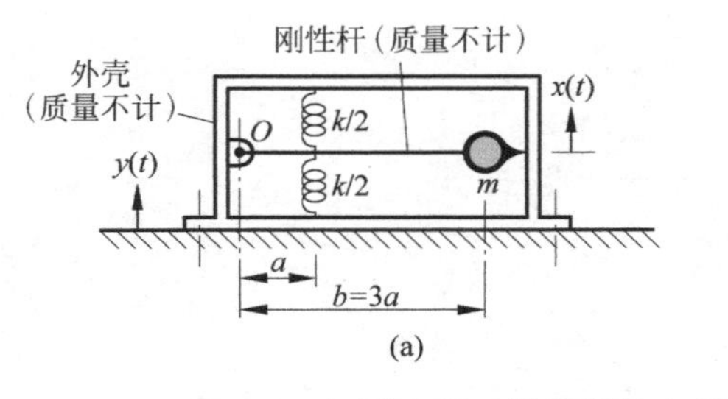

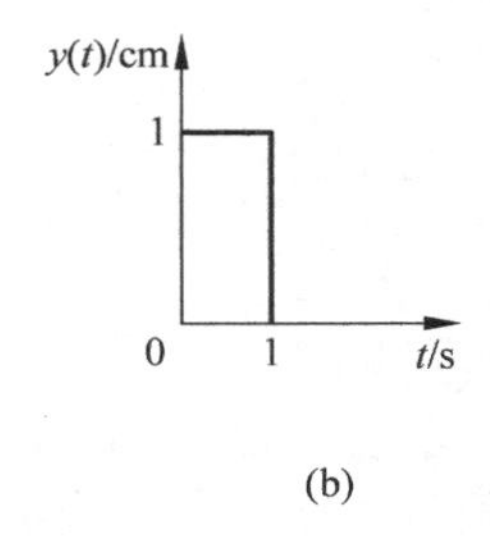

图 4.78　设计题目 4.99 图

4.100 在两个不同的加工过程中，切削力的变化分别如图 4.79(a)，(b)所示。测量发现，在这两种情况下竖直方向的表面加工误差分别为 0.1 mm 和 0.05 mm。求刀头(见图 4.80)的等效质量和等效刚度，假设其为一单自由度无阻尼系统。

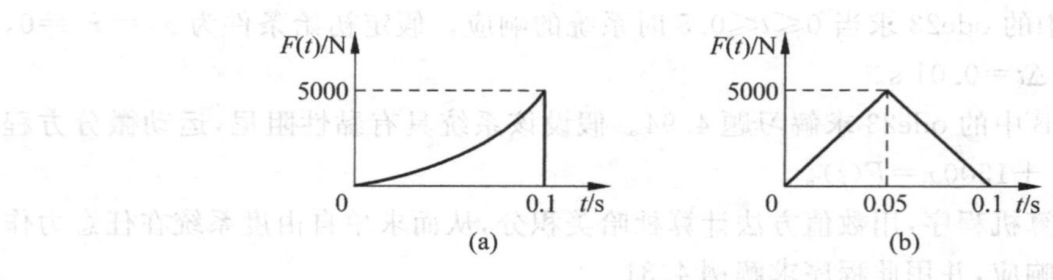

图 4.79　设计题目 4.100 图

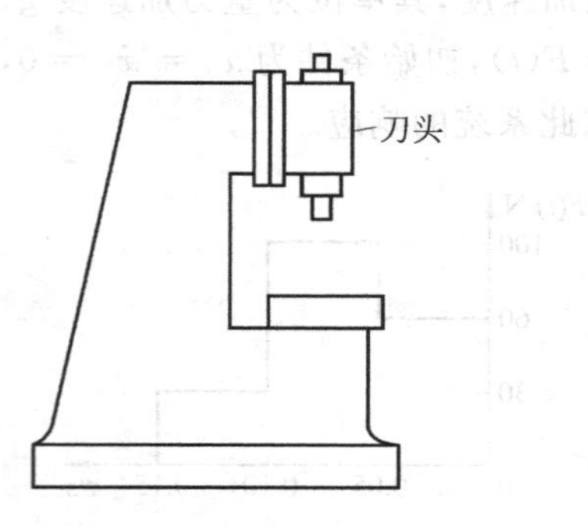

图 4.80　设计题目 4.100 图

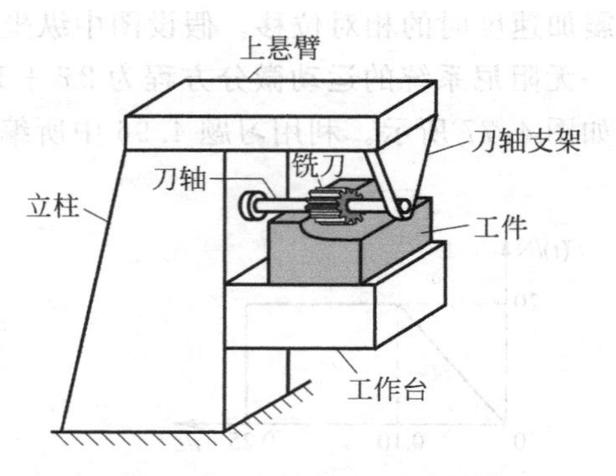

图 4.81　设计题目 4.101 图

4.101　如图 4.81 所示，一个铣刀安装在一刀轴的中部，用来对工件表面进行铣削加工。在稳定加工条件下，轴所承受的扭矩为 500 N·m。铣刀共有 16 个齿，其中的一个已发生破损。确定刀轴的横截面直径，以限制铣刀角位移的幅值不超过 1°。假设刀轴简化为一两端固定的钢质空心轴。已知数据如下：刀轴长度为 0.5 m，铣刀的转动惯量为 0.1 N·m^2，铣刀转速为 1000 r/min。

伯努利(Daniel Bernoulli,1700—1782),瑞士人,1725 年即成为圣彼得斯堡大学的数学教授,此前获得了医学博士学位,后来又在瑞士的巴塞尔(Basel)作解剖学和植物学教授。他提出的流体静力学和流体动力学理论以及伯努利定理对工程师来说是非常熟悉的。他得到了梁振动的运动微分方程,并研究了弦的振动。在研究多自由度系统的自由振动问题时所采用的谐波叠加原理是他首先提出的。

(引自:Smith D E. *History of Mathematics*, *Vol*. 1—*General Survey of the History of Elementary Mathematics*. New York: Dover Publications, 1958)

第5章 二自由度系统的振动

导读

本章讨论两自由度系统,这需要两个独立的坐标来描述它们的运动。利用牛顿第二定律推导了系统的耦合运动方程,并用矩阵形式表示这些方程,即明确系统的质量矩阵、阻尼矩阵和刚度矩阵。通过假定两质量块为简谐振动,求解无阻尼系统的特征值或振动的固有频率、模态向量及其自由振动解。对初始条件的引入方法也进行了概述。以类似的方法对两自由度的扭振系统进行了讨论。结合实例介绍了坐标耦合、广义坐标和主坐标的概念。提出了在复杂形式的简谐力作用下的受迫振动分析以及确定阻抗矩阵的方法。介绍了半正定系统、无约束系统或退化系统及求解它们的固有振动频率的方法。讨论了两自由度系统的自激振动和稳定性分析,以及推导稳定性条件的方法。介绍了可用于推导任意 n 自由度系统稳定性条件的罗斯-霍尔威茨(Routh-Hurwitz)判据。同时也介绍了传递函数方法、使用拉普拉斯变换计算两自由度系统的响应以及利用频率传递函数的求解方法。最后,通过实例说明了如何基于 MATLAB 程序求解两自由度系统的自由振动和受迫振动问题。

学习目标

学完本章后,读者应能达到以下几点:

- 推导两自由度系统的运动微分方程。
- 从运动方程确定质量矩阵、阻尼矩阵和刚度矩阵。
- 计算振动的特征值或固有频率和模态向量。

- 根据已知的初始条件求自由振动解。
- 确定在简谐力作用下的受迫振动解。
- 掌握坐标耦合和主坐标的概念。
- 了解系统的自激振动和稳定性的概念。
- 利用拉普拉斯变换方法求解两自由度系统。
- 利用MATLAB方法，求解两自由度系统的自由振动和受迫振动问题。

5.1 引言

二自由度系统(two degree of freedom systems)是指需要用两个独立的坐标描述其运动的系统，图1.13中给出了若干这样的例子。本章只讨论二自由度系统的振动，为在第6章将要讨论的多自由度系统的振动打下必要的基础。

考虑如图5.1(a)所示的车床简化模型。其中车床床身可视为一弹性梁，与视为集中质量的床头箱和尾座相联，共同支承在弹性短柱上[5.1-5.3]。对于简单的振动分析，如图5.1(b)所示，车床可视为总质量为m，对其重心的转动惯量为J_0的刚体，支撑在刚度系数分别为k_1和k_2的两个弹簧上。系统在任意瞬时的位移可用线性坐标$x(t)$(表示质量m的重心的垂向位移)和角坐标$\theta(t)$(表示质量m关于其重心的旋转角度)表示。除了$x(t)$和$\theta(t)$外，也可以用两个独立坐标$x_1(t)$和$x_2(t)$(分别表示A点和B点的位移)来描述系统的运动。于是，该系统具有两个自由度。注意到质量m不能视为质点，而是具有两种可能运动形式的刚体(如果它为一个质点，则没有必要规定其绕重心的转动)。

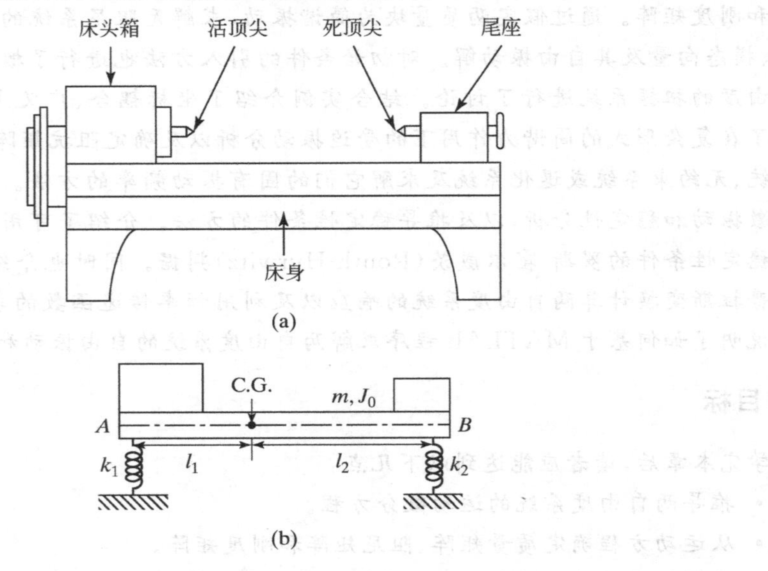

图5.1　车床系统

类似地，考虑如图 5.2(a)所示的汽车模型。对于汽车沿垂向平面内的振动，可简化为如图 5.2(b)所示的二自由度模型。将车身简化为一个质量为 m 及转动惯量为 J_0 的杆，支撑在刚度系数分别为 k_1 和 k_2 的前轮和后轮(悬架)上。汽车在任意时刻的位移可用线性坐标 $x(t)$(表示车身重心的垂向位移)和角度坐标 $\theta(t)$(表示车身关于重心的旋转角)完全决定。另外，也可采用独立坐标即 A 点的 $x_1(t)$和 B 点的 $x_2(t)$来描述汽车的运动。

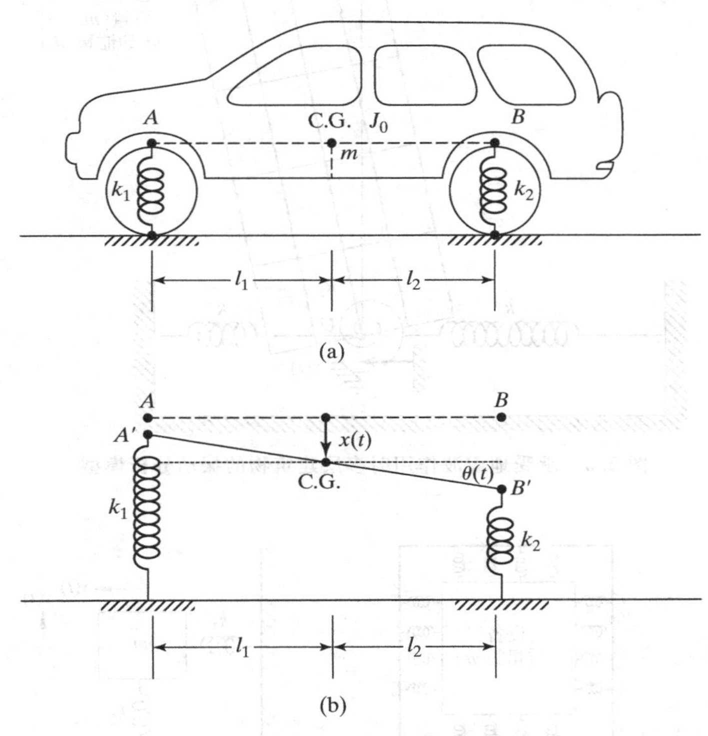

图 5.2　汽车振动分析的简化模型

接下来，考虑多层建筑在地震作用下的运动。为简化，可以采用如图 5.3 所示的二自由度模型。此时是将建筑物模型化为质量为 m、转动惯性为 J_0 的一个刚性杆。而将阻碍建筑物运动的地基及周围的土壤近似为刚度系数为 k 的线性弹簧和刚度系数为 k_t 的扭转弹簧。建筑物在任意时刻的位移可用地基的水平运动 $x(t)$和关于 O 点的角运动 $\theta(t)$完全确定。

最后考虑图 5.4(a)所示的包装后的某个设备。假设该设备的运动限制在 xy 平面内，那么这样的一个系统可以模型化为支承在沿 x，y 两个方向的弹簧上的一个质量块，如图 5.4(b)所示。所以这个系统可以简化为具有 2 个自由度的一个质点，因为该质量块具有在 xy 平面内的两种可能运动，即沿 x 方向和 y 方向的平动。计算一个系统自由度的一般法则可以概括如下：

系统的自由度数＝系统中质量块的数目×每一个质量块具有的可能运动种类的数目

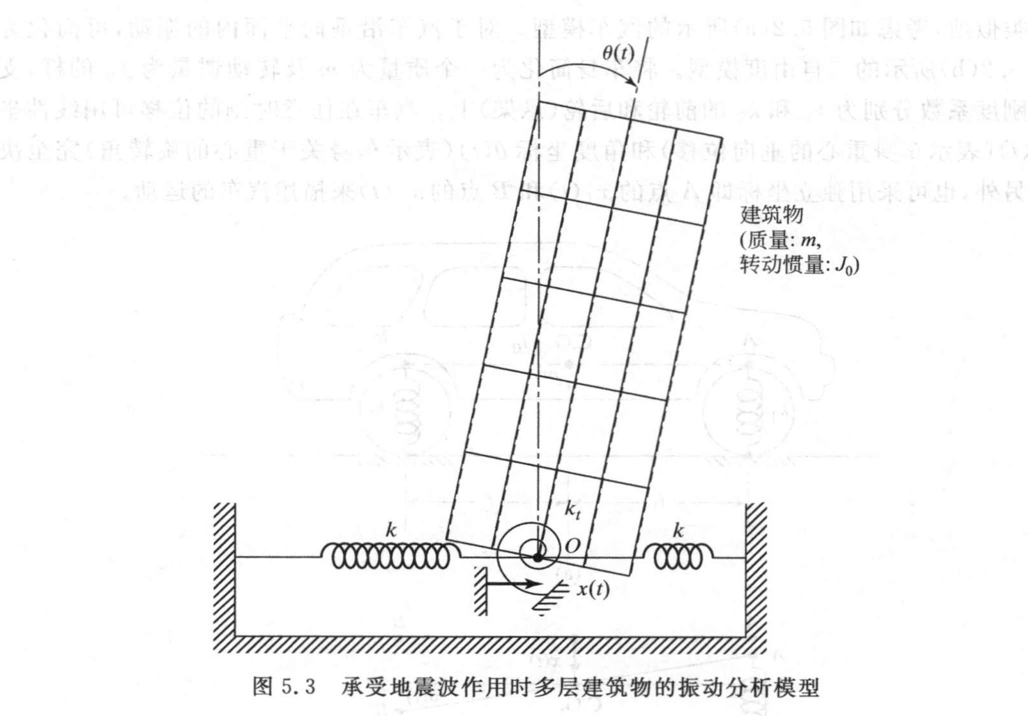

图 5.3　承受地震波作用时多层建筑物的振动分析模型

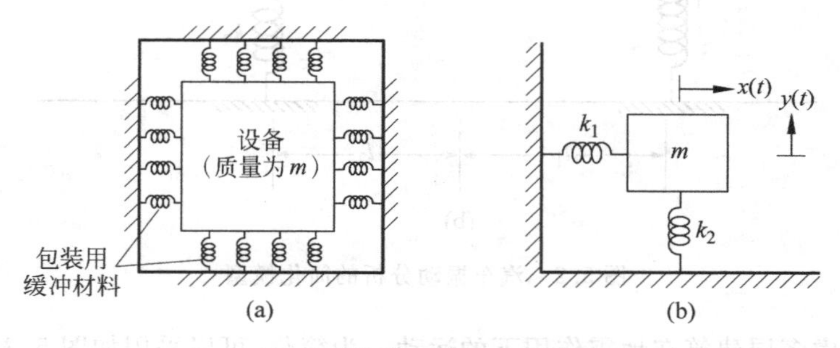

图 5.4　仪器包装的简化模型

一个二自由度系统要用两个微分方程描述其运动，每一个运动微分方程分别与每一个质量块对应，或者更准确地说与每一个自由度对应。这两个运动微分方程通常是耦合的，也就是每一个方程中同时含有全部坐标。如果假设每一个坐标随时间变化的规律都是简谐的，那么根据系统的运动微分方程可以得到两个确定系统固有频率的公式。如果给出合适的初始激励，系统将按某一个固有频率振动。此时，这两个自由度（坐标）的振幅具有特殊的关系，二者之间确定的空间位形称为振动的**规范型**（normal mode）、**主振型**（principal mode）或**固有振型**（natural mode）。一个二自由度振动系统具有两个主振型，它们分别与每一个固有频率对应。

对于任意的初始激励,系统的响应将是两个主振型的叠加。然而,如果系统受到一个外界简谐力的作用,则其将以激励力的频率振动。在简谐激励的作用下,如果激励力的频率与系统的两个固有频率之一相等,系统将发生共振。

从图 5.1～图 5.4 可以清楚地看出,一个系统的空间位形可以用一组独立的坐标完全确定,这些坐标可以是长度、角度或一些其他物理参数。任何这样的一组坐标都称为**广义坐标**(generalized coordinates)。尽管一个二自由度系统的运动微分方程一般来说是耦合的,即每一个方程中都包含全部坐标,但总可以找到这样的一组特殊坐标,当用它们描述系统的运动时,每一个运动微分方程中只包含一个坐标。所以运动微分方程是**解耦的**(uncoupled),因而可以独立求解。这样的一组坐标称为**主坐标**(principal coordinates)。

5.2 受迫振动的运动微分方程

考虑如图 5.5(a)所示的一个含黏性阻尼的二自由度弹簧-质量系统。系统的运动可以用坐标 $x_1(t)$和 $x_2(t)$来描述,它们分别定义为在某一时刻 t 两个质量块离开各自平衡位置的位移。两个外力 $F_1(t)$和 $F_2(t)$分别作用在 m_1 和 m_2 上,m_1 和 m_2 的受力分析如图 5.5(b)所示。对每一个质量块分别应用牛顿第二定律可得如下运动微分方程

$$m_1\ddot{x}_1+(c_1+c_2)\dot{x}_1-c_2\dot{x}_2+(k_1+k_2)x_1-k_2x_2=F_1 \tag{5.1}$$

$$m_2\ddot{x}_2-c_2\dot{x}_1+(c_2+c_3)\dot{x}_2-k_2x_1+(k_2+k_3)x_2=F_2 \tag{5.2}$$

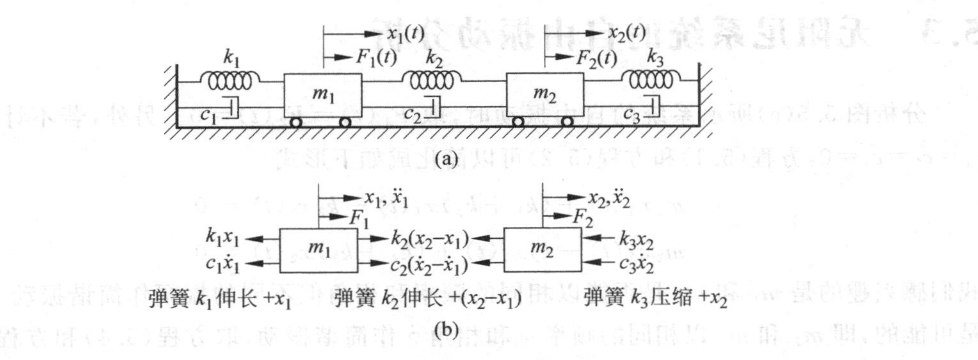

图 5.5　二自由度弹簧-质量-阻尼系统

可以看出,方程(5.1)中有含 x_2 的项(即$-c_2\dot{x}_2$和$-k_2x_2$),同时方程(5.2)中有含 x_1 的项(即$-c_2\dot{x}_1$和$-k_2x_1$),所以它们代表了一个耦合的二元二阶常微分方程组。可以想象,m_1 的运动将会影响 m_2 的运动;反过来,m_2 的运动也将会影响 m_1 的运动。方程(5.1)和方程(5.2)可以写成如下的矩阵形式:

$$\boldsymbol{m}\ddot{\boldsymbol{x}}(t)+\boldsymbol{c}\dot{\boldsymbol{x}}(t)+\boldsymbol{k}\boldsymbol{x}(t)=\boldsymbol{F}(t) \tag{5.3}$$

式中,$\boldsymbol{m}$,$\boldsymbol{c}$ 和 $\boldsymbol{k}$ 分别称为**质量矩阵**(mass matrix)、**阻尼矩阵**(damping matrix)和**刚度矩阵**

(stiffness matrix)，具体形式如下

$$\boldsymbol{m}=\begin{bmatrix}m_1 & 0\\ 0 & m_2\end{bmatrix},\quad \boldsymbol{c}=\begin{bmatrix}c_1+c_2 & -c_2\\ -c_2 & c_2+c_3\end{bmatrix},\quad \boldsymbol{k}=\begin{bmatrix}k_1+k_2 & -k_2\\ -k_2 & k_2+k_3\end{bmatrix}$$

$\boldsymbol{x}(t)$和$\boldsymbol{F}(t)$分别称为**位移向量**(displacement vector)和**力向量**(force vector)，具体形式如下

$$\boldsymbol{x}(t)=\begin{Bmatrix}x_1(t)\\ x_2(t)\end{Bmatrix},\quad \boldsymbol{F}(t)=\begin{Bmatrix}F_1(t)\\ F_2(t)\end{Bmatrix}$$

不难看出，矩阵$\boldsymbol{m}$,$\boldsymbol{c}$和$\boldsymbol{k}$都是2×2的矩阵，它们的元素分别是系统已知的质量、阻尼系数和刚度。此外，还可以看出这些矩阵是对称的，即

$$\boldsymbol{m}^{\mathrm{T}}=\boldsymbol{m},\quad \boldsymbol{c}^{\mathrm{T}}=\boldsymbol{c},\quad \boldsymbol{k}^{\mathrm{T}}=\boldsymbol{k}$$

式中，上角标T代表矩阵的转置。

只有当$c_2=k_2=0$时，方程(5.1)和方程(5.2)才不是耦合的，这对应着两个质量块m_1和m_2没有任何物理连接。在这种情况下，矩阵$\boldsymbol{m}$,$\boldsymbol{c}$和$\boldsymbol{k}$都是对角的。对于$F_1(t)$和$F_2(t)$为任意激励力的情况，方程(5.1)和方程(5.2)的求解并不容易，这主要是因为$x_1(t)$和$x_2(t)$的相互耦合所致。方程(5.1)和方程(5.2)的解中包含4个积分常数(每个方程2个)。通常两个质量块的初始位移和初始速度以这样的形式给出：$x_1(t=0)=x_1(0)$，$\dot{x}_1(t=0)=\dot{x}_1(0)$，$x_2(t=0)=x_2(0)$，$\dot{x}_2(t=0)=\dot{x}_2(0)$。下面首先讨论方程(5.1)和方程(5.2)的自由振动的解。

5.3 无阻尼系统的自由振动分析

分析图5.5(a)所示系统的自由振动时，取$F_1(t)=F_2(t)=0$。另外，若不计阻尼，即$c_1=c_2=c_3=0$，方程(5.1)和方程(5.2)可以简化成如下形式

$$m_1\ddot{x}_1(t)+(k_1+k_2)x_1(t)-k_2x_2(t)=0 \tag{5.4}$$

$$m_2\ddot{x}_2(t)-k_2x_1(t)+(k_2+k_3)x_2(t)=0 \tag{5.5}$$

我们感兴趣的是m_1和m_2是否能以相同的频率和相角但不同的振幅作简谐振动。假设这是可能的，即m_1和m_2以相同的频率ω和相角ϕ作简谐振动，取方程(5.4)和方程(5.5)的解为如下形式

$$\left.\begin{aligned}x_1(t)&=X_1\cos(\omega t+\phi)\\ x_2(t)&=X_2\cos(\omega t+\phi)\end{aligned}\right\} \tag{5.6}$$

式中，常量X_1和X_2分别是$x_1(t)$和$x_2(t)$的最大值，称为m_1和m_2的振幅；ϕ称为相角。将式(5.6)代入式(5.4)和式(5.5)后可得

$$\left.\begin{aligned}\{[-m_1\omega^2+(k_1+k_2)]X_1-k_2X_2\}\cos(\omega t+\phi)&=0\\ \{-k_2X_1+[-m_2\omega^2+(k_2+k_3)]X_2\}\cos(\omega t+\phi)&=0\end{aligned}\right\} \tag{5.7}$$

既然方程(5.7)对任何t值都成立，所以中括号里面的项必须为零，即

$$\left.\begin{aligned}[-m_1\omega^2+(k_1+k_2)]X_1-k_2X_2&=0\\-k_2X_1+[-m_2\omega^2+(k_2+k_3)]X_2&=0\end{aligned}\right\}\tag{5.8}$$

式(5.8)是关于未知量 X_1 和 X_2 的两个联立齐次代数方程。可以看出,$X_1=0$ 和 $X_2=0$ 能够使方程(5.8)成立,但这意味着系统并没有发生振动。对于 X_1 和 X_2 的非零解,其系数矩阵的行列式必须为零,即

$$\det\begin{bmatrix}-m_1\omega^2+(k_1+k_2) & -k_2\\ -k_2 & -m_2\omega^2+(k_2+k_3)\end{bmatrix}=0$$

也就是

$$\begin{aligned}&(m_1m_2)\omega^4-[(k_1+k_2)m_2+(k_2+k_3)m_1]\omega^2\\&\quad+[(k_1+k_2)(k_2+k_3)-k_2^2]=0\end{aligned}\tag{5.9}$$

方程(5.9)称为**频率方程**(frequency equation)或**特征方程**(characteristic equation),因为据其可求得系统的固有频率或特征值。方程(5.9)的两个根是

$$\begin{aligned}\omega_1^2,\omega_2^2=&\frac{1}{2}\left[\frac{(k_1+k_2)m_2+(k_2+k_3)m_1}{m_1m_2}\right]\mp\frac{1}{2}\left\{\left[\frac{(k_1+k_2)m_2+(k_2+k_3)m_1}{m_1m_2}\right]^2\right.\\&\left.-4\left[\frac{(k_1+k_2)(k_2+k_3)-k_2^2}{m_1m_2}\right]\right\}^{1/2}\end{aligned}\tag{5.10}$$

这表明当 ω 等于式(5.10)中的 ω_1 或 ω_2 时,系统具有形如式(5.6)所示的非零简谐解是可能的。ω_1 和 ω_2 称为系统的**固有频率**(natural frequencies)。

方程(5.6)中的 X_1 和 X_2 是待定的,它们的值依赖于固有频率 ω_1 和 ω_2。将与 ω_1 对应的 X_1 和 X_2 的值记为 $X_1^{(1)}$ 和 $X_2^{(1)}$,与 ω_2 对应的 X_1 和 X_2 的值记为 $X_1^{(2)}$ 和 $X_2^{(2)}$。此外,既然方程(5.8)是齐次的,所以只能求得振幅比 $r_1=X_2^{(1)}/X_1^{(1)}$ 和 $r_2=X_2^{(2)}/X_1^{(2)}$。分别令方程(5.8)中的 $\omega^2=\omega_1^2$ 和 $\omega^2=\omega_2^2$,可得

$$\left.\begin{aligned}r_1&=\frac{X_2^{(1)}}{X_1^{(1)}}=\frac{-m_1\omega_1^2+k_1+k_2}{k_2}=\frac{k_2}{-m_2\omega_1^2+k_2+k_3}\\r_2&=\frac{X_2^{(2)}}{X_1^{(2)}}=\frac{-m_1\omega_2^2+k_1+k_2}{k_2}=\frac{k_2}{-m_2\omega_2^2+k_2+k_3}\end{aligned}\right\}\tag{5.11}$$

式(5.11)给出的 $r_i(i=1,2)$ 的两个值是一样的。与 ω_1^2 和 ω_2^2 对应的两个振动模式可以分别表示为

$$\left.\begin{aligned}\boldsymbol{X}^{(1)}&=\begin{Bmatrix}X_1^{(1)}\\X_2^{(1)}\end{Bmatrix}=\begin{Bmatrix}X_1^{(1)}\\r_1X_1^{(1)}\end{Bmatrix}\\\boldsymbol{X}^{(2)}&=\begin{Bmatrix}X_1^{(2)}\\X_2^{(2)}\end{Bmatrix}=\begin{Bmatrix}X_1^{(2)}\\r_2X_1^{(2)}\end{Bmatrix}\end{aligned}\right\}\tag{5.12}$$

向量 $\boldsymbol{X}^{(1)}$ 和 $\boldsymbol{X}^{(2)}$ 称为系统的**模态向量**(modal vectors),也叫(主)振型、固有振型或(主)模态。根据式(5.6),系统自由振动的解可以表示为

$$\left.\begin{aligned}\boldsymbol{x}^{(1)}(t)&=\begin{Bmatrix}x_1^{(1)}(t)\\x_2^{(1)}(t)\end{Bmatrix}=\begin{Bmatrix}X_1^{(1)}\cos(\omega_1 t+\phi_1)\\r_1X_1^{(1)}\cos(\omega_1 t+\phi_1)\end{Bmatrix}=\text{第 1 阶振型}\\\boldsymbol{x}^{(2)}(t)&=\begin{Bmatrix}x_1^{(2)}(t)\\x_2^{(2)}(t)\end{Bmatrix}=\begin{Bmatrix}X_1^{(2)}\cos(\omega_2 t+\phi_2)\\r_2X_1^{(2)}\cos(\omega_2 t+\phi_2)\end{Bmatrix}=\text{第 2 阶振型}\end{aligned}\right\}\tag{5.13}$$

式中，常量 $X_1^{(1)}$，$X_1^{(2)}$，ϕ_1 和 ϕ_2 由初始条件确定。

如前所述，方程(5.1)和方程(5.2)都包含关于时间的二阶导数，所以确定每一质量块的运动都需要知道两个初始条件。如5.1节所述，在特殊的初始激励下，系统可能在其第 i 阶主振型($i=1,2$)上振动，即

$$\begin{aligned}&x_1(t=0)=X_1^{(i)}=\text{某一常量}，\quad \dot{x}_1(t=0)=0\\&x_2(t=0)=r_iX_1^{(i)}，\qquad\qquad\quad \dot{x}_2(t=0)=0\end{aligned}$$

然而，一般的初始条件将同时激起系统的二阶主振型，所以系统的运动，也就是方程(5.4)和方程(5.5)的一般解可以通过二阶主振型即式(5.13)的叠加得到

$$\boldsymbol{x}(t)=c_1\boldsymbol{x}^{(1)}(t)+c_2\boldsymbol{x}^{(2)}(t)\tag{5.14}$$

式中，c_1 和 c_2 是两个常量。既然 $\boldsymbol{x}^{(1)}(t)$ 和 $\boldsymbol{x}^{(2)}(t)$ 已包含两个未知常量 $X_1^{(1)}$ 和 $X_1^{(2)}$（见式(5.13)），不失一般性，可以取 $c_1=c_2=1$。所以根据式(5.13)和式(5.14)，向量 $\boldsymbol{x}(t)$ 可以表示为

$$\left.\begin{aligned}x_1(t)&=x_1^{(1)}(t)+x_1^{(2)}(t)=X_1^{(1)}\cos(\omega_1 t+\phi_1)+X_1^{(2)}\cos(\omega_2 t+\phi_2)\\x_2(t)&=x_2^{(1)}(t)+x_2^{(2)}(t)=r_1X_1^{(1)}\cos(\omega_1 t+\phi_1)+r_2X_1^{(2)}\cos(\omega_2 t+\phi_2)\end{aligned}\right\}\tag{5.15}$$

式中，未知常量 $X_1^{(1)}$，$X_1^{(2)}$，ϕ_1 和 ϕ_2 可以由下列初始条件确定：

$$\left.\begin{aligned}x_1(t=0)=x_1(0)，\quad \dot{x}_1(t=0)=\dot{x}_1(0)\\x_2(t=0)=x_2(0)，\quad \dot{x}_2(t=0)=\dot{x}_2(0)\end{aligned}\right\}\tag{5.16}$$

将式(5.16)代入式(5.15)得

$$\left.\begin{aligned}x_1(0)&=X_1^{(1)}\cos\phi_1+X_1^{(2)}\cos\phi_2\\\dot{x}_1(0)&=-\omega_1X_1^{(1)}\sin\phi_1-\omega_2X_1^{(2)}\sin\phi_2\\x_2(0)&=r_1X_1^{(1)}\cos\phi_1+r_2X_1^{(2)}\cos\phi_2\\\dot{x}_2(0)&=-\omega_1r_1X_1^{(1)}\sin\phi_1-\omega_2r_2X_1^{(2)}\sin\phi_2\end{aligned}\right\}\tag{5.17}$$

式(5.17)是关于未知量 $X_1^{(1)}\cos\phi_1$，$X_1^{(2)}\cos\phi_2$，$X_1^{(1)}\sin\phi_1$，$X_1^{(2)}\sin\phi_2$ 的代数方程组，其解可以表示为

$$\begin{cases}X_1^{(1)}\cos\phi_1=\dfrac{r_2x_1(0)-x_2(0)}{r_2-r_1}，\quad X_1^{(2)}\cos\phi_2=\dfrac{-r_1x_1(0)+x_2(0)}{r_2-r_1}\\[2ex]X_1^{(1)}\sin\phi_1=\dfrac{-r_2\dot{x}_1(0)+\dot{x}_2(0)}{\omega_1(r_2-r_1)}，\quad X_1^{(2)}\sin\phi_2=\dfrac{r_1\dot{x}_1(0)-\dot{x}_2(0)}{\omega_2(r_2-r_1)}\end{cases}$$

由此得

$$\left.\begin{aligned}
X_1^{(1)} &= \left[\left(X_1^{(1)}\cos\phi_1\right)^2+\left(X_1^{(1)}\sin\phi_1\right)^2\right]^{1/2}\\
&= \frac{1}{r_2-r_1}\left\{\left[r_2x_1(0)-x_2(0)\right]^2+\frac{\left[-r_2\,\dot{x}_1(0)+\dot{x}_2(0)\right]^2}{\omega_1^2}\right\}^{1/2}\\
X_1^{(2)} &= \left[\left(X_1^{(2)}\cos\phi_2\right)^2+\left(X_1^{(2)}\sin\phi_2\right)^2\right]^{1/2}\\
&= \frac{1}{r_2-r_1}\left\{\left[-r_1x_1(0)+x_2(0)\right]^2+\frac{\left[r_1\,\dot{x}_1(0)-\dot{x}_2(0)\right]^2}{\omega_2^2}\right\}^{1/2}\\
\phi_1 &= \arctan\frac{X_1^{(1)}\sin\phi_1}{X_1^{(1)}\cos\phi_1}=\arctan\frac{-r_2\,\dot{x}_1(0)+\dot{x}_2(0)}{\omega_1\left[r_2x_1(0)-x_2(0)\right]}\\
\phi_2 &= \arctan\frac{X_1^{(2)}\sin\phi_2}{X_1^{(2)}\cos\phi_2}=\arctan\frac{r_1\,\dot{x}_1(0)-\dot{x}_2(0)}{\omega_2\left[-r_1x_1(0)+x_2(0)\right]}
\end{aligned}\right\}\tag{5.18}$$

例 5.1　求图 5.6 所示弹簧-质量系统的固有频率和主振型，约定系统只作竖直方向的运动，并取 $n=1$。

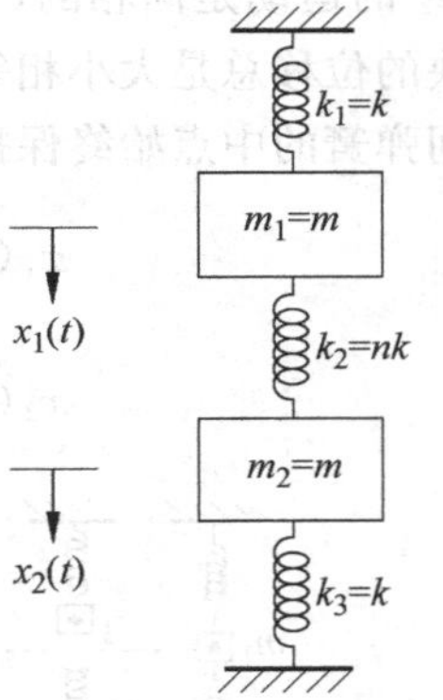

解：分别取两个质量块 m_1 和 m_2 离开各自平衡位置的距离 x_1 和 x_2 来描述运动过程系统在空间的位形，根据对图 5.5(a)所示系统的讨论，令 $m_1=m_2=m,k_1=k_2=k_3=k$，则运动微分方程(5.4)和方程(5.5)为

$$\left.\begin{aligned}
m\ddot{x}_1+2kx_1-kx_2&=0\\
m\ddot{x}_2-kx_1+2kx_2&=0
\end{aligned}\right\}\tag{E.1}$$

图 5.6　二自由度系统

假设简谐解的形式为

$$x_i(t)=X_i\cos(\omega t+\phi),\quad i=1,2\tag{E.2}$$

将式(E.2)代入式(E.1)可得如下频率方程

$$\begin{vmatrix}-m\omega^2+2k & -k\\ -k & -m\omega^2+2k\end{vmatrix}=0$$

或

$$m^2\omega^4-4km\omega^2+3k^2=0\tag{E.3}$$

方程(E.3)的解即系统的固有频率，为

$$\omega_1=\left[\frac{4km-(16k^2m^2-12m^2k^2)^{1/2}}{2m^2}\right]^{1/2}=\sqrt{\frac{k}{m}}\tag{E.4}$$

$$\omega_2=\left[\frac{4km+(16k^2m^2-12m^2k^2)^{1/2}}{2m^2}\right]^{1/2}=\sqrt{\frac{3k}{m}}\tag{E.5}$$

根据式(5.11)，振幅比为

$$r_1=\frac{X_2^{(1)}}{X_1^{(1)}}=\frac{-m\omega_1^2+2k}{k}=\frac{k}{-m\omega_1^2+2k}=1\tag{E.6}$$

$$r_2=\frac{X_2^{(2)}}{X_1^{(2)}}=\frac{-m\omega_2^2+2k}{k}=\frac{k}{-m\omega_2^2+2k}=-1\tag{E.7}$$

根据式(5.13)，主振型为

$$\text{第 1 阶主振型} = \boldsymbol{x}^{(1)}(t) = \begin{Bmatrix} X_1^{(1)} \cos\left(\sqrt{\dfrac{k}{m}}t + \phi_1\right) \\ X_1^{(1)} \cos\left(\sqrt{\dfrac{k}{m}}t + \phi_1\right) \end{Bmatrix} \tag{E.8}$$

$$\text{第 2 阶主振型} = \boldsymbol{x}^{(2)}(t) = \begin{Bmatrix} X_1^{(2)} \cos\left(\sqrt{\dfrac{3k}{m}}t + \phi_2\right) \\ -X_1^{(2)} \cos\left(\sqrt{\dfrac{3k}{m}}t + \phi_2\right) \end{Bmatrix} \tag{E.9}$$

由式(E.8)可知，系统按第1阶主振型振动时，两个质量块的振幅总是一样的，所以 m_1 和 m_2 的运动是同相的(见图 5.7(a))。式(E.9)表明，系统按第2阶主振型振动时，两个质量块的位移总是大小相等，但符号相反，所以 m_1 和 m_2 的运动是反相的(见图 5.7(b))。此时中间弹簧的中点始终保持不动，这样的点称为**节点**(node)。根据式(5.15)，系统运动的一般解为

$$\left.\begin{aligned} x_1(t) &= X_1^{(1)} \cos\left(\sqrt{\frac{k}{m}}t + \phi_1\right) + X_1^{(2)} \cos\left(\sqrt{\frac{3k}{m}}t + \phi_2\right) \\ x_2(t) &= X_1^{(1)} \cos\left(\sqrt{\frac{k}{m}}t + \phi_1\right) - X_1^{(2)} \cos\left(\sqrt{\frac{3k}{m}}t + \phi_2\right) \end{aligned}\right\} \tag{E.10}$$

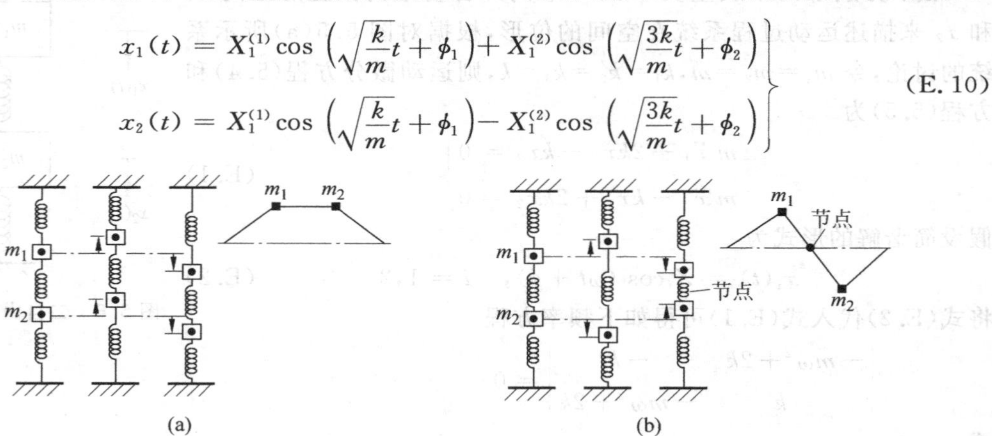

图 5.7 两自由度系统的振型

(a) 第1阶振型；(b) 第2阶振型

不难看出，以上计算系统固有频率和确定主振型的过程冗长繁琐。5.12 节将说明如何利用计算机程序方便地借助于数值方法计算多自由度系统的固有频率和振型。

例 5.2 求图 5.6 所示系统分别按第1阶主振型和第2阶主振型振动时所需的初始条件。

解：可以根据任意初始条件下系统振动的一般解得到按第1阶主振型和第2阶主振型振动时的特殊解，再求解相应的方程。

对任意初始条件，两个质量块的运动如式(5.15)所示。例 5.1 中已经求出 $r_1=1$，$r_2=-1$，所以式(5.15)成为例 5.1 中的式(E.10)，即

$$\left.\begin{aligned} x_1(t) &= X_1^{(1)}\cos\left(\sqrt{\frac{k}{m}}t+\phi_1\right)+X_1^{(2)}\cos\left(\sqrt{\frac{3k}{m}}t+\phi_2\right) \\ x_2(t) &= X_1^{(1)}\cos\left(\sqrt{\frac{k}{m}}t+\phi_1\right)-X_1^{(2)}\cos\left(\sqrt{\frac{3k}{m}}t+\phi_2\right) \end{aligned}\right\} \tag{E.1}$$

对形如式(5.16)的初始条件，在式(5.18)中令 $r_1=1, r_2=-1$，可得

$$X_1^{(1)} = -\frac{1}{2}\left\{[x_1(0)+x_2(0)]^2+\frac{m}{k}[\dot{x}_1(0)+\dot{x}_2(0)]^2\right\}^{1/2} \tag{E.2}$$

$$X_1^{(2)} = -\frac{1}{2}\left\{[-x_1(0)+x_2(0)]^2+\frac{m}{3k}[\dot{x}_1(0)-\dot{x}_2(0)]^2\right\}^{1/2} \tag{E.3}$$

$$\phi_1 = \arctan\frac{-\sqrt{m}[\dot{x}_1(0)+\dot{x}_2(0)]}{\sqrt{k}[x_1(0)+x_2(0)]} \tag{E.4}$$

$$\phi_2 = \arctan\frac{\sqrt{m}[\dot{x}_1(0)-\dot{x}_2(0)]}{\sqrt{3k}[-x_1(0)+x_2(0)]} \tag{E.5}$$

根据例 5.1 中的式(E.8)，第 1 阶主振型为

$$\boldsymbol{x}^{(1)}(t) = \begin{Bmatrix} X_1^{(1)}\cos\left(\sqrt{\frac{k}{m}}t+\phi_1\right) \\ X_1^{(1)}\cos\left(\sqrt{\frac{k}{m}}t+\phi_1\right) \end{Bmatrix} \tag{E.6}$$

比较式(E.1)和式(E.6)可知，只有当 $X_1^{(2)}=0$ 时，系统才按第 1 阶主振型振动。由式(E.3)可知，此时应有

$$x_1(0) = x_2(0),\quad \dot{x}_1(0) = \dot{x}_2(0) \tag{E.7}$$

根据例 5.1 中的式(E.9)，第 2 阶主振型为

$$\boldsymbol{x}^{(2)}(t) = \begin{Bmatrix} X_1^{(2)}\cos\left(\sqrt{\frac{3k}{m}}t+\phi_2\right) \\ -X_1^{(2)}\cos\left(\sqrt{\frac{3k}{m}}t+\phi_2\right) \end{Bmatrix} \tag{E.8}$$

比较式(E.1)和式(E.8)可知，只有当 $X_1^{(1)}=0$ 时，系统才按第 2 阶主振型振动。由式(E.2)可知，此时应有

$$x_1(0) = -x_2(0),\quad \dot{x}_1(0) = -\dot{x}_2(0) \tag{E.9}$$

例 5.3　求图 5.5(a)所示系统对初始条件 $x_1(0)=1, x_2(0)=\dot{x}_1(0)=\dot{x}_2(0)=0$ 的响应。已知 $k_1=30, k_2=5, k_3=0, m_1=10, m_2=1, c_1=c_2=c_3=0$。

解：对于给定的物理参数，特征方程(5.8)成为

$$\begin{bmatrix} -m_1\omega^2+k_1+k_2 & -k_2 \\ -k_2 & -m_2\omega^2+k_2+k_3 \end{bmatrix}\begin{Bmatrix} X_1 \\ X_2 \end{Bmatrix}=\begin{Bmatrix} 0 \\ 0 \end{Bmatrix}$$

或

$$\begin{bmatrix} -10\omega^2+35 & -5 \\ -5 & -\omega^2+5 \end{bmatrix}\begin{Bmatrix} X_1 \\ X_2 \end{Bmatrix} = \begin{Bmatrix} 0 \\ 0 \end{Bmatrix} \tag{E.1}$$

令式(E.1)中系数矩阵的行列式为零，得如下频率方程(见式(5.9))

$$10\omega^4 - 85\omega^2 + 150 = 0 \tag{E.2}$$

由此可得两个固有频率为

$$\omega_1^2 = 2.5,\quad \omega_2^2 = 6.0$$

或

$$\omega_1 = 1.5811,\quad \omega_2 = 2.4495 \tag{E.3}$$

将 $\omega^2=\omega_1^2=2.5$ 和 $\omega^2=\omega_2^2=6.0$ 代入式(E.1)，分别得 $X_2^{(1)}=2X_1^{(1)}$ 和 $X_2^{(2)}=-5X_1^{(2)}$。所以两个主振型(特征向量)分别为

$$\boldsymbol{X}^{(1)} = \begin{Bmatrix} X_1^{(1)} \\ X_2^{(1)} \end{Bmatrix} = \begin{Bmatrix} 1 \\ 2 \end{Bmatrix} X_1^{(1)} \tag{E.4}$$

$$\boldsymbol{X}^{(2)} = \begin{Bmatrix} X_1^{(2)} \\ X_2^{(2)} \end{Bmatrix} = \begin{Bmatrix} 1 \\ -5 \end{Bmatrix} X_1^{(2)} \tag{E.5}$$

质量 m_1 和 m_2 的自由振动响应为(见式(5.15))

$$x_1(t) = X_1^{(1)}\cos(1.5811t+\phi_1) + X_1^{(2)}\cos(2.4495t+\phi_2) \tag{E.6}$$

$$x_2(t) = 2X_1^{(1)}\cos(1.5811t+\phi_1) - 5X_1^{(2)}\cos(2.4495t+\phi_2) \tag{E.7}$$

式中，常量 $X_1^{(1)}$，$X_1^{(2)}$，ϕ_1 和 ϕ_2 由初始条件确定。将已知的初始条件代入式(E.6)和式(E.7)可得

$$x_1(t=0) = 1 = X_1^{(1)}\cos\phi_1 + X_1^{(2)}\cos\phi_2 \tag{E.8}$$

$$x_2(t=0) = 0 = 2X_1^{(1)}\cos\phi_1 - 5X_1^{(2)}\cos\phi_2 \tag{E.9}$$

$$\dot{x}_1(t=0) = 0 = -1.5811X_1^{(1)}\sin\phi_1 - 2.4495X_1^{(2)}\sin\phi_2 \tag{E.10}$$

$$\dot{x}_2(t=0) = 0 = -3.1622X_1^{(1)}\sin\phi_1 + 12.2475X_1^{(2)}\sin\phi_2 \tag{E.11}$$

由式(E.8)和式(E.9)得

$$X_1^{(1)}\cos\phi_1 = \frac{5}{7},\quad X_1^{(2)}\cos\phi_2 = \frac{2}{7} \tag{E.12}$$

由式(E.10)和式(E.11)得

$$X_1^{(1)}\sin\phi_1 = 0,\quad X_1^{(2)}\sin\phi_2 = 0 \tag{E.13}$$

由式(E.12)和式(E.13)得

$$X_1^{(1)} = \frac{5}{7},\quad X_1^{(2)} = \frac{2}{7},\quad \phi_1 = 0,\quad \phi_2 = 0 \tag{E.14}$$

所以，质量 m_1 和 m_2 的自由振动响应为

$$x_1(t) = \frac{5}{7}\cos 1.5811t + \frac{2}{7}\cos 2.4495t \tag{E.15}$$

$$x_2(t)=\frac{10}{7}\cos 1.5811t-\frac{10}{7}\cos 2.4495t \tag{E.16}$$

式(E.15)和式(E.16)反映的 m_1 和 m_2 的自由振动响应随时间变化的曲线将在例 5.17中给出。

5.4 扭振系统

考虑图 5.8 所示的由固定在一根轴上的两个圆盘组成的扭振系统。轴的每一段的扭转弹簧刚度分别为 k_{t1}、k_{t2} 和 k_{t3}。图中还示出了转动惯量分别为 J_1 和 J_2 的两个圆盘,它们所受到的力矩分别为 M_{t1} 和 M_{t2},扭转自由度分别为 θ_1 和 θ_2。二者扭转振动的微分方程为

$$\begin{cases}J_1\ddot{\theta}_1=-k_{t1}\theta_1+k_{t2}(\theta_2-\theta_1)+M_{t1}\\ J_2\ddot{\theta}_2=-k_{t2}(\theta_2-\theta_1)-k_{t3}\theta_2+M_{t2}\end{cases}$$

或重新整理成如下形式

$$\left.\begin{aligned}J_1\ddot{\theta}_1+(k_{t1}+k_{t2})\theta_1-k_{t2}\theta_2=M_{t1}\\ J_2\ddot{\theta}_2-k_{t2}\theta_1+(k_{t2}+k_{t3})\theta_2=M_{t2}\end{aligned}\right\} \tag{5.19}$$

当分析自由振动时,式(5.19)成为

$$\left.\begin{aligned}J_1\ddot{\theta}_1+(k_{t1}+k_{t2})\theta_1-k_{t2}\theta_2=0\\ J_2\ddot{\theta}_2-k_{t2}\theta_1+(k_{t2}+k_{t3})\theta_2=0\end{aligned}\right\} \tag{5.20}$$

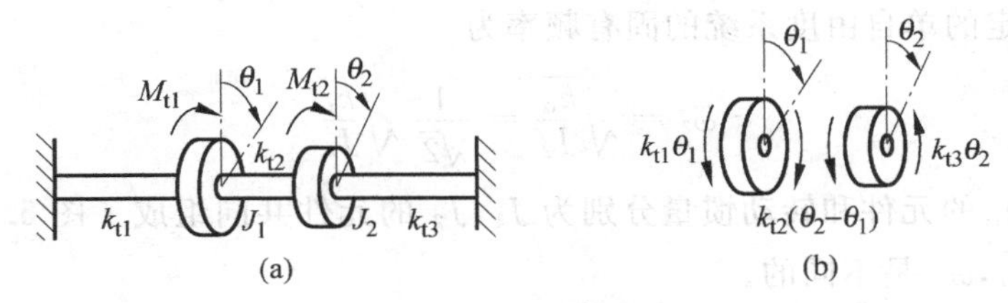

图 5.8　轴-盘扭振系统

不难看出,方程(5.20)与式(5.4)、式(5.5)在形式上是相似的。事实上,方程(5.20)可以通过将式(5.4)、式(5.5)中的 x_1,x_2,m_1,m_2,k_1,k_2 和 k_3 分别用 $\theta_1,\theta_2,J_1,J_2,k_{t1},k_{t2}$ 和 k_{t3} 代替得到。所以 5.3 节中的分析方法同样适用于扭振系统,而只需进行适当的替换。下面的两个例子进一步说明自由振动分析的步骤。

例 5.4　求图 5.9 所示扭振系统的固有频率和主振型。已知 $J_1=J_0$,$J_2=2J_0$,$k_{t1}=k_{t2}=k_t$。

解:在运动微分方程(5.20)中令 $J_1=J_0$,$J_2=2J_0$,$k_{t1}=k_{t2}=k_t$,$k_{t3}=0$,得

$$\left.\begin{aligned}J_0\ddot{\theta}_1+2k_t\theta_1-k_t\theta_2=0\\2J_0\ddot{\theta}_2-k_t\theta_1+k_t\theta_2=0\end{aligned}\right\}\tag{E.1}$$

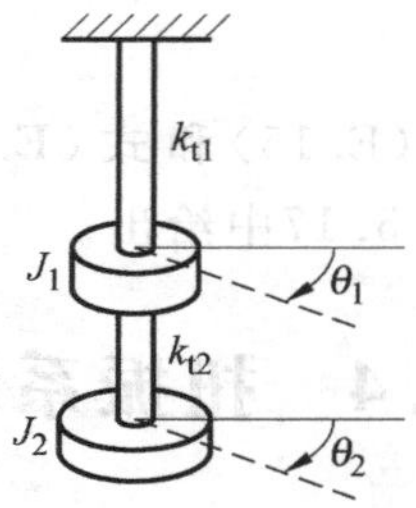

设式(E.1)的简谐解形式为

$$\theta_i(t)=\Theta_i\cos(\omega t+\phi),\quad i=1,2\tag{E.2}$$

代入式(E.1)后得下列频率方程

$$2\omega^4J_0^2-5\omega^2J_0k_t+k_t^2=0\tag{E.3}$$

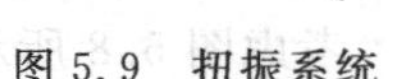

图 5.9 扭振系统

式(E.3)的解给出如下两个固有频率

$$\omega_1=\sqrt{\frac{k_t}{4J_0}(5-\sqrt{17})},\quad \omega_2=\sqrt{\frac{k_t}{4J_0}(5+\sqrt{17})}\tag{E.4}$$

两质量块的振幅比为

$$r_1=\frac{\Theta_2^{(1)}}{\Theta_1^{(1)}}=2-\frac{5-\sqrt{17}}{4},\quad r_2=\frac{\Theta_2^{(2)}}{\Theta_1^{(2)}}=2-\frac{5+\sqrt{17}}{4}\tag{E.5}$$

式(E.4)和式(E.5)也可以通过式(5.10)和式(5.11)得到，即令其中的 $k_1=k_{t1}=k_t$，$k_2=k_{t2}=k_t$，$k_3=0$，$m_1=J_1=J_0$，$m_2=J_2=2J_0$。

注意：对于一个二自由度系统来说，它的两个固有频率与任何一个由它的元件组成的两个单自由度系统的固有频率都不相等。在例 5.4 中，由 k_{t1} 和 J_1 所确定的单自由度系统的固有频率为

$$\bar{\omega}_1=\sqrt{\frac{k_{t1}}{J_1}}=\sqrt{\frac{k_t}{J_0}}$$

由 k_{t2} 和 J_2 所确定的单自由度系统的固有频率为

$$\bar{\omega}_2=\sqrt{\frac{k_{t2}}{J_2}}=\frac{1}{\sqrt{2}}\sqrt{\frac{k_t}{J_0}}$$

刚度分别为 k_{t1}，k_{t2} 的元件和转动惯量分别为 J_1，J_2 的元件共同组成了图 5.9 所示的系统。显然，ω_1，ω_2 与 $\bar{\omega}_1$，$\bar{\omega}_2$ 是不同的。

例 5.5 船舶发动机通过齿轮与推进器相连，如图 5.10(a)所示。飞轮、发动机、齿轮 1、齿轮 2 和推进器的转动惯量分别为 9000，1000，250，150 和 2000（单位为 kg · m²）。求此系统扭转振动的固有频率和主振型。

解：应首先以某一个回转件为参考，求出其余全部回转件的等效转动惯量。本系统可以简化为一个二自由度模型。

假设：

(1) 由于与其他回转件相比，飞轮的转动惯量很大，所以可以认为其是固定不动的；

(2) 发动机和齿轮可以用一个等效回转件代替。

既然齿轮 1 和齿轮 2 的齿数分别为 40 和 20，所以钢轴 2 的转速是钢轴 1 转速的 2 倍。故齿轮 2 和推进器的转动惯量折算到发动机的轴线上时分别为

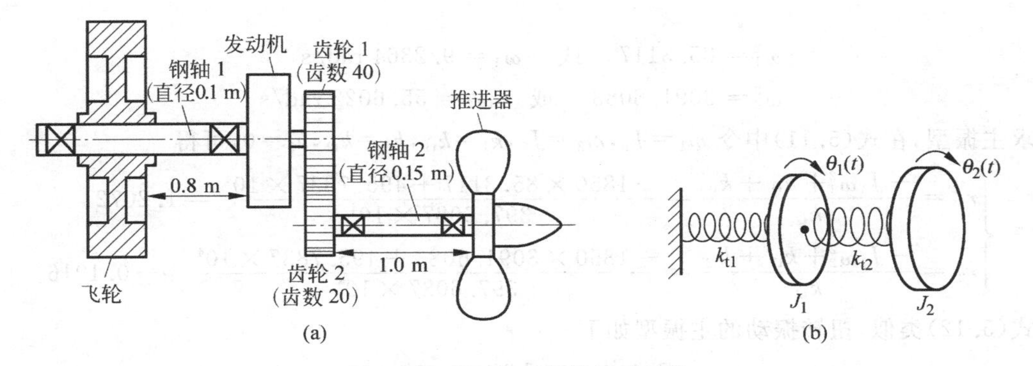

图 5.10 船舶发动机推进器系统

$$\begin{cases}(J_{G2})_{eq} = 2^2 \times 150\ \text{kg}\cdot\text{m}^2 = 600\ \text{kg}\cdot\text{m}^2 \\ (J_P)_{eq} = 2^2 \times 2000\ \text{kg}\cdot\text{m}^2 = 8000\ \text{kg}\cdot\text{m}^2\end{cases}$$

由于发动机到齿轮的距离很小,所以发动机和两个齿轮可以用一个回转件来代替,且其转动惯量为

$$J_1 = J_E + J_{G1} + (J_{G2})_{eq} = 1000 + 250 + 600\ \text{kg}\cdot\text{m}^2 = 1850\ \text{kg}\cdot\text{m}^2$$

假设钢的剪切弹性模量为 80 GPa,轴 1 和轴 2 的扭转刚度可以计算如下

$$\begin{cases}k_{t1} = \dfrac{GI_{01}}{l_1} = \dfrac{G}{l_1}\dfrac{\pi d_1^4}{32} = \dfrac{80\times10^9\times\pi\times0.1^4}{0.8\times32}\ \text{N}\cdot\text{m/rad} = 98.1750\times10^4\ \text{N}\cdot\text{m/rad} \\ k_{t2} = \dfrac{GI_{02}}{l_2} = \dfrac{G}{l_2}\dfrac{\pi d_2^4}{32} = \dfrac{80\times10^9\times\pi\times0.15^4}{1.0\times32}\ \text{N}\cdot\text{m/rad} = 397.60875\times10^4\ \text{N}\cdot\text{m/rad}\end{cases}$$

由于钢轴 2 的长度是不能忽略的,推进器可以看成是一个与钢轴 2 的端部固接的回转件,所以此系统是一个二自由度系统,如图 5.10(b)所示。

在式(5.10)中令 $m_1=J_1, m_2=J_2, k_1=k_{t1}, k_2=k_{t2}, k_3=0$,可得

$$\begin{aligned}\omega_1^2,\omega_2^2 &= \frac{1}{2}\left[\frac{(k_{t1}+k_{t2})J_2+k_{t2}J_1}{J_1J_2}\right] \\ &\quad \pm\left\{\left[\frac{(k_{t1}+k_{t2})J_2+k_{t2}J_1}{J_1J_2}\right]^2 - 4\left[\frac{(k_{t1}+k_{t2})k_{t2}-k_{t2}^2}{J_1J_2}\right]\right\}^{1/2} \\ &= \left(\frac{k_{t1}+k_{t2}}{2J_1}+\frac{k_{t2}}{2J_2}\right)\pm\left[\left(\frac{k_{t1}+k_{t2}}{2J_1}+\frac{k_{t2}}{2J_2}\right)-\frac{k_{t1}k_{t2}}{J_1J_2}\right]^{1/2}\end{aligned} \tag{E.1}$$

其中

$$\frac{k_{t1}+k_{t2}}{2J_1}+\frac{k_{t2}}{2J_2} = \frac{(98.1750+397.6087)\times10^4}{2\times1850}+\frac{397.6087\times10^4}{2\times8000} = 1588.46$$

$$\frac{k_{t1}k_{t2}}{J_1J_2} = \frac{98.1750\times10^4\times397.6087\times10^4}{1850\times8000} = 26.3750\times10^4$$

所以由式(E.1)得

$$\omega_1^2,\omega_2^2 = 1588.46 \pm (1588.46^2 - 26.3750\times10^4)^{1/2} = 1588.46 \pm 1503.1483$$

故

$$\omega_1^2 = 85.3117 \quad 或 \quad \omega_1 = 9.2364 \text{ rad/s}$$

$$\omega_2^2 = 3091.6083 \quad 或 \quad \omega_2 = 55.6022 \text{ rad/s}$$

为求主振型，在式(5.11)中令 $m_1 = J_1, m_2 = J_2, k_1 = k_{t1}, k_2 = k_{t2}, k_3 = 0$，可得

$$\begin{cases} r_1 = \dfrac{-J_1\omega_1^2 + k_{t1} + k_{t2}}{k_{t2}} = \dfrac{-1850 \times 85.3117 + 495.7837 \times 10^4}{397.6087 \times 10^4} = 1.2072 \\ r_2 = \dfrac{-J_1\omega_2^2 + k_{t1} + k_{t2}}{k_{t2}} = \dfrac{-1850 \times 3091.6083 + 495.7837 \times 10^4}{397.6087 \times 10^4} = -0.1916 \end{cases}$$

与式(5.12)类似，扭转振动的主振型如下

$$\begin{Bmatrix} \Theta_1 \\ \Theta_2 \end{Bmatrix}^{(1)} = \begin{Bmatrix} 1 \\ r_1 \end{Bmatrix} = \begin{Bmatrix} 1 \\ 1.2072 \end{Bmatrix}$$

$$\begin{Bmatrix} \Theta_1 \\ \Theta_2 \end{Bmatrix}^{(2)} = \begin{Bmatrix} 1 \\ r_2 \end{Bmatrix} = \begin{Bmatrix} 1 \\ -0.1916 \end{Bmatrix}$$

5.5 坐标耦合与主坐标

如前所述，一个具有 n 个自由度的系统需要 n 个独立的坐标来描述其空间构形。通常情况下，这些坐标是从系统平衡位置量起的几何量，往往是互相联系的。然而找到另外一组坐标来描述系统的空间构形也是可行的。后面的这一组坐标与所选的第一组坐标的不同之处在于它们的坐标原点不在系统的平衡位置处。还可能有另外一组坐标也能用来描述系统的空间构形。这样的每一组坐标都称为**广义坐标**(generalized coordinates)。

作为一个例子，考虑图 5.11(a)所示的车床。此物理系统的准确模型应把床身看成是一个支承在弹性短柱上的弹性梁且把床头箱和尾座简化为二个集中质量，如图 5.11(b)所示。然而，对于简化的振动分析，却可以把它看成是一个具有质量和转动惯量的刚体，主轴箱和尾座都用集中质量代替，整个床身可以看成是支承在两端的弹簧上。所以后面的这个模型是一个刚体模型，其质量是 m，绕重心的转动惯量是 J，支承在刚度系数分别为 k_1 和 k_2 的两个弹簧上，如图 5.12(a)所示。对于这个二自由度系统，下列几组坐标都可以描述其运动。

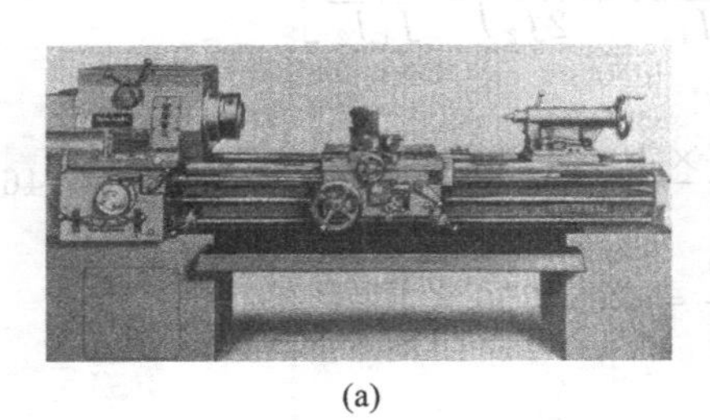
(a)

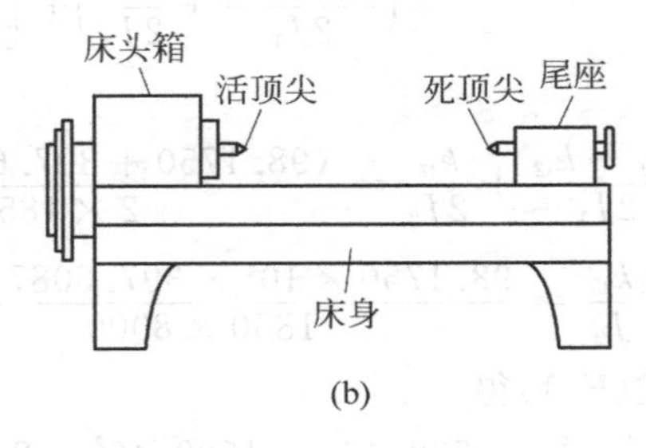

(b)

图 5.11 车床

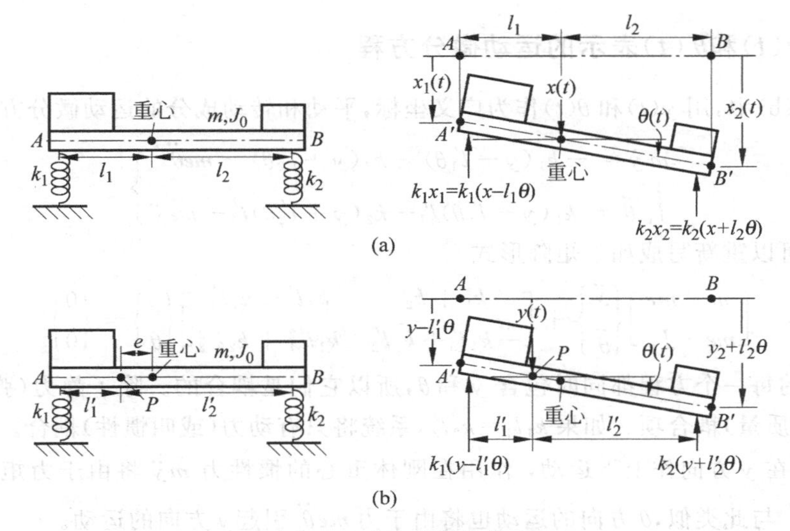

图 5.12　车床的简化模型

(1) 车床 AB 两个端点的偏移量 $x_1(t)$ 和 $x_2(t)$；

(2) 车床 AB 重心的偏移量 $x(t)$ 和相应的转角 $\theta(t)$；

(3) 端点 A 的偏移量 $x_1(t)$ 和相应的转角 $\theta(t)$；

(4) 重心左侧距重心为 e 的点 P 的偏移量 $y(t)$ 和相应的转角 $\theta(t)$。

所以 (x_1,x_2)，(x,θ)，(x_1,θ)，(y,θ) 中的任意一组坐标都代表了系统的广义坐标。下面用两组不同的坐标来推导车床的运动微分方程，并说明坐标耦合的概念。

1. 用 $x(t)$ 和 $\theta(t)$ 表示的运动微分方程

根据图 5.12(a)所示的受力分析和选定的正方向，可知竖直方向力的平衡方程为

$$m\ddot{x}=-k_1(x-l_1\theta)-k_2(x+l_2\theta) \tag{5.21}$$

绕重心的转动运动微分方程为

$$J_0\ddot{\theta}=k_1(x-l_1\theta)l_1-k_2(x+l_2\theta)l_2 \tag{5.22}$$

式(5.21)和式(5.22)可以重新写成如下的矩阵形式

$$\begin{bmatrix} m & 0 \\ 0 & J_0 \end{bmatrix}\begin{Bmatrix} \ddot{x} \\ \ddot{\theta} \end{Bmatrix}+\begin{bmatrix} k_1+k_2 & -(k_1l_1-k_2l_2) \\ -(k_1l_1-k_2l_2) & k_1l_1^2+k_2l_2^2 \end{bmatrix}\begin{Bmatrix} x \\ \theta \end{Bmatrix}=\begin{Bmatrix} 0 \\ 0 \end{Bmatrix} \tag{5.23}$$

可以看出，每一个方程中都同时包含 x 和 θ。如果耦合项的系数 $k_1l_1-k_2l_2$ 为零，即 $k_1l_1=k_2l_2$，则 x 和 θ 将互相独立。如果 $k_1l_1\neq k_2l_2$，则当有一个线位移或角位移作为初始条件作用在其重心上时，车床 AB 的运动既有平动成分又有转动成分。换句话说，车床在竖直平面内转动的同时又有竖直方向的平动，除非 $k_1l_1=k_2l_2$。这种情况称为**弹性耦合**(elastic coupling)或**静力耦合**(static coupling)。

2. 用 $y(t)$和$\theta(t)$表示的运动微分方程

图 5.12(b)中,用 $y(t)$ 和 $\theta(t)$ 作为广义坐标,平动和转动成分的运动微分方程分别为

$$\left.\begin{aligned} m\ddot{y} &= -k_1(y-l'_1\theta)-k_2(y+l'_2\theta)-me\ddot{\theta} \\ J_p\ddot{\theta} &= k_1(y-l'_1\theta)l'_1-k_2(y+l'_2\theta)l'_2-me\ddot{y} \end{aligned}\right\} \tag{5.24}$$

这两个方程可以重新写成如下矩阵形式

$$\begin{bmatrix} m & me \\ me & J_p \end{bmatrix}\begin{Bmatrix} \ddot{y} \\ \ddot{\theta} \end{Bmatrix}+\begin{bmatrix} k_1+k_2 & k_2l'_2-k_1l'_1 \\ -k_1l'_1+k_2l'_2 & k_1l'^2_1+k_2l'^2_2 \end{bmatrix}\begin{Bmatrix} y \\ \theta \end{Bmatrix}=\begin{Bmatrix} 0 \\ 0 \end{Bmatrix} \tag{5.25}$$

式(5.25)中的每一个方程都同时包含 y 和 θ,所以它们是耦合的。除了静力(弹性)耦合项外还有动力(质量)耦合项。如果 $k_1l'_1=k_2l'_2$,系统将只有动力(或叫惯性)耦合。在这种情况下,如果车床在 y 方向作上下运动,作用在刚体重心的惯性力 $m\ddot{y}$ 将由于力矩 $m\ddot{y}e$ 引起 θ 方向的运动。与此类似,θ 方向的运动也将由于力 $me\ddot{\theta}$ 引起 y 方向的运动。

注意这些方程的下列特性:

(1) 在大多数情况下,含黏性阻尼的二自由度系统具有如下形式的运动微分方程,即

$$\begin{bmatrix} m_{11} & m_{12} \\ m_{12} & m_{22} \end{bmatrix}\begin{Bmatrix} \ddot{x}_1 \\ \ddot{x}_2 \end{Bmatrix}+\begin{bmatrix} c_{11} & c_{12} \\ c_{12} & c_{22} \end{bmatrix}\begin{Bmatrix} \dot{x}_1 \\ \dot{x}_2 \end{Bmatrix}+\begin{bmatrix} k_{11} & k_{12} \\ k_{12} & k_{22} \end{bmatrix}\begin{Bmatrix} x_1 \\ x_2 \end{Bmatrix}=\begin{Bmatrix} 0 \\ 0 \end{Bmatrix} \tag{5.26}$$

由方程(5.26)可以看出一个方程中可能包含的耦合种类。如果刚度矩阵不是对角的,系统就含有弹性(或静力)耦合。如果阻尼矩阵不是对角的,系统就含有阻尼(或速度)耦合。如果质量矩阵不是对角的,系统就含有质量(或惯性)耦合。速度耦合和质量耦合都叫动力耦合。

(2) 系统按其固有方式所作的振动与选取的坐标没有关系。选用不同的坐标只是为了研究问题的方便。

(3) 从方程(5.23)和方程(5.25)可以看出,耦合项的出现与选取的坐标有关,并不是系统本身的固有特性。找到这样一组坐标 $q_1(t)$和 $q_2(t)$是可能的,它们可以使系统的运动微分方程既不含静力耦合也不含动力耦合。这样的坐标称为**主坐标**(principal coordinate)或**固有坐标**(natural coordinate)。采用主坐标的主要优点是得到的非耦合运动微分方程彼此可以独立求解。下面的例子说明了根据几何坐标得到主坐标的方法。

例 5.6 求图 5.6 所示弹簧-质量系统的主坐标。

解:可以定义两个独立的解作为主坐标,并将它们用 $x_1(t)$和 $x_2(t)$表示。图 5.6 所示系统的一般运动由例 5.1 中的式(E.10)给出,即

$$\left.\begin{aligned} x_1(t) &= B_1\cos\left(\sqrt{\frac{k}{m}}t+\phi_1\right)+B_2\cos\left(\sqrt{\frac{3k}{m}}t+\phi_2\right) \\ x_2(t) &= B_1\cos\left(\sqrt{\frac{k}{m}}t+\phi_1\right)-B_2\cos\left(\sqrt{\frac{3k}{m}}t+\phi_2\right) \end{aligned}\right\} \tag{E.1}$$

式中，$B_1=X_1^{(1)}$，$B_2=X_1^{(2)}$，ϕ_1 和 ϕ_2 是待定常量。定义新的坐标 $q_1(t)$ 和 $q_2(t)$，使之满足

$$\left.\begin{aligned} q_1(t) &= B_1\cos\left(\sqrt{\frac{k}{m}}t+\phi_1\right) \\ q_2(t) &= B_2\cos\left(\sqrt{\frac{3k}{m}}t+\phi_2\right) \end{aligned}\right\} \tag{E.2}$$

既然 $q_1(t)$ 和 $q_2(t)$ 是简谐函数，则相应的运动微分方程为①

$$\left.\begin{aligned} \ddot{q}_1+\left(\frac{k}{m}\right)q_1 &= 0 \\ \ddot{q}_2+\left(\frac{3k}{m}\right)q_2 &= 0 \end{aligned}\right\} \tag{E.3}$$

这样的两个方程代表了固有频率分别为 $\omega_1=\sqrt{\frac{k}{m}}$ 和 $\omega_2=\sqrt{\frac{3k}{m}}$ 的一个二自由度系统。由于式(E.3)中既没有静力耦合也没有动力耦合，所以 $q_1(t)$ 和 $q_2(t)$ 就是主坐标。根据式(E.1)和式(E.2)有

$$\left.\begin{aligned} x_1(t) &= q_1(t)+q_2(t) \\ x_2(t) &= q_1(t)-q_2(t) \end{aligned}\right\} \tag{E.4}$$

式(E.4)的解给出如下的主坐标

$$\left.\begin{aligned} q_1(t) &= \frac{1}{2}[x_1(t)+x_2(t)] \\ q_2(t) &= \frac{1}{2}[x_1(t)-x_2(t)] \end{aligned}\right\} \tag{E.5}$$

例 5.7 求汽车俯仰振动（角运动）和跳动（上下垂直振动）的频率以及振动中心（节点）的位置（见图 5.13）。参数如下：质量 $m=1000$ kg，回转半径 $r=0.9$ m，前轴距重心的距离 $l_1=1.0$ m，后轴距重心的距离 $l_2=1.5$ m，前弹簧刚度 $k_f=18$ kN/m，后弹簧刚度 $k_r=22$ kN/m。

解：如果选择 x 和 θ 作为两个独立的坐标，系统的运动微分方程可以通过在式(5.23)中令 $k_1=k_f$，$k_2=k_r$ 和 $J_0=mr^2$ 得到。对于自由振动，设有如下形式的简谐解

$$x(t)=X\cos(\omega t+\phi),\quad \theta(t)=\Theta\cos(\omega t+\phi) \tag{E.1}$$

利用式(E.1)和式(5.23)可得

$$\begin{bmatrix} -m\omega^2+k_1+k_2 & -k_1l_1+k_2l_2 \\ -k_1l_1+k_2l_2 & -J_0\omega^2+k_1l_1^2+k_2l_2^2 \end{bmatrix}\begin{Bmatrix} X \\ \Theta \end{Bmatrix}=\begin{Bmatrix} 0 \\ 0 \end{Bmatrix} \tag{E.2}$$

代入已知数据，式(E.2)为

$$\begin{bmatrix} -1000\omega^2+40000 & 15000 \\ 15000 & -810\omega^2+67500 \end{bmatrix}\begin{Bmatrix} X \\ \Theta \end{Bmatrix}=\begin{Bmatrix} 0 \\ 0 \end{Bmatrix} \tag{E.3}$$

---

① 注意：与解 $q=B\cos(\omega t+\phi)$ 对应的运动微分方程的形式为 $\ddot{q}+\omega^2q=0$。

据此可得如下频率方程

$$8.1\omega^4 - 999\omega^2 + 24750 = 0 \tag{E.4}$$

式(E.4)的解给出如下两个固有频率

$$\omega_1 = 5.8593 \text{ rad/s}, \quad \omega_2 = 9.4341 \text{ rad/s} \tag{E.5}$$

根据式(E.3)，与这两个频率对应的振幅比为

$$\frac{X^{(1)}}{\Theta^{(1)}} = -2.6461, \quad \frac{X^{(2)}}{\Theta^{(2)}} = 0.3061 \tag{E.6}$$

由于节点的位置可以通过一个小角度的正切近似等于这个角度本身来确定，所以根据图5.14可以确定与ω_1和ω_2对应的两个节点与重心的距离分别为-2.6461 m和0.3061 m。主振型在图5.14中用虚线表示。

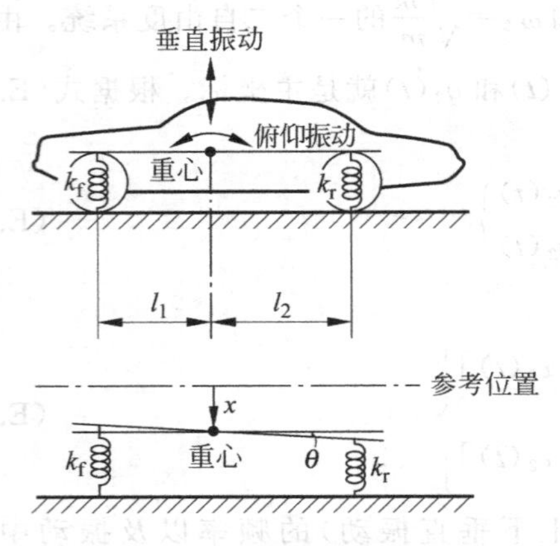

图5.13 汽车的俯仰振动和上下振动

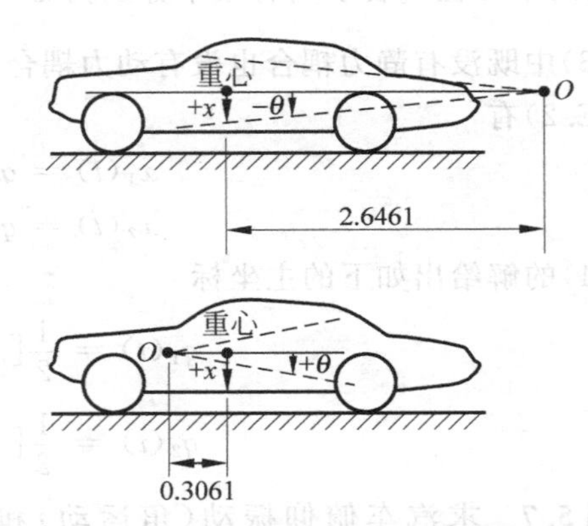

图5.14 汽车俯仰振动和上下振动的主振型

5.6 受迫振动分析

通常情况下，一个受外部激励的二自由度系统的运动微分方程为

$$\begin{bmatrix} m_{11} & m_{12} \\ m_{12} & m_{22} \end{bmatrix} \begin{Bmatrix} \ddot{x}_1 \\ \ddot{x}_2 \end{Bmatrix} + \begin{bmatrix} c_{11} & c_{12} \\ c_{12} & c_{22} \end{bmatrix} \begin{Bmatrix} \dot{x}_1 \\ \dot{x}_2 \end{Bmatrix} + \begin{bmatrix} k_{11} & k_{12} \\ k_{12} & k_{22} \end{bmatrix} \begin{Bmatrix} x_1 \\ x_2 \end{Bmatrix} = \begin{Bmatrix} F_1 \\ F_2 \end{Bmatrix} \tag{5.27}$$

方程(5.1)和方程(5.2)可以看成是方程(5.27)在$m_{11}=m_1$，$m_{22}=m_2$和$m_{12}=m_{21}=0$时的特例。下面考虑外部激励为下列形式简谐力的情况

$$F_j(t) = F_{j0}\mathrm{e}^{\mathrm{i}\omega t}, \quad j = 1,2 \tag{5.28}$$

式中，ω是外部激励的频率。式(5.27)的稳态解为

$$x_j(t) = X_j\mathrm{e}^{\mathrm{i}\omega t}, \quad j = 1,2 \tag{5.29}$$

一般地说，式中X_1和X_2是复数，并且决定于激励频率ω和系统参数。将式(5.28)和式(5.29)代入式(5.27)可得

$$\begin{bmatrix}-\omega^2 m_{11}+\mathrm{i}\omega c_{11}+k_{11} & -\omega^2 m_{12}+\mathrm{i}\omega c_{12}+k_{12}\\ -\omega^2 m_{12}+\mathrm{i}\omega c_{12}+k_{12} & -\omega^2 m_{22}+\mathrm{i}\omega c_{22}+k_{22}\end{bmatrix}\begin{Bmatrix}X_1\\X_2\end{Bmatrix}=\begin{Bmatrix}F_{10}\\F_{20}\end{Bmatrix} \tag{5.30}$$

与在 3.5 节类似，定义机械阻抗 $Z_{rs}(\mathrm{i}\omega)$ 如下

$$Z_{rs}(\mathrm{i}\omega)=-\omega^2 m_{rs}+\mathrm{i}\omega c_{rs}+k_{rs},\quad r,s=1,2 \tag{5.31}$$

并把式(5.30)写成如下形式

$$[Z(\mathrm{i}\omega)]\boldsymbol{X}=\boldsymbol{F}_0 \tag{5.32}$$

其中

$$[Z(\mathrm{i}\omega)]=\begin{bmatrix}Z_{11}(\mathrm{i}\omega) & Z_{12}(\mathrm{i}\omega)\\ Z_{12}(\mathrm{i}\omega) & Z_{22}(\mathrm{i}\omega)\end{bmatrix}=\text{阻抗矩阵},\quad \boldsymbol{X}=\begin{Bmatrix}X_1\\X_2\end{Bmatrix},\quad \boldsymbol{F}_0=\begin{Bmatrix}F_{10}\\F_{20}\end{Bmatrix}$$

式(5.32)的解可以写成如下形式

$$\boldsymbol{X}=[Z(\mathrm{i}\omega)]^{-1}\boldsymbol{F}_0 \tag{5.33}$$

式中，阻抗矩阵的逆矩阵为

$$[Z(\mathrm{i}\omega)]^{-1}=\frac{1}{Z_{11}(\mathrm{i}\omega)Z_{22}(\mathrm{i}\omega)-Z_{12}^2(\mathrm{i}\omega)}\begin{bmatrix}Z_{22}(\mathrm{i}\omega) & -Z_{12}(\mathrm{i}\omega)\\ -Z_{12}(\mathrm{i}\omega) & Z_{11}(\mathrm{i}\omega)\end{bmatrix} \tag{5.34}$$

由式(5.33)和式(5.34)可得如下形式的解

$$\left.\begin{aligned}X_1(\mathrm{i}\omega)&=\frac{Z_{22}(\mathrm{i}\omega)F_{10}-Z_{12}(\mathrm{i}\omega)F_{20}}{Z_{11}(\mathrm{i}\omega)Z_{22}(\mathrm{i}\omega)-Z_{12}^2(\mathrm{i}\omega)}\\ X_2(\mathrm{i}\omega)&=\frac{-Z_{12}(\mathrm{i}\omega)F_{10}+Z_{11}(\mathrm{i}\omega)F_{20}}{Z_{11}(\mathrm{i}\omega)Z_{22}(\mathrm{i}\omega)-Z_{12}^2(\mathrm{i}\omega)}\end{aligned}\right\} \tag{5.35}$$

把式(5.35)代入式(5.29)后就可得解 $x_1(t)$ 和 $x_2(t)$ 的完整形式。

在 9.11 节，我们将把一个二自由度系统作为一个吸振器的例子来讨论。参考文献[5.4]讨论了一个二自由度系统的冲击响应问题，参考文献[5.5]讨论了一个二自由度系统在简谐激励下的稳态响应问题。

例 5.8　求图 5.15 所示系统当质量 m_1 受到激励力 $F_1(t)=F_{10}\cos\omega t$ 作用时的稳态响应，并画出频响曲线。

解：系统的运动微分方程为

$$\begin{bmatrix}m & 0\\0 & m\end{bmatrix}\begin{Bmatrix}\ddot{x}_1\\ \ddot{x}_2\end{Bmatrix}+\begin{bmatrix}2k & -k\\-k & 2k\end{bmatrix}\begin{Bmatrix}x_1\\x_2\end{Bmatrix}=\begin{Bmatrix}F_{10}\cos\omega t\\0\end{Bmatrix} \tag{E.1}$$

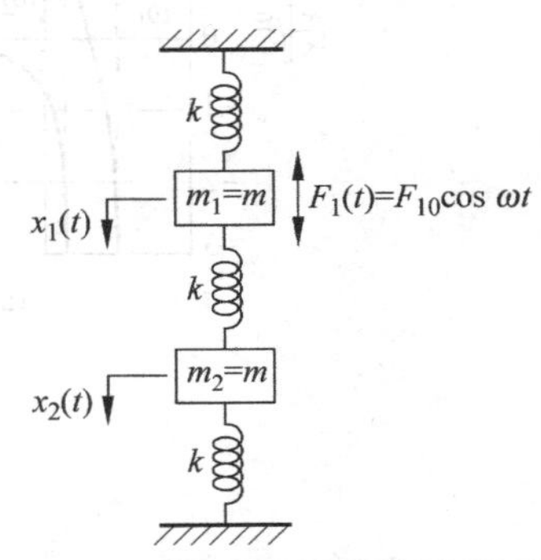

图 5.15　受简谐激励的弹簧-质量系统

比较式(E.1)和式(5.27)可知

$$m_{11}=m_{22}=m,\quad m_{12}=m_{21}=0,\quad c_{11}=c_{12}=c_{22}=0$$

$$k_{11}=k_{22}=2k,\quad k_{12}=-k,\quad F_1=F_{10}\cos\omega t,\quad F_2=0$$

假设式(E.1)的解为①

$$x_j(t) = X_j \cos \omega t, \quad j = 1,2 \tag{E.2}$$

由式(5.31)得

$$Z_{11}(\omega) = Z_{22}(\omega) = -m\omega^2 + 2k, \quad Z_{12}(\omega) = -k \tag{E.3}$$

所以由式(5.35)得

$$X_1(\omega) = \frac{(-\omega^2 m + 2k)F_{10}}{(-\omega^2 m + 2k)^2 - k^2} = \frac{(-\omega^2 m + 2k)F_{10}}{(-\omega^2 m + 3k)(-\omega^2 m + k)} \tag{E.4}$$

$$X_2(\omega) = \frac{kF_{10}}{(-\omega^2 m + 2k)^2 - k^2} = \frac{kF_{10}}{(-\omega^2 m + 3k)(-\omega^2 m + k)} \tag{E.5}$$

令 $\omega_1^2 = k/m, \omega_2^2 = 3k/m$，代入式(E.4)和式(E.5)得

$$X_1(\omega) = \frac{\left[2 - \left(\frac{\omega}{\omega_1}\right)^2\right]F_{10}}{k\left[\left(\frac{\omega_2}{\omega_1}\right)^2 - \left(\frac{\omega}{\omega_1}\right)^2\right]\left[1 - \left(\frac{\omega}{\omega_1}\right)^2\right]} \tag{E.6}$$

$$X_2(\omega) = \frac{F_{10}}{k\left[\left(\frac{\omega_2}{\omega_1}\right)^2 - \left(\frac{\omega}{\omega_1}\right)^2\right]\left[1 - \left(\frac{\omega}{\omega_1}\right)^2\right]} \tag{E.7}$$

无量纲振幅 $X_1 k/F_{10}$ 和 $X_2 k/F_{10}$ 与无量纲参数 ω/ω_1 的关系如图5.16所示。无量纲参数 ω/ω_1 中的 ω_1 是任选的，也可以选 ω_2 对 ω 进行无量纲化。不难看出，当 $\omega^2 = \omega_1^2$ 或 $\omega^2 = \omega_2^2$ 时，振幅 X_1 和 X_2 将趋于无穷大。所以系统有两个发生共振的条件：一个发生在 ω_1 处，另一个发生在 ω_2 处。对于其他的 ω，振幅值是有限的。从图5.16还可以看出，存在一个特殊的 ω 值，使受激的质量 m_1 的振动为零。这个现象就是要在第9章讨论的动力吸振器的原理。

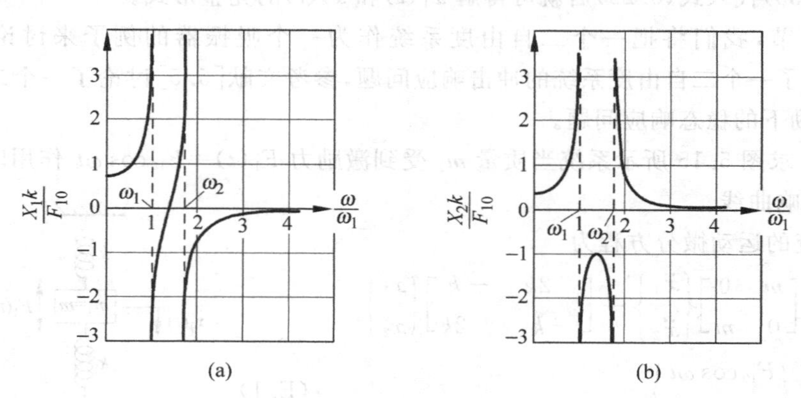

图5.16　例5.8的频响曲线

① 既然 $F_{10}\cos\omega t$ 是 $F_{10}e^{i\omega t}$ 的实部，我们将假设解也是 $X_j e^{i\omega t}$ 的实部。可以证明，对无阻尼系统，X_j 为实数。

5.7 半正定系统

半正定系统(semidefinite systems)也叫**非约束系统**(unrestrained systems)或**退化系统**(degenerate systems)。图 5.17 中给出了两个这样的例子。图 5.17(a)可以看成是行驶在铁轨上质量分别为 m_1 和 m_2 的两节车厢由刚度系数为 k 的弹簧连接在一起的情况。图 5.17(b)可以看成是转动惯量分别为 J_1 和 J_2 的两个圆盘由抗扭刚度系数为 k_t 的一根轴连接在一起的情况。图 5.17(a)所示系统的运动微分方程为

$$\left.\begin{aligned} m_1\ddot{x}_1+k(x_1-x_2)&=0\\ m_2\ddot{x}_2+k(x_2-x_1)&=0\end{aligned}\right\} \tag{5.36}$$

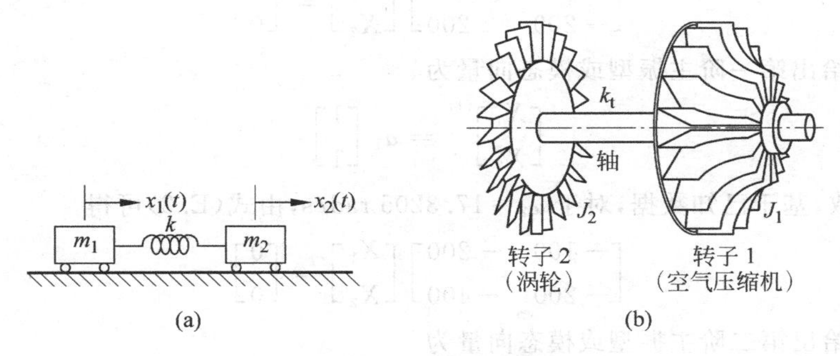

图 5.17　半正定系统

对于自由振动,设解是简谐的,即

$$x_j(t)=X_j\cos(\omega t+\phi_j),\quad j=1,2 \tag{5.37}$$

将式(5.37)代入式(5.36)可得

$$\left.\begin{aligned} (-m_1\omega^2+k)X_1-kX_2&=0\\ -kX_1+(-m_2\omega^2+k)X_2&=0\end{aligned}\right\} \tag{5.38}$$

在式(5.38)中令关于 X_1 和 X_2 的系数矩阵的行列式为零,得

$$\omega^2[m_1m_2\omega^2-k(m_1+m_2)]=0 \tag{5.39}$$

由频率方程(5.39)可求得系统的两个固有频率为

$$\omega_1=0,\quad \omega_2=\sqrt{\frac{k(m_1+m_2)}{m_1m_2}} \tag{5.40}$$

可见该系统的一个固有频率为零,这表明系统并没有振动。换句话说,系统运动时两个质量块并没有任何相对运动,而是作刚性平动。这样的具有一个零固有频率的系统称为**半正定系统**。将 ω_2 代入式(5.38)可以证明,当系统以 ω_2 作自由振动时,$X_1^{(1)}$ 和 $X_2^{(2)}$ 符号相反,两个质量块的运动是反相的。因此在连接弹簧上存在一个节点。

例 5.9　求如图 5.17(a)所示无约束系统的自由振动解,已知数据如下:

$$m_1 = 1\,\text{kg}, \quad m_2 = 2\,\text{kg}, \quad k = 200\,\text{N/m}, \quad x_1(0) = 0.1\,\text{m},$$

$$x_2(0) = \dot{x}_1(0) = \dot{x}_2(0) = 0$$

解：根据已知条件以及式(5.40)，可以计算出系统的固有频率为

$$\omega_1 = 0, \quad \omega_2 = \sqrt{\frac{200 \times (1+2)}{1 \times 2}}\ \text{rad/s} = 17.3205\ \text{rad/s} \tag{E.1}$$

为计算其主振型，式(5.38)以矩阵形式表示

$$\begin{bmatrix} (-m_1\omega^2 + k) & -k \\ -k & (-m_2\omega^2 + k) \end{bmatrix} \begin{bmatrix} X_1 \\ X_2 \end{bmatrix} = \begin{bmatrix} 0 \\ 0 \end{bmatrix} \tag{E.2}$$

基于已知数据，对于 $\omega_1 = 0$，则式(E.2)可表示为

$$\begin{bmatrix} 200 & -200 \\ -200 & 200 \end{bmatrix} \begin{bmatrix} X_1 \\ X_2 \end{bmatrix} = \begin{bmatrix} 0 \\ 0 \end{bmatrix} \tag{E.3}$$

式(E.3)的解给出第一阶主振型或模态向量为

$$\begin{bmatrix} X_1 \\ X_2 \end{bmatrix}^{(1)} = a_1 \begin{bmatrix} 1 \\ 1 \end{bmatrix} \tag{E.4}$$

其中 a_1 为常数，基于已知数据，对于 $\omega_2 = 17.3205$ rad/s，由式(E.2)可得

$$\begin{bmatrix} -100 & -200 \\ -200 & -400 \end{bmatrix} \begin{bmatrix} X_1 \\ X_2 \end{bmatrix} = \begin{bmatrix} 0 \\ 0 \end{bmatrix} \tag{E.5}$$

式(E.5)的解给出第二阶主振型或模态向量为

$$\begin{bmatrix} X_1 \\ X_2 \end{bmatrix}^{(2)} = a_2 \begin{bmatrix} 1 \\ -0.5 \end{bmatrix} \tag{E.6}$$

其中 a_2 为常数，每阶模态的自由振动解可表示为

$$\boldsymbol{x}^{(1)}(t) = \begin{bmatrix} x_1^{(1)} \\ x_2^{(1)} \end{bmatrix} = \begin{bmatrix} X_1 \\ X_2 \end{bmatrix}^{(1)} \cos(\omega_1 t + \phi_1) = a_1 \begin{bmatrix} 1 \\ 1 \end{bmatrix} \cos\phi_1 \tag{E.7}$$

$$\boldsymbol{x}^{(2)}(t) = \begin{bmatrix} x_1^{(2)} \\ x_2^{(2)} \end{bmatrix} = \begin{bmatrix} X_1 \\ X_2 \end{bmatrix}^{(2)} \cos(\omega_2 t + \phi_2) = a_2 \begin{bmatrix} 1 \\ -0.5 \end{bmatrix} \cos(17.3205t + \phi_2) \tag{E.8}$$

对任意给定的初始条件下的自由振动解，可以用模态的线性组合来表示

$$\boldsymbol{x}(t) = \begin{bmatrix} x_1(t) \\ x_2(t) \end{bmatrix} = b_1 \boldsymbol{x}^{(1)}(t) + b_2 \boldsymbol{x}^{(2)}(t)$$

$$= c_1 \begin{bmatrix} 1 \\ 1 \end{bmatrix} \cos\phi_1 + c_2 \begin{bmatrix} 1 \\ -0.5 \end{bmatrix} \cos(17.3205t + \phi_2) \tag{E.9}$$

其中，$b_1, b_2, c_1 = a_1 b_1, c_2 = a_2 b_2$ 都是未知常数。质量块的速度可以通过对式(E.9)进行微分来确定

$$\dot{\boldsymbol{x}}(t) = -c_2 \begin{bmatrix} 1 \\ -0.5 \end{bmatrix} \times 17.3205 \sin(17.3205t + \phi_2) \tag{E.10}$$

对于给定的初始条件，由式(E.9)和式(E.10)得

$$x_1(0)=c_1\cos\phi_1+c_2\cos\phi_2=0.1 \tag{E.11}$$

$$x_2(0)=c_1\cos\phi_1+0.5c_2\cos\phi_2=0 \tag{E.12}$$

$$\dot{x}_1(0)=-17.3205c_2\sin\phi_2=0 \tag{E.13}$$

$$\dot{x}_2(0)=-8.66025c_2\sin\phi_2=0 \tag{E.14}$$

从式(E.11)～式(E.14)的解可得

$$c_2=\pm 0.06666,\quad \phi_2=0 \quad 或 \quad \pi, c_1\cos\phi_1=0.03333 \tag{E.15}$$

利用式(E.15)，由式(E.9)确定的自由振动解为

$$x_1(t)=0.03333\pm 0.06666\cos(17.3205t+\phi_2) \tag{E.16}$$

$$x_2(t)=0.03333\mp 0.03333\cos(17.3205t+\phi_2) \tag{E.17}$$

当 $\phi_2=0(\pi)$ 时，式(E.16)与式(E.17)中分别采用＋(－)号。

注：从式(E.16)与式(E.17)可知，自由振动响应(或解)是由常数项(平移)与简谐项(振动)组成。

5.8 自激振动与稳定性分析

在 3.11 节，一个单自由度系统的稳定条件是用系统的物理常数表示的。本节把这样的问题推广到二自由度系统。一个受自激力的系统，其激励力可能是与阻尼项或刚度项联系在一起的。系统的运动微分方程可以写成如下形式

$$\begin{bmatrix} m_{11} & m_{12} \\ m_{21} & m_{22} \end{bmatrix}\begin{Bmatrix} \ddot{x}_1 \\ \ddot{x}_2 \end{Bmatrix}+\begin{bmatrix} c_{11} & c_{12} \\ c_{21} & c_{22} \end{bmatrix}\begin{Bmatrix} \dot{x}_1 \\ \dot{x}_2 \end{Bmatrix}+\begin{bmatrix} k_{11} & k_{12} \\ k_{21} & k_{22} \end{bmatrix}\begin{Bmatrix} x_1 \\ x_2 \end{Bmatrix}=\begin{Bmatrix} 0 \\ 0 \end{Bmatrix} \tag{5.41}$$

令其解的形式为

$$x_j(t)=X_j e^{st},\quad j=1,2 \tag{5.42}$$

代入式(5.41)后令系数矩阵的行列式为零，得如下形式的频率方程

$$a_0s^4+a_1s^3+a_2s^2+a_3s+a_4=0 \tag{5.43}$$

系数 a_0,a_1,a_2,a_3 和 a_4 均为实数，因为它们都是由系统的物理参数推得的。如果 s_1,s_2,s_3 和 s_4 是式(5.43)的根，则

$$(s-s_1)(s-s_2)(s-s_3)(s-s_4)=0$$

或

$$\begin{aligned} &s^4-(s_1+s_2+s_3+s_4)s^3+(s_1s_2+s_1s_3+s_1s_4+s_2s_3+s_2s_4+s_3s_4)s^2 \\ &-(s_1s_2s_3+s_1s_2s_4+s_1s_3s_4+s_2s_3s_4)s+s_1s_2s_3s_4=0 \end{aligned} \tag{5.44}$$

比较式(5.43)和式(5.44)可得

$$\left.\begin{aligned} a_0 &= 1 \\ a_1 &= -(s_1+s_2+s_3+s_4) \\ a_2 &= s_1s_2+s_1s_3+s_1s_4+s_2s_3+s_2s_4+s_3s_4 \\ a_3 &= -(s_1s_2s_3+s_1s_2s_4+s_1s_3s_4+s_2s_3s_4) \\ a_4 &= s_1s_2s_3s_4 \end{aligned}\right\} \tag{5.45}$$

稳定性准则是 $s_i(i=1,2,3,4)$ 的实部必须是负的，从而避免式(5.42)中出现随时间增长的幂指数。根据四次代数方程的特性，可以得出稳定的充分与必要条件是方程的全部系数($a_0,a_1,\cdots,a_4$)均为正数且满足如下条件(见参考文献[5.8]和[5.9])

$$a_1a_2a_3 > a_0a_3^2 + a_4a_1^2 \tag{5.46}$$

一个可用于讨论 n 自由度系统稳定性的更一般方法称为罗斯-霍尔威茨(Routh-Hurwitz)准则(见参考文献[5.10])。对于现在考虑的系统即式(5.43)，根据罗斯-霍尔威茨准则，稳定的条件是全部系数 $a_0,a_1,\cdots,a_4$ 均为正数且下列行列式的值为正

$$T_1 = |a_1| > 0 \tag{5.47}$$

$$T_2 = \begin{vmatrix} a_1 & a_3 \\ a_0 & a_2 \end{vmatrix} = a_1a_2 - a_0a_3 > 0 \tag{5.48}$$

$$T_3 = \begin{vmatrix} a_1 & a_3 & 0 \\ a_0 & a_2 & a_4 \\ 0 & a_1 & a_3 \end{vmatrix} = a_1a_2a_3 - a_1^2a_4 - a_0a_3^2 > 0 \tag{5.49}$$

满足式(5.47)的情况之一是 a_1 为正，但式(5.49)与 $a_3>0$，$a_4>0$ 可以保证式(5.48)成立。所以系统稳定的充分与必要条件是全部系数 a_0,a_1,a_2,a_3 和 a_4 均为正，且满足不等式(5.46)。

5.9 传递函数法

如3.12节所述，微分方程的传递函数表示假设在零初始条件下系统响应(输出)的拉普拉斯变换与激励(输入)的拉普拉斯变换之比。对于如图5.5所示二自由度系统，其运动微分方程为(方程(5.1)和(5.2))

$$m_1\ddot{x}_1 + (c_1+c_2)\dot{x}_1 - c_2\dot{x}_2 + (k_1+k_2)x_1 - k_2x_2 = f_1 \tag{5.50}$$

$$m_2\ddot{x}_2 + (c_2+c_3)\dot{x}_2 - c_2\dot{x}_1 + (k_2+k_3)x_2 - k_2x_1 = f_2 \tag{5.51}$$

在假设的零初始条件下，将式(5.50)和式(5.51)进行拉普拉斯变换，可得到

$$m_1s^2X_1(s) + (c_1+c_2)sX_1(s) - c_2sX_2(s) + (k_1+k_2)X_1(s) - k_2X_2(s) = F_1(s) \tag{5.52}$$

$$m_2s^2X_2(s) + (c_2+c_3)sX_2(s) - c_2sX_1(s) + (k_2+k_3)X_2(s) - k_2X_1(s) = F_2(s) \tag{5.53}$$

通过重新整理式(5.52)和式(5.53)，可得

$$[m_1 s^2 + (c_1 + c_2)s + (k_1 + k_2)]X_1(s) - (c_2 s + k_2)X_2(s) = F_1(s) \tag{5.54}$$

$$[m_2 s^2 + (c_2 + c_3)s + (k_1 + k_2)]X_2(s) - (c_2 s + k_2)X_1(s) = F_2(s) \tag{5.55}$$

式(5.54)和式(5.55)表示关于 $X_2(s)$ 和 $X_1(s)$ 的两个联立的线性代数方程。可采用克莱姆(Cramer)法则[5.11]来求解

$$X_1(s) = \frac{D_1(s)}{D(s)} \tag{5.56}$$

$$X_2(s) = \frac{D_2(s)}{D(s)} \tag{5.57}$$

其中

$$\begin{aligned} D_1(s) &= \begin{vmatrix} F_1(s) & -(c_2 s + k_2) \\ F_2(s) & m_2 s^2 + (c_2 + c_3)s + (k_2 + k_3) \end{vmatrix} \\ &= [m_2 s^2 + (c_2 + c_3)s + (k_2 + k_3)]F_1(s) + (c_2 s + k_2)F_2(s) \end{aligned} \tag{5.58}$$

$$\begin{aligned} D_2(s) &= \begin{vmatrix} m_1 s^2 + (c_1 + c_2)s + (k_1 + k_2) & F_1(s) \\ -(c_2 s + k_2) & F_2(s) \end{vmatrix} \\ &= [m_1 s^2 + (c_1 + c_2)s + (k_1 + k_2)]F_2(s) + (c_2 s + k_2)F_1(s) \end{aligned} \tag{5.59}$$

$$\begin{aligned} D(s) &= \begin{vmatrix} m_1 s^2 + (c_1 + c_2)s + (k_1 + k_2) & -(c_2 s + k_2) \\ -(c_2 s + k_2) & m_2 s^2 + (c_2 + c_3)s + (k_2 + k_3) \end{vmatrix} \\ &= m_1 m_2 s^4 + [m_2(c_1 + c_2) + m_1(c_2 + c_3)]s^3 \\ &\quad + [m_2(k_1 + k_2) + m_1(k_2 + k_3) + c_1 c_2 + c_2 c_3 + c_3 c_1]s^2 \\ &\quad + [(k_1 + k_2)(c_2 + c_3) + c_1 k_2 + c_1 k_3 - c_2 k_2 + c_2 k_3]s \\ &\quad + (k_1 k_2 + k_2 k_3 + k_3 k_1) \end{aligned} \tag{5.60}$$

注：

(1) 由式(5.60)给出的 $X_1(s)$ 和 $X_2(s)$ 的表达式中的分母 $D(s)$，是关于 s 的四阶多项式，也是系统的特征多项式。由于特征多项式为四阶，因此模型(或系统)可视为四阶模型(或系统)。

(2) 对式(5.56)和式(5.57)，利用拉普拉斯逆变换可分别得到关于 $x_1(t)$ 和 $x_2(t)$ 的四阶微分方程(见问题 5.79)。

(3) 式(5.56)和式(5.57)可用于推导 $x_1(t)$ 和 $x_2(t)$ 的传递函数。

5.10　利用拉普拉斯变换求解

下面通过实例来说明如何利用拉普拉斯变换求解两自由度系统的响应。

例 5.10　利用拉普拉斯变换求如图 5.5 所示系统的自由振动响应，已知数据如下：$m_1 = 2, m_2 = 4, k_1 = 8, k_2 = 4, k_3 = 0, c_1 = 0, c_2 = 0, c_3 = 0$。假设初始条件为：$x_1(0) = 0$，

$x_2(0)=1, \dot{x}_1(0)=\dot{x}_2(0)=0$。

解：利用已知数据以及 $f_1(t)=f_2(t)=0$，根据系统的运动方程式(5.1)和(5.2)，可得

$$2\ddot{x}_1+12x_1-4x_2=0 \tag{E.1}$$

$$4\ddot{x}_2-4x_1+4x_2=0 \tag{E.2}$$

对式(E.1)和式(E.2)进行拉普拉斯变换，可得

$$2[s^2X_1(s)-sx_1(0)-\dot{x}_1(0)]+12X_1(s)-4X_2(s)=0 \tag{E.3}$$

$$4[s^2X_2(s)-sx_2(0)-\dot{x}_2(0)]-4X_1(s)+4X_2(s)=0 \tag{E.4}$$

对于已知的初始条件 $x_1(0)=0, x_2(0)=1, \dot{x}_1(0)=\dot{x}_2(0)=0$，式(E.3)和式(E.4)成为

$$(2s^2+12)X_1(s)-4X_2(s)=0 \tag{E.5}$$

$$(4s^2+4)X_2(s)-4X_1(s)=4s \tag{E.6}$$

引入

$$D_1(s)=\begin{vmatrix} 0 & -4 \\ 4s & 4s^2+4 \end{vmatrix}=16s \tag{E.7}$$

$$D_2(s)=\begin{vmatrix} 2s^2+12 & 0 \\ -4 & 4s \end{vmatrix}=8s^3+48s \tag{E.8}$$

$$D(s)=\begin{vmatrix} 2s^2+12 & -4 \\ -4 & 4s^2+4 \end{vmatrix}=8s^4+56s^2+32 \tag{E.9}$$

基于克莱姆法则，可以将式(E.5)和式(E.6)关于 $X_2(s)$ 和 $X_1(s)$ 的解表示为

$$X_1(s)=\frac{D_1(s)}{D(s)}=\frac{16s}{8s^4+56s^2+32}=\frac{2s}{s^4+7s^2+4} \tag{E.10}$$

$$X_2(s)=\frac{D_2(s)}{D(s)}=\frac{8s^3+48s}{8s^4+56s^2+32}=\frac{s^3+6s}{s^4+7s^2+4} \tag{E.11}$$

由式(E.10)和式(E.11)可知，分母为 s^2 的二次方(适用于所有的无阻尼两自由度系统)。由分母为零，即 $s^4+7s^2+4=0$，得

$$s^2=-0.6277(\text{或}-0.7923^2), \quad -6.3723(\text{或}-2.5243^2) \tag{E.12}$$

$X_1(s)$与 $X_2(s)$可采用因式分解的形式表示为

$$X_1(s)=\frac{2s}{(s^2+0.6277)(s^2+6.3723)} \tag{E.13}$$

$$X_2(s)=\frac{s^3+6s}{(s^2+0.6277)(s^2+6.3723)} \tag{E.14}$$

利用部分分式方法，将 $X_1(s)$与 $X_2(s)$表示为

$$X_1(s)=\frac{0.7923C_1}{s^2+0.6277}+\frac{C_2s}{s^2+0.6277}+\frac{2.5243C_3}{s^2+6.3723}+\frac{C_4s}{s^2+6.3723} \tag{E.15}$$

$$X_2(s)=\frac{0.7923C_5}{s^2+0.6277}+\frac{C_6s}{s^2+0.6277}+\frac{2.5243C_7}{s^2+6.3723}+\frac{C_8s}{s^2+6.3723} \tag{E.16}$$

为确定 $x_1(t)$，令式(E.15)和式(E.13)相等，可得

$$0.7923C_1(s^2+6.3723)+C_2s(s^2+6.3723)+2.5243C_3(s^2+0.6277)+C_4s(s^2+0.6277)=2s$$

或

$$(C_2+C_4)s^3+(0.7923C_1+2.5243C_3)s^2+(6.3723C_2+0.6277C_4)s+(5.0488C_1+1.5845C_3)=2s \tag{E.17}$$

根据式(E.17)两边相对应的系数相等，可得

$$C_2+C_4=0,\quad 0.7923C_1+2.5243C_3=0,\quad 6.3723C_2+0.6277C_4=2,\quad 5.0488C_1+1.5845C_3=0 \tag{E.18}$$

式(E.18)的解为 $C_1=0, C_2=0.3481, C_3=0, C_4=-0.3481$，于是式(E.15)中的 $X_1(s)$ 可表示为

$$X_1(s)=0.3481\frac{s}{s^2+0.6277}-0.3481\frac{s}{s^2+6.3723} \tag{E.19}$$

对式(E.19)进行拉普拉斯逆变换，可得

$$x_1(t)=0.3481\cos 0.7923t-0.3481\cos 2.5243t \tag{E.20}$$

为确定 $x_2(t)$，令式(E.16)和式(E.14)相等，可得

$$0.7923C_5(s^2+6.3723)+C_6s(s^2+6.3723)+2.5243C_7(s^2+0.6277)+C_8s(s^2+0.6277)=s^3+6s$$

或

$$(C_6+C_8)s^3+(0.7923C_5+2.5243C_7)s^2+(6.3723C_6+0.6277C_8)s+(5.0488C_5+1.5845C_7)=s^3+6s \tag{E.21}$$

根据式(E.21)两边相对应系数相等，可得

$$C_6+C_8=1,\quad 0.7923C_5+2.5243C_7=0,\quad 6.3723C_6+0.6277C_8=6,\quad 5.0488C_5+1.5845C_7=0 \tag{E.22}$$

式(E.22)的解为 $C_5=0, C_6=0.9352, C_7=0, C_8=0.0648$，于是式(E.16)中的 $X_2(s)$ 可表示为

$$X_2(s)=0.9352\frac{s}{s^2+0.6277}+0.0648\frac{s}{s^2+6.3723} \tag{E.23}$$

对式(E.23)进行拉普拉斯逆变换，可得

$$x_2(t)=0.9352\cos 0.7923t+0.0648\cos 2.5243t \tag{E.24}$$

由式(E.20)和式(E.24)确定的系统的自由振动响应 $x_1(t)$ 和 $x_2(t)$，其图形表示如图 5.18 所示。

例 5.11　利用拉普拉斯变换求如图 5.5(a)所示系统的自由振动响应，数据如下：$m_1=2, m_2=4, k_1=8, k_2=4, k_3=0, c_1=0, c_2=2, c_3=0$。假设初始条件为 $x_1(0)=0$，$x_2(0)=1, \dot{x}_1(0)=\dot{x}_2(0)=0$。

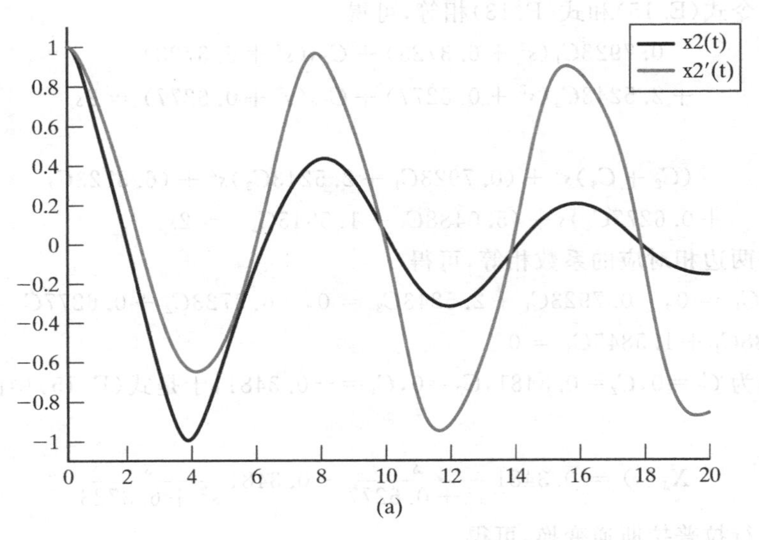

(a)

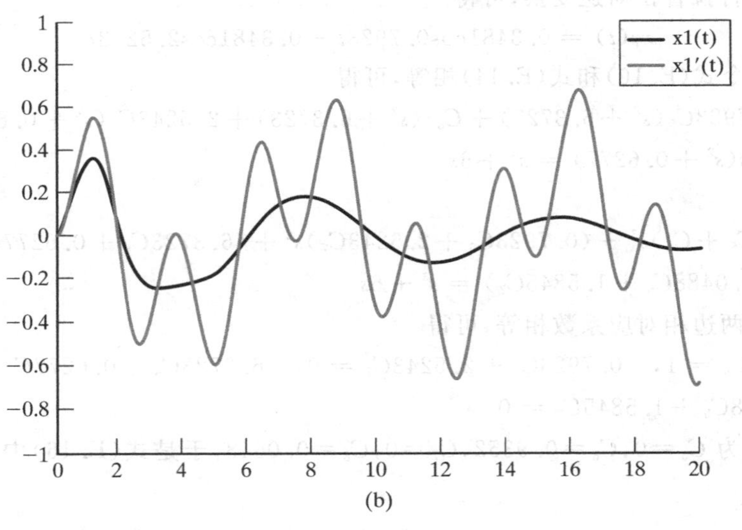

(b)

图　5.18

解：根据已知数据，及对自由振动 $f_1(t)=f_2(t)=0$，系统的运动微分方程(5.1)和式(5.2)成为

$$2\ddot{x}_1+2\dot{x}_1-2\dot{x}_2+12x_1-4x_2=0 \tag{E.1}$$

$$4\ddot{x}_1-2\dot{x}_1+2\dot{x}_2-4x_1+4x_2=0 \tag{E.2}$$

对式(E.1)和式(E.2)进行拉普拉斯变换，可得

$$2[s^2X_1(s)-sx_1(0)-\dot{x}_1(0)]+2[sX_1(s)-x_1(0)]-2[sX_2(s)-x_2(0)]$$
$$+12X_1(s)-4X_2(s)=0 \tag{E.3}$$

$$4[s^2X_2(s)-sx_2(0)-\dot{x}_2(0)]-2[sX_1(s)-x_1(0)]$$
$$+2[sX_2(s)-x_2(0)]-4X_1(s)+4X_2(s)=0 \tag{E.4}$$

对于已知的初始条件 $x_1(0)=0, x_2(0)=1, \dot{x}_1(0)=\dot{x}_2(0)=0$，式(E.3)和式(E.4)成为

$$(2s^2+2s+12)X_1(s)-(2s+4)X_2(s)=-2 \tag{E.5}$$

$$(4s^2+2s+4)X_2(s)-(2s+4)X_1(s)=4s+2 \tag{E.6}$$

引入

$$D_1(s)=\begin{vmatrix}-2 & 2s-4\\ 4s+2 & 4s^2+2s+4\end{vmatrix}=16s \tag{E.7}$$

$$D_2(s)=\begin{vmatrix}2s^2+2s+12 & -2\\ -2s-4 & 4s+2\end{vmatrix}=8s^3+12s^2+48s+16 \tag{E.8}$$

$$D(s)=\begin{vmatrix}2s^2+2s+12 & -2s-4\\ -2s-4 & 4s^2+2s+4\end{vmatrix}=8s^4+12s^3+56s^2+16s+32 \tag{E.9}$$

基于克莱姆法则，式(E.5)和式(E.6)的解 $X_1(s)$ 和 $X_2(s)$ 可分别表示为

$$X_1(s)=\frac{D_1(s)}{D(s)}=\frac{16s}{8s^4+12s^3+56s^2+16s+32}=\frac{2s}{s^4+1.5s^3+7s^2+2s+4} \tag{E.10}$$

$$X_2(s)=\frac{D_2(s)}{D(s)}=\frac{8s^3+12s^2+48s+16}{8s^4+12s^3+56s^2+16s+32}=\frac{s^3+1.5s^2+6s+2}{s^4+1.5s^3+7s^2+2s+4} \tag{E.11}$$

由式(E.10)和式(E.11)可以看出，分母为 s^2 的二次方(适用于所有的无阻尼两自由度系统)。由 $s^4+1.5s^3+7s^2+2s+4=0$，可得

$$s_{1,2}=-0.6567\pm 2.3807\mathrm{i}=a\pm b\mathrm{i}$$
$$s_{3,4}=-0.0933\pm 0.8044\mathrm{i}=c\pm d\mathrm{i} \tag{E.12}$$

可见，根是复数(实部和虚部均不为零，适用于所有的阻尼系统)，而不是一个简单的虚数(实部为零，适用于所有无阻尼系统)。由式(E.12)中所给的特征根，式(E.10)中的 $X_1(s)$ 可以写成：

$$X_1(s)=\frac{2s}{[(s+a)^2+b^2][(s+c)^2+d^2]}=\frac{C_1b+C_2(s+a)}{[(s+a)^2+b^2]}+\frac{C_3d+C_4(s+c)}{[(s+c)^2+d^2]} \tag{E.13}$$

其中 $a=0.6567, b=2.3807, c=0.0933, d=0.8044, C_i(i=1,2,3,4)$ 为未知常数，将式(E.13)的右端写成

$$\frac{[C_1b+C_2(s+a)][(s+c)^2+d^2]}{[(s+a)^2+b^2]}+\frac{[C_3d+C_4(s+c)][(s+a)^2+b^2]}{[(s+c)^2+d^2]} \tag{E.14}$$

令式(E.14)的分子和式(E.13)中中间那个表达式的分子相等得

$$[C_1 b + C_2(s+a)][(s+c)^2+d^2] + [C_3 d + C_4(s+c)][(s+a)^2+b^2] = 2s$$

或

$$\begin{aligned}&(C_2+C_4)s^3 + (2cC_2 + bC_1 + aC_2 + 2aC_4 + dC_3 + cC_4)s^2 \\ &+ [(c^2+d^2)C_2 + 2c(bC_1+aC_2) + (a^2+b^2)C_4 + 2a(dC_3+cC_4)]s \\ &+ [(bC_1+aC_2)(c^2+d^2) + (dC_3+cC_4)(a^2+b^2)] = 2s \end{aligned} \tag{E.15}$$

由式(E.15)两边的相对应的系数相等，可得

$$\begin{aligned}&C_2 + C_4 = 0, \quad bC_1 + (2c+a)C_2 + dC_3 + (2a+c)C_4 = 0 \\ &2cbC_1 + (2ac+c^2+d^2)C_2 + 2adC_3 + (2ac+2a^2+b^2)C_4 = 0 \\ &(bc^2+bd^2)C_1 + (ac^2+ad^2)C_2 + (da^2+db^2)C_3 + (ca^2+cb^2)C_4 = 0 \end{aligned} \tag{E.16}$$

其中 a,b,c,d 的值在式(E.12)中给出。利用 MATLAB 可以求出式(E.16)的解为

$$C_1 = -0.0945, \quad C_2 = -0.3713, \quad C_3 = 0.0196, \quad C_4 = 0.3713$$

于是式(E.13)中的 $X_1(s)$ 成为

$$\begin{aligned}X_1(s) = &-0.0945\frac{b}{(s+a)^2+b^2} - 0.3713\frac{s+a}{(s+c)^2+d^2} \\ &+ 0.0196\frac{d^2}{(s+c)^2+d^2} + 0.3713\frac{s+c}{(s+c)^2+d^2}\end{aligned} \tag{E.17}$$

对式(E.17)进行拉普拉斯逆变换得

$$\begin{aligned}x_1(t) = &\mathrm{e}^{-0.6567t}(0.0945\sin 2.3807t - 0.3713\cos 2.3807t) \\ &+ \mathrm{e}^{-0.0933t}(0.0196\sin 0.8044t + 0.3713\cos 0.8044t)\end{aligned} \tag{E.18}$$

同理可得式(E.11)中 $X_2(s)$ 的表达式为

$$X_2(s) = \frac{s^3 + 1.5s^2 + 6s + 2}{[(s+a)^2+b^2][(s+c)^2+d^2]} = \frac{C_5 b + C_6(s+a)}{[(s+a)^2+b^2]} + \frac{C_7 d + C_8(s+c)}{[(s+c)^2+d^2]} \tag{E.19}$$

其中 $a=0.6567, b=2.3807, c=0.0933, d=0.8044, C_i(i=5,6,7,8)$ 为未知常数，将(E.19)的右端写成

$$\frac{[C_5 b + C_6(s+a)][(s+c)^2+d^2]}{(s+a)^2+b^2} + \frac{[C_7 d + C_8(s+c)][(s+a)^2+b^2]}{(s+c)^2+d^2} \tag{E.20}$$

令式(E.19)和式(E.20)的分子相等得

$$\begin{aligned}&[C_5 b + C_6(s+a)][(s+c)^2+d^2] + [C_7 d + C_8(s+c)][(s+a)^2+b^2] \\ &= s^3 + 1.5s^2 + 6s + 2\end{aligned}$$

或

$$\begin{aligned}&(C_6+C_8)s^3 + (2cC_6 + bC_5 + aC_6 + 2aC_8 + dC_7 + cC_8)s^2 \\ &+ [(c^2+d^2)C_6 + 2c(bC_5+aC_6) + (a^2+b^2)C_8 + 2a(dC_7+cC_8)]s \\ &+ [(bC_5+aC_6)(c^2+d^2) + (dC_7+cC_8)(a^2+b^2)] = s^3 + 1.5s^2 + 6s + 2\end{aligned} \tag{E.21}$$

由式(E.21)两边相对应的系数相等可得

$$C_6 + C_8 = 1,\quad bC_5 + (2c + a)C_6 + dC_7 + (2a + c)C_8 = 1.5$$
$$2cbC_5 + (2ac + c^2 + d^2)C_6 + 2adC_7 + (2ac + a^2 + b^2)C_8 = 6$$
$$(bc^2 + bd^2)C_5 + (ac^2 + ad^2)C_6 + (da^2 + db^2)C_7 + (ca^2 + cb^2)C_8 = 2 \tag{E.22}$$

其中 a,b,c,d 的值在式(E.12)中给出，通过 MATLAB 可以求出式(E.22)的解

$$C_5 = -0.0418,\quad C_6 = 0.0970,\quad C_7 = 0.3077,\quad C_8 = 0.9030$$

于是式(E.19)中的 $X_2(s)$ 成为

$$X_2(s) = -0.0418\frac{b}{(s+a)^2+b^2} + 0.0970\frac{s+a}{(s+c)^2+d^2} + 0.3077\frac{d^2}{(s+c)^2+d^2} + 0.9030\frac{s+c}{(s+c)^2+d^2} \tag{E.23}$$

对式(E.23)进行拉普拉斯逆变换得

$$x_2(t) = e^{-0.6567t}(-0.0418\sin 2.3807t + 0.0970\cos 2.3807t) + e^{-0.0933t}(0.3077\sin 0.8044t + 0.9030\cos 0.8044t) \tag{E.24}$$

由式(E.18)和式(E.24)给出的系统自由振动响应 $x_1(t)$ 和 $x_2(t)$，如图 5.18 所示。

例 5.12　如图 5.17(a)所示的行驶在铁轨上质量分别为 $m_1 = M$ 和 $m_2 = m$ 的两节车厢，由刚度系数为 k 的弹簧连接在一起。若质量为 M 的车厢受到一个瞬时冲击力 $F_0\delta(t)$ 的作用，试用拉普拉斯变换方法求两节车厢的响应。

解：可以用下列两种方法之一求质量块的响应。

(1) 按系统在与 m_1 受到一个瞬时冲击力 $F_0\delta(t)$ 作用对应的初始速度激励下的自由振动考虑。

(2) 按系统在作用于 m_1 上的一个瞬时冲击力 $F_0\delta(t)$ 对应的受迫振动考虑(认为 M 和 m 的初始位移和初始速度均为零)。

根据第二种方法，系统的运动微分方程为

$$M\ddot{x}_1 + kx_1 - kx_2 = F_0\delta(t) \tag{E.1}$$

$$m\ddot{x}_2 - kx_1 + kx_2 = 0 \tag{E.2}$$

利用拉普拉斯变换，式(E.1)和式(E.2)可以重新写为

$$(Ms^2 + k)X_1(s) - kX_2(s) = F_0 \tag{E.3}$$

$$-kX_1(s) + (ms^2 + k)X_2(s) = 0 \tag{E.4}$$

根据式(E.3)和式(E.4)可以求得 $X_1(s)$ 和 $X_2(s)$ 的形式如下

$$X_1(s) = \frac{F_0(ms^2 + k)}{s^2[Mms^2 + k(M+m)]} \tag{E.5}$$

$$X_2(s) = \frac{F_0 k}{s^2[Mms^2 + k(M+m)]} \tag{E.6}$$

利用部分分式方法，式(E.5)和式(E.6)可以重新写成如下形式

$$X_1(s) = \frac{F_0}{M+m}\left(\frac{1}{s^2} + \frac{m}{\omega M}\frac{\omega}{s^2+\omega^2}\right) \tag{E.7}$$

$$X_2(s) = \frac{F_0}{M+m}\left(\frac{1}{s^2} - \frac{1}{\omega}\frac{\omega}{s^2+\omega^2}\right) \tag{E.8}$$

式中

$$\omega^2 = k\left(\frac{1}{M} + \frac{1}{m}\right) \tag{E.9}$$

利用附录D中的结果，式(E.7)和式(E.8)的逆变换如下，它们给出了二质量块的响应随时间的变化规律

$$x_1(t) = \frac{F_0}{M+m}\left(t + \frac{m}{\omega M}\sin \omega t\right) \tag{E.10}$$

$$x_2(t) = \frac{F_0}{M+m}\left(t - \frac{1}{\omega}\sin \omega t\right) \tag{E.11}$$

注意：式(E.10)和式(E.11)描述的 x_1 和 x_2 随时间的变化规律绘于例5.18中。

5.11 利用频率传递函数求解

在系统的一般传递函数中使用 $\mathrm{i}\omega$ 代替 s，则可得到频率传递函数。下面通过两个例子说明如何得到频率传递函数以及如何利用频率传递函数求系统的响应。

例5.13 试推导如图5.19(a)所示的系统中 $x_1(t)$ 和 $x_2(t)$ 的频率传递函数。

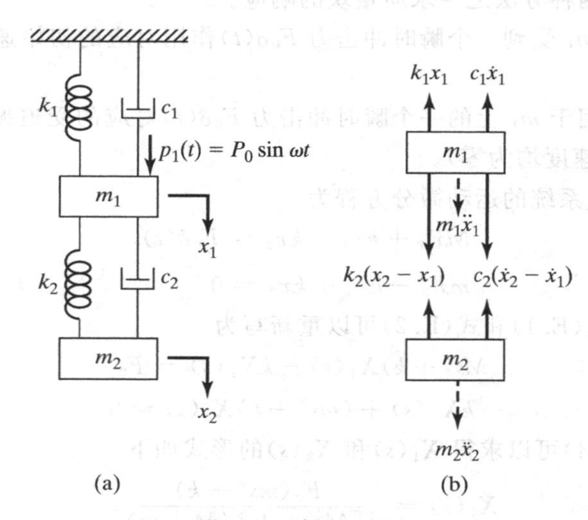

图5.19 例5.13图

解：由图5.19(b)所示的 m_1 和 m_2 的受力图，系统的运动微分方程为

$$m_1\ddot{x}_1 + c_1\dot{x}_1 + k_1 x_1 + c_2(\dot{x}_1 - \dot{x}_2) + k_2(x_1 - x_2) = p_1 = P_0 \sin \omega t \tag{E.1}$$

$$m_2\ddot{x}_2 + c_2(\dot{x}_2 - \dot{x}_1) + k_2(x_2 - x_1) = p_2 t \tag{E.2}$$

事实上，令式(5.50)和式(5.51)中的 $k_3=c_3=0, f_1=p_1(t), f_2(t)=0$，则得到式(E.1)与式(E.2)。对式(E.1)与式(E.2)进行拉普拉斯变换，并假设初始条件为零可得

$$m_1s^2X_1(s)+c_1sX_1(s)+k_1X_1(s)+c_2s[X_1(s)-X_2(s)]+k_2[(X_1(s)-X_2(s))]=P_1(s) \tag{E.3}$$

$$m_2s^2X_2(s)+c_2s[X_2(s)-X_1(s)]+k_2[X_2(s)-X_1(s)]=0 \tag{E.4}$$

根据式(E.3)和式(E.4)的根(通过在式(5.56)～式(5.60)中，令 $k_3=c_3=0, F_1(s)=P_1(s), F_2(s)=0$)，可得到 $X_1(s)$ 和 $X_2(s)$ 的表达式为

$$X_1(s)=\frac{D_1(s)}{D(s)} \tag{E.5}$$

$$X_2(s)=\frac{D_2(s)}{D(s)} \tag{E.6}$$

其中

$$D_1(s)=(m_2s^2+c_2s+k_2)P_1(s) \tag{E.7}$$

$$D_2(s)=(c_2s+k_2)P_1(s) \tag{E.8}$$

$$D(s)=m_1m_2s^4+[m_1c_2+m_2(c_1+c_2)]s^3+[m_2(k_1+k_2)+m_1k_2+c_1c_2]s^2+[c_1k_2+c_2k_1]s+k_1k_2 \tag{E.9}$$

基于式(E.7)～式(E.9)，可由式(E.5)和式(E.6)得到 $x_1(t)$ 和 $x_2(t)$ 的一般传递函数为

$$\frac{X_1(s)}{P_1(s)}=\frac{m_2s^2+c_2s+k_2}{D(s)} \tag{E.10}$$

$$\frac{X_2(s)}{P_1(s)}=\frac{c_2s+k_2}{D(s)} \tag{E.11}$$

其中，$D(s)$ 由式(E.9)确定，在式(E.10)、式(E.11)和式(E.9)中，令 $s=\mathrm{i}\omega$，则得到 $x_1(t)$ 和 $x_2(t)$ 的频率传递函数为

$$\frac{X_1(\mathrm{i}\omega)}{P_1(\mathrm{i}\omega)}=\frac{-m_2\omega^2+\mathrm{i}\omega c_2+k_2}{D(\mathrm{i}\omega)} \tag{E.12}$$

$$\frac{X_2(\mathrm{i}\omega)}{P_1(\mathrm{i}\omega)}=\frac{\mathrm{i}\omega c_2+k_2}{D(\mathrm{i}\omega)} \tag{E.13}$$

其中

$$D(\mathrm{i}\omega)=m_1m_2\omega^4-[m_1c_2+m_2(c_1+c_2)]\mathrm{i}\omega^3-[m_1k_2+m_2(k_1+k_2)+c_1c_2]\omega^2+[c_1k_2+c_2k_1]\mathrm{i}\omega+k_1k_2 \tag{E.14}$$

例 5.14　求例5.13中系统的稳态响应(忽略阻尼作用)。

解：对例5.13中的式(E.12)、式(E.13)与式(E.14)，令 $c_1=c_2=0$，可得系统的频率传递函数为

$$T_1(\mathrm{i}\omega)=\frac{X_1(\mathrm{i}\omega)}{P_1(\mathrm{i}\omega)}=\frac{k_2-m_2\omega^2}{m_1m_2\omega^4-[m_1k_2+m_2(k_1+k_2)]\omega^2+k_1k_2} \tag{E.1}$$

$$T_2(\mathrm{i}\omega)=\frac{X_2(\mathrm{i}\omega)}{P_1(\mathrm{i}\omega)}=\frac{k_2}{m_1m_2\omega^4-[m_2(k_1+k_2)+m_1k_2]\omega^2+k_1k_2} \tag{E.2}$$

因此

$$\frac{X_2(\mathrm{i}\omega)}{X_1(\mathrm{i}\omega)}=\frac{k_2}{k_2-m_2\omega^2} \tag{E. 3}$$

利用 $P_1(\mathrm{i}\omega)=P_0\sin\omega t$，根据式(E. 1)可以得到稳态解 $x_1(t)$ 为

$$\begin{aligned}x_1(t)&=|X_1(\mathrm{i}\omega)|\sin\omega t\\&=\frac{(k_2-m_2\omega^2)P_0}{[m_1m_2\omega^4-(m_1k_2+m_2k_1+m_2k_2)\omega^2+k_1k_2]}\sin(\omega t+\phi_1)\end{aligned} \tag{E. 4}$$

其中

$$\phi=\frac{X_1(\mathrm{i}\omega)}{P_1(\mathrm{i}\omega)}=0\text{ 或 }\pi \tag{E. 5}$$

根据式(E. 3)和式(E. 4)可以得到稳态解 $x_2(t)$ 为

$$\begin{aligned}x_2(t)&=|X_2(\mathrm{i}\omega)|\sin(\omega t+\phi_2)=\left|\frac{X_2(\mathrm{i}\omega)}{X_1(\mathrm{i}\omega)}\right|\,|X_1(\mathrm{i}\omega)|\sin(\omega t+\phi_2)\\&=\frac{k_2}{k_2-m_2\omega^2}\,\frac{(k_2-m_2\omega^2)P_0}{m_1m_2\omega^4-(m_1k_2+m_2k_1+m_2k_2)\omega^2+k_1k_2}\sin(\omega t+\phi_2)\\&=\frac{k_2P_0}{m_1m_2\omega^4-(m_1k_2+m_2k_1+m_2k_2)\omega^2+k_1k_2}\sin(\omega t+\phi_2)\end{aligned} \tag{E. 6}$$

其中

$$\phi_2=\frac{X_2(\mathrm{i}\omega)}{P_1(\mathrm{i}\omega)}=\frac{X_2(\mathrm{i}\omega)}{X_1(\mathrm{i}\omega)}\frac{X_1(\mathrm{i}\omega)}{P_1(\mathrm{i}\omega)}=0\text{ 或 }\pi \tag{E. 7}$$

可以看出 ϕ_1 和 ϕ_2 不是0就是 π。因此质量 m_1 和 m_2 在力 $P_1(\mathrm{i}\omega)$ 作用下，其运动方向要么相同($\phi=0$)要么相反($\phi=\pi$)。当 $\omega<\sqrt{\frac{k_2}{m_2}}$ 时，m_1 和 m_2 的运动方向相同。当 $\omega>\sqrt{\frac{k_2}{m_2}}$ 时，m_1 和 m_2 运动方向相反。当 $\omega=\sqrt{\frac{k_2}{m_2}}$ 时，m_1 不运动，而 m_2 作正弦运动。

5.12 利用 MATLAB 求解的例子

例 5.15 利用 MATLAB 求下列问题的固有频率和主振型

$$\left[-\omega^2m\begin{pmatrix}1&0\\0&1\end{pmatrix}+k\begin{pmatrix}2&-1\\-1&2\end{pmatrix}\right]\boldsymbol{X}=\boldsymbol{0} \tag{E. 1}$$

解：特征值问题(E. 1)可以重新写成

$$\begin{bmatrix}2&-1\\-1&2\end{bmatrix}\boldsymbol{X}=\lambda\begin{bmatrix}1&0\\0&1\end{bmatrix}\boldsymbol{X} \tag{E. 2}$$

其中，$\lambda=m\omega^2/k$ 是特征值，ω 是固有频率，$\boldsymbol{X}$ 是特征向量或主振型。所以式(E. 2)的解可以借助于 MATLAB 得到，形式如下。

```
>>A= [2  -1; -1  2]
  A=

     2  -1
    -1   2

>>[V,D]=eig(A)

  V=
     -0.7071  -0.7071
      0.7071  -0.7071

  D=
     3.0000     0
     0           1.0000
```

所以特征值是 $\lambda_1=1.0$ 和 $\lambda_2=3.0$，相应的特征向量是

$$\boldsymbol{X}_1=\begin{Bmatrix}-0.7071\\-0.7071\end{Bmatrix},\quad \boldsymbol{X}_2=\begin{Bmatrix}-0.7071\\0.7071\end{Bmatrix}$$

例 5.16　利用 MATLAB 求如下四次代数方程的根

$$f(x)=x^4-8x+12=0$$

解：利用 MATLAB 指令 roots 可以得到四阶多项式的根为

$$x_{1,2}=-1.37091\pm1.82709\mathrm{i}$$

$$x_{3,4}=1.37091\pm0.648457\mathrm{i}$$

```
>>roots ([1 0 0 -8 12])

ans=
      -1.3709+1.8271i
      -1.3709-1.8271i
        1.3709+0.6485i
        1.3709-0.6485i
>>
```

例 5.17　利用 MATLAB 作图表示例 5.3 中 m_1 和 m_2 的自由振动响应。

解：例 5.3 中 m_1 和 m_2 的自由振动响应由式(E.15)和式(E.16)给出。作图表示响应式(E.15)和式(E.16)的 MATLAB 程序如下。

```
%E5_3.m
for i =1: 501
      t(i)=20 * (i-1)/500;
      x1(i)=(5/7) * cos(1.5811 * t(i))+(2/7) * cos(2.4495 * t(i));
```

```
        x2(i)=(10/7) * cos(1.5811 * t(i))-(10/7) * cos(2.4495 * t(i));
    end
subplot(211);
plot(t, x1);
xlabel('t');
ylabel('x1(t)');
subplot(212);
plot(t, x2);
xlabel('t');
ylabel('x2(t)');
```

所绘图形如图 5.20 所示。

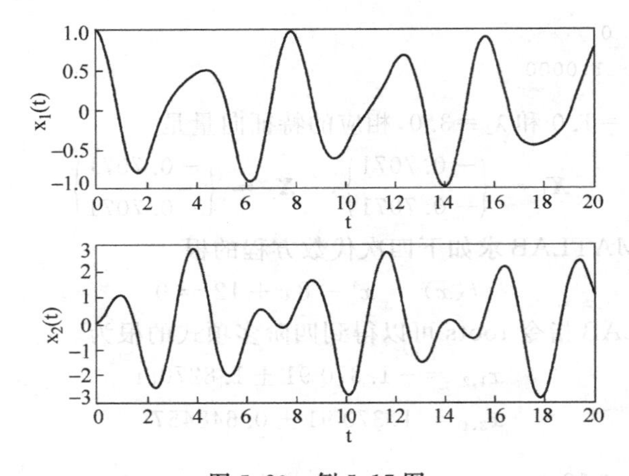

图 5.20　例 5.17 图

例 5.18　利用 MATLAB 作图表示例 5.12 中两个车厢的响应，参数取 $F_0=1500$ N，$M=5000$ kg，$m=2500$ kg，$k=10^4$ N/m。

解：根据例 5.12 中的式(E.10)和式(E.11)，代入已知数据，两车厢的响应为

$$x_1(t) = 0.2(t+0.204\,124\sin 2.449\,49t) \tag{E.1}$$

$$x_2(t) = 0.2(t-0.408\,248\sin 2.449\,49t) \tag{E.2}$$

式中

$$\omega^2 = 10^4\left(\frac{1}{5000}+\frac{1}{2500}\right) \quad 或 \quad \omega = 2.449\,49 \text{ rad/s} \tag{E.3}$$

作图表示式(E.1)和式(E.2)的 MATLAB 程序如下。

```
%Ex5_13.m
for i =1: 101
    t(i)=6* (i-1)/100;
    x1(i)=0.2* (t(i)+0.204124* sin(2.44949* t(i)));
```

```
        x2(i)=0.2*(t(i)-0.408248*sin(2.44949*t(i)));
    end
plot(t, x1);
xlabel('t');
ylabel('x1(t),x2(t)');
hold on;
plot(t, x2,'--');
gtext ('x1:Solid line');
gtext ('x2:Dotted line');
```

所绘曲线如图 5.21 所示。

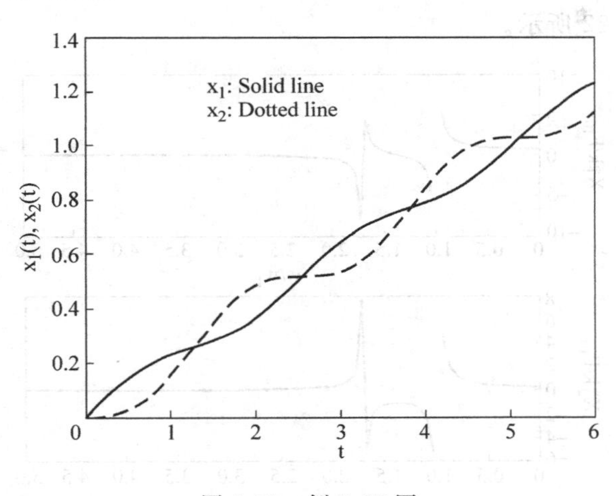

图 5.21　例 5.18 图

例 5.19　利用 MATLAB 作图表示例 5.8 中系统的频响函数。

解：例 5.8 中的频响函数 $X_1(\omega)$ 和 $X_2(\omega)$ 由式(E.6)和式(E.7)给出，它们的形式如下

$$\frac{X_1(\omega)k}{F_{10}}=\frac{2-\lambda^2}{(\lambda_2^2-\lambda^2)(1-\lambda^2)} \tag{E.1}$$

$$\frac{X_2(\omega)k}{F_{10}}=\frac{1}{(\lambda_2^2-\lambda^2)(1-\lambda^2)} \tag{E.2}$$

式中，$\lambda=\omega/\omega_1$，$\lambda_2=\omega_2/\omega_1$。根据例 5.8 中的结果，$\lambda_2=\omega_2/\omega_1=(3k/m)/(k/m)=3$。作图表示式(E.1)和式(E.2)的 MATLAB 程序如下。

```
%Ex5_14.m
for i =1: 101
    w_w1 (i)=5*(i-1)/100;%0 to 5
    x1 (i)=(2-w_w1(i)^2)/((3-w_w1(i)^2)*(1-w_w1(i)^2));
    x2 (i)=1/((3-w_w1(i)^2)*(1-w_w1(i)^2));
end
```

```
subplot(211);
plot(w_w1, x1);
xlabel('w/w_1');
ylabel('x_1 * k/F_1_0');
grid on;
subplot(212);
plot(w_w1, x2);
xlabel('w/w_1');
ylabel('x_2 * k/F_1_0');
grid on
```

所绘曲线如图 5.22 所示。

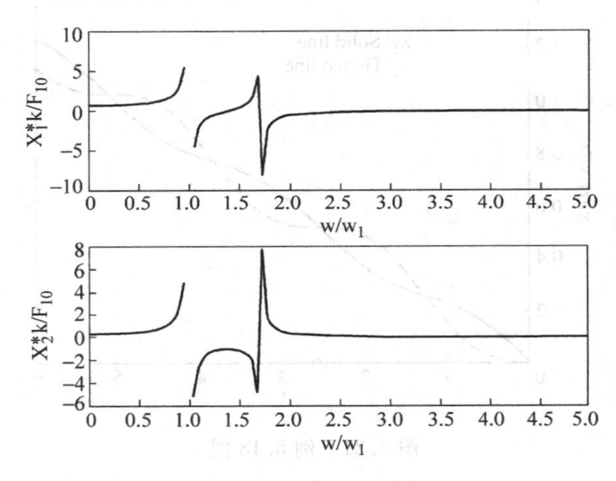

图 5.22　例 5.19 图

例 5.20　求下列运动微分方程所代表的系统的响应，并作图表示。

$$\begin{bmatrix}1 & 0\\0 & 2\end{bmatrix}\begin{Bmatrix}\ddot{x}_1\\\ddot{x}_2\end{Bmatrix}+\begin{bmatrix}4 & -1\\-1 & 2\end{bmatrix}\begin{Bmatrix}\dot{x}_1\\\dot{x}_2\end{Bmatrix}+\begin{bmatrix}5 & -2\\-2 & 3\end{bmatrix}\begin{Bmatrix}x_1\\x_2\end{Bmatrix}=\begin{Bmatrix}1\\2\end{Bmatrix}\cos 3t \tag{E.1}$$

初始条件为

$$x_1(0)=0.2,\quad \dot{x}_1(0)=1.0,\quad x_2(0)=\dot{x}_2(0)=0 \tag{E.2}$$

解：为了利用 MATLAB 指令 ode23，两个耦合的二阶微分方程(E.1)应改写为一个耦合的一阶常微分方程组。为此引入如下新的变量

$$y_1=x_1,\quad y_2=\dot{x}_1,\quad y_3=x_2,\quad y_4=\dot{x}_2$$

据此，式(E.1)重写为

$$\ddot{x}_1+4\dot{x}_1-\dot{x}_2+5x_1-2x_2=\cos 3t \tag{E.3}$$

或

$$\dot{y}_2=\cos 3t-4y_2+y_4-5y_1+2y_3 \tag{E.4}$$

和

$$2\ddot{x}_2 - \dot{x}_1 + 2\dot{x}_2 - 2x_1 + 3x_2 = 2\cos 3t \tag{E.5}$$

或

$$\dot{y}_4 = \cos 3t + \frac{1}{2}y_2 - y_4 + y_1 - \frac{3}{2}y_3 \tag{E.6}$$

所以式(E.1)可以重写为

$$\begin{Bmatrix} \dot{y}_1 \\ \dot{y}_2 \\ \dot{y}_3 \\ \dot{y}_4 \end{Bmatrix} = \begin{Bmatrix} y_2 \\ \cos 3t - 4y_2 + y_4 - 5y_1 + 2y_3 \\ y_4 \\ \cos 3t + \frac{1}{2}y_2 - y_4 + y_1 - \frac{3}{2}y_3 \end{Bmatrix} \tag{E.7}$$

初始条件为

$$\boldsymbol{y}(0) = \begin{Bmatrix} y_1(0) \\ y_2(0) \\ y_3(0) \\ y_4(0) \end{Bmatrix} = \begin{Bmatrix} 0.2 \\ 1.0 \\ 0.0 \\ 0.0 \end{Bmatrix} \tag{E.8}$$

求解方程(E.7)(初始条件为式(E.8))的 MATLAB 程序如下。

```
%Ex5_15.m
tspan=[0:0.01:20];
y0=[0.2;1.0;0.0;0.0]
[t,y] =ode23('dfunc5_15',tspan,y0);
subplot(211)
plot(t,y(:,1));
xlabel('t');
ylabel('x1(t)');
subplot(212)
plot(t,y(:,3));
xlabel('t');
ylabel('x2(t)');

%dfunc5_15.m
function f=dfunc5_15(t,y)
f=zeros(4,1);
f(1)=y(2);
f(2)=cos(3*t)-4*y(2)+y(4)-5*y(1)+2*y(3);
f(3)=y(4);
f(4)=cos(3*t)+0.5*y(2)-y(4)+y(1)-1.5*y(3);
```

所绘曲线如图 5.23 所示。

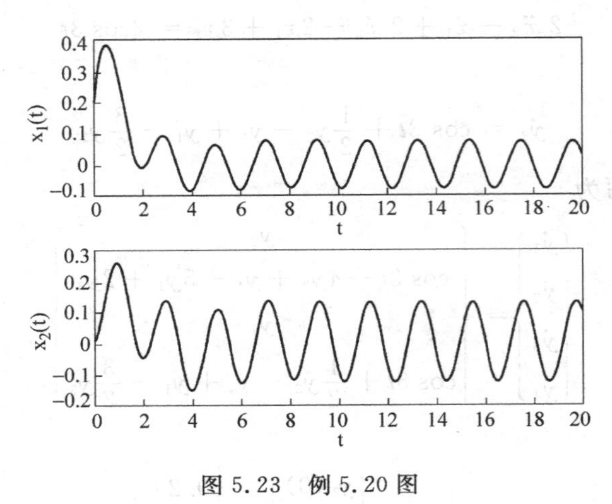

图 5.23 例 5.20 图

例 5.21 编写一个文件名为 Program6. m 的通用程序求四次代数方程的根。利用这个程序求解如下方程

$$f(x) = x^4 - 8x + 12 = 0$$

解：编写程序 Program6. m 以求解方程 a1 * (x^4) + a2 * (x^3) + a3 * (x^2) + a4 * x + a5 = 0，其中 a1, a2, a3, a4, a5 作为输入数据。程序执行后输出多项式的系数和方程的根。

```
>>program6
Solution of a quartic equation
Data:
a(1)=1.000000e+000
a(2)=0.000000e+000
a(3)=0.000000e+000
a(4)=-8.000000e+000
a(5)=1.200000e+001
Roots:
Root No.        Real part          Imaginary part
   1         -1.370907e+000         1.827094e+000
   2         -1.370907e+000        -1.827094e+000
   3          1.370907e+000         6.484572e-001
   4          1.370907e+000        -6.484572e-001
```

本章小结

本章讨论了如何确定两自由度系统的耦合运动微分方程，推导了运动微分方程的特征值或振动的固有频率、模态向量以及自由振动的解，介绍了坐标耦合、广义坐标和主坐标的概念，研究了系统在简谐力作用下的受迫振动分析，讨论了传递函数方法，拉普拉斯变换求解方法和频率传递函数方法。最后，给出了若干利用 MATLAB 程序求解二自由度系统的自由振动和受迫振动解的例子。

参考文献

5.1 H. Sato, Y. Kuroda, and M. Sagara, "Development of the finite element method for vibration analysis of machine tool structure and its application," *Proceedings of the Fourteenth International Machine Tool Design and Research Conference*, Macmillan, London, 1974, pp. 545-552.

5.2 F. Koenigsberger and J. Tlusty, *Machine Tool Structures*, Pergamon Press, Oxford, 1970.

5.3 C. P. Reddy and S. S. Rao, "Automated optimum design of machine tool structures for static rigidity, natural frequencies and regenerative chatter stability," *Journal of Engineering for Industry*, Vol. 100, 1978, pp. 137-146.

5.4 M. S. Hundal, "Effect of damping on impact response of a two degree of freedom system," *Journal of Sound and Vibration*, Vol. 68, 1980, pp. 407-412.

5.5 J. A. Linnett, "The effect of rotation on the steady-state response of a spring-mass system under harmonic excitation," *Journal of Sound and Vibration*, Vol. 35, 1974, pp. 1-11.

5.6 A. Hurwitz, "On the conditions under which an equation has only roots with negative real parts," in *Selected Papers on Mathematical Trends in Control Theory*, Dover Publications, New York, 1964, pp. 70-82.

5.7 R. C. Dorf, *Modern Control Systems* (6th ed.), Addison-Wesley, Reading, Mass., 1992.

5.8 J. P. Den Hartog, *Mechanical Vibrations* (4th ed.), McGraw-Hill, New York, 1956.

5.9 R. H. Scanlan and R. Rosenbaum, *Introduction to the Study of Aircraft Vibration and Flutter*, Macmillan, New York, 1951.

5.10 L. A. Pipes and L. R. Harvill, *Applied Mathematics for Engineers and Physicists* (3rd ed.), McGraw-Hill, New York, 1970.

5.11 S. S. Rao, *Applied Numerical Methods for Engineers and Scientists*, Prentice Hall, Upper Saddle River, NJ, 2002.

思考题

5.1 简答题

1. 怎样确定一个集中质量系统的自由度数?
2. 名词解释：质量耦合，速度耦合，弹性耦合。
3. 耦合的特点取决于使用的坐标吗?
4. 如果把一架飞行中的飞机看作(a)刚体，(b)弹性体，那么它分别有几个自由度?

5. 什么是主坐标？它们有什么用处？

6. 为什么质量矩阵、阻尼矩阵和刚度矩阵都是对称的？

7. 什么是节点？

8. 什么是静力耦合和动力耦合？怎样对运动微分方程进行解耦？

9. 什么是阻抗矩阵？

10. 怎样使一个系统以它的某一阶固有振型振动？

11. 什么是退化系统？举出两个退化物理系统的例子。

12. 一个振动系统可以有多少个退化振型？

13. 一般传递函数与频率传递函数的区别是什么？

14. 一个无约束的两自由度系统有多少个为零的固有频率？

5.2 判断题

1. 主模态也叫规范型。 ( )

2. 广义坐标是线性相关的。 ( )

3. 主坐标也可以看作是广义坐标。 ( )

4. 系统的振动形式随所选坐标系而定。 ( )

5. 耦合的特性随所选坐标系而定。 ( )

6. 使用主坐标既可以避免静力耦合，也可以避免动力耦合。 ( )

7. 主坐标的使用有助于求解系统的响应。 ( )

8. 二自由度系统的质量矩阵、刚度矩阵和阻尼矩阵都是对称的。 ( )

9. 二自由度系统的特性可以用于动力吸振器的设计。 ( )

10. 半正定系统也称为退化系统。 ( )

11. 半正定系统没有非零的固有频率。 ( )

12. 广义坐标总是从系统的平衡位置量起。 ( )

13. 在自由振动中，不同的自由度以不同的相角振动。 ( )

14. 在自由振动中，不同的自由度以不同的频率振动。 ( )

15. 在自由振动中，不同的自由度以不同的振幅振动。 ( )

16. 二自由度系统中不同自由度的相对振幅是由固有频率决定的。 ( )

17. 系统的模态向量指的是振动的主振型。 ( )

18. 一个两自由度无阻尼系统的特征多项式含有 s^2 项。 ( )

19. 一个两自由度阻尼系统的特征多项式含有 s^2 项。 ( )

20. 一个两自由度系统的运动微分方程可以用两物体中任意一个物体的位移表示。 ( )

5.3 填空题

1. 二自由度系统，在任意初始激励下的自由振动响应可以由两个________的叠加得到。
2. 二自由度系统的运动是由两个________坐标来描述的。
3. 当激励频率等于系统的某一阶固有频率时，发生的现象称为________。
4. 自由振动的振幅和相角取决于系统的________条件。
5. 扭转系统中，________和________分别类似于弹簧-质量系统中的质量和产生直线变形的弹簧。
6. 选取不同的广义坐标会得到不同类型的________。
7. 半正定系统至少有一种________运动。
8. 弹性耦合也称为________耦合。
9. 惯性耦合也称为________耦合。
10. 阻尼耦合也称为________耦合。
11. 选用主坐标后，系统的运动微分方程会________。
12. 罗斯-霍尔威茨准则可以用来讨论系统的________。
13. 二自由度系统的运动微分方程只有在两个质量不________相连时才不会耦合。
14. 振动系统只在初始条件作用下的振动称为________振动。
15. 振动系统在外部激励作用下的振动称为________振动。
16. 系统的阶次与系统的________多项式的阶次相等。
17. 无约束系统的响应是由刚体运动和________运动组成的。

5.4 选择题

1. 当一个二自由度系统受到简谐激励时，系统以________振动。
   (a) 外部激励的频率　(b) 较小的固有频率　(c) 较大的固有频率
2. 振动系统的自由度数取决于________。
   (a) 质量块的数目
   (b) 质量块的数目和每个质量块的自由度数
   (c) 描述每个质量块位置所使用的坐标数目
3. 二自由度系统具有________。
   (a) 一个主振型　(b) 两个主振型　(c) 多个主振型
4. 一般情况下，二自由度系统的运动微分方程是________。
   (a) 耦合的　(b) 非耦合的　(c) 线性的
5. 机械阻抗 $Z_{rs}(\mathrm{i}\omega)$ 是________。
   (a) $\boldsymbol{m}_{rs}\ddot{\boldsymbol{x}}+\boldsymbol{c}_{rs}\dot{\boldsymbol{x}}+\boldsymbol{k}_{rs}\boldsymbol{x}$　(b) $\begin{Bmatrix} X_r(\mathrm{i}\omega) \\ X_s(\mathrm{i}\omega) \end{Bmatrix}$　(c) $-\omega^2 m_{rs}+\mathrm{i}\omega c_{rs}+k_{rs}$

6. 利用阻抗矩阵$[Z(\mathrm{i}\omega)]$可以求得如下形式的解________。

(a) $\boldsymbol{X}=[Z(\mathrm{i}\omega)]^{-1}\boldsymbol{F}_0$ (b) $\boldsymbol{X}=[Z(\mathrm{i}\omega)]\boldsymbol{F}_0$ (c) $\boldsymbol{X}=[Z(\mathrm{i}\omega)]\boldsymbol{X}_0$

7. 系统以其某一阶固有频率振动时的形态称为________。

(a) 固有振型 (b) 固有频率 (c) 解

8. 二自由度系统的运动微分方程的一般形式为________。

(a) 耦合的微分方程组 (b) 耦合的代数方程组 (c) 非耦合的方程组

5.5 连线题

1. 静力耦合	(a) 只有质量矩阵为非对角阵
2. 惯性耦合	(b) 质量矩阵和阻尼矩阵为非对角阵
3. 速度耦合	(c) 只有刚度矩阵为非对角阵
4. 动力耦合	(d) 只有阻尼矩阵为非对角阵

5.6 连线题

将左侧这一列的数据和右侧这一列与下面的二自由度运动微分方程对应的频率方程相连

$$J_0\ddot{\theta}_1-2k_t\theta_1-k_t\theta_2=0$$
$$2J_0\ddot{\theta}_2-k_t\theta_1+k_t\theta_2=0$$

1. $J_0=1, k_t=2$	(a) $32\omega^4-20\omega^2+1=0$
2. $J_0=2, k_t=1$	(b) $\omega^4-5\omega^2+2=0$
3. $J_0=2, k_t=2$	(c) $\omega^4-10\omega^2+8=0$
4. $J_0=1, k_t=4$	(d) $8\omega^4-10\omega^2+1=0$
5. $J_0=4, k_t=1$	(e) $2\omega^4-5\omega^2+1=0$

习　题

§5.2 受迫振动的运动微分方程

5.1 推导如图5.24所示系统的运动微分方程。

5.2 推导如图5.25所示系统的运动微分方程。

5.3 两个质量分别为m_1和m_2的物体，每个物体上下连接两个弹性刚度为k的弹簧，两物体间用一根长度为l的水平杆（忽视质量）连接，如图5.26所示。

(1) 根据系统重心垂向位移$x(t)$以及旋转角$\theta(t)$推导出系统的运动微分方程；

(2) 当$m_1=50\ \mathrm{kg}$，$m_2=200\ \mathrm{kg}$，$k=1000\ \mathrm{N/m}$时，求系统振动的固有频率。

5.4 如图5.27所示，一系统由活塞和摆组成，活塞质量为m_1，两端分别与两弹簧相连接，可在管内运动。摆的质量为m_2，摆长为l，并与活塞相连。

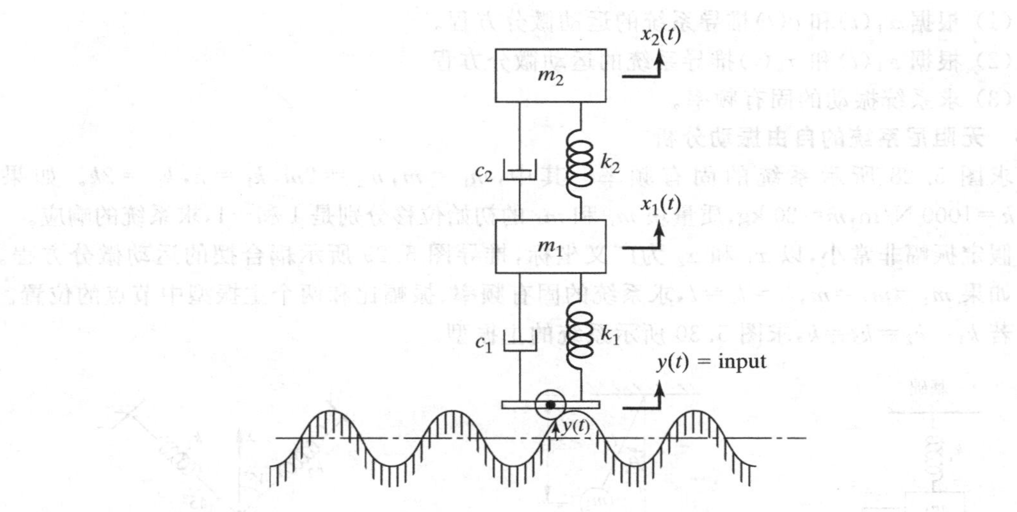

图 5.24　习题 5.1 图

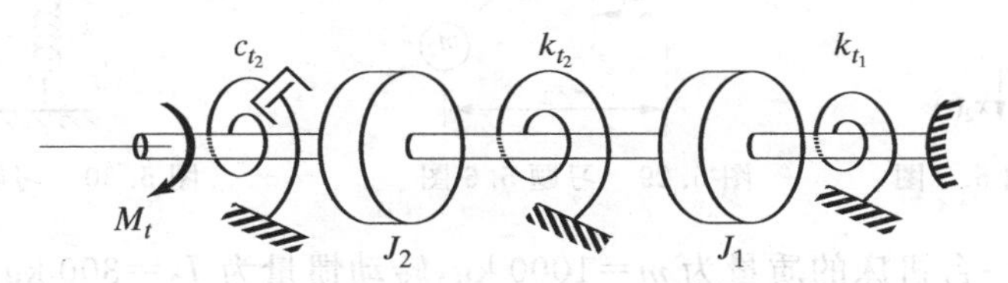

图 5.25　习题 5.2 图

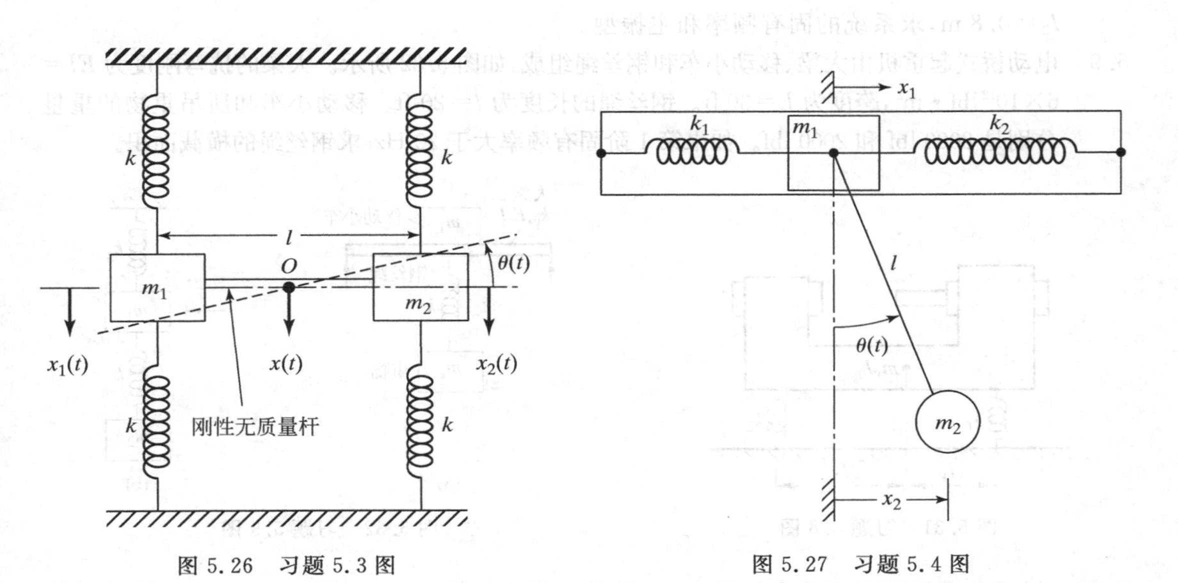

图 5.26　习题 5.3 图

图 5.27　习题 5.4 图

(1) 根据 $x_1(t)$ 和 $\theta(t)$ 推导系统的运动微分方程。

(2) 根据 $x_1(t)$ 和 $x_2(t)$ 推导系统的运动微分方程。

(3) 求系统振动的固有频率。

§5.3 无阻尼系统的自由振动分析

5.5 求图 5.28 所示系统的固有频率。其中，$m_1=m, m_2=2m, k_1=k, k_2=2k$。如果 $k=1000$ N/m，$m=20$ kg，质量块 m_1 和 m_2 的初始位移分别是 1 和 −1，求系统的响应。

5.6 假定振幅非常小，以 x_1 和 x_2 为广义坐标，推导图 5.29 所示耦合摆的运动微分方程。如果 $m_1=m_2=m, l_1=l_2=l$，求系统的固有频率、振幅比和两个主振型中节点的位置。

5.7 若 $k_1=k_2=k_3=k$，求图 5.30 所示系统的主振型。

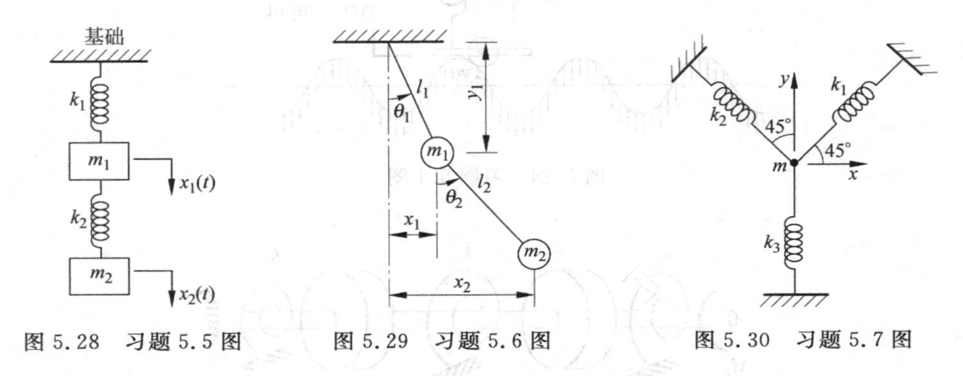

图 5.28 习题 5.5 图　　图 5.29 习题 5.6 图　　图 5.30 习题 5.7 图

5.8 图 5.31 中，一台机床的质量为 $m=1000$ kg，转动惯量为 $J_0=300\ \text{kg}\cdot\text{m}^2$，放置在弹性支承上。如果支承的刚度分别是 $k_1=3000$ N/mm，$k_2=2000$ N/mm，且 $l_1=0.5$ m，$l_2=0.8$ m，求系统的固有频率和主振型。

5.9 电动桥式起重机由大梁、移动小车和钢丝绳组成，如图 5.32 所示。大梁的抗弯刚度为 $EI=6\times10^{12}\ \text{lbf}\cdot\text{in}^2$，跨度为 $L=30$ ft。钢丝绳的长度为 $l=20$ ft。移动小车和所吊重物的重量分别是 8000 lbf 和 2000 lbf。如果第 1 阶固有频率大于 20 Hz，求钢丝绳的横截面积。

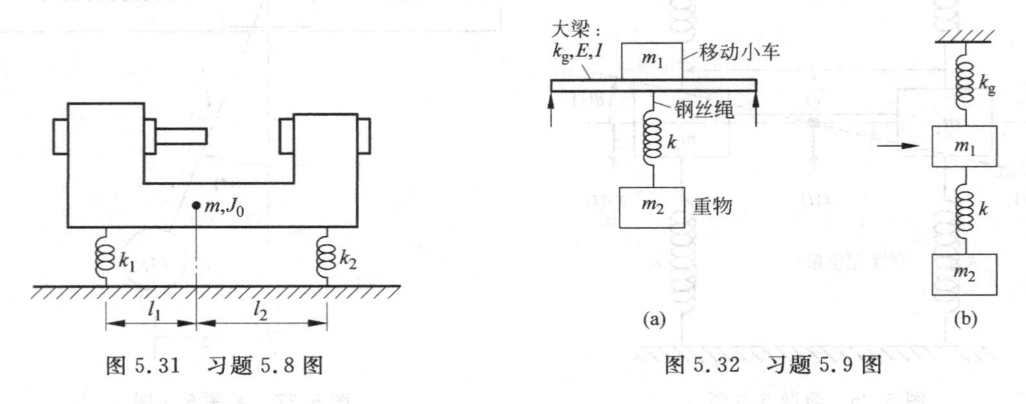

图 5.31 习题 5.8 图　　图 5.32 习题 5.9 图

5.10 桥式起重机可以简化成如图 5.32 所示的形式。假定大梁的跨度为 40 m，横截面的

惯性矩为 $I=0.02\ \text{m}^4$，弹性模量 $E=2.06\times10^{11}\ \text{N/m}^2$，移动小车的质量为 $m_1=1000\ \text{kg}$，所吊重物的质量为 $m_2=5000\ \text{kg}$，钢丝绳的刚度为 $k=3.0\times10^5\ \text{N/m}$，求系统的固有频率和主振型。

5.11 如图5.33(a)所示的钻床，可以简化成一个二自由度系统，如图5.33(b)。由于质量块 m_1 或 m_2 受到一个横向力时会使它们产生位置改变，因此系统表现出弹性耦合。支柱的弯曲刚度(见6.4节中刚度影响系数的定义)为

$$k_{11}=\frac{768}{7}\frac{EI}{l^3},\quad k_{12}=k_{21}=-\frac{240}{7}\frac{EI}{l^3},\quad k_{22}=\frac{96}{7}\frac{EI}{l^3}$$

求钻床的固有频率。

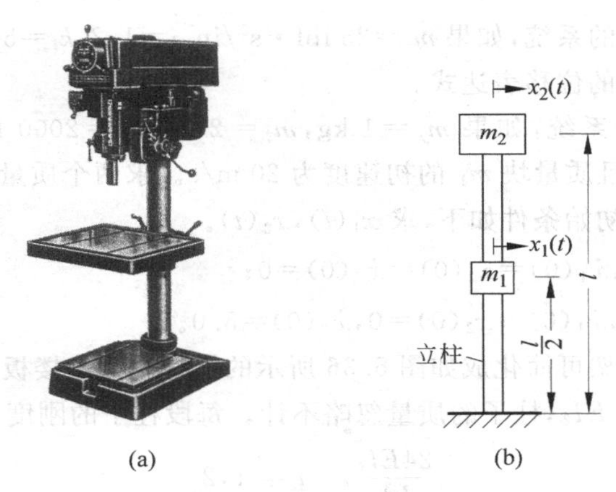

图5.33 习题5.11图

5.12 图5.34是一辆行驶在不平路面上的汽车的一个车轮和板簧的示意图。为简单起见，假定所有的车轮完全相同，系统理想化为图5.35的形式。汽车的质量为 $m_1=1000\ \text{kg}$，板簧的总刚度为 $k_1=400\ \text{kN/m}$，汽车车轮和轮轴的质量为 $m_2=300\ \text{kg}$，轮胎的刚度 $k_2=500\ \text{kN/m}$。如果路面按正弦曲线变化，且幅值为 $Y=0.1\ \text{m}$，周期的长度为 $l=6\ \text{m}$，求汽车的临界速度。

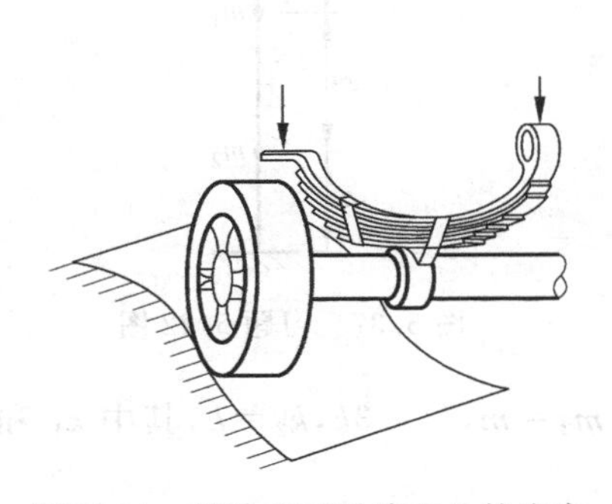

图5.34 行驶在不平路面上的汽车

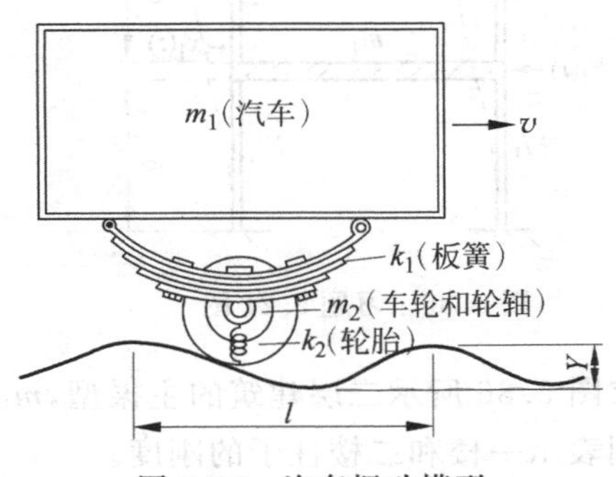

图5.35 汽车振动模型

5.13　以坐标 θ_1, θ_2 为广义坐标，推导图 5.29 所示耦合摆的运动微分方程。如果 $m_1 = m_2 = m, l_1 = l_2 = l$，求系统的固有频率和主振型。

5.14　如果 $m_1 = m_2 = m, k_1 = k_2 = k$，求图 5.28 所示系统的固有频率和主振型。

5.15　如果 $\boldsymbol{X}^{(1)\mathrm{T}}[\boldsymbol{m}]\boldsymbol{X}^{(2)} = 0$，则称二自由度系统的主振型是正交的。试证明图 5.5(a)中系统的主振型是正交的。

5.16　如果 $k_1 = 300\ \mathrm{N/m}, k_2 = 500\ \mathrm{N/m}, k_3 = 200\ \mathrm{N/m}, m_1 = 2\ \mathrm{kg}, m_2 = 1\ \mathrm{kg}$，求图 5.6 所示系统的固有频率。

5.17　当 $m_1 = m_2 = 1\ \mathrm{kg}, k_1 = 2000\ \mathrm{N/m}, k_2 = 6000\ \mathrm{N/m}$ 时，求图 5.28 所示系统的固有频率和主振型。

5.18　对于图 5.6 所示的系统，如果 $m_i = 25\ \mathrm{lbf \cdot s^2/in}, i = 1,2, k_i = 50000\ \mathrm{lbf/in}, i = 1,2,3$。试推导各质量块的位移表达式。

5.19　对于图 5.6 所示系统，如果 $m_1 = 1\ \mathrm{kg}, m_2 = 2\ \mathrm{kg}, k_1 = 2000\ \mathrm{N/m}, k_2 = 1000\ \mathrm{N/m}, k_3 = 3000\ \mathrm{N/m}$，且质量块 m_1 的初速度为 20 m/s。求两个质量块的运动。

5.20　对习题 5.17，若初始条件如下，求 $x_1(t), x_2(t)$。

(a) $x_1(0) = 0.2, \dot{x}_1(0) = x_2(0) = \dot{x}_2(0) = 0$；

(b) $x_1(0) = 0.2, \dot{x}_1(0) = x_2(0) = 0, \dot{x}_2(0) = 5.0$。

5.21　二层建筑物的框架可简化成如图 5.36 所示的模型。假定楼板为刚体，柱子的抗弯刚度分别是 EI_1 和 EI_2，柱子的质量忽略不计。每段柱子的刚度可以按下式计算

$$\frac{24EI_i}{h_i^3}, \quad i = 1,2$$

如果 $m_1 = 2m, m_2 = m, h_1 = h_2 = h, EI_1 = EI_2 = EI$，求系统的固有频率和主振型。

5.22　如图 5.37 所示，一根张紧的绳子两端固定，其上有两个附加质量。如果 $m_1 = m_2 = m, l_1 = l_2 = l_3 = l$，求系统的固有频率和主振型。

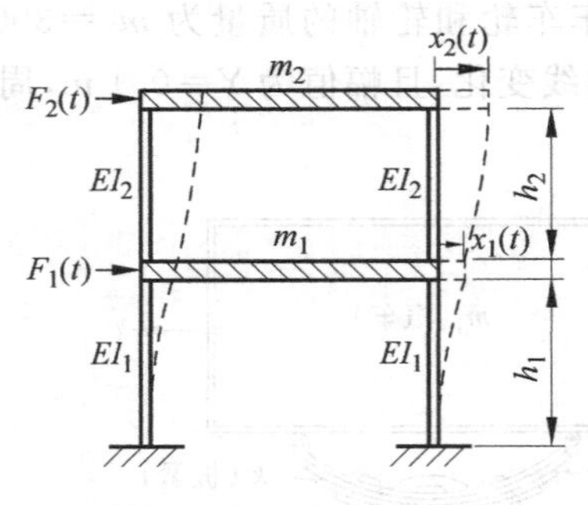

图 5.36　习题 5.21 图

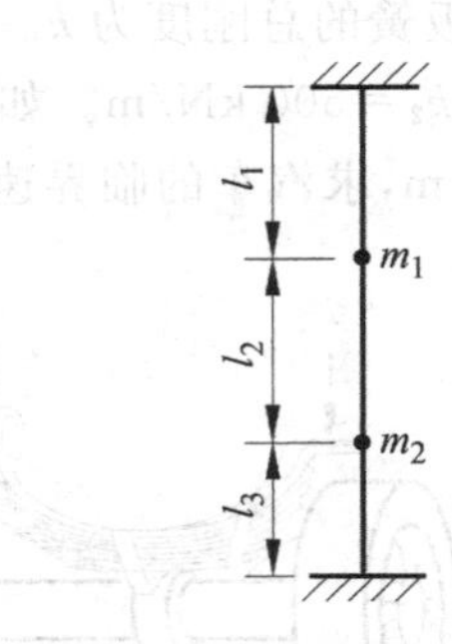

图 5.37　习题 5.22 图

5.23　求图 5.36 所示二层建筑的主振型，$m_1 = 3m, m_2 = m, k_1 = 3k, k_2 = k$，其中 k_1 和 k_2 分别表示一楼和二楼柱子的刚度。

5.24　卷扬滚筒重 W_1，安装在钢悬臂梁的自由端，梁的长度为 b，横截面的厚度为 t，宽度为 a，如图 5.38 所示。钢丝绳的直径是 d，悬挂长度为 l，若所提升的载荷为 W_2，试推导系统固有频率的表达式。

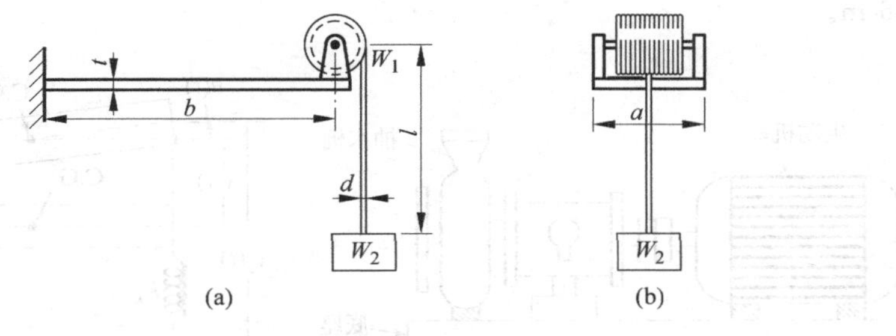

图 5.38　习题 5.24 图

5.25　对于图 5.28 所示的系统，如果 $k_1=k, k_2=2k, m_1=m, m_2=2m$，试确定在什么初始条件下系统只以其最低阶固有频率振动。

5.26　对于图 5.28 所示的系统，保持质量块 m_1 不动，将 m_2 向下移动 0.1 m。讨论系统的运动规律。

5.27　对于习题 5.24，如果有 $W_1=1000$ lbf，$W_2=500$ lbf，$b=30$ in，$l=60$ in，对悬臂梁和钢丝绳进行设计，使得系统的固有频率大于 10 Hz。

5.28　求图 5.6 中二自由度系统的自由振动响应，取 $n=1, k=8, m=2$，初始条件为 $x_1(0)=1, x_2(0)=\dot{x}_1(0)=0, \dot{x}_2(0)=1$。

5.29　求图 5.6 中二自由度系统的自由振动响应，取 $n=1, k=8, m=2$，初始条件为 $x_1(0)=1, x_2(0)=\dot{x}_1(0)=\dot{x}_2(0)=0$。

5.30　应用例 5.1 的结论，证明主振型满足下面的正交关系

$$\boldsymbol{X}^{(1)^{\mathrm{T}}}\boldsymbol{X}^{(2)}=0,\quad \boldsymbol{X}^{(1)^{\mathrm{T}}}[\boldsymbol{m}]\boldsymbol{X}^{(2)}=0,\quad \boldsymbol{X}^{(1)^{\mathrm{T}}}[\boldsymbol{m}]\boldsymbol{X}^{(1)}=c_1=\text{常数}$$

$$\boldsymbol{X}^{(2)^{\mathrm{T}}}[\boldsymbol{m}]\boldsymbol{X}^{(2)}=c_2=\text{常数}$$

$$\boldsymbol{X}^{(1)^{\mathrm{T}}}[\boldsymbol{k}]\boldsymbol{X}^{(1)}=c_1\omega_1^2,\quad \boldsymbol{X}^{(2)^{\mathrm{T}}}[\boldsymbol{k}]\boldsymbol{X}^{(2)}=c_2\omega_2^2$$

5.31　两个完全相同的单摆，摆锤质量为 m，摆绳的长度为 l。用一根刚度为 k 的弹簧，将它们相连，连接点距悬挂端的距离为 d，如图 5.39 所示。

(a) 推导系统的运动微分方程。

(b) 求系统的固有频率和主振型。

(c) 当初始条件为 $\theta_1(0)=a, \theta_2(0)=0, \dot{\theta}_1(0)=0, \dot{\theta}_2(0)=0$ 时，求系统的自由振动响应。

(d) 确定系统发生拍振的条件。

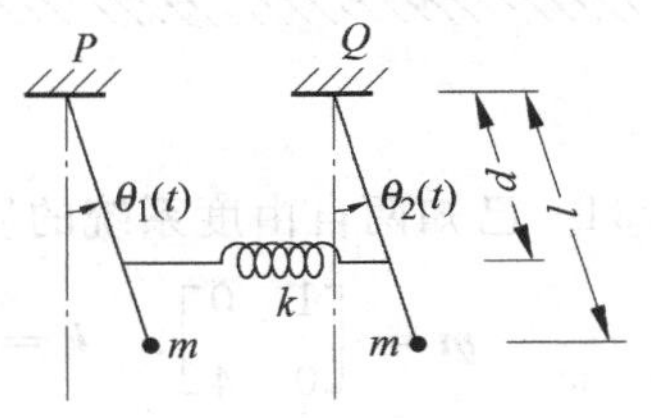

图 5.39　习题 5.31 图

5.32　如图 5.40(a)所示的电动机-抽水机系统，可理想化为

一刚性杆，如图5.40(b)所示，其中质量为 $m=50\ \text{kg}$，转动惯量为 $J_0=100\ \text{kg}\cdot\text{m}^{-2}$。系统的基础可以用刚度系数分别为 $k_1=500\ \text{N/m}$ 和 $k_2=200\ \text{N/m}$ 的两个弹簧来代替。试求系统的固有频率，假设重心到两个弹簧的距离分别为 $l_1=0.4\ \text{m}$ 和 $l_2=0.6\ \text{m}$。

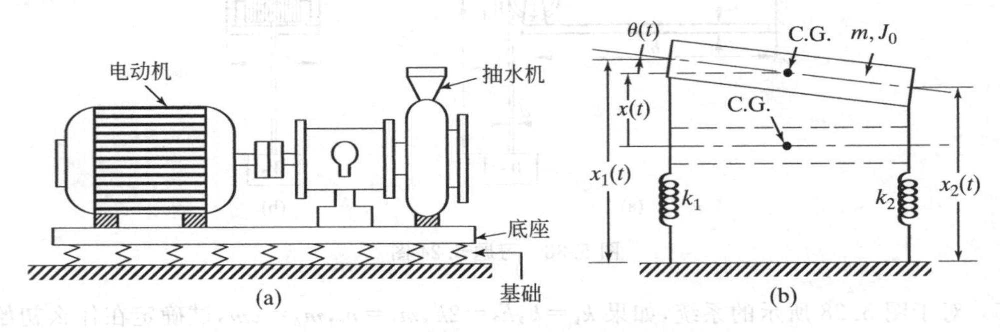

图5.40　置于弹簧上的电动机-抽水机系统

5.33　如图5.41所示为一停在跑道上的飞机，其质量为 $m=20000\ \text{kg}$，转动惯量为 $J_0=50\times10^6\ \text{kg}\cdot\text{m}^{-2}$。假设主起落架的刚度系数为 $k_1=10\ \text{kN/m}$，阻尼系数为 $c_1=2\ \text{kN}\cdot\text{s/m}$，前起落架的刚度系数为 $k_2=5\ \text{kN/m}$，阻尼系数 $c_2=5\ \text{kN}\cdot\text{s/m}$。重心到两个起落架的距离分别是 $l_1=20\ \text{m}$ 和 $l_2=30\ \text{m}$。

(1)推导飞机的运动微分方程；(2)求系统的无阻尼固有频率。

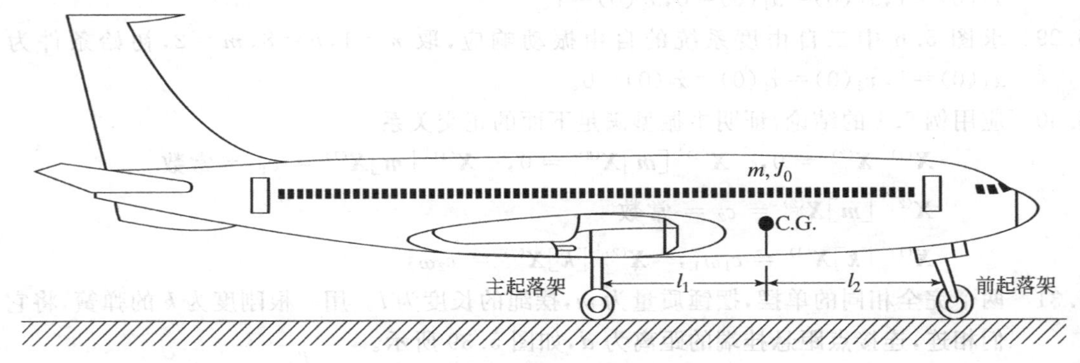

图5.41　习题5.33图

5.34　已知两自由度系统的质量矩阵、刚度矩阵以及模态分别如下

$$\boldsymbol{m}=\begin{bmatrix}1 & 0\\ 0 & 4\end{bmatrix},\quad \boldsymbol{k}=\begin{bmatrix}12 & -k_{12}\\ -k_{12} & k_{22}\end{bmatrix},\quad \boldsymbol{X}^{(1)}=\begin{bmatrix}1\\ 9.1109\end{bmatrix},\quad \boldsymbol{X}^{(2)}=\begin{bmatrix}-9.1109\\ 1\end{bmatrix}$$

假设第一阶主振型的固有频率为 $\omega_1=1.7000$，试求刚度系数 k_{12}、k_{22} 以及系统第二阶固有频率 ω_2。

5.35　已知二自由度系统的质量矩阵、刚度矩阵以及模态如下

$$\boldsymbol{m}=\begin{bmatrix} m_1 & 0 \\ 0 & m_2 \end{bmatrix},\quad \boldsymbol{k}=\begin{bmatrix} 27 & -3 \\ -3 & 3 \end{bmatrix},\quad \boldsymbol{X}^{(1)}=\begin{bmatrix} 1 \\ 1 \end{bmatrix},\quad \boldsymbol{X}^{(2)}=\begin{bmatrix} -1 \\ 1 \end{bmatrix}$$

假设第一阶固有频率为 $\omega_1=1.4142$，试求质量 m_1、m_2 以及系统第二阶固有频率 ω_2。

§5.4　扭振系统

5.36　图 5.42 所示扭振系统中，$k_{t2}=2k_{t1}$，$J_2=2J_1$，求该系统的固有频率和主振型。

5.37　在图 5.43 中，假定绕过卷筒的绳子不发生滑动，求系统的固有频率。

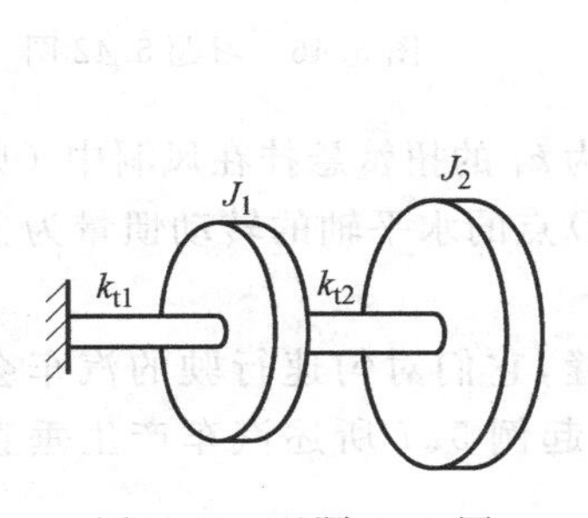

图 5.42　习题 5.36 图

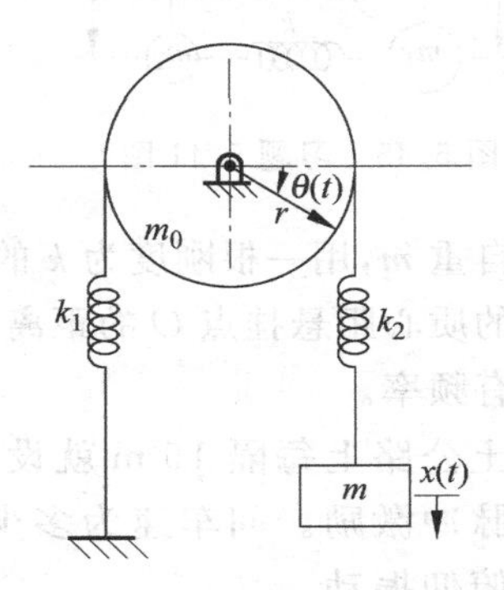

图 5.43　习题 5.37 图

5.38　求图 5.8(a)所示系统的固有频率和主振型，其中 $J_1=J_0$，$J_2=2J_0$，$k_{t1}=k_{t2}=k_{t3}=k_t$。

5.39　求图 5.9 中扭振系统的主振型，其中 $k_{t1}=k_t$，$k_{t2}=5k_t$，$J_1=J_0$，$J_2=5J_0$。

§5.5　坐标耦合与主坐标

5.40　图 5.44(b)所示的坦克简化模型可以用来研究坦克竖直方向的振动和俯仰运动的性质。已知车身的质量为 m，对其质心轴的转动惯量为 J_0，根据 5.5 节的内容，用两种不同的坐标推导其运动微分方程。

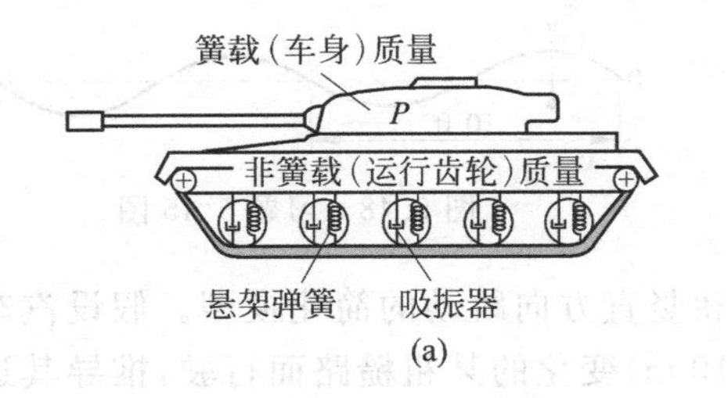

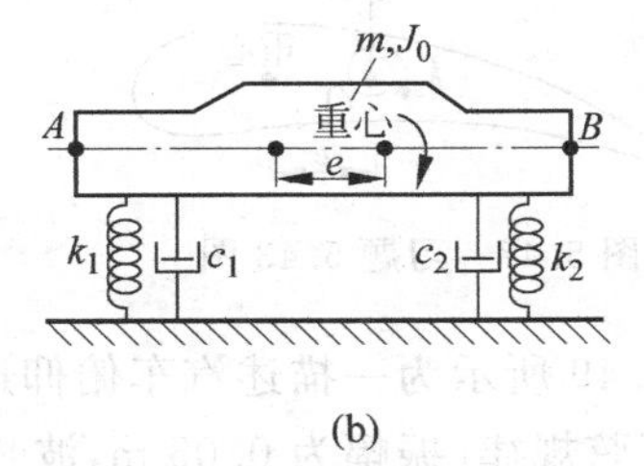

图 5.44　习题 5.40 图

(a) 坦克；(b) 简化模型

5.41　求图 5.45 所示系统的固有频率和振幅比。

5.42　一根不计质量的刚性杆，中间铰支，受到弹簧和质量块的约束，只能在竖直平面内运动，如图 5.46 所示。求系统的固有频率和主振型。

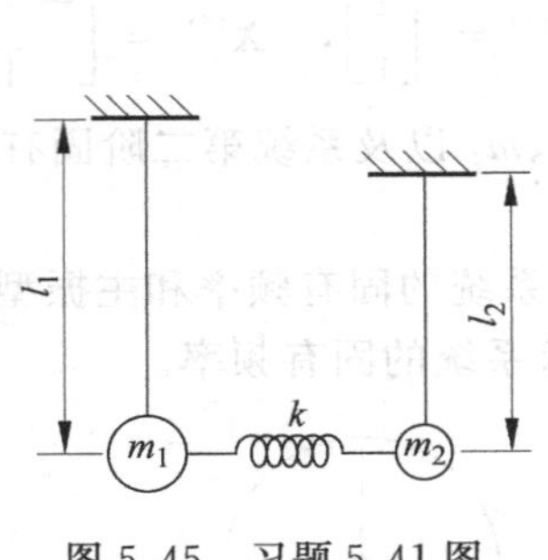

图 5.45 习题 5.41 图

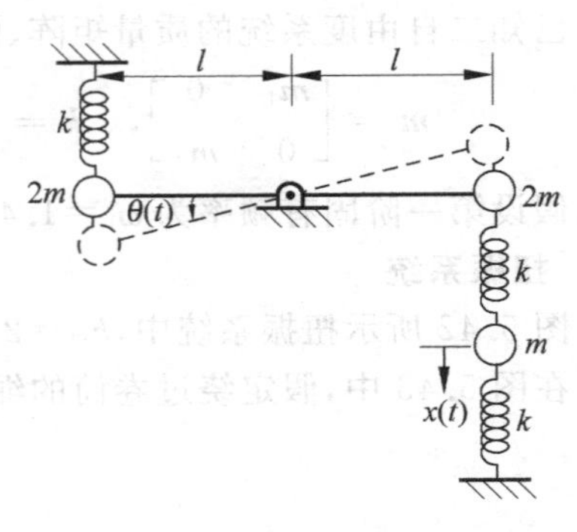

图 5.46 习题 5.42 图

5.43 机翼自重 m，用一根刚度为 k 的弹簧和刚度为 k_t 的扭簧悬挂在风洞中（见图 5.47）。机翼的质心距悬挂点 O 的距离为 e，关于过 O 点的水平轴的转动惯量为 J_0。求系统的固有频率。

5.44 混凝土公路上每隔 15 m 就设置一个伸缩缝，它们对匀速行驶的汽车会形成一系列的脉冲激励。问车速为多少时最容易引起例 5.7 所述汽车产生垂直方向的振动和俯仰振动。

5.45 习题 5.9 中所述的桥式起重机（参见图 5.32），如果两侧大梁轨道的表面高度如图 5.48 所示沿 z 方向（与纸面垂直）按正弦规律变化，建立求解被提升重物（m_2）沿竖直方向振动响应的运动微分方程以及初始条件。假设起重机沿 z 方向的速度为 30 ft/min。

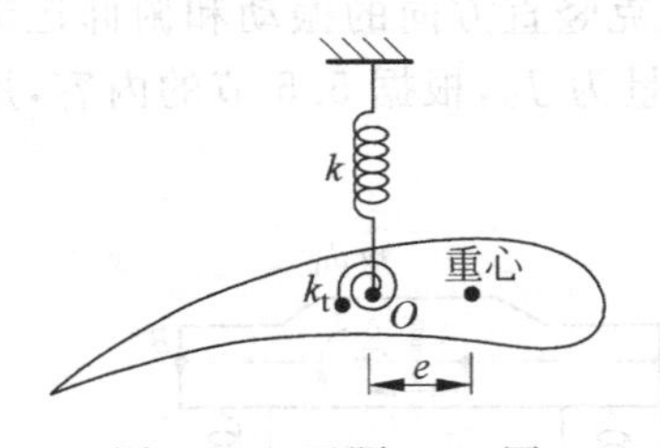

图 5.47 习题 5.43 图

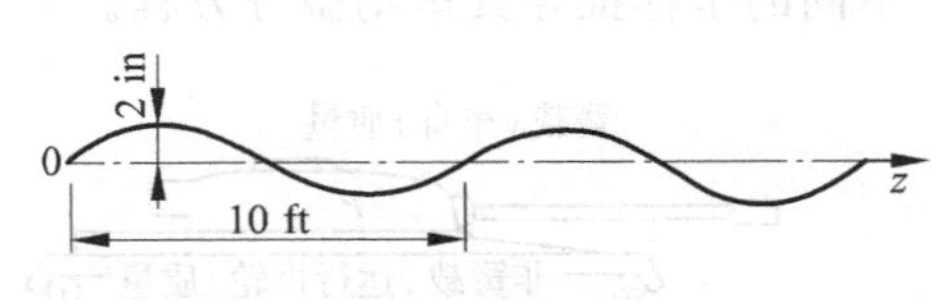

图 5.48 习题 5.45 图

5.46 图 5.49 所示为一描述汽车俯仰运动和竖直方向跳动的简化模型。假设汽车沿起伏按正弦规律（振幅为 0.05 m，波长为 10 m）变化的某粗糙路面行驶，推导其运动微分方程。数据如下：汽车的质量为 1000 kg，回转半径为 0.9 m，$l_1=1$ m，$l_2=1.5$ m，$k_f=18$ kN/m，$k_r=22$ kN/m，行驶速度为 50 km/h。

5.47 一钢质轴的直径为 2 in，安装在两个轴承上。轴上面安装有一个滑轮和一个电机，如图 5.50 所示。滑轮和电机的重量分别是 200 lbf 和 500 lbf。作用在轴上任意一点的横向载荷都会导致轴上所有点的位置发生改变，从而导致系统存在弹性耦合。刚度系数的计算公式为（见 6.4 节刚度影响系数的定义）

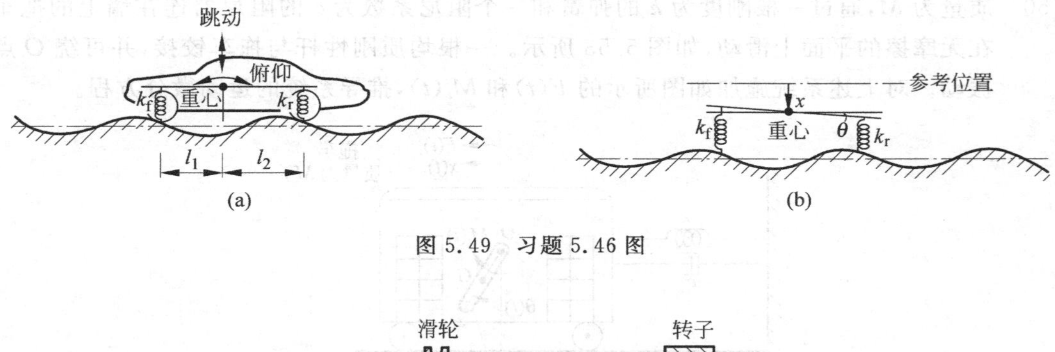

图 5.49　习题 5.46 图

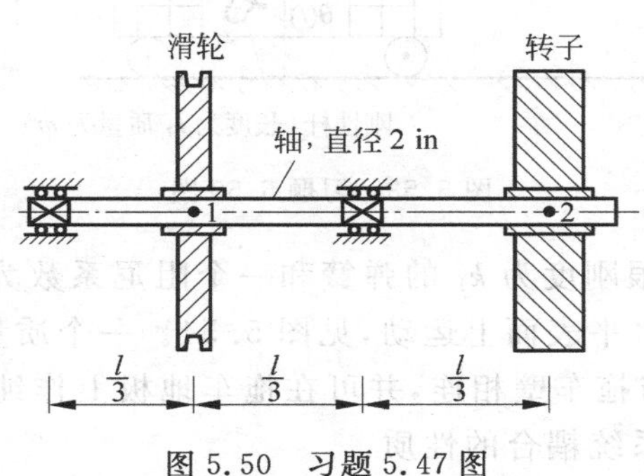

图 5.50　习题 5.47 图

$$k_{11}=\frac{1296}{5}\frac{EI}{l^3},\quad k_{12}=k_{21}=\frac{324}{5}\frac{EI}{l^3},$$

$$k_{22}=\frac{216}{5}\frac{EI}{l^3}$$

如果 $l=90$ in，求系统弯曲振动的固有频率。

5.48　图 5.51 是山地车(包括骑车人)的简化模型。由于路面的不平会导致其振动。讨论利用二自由度模型求其振动响应的方法。

5.49　一均质刚性梁的长度为 l，质量为 m，由两根弹簧支承，受到一个激励力 $F(t)=F_0\sin\omega t$ 的作用，如图 5.52 所示。(a)在小位移的情况下推导梁的运动微分方程；(b)讨论系统耦合的性质。

图 5.51　习题 5.48 图

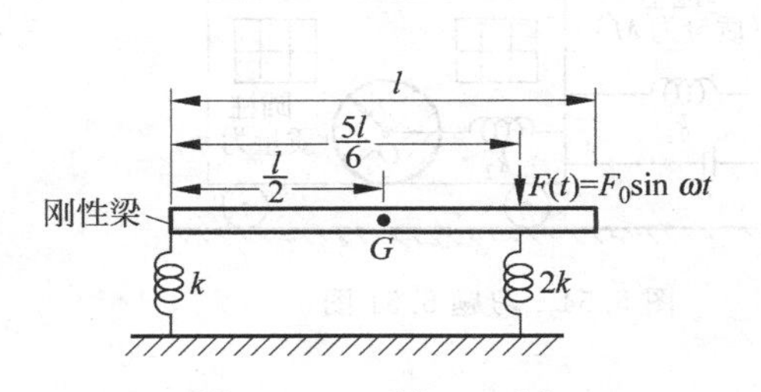

图 5.52　习题 5.49 图

5.50　质量为 M,通过一根刚度为 k 的弹簧和一个阻尼系数为 c 的阻尼器连在墙上的拖车在无摩擦的平面上滑动,如图 5.53 所示。一根均质刚性杆与拖车铰接,并可绕 O 点振动。对上述系统施加如图所示的 $F(t)$ 和 $M_t(t)$,推导系统的运动微分方程。

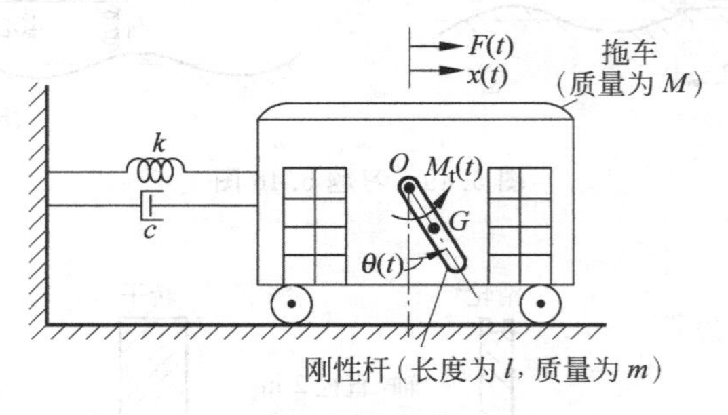

图 5.53　习题 5.50 图

5.51　质量为 M,通过一根刚度为 k_1 的弹簧和一个阻尼系数为 c 的阻尼器连在墙上的拖车,在无摩擦的水平表面上运动,见图 5.54。一个质量为 m 的均质圆柱,通过刚度为 k_2 的弹簧与拖车壁相连,并可在拖车地板上作纯滚动。推导系统的运动微分方程,并讨论系统耦合的性质。

§5.6　受迫振动分析

5.52　如图 5.55 所示,锻锤、框架、铁砧(包括工件)以及基础的重量分别是 5000 lbf, 40000 lbf, 60000 lbf, 140000 lbf。放在铁砧和基础之间的弹性垫以及放在基础下面的隔振垫(包括弹性的土壤)的刚度分别是 6×10^6 lbf/in 和 3×10^6 lbf/in。如果锻锤在撞击铁砧之前的速度是 15 ft/s,求(a)系统的固有频率;(b)在恢复系数为 0.5 并且忽略系统阻尼的情况下,铁砧和基础位移的振幅。

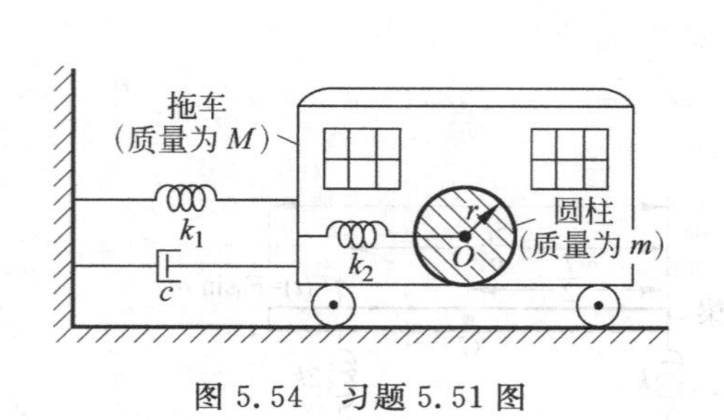

图 5.54　习题 5.51 图

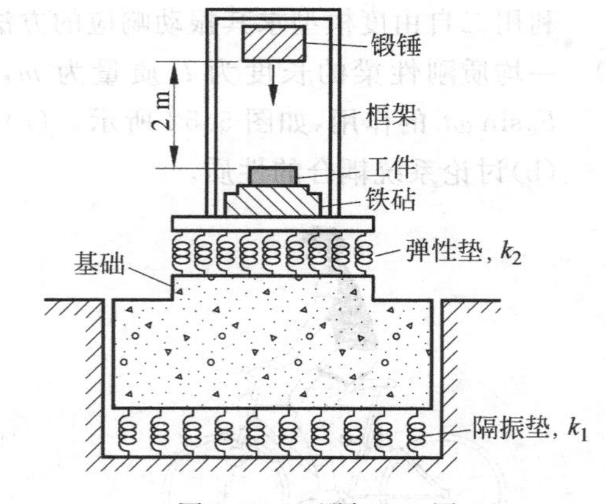

图 5.55　习题 5.52 图

5.53 对图 5.55 所示系统,求:(a)系统的固有频率;(b)铁砧和混凝土基础的响应。作用在铁砧上的力 $F(t)$ 如图 5.56 所示,数据如下:铁砧和框架的总质量为 200 Mg,混凝土基础的质量为 250 Mg,弹性垫刚度为 150 MN/m,土壤刚度为 75 MN/m,$F_0=10^5$ N,$T=0.5$ s。

5.54 推导图 5.57 所示自由振动系统的运动微分方程。假设解的形式为 $x_i(t)=C_i e^{st}$,$i=1,2$,并将特征方程写成如下形式

$$a_0 s^4 + a_1 s^3 + a_2 s^2 + a_3 s + a_4 = 0$$

讨论解 $x_1(t)$ 和 $x_2(t)$ 的性质。

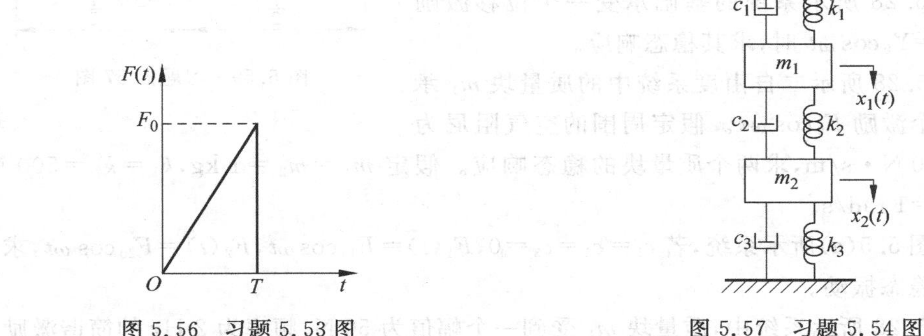

图 5.56 习题 5.53 图　　图 5.57 习题 5.54 图

5.55 图 5.57 中,$m_1=1$ kg,$m_2=2$ kg,$k_1=k_2=k_3=10000$ N/m,$c_1=c_2=c_3=2000$ N·s/m,初始条件为 $x_1(0)=0.2$ m,$x_2(0)=0.1$ m,$\dot{x}_1(0)=\dot{x}_2(0)=0$,求位移响应 $x_1(t)$ 和 $x_2(t)$。

5.56 一台离心泵的不平衡量为 me,通过刚度为 k_1 的隔振弹簧安装在一个质量为 m_2 的刚性基础上,如图 5.58 所示。如果土壤的刚度和阻尼分别是 k_2 和 c_2,求泵和基础的位移。所需数据如下:$mg=0.5$ lbf,$e=6$ in,$m_1 g=800$ lbf,$k_1=2000$ lbf/in,$m_2 g=2000$ lbf,$k_2=1000$ lbf/in,$c_2=200$ lbf·s/in,泵的转速$=1200$ r/min。

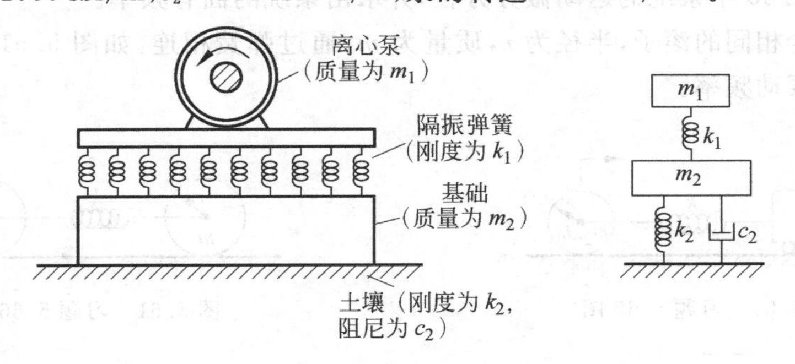

图 5.58 习题 5.56 图

5.57　活塞式发动机的质量为 m_1，安装在两端固定的梁上。梁的长度为 l，横截面宽度为 a，厚度为 t，弹性模量为 E。一个弹簧-质量（k_2，m_2）系统悬挂在梁上，如图 5.59 所示。系统工作时，受到一个简谐激励 $F_1(t)=F_0\cos\omega t$，求当 m_2 和 k_2 满足什么关系时梁不会出现稳态振动。[①]

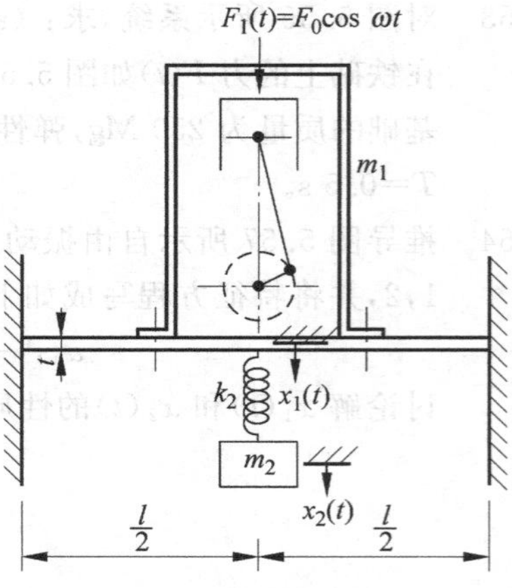

图 5.59　习题 5.57 图

5.58　当质量块 m_1 受到一个沿 $x_1(t)$ 方向的激励 $F(t)=F_0\sin\omega t$ 时，利用机械阻抗法求解图 5.28 中系统的稳态响应。

5.59　如图 5.28 所示系统的基础承受一个位移激励 $y(t)=Y_0\cos\omega t$ 时，求其稳态响应。

5.60　如图 5.28 所示二自由度系统中的质量块 m_1 承受一个激励 $F_0\cos\omega t$。假定周围的空气阻尼为 $c=200\ \mathrm{N\cdot s/m}$，求两个质量块的稳态响应。假定 $m_1=m_2=1\ \mathrm{kg}$，$k_1=k_2=500\ \mathrm{N/m}$，$\omega=1\ \mathrm{rad/s}$。

5.61　对于图 5.5(a)所示系统，若 $c_1=c_2=c_3=0$，$F_1(t)=F_{10}\cos\omega t$，$F_2(t)=F_{20}\cos\omega t$，求系统的稳态振动。

5.62　如图 5.28 所示系统中，质量块 m_1 受到一个幅值为 50 N、频率为 2 Hz 的简谐激励力的作用。已知 $m_1=10\ \mathrm{kg}$，$m_2=5\ \mathrm{kg}$，$k_1=8000\ \mathrm{N/m}$，$k_2=2000\ \mathrm{N/m}$。求各质量块受迫振动的振幅。

5.63　假设图 5.36 中的二层房屋框架承受到一个来自地面的位移激励 $y(t)=0.2\sin\pi t\ \mathrm{m}$，上、下两层柱子的等效刚度分别是 600 N/m 和 800 N/m，且 $m_1=m_2=50\ \mathrm{kg}$，求系统的响应。

5.64　对于图 5.15 所示系统，若 $F_1(t)$ 是大小为 5N 的阶跃力，且有 $m=1\ \mathrm{kg}$，$k=100\ \mathrm{N/m}$，$x_1(0)=\dot{x}_1(0)=x_2(0)=\dot{x}_2(0)=0$。利用拉普拉斯变换求系统的受迫振动响应。

5.65　列出图 5.60 中系统的运动微分方程，并求出系统的固有频率。

5.66　两个完全相同的滚子，半径为 r，质量为 m，通过弹簧相连，如图 5.61 所示。求系统的固有振动频率。

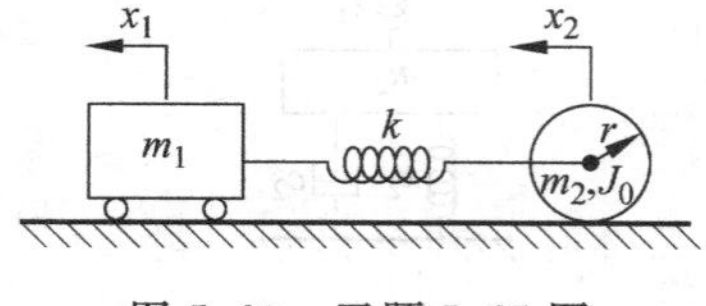

图 5.60　习题 5.65 图

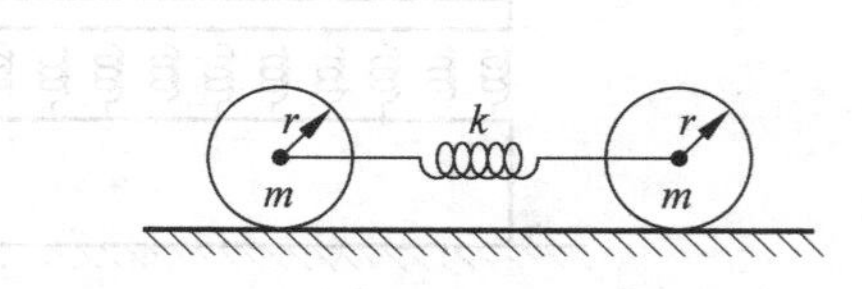

图 5.61　习题 5.66 图

① 使第一个质量的振幅为零的弹簧-质量系统（k_2，m_2）称为吸振器。关于吸振器的详细讨论见 9.11 节。

5.67 二自由度系统的运动微分方程为

$$a_1\ddot{x}_1+b_1x_1+c_1x_2=0$$
$$a_2\ddot{x}_2+b_2x_1+c_2x_2=0$$

如果系统是退化的，推导所需的条件。

5.68 对于图 5.62 所示系统，若初始条件为 $\theta_1(t=0)=\theta_1(0)$，$\theta_2(t=0)=\theta_2(0)$，$\dot{\theta}_1(t=0)=\dot{\theta}_2(t=0)=0$。求系统的角位移 $\theta_1(t)$ 和 $\theta_2(t)$。

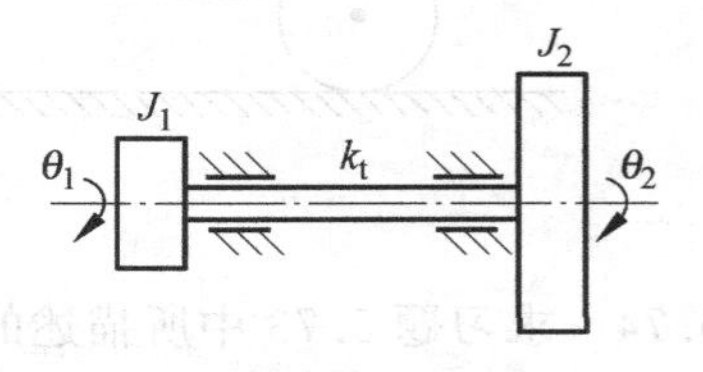

图 5.62 习题 5.68 图

5.69 图 5.9 中，若 $k_{t1}=0$，求系统的主振型，并证明当 $k_{t1}=0$ 时，以 $\alpha=\theta_1-\theta_2$ 为广义坐标，该系统可以看作一个单自由度系统。

5.70 如图 5.63 所示，汽轮机通过齿轮与发电机相连。汽轮机、发电机、齿轮 1 和齿轮 2 的转动惯量分别是 3000 kg·m²，2000 kg·m²，500 kg·m² 和 1000 kg·m²。轴 1 和轴 2 均由钢材制成，直径分别为 10 cm 和 30 cm，长度分别为 2 m 和 1.0 m。计算系统的固有频率。

5.71 一个用来提升重物的热气球的质量为 m，提升重物的重量为 Mg。重物通过12 根绳子悬挂在气球上，每根绳子的刚度都是 k（如图 5.64）。求气球在竖直方向振动的固有频率，指出所作假设，并讨论其有效性。

5.72 一台汽轮机的转动惯量为 4 lbf·in·s²，通过一根钢质圆管轴与发电机相连。发电机的转动惯量为 2 lbf·in·s²，轴的外径为 2 in，内径为 1 in，长度为 15 in（与图 5.17(c)所示系统类似）。如果当汽轮机的输出功率为 100 hp、转速为 6000 r/min 时突然停下来，传递的转矩变为零，求随后汽轮机和发电机的角位移，假定系统阻尼忽略不计。

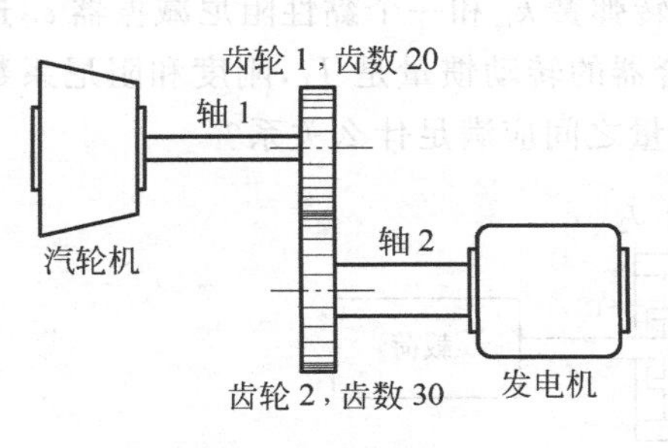

图 5.63 习题 5.70 图

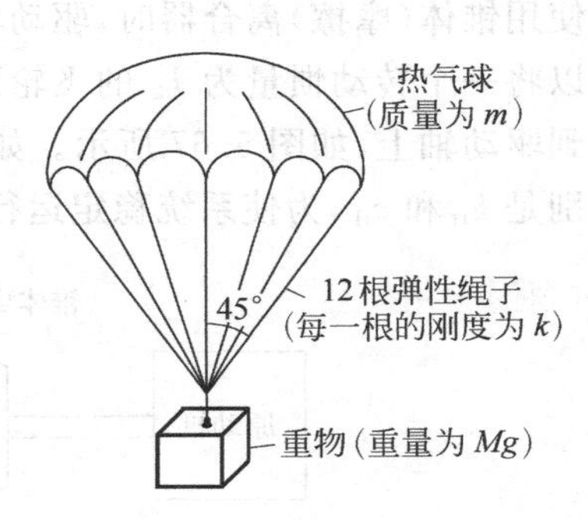

图 5.64 习题 5.71 图

5.73 如图 5.65 所示，一辆 3000 lb 的汽车通过刚度系数为 1000 lb/in 的连接装置带动重 2000 lb 的拖车。假设汽车和拖车在路上自由行驶，求系统的振动模态以及固有频率。

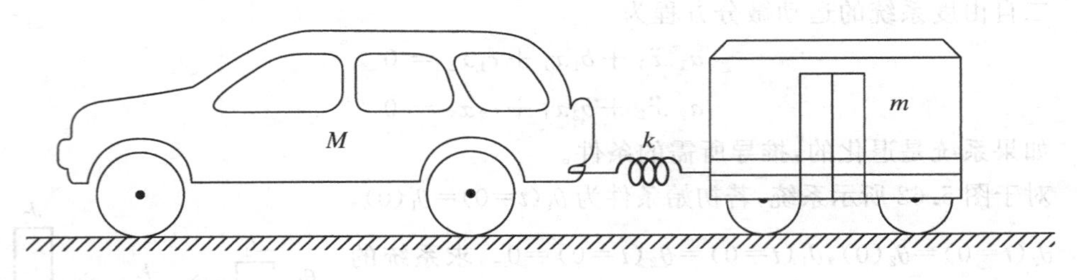

图 5.65　习题 5.73 图

5.74　求习题 5.73 中所描述的汽车-拖车系统的响应。假设汽车的初始位移和速度分别为 6 in 和 0 in/s，拖车的初始位移和速度分别为 −3 in 和 0 in/s。

5.75　如图 5.66 所示由皮带驱动的两个皮带轮。假设滑轮半径分别为 r_1 和 r_2，转动惯量分别为 J_1 和 J_2。上下传送带可视为刚度系数为 k 的两个弹簧，试求滑轮系统的固有频率。

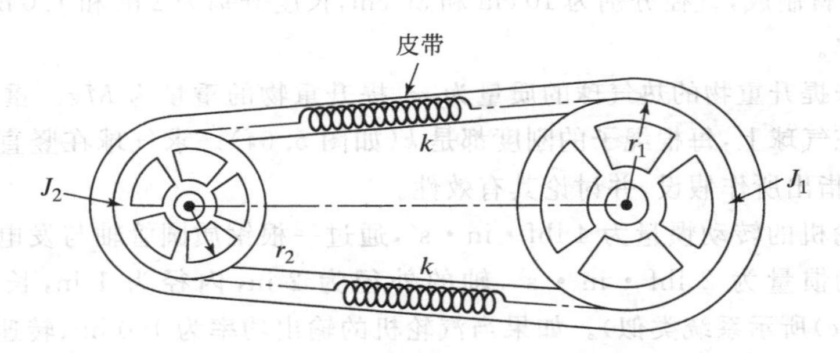

图 5.66　习题 5.75 图

5.76　使用锥体(摩擦)离合器时，驱动轴的瞬态振动会产生严重的噪声。为了减少噪声，可以将一个转动惯量为 J_2 的飞轮通过一个扭转弹簧 k_{t2} 和一个黏性阻尼减振器 c_{t2} 连接到驱动轴上，如图 5.67 所示。如果锥体离合器的转动惯量是 J_1，刚度和阻尼系数分别是 k_{t1} 和 c_{t1}，为使系统稳定运行，各个物理量之间应满足什么关系？

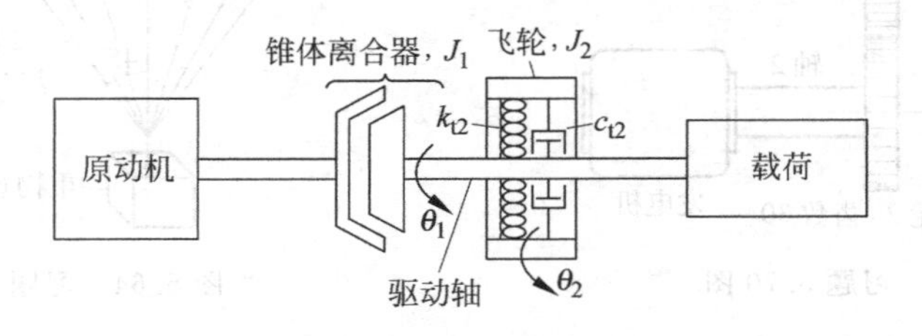

图 5.67　习题 5.76 图

5.77　一等截面的刚性杆质量为 m，通过刚度为 k 的弹簧与拖车相连(见图 5.68)，另一端铰接于车身上的 O 点。拖车质量为 $5m$，通过一根刚度为 $2k$ 的弹簧与墙体相连，假

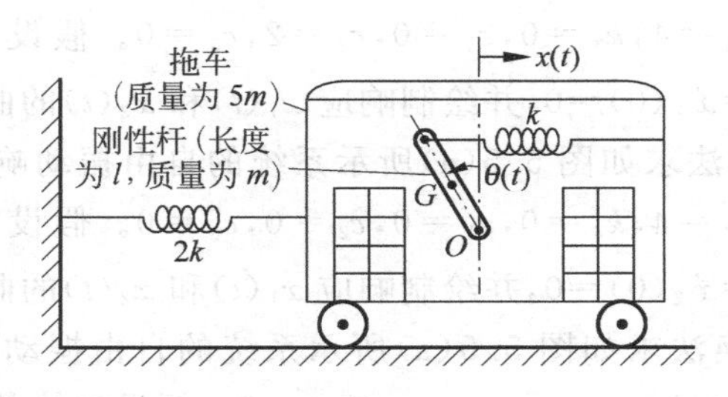

图 5.68　习题 5.77 图

设拖车在无阻尼的表面上运动。推导系统运动的稳定条件。

5.78　如图 5.69 所示，一由质量为 m_1 和 m_2 的两小车组成的两自由度系统，与阻尼器和弹簧相联。假设 m_1 受到与其速度成正比的力 $f_1(t)=a\dot{x}_1(t)$，试确定系统处于稳定运动状态的条件。

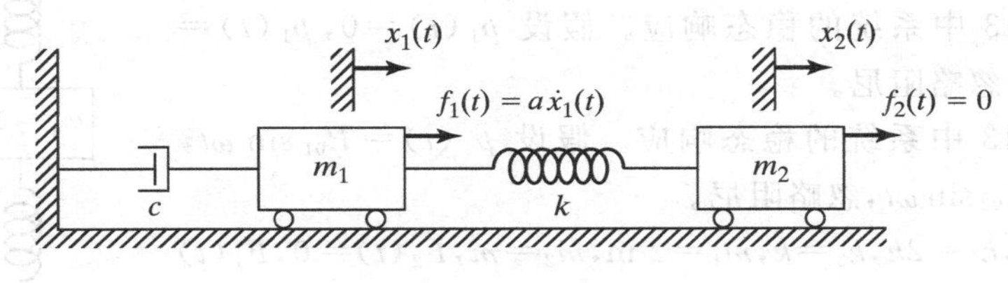

图 5.69　习题 5.78 图

5.79　分别利用 $x_1(t)$ 和 $x_2(t)$，推导如图 5.5(a)所示的两自由度系统的四阶运动微分方程。

提示：利用式(5.56)和式(5.57)的拉普拉斯逆变换。

5.80　(a) 给出一种求解习题 5.79 中的四阶微分方程(利用 $x_1(t)$ 或 $x_2(t)$)的方法；

(b) 在求解利用 $x_1(t)$ 表示的四阶微分方程时，如何应用已知的初始条件 $x_1(0)$，$x_2(0)$，$\dot{x}_1(0)$ 和 $\dot{x}_2(0)$。

5.81　推导如图 5.5(a)所示系统 $x_1(t)$ 和 $x_2(t)$ 的拉普拉斯变换的表达式。已知数据如下：$m_1=1,m_2=2,k_1=4,k_2=2,k_3=0,c_1=1,c_2=2,c_3=0,f_1(t)=F_0u(t)$ 为阶跃函数，$f_2(t)=0$。假设 $x_1(t)$ 和 $x_2(t)$ 的初始条件都为零。

5.82　推导如图 5.5(a)所示系统 $x_1(t)$ 和 $x_2(t)$ 的拉普拉斯变换的表达式。已知数据如下：$m_1=1,m_2=2,k_1=4,k_2=2,k_3=0,c_1=1,c_2=2,c_3=0,f_1(t)=0,f_2(t)=F_0u(t)$ 为阶跃函数。假设 $x_1(t)$ 和 $x_2(t)$ 的初始条件均为零。

5.83　利用拉普拉斯变换法求如图 5.5(a)所示系统的自由振动响应。已知数据为：$m_1=2,m_2=4,k_1=8,k_2=4,k_3=0,c_1=0,c_2=0,c_3=0$。假设初始条件为 $x_1(0)=1$，$x_2(0)=0,\dot{x}_1(0)=\dot{x}_2(0)=0$，并绘制响应 $x_1(t)$ 和 $x_2(t)$ 的曲线。

5.84　利用拉普拉斯变换法求如图 5.5(a)所示系统的自由振动响应。已知数据为：$m_1=$

$2, m_2=4, k_1=8, k_2=4, k_3=0, c_1=0, c_2=2, c_3=0$。假设初始条件为 $x_1(0)=1$，$x_2(0)=0, \dot{x}_1(0)=\dot{x}_2(0)=0$，并绘制响应 $x_1(t)$ 和 $x_2(t)$ 的曲线。

5.85　利用拉普拉斯变换法求如图5.5(a)所示系统的自由振动响应。已知数据为：$m_1=2, m_2=8, k_1=8, k_2=4, k_3=0, c_1=0, c_2=0, c_3=0$。假设初始条件为 $x_1(0)=1$，$x_2(0)=0, \dot{x}_1(0)=\dot{x}_2(0)=0$，并绘制响应 $x_1(t)$ 和 $x_2(t)$ 的曲线。

5.86　利用拉普拉斯变换法求如图5.5(a)所示系统的自由振动响应。数据为：$m_1=1$，$m_2=8, k_1=8, k_2=4, k_3=0, c_1=0, c_2=0, c_3=0$。假设初始条件为 $x_1(0)=1, x_2(0)=0, \dot{x}_1(0)=\dot{x}_2(0)=0$，并绘制响应 $x_1(t)$ 和 $x_2(t)$ 的曲线。

5.87　利用拉普拉斯变换求如图5.70所示系统的响应，其中 $m_1=2, m_2=1, k_1=40, k_2=20$，初始条件如下：

(1) $x_1(0)=0.05, x_2(0)=0.10, \dot{x}_1(0)=0, \dot{x}_2(0)=0$；

(2) $x_1(0)=0.10, x_2(0)=-0.05, \dot{x}_1(0)=0, \dot{x}_2(0)=0$。

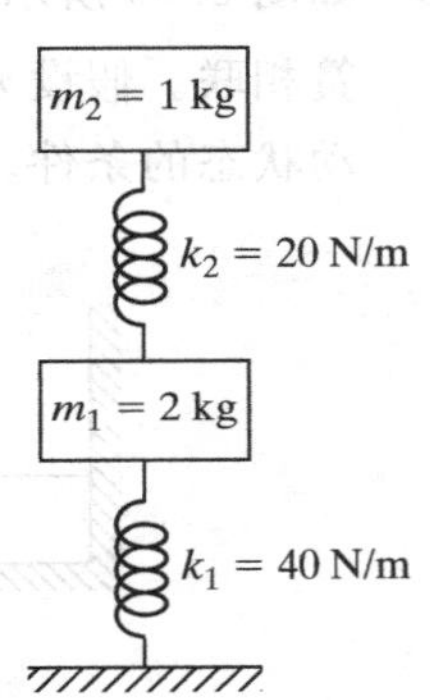

图5.70　习题5.87图

5.88　求例5.13中系统的稳态响应。假设 $p_1(t)=0, p_1(t)=P_0\sin\omega t$，忽略阻尼。

5.89　求例5.13中系统的稳态响应。假设 $p_1(t)=P_{01}\sin\omega t$，$p_1(t)=P_{02}\sin\omega t$，忽略阻尼。

5.90　当 $k_1=k, k_2=2k, k_3=k, m_1=2m, m_2=m, F_2(t)=0, F_1(t)$ 是大小为500 N、持续时间为0.5 s的矩形脉冲时，利用数值方法，求图5.5(a)所示系统的响应。假定 $m=10$ kg，$c_1=c_2=c_3=0, k=2000$ N/m，且初始条件为零。

5.91　(a)求图5.5所示系统的频率方程的根。计算所需数据如下：$m_1=m_2=0.2$ lbf·s²/in，$k_1=k_2=18$ lbf/in，$k_3=0, c_1=c_2=c_3=0$。(b)如果初始条件为 $x_1(0)=x_2(0)=2$ in，$\dot{x}_1(0)=\dot{x}_2(0)=0$，求质量块的位移 $x_1(t)$ 和 $x_2(t)$。

5.92　根据式(5.29)和式(5.35)，编写计算机程序求解二自由度系统在简谐激励 $F_j(t)=F_{j0}e^{i\omega t}, j=1,2$ 作用下的稳态响应。计算所需数据如下：$m_{11}=m_{22}=0.1$ lbf·s²/in，$m_{12}=0, c_{11}=1.0$ lbf·s/in，$c_{12}=c_{22}=0, k_{11}=40$ lbf/in，$k_{22}=20$ lbf/in，$k_{12}=-20$ lbf/in，$F_{10}=1$ lbf，$F_{20}=2$ lbf，$\omega=5$ rad/s。

5.93　利用下面的数据求解图5.28所示系统的自由振动响应，并绘图：$k_1=1000$ N/m，$k_2=500$ N/m，$m_1=2$ kg，$m_2=1$ kg，$x_1(0)=1, x_2(0)=0, \dot{x}_1(0)=\dot{x}_2(0)=0$。

5.94　利用下面的数据求解图5.28所示系统的自由振动响应，并绘图：$k_1=1000$ N/m，$k_2=500$ N/m，$m_1=2$ kg，$m_2=1$ kg，$x_1(0)=1, x_2(0)=2, \dot{x}_1(0)=1, \dot{x}_2(0)=-2$。

5.95　利用MATLAB求解下面的特征值问题

$$\begin{bmatrix} 25\times10^6 & -5\times10^6 \\ -5\times10^6 & 5\times10^6 \end{bmatrix}\begin{Bmatrix} x_1 \\ x_2 \end{Bmatrix}=\omega^2\begin{bmatrix} 10000 & 0 \\ 0 & 5000 \end{bmatrix}\begin{Bmatrix} x_1 \\ x_2 \end{Bmatrix}$$

5.96　利用 MATLAB,求下面的二自由度系统的响应,并绘图

$$\begin{bmatrix}2 & 0\\0 & 10\end{bmatrix}\begin{Bmatrix}\ddot{x}_1\\ \ddot{x}_2\end{Bmatrix}+\begin{bmatrix}20 & -5\\-5 & 5\end{bmatrix}\begin{Bmatrix}\dot{x}_1\\ \dot{x}_2\end{Bmatrix}+\begin{bmatrix}50 & -10\\-10 & 10\end{bmatrix}\begin{Bmatrix}x_1\\ x_2\end{Bmatrix}=\begin{Bmatrix}2\sin 3t\\ 5\cos 5t\end{Bmatrix}$$

初始条件为 $x_1(0)=1,\dot{x}_1(0)=0,x_2(0)=-1,\dot{x}_2(0)=0$。

5.97　利用 MATLAB,求解习题 5.90。

提示:利用 MATLAB 函数 stepfun 定义矩形脉冲。

5.98　利用 MATLAB,求解习题 5.91(a)。

5.99　利用 MATLAB,求解习题 5.92,并绘制 m_{11} 和 m_{22} 的稳态响应曲线。

5.100　利用 MATLAB,求方程 $x^4-32x^3+244x^2-20x-1200=0$ 的解。

设计题目

5.101　如图 5.71 所示,皮带驱动的宝塔轮用来改变车床的切削速度。已知驱动轴的转速为 350 r/min,输出轴的转速分别为 150 r/min,250 r/min,450 r/min 和 750 r/min。与 150 r/min 的输出转速对应的主动轮和被动轮的直径分别为 250 mm 和 1000 mm,两轴之间的中心距为 5 m。主动轮和被动轮的转动惯量分别为 0.1 kg·m² 和0.2 kg·m²,求皮带的横截面面积,以避免与输入或输出转速发生共振。假设皮带材料的弹性模量为 10^{10} N/m²。

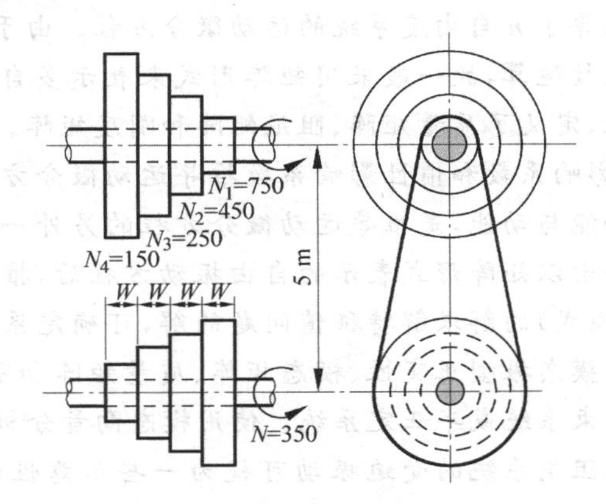

图 5.71　设计题目 5.101 图

5.102　在图 5.55 所示的锻床中,锻锤、框架(包括铁砧和工件)和混凝土基础的质量分别是 1000 kg,5000 kg 和 25 000 kg。锻锤落下的高度为 2 m。根据下列条件设计弹簧刚度系数 k_1 和 k_2:(a)冲击是塑性的,即锻锤与工件发生撞击后不反弹;(b)锻床的固有频率应大于 5 Hz;(c)弹簧中的应力应比其材料的屈服应力小,且安全系数至少为 1.5。忽略土壤的弹性。

拉格朗日(Joseph Louis Lagrange,1736—1813),出生于意大利,法国著名数学家,由于其在理论力学方面的贡献而享誉世界。他于1755年成为都灵炮兵学校的数学教授。拉格朗日的名著*Méchanique*中包含了现今著名的"拉格朗日方程",在振动的研究中非常有用。他也曾从事过材料的弹性与强度方面的研究,并讨论了受压杆的强度与变形,但鲜为人知。

(引自:Struik D J. A *Concise History of Mathematics*, 2nd ed. New York: Dover Publications, 1948)

第6章 多自由度系统

导读

本章讨论的主题是多自由度系统。介绍了如何把一个连续系统模型化为多自由度系统。利用牛顿第二定律推导了n自由度系统的运动微分方程。由于以标量形式表示的运动方程的求解涉及复杂的代数运算,故一般采用矩阵形式来表示多自由度系统。基于以矩阵形式表示的n个耦合方程,定义了质量矩阵、阻尼矩阵和刚度矩阵。也可采用影响系数法即基于刚度影响系数、柔度影响系数和惯性影响系数推导运动微分方程。基于拉格朗日方程并借助矩阵形式表示的势能与动能,是推导运动微分方程的另外一种方法。给出了广义坐标和广义力的概念。在给出以矩阵形式表示的自由振动方程后,推导了矩阵形式的特征值问题。利用特征方程(多项式)的解求解特征值问题的解,可确定系统的固有频率和模态振型(或固有振型)。介绍了模态振型正交性、模态矩阵、质量矩阵和刚度矩阵正则化的概念。也介绍了展开定理和无约束系统或半正定系统。使用模态向量分析无阻尼系统的自由振动以及利用模态分析讨论无阻尼系统的受迫振动可视为一些示意性的例子。通过引入瑞利耗散函数来讨论黏性阻尼系统的受迫振动运动方程。对于比例阻尼系统,其运动方程是非耦合的,并且各非耦合方程的解可以通过杜哈美积分确定。自激振动和多自由度系统的稳定性分析利用的是罗斯-霍尔维茨稳定性判据。最后,给出了利用MATLAB来求解多自由系统的自由振动和受迫振动的一些例子。

学习目标

学完本章后,读者应能达到以下几点:

- 利用牛顿第二定律、影响系数或拉格朗日方程推导多自由度系统的运动微分方程。
- 以矩阵形式表示系统的运动微分方程。
- 通过求解特征值问题，得到系统振动的固有频率和模态向量。
- 通过模态分析，求得无阻尼系统的自由振动响应与受迫振动响应。
- 借助比例阻尼求解阻尼系统的响应。
- 采用罗斯-霍尔维茨判据分析多自由度系统的稳定性特征。
- 利用 MATLAB，求解自由振动和受迫振动问题。

6.1 引言

如第 1 章所述，大多数实际系统都是连续的，具有无限多个自由度。连续系统的振动分析要求解偏微分方程，这是非常困难的。实际上，许多偏微分方程并不存在解析解。另一方面，多自由度系统的振动分析只要求解一组常微分方程，这相对来说要简单得多。因此，为了分析的简化，连续系统通常近似为多自由度系统。

在前面各章中的所有概念都可以直接推广到多自由度系统的情形。例如，每个自由度对应一个运动微分方程。如果应用广义坐标，则每个自由度对应一个广义坐标。可通过牛顿第二运动定律或使用 6.4 节定义的影响系数得到运动微分方程。但一般来说，通过拉格朗日方程更易于推导出多自由度系统的运动微分方程。

对于一个 n 自由度系统，有 n 个固有频率，每个频率对应一个固有振型。通过令行列式为零得到的特征方程来确定固有频率的方法，也可应用于多自由度系统。然而，随着自由度数目的增加，特征方程的求解越来越复杂。可利用固有振型的正交性简化多自由度系统的分析。根据模态振型具有正交性的特性，基于模态分析法可求解无阻尼受迫振动问题。利用比例阻尼，也可求解出与黏性阻尼系统相关的受迫振动问题的解。

6.2 连续系统模型化为多自由度系统

有多种不同的方法可以将连续系统近似为多自由度系统。一个简单的方法是用有限数目的集中质量或刚体代替分布质量或系统的惯性。该集中质量可假设与一无质量的弹性且具有阻尼的元件相连；可采用线性（或角度）坐标来描述集中质量（或刚体）的运动，这些模型称为集中参数或集中质量或离散质量系统。用来描述集中质量或刚体的运动所需的坐标的最小数目即为系统的自由度数。显然，模型中使用的集中质量的数目越多，分析结果的精度就越高。

有些问题本身就能说明所使用的集中参数模型的类型。例如，图 6.1(a)中所示的 3 层建筑物可采用一个具有三个集中质量的模型，如图 6.1(b)所示，在该模型中，系统的惯性可假定为集中于各层的三个点质量，柱子的弹性可用弹簧来代替。类似地，图 6.2(a)所示的钻床可使用四个集中质量与四个弹簧来模拟，如图 6.2(b)所示。

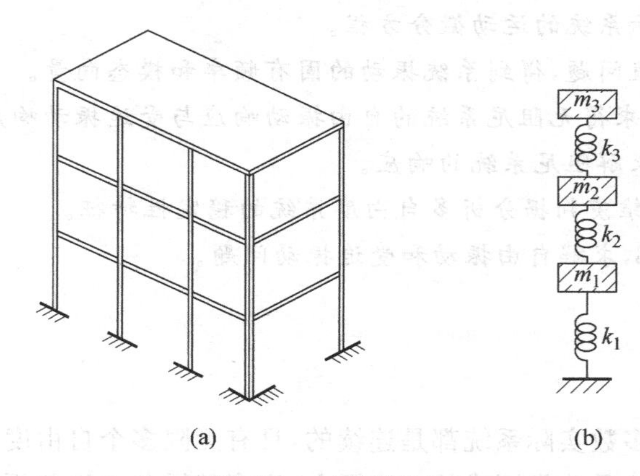

图 6.1 三层建筑物

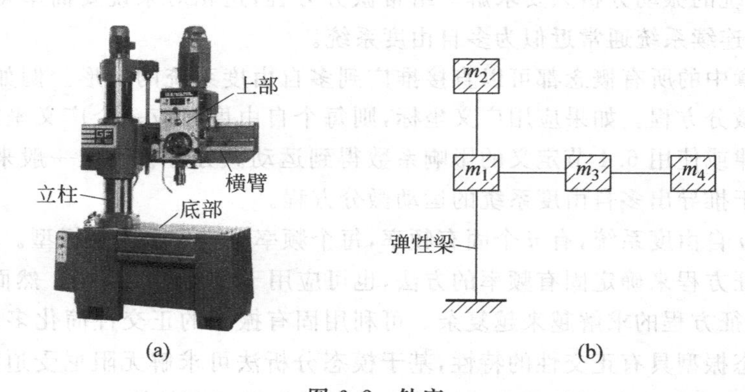

图 6.2 钻床

另一个将连续系统近似为多自由度系统的常用方法是用大量的微小单元来逼近系统的几何形状和尺寸。通过假设每个单元的某一简单解，运用协调与平衡关系来求解原系统的某一近似解。这种方法就是人们熟知的有限单元法，这在第 12 章中会详细讨论。

6.3 运用牛顿第二定律推导运动微分方程

运用牛顿第二运动定律，可以按下面的步骤推导多自由度系统的运动微分方程

(1) 选择适当的坐标来描述系统中各个点质量或刚体的位置，并指定质量或刚体的位移、速度和加速度的正方向。

(2) 确定系统的静平衡位置，并使每一质量或刚体有一个从各平衡位置量起的位移。

(3) 作系统中每个质量或刚体的受力图，当给定质量或刚体的正位移和速度后，指出弹

簧力、阻尼力和作用在每个质量或刚体上的外力。

(4) 根据受力图，对每个质量或刚体应用牛顿第二运动定律

$$m_i \ddot{x}_i = \sum_j F_{ij}, \quad \text{对质量 } m_i \tag{6.1}$$

或

$$J_i \ddot{\theta}_i = \sum_j M_{ij}, \quad \text{对转动惯量为 } J_i \text{ 的刚体} \tag{6.2}$$

其中，$\sum_j F_{ij}$ 表示作用在质量 m_i 上的所有力之和；$\sum_j M_{ij}$ 表示作用在转动惯量为 J_i 的刚体上的所有力对某一轴的矩之和。

该步骤在下面的例子中可以得到进一步说明。

例 6.1 推导图 6.3(a)所示的弹簧-质量-阻尼器系统的运动微分方程。

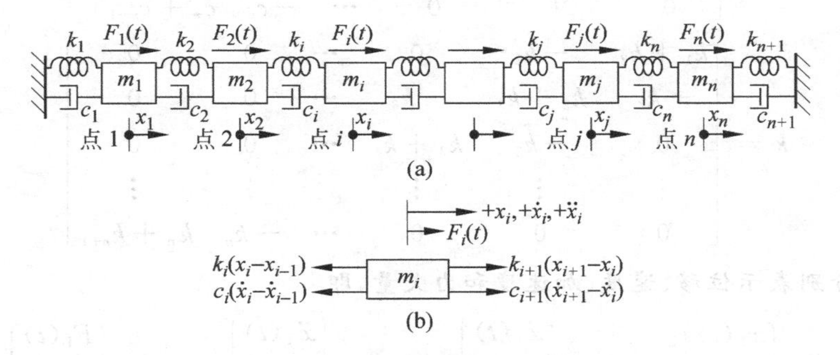

图 6.3 弹簧-质量-阻尼器系统

解：用坐标 $x_i(t)$ 表示质量块从各自静平衡位置量起的位置坐标，如图 6.3(a)所示。该系统中的一个代表性质量 m_i 的受力图如图 6.3(b)所示（包括位移、速度和加速度的正方向）。对质量 m_i 运用牛顿第二运动定律，有

$$\begin{aligned} m_i \ddot{x}_i = &- k_i(x_i - x_{i-1}) + k_{i+1}(x_{i+1} - x_i) - c_i(\dot{x}_i - \dot{x}_{i-1}) \\ &+ c_{i+1}(\dot{x}_{i+1} - \dot{x}_i) + F_i, \quad i = 2,3,\cdots,n-1 \end{aligned}$$

或

$$\begin{aligned} & m_i \ddot{x}_i - c_i \dot{x}_{i-1} + (c_i + c_{i+1}) \dot{x}_i - c_{i+1} \dot{x}_{i+1} - k_i x_{i-1} \\ & + (k_i + k_{i+1}) x_i - k_{i+1} x_{i+1} = F_i; \quad i = 2,3,\cdots,n-1 \end{aligned} \tag{E.1}$$

在上式中分别令 $i=1, x_0=0$ 以及 $i=n, x_{n+1}=0$，可推导出质量 m_1 和 m_n 的运动微分方程

$$m_1 \ddot{x}_1 + (c_1 + c_2) \dot{x}_1 - c_2 \dot{x}_2 + (k_1 + k_2) x_1 - k_2 x_2 = F_1 \tag{E.2}$$

$$m_n \ddot{x}_n - c_n \dot{x}_{n-1} + (c_n + c_{n+1}) \dot{x}_n - k_n x_{n-1} + (k_n + k_{n+1}) x_n = F_n \tag{E.3}$$

注意：

(1) 例 6.1 中的运动微分方程(E.1)～(E.3)可表示成矩阵的形式，即

$$\boldsymbol{m} \ddot{\boldsymbol{x}} + \boldsymbol{c} \dot{\boldsymbol{x}} + \boldsymbol{k} \boldsymbol{x} = \boldsymbol{F} \tag{6.3}$$

其中，$\boldsymbol{m}$，$\boldsymbol{c}$ 和 $\boldsymbol{k}$ 分别表示质量矩阵、阻尼矩阵和刚度矩阵，即

$$\boldsymbol{m}=\begin{bmatrix} m_1 & 0 & 0 & \cdots & 0 & 0 \\ 0 & m_2 & 0 & \cdots & 0 & 0 \\ 0 & 0 & m_3 & \cdots & 0 & 0 \\ \vdots & \vdots & \vdots & & \vdots & \vdots \\ 0 & 0 & 0 & \cdots & 0 & m_n \end{bmatrix} \tag{6.4}$$

$$\boldsymbol{c}=\begin{bmatrix} c_1+c_2 & -c_2 & 0 & \cdots & 0 & 0 \\ -c_2 & c_2+c_3 & -c_3 & \cdots & 0 & 0 \\ 0 & -c_3 & c_3+c_4 & \cdots & 0 & 0 \\ \vdots & \vdots & \vdots & & \vdots & \vdots \\ 0 & 0 & 0 & \cdots & -c_n & c_n+c_{n+1} \end{bmatrix} \tag{6.5}$$

$$\boldsymbol{k}=\begin{bmatrix} k_1+k_2 & -k_2 & 0 & \cdots & 0 & 0 \\ -k_2 & k_2+k_3 & -k_3 & \cdots & 0 & 0 \\ 0 & -k_3 & k_3+k_4 & \cdots & 0 & 0 \\ \vdots & \vdots & \vdots & & \vdots & \vdots \\ 0 & 0 & 0 & \cdots & -k_n & k_n+k_{n+1} \end{bmatrix} \tag{6.6}$$

$\boldsymbol{x}$，$\dot{\boldsymbol{x}}$，$\ddot{\boldsymbol{x}}$ 和 $\boldsymbol{F}$ 分别表示位移、速度、加速度和力矢量，即

$$\boldsymbol{x}=\begin{Bmatrix} x_1(t) \\ x_2(t) \\ \vdots \\ x_n(t) \end{Bmatrix},\quad \dot{\boldsymbol{x}}=\begin{Bmatrix} \dot{x}_1(t) \\ \dot{x}_2(t) \\ \vdots \\ \dot{x}_n(t) \end{Bmatrix},\quad \ddot{\boldsymbol{x}}=\begin{Bmatrix} \ddot{x}_1(t) \\ \ddot{x}_2(t) \\ \vdots \\ \ddot{x}_n(t) \end{Bmatrix},\quad \boldsymbol{F}=\begin{Bmatrix} F_1(t) \\ F_2(t) \\ \vdots \\ F_n(t) \end{Bmatrix} \tag{6.7}$$

(2) 对一非阻尼系统（即 $c_i=0, i=1,2,\cdots,n+1$），运动微分方程可简化为

$$\boldsymbol{m}\ddot{\boldsymbol{x}}+\boldsymbol{k}\boldsymbol{x}=\boldsymbol{F} \tag{6.8}$$

(3) 上面讨论的系统是具有 n 个自由度的弹簧-质量-阻尼器系统的特例。质量矩阵、阻尼矩阵和刚度矩阵的一般形式为

$$\boldsymbol{m}=\begin{bmatrix} m_{11} & m_{12} & m_{13} & \cdots & m_{1n} \\ m_{12} & m_{22} & m_{23} & \cdots & m_{2n} \\ \vdots & \vdots & \vdots & & \vdots \\ m_{1n} & m_{2n} & m_{3n} & \cdots & m_{nn} \end{bmatrix} \tag{6.9}$$

$$\boldsymbol{c}=\begin{bmatrix} c_{11} & c_{12} & c_{13} & \cdots & c_{1n} \\ c_{12} & c_{22} & c_{23} & \cdots & c_{2n} \\ \vdots & \vdots & \vdots & & \vdots \\ c_{1n} & c_{2n} & c_{3n} & \cdots & c_{nn} \end{bmatrix} \tag{6.10}$$

$$\boldsymbol{k}=\begin{bmatrix} k_{11} & k_{12} & k_{13} & \cdots & k_{1n} \\ k_{12} & k_{22} & k_{23} & \cdots & k_{2n} \\ \vdots & \vdots & \vdots & & \vdots \\ k_{1n} & k_{2n} & k_{3n} & \cdots & k_{nn} \end{bmatrix} \tag{6.11}$$

(4) 可以看出,例6.1中(见图6.3(a))所讨论的弹簧-质量-阻尼器系统的微分方程是相互耦合的,即每一个方程中包含的坐标多于一个。这表明方程不能逐个单独求解,只能同时求解。此外,由于刚度项是耦合的,故称系统是静力耦合的,即刚度矩阵至少在非对角线上有一个非零元素。另一方面,如果质量矩阵在非对角线上至少有一个非零元素,则称系统是动力耦合的。如果在刚度矩阵和质量矩阵的非对角线上都有非零元素,则称系统同时具有静力耦合与动力耦合。

例 6.2 推导图6.4(a)所示的拖车-复摆系统的运动微分方程。

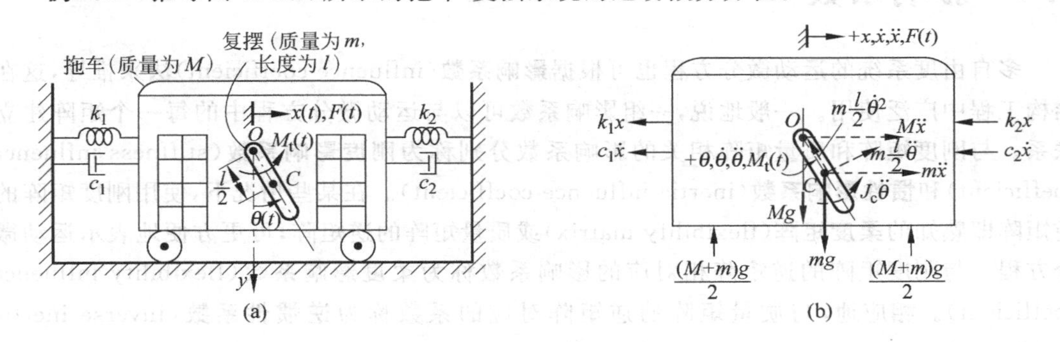

图6.4 拖车-复摆系统

解:采用坐标 $x(t)$ 和 $\theta(t)$ 分别描述拖车距静平衡位置的线位移与复摆距静平衡位置的角位移。若规定图6.4(b)所示的位移 $x(t)$ 和 $\theta(t)$、速度 $\dot{x}(t)$ 和 $\dot{\theta}(t)$ 以及加速度 $\ddot{x}(t)$ 和 $\ddot{\theta}(t)$ 的正方向,则作用在拖车上的外力 $F(t)$、弹簧力 k_1x 和 k_2x、阻尼力 $c_1\dot{x}$ 和 $c_2\dot{x}$ 以及作用在复摆上的外力矩 $M_t(t)$、重力 mg 分别如图6.4(b)所示。作用在拖车和复摆上的惯性力用虚线表示在图6.4(b)中。注意:复摆绕铰支点 O 的转动将引起指向 O 点的径向力 $m\dfrac{l}{2}\dot{\theta}^2$ 和垂直于 OC 的切向力 $m\dfrac{l}{2}\ddot{\theta}$。应用牛顿第二运动定律,对沿水平方向的平动,有

$$\begin{aligned} & M\ddot{x}+m\ddot{x}+m\frac{l}{2}\ddot{\theta}\cos\theta-m\frac{l}{2}\dot{\theta}^2\sin\theta \\ & =-k_1x-k_2x-c_1\dot{x}-c_2\dot{x}+F(t) \end{aligned} \tag{E.1}$$

类似地,对绕铰支点 O 的转动,应用牛顿第二运动定律,有

$$\left(m\frac{l}{2}\ddot{\theta}\right)\frac{l}{2}+\left(m\frac{l^2}{12}\right)\ddot{\theta}+(m\ddot{x})\frac{l}{2}\cos\theta=-(mg)\frac{l}{2}\sin\theta+M_t(t) \tag{E.2}$$

注意：

(1) 由于包含 $\sin\theta$，$\cos\theta$ 和 $\dot{\theta}^2\sin\theta$ 项，运动微分方程(E.1)和(E.2)都是非线性的。

(2) 如果 $\dot{\theta}^2\sin\theta$ 为可忽略的小量，且角位移非常小，即 $\cos\theta\approx 1$ 和 $\sin\theta\approx\theta$，则方程(E.1)和(E.2)可以线性化。线性化后的方程为

$$(M+m)\ddot{x}+\left(m\frac{l}{2}\right)\ddot{\theta}+(k_1+k_2)x+(c_1+c_2)\dot{x}=F(t) \tag{E.3}$$

和

$$\left(\frac{ml}{2}\right)\ddot{x}+\left(\frac{ml^2}{3}\right)\ddot{\theta}+\left(\frac{mgl}{2}\right)\theta=M_t(t) \tag{E.4}$$

6.4 影响系数

多自由度系统的运动微分方程也可根据**影响系数**(influence coefficient)法来推导，这在结构工程中广泛使用。一般地说，一组影响系数可以与运动微分方程中的每一个矩阵建立联系。与刚度矩阵和质量矩阵相关的影响系数分别称为**刚度影响系数**(stiffness influence coefficient)和**惯性影响系数**(inertia influence coefficient)。在某些情况下，使用刚度矩阵的逆矩阵即熟知的**柔度矩阵**(flexibility matrix)或质量矩阵的逆矩阵，可更方便地表示运动微分方程。与刚度矩阵的逆矩阵相对应的影响系数称为**柔度影响系数**(flexibility influence coefficient)。相应地，与质量矩阵的逆矩阵对应的系数称为**逆惯性系数**(inverse inertia coefficient)。

6.4.1 刚度影响系数

对一简单的产生线位移的弹簧，产生单位轴向变形的力称为弹簧的刚度系数。可用刚度影响系数表示系统上某点的位移与作用在系统其他点上的力之间的关系。刚度影响系数 k_{ij} 可定义为除 j 点以外的其他点固定，j 点产生单位位移时在 i 点所要施加的力。根据这种定义，对图 6.5 中的弹簧-质量系统，在 i 点的总力 F_i 等于导致全部位移 $x_j(j=1,2,\cdots,n)$ 的所有力的和，即

$$F_i=\sum_{j=1}^{n}k_{ij}x_j,\quad i=1,2,\cdots,n \tag{6.12}$$

式(6.12)可以用矩阵的形式表示为

$$\boldsymbol{F}=\boldsymbol{kx} \tag{6.13}$$

其中，$\boldsymbol{x}$ 和 $\boldsymbol{F}$ 是式(6.7)定义的位移和力矢量，$\boldsymbol{k}$ 为刚度矩阵，即

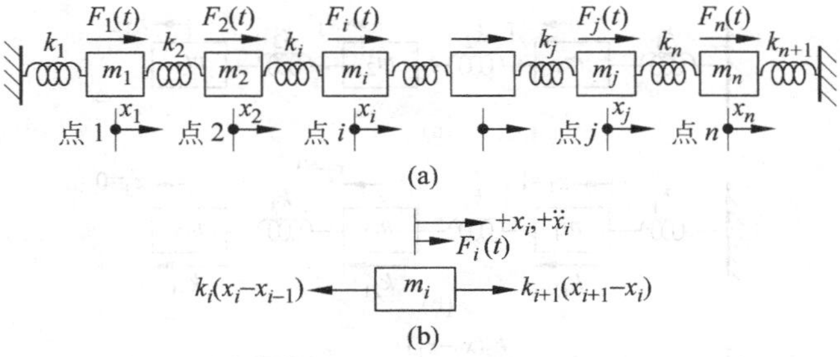

图 6.5　多自由度弹簧-质量系统

$$\boldsymbol{k}=\begin{bmatrix} k_{11} & k_{12} & \cdots & k_{1n} \\ k_{21} & k_{22} & \cdots & k_{2n} \\ \vdots & \vdots & & \vdots \\ k_{n1} & k_{n2} & \cdots & k_{nn} \end{bmatrix} \tag{6.14}$$

下面对刚度影响系数作几点说明：

(1) 根据 Maxwell 互易定理[6.1]，既然使 j 点产生单位变形而其他点的变形为零时在 i 点所需施加的力，与使 i 点产生单位变形而其他各点产生的变形为零时，在 j 点所需施加的力相等，故有 $k_{ij}=k_{ji}$。

(2) 也可应用静力学与固体力学的原理计算刚度影响系数。

(3) 对扭转系统的刚度影响系数，可按照单位角位移与产生此角位移所需的扭矩来定义。例如，在一个多盘扭转系统中，k_{ij} 可以定义为在 j 点产生单位角位移而在其他各点的角位移均为零时，在 i 点所需施加的力矩。

多自由度系统的刚度影响系数可以按如下步骤确定：

(1) 假设 x_j 的值等于 1(从 $j=1$ 开始)，而在其他全部各点($j=1,2,\cdots,j-1,j+1,\cdots,n$)的位移 $x_1,x_2,\cdots,x_{j-1},x_{j+1},\cdots,x_n$ 均为零。根据定义，一系列的力 k_{ij} ($i=1,2,\cdots,n$)应使系统保持为这一假定的构型($x_j=1,x_1=x_2=\cdots=x_{j-1}=x_{j+1}=\cdots=x_n=0$)。那么根据每个质量的全部 n 个静力学平衡方程，可得 n 个影响系数 k_{ij} ($i=1,2,\cdots,n$)。

(2) 对 $j=1$，完成第 1 步后，对 $j=2,3,\cdots,n$，重复上述步骤。

例 6.3　求图 6.6(a)所示系统的刚度影响系数。

解：令 x_1,x_2 和 x_3 分别表示质量 m_1,m_2 和 m_3 的位移。刚度影响系数 k_{ij} 可根据弹簧刚度 k_1,k_2 和 k_3 求得。

首先令 m_1 的位移 $x_1=1$，m_2 和 m_3 的位移 $x_2=x_3=0$，一系列的力 k_{i1} ($i=1,2,3$)可使系统处于图 6.6(b)所示的位置，则该系统中各质量块的受力如图 6.6(c)所示。根据 m_1,m_2 和 m_3 沿水平方向的力的平衡方程得

$$\text{质量 } m_1\text{：} k_1=-k_2+k_{11} \tag{E.1}$$

$$\text{质量 } m_2\text{：} k_{21}=-k_2 \tag{E.2}$$

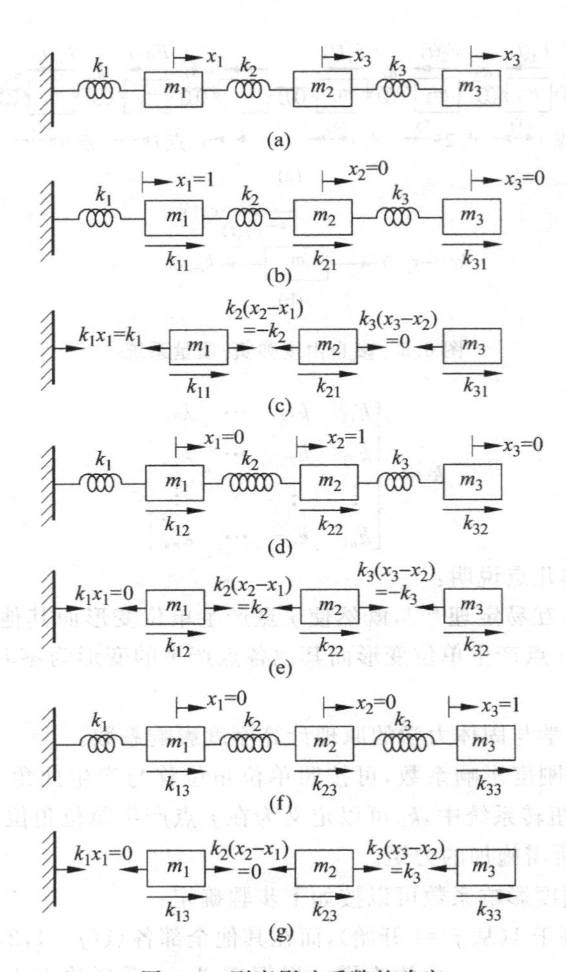

图 6.6 刚度影响系数的确定

$$\text{质量 } m_3: k_{31}=0 \tag{E.3}$$

由式(E.1)~式(E.3)得

$$k_{11}=k_1+k_2,\quad k_{21}=-k_2,\quad k_{31}=0 \tag{E.4}$$

如图 6.6(d)所示,令各质量的位移分别为 $x_1=0,x_2=1$ 和 $x_3=0$。由于 $k_{i2}(i=1,2,3)$ 要求系统处于该构型,则物体的受力如图 6.6(e)所示,各质量的力的平衡方程为

$$\text{质量 } m_1: k_{12}+k_2=0 \tag{E.5}$$

$$\text{质量 } m_2: k_{22}-k_3=k_2 \tag{E.6}$$

$$\text{质量 } m_3: k_{32}=-k_3 \tag{E.7}$$

由式(E.5)~式(E.7)得

$$k_{12}=-k_2,\quad k_{22}=k_2+k_3,\quad k_{32}=-k_3 \tag{E.8}$$

最后，一系列力的 $k_{i3}(i=1,2,3)$ 使系统保持 $x_1=0, x_2=0$ 和 $x_3=1$（见图 6.6(f)），该构型中各物体的受力如图 6.6(g)所示，力的平衡方程变为

$$\text{质量 } m_1 : k_{13} = 0 \tag{E.9}$$

$$\text{质量 } m_2 : k_{23} + k_3 = 0 \tag{E.10}$$

$$\text{质量 } m_3 : k_{33} = k_3 \tag{E.11}$$

由式(E.9)～式(E.11)得

$$k_{13} = 0, \quad k_{23} = -k_3, \quad k_{33} = k_3 \tag{E.12}$$

于是系统的刚度矩阵为

$$\boldsymbol{k} = \begin{bmatrix} k_1 + k_2 & -k_2 & 0 \\ -k_2 & k_2 + k_3 & -k_3 \\ 0 & -k_3 & k_3 \end{bmatrix} \tag{E.13}$$

例 6.4　确定图 6.7(a)所示刚架的刚度矩阵，忽略 AB 和 BC 段轴向刚度的影响。

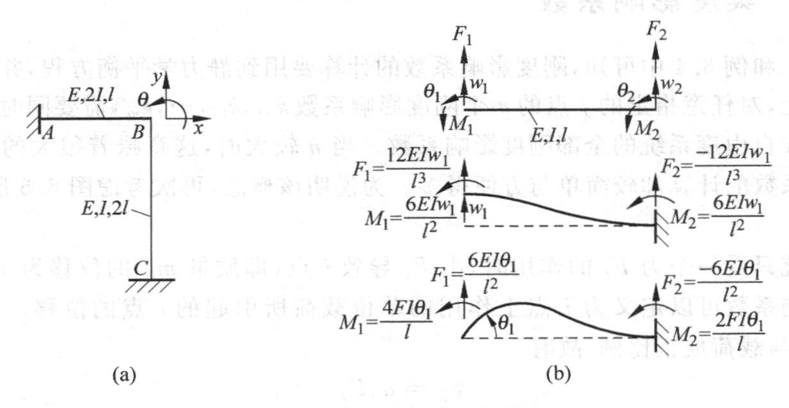

图 6.7　框架的刚度矩阵

解：由于框架的 AB 和 BC 段可以视为梁，因此可以利用梁的力-变形公式来确定框架的刚度矩阵。使梁沿某一坐标方向产生位移，而沿其他坐标方向保持零位移所需的各力如图 6.7(b)所示。在图 6.7(a)中，A 与 C 为固定端，因此 B 点可能会产生 3 个方向的位移即 x, y 与 θ。根据图 6.7(b)，使 B 点沿 x 方向产生单位位移，而沿 y 和 θ 方向产生零位移所需施加的力为

$$F_x = \left(\frac{12EI}{l^3}\right)_{BC} = \frac{3EI}{2l^3}, \quad F_y = 0, \quad M_\theta = \left(\frac{6EI}{l^2}\right)_{BC} = \frac{3EI}{2l^2}$$

同理，使点 B 沿 y 方向产生单位位移，而沿 x 和 θ 方向产生零位移所需的力为

$$F_x = 0, \quad F_y = \left(\frac{12EI}{l^3}\right)_{BA} = \frac{24EI}{l^3}, \quad M_\theta = -\left(\frac{6EI}{l^2}\right)_{BA} = -\frac{12EI}{l^2}$$

最后，使点 B 沿 θ 方向产生单位位移，而沿 x 与 y 方向产生零位移所需的力为

$$F_x = \left(\frac{6EI}{l^2}\right)_{BC} = \frac{3EI}{2l^2}, \quad F_y = -\left(\frac{6EI}{l^2}\right)_{BA} = -\frac{12EI}{l^2}$$

$$M_\theta = \left(\frac{4EI}{l}\right)_{BC} + \left(\frac{4EI}{l}\right)_{BA} = \frac{2EI}{l} + \frac{8EI}{l} = \frac{10EI}{l}$$

于是，可以根据下式确定刚度矩阵：

$$\boldsymbol{F} = \boldsymbol{kx}$$

其中

$$\boldsymbol{F} = \begin{Bmatrix} F_x \\ F_y \\ M_\theta \end{Bmatrix}, \quad \boldsymbol{x} = \begin{Bmatrix} x \\ y \\ \theta \end{Bmatrix}, \quad \boldsymbol{k} = \frac{EI}{l^3}\begin{bmatrix} \frac{3}{2} & 0 & \frac{3l}{2} \\ 0 & 24 & -12l \\ \frac{3l}{2} & -12l & 10l^2 \end{bmatrix}$$

6.4.2 柔度影响系数

由例6.3和例6.4中可知，刚度影响系数的计算要用到静力学平衡方程，并要进行代数处理。实际上，对任意指定的 j 点的 n 个刚度影响系数 $k_{1j}, k_{2j}, \cdots, k_{nj}$，需要同时解 n 个线性方程以获得 n 自由度系统的全部刚度影响系数。当 n 较大时，这意味着很大的计算量。然而柔度影响系数的计算却较简单与方便得多。为说明该概念，再次考虑图6.5所示的弹簧-质量系统。

令该系统只受一个力 F_j 的作用时，由 F_j 导致 i 点（即质量 m_i）的位移为 x_{ij}。以 a_{ij} 表示的柔度影响系数可以定义为 j 点上作用的单位载荷所引起的 i 点的位移。对于线性系统，由于位移与载荷成正比例，故有

$$x_{ij} = a_{ij}F_j \tag{6.15}$$

如果 n 个力 $F_j(j=1,2,\cdots,n)$ 作用在系统的不同点上，则任意 i 点的总变形可以通过对所有力 F_j 的贡献求和得到，即

$$x_i = \sum_{j=1}^{n} x_{ij} = \sum_{j=1}^{n} a_{ij}F_j, \quad i = 1,2,\cdots,n \tag{6.16}$$

式(6.16)可以用矩阵的形式表示为

$$\boldsymbol{x} = \boldsymbol{aF} \tag{6.17}$$

其中，$\boldsymbol{x}$ 与 $\boldsymbol{F}$ 是式(6.7)中定义的位移与力矢量；$\boldsymbol{a}$ 是柔度矩阵，形式为

$$\boldsymbol{a} = \begin{bmatrix} a_{11} & a_{12} & \cdots & a_{1n} \\ a_{21} & a_{22} & \cdots & a_{2n} \\ \vdots & \vdots & & \vdots \\ a_{n1} & a_{n2} & \cdots & a_{nn} \end{bmatrix} \tag{6.18}$$

柔度影响系数的特点可总结如下：

(1) 式(6.17)与式(6.13)表明，柔度矩阵与刚度矩阵是相关的。如果将式(6.13)代入

式(6.17),则有

$$\boldsymbol{x} = \boldsymbol{a}\boldsymbol{F} = \boldsymbol{a}\boldsymbol{k}\boldsymbol{x} \tag{6.19}$$

从而得到

$$\boldsymbol{a}\boldsymbol{k} = \boldsymbol{I} \tag{6.20}$$

其中,$\boldsymbol{I}$ 为单位矩阵。式(6.20)等价于

$$\boldsymbol{k} = \boldsymbol{a}^{-1}, \quad \boldsymbol{a} = \boldsymbol{k}^{-1} \tag{6.21}$$

即刚度矩阵与柔度矩阵互为逆矩阵[6.10]。

(2) 由于 j 点上的单位力导致的 i 点位移,与 i 点上作用的单位力在 j 点上产生的位移相等(Maxwell 互易定理)[6.1],故有 $a_{ij}=a_{ji}$。

(3) 扭振系统的柔度影响系数可以根据单位力矩与由其产生的角位移来定义。例如,在一多圆盘扭振系统中,a_{ij} 定义为作用在 j 点(圆盘 j)上的单位力矩在 i 点(圆盘 i)上产生的角位移。

多自由度系统的柔度影响系数的求解过程如下:

(1) 假定在 j 点(从 $j=1$ 开始)作用一单位载荷,根据定义,在其他各点 $i(i=1,2,\cdots,n)$ 产生的位移即为柔度影响系数 $a_{ij}(i=1,2,\cdots,n)$,于是 a_{ij} 能用静力学与固体力学中的简单原理求得。

(2) 在完成对 $j=1$ 的第 1 步后,对 $j=2,3,\cdots,n$,重复以上步骤。

(3) 不利用第 1 步与第 2 步,如果刚度矩阵已知,柔度矩阵 $\boldsymbol{a}$ 也可以通过求刚度矩阵 $\boldsymbol{k}$ 的逆矩阵求得。

下面的例子可进一步说明这些步骤。

例 6.5 求图 6.8(a)所示系统的柔度影响系数。

解: 令 x_1,x_2 和 x_3 分别表示质量 m_1,m_2 和 m_3 的位移。系统的柔度影响系数 a_{ij} 可以根据弹簧的刚度 k_1,k_2 和 k_3 求得。方法是在质量 m_1 上作用单位力而在其他质量上不作用力(即 $F_1=1$,$F_2=F_3=0$),如图 6.8(b)所示。根据定义,质量 m_1,m_2 和 m_3 的位移 x_1,x_2 和 x_3 分别等于 a_{11},a_{21} 和 a_{31}(见图 6.8(b))。图 6.8(c)为各质量的受力分析图,各质量沿水平方向的力平衡可表示如下

$$\text{质量 } m_1: k_1 a_{11} = k_2(a_{21} - a_{11}) + 1 \tag{E.1}$$

$$\text{质量 } m_2: k_2(a_{21} - a_{11}) = k_3(a_{31} - a_{21}) \tag{E.2}$$

$$\text{质量 } m_3: k_3(a_{31} - a_{21}) = 0 \tag{E.3}$$

式(E.1)~式(E.3)的解为

$$a_{11} = \frac{1}{k_1}, \quad a_{21} = \frac{1}{k_1}, \quad a_{31} = \frac{1}{k_1} \tag{E.4}$$

接下来,如图 6.8(d)所示,在质量 m_2 上作用一单位力,在 m_1 与 m_3 上不施加作用力。这些力导致质量 m_1,m_2 和 m_3 的位移分别为 $x_1=a_{12}$,$x_2=a_{22}$ 和 $x_3=a_{32}$(根据 a_{i2} 的定义)(见图 6.8(d)),各质量的受力分析如图 6.8(e)所示,根据平衡方程得

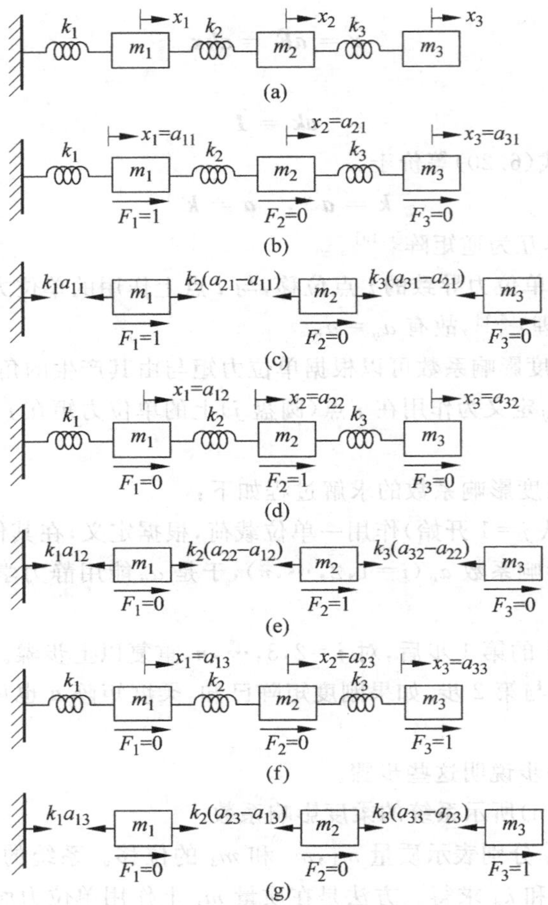

图 6.8　柔度影响系数的确定

$$\text{质量 } m_1：k_1 a_{12} = k_2(a_{22} - a_{12}) \tag{E.5}$$

$$\text{质量 } m_2：k_2(a_{22} - a_{12}) = k_3(a_{32} - a_{22}) + 1 \tag{E.6}$$

$$\text{质量 } m_3：k_3(a_{32} - a_{22}) = 0 \tag{E.7}$$

式(E.5)～式(E.7)的解为

$$a_{12} = \frac{1}{k_1},\quad a_{22} = \frac{1}{k_1} + \frac{1}{k_2},\quad a_{32} = \frac{1}{k_1} + \frac{1}{k_2} \tag{E.8}$$

最后，当质量 m_3 上作用一单位力，质量 m_1 与 m_2 上不受作用力时（如图 6.8(f)所示），各质量的位移分别为 $x_1 = a_{13}$，$x_2 = a_{23}$ 与 $x_3 = a_{33}$。由各质量的受力分析图（见图 6.8(g)）得下列平衡方程：

$$\text{质量 } m_1：k_1 a_{13} = k_2(a_{23} - a_{13}) \tag{E.9}$$

$$质量\ m_2：k_2(a_{23}-a_{13})=k_3(a_{33}-a_{23}) \tag{E.10}$$

$$质量\ m_3：k_3(a_{33}-a_{23})=1 \tag{E.11}$$

式(E.9)～式(E.11)的解给出了柔度影响系数 a_{i3}，即

$$a_{13}=\frac{1}{k_1},\quad a_{23}=\frac{1}{k_1}+\frac{1}{k_2},\quad a_{33}=\frac{1}{k_1}+\frac{1}{k_2}+\frac{1}{k_3} \tag{E.12}$$

可以验证，根据例 6.3 中的式(E.13)确定的刚度矩阵，也可以利用关系 $\boldsymbol{k}=\boldsymbol{a}^{-1}$ 来求得。

例 6.6　推导图 6.9(a)中无重梁的柔度矩阵。该梁的两端为简支端，3 个质量块等间距地放置。假定梁为等截面的，抗弯刚度为 EI。

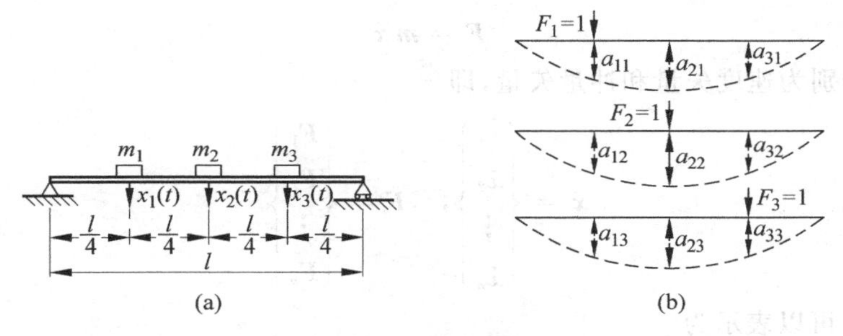

图 6.9　梁的变形

解：令 x_1，x_2 和 x_3 分别表示质量块 m_1，m_2 和 m_3 的横向位移。根据简支梁的变形公式，通过在 m_1 处作用单位载荷，在 m_2 和 m_3 处作用零载荷求得的影响系数 $a_{1j}(j=1,2,3)$（见图 6.9(b)）为

$$a_{11}=\frac{9}{768}\frac{l^3}{EI},\quad a_{12}=\frac{11}{768}\frac{l^3}{EI},\quad a_{13}=\frac{7}{768}\frac{l^3}{EI} \tag{E.1}$$

类似地，通过单独在 m_2 和 m_3 处作用单位载荷(其他位置处载荷为零)，则得

$$a_{21}=a_{12}=\frac{11}{768}\frac{l^3}{EI},\quad a_{22}=\frac{1}{48}\frac{l^3}{EI},\quad a_{23}=\frac{11}{768}\frac{l^3}{EI} \tag{E.2}$$

以及

$$a_{31}=a_{13}=\frac{7}{768}\frac{l^3}{EI},\quad a_{32}=a_{23}=\frac{11}{768}\frac{l^3}{EI},\quad a_{33}=\frac{9}{768}\frac{l^3}{EI} \tag{E.3}$$

于是系统的柔度矩阵为

$$\boldsymbol{a}=\frac{l^3}{768EI}\begin{bmatrix} 9 & 11 & 7 \\ 11 & 16 & 11 \\ 7 & 11 & 9 \end{bmatrix} \tag{E.4}$$

6.4.3　惯性影响系数

质量矩阵的元素 m_{ij} 即为所说的惯性影响系数。虽然从系统的动能表达式可以方便地

得到惯性影响系数，但是系数 m_{ij} 也能借助冲量-动量关系计算。惯性影响系数 $m_{1j}, m_{2j}, \cdots, m_{nj}$ 可以分别定义为作用在 $1,2,\cdots,n$ 点的冲量，以使 j 点产生单位速度，而在其他各点产生的速度为零（即 $\dot{x}_j=1, \dot{x}_1=\dot{x}_2=\cdots=\dot{x}_{j-1}=\dot{x}_{j+1}=\cdots=\dot{x}_n=0$）。于是，对一个多自由度系统而言，作用在 i 点的总冲量 $\boldsymbol{F}_i$ 可以通过对引起速度 $\dot{x}_j(j=1,2,\cdots,n)$ 的各冲量求和而得到：

$$\boldsymbol{F}_i=\sum_{j=1}^{n} m_{ij}\dot{x}_j \tag{6.22}$$

式(6.22)的矩阵形式为

$$\boldsymbol{F}=\boldsymbol{m}\dot{\boldsymbol{x}} \tag{6.23}$$

其中，$\dot{\boldsymbol{x}}$ 与 $\boldsymbol{F}$ 分别为速度矢量和冲量矢量，即

$$\dot{\boldsymbol{x}}=\begin{Bmatrix}\dot{x}_1\\ \dot{x}_2\\ \vdots\\ \dot{x}_n\end{Bmatrix},\quad \boldsymbol{F}=\begin{Bmatrix}\boldsymbol{F}_1\\ \boldsymbol{F}_2\\ \vdots\\ \boldsymbol{F}_n\end{Bmatrix} \tag{6.24}$$

$\boldsymbol{m}$ 为质量矩阵，可以表示为

$$\boldsymbol{m}=\begin{bmatrix} m_{11} & m_{12} & \cdots & m_{1n}\\ m_{21} & m_{22} & \cdots & m_{2n}\\ \vdots & \vdots & & \vdots\\ m_{n1} & m_{n2} & \cdots & m_{nn}\end{bmatrix} \tag{6.25}$$

容易验证，对一线性系统而言，惯性影响系数是对称的，即 $m_{ij}=m_{ji}$。可以按下面的步骤来推导多自由度系统的惯性影响系数：

(1) 假设一组作用在各个点 $i(i=1,2,\cdots,n)$ 上的冲量 $\underset{\sim}{f}_{ij}$，所引起 j 点的速度为单位速度（$\dot{x}_j=1$，从 $j=1$ 开始），而其他各点的速度为零（$\dot{x}_1=\dot{x}_2=\cdots=\dot{x}_{j-1}=\dot{x}_{j+1}=\cdots=\dot{x}_n=0$）。根据定义，这组冲量 $\underset{\sim}{f}_{ij}(i=1,2,\cdots,n)$ 就表示惯性影响系数 $m_{ij}(i=1,2,\cdots,n)$。

(2) 在完成对 $j=1$ 的计算后，对 $j=2,3,\cdots,n$，分别重复以上计算。

注意：若 x_j 表示角坐标，则 $\dot{x}_j$ 与 $\boldsymbol{F}_j$ 分别表示角速度和角冲量。下面的例子可以进一步说明惯性影响系数 m_{ij} 的计算过程。

例 6.7 求图 6.4(a)所示系统的惯性影响系数。

解：令 $x(t)$ 与 $\theta(t)$ 分别表示定义拖车(M)与复摆(m)的直线位置与角位置的坐标。为推导惯性影响系数，作用大小为 m_{11} 和 m_{21}、分别沿 $x(t)$ 与 $\theta(t)$ 方向的冲量，使得速度 $\dot{x}=1$，$\dot{\theta}=0$。则由线冲量-线动量方程可以得

$$m_{11}=(M+m)\times 1 \tag{E.1}$$

由对 O 点的角冲量-角动量方程得

$$m_{21} = m \times 1 \times \frac{l}{2} \tag{E.2}$$

接下来，作用大小为 m_{12} 与 m_{22}、分别沿 $x(t)$ 与 $\theta(t)$ 方向的冲量，使得速度 $\dot{x}=0$，$\dot{\theta}=1$。则由线冲量-线动量关系得

$$m_{12} = m \times 1 \times \frac{l}{2} \tag{E.3}$$

由对 O 点的角冲量-角动量方程得

$$m_{22} = \frac{ml^2}{3} \times 1 \tag{E.4}$$

于是系统的质量矩阵或惯性矩阵为

$$\boldsymbol{m} = \begin{bmatrix} M+m & \dfrac{ml}{2} \\ \dfrac{ml}{2} & \dfrac{ml^2}{3} \end{bmatrix} \tag{E.5}$$

6.5 以矩阵形式表示的势能与动能

在类似于图 6.5 所示的 n 自由度系统中，令 x_i 表示质量 m_i 的位移，F_i 为作用在质量 m_i 上沿 x_i 方向上的力。

第 i 个弹簧的弹性势能（也称为**应变能**或**变形能**）为

$$V_i = \frac{1}{2}F_i x_i \tag{6.26}$$

系统的总势能可以表示为

$$V = \sum_{i=1}^{n} V_i = \frac{1}{2}\sum_{i=1}^{n} F_i x_i \tag{6.27}$$

由于

$$F_i = \sum_{j=1}^{n} k_{ij} x_j \tag{6.28}$$

式(6.27)变为

$$V = \frac{1}{2}\sum_{i=1}^{n}\left(\sum_{j=1}^{n} k_{ij} x_j\right)x_i = \frac{1}{2}\sum_{i=1}^{n}\sum_{j=1}^{n} k_{ij} x_i x_j \tag{6.29}$$

式(6.29)可以用矩阵的形式表示为①

$$V = \frac{1}{2}\boldsymbol{x}^{\mathrm{T}}\boldsymbol{k}\boldsymbol{x} \tag{6.30}$$

其中，位移向量如式(6.7)所示，刚度矩阵可以表示为

---

① 由于在式(6.29)中下标 i 与 j 可以互换，从而有关系 $k_{ij}=k_{ji}$。

$$\boldsymbol{k}=\begin{bmatrix}k_{11} & k_{12} & \cdots & k_{1n}\\ k_{21} & k_{22} & \cdots & k_{2n}\\ \vdots & \vdots & & \vdots\\ k_{n1} & k_{n2} & \cdots & k_{nn}\end{bmatrix} \tag{6.31}$$

根据定义，质量 m_i 的动能为

$$T_i=\frac{1}{2}m_i\,\dot{x}_i^2 \tag{6.32}$$

故系统的总动能为

$$T=\sum_{i=1}^{n}T_i=\frac{1}{2}\sum_{i=1}^{n}m_i\,\dot{x}_i^2 \tag{6.33}$$

以矩阵形式表示则为

$$T=\frac{1}{2}\dot{\boldsymbol{x}}^{\mathrm{T}}\boldsymbol{m}\,\dot{\boldsymbol{x}} \tag{6.34}$$

其中，速度矢量 $\dot{\boldsymbol{x}}$ 为

$$\dot{\boldsymbol{x}}=\begin{Bmatrix}\dot{x}_1\\ \dot{x}_2\\ \vdots\\ \dot{x}_n\end{Bmatrix}$$

质量矩阵 $\boldsymbol{m}$ 为对角阵，即

$$\boldsymbol{m}=\begin{bmatrix}m_1 & & 0 & \\ & m_2 & & \\ & & \ddots & \\ & 0 & & m_n\end{bmatrix} \tag{6.35}$$

如果用广义坐标 q_i 代替物理坐标 x_i，则动能为

$$T=\frac{1}{2}\dot{\boldsymbol{q}}^{\mathrm{T}}\boldsymbol{m}\,\dot{\boldsymbol{q}} \tag{6.36}$$

其中，$\dot{\boldsymbol{q}}$ 为广义速度矢量

$$\dot{\boldsymbol{q}}=\begin{Bmatrix}\dot{q}_1\\ \dot{q}_2\\ \vdots\\ \dot{q}_n\end{Bmatrix} \tag{6.37}$$

$\boldsymbol{m}$ 为广义质量矩阵

$$\boldsymbol{m}=\begin{bmatrix} m_{11} & m_{12} & \cdots & m_{1n} \\ m_{21} & m_{22} & \cdots & m_{2n} \\ \vdots & \vdots & & \vdots \\ m_{n1} & m_{n2} & \cdots & m_{nn} \end{bmatrix} \tag{6.38}$$

并有 $m_{ij}=m_{ji}$。与式(6.35)不同,(6.38)确定的广义质量矩阵不是对角阵。

由于势能是位移的二次函数,动能是速度的二次函数,因此它们能用二次型来表示。根据定义,动能不能为负,仅当速度全部为零时,动能才能取零。式(6.34)与式(6.36)叫做正定二次型,质量矩阵 $\boldsymbol{m}$ 称为正定矩阵。另一方面,式(6.30)中的势能表达式是正定二次型,但仅当系统为稳定系统时,矩阵 $\boldsymbol{k}$ 方为正定矩阵。有这样一类系统,对于位移或坐标 $x_1,x_2,\cdots,x_n$ 不为零的情况,而势能却为零。此时系统的势能为正的二次函数但却不是正定的。相应地,称此时的矩阵 $\boldsymbol{k}$ 是正的。若 $\boldsymbol{k}$ 是正的,$\boldsymbol{m}$ 是正定的,则这样的系统称为半正定系统(见6.12节)。

6.6 广义坐标与广义力

振动系统的运动微分方程可以用不同的坐标系统描述。如前所述,描述 n 自由度系统的运动要用 n 个独立坐标。任意 n 个独立坐标称为广义坐标,通常用 $q_1,q_2,\cdots,q_n$ 表示。广义坐标可能是长度、角度或其他在任意时刻唯一确定系统位形的量,它们还与约束条件无关。

为了阐述广义坐标的概念,讨论图6.10所示的三重摆。系统的位形可以通过6个坐标(x_j,y_j),$j=1,2,3$ 描述。然而这些坐标不是独立的,而是受以下关系限制:

$$\left.\begin{aligned} x_1^2+y_1^2&=l_1^2 \\ (x_2-x_1)^2+(y_2-y_1)^2&=l_2^2 \\ (x_3-x_2)^2+(y_3-y_2)^2&=l_3^2 \end{aligned}\right\} \tag{6.39}$$

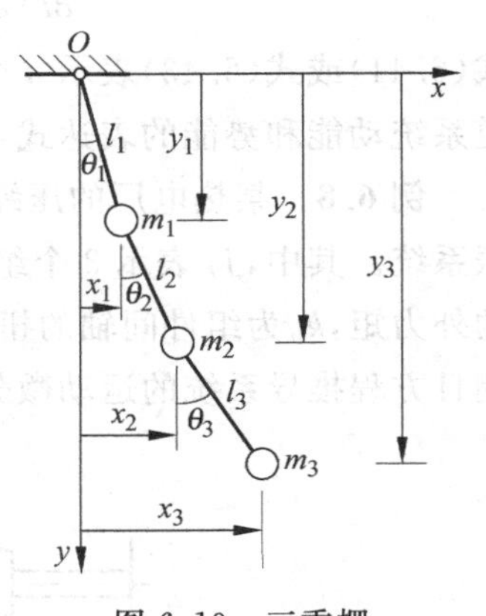

图6.10 三重摆

由于坐标(x_j,y_j),$j=1,2,3$ 不是独立的,所以它们不能称为广义坐标。如果没有式(6.39)的限制,每个质量 m_1,m_2 与 m_3 将自由地占据 xy 平面上的任意位置。该约束去除了6个坐标(每个质量2个坐标)中的3个自由度,于是系统仅有3个自由度。如果用角位移θ_j($j=1,2,3$)来表示质量 m_j($j=1,2,3$)在任意时刻的位置,则对于 θ_j 没有约束。于是它们构成了一组广义坐标,可以表示为 $q_j=\theta_j$,$j=1,2,3$。

当系统受到外力作用时,系统的位形将发生变化。系统新的位形可以根据广义坐标 q_j 的改变量 δq_j,$j=1,2,\cdots,n$ 确定,其中 n 表示系统的广义坐标(或自由度)数。如果用 U_j 表示在广义坐标 q_j 的改变量 δq_j 上所做的功,则相应的广义力 Q_j 定义为

$$Q_j = \frac{U_j}{\delta q_j}, \quad j = 1,2,\cdots,n \tag{6.40}$$

其中，当 q_j 为线位移时，Q_j 为力；当 q_j 为角位移时，Q_j 为力矩。

6.7 用拉格朗日方程推导运动微分方程

利用拉格朗日方程可以比较简单的方式得到用广义坐标表示的振动系统的运动微分方程。对一个 n 自由度系统，拉格朗日方程可以表示为

$$\frac{\mathrm{d}}{\mathrm{d}t}\left(\frac{\partial T}{\partial \dot{q}_j}\right) - \frac{\partial T}{\partial q_j} + \frac{\partial V}{\partial q_j} = Q_j^{(n)}, \quad j = 1,2,\cdots,n \tag{6.41}$$

其中，$\dot{q}_j = \partial q_j/\partial t$ 为广义速度；$Q_j^{(n)}$ 是相对于广义坐标 q_j 的非保守广义力，以 $Q_j^{(n)}$ 表示的这个力可能是耗散（阻尼）力或其他不能通过势函数得到的外力。例如，若 F_{xk}，F_{yk} 和 F_{zk} 分别表示沿 x，y 与 z 方向作用在系统第 k 个质量上的外力，则广义力 $Q_j^{(n)}$ 可以通过下式计算

$$Q_j^{(n)} = \sum_k \left(F_{xk} \frac{\partial x_k}{\partial q_j} + F_{yk} \frac{\partial y_k}{\partial q_j} + F_{zk} \frac{\partial z_k}{\partial q_j} \right) \tag{6.42}$$

其中，x_k，y_k 和 z_k 分别为第 k 个质量沿 x，y 与 z 方向的位移。对于扭振系统，例如在式（6.42）中，力 F_{xk} 要用作用于 x 轴的力矩 M_{xk} 代替，位移 x_k 要用绕 x 轴的角位移 θ_{xk} 代替。对于保守系统，$Q_j^{(n)} = 0$，于是式（6.41）变为

$$\frac{\mathrm{d}}{\mathrm{d}t}\left(\frac{\partial T}{\partial \dot{q}_j}\right) - \frac{\partial T}{\partial q_j} + \frac{\partial V}{\partial q_j} = 0, \quad j = 1,2,\cdots,n \tag{6.43}$$

式（6.41）或式（6.43）表示 n 个微分方程，其中的每一个对应着一个广义坐标。所以只要知道系统动能和势能的表达式，则可推导出振动系统的运动微分方程。

例 6.8 某热电厂的压缩机、涡轮机、发电机的布置如图 6.11 所示，该布置可视为一扭振系统。其中，J_i 表示 3 个组件（压缩机、涡轮机与发电机）的转动惯量，M_{ti} 表示作用在其上的外力矩，k_{ti} 为组件间轴的扭转弹簧常数。将各组件的角位移 θ_i 视为广义坐标，利用拉格朗日方程推导系统的运动微分方程。

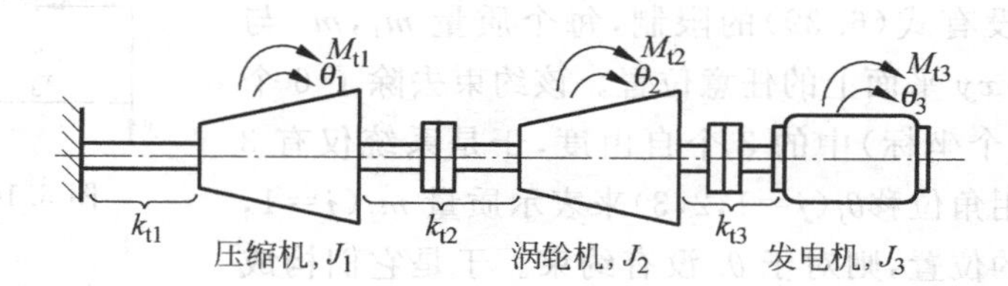

图 6.11 扭转系统

解：此时 $q_1 = \theta_1$，$q_2 = \theta_2$ 和 $q_3 = \theta_3$，系统的动能为

$$T=\frac{1}{2}J_1\dot{\theta}_1^2+\frac{1}{2}J_2\dot{\theta}_2^2+\frac{1}{2}J_3\dot{\theta}_3^2 \tag{E.1}$$

对轴而言，势能等于轴从动态位形回到参考平衡位置过程中其所做的功。于是，若用 θ 表示角位移，对一扭转弹簧常数为 k_t 的轴，则势能等于引起角位移 θ 所做的功，即

$$V=\int_0^\theta k_t\theta\mathrm{d}\theta=\frac{1}{2}k_t\theta^2 \tag{E.2}$$

于是系统的总势能可以表示为

$$V=\frac{1}{2}k_{t1}\theta_1^2+\frac{1}{2}k_{t2}(\theta_2-\theta_1)^2+\frac{1}{2}k_{t3}(\theta_3-\theta_2)^2 \tag{E.3}$$

由于有作用于组件上的外力矩，则由式(6.42)得

$$Q_j^{(n)}=\sum_{k=1}^{3}M_{tk}\frac{\partial\theta_k}{\partial q_j}=\sum_{k=1}^{3}M_{tk}\frac{\partial\theta_k}{\partial\theta_j} \tag{E.4}$$

由此得

$$\left.\begin{aligned}
Q_1^{(n)}&=M_{t1}\frac{\partial\theta_1}{\partial\theta_1}+M_{t2}\frac{\partial\theta_2}{\partial\theta_1}+M_{t3}\frac{\partial\theta_3}{\partial\theta_1}=M_{t1}\\
Q_2^{(n)}&=M_{t1}\frac{\partial\theta_1}{\partial\theta_2}+M_{t2}\frac{\partial\theta_2}{\partial\theta_2}+M_{t3}\frac{\partial\theta_3}{\partial\theta_2}=M_{t2}\\
Q_3^{(n)}&=M_{t1}\frac{\partial\theta_1}{\partial\theta_3}+M_{t2}\frac{\partial\theta_2}{\partial\theta_3}+M_{t3}\frac{\partial\theta_3}{\partial\theta_3}=M_{t3}
\end{aligned}\right\} \tag{E.5}$$

将式(E.1)、式(E.3)与式(E.5)代入拉格朗日方程(6.41)中，对 $j=1,2,3$，得如下运动微分方程

$$\left.\begin{aligned}
&J_1\ddot{\theta}_1+(k_{t1}+k_{t2})\theta_1-k_{t2}\theta_2=M_{t1}\\
&J_2\ddot{\theta}_2+(k_{t2}+k_{t3})\theta_2-k_{t2}\theta_1-k_{t3}\theta_3=M_{t2}\\
&J_3\ddot{\theta}_3+k_{t3}\theta_3-k_{t3}\theta_2=M_{t3}
\end{aligned}\right\} \tag{E.6}$$

上式可以用矩阵形式表示为

$$\begin{bmatrix}J_1&0&0\\0&J_2&0\\0&0&J_3\end{bmatrix}\begin{Bmatrix}\ddot{\theta}_1\\\ddot{\theta}_2\\\ddot{\theta}_3\end{Bmatrix}+\begin{bmatrix}k_{t1}+k_{t2}&-k_{t2}&0\\-k_{t2}&k_{t2}+k_{t3}&-k_{t3}\\0&-k_{t3}&k_{t3}\end{bmatrix}\begin{Bmatrix}\theta_1\\\theta_2\\\theta_3\end{Bmatrix}=\begin{Bmatrix}M_{t1}\\M_{t2}\\M_{t3}\end{Bmatrix} \tag{E.7}$$

例 6.9　推导图 6.4(a)所示的拖车-复摆系统的运动微分方程。

解： 选择坐标 $x(t)$ 与 $\theta(t)$ 作为广义坐标来描述拖车的线位移与复摆的角位移。如图 6.4(a)所示，为方便，引入 y 坐标，则 C 点的位移分量可以表示为

$$x_C=x+\frac{l}{2}\sin\theta \tag{E.1}$$

$$y_C = \frac{l}{2}\cos\theta \tag{E.2}$$

将式(E.1)与式(E.2)对时间求导，则得C点的速度为

$$\dot{x}_C = \dot{x} + \frac{l}{2}\dot{\theta}\cos\theta \tag{E.3}$$

$$\dot{y}_C = -\frac{l}{2}\dot{\theta}\sin\theta \tag{E.4}$$

系统的动能T可以表示为

$$T = \frac{1}{2}M\dot{x}^2 + \frac{1}{2}m\left(\dot{x}_C^2 + \dot{y}_C^2\right) + \frac{1}{2}J_C\dot{\theta}^2 \tag{E.5}$$

其中，$J_C = \frac{1}{12}ml^2$。利用式(E.3)与(E.4)，式(E.5)可以表示为

$$\begin{aligned} T &= \frac{1}{2}M\dot{x}^2 + \frac{1}{2}m\left(\dot{x}^2 + \frac{l^2\dot{\theta}^2}{4} + \dot{x}\,\dot{\theta}l\cos\theta\right) + \frac{1}{2}\frac{ml^2}{12}\dot{\theta}^2 \\ &= \frac{1}{2}(M+m)\dot{x}^2 + \frac{1}{2}\frac{ml^2}{3}\dot{\theta}^2 + \frac{1}{2}(ml\cos\theta)\dot{x}\,\dot{\theta} \end{aligned} \tag{E.6}$$

由于弹簧的变形和重力势能，系统的总势能V为

$$V = \frac{1}{2}k_1x^2 + \frac{1}{2}k_2x^2 + mg\frac{l}{2}(1-\cos\theta) \tag{E.7}$$

其中，C点的最低位置视为零势能位置。由于系统上作用有非保守力，则可计算与$x(t)$和$\theta(t)$对应的广义力。根据式(6.42)，可计算沿$x(t)$方向的作用力$X(t)$为

$$X(t) = Q_1^{(n)} = F(t) - c_1\dot{x}(t) - c_2\dot{x}(t) \tag{E.8}$$

其中，$c_1\dot{x}$与$c_2\dot{x}$前的负号表示阻尼力与运动方向相反。同理，沿$\theta(t)$方向的作用力$\Theta(t)$可以表示为

$$\Theta(t) = Q_2^{(n)} = M_t(t) \tag{E.9}$$

其中，$q_1 = x$和$q_2 = \theta$。计算式(6.41)中T与V的微分，将所得结果以及式(E.8)～(E.9)代入后，则得系统的运动微分方程为

$$\begin{aligned} &(M+m)\ddot{x} + \frac{1}{2}(ml\cos\theta)\ddot{\theta} - \frac{1}{2}(ml\sin\theta)\dot{\theta}^2 + k_1x + k_2x \\ &\quad = F(t) - c_1\dot{x} - c_2\dot{x} \end{aligned} \tag{E.10}$$

$$\begin{aligned} &\left(\frac{1}{3}ml^2\right)\ddot{\theta} + \frac{1}{2}(ml\cos\theta)\ddot{x} - \frac{1}{2}(ml\sin\theta)\dot{\theta}\dot{x} + \frac{1}{2}(ml\sin\theta)\dot{\theta}\dot{x} \\ &\quad + \frac{1}{2}mgl\sin\theta = M_t(t) \end{aligned} \tag{E.11}$$

可见，式(E.10)与式(E.11)和例6.2中利用牛顿第二运动定律所得的式(E.1)与式(E.2)相同。

6.8 以矩阵形式表示的无阻尼系统的运动微分方程

根据拉格朗日方程可以推导出以矩阵形式表示的多自由度系统的运动微分方程[①]

$$\frac{\mathrm{d}}{\mathrm{d}t}\left(\frac{\partial T}{\partial \dot{x}_i}\right)-\frac{\partial T}{\partial x_i}+\frac{\partial V}{\partial x_i}=F_i,\quad i=1,2,\cdots,n \tag{6.44}$$

其中，F_i 是相对于第 i 个广义坐标 x_i 的非保守广义力；$\dot{x}_i$ 是 x_i 对时间的导数（广义速度）。多自由度系统的动能和势能（见 6.5 节）可以矩阵的形式表示为

$$T=\frac{1}{2}\dot{\boldsymbol{x}}^{\mathrm{T}}\boldsymbol{m}\dot{\boldsymbol{x}} \tag{6.45}$$

$$V=\frac{1}{2}\boldsymbol{x}^{\mathrm{T}}\boldsymbol{k}\boldsymbol{x} \tag{6.46}$$

其中，$\boldsymbol{x}$ 为广义坐标的列向量，即

$$\boldsymbol{x}=\begin{Bmatrix} x_1\\ x_2\\ \vdots\\ x_n\end{Bmatrix} \tag{6.47}$$

根据矩阵理论，由 $\boldsymbol{m}$ 的对称性可得

$$\frac{\partial T}{\partial \dot{x}_i}=\frac{1}{2}\boldsymbol{\delta}^{\mathrm{T}}\boldsymbol{m}\dot{\boldsymbol{x}}+\frac{1}{2}\dot{\boldsymbol{x}}^{\mathrm{T}}\boldsymbol{m}\boldsymbol{\delta}=\boldsymbol{\delta}^{\mathrm{T}}\boldsymbol{m}\dot{\boldsymbol{x}}=\boldsymbol{m}_i^{\mathrm{T}}\dot{\boldsymbol{x}},\quad i=1,2,\cdots,n \tag{6.48}$$

其中，δ_{ji} 是克罗内克 δ（Kronecker delta）函数（若 $j=i$，$\delta_{ji}=1$；若 $j\neq i$，$\delta_{ji}=0$）；$\boldsymbol{\delta}$ 是列向量，其各行上的元素当 $j\neq i$ 时等于零，当 $i=j$ 时等于 1；$\boldsymbol{m}_i^{\mathrm{T}}$ 为行向量，与矩阵 $\boldsymbol{m}$ 的第 i 行相同。式(6.48)表示的全部关系即

$$\frac{\partial T}{\partial \dot{\boldsymbol{x}}_i}=\boldsymbol{m}_i^{\mathrm{T}}\dot{\boldsymbol{x}} \tag{6.49}$$

式(6.49)对时间的微分为

$$\frac{\mathrm{d}}{\mathrm{d}t}\left(\frac{\partial T}{\partial \dot{x}_i}\right)=\boldsymbol{m}_i^{\mathrm{T}}\ddot{\boldsymbol{x}},\quad i=1,2,\cdots,n \tag{6.50}$$

由于质量矩阵不是时间的函数，同时动能为速度 $\dot{x}_i$ 的函数，则

$$\frac{\partial T}{\partial x_i}=0,\quad i=1,2,\cdots,n \tag{6.51}$$

同理，根据矩阵 $\boldsymbol{k}$ 的对称性，式(6.46)的微分为

$$\frac{\partial V}{\partial x_i}=\frac{1}{2}\boldsymbol{\delta}^{\mathrm{T}}\boldsymbol{k}\boldsymbol{x}+\frac{1}{2}\boldsymbol{x}^{\mathrm{T}}\boldsymbol{k}\boldsymbol{\delta}=\boldsymbol{\delta}^{\mathrm{T}}\boldsymbol{k}\boldsymbol{x}=\boldsymbol{k}_i^{\mathrm{T}}\boldsymbol{x},\quad i=1,2,\cdots,n \tag{6.52}$$

---

① 在式(6.44)中广义坐标用 x_i 代替 q_i，广义力用 F_i 代替 $Q_i^{(n)}$。

其中，$\boldsymbol{k}_i^{\mathrm{T}}$ 为行向量，与矩阵 $\boldsymbol{k}$ 的第 i 行相同。将式(6.50)～式(6.52)代入式(6.44)，则得所期望的以矩阵形式表示的方程

$$\boldsymbol{m}\ddot{\boldsymbol{x}} + \boldsymbol{k}\boldsymbol{x} = \boldsymbol{F} \tag{6.53}$$

其中

$$\boldsymbol{F} = \begin{Bmatrix} F_1 \\ F_2 \\ \vdots \\ F_n \end{Bmatrix} \tag{6.54}$$

若系统是保守的，则不存在非保守力 F_i，于是运动微分方程变为

$$\boldsymbol{m}\ddot{\boldsymbol{x}} + \boldsymbol{k}\boldsymbol{x} = \boldsymbol{0} \tag{6.55}$$

此外，还要注意，若广义坐标 x_i 为实际(物理)位移，则质量矩阵 $\boldsymbol{m}$ 为对角阵。

6.9 特征值问题

方程(6.55)的解对应着系统的无阻尼自由振动。如果系统以初始位移或初始速度或两者兼有的形式获得一定的能量，由于不存在能量耗散，系统将无限地振动下去。可通过假定解的形式求得方程(6.55)的解：

$$x_i(t) = X_i T(t), \quad i = 1,2,\cdots,n \tag{6.56}$$

其中，X_i 为常数；T 是时间 t 的函数。式(6.56)表明两个坐标的振动位移之比$\{x_i(t)/x_j(t)\}$与时间无关，即所有的坐标作同步运动。在运动过程中，系统的位形不能改变其形状但能改变其大小。系统的位形可以矢量的形式表示为

$$\boldsymbol{X} = \begin{Bmatrix} X_1 \\ X_2 \\ \vdots \\ X_n \end{Bmatrix}$$

称为系统的模态。将式(6.56)代入式(6.55)，得到

$$\boldsymbol{m}\boldsymbol{X}\ddot{T}(t) + \boldsymbol{k}\boldsymbol{X}T(t) = \boldsymbol{0} \tag{6.57}$$

式(6.57)可以写成 n 个独立的标量形式的方程，即

$$\left(\sum_{j=1}^{n} m_{ij}X_j\right)\ddot{T}(t) + \left(\sum_{j=1}^{n} k_{ij}X_j\right)T(t) = 0, \quad i = 1,2,\cdots,n \tag{6.58}$$

从而可得到如下关系：

$$-\frac{\ddot{T}(t)}{T(t)} = \frac{\displaystyle\sum_{j=1}^{n} k_{ij}X_j}{\displaystyle\sum_{j=1}^{n} m_{ij}X_j}, \quad i = 1,2,\cdots,n \tag{6.59}$$

由于式(6.59)的等号左边独立于指标 i，右边与时间 t 无关，则两边必定等于一常数。假定该常数[①]为 ω^2，则式(6.59)可以表示为

$$\ddot{T}(t)+\omega^2 T(t)=0 \tag{6.60}$$

$$\sum_{j=1}^{n}(k_{ij}-\omega^2 m_{ij})X_j=0,\quad i=1,2,\cdots,n$$

或

$$(\boldsymbol{k}-\omega^2\boldsymbol{m})\boldsymbol{X}=\boldsymbol{0} \tag{6.61}$$

式(6.60)的解可以表示为

$$T(t)=C_1\cos(\omega t+\phi) \tag{6.62}$$

其中，C_1 和 ϕ 为常数，分别为振幅和相角。式(6.62)表示系统的全部坐标都以相同的频率和相角作简谐运动。但频率 ω 不能为任意值，它必须满足式(6.61)。由于式(6.61)表示未知量为 $X_i(i=1,2,\cdots,n)$ 的 n 个齐次线性方程，为求其非零解，系数矩阵的行列式必须为零，即

$$\Delta=|k_{ij}-\omega^2 m_{ij}|=|\boldsymbol{k}-\omega^2\boldsymbol{m}|=0 \tag{6.63}$$

式(6.61)表示一特征值问题，式(6.63)称为**特征方程**，ω^2 称为**特征值**，ω 称为系统的固有频率。

式(6.63)可以展开成以 ω^2 表示的 n 次多项式方程，该多项式或特征方程的解(根)给出 n 个 ω^2 的值。可以证明，当矩阵 $\boldsymbol{k}$ 与 $\boldsymbol{m}$ 均为对称的正定阵时，则得 n 个正的实根。若 ω_1^2，ω_2^2，…，ω_n^2 表示 n 个按递增顺序排列的根，则它们的正平方根给出了系统的 n 个固有频率 $\omega_1\leqslant\omega_2\leqslant\cdots\leqslant\omega_n$。最小值 ω_1 叫做**基频或第 1 阶固有频率**。一般来说，各阶固有频率 ω_i 是不同的，但在有些情况下两个固有频率也可能相等。

6.10　特征值问题的解

有多种方法可以用来求解特征值问题，本节只讨论一种基本的求解方法。

6.10.1　特征方程的解

方程(6.61)也可以表示为

$$(\lambda\boldsymbol{k}-\boldsymbol{m})\boldsymbol{X}=\boldsymbol{0} \tag{6.64}$$

其中

$$\lambda=\frac{1}{\omega^2} \tag{6.65}$$

式(6.64)两边左乘 $\boldsymbol{k}^{-1}$，则得

① 该常数假定为正数 ω^2，于是可得式(6.60)的简谐解。否则 $T(t)$ 与 $x(t)$ 的解将变为指数形式，这将与有限总能量的物理限制相违背。

$$(\lambda\boldsymbol{I}-\boldsymbol{D})\boldsymbol{X}=\boldsymbol{0}$$

或

$$\lambda\boldsymbol{I}\boldsymbol{X}=\boldsymbol{D}\boldsymbol{X} \tag{6.66}$$

其中，$\boldsymbol{I}$ 为单位矩阵；$\boldsymbol{D}$ 定义为

$$\boldsymbol{D}=\boldsymbol{k}^{-1}\boldsymbol{m} \tag{6.67}$$

称为**动力矩阵**。式(6.66)称为标准特征值问题。为求 $\boldsymbol{X}$ 的非零解，特征行列式必须为零，即

$$\Delta=|\lambda\boldsymbol{I}-\boldsymbol{D}|=0 \tag{6.68}$$

将式(6.68)展开后得到一个关于 λ 的 n 次多项式方程，称为特征方程或频率方程。如果系统的自由度 n 较大，则多项式方程的求解将十分繁琐，必须借助数值方法求解。有多种数值方法可用于求解特征方程的根。

例 6.10 求如图 6.12 所示的系统的自由振动方程。

解：在图 6.3(a)所示系统中，令 $n=3$ 且 $k_{n+1}=0$，$c_i=0$（其中 $i=1,2,\cdots,n,n+1$），由式(6.3)，图 6.12 所示系统的受迫振动运动方程为

$$\boldsymbol{m}\ddot{\boldsymbol{x}}+\boldsymbol{k}\boldsymbol{x}=\boldsymbol{F} \tag{E.1}$$

其中

$$\boldsymbol{m}=\begin{bmatrix} m_1 & 0 & 0 \\ 0 & m_2 & 0 \\ 0 & 0 & m_3 \end{bmatrix},\quad \boldsymbol{k}=\begin{bmatrix} k_1+k_2 & -k_2 & 0 \\ -k_2 & k_2+k_3 & -k_3 \\ 0 & -k_3 & k_3 \end{bmatrix},\quad \boldsymbol{F}=\begin{bmatrix} F_1(t) \\ F_2(t) \\ F_3(t) \end{bmatrix} \tag{E.2}$$

通过令 $\boldsymbol{F}=\boldsymbol{0}$，自由振动方程可表示为

$$\boldsymbol{m}\ddot{\boldsymbol{x}}+\boldsymbol{k}\boldsymbol{x}=\boldsymbol{0} \tag{E.3}$$

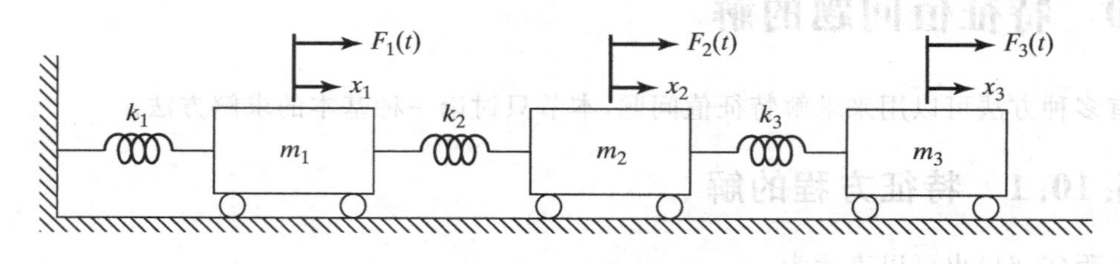

图 6.12 三自由度弹簧-质量系统

例 6.11 求图 6.12 所示系统的固有频率与主振型，已知 $k_1=k_2=k_3=k$，$m_1=m_2=m_3=m$。

解：动力矩阵为

$$\boldsymbol{D}=\boldsymbol{k}^{-1}\boldsymbol{m}\equiv\boldsymbol{a}\boldsymbol{m} \tag{E.1}$$

根据例 6.5 中式(E.8)和式(E.12)，令 $k_i=k$，$i=1,2,3$，可求得柔度矩阵；根据例 6.10 中式(E.2)，令 $m_i=m$，$i=1,2,3$，可求得质量矩阵

$$\boldsymbol{a} = \boldsymbol{k}^{-1} = \frac{1}{k}\begin{bmatrix} 1 & 1 & 1 \\ 1 & 2 & 2 \\ 1 & 2 & 3 \end{bmatrix} \tag{E.2}$$

和

$$\boldsymbol{m} = m\begin{bmatrix} 1 & 0 & 0 \\ 0 & 1 & 0 \\ 0 & 0 & 1 \end{bmatrix} \tag{E.3}$$

因而

$$\boldsymbol{D} = \boldsymbol{k}^{-1}\boldsymbol{m} = \frac{m}{k}\begin{bmatrix} 1 & 1 & 1 \\ 1 & 2 & 2 \\ 1 & 2 & 3 \end{bmatrix} \tag{E.4}$$

令特征行列式为零,得到频率方程为

$$\Delta = |\lambda \boldsymbol{I} - \boldsymbol{D}| = \left| \begin{bmatrix} \lambda & 0 & 0 \\ 0 & \lambda & 0 \\ 0 & 0 & \lambda \end{bmatrix} - \frac{m}{k}\begin{bmatrix} 1 & 1 & 1 \\ 1 & 2 & 2 \\ 1 & 2 & 3 \end{bmatrix} \right| = 0 \tag{E.5}$$

其中

$$\lambda = \frac{1}{\omega^2} \tag{E.6}$$

将式(E.5)除以 λ,有

$$\begin{vmatrix} 1-\alpha & -\alpha & -\alpha \\ -\alpha & 1-2\alpha & -2\alpha \\ -\alpha & -2\alpha & 1-3\alpha \end{vmatrix} = \alpha^3 - 5\alpha^2 + 6\alpha - 1 = 0 \tag{E.7}$$

其中

$$\alpha = \frac{m}{k\lambda} = \frac{m\omega^2}{k} \tag{E.8}$$

三次方程(E.7)的根为

$$\alpha_1 = \frac{m\omega_1^2}{k} = 0.19806, \quad \omega_1 = 0.44504\sqrt{\frac{k}{m}} \tag{E.9}$$

$$\alpha_2 = \frac{m\omega_2^2}{k} = 1.5553, \quad \omega_2 = 1.2471\sqrt{\frac{k}{m}} \tag{E.10}$$

$$\alpha_3 = \frac{m\omega_3^2}{k} = 3.2490, \quad \omega_3 = 1.8025\sqrt{\frac{k}{m}} \tag{E.11}$$

一旦求得固有频率,运用式(6.66),则可计算出主振型或特征矢量

$$(\lambda_i \boldsymbol{I} - \boldsymbol{D})\boldsymbol{X}^{(i)} = \boldsymbol{0}, \quad i = 1,2,3 \tag{E.12}$$

其中

$$\boldsymbol{X}^{(i)}=\begin{Bmatrix}X_1^{(i)}\\X_2^{(i)}\\X_3^{(i)}\end{Bmatrix}$$

表示第 i 阶主振型。下面详述求解主振型的步骤。

为求第1阶振型，将 ω_1 的值 $\left(\text{即 }\lambda_1=5.0489\,\dfrac{m}{k}\right)$ 代入式(E.12)，有

$$\left[5.0489\,\frac{m}{k}\begin{bmatrix}1&0&0\\0&1&0\\0&0&1\end{bmatrix}-\frac{m}{k}\begin{bmatrix}1&1&1\\1&2&2\\1&2&3\end{bmatrix}\right]\begin{Bmatrix}X_1^{(1)}\\X_2^{(1)}\\X_3^{(1)}\end{Bmatrix}=\begin{Bmatrix}0\\0\\0\end{Bmatrix}$$

即

$$\begin{bmatrix}4.0489&-1.0&-1.0\\-1.0&3.0489&-2.0\\-1.0&-2.0&2.0489\end{bmatrix}\begin{Bmatrix}X_1^{(1)}\\X_2^{(1)}\\X_3^{(1)}\end{Bmatrix}=\begin{Bmatrix}0\\0\\0\end{Bmatrix}\tag{E.13}$$

式(E.13)表示关于未知量 $X_1^{(1)}$，$X_2^{(1)}$ 和 $X_3^{(1)}$ 的3个齐次线性方程。其中，任意两个量可根据第3个量表示。如果以 $X_1^{(1)}$ 来表示 $X_2^{(1)}$ 和 $X_3^{(1)}$，则由式(E.13)的前两行得

$$\left.\begin{aligned}X_2^{(1)}+X_3^{(1)}&=4.0489X_1^{(1)}\\3.0489X_2^{(1)}-2.0X_3^{(1)}&=X_1^{(1)}\end{aligned}\right\}\tag{E.14}$$

只要式(E.14)满足，则式(E.13)的第3行将自动满足。式(E.14)的解为

$$X_2^{(1)}=1.8019X_1^{(1)},\quad X_3^{(1)}=2.2470X_1^{(1)}\tag{E.15}$$

于是第1阶主振型为

$$\boldsymbol{X}^{(1)}=X_1^{(1)}\begin{Bmatrix}1.0\\1.8019\\2.2470\end{Bmatrix}\tag{E.16}$$

其中，$X_1^{(1)}$ 的值可以任意选择。

为求第2阶振型，将 ω_2 的值 $\left(\text{即 }\lambda_2=0.6430\,\dfrac{m}{k}\right)$ 代入式(E.12)，则

$$\left[0.6430\,\frac{m}{k}\begin{bmatrix}1&0&0\\0&1&0\\0&0&1\end{bmatrix}-\frac{m}{k}\begin{bmatrix}1&1&1\\1&2&2\\1&2&3\end{bmatrix}\right]\begin{Bmatrix}X_1^{(2)}\\X_2^{(2)}\\X_3^{(2)}\end{Bmatrix}=\begin{Bmatrix}0\\0\\0\end{Bmatrix}$$

即

$$\begin{bmatrix}-0.3570&-1.0&-1.0\\-1.0&-1.3570&-2.0\\-1.0&-2.0&-2.3570\end{bmatrix}\begin{Bmatrix}X_1^{(2)}\\X_2^{(2)}\\X_3^{(2)}\end{Bmatrix}=\begin{Bmatrix}0\\0\\0\end{Bmatrix}\tag{E.17}$$

与前面的过程类似，由式(E.17)的前两行得

$$\left.\begin{aligned} -X_2^{(2)}-X_3^{(2)} &= 0.3570X_1^{(2)} \\ -1.3570X_2^{(2)}-2.0X_3^{(2)} &= X_1^{(2)} \end{aligned}\right\} \tag{E.18}$$

式(E.18)的解为

$$X_2^{(2)} = 0.4450X_1^{(2)}, \quad X_3^{(2)} = -0.8020X_1^{(2)} \tag{E.19}$$

于是第 2 阶主振型可以表示为

$$\boldsymbol{X}^{(2)} = X_1^{(2)}\begin{Bmatrix} 1.0 \\ 0.4450 \\ -0.8020 \end{Bmatrix} \tag{E.20}$$

其中，$X_1^{(2)}$ 的值可以任意选择。

为求第 3 阶主振型，将 ω_3 的值$\left(\text{如 } \lambda_3=0.3078\dfrac{m}{k}\right)$代入式(E.12)，得

$$\left[0.3078\frac{m}{k}\begin{bmatrix}1&0&0\\0&1&0\\0&0&1\end{bmatrix}-\frac{m}{k}\begin{bmatrix}1&1&1\\1&2&2\\1&2&3\end{bmatrix}\right]\begin{Bmatrix}X_1^{(3)}\\X_2^{(3)}\\X_3^{(3)}\end{Bmatrix}=\begin{Bmatrix}0\\0\\0\end{Bmatrix}$$

即

$$\begin{bmatrix}-0.6922 & -1.0 & -1.0 \\ -1.0 & -1.6922 & -2.0 \\ -1.0 & -2.0 & -2.6922\end{bmatrix}\begin{Bmatrix}X_1^{(3)}\\X_2^{(3)}\\X_3^{(3)}\end{Bmatrix}=\begin{Bmatrix}0\\0\\0\end{Bmatrix} \tag{E.21}$$

由式(E.21)的前两行得

$$\left.\begin{aligned} -X_2^{(3)}-X_3^{(3)} &= 0.6922X_1^{(3)} \\ -1.6922X_2^{(3)}-2.0X_3^{(3)} &= X_1^{(3)} \end{aligned}\right\} \tag{E.22}$$

式(E.22)的解为

$$X_2^{(3)} = -1.2468X_1^{(3)}, \quad X_3^{(3)} = 0.5544X_1^{(3)} \tag{E.23}$$

于是第 3 阶主振型可以表示为

$$\boldsymbol{X}^{(3)} = X_1^{(3)}\begin{Bmatrix} 1.0 \\ -1.2468 \\ 0.5544 \end{Bmatrix} \tag{E.24}$$

其中，$X_1^{(3)}$ 的值可以任意选择。$X_1^{(1)}$，$X_1^{(2)}$ 与 $X_1^{(3)}$ 的值通常取 1，根据式(E.16)、式(E.20)和式(E.24)，该系统的各阶主振型如图 6.13 所示。

6.10.2 主振型的正交性

在 6.10.1 节中，我们讨论了求解 n 个固有频率 ω_i 和相应主振型或主振型矢量 $\boldsymbol{X}^{(i)}$ 的方

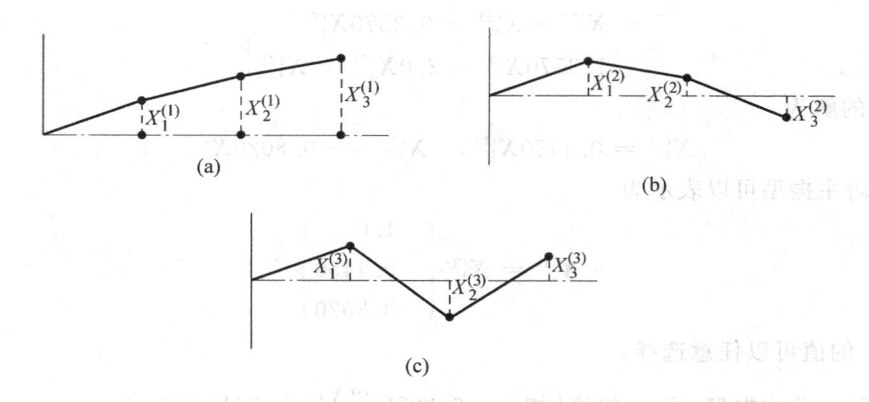

图 6.13　三自由度系统的主振型

(a) 第 1 阶主振型；(b) 第 2 阶主振型；(c) 第 3 阶主振型

法。现在研究主振型的一个重要性质——正交性①。固有频率 ω_i 和相应的主振型矢量 $\boldsymbol{X}^{(i)}$ 满足式(6.61)，即

$$\omega_i^2 \boldsymbol{m}\boldsymbol{X}^{(i)} = \boldsymbol{k}\boldsymbol{X}^{(i)} \tag{6.69}$$

对另一固有频率 ω_j 和相应的主振型矢量 $\boldsymbol{X}^{(j)}$，它们也满足式(6.61)，即

$$\omega_j^2 \boldsymbol{m}\boldsymbol{X}^{(j)} = \boldsymbol{k}\boldsymbol{X}^{(j)} \tag{6.70}$$

分别对式(6.69)与式(6.70)前乘 $\boldsymbol{X}^{(j)\mathrm{T}}$ 与 $\boldsymbol{X}^{(i)\mathrm{T}}$，由矩阵 $\boldsymbol{k}$ 与 $\boldsymbol{m}$ 的对称性，有

$$\omega_i^2 \boldsymbol{X}^{(j)\mathrm{T}}\boldsymbol{m}\boldsymbol{X}^{(i)} = \boldsymbol{X}^{(j)\mathrm{T}}\boldsymbol{k}\boldsymbol{X}^{(i)} \equiv \boldsymbol{X}^{(i)\mathrm{T}}\boldsymbol{k}\boldsymbol{X}^{(j)} \tag{6.71}$$

$$\omega_j^2 \boldsymbol{X}^{(i)\mathrm{T}}\boldsymbol{m}\boldsymbol{X}^{(j)} \equiv \omega_j^2 \boldsymbol{X}^{(j)\mathrm{T}}\boldsymbol{m}\boldsymbol{X}^{(i)} = \boldsymbol{X}^{(i)\mathrm{T}}\boldsymbol{k}\boldsymbol{X}^{(j)} \tag{6.72}$$

从式(6.71)中减去式(6.72)，得

$$(\omega_i^2 - \omega_j^2)\boldsymbol{X}^{(j)\mathrm{T}}\boldsymbol{m}\boldsymbol{X}^{(i)} = 0 \tag{6.73}$$

一般情况下 $\omega_i^2 \neq \omega_j^2$，则由式(6.73)得②

$$\boldsymbol{X}^{(j)\mathrm{T}}\boldsymbol{m}\boldsymbol{X}^{(i)} = 0, \quad i \neq j \tag{6.74}$$

同理有

$$\boldsymbol{X}^{(j)\mathrm{T}}\boldsymbol{k}\boldsymbol{X}^{(i)} = 0, \quad i \neq j \tag{6.75}$$

式(6.74)与式(6.75)表示主振型矢量 $\boldsymbol{X}^{(i)}$ 和 $\boldsymbol{X}^{(j)}$ 关于质量矩阵与刚度矩阵都是正交的。当 $i=$

---

① 称向量 $\boldsymbol{X}^{(i)}$ 和 $\boldsymbol{X}^{(j)}$ 是相互正交的，若满足如下关系

$$\boldsymbol{X}^{(i)\mathrm{T}}\boldsymbol{X}^{(j)} = 0$$

称向量 $\boldsymbol{X}^{(i)}$ 是正则的，若其满足

$$|\boldsymbol{X}^{(i)}|^2 = \boldsymbol{X}^{(i)\mathrm{T}}\boldsymbol{X}^{(i)} = 1$$

所以，称向量 $\boldsymbol{X}^{(i)}$ 和 $\boldsymbol{X}^{(j)}$ 是正则的，若它们同时满足正交性和正则化关系

$$\boldsymbol{X}^{(i)\mathrm{T}}\boldsymbol{X}^{(j)} = 0, \quad |\boldsymbol{X}^{(i)}|^2 = \boldsymbol{X}^{(i)\mathrm{T}}\boldsymbol{X}^{(i)} = 1, \quad |\boldsymbol{X}^{(j)}|^2 = \boldsymbol{X}^{(j)\mathrm{T}}\boldsymbol{X}^{(j)} = 1$$

② 在有重根 $\omega_i = \omega_j$ 情况下，相应的两个主振型矢量与所有其他主振型都是正交的，但这两个振型之间通常却并不正交。

j 时,式(6.74)与式(6.75)的左边不等于零,由此得到与第 i 阶主振型对应的广义质量和广义刚度系数,即

$$M_{ii} = \boldsymbol{X}^{(i)\mathrm{T}} \boldsymbol{m} \boldsymbol{X}^{(i)}, \quad i = 1,2,\cdots,n \tag{6.76}$$

$$K_{ii} = \boldsymbol{X}^{(i)\mathrm{T}} \boldsymbol{k} \boldsymbol{X}^{(i)}, \quad i = 1,2,\cdots,n \tag{6.77}$$

式(6.76)与式(6.77)可以用矩阵的形式表示为

$$\boldsymbol{M} = \begin{bmatrix} M_{11} & & & 0 \\ & M_{22} & & \\ & & \ddots & \\ 0 & & & M_{nn} \end{bmatrix} = \boldsymbol{X}^{\mathrm{T}} \boldsymbol{m} \boldsymbol{X} \tag{6.78}$$

$$\boldsymbol{K} = \begin{bmatrix} K_{11} & & & 0 \\ & K_{22} & & \\ & & \ddots & \\ 0 & & & K_{nn} \end{bmatrix} = \boldsymbol{X}^{\mathrm{T}} \boldsymbol{k} \boldsymbol{X} \tag{6.79}$$

其中,$\boldsymbol{X}$ 称为**振型矩阵**(modal matrix),其第 i 列与第 i 阶主振型矢量对应,即

$$\boldsymbol{X} = [\boldsymbol{X}^{(1)} \quad \boldsymbol{X}^{(2)} \quad \cdots \quad \boldsymbol{X}^{(n)}] \tag{6.80}$$

在多数情况下,将主振型矢量 $\boldsymbol{X}^{(i)}$ 正则化使得 $\boldsymbol{M}=\boldsymbol{I}$,即

$$\boldsymbol{X}^{(i)\mathrm{T}} \boldsymbol{m} \boldsymbol{X}^{(i)} = 1, \quad i = 1,2,\cdots,n \tag{6.81}$$

此时的矩阵 $\boldsymbol{K}$ 变为

$$\boldsymbol{K} = \boldsymbol{\omega}_i^2 = \begin{bmatrix} \omega_1^2 & & & 0 \\ & \omega_2^2 & & \\ & & \ddots & \\ 0 & & & \omega_n^2 \end{bmatrix} \tag{6.82}$$

注意:如果特征向量 $\boldsymbol{X}^{(i)}$ 满足式(6.81)则称其是关于 m 正则化的。

例 6.12 使例 6.11 中的特征向量关于质量矩阵正则化。

解:例 6.11 中的特征矢量为

$$\boldsymbol{X}^{(1)} = X_1^{(1)} \begin{Bmatrix} 1.0 \\ 1.8019 \\ 2.2470 \end{Bmatrix}, \quad \boldsymbol{X}^{(2)} = X_1^{(2)} \begin{Bmatrix} 1.0 \\ 0.4450 \\ -0.8020 \end{Bmatrix}, \quad \boldsymbol{X}^{(3)} = X_1^{(3)} \begin{Bmatrix} 1.0 \\ -1.2468 \\ 0.5544 \end{Bmatrix}$$

质量矩阵为

$$\boldsymbol{m} = m \begin{bmatrix} 1 & 0 & 0 \\ 0 & 1 & 0 \\ 0 & 0 & 1 \end{bmatrix}$$

如果满足下面的条件,则特征矢量 $\boldsymbol{X}^{(i)}$ 称为关于 $\boldsymbol{m}$ 正则化

$$\boldsymbol{X}^{(i)\mathrm{T}} \boldsymbol{m} \boldsymbol{X}^{(i)} = 1 \tag{E.1}$$

于是对 $i=1$,式(E.1)变为

$$m(X_1^{(1)})^2(1.0^2+1.8019^2+2.2470^2)=1$$

即

$$X_1^{(1)}=\frac{1}{\sqrt{m\times 9.2959}}=\frac{0.3280}{\sqrt{m}}$$

同理,对 $i=2$,式(E.1)为

$$m(X_1^{(2)})^2[1.0^2+0.4450^2+(-0.8020)^2]=1 \quad 即 \quad X_1^{(2)}=\frac{0.7370}{\sqrt{m}}$$

当 $i=3$ 时,式(E.1)为

$$m(X_1^{(3)})^2[1.0^2+(-1.2468)^2+0.5544^2]=1 \quad 即 \quad X_1^{(3)}=\frac{0.5911}{\sqrt{m}}$$

6.10.3 重特征值

当特征方程存在重根时,相应的主振型就不是唯一的。令 $\boldsymbol{X}^{(1)}$ 与 $\boldsymbol{X}^{(2)}$ 是相应重特征值 $\lambda_1=\lambda_2=\lambda$ 对应的主振型,$\boldsymbol{X}^{(3)}$ 是相应于不同特征值 λ_3 的主振型,则式(6.66)表示为

$$\boldsymbol{D}\boldsymbol{X}^{(1)}=\lambda\boldsymbol{X}^{(1)} \tag{6.83}$$

$$\boldsymbol{D}\boldsymbol{X}^{(2)}=\lambda\boldsymbol{X}^{(2)} \tag{6.84}$$

$$\boldsymbol{D}\boldsymbol{X}^{(3)}=\lambda_3\boldsymbol{X}^{(3)} \tag{6.85}$$

在式(6.83)前乘以常数 p 后与式(6.84)相加,得

$$\boldsymbol{D}(p\boldsymbol{X}^{(1)}+\boldsymbol{X}^{(2)})=\lambda(p\boldsymbol{X}^{(1)}+\boldsymbol{X}^{(2)}) \tag{6.86}$$

这表明前两个主振型的线性组合($p\boldsymbol{X}^{(1)}+\boldsymbol{X}^{(2)}$)也满足式(6.66),故与 λ 相对应的主振型不是唯一的。若该主振型为系统固有振型,则此与 λ 相对应的任意 $\boldsymbol{X}$ 必定与 $\boldsymbol{X}^{(3)}$ 正交。若所有的 3 个主振型都是正交的,则它们将是线性独立的,可用来描述因初始条件所致的自由振动。

有重固有频率的多自由度系统在外力和位移激励下的响应问题是由 Mahalingam 和 Bishop 提出的[6.16]。

例 6.13 求下列振动系统的特征值与特征向量,已知

$$\boldsymbol{m}=\begin{bmatrix}1&0&0\\0&2&0\\0&0&1\end{bmatrix} \quad 和 \quad \boldsymbol{k}=\begin{bmatrix}1&-2&1\\-2&4&-2\\1&-2&1\end{bmatrix}$$

解:特征方程 $|\boldsymbol{k}-\lambda\boldsymbol{m}|\boldsymbol{X}=\boldsymbol{0}$ 以矩阵形式表示为

$$\begin{bmatrix}1-\lambda&-2&1\\-2&2(2-\lambda)&-2\\1&-2&1-\lambda\end{bmatrix}\begin{Bmatrix}X_1\\X_2\\X_3\end{Bmatrix}=\begin{Bmatrix}0\\0\\0\end{Bmatrix} \tag{E.1}$$

其中 $\lambda=\omega^2$,特征方程为

$$|\boldsymbol{k}-\lambda \boldsymbol{m}|=\lambda^2(\lambda-4)=0$$

于是

$$\lambda_1=0,\quad \lambda_2=0,\quad \lambda_3=4 \tag{E.2}$$

为求 $\lambda_3=4$ 对应的特征向量,将其代入式(E.1)得

$$\left.\begin{aligned}-3X_1^{(3)}-2X_2^{(3)}+X_3^{(3)}&=0\\-2X_1^{(3)}-4X_2^{(3)}-2X_3^{(3)}&=0\\X_1^{(3)}-2X_2^{(3)}-3X_3^{(3)}&=0\end{aligned}\right\} \tag{E.3}$$

如果令 $X_1^{(3)}=1$,根据式(E.3)可求出 $\boldsymbol{X}^{(3)}$ 为

$$\boldsymbol{X}^{(3)}=\begin{Bmatrix}1\\-1\\1\end{Bmatrix} \tag{E.4}$$

$\lambda_1=0$ 或 $\lambda_2=0$ 对应着系统退化的情况(见 6.12 节)。将 $\lambda_1=0$ 代入式(E.1),有

$$\left.\begin{aligned}X_1^{(1)}-2X_2^{(1)}+X_3^{(1)}&=0\\-2X_1^{(1)}+4X_2^{(1)}-2X_3^{(1)}&=0\\X_1^{(1)}-2X_2^{(1)}+X_3^{(1)}&=0\end{aligned}\right\} \tag{E.5}$$

这 3 个方程具有相同的形式,即

$$X_1^{(1)}=2X_2^{(1)}-X_3^{(1)}$$

故与 $\lambda_1=\lambda_2=0$ 相对应的特征向量可以表示为

$$\boldsymbol{X}^{(1)}=\begin{Bmatrix}2X_2^{(1)}-X_3^{(1)}\\X_2^{(1)}\\X_3^{(1)}\end{Bmatrix} \tag{E.6}$$

若令 $X_2^{(1)}=1$ 与 $X_3^{(1)}=1$,则有

$$\boldsymbol{X}^{(1)}=\begin{Bmatrix}1\\1\\1\end{Bmatrix} \tag{E.7}$$

若选择 $X_2^{(1)}=1$ 与 $X_3^{(1)}=-1$,则式(E.6)变为

$$\boldsymbol{X}^{(1)}=\begin{Bmatrix}3\\1\\-1\end{Bmatrix} \tag{E.8}$$

如前所述,$\boldsymbol{X}^{(1)}$ 与 $\boldsymbol{X}^{(2)}$ 不是唯一的。$\boldsymbol{X}^{(1)}$ 与 $\boldsymbol{X}^{(2)}$ 的任意线性组合也将满足式(E.1)。注意:由式(E.6)确定的 $\boldsymbol{X}^{(1)}$ 与式(E.4)确定的 $\boldsymbol{X}^{(3)}$ 是正交的,因为

$$\boldsymbol{X}^{(3)\mathrm{T}}\boldsymbol{m}\boldsymbol{X}^{(1)}=(1\quad -1\quad 1)\begin{bmatrix}1&0&0\\0&2&0\\0&0&1\end{bmatrix}\begin{Bmatrix}2X_2^{(1)}-X_3^{(1)}\\X_2^{(1)}\\X_3^{(1)}\end{Bmatrix}=0$$

6.11 展开定理

由于正交性，各个特征向量是线性独立的①，因此它们构成了 n 维空间的一个基②。这意味着 n 维空间中的任意向量都可以表示为这 n 个线性独立向量的线性组合。若 $\boldsymbol{x}$ 是 n 维空间中的任意一个向量，则其可表示为

$$\boldsymbol{x} = \sum_{i=1}^{n} c_i \boldsymbol{X}^{(i)} \tag{6.87}$$

其中，c_i 为常量。将式(6.87)两边左乘以 $\boldsymbol{X}^{(i)\mathrm{T}}\boldsymbol{m}$，则常量 c_i 可以表示为

$$c_i = \frac{\boldsymbol{X}^{(i)\mathrm{T}}\boldsymbol{m}\boldsymbol{x}}{\boldsymbol{X}^{(i)\mathrm{T}}\boldsymbol{m}\boldsymbol{X}^{(i)}} = \frac{\boldsymbol{X}^{(i)\mathrm{T}}\boldsymbol{m}\boldsymbol{x}}{M_{ii}}, \quad i = 1,2,\cdots,n \tag{6.88}$$

其中，M_{ii} 是第 n 阶主振型对应的广义质量。若根据式(6.81)，对振型向量 $\boldsymbol{X}^{(i)}$ 正则化，则 c_i 为

$$c_i = \boldsymbol{X}^{(i)\mathrm{T}}\boldsymbol{m}\boldsymbol{x}, \quad i = 1,2,\cdots,n \tag{6.89}$$

式(6.89)称为**展开定理**(expansion theorem)[6.6]。该定理在应用模态分析法求解多自由度系统在任意激励下的受迫振动响应时非常有用。

6.12 无约束系统

如5.7节所述，无约束系统是不包含约束或支承，能像刚体一样运动的系统。在工程实际中，不与任何固定框架相连的系统并不少见。一个常见的例子是质量为 m_1 与 m_2 和耦合弹簧 k 组成的两铁路车厢的运动。这样的系统具有实现类似于刚体运动的能力，这样的运动可看成是与零固有频率对应的振型。对一个保守系统，其动能与势能分别由式(6.34)与式(6.30)确定。根据定义，动能总为正，所以质量矩阵 $\boldsymbol{m}$ 是正定的。然而，对于无约束系统，在位移矢量 $\boldsymbol{x}$ 不为零的情况下，势能 V 却可能为零，故刚度矩阵 $\boldsymbol{k}$ 是半正定的。为说明这一点，考虑用正则坐标表示的自由振动方程

$$\ddot{q}(t) + \omega^2 q(t) = 0 \tag{6.90}$$

对 $\omega=0$，式(6.90)的解可以表示为

$$q(t) = \alpha + \beta t \tag{6.91}$$

其中，α 与 β 为常量。式(6.91)表示刚体的平动。令对应于刚体振型的多自由度系统的振型向量用 $\boldsymbol{X}^{(0)}$ 表示，则特征值问题式(6.64)可以表示为

$$\omega^2 \boldsymbol{m}\boldsymbol{X}^{(0)} = \boldsymbol{k}\boldsymbol{X}^{(0)} \tag{6.92}$$

---

① 若一组向量中的任何一个都不能用其他向量的线性组合表示，则称这些向量是线性独立的。

② 在 n 维空间中，任意 n 个线性独立的向量称为该空间的一个基。

对 $\omega=0$，由式(6.92)得

$$\boldsymbol{k}\boldsymbol{X}^{(0)}=\boldsymbol{0}$$

即

$$\left.\begin{aligned}k_{11}X_1^{(0)}+k_{12}X_2^{(0)}+\cdots+k_{1n}X_n^{(0)}&=0\\k_{21}X_1^{(0)}+k_{22}X_2^{(0)}+\cdots+k_{2n}X_n^{(0)}&=0\\&\vdots\\k_{n1}X_1^{(0)}+k_{n2}X_2^{(0)}+\cdots+k_{nn}X_n^{(0)}&=0\end{aligned}\right\}\tag{6.93}$$

若系统作刚性平动，并不是所有的分量 $X_i^{(0)}$，$i=1,2,\cdots,n$ 都为零，即矢量 $\boldsymbol{X}^{(0)}$ 不为零。因此，为满足式(6.93)，$\boldsymbol{k}$ 的行列式必为零。于是无约束系统(有零固有频率)的刚度矩阵是奇异的。若 $\boldsymbol{k}$ 是奇异的，则根据式(6.93)，系统的势能为

$$V=\frac{1}{2}\boldsymbol{X}^{(0)\mathrm{T}}\boldsymbol{k}\boldsymbol{X}^{(0)}\tag{6.94}$$

$\boldsymbol{X}^{(0)}$ 称为系统的**零振型**或**刚体振型**。把任意矢量($\boldsymbol{X}^{(0)}$ 和零矢量除外)代入式(6.30)，系统的势能都是一个正数。因而刚度矩阵 $\boldsymbol{k}$ 是半正定的，这正是一个非约束系统称为**半正定系统**的原因。

注意：一个多自由度系统最多可以有6个固有频率为零的刚体振型，其中3个为刚性平动振型，3个为刚性转动振型。3个刚性平动振型分别沿着3个笛卡儿坐标方向发生，3个刚性转动振型分别绕着3个笛卡儿坐标发生。可以根据6.10节给出的步骤确定一个半正定系统的固有振型和固有频率。

例6.14 如图6.14所示，3节车厢通过2个弹簧相连。已知 $m_1=m_2=m_3=m$，$k_1=k_2=k$。求该系统的固有频率与固有振型。

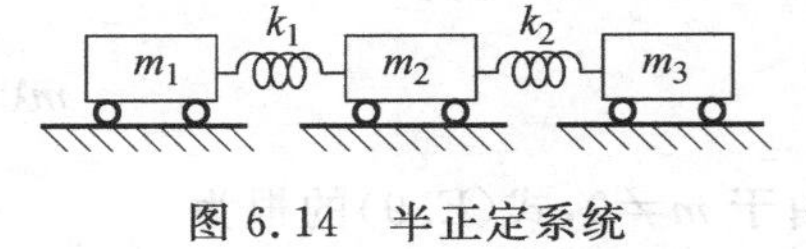

图6.14 半正定系统

解：系统的动能可以表示为

$$T=\frac{1}{2}\left(m_1\dot{x}_1^2+m_2\dot{x}_2^2+m_3\dot{x}_3^2\right)=\frac{1}{2}\dot{\boldsymbol{x}}^{\mathrm{T}}\boldsymbol{m}\dot{\boldsymbol{x}}\tag{E.1}$$

其中

$$\boldsymbol{x}=\begin{Bmatrix}x_1\\x_2\\x_3\end{Bmatrix},\quad\dot{\boldsymbol{x}}=\begin{Bmatrix}\dot{x}_1\\\dot{x}_2\\\dot{x}_3\end{Bmatrix}$$

$$\boldsymbol{m}=\begin{bmatrix}m_1&0&0\\0&m_2&0\\0&0&m_3\end{bmatrix}\tag{E.2}$$

弹簧 k_1 与 k_2 的伸长分别为(x_2-x_1)和(x_3-x_2)，于是系统的势能为

$$V=\frac{1}{2}\{k_1(x_2-x_1)^2+k_2(x_3-x_2)^2\}=\frac{1}{2}\boldsymbol{x}^{\mathrm{T}}\boldsymbol{k}\boldsymbol{x}\tag{E.3}$$

其中

$$\boldsymbol{k}=\begin{bmatrix} k_1 & -k_1 & 0 \\ -k_1 & k_1+k_2 & -k_2 \\ 0 & -k_2 & k_2 \end{bmatrix} \tag{E.4}$$

容易验证刚度矩阵 $\boldsymbol{k}$ 是奇异的。此外，如果使所有质量块的位移相同，即 $x_1=x_2=x_3=c$（刚体运动），则势能 V 等于零。

为求系统的固有频率与振型，将特征值问题表示为

$$[\boldsymbol{k}-\omega^2\boldsymbol{m}]\boldsymbol{X}=\boldsymbol{0} \tag{E.5}$$

由于矩阵 $\boldsymbol{k}$ 是奇异的，则不能求其逆阵 $\boldsymbol{k}^{-1}$ 与动力矩阵 $\boldsymbol{D}=\boldsymbol{k}^{-1}\boldsymbol{m}$。因此令式(E.5)中 $\boldsymbol{X}$ 的系数矩阵的行列式为零。对于 $k_1=k_2=k$ 与 $m_1=m_2=m_3=m$，有

$$\begin{vmatrix} k-\omega^2 m & -k & 0 \\ -k & 2k-\omega^2 m & -k \\ 0 & -k & k-\omega^2 m \end{vmatrix}=0 \tag{E.6}$$

展开式(E.6)中的行列式，则有

$$m^3\omega^6-4m^2k\omega^4+3mk^2\omega^2=0 \tag{E.7}$$

令

$$\lambda=\omega^2 \tag{E.8}$$

式(E.7)可以写为

$$m\lambda\left(\lambda-\frac{k}{m}\right)\left(\lambda-\frac{3k}{m}\right)=0 \tag{E.9}$$

由于 $m\neq 0$，式(E.9)的根为

$$\left.\begin{aligned} \lambda_1&=\omega_1^2=0 \\ \lambda_2&=\omega_2^2=\frac{k}{m} \\ \lambda_3&=\omega_3^2=\frac{3k}{m} \end{aligned}\right\} \tag{E.10}$$

可以看出，式(E.10)中的第1阶固有频率为 $\omega_1=0$。为求各阶振型，将 ω_1，ω_2 与 ω_3 的值代入式(E.5)，可分别求出 $\boldsymbol{X}^{(1)}$，$\boldsymbol{X}^{(2)}$ 与 $\boldsymbol{X}^{(3)}$。对 $\omega_1=0$，由式(E.5)得

$$\left.\begin{aligned} kX_1^{(1)}-kX_2^{(1)}&=0 \\ -kX_1^{(1)}+2kX_2^{(1)}-kX_3^{(1)}&=0 \\ -kX_2^{(1)}+kX_3^{(1)}&=0 \end{aligned}\right\} \tag{E.11}$$

令 $\boldsymbol{X}^{(1)}=1$，则由式(E.11)可求得

$$X_2^{(1)}=X_1^{(1)}=1 \quad 与 \quad X_3^{(1)}=X_2^{(1)}=1$$

于是对应于 $\omega_1=0$ 的第1阶振型 $\boldsymbol{X}^{(1)}$ 为

$$\boldsymbol{X}^{(1)} = \begin{Bmatrix} 1 \\ 1 \\ 1 \end{Bmatrix} \tag{E.12}$$

注意：模态振型 $\boldsymbol{X}^{(1)}$ 代表系统刚体平动(所有质量的位移相同)。尽管系统的固有频率 ω_1(或特征值 ω_1^2)为零,其对应的模态振型 $\boldsymbol{X}^{(1)}$ 不为零。

对 $\omega_2=(k/m)^{\frac{1}{2}}$,由式(E.5)得

$$\left.\begin{aligned} -kX_2^{(2)} &= 0 \\ -kX_1^{(2)} + kX_2^{(2)} - kX_3^{(2)} &= 0 \\ -kX_2^{(2)} &= 0 \end{aligned}\right\} \tag{E.13}$$

固定其中一个分量的值,例如令 $X_1^{(2)}=1$,则由式(E.13)可求得

$$X_2^{(2)} = 0 \quad 与 \quad X_3^{(2)} = -X_1^{(2)} = -1$$

于是对应于 $\omega_2=(k/m)^{\frac{1}{2}}$ 的第 2 阶振型 $\boldsymbol{X}^{(2)}$ 为

$$\boldsymbol{X}^{(2)} = \begin{Bmatrix} 1 \\ 0 \\ -1 \end{Bmatrix} \tag{E.14}$$

对 $\omega_3=(3k/m)^{\frac{1}{2}}$,由式(E.5)得

$$\left.\begin{aligned} -2kX_1^{(3)} - kX_2^{(3)} &= 0 \\ -kX_1^{(3)} - kX_2^{(3)} - kX_3^{(3)} &= 0 \\ -kX_2^{(3)} - 2kX_3^{(3)} &= 0 \end{aligned}\right\} \tag{E.15}$$

令 $X_1^{(3)}=1$,则由式(E.15)可求得

$$X_2^{(3)} = -2X_1^{(3)} = -2 \quad 与 \quad X_3^{(3)} = -\frac{1}{2}X_2^{(3)} = 1$$

于是对应于 $\omega_3=(3k/m)^{\frac{1}{2}}$ 的第 3 阶振型 $\boldsymbol{X}^{(3)}$ 为

$$\boldsymbol{X}^{(3)} = \begin{Bmatrix} 1 \\ -2 \\ 1 \end{Bmatrix} \tag{E.16}$$

6.13　无阻尼系统的自由振动

以矩阵形式表示的无阻尼系统自由振动的微分方程为

$$\boldsymbol{m}\ddot{\boldsymbol{x}} + \boldsymbol{k}\boldsymbol{x} = \boldsymbol{0} \tag{6.95}$$

式(6.95)最一般的解可以表示为式(6.56)与式(6.62)给出的所有可能解的线性组合,即

$$\boldsymbol{x}(t) = \sum_{i=1}^{n} \boldsymbol{X}^{(i)} A_i \cos(\omega_i t + \phi_i) \tag{6.96}$$

其中，$\boldsymbol{X}^{(i)}$ 为第 i 阶振型矢量，ω_i 是相应的固有频率，A_i 与 ϕ_i 是常数，$i=1,2,\cdots,n$，可根据系统的初始条件来确定。若用

$$\boldsymbol{x}(0)=\begin{Bmatrix} x_1(0) \\ x_2(0) \\ \vdots \\ x_n(0) \end{Bmatrix} \quad 与 \quad \dot{\boldsymbol{x}}(0)=\begin{Bmatrix} \dot{x}_1(0) \\ \dot{x}_2(0) \\ \vdots \\ \dot{x}_n(0) \end{Bmatrix} \tag{6.97}$$

表示系统的初始位移与初始速度，则由式(6.96)得

$$\boldsymbol{x}(0)=\sum_{i=1}^{n}\boldsymbol{X}^{(i)}A_i\cos\phi_i \tag{6.98}$$

$$\dot{\boldsymbol{x}}(0)=-\sum_{i=1}^{n}\boldsymbol{X}^{(i)}A_i\omega_i\sin\phi_i \tag{6.99}$$

式(6.98)与式(6.99)是 $2n$ 个标量形式的联立方程，从而可求解 n 个 A_i 与 n 个 ϕ_i 的值($i=1,2,\cdots,n$)。

例 6.15　求图 6.12(a)所示弹簧-质量系统的自由振动响应。已知初始条件为 $\dot{x}_i(0)=0(i=1,2,3)$，$x_1(0)=x_{10}$，$x_2(0)=x_3(0)=0$，假定 $k_i=k$，$m_i=m(i=1,2,3)$。

解：在例 6.11 中已求得系统的固有频率与振型分别为

$$\omega_1=0.44504\sqrt{\frac{k}{m}},\quad \omega_2=1.2471\sqrt{\frac{k}{m}},\quad \omega_3=1.8025\sqrt{\frac{k}{m}}$$

$$\boldsymbol{X}^{(1)}=\begin{Bmatrix} 1.0 \\ 1.8019 \\ 2.2470 \end{Bmatrix},\quad \boldsymbol{X}^{(2)}=\begin{Bmatrix} 1.0 \\ 0.4450 \\ -0.8020 \end{Bmatrix},\quad \boldsymbol{X}^{(3)}=\begin{Bmatrix} 1.0 \\ -1.2468 \\ 0.5544 \end{Bmatrix}$$

以上各阶振型中的第 1 个分量为简单取为 1。应用初始条件，由式(6.98)与式(6.99)可以推出

$$A_1\cos\phi_1+A_2\cos\phi_2+A_3\cos\phi_3=x_{10} \tag{E.1}$$

$$1.8019A_1\cos\phi_1+0.4450A_2\cos\phi_2-1.2468A_3\cos\phi_3=0 \tag{E.2}$$

$$2.2470A_1\cos\phi_1-0.8020A_2\cos\phi_2+0.5544A_3\cos\phi_3=0 \tag{E.3}$$

$$-0.44504\sqrt{\frac{k}{m}}A_1\sin\phi_1-1.2471\sqrt{\frac{k}{m}}A_2\sin\phi_2-1.8025\sqrt{\frac{k}{m}}A_3\sin\phi_3=0 \tag{E.4}$$

$$-0.80192\sqrt{\frac{k}{m}}A_1\sin\phi_1-0.55496\sqrt{\frac{k}{m}}A_2\sin\phi_2+2.2474\sqrt{\frac{k}{m}}A_3\sin\phi_3=0 \tag{E.5}$$

$$-1.0\sqrt{\frac{k}{m}}A_1\sin\phi_1+1.0\sqrt{\frac{k}{m}}A_2\sin\phi_2-1.0\sqrt{\frac{k}{m}}A_3\sin\phi_3=0 \tag{E.6}$$

式(E.1)～式(E.6)的解[①]为 $A_1=0.1076x_{10}$，$A_2=0.5431x_{10}$，$A_3=0.3493x_{10}$，$\phi_1=0$，$\phi_2=0$，

---

① 注意：式(E.1)～式(E.3)可以看成是关于未知量 $A_1\cos\phi_1$，$A_2\cos\phi_2$ 与 $A_3\cos\phi_3$ 的线性方程；与此类似，式(E.4)～式(E.6)可看成是关于未知量 $\sqrt{\frac{k}{m}}A_1\sin\phi_1$，$\sqrt{\frac{k}{m}}A_2\sin\phi_2$ 与 $\sqrt{\frac{k}{m}}A_3\sin\phi_3$ 的线性方程组。

$\phi_3=0$。于是系统自由振动的解为

$$x_1(t)=x_{10}\Big[0.1076\cos\Big(0.445\,04\sqrt{\frac{k}{m}}t\Big)+0.5431\cos\Big(1.2471\sqrt{\frac{k}{m}}t\Big)+0.3493\cos\Big(1.8025\sqrt{\frac{k}{m}}t\Big)\Big] \tag{E.7}$$

$$x_2(t)=x_{10}\Big[0.1939\cos\Big(0.445\,04\sqrt{\frac{k}{m}}t\Big)+0.2417\cos\Big(1.2471\sqrt{\frac{k}{m}}t\Big)-0.4355\cos\Big(1.8025\sqrt{\frac{k}{m}}t\Big)\Big] \tag{E.8}$$

$$x_3(t)=x_{10}\Big[0.2418\cos\Big(0.445\,04\sqrt{\frac{k}{m}}t\Big)-0.4356\cos\Big(1.2471\sqrt{\frac{k}{m}}t\Big)+0.1937\cos\Big(1.8025\sqrt{\frac{k}{m}}t\Big)\Big] \tag{E.9}$$

6.14 用模态分析法求无阻尼系统的受迫振动

当有外力作用于多自由度系统时,系统将作受迫振动。对具有 n 个坐标或自由度的系统,运动控制方程为 n 个耦合的二阶常微分方程。当作用力是非周期的和(或)系统的自由度数较大时,这些方程的求解非常复杂。[①] 在这些情况下,可以利用较简便的方法即**振型叠加法**进行求解。该方法运用到了展开定理,即将各质量的位移表示为系统固有振型的线性组合。通过该转换,可使运动微分方程变为非耦合的,即可以得到 n 个非耦合的二阶常微分方程。这些方程的解可以等效为易于求解的 n 个单自由度系统方程的解。下面讨论振型叠加法的步骤。

在外力作用下的多自由度系统的运动微分方程为

$$\boldsymbol{m}\ddot{\boldsymbol{x}}+\boldsymbol{k}\boldsymbol{x}=\boldsymbol{F} \tag{6.100}$$

其中,$\boldsymbol{F}$ 为任意外力矢量。利用振型叠加法解方程(6.100)时,首先必须求解特征值问题

$$\omega^2\boldsymbol{m}\boldsymbol{X}=\boldsymbol{k}\boldsymbol{X} \tag{6.101}$$

从而确定固有频率 $\omega_1,\omega_2,\cdots,\omega_n$ 与相应的固有振型 $\boldsymbol{X}^{(1)},\boldsymbol{X}^{(2)},\cdots,\boldsymbol{X}^{(n)}$。根据展开定理,式(6.100)的解矢量可以通过固有振型的线性组合来表示,即

$$\boldsymbol{x}(t)=q_1(t)\boldsymbol{X}^{(1)}+q_2(t)\boldsymbol{X}^{(2)}+\cdots+q_n(t)\boldsymbol{X}^{(n)} \tag{6.102}$$

其中,$q_1(t),q_2(t),\cdots,q_n(t)$ 是依赖于时间的广义坐标,称为**主坐标**或**振型参与系数**。根据定义,振型矩阵 $\boldsymbol{X}$ 的第 j 列为矢量 $\boldsymbol{X}^{(j)}$,即

$$\boldsymbol{X}=[\boldsymbol{X}^{(1)}\quad\boldsymbol{X}^{(2)}\quad\cdots\quad\boldsymbol{X}^{(n)}] \tag{6.103}$$

---

① 在参考文献[6.15]中,讨论了多自由度系统具有统计特性的动态响应。

式(6.102)又可写为

$$\boldsymbol{x}(t)=\boldsymbol{X}\boldsymbol{q}(t) \tag{6.104}$$

其中

$$\boldsymbol{q}(t)=\begin{Bmatrix} q_1(t)\\ q_2(t)\\ \vdots\\ q_n(t)\end{Bmatrix} \tag{6.105}$$

由于 $\boldsymbol{X}$ 不是时间的函数，从式(6.104)可得

$$\ddot{\boldsymbol{x}}(t)=\boldsymbol{X}\ddot{\boldsymbol{q}}(t) \tag{6.106}$$

利用式(6.104)与式(6.106)，可将式(6.100)表示为

$$\boldsymbol{m}\boldsymbol{X}\ddot{\boldsymbol{q}}+\boldsymbol{k}\boldsymbol{X}\boldsymbol{q}=\boldsymbol{F} \tag{6.107}$$

将式(6.107)两边前乘 $\boldsymbol{X}^{\mathrm{T}}$，有

$$\boldsymbol{X}^{\mathrm{T}}\boldsymbol{m}\boldsymbol{X}\ddot{\boldsymbol{q}}+\boldsymbol{X}^{\mathrm{T}}\boldsymbol{k}\boldsymbol{X}\boldsymbol{q}=\boldsymbol{X}^{\mathrm{T}}\boldsymbol{F} \tag{6.108}$$

若已将固有振型关于式(6.74)与式(6.75)正则化，则有

$$\boldsymbol{X}^{\mathrm{T}}\boldsymbol{m}\boldsymbol{X}=\boldsymbol{I} \tag{6.109}$$

$$\boldsymbol{X}^{\mathrm{T}}\boldsymbol{k}\boldsymbol{X}=[\nwarrow\omega^2\searrow] \tag{6.110}$$

通过定义与广义坐标 $\boldsymbol{q}(t)$ 对应的广义力 $\boldsymbol{Q}(t)$

$$\boldsymbol{Q}(t)=\boldsymbol{X}^{\mathrm{T}}\boldsymbol{F}(t) \tag{6.111}$$

式(6.108)可以表示为

$$\ddot{\boldsymbol{q}}(t)+[\nwarrow\omega^2\searrow]\boldsymbol{q}(t)=\boldsymbol{Q}(t) \tag{6.112}$$

其中$[\nwarrow\omega^2\searrow]=\begin{bmatrix}\omega_1^2 & & 0\\ & \ddots & \\ 0 & & \omega_n^2\end{bmatrix}$。

式(6.112)表示以下 n 个二阶非耦合微分方程：①

$$\ddot{q}_i(t)+\omega_i^2 q_i(t)=Q_i(t),\quad i=1,2,\cdots,n \tag{6.113}$$

由式(6.113)可以看出，它与无阻尼单自由度系统的运动微分方程完全一样。式(6.113)的

---

① 也可用 $r(r<n)$ 个振型向量（而不是如式(6.102)所示的 n 个振型向量）以得到解向量 $\boldsymbol{x}(t)$ 的近似解：

$$\underset{n\times1}{\boldsymbol{x}(t)}=\underset{n\times r}{\boldsymbol{X}}\,\underset{r\times1}{\boldsymbol{q}(t)}$$

其中，$\boldsymbol{X}=[\boldsymbol{X}^{(1)}\quad\boldsymbol{X}^{(2)}\quad\cdots\quad\boldsymbol{X}^{(r)}]$，$\boldsymbol{q}(t)=\begin{Bmatrix} q_1(t)\\ q_2(t)\\ \vdots\\ q_r(t)\end{Bmatrix}$。

这样只得到 r 个而不是 n 个非耦合微分方程

$$\ddot{q}_i(t)+\omega_i^2 q_i(t)=Q_i(t),\quad i=1,2,\cdots,r$$

相应的解 $\boldsymbol{x}(t)$ 是近似的。该过程称为振型位移法。求近似解的另一种方法叫振型加速度法，见习题6.92中的说明。

解可以表示为(见式(4.31))

$$q_i(t)=q_i(0)\cos\omega_i t+\frac{\dot{q}_i(0)}{\omega_i}\sin\omega_i t+\frac{1}{\omega_i}\int_0^t Q_i(\tau)\sin\omega_i(t-\tau)\mathrm{d}\tau,\quad i=1,2,\cdots,n \tag{6.114}$$

初始广义位移 $q_i(0)$ 与初始广义速度 $\dot{q}_i(0)$ 可根据物理位移与物理速度的初始值 $x_i(0)$ 与 $\dot{x}_i(0)$ 确定(见习题 6.94)：

$$\boldsymbol{q}(0)=\boldsymbol{X}^{\mathrm{T}}\boldsymbol{m}\boldsymbol{x}(0) \tag{6.115}$$

$$\dot{\boldsymbol{q}}(0)=\boldsymbol{X}^{\mathrm{T}}\boldsymbol{m}\dot{\boldsymbol{x}}(0) \tag{6.116}$$

其中

$$\boldsymbol{q}(0)=\begin{Bmatrix}q_1(0)\\q_2(0)\\\vdots\\q_n(0)\end{Bmatrix},\quad \dot{\boldsymbol{q}}(0)=\begin{Bmatrix}\dot{q}_1(0)\\\dot{q}_2(0)\\\vdots\\\dot{q}_n(0)\end{Bmatrix},\quad \boldsymbol{x}(0)=\begin{Bmatrix}x_1(0)\\x_2(0)\\\vdots\\x_n(0)\end{Bmatrix},\quad \dot{\boldsymbol{x}}(0)=\begin{Bmatrix}\dot{x}_1(0)\\\dot{x}_2(0)\\\vdots\\\dot{x}_n(0)\end{Bmatrix}$$

利用式(6.114)～式(6.116)，将广义位移 $q_i(t)$ 求出后，根据式(6.104)，就能求出物理位移 $x_i(t)$。

例 6.16　利用振型叠加法，求下列运动微分方程表示的二自由度系统的自由振动响应

$$\begin{bmatrix}m_1&0\\0&m_2\end{bmatrix}\begin{Bmatrix}\ddot{x}_1\\\ddot{x}_2\end{Bmatrix}+\begin{bmatrix}k_1+k_2&-k_2\\-k_2&k_2+k_3\end{bmatrix}\begin{Bmatrix}x_1\\x_2\end{Bmatrix}=\boldsymbol{F}=\begin{Bmatrix}0\\0\end{Bmatrix} \tag{E.1}$$

已知 $m_1=10,m_2=1,k_1=30,k_2=5,k_3=0$，初始条件为

$$\boldsymbol{x}(0)=\begin{Bmatrix}x_1(0)\\x_2(0)\end{Bmatrix}=\begin{Bmatrix}1\\0\end{Bmatrix},\quad \dot{\boldsymbol{x}}(0)=\begin{Bmatrix}\dot{x}_1(0)\\\dot{x}_2(0)\end{Bmatrix}=\begin{Bmatrix}0\\0\end{Bmatrix} \tag{E.2}$$

解：系统的固有频率与固有振型为(见例 5.3)

$$\omega_1=1.5811,\quad \boldsymbol{X}^{(1)}=\begin{Bmatrix}1\\2\end{Bmatrix}X_1^{(1)}$$

$$\omega_2=2.4495,\quad \boldsymbol{X}^{(2)}=\begin{Bmatrix}1\\-5\end{Bmatrix}X_1^{(2)}$$

其中，$X_1^{(1)}$ 与 $X_1^{(2)}$ 为任意常数。通过将固有振型关于质量矩阵正则化，可求得 $X_1^{(1)}$ 与 $X_1^{(2)}$ 的值。由

$$\boldsymbol{X}^{(1)^{\mathrm{T}}}\boldsymbol{m}\boldsymbol{X}^{(1)}=1\Rightarrow(X_1^{(1)})^2\{1\quad 2\}\begin{bmatrix}10&0\\0&1\end{bmatrix}\begin{Bmatrix}1\\2\end{Bmatrix}=1$$

得 $X_1^{(1)}=0.2673$；

由

$$\boldsymbol{X}^{(2)^{\mathrm{T}}}\boldsymbol{m}\boldsymbol{X}^{(2)}=1\Rightarrow(X_1^{(2)})^2\{1\quad -5\}\begin{bmatrix}10&0\\0&1\end{bmatrix}\begin{Bmatrix}1\\-5\end{Bmatrix}=1$$

得 $X_1^{(2)}=0.1690$。

于是正则振型矩阵为

$$\boldsymbol{X}=[\boldsymbol{X}^{(1)}\quad \boldsymbol{X}^{(2)}]=\begin{bmatrix}0.2673 & 0.1690\\ 0.5346 & -0.8450\end{bmatrix} \tag{E.3}$$

利用

$$\boldsymbol{x}(t)=\boldsymbol{X}\boldsymbol{q}(t) \tag{E.4}$$

方程(E.1)可以表示为(见式(6.112))

$$\ddot{\boldsymbol{q}}(t)+\boldsymbol{\omega}^2\boldsymbol{q}(t)=\boldsymbol{Q}(t)=\boldsymbol{0} \tag{E.5}$$

其中，$\boldsymbol{Q}(t)=\boldsymbol{X}^{\mathrm{T}}\boldsymbol{F}=\boldsymbol{0}$。式(E.5)的标量形式为

$$\ddot{q}_i(t)+\omega_i^2 q_i(t)=0,\quad i=1,2 \tag{E.6}$$

式(E.6)的解为(见式(2.18))

$$q_i(t)=q_{i0}\cos\omega_i t+\frac{\dot{q}_{i0}}{\omega_i}\sin\omega_i t \tag{E.7}$$

其中，q_{i0} 和 $\dot{q}_{i0}$ 分别表示 $q_i(t)$ 与 $\dot{q}_i(t)$ 的初始值。应用式(E.2)中的初始条件，求得(见式(6.115)与式(6.116))

$$\boldsymbol{q}(0)=\begin{Bmatrix}q_{10}(0)\\ q_{20}(0)\end{Bmatrix}=\boldsymbol{X}^{\mathrm{T}}\boldsymbol{m}\boldsymbol{x}(0)$$

$$=\begin{bmatrix}0.2673 & 0.5346\\ 0.1690 & -0.8450\end{bmatrix}\begin{bmatrix}10 & 0\\ 0 & 1\end{bmatrix}\begin{Bmatrix}1\\ 0\end{Bmatrix}=\begin{Bmatrix}2.673\\ 1.690\end{Bmatrix} \tag{E.8}$$

$$\dot{\boldsymbol{q}}(0)=\begin{Bmatrix}\dot{q}_{10}(0)\\ \dot{q}_{20}(0)\end{Bmatrix}=\boldsymbol{X}^{\mathrm{T}}\boldsymbol{m}\dot{\boldsymbol{x}}(0)=\begin{Bmatrix}0\\ 0\end{Bmatrix} \tag{E.9}$$

由式(E.7)～式(E.9)可得

$$q_1(t)=2.673\cos 1.5811t \tag{E.10}$$

$$q_2(t)=1.690\cos 2.4495t \tag{E.11}$$

根据式(E.4)，可以求得质量 m_1 和质量 m_2 的位移为

$$\boldsymbol{x}(t)=\begin{bmatrix}0.2673 & 0.1690\\ 0.5346 & -0.8450\end{bmatrix}\begin{Bmatrix}2.673\cos 1.5811t\\ 1.690\cos 2.4495t\end{Bmatrix}$$

或

$$\begin{Bmatrix}x_1(t)\\ x_2(t)\end{Bmatrix}=\begin{Bmatrix}0.7145\cos 1.5811t+0.2856\cos 2.4495t\\ 1.4280\cos 1.5811t-1.4280\cos 2.4495t\end{Bmatrix} \tag{E.12}$$

可见，该解与例 5.3 中求得的解是一致的，已绘在例 5.17 中。

例 6.17 图 5.55 中所示锻锤作用在工件上的冲击力可以近似为如图 6.15 所示的矩形脉冲。已知工件、铁砧与框架的质量为 $m_1=200$ Mg，基础的质量为 $m_2=250$ Mg，弹性垫的刚度为 $k_1=150$ MN/m，土壤的刚度为 $k_2=75$ MN/m。假定各质量的初始位移与初始速度均为零，求系统的振动规律。

解：锻锤可以简化为二自由度系统，已表示在图 6.15(b)中，系统的运动微分方程为

$$\boldsymbol{m}\ddot{\boldsymbol{x}} + \boldsymbol{k}\boldsymbol{x} = \boldsymbol{F}(t) \tag{E.1}$$

其中

$$\boldsymbol{m} = \begin{bmatrix} m_1 & 0 \\ 0 & m_2 \end{bmatrix} = \begin{bmatrix} 200 & 0 \\ 0 & 250 \end{bmatrix} \text{Mg}$$

$$\boldsymbol{k} = \begin{bmatrix} k_1 & -k_1 \\ -k_1 & k_1 + k_2 \end{bmatrix} = \begin{bmatrix} 150 & -150 \\ -150 & 225 \end{bmatrix} \text{MN/m}$$

$$\boldsymbol{F}(t) = \begin{Bmatrix} F_1(t) \\ 0 \end{Bmatrix}$$

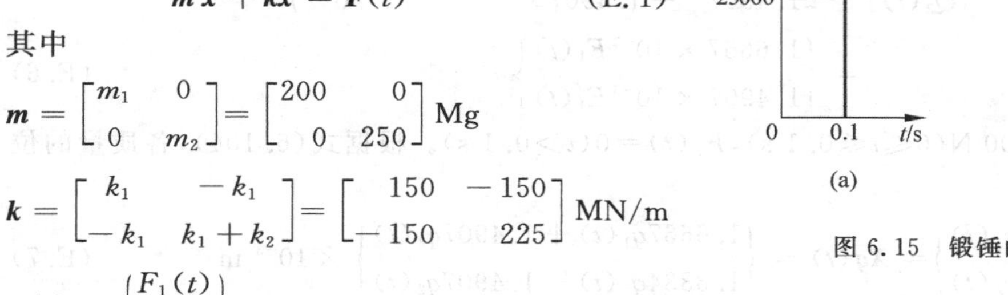

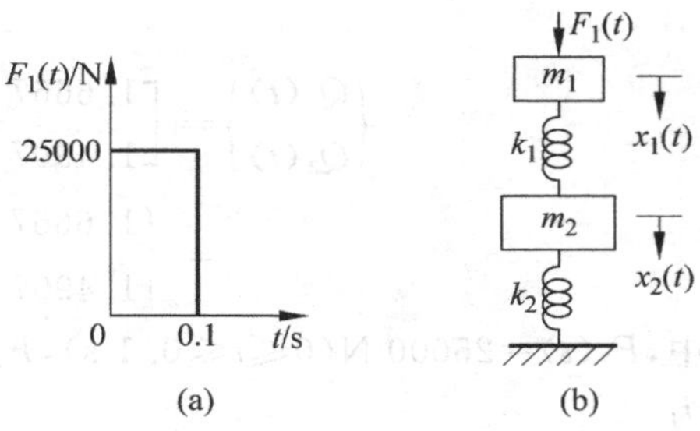

图 6.15　锻锤的冲击

(1) 求固有频率与主振型。可以通过解频率方程求系统的固有频率，由

$$|-\omega^2\boldsymbol{m} + \boldsymbol{k}| = \left| -\omega^2\begin{bmatrix} 2 & 0 \\ 0 & 2.5 \end{bmatrix} \times 10^5 + \begin{bmatrix} 150 & -150 \\ -150 & 225 \end{bmatrix} \times 10^6 \right| = 0 \tag{E.2}$$

得

$$\omega_1 = 12.2474 \text{ rad/s}, \quad \omega_2 = 38.7298 \text{ rad/s}$$

各阶主振型分别为

$$\boldsymbol{X}^{(1)} = \begin{Bmatrix} 1 \\ 0.8 \end{Bmatrix}, \quad \boldsymbol{X}^{(2)} = \begin{Bmatrix} 1 \\ -1 \end{Bmatrix}$$

(2) 主振型的正则化。假设正则振型为

$$\boldsymbol{X}^{(1)} = a\begin{Bmatrix} 1 \\ 0.8 \end{Bmatrix}, \quad \boldsymbol{X}^{(2)} = b\begin{Bmatrix} 1 \\ -1 \end{Bmatrix}$$

其中，a 和 b 为常量，可通过将矢量 $\boldsymbol{X}^{(1)}$ 与 $\boldsymbol{X}^{(2)}$ 正则化求解，即令

$$\boldsymbol{X}^{\mathrm{T}}\boldsymbol{m}\boldsymbol{X} = \boldsymbol{I} \tag{E.3}$$

其中，$\boldsymbol{X} = [\boldsymbol{X}^{(1)} \quad \boldsymbol{X}^{(2)}]$ 表示振型矩阵。由式(E.3)可得 $a = 1.6667 \times 10^{-3}$，$b = 1.4907 \times 10^{-3}$，故正则振型矩阵为

$$\boldsymbol{X} = [\boldsymbol{X}^{(1)} \quad \boldsymbol{X}^{(2)}] = \begin{bmatrix} 1.6667 & 1.4907 \\ 1.3334 & -1.4907 \end{bmatrix} \times 10^{-3}$$

(3) 根据广义坐标求响应。由于两质量在 $t=0$ 时静止，初始条件为 $x_1(0) = x_2(0) = \dot{x}_1(0) = \dot{x}_2(0) = 0$，因此由式(6.115)与式(6.116)可得 $q_1(0) = q_2(0) = \dot{q}_1(0) = \dot{q}_2(0) = 0$。由式(6.114)所求得的用广义坐标表示的响应为

$$q_i(t) = \frac{1}{\omega_i}\int_0^t Q_i(\tau)\sin\omega_i(t-\tau)\mathrm{d}\tau, \quad i = 1,2 \tag{E.4}$$

其中

$$\boldsymbol{Q}(t) = \boldsymbol{X}^{\mathrm{T}}\boldsymbol{F}(t) \tag{E.5}$$

或

$$\begin{Bmatrix} Q_1(t) \\ Q_2(t) \end{Bmatrix} = \begin{bmatrix} 1.6667 & 1.3334 \\ 1.4907 & -1.4907 \end{bmatrix} \times 10^{-3} \times \begin{Bmatrix} F_1(t) \\ 0 \end{Bmatrix}$$

$$= \begin{Bmatrix} 1.6667 \times 10^{-3} F_1(t) \\ 1.4907 \times 10^{-3} F_1(t) \end{Bmatrix} \tag{E.6}$$

其中，$F_1(t)=25000\ \mathrm{N}(0 \leqslant t \leqslant 0.1\ \mathrm{s})$，$F_1(t)=0(t>0.1\ \mathrm{s})$。根据式(6.104)，各质量的位移为

$$\begin{Bmatrix} x_1(t) \\ x_2(t) \end{Bmatrix} = \boldsymbol{Xq}(t) = \begin{Bmatrix} 1.6667q_1(t) + 1.4907q_2(t) \\ 1.3334q_1(t) - 1.4907q_2(t) \end{Bmatrix} \times 10^{-3}\ \mathrm{m} \tag{E.7}$$

其中

$$\left.\begin{aligned} q_1(t) &= 3.4021\int_0^t \sin 12.2474(t-\tau)\mathrm{d}\tau = 0.2778(1-\cos 12.2474t) \\ q_2(t) &= 0.9622\int_0^t \sin 38.7298(t-\tau)\mathrm{d}\tau = 0.02484(1-\cos 38.7298t) \end{aligned}\right\} \tag{E.8}$$

注意：由式(E.8)给出的解对于 $t \leqslant 0.1\ \mathrm{s}$ 是有效的。对 $t>0.1\ \mathrm{s}$，因为没有外力作用，故系统的响应为无阻尼单自由度系统对应于初始条件 $q_1(0.1)$，$\dot{q}_1(0.1)$ 和 $q_2(0.1)$ 与 $\dot{q}_2(0.1)$ 的自由振动响应(式(2.18))。

6.15 黏性阻尼系统的受迫振动

如6.14节所述，振型叠加法仅适用于无阻尼系统。在许多情况下，阻尼对振动系统响应的影响是次要的，可忽略不计。然而，如果与系统的固有周期相比，所分析的是系统在相当长时间内的响应，则必须考虑系统的阻尼。此外，当激振力(如简谐力)的频率在系统的固有频率附近时，阻尼也是相当重要的，必须予以考虑。一般情况下，由于阻尼的影响预先并不知道，故对任意系统的振动分析都必须考虑阻尼的影响。这一节将讨论如何利用拉格朗日方程建立多自由度有阻尼系统的运动微分方程以及如何求解。若系统有黏性阻尼，其运动时所受到的阻尼力的大小与速度成正比且与速度方向相反。在利用拉格朗日方程推导系统的运动微分方程时，为方便引入瑞利损耗函数，该函数的定义为

$$R = \frac{1}{2}\dot{\boldsymbol{x}}^{\mathrm{T}} \boldsymbol{c} \dot{\boldsymbol{x}} \tag{6.117}$$

其中，矩阵 $\boldsymbol{c}$ 称为**阻尼矩阵**，与质量矩阵和刚度矩阵一样也是正定的。此种情况下，拉格朗日方程为

$$\frac{\mathrm{d}}{\mathrm{d}t}\left(\frac{\partial T}{\partial \dot{x}_i}\right) - \frac{\partial T}{\partial x_i} + \frac{\partial R}{\partial \dot{x}_i} + \frac{\partial V}{\partial x_i} = F_i, \quad i=1,2,\cdots,n \tag{6.118}$$

其中，F_i 为作用在质量 m_i 上的力。将式(6.30)、式(6.34)与式(6.117)代入式(6.118)，得到有阻尼多自由度系统矩阵形式的运动微分方程为

$$m\ddot{x}+c\dot{x}+kx=F \tag{6.119}$$

为了简化，考虑阻尼矩阵可视为质量矩阵与刚度矩阵线性组合的特殊系统，即

$$c=\alpha m+\beta k \tag{6.120}$$

其中，α 与 β 是常数。该阻尼类型称为比例阻尼，这是因为 c 和 m 与 k 的线性组合成正比例。将式(6.120)代入式(6.119)，得

$$m\ddot{x}+(\alpha m+\beta k)\dot{x}+kx=F \tag{6.121}$$

像式(6.104)那样，将解向量 x 表示为无阻尼系统固有振型的线性组合，即

$$x(t)=Xq(t) \tag{6.122}$$

式(6.121)可以重新表示为

$$mX\ddot{q}(t)+(\alpha m+\beta k)X\dot{q}(t)+kXq(t)=F(t) \tag{6.123}$$

式(6.123)两边前乘 X^{T}，有

$$X^{\mathrm{T}}mX\ddot{q}+(\alpha X^{\mathrm{T}}mX+\beta X^{\mathrm{T}}kX)\dot{q}+X^{\mathrm{T}}kXq=X^{\mathrm{T}}F \tag{6.124}$$

根据式(6.74)与式(6.75)，若特征向量 $X^{(j)}$ 已正则化，则式(6.124)为

$$I\ddot{q}(t)+(\alpha I+\beta\omega^2)\dot{q}(t)+\omega^2 q(t)=Q(t)$$

即

$$\ddot{q}_i(t)+(\alpha+\omega_i^2\beta)\dot{q}_i(t)+\omega_i^2 q_i(t)=Q_i(t),\quad i=1,2,\cdots,n \tag{6.125}$$

其中，ω_i 为无阻尼系统的第 i 阶固有频率，

$$Q(t)=X^{\mathrm{T}}F(t) \tag{6.126}$$

令

$$\alpha+\omega_i^2\beta=2\zeta_i\omega_i \tag{6.127}$$

其中，ζ_i 称为对应于第 i 阶固有振型的**模态阻尼比**，式(6.125)可以重写为

$$\ddot{q}_i(t)+2\zeta_i\omega_i\dot{q}_i(t)+\omega_i^2 q_i(t)=Q_i(t),\quad i=1,2,\cdots,n \tag{6.128}$$

可以看出，n 个方程中的任一个与其他方程都是不耦合的。因此，如同求单自由度黏性阻尼系统的响应一样，可求得第 i 阶振型的响应。当 $\zeta_i<1$ 时，式(6.128)的解可以表示为

$$q_i(t)=\mathrm{e}^{-\zeta_i\omega_i t}\left\{\cos\omega_{\mathrm{d}i}t+\frac{\zeta_i}{\sqrt{1-\zeta_i^2}}\sin\omega_{\mathrm{d}i}t\right\}q_i(0)+\left\{\frac{1}{\omega_{\mathrm{d}i}}\mathrm{e}^{-\zeta_i\omega_i t}\sin\omega_{\mathrm{d}i}t\right\}\dot{q}_0(0)$$
$$+\frac{1}{\omega_{\mathrm{d}i}}\int_0^t Q_i(\tau)\mathrm{e}^{-\zeta_i\omega_i(t-\tau)}\sin\omega_{\mathrm{d}i}(t-\tau)\mathrm{d}\tau,\quad i=1,2,\cdots,n \tag{6.129}$$

其中

$$\omega_{\mathrm{d}i}=\omega_i\sqrt{1-\zeta_i^2} \tag{6.130}$$

注意：

(1) 对于大多数实际问题，一般难以确定阻尼来源与大小。在系统中可能存在多种类型的阻尼，如库仑阻尼、黏性阻尼和滞后阻尼等。此外，阻尼的本质特性是未知的，如线性、二次、三次或其他类型的变化。即使已知阻尼的来源和性质，也难以获得阻尼的精确大小。对于许多实际系统，通过实验获得的阻尼值可用于振动分析。有些阻尼，以结构阻尼的形式

存在于汽车、航天器和机械结构中。在某些应用场合，如汽车悬架系统、飞机起落架以及机器的隔振系统等，都有意引入阻尼。由于阻尼系统的分析要涉及冗长的数学运算，在许多振动研究中，阻尼或者被忽略不计或者按比例阻尼考虑。

(2) 柯西在参考文献[6.9]中已经证明，式(6.120)是阻尼系统存在固有振型的充分而非必要条件。而必要条件是能将阻尼矩阵对角化的变换也能使耦合的运动微分方程解耦。这条件比式(6.120)的限制条件少，因而能满足此条件的可能性更大。

(3) 对于一般阻尼系统，阻尼矩阵不可能同质量矩阵与刚度矩阵一样同时实现对角化。此种情况下，系统的特征值可能为正和负的实数也可能是具有负实部的复数。复特征值将成对存在，并对应着复共轭对形式的特征矢量。求阻尼系统特征值问题的常用方法是将 n 个耦合的二阶运动微分方程转化为 $2n$ 个非耦合的一阶微分方程[6.6]。

(4) 动态系统模态分析的误差估计与数值方法的讨论可见参考文献[6.11]和[6.12]。

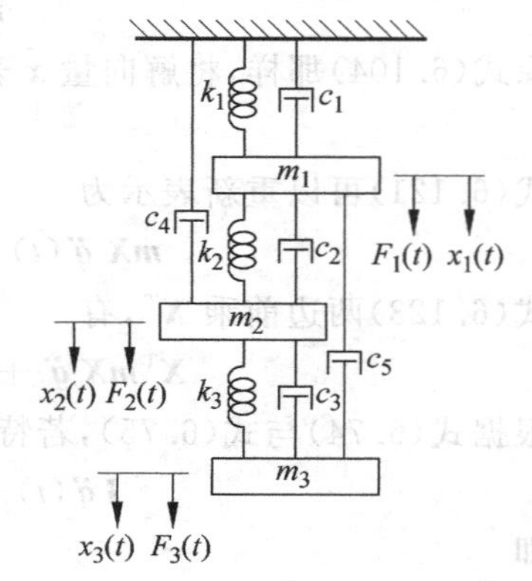

图 6.16　三自由度动力学系统

例 6.18　推导图 6.16 所示系统的运动微分方程。

解：系统的动能为

$$T = \frac{1}{2}(m_1\dot{x}_1^2 + m_2\dot{x}_2^2 + m_3\dot{x}_3^2) \tag{E.1}$$

势能为

$$V = \frac{1}{2}[k_1x_1^2 + k_2(x_2 - x_1)^2 + k_3(x_3 - x_2)^2] \tag{E.2}$$

瑞利损耗函数为

$$R = \frac{1}{2}[c_1\dot{x}_1^2 + c_2(\dot{x}_2 - \dot{x}_1)^2 + c_3(\dot{x}_3 - \dot{x}_2)^2 + c_4\dot{x}_2^2 + c_5(\dot{x}_3 - \dot{x}_1)^2] \tag{E.3}$$

拉格朗日方程为

$$\frac{\mathrm{d}}{\mathrm{d}t}\left(\frac{\partial T}{\partial \dot{x}_i}\right) - \frac{\partial T}{\partial x_i} + \frac{\partial R}{\partial \dot{x}_i} + \frac{\partial V}{\partial x_i} = F_i, \quad i = 1,2,3 \tag{E.4}$$

将式(E.1)～式(E.3)代入式(E.4)，则得运动微分方程为

$$\boldsymbol{m}\ddot{\boldsymbol{x}} + \boldsymbol{c}\dot{\boldsymbol{x}} + \boldsymbol{k}\boldsymbol{x} = \boldsymbol{F} \tag{E.5}$$

其中

$$\boldsymbol{m} = \begin{bmatrix} m_1 & 0 & 0 \\ 0 & m_2 & 0 \\ 0 & 0 & m_3 \end{bmatrix} \tag{E.6}$$

$$\boldsymbol{c}=\begin{bmatrix} c_1+c_2+c_5 & -c_2 & -c_5 \\ -c_2 & c_2+c_3+c_4 & -c_3 \\ -c_5 & -c_3 & c_3+c_5 \end{bmatrix} \tag{E.7}$$

$$\boldsymbol{k}=\begin{bmatrix} k_1+k_2 & -k_2 & 0 \\ -k_2 & k_2+k_3 & -k_3 \\ 0 & -k_3 & k_3 \end{bmatrix} \tag{E.8}$$

$$\boldsymbol{x}=\begin{Bmatrix} x_1(t) \\ x_2(t) \\ x_3(t) \end{Bmatrix},\quad \boldsymbol{F}=\begin{Bmatrix} F_1(t) \\ F_2(t) \\ F_3(t) \end{Bmatrix} \tag{E.9}$$

例 6.19　求图 6.16 所示系统的稳态响应。已知各质量块受到的简谐激振力为 $F_1=F_2=F_3=F_0\cos\omega t$，其中 $\omega=1.75\sqrt{k/m}$。假定 $m_1=m_2=m_3=m$，$k_1=k_2=k_3=k$，$c_4=c_5=0$。各阶模态阻尼比为 $\zeta_i=0.01$，$i=1,2,3$。

解：系统的无阻尼固有频率为(见例 6.11)

$$\omega_1=0.44504\sqrt{\frac{k}{m}},\quad \omega_2=1.2471\sqrt{\frac{k}{m}},\quad \omega_3=1.8025\sqrt{\frac{k}{m}} \tag{E.1}$$

关于 $\boldsymbol{m}$ 正则化的主振型(见例 6.12)为

$$\boldsymbol{X}^{(1)}=\frac{0.3280}{\sqrt{m}}\begin{Bmatrix} 1.0 \\ 1.8019 \\ 2.2470 \end{Bmatrix},\quad \boldsymbol{X}^{(2)}=\frac{0.7370}{\sqrt{m}}\begin{Bmatrix} 1.0 \\ 1.4450 \\ -0.8020 \end{Bmatrix},\quad \boldsymbol{X}^{(3)}=\frac{0.5911}{\sqrt{m}}\begin{Bmatrix} 1.0 \\ -1.2468 \\ 0.5544 \end{Bmatrix} \tag{E.2}$$

于是正则振型矩阵可以表示为

$$\boldsymbol{X}=[\boldsymbol{X}^{(1)}\quad \boldsymbol{X}^{(2)}\quad \boldsymbol{X}^{(3)}]=\frac{1}{\sqrt{m}}\begin{bmatrix} 0.3280 & 0.7370 & 0.5911 \\ 0.5911 & 0.3280 & -0.7370 \\ 0.7370 & -0.5911 & 0.3280 \end{bmatrix} \tag{E.3}$$

广义力矢量为

$$\boldsymbol{Q}(t)=\boldsymbol{X}^{\mathrm{T}}\boldsymbol{F}(t)=\frac{1}{\sqrt{m}}\begin{bmatrix} 0.3280 & 0.5911 & 0.7370 \\ 0.7370 & 0.3280 & -0.5911 \\ 0.5911 & -0.7370 & 0.3280 \end{bmatrix}\begin{Bmatrix} F_0\cos\omega t \\ F_0\cos\omega t \\ F_0\cos\omega t \end{Bmatrix}=\begin{Bmatrix} Q_{10} \\ Q_{20} \\ Q_{30} \end{Bmatrix}\cos\omega t \tag{E.4}$$

其中

$$Q_{10}=1.6561\frac{F_0}{\sqrt{m}},\quad Q_{20}=0.4739\frac{F_0}{\sqrt{m}},\quad Q_{30}=0.1821\frac{F_0}{\sqrt{m}} \tag{E.5}$$

若将对应于 3 个主振型的广义坐标或振型参与因子分别记为 $q_1(t)$，$q_2(t)$ 与 $q_3(t)$，则相应的运动微分方程可以表示为

$$\ddot{q}_i(t)+2\zeta_i\omega_i\dot{q}_i(t)+\omega_i^2 q_i(t)=Q_i(t),\quad i=1,2,3 \tag{E.6}$$

式(E.6)的稳态解为

$$q_i(t)=q_{i0}\cos(\omega t-\phi),\quad i=1,2,3 \tag{E.7}$$

其中

$$q_{i0}=\frac{Q_{i0}}{\omega_i^2}\frac{1}{\left[\left\{1-\left(\frac{\omega}{\omega_i}\right)^2\right\}^2+\left(2\zeta_i\frac{\omega}{\omega_i}\right)^2\right]^{1/2}} \tag{E.8}$$

$$\phi_i=\arctan\frac{2\zeta_i\frac{\omega}{\omega_i}}{1-\left(\frac{\omega}{\omega_i}\right)^2} \tag{E.9}$$

将式(E.5)与式(E.1)中的值代入式(E.8)与式(E.9)中，得

$$\left.\begin{aligned}q_{10}&=0.57815\frac{F_0\sqrt{m}}{k},\quad \phi_1=\arctan(-0.00544)\\ q_{20}&=0.31429\frac{F_0\sqrt{m}}{k},\quad \phi_2=\arctan(-0.02988)\\ q_{30}&=0.92493\frac{F_0\sqrt{m}}{k},\quad \phi_3=\arctan(0.33827)\end{aligned}\right\} \tag{E.10}$$

最后，运用式(6.122)即可求得系统的稳态响应。

6.16 自激振动及其稳态性分析

在许多振动系统中，摩擦会引起负阻尼而不是正阻尼，这将导致系统的不稳定性(自激振动)。一般来说，图6.17所示 n 自由度系统的运动微分方程为一组二阶线性常微分方程(如式(6.119)或式(6.128))：

$$\boldsymbol{m}\ddot{\boldsymbol{x}}+\boldsymbol{c}\dot{\boldsymbol{x}}+\boldsymbol{k}\boldsymbol{x}=\boldsymbol{F} \tag{6.131}$$

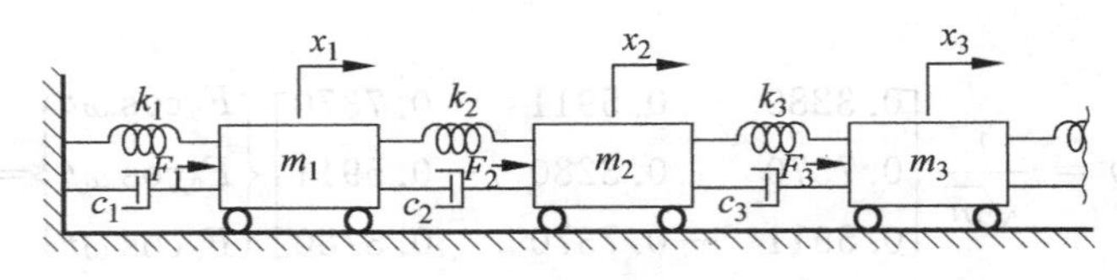

图6.17 多自由度系统

5.8节介绍的方法可以推广到研究如式(6.131)所示系统的稳定性。为此假定解的形式为

$$x_j(t)=C_j e^{st},\quad j=1,2,\cdots,n$$

或

$$\boldsymbol{x}(t) = \boldsymbol{C}\mathrm{e}^{st} \tag{6.132}$$

其中，s 为待定的复数，C_j 为 x_j 的幅值。并采用下列记号

$$\boldsymbol{C} = \begin{Bmatrix} C_1 \\ C_2 \\ \vdots \\ C_n \end{Bmatrix}$$

s 的实部决定了系统的阻尼，其虚部表示系统的固有频率。将式(6.132)代入自由振动方程(通过在式(6.131)中令 $\boldsymbol{F}=\boldsymbol{0}$)则得

$$(\boldsymbol{m}s^2 + \boldsymbol{c}s + \boldsymbol{k})\boldsymbol{C}\mathrm{e}^{st} = \boldsymbol{0} \tag{6.133}$$

为求 C_j 的非零解，令 C_j 的系数行列式等于零，则可推出类似于式(6.63)的“特征方程”

$$D(s) = |\, \boldsymbol{m}s^2 + \boldsymbol{c}s + \boldsymbol{k} \,| = 0 \tag{6.134}$$

将式(6.134)展开后得到一个关于 s 的 $m=2n$ 阶多项式方程，其形式为

$$D(s) = a_0 s^m + a_1 s^{m-1} + a_2 s^{m-2} + \cdots + a_{m-1}s + a_m = 0 \tag{6.135}$$

系统的稳定性或不稳定性依赖于多项式方程 $D(s)=0$ 的根。将式(6.135)的根记为

$$s_j = b_j + \mathrm{i}\omega_j, \quad j = 1,2,\cdots,m \tag{6.136}$$

若所有根的实部 b_j 都是负数，则在形如式(6.132)的解中将出现衰减的时间函数为 $\mathrm{e}^{b_j t}$，因此系统的解是稳定的；如果一个或多个根 s_j 有正实部，则方程(6.131)的解中将包含一个或多个按指数规律增加的时间函数 $\mathrm{e}^{b_j t}$，因此系统的解是不稳定的；若有纯虚数的形式复数 $s_j = \mathrm{i}\omega_j$，则导致振荡解 $\mathrm{e}^{\mathrm{i}\omega_j t}$，表示稳态与非稳态解的边界线。若 s_j 为多重根，则上面的结论仍然成立，除非它是形如 $s_j=\mathrm{i}\omega_j$ 的纯虚数。此种情况下，解中包含形如 $\mathrm{e}^{\mathrm{i}\omega_j t}, t\mathrm{e}^{\mathrm{i}\omega_j t}, t^2\mathrm{e}^{\mathrm{i}\omega_j t}\cdots$ 的函数，它们随时间而不断增加，所以有多重纯虚根的情况表示系统是不稳定的。因此为保证受控于方程(6.131)的线性系统是稳定的，其充分必要条件是式(6.135)的根应有非正实部，如果存在纯虚根，则不能是重根。

求多项式(6.135)的根是一个冗长的过程，可以利用称为罗斯-霍尔威茨判据的简化方法来分析系统的稳定性[6.13,6.14]。使用该方法时，要用到根据多项式(6.135)中的诸系数定义的如下 m 阶行列式 T_m

$$T_m = \begin{vmatrix} a_1 & a_3 & a_5 & a_7 & \cdots & a_{2m-1} \\ a_0 & a_2 & a_4 & a_6 & \cdots & a_{2m-2} \\ 0 & a_1 & a_3 & a_5 & \cdots & a_{2m-3} \\ 0 & a_0 & a_2 & a_4 & \cdots & a_{2m-4} \\ 0 & 0 & a_1 & a_3 & \cdots & a_{2m-5} \\ \vdots & \vdots & \vdots & \vdots & & \vdots \\ \cdot & \cdot & \cdot & \cdot & \cdots & a_m \end{vmatrix} \tag{6.137}$$

并根据式(6.137)中的虚线所示，定义如下子式

$$T_1 = a_1 \tag{6.138}$$

$$T_2 = \begin{vmatrix} a_1 & a_3 \\ a_0 & a_2 \end{vmatrix} \tag{6.139}$$

$$T_3 = \begin{vmatrix} a_1 & a_3 & a_5 \\ a_0 & a_2 & a_4 \\ 0 & a_1 & a_3 \end{vmatrix} \tag{6.140}$$

$$\vdots$$

在构造这些子行列式时，对应于 $i>m$ 或 $i<0$ 的所有系数 a_i 均以零代替。根据罗斯-霍尔威茨判据，系统稳定的充要条件是所有的系数 $a_0, a_1, \cdots, a_m$ 必须为正，同时所有的行列式 $T_1, T_2, \cdots, T_m$ 也必须为正。

6.17　利用 MATLAB 求解的例子

例 6.20　用 MATLAB 求下列矩阵的特征值和特征向量（见例 6.11）

$$\boldsymbol{A} = \begin{bmatrix} 1 & 1 & 1 \\ 1 & 2 & 2 \\ 1 & 2 & 3 \end{bmatrix}$$

解：在 MATLAB 的指令窗口（command window）直接输入矩阵和求解特征值问题的指令即可，不用编程，显示结果如下。

```
%Ex 6.19
>>A=[1 1 1; 1 2 2;1 2 3]
A=
     1     1     1
     1     2     2
     1     2     3
>>[V, D]=eig(A)
V=
      0.5910      0.7370      0.3280
    - 0.7370      0.3280      0.5910
      0.3280    - 0.5910      0.7370
D=
    0.3080       0            0
    0            0.6431       0
    0            0            5.0489
```

例 6.21　画图表示例 6.15 中系统的自由振动响应 $x_1(t)$，$x_2(t)$ 和 $x_3(t)$，数据如下：$x_{10}=1.0$，$k=4000$，$m=10$。

解：根据例 6.15 中的式(E.7)～式(E.9)，可编写如下的 MATLAB 程序，画图表示响应随时间的变化规律。

```
%Ex6_20.m
x10=1.0;
k=4000;
m=10;
for i=1: 1001
    t(i)=5 * (i-1)/1000;
    x1 (i)=x10 * (0.1076 * cos (0.44504 * sqrt (k/m) * t(i))
            +0.5431 * cos (1.2471 * sqrt(k/m) * t(i))
            +0.3493 * cos (1.8025 * sqrt (k/m) * t(i)) );
    x2 (i)=x10 * (0.1939 * cos (0.44504 * sqrt (k/m) * t(i))
            +0.2417 * cos (1.2471 * sqrt(k/m) * t(i))
            -0.4355 * cos (1.8025 * sqrt(k/m) * t(i)));
    x3(i)=x10 * (0.2418 * cos (0.44504 * sqrt (k/m) * t(i))
           -0.4356 * cos (1.2471 * sqrt(k/m) * t(i))
           +0.1937 * cos (1.8025 * sqrt(k/m) * t(i)));
end
subplot (311);
plot (t,x1);
ylabel ('x1 (t)');
subplot (312);
plot (t, x2);
ylabel ('x2 (t)');
subplot (313);
plot (t, x3);
ylabel ('x3 (t)');
xlabel ('t');
```

所绘图形如图 6.18 所示。

例 6.22　通过解控制微分方程，求例 6.17 中锻锤的受迫振动响应，并画图表示。假设全部初始条件均为零。

解：系统的运动微分方程如下

$$\boldsymbol{m}\ddot{\boldsymbol{x}}(t)+\boldsymbol{k}\boldsymbol{x}(t)=\boldsymbol{F}(t) \tag{E.1}$$

其中

$$\boldsymbol{m}=10^5\begin{bmatrix}2 & 0\\0 & 2.5\end{bmatrix},\quad \boldsymbol{k}=10^6\begin{bmatrix}150 & -150\\-150 & 225\end{bmatrix},\quad \boldsymbol{F}(t)=\begin{Bmatrix}F_1(t)\\0\end{Bmatrix}$$

式中，$F_1(t)$是一阶跃函数，幅值为 25 000 N，作用时间为 $0\leqslant t\leqslant 0.1$ s。

首先将原方程(E.1)写成如下一阶微分方程组的形式

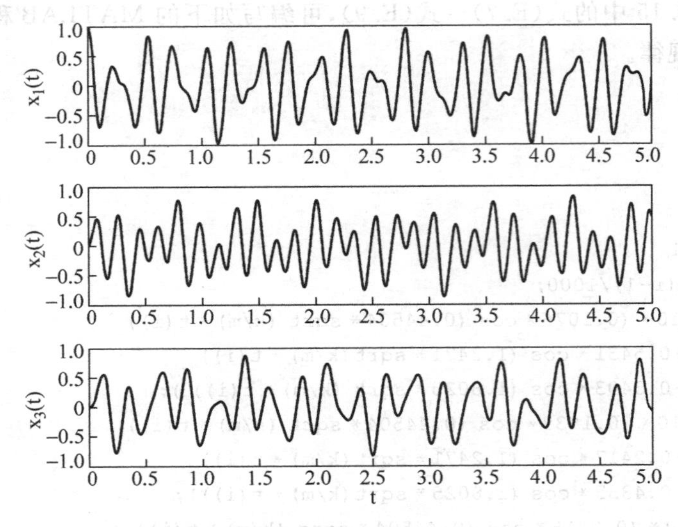

图 6.18 例 6.21 图

$$\dot{y}_1 = y_2$$

$$\dot{y}_2 = \frac{F_1}{m_1} - \frac{k_1}{m_1}y_1 + \frac{k_1}{m_1}y_3$$

$$\dot{y}_3 = y_4$$

$$\dot{y}_4 = \frac{k_1}{m_2}y_1 - \frac{k_2}{m_2}y_3$$

其中，$y_1 = x_1$，$y_2 = \dot{x}_1$，$y_3 = x_2$，$y_4 = \dot{x}_2$，$m_1 = 2 \times 10^5$，$m_2 = 2.5 \times 10^5$，$k_1 = 150 \times 10^6$，$k_2 = 225 \times 10^6$。

根据全部初始条件为零，利用下面的程序即可将数值解用图形表示出来。

```
%Ex6_21.m
%This program will use the function dfunc6_21.m, they should
%be in the same folder
tspan=[0:0.001:10];
y0=[0;0;0;0];
[t,y]=ode23 ('dfunc6_21',tspan,y0);
subplot (211);
plot (t,y(:,1));
xlabel ('t');
ylabel ('x1 (t)' );
subplot (212);
plot (t, y(:,3));
xlabel ('t');
```

```
ylabel ('x2 (t)');

%dfunc6_21.m
function f =dfunc6_21 (t,y)
f=zeros (4,1);
m1=2 * 1e5;
m2=2.5 * 1e5;
k1=150 * 1e6;
k2=225 * 1e6;
F1=25000 * (stepfun (t, 0)-stepfun (t, 0.1));
f(1)=y(2);
f(2)=F1/m1+k1 * y(3)/m1-k1 * y(1)/m1;
f(3)=y(4);
f(4)=-k2 * y(3)/m2+k1 * y(1)/m2;
```

所绘曲线如图 6.19 所示。

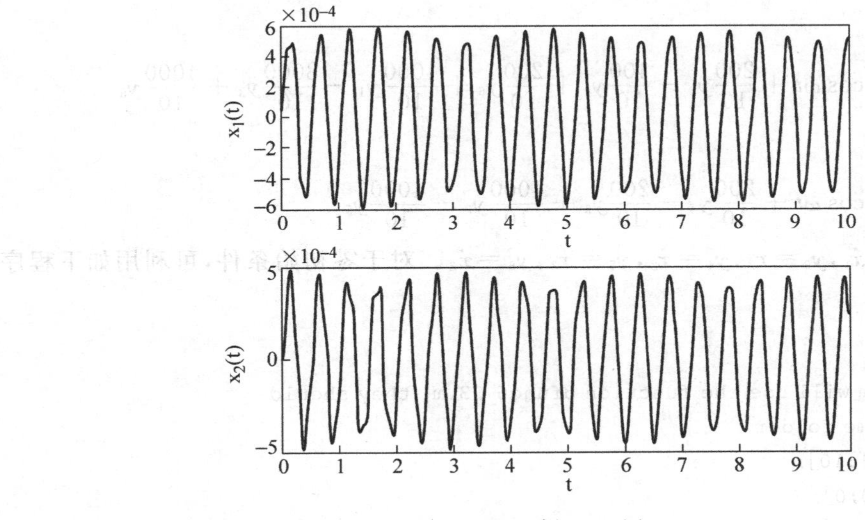

图 6.19 例 6.22 图

例 6.23 利用 MATLAB,求下列方程的根

$$f(x) = x^3 - 6x^2 + 11x - 6 = 0$$

解:直接利用 MATLAB 的 roots 指令即可求解,不用编程,显示结果如下。

```
>>roots ([1  -6  11  -6])
ans=
    3.0000
    2.0000
```

```
    1.0000
>>
```

例 6.24 求下列多自由度受迫振动系统的响应

$$m\ddot{x}+c\dot{x}+kx=f \tag{E.1}$$

其中，$m=\begin{bmatrix}100&0&0\\0&10&0\\0&0&10\end{bmatrix}$，$c=100\begin{bmatrix}4&-2&0\\-2&4&-2\\0&-2&2\end{bmatrix}$，$k=1000\begin{bmatrix}8&-4&0\\-4&8&-4\\0&-4&4\end{bmatrix}$，

$f=\begin{Bmatrix}1\\1\\1\end{Bmatrix}F_0\cos\omega t$，$F_0=50$，$\omega=50$，假设全部初始条件均为零。

解：首先将原方程(E.1)写成如下一阶微分方程组的形式

$$\dot{y}_1=y_2$$

$$\dot{y}_2=\frac{F_0}{10}\cos\omega t-\frac{400}{10}y_2+\frac{200}{10}y_4-\frac{8000}{10}y_1+\frac{4000}{10}y_3$$

$$\dot{y}_3=y_4$$

$$\dot{y}_4=\frac{F_0}{10}\cos\omega t+\frac{200}{10}y_2-\frac{400}{10}y_4+\frac{200}{10}y_6+\frac{4000}{10}y_1-\frac{8000}{10}y_3+\frac{4000}{10}y_5$$

$$\dot{y}_5=y_6$$

$$\dot{y}_6=\frac{F_0}{10}\cos\omega t+\frac{200}{10}y_4-\frac{200}{10}y_6+\frac{4000}{10}y_3-\frac{4000}{10}y_5$$

其中，$y_1=x_1$，$y_2=\dot{x}_1$，$y_3=x_2$，$y_4=\dot{x}_2$，$y_5=x_3$，$y_6=\dot{x}_3$。对于零初始条件，可利用如下程序求得数值解。

```
%Ex6_23.m
%This program will use the function dfunc6_23.m, they should
%be in the same folder
tspan=[0:0.01:10];
y0=[0;0;0;0;0;0];
[t,y]=ode23 ('dfunc6_23',tspan,y0);
subplot (311);
plot (t,y(:,1));
xlabel ('t');
ylabel ('x1 (t)');
subplot (312);
plot (t,y(:,3));
xlabel ('t');
ylabel ('x2(t)');
subplot (313);
```

```
plot (t,y(:, 5));
xlabel ('t');
ylabel ('x3(t)');

%dfunc6_23.m
function f=dfunc6_23 (t,y)
f=zeros(6,1);
F0=50.0;
w=50.0;
f(1)=y(2);
f(2)=F0 * cos(w * t)/100-400 * y(2)/100+200 * y(4)/100-8000 * y(1)/100
     +4000 * y(3)/100;
f(3)=y(4);
f(4)=F0 * cos(w * t)/10+200 * y(2)/10-400 * y(4)/10+200 * y(6)/10
     +4000 * y(1)/10-8000 * y(3)/10+4000 * y(5)/10;
f(5)=y(6);
f(6)=F0 * cos(w* t)/10+200 * y(4)/10-200 * y(6)/10+4000 * y(3)/10-4000 * y(5)/10;
```

所绘曲线如图 6.20 所示。

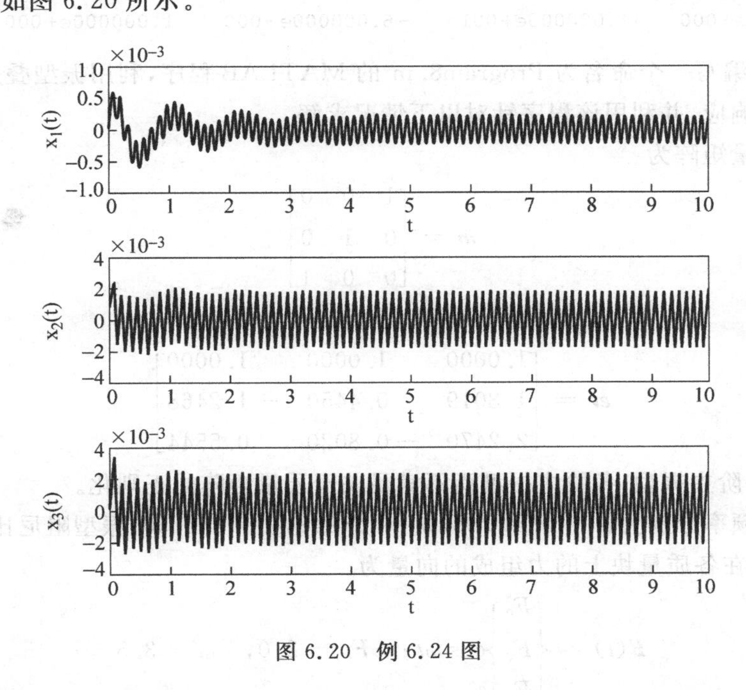

图 6.20　例 6.24 图

例 6.25　编写一个通用 MATLAB 程序，命名为 Program7. m，生成某一个给定方阵的特征多项式。并利用该程序求下列方阵的特征多项式

$$\boldsymbol{A}=\begin{bmatrix}2&-1&0\\-1&2&-1\\0&-1&2\end{bmatrix}$$

解：程序 Program7 运行时需要键入以下数据

n=给定方阵 $\boldsymbol{A}$ 的阶数

$\boldsymbol{a}$=给定的方阵 $\boldsymbol{A}$

程序的输出如下，其中 pcf 代表特征多项式中从常数项开始的各次项的系数组成的向量。

```
>>program7
polynomial expansion of a determinantal equation
data: determinant A:
     2.000000e+000     -1.000000e+000      0.000000e+000
    -1.000000e+000      2.000000e+000     -1.000000e+000
     0.000000e+000     -1.000000e+000      2.000000e+000
result: polynomial coefficients in
pcf(np) * (x^n)+pcf(n) * (x^(n-1))+…+pcf(2)+pcf(1)= 0
-4.000000e+000    1.000000e+001    -6.000000e+000    1.000000e+000
```

例 6.26 编写一个命名为 Program8.m 的 MATLAB 程序，利用振型叠加法求一个多自由度系统的响应，并利用该程序针对以下情况求解

系统的质量矩阵为

$$\boldsymbol{m}=\begin{bmatrix}1&0&0\\0&1&0\\0&0&1\end{bmatrix}$$

振型矩阵为

$$\boldsymbol{ev}=\begin{bmatrix}1.0000&1.0000&1.0000\\1.8019&0.4450&-1.2468\\2.2470&-0.8020&0.5544\end{bmatrix}$$

其中，各列为各阶主振型，各阶主振型尚不满足关于质量矩阵的正则化。

各阶固有频率分别为 $\omega_1=0.890\,08$，$\omega_2=1.4942$，$\omega_3=3.6050$；振型阻尼比为 $\zeta_i=0.01$，$i=1,2,3$；作用在各质量块上的力组成的向量为

$$\boldsymbol{F}(t)=\begin{Bmatrix}F_0\\F_0\\F_0\end{Bmatrix}\cos\omega t;\quad F_0=2.0,\quad \omega=3.5$$

初始条件为 $\boldsymbol{x}(0)=\boldsymbol{0}$，$\dot{\boldsymbol{x}}(0)=\boldsymbol{0}$。

解：程序 Program8 运行时需要键入以下数据

n——系统的自由度数

nvec——在振型叠加中要用到的振型个数

xm——$n \times n$ 的质量矩阵

ev——$n \times$nvec 的振型矩阵

z——nvec 维振型阻尼比列向量

om——nvec 维固有频率列向量

f——n 维载荷列向量

x_0——n 维初始位移列向量

xd_0——n 维初始速度列向量

nstep——离散时间点数，即 $t_1, t_2, \cdots, t_{nstep}$ 的个数

delt——时间步长

t——离散时间序列，即 $t_1, t_2, \cdots, t_{nstep}$

x——$n \times$nstep 阶矩阵，代表各质量块 $m_1, m_2, \cdots, m_n$ 在离散时间点 $t_1, t_2, \cdots, t_{nstep}$ 处的位移。

程序执行后的结果为

```
>>program8
 Response of system using modal analysis
 Coordinate 1
  1.21920e-002  4.62431e-002  9.57629e-002  1.52151e-001  2.05732e-001
  2.47032e-001  2.68028e-001  2.63214e-001  2.30339e-001  1.70727e-001
  8.91432e-002 -6.79439e-003 -1.07562e-001 -2.02928e-001 -2.83237e-001
 -3.40630e-001 -3.70023e-001 -3.69745e-001 -3.41725e-001 -2.91231e-001
 Coordinate 2
  1.67985e-002  6.40135e-002  1.33611e-001  2.14742e-001  2.94996e-001
  3.61844e-001  4.04095e-001  4.13212e-001  3.84326e-001  3.16843e-001
  2.14565e-001  8.53051e-002 -5.99475e-002 -2.08242e-001 -3.46109e-001
 -4.61071e-001 -5.43061e-001 -5.85566e-001 -5.86381e-001 -5.47871e-001
 Coordinate 3
  1.99158e-002  7.57273e-002  1.57485e-001  2.51794e-001  3.43491e-001
  4.17552e-001  4.60976e-001  4.64416e-001  4.23358e-001  3.38709e-001
  2.16699e-001  6.81361e-002 -9.29091e-002 -2.50823e-001 -3.90355e-001
 -4.98474e-001 -5.65957e-001 -5.88490e-001 -5.67173e-001 -5.08346e-001
```

所绘曲线如图 6.21 所示。

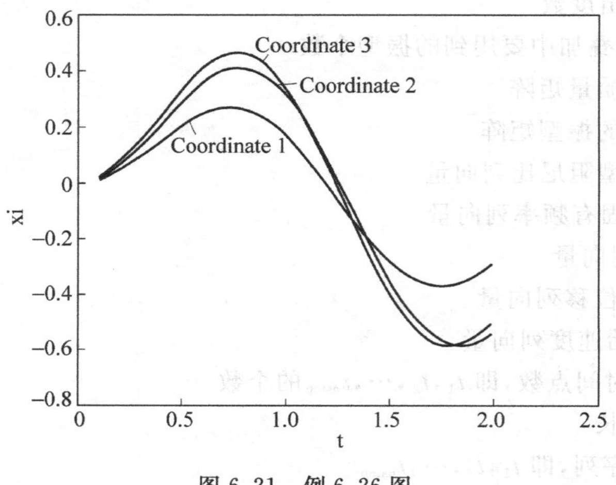

图 6.21 例 6.26 图

本章小结

对多自由度系统的分析需要繁琐的代数运算，利用矩阵表示法可以简化这些运算。可采用三种不同的方法——牛顿第二运动定律、影响系数法和拉格朗日方程推导出系统的运动微分方程。通过求解特征值问题，本章介绍了固有频率的计算。对于无阻尼系统和比例阻尼系统，对其自由振动和受迫振动采用模态分析方法进行了讨论。最后，给出了基于MATLAB来求解多自由度系统的自由振动和受迫振动问题的几个例子。

参考文献

6.1 F. W. Beaufait, *Basic Concepts of Structural Analysis*, Prentice Hall, Englewood Cliffs, N. J., 1977.

6.2 R. J. Roark and W. C. Young, *Formulas for Stress and Strain* (5th ed.), McGraw-Hill, New York, 1975.

6.3 D. A. Wells, *Theory and Problems of Lagrangian Dynamics*, Schaum's Outline Series, McGraw-Hill, New York, 1967.

6.4 J. H. Wilkinson, *The Algebraic Eigenvalue Problem*, Clarendon Press. Oxford, 1965.

6.5 A. Ralston, *A First Course in Numerical Analysis*, McGraw-Hill, New York, 1965.

6.6 L. Meirovitch, *Analytical Methods in Vibrations*, Macmillan, New York, 1967.

6.7 J. W. Strutt, Lord Rayleigh, *The Theory of Sound*, Macmillan, London, 1877 (reprinted by Dover Publications, New York in 1945).

6.8 W. C. Hurty and M. F. Rubinstein, *Dynamics of Structures*, Prentice Hall, Englewood Cliffs,

N. J., 1964.

6.9　T. K. Caughey, "Classical normal modes in damped linear dynamic systems," *Journal of Applied Mechanics*, Vol. 27, 1960, pp. 269-271.

6.10　A. Avakian and D. E. Beskos, "Use of dynamic stiffness influence coefficients in vibrations of non-uniform beams," letter to the editor, *Journal of Sound and Vibration*, Vol. 47, 1976, pp. 292-295.

6.11　I. Gladwell and P. M. Hanson, "Some error bounds and numerical experiments in modal methods for dynamics of systems," *Earthquake Engineering and Structural Dynamics*, Vol. 12, 1984, pp. 9-36.

6.12　R. Bajan, A. R. Kukreti, and C. C. Feng, "Method for improving incomplete modal coupling," *Journal of Engineering Mechanics*, Vol. 109, 1983, pp. 937-949.

6.13　E. J. Routh, *Advanced Rigid Dynamics*, Macmillan, New York, 1905.

6.14　D. W. Nicholson and D. J. Inman, "Stable response of damped linear systems," *Shock and Vibration Digest*, Vol. 15, November 1983, pp. 19-25.

6.15　P. C. Chen and W. W. Soroka, "Multidegree dynamic response of a system with statistical properties," *Journal of Sound and Vibration*, Vol. 37, 1974, pp. 547-556.

6.16　S. Mahalingam and R. E. D. Bishop, "The response of a system with repeated natural frequencies to force and displacement excitation," *Journal of Sound and Vibration*, Vol 36, 1974, pp. 285-295.

6.17　S. G. Kelly, *Fundamentals of Mechanical Vibrations*, McGraw-Hill, New York, 1993.

6.18　S. S. Rao, *Applied Numerical Methods for Engineers and Scientists*, Prentice Hall, Upper Saddle River, NJ, 2002.

思 考 题

6.1　简答题

1. 刚度影响系数与柔度影响系数是如何定义的？并说明两者之间的关系。
2. 分别利用刚度矩阵和柔度矩阵，写出多自由度系统的运动微分方程。
3. 用矩阵的形式，表示 n 自由度系统的势能与动能。
4. 什么是广义质量矩阵？
5. 为什么质量矩阵 $\boldsymbol{m}$ 总是正定的？
6. 刚度矩阵 $\boldsymbol{k}$ 总是正定的吗？为什么？
7. 试说明广义坐标与笛卡儿坐标的区别。
8. 简述拉格朗日方程。
9. 什么是特征值问题？
10. 什么是主振型？是如何计算的？
11. 一个 n 自由度系统可能有多少个不同大小的固有频率？
12. 什么是动力矩阵？其用途是什么？
13. 对于一个多自由度系统，如何得到其频率方程？

14. 试说明固有振型的正交性。什么是正则振型矢量？
15. 一个 n 维矢量空间的基是如何定义的？
16. 什么是展开定理？它有什么重要性？
17. 阐述利用模态分析求多自由度系统响应的步骤。
18. 什么是刚体振型？它是如何确定的？
19. 什么是退化系统？
20. 只利用前几阶振型，如何求多自由度系统的响应？
21. 瑞利耗散函数是如何定义的？
22. 给出下列术语的定义：比例阻尼，模态阻尼比，振型参与系数。
23. 什么时候会出现复数特征值？
24. 罗斯-霍尔威茨判据的用途是什么？

6.2 判断题

1. 对于一个多自由度系统，对每一个自由度都可以写出一个运动微分方程。 (　　)
2. 拉格朗日方程不能用来推导多自由度系统的运动微分方程。 (　　)
3. 多自由度系统的质量矩阵、刚度矩阵、阻尼矩阵总是对称的。 (　　)
4. 系统的刚度矩阵与柔度矩阵之积总是单位矩阵。 (　　)
5. n 自由度系统的振型分析可以只针对 r 个振型($r<n$)来进行。 (　　)
6. 对有阻尼多自由度系统而言，所有的特征值都可能是复数。 (　　)
7. 模态阻尼比表示某一特定固有振型中的阻尼。 (　　)
8. 一个多自由度系统最多可以有 6 个固有频率等于零。 (　　)
9. 广义坐标总是具有长度的单位。 (　　)
10. 广义坐标与系统的约束条件无关。 (　　)
11. 多自由度系统的广义质量矩阵总是对角阵。 (　　)
12. 多自由度系统的势能与动能总是二次函数。 (　　)
13. 系统的质量矩阵总是对称和正定的。 (　　)
14. 系统的刚度矩阵总是对称和正定的。 (　　)
15. 刚体模态也叫零模态。 (　　)
16. 非约束系统也称为半正定系统。 (　　)
17. 总可以用牛顿第二运动定律来推导振动系统的运动微分方程。 (　　)

6.3 填空题

1. 弹簧常数定义为引起单位变形所需要的________。
2. 柔度影响系数 a_{ij} 表示由于在点________作用单位载荷引起的________点的位移。
3. 当所有的其他点都固定不动，而 j 点产生单位位移需在 i 点施加的力称为________影响系数。

4. 多自由度系统的振型是________。
5. 多自由度系统的运动微分方程可以用________系数来表示。
6. 拉格朗日方程是用________坐标来表示的。
7. 克罗内克函数 δ_{ij} 的值当 $i=j$ 时等于 1，当 $i\neq j$ 时其值等于________。
8. 半正定系统的刚度矩阵是________。
9. 多自由度系统至多有________个刚体振型。
10. 若解矢量按固有振型的线性组合表示为 $\boldsymbol{x}(t)=\sum_{i=1}^{n}q_i(t)\boldsymbol{X}^{(i)}$，则广义坐标 $q_i(t)$ 也称为________参与系数。
11. n 维矢量空间中的任意一组 n 个线性无关的矢量称为________。
12. 任意一个 n 维矢量都可以表示为 n 个线性无关的矢量的线性组合，这称为________定理。
13. ________分析是基于展开定理进行的。
14. 模态分析主要是针对________方程形式的运动微分方程。
15. n 自由度系统的特征矢量构成了 n 维空间的________。
16. 应用拉格朗日方程时，要求首先写出系统________的表达式。
17. 行列式方程 $|\boldsymbol{k}-\omega^2\boldsymbol{m}|=0$ 也称为________方程。
18. 刚度矩阵与柔度矩阵的对称性是根据________互易定理得到的。
19. Maxwell 互易定理可以陈述为影响系数________。
20. 只有在系统是________的情况下，刚度矩阵才是正定的。
21. 在无阻尼系统的自由振动中，所有坐标都将作________运动。
22. 在比例阻尼中，阻尼矩阵可以视为________矩阵与________矩阵的线性组合。

6.4 选择题

1. n 自由度系统互不相等的固有频率的数目可能是________。

   (a) 1　　(b) ∞　　(c) n

2. 动力矩阵 $\boldsymbol{D}$ 的表达式为________。

   (a) $\boldsymbol{k}^{-1}\boldsymbol{m}$　　(b) $\boldsymbol{m}^{-1}\boldsymbol{k}$　　(c) $\boldsymbol{km}$

3. 主振型的正交性是指________。

   (a) $\boldsymbol{X}^{(i)^{\mathrm{T}}}\boldsymbol{m}\boldsymbol{X}^{(j)}=0$

   (b) $\boldsymbol{X}^{(i)^{\mathrm{T}}}\boldsymbol{k}\boldsymbol{X}^{(j)}=0$

   (c) $\boldsymbol{X}^{(i)^{\mathrm{T}}}\boldsymbol{m}\boldsymbol{X}^{(j)}=0$ 与 $\boldsymbol{X}^{(i)^{\mathrm{T}}}\boldsymbol{k}\boldsymbol{X}^{(j)}=0$

4. 振型矩阵 $\boldsymbol{X}$ 可以表示为________。

   (a) $\boldsymbol{X}=[\boldsymbol{X}^{(1)}\quad \boldsymbol{X}^{(2)}\quad \cdots\quad \boldsymbol{X}^{(n)}]$

(b) $X=\begin{bmatrix} X^{(1)^{T}} \\ X^{(2)^{T}} \\ \vdots \\ X^{(n)^{T}} \end{bmatrix}$

(c) $X=k^{-1}m$

5. 瑞利耗散函数用于生成________。

(a) 刚度矩阵　　(b) 阻尼矩阵　　(c) 质量矩阵

6. n 自由度系统的特征方程为________。

(a) 超越方程　　(b) n 阶多项式方程　　(c) n 阶微分方程

7. 系统的基频是________。

(a) 最大值　　(b) 最小值　　(c) 任意值

8. 负阻尼会导致________。

(a) 不稳定性　　(b) 快速收敛　　(c) 振荡(动)

9. 罗斯-霍尔威茨判据用于研究________。

(a) 系统的收敛性　　(b) 系统的振动　　(c) 系统的稳定性

10. 刚度矩阵与柔度矩阵的关系为________。

(a) $k=a$　　(b) $k=a^{-1}$　　(c) $k=a^{T}$

11. k 是正的，m 是正定的，这样的系统称为________。

(a) 半正定系统　　(b) 正定系统　　(c) 不确定系统

12. 主振型关于质量矩阵 m 的正交性是指________。

(a) $X^{(i)^{T}}mX^{(i)}=0$　　(b) $X^{(i)^{T}}mX^{(j)}=0$　　(c) $X^{T}mX=\omega_i^2$

13. 模态分析可以方便地用来求多自由度系统的响应________。

(a) 对任意激振力作用的情况

(b) 对自由振动的情况

(c) 只用几个而不是全部振型

6.5 连线题

1. $\frac{1}{2}\dot{X}^{T}m\dot{X}$　　(a) 令其等于零就可求得特征值
2. $\frac{1}{2}X^{T}kX$　　(b) 当主振型正则化后等于ω_i^2
3. $X^{(i)^{T}}mX^{(j)}$　　(c) 系统的动能
4. $X^{(i)^{T}}mX^{(i)}$　　(d) 对主振型 X 等于零
5. $X^{T}kX$　　(e) 等于动力矩阵 D
6. $m\ddot{x}+kx$　　(f) 系统的应变能

7. $|\boldsymbol{k}-\omega^2\boldsymbol{m}|$　　　　　　(g) 等于作用力矢量 $\boldsymbol{F}$

8. $\boldsymbol{k}^{-1}\boldsymbol{m}$　　　　　　　　(h) 当主振型正则化后等于1

习　题

§6.3　运用牛顿第二定律推导运动微分方程

6.1　运用牛顿第二定律，推导图 6.22 所示系统的运动微分方程。

6.2　运用牛顿第二定律，推导图 6.23 所示系统的运动微分方程。

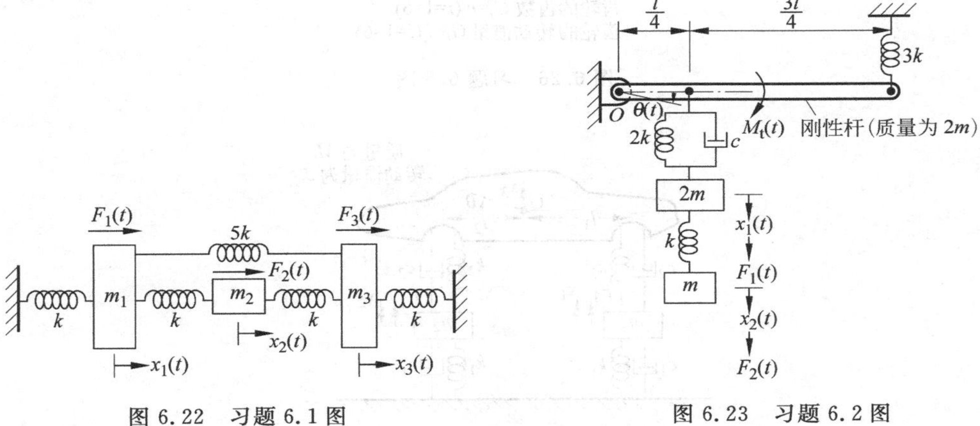

图 6.22　习题 6.1 图　　　　图 6.23　习题 6.2 图

6.3　运用牛顿第二定律，推导图 6.24 所示系统的运动微分方程。

6.4　运用牛顿第二定律，推导图 6.25 所示系统的运动微分方程。

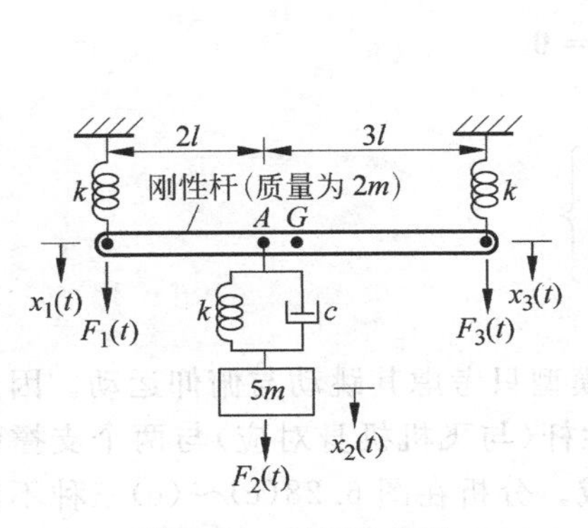

图 6.24　习题 6.3 图

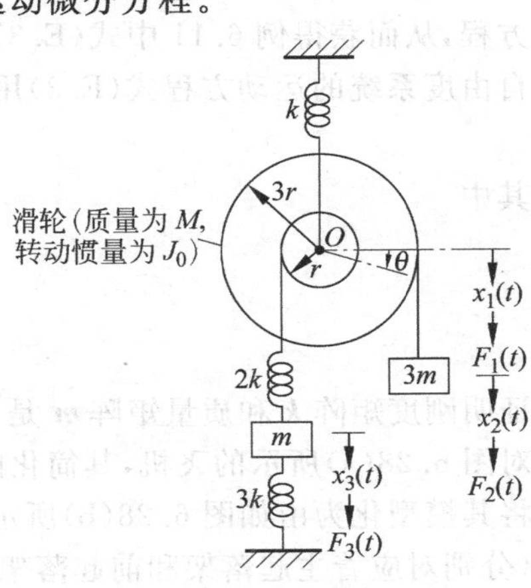

图 6.25　习题 6.4 图

6.5 运用牛顿第二定律，推导图 6.26 所示系统的运动微分方程。

6.6 汽车可以模型化为图 6.27 所示的系统，运用牛顿第二定律，推导其运动微分方程。

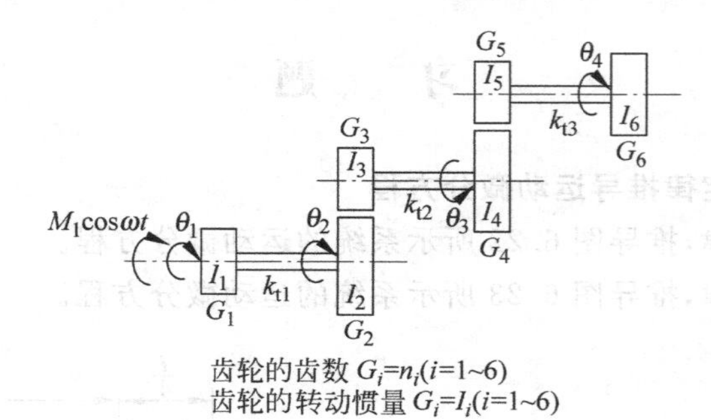

图 6.26 习题 6.5 图

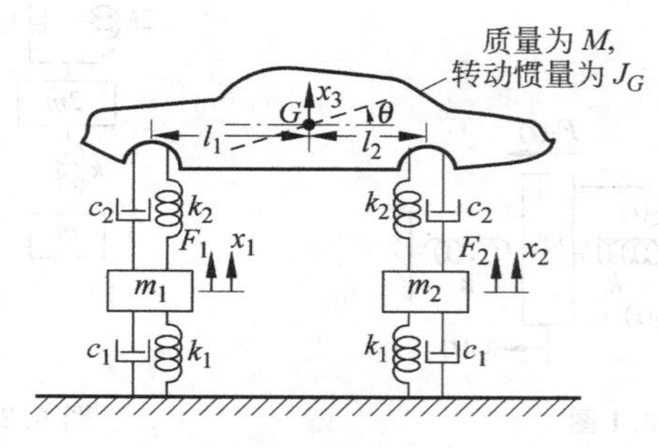

图 6.27 习题 6.6 图

6.7 利用图 6.12(见例 6.11)所示的多自由度系统的质量块的位移 x_1、x_2、x_3 推导出运动方程，从而获得例 6.11 中式(E.3)的对称质量矩阵和对称刚度矩阵。例 6.11 所示多自由度系统的运动方程式(E.3)用 x_1，x_2-x_1，x_3-x_2 可表示如下

$$\boldsymbol{m}\ddot{\boldsymbol{y}}+\boldsymbol{k}\boldsymbol{y}=\boldsymbol{0}$$

其中

$$\boldsymbol{y}=\begin{Bmatrix} y_1 \\ y_2 \\ y_3 \end{Bmatrix}$$

证明刚度矩阵 $\boldsymbol{k}$ 和质量矩阵 $\boldsymbol{m}$ 是非对称的。

6.8 对图 6.28(a)所示的飞机，其简化的振动分析模型只考虑其跳动与俯仰运动。因此可将其模型化为由如图 6.28(b)所示的一个刚性杆(与飞机机身对应)与两个支撑弹簧(分别对应着主起落架和前起落架的刚度)组成。分析在图 6.28(c)～(e)三种不同坐标系下的运动微分方程并说明耦合类型与所选坐标的关联性。

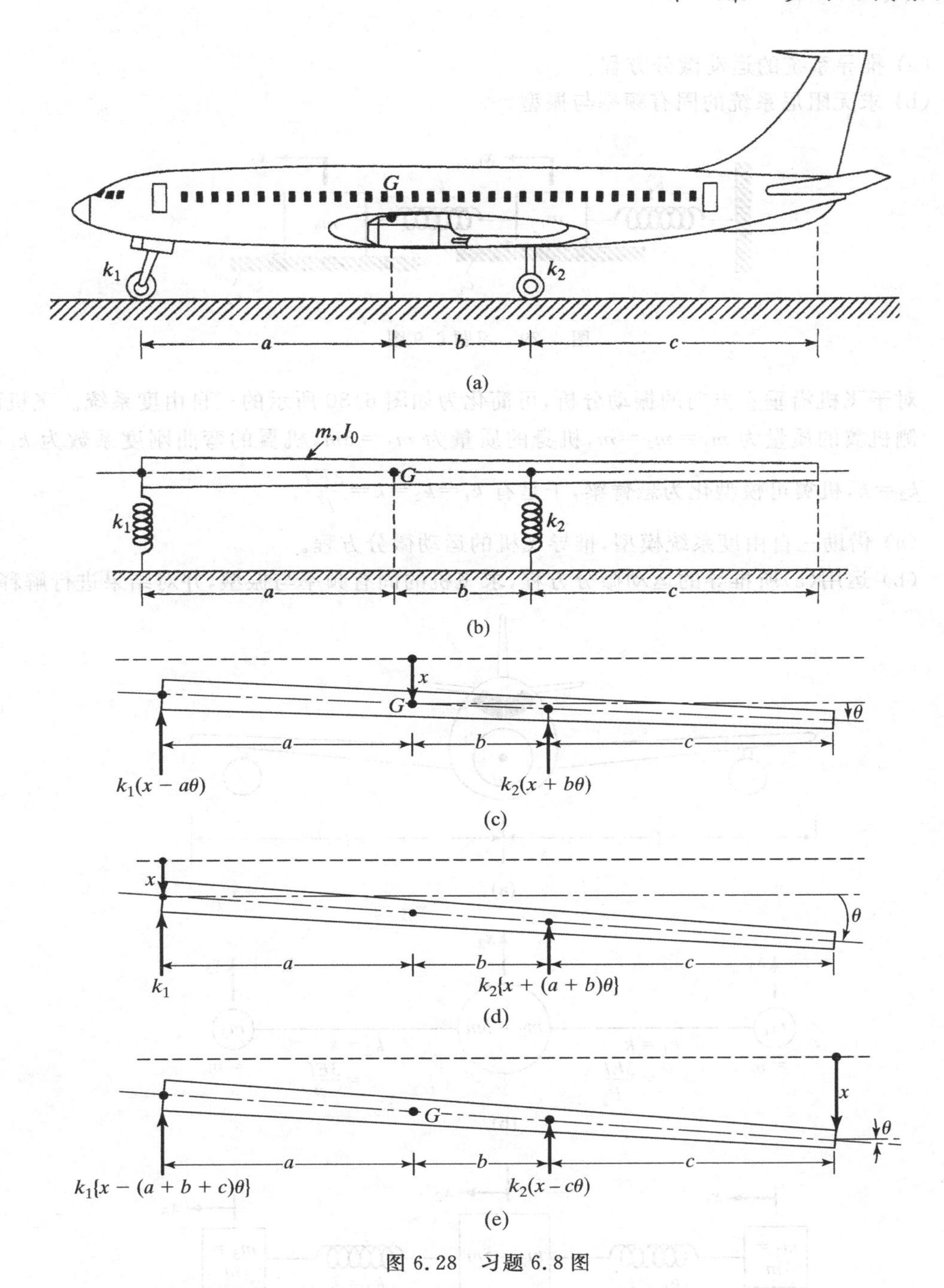

图 6.28　习题 6.8 图

6.9　如图 6.29 所示的二自由度系统，其中 $m_1 = m_2 = 1$，$k_1 = k_2 = 4$。质量块 m_1，m_2 在粗糙表面运动，其等效黏性阻尼系数假设为 $c_1 = c_2 = 2$。

(a) 推导系统的运动微分方程。

(b) 求无阻尼系统的固有频率与振型。

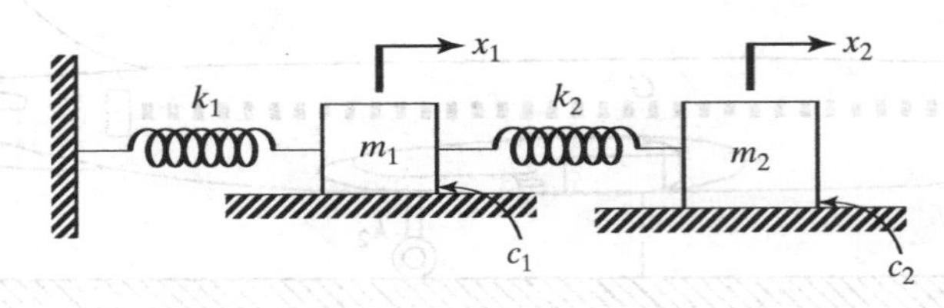

图 6.29　习题 6.9 图

6.10　对于飞机沿垂直方向的振动分析，可简化为如图 6.30 所示的三自由度系统。飞机两侧机翼的质量为 $m_1=m_3=m$，机身的质量为 $m_2=5m$，机翼的弯曲刚度系数为 $k_1=k_2=k$，机翼可模型化为悬臂梁，于是有 $k_1=k_2=k=\frac{3EI}{l^3}$。

(a) 借助三自由度系统模型，推导飞机的运动微分方程。

(b) 运用(a)所推导的运动微分方程，求飞机的固有频率与振型，并对结果进行解释。

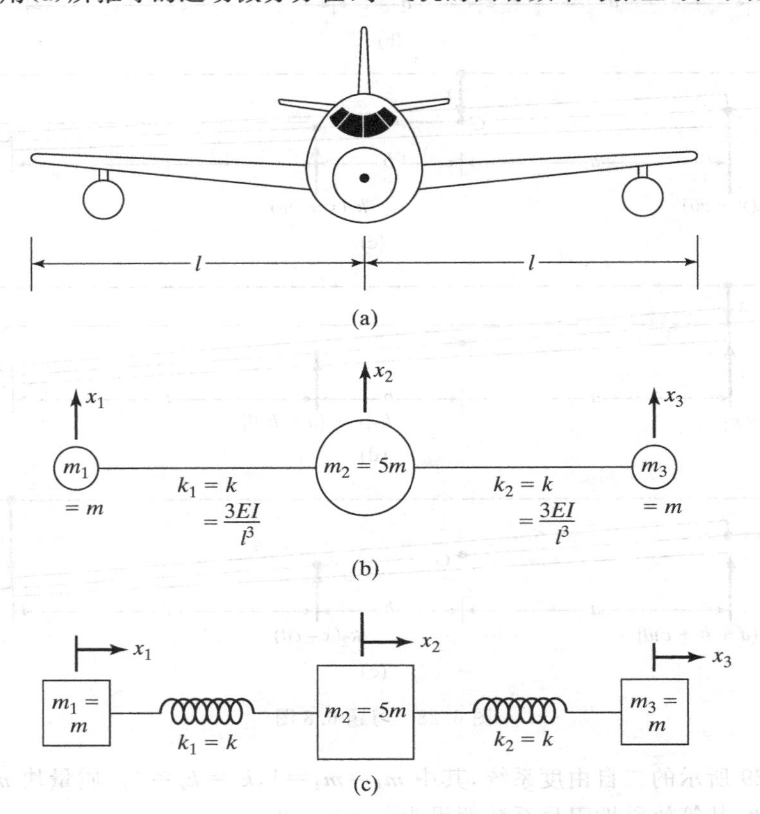

图 6.30　习题 6.10 图

6.11　图 6.31 为简化的小型飞机的起降系统模型，其中 $m_1=100$ kg，$m_2=5000$ kg，$k_1=10^4$ N/m 和 $k_2=10^6$ N/m。

(a) 求系统的运动微分方程。

(b) 求系统的固有频率与振型。

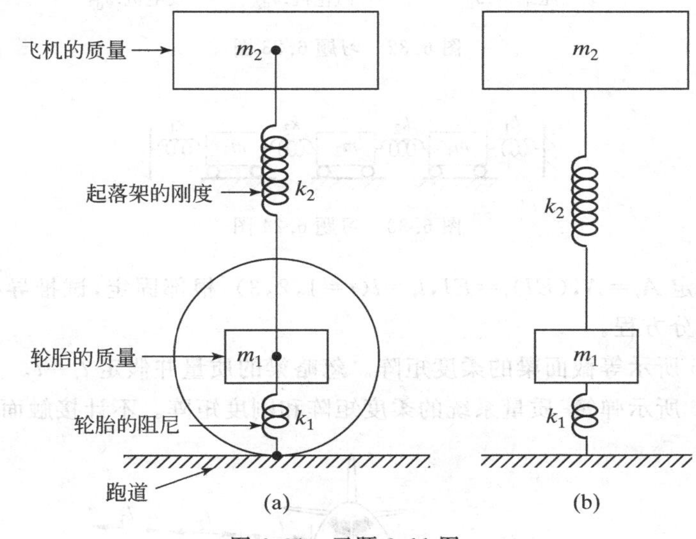

图 6.31　习题 6.11 图

§6.4　影响系数

6.12　根据提示的坐标，推导如图 6.22 所示系统的刚度矩阵。

6.13　根据提示的坐标，推导如图 6.23 所示系统的刚度矩阵。

6.14　根据提示的坐标，推导如图 6.24 所示系统的刚度矩阵。

6.15　根据提示的坐标，推导如图 6.25 所示系统的刚度矩阵。

6.16　根据提示的坐标，推导如图 6.26 所示系统的刚度矩阵。

6.17　根据提示的坐标，推导如图 6.27 所示系统的刚度矩阵。

6.18　求图 5.43 所示系统的柔度矩阵。

6.19　求图 5.43 所示系统的刚度矩阵。

6.20　求图 5.46 所示系统的柔度矩阵。

6.21　求图 5.46 所示系统的刚度矩阵。

6.22　求图 5.46 所示系统的质量矩阵。

6.23　求图 6.32 所示扭振系统的柔度影响系数和刚度影响系数，并写出系统的运动微分方程。

6.24　求图 6.33 所示系统的柔度影响系数和刚度影响系数，并写出系统的运动微分方程。

6.25　如图 6.34(a)所示的飞机机翼可以模型化为如图 6.34(b)所示的三自由度集中质量

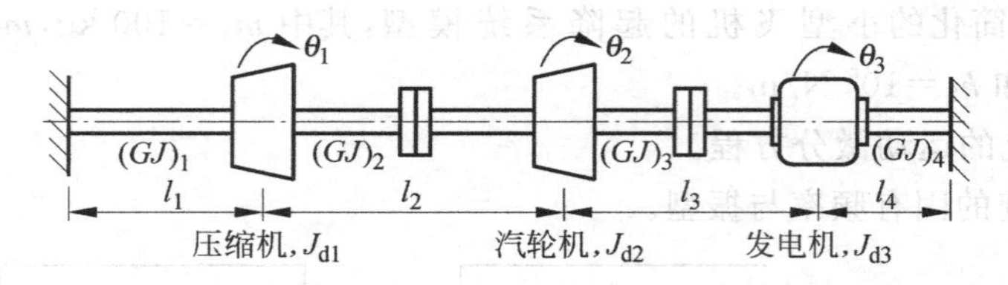

图 6.32　习题 6.23 图

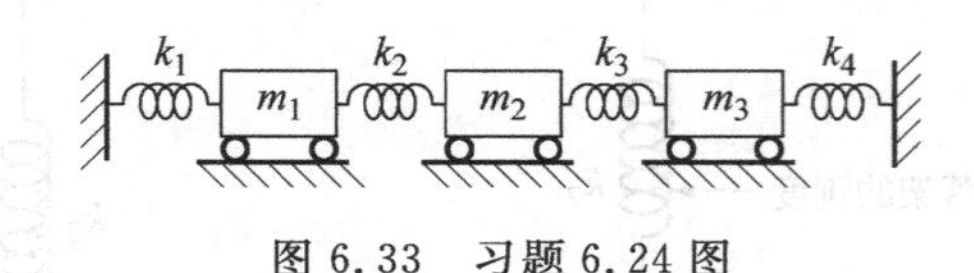

图 6.33　习题 6.24 图

系统。假定 $A_i=A,(EI)_i=EI,l_i=l(i=1,2,3)$，根部固定，试推导机翼的柔度矩阵与运动微分方程。

6.26　求图 6.35 所示等截面梁的柔度矩阵。忽略梁的质量并假定 $l_i=l$。

6.27　求图 6.36 所示弹簧-质量系统的柔度矩阵和刚度矩阵。不计接触面之间的摩擦。

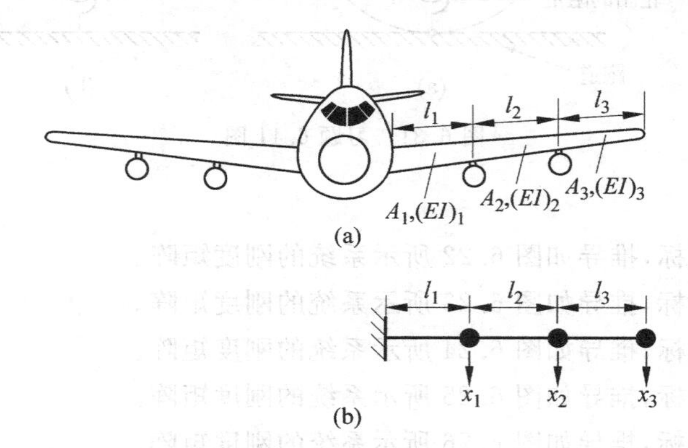

图 6.34　习题 6.25 图

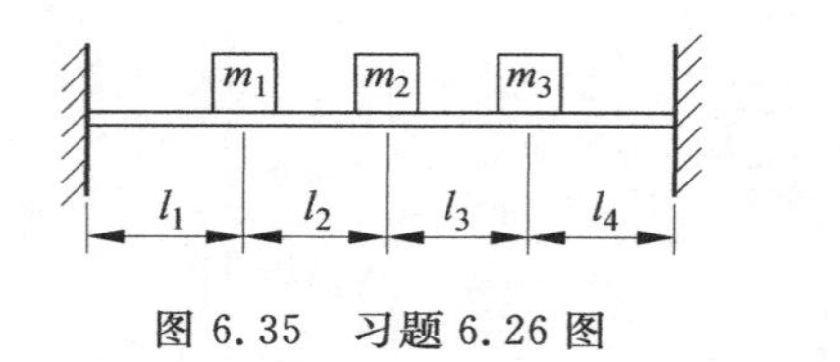

图 6.35　习题 6.26 图

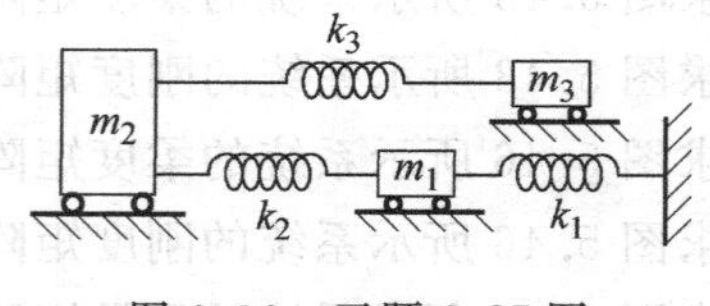

图 6.36　习题 6.27 图

6.28　推导图 6.37 所示具有 3 个附加质量的张紧弦的运动微分方程。假设弦的两端固定。

6.29　推导图 6.38 所示系统的运动微分方程。

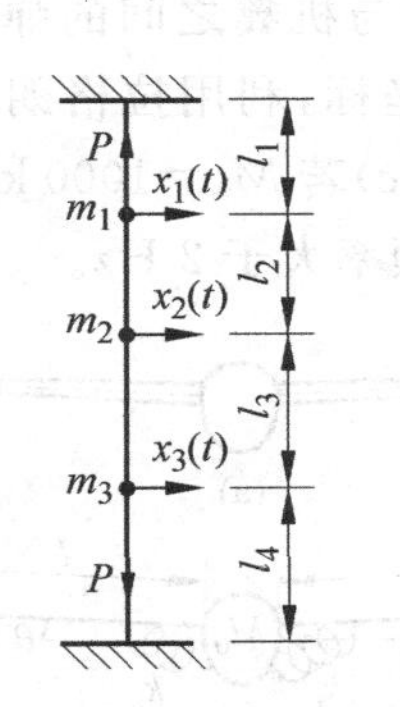

图 6.37　习题 6.28 图

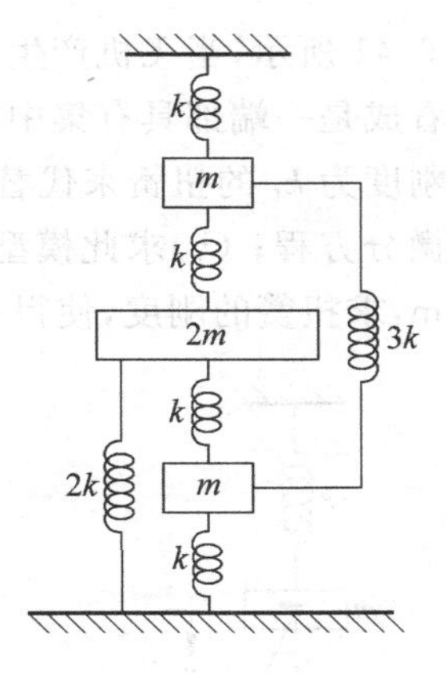

图 6.38　习题 6.29 图

6.30　在图 2.69 所示系统中,弹簧的刚度系数均为 k,对称布置,每一根弹簧均与相临弹簧成 90°。求连接点沿任意方向的影响系数。

6.31　证明图 6.3(a)所示的弹簧-质量系统的刚度矩阵,是一沿对角线的带状矩阵。

6.32　根据提示的坐标,推导图 6.22 所示系统的质量矩阵。

6.33　根据提示的坐标,推导图 6.23 所示系统的质量矩阵。

6.34　根据提示的坐标,推导图 6.24 所示系统的质量矩阵。

6.35　根据提示的坐标,推导图 6.25 所示系统的质量矩阵。

6.36　根据提示的坐标,推导图 6.26 所示系统的质量矩阵。

6.37　逆质量影响系数 b_{ij} 定义为在 j 点处作用一个单位脉冲时,所引起的 i 点处的速度。根据此定义,求图 6.4(a)所示系统的逆质量矩阵。

§6.6　广义坐标与广义力

6.38　一四层抗剪建筑物的简化模型如图 6.39 所示。此模型基于如下假设:各层楼板是刚性的,在各自的平面内没有转动,其他各处的质量都等效到各层楼板上。分别利用牛顿第二定律和拉格朗日方程推导此模型的运动微分方程。

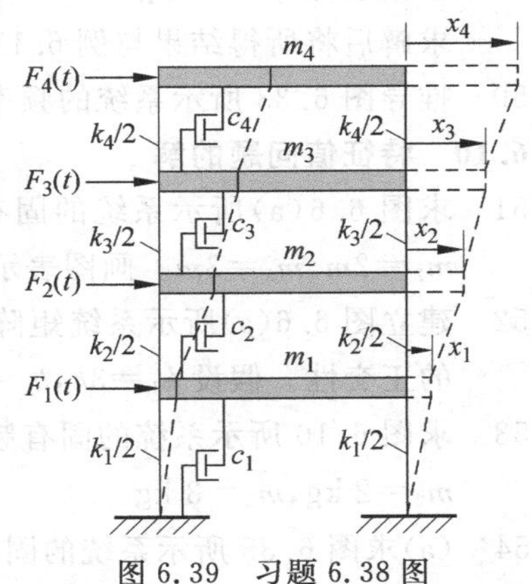

图 6.39　习题 6.38 图

§6.7　用拉格朗日方程推导运动微分方程

6.39　将 x 与 θ 视为广义坐标,利用拉格朗日方程推导图 6.40 所示系统的运动微分方程。

6.40　分别将 x_1 与 x_2、x 与 θ 视为广义坐标,利用拉格朗日方程推导图 5.12(a)所示系统的运动微分方程。

6.41　利用拉格朗日方程推导图 6.33 所示系统的运动微分方程。

6.42　利用拉格朗日方程推导图 6.10 所示三重摆的运动微分方程。

6.43 如图 6.41 所示，当飞机产生对称的振动时，机身可以看成是一个集中质量 M_0，机翼可以看成是一端部具有集中质量 M 的刚性杆。机身与机翼之间的弹性效应可以用两个刚度为 k_t 的扭簧来代替。(a)以 x 和 θ 为广义坐标，利用拉格朗日方程推导其运动微分方程；(b)求此模型的固有频率和主振型；(c)若 $M_0=1000$ kg，$M=500$ kg，$l=6$ m，求扭簧的刚度，使得与扭转振动对应的固有频率大于 2 Hz。

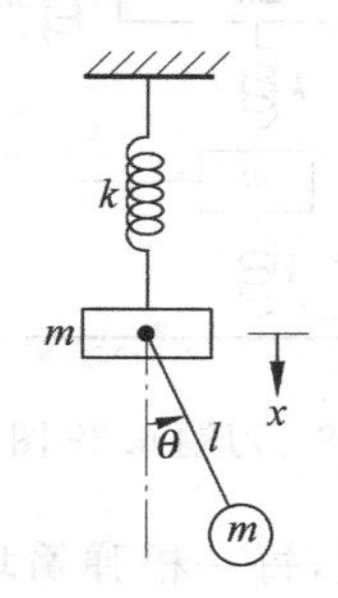

图 6.40 习题 6.39 图

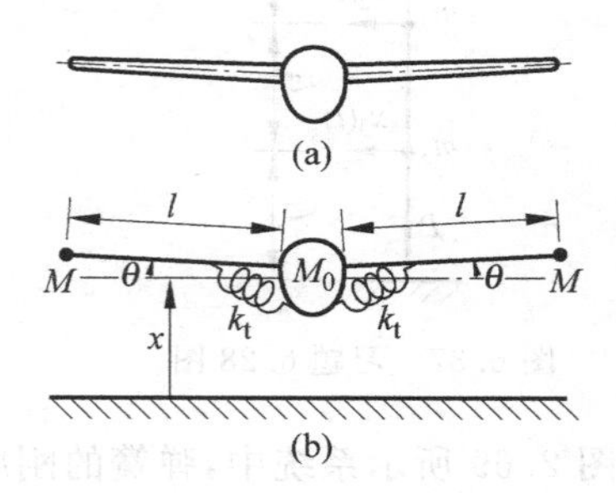

图 6.41 习题 6.43 图

6.44 利用拉格朗日方程推导图 6.22 所示系统的运动微分方程。

6.45 利用拉格朗日方程推导图 6.23 所示系统的运动微分方程。

6.46 利用拉格朗日方程推导图 6.24 所示系统的运动微分方程。

6.47 利用拉格朗日方程推导图 6.25 所示系统的运动微分方程。

6.48 利用拉格朗日方程推导图 6.26 所示系统的运动微分方程。

§6.9 特征值问题

6.49 根据坐标 $q_1=x_1, q_2=x_2-x_1, q_3=x_3-x_2$，建立例 6.11 中所述系统的特征值问题。求解后将所得结果与例 6.11 中的结果进行比较，并总结结论。

6.50 推导图 6.33 所示系统的频率方程。

§6.10 特征值问题的解

6.51 求图 6.6(a)所示系统的固有频率和主振型。假设 $k_1=k, k_2=2k, k_3=3k, m_1=m, m_2=2m, m_3=3m$。画图表示各阶主振型。

6.52 建立图 6.6(a)所示系统矩阵形式的运动微分方程，求出相应的主振型后，验证它们的正交性。假设 $k_1=3k, k_2=k_3=k, m_1=3m, m_2=m_3=m$。

6.53 求图 6.10 所示系统的固有频率。假设 $l_1=20$ cm，$l_2=30$ cm，$l_3=40$ cm，$m_1=1$ kg，$m_2=2$ kg，$m_3=3$ kg。

6.54* (a)求图 6.35 所示系统的固有频率，取 $m_1=m_2=m_3=m, l_1=l_2=l_3=l/4$；(b)求当 $m=10$ kg，$l=0.5$ m，梁横截面直径为 2.5 cm，梁的材料为钢时各固有频率的值；(c)分别考虑空心圆形横截面、矩形横截面和空心矩形横截面的情况，为得到与(b)中

* 表示此题为设计题或无唯一解的题。

相同的固有频率，问哪一种横截面对应的梁的质量最小。

6.55　三自由度系统的频率方程为

$$\begin{vmatrix} \lambda-5 & -3 & -2 \\ -3 & \lambda-6 & -4 \\ -1 & -2 & \lambda-6 \end{vmatrix}=0$$

求该方程的根。

6.56　求图 6.33 所示系统的特征值和特征矢量，取 $k_1=k_2=k_3=k_4=k, m_1=m_2=m_3=m$。

6.57　求图 6.33 所示系统的固有频率和主振型，取 $k_1=k_2=k_3=k_4=k, m_1=m_3=2m$, $m_2=3m$。

6.58　求图 6.10 所示三重摆的固有频率和主振型，取 $m_1=m_2=m_3=m, l_1=l_2=l_3=l$。

6.59　求习题 6.31 所示系统的固有频率和主振型，取 $m_1=m_3=m, m_2=2m, k_1=k_2=k$, $k_3=2k$。

6.60　证明图 6.6(a)所示的系统，当 $k_1=3k, k_2=k_3=k, m_1=4m, m_2=2m, m_3=m$ 时，其固有频率为 $\omega_1=0.46\sqrt{k/m}, \omega_2=\sqrt{k/m}, \omega_3=1.34\sqrt{k/m}$。并求系统的特征矢量。

6.61　求习题 6.28 中所述系统的固有频率，取 $m_1=2m, m_2=m, m_3=3m, l_1=l_2=l_3=l_4=l$。

6.62　求图 6.32 所示扭振系统的固有频率和主振型，取 $(GJ)_i=GJ, i=1,2,3,4, J_{d1}=J_{d2}=J_{d3}=J_0, l_1=l_2=l_3=l_4=l$。

6.63　一等截面杆的质量矩阵和刚度矩阵分别为

$$\boldsymbol{m}=\frac{\rho A l}{4}\begin{bmatrix}1 & 0 & 0\\ 0 & 2 & 0\\ 0 & 0 & 1\end{bmatrix}, \quad \boldsymbol{k}=\frac{2AE}{l}\begin{bmatrix}1 & -1 & 0\\ -1 & 2 & -1\\ 0 & -1 & 1\end{bmatrix}$$

式中，ρ 是材料的密度，A 是横截面面积，E 是弹性模量，l 是杆的长度。求相应的固有频率和主振型。

6.64　一振动系统的质量矩阵如下

$$\boldsymbol{m}=\begin{bmatrix}1 & 0 & 0\\ 0 & 2 & 0\\ 0 & 0 & 1\end{bmatrix}$$

3 个特征向量分别为

$$\begin{Bmatrix}1\\ -1\\ 1\end{Bmatrix}, \quad \begin{Bmatrix}1\\ 1\\ 1\end{Bmatrix}, \quad \begin{Bmatrix}0\\ 1\\ 2\end{Bmatrix}$$

求系统关于质量矩阵正则化的模态矩阵。

6.65　对图 6.42 所示的系统，(a)求系统的特征多项式 $\Delta(\omega^2)=\det|\boldsymbol{k}-\omega^2\boldsymbol{m}|$；(b)取增量

$\Delta\omega^2=0.2$，从$\omega^2=0$到$\omega^2=4.0$绘制$\Delta(\omega^2)$的图形；

(c)求$\omega_1^2,\omega_2^2,\omega_3^2$的值。

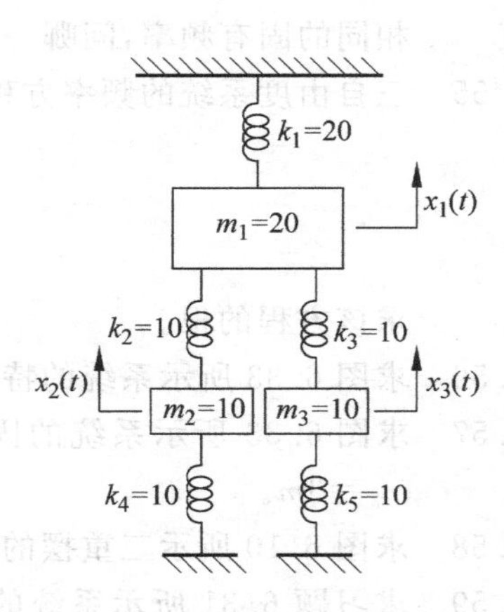

图6.42　习题6.65图

6.66　(a) 一个振动系统的两个特征矢量如下

$$\begin{Bmatrix}0.2754946\\0.3994672\\0.4490562\end{Bmatrix},\quad\begin{Bmatrix}0.6916979\\0.2974301\\-0.3389320\end{Bmatrix}$$

证明它们关于下列质量矩阵满足正则化条件

$$\boldsymbol{m}=\begin{bmatrix}1&0&0\\0&2&0\\0&0&3\end{bmatrix}$$

并求另外一个关于质量矩阵也满足正则化条件的特征矢量。

(b) 如果系统的刚度矩阵是

$$\begin{bmatrix}6&-4&0\\-4&10&0\\0&0&6\end{bmatrix}$$

利用(a)中的特征矢量求系统的固有频率。

6.67　求图6.22所示系统的固有频率，取$m_1=m_2=m_3=m$。

6.68　求图6.23所示系统的固有频率，取$m=1\ \text{kg},l=1\ \text{m},k=1000\ \text{N/m},c=100\ \text{N}\cdot\text{s/m}$。

6.69　考虑如下特征值问题

$$(\boldsymbol{k}-\omega^2\boldsymbol{m})\boldsymbol{X}=\boldsymbol{0}$$

其中

$$\boldsymbol{k}=k\begin{bmatrix}2&-1&0\\-1&2&-1\\0&-1&1\end{bmatrix},\quad\boldsymbol{m}=m\begin{bmatrix}1&0&0\\0&1&0\\0&0&1\end{bmatrix}$$

通过求特征方程$\boldsymbol{m}^{-1}\boldsymbol{k}-\omega^2\boldsymbol{I}=0$的根来求解系统的固有频率，并与例6.11的结果相对比。

6.70　找出下列方程的特征值与特征向量

$$\boldsymbol{A}=\begin{bmatrix}8&-1\\-4&4\end{bmatrix}$$

提示：与矩阵$\boldsymbol{A}$相关的特征值问题可定义为

$$(\boldsymbol{A}-\lambda\boldsymbol{I})\boldsymbol{X}=\boldsymbol{0}$$

其中，λ为特征值，$\boldsymbol{X}$为特征向量。

6.71　考虑一特征值问题

$$(\boldsymbol{k}-\omega^2\boldsymbol{m})\boldsymbol{X}=\boldsymbol{0}$$

其中

$$\boldsymbol{m}=\begin{bmatrix}2&0\\0&1\end{bmatrix},\quad \boldsymbol{k}=\begin{bmatrix}8&-4\\-4&4\end{bmatrix}$$

通过求解(1)$(\boldsymbol{A}-\lambda\boldsymbol{I})\boldsymbol{X}=\boldsymbol{0}$；(2)$(-\omega^2\boldsymbol{k}^{-1}\boldsymbol{m}+\boldsymbol{I})\boldsymbol{X}=\boldsymbol{0}$两种方程的方式求固有频率与模态振型，并对比两种结果。

6.72　对如下特征值问题

$$\omega^2\begin{bmatrix}1&0\\0&2\end{bmatrix}\begin{bmatrix}X_1\\X_2\end{bmatrix}=\begin{bmatrix}6&-2\\-2&2\end{bmatrix}\begin{bmatrix}X_1\\X_2\end{bmatrix}\tag{E.1}$$

(a) 求系统的固有频率和模态振型；

(b) 将式(E.1)中的坐标进行变换：$X_1=Y_1, X_2=3Y_2$，根据特征向量$\boldsymbol{Y}=\begin{bmatrix}Y_1\\Y_2\end{bmatrix}$表示特征值问题，求系统的固有频率和模态振型。

(c) 对比(a)、(b)两种结果，并给出说明。

6.73　考虑如下形式的特征值问题

$$\lambda\boldsymbol{m}\boldsymbol{X}=\boldsymbol{k}\boldsymbol{X}\tag{E.1}$$

其中

$$\boldsymbol{m}=\begin{bmatrix}1&0\\0&4\end{bmatrix},\quad \boldsymbol{k}=\begin{bmatrix}8&-2\\-2&2\end{bmatrix}\text{与 }\lambda=\omega^2$$

式(E.1)可表示为

$$\boldsymbol{D}\boldsymbol{X}=\lambda\boldsymbol{X}$$

其中

$$\boldsymbol{D}=(\boldsymbol{m}^{\frac{1}{2}})^{-1}\boldsymbol{k}(\boldsymbol{m}^{\frac{1}{2}})^{-1}$$

叫作关于质量正则化的刚度矩阵。求此系统的关于质量正则化的刚度矩阵，并利用它来求式(E.1)所述问题的特征值及正则特征向量。

提示：n 阶对角矩阵 $\boldsymbol{m}$ 的平方根为

$$\boldsymbol{m}^{\frac{1}{2}}=\begin{bmatrix}\sqrt{m_{11}}&\cdots&0\\ \cdot&\cdots&\cdot\\ \cdot&\cdots&\cdot\\ \cdot&\cdots&\cdot\\ 0&\cdots&\sqrt{m_{nn}}\end{bmatrix}$$

6.74　使用柯勒斯基方法，一对称正定矩阵如一个多自由度系统的质量矩阵 $\boldsymbol{m}$，可表示为一下三角矩阵 $\boldsymbol{L}$ 与上三角矩阵 $\boldsymbol{L}^{\mathrm{T}}$ 之积，即

$$\boldsymbol{m}=\boldsymbol{L}\boldsymbol{L}^{\mathrm{T}}\tag{E.1}$$

对一个 3×3 的质量矩阵，式(E.1)可表示为

$$\begin{bmatrix} m_{11} & m_{12} & m_{13} \\ m_{21} & m_{22} & m_{23} \\ m_{31} & m_{32} & m_{33} \end{bmatrix} = \begin{bmatrix} L_{11} & & \\ L_{21} & L_{22} & \\ L_{31} & L_{32} & L_{33} \end{bmatrix} \begin{bmatrix} L_{11} & L_{12} & L_{13} \\ & L_{22} & L_{23} \\ & & L_{33} \end{bmatrix} \tag{E.2}$$

通过对方程(E.2)的右边的矩阵相乘，并令其与式(E.2)左边的 3×3 矩阵中的元素对应相等，从而可求出矩阵 $\boldsymbol{L}$。应用该方法，将矩阵

$$\boldsymbol{m} = \begin{bmatrix} 4 & 2 & 1 \\ 2 & 6 & 2 \\ 1 & 2 & 8 \end{bmatrix}$$

分解成 $\boldsymbol{LL}^{\mathrm{T}}$ 形式。

§6.12 无约束系统

6.75 求图 6.14 所示系统的固有频率和主振型，取 $m_1=m$，$m_2=2m$，$m_3=3m$，$k_1=k_2=k$。

6.76 求图 6.43 所示半正定系统的振型矩阵，取 $J_1=J_2=J_3=J_0$，$k_{t1}=k_t$，$k_{t2}=2k_t$。

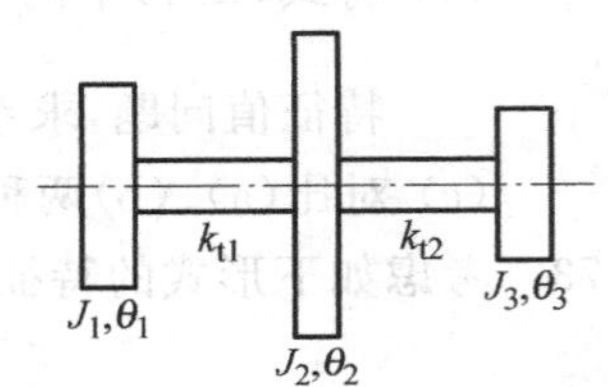

图 6.43 习题 6.76 图

§6.13 无阻尼系统的自由振动

6.77 求图 6.33 所示弹簧-质量系统的自由振动响应，取 $k_i=k$ $(i=1,2,3,4)$，$m_1=2m$，$m_2=3m$，$m_3=2m$，初始条件为 $x_1(0)=x_{10}$，$x_2(0)=x_3(0)=\dot{x}_1(0)=\dot{x}_2(0)=\dot{x}_3(0)=0$。

6.78 求图 6.10 所示三重摆的自由振动响应，取 $l_i=l(i=1,2,3)$，$m_i=m(i=1,2,3)$，初始条件为 $\theta_1(0)=\theta_2(0)=0$，$\theta_3(0)=\theta_{30}$，$\dot{\theta}_i(0)=0(i=1,2,3)$。

6.79 求图 6.37 所示张紧弦的自由振动响应，取 $m_1=2m$，$m_2=m$，$m_3=3m$，$l_i=l(i=1,2,3,4)$，初始条件为 $x_1(0)=x_3(0)=0$，$x_2(0)=x_{20}$，$\dot{x}_i(0)=0(i=1,2,3)$。

6.80 求图 6.6(a)所示弹簧-质量系统的自由振动响应，取 $k_1=k$，$k_2=2k$，$k_3=3k$，$m_1=m$，$m_2=2m$，$m_3=3m$，初始条件为$\dot{x}_1(0)=\dot{x}_{10}$，$x_i(0)=0(i=1,2,3)$，$\dot{x}_2(0)=\dot{x}_3(0)=0$。

6.81 求图 6.36 所示弹簧-质量系统的自由振动响应，取 $m_1=m$，$m_2=2m$，$m_3=m$，$k_1=k_2=k$，$k_3=2k$，初始条件为$\dot{x}_3(0)=\dot{x}_{30}$，$x_1(0)=x_2(0)=x_3(0)=0$ 与$\dot{x}_1(0)=\dot{x}_2(0)=0$。

6.82 在图 6.14 所示系统中，若第一个小车由于冲击作用获得了一个初速度$\dot{x}_0$，求系统的自由振动响应，取 $m_i=m(i=1,2,3)$，$k_1=k_2=k$。

6.83 系统的运动微分方程如下

$$10\begin{bmatrix} 1 & 0 & 0 \\ 0 & 1 & 0 \\ 0 & 0 & 1 \end{bmatrix}\ddot{\boldsymbol{x}}(t)+100\begin{bmatrix} 2 & -1 & 0 \\ -1 & 2 & -1 \\ 0 & -1 & 1 \end{bmatrix}\boldsymbol{x}(t)=\boldsymbol{0}$$

求其自由振动响应，假设初始条件为 $x_i(0)=0.1$，$\dot{x}_i(0)=0(i=1,2,3)$（注：系统的固有频率和主振型已在例 6.10 和例 6.11 中求出）。

6.84 利用模态分析法，求下列二自由度系统的自由振动响应

$$2\begin{bmatrix}1 & 0\\0 & 1\end{bmatrix}\ddot{\boldsymbol{x}}(t)+8\begin{bmatrix}2 & -1\\-1 & 2\end{bmatrix}\boldsymbol{x}(t)=\boldsymbol{0}$$

初始条件为 $\boldsymbol{x}(0)=\{1\quad 0\}^{\mathrm{T}}$，$\dot{\boldsymbol{x}}(0)=\{0\quad 1\}^{\mathrm{T}}$。

6.85 二自由度无阻尼系统的振动方程为

$$\boldsymbol{m}\ddot{\boldsymbol{x}}+\boldsymbol{k}\boldsymbol{x}=\boldsymbol{0}$$

其中

$$\boldsymbol{m}=\begin{bmatrix}1 & 0\\0 & 4\end{bmatrix},\quad \boldsymbol{k}=\begin{bmatrix}8 & -2\\-2 & 2\end{bmatrix}$$

(1)通过关于质量正则化的刚度矩阵求正则特征向量；(2)确定系统的主坐标及模态方程。

6.86 对于习题 6.85 中的两自由度系统，用习题 6.85 所推导的模态方程求其自由振动响应 $x_1(t)$，$x_2(t)$。已知初始条件：$x_1(0)=2$，$x_2(0)=3$，$\dot{x}_1(0)=\dot{x}_2(0)=0$。

6.87 将习题 6.10 中的飞机模型看成三自由度模型，$m=5000$ kg，$l=5$ m，$E=7$ GPa，$I=8\times10^{-6}$ m^4。假设由于阵风而引起的初始条件为 $x_1(0)=0$，$x_2(0)=0.1m$，$\dot{x}_1(0)=\dot{x}_2(0)=\dot{x}_3=0$，求其自由振动响应。

6.88 利用初始条件

$$\boldsymbol{x}(t=0)=\boldsymbol{x}_0=\begin{bmatrix}x_{10}\\x_{20}\end{bmatrix},\quad \dot{\boldsymbol{x}}(t=0)=\dot{\boldsymbol{x}}_0=\begin{bmatrix}\dot{x}_{10}\\\dot{x}_{20}\end{bmatrix}$$

可通过直接解方程

$$\boldsymbol{m}\ddot{\boldsymbol{x}}+\boldsymbol{k}\boldsymbol{x}=\boldsymbol{0}\tag{E.1}$$

求得二自由度系统的自由振动响应

$$\boldsymbol{x}=\begin{bmatrix}x_1(t)\\x_2(t)\end{bmatrix}$$

如果固有频率 ω_1，ω_2 以及主振型 $\boldsymbol{u}_1$，$\boldsymbol{u}_2$ 是通过求解下列特征方程所得

$$(\boldsymbol{m}s^2+\boldsymbol{k})\boldsymbol{u}=\boldsymbol{0}\tag{E.2}$$

若特征根为 $s=\pm\mathrm{i}\omega_1,\pm\mathrm{i}\omega_2$，则式(E.1)的解 $\boldsymbol{x}(t)$ 可表示为不同解的线性组合

$$\boldsymbol{x}(t):C_1\boldsymbol{u}_1\mathrm{e}^{-\mathrm{i}\omega_1 t}+C_2\boldsymbol{u}_1\mathrm{e}^{-\mathrm{i}\omega_1 t}+C_3\boldsymbol{u}_2\mathrm{e}^{-\mathrm{i}\omega_2 t}+C_4\boldsymbol{u}_2\mathrm{e}^{-\mathrm{i}\omega_2 t}\tag{E.3}$$

其中 $C_i(i=1,2,3,4)$ 为常数。证明，解(E.3)可以写成如下等效形式

$$\boldsymbol{x}(t)=A_1\sin(\omega_1 t+\phi_1)\boldsymbol{u}_1+A_2\sin(\omega_2 t+\phi_2)\boldsymbol{u}_2$$

其中 A_1,ϕ_1,A_2,ϕ_2 为常数。

§6.14 用模态分析法求无阻尼系统的受迫振动

6.89 利用振型叠加法，求图 6.44 所示系统中左下方的质量块受简谐激励 $F(t)=F_0\sin\omega t$ 作用时 3 个质量块的振幅。其中，$m=1$ kg，$k=1000$ N/m，$F_0=5$ N，$\omega=10$ rad/s。

6.90 (a) 确定图 6.11 所示扭转系统的固有频率与主振型。已知 $k_{t1}=k_{t2}=k_{t3}=k_t$ 与 $J_1=J_2=J_3=J_0$。(b) 若扭矩 $M_{t3}(t)=M_{t0}\cos\omega t$（$M_{t0}=500$ N·m，$\omega=100$ rad/s）作用于发电机（J_3）上，试求压缩机、汽轮机和发电机的振幅。假定 $M_{t1}=M_{t2}=0$，$k_t=$

$100\ \text{N}\cdot\text{m/rad}, J_0=1\ \text{kg}\cdot\text{m}^2$。

6.91　利用习题6.24和习题6.56的结果，求图6.33所示系统的振型矩阵并推导解耦以后的运动微分方程。

6.92　可以利用模态加速度法求多自由度系统的近似解。根据这种方法，无阻尼系统的运动微分方程可以改写成如下形式

$$\boldsymbol{x}=\boldsymbol{k}^{-1}(\boldsymbol{F}-\boldsymbol{m}\ddot{\boldsymbol{x}}) \tag{E.1}$$

而$\ddot{\boldsymbol{x}}$可以利用前$r(r<n)$阶振型近似地表示为

$$\ddot{\boldsymbol{x}}_{n\times1}=\boldsymbol{X}_{n\times r}\ddot{\boldsymbol{q}}_{r\times1} \tag{E.2}$$

由于$(\boldsymbol{k}-\omega_i^2\boldsymbol{m})\boldsymbol{X}^{(i)}=\boldsymbol{0}$，所以由式(E.1)得

$$\boldsymbol{x}(t)=\boldsymbol{k}^{(-1)}\boldsymbol{F}(t)-\sum_{i=1}^{r}\frac{1}{\omega_i^2}\boldsymbol{X}^{(i)}\ddot{q}_i(t) \tag{E.3}$$

根据此方法，取$r=1$，求例6.19中所述系统的近似解，不计阻尼。

6.93　求习题6.51中所述系统对下列初始条件的响应：$x_1(0)=1,\dot{x}_1(0)=0,x_2(0)=2,\dot{x}_2(0)=1,x_3(0)=1,\dot{x}_3(0)=-1$。假设$k/m=1$。

6.94　证明用主坐标$q_i(t)$表示的初始条件与用物理坐标$x_i(t)$表示的初始条件之间具有如下关系

$$\boldsymbol{q}(0)=\boldsymbol{X}^{\mathrm{T}}\boldsymbol{m}\boldsymbol{x}(0),\quad \dot{\boldsymbol{q}}(0)=\boldsymbol{X}^{\mathrm{T}}\boldsymbol{m}\dot{\boldsymbol{x}}(0)$$

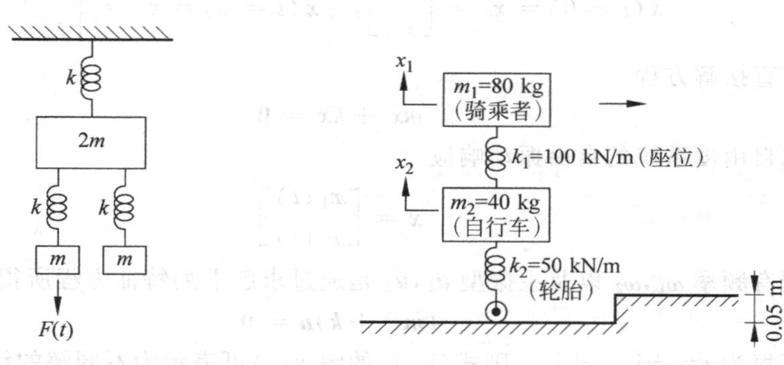

图6.44　习题6.89图　　　图6.45　习题6.95图

6.95　载有骑乘者的自行车可以简化为图6.45所示的模型。求当自行车遇到如图所示的路肩时，骑乘者的垂直运动。

6.96　求图6.10所示三重摆在大小为0.1 N·m、作用时间为0.1 s的矩形脉冲作用下的响应。已知$l_i=0.5\ \text{m}(i=1,2,3)$，$m_i=1\ \text{kg}\ (i=1,2,3)$，冲量作用在$m_3$上，与$\theta_3$方向相同。假设摆在初始时刻静止。

6.97　求图6.6(a)所示弹簧-质量系统在大小为1000 N、作用时间为0.25 s的矩形脉冲作用下的响应。已知$k_1=k,k_2=2k,k_3=3k,m_1=m,m_2=2m,m_3=3m,k=10^4\ \text{N/m}$，$m=2\ \text{kg}$，冲量作用在$m_1$上，与$x_1$方向相同。

6.98　一个二自由度系统的运动微分方程为$\boldsymbol{m}\ddot{\boldsymbol{x}}+\boldsymbol{k}\boldsymbol{x}=\boldsymbol{f}(t)$，其中

$$m=\begin{bmatrix}1 & 0\\0 & 4\end{bmatrix},\quad k=\begin{bmatrix}8 & -2\\-2 & 2\end{bmatrix},\quad f(t)=\begin{bmatrix}f_1(t)\\f_2(t)\end{bmatrix}$$

(a) 推导求系统受迫振动响应的模态方程；

(b) 推导出 $f_1(t)$ 和 $f_2(t)$ 应满足的条件，以使对两个模态均有影响。

§6.15　黏性阻尼系统的受迫振动

6.99　利用机械阻抗方法求图 6.17 所示系统的稳态响应。已知 $k_1=k_2=k_3=k_4=100\ \text{N/m}$，$m_1=m_2=m_3=1\ \text{kg}$，$c_1=c_2=c_3=c_4=1\ \text{N}\cdot\text{s/m}$，$F_1(t)=F_0\cos\omega t$（$F_0=10\ \text{N}$，$\omega=1\ \text{rad/s}$）。假设弹簧 k_4 和阻尼器 c_4 在右端与刚性墙体连接。

6.100　如图 6.46 (a) 所示的机翼可以模型化为图 6.46(b)所示的 12 自由度集中质量系统。通过实验得到该系统的前 3 阶主振型如下表

主振型	自由度												
	0	1	2	3	4	5	6	7	8	9	10	11	12
$X^{(1)}$	0	0.126	0.249	0.369	0.483	0.589	0.686	0.772	0.846	0.907	0.953	0.984	1.000
$X^{(2)}$	0	−0.375	−0.697	−0.922	−1.017	−0.969	−0.785	−0.491	−0.127	0.254	0.599	0.860	1.000
$X^{(3)}$	0	0.618	1.000	1.000	0.618	0.000	−0.618	−1.000	−1.000	−0.618	0.000	0.618	1.000

相应的前 3 阶固有频率分别为 $\omega_1=225\ \text{rad/s}$，$\omega_2=660\ \text{rad/s}$，$\omega_3=1100\ \text{rad/s}$。如果已知机身的垂直运动 $x_0(t)$，且近似地认为机翼的运动是其前 3 阶主振型的线性组合，推导确定其动力学响应的解耦形式的运动微分方程。

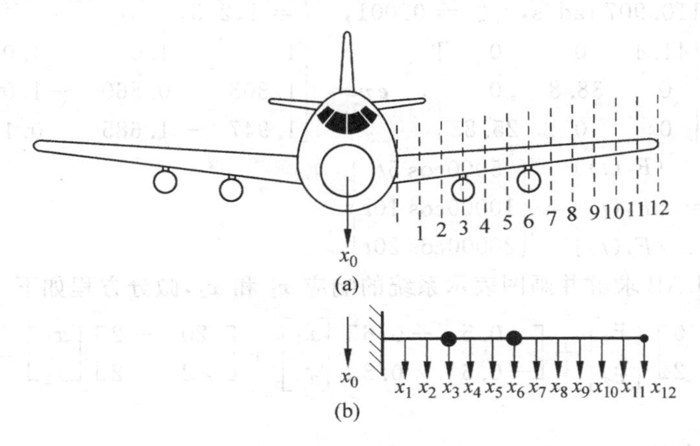

图 6.46　习题 6.100 图

提示：与式(3.64)类似，机翼的运动微分方程的形式为

$$\boldsymbol{m}\ddot{\boldsymbol{x}}+\boldsymbol{c}(\dot{\boldsymbol{x}}-\dot{x}_0\boldsymbol{u}_1)+\boldsymbol{k}(\boldsymbol{x}-x_0\boldsymbol{u}_1)=\boldsymbol{0}$$

或

$$\boldsymbol{m}\ddot{\boldsymbol{x}}+\boldsymbol{c}\dot{\boldsymbol{x}}+\boldsymbol{k}\boldsymbol{x}=-x_0\boldsymbol{m}\boldsymbol{u}_1$$

式中，$\boldsymbol{u}_1=\{1\quad 0\quad 0\quad \cdots\quad 0\}^{\mathrm{T}}$ 是一个单位矢量。

§6.17 利用MATLAB求解的例子

6.101 利用MATLAB，求例6.13所述系统的质量矩阵和刚度矩阵对应的特征值与特征向量。

6.102 利用MATLAB，求习题6.79所述系统的自由振动响应，并画图表示。其中，$x_{20}=0.5$，$P=100$，$l=5$，$m=2$。

6.103 利用MATLAB函数ode23，求习题6.89所述系统的受迫振动响应，并画图表示。

6.104 利用MATLAB函数roots求下列方程的根：

$$f(x)=x^{12}-2=0$$

6.105 求黏性阻尼三自由度系统的受迫振动响应，该系统的运动微分方程为

$$10\begin{bmatrix}1 & 0 & 0\\0 & 2 & 0\\0 & 0 & 3\end{bmatrix}\ddot{\boldsymbol{x}}(t)+5\begin{bmatrix}3 & -1 & 0\\-1 & 4 & -3\\0 & -3 & 3\end{bmatrix}\dot{\boldsymbol{x}}(t)+20\begin{bmatrix}7 & -3 & 0\\-3 & 5 & -2\\0 & -2 & 2\end{bmatrix}\boldsymbol{x}(t)=\begin{Bmatrix}5\cos 2t\\0\\0\end{Bmatrix}$$

假设全部初始条件均为零。

6.106 利用MATLAB函数ode23求解习题6.99，并画图表示$x_1(t)$、$x_2(t)$和$x_3(t)$。

6.107 利用程序Program7.m，生成对应于矩阵$\boldsymbol{A}=\begin{bmatrix}5 & 3 & 2\\3 & 6 & 4\\1 & 2 & 6\end{bmatrix}$的特征多项式。

6.108 利用程序Program8.m，求下列数据对应的三自由度系统的稳态响应

$$\omega_1=25.076\ \text{rad/s},\quad \omega_2=53.578\ \text{rad/s},$$

$$\omega_3=110.907\ \text{rad/s},\quad \zeta_i=0.001,\quad i=1,2,3,$$

$$\boldsymbol{m}=\begin{bmatrix}41.4 & 0 & 0\\0 & 38.8 & 0\\0 & 0 & 25.88\end{bmatrix},\quad \boldsymbol{ev}=\begin{bmatrix}1 & 1.0 & 1.0\\1.303 & 0.860 & -1.000\\1.947 & -1.685 & 0.183\end{bmatrix},$$

$$\boldsymbol{F}(t)=\begin{Bmatrix}F_1(t)\\F_2(t)\\F_3(t)\end{Bmatrix}=\begin{Bmatrix}5000\cos 5t\\10000\cos 10t\\20000\cos 20t\end{Bmatrix}$$

6.109 用MATLAB求解并画图表示系统的响应x_1和x_2，微分方程如下

$$\begin{bmatrix}5 & 0\\0 & 2\end{bmatrix}\begin{bmatrix}\ddot{x}_1\\\ddot{x}_2\end{bmatrix}+\begin{bmatrix}0.5 & -0.6\\-0.6 & 0.8\end{bmatrix}\begin{bmatrix}\dot{x}_1\\\dot{x}_2\end{bmatrix}+\begin{bmatrix}20 & -2\\-2 & 2\end{bmatrix}\begin{bmatrix}x_1\\x_2\end{bmatrix}=\begin{bmatrix}1\\0\end{bmatrix}\sin 2t \tag{E.1}$$

初始条件如下

$$\boldsymbol{x}(t=0)=\begin{bmatrix}0.1\\0\end{bmatrix}\text{m},\quad \dot{\boldsymbol{x}}(t=0)=\begin{bmatrix}0\\1\end{bmatrix}\text{m/s}$$

6.110 编写一个根据式(6.61)中的已知特征值，求特征向量的计算机程序。并利用此程序求习题6.57中的主振型。

6.111 编写一个生成关于质量矩阵$\boldsymbol{m}$满足正则化条件的振型矩阵$\boldsymbol{X}$的计算机程序。该程序应该能够把系统的自由度数、主振型和质量矩阵作为输入数据。并利用此程序求解习

题 6.64。

6.112　无阻尼系统的运动微分方程(各量均采用国际制单位)为

$$\begin{bmatrix}2 & 0 & 0\\0 & 2 & 0\\0 & 0 & 2\end{bmatrix}\ddot{\boldsymbol{x}}+\begin{bmatrix}16 & -8 & 0\\-8 & 16 & -8\\0 & -8 & 16\end{bmatrix}\boldsymbol{x}=\begin{Bmatrix}10\sin\omega t\\0\\0\end{Bmatrix}$$

利用子程序 MODAL,求当 $\omega=5$ rad/s 时系统的稳态响应。

6.113　求习题 6.112 中系统的响应,激励角频率 ω 的变化范围为 1～10 rad/s,角频率变化的增量为 1 rad/s。作图表示 $x_i(t)(i=1,2,3)$ 的第一个峰值的大小随 ω 的变化规律。

6.114　求图 6.9 所示梁的振动固有频率和模态,其质量矩阵为

$$\boldsymbol{m}=\begin{bmatrix}m_1 & 0 & 0\\0 & m_2 & 0\\0 & 0 & m_3\end{bmatrix}=m\begin{bmatrix}1 & 0 & 0\\0 & 1 & 0\\0 & 0 & 1\end{bmatrix}$$

柔度矩阵见例 6.6 中的式(E.4)。

设计题目

6.115　如图 6.47(a)所示,一个重型机床安装在多层建筑的二层,可以将其简化为如图 6.47(b)所示的三自由度模型。(a)如果 $k_1=5000$ lbf/in,$k_2=500$ lbf/in,$k_3=2000$ lbf/in,$c_1=c_2=c_3=10$ lbf·s/in,$m_f=50$ lbf·s²/in,$m_b=10$ lbf·s²/in,$m_h=2$ lbf·s²/in,$F(t)=1000\cos 60t$ lbf,用 5.6 节所述机械阻抗法求系统的稳态响应;(b)如果机床顶端的响应 x_3 必须降低 25%,支承弹簧的刚度 k_2 应为多少?(c)为了达到(b)中的目的,还有其他更好的方法吗?

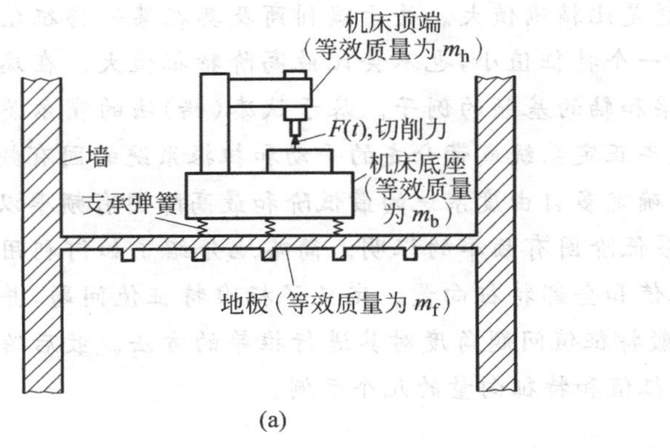

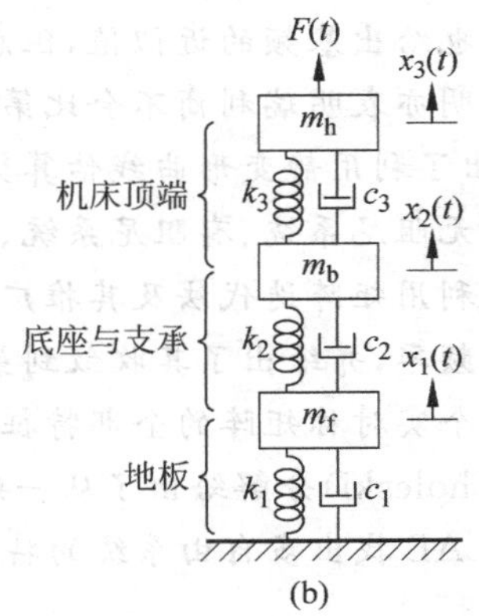

图 6.47　习题 6.115 图

瑞利(John William Strutt, Lord Rayleigh,1842—1919),英国物理学家,曾任剑桥大学实验物理学教授,伦敦皇家学院自然哲学教授,英国皇家协会主席和剑桥大学名誉校长。瑞利对光学和声学的研究是广为人知的,即使在今天,其于1877年出版的《声的理论》(*Theory of Sound*)一书仍被认为是一流的著作。其提出的计算振动物体固有频率的近似方法被称为瑞利法。

(蒙 *Applied Mechanics Reviews* 许可使用。)

第7章　多自由度系统固有频率与振型的近似计算方法

导读

本章介绍确定多自由度系统固有频率和主振型的几种近似方法,比较详细地介绍了邓克莱(Dunkerley)法、瑞利(Rayleigh)法、霍尔茨(Holzer)法、矩阵迭代法和雅可比(Jacobi)法。其中邓克莱公式的推导是基于这样的事实:大多数系统的高阶固有频率与第一阶固有频率(基频)相比都是足够大的。此法给出的基频的近似值总是比精确值小。基于瑞利原理的瑞利法也给出基频的近似值,但总是比精确值大。关于瑞利商及其在某一特征值附近取驻值的证明亦表明瑞利商不会比第一个特征值小,也不会比最高阶特征值大。在瑞利法一节,还给出了利用静变形曲线估算梁和轴的基频的例子。基于试凑(错)法的霍尔茨法可以用来确定无阻尼系统、有阻尼系统、半正定系统或带分支的平动和扭振系统的固有频率。介绍了如何利用矩阵迭代法及其推广确定多自由度系统的最低阶和最高阶固有频率以及某一中间固有频率,并给出了其收敛到最低阶固有频率的证明。简略地介绍了如何利用雅可比法找到一个实对称矩阵的全部特征值和全部特征向量。定义了标准特征值问题,并基于柯勒斯基(Choleski)分解给出了从一般特征值问题角度对其进行推导的方法。最后给出了利用 MATLAB 找出多自由系统的特征值和特征向量的几个示例。

学习目标

学完本章后,读者应能达到以下几点:

- 利用邓克莱公式根据组成系统的固有频率确定复合系统基频的近似值。

- 熟悉瑞利原理、瑞利商的特点并能利用瑞利法计算一个系统的基频。
- 利用霍尔茨法确定振动系统的固有频率和模态矢量的近似值。
- 利用矩阵迭代法及其扩展方法(矩阵缩减方法)确定一个系统的最低和最高阶固有频率以及固有频率的某一个中间值。
- 利用雅可比法找到一个多自由度系统的全部特征值和特征向量。
- 基于柯勒斯基分解法把一个一般特征值问题转化为一个标准特征值问题。
- 利用 MATLAB 求解特征值问题。

7.1　引言

在第 6 章中,通过令特征矩阵的行列式的值等于零来求多自由度系统的固有频率(特征值)和主振型(特征向量)。尽管这是一种精确的方法,但当系统的自由度数较大时,特征矩阵的展开以及依此得到的 n 次代数方程的求解会变得非常繁琐。目前已有几种数值方法可以计算多自由度系统的固有频率和主振型。本章将介绍数值方法中的邓克莱法、瑞利法、霍尔茨法、矩阵迭代法和雅可比法。邓克莱法和瑞利法仅适用于估算系统的基频。霍尔茨法本质上是一种按表格计算的方法,它可以求出特征值问题的部分或全部解。矩阵迭代法每次只能得到一个固有频率,通常是从基频开始,当得到所要求的前几阶固有频率和主振型后便可停止。如果要求出全部固有频率和主振型,可以使用雅可比法,因为该法可以同时得到全部特征值和特征向量。

7.2　邓克莱公式

邓克莱(Dunkerley)公式是根据组合系统各组成部分的固有频率给出其基频的近似值。在推导该公式时,利用了对于大多数振动系统来说,相对于基频各高阶频率都很大这一事实[7.1~7.3]。考虑一个一般的 n 自由度系统,其特征值由频率方程(6.63)确定

$$\left|-\boldsymbol{k}+\omega^2\boldsymbol{m}\right|=0$$

或

$$\left|-\frac{1}{\omega^2}\boldsymbol{I}+\boldsymbol{am}\right|=0 \tag{7.1}$$

式中 $\boldsymbol{a}=\boldsymbol{k}^{-1}$。对于一个具有集中质量的系统,其质量矩阵为对角阵,式(7.1)可以写成

$$\left|-\frac{1}{\omega^2}\begin{bmatrix}1 & 0 & \cdots & 0\\ 0 & 1 & \cdots & 0\\ \vdots & & & \\ 0 & 0 & \cdots & 1\end{bmatrix}+\begin{bmatrix}a_{11} & a_{12} & \cdots & a_{1n}\\ a_{21} & a_{22} & \cdots & a_{2n}\\ \vdots & & & \\ a_{n1} & a_{n2} & \cdots & a_{nn}\end{bmatrix}\begin{bmatrix}m_1 & 0 & \cdots & 0\\ 0 & m_2 & \cdots & 0\\ \vdots & & & \\ 0 & 0 & \cdots & m_n\end{bmatrix}\right|=0$$

即

$$\begin{vmatrix} -\frac{1}{\omega^2}+a_{11}m_1 & a_{12}m_2 & \cdots & a_{1n}m_n \\ a_{21}m_1 & -\frac{1}{\omega^2}+a_{22}m_2 & \cdots & a_{2n}m_n \\ \vdots & \vdots & & \vdots \\ a_{n1}m_1 & a_{n2}m_2 & \cdots & -\frac{1}{\omega^2}+a_{nn}m_n \end{vmatrix} = 0 \tag{7.2}$$

将式(7.2)展开后得

$$\left(\frac{1}{\omega^2}\right)^n-(a_{11}m_1+a_{22}m_2+\cdots+a_{nn}m_n)\left(\frac{1}{\omega^2}\right)^{n-1}$$
$$+(a_{11}a_{22}m_1m_2+a_{11}a_{33}m_1m_3+\cdots+a_{n-1,n-1}a_{nn}m_{n-1}m_n-a_{12}a_{21}m_1m_2$$
$$-\cdots-a_{n-1,n}a_{n,n-1}m_{n-1}m_n)\left(\frac{1}{\omega^2}\right)^{n-2}-\cdots=0 \tag{7.3}$$

式(7.3)的左边是一个关于$(1/\omega^2)$的n次多项式，若该方程的根分别表示为$1/\omega_1^2,1/\omega_2^2,\cdots,1/\omega_n^2$，则其可重写为

$$\left(\frac{1}{\omega^2}-\frac{1}{\omega_1^2}\right)\left(\frac{1}{\omega^2}-\frac{1}{\omega_2^2}\right)\cdots\left(\frac{1}{\omega^2}-\frac{1}{\omega_n^2}\right)=\left(\frac{1}{\omega^2}\right)^n$$
$$-\left(\frac{1}{\omega_1^2}+\frac{1}{\omega_2^2}+\cdots+\frac{1}{\omega_n^2}\right)\left(\frac{1}{\omega^2}\right)^{n-1}-\cdots=0 \tag{7.4}$$

令式(7.3)和式(7.4)中$(1/\omega^2)^{n-1}$的系数相等，得

$$\frac{1}{\omega_1^2}+\frac{1}{\omega_2^2}+\cdots+\frac{1}{\omega_n^2}=a_{11}m_1+a_{22}m_2+\cdots+a_{nn}m_n \tag{7.5}$$

在大多数情况下，各高阶频率$\omega_2,\omega_3,\cdots,\omega_n$都要比基频$\omega_1$大，即

$$\frac{1}{\omega_i^2}\ll\frac{1}{\omega_1^2},\quad i=2,3,\cdots,n$$

于是式(7.5)可近似地写成

$$\frac{1}{\omega_1^2}\approx a_{11}m_1+a_{22}m_2+\cdots+a_{nn}m_n \tag{7.6}$$

此式称为**邓克莱公式**。显然，式(7.6)给出的基频的近似值总是比准确值小。有些情况下，将式(7.6)写成如下形式会更方便

$$\frac{1}{\omega_1^2}\approx\frac{1}{\omega_{1n}^2}+\frac{1}{\omega_{2n}^2}+\cdots+\frac{1}{\omega_{nn}^2} \tag{7.7}$$

式中，$\omega_{in}=(1/a_{ii}m_i)^{1/2}=(k_{ii}/m_i)^{1/2}$代表由质量$m_i$和刚度为$k_{ii}$的弹簧组成的单自由度系统的固有频率$(i=1,2,\cdots,n)$。在文献[7.4,7.5]中，给出了利用邓克莱公式求弹性系统的最低阶固有频率的例子。

例 7.1 用邓克莱公式，估算图7.1所示具有3个相等的集中质量的简支梁的第一阶固有频率。

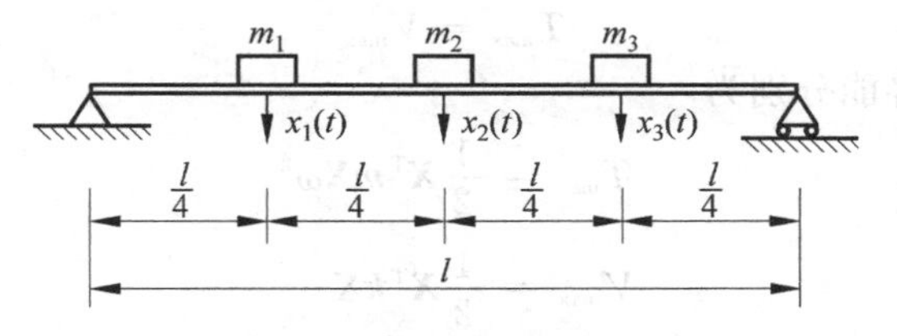

图 7.1　具有集中质量的梁

解：利用邓克莱公式时，要用到的柔度影响系数为(见例 6.6)

$$a_{11}=a_{33}=\frac{3}{256}\frac{l^3}{EI},\quad a_{22}=\frac{1}{48}\frac{l^3}{EI} \tag{E.1}$$

由于 $m_1=m_2=m_3=m$，所以由式(7.6)得

$$\frac{1}{\omega_1^2}\approx\left(\frac{3}{256}+\frac{1}{48}+\frac{3}{256}\right)\frac{ml^3}{EI}=0.04427\frac{ml^3}{EI}$$

即

$$\omega_1\approx 4.75375\sqrt{\frac{EI}{ml^3}}$$

此值与第一阶固有频率的准确值相近(见习题 6.54)。

7.3 瑞利法

在 2.5 节曾提到可以利用瑞利能量法求单自由度系统的固有频率，该方法可以扩展到确定一个多自由度离散系统的第一阶固有频率的近似值①。这个方法是基于瑞利原理[7.6]，其可以表述如下：

关于某一平衡位置在某一振型附近振动的保守系统的振动频率具有一个稳定值。事实上，这个稳定值是一阶主振型附近的最小值。

现在我们根据瑞利法来推导多自由度系统一阶固有频率近似值的表达式。

n 自由度离散系统的动能和势能的表达式分别为

$$T=\frac{1}{2}\dot{\boldsymbol{x}}^{\mathrm{T}}\boldsymbol{m}\dot{\boldsymbol{x}} \tag{7.8}$$

$$V=\frac{1}{2}\boldsymbol{x}^{\mathrm{T}}\boldsymbol{k}\boldsymbol{x} \tag{7.9}$$

为求固有频率，假设系统作简谐振动，即

$$\boldsymbol{x}=\boldsymbol{X}\cos\omega t \tag{7.10}$$

$\boldsymbol{X}$ 表示振幅(主振型)向量，ω 代表振动的固有频率。对于保守系统，由于能量守恒，则有

① 在 8.7 节还会讨论瑞利法应用于连续系统。

$$T_{\max}=V_{\max} \tag{7.11}$$

所以最大动能和最大势能分别为

$$T_{\max}=\frac{1}{2}\boldsymbol{X}^{\mathrm{T}}\boldsymbol{mX}\omega^2 \tag{7.12}$$

$$V_{\max}=\frac{1}{2}\boldsymbol{X}^{\mathrm{T}}\boldsymbol{kX} \tag{7.13}$$

令 $T_{\max}=V_{\max}$ 得[①]

$$\omega^2=\frac{\boldsymbol{X}^{\mathrm{T}}\boldsymbol{kX}}{\boldsymbol{X}^{\mathrm{T}}\boldsymbol{mX}} \tag{7.14}$$

公式(7.14)右边的项被称作是瑞利商，用 $R(\boldsymbol{X})$表示。

7.3.1 瑞利商的性质

如前所述，当任意的向量 $\boldsymbol{X}$ 取在任一特征向量 $\boldsymbol{X}^{(r)}$ 附近时 $R(\boldsymbol{X})$将有一个稳定值。为了证明此观点，将任意向量 $\boldsymbol{X}$ 用系统的各阶主振型表示如下

$$\boldsymbol{X}=c_1\boldsymbol{X}^{(1)}+c_2\boldsymbol{X}^{(2)}+c_3\boldsymbol{X}^{(3)}+\cdots \tag{7.15}$$

所以

$$\boldsymbol{X}^{\mathrm{T}}\boldsymbol{kX}=c_1{}^2\boldsymbol{X}^{(1)^{\mathrm{T}}}\boldsymbol{kX}^{(1)}+c_2{}^2\boldsymbol{X}^{(2)^{\mathrm{T}}}\boldsymbol{kX}^{(2)}+c_3{}^2\boldsymbol{X}^{(3)^{\mathrm{T}}}\boldsymbol{kX}^{(3)}+\cdots \tag{7.16}$$

$$\boldsymbol{X}^{\mathrm{T}}\boldsymbol{mX}=c_1{}^2\boldsymbol{X}^{(1)^{\mathrm{T}}}\boldsymbol{mX}^{(1)}+c_2{}^2\boldsymbol{X}^{(2)^{\mathrm{T}}}\boldsymbol{mX}^{(2)}+c_3{}^2\boldsymbol{X}^{(3)^{\mathrm{T}}}\boldsymbol{mX}^{(3)}+\cdots \tag{7.17}$$

这是由于主振型的正交性，$c_ic_j\boldsymbol{X}^{(i)\mathrm{T}}\boldsymbol{kX}^{(j)}$ 和 $c_ic_j\boldsymbol{X}^{(i)\mathrm{T}}\boldsymbol{mX}^{(j)}$ $(i\neq j)$均为 0。由公式(7.16)和式(7.17)以及下列关系

$$\boldsymbol{X}^{(i)^{\mathrm{T}}}\boldsymbol{kX}^{(i)}=\omega_i^2\boldsymbol{X}^{(i)^{\mathrm{T}}}\boldsymbol{kX}^{(i)} \tag{7.18}$$

瑞利商即式(7.14)可以表示为

$$\omega^2=R(\boldsymbol{X})=\frac{c_1^2\omega_1^2\boldsymbol{X}^{(1)^{\mathrm{T}}}\boldsymbol{mX}^{(1)}+c_2^2\omega_2^2\boldsymbol{X}^{(2)^{\mathrm{T}}}\boldsymbol{mX}^{(2)}+\cdots}{c_1^2\boldsymbol{X}^{(1)^{\mathrm{T}}}\boldsymbol{mX}^{(1)}+c_2^2\boldsymbol{X}^{(2)^{\mathrm{T}}}\boldsymbol{mX}^{(2)}+\cdots} \tag{7.19}$$

如果利用的是正则(或称归一化的振型)，则上式可化为

$$\omega^2=R(\boldsymbol{X})=\frac{c_1^2\omega_1^2+c_2^2\omega_2^2+\cdots}{c_1^2+c_2^2+\cdots} \tag{7.20}$$

如果向量 $\boldsymbol{X}$ 与第 r 阶主振型 $\boldsymbol{X}^{(r)}$ 接近，则系数 c_r 要比其余的系数 c_i 大得多，此时式(7.20)可以写成

$$R(\boldsymbol{X})=\frac{c_r^2\omega_r^2+c_r^2\sum\limits_{\substack{i=1,2,\cdots\\ i\neq r}}\left(\frac{c_i}{c_r}\right)^2\omega_i^2}{c_r^2+c_r^2\sum\limits_{\substack{i=1,2,\cdots\\ i\neq r}}\left(\frac{c_i}{c_r}\right)^2} \tag{7.21}$$

---

① 式(7.14)还可以通过关系 $\boldsymbol{KX}=\omega^2\boldsymbol{mX}$ 得到。用 $\boldsymbol{X}^{\mathrm{T}}$ 左乘该式等号的两边，即可得式(7.14)。

由于$|c_i/c_r|=\varepsilon_i\ll1(i\neq r)$，所以由式(7.21)得

$$R(\boldsymbol{X})=\omega_r^2\left[1+O(\varepsilon^2)\right] \tag{7.22}$$

式中$O(\varepsilon^2)$代表ε的二次或更高次项。式(7.22)表明如果任选的向量$\boldsymbol{X}$与任一阶振型特征向量$\boldsymbol{X}^{(r)}$有一个微小的量差ε，那么$R(\boldsymbol{X})$与特征值ω_r^2的量差将是ε的二次方。这意味着瑞利商在特征向量附近有稳定值。事实上，这一稳定值就是一阶主振型$\boldsymbol{X}^{(1)}$附近的最小值。为此，在式(7.21)中令$r=1$得

$$\begin{aligned}R(\boldsymbol{X})&=\frac{\omega_1^2+\sum\limits_{i=2,3,\cdots}\left(\frac{c_i}{c_1}\right)^2\omega_i^2}{1+\sum\limits_{i=2,3,\cdots}\left(\frac{c_i}{c_1}\right)^2}\\&\approx\omega_1^2+\sum_{i=2,3,\cdots}\varepsilon_i^2\omega_i^2-\omega_1^2\sum_{i=2,3,\cdots}\varepsilon_i^2\\&\approx\omega_1^2+\sum_{i=2,3,\cdots}(\omega_i^2-\omega_1^2)\varepsilon_i^2\end{aligned} \tag{7.23}$$

一般地，$\omega_i^2>\omega_1^2(i=2,3,\cdots)$，所以上式表明瑞利商永远不会比第一阶固有频率的平方小，即

$$R(\boldsymbol{X})\geqslant\omega_1^2 \tag{7.24}$$

类似地，还可以说明

$$R(\boldsymbol{X})\leqslant\omega_n^2 \tag{7.25}$$

即瑞利商永远不会比最高阶固有频率的平方大。因此瑞利商给出了ω_1^2的上界和ω_n^2的下界。

7.3.2　基频的计算

方程(7.14)可以用来找到系统的一阶固有频率的一个近似值。选择一个试用向量$\boldsymbol{X}$代表一阶振型$\boldsymbol{X}^{(1)}$，然后代入到方程(7.14)的右边，就可得到ω_1^2的近似值。因为瑞利商是稳定的值，即使试用向量$\boldsymbol{X}$远远偏离第一阶主振型$\boldsymbol{X}^{(1)}$，也可以得到ω_1^2非常好的估计值。显然，如果试用向量$\boldsymbol{X}$与一阶主振型$\boldsymbol{X}^{(1)}$接近，则得到的基频ω_1会更加精确。瑞利方法与邓克利法及其他方法的比较参见文献[7.7～7.9]。

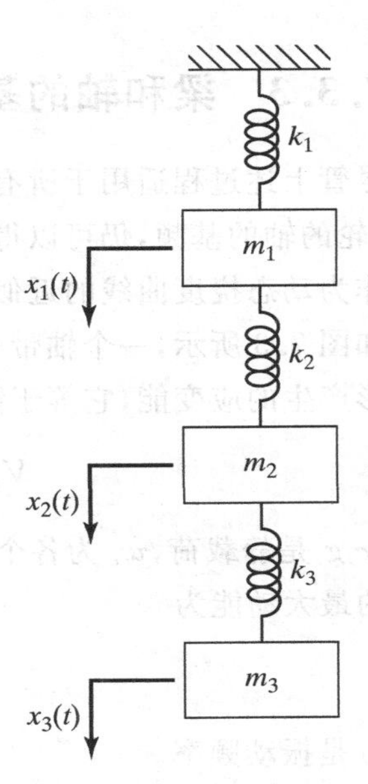

图7.2　三自由度弹簧-质量系统

例7.2　估计图7.2中所示系统的基频，其中$m_1=m_2=m_3=m$，$k_1=k_2=k_3=k$，取假设振型为

$$\boldsymbol{X}=\begin{bmatrix}1\\2\\3\end{bmatrix}$$

解：系统的刚度和质量矩阵为

$$\boldsymbol{k}=k\begin{bmatrix}2 & -1 & 0\\ -1 & 2 & -1\\ 0 & -1 & 1\end{bmatrix} \tag{E.1}$$

$$\boldsymbol{m}=m\begin{bmatrix}1 & 0 & 0\\ 0 & 1 & 0\\ 0 & 0 & 1\end{bmatrix} \tag{E.2}$$

代入式(7.14)得

$$R(\boldsymbol{X})=\omega^2=\frac{\boldsymbol{X}^{\mathrm{T}}\boldsymbol{kX}}{\boldsymbol{X}^{\mathrm{T}}\boldsymbol{mX}}=\frac{(1\quad 2\quad 3)k\begin{bmatrix}2 & -1 & 0\\ -1 & 2 & -1\\ 0 & -1 & 1\end{bmatrix}\begin{bmatrix}1\\ 2\\ 3\end{bmatrix}}{(1\quad 2\quad 3)m\begin{bmatrix}1 & 0 & 0\\ 0 & 1 & 0\\ 0 & 0 & 1\end{bmatrix}\begin{bmatrix}1\\ 2\\ 3\end{bmatrix}}=0.2143\,\frac{k}{m} \tag{E.3}$$

$$\omega_1=0.4629\sqrt{\frac{k}{m}} \tag{E.4}$$

求得的值比准确值 $0.4450\sqrt{\frac{k}{m}}$ 大了 4.0225%。此时，一阶主振型的准确值为

$$\boldsymbol{X}^{(1)}=\begin{bmatrix}1.0000\\ 1.8019\\ 2.2470\end{bmatrix} \tag{E.5}$$

7.3.3 梁和轴的基频

尽管上述过程适用于所有的离散系统，但对梁的横向振动或带有集中质量如滑轮、齿轮、飞轮的轴的基频，仍可以得到一个比较简单的计算公式。在这些情况下，静态挠度曲线被用作为动态挠度曲线的近似。

如图 7.3 所示，一个轴带有多个集中质量，轴的质量忽略不计，则系统的势能等于轴发生变形产生的应变能，它等于静载荷所作的功。因此

$$V_{\max}=\frac{1}{2}\left(m_1gw_1+m_2gw_2+\cdots\right) \tag{7.26}$$

其中 m_ig 是静载荷，w_i 为各个质量块处轴的总变形。对简谐振荡(自由振动)，由于各质量产生的最大动能为

$$T_{\max}=\frac{\omega^2}{2}\left(m_1w_1^2+m_2w_2^2+\cdots\right) \tag{7.27}$$

其中 ω 是振动频率。

令 $V_{\max}=T_{\max}$，则得

$$\omega = \left\{ \frac{g(m_1 w_1 + m_2 w_2 + \cdots)}{(m_1 w_1^2 + m_2 w_2^2 + \cdots)} \right\}^{1/2} \tag{7.28}$$

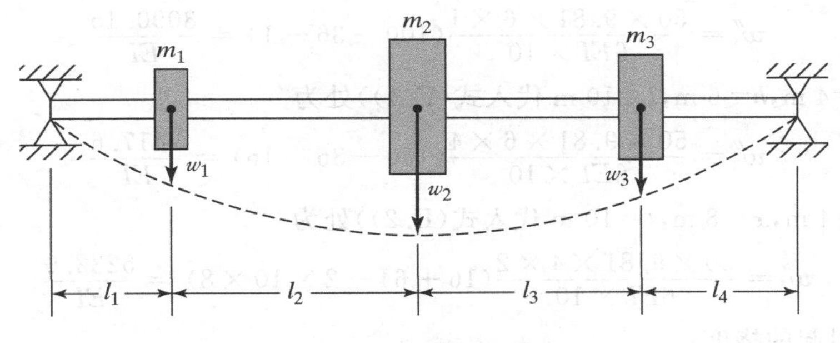

图 7.3　带有集中质量的轴

例 7.3　估算如图 7.3 所示的带有 3 个转子(集中质量)的轴的横向振动的基频。其中 $m_1=20$ kg，$m_2=50$ kg，$m_3=40$ kg，$l_1=1$ m，$l_2=3$ m，$l_3=4$ m，$l_4=2$ m，实心钢质轴的圆形横截面直径为 10 cm。

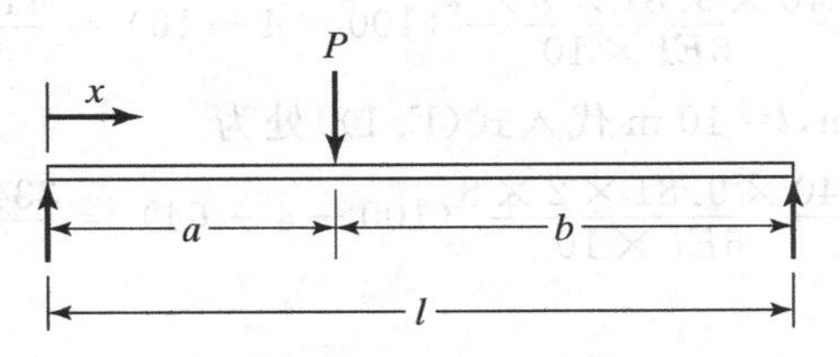

图 7.4　静载荷作用下的梁

解：根据材料强度理论，如图 7.4 所示的梁，在静载荷 P 作用下的挠度为

$$\omega(x) = \begin{cases} \dfrac{Pbx}{6EIl}(l^2 - b^2 - x^2), & 0 \leqslant x \leqslant a \qquad \text{(E.1)} \\ -\dfrac{Pa(l-x)}{6EIl}(a^2 + x^2 - 2lx), & a \leqslant x \leqslant l \qquad \text{(E.2)} \end{cases}$$

由于质量 m_1 引起的挠度：

在质量 m_1($x=1$ m，$b=9$ m，$l=10$ m 代入式(E.1))处为

$$w_1' = \frac{20 \times 9.81 \times 9 \times 1}{6EI \times 10}(100 - 81 - 1) = \frac{529.74}{EI} \tag{E.3}$$

在质量 m_2($a=1$ m，$x=4$ m，$l=10$ m 代入式(E.2))处为

$$w_2' = \frac{20 \times 9.81 \times 1 \times 6}{6EI \times 10}(1 + 16 - 2 \times 10 \times 4) = \frac{1236.06}{EI} \tag{E.4}$$

在质量 m_3($a=1$ m，$x=8$ m，$l=10$ m 代入式(E.2))处为

$$w_3' = \frac{20 \times 9.81 \times 1 \times 2}{6EI \times 10}(1 + 64 - 2 \times 10 \times 8) = \frac{621.3}{EI} \tag{E.5}$$

由于质量 m_2 引起的挠度：

在质量 m_1（$x=1$ m，$b=6$ m，$l=10$ m 代入式(E.1)）处为

$$w_1''=\frac{50\times 9.81\times 6\times 1}{6EI\times 10}(100-36-1)=\frac{3090.15}{EI} \tag{E.6}$$

在质量 m_2（$x=4$ m，$b=6$ m，$l=10$ m 代入式(E.1)）处为

$$w_2''=\frac{50\times 9.81\times 6\times 4}{6EI\times 10}(100-36-16)=\frac{9417.6}{EI} \tag{E.7}$$

在质量 m_3（$a=4$ m，$x=8$ m，$l=10$ m 代入式(E.2)）处为

$$w_3''=\frac{50\times 9.81\times 4\times 2}{6EI\times 10}(16+64-2\times 10\times 8)=\frac{5232.0}{EI} \tag{E.8}$$

由于质量 m_3 引起的挠度：

在质量 m_1（$x=1$ m，$b=2$ m，$l=10$ m 代入式(E.1)）处为

$$w_1'''=\frac{40\times 9.81\times 2\times 1}{6EI\times 10}(100-4-1)=\frac{1242.6}{EI} \tag{E.9}$$

在质量 m_2（$x=4$ m，$b=2$ m，$l=10$ m 代入式(E.1)）处为

$$w_2'''=\frac{40\times 9.81\times 2\times 4}{6EI\times 10}(100-4-16)=\frac{4185.6}{EI} \tag{E.10}$$

在质量 m_3（$x=8$ m，$b=2$ m，$l=10$ m 代入式(E.1)）处为

$$w_3'''=\frac{40\times 9.81\times 2\times 8}{6EI\times 10}(100-4-64)=\frac{3348.48}{EI} \tag{E.11}$$

所以各处的总挠度为

$$w_1=w_1'+w_1''+w_1'''=\frac{4862.49}{EI}$$

$$w_2=w_2'+w_2''+w_2'''=\frac{14839.26}{EI}$$

$$w_3=w_3'+w_3''+w_3'''=\frac{9201.78}{EI}$$

代入式(7.28)得到基频为

$$\begin{aligned}\omega&=\left[\frac{9.81(20\times 4862.49+50\times 14839.26+40\times 9201.78)EI}{20\times(4862.49)^2+50\times(14839.26)^2+40\times(9201.78)^2}\right]^{1/2}\\&=0.028222\sqrt{EI}\end{aligned} \tag{E.12}$$

由于 $E=2.07\times 10^{11}\ \mathrm{N/m^2}$，$I=\pi(0.1)^4/64\ \mathrm{m^4}=4.90875\times 10^{-6}\ \mathrm{m^4}$，代入上式得

$$\omega=28.4482\ \mathrm{rad/s}$$

7.4　霍尔茨法

霍尔茨(Holzer)法本质上是试凑(错)法，可以用来求无阻尼系统、阻尼系统、半正定系统、固定的或有分支的振动系统的固有频率，无论振动位移是线位移还是角位移[7.11,7.12]。

该方法也可以通过编程在计算机上实现。首先假设系统的一个固有频率，并以此为基础进行求解。当假设的频率满足系统的约束条件时，就可以停止计算。此方法通常需要几次试算。依赖于所选的试算频率，可利用此法求基频和高阶固有频率。此方法也能得到主振型。

7.4.1 扭振系统

对图 7.5 所示的无阻尼半正定扭振系统，各盘的运动微分方程为

$$J_1\ddot{\theta}_1 + k_{t1}(\theta_1 - \theta_2) = 0 \tag{7.29}$$

$$J_2\ddot{\theta}_2 + k_{t1}(\theta_2 - \theta_1) + k_{t2}(\theta_2 - \theta_3) = 0 \tag{7.30}$$

$$J_3\ddot{\theta}_3 + k_{t2}(\theta_3 - \theta_2) = 0 \tag{7.31}$$

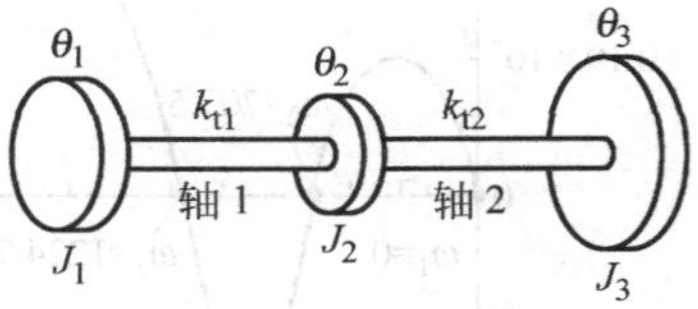

图 7.5 半正定扭振系统

由于假设系统的固有振动是简谐的，令式(7.29)～式(7.31)的解为 $\theta_i = \Theta_i\cos(\omega t + \phi)$，代入后得

$$\omega^2 J_1\Theta_1 = k_{t1}(\Theta_1 - \Theta_2) \tag{7.32}$$

$$\omega^2 J_2\Theta_2 = k_{t1}(\Theta_2 - \Theta_1) + k_{t2}(\Theta_2 - \Theta_3) \tag{7.33}$$

$$\omega^2 J_3\Theta_3 = k_{t2}(\Theta_3 - \Theta_2) \tag{7.34}$$

把这些方程相加后得

$$\sum_{i=1}^{3}\omega^2 J_i\Theta_i = 0 \tag{7.35}$$

方程(7.35)表明，半正定系统各盘的转动惯量的加权和必为零。该方程可以看成是频率方程的另一种形式。显然，频率的试算值也要满足这个条件。在霍尔茨法中，先假设一个试算频率，并令 $\Theta_1 = 1$，根据式(7.32)和式(7.33)得

$$\Theta_1 = 1 \tag{7.36}$$

$$\Theta_2 = \Theta_1 - \frac{\omega^2 J_1\Theta_1}{k_{t1}} \tag{7.37}$$

$$\Theta_3 = \Theta_2 - \frac{\omega^2}{k_{t2}}(J_1\Theta_1 + J_2\Theta_2) \tag{7.38}$$

将这些值代入到式(7.35)以验证是否满足。如果不满足，则重新试选，并重复以上过程。对于一个有 n 个圆盘的扭振系统，式(7.35)、式(7.37)和式(7.38)的一般形式为

$$\sum_{i=1}^{n}\omega^2 J_i\Theta_i = 0 \tag{7.39}$$

$$\Theta_i = \Theta_{i-1} - \frac{\omega^2}{k_{ti-1}}\left(\sum_{k=1}^{i-1} J_k\Theta_k\right),\quad i = 2,3,\cdots,n \tag{7.40}$$

此时对不同的试算值，要不断地重复使用式(7.39)和式(7.40)。如果所选试算值不是系统的固有频率，就不会满足式(7.39)。式(7.39)的左边代表作用在最后一个圆盘上的扭矩。此式随 ω 的变化可用图形表示，如图 7.6。由此可知，图中 $M_t = 0$ 的点就对应着 ω 的值。与

某一固有频率对应的 $\Theta_i(i=1,2,\cdots,n)$ 就是系统的主振型。

霍尔茨法也可以用于具有固定端的扭振系统。在固定端，振幅必为零。与上述过程类似，可以通过画出最后一个圆盘振幅（而不是扭矩）随 ω 的变化来求得系统的固有频率。对于一端固定一端自由的扭振系统，式(7.40)可用来验证固定端圆盘的振幅是否为零。文献[7.13～7.14]中介绍了如何改进霍尔茨法。

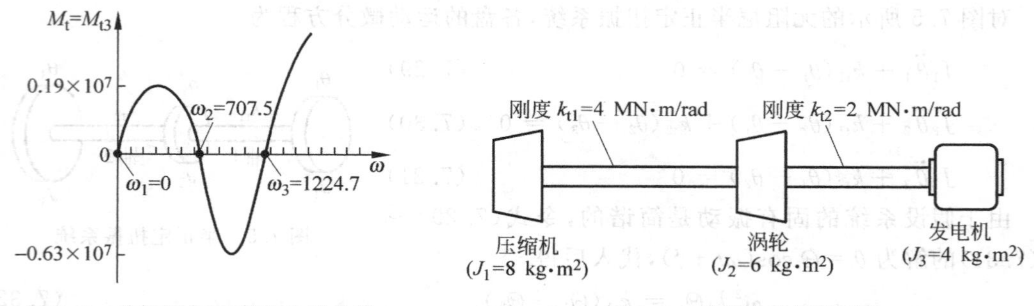

图 7.6　总扭矩与频率的关系曲线　　　　图 7.7　两端自由扭振系统

例 7.4　图 7.7 所示轴盘扭振系统为热电厂中的压缩机-汽轮机-发电机系统的简图，求其固有频率和主振型。

解：此系统可简化为一个两端自由的扭振系统。表 7.1 给出了系统参数和每一步计算的结果，固有频率的试算值分别为 $\omega=0,10,20,700,710$。M_{t3} 的值表示作用在发电机右侧的扭矩。对应于系统的某一阶固有频率，此值应为零。此值随 ω 的变化曲线如图 7.6 所示。在 $M_{t3}=0$ 附近，固有频率的试算值取得较密，以期得到前两阶主振型（如图 7.8 所示）的较精确的近似。注意 $\omega=0$ 对应着系统的刚性转动。

表 7.1　扭振系统参数及各次计算结果

系统参数	变　量	试　算　序　号					
		1	2	3	…	71	72
	ω	0	10	20		700	710
	ω^2	0	100	400		490 000	504 100
$J_1=8$	Θ_1	1.0	1.0	1.0		1.0	1.0
$k_{t1}=4\times10^6$	$M_{t1}=\omega^2 J_1\Theta_1$	0	800	3200		0.392×10^7	0.403×10^7
$J_2=6$	$\Theta_2=1-\dfrac{M_{t1}}{k_{t1}}$	1.0	0.9998	0.9992		0.0200	−0.0082
$k_{t2}=2\times10^6$	$M_{t2}=M_{t1}+\omega^2 J_2\Theta_2$	0	1400	5598		0.398×10^7	0.401×10^7
$J_3=4$	$\Theta_3=\Theta_2-\dfrac{M_{t2}}{k_{t2}}$	1.0	0.9991	0.9964		−1.9690	−2.0120
$k_{t3}=0$	$M_{t3}=M_{t2}+\omega^2 J_3\Theta_3$	0	1800	7192		0.119×10^6	-0.494×10^5

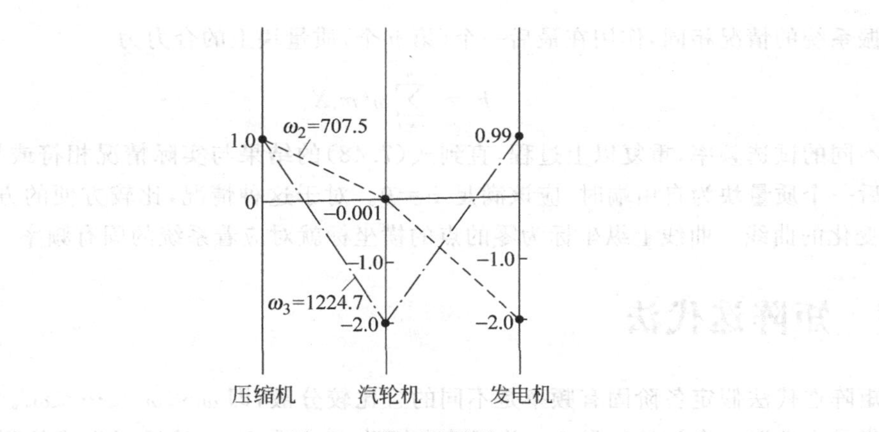

图 7.8　前两阶振型

7.4.2　弹簧-质量系统

尽管霍尔茨法广泛地应用于扭振系统，但同样可用于弹簧-质量系统(见图 7.9)的振动分析。弹簧-质量系统的运动微分方程可以表示为

$$m_1\ddot{x}_1 + k_1(x_1 - x_2) = 0 \tag{7.41}$$

$$m_2\ddot{x}_2 + k_1(x_2 - x_1) + k_2(x_2 - x_3) = 0 \tag{7.42}$$

$$\cdots$$

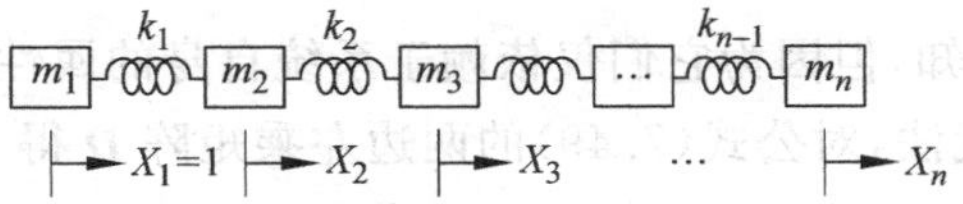

图 7.9　自由-自由弹簧-质量系统

由于假设自由振动是简谐的，即 $x_i(t) = X_i\cos\omega t$，代入式(7.41)和式(7.42)后得

$$\omega^2 m_1 X_1 = k_1(X_1 - X_2) \tag{7.43}$$

$$\omega^2 m_2 X_2 = k_1(X_2 - X_1) + k_2(X_2 - X_3) = -\omega^2 m_1 X_1 + k_2(X_2 - X_3) \tag{7.44}$$

$$\cdots$$

对于某个试选的频率 ω，令 m_1 的振幅 $X_1 = 1$，则由式(7.43)和式(7.44)得

$$X_2 = X_1 - \frac{\omega^2 m_1 X_1}{k_1} \tag{7.45}$$

$$X_3 = X_2 - \frac{\omega^2}{k_2}(m_1 X_1 + m_2 X_2) \tag{7.46}$$

$$X_i = X_{i-1} - \frac{\omega^2}{k_{i-1}}\left(\sum_{k=1}^{i-1} m_k X_k\right),\quad i = 2,3,\cdots,n \tag{7.47}$$

与扭振系统的情况相同，作用在最后一个（第 n 个）质量块上的合力为

$$F=\sum_{i=1}^{n}\omega^2 m_i X_i \tag{7.48}$$

对于不同的试选频率，重复以上过程，直到式(7.48)的结果与实际情况相符或接近。例如，当最后一个质量块为自由端时，应该满足 $F=0$。对于这种情况，比较方便的方法是作出 F 随 ω 变化的曲线。曲线上纵坐标为零的点的横坐标就对应着系统的固有频率。

7.5　矩阵迭代法

矩阵迭代法假定各阶固有频率是不同的且比较分散，即 $\omega_1<\omega_2<\cdots<\omega_n$。启动迭代的第一步是先选取一个初始矢量 $\boldsymbol{X}_1$，并用动力矩阵 $\boldsymbol{D}$ 左乘 $\boldsymbol{X}_1$。然后对生成的列向量进行归一化（通常是使其中的一个元素为零）。用 $\boldsymbol{D}$ 左乘此归一化列向量得到第三个列向量。以同样的方式对其进行归一化，使之成为另一个列向量。重复这个过程，直到归一化后的列向量收敛，此即第一阶特征向量。归一化因子使得 $\lambda=\frac{1}{\omega^2}$ 有最大值，也就是最小的固有频率或基频[7.15]。收敛过程可以进一步解释如下。

根据展开定理，任意 n 维向量 $\boldsymbol{X}_1$ 可以由系统的 n 个正交特征向量 $\boldsymbol{X}^{(i)}$ $(i=1,2,\cdots,n)$ 的线性组合表示为

$$\boldsymbol{X}_1=c_1\boldsymbol{X}^{(1)}+c_2\boldsymbol{X}^{(2)}+\cdots+c_n\boldsymbol{X}^{(n)} \tag{7.49}$$

其中 $c_1,c_2,\cdots,c_n$ 为常量。矩阵迭代法中，初始向量 $\boldsymbol{X}_1$ 是任意选择的，因此是一个已知向量。模态向量 $\boldsymbol{X}^{(i)}$ 虽然未知，但因为它们仅依赖于系统自身的属性，因此必为常向量。但常量 c_i 是未知数。根据迭代法，对公式(7.49)的两边左乘矩阵 $\boldsymbol{D}$ 得

$$\boldsymbol{D}\boldsymbol{X}_1=c_1\boldsymbol{D}\boldsymbol{X}^{(1)}+c_2\boldsymbol{D}\boldsymbol{X}^{(2)}+\cdots+c_n\boldsymbol{D}\boldsymbol{X}^{(n)} \tag{7.50}$$

根据式(6.66)得

$$\boldsymbol{D}\boldsymbol{X}^{(i)}=\lambda_i\boldsymbol{I}\boldsymbol{X}^{(i)}=\frac{1}{\omega_i^2}\boldsymbol{X}^{(i)},\quad i=1,2,\cdots,n \tag{7.51}$$

将式(7.51)代入式(7.50)得

$$\boldsymbol{D}\boldsymbol{X}_1=\boldsymbol{X}_2=\frac{c_1}{\omega_1^2}\boldsymbol{X}^{(1)}+\frac{c_2}{\omega_2^2}\boldsymbol{X}^{(2)}+\cdots+\frac{c_n}{\omega_n^2}\boldsymbol{X}^{(n)} \tag{7.52}$$

其中 $\boldsymbol{X}_2$ 是第二个试选向量。重复这个过程，即用 $\boldsymbol{D}$ 左乘 $\boldsymbol{X}_2$，利用式(7.49)和式(6.66)得

$$\boldsymbol{D}\boldsymbol{X}_2=\boldsymbol{X}_3=\frac{c_1}{\omega_1^4}\boldsymbol{X}^{(1)}+\frac{c_2}{\omega_2^4}\boldsymbol{X}^{(2)}+\cdots+\frac{c_n}{\omega_n^4}\boldsymbol{X}^{(n)} \tag{7.53}$$

不断重复上述过程，经过第 r 次迭代后得

$$\boldsymbol{D}\boldsymbol{X}_r=\boldsymbol{X}_{r+1}=\frac{c_1}{\omega_1^{2r}}\boldsymbol{X}^{(1)}+\frac{c_2}{\omega_2^{2r}}\boldsymbol{X}^{(2)}+\cdots+\frac{c_n}{\omega_n^{2r}}\boldsymbol{X}^{(n)} \tag{7.54}$$

由于假设各阶固有频率满足 $\omega_1<\omega_2<\cdots<\omega_n$，对于足够大的 r，必有

$$\frac{1}{\omega_1^{2r}} \gg \frac{1}{\omega_2^{2r}} \gg \cdots \gg \frac{1}{\omega_n^{2r}} \tag{7.55}$$

因此在公式(7.54)中等号右边只有第一项非常大，而其他各项均可略去不计，因此

$$\boldsymbol{X}_{r+1} = \frac{c_1}{\omega_1^{2r}}\boldsymbol{X}^{(1)} \tag{7.56}$$

这意味着经过 r 次迭代后所得的第$(r+1)$个向量与第一阶模态向量是一样的(但含一个倍增常数)。既然

$$\boldsymbol{X}_r = \frac{c_1}{\omega_1^{2(r-1)}}\boldsymbol{X}^{(1)} \tag{7.57}$$

故第一阶固有频率 ω_1 可以取为向量 $\boldsymbol{X}_r$ 和 $\boldsymbol{X}_{r+1}$ 中任意两个对应元素的比值

$$\omega_1^2 \approx \frac{X_{i,r}}{X_{i,r+1}}，\quad 对于任意\ i = 1,2,\cdots,n \tag{7.58}$$

其中 $X_{i,r}$ 和 $X_{i,r+1}$ 分别表示 $\boldsymbol{X}_r$ 和 $\boldsymbol{X}_{r+1}$ 中的第 i 个元素。下面对矩阵迭代法作进一步讨论。

(1) 在上面的证明中，没有涉及如何对每一个试选向量 $\boldsymbol{X}_1$ 进行归一化。事实上，这里没有必要给出该方法收敛的证明。归一化就是在每一次迭代中不断对常量 $c_1,c_2,\cdots,c_n$ 进行调整。

(2) 虽然该方法的收敛性理论上要求 $r\to\infty$，实际上只需要有限次的迭代就可以获得一个相当不错的估计值 ω_1。

(3) 为了得到满足精度要求的 ω_1 的值，实际所需的迭代次数取决于任意初选向量 $\boldsymbol{X}_1$ 与第一阶振型 $\boldsymbol{X}^{(1)}$ 的接近程度以及 ω_1 与 ω_2 的分离程度，如果 ω_2 比 ω_1 大很多，则所需迭代的次数会很少。

(4) 该方法具有的明显优势在于任何计算误差都不会产生不正确的结果。因为在用 $\boldsymbol{D}$ 左乘 $\boldsymbol{X}_i$ 时所带来的任何误差导致的是 $\boldsymbol{X}_{i+1}$，而它可以作为新的试选向量。这可能会推迟收敛，但并不会产生错误的结果。

(5) 可以任选 n 个数来构成第一个试选向量 $\boldsymbol{X}_1$，最后还是会收敛到第一阶振型。唯有在初选向量 $\boldsymbol{X}_1$ 与其中一个模态向量 $\boldsymbol{X}^{(i)}$ $(i\neq1)$成比例的情况下，该方法不会收敛到第一阶振型。在这种情况下，用 $\boldsymbol{D}$ 左乘 $\boldsymbol{X}^{(i)}$ 得到的向量与 $\boldsymbol{X}^{(i)}$ 本身成比例。

7.5.1　收敛到高阶固有频率

为了利用矩阵迭代法得到最高阶固有频率 ω_n 和相应的振型或特征向量 $\boldsymbol{X}_n$，首先重写式(6.61)为如下形式

$$\boldsymbol{D}^{-1}\boldsymbol{X} = \omega^2\boldsymbol{I}\boldsymbol{X} = \omega^2\boldsymbol{X} \tag{7.59}$$

$\boldsymbol{D}^{-1}$是动力矩阵 $\boldsymbol{D}$ 的逆矩阵，

$$\boldsymbol{D}^{-1} = \boldsymbol{m}^{-1}\boldsymbol{k} \tag{7.60}$$

现在对任意选取的初始向量 $\boldsymbol{X}_1$，左乘以 $\boldsymbol{D}^{-1}$ 得到改进的向量 $\boldsymbol{X}_2$。重复这个过程，对每一个

试选向量 $\boldsymbol{X}_{i+1}(i=1,2,\cdots)$ 左乘 $\boldsymbol{D}^{-1}$，所得结果将收敛到最高阶主振型 $\boldsymbol{X}^{(n)}$。可以看出这个过程与上面已经叙述的求第一阶固有频率的过程是类似的。在这种情况下，比例常数是 ω^2 而不是 $\dfrac{1}{\omega^2}$。

7.5.2 中间某阶固有频率的计算

一旦确定了第一阶固有频率 ω_1 $\left(\text{或者是最大特征值 } \lambda_1=\dfrac{1}{\omega_1^2}\right)$ 以及对应的特征向量 $\boldsymbol{X}^{(1)}$，就可以利用矩阵迭代法继续寻找高阶固有频率和相应的振型。但在此之前我们应该记住，用 $\boldsymbol{D}$ 左乘任意初始向量后会再次收敛于最大特征值。因此必须从矩阵 $\boldsymbol{D}$ 中减去最大特征值，随后的特征值和特征向量就可以通过消去特征方程或者频率方程的根 λ_1 得到

$$|\boldsymbol{D}-\lambda\boldsymbol{I}|=0 \tag{7.61}$$

可利用一个称为矩阵压缩的过程实现此目的[7.16]。为利用这一过程确定特征向量 $\boldsymbol{X}^{(i)}$，首先要使前一个特征向量 $\boldsymbol{X}^{(i-1)}$ 关于质量矩阵归一化，即

$$\boldsymbol{X}^{(i-1)\mathrm{T}}\boldsymbol{m}\boldsymbol{X}^{(i-1)}=1 \tag{7.62}$$

收缩矩阵 $\boldsymbol{D}_i$ 的构成如下

$$\boldsymbol{D}_i=\boldsymbol{D}_{i-1}-\lambda_{i-1}\boldsymbol{X}^{(i-1)}\boldsymbol{X}^{(i-1)\mathrm{T}}\boldsymbol{m},\quad i=2,3,\cdots,n \tag{7.63}$$

式中 $\boldsymbol{D}_1=\boldsymbol{D}$。一旦得到了 $\boldsymbol{D}_i$，则可以开始迭代

$$\boldsymbol{X}_{r+1}=\boldsymbol{D}_i\boldsymbol{X}_r \tag{7.64}$$

式中 $\boldsymbol{X}_1$ 是任意的初选向量。

例 7.5 用矩阵迭代法求图 7.2 中的固有频率以及相应的主振型，其中 $K_1=K_2=K_3=K$，$m_1=m_2=m_3=m$。

解：系统的质量矩阵和刚度矩阵已在例 7.2 中给出。柔度矩阵是

$$\boldsymbol{\alpha}=\boldsymbol{k}^{-1}=\frac{1}{k}\begin{bmatrix}1&1&1\\1&2&2\\1&2&3\end{bmatrix} \tag{E.1}$$

所以动力矩阵为

$$\boldsymbol{k}^{-1}\boldsymbol{m}=\frac{m}{k}\begin{bmatrix}1&1&1\\1&2&2\\1&2&3\end{bmatrix} \tag{E.2}$$

特征值问题可以表示为

$$\boldsymbol{D}\boldsymbol{X}=\lambda\boldsymbol{X} \tag{E.3}$$

式中

$$\boldsymbol{D}=\begin{bmatrix}1&1&1\\1&2&2\\1&2&3\end{bmatrix} \tag{E.4}$$

$$\lambda=\frac{k}{m}\cdot\frac{1}{\omega^{2}} \tag{E.5}$$

首先估算第一阶固有频率。假设第一个试选特征向量或主振型为

$$\boldsymbol{X}_1=\begin{bmatrix}1\\1\\1\end{bmatrix} \tag{E.6}$$

故第二个试选特征向量为

$$\boldsymbol{X}_2=\boldsymbol{D}\boldsymbol{X}_1=\begin{bmatrix}3\\5\\6\end{bmatrix} \tag{E.7}$$

使第一个元素为1得

$$\boldsymbol{X}_2=3.0\begin{bmatrix}1.0000\\1.6667\\2.0000\end{bmatrix} \tag{E.8}$$

对应的特征值为

$$\lambda_1\approx 3.0 \quad \text{或者} \quad \omega_1\approx 0.5773\sqrt{\frac{k}{m}} \tag{E.9}$$

随后的特征向量可以根据以下关系得到

$$\boldsymbol{X}_{i+1}=\boldsymbol{D}\boldsymbol{X}_i \tag{E.10}$$

而相应的特征值为

$$\lambda_1\approx X_{1,i+1} \tag{E.11}$$

其中 $X_{1,i+1}$ 是向量 $\boldsymbol{X}_{i+1}$ 归一化之前的第一个元素。每次迭代后由公式(E.10)和式(E.11)得到的特征值和特征向量如下表。

i	$\boldsymbol{X}_i$ 和 $X_{1,i}=1$	$\boldsymbol{X}_{i+1}=\boldsymbol{D}\boldsymbol{X}_i$	$\lambda_1\approx X_{1,i+1}$	ω_1
1	$\begin{bmatrix}1\\1\\1\end{bmatrix}$	$\begin{bmatrix}3\\5\\6\end{bmatrix}$	3.0	$0.5773\sqrt{\frac{k}{m}}$
2	$\begin{bmatrix}1.00000\\1.66667\\2.00000\end{bmatrix}$	$\begin{bmatrix}4.66667\\8.33333\\10.33333\end{bmatrix}$	4.66667	$0.4629\sqrt{\frac{k}{m}}$
3	$\begin{bmatrix}1.0000\\1.7857\\2.2143\end{bmatrix}$	$\begin{bmatrix}5.00000\\9.00000\\11.2143\end{bmatrix}$	5.00000	$0.4472\sqrt{\frac{k}{m}}$
⋮				

续表

i	$\boldsymbol{X}_i$ 和 $X_{1,i}=1$	$\boldsymbol{X}_{i+1}=\boldsymbol{D}\boldsymbol{X}_i$	$\lambda_1 \approx X_{1,i+1}$	ω_1
7	$\begin{bmatrix}1.00000\\1.80193\\2.24697\end{bmatrix}$	$\begin{bmatrix}5.04891\\9.09781\\11.34478\end{bmatrix}$	5.04891	$0.44504\sqrt{\dfrac{k}{m}}$
8	$\begin{bmatrix}1.00000\\1.80194\\2.24698\end{bmatrix}$	$\begin{bmatrix}5.04892\\9.09783\\11.34481\end{bmatrix}$	5.04892	$0.44504\sqrt{\dfrac{k}{m}}$

可以看出主振型和固有频率经过八次迭代后趋于收敛（小数点后第四位），因此第一阶特征值及其对应的固有频率和主振型如下

$$\lambda_1 = 5.04892, \quad \omega_1 = 0.44504\sqrt{\frac{k}{m}}$$

$$\boldsymbol{X}^{(1)} = \begin{bmatrix}1.00000\\1.80194\\2.24698\end{bmatrix} \tag{E.12}$$

为计算二阶固有频率即计算第二阶特征值及特征向量，首先要推导压缩矩阵

$$\boldsymbol{D}_2 = \boldsymbol{D}_1 - \lambda_1 \boldsymbol{X}^{(1)} \boldsymbol{X}^{(1)\mathrm{T}} \boldsymbol{m} \tag{E.13}$$

然而，这个公式要求先对 $\boldsymbol{X}^{(1)}$ 进行归一化，即 $\boldsymbol{X}^{(1)\mathrm{T}}\boldsymbol{m}\boldsymbol{X}^{(1)}=1$ 。将归一化后的向量表示为

$$\boldsymbol{X}^{(1)} = \alpha\begin{bmatrix}1.00000\\1.80194\\2.24698\end{bmatrix}$$

式中 α 是常数，且其值必须满足

$$\boldsymbol{X}^{(1)\mathrm{T}}\boldsymbol{m}\boldsymbol{X}^{(1)} = \alpha^2 m\begin{bmatrix}1.00000\\1.80194\\2.24698\end{bmatrix}^{\mathrm{T}}\begin{bmatrix}1&0&0\\0&1&0\\0&0&1\end{bmatrix}\begin{bmatrix}1.00000\\1.80194\\2.24698\end{bmatrix}$$

$$= \alpha^2 m \times 9.29591 = 1 \tag{E.14}$$

由此得 $\alpha=0.32799m^{-1/2}$。因此第一阶归一化后的主振型为

$$\boldsymbol{X}^{(1)} = m^{-1/2}\begin{bmatrix}0.32799\\0.59102\\0.73699\end{bmatrix} \tag{E.15}$$

然后，利用式(E.13)计算第一个压缩矩阵

$$\boldsymbol{D}_2 = \begin{bmatrix}1&1&1\\1&2&2\\1&2&3\end{bmatrix} - 5.04892\begin{bmatrix}0.32799\\0.59102\\0.73699\end{bmatrix}\begin{bmatrix}0.32799\\0.59102\\0.73699\end{bmatrix}^{\mathrm{T}}\begin{bmatrix}1&0&0\\0&1&0\\0&0&1\end{bmatrix}$$

$$= \begin{bmatrix} 0.45684 & 0.02127 & -0.22048 \\ 0.02127 & 0.23641 & -0.19921 \\ -0.22048 & -0.19921 & 0.25768 \end{bmatrix} \tag{E.16}$$

由于初选向量可以任意地选择，不妨还取

$$\boldsymbol{X}_1 = \begin{bmatrix} 1 \\ 1 \\ 1 \end{bmatrix} \tag{E.17}$$

利用如下迭代关系

$$\boldsymbol{X}_{i+1} = \boldsymbol{D}_2 \boldsymbol{X}_i \tag{E.18}$$

得到 $\boldsymbol{X}_2$

$$\boldsymbol{X}_2 = \begin{bmatrix} 0.25763 \\ 0.05847 \\ -0.16201 \end{bmatrix} = 0.25763 \begin{bmatrix} 1.00000 \\ 0.22695 \\ -0.62885 \end{bmatrix} \tag{E.19}$$

根据以下关系可以得到 $\lambda_2 = 0.25763$

$$\lambda_2 \approx X_{1,i+1} \tag{E.20}$$

继续这个过程所得结果如下表所示

i	$\boldsymbol{X}_i$ 和 $X_{1,i}=1$	$\boldsymbol{X}_{i+1}=\boldsymbol{D}_2\boldsymbol{X}_i$	$\lambda_2 \approx X_{1,i+1}$	ω_2
1	$\begin{bmatrix} 1 \\ 1 \\ 1 \end{bmatrix}$	$\begin{bmatrix} 0.25763 \\ 0.05847 \\ -0.16201 \end{bmatrix}$	0.25763	$1.97016\sqrt{\frac{k}{m}}$
2	$\begin{bmatrix} 1.00000 \\ 0.22695 \\ -0.62885 \end{bmatrix}$	$\begin{bmatrix} 0.60032 \\ 0.20020 \\ -0.42773 \end{bmatrix}$	0.60032	$1.29065\sqrt{\frac{k}{m}}$
⋮				
10	$\begin{bmatrix} 1.00000 \\ 0.44443 \\ -0.80149 \end{bmatrix}$	$\begin{bmatrix} 0.64300 \\ 0.28600 \\ -0.51554 \end{bmatrix}$	0.64300	$1.24708\sqrt{\frac{k}{m}}$
11	$\begin{bmatrix} 1.00000 \\ 0.44479 \\ -0.80177 \end{bmatrix}$	$\begin{bmatrix} 0.64307 \\ 0.28614 \\ -0.51569 \end{bmatrix}$	0.64307	$1.24701\sqrt{\frac{k}{m}}$

因此，收敛后的第二阶特征值和特征向量分别为

$$\lambda_2 = 0.64307, \quad \omega_2 = 1.24701\sqrt{\frac{k}{m}}$$

$$\boldsymbol{X}^{(2)}=\begin{bmatrix}1.00000\\0.44496\\-0.80192\end{bmatrix}\tag{E.21}$$

利用相同的过程可以继续求第三阶特征值和特征向量。详细的计算此处不再赘述，留给读者作为练习。注意在计算收缩矩阵 $\boldsymbol{D}_3$ 前需要用公式(7.62)将 $\boldsymbol{X}^{(2)}$ 归一化，其结果为

$$\boldsymbol{X}^{(2)}=m^{-1/2}\begin{bmatrix}0.73700\\0.32794\\-0.59102\end{bmatrix}\tag{E.22}$$

7.6 雅可比法

上节介绍的矩阵迭代法每一次只能求得矩阵 $\boldsymbol{D}$ 的一个特征值及其相应的特征向量。雅可比(Jacobi)法也是一种迭代法，但每次却能够同时得到 $\boldsymbol{D}$ 的全部特征值和特征向量($\boldsymbol{D}=[d_{ij}]$为 $n\times n$ 的实对称矩阵)。根据线性代数理论，一个实对称矩阵 $\boldsymbol{D}$ 只有实特征值，并且存在实正交矩阵 $\boldsymbol{R}$，使得 $\boldsymbol{R}^{\mathrm{T}}\boldsymbol{D}\boldsymbol{R}$ 为对角阵[7.17]。对角线上的元素就是矩阵 $\boldsymbol{D}$ 的特征值，而 $\boldsymbol{R}$ 的各列就是 $\boldsymbol{D}$ 的各阶特征向量。根据雅可比法，矩阵 $\boldsymbol{R}$ 可以通过下列形式的旋转矩阵的乘积得到[7.18]：

$$\underset{n\times n}{\boldsymbol{R}_1}=\begin{array}{c}\begin{array}{cccccccc} & & & \text{第}i\text{列} & & \text{第}j\text{列} & & \end{array}\\ \left[\begin{array}{cccccccc}1 & 0 & & & & & & \\ 0 & 1 & & & & & & \\ & & \ddots & & & & & \\ & & & \cos\theta & & -\sin\theta & & \\ & & & & \ddots & & & \\ & & & \sin\theta & & \cos\theta & & \\ & & & & & & \ddots & \\ & & & & & & & 1\end{array}\right]\end{array}\begin{array}{l} \\ \\ \\ \\ \text{第}i\text{行}\\ \\ \text{第}j\text{行}\\ \\ \\ \end{array}\tag{7.65}$$

式中，不在第 i,j 行和第 i,j 列的元素与单位矩阵的相应元素相同。如果 $\sin\theta$ 和 $\cos\theta$ 项出现在(i,i)，(i,j)，(j,i)和(j,j)位置，则 $\boldsymbol{R}_1^{\mathrm{T}}\boldsymbol{D}\boldsymbol{R}_1$ 的相应元素为

$$\underline{d}_{ii}=d_{ii}\cos^2\theta+2d_{ij}\sin\theta\cos\theta+d_{jj}\sin^2\theta\tag{7.66}$$

$$\underline{d}_{ij}=\underline{d}_{ji}=(d_{jj}-d_{ii})\sin\theta\cos\theta+d_{ij}(\cos^2\theta-\sin^2\theta)\tag{7.67}$$

$$\underline{d}_{ji}=d_{ii}\sin^2\theta-2d_{ij}\sin\theta\cos\theta+d_{jj}\cos^2\theta\tag{7.68}$$

如果选择 θ，使满足

$$\tan 2\theta=\frac{2d_{ij}}{d_{ii}-d_{jj}}\tag{7.69}$$

则 $\underline{d}_{ij}=\underline{d}_{ji}=0$。这样，雅可比法的每一步就能够使一对非对角线元素化为零。但遗憾的是，

接下去的一步又会使得已经化为零的非对角线元素不再为零。不过，下列矩阵序列

$$\boldsymbol{R}_2^{\mathrm{T}}\boldsymbol{R}_1^{\mathrm{T}}\boldsymbol{D}\boldsymbol{R}_1\boldsymbol{R}_2,\quad \boldsymbol{R}_3^{\mathrm{T}}\boldsymbol{R}_2^{\mathrm{T}}\boldsymbol{R}_1^{\mathrm{T}}\boldsymbol{D}\boldsymbol{R}_1\boldsymbol{R}_2\boldsymbol{R}_3,\quad \cdots$$

将收敛于期望的对角形式。最终的矩阵 $\boldsymbol{R}$ 的各列就是特征向量，其形式如下

$$\boldsymbol{R}=\boldsymbol{R}_1\boldsymbol{R}_2\boldsymbol{R}_3\cdots \tag{7.70}$$

例 7.6　用雅可比法求下列矩阵的特征值和特征向量

$$\boldsymbol{D}=\begin{bmatrix}1 & 1 & 1\\ 1 & 2 & 2\\ 1 & 2 & 3\end{bmatrix}$$

解：先从最大的非对角线元素 $d_{23}=2$ 开始，使其成为零。根据式(7.69)，有

$$\theta_1=\frac{1}{2}\arctan\frac{2d_{23}}{d_{22}-d_{33}}=\frac{1}{2}\arctan\frac{4}{2-3}=-37.981878^\circ$$

$$\boldsymbol{R}_1=\begin{bmatrix}1.0 & 0.0 & 0.0\\ 0.0 & 0.7882054 & 0.6154122\\ 0.0 & -0.6154122 & 0.7882054\end{bmatrix}$$

$$\boldsymbol{D}'=\boldsymbol{R}_1^{\mathrm{T}}\boldsymbol{D}\boldsymbol{R}_1=\begin{bmatrix}1.0 & 0.1727932 & 1.4036176\\ 0.1727932 & 0.4384472 & 0.0\\ 1.4036176 & 0.0 & 4.5615525\end{bmatrix}$$

接下来再选 $\boldsymbol{D}'$ 的最大非对角线元素 $d'_{13}=1.4036176$，使其成为零。根据式(7.69)，有

$$\theta_2=\frac{1}{2}\arctan\frac{2d'_{13}}{d'_{11}-d'_{33}}=\frac{1}{2}\arctan\frac{2.8072352}{1.0-4.5615525}=-19.122686^\circ$$

$$\boldsymbol{R}_2=\begin{bmatrix}0.9448193 & 0.0 & 0.3275920\\ 0.0 & 1.0 & 0.0\\ -0.3275920 & 0.0 & 0.9448193\end{bmatrix}$$

$$\boldsymbol{D}''=\boldsymbol{R}_2^{\mathrm{T}}\boldsymbol{D}'\boldsymbol{R}_2=\begin{bmatrix}0.5133313 & 0.1632584 & 0.0\\ 0.1632584 & 0.4384472 & 0.0566057\\ 0.0 & 0.0566057 & 5.0482211\end{bmatrix}$$

$\boldsymbol{D}''$ 的最大非对角线元素为 $d''_{12}=0.1632584$。根据式(7.69)，有

$$\theta_3=\frac{1}{2}\arctan\frac{2d''_{12}}{d''_{11}-d''_{22}}=\frac{1}{2}\arctan\frac{0.3265167}{0.5133313-0.4384472}=38.541515^\circ$$

$$\boldsymbol{R}_3=\begin{bmatrix}0.7821569 & -0.6230815 & 0.0\\ 0.6230815 & 0.7821569 & 0.0\\ 0.0 & 0.0 & 1.0\end{bmatrix}$$

$$\boldsymbol{D}'''=\boldsymbol{R}_3^{\mathrm{T}}\boldsymbol{D}''\boldsymbol{R}_3=\begin{bmatrix}0.6433861 & 0.0 & 0.0352699\\ 0.0 & 0.3083924 & 0.0442745\\ 0.0352699 & 0.0442745 & 5.0482211\end{bmatrix}$$

至此，可以认为$\boldsymbol{D}'''$的非对角线元素都已接近零，从而停止迭代。$\boldsymbol{D}'''$的对角线元素给出各阶特征值($1/\omega^2$)分别为0.6433861，0.3083924和5.0482211。相应的各阶特征向量由如下矩阵的各列给出

$$\boldsymbol{R} = \boldsymbol{R}_1\boldsymbol{R}_2\boldsymbol{R}_3 = \begin{bmatrix} 0.7389969 & -0.5886994 & 0.3275920 \\ 0.3334301 & 0.7421160 & 0.5814533 \\ -0.5854125 & -0.3204631 & 0.7447116 \end{bmatrix}$$

上述过程还可继续，以期得到更精确的结果。不难看出，上面所得特征值的近似值与精确值0.6431041，0.3079786和5.0489173是很接近的。

7.7　标准特征值问题

在以前各章，特征值问题被描述为

$$\boldsymbol{kX} = \omega^2 \boldsymbol{mX} \tag{7.71}$$

上式可以重新写成如下标准特征值问题的形式[7.19]

$$\boldsymbol{DX} = \lambda \boldsymbol{X} \tag{7.72}$$

式中，

$$\boldsymbol{D} = \boldsymbol{k}^{-1}\boldsymbol{m} \tag{7.73}$$

和

$$\lambda = \frac{1}{\omega^2} \tag{7.74}$$

一般来说，尽管矩阵$\boldsymbol{k}$和$\boldsymbol{m}$都是对称的，但矩阵$\boldsymbol{D}$是非对称的。由于雅可比法（在7.6节已介绍）只适于对称矩阵$\boldsymbol{D}$，我们可以采取如下步骤来得到非对称矩阵$\boldsymbol{D}$的标准特征值问题。

假设矩阵$\boldsymbol{k}$是对称的，并且是正定的。利用柯勒斯基(Choleski)分解（见7.7.1节），可将$\boldsymbol{k}$表示为

$$\boldsymbol{k} = \boldsymbol{U}^{\mathrm{T}}\boldsymbol{U} \tag{7.75}$$

式中，$\boldsymbol{U}$是上三角矩阵。利用这个关系，特征值问题(7.71)可以写成

$$\lambda \boldsymbol{U}^{\mathrm{T}}\boldsymbol{UX} = \boldsymbol{mX} \tag{7.76}$$

上式两边左乘$(\boldsymbol{U}^{\mathrm{T}})^{-1}$，得

$$\lambda \boldsymbol{UX} = (\boldsymbol{U}^{\mathrm{T}})^{-1}\boldsymbol{mX} = (\boldsymbol{U}^{\mathrm{T}})^{-1}\boldsymbol{mU}^{-1}\boldsymbol{UX} \tag{7.77}$$

定义一个新的矢量$\boldsymbol{Y}$为

$$\boldsymbol{Y} = \boldsymbol{UX} \tag{7.78}$$

则式(7.77)可以重新写成如下标准特征值问题：

$$\boldsymbol{DY} = \lambda \boldsymbol{Y} \tag{7.79}$$

式中，

$$D = (U^{\mathrm{T}})^{-1} m U^{-1} \tag{7.80}$$

所以，为了根据式(7.80)确定矩阵 D，需要首先像(7.75)那样将对称矩阵 k 进行分解，再求 U^{-1} 和 $(U^{\mathrm{T}})^{-1} = (U^{-1})^{\mathrm{T}}$，这将在下一节介绍。最后如式(7.80)那样作矩阵乘法。形如式(7.79)的标准特征值问题的解为 λ_i 和 $Y^{(i)}$。再利用逆变换就可以得到所期望的特征向量

$$X^{(i)} = U^{-1} Y^{(i)} \tag{7.81}$$

7.7.1　柯勒斯基分解

任何对称的 $n\times n$ 阶正定矩阵 A 都可以唯一地分解为如下形式[7.20]

$$A = U^{\mathrm{T}} U \tag{7.82}$$

式中，U 是如下形式的上三角矩阵

$$U = \begin{bmatrix} u_{11} & u_{12} & u_{13} & \cdots & u_{1n} \\ 0 & u_{22} & u_{23} & \cdots & u_{2n} \\ 0 & 0 & u_{33} & \cdots & u_{3n} \\ \vdots & & & & \\ 0 & 0 & 0 & \cdots & u_{nn} \end{bmatrix} \tag{7.83}$$

且

$$\begin{cases} u_{11} = (a_{11})^{1/2} \\ u_{1j} = \dfrac{a_{1j}}{u_{11}}, \quad j = 2,3,\cdots,n \\ u_{ij} = \dfrac{1}{u_{ii}}\left(a_{ij} - \displaystyle\sum_{k=1}^{i-1} u_{ki}u_{kj}\right), \quad i = 2,3,\cdots,n \text{ 和 } j = i+1, i+2,\cdots,n \\ u_{ii} = \left(a_{ii} - \displaystyle\sum_{k=1}^{i-1} u_{ki}^2\right)^{1/2}, \quad i = 2,3,\cdots,n \\ u_{ij} = 0, \quad i > j \end{cases} \tag{7.84}$$

如果上三角矩阵 U 的逆矩阵记为 $[\alpha_{ij}]$，则可以根据下列关系确定其元素

$$UU^{-1} = I \tag{7.85}$$

由上式得

$$\begin{cases} \alpha_{ii} = \dfrac{1}{u_{ii}} \\ \alpha_{ij} = \dfrac{-1}{u_{ii}}\left(\displaystyle\sum_{k=i+1}^{j} u_{ik}\alpha_{kj}\right), \quad i < j \\ \alpha_{ij} = 0, \quad i > j \end{cases} \tag{7.86}$$

所以一个上三角矩阵的逆矩阵还是上三角矩阵。

例 7.7　将下列矩阵分解成式(7.82)的形式

$$\boldsymbol{A}=\begin{bmatrix}5 & 1 & 0\\1 & 3 & 2\\0 & 2 & 8\end{bmatrix}$$

解：由式(7.84)得

$$u_{11}=\sqrt{a_{11}}=\sqrt{5}=2.2360680$$
$$u_{12}=a_{12}/u_{11}=1/2.236068=0.4472136$$
$$u_{13}=a_{13}/u_{11}=0$$
$$u_{22}=(a_{22}/u_{12}^2)^{1/2}=(3-0.4472136^2)^{1/2}=1.6733201$$
$$u_{33}=(a_{33}-u_{13}^2-u_{23}^2)^{1/2}$$

式中，

$$u_{23}=(a_{23}-u_{12}u_{13})/u_{22}=(2-0.4472136\times 0)/1.6733201=1.1952286$$
$$u_{33}=(8-0^2-1.195286^2)^{1/2}=2.5634799$$

由于对 $i>j$，$u_{ij}=0$ 所以有

$$\boldsymbol{U}=\begin{bmatrix}2.2360680 & 0.4472136 & 0.0\\0.0 & 1.6733201 & 1.1952286\\0.0 & 0.0 & 2.5634799\end{bmatrix}$$

7.7.2 其他解法

为了求特征值问题的数值解，已经发展了其他一些方法[7.18,7.21]。巴斯(Bathe)和威尔逊(Wilson)[7.22]对这些方法中的一些进行了比较研究。最近一段时间，此方面的研究重点是大型特征值问题的实用解[7.23,7.24]。在文献[7.25]和[7.26]中，给出了如何利用Sturm序列对固有频率进行估算。另一种解决一类具有集中参数的机械振动问题的拓扑方法可以参阅文献[7.27]。

7.8 利用MATLAB求解的例子

例 7.8 用MATLAB求下列矩阵的特征值和特征向量

$$\boldsymbol{A}=\begin{bmatrix}3 & -1 & 0\\-2 & 4 & -3\\0 & -1 & 1\end{bmatrix}$$

解：在MATLAB的指令窗口(command window)直接输入矩阵和求解特征问题的指令即可，不用编程，显示结果如下。

```
>> A= [3  -1  0;  -2  4  -3;  0  -1  1]
A=
```

```
   3    -1    0
  -2     4   -3
   0    -1    1
>> [V, D]= eig(A)
V=
  -0.3665     -0.8305      0.2262
   0.9080     -0.4584      0.6616
  -0.2028      0.3165      0.7149
D=
   5.4774          0           0
        0     2.4481           0
        0          0      0.0746
>>
```

例 7.9　编写一个命名为 Program9. m 的 MATLAB 程序，利用雅可比法求下列对称矩阵的特征值和特征向量

$$\boldsymbol{A}=\begin{bmatrix}1 & 1 & 1\\ 1 & 2 & 2\\ 1 & 2 & 3\end{bmatrix}$$

解：程序 Program9. m 中要用到以下数据

n——矩阵的阶数

d——给定的 $n\times n$ 矩阵

eps——收敛判据，10^{-5} 量级的一个小量

itmax——允许的最大迭代次数

程序的执行结果如下。

```
>> program9
Eigenvalue solution by Jacobi Method
Given matrix
   1.00000000e+000       1.00000000e+000       1.00000000e+000
   1.00000000e+000       2.00000000e+000       2.00000000e+000
   1.00000000e+000       2.00000000e+000       3.00000000e+000

Eigen values are
   5.04891734e+000       6.43104132e-001       3.07978528e-001

Eigen vectors are
    First                  Second                  Third
   3.27984948e-001      -7.36976229e-001       5.91009231e-001
   5.91009458e-001      -3.27985278e-001      -7.36975900e-001
```

```
    7.36976047e-001        5.91009048e-001        3.27985688e-001
```

例 7.10 编写一个命名为 Program10. m 的 MATLAB 程序，利用矩阵迭代法求例 7.9 中矩阵 $\boldsymbol{A}$ 的特征值和特征向量。

解：程序 Program10. m 中要用到以下数据

n——矩阵的阶数

d——给定的 $n\times n$ 矩阵

xs——初选的 n 维向量

nvec——待求特征值和特征向量的个数

xm——$n\times n$ 的质量矩阵

eps——收敛判据，10^{-5} 量级的一个小量

程序输出的结果包括

freq——维数为 nvec 的一个行阵，包含求得的固有频率

eig——维数为 $n\times$nvec 的行列式，包含求得的特征向量

程序的执行结果如下。

```
>> program10
Solution of eigenvalue problem by matrix iteration method
Natural frequencies:
    4.450424e-001        1.246983e+000        1.801938e+000

Mode shapes(Columnwise):
    1.000000e+000        1.000000e+000        1.000000e+000
    1.801937e+000        4.450328e-001       -1.247007e+000
    2.246979e+000       -8.019327e-001        5.549798e-001
```

例 7.11 编写一个命名为 Program11. m 的通用 MATLAB 程序，求解下列一般特征值问题

$$\boldsymbol{kX}=\omega^2\boldsymbol{mX}$$

其中

$$\boldsymbol{k}=\begin{bmatrix}2 & -1 & 0\\ -1 & 2 & -1\\ 0 & -1 & 1\end{bmatrix},\quad \boldsymbol{m}=\begin{bmatrix}1 & 0 & 0\\ 0 & 1 & 0\\ 0 & 0 & 1\end{bmatrix}$$

解：Program11. m 中首先把问题 $\boldsymbol{kX}=\omega^2\boldsymbol{mX}$ 转化成特定的特征值问题 $\boldsymbol{DY}=\dfrac{1}{\omega^2}\boldsymbol{IY}$。式中，$\boldsymbol{D}=(\boldsymbol{U}^{\mathrm{T}})^{-1}\boldsymbol{mU}^{-1}$，$\boldsymbol{k}=\boldsymbol{U}^{\mathrm{T}}\boldsymbol{U}$。程序中要用到以下数据

nd——特征值问题的维数，即刚度矩阵和质量矩阵的维数

bk——nd×nd 的刚度矩阵

bm——nd×nd 的质量矩阵

程序输出的结果包括上三角矩阵[bk],[bk]的逆矩阵[ui]、矩阵[uti][bm][ui]([uti]是[ui]的转置矩阵)和该问题的特征值与特征向量。

程序的执行结果如下。

```
>> program11
Upper triangular matrix [U]:

  1.414214e+000     -7.071068e-001     0.000000e+000
  0.000000e+000      1.224745e+000    -8.164966e-001
  0.000000e+000      0.000000e+000     5.773503e-001

Inverse of the upper triangular matrix:
  7.071068e-001      4.082483e-001     5.773503e-001
  0.000000e+000      8.164966e-001     1.154701e+000
  0.000000e+000      0.000000e+000     1.732051e+000

Matrix [UMU]=[UTI][M][UI]:
  5.000000e-001      2.886751e-001     4.082483e-001
  2.886751e-001      8.333333e-001     1.178511e+000
  4.082483e-001      1.178511e+000     4.666667e+000

Eigenvectors:
  5.048917e+000      6.431041e-001     3.079785e-001

Eigenvectors (Columnwise):
  7.369762e-001     -5.910090e-001     3.279853e-001
  1.327985e+000     -2.630237e-001    -4.089910e-001
  1.655971e+000      4.739525e-001     1.820181e-001
```

本章小结

确定多自由度系统固有频率(特征值)和主振型(特征向量)是一个冗长的过程。因为在许多实际应用中,基频(最低阶固有频率)及相应的主振型是最重要的,所以本章介绍了几种确定基频及相应主振型的近似方法,即邓克莱法、瑞利法、霍尔茨法和矩阵迭代法。此外,还概要地介绍了如何利用矩阵迭代法的推广求固有频率的某一中间值和最高阶固有频率以及相应的主振型。讨论了可同时求得全部的特征值和特征向量的雅可比法。因为大多数数学方法都要求特征值问题是标准形式的,本章介绍了如何把一个一般的特征值问题转化为标准形式。最后给出了用 MATLAB 得到多自由度系统特征值问题解的示例。

参考文献

7.1 S. Dunkerley, "On the whirling and vibration of shafts," *Philosophical Transactions of the Royal Society of London*, 1894, Series A, Vol. 185, Part Ⅰ, pp. 279-360.

7.2 B. Atzori, "Dunkerley's formula for finding the lowest frequency of vibration of elastic systems," letter to the editor, *Journal of Sound and Vibration*, 1974, Vol. 36, pp. 563-564.

7.3 H. H. Jeffcott, "The periods of lateral vibration of loaded shafts—The rational derivation of Dunkerley's empirical rule for determining whirling speeds," *Proceedings of the Royal Society of London*, 1919, Series A, Vol. 95, No. A666, pp. 106-115.

7.4 M. Endo and O. Taniguchi, "An extension of the Southwell-Dunkerley methods for synthesizing frequencies," *Journal of Sound and Vibration*, 1976, "Part Ⅰ: Principles," Vol. 49, pp. 501-516, and "Part Ⅱ: Applications," Vol. 49, pp. 517-533.

7.5 A Rutenberg, "A lower bound for Dunkerley's formula in continuous elastic systems," *Journal of Sound and Vibration*, 1976, Vol. 45, pp. 249-252.

7.6 G. Temple and W. G. Bickley, *Rayleigh's Principle and Its Applications to Engineering*, Dover, New York, 1956.

7.7 N. G. Stephen, "Rayleigh's, Dunkerley's, and Southwell's methods," *International Journal of Mechanical Engineering Education*, January 1983, Vol. 11, pp. 45-51.

7.8 A. Rutenberg, "Dunkerley's formula and alternative approximations," letter to the editor, *Journal of Sound and Vibration*, 1975, Vol. 39, pp. 530-531.

7.9 R. Jones, "Approximate expressions for the fundamental frequency of vibration of several dynamic systems," *Journal of Sound and Vibration*, 1976, Vol. 44. pp. 475-478.

7.10 R. W. Fitzgerald, *Mechanics of Materials* (2nd ed.), Addison-Wesley, Reading, Mass., 1982.

7.11 H. Holzer, *Die Berechnung der Drehschwin gungen*, Julius Springer, Berlin, 1921.

7.12 H. E. Fettis, "A modification of the Holzer method for computing uncoupled torsion and bending modes," *Journal of the Aeronautical Sciences*, October 1949, pp. 625-634; May 1954, pp. 359-360.

7.13 S. H. Crandall and W. G. Strang, "An improvement of the Holzer table based on a suggestion of Rayleigh's," *Journal of Applied Mechanics*, 1957, Vol. 24, p. 228.

7.14 S. Mahalingam, "An improvement of the Holzer method," *Journal of Applied Mechanics*, 1958, Vol. 25, p. 618.

7.15 S. Mahalingam, "Iterative procedures for torsional vibration analysis and their relationships," *Journal of Sound and Vibration*, 1980, Vol. 68, pp. 465-467.

7.16 L. Meirovitch, *Computational Methods in Structural Dynamics*, Sijthoff and Noordhoff, The Netherlands, 1980.

7.17 J. H. Wilkinson and G. Reinsch, *Linear Algebra*, Springer Verlag, New York, 1971.

7.18 J. W. Wilkinson, *The Algebraic Eigenvalue Problem*, Oxford University Press, London, 1965.

7.19 R. S. Martin and J. H. Wilkinson, "Reduction of a symmetric eigenproblem $Ax=\lambda Bx$ and related problems to standard form," *Numerical Mathematics*, 1968, Vol. 11, pp. 99-110.

7.20 G. B. Haggerty, *Elementary Numerical Analysis with Programming*, Allyn and Bacon, Boston, 1972.

7.21 A. Jennings, "Eigenvalue methods for vibration analysis," *Shock and Vibration Digest*, Part Ⅰ, February 1980, Vol. 12, pp. 3-16; Part Ⅱ, January 1984, Vol. 16, pp. 25-33.

7.22 K. Bathe and E. L. Wilson, "Solution methods for eigenvalue problems in structural mechanics," *International Journal for Numerical Methods in Engineering*, 1973, Vol. 6, pp. 213-226.

7.23 E. Cohen and H. McCallion, "Economical methods for finding eigenvalues and eigenvectors," *Journal of Sound and Vibration*, 1967, Vol. 5, pp. 397-406.

7.24 A. J. Fricker, "A method for solving high-order real symmetric eigenvalue problems," *International Journal for Numerical Methods in Engineering*, 1983, Vol. 19, pp. 1131-1138.

7.25 G. Longbottom and K. F. Gill, "The estimation of natural frequencies by use of Sturm sequences," *International Journal of Mechanical Engineering Education*, 1976, Vol. 4, pp. 319-329.

7.26 K. K. Gupta, "Solution of eigenvalue problems by sturm sequence method," *International Journal for Numerical Methods in Engineering*, 1972, Vol. 4, pp. 379-404.

7.27 W. K. Chen and F. Y. Chen, "Topological analysis of a class of lumped vibrational systems," *Journal of Sound and Vibration*, 1969, Vol. 10, pp. 198-207.

思　考　题

7.1　简答题

1. 列举几种求多自由度系统第一阶固有频率的近似方法。
2. 推导邓克莱公式时最基本的假设是什么？
3. 什么是瑞利原理？
4. 利用邓克莱公式和瑞利法时，分别求得的是系统基频的上限还是下限？
5. 什么是瑞利商？
6. 霍尔茨方法的基本原理是什么？
7. 什么是矩阵迭代法？
8. 在矩阵迭代法中，可以用任意的初选向量求最高阶固有频率吗？
9. 在矩阵迭代法中，如何求除最低阶和最高阶固有频率之外的其他各阶固有频率？
10. 矩阵迭代法和雅可比法的区别是什么？
11. 什么是旋转矩阵？在雅可比法中它的作用是什么？
12. 什么是标准特征值问题？
13. 在推导标准特征值问题时，柯勒斯基分解的作用是什么？
14. 如何求一个上三角矩阵的逆矩阵？

7.2 判断题

1. 邓克莱公式给出的基频总是大于准确值。 (　)
2. 瑞利法给出的基频总是大于准确值。 (　)
3. $AX=\lambda BX$ 是一个标准特征值问题。 (　)
4. $AX=\lambda IBX$ 是一个标准特征值问题。 (　)
5. 雅可比法只能求得对称矩阵的特征值。 (　)
6. 雅可比法中要用到旋转矩阵。 (　)
7. 矩阵迭代法要求系统的各阶固有频率互不相等，且不很接近。 (　)
8. 在矩阵迭代法中，任何计算误差都不会导致不正确的结果。 (　)
9. 在矩阵迭代法中，永远不会不收敛到较高阶固有频率。 (　)
10. 当利用瑞利法讨论带有几个转子的轴的振动时，可以用静变形曲线作为主振型的近似。 (　)
11. 可以认为瑞利法与系统的机械能守恒原理是一致的。 (　)

7.3 填空题

1. 任何一个对称正定矩阵 $\boldsymbol{A}$ 都可以分解成 $\boldsymbol{A}=\boldsymbol{U}^{\mathrm{T}}\boldsymbol{U}$ 的形式，其中 $\boldsymbol{U}$ 是一个______三角矩阵。
2. 把一个对称正定矩阵 $\boldsymbol{A}$ 分解成 $\boldsymbol{A}=\boldsymbol{U}^{\mathrm{T}}\boldsymbol{U}$ 的形式，称为______方法。
3. 雅可比法中的每一步使一对非对角线元素成为______。
4. ______原理认为任何一个向量都可以看成是系统各阶特征向量的线性组合。
5. 在矩阵迭代法中，如果 $\boldsymbol{DX}=\lambda\boldsymbol{X}$ 收敛于特征值的最小值，那么 $\boldsymbol{D}^{-1}\boldsymbol{X}=\mu\boldsymbol{X}$ 将收敛于特征值的最______值。
6. 瑞利商给出的是 ω_1^2 的______限和 ω_n^2 的______限。
7. 瑞利商在______附近有一个稳定值。
8. 对于一个带有若干集中质量 $m_1,m_2,\cdots$ 的轴来说，瑞利法给出的基频的近似值为

$$\omega=\left\{\frac{g(m_1w_1+m_2w_2+\cdots)}{m_1w_1^2+m_2w_2^2+\cdots}\right\}^{1/2}$$

其中，$w_1,w_2,\cdots$ 分别代表 $m_1,m_2,\cdots$ 的______变形。

9. 霍尔茨法基本上可以看成是一个______方法。
10. ______方法更广泛地应用于扭振系统，虽然该方法完全可以应用于沿直线方向振动的系统。
11. 在矩阵迭代法中，计算较高阶固有频率时包含一个被称为矩阵______的过程。

7.4 选择题

1. 在利用矩阵迭代法，以试选的列向量 $\boldsymbol{X}^{(1)}=(1\quad 1\quad 1)^{\mathrm{T}}$ 求解下列特征值问题时，

$$\begin{bmatrix}1 & 1 & 2\\1 & 2 & 2\\1 & 2 & 3\end{bmatrix}\boldsymbol{X}=\lambda\boldsymbol{X}$$

迭代一次后的结果为______。

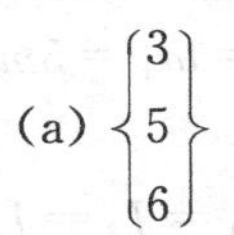

(a) $\begin{Bmatrix}3\\5\\6\end{Bmatrix}$　　(b) $\begin{Bmatrix}1\\1\\1\end{Bmatrix}$　　(c) $\begin{Bmatrix}3\\3\\3\end{Bmatrix}$

2. 对于一个半正定系统，霍尔茨法中最后的公式代表______。

(a) 在端部的振幅为零　　(b) 惯性力的和为零　　(c) 运动微分方程

3. 邓克莱公式的形式为______。

(a) $\omega_1^2\approx a_{11}m_1+a_{22}m_2+\cdots+a_{nn}m_n$

(b) $\dfrac{1}{\omega_1^2}\approx a_{11}m_1+a_{22}m_2+\cdots+a_{nn}m_n$

(c) $\dfrac{1}{\omega_1^2}\approx k_{11}m_1+k_{22}m_2+\cdots+k_{nn}m_n$

4. 瑞利商的形式为______。

(a) $\dfrac{\boldsymbol{X}^{\mathrm{T}}\boldsymbol{kX}}{\boldsymbol{X}^{\mathrm{T}}\boldsymbol{mX}}$　　(b) $\dfrac{\boldsymbol{X}^{\mathrm{T}}\boldsymbol{mX}}{\boldsymbol{X}^{\mathrm{T}}\boldsymbol{kX}}$　　(c) $\dfrac{\boldsymbol{X}^{\mathrm{T}}\boldsymbol{kX}}{\dot{\boldsymbol{X}}^{\mathrm{T}}\boldsymbol{m}\dot{\boldsymbol{X}}}$

5. 瑞利商满足______。

(a) $R(\boldsymbol{X})\leqslant\omega_1^2$　　(b) $R(\boldsymbol{X})\geqslant\omega_n^2$　　(c) $R(\boldsymbol{X})\geqslant\omega_1^2$

6. 一个振动系统的刚度矩阵和质量矩阵分别为

$$\boldsymbol{k}=\begin{bmatrix}2 & -1\\-1 & 2\end{bmatrix},\quad \boldsymbol{m}=\begin{bmatrix}1 & 0\\0 & 1\end{bmatrix}$$

根据瑞利商 $R(\boldsymbol{X})=\dfrac{\boldsymbol{X}^{\mathrm{T}}\boldsymbol{kX}}{\boldsymbol{X}^{\mathrm{T}}\boldsymbol{mX}}$，与第一阶主振型最接近的近似值为______。

(a) $\begin{Bmatrix}1\\1\end{Bmatrix}$　　(b) $\begin{Bmatrix}1\\-1\end{Bmatrix}$　　(c) $\begin{Bmatrix}-1\\1\end{Bmatrix}$

7.5　连线题

1. 邓克莱公式	(a) 求系统的每一阶固有频率和每一阶主振型，每次只能求得一阶。对每一频率，要借助于几个不同的初选向量。
2. 瑞利法	(b) 借助于初选的向量和矩阵压缩过程，可求得系统的全部固有频率。
3. 霍尔茨法	(c) 不必借助于初选的向量就可以同时求得所有特征值和特征向量。
4. 矩阵迭代法	(d) 求组合系统基频的近似值。
5. 雅可比法	(e) 求系统基频的近似值，所得结果总是大于准确值。

习 题

§7.2 邓克莱公式

7.1 用邓克莱公式估算图 6.9 所示系统的基频，数据如下：(a)$m_1=m_3=5m,m_2=m$；(b)$m_1=m_3=m,m_2=5m$。

7.2 用邓克莱公式估算图 6.11 所示扭振系统的基频，数据如下：(a)$J_1=J_2=J_3=J_0$，$k_{t1}=k_{t2}=k_{t3}=k_t$；(b)$J_1=J_0,J_2=2J_0,J_3=3J_0,k_{t1}=k_t,k_{t2}=2k_t,k_{t3}=3k_t$。

7.3 用邓克莱公式估算图 7.3 所示轴的基频，数据如下：$m_1=m,m_2=2m,m_3=3m$，$l_1=l_2=l_3=l_4=l/4$。

7.4 一架军用飞机的机翼发生弯曲振动时的固有频率为 20 Hz。如图 7.10 所示，求在机翼的自由端搭载重量为 2000 lbf 的武器时的固有频率。已知机翼的弯曲刚度为 50000 lbf/ft。

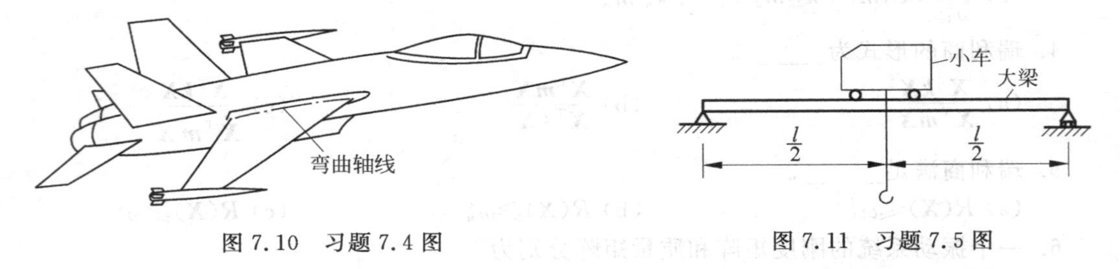

图 7.10 习题 7.4 图　　图 7.11 习题 7.5 图

7.5 桥式起重机中(见图 7.11)，滑动小车的重量是大梁重量的 10 倍，用邓克莱公式估算系统的基频。

7.6 用邓克莱公式估算图 5.37 所示张紧弦的基频，数据如下：$m_1=m_2=m,l_1=l_2=l_3=l$。

7.7* 对如图 7.3 所示的管状截面轴进行设计，要求其重量最小，且振动的基频为 0.5 Hz。假设 $m_1=20$ kg，$m_2=50$ kg，$m_3=40$ kg，$l_1=1$ m，$l_2=3$ m，$l_3=4$ m，$l_4=2$ m，$E=2.07\times10^{11}$ N/m^2。

7.8 如图 7.12 所示一个简支梁上有两个质量块 m_1 和 m_2，其中 $m_2=3m_1$，用邓克莱法求梁的基频。

7.9 如图 7.13 所示一个两端固定的梁上有两个质量块 m_1 和 m_2，其中 $m_2=m_1$，用邓克莱法求梁的基频。

§7.3 瑞利法

7.10 用瑞利法估算图 7.2 所示振动系统的基频，数据如下：$m_1=m,m_2=2m,m_3=3m$，$k_1=k,k_2=2k,k_3=3k$。

---

* 表示此题为设计题或无唯一解的题。

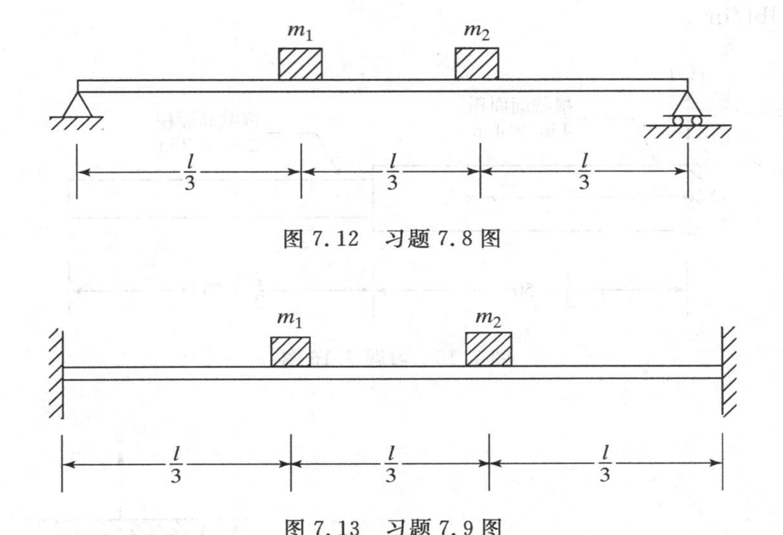

图 7.12 习题 7.8 图

图 7.13 习题 7.9 图

7.11 用瑞利法估算图 6.11 所示扭振系统的基频,数据如下:$J_1=J_0$,$J_2=2J_0$,$J_3=3J_0$,$k_{t1}=k_{t2}=k_{t3}=k_t$。

7.12 用瑞利法求解习题 7.6。

7.13 用瑞利法求图 5.37 所示系统的第 1 阶固有频率。假设:$l_1=l_2=l_3=l$,$m_1=m$,$m_2=5m$。

7.14 在刚性水平梁和弹性立柱假设下,一个两层抗剪建筑物的模型如图 7.14 所示。用瑞利法计算其第一阶固有频率。假设第一阶振型和在与各层重量成比例的载荷作用下所引起的静变形相同,$m_1=2m$,$m_2=m$,$h_1=h_2=h$,$k_1=k_2=3EI/h^3$。

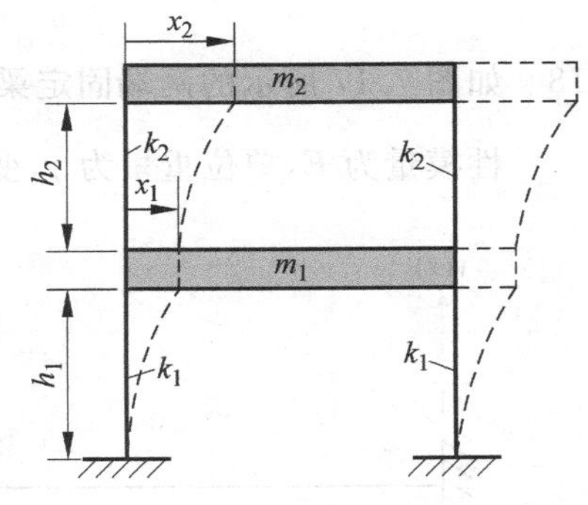

图 7.14 习题 7.14 图

7.15 证明瑞利商不可能比最高阶固有频率大。

7.16 如图 7.15 所示的钢制阶梯悬臂梁,各段横截面分别为 4 in×4 in 和 2 in×2 in 的正方形,长度分别为 50 in。假设梁材料的弹性模量为 $E=30\times10^6$ lbf/in²,单位重量为 $\gamma=0.283$ lbf/in³。用瑞利法确定梁振动的基频。假设梁的挠曲线形式为 $y(x)=C\left(1-\cos\frac{\pi x}{2l}\right)$,其中 C 为常数。

7.17 如图 7.16 所示的等截面简支梁的长度为 100 in,假设变形曲线为 $y(x)=C\sin\frac{\pi x}{l}$,求梁的横向振动的基频。梁材料的弹性模量为 $E=30\times10^6$ lbf/in²,单位重量 $\gamma=$

0.283 lbf/in^3。

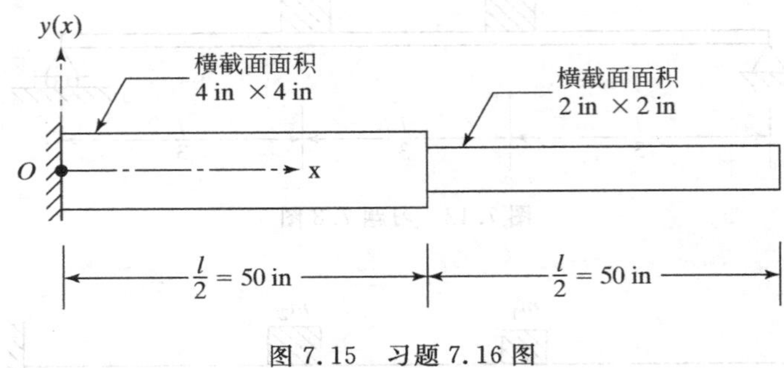

图 7.15　习题 7.16 图

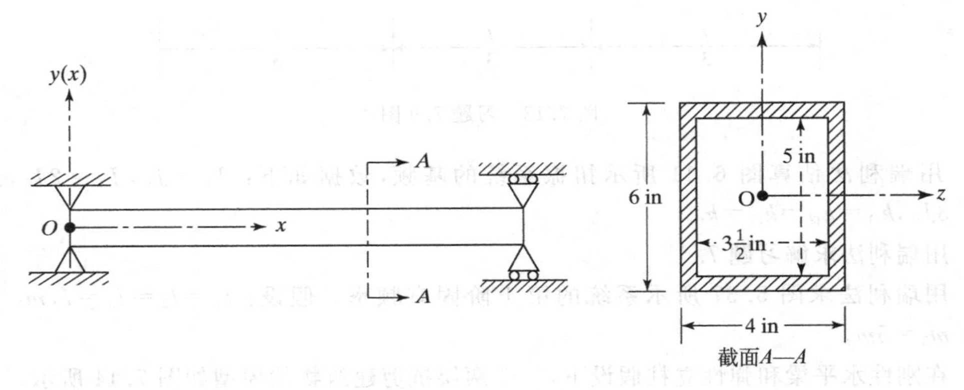

图 7.16　习题 7.17 图

7.18　如图 7.17 所示的两端固定梁的长度为 l，其横截面为 $w\times h$ 的矩形，假设梁材料的弹性模量为 E，单位重量为 γ，变形曲线为 $y\ (x)=C\left(1-\cos\dfrac{2\pi x}{l}\right)$，确定梁的基频。

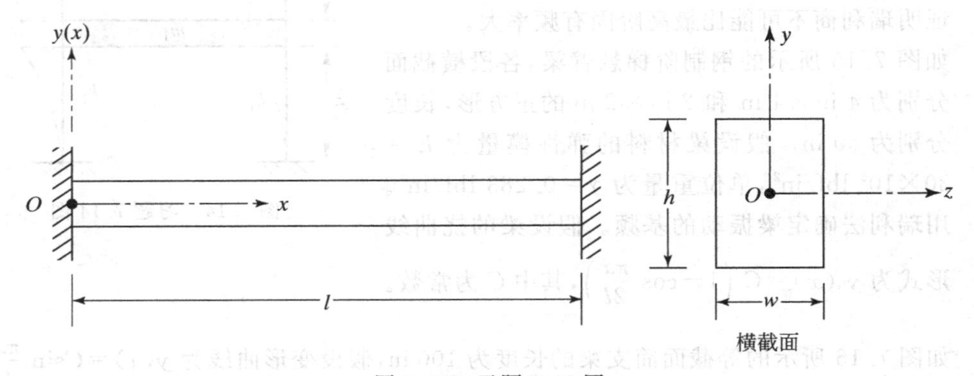

图 7.17　习题 7.18 图

§7.4　霍尔茨法

7.19　用霍尔茨法求图 6.14 所示系统的各阶主振型和各阶固有频率，假设 $k_1=8000\ \text{N/m}$，$k_2=4000\ \text{N/m}$，$m_1=100\ \text{kg}$，$m_2=20\ \text{kg}$，$m_3=200\ \text{kg}$。

7.20　系统的刚度矩阵和质量矩阵分别为

$$\boldsymbol{k}=k\begin{bmatrix}2&-1&0\\-1&2&-1\\0&-1&3\end{bmatrix},\quad \boldsymbol{m}=m\begin{bmatrix}1&0&0\\0&1&0\\0&0&2\end{bmatrix}$$

用霍尔茨法求各阶主振型和固有频率。

7.21　用霍尔茨法求图 6.11 所示扭振系统的某一阶主振型和相应的固有频率，假设 $k_{t1}=k_{t2}=k_{t3}=k_t$，$J_1=J_2=J_3=J_0$。

7.22　利用霍尔茨法求图 7.14 所示受剪建筑物框架的各阶主振型和各阶固有频率，假设 $k_1=2k$，$k_2=k$，$m_1=2m$，$m_2=m$，$h_1=h_2=h$，$k=3EI/h^3$。

7.23　利用霍尔茨法求图 6.43 中所示系统的各阶主振型和各阶固有频率，假设 $J_1=10\ \text{kg}\cdot\text{m}^2$，$J_2=5\ \text{kg}\cdot\text{m}^2$，$J_3=1\ \text{kg}\cdot\text{m}^2$，$k_{t1}=k_{t2}=1\times10^6\ \text{N}\cdot\text{m/rad}$。

7.24　如图 7.18 所示的等截面轴带有转动惯量分别为 $J_1=J_2=5\ \text{kg}\cdot\text{m}^2$，$J_3=10\ \text{kg}\cdot\text{m}^2$ 的三个转子。每一段轴的扭转刚度分别为 $k_{t1}=20000\ \text{N}\cdot\text{m/rad}$，$k_{t2}=10000\ \text{N}\cdot\text{m/rad}$。利用霍尔茨法求系统的固有频率和主振型。

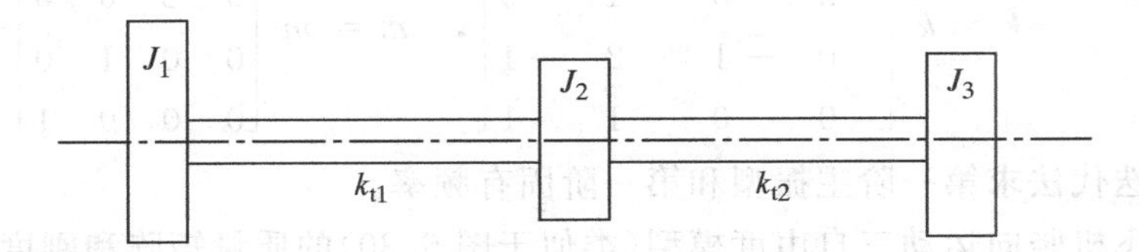

图 7.18　习题 7.24 图

7.25　如图 7.18 所示的等截面轴带有转动惯量分别为 $J_1=5\ \text{kg}\cdot\text{m}^2$，$J_2=15\ \text{kg}\cdot\text{m}^2$，$J_3=25\ \text{kg}\cdot\text{m}^2$ 的三个转子。每一段轴的扭转刚度分别为 $k_{t1}=20000\ \text{N}\cdot\text{m/rad}$，$k_{t2}=60000\ \text{N}\cdot\text{m/rad}$。利用霍尔茨法求系统的固有频率和主振型。

7.26　一个三自由度的弹簧-质量系统的质量矩阵和刚度矩阵分别如下

$$\boldsymbol{m}=\begin{bmatrix}3&0&0\\0&2&0\\0&0&1\end{bmatrix},\quad \boldsymbol{k}=\begin{bmatrix}2&-1&0\\-1&2&-1\\0&-1&1\end{bmatrix}$$

利用霍尔茨法求系统的固有频率和主振型。

§7.5　矩阵迭代法

7.27　已知下列矩阵的最大特征值是 $\lambda=10.38068$

$$\boldsymbol{D}=\begin{bmatrix}2.5 & -1 & 0\\ -1 & 5 & -\sqrt{2}\\ 0 & -\sqrt{2} & 10\end{bmatrix}$$

用矩阵迭代法求其他特征值和特征向量，假设 $\boldsymbol{m}=\boldsymbol{I}$。

7.28 一个弹簧-质量系统的刚度矩阵和质量矩阵分别为

$$\boldsymbol{k}=k\begin{bmatrix}2 & -1 & 0\\ -1 & 3 & -2\\ 0 & -2 & 2\end{bmatrix},\quad \boldsymbol{m}=m\begin{bmatrix}1 & 0 & 0\\ 0 & 1 & 0\\ 0 & 0 & 2\end{bmatrix}$$

用矩阵迭代法求系统的固有频率和主振型。

7.29 利用矩阵迭代法求图 6.6 所示系统的各阶主振型和各阶固有频率。$m_1=m_2=m_3=m$，$k_1=k$，$k_2=2k$，$k_3=3k$。

7.30 利用矩阵迭代法求图 6.32 中所示系统的各阶固有频率，假设 $J_{d1}=J_{d2}=J_{d3}=J_0$，$l_i=l$，$(GJ)_i=GJ$，$i=1,2,3,4$。

7.31 利用矩阵迭代法，求解习题 7.6。

7.32 一个振动系统的刚度矩阵和质量矩阵分别为

$$\boldsymbol{k}=k\begin{bmatrix}4 & -2 & 0 & 0\\ -2 & 3 & -1 & 0\\ 0 & -1 & 2 & -1\\ 0 & 0 & -1 & 1\end{bmatrix},\quad \boldsymbol{m}=m\begin{bmatrix}3 & 0 & 0 & 0\\ 0 & 2 & 0 & 0\\ 0 & 0 & 1 & 0\\ 0 & 0 & 0 & 1\end{bmatrix}$$

用矩阵迭代法求第一阶主振型和第一阶固有频率。

7.33 飞行中飞机竖向运动三自由度模型（类似于图 6.30）的质量矩阵和刚度矩阵分别为

$$\boldsymbol{m}=\begin{bmatrix}1 & 0 & 0\\ 0 & 4 & 0\\ 0 & 0 & 1\end{bmatrix},\quad \boldsymbol{k}=\begin{bmatrix}3 & -3 & 0\\ -3 & 6 & -3\\ 0 & -3 & 3\end{bmatrix}$$

用矩阵迭代法求飞机振动的最大固有频率。

7.34 系统的质量矩阵和柔度矩阵如下

$$\boldsymbol{m}=\begin{bmatrix}1 & 0 & 0\\ 0 & 2 & 0\\ 0 & 0 & 1\end{bmatrix},\quad \boldsymbol{a}=\boldsymbol{k}^{-1}=\begin{bmatrix}1 & 1 & 1\\ 1 & 2 & 2\\ 1 & 2 & 3\end{bmatrix}$$

用矩阵迭代法求系统振动的最小固有频率。

7.35 对习题 7.34，用矩阵迭代法求系统振动的最大固有频率。

7.36 用矩阵迭代法求习题 7.34 和习题 7.35 系统振动的固有频率的中间值。

§7.6 雅可比法

7.37 利用雅可比法求下列矩阵的特征值和特征向量

$$D=\begin{bmatrix}3 & -2 & 0\\ -2 & 5 & -3\\ 0 & -3 & 3\end{bmatrix}$$

7.38　利用雅可比法求下列矩阵的特征值和特征向量

$$D=\begin{bmatrix}3 & 2 & 1\\ 2 & 2 & 1\\ 1 & 1 & 1\end{bmatrix}$$

7.39　利用雅可比法求下列矩阵的特征值

$$A=\begin{bmatrix}4 & -2 & 6 & 4\\ -2 & 2 & -1 & 3\\ 6 & -1 & 22 & 13\\ 4 & 3 & 13 & 46\end{bmatrix}$$

§7.7　标准特征值问题

7.40　利用柯勒斯基分解技术，对习题 7.39 中所给的矩阵进行分解。

7.41　利用柯勒斯基分解 $A=U^{\mathrm{T}}U$ 求下列矩阵的逆矩阵

$$A=\begin{bmatrix}5 & -1 & 1\\ -1 & 6 & -4\\ 1 & -4 & 3\end{bmatrix}$$

7.42　利用柯勒斯基分解求下列矩阵的逆矩阵

$$A=\begin{bmatrix}2 & 5 & 8\\ 5 & 16 & 28\\ 8 & 28 & 54\end{bmatrix}$$

7.43　把习题 7.32 转换成一个对称矩阵的标准特征值问题。

7.44　利用柯勒斯基分解，把下列矩阵表示成两个三角矩阵的乘积

$$A=\begin{bmatrix}16 & -20 & -24\\ -20 & 89 & -50\\ -24 & -50 & 280\end{bmatrix}$$

§7.8　利用 MATLAB 求解的例子

7.45　利用 MATLAB 求下列矩阵的特征值和特征向量

$$A=\begin{bmatrix}3 & -2 & 0\\ -2 & 5 & -3\\ 0 & -1 & 1\end{bmatrix}$$

7.46　利用 MATLAB 求下列矩阵的特征值和特征向量

$$A=\begin{bmatrix}-5 & 2 & 1\\ 1 & -9 & -1\\ 2 & -1 & 7\end{bmatrix}$$

7.47　利用程序 Program9.m，求习题 7.27 中矩阵 $\boldsymbol{D}$ 的特征值和特征向量。

7.48　利用程序 Program10.m，求习题 7.38 中矩阵 $\boldsymbol{D}$ 的特征值和特征向量。

7.49　利用程序 Program11.m，求习题 7.32 中的特征值问题。已知 $k=m=1$。

7.50　利用 MATLAB，求下列矩阵的特征值和特征向量

$$\boldsymbol{A}=\begin{bmatrix}2 & 2 & 2\\ 2 & 5 & 5\\ 2 & 5 & 12\end{bmatrix}$$

7.51　利用 MATLAB，求解下列特征值问题

$$\omega^2\begin{bmatrix}3 & 0 & 0\\ 0 & 2 & 0\\ 0 & 0 & 1\end{bmatrix}\boldsymbol{X}=\begin{bmatrix}10 & -4 & 0\\ -4 & 6 & -2\\ 0 & -2 & 2\end{bmatrix}\boldsymbol{X}$$

设 计 题 目

7.52　如图 7.19 所示，质量分别为 $m_1=100$ kg 的飞轮和 $m_2=50$ kg 的滑轮固定在一个长为 $l=2$ m 的轴上。确定位置尺寸 l_1 和 l_2，使该系统的第 1 阶固有频率最小。

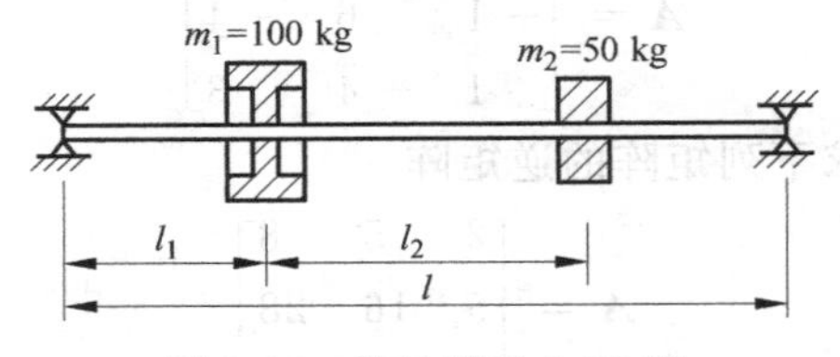

图 7.19　设计题目 7.52 图

7.53　桥式起重机的简化模型如图 7.20 所示，钢质大梁的横截面为矩形，钢丝绳的横截面为圆形。设计大梁和钢丝绳的横截面尺寸，使系统的固有角频率大于固定在滑动小车上的电机的转速 1500 r/min。

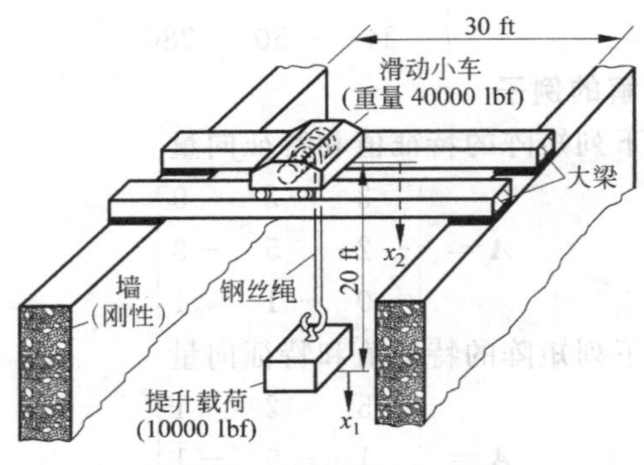

图 7.20　设计题目 7.53 图

铁木辛柯(Stephen Prokf 'yevich Timoshenko，1878—1972)，美籍俄罗斯力学家，工程师，是在弹性理论、材料强度理论和机械振动理论方面著述中，最广为人知的作者之一。曾先后任密歇根(Michigan)大学和斯坦福(Stanford)大学的力学教授。在美国被公认为工程力学之父。1921年，他对梁的振动理论提出了重大改进，被称为铁木辛柯梁理论。

(蒙 *Applied Mechanics Reviews* 许可使用。)

第8章 连续系统的振动

导读

本章讨论连续系统(也称为分布参数系统)的振动。连续系统的运动微分方程是偏微分方程。根据微单元的受力分析，利用牛顿第二定律推导了张紧弦(或索)的横向振动、杆的纵向振动、轴的扭转振动、梁的横向振动以及膜的横向振动的运动微分方程。通过假设谐波形式的解，并利用边界条件得到了连续系统的自由振动解。此解给出了无限多个固有频率和相应的振型。将连续系统自由振动的位移表示成振型的线性叠加时，所包含的常数由已知的初始条件确定。对有限长弦的横向振动，给出了其行波形式的解。对杆的轴向振动，还给出了其在初始激励作用下的振动响应。对梁的横向振动，总结了全部的常用边界条件，并证明了振型的正交性，利用振型叠加法讨论了梁的受迫振动以及轴向力对梁固有频率和振型的影响，还给出了考虑转动惯量和剪切变形影响的厚梁理论(即铁木辛柯梁理论)。讨论了矩形薄膜的自由振动。概括了基于瑞利商求连续系统基频近似值的瑞利法以及该法之推广即瑞利-李兹法用于求连续系统多个固有频率的近似值。最后给出了利用MATALB求典型的连续系统自由振动和受迫振动解的例子。

学习目标

学完本章后，读者应能达到以下几点：

- 利用牛顿第二定律，根据微单元的受力推导连续体的运动微分方程。
- 利用谐波解求连续系统的固有频率和振型。
- 利用模态的线性叠加和初始条件求连续系统如弦、杆、轴、梁和膜自由振动的解。

- 用行波的形式表示一个无限长弦的振动。
- 利用模态叠加法求连续系统受迫振动的解。
- 分析轴向力、转动惯量和剪切变形对梁振动的影响。
- 利用瑞利法和瑞利-李兹法求连续系统固有频率的近似结果。
- 利用 MATLAB 求连续系统的固有频率、振型和受迫振动响应。

8.1 引言

前面各章讨论的离散系统都是假定质量、阻尼、弹簧仅出现在系统的某些离散点处。有许多称为**分布系统**或**连续系统**的例子，它们不能视为离散质量、阻尼或弹簧，因此必须考虑质量、阻尼与弹簧的连续分布，同时假定系统的无限个点是能够振动的，这就是为什么连续系统也称为**无限自由度系统**的原因。

如果系统可以模型化为离散系统，则控制方程是常微分方程，相对易于求解。另一方面，若系统模型化为连续系统，则控制方程为偏微分方程，一般难以求解。然而，从系统的离散模型获得的信息也许不如从系统的连续模型获得的信息精确。究竟选择哪种模型，必须综合考虑分析的目的、分析对设计的影响以及计算时间。

本章将讨论简单连续系统如弦、杆、轴、梁和薄膜的振动问题。在文献[8.1～8.3]中，给出了更特殊的连续结构单元振动问题的处理方法。一般来说，与离散系统的有限个数目的频率与模态相反，连续系统的频率方程为超越方程，因而有无限多个数目的固有频率与模态。此外，确定连续系统的固有频率需要利用边界条件。而边界条件问题在讨论离散系统的振动问题时并不涉及，除非是利用间接方法，因为影响系数依赖于系统的支撑方式。

8.2 弦或索的横向振动

8.2.1 运动微分方程

考虑长为 l 的弹性弦或索，每单位长度上受大小为 $f(x,t)$ 的横向力作用，如图 8.1(a)所示。假定弦的横向位移 $w(x,t)$ 较小，沿 z 方向力的平衡如图 8.1(b)所示。

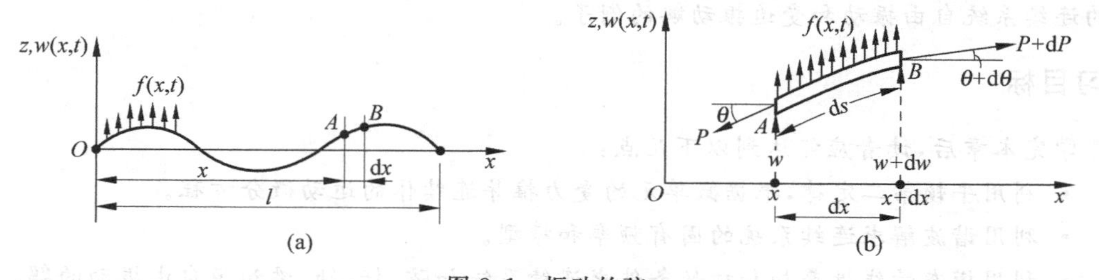

图 8.1 振动的弦

作用在单元上的外力等于作用在单元上的惯性力,即

$$(P+\mathrm{d}P)\sin(\theta+\mathrm{d}\theta)+f\mathrm{d}x-P\sin\theta=\rho\mathrm{d}x\,\frac{\partial^2 w}{\partial t^2} \tag{8.1}$$

其中,P 是张力,ρ 为每单位长度的质量;θ 为弦相对于 x 轴偏离的角度。对微长度 $\mathrm{d}x$,有

$$\mathrm{d}P=\frac{\partial P}{\partial x}\mathrm{d}x \tag{8.2}$$

$$\sin\theta\approx\tan\theta=\frac{\partial w}{\partial x} \tag{8.3}$$

和

$$\sin(\theta+\mathrm{d}\theta)\approx\tan(\theta+\mathrm{d}\theta)=\frac{\partial w}{\partial x}+\frac{\partial^2 w}{\partial x^2}\mathrm{d}x \tag{8.4}$$

因此非均匀弦受迫振动的运动微分方程式(8.1)可以简化为

$$\frac{\partial}{\partial x}\left[P\,\frac{\partial w(x,t)}{\partial x}\right]+f(x,t)=\rho(x)\,\frac{\partial^2 w(x,t)}{\partial t^2} \tag{8.5}$$

如果弦是均匀的,且张力为常力,则式(8.5)可简化为

$$P\,\frac{\partial^2 w(x,t)}{\partial x^2}+f(x,t)=\rho\,\frac{\partial^2 w(x,t)}{\partial t^2} \tag{8.6}$$

如果 $f(x,t)=0$,则得自由振动方程为

$$P\,\frac{\partial^2 w(x,t)}{\partial x^2}=\rho\,\frac{\partial^2 w(x,t)}{\partial t^2} \tag{8.7}$$

或

$$c^2\,\frac{\partial^2 w}{\partial x^2}=\frac{\partial^2 w}{\partial t^2} \tag{8.8}$$

其中

$$c=\left(\frac{P}{\rho}\right)^{1/2} \tag{8.9}$$

式(8.8)即为著名的**波动方程**。

8.2.2 初始条件与边界条件

运动微分方程式(8.5)或其特殊形式(8.6)与式(8.7)是二阶偏微分方程。由于该方程中 w 对于 x 与 t 的最高阶导数为二阶,所以需要确定两个边界条件和两个初始条件后方可求解 $w(x,t)$。若弦在时间 $t=0$ 时,挠度 $w_0(x)$ 与速度 $\dot{w}_0(x)$ 已知,则初始条件为

$$\left.\begin{aligned}&w(x,t=0)=w_0(x)\\&\frac{\partial w}{\partial t}(x,t=0)=\dot{w}_0(x)\end{aligned}\right\} \tag{8.10}$$

若该弦的一端($x=0$)固定,则边界条件为

$$w(x=0,t)=0,\quad t\geqslant 0 \tag{8.11}$$

若弦或索与一个能沿垂直方向运动的销钉相连，如图 8.2 所示，该端点不能承受横向力，因此边界条件为

$$P(x)\frac{\partial w(x,t)}{\partial x}=0 \tag{8.12}$$

若端点 $x=0$ 是自由的，且 P 为常量，则式(8.12)为

$$\frac{\partial w(0,t)}{\partial x}=0,\quad t\geqslant 0 \tag{8.13}$$

若端点 $x=l$ 为如图 8.3 所示的弹性约束，则边界条件为

$$P(x)\left.\frac{\partial w(x,t)}{\partial x}\right|_{x=l}=-\underset{\sim}{k}w(x,t)\big|_{x=l},\quad t\geqslant 0 \tag{8.14}$$

其中，$\underset{\sim}{k}$ 为弹簧常数。

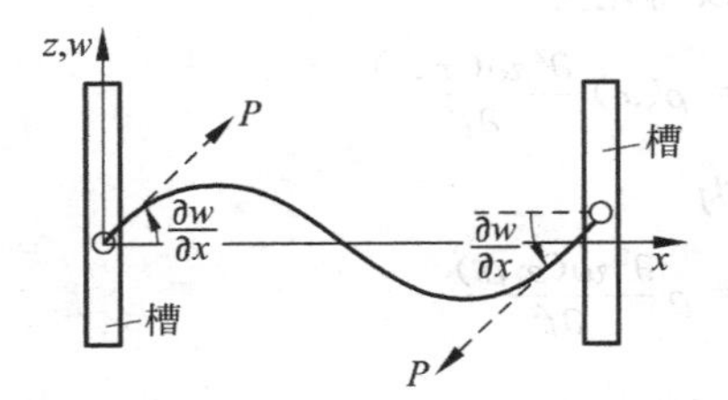

图 8.2　末端与销钉相连的弦

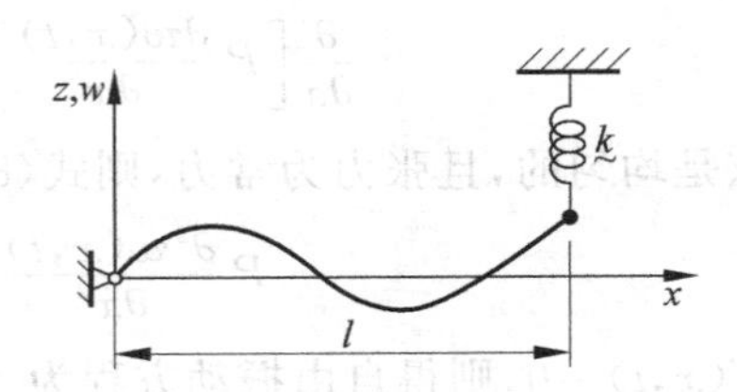

图 8.3　带弹性约束的弦

8.2.3　等截面弦的自由振动

自由振动微分方程即式(8.8)可以通过分离变量的方法求解。在该方法中，将解写为函数 $W(x)$（仅取决于 x）与函数 $T(t)$（仅取决于 t）的乘积，即令

$$w(x,t)=W(x)T(t) \tag{8.15}$$

将式(8.15)代入式(8.8)中，得

$$\frac{c^2}{W}\frac{\mathrm{d}^2W}{\mathrm{d}x^2}=\frac{1}{T}\frac{\mathrm{d}^2T}{\mathrm{d}t^2} \tag{8.16}$$

由于该式的左边仅取决于 x，右边仅取决于 t，其共同的值必为一常数，令为 a，则有

$$\frac{c^2}{W}\frac{\mathrm{d}^2W}{\mathrm{d}x^2}=\frac{1}{T}\frac{\mathrm{d}^2T}{\mathrm{d}t^2}=a \tag{8.17}$$

式(8.17)可以写为

$$\frac{\mathrm{d}^2W}{\mathrm{d}x^2}-\frac{a}{c^2}W=0 \tag{8.18}$$

$$\frac{\mathrm{d}^2T}{\mathrm{d}t^2}-aT=0 \tag{8.19}$$

由于常量 a 一般为负值（见习题 8.9），可令 $a=-\omega^2$，则式(8.18)与式(8.19)可以表示为

$$\frac{d^2W}{dx^2}+\frac{\omega^2}{c^2}W=0 \tag{8.20}$$

$$\frac{d^2T}{dt^2}+\omega^2T=0 \tag{8.21}$$

这两个方程的解分别为

$$W(x)=A\cos\frac{\omega x}{c}+B\sin\frac{\omega x}{c} \tag{8.22}$$

$$T(t)=C\cos\omega t+D\sin\omega t \tag{8.23}$$

其中,ω 为振动的固有频率;常数 A,B,C 与 D 可以根据边界条件与初始条件求得。

8.2.4 两端固定弦的自由振动

若弦的两端均为固定端,则边界条件为 $w(0,t)=w(l,t)=0$(对于所有 $t\geqslant 0$)。由式(8.15)可得

$$W(0)=0 \tag{8.24}$$

$$W(l)=0 \tag{8.25}$$

为了满足式(8.24),式(8.22)中的 A 必为零。由式(8.25)得

$$B\sin\frac{\omega l}{c}=0 \tag{8.26}$$

由于 B 不为零,则

$$\sin\frac{\omega l}{c}=0 \tag{8.27}$$

式(8.27)称为**频率方程**或**特征方程**。由此可求得 n 个 ω 的值,称为**特征值**或**固有频率**。第 n 阶固有频率为

$$\frac{\omega_n l}{c}=n\pi,\quad n=1,2,\cdots$$

或

$$\omega_n=\frac{nc\pi}{l},\quad n=1,2,\cdots \tag{8.28}$$

相对于 ω_n,解 $w_n(x,t)$ 可以表示为

$$w_n(x,t)=W_n(x)T_n(t)$$
$$=\sin\frac{n\pi x}{l}\left(C_n\cos\frac{nc\pi t}{l}+D_n\sin\frac{nc\pi t}{l}\right) \tag{8.29}$$

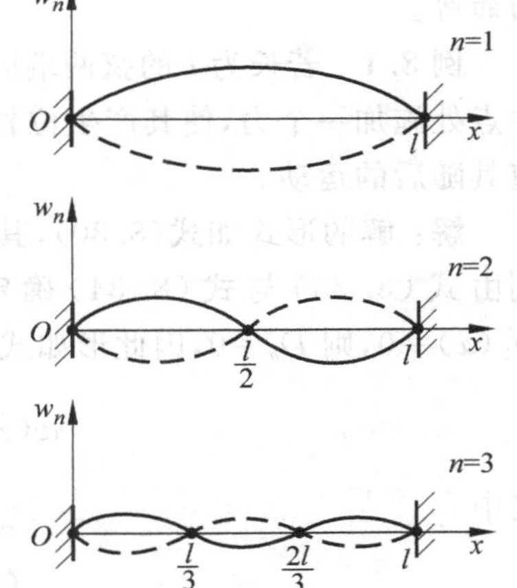

图 8.4 弦的振型

其中,C_n 与 D_n 是任意常数。解 $w_n(x,t)$ 称为弦的第 n 阶**主振动**或**固有振动**。在该阶振动中,弦的每点振动的振幅与该点的 W_n 值成比例,其圆频率为 $\omega_n=\frac{nc\pi}{l}$。函数 $W_n(x)$ 称为第 n 阶(主)**固有振型**或**特征函数**,图 8.4 中给出了前 3 阶

振型的形状。相对于 $n=1$ 的振型称为**基本振型**，ω_1 叫做**基频**，与其相对应的周期为

$$\tau_1=\frac{2\pi}{\omega_1}=\frac{2l}{c}$$

在所有时刻 $w_n=0$ 的点称为**节点**，于是第一阶振型有 $x=0$ 与 $x=l$ 处的两个节点，第2阶振型有 $x=0$，$x=l/2$ 与 $x=l$ 处的3个节点。

满足边界条件式(8.24)与式(8.25)的式(8.8)的通解，可以通过对所有 $w_n(x,t)$ 叠加表示为

$$w(x,t)=\sum_{n=1}^{\infty}w_n(x,t)=\sum_{n=1}^{\infty}\sin\frac{n\pi x}{l}\left(C_n\cos\frac{nc\pi t}{l}+D_n\sin\frac{nc\pi t}{l}\right)\tag{8.30}$$

该式给出了弦的所有可能的振动形式，而具体的振动形式则要由给定的初始条件唯一确定。C_n 与 D_n 的值可以通过初始条件唯一地确定下来。若初始条件给定为式(8.10)，则得

$$\sum_{n=1}^{\infty}C_n\sin\frac{n\pi x}{l}=w_0(x)\tag{8.31}$$

$$\sum_{n=1}^{\infty}\frac{nc\pi}{l}D_n\sin\frac{n\pi x}{l}=\dot{w}_0(x)\tag{8.32}$$

这就是 $w_0(x)$ 与 $\dot{w}_0(x)$ 在区间 $0\leqslant x\leqslant l$ 上的傅里叶正弦级数展开。C_n 与 D_n 的值可以通过式(8.31)与式(8.32)乘以 $\sin\frac{n\pi x}{l}$，然后对 x 从0到 l 积分得到，即

$$C_n=\frac{2}{l}\int_0^l w_0(x)\sin\frac{n\pi x}{l}\mathrm{d}x\tag{8.33}$$

$$D_n=\frac{2}{nc\pi}\int_0^l \dot{w}_0(x)\sin\frac{n\pi x}{l}\mathrm{d}x\tag{8.34}$$

注意：*形如式(8.30)的解表明响应可以表示为***固有振型的叠加***，这与第6章所述的振型叠加法是一致的。该方法不仅可以用于求连续系统自由振动的解，也可以用于求受迫振动的解。*

例 8.1 若长为 l 的弦两端固定，如图8.5所示，在中点处施加一个力，使其产生位置的改变，然后释放，确定其随后的运动。

解：解的形式如式(8.30)，其中的 C_n 与 D_n 可以分别由式(8.33)与式(8.34)确定。由于没有初速度 $\dot{w}_0(x)=0$，则 $D_n=0$，因此形如式(8.30)的解简化为

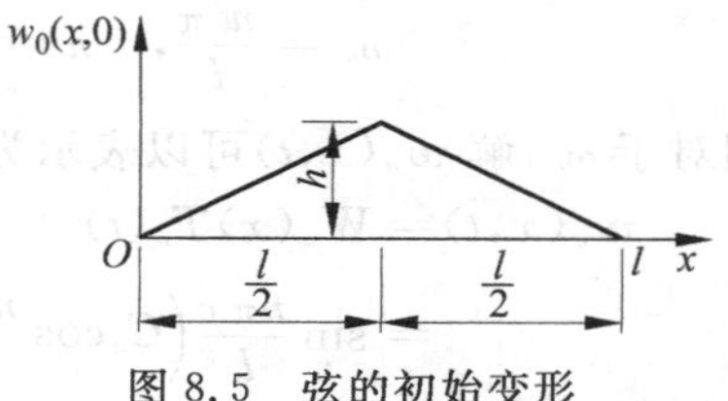

图 8.5 弦的初始变形

$$w(x,t)=\sum_{n=1}^{\infty}C_n\sin\frac{n\pi x}{l}\cos\frac{nc\pi t}{l}\tag{E.1}$$

其中

$$C_n=\frac{2}{l}\int_0^l w_0(x)\sin\frac{n\pi x}{l}\mathrm{d}x\tag{E.2}$$

初始挠度 $w_0(x)$ 为

$$w_0(x)=\begin{cases}\dfrac{2hx}{l}, & 0\leqslant x\leqslant \dfrac{l}{2}\\[2mm] \dfrac{2h(l-x)}{l}, & \dfrac{l}{2}\leqslant x\leqslant l\end{cases} \tag{E.3}$$

将式(E.3)代入式(E.2)中，则 C_n 为

$$\begin{aligned}C_n&=\frac{2}{l}\left[\int_0^{l/2}\frac{2hx}{l}\sin\frac{n\pi x}{l}\mathrm{d}x+\int_{l/2}^{l}\frac{2h}{l}(l-x)\sin\frac{n\pi x}{l}\mathrm{d}x\right]\\&=\begin{cases}\dfrac{8h}{\pi^2 n^2}\sin\dfrac{n\pi}{2}, & n=1,3,5,\cdots\\[2mm] 0, & n=2,4,6,\cdots\end{cases}\end{aligned} \tag{E.4}$$

利用关系

$$\sin\frac{n\pi}{2}=(-1)^{(n-1)/2},\quad n=1,3,5,\cdots \tag{E.5}$$

则解可以表示为

$$w(x,t)=\frac{8h}{\pi^2}\left(\sin\frac{\pi x}{l}\cos\frac{\pi ct}{l}-\frac{1}{9}\sin\frac{3\pi x}{l}\cos\frac{3\pi ct}{l}+\cdots\right) \tag{E.6}$$

此种情况下，偶函数形式的振型函数都没有被激发。

8.2.5 行波解

对一无限长的弦，其波动方程(8.8)的解可以表示为

$$w(x,t)=w_1(x-ct)+w_2(x+ct) \tag{8.35}$$

其中，w_1 与 w_2 分别为 $(x-ct)$ 与 $(x+ct)$ 的任意函数。为说明式(8.35)是方程式(8.8)的解，首先对式(8.35)求导：

$$\frac{\partial^2 w(x,t)}{\partial x^2}=w''_1(x-ct)+w''_2(x+ct) \tag{8.36}$$

$$\frac{\partial^2 w(x,t)}{\partial t^2}=c^2 w''_1(x-ct)+c^2 w''_2(x+ct) \tag{8.37}$$

将以上两式代入式(8.8)，显然波动方程是满足的。在式(8.35)中，$w_1(x-ct)$ 与 $w_2(x+ct)$ 分别表示波在 x 轴的正向与负向传播，其速度为 c。

对某一给定问题，任意函数 w_1 与 w_2 可以根据初始条件即式(8.10)确定。将式(8.35)代入式(8.10)中，给定 $t=0$，则有

$$w_1(x)+w_2(x)=w_0(x) \tag{8.38}$$

$$-cw'_1(x)+cw'_2(x)=\dot{w}_0(x) \tag{8.39}$$

式中，撇号代表 $t=0$ 时关于相应变量(即 x)的导数。对式(8.39)积分，有

$$-w_1(x)+w_2(x)=\frac{1}{c}\int_{x_0}^{x}\dot{w}_0(x')\mathrm{d}x' \tag{8.40}$$

其中，x_0 为常量。由式(8.38)与式(8.40)，可解得 w_1 与 w_2 为

$$w_1(x)=\frac{1}{2}\left[w_0(x)-\frac{1}{c}\int_{x_0}^{x}\dot{w}_0(x')\mathrm{d}x'\right] \tag{8.41}$$

$$w_2(x)=\frac{1}{2}\left[w_0(x)+\frac{1}{c}\int_{x_0}^{x}\dot{w}_0(x')\mathrm{d}x'\right] \tag{8.42}$$

在式(8.41)与式(8.42)中，分别用$(x-ct)$与$(x+ct)$替换 x，则得全解为

$$\begin{aligned}w(x,t)&=w_1(x-ct)+w_2(x+ct)\\&=\frac{1}{2}[w_0(x-ct)+w_0(x+ct)]+\frac{1}{2c}\int_{x-ct}^{x+ct}\dot{w}_0(x')\mathrm{d}x'\end{aligned} \tag{8.43}$$

下面几点应该加以注意：

(1) 从式(8.43)可知，这是一个不必应用边界条件来确定解的问题。

(2) 问题的解即式(8.43)可以表示为

$$w(x,t)=w_{\mathrm{D}}(x,t)+w_{\mathrm{V}}(x,t) \tag{8.44}$$

其中，$w_{\mathrm{D}}(x,t)$表示已知初始位移 $w_0(x)$与零初始速度引起的波的传播；$w_{\mathrm{V}}(x,t)$表示仅在已知初始速度$\dot{w}_0(x)$与零初始位移条件下的波的传播。

参考文献[8.6]讨论了两端固定的弦在其上某中间点受弹性载荷的横向冲击作用产生的横向振动。参考文献[8.7]是 Triantafy Uou 所写的一篇关于索和链的动力学研究的一篇综述。

8.3 杆的纵向振动

8.3.1 运动微分方程及其解

考虑图 8.6 所示的长为 l、横截面面积为 $A(x)$的弹性杆，该杆微单元横截面上的作用力用 P 与 $P+\mathrm{d}P$ 表示，P 的表达式为

$$P=\sigma A=EA\frac{\partial u}{\partial x} \tag{8.45}$$

其中，σ 为轴向应力，E 为弹性模量，u 为轴向位移，$\partial u/\partial x$ 为轴向应变。若 $f(x,t)$表示每单

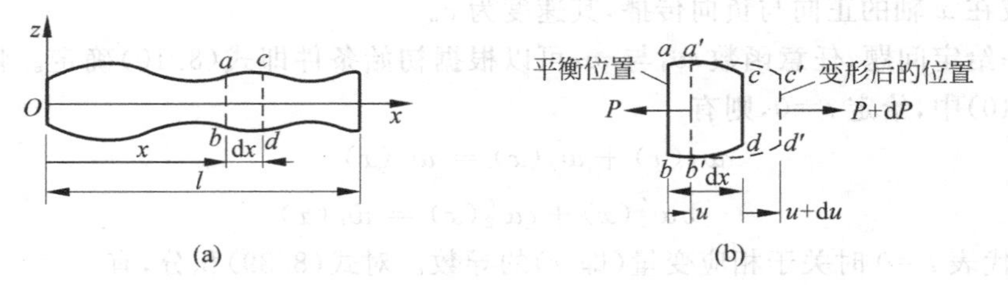

图 8.6 杆的纵向振动

位长度上作用的外力，则根据 x 方向的力的总和可以得到如下的运动微分方程

$$(P+\mathrm{d}P)+f\mathrm{d}x-P=\rho A\mathrm{d}x\,\frac{\partial^2 u}{\partial t^2} \tag{8.46}$$

其中，ρ 为杆的质量密度。应用关系 $\mathrm{d}P=(\partial P/\partial x)\mathrm{d}x$ 与式(8.45)，变截面杆的纵向受迫振动的运动微分方程即式(8.46)可以表示为

$$\frac{\partial}{\partial x}\left[EA(x)\,\frac{\partial u(x,t)}{\partial x}\right]+f(x,t)=\rho(x)A(x)\,\frac{\partial^2 u}{\partial t^2}(x,t) \tag{8.47}$$

对等截面杆，式(8.47)简化为

$$EA\,\frac{\partial^2 u(x,t)}{\partial x^2}+f(x,t)=\rho A\,\frac{\partial^2 u}{\partial t^2}(x,t) \tag{8.48}$$

根据式(8.48)，自由振动方程(令 $f=0$)为

$$c^2\,\frac{\partial^2 u}{\partial x^2}(x,t)=\frac{\partial^2 u}{\partial t^2}(x,t) \tag{8.49}$$

其中

$$c=\sqrt{\frac{E}{\rho}} \tag{8.50}$$

注意：式(8.47)～式(8.50)分别类似于式(8.5)、式(8.6)、式(8.8)与式(8.9)。如同式(8.8)的情况，式(8.49)的解可以表示为

$$u(x,t)=U(x)T(t)\equiv\left(\underset{\sim}{A}\cos\frac{\omega x}{c}+\underset{\sim}{B}\sin\frac{\omega x}{c}\right)(C\cos\omega t+D\sin\omega t)^{①} \tag{8.51}$$

其中，函数 $U(x)$ 表示固有振型，仅取决于 x；函数 $T(t)$ 仅取决于 t。若已知杆的初始轴向位移 $u_0(x)$ 和初始速度 $\dot{u}_0(x)$，则初始条件可以表示为

$$\left.\begin{aligned} u(x,t=0)&=u_0(x)\\ \frac{\partial u(x,t=0)}{\partial t}&=\dot{u}_0(x)\end{aligned}\right\} \tag{8.52}$$

等截面杆纵向振动的边界条件与相应的频率方程如表 8.1 所示。

表 8.1　杆的纵向振动中常用的边界条件

杆的端点条件	边界条件	频率方程	振型(函数)	固有圆频率
固定　自由	$u(0,t)=0$ $\dfrac{\partial u}{\partial x}(l,t)=0$	$\cos\dfrac{\omega l}{c}=0$	$U_n(x)=C_n\sin\dfrac{(2n+1)\pi x}{2l}$	$\omega_n=\dfrac{(2n+1)\pi c}{2l}$,　$n=0,1,2,\cdots$
自由　自由	$\dfrac{\partial u}{\partial x}(0,t)=0$ $\dfrac{\partial u}{\partial x}(l,t)=0$	$\sin\dfrac{\omega l}{c}=0$	$U_n(x)=C_n\cos\dfrac{n\pi x}{l}$	$\omega_n=\dfrac{n\pi c}{l}$,　$n=0,1,2,\cdots$

① 本节采用 $\underset{\sim}{A}$ 与 $\underset{\sim}{B}$，而 A 用于表示杆的横截面面积。

续表

杆的端点条件	边界条件	频率方程	振型(函数)	固有圆频率
固定　固定	$u(0,t)=0$ $u(l,t)=0$	$\sin\dfrac{\omega l}{c}=0$	$U_n(x)=C_n\cos\dfrac{n\pi x}{l}$	$\omega_n=\dfrac{n\pi c}{l},\quad n=1,2,3,\cdots$

例 8.2 横截面面积为 A、长为 l、弹性模量为 E 的等截面杆，两端与弹簧、阻尼器和质量相连，如图 8.7(a)所示，给出其边界条件。

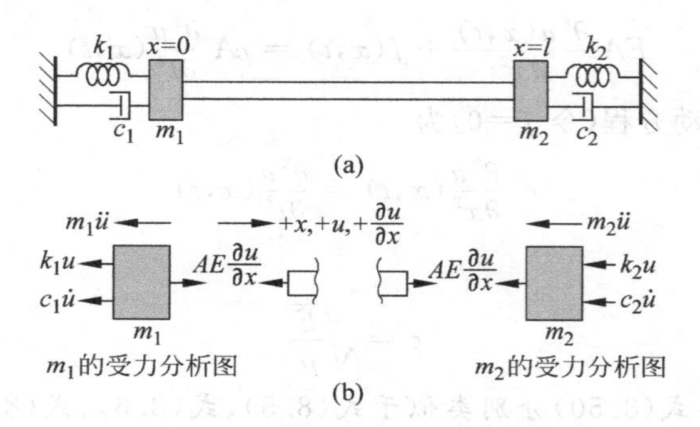

图 8.7　两端与弹簧-质量-阻尼系统相连的杆

解：质量块 m_1 与 m_2 的受力如图 8.7(b)所示，据此可以解出左端($x=0$)处，杆由于正的纵向位移 u 与纵向应变$\partial u/\partial x$ 所受的力必定等于弹簧力、阻尼力与惯性力的总和，即

$$AE\,\frac{\partial u}{\partial x}(0,t)=k_1u(0,t)+c_1\,\frac{\partial u}{\partial t}(0,t)+m_1\,\frac{\partial^2 u}{\partial t^2}(0,t) \tag{E.1}$$

类似地，在右端($x=l$)处，由于正的 u 与$\partial u/\partial x$，杆所受的力必定等于弹簧力、阻尼力与惯性力的和的负值，即

$$AE\,\frac{\partial u}{\partial x}(l,t)=-k_2u(l,t)-c_2\,\frac{\partial u}{\partial t}(l,t)-m_2\,\frac{\partial^2 u}{\partial t^2}(l,t) \tag{E.2}$$

8.3.2　振型函数的正交性

杆的纵向振动的振型函数满足正交关系

$$\int_0^l U_i(x)U_j(x)\mathrm{d}x=0 \tag{8.53}$$

其中，$U_i(x)$与 $U_j(x)$分别表示相对于第 i 阶与第 j 阶固有频率 ω_i 与 ω_j 的振型函数。若 $u(x,t)=U_i(x)T(t)$与 $u(x,t)=U_j(x)T(t)$假设为方程的解，则式(8.49)为

$$c^2\,\frac{\mathrm{d}^2U_i(x)}{\mathrm{d}x^2}+\omega_i^2U_i(x)=0\quad\text{或}\quad c^2U_i''(x)+\omega_i^2U_i(x)=0 \tag{8.54}$$

和

$$c^2\frac{d^2U_j(x)}{dx^2}+\omega_j^2U_j(x)=0 \quad 或 \quad c^2U_j''(x)+\omega_j^2U_j(x)=0 \tag{8.55}$$

其中，$U_i''=\dfrac{d^2U_i}{dx^2}$和$U_j''=\dfrac{d^2U_j}{dx^2}$。将式(8.54)乘以$U_j$，式(8.55)乘以$U_i$，则有

$$c^2U_i''U_j+\omega_i^2U_iU_j=0 \tag{8.56}$$

$$c^2U_j''U_i+\omega_j^2U_jU_i=0 \tag{8.57}$$

从式(8.56)减去式(8.57)，并在$0\sim l$区间内积分得

$$\int_0^l U_iU_j\,dx=-\frac{c^2}{\omega_i^2-\omega_j^2}\int_0^l(U_i''U_j-U_j''U_i)\,dx$$

$$=-\frac{c^2}{\omega_i^2-\omega_j^2}(U_i'U_j-U_j'U_i)\Big|_0^l \tag{8.58}$$

式(8.58)的右边对边界条件的任意组合，都容易验证等于零。例如，杆在$x=0$端固定，在$x=l$处自由，则有

$$u(0,t)=0, t\geqslant 0 \quad 或 \quad U(0)=0 \tag{8.59}$$

$$\frac{\partial u(l,t)}{\partial x}=0, t\geqslant 0 \quad 或 \quad U'(l)=0 \tag{8.60}$$

由于式(8.60)中$U'=0$，则$(U_i'U_j-U_j'U_i)|_{x=l}=0$；由于式(8.59)中$U=0$，则$(U_i'U_j-U_j'U_i)|_{x=0}=0$。故式(8.58)可以简化为式(8.53)，这就是**振型函数的正交性**。

例 8.3 求一端固定、另一端自由的杆的固有频率与自由振动的解。

解：令杆在$x=0$处固定，在$x=l$处为自由端，则边界条件可以表示为

$$u(0,t)=0, \quad t\geqslant 0 \tag{E.1}$$

$$\frac{\partial u}{\partial x}(l,t)=0, \quad t\geqslant 0 \tag{E.2}$$

将式(E.1)代入式(8.51)中可得$\underset{\sim}{A}=0$，利用式(E.2)可得

$$\underset{\sim}{B}\frac{\omega}{c}\cos\frac{\omega l}{c}=0 \quad 或 \quad \cos\frac{\omega l}{c}=0 \tag{E.3}$$

因此固有频率为

$$\frac{\omega_n l}{c}=(2n+1)\frac{\pi}{2}, \quad n=0,1,2,\cdots$$

或

$$\omega_n=\frac{(2n+1)\pi c}{2l}, \quad n=0,1,2,\cdots \tag{E.4}$$

于是式(8.49)的全解(自由振动)运用振型叠加法可以表示为

$$u(x,t)=\sum_{n=0}^{\infty}u_n(x,t)$$

$$=\sum_{n=0}^{\infty}\sin\frac{(2n+1)\pi x}{2l}\left[C_n\cos\frac{(2n+1)c\pi t}{2l}+D_n\sin\frac{(2n+1)c\pi t}{2l}\right] \tag{E.5}$$

其中，常量 C_n 与 D_n 的值可以根据初始条件确定，见式(8.33)与式(8.34)

$$C_n=\frac{2}{l}\int_0^l u_0(x)\sin\frac{(2n+1)\pi x}{2l}\mathrm{d}x \tag{E.6}$$

$$D_n=\frac{4}{(2n+1)c\pi}\int_0^l \dot{u}_0(x)\sin\frac{(2n+1)\pi x}{2l}\mathrm{d}x \tag{E.7}$$

例 8.4 求如图 8.8 所示一端为固定端、另一端附着一质量块的杆的固有频率。

解：杆轴向振动的控制方程由式(8.49)给出，其解由式(8.51)给出。固定端($x=0$)处的边界条件为

$$u(0,t)=0 \tag{E.1}$$

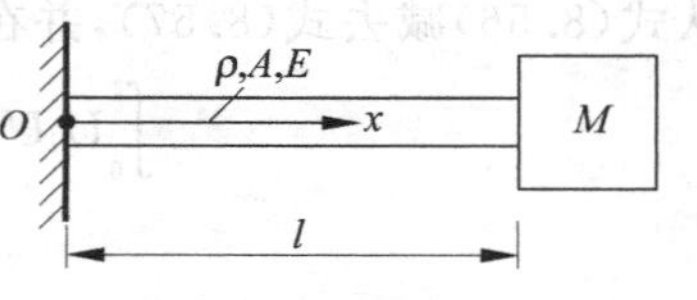

图 8.8 端部具有集中质量的杆

由此可知式(8.51)中 $\underset{\sim}{A}=0$。在 $x=l$ 处，杆所受拉力等于振动质量 M 的惯性力，则

$$AE\frac{\partial u}{\partial x}(l,t)=-M\frac{\partial^2 u}{\partial t^2}(l,t) \tag{E.2}$$

根据式(8.51)，式(E.2)可以表示为

$$AE\frac{\omega}{c}\cos\frac{\omega l}{c}(C\cos\omega t+D\sin\omega t)=M\omega^2\sin\frac{\omega l}{c}(C\cos\omega t+D\sin\omega t)$$

即

$$AE\frac{\omega}{c}\cos\frac{\omega l}{c}=M\omega^2\sin\frac{\omega l}{c}$$

或

$$\alpha\tan\alpha=\beta \tag{E.3}$$

其中

$$\alpha=\frac{\omega l}{c} \tag{E.4}$$

$$\beta=\frac{AEl}{c^2M}=\frac{A\rho l}{M}=\frac{m}{M} \tag{E.5}$$

式中，m 为杆的质量。式(E.3)即为频率方程，其解为系统的固有频率。对不同的参数 β 的值，表 8.2 中给出了前 2 阶固有频率的值。

表 8.2 对不同参数 β 值的前 2 阶固有频率

α 取值	参数 β 的值				
	0.01	0.1	1.0	10.0	100.0
α_1 的值，其中 $\omega_1=\frac{\alpha_1 c}{l}$	0.1000	0.3113	0.8602	1.4291	1.5549
α_2 的值，其中 $\omega_2=\frac{\alpha_2 c}{l}$	3.1448	3.1736	3.4267	4.3063	4.6658

若杆的质量相对于附加质量可以忽略，即 $m\approx 0$，则

$$c = \left(\frac{E}{\rho}\right)^{1/2} = \left(\frac{EAl}{m}\right)^{1/2} \to \infty \quad 以及 \quad \alpha = \frac{\omega l}{c} \to 0$$

在这种情况下，

$$\tan\frac{\omega l}{c} \approx \frac{\omega l}{c}$$

频率方程式(E.3)可以改写为

$$\left(\frac{\omega l}{c}\right)^2 = \beta$$

此式给出了基频的近似值，即

$$\omega_1 = \frac{c}{l}\beta^{1/2} = \frac{c}{l}\left(\frac{\rho A l}{M}\right)^{1/2} = \left(\frac{EA}{lM}\right)^{1/2} = \left(\frac{g}{\delta_s}\right)^{1/2}$$

其中 $\delta_s = \dfrac{Mgl}{EA}$ 表示在载荷 Mg 的作用下，杆的静伸长。

例 8.5 横截面面积为 A、密度为 ρ、弹性模量为 E、长为 l 的等截面杆，一端固定、另一端自由，其自由端受轴力 F_0 的作用，如图 8.9(a)所示。若 F_0 突然去掉，求其振动规律。

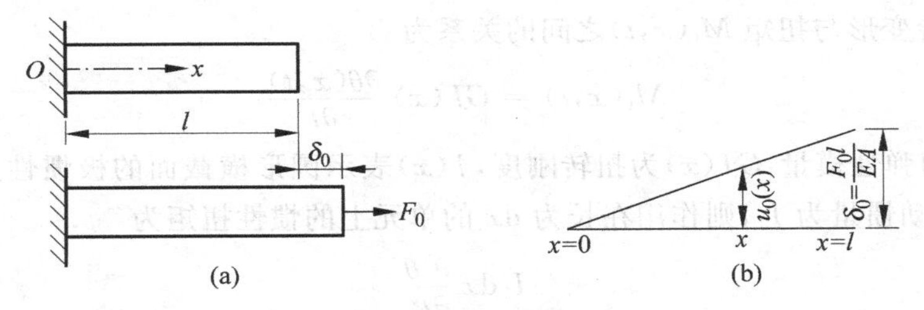

图 8.9 末端承受轴向力的杆

解：由于 F_0 的作用，杆的拉应变为

$$\varepsilon = \frac{F_0}{EA}$$

在力 F_0 去掉前杆的位移(初始位移)为(见图 8.9(b))

$$u_0 = u(x,0) = \varepsilon x = \frac{F_0 x}{EA}, \quad 0 \leqslant x \leqslant l \tag{E.1}$$

由于初始速度为零，则有

$$\dot{u}_0 = \frac{\partial u}{\partial t}(x,0) = 0, \quad 0 \leqslant x \leqslant l \tag{E.2}$$

一端固定、另一端自由的杆的通解由例 8.3 中的式(E.5)给出

$$\begin{aligned} u(x,t) &= \sum_{n=0}^{\infty} u_n(x,t) \\ &= \sum_{n=0}^{\infty} \sin\frac{(2n+1)\pi x}{2l}\left[C_n \cos\frac{(2n+1)c\pi t}{2l} + D_n \sin\frac{(2n+1)c\pi t}{2l}\right] \end{aligned} \tag{E.3}$$

其中，C_n 与 D_n 可由例 8.3 中的式(E.6)与式(E.7)确定。由于$\dot{u}_0=0$，则 $D_n=0$。利用例 8.3 中的式(E.6)，则有

$$C_n=\frac{2}{l}\int_0^l\frac{F_0x}{EA}\sin\frac{(2n+1)\pi x}{2l}\mathrm{d}x=\frac{8F_0l}{EA\pi^2}\frac{(-1)^n}{(2n+1)^2} \tag{E.4}$$

代入式(E.3)后得

$$u(x,t)=\frac{8F_0l}{EA\pi^2}\sum_{n=0}^{\infty}\frac{(-1)^n}{(2n+1)^2}\sin\frac{(2n+1)\pi x}{2l}\cos\frac{(2n+1)c\pi t}{2l} \tag{E.5}$$

式(E.3)和式(E.5)表示杆上某点 $x=x_0$ 处的运动是振幅为 $C_n\sin\frac{(2n+1)\pi x_0}{2l}$，相应的圆频率为$\frac{(2n+1)\pi c}{2l}$的各次谐波的合成。

8.4 圆杆或轴的扭转振动

图 8.10 所示为在单位长度上所受的力为 $f(x,t)$的变截面轴。若 $\theta(x,t)$表示横截面的扭转角，则扭转变形与扭矩 $M_t(x,t)$之间的关系为

$$M_t(x,t)=GJ(x)\frac{\partial\theta(x,t)}{\partial t} \tag{8.61}$$

其中，G 为剪切弹性模量，$GJ(x)$为扭转刚度，$J(x)$表示圆形横截面的极惯性矩。若轴的每单位长度的转动惯量为 I_0，则作用在长为 $\mathrm{d}x$ 的单元上的惯性扭矩为

$$I_0\mathrm{d}x\frac{\partial^2\theta}{\partial t^2}$$

因为作用在微单元上的外力为 $f(x,t)$，则应用牛顿第二运动定律得运动微分方程为

$$(M_t+\mathrm{d}M_t)+f\mathrm{d}x-M_t=I_0\mathrm{d}x\frac{\partial^2\theta}{\partial t^2} \tag{8.62}$$

将 $\mathrm{d}M_t$ 表示为

$$\frac{\partial M_t}{\partial x}\mathrm{d}x$$

利用式(8.61)，则变截面轴的强迫扭转振动的微分方程为

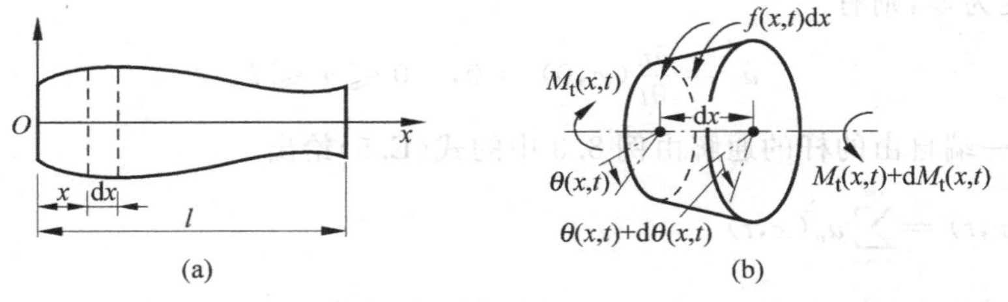

图 8.10　轴的扭转振动

$$\frac{\partial}{\partial x}\left[GJ(x)\frac{\partial\theta(x,t)}{\partial x}\right]+f(x,t)=I_0(x)\frac{\partial^2\theta(x,t)}{\partial t^2} \tag{8.63}$$

对于等截面轴，式(8.63)变为如下形式

$$GJ\frac{\partial^2\theta(x,t)}{\partial x^2}+f(x,t)=I_0\frac{\partial^2\theta(x,t)}{\partial t^2} \tag{8.64}$$

自由振动时，上式简化为

$$c^2\frac{\partial^2\theta(x,t)}{\partial x^2}=\frac{\partial^2\theta(x,t)}{\partial t^2} \tag{8.65}$$

其中

$$c=\sqrt{\frac{GJ}{I_0}} \tag{8.66}$$

注意：式(8.63)～式(8.66)类似于弦的横向振动与杆的纵向振动的相应表达式。若轴的横截面不变，$I_0=\rho J$，则式(8.66)变为

$$c=\sqrt{\frac{G}{\rho}} \tag{8.67}$$

若轴在 $t=0$ 时的角位移为 $\theta_0(x)$，角速度为 $\dot{\theta}_0(x)$，则初始条件表示为

$$\left.\begin{aligned}&\theta(x,t=0)=\theta_0(x)\\&\frac{\partial\theta}{\partial t}(x,t=0)=\dot{\theta}_0(x)\end{aligned}\right\} \tag{8.68}$$

式(8.65)的通解可以表示为

$$\theta(x,t)=\left(A\cos\frac{\omega x}{c}+B\sin\frac{\omega x}{c}\right)(C\cos\omega t+D\sin\omega t) \tag{8.69}$$

等截面轴的边界条件，相应的频率方程及振型函数如表 8.3 所示。

表 8.3 等截面轴扭转振动的边界条件

杆的端点条件	边界条件	频率方程	振型函数	固有频率
固定 自由	$\theta(0,t)=0$ $\frac{\partial\theta}{\partial x}(l,t)=0$	$\cos\frac{\omega l}{c}=0$	$\Theta(x)=C_n\sin\frac{(2n+1)\pi x}{2l}$	$\omega_n=\frac{(2n+1)\pi c}{2l}$, $n=0,1,2,\cdots$
自由 自由	$\frac{\partial}{\partial x}\theta(0,t)=0$ $\frac{\partial}{\partial x}\theta(l,t)=0$	$\sin\frac{\omega l}{c}=0$	$\Theta(x)=C_n\cos\frac{n\pi x}{l}$	$\omega_n=\frac{n\pi c}{l}$, $n=0,1,2,\cdots$
固定 固定	$\theta(0,t)=0$ $\theta(l,t)=0$	$\sin\frac{\omega l}{c}=0$	$\Theta(x)=C_n\cos\frac{n\pi x}{l}$	$\omega_n=\frac{n\pi c}{l}$, $n=1,2,3,\cdots$

例 8.6 求如图 8.11 所示的平面铣刀当自由端固定时刀杆的固有频率。假设刀杆的扭转刚度为 GJ，铣刀的转动惯量为 I_0。

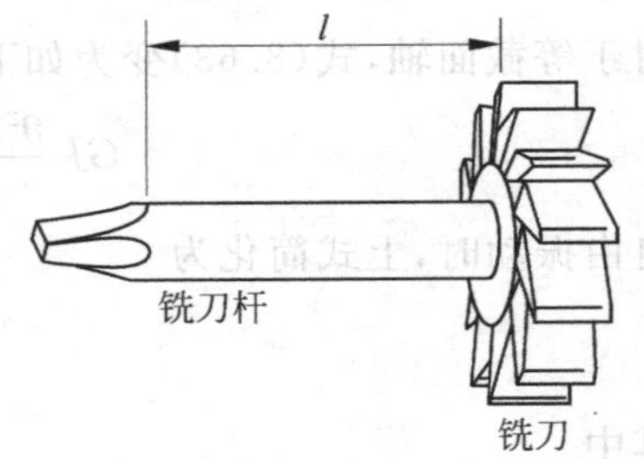

图 8.11 平面铣刀

解：根据式(8.69)给出的通解，利用固定端的边界条件 $\theta(0,t)=0$，得 $A=0$。$x=l$ 处的边界条件可以表述为

$$GJ\,\frac{\partial\theta(l,t)}{\partial x}=-I_0\,\frac{\partial^2\theta(l,t)}{\partial t^2} \tag{E.1}$$

即

$$BGJ\,\frac{\omega}{c}\cos\frac{\omega l}{c}=BI_0\omega^2\sin\frac{\omega l}{c}$$

或

$$\frac{\omega l}{c}\tan\frac{\omega l}{c}=\frac{J\rho l}{I_0}=\frac{\underset{\sim}{J}_{\mathrm{rod}}}{I_0} \tag{E.2}$$

其中，$\underset{\sim}{J}_{\mathrm{rod}}=J\rho l$。式(E.2)可以表示为

$$\alpha\tan\alpha=\beta,\quad 其中\quad \alpha=\frac{\omega l}{c},\beta=\frac{\underset{\sim}{J}_{\mathrm{rod}}}{I_0} \tag{E.3}$$

式(E.3)的解，即系统的固有频率，可类似于例 8.4 求得。

8.5 梁的横向振动

8.5.1 运动微分方程

考虑如图 8.12(b)所示的梁单元的受力，其中，$M(x,t)$为弯矩，$V(x,t)$是剪力，$f(x,t)$是梁单位长度上作用的外力。由于梁单元的惯性力为

$$\rho A(x)\mathrm{d}x\,\frac{\partial^2 w(x,t)}{\partial t^2}$$

沿 z 方向的作用力方程为

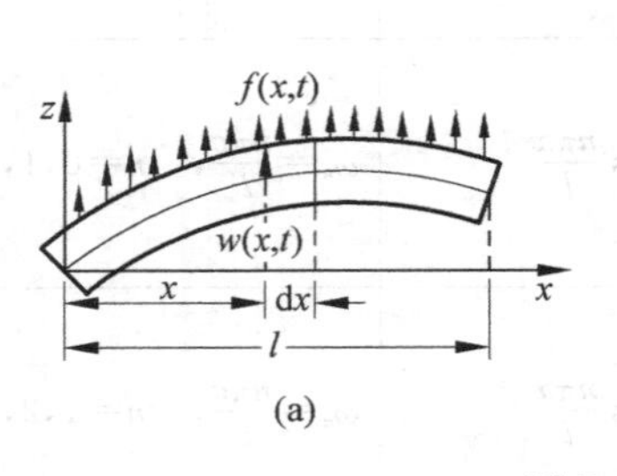

(a)

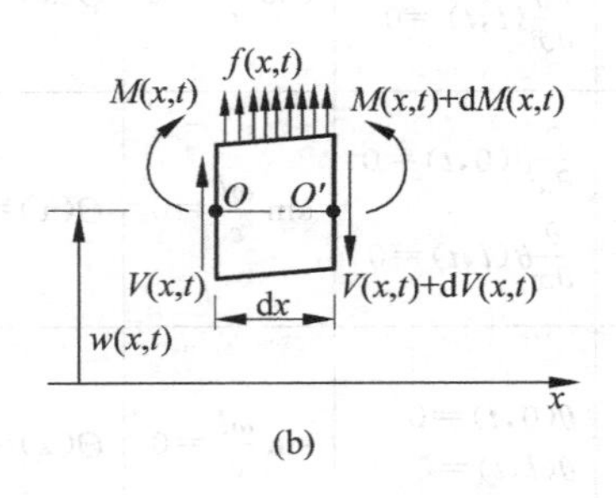

(b)

图 8.12 梁的弯曲

$$-(V+\mathrm{d}V)+f(x,t)\mathrm{d}x+V=\rho A(x)\mathrm{d}x\frac{\partial^2 w(x,t)}{\partial t^2} \tag{8.70}$$

其中,ρ 为质量密度,$A(x)$为梁横截面的面积。微单元中各力对过 O 点的 y 轴的力矩方程为

$$(M+\mathrm{d}M)-(V+\mathrm{d}V)\mathrm{d}x+f(x,t)\mathrm{d}x\frac{\mathrm{d}x}{2}-M=0 \tag{8.71}$$

其中

$$\mathrm{d}V=\frac{\partial V}{\partial x}\mathrm{d}x,\quad \mathrm{d}M=\frac{\partial M}{\partial x}\mathrm{d}x$$

忽略含 $\mathrm{d}x$ 高次幂的项,式(8.70)与式(8.71)可以写为

$$-\frac{\partial V(x,t)}{\partial x}+f(x,t)=\rho A(x)\frac{\partial^2 w(x,t)}{\partial t^2} \tag{8.72}$$

$$\frac{\partial M(x,t)}{\partial x}-V(x,t)=0 \tag{8.73}$$

利用式(8.73)中的关系 $V=\partial M/\partial x$,式(8.72)变为

$$-\frac{\partial^2 M(x,t)}{\partial x^2}+f(x,t)=\rho A(x)\frac{\partial^2 w(x,t)}{\partial t^2} \tag{8.74}$$

由梁弯曲的基本理论(即著名的**欧拉-伯努利理论或细梁理论**),弯矩与挠度间的关系可以表示为

$$M(x,t)=EI(x)\frac{\partial^2 w(x,t)}{\partial x^2} \tag{8.75}$$

其中,E 为弹性模量,$I(x)$为梁横截面对 y 轴的惯性矩。将式(8.75)代入式(8.74)中,得变截面梁横向受迫振动的运动微分方程为

$$\frac{\partial^2}{\partial x^2}\left[EI(x)\frac{\partial^2 w(x,t)}{\partial x^2}\right]+\rho A(x)\frac{\partial^2 w(x,t)}{\partial t^2}=f(x,t) \tag{8.76}$$

对等截面梁,式(8.76)简化为

$$EI\frac{\partial^4 w(x,t)}{\partial x^4}+\rho A\frac{\partial^2 w(x,t)}{\partial t^2}=f(x,t) \tag{8.77}$$

对自由振动,$f(x,t)=0$,于是运动微分方程变为

$$c^2\frac{\partial^4 w(x,t)}{\partial x^4}+\frac{\partial^2 w(x,t)}{\partial t^2}=0 \tag{8.78}$$

其中

$$c=\sqrt{\frac{EI}{\rho A}} \tag{8.79}$$

8.5.2 初始条件

由于运动微分方程涉及对时间 t 的二阶导数与对 x 的四阶导数,因而为得到唯一确定

的解 $w(x,t)$，需要2个初始条件与4个边界条件。通常把在 $t=0$ 时的横向位移与速度值分别记为 $w_0(x)$ 与 $\dot{w}_0(x)$，于是初始条件为

$$w(x,t=0)=w_0(x),\quad \frac{\partial w}{\partial t}(x,t=0)=\dot{w}_0(x) \tag{8.80}$$

8.5.3 自由振动

可以利用分离变量法求自由振动的解，即令

$$w(x,t)=W(x)T(t) \tag{8.81}$$

将式(8.81)代入式(8.78)，经整理后有

$$\frac{c^2}{W(x)}\frac{\mathrm{d}^4W(x)}{\mathrm{d}x^4}=-\frac{1}{T(t)}\frac{\mathrm{d}^2T(t)}{\mathrm{d}t^2}=a=\omega^2 \tag{8.82}$$

其中，$a=\omega^2$ 为正的常量(见习题8.43)。式(8.82)可以表示为两个式子

$$\frac{\mathrm{d}^4W(x)}{\mathrm{d}x^4}-\beta^4W(x)=0 \tag{8.83}$$

$$\frac{\mathrm{d}^2T(t)}{\mathrm{d}t^2}+\omega^2T(t)=0 \tag{8.84}$$

其中

$$\beta^4=\frac{\omega^2}{c^2}=\frac{\rho A\omega^2}{EI} \tag{8.85}$$

式(8.84)的解可以表示为

$$T(t)=A\cos\omega t+B\sin\omega t \tag{8.86}$$

其中，A 与 B 为常量，可以根据初始条件确定。为求式(8.83)的解，假定

$$W(x)=C\mathrm{e}^{sx} \tag{8.87}$$

其中，C 与 s 为常量。将式(8.87)代入式(8.83)后得

$$s^4-\beta^4=0 \tag{8.88}$$

该方程的根为

$$s_{1,2}=\pm\beta,\quad s_{3,4}=\pm\mathrm{i}\beta \tag{8.89}$$

因此方程(8.83)的解为

$$W(x)=C_1\mathrm{e}^{\beta x}+C_2\mathrm{e}^{-\beta x}+C_3\mathrm{e}^{\mathrm{i}\beta x}+C_4\mathrm{e}^{-\mathrm{i}\beta x} \tag{8.90}$$

其中，C_1，C_2，C_3 与 C_4 为常量。式(8.90)也可以表示为

$$W(x)=C_1\cos\beta x+C_2\sin\beta x+C_3\cosh\beta x+C_4\sinh\beta x \tag{8.91}$$

或

$$\begin{aligned}W(x)=&C_1(\cos\beta x+\cosh\beta x)+C_2(\cos\beta x-\cosh\beta x)\\&+C_3(\sin\beta x+\sinh\beta x)+C_4(\sin\beta x-\sinh\beta x)\end{aligned} \tag{8.92}$$

在每种不同的形式下，C_1，C_2，C_3 与 C_4 为不同的常量，可以由边界条件确定。梁的固有频率可由式(8.85)计算，即

$$\omega=\beta^2\sqrt{\frac{EI}{\rho A}}=(\beta l)^2\sqrt{\frac{EI}{\rho Al^4}} \tag{8.93}$$

函数 $W(x)$ 称为梁的固有振型函数，ω 为振动的固有频率。式(8.91)或式(8.92)中的未知常量 C_1,C_2,C_3 与 C_4 以及式(8.93)中的 β 值可以根据梁的边界条件确定。

8.5.4 边界条件

常见的梁的边界条件如下

(1) 自由端：弯矩和剪力分别为零，即

$$M(x)=EI\frac{\partial^2 w}{\partial x^2}=0,\quad V(x)=\frac{\partial}{\partial x}\left(EI\frac{\partial^2 w}{\partial x^2}\right)=0 \tag{8.94}$$

(2) 简支(铰支)端：挠度和弯矩分别为零，即

$$w=0,\quad M(x)=EI\frac{\partial^2 w}{\partial x^2}=0 \tag{8.95}$$

(3) 固定端：挠度和转角分别为零，即

$$w=0,\quad \frac{\partial w}{\partial x}=0 \tag{8.96}$$

具有常见边界条件的梁的频率方程、振型与固有频率见表 8.4。现在考虑梁的其他一些可能的边界条件。

(4) 梁的两端与弹簧、阻尼器和质量块相连(见图 8.13(a))。当梁的末端产生横向位移 w、转角 $\partial w/\partial x$、速度 $\partial w/\partial t$ 与加速度 $\partial^2 w/\partial t^2$ 时，由于弹簧、阻尼器以及质量块所受的阻力分别与 w, $\partial w/\partial t$ 与 $\partial^2 w/\partial t^2$ 成比例，而在该末端阻力由剪力来平衡，于是

$$\frac{\partial}{\partial x}\left(EI\frac{\partial^2 w}{\partial x^2}\right)=a\left(kw+c\frac{\partial w}{\partial t}+m\frac{\partial^2 w}{\partial t^2}\right) \tag{8.97}$$

其中，对梁的左端 $a=-1$，对右端 $a=1$。此外，弯矩必为零，因此

$$EI\frac{\partial^2 w}{\partial x^2}=0 \tag{8.98}$$

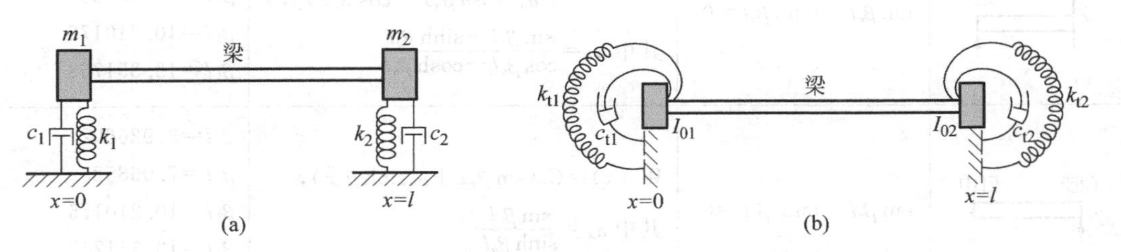

图 8.13　两端与弹簧-阻尼-质量块相连的梁

(5) 梁的末端与扭转弹簧、扭转阻尼器与转动惯性元件相连(见图 8.13(b))。这种情况下，边界条件为

$$EI\frac{\partial^2 w}{\partial x^2}=a\left(k_t\frac{\partial w}{\partial x}+c_t\frac{\partial^2 w}{\partial x\partial t}+I_0\frac{\partial^3 w}{\partial x\partial t^2}\right) \tag{8.99}$$

表 8.4 常见的横向振动梁的边界条件

梁的边界条件	频率方程	振型函数	$\beta_n l$ 的值
铰支 铰支	$\sin\beta_n l=0$	$W_n(x)=C_n[\sin\beta_n x]$	$\beta_1 l=\pi$ $\beta_2 l=2\pi$ $\beta_3 l=3\pi$ $\beta_4 l=4\pi$
自由 自由	$\cos\beta_n l\cosh\beta_n l=1$	$W_n(x)=C_n[\sin\beta_n x+\sinh\beta_n x+\alpha_n(\cos\beta_n x+\cosh\beta_n x)]$， 其中 $\alpha_n=\dfrac{\sin\beta_n l-\sinh\beta_n l}{\cosh\beta_n l-\cos\beta_n l}$	$\beta_1 l=4.730041$ $\beta_2 l=7.853205$ $\beta_3 l=10.995608$ $\beta_4 l=14.137165$ （对刚体振型，$\beta l=0$）
固定 固定	$\cos\beta_n l\cosh\beta_n l=1$	$W_n(x)=C_n[\sinh\beta_n x-\sin\beta_n x+\alpha_n(\cosh\beta_n x-\cos\beta_n x)]$， 其中 $\alpha_n=\dfrac{\sinh\beta_n l-\sin\beta_n l}{\cos\beta_n l-\cosh\beta_n l}$	$\beta_1 l=4.730041$ $\beta_2 l=7.853205$ $\beta_3 l=10.995608$ $\beta_4 l=14.137165$
固定 自由	$\cos\beta_n l\cosh\beta_n l=-1$	$W_n(x)=C_n[\sin\beta_n x-\sinh\beta_n x-\alpha_n(\cos\beta_n x-\cosh\beta_n x)]$， 其中 $\alpha_n=\dfrac{\sin\beta_n l+\sinh\beta_n l}{\cosh\beta_n l+\cos\beta_n l}$	$\beta_1 l=1.875104$ $\beta_2 l=4.694091$ $\beta_3 l=7.854757$ $\beta_4 l=10.995541$
固定 铰支	$\tan\beta_n l-\tanh\beta_n l=0$	$W_n(x)=C_n[\sin\beta_n x-\sinh\beta_n x+\alpha_n(\cosh\beta_n x-\cos\beta_n x)]$， 其中 $\alpha_n=\dfrac{\sin\beta_n l-\sinh\beta_n l}{\cos\beta_n l-\cosh\beta_n l}$	$\beta_1 l=3.926602$ $\beta_2 l=7.068583$ $\beta_3 l=10.210176$ $\beta_4 l=13.351768$
铰支 自由	$\tan\beta_n l-\tanh\beta_n l=0$	$W_n(x)=C_n(\sin\beta_n x+\alpha_n\sinh\beta_n x)$， 其中 $\alpha_n=\dfrac{\sin\beta_n l}{\sinh\beta_n l}$	$\beta_1 l=3.926602$ $\beta_2 l=7.068583$ $\beta_3 l=10.210176$ $\beta_4 l=13.351768$ （对刚体振型，$\beta l=0$）

其中对梁左端 $a=-1$，对梁的右端 $a=1$，以及

$$\frac{\partial}{\partial x}\left(EI\,\frac{\partial^2 w}{\partial x^2}\right)=0 \tag{8.100}$$

8.5.5 振型函数的正交性

振型函数 $W(x)$满足式(8.83)

$$c^2\frac{d^4W(x)}{dx^4}-\omega^2W(x)=0 \tag{8.101}$$

令 $W_i(x)$与 $W_j(x)$为相对于固有频率 ω_i 与 $\omega_j(i\neq j)$的振型函数,则

$$c^2\frac{d^4W_i}{dx^4}-\omega_i^2W_i=0 \tag{8.102}$$

以及

$$c^2\frac{d^4W_j}{dx^4}-\omega_j^2W_j=0 \tag{8.103}$$

式(8.102)乘以 W_j,式(8.103)乘以 W_i,然后将所得的方程相减后,从 0 积分到 l,得

$$\int_0^l\left[c^2\frac{d^4W_i}{dx^4}W_j-\omega_i^2W_iW_j\right]dx-\int_0^l\left(c^2\frac{d^4W_j}{dx^4}W_i-\omega_j^2W_jW_i\right)dx=0$$

或

$$\int_0^l W_iW_j\,dx=-\frac{c^2}{\omega_i^2-\omega_j^2}\int_0^l(W_i''''W_j-W_iW_j'''')dx \tag{8.104}$$

式中撇号“′”代表对 x 的导数。式(8.104)中等号的右边可以通过分步积分求得

$$\int_0^l W_iW_j\,dx=-\frac{c^2}{\omega_i^2-\omega_j^2}(W_iW_j'''-W_jW_i'''+W_j'W_i''-W_i'W_j'')\Big|_0^l \tag{8.105}$$

可以证明式(8.105)的右边对于自由、固定或简支条件的任意组合均为零。在自由端,弯矩和剪力等于零,则

$$W''=0,\quad W'''=0 \tag{8.106}$$

对固定端,挠度与转角等于零,即

$$W=0,\quad W'=0 \tag{8.107}$$

在简支端,弯矩与挠度等于零,即

$$W''=0,\quad W=0 \tag{8.108}$$

故对于式(8.106)～式(8.108)中各边界条件的任意组合,在 $x=0$ 与 $x=l$ 处,式(8.105)中等号右边的每一项均为零,因此式(8.105)简化为

$$\int_0^l W_iW_j\,dx=0 \tag{8.109}$$

这就是梁横向振动振型函数正交性的含义。

例 8.7 确定在 $x=0$ 处固定、$x=l$ 处简支的等截面梁振动的固有频率。

解:边界条件可以表示为

$$W(0)=0 \tag{E.1}$$

$$\frac{dW}{dx}(0)=0 \tag{E.2}$$

$$W(l) = 0 \tag{E.3}$$

$$EI\frac{\mathrm{d}^2 W}{\mathrm{d}x^2}(l) = 0 \quad 或 \quad \frac{\mathrm{d}^2 W}{\mathrm{d}x^2}(l) = 0 \tag{E.4}$$

将条件(E.1)代入式(8.91)得

$$C_1 + C_3 = 0 \tag{E.5}$$

由式(E.2)与式(8.91)得

$$\left.\frac{\mathrm{d}W}{\mathrm{d}x}\right|_{x=0} = \beta(-C_1\sin\beta x + C_2\cos\beta x + C_3\sinh\beta x + C_4\cosh\beta x)_{x=0} = 0$$

或

$$\beta(C_2 + C_4) = 0 \tag{E.6}$$

于是解即式(8.91)变为

$$W(x) = C_1(\cos\beta x - \cosh\beta x) + C_2(\sin\beta x - \sinh\beta x) \tag{E.7}$$

将边界条件即式(E.3)~式(E.4)代入式(E.7)，有

$$C_1(\cos\beta l - \cosh\beta l) + C_2(\sin\beta l - \sinh\beta l) = 0 \tag{E.8}$$

$$-C_1(\cos\beta l + \cosh\beta l) - C_2(\sin\beta l + \sinh\beta l) = 0 \tag{E.9}$$

因为要求 C_1 与 C_2 有非零解，则它们的系数行列式必为零，即

$$\begin{vmatrix} \cos\beta l - \cosh\beta l & \sin\beta l - \sinh\beta l \\ -(\cos\beta l + \cosh\beta l) & -(\sin\beta l + \sinh\beta l) \end{vmatrix} = 0 \tag{E.10}$$

展开行列式，则得频率方程为

$$\cos\beta l\sinh\beta l - \sin\beta l\cosh\beta l = 0 \quad 或 \quad \tan\beta l = \tanh\beta l \tag{E.11}$$

该方程的根 $\beta_n l$ 表示振动系统的固有频率

$$\omega_n = (\beta_n l)^2\left(\frac{EI}{\rho A l^4}\right)^{1/2}, \quad n = 1,2,\cdots \tag{E.12}$$

其中，满足式(E.11)的各 $\beta_n l(n=1,2,\cdots)$ 的值已在表8.4中给出。若相对于 β_n 的 C_2 值表示为 C_{2n}，根据式(E.8)中的 C_{1n}，C_{2n} 可以表示为

$$C_{2n} = -C_{1n}\left(\frac{\cos\beta_n l - \cosh\beta_n l}{\sin\beta_n l - \sinh\beta_n l}\right) \tag{E.13}$$

因此式(E.7)为

$$W_n(x) = C_{1n}\left[(\cos\beta_n x - \cosh\beta_n x) - \frac{\cos\beta_n l - \cosh\beta_n l}{\sin\beta_n l - \sinh\beta_n l}(\sin\beta_n x - \sinh\beta_n x)\right] \tag{E.14}$$

根据式(8.81)，系统的固有振动为

$$w_n(x,t) = W_n(x)(A_n\cos\omega_n t + B_n\sin\omega_n t) \tag{E.15}$$

其中 $W_n(x)$ 由式(E.14)给出。固定-简支梁的通解可以表示为固有振动的和，即

$$w(x,t) = \sum_{n=1}^{\infty} w_n(x,t) \tag{E.16}$$

8.5.6 受迫振动

可以运用振型叠加法求梁的受迫振动解。假设梁的挠度为

$$w(x,t)=\sum_{n=1}^{\infty}W_n(x)q_n(t) \tag{8.110}$$

其中，$W_n(x)$为第 n 阶固有振型函数或满足微分方程(8.101)的特征函数

$$EI\frac{\mathrm{d}^4W_n(x)}{\mathrm{d}x^4}-\omega_n^2\rho AW_n(x)=0,\quad n=1,2,\cdots \tag{8.111}$$

$q_n(t)$为对应的广义坐标。将式(8.110)代入受迫振动方程(8.77)中，得

$$EI\sum_{n=1}^{\infty}\frac{\mathrm{d}^4W_n(x)}{\mathrm{d}x^4}q_n(t)+\rho A\sum_{n=1}^{\infty}W_n(x)\frac{\mathrm{d}^2q_n(t)}{\mathrm{d}t^2}=f(x,t) \tag{8.112}$$

根据式(8.111)，式(8.112)可以表示为

$$\sum_{n=1}^{\infty}\omega_n^2W_n(x)q_n(t)+\sum_{n=1}^{\infty}W_n(x)\frac{\mathrm{d}^2q_n(t)}{\mathrm{d}t^2}=\frac{1}{\rho A}f(x,t) \tag{8.113}$$

用 $W_m(x)$乘以式(8.113)，再从 0 积分到 l，利用正交条件即式(8.109)，得

$$\frac{\mathrm{d}^2q_n(t)}{\mathrm{d}t^2}+\omega_n^2q_n(t)=\frac{1}{\rho Ab}Q_n(t) \tag{8.114}$$

其中，$Q_n(t)$称为相对于 $q_n(t)$的广义力，其表达式为

$$Q_n(t)=\int_0^l f(x,t)W_n(x)\mathrm{d}x \tag{8.115}$$

常量 b 为

$$b=\int_0^l W_n^2(x)\mathrm{d}x \tag{8.116}$$

本质上，式(8.114)可以视为无阻尼单自由度系统的运动方程。运用杜哈美积分，式(8.114)的解可以表示为

$$q_n(t)=A_n\cos\omega_nt+B_n\sin\omega_nt+\frac{1}{\rho Ab\omega_n}\int_0^t Q_n(\tau)\sin\omega_n(t-\tau)\mathrm{d}\tau \tag{8.117}$$

其中，式(8.117)右边的前两项表示瞬态振动或自由振动(由初始条件引起)，第三项表示稳态振动(由力函数引起)。式(8.117)对于 $n=1,2,\cdots$一旦解出，根据式(8.110)就可以求得全解。

例 8.8 求如图 8.14 所示简支梁在 $x=a$ 处受简谐力 $f(x,t)=f_0\sin\omega t$ 作用时的稳态响应。

解：简支梁的固有振型函数为(见表 8.4 或习题 8.33)

$$W_n(x)=\sin\beta_nx=\sin\frac{n\pi x}{l} \tag{E.1}$$

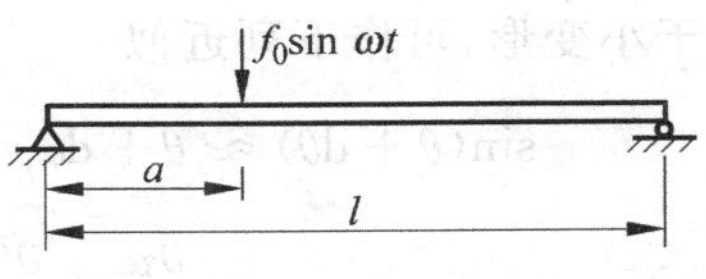

图 8.14 简谐力作用下的简支梁

其中

$$\beta_n l = n\pi \tag{E.2}$$

由式(8.115)确定的广义力为

$$Q_n(t) = \int_0^l f(x,t)\sin\beta_n x\,\mathrm{d}x = f_0 \sin\frac{n\pi a}{l}\sin\omega t \tag{E.3}$$

由式(8.117)确定的梁的稳态响应为

$$q_n(t) = \frac{1}{\rho A b \omega_n}\int_0^t Q_n(\tau)\sin\omega_n(t-\tau)\mathrm{d}\tau \tag{E.4}$$

其中

$$b = \int_0^l W_n^2(x)\mathrm{d}x = \int_0^l \sin^2\beta_n x\,\mathrm{d}x = \frac{l}{2} \tag{E.5}$$

形如式(E.4)的解可以表示为

$$q_n(t) = \frac{2f_0}{\rho A l}\frac{\sin\frac{n\pi a}{l}}{\omega_n^2-\omega^2}\sin\omega t \tag{E.6}$$

则由式(8.110)确定的梁的响应为

$$w(x,t) = \frac{2f_0}{\rho A l}\sum_{n=1}^{\infty}\frac{1}{\omega_n^2-\omega^2}\sin\frac{n\pi a}{l}\sin\frac{n\pi x}{l}\sin\omega t \tag{E.7}$$

8.5.7 轴向力的影响

讨论在轴向力作用下梁的振动问题可以利用索的振动理论。例如，虽然索的振动可以简化为等效的弦来处理，但许多索会发生交变挠曲导致的疲劳失效。这个交变的挠曲是由于微风中旋涡不断从索中脱落引起的。因而在研究索的疲劳失效时，必须考虑轴向力与弯曲刚度对横向振动的影响。

为讨论轴向力 $P(x,t)$ 对梁弯曲振动的影响，考虑图 8.15 所示的梁单元的运动方程。对于垂向振动，有

$$-(V+\mathrm{d}V)+f\mathrm{d}x+V+(P+\mathrm{d}P)\sin(\theta+\mathrm{d}\theta)-P\sin\theta = \rho A\,\mathrm{d}x\frac{\partial^2 w}{\partial t^2} \tag{8.118}$$

类似地，对于相对于 O' 点的转动，有

$$(M+\mathrm{d}M)-(V+\mathrm{d}V)\mathrm{d}x+f\mathrm{d}x\frac{\mathrm{d}x}{2}-M=0 \tag{8.119}$$

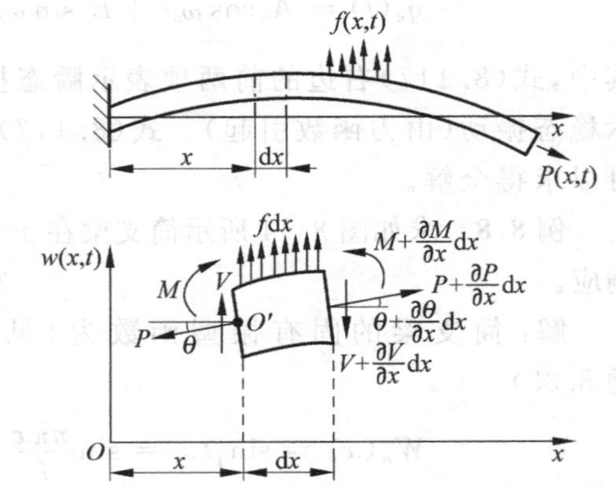

图 8.15 在轴力作用下的梁单元

对于小变形，可作下列近似

$$\sin(\theta+\mathrm{d}\theta)\approx\theta+\mathrm{d}\theta=\theta+\frac{\partial\theta}{\partial x}\mathrm{d}x = \frac{\partial w}{\partial x}+\frac{\partial^2 w}{\partial x^2}\mathrm{d}x$$

根据上式和式(8.118)、式(8.119)与式(8.75),可得轴向力 P 为常量时的运动微分方程

$$\frac{\partial^2}{\partial x^2}\left(EI\frac{\partial^2 w}{\partial x^2}\right)+\rho A\frac{\partial^2 w}{\partial t^2}-P\frac{\partial^2 w}{\partial x^2}=f \tag{8.120}$$

对于等截面梁,若无横向外力,式(8.120)简化为

$$EI\frac{\partial^4 w}{\partial x^4}+\rho A\frac{\partial^2 w}{\partial t^2}-P\frac{\partial^2 w}{\partial x^2}=0 \tag{8.121}$$

可以采用分离变量法求式(8.121)的解,即令

$$w(x,t)=W(x)(A\cos\omega t+B\sin\omega t) \tag{8.122}$$

将式(8.122)代入式(8.121),有

$$EI\frac{\mathrm{d}^4 W}{\mathrm{d}x^4}-P\frac{\mathrm{d}^2 W}{\mathrm{d}x^2}-\rho A\omega^2 W=0 \tag{8.123}$$

假设方程(8.123)的解 $W(x)$ 为

$$W(x)=C\mathrm{e}^{sx} \tag{8.124}$$

则得特征方程为

$$s^4-\frac{P}{EI}s^2-\frac{\rho A\omega^2}{EI}=0 \tag{8.125}$$

方程(8.125)的根为

$$s_1^2,s_2^2=\frac{P}{2EI}\pm\left(\frac{P^2}{4E^2I^2}+\frac{\rho A\omega^2}{EI}\right)^{1/2} \tag{8.126}$$

于是方程(8.123)的解可以表示为

$$W(x)=C_1\cosh s_1x+C_2\sinh s_1x+C_3\cos s_2x+C_4\sin s_2x \tag{8.127}$$

其中,常量 $C_1\sim C_4$ 可以根据边界条件确定。

例 8.9 求简支梁受轴向压力作用时横向振动的固有频率。

解:边界条件为

$$W(0)=0 \tag{E.1}$$

$$\frac{\mathrm{d}^2 W}{\mathrm{d}x^2}(0)=0 \tag{E.2}$$

$$W(l)=0 \tag{E.3}$$

$$\frac{\mathrm{d}^2 W}{\mathrm{d}x^2}(l)=0 \tag{E.4}$$

根据式(E.1)与式(E.2),可得 $C_1=C_3=0$,于是

$$W(x)=C_2\sinh s_1x+C_4\sin s_2x \tag{E.5}$$

将式(E.3)~式(E.4)代入式(E.5),可得

$$\sinh s_1l\sin s_2l=0 \tag{E.6}$$

由于 $\sinh s_1l>0$(对于所有 $s_1l\neq0$),该方程的唯一根为

$$s_2l=n\pi,\quad n=0,1,2,\cdots \tag{E.7}$$

于是式(E.7)与式(8.126)给出了振动的固有频率：

$$\omega_n = \frac{\pi^2}{l^2}\sqrt{\frac{EI}{\rho A}}\left(n^4 + \frac{n^2 P l^2}{\pi^2 EI}\right)^{1/2} \tag{E.8}$$

由于此处轴向力 P 为压力，故应为负。此外，由材料力学的知识可知，简支梁的最小欧拉临界载荷为

$$P_{\text{cri}} = \frac{\pi^2 EI}{l^2} \tag{E.9}$$

所以式(E.8)可以写为

$$\omega_n = \frac{\pi^2}{l^2}\left(\frac{EI}{\rho A}\right)^{1/2}\left(n^4 - n^2\frac{P}{P_{\text{cri}}}\right)^{1/2} \tag{E.10}$$

从该例可以得出下列结论

(1) 若 $P=0$，则固有频率与表 8.4 所给简支梁的固有频率相同。

(2) 若 $EI=0$，则固有频率(见式(E.8))退化为张紧弦的固有频率。

(3) 若 $P>0$，则固有频率随拉力使梁硬化而增加。

(4) 当 $P\to P_{\text{cri}}$ 时，对于 $n=1$，固有频率趋于零。

8.5.8 转动惯量与剪切变形的影响

如果与梁的长度相比，横截面的尺寸并不很小，则需要考虑转动惯量和剪切变形的影响。该表述是由铁木辛柯提出的[8.10]，即为著名的**粗梁理论**或**铁木辛柯梁理论**。考虑图 8.16 所示的梁单元，若忽略剪切变形的影响，则挠曲中心线 $O'T$ 的切线与面 $Q'R'$ 的法线重合。由于剪切变形，挠曲中心线 $O'T$ 的切线不会垂直于面 $O'R'$。挠曲中心线 $O'T$ 的切线与面 $Q'R'$ 的法线 $D'N$ 间的夹角 γ 表示微单元的剪切变形。由于右侧面 $Q'R'$ 上的正的剪力向下，如图 8.16 所示，故有

$$\gamma = \phi - \frac{\partial w}{\partial x} \tag{8.128}$$

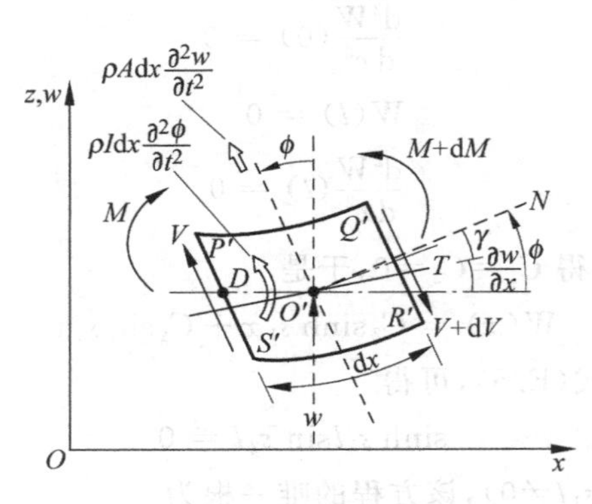

图 8.16 铁木辛柯梁单元

其中,ϕ 表示仅有弯曲变形时挠曲线的斜率。若只受剪力作用,则单元体的两侧面间只发生相对错动而不发生相对转动。弯矩 M、剪力 V 与 ϕ 和 w 的关系可以表示为①

$$M = EI\,\frac{\partial \phi}{\partial x} \tag{8.129}$$

和

$$V = kAG\gamma = kAG\left(\phi - \frac{\partial w}{\partial x}\right) \tag{8.130}$$

其中,G 表示梁材料的剪切弹性模量,k 为常数,也称为铁木辛柯剪切系数,其值取决于横截面的形状,对矩形截面,$k=5/6$,圆形截面 $k=9/10$[8.11]。

图 8.16 所示的微单元的运动微分方程可以推导如下

(1) 对 z 方向的平动,有

$$\begin{aligned}&-[V(x,t)+\mathrm{d}V(x,t)]+f(x,t)\mathrm{d}x+V(x,t)\\&=\rho A(x)\mathrm{d}x\,\frac{\partial^2 w(x,t)}{\partial t^2}=\text{微单元的平动惯性力}\end{aligned} \tag{8.131}$$

(2) 对绕过 D 点且平行于 y 轴的直线的转动,有

$$\begin{aligned}&[M(x,t)+\mathrm{d}M(x,t)]+[V(x,t)+\mathrm{d}V(x,t)]\mathrm{d}x+f(x,t)\mathrm{d}x\,\frac{\mathrm{d}x}{2}-M(x,t)\\&=\rho I(x)\mathrm{d}x\,\frac{\partial^2\phi}{\partial t^2}=\text{微单元的转动惯性力矩}\end{aligned} \tag{8.132}$$

利用关系

$$\mathrm{d}V = \frac{\partial V}{\partial x}\mathrm{d}x \quad \text{和} \quad \mathrm{d}M = \frac{\partial M}{\partial x}\mathrm{d}x$$

以及式(8.129)和式(8.130),并忽略 $\mathrm{d}x$ 的二次项,式(8.131)与式(8.132)可以表示为

$$-kAG\left(\frac{\partial\phi}{\partial x}-\frac{\partial^2 w}{\partial x^2}\right)+f(x,t)=\rho A\,\frac{\partial^2 w}{\partial t^2} \tag{8.133}$$

$$EI\,\frac{\partial^2\phi}{\partial x^2}-kAG\left(\phi-\frac{\partial w}{\partial x}\right)=\rho I\,\frac{\partial^2\phi}{\partial t^2} \tag{8.134}$$

求出式(8.133)中的$\partial\phi/\partial x$后,将其代入式(8.134),则可得到等截面梁受迫振动的运动微分方程为

$$\begin{aligned}&EI\,\frac{\partial^4 w}{\partial x^4}+\rho A\,\frac{\partial^2 w}{\partial t^2}-\rho I\left(1+\frac{E}{kG}\right)\frac{\partial^4 w}{\partial x^2\partial t^2}+\frac{\rho^2 I}{kG}\,\frac{\partial^4 w}{\partial t^4}\\&+\frac{EI}{kAG}\,\frac{\partial^2 f}{\partial x^2}-\frac{\rho I}{kAG}\,\frac{\partial^2 f}{\partial t^2}-f=0\end{aligned} \tag{8.135}$$

对自由振动,$f=0$,式(8.135)简化为

---

① 式(8.129)与式(8.75)是类似的。式(8.130)可通过如下推导得到

剪力=剪应力×面积=剪应变×剪切模量×面积

或

$$V=\gamma GA$$

考虑横截面形状的影响,在其右端引入系数 k,上式修正为 $V=k\gamma GA$。

$$EI\frac{\partial^4 w}{\partial x^4}+\rho A\frac{\partial^2 w}{\partial t^2}-\rho I\left(1+\frac{E}{kG}\right)\frac{\partial^4 w}{\partial x^2\partial t^2}+\frac{\rho^2 I}{kG}\frac{\partial^4 w}{\partial t^4}=0 \tag{8.136}$$

下列边界条件可用于求解方程(8.135)或方程(8.136)

(1) 固定端

$$\phi=w=0$$

(2) 简支(铰支)端

$$EI\frac{\partial\phi}{\partial x}=w=0$$

(3) 自由端

$$kAG\left(\frac{\partial w}{\partial x}-\phi\right)=EI\frac{\partial\phi}{\partial x}=0$$

例 8.10 讨论转动惯量与剪切变形对简支梁固有频率的影响。

解：定义

$$\alpha^2=\frac{EI}{\rho A}\quad 与\quad r^2=\frac{I}{A} \tag{E.1}$$

方程(8.136)可以写为

$$\alpha^2\frac{\partial^4 w}{\partial x^4}+\frac{\partial^2 w}{\partial t^2}-r^2\left(1+\frac{E}{kG}\right)\frac{\partial^4 w}{\partial x^2\partial t^2}+\frac{\rho r^2}{kG}\frac{\partial^4 w}{\partial t^4}=0 \tag{E.2}$$

可将式(E.2)的解表示为

$$w(x,t)=C\sin\frac{n\pi x}{l}\cos\omega_n t \tag{E.3}$$

容易验证它满足在 $x=0$ 与 $x=l$ 处的边界条件。此处 C 为常量，ω_n 为第 n 阶固有圆频率。将式(E.3)代入式(E.2)，则得频率方程为

$$\omega_n^4\left(\frac{\rho r^2}{kG}\right)-\omega_n^2\left(1+\frac{n^2\pi^2 r^2}{l^2}+\frac{n^2\pi^2 r^2}{l^2}\frac{E}{kG}\right)+\frac{\alpha^2 n^4\pi^4}{l^4}=0 \tag{E.4}$$

不难看出，对于任意给定的 n 值，式(E.4)是关于ω_n^2的二次方程，显然有两个 ω_n 值满足式(E.4)。较小的值对应于弯曲变形的振型，较大的值对应于剪切变形的振型。

对于3个不同的 E/kG 的值，由式(E.4)给出的 ω_n与由经典理论给定的固有频率的比值绘制在图8.17中。①

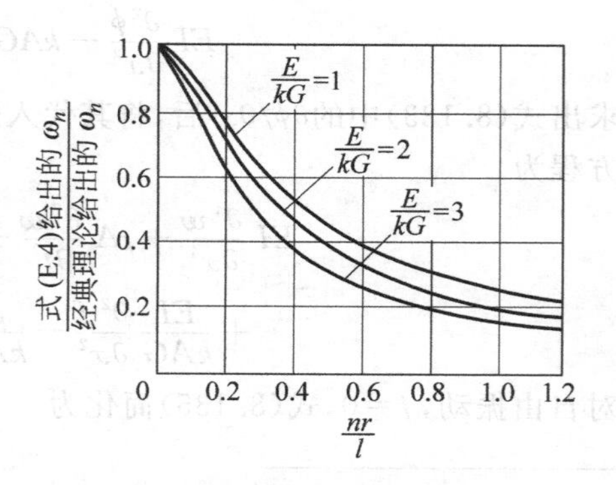

图 8.17 固有频率比的变化

转动惯量与剪切变形的影响具有下列特点

(1) 若只单独考虑转动惯量的影响，运动微分方程中将不包含剪切系数 k，因而由式(8.136)得

① 推导运动微分方程(8.76)时，忽略了转动惯量与剪切变形的影响，该理论称为经典或欧拉-伯努利(Euler-Bernoulli)或细长梁理论。

$$EI\frac{\partial^4 w}{\partial x^4}+\rho A\frac{\partial^2 w}{\partial t^2}-\rho I\frac{\partial^4 w}{\partial x^2\partial t^2}=0 \tag{E.5}$$

此种情况下，频率方程(E.4)简化为

$$\omega_n^2=\frac{\alpha^2 n^4\pi^4}{l^4\left(1+\frac{n^2\pi^2 r^2}{l^2}\right)} \tag{E.6}$$

(2) 若只考虑剪切变形的影响，运动微分方程将不包含源自式(8.134)的 $\rho I(\partial^2\phi/\partial t^2)$ 项，于是得运动微分方程为

$$EI\frac{\partial^4 w}{\partial x^4}+\rho A\frac{\partial^2 w}{\partial t^2}-\frac{EI\rho}{kG}\frac{\partial^4 w}{\partial x^2\partial t^2}=0 \tag{E.7}$$

相应的频率方程为

$$\omega_n^2=\frac{\alpha^2 n^4\pi^4}{l^4\left(1+\frac{n^2\pi^2 r^2}{l^2}\frac{E}{kG}\right)} \tag{E.8}$$

(3) 若转动惯量与剪切变形的影响均忽略，式(8.136)退化为经典的运动微分方程式(8.78)，即

$$EI\frac{\partial^4 w}{\partial x^4}+\rho A\frac{\partial^2 w}{\partial t^2}=0 \tag{E.9}$$

式(E.4)变为

$$\omega_n^2=\frac{\alpha^2 n^4\pi^4}{l^4} \tag{E.10}$$

8.5.9 其他影响

在文献[8.12]和[8.14]中，给出了关于变截面梁横向振动的讨论。在文献[8.15]中，给出了关于连续梁固有频率的讨论。在文献[8.16]中，讨论了置于弹性地基上的梁的动力学响应。在文献[8.18]和[8.19]中，讨论了支承弹性对梁固有频率的影响。在文献[8.20]中，讨论了弹性连接的铁木辛柯梁固有振动问题的处理方法。在文献[8.30]中，作者对振动梁的精确解和近似解进行了比较。在文献[8.21]中，讨论了阻尼梁的稳态振动问题。

8.6 薄膜的振动

薄膜是一受拉伸同时可忽略弯曲阻力的板，所以薄膜和板之间的关系与绳和梁之间的关系是一样的。例如，鼓的蒙皮可以视为薄膜的例子。

8.6.1 运动微分方程

为推导薄膜的运动微分方程，考虑图 8.18 所示的在 xy 平面内边界曲线为 S 的薄膜。令 $f(x,y,t)$表示沿 z 方向作用的压力，P 表示在某点处张力的密度，它等于拉应力与薄膜

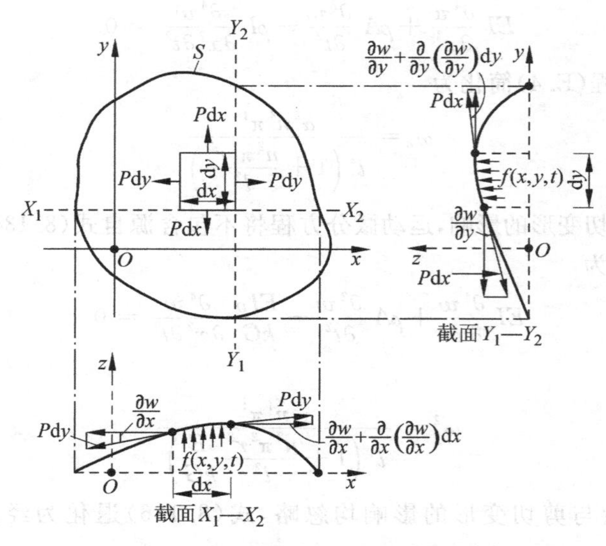

图 8.18 承受均匀张力的薄膜

厚度的乘积，P 的大小通常为常量。若考虑一单元面积 $\mathrm{d}x\mathrm{d}y$，则作用在该单元与 y 轴和 x 轴平行的边上的力分别为 $P\mathrm{d}x$ 和 $P\mathrm{d}y$，如图 8.18 所示。由于这些力的作用而引起的沿 z 方向的力分别为

$$P\frac{\partial^2 w}{\partial y^2}\mathrm{d}x\mathrm{d}y \quad 与 \quad P\frac{\partial^2 w}{\partial x^2}\mathrm{d}x\mathrm{d}y$$

沿 z 方向的压力为 $f(x,y,t)\mathrm{d}x\mathrm{d}y$，惯性力为

$$\rho(x,y)\frac{\partial^2 w}{\partial t^2}\mathrm{d}x\mathrm{d}y$$

其中，$\rho(x,y)$ 为单位面积的质量。故薄膜横向受迫振动的运动微分方程为

$$P\left(\frac{\partial^2 w}{\partial x^2}+\frac{\partial^2 w}{\partial y^2}\right)+f=\rho\frac{\partial^2 w}{\partial t^2} \tag{8.137}$$

如果外力 $f(x,y,t)=0$，则可由式(8.137)得自由振动方程

$$c^2\left(\frac{\partial^2 w}{\partial x^2}+\frac{\partial^2 w}{\partial y^2}\right)=\frac{\partial^2 w}{\partial t^2} \tag{8.138}$$

其中

$$c=\left(\frac{P}{\rho}\right)^{1/2} \tag{8.139}$$

方程(8.137)与式(8.138)可以表示为

$$P\nabla^2 w+f=\rho\frac{\partial^2 w}{\partial t^2} \tag{8.140}$$

与

$$c^2\nabla^2 w=\frac{\partial^2 w}{\partial t^2} \tag{8.141}$$

其中

$$\nabla^2 = \frac{\partial^2}{\partial x^2} + \frac{\partial^2}{\partial y^2} \tag{8.142}$$

为拉普拉斯算子。

8.6.2 初始条件与边界条件

由于运动微方程(8.137)或(8.138)涉及关于 t,x 与 y 的二阶偏微分,所以需要确定 2 个初始条件与 4 个边界条件以得到方程的唯一解。通常在 $t=0$ 时刻,薄膜的位移与速度为 $w_0(x,y)$ 与 $\dot{w}_0(x,y)$,因此初始条件可以表示为

$$w(x,y,0) = w_0(x,y), \quad \frac{\partial w}{\partial t}(x,y,0) = \dot{w}_0(x,y) \tag{8.143}$$

边界条件一般为如下形式

(1) 若薄膜在边界上的任意点(x_1, y_1)处固定,有

$$w(x_1, y_1, t) = 0, \quad t \geqslant 0 \tag{8.144}$$

(2) 若薄膜在边界上的另一点(x_2, y_2)处沿 z 方向的横向变形是自由的,则沿 z 方向的力必为零,于是

$$P\frac{\partial w}{\partial n}(x_2, y_2, t) = 0, \quad t \geqslant 0 \tag{8.145}$$

其中,$\partial w/\partial n$ 表示 w 关于方向 n 的导数(n 为点(x_2, y_2)处与边界垂直的方向)。

求薄膜振动微分方程的解见参考文献[8.23]~[8.25]。

例 8.11 求沿 x 与 y 轴方向边长分别为 a 与 b 的矩形薄膜自由振动的解。

解:采用分离变量法,假定 $w(x,y,t)$可以表示为

$$w(x,y,t) = W(x,y)T(t) = X(x)Y(y)T(t) \tag{E.1}$$

根据式(E.1)与式(8.138),得

$$\frac{\mathrm{d}^2 X(x)}{\mathrm{d}x^2} + \alpha^2 X(x) = 0 \tag{E.2}$$

$$\frac{\mathrm{d}^2 Y(y)}{\mathrm{d}y^2} + \beta^2 Y(y) = 0 \tag{E.3}$$

$$\frac{\mathrm{d}^2 T(t)}{\mathrm{d}t^2} + \omega^2 T(t) = 0 \tag{E.4}$$

其中,α^2 和 β^2 为常量,它们与 ω^2 的关系如下

$$\beta^2 = \frac{\omega^2}{c^2} - \alpha^2 \tag{E.5}$$

式(E.2)~式(E.4)的解分别为

$$X(x) = C_1 \cos \alpha x + C_2 \sin \alpha x \tag{E.6}$$

$$Y(y) = C_3 \cos \beta y + C_4 \sin \beta y \tag{E.7}$$

$$T(t) = A\cos \omega t + B\sin \omega t \tag{E.8}$$

其中,常量 $C_1 \sim C_4$、A 与 B 可以根据边界条件与初始条件确定。

8.7 瑞利法

可以应用瑞利法求连续系统的基频。对于具有变化的分布质量与分布刚度系统，该方法要比精确的分析简单得多。虽然瑞利法可以应用于所有的连续系统，但在本节仅利用该法讨论梁的振动问题。① 考虑图 8.14 所示的梁，为了应用瑞利法，需要推导最大动能、最大势能以及瑞利商的表达式。梁的动能可以表示为

$$T=\frac{1}{2}\int_0^l \dot{w}^2\,\mathrm{d}m=\frac{1}{2}\int_0^l \dot{w}^2\rho A(x)\,\mathrm{d}x \tag{8.146}$$

设横向变形随时间按简谐规律变化，即 $w(x,t)=W(x)\cos\omega t$，故最大动能为

$$T_{\max}=\frac{\omega^2}{2}\int_0^l \rho A(x)W^2(x)\,\mathrm{d}x \tag{8.147}$$

梁的势能 V 等于梁在变形时力所做的功。若忽略剪力所做的功，则有

$$V=\frac{1}{2}\int_0^l M\mathrm{d}\theta \tag{8.148}$$

其中，M 为式(8.75)所确定的弯矩，θ 为变形梁的斜率，可表示为 $\theta=\partial w/\partial x$。于是，式(8.148)可以重新表示为

$$V=\frac{1}{2}\int_0^l\left(EI\frac{\partial^2 w}{\partial x^2}\right)\frac{\partial^2 w}{\partial x^2}\mathrm{d}x=\frac{1}{2}\int_0^l EI\left(\frac{\partial^2 w}{\partial x^2}\right)^2\mathrm{d}x \tag{8.149}$$

由于 $w(x,t)$ 的最大值为 $W(x)$，所以 V 的最大值为

$$V_{\max}=\frac{1}{2}\int_0^l EI(x)\left(\frac{\mathrm{d}^2W(x)}{\mathrm{d}x^2}\right)^2\mathrm{d}x \tag{8.150}$$

令 $T_{\max}=V_{\max}$，则得瑞利商为

$$R(\omega)=\omega^2=\frac{\displaystyle\int_0^l EI\left(\frac{\mathrm{d}^2W(x)}{\mathrm{d}x^2}\right)^2\mathrm{d}x}{\displaystyle\int_0^l \rho A(W(x))^2\,\mathrm{d}x} \tag{8.151}$$

于是只要知道挠曲线方程 $W(x)$，即可得到梁的固有频率。一般情况下，$W(x)$ 是未知的，需要预先假定。为了得到基频，一般假定 $W(x)$ 为静变形曲线。注意：该假设振型相当于增加了系统的约束(因而提高了系统的刚度)，故由式(8.151)求得的频率比精确值要高。

对于阶梯梁，式(8.151)可以更方便地表示为

$$R(\omega)=\omega^2=\frac{\displaystyle E_1I_1\int_0^{l_1}\left(\frac{\mathrm{d}^2W}{\mathrm{d}x^2}\right)^2\mathrm{d}x+E_2I_2\int_{l_1}^{l_2}\left(\frac{\mathrm{d}^2W}{\mathrm{d}x^2}\right)^2\mathrm{d}x+\cdots}{\displaystyle \rho A_1\int_0^{l_1}W^2\,\mathrm{d}x+\rho A_2\int_{l_1}^{l_2}W^2\,\mathrm{d}x+\cdots} \tag{8.152}$$

---

① 采用积分方程方法求解振动梁的基频的方法是由 Penny 与 Reed 提出的[8.26]。

其中，E_i，I_i，A_i 与 l_i 对应于第 i 段（$i=1,2,\cdots$）的弹性模量、横截面的惯性矩、横截面面积和长度。

例 8.12　利用假设振型 $W(x)=(1-x/l)^2$ 求如图 8.19 所示的变截面悬臂梁横向振动的基频。

解：可以证明所假定的振型满足梁的边界条件。梁的横截面面积 A 与惯性矩 I 可以表示为

$$A(x)=\frac{hx}{l},\quad I(x)=\frac{1}{12}\left(\frac{hx}{l}\right)^3 \tag{E.1}$$

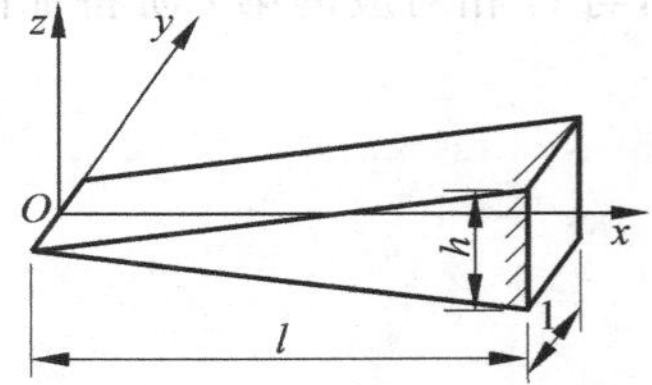

图 8.19　楔形悬臂梁

故瑞利商为

$$\omega^2=\frac{\int_0^l E\left(\frac{h^3x^3}{12l^3}\right)\left(\frac{2}{l^2}\right)^2 \mathrm{d}x}{\int_0^l \rho\left(\frac{hx}{l}\right)\left(1-\frac{x}{l}\right)^4 \mathrm{d}x}=2.5\frac{Eh^2}{\rho l^4}$$

或

$$\omega=1.5811\left(\frac{Eh^2}{\rho l^4}\right)^{1/2} \tag{E.2}$$

对此种情况，频率的精确值为[8.2]

$$\omega_1=1.5343\left(\frac{Eh^2}{\rho l^4}\right)^{1/2} \tag{E.3}$$

于是，由瑞利法求得的 ω_1 的值比精确值高 3.0503%。

8.8　瑞利-李兹法

瑞利-李兹法是瑞利法的一种延伸，它基于这样一个前提，即通过多个假定振型的叠加，要比瑞利法中单个假定振型更近似于系统的固有振型。若合适地选择假定振型，则该方法不仅可以得到基频的近似值，而且可以近似地得到高阶固有频率与高阶振型。假设振型的个数是任意的，且能得到的固有频率的个数与假设振型的个数相等。尽管这样做会导致更大的计算量，但却可以得到更精确的结果。

对梁的横向振动，若选择 n 个函数来近似变形方程 $W(x)$，即令

$$W(x)=c_1w_1(x)+c_2w_2(x)+\cdots+c_nw_n(x) \tag{8.153}$$

其中，$w_1(x)$，$w_2(x)$，$\cdots$，$w_n(x)$ 是关于空间坐标 x 的线性不相关的函数，它们满足问题的所有边界条件，c_1，c_2，$\cdots$，c_n 是待定的系数。在求解系数 c_i 时，应使得函数 $w_i(x)$ 能提供固有振型的最好的可能近似。为得到这样的近似，要求调整系数 c_i 从而保证与固有振型对应的固有频率保持不变。为此，将式(8.153)代入瑞利商即式(8.151)中，再将所得表达式求关于各系数 c_i 的偏导数。为使固有频率保持不变，令每个偏导数等于零，则得

$$\frac{\partial\omega^2}{\partial c_i}=0,\quad i=1,2,\cdots,n \tag{8.154}$$

式(8.154)是一组关于系数 $c_1, c_2, \cdots, c_n$ 的线性代数方程，也包含待定量 ω^2。这相当于定义了一个代数特征值问题，与多自由度系统的特征值问题类似。该特征值问题的解一般包含了 n 个固有频率 $\omega_i^2 (i=1,2,\cdots,n)$ 和 n 个特征向量（每一个均包含一组 $c_1, c_2, \cdots, c_n$）。例如，与 c_i 相对应的第 i 阶特征向量可以表示为

$$\boldsymbol{C}^{(i)} = \begin{Bmatrix} c_1^{(i)} \\ c_2^{(i)} \\ \vdots \\ c_n^{(i)} \end{Bmatrix} \tag{8.155}$$

将该特征向量，即将 $c_1^{(i)}, c_2^{(i)}, \cdots, c_n^{(i)}$ 的值代入式(8.153)中，则得梁的第 i 阶振型的最好的可能近似值。在文献[8.28]中，给出了瑞利-李兹法中对特征值问题降维的说明。在文献[8.29]中，给出了一种将瑞利-李兹法与有限单元法结合起来的新方法。下面通过一个例题来说明瑞利-李兹法的基本步骤。

例 8.13 应用瑞利-李兹法求例 8.12 中楔形悬臂梁的固有频率。

解：假设振型函数 $w_i(x)$ 分别为

$$w_1(x) = \left(1 - \frac{x}{l}\right)^2 \tag{E.1}$$

$$w_2(x) = \frac{x}{l}\left(1 - \frac{x}{l}\right)^2 \tag{E.2}$$

$$w_3(x) = \frac{x^2}{l^2}\left(1 - \frac{x}{l}\right)^2 \tag{E.3}$$

$$\vdots$$

若只利用一项近似变形方程，即

$$W(x) = c_1\left(1 - \frac{x}{l}\right)^2 \tag{E.4}$$

则所得基频与例 8.12 中得到的结果一致。现采用两项来近似变形方程，即令

$$W(x) = c_1\left(1 - \frac{x}{l}\right)^2 + c_2\frac{x}{l}\left(1 - \frac{x}{l}\right)^2 \tag{E.5}$$

此时的瑞利商为

$$R[W(x)] = \omega^2 = \frac{X}{Y} \tag{E.6}$$

其中

$$X = \int_0^l EI(x)\left(\frac{\mathrm{d}^2 W(x)}{\mathrm{d}x^2}\right)^2 \mathrm{d}x \tag{E.7}$$

$$Y = \int_0^l \rho A(x)[W(x)]^2 \mathrm{d}x \tag{E.8}$$

若将式(E.5)代入式(E.6)，则式(E.6)变为 c_1 与 c_2 的函数。使 ω^2 或 $R[W(x)]$ 保持不变的条件为

$$\frac{\partial\omega^2}{\partial c_1}=\frac{Y\frac{\partial X}{\partial c_1}-X\frac{\partial Y}{\partial c_1}}{Y^2}=0 \tag{E.9}$$

$$\frac{\partial\omega^2}{\partial c_2}=\frac{Y\frac{\partial X}{\partial c_2}-X\frac{\partial Y}{\partial c_2}}{Y^2}=0 \tag{E.10}$$

这些方程可以重写为

$$\frac{\partial X}{\partial c_1}-\frac{X}{Y}\frac{\partial Y}{\partial c_1}=\frac{\partial X}{\partial c_1}-\omega^2\frac{\partial Y}{\partial c_1}=0 \tag{E.11}$$

$$\frac{\partial X}{\partial c_2}-\frac{X}{Y}\frac{\partial Y}{\partial c_2}=\frac{\partial X}{\partial c_2}-\omega^2\frac{\partial Y}{\partial c_2}=0 \tag{E.12}$$

将式(E. 5)代入式(E. 7)与(E. 8)，得

$$X=\frac{Eh^3}{3l^3}\left(\frac{c_1^2}{4}+\frac{c_2^2}{10}+\frac{c_1c_2}{5}\right) \tag{E.13}$$

$$Y=\rho hl\left(\frac{c_1^2}{30}+\frac{c_2^2}{280}+\frac{2c_1c_2}{105}\right) \tag{E.14}$$

根据式(E. 13)与式(E. 14)，式(E. 11)与式(E. 12)可以表示为

$$\begin{bmatrix}\frac{1}{2}-\underset{\sim}{\omega}^2\frac{1}{15} & \frac{1}{5}-\underset{\sim}{\omega}^2\frac{2}{105}\\ \frac{1}{5}-\underset{\sim}{\omega}^2\frac{2}{105} & \frac{1}{5}-\underset{\sim}{\omega}^2\frac{1}{140}\end{bmatrix}\begin{Bmatrix}c_1\\ c_2\end{Bmatrix}=\begin{Bmatrix}0\\ 0\end{Bmatrix} \tag{E.15}$$

其中

$$\underset{\sim}{\omega}^2=\frac{3\omega^2\rho l^4}{Eh^2} \tag{E.16}$$

在式(E. 15)中，令系数矩阵的行列式为零，则得频率方程为

$$\frac{1}{8820}\underset{\sim}{\omega}^4-\frac{13}{1400}\underset{\sim}{\omega}^2+\frac{3}{50}=0 \tag{E.17}$$

式(E. 17)的两个根为 $\underset{\sim}{\omega}_1=2.6599$ 与 $\underset{\sim}{\omega}_2=8.6492$，于是楔形梁的固有频率为

$$\omega_1\approx 1.5367\left(\frac{Eh^2}{\rho l^4}\right)^{1/2} \tag{E.18}$$

和

$$\omega_2\approx 4.9936\left(\frac{Eh^2}{\rho l^4}\right)^{1/2} \tag{E.19}$$

8.9 利用 MATLAB 求解的例子

例 8.14 利用 MATLAB，根据例 8.8 中式(E. 7)作图表示简支-简支梁的稳态响应，取 $n=1,2,5$。

解：作图表示例 8.8 中式(E.7)的 MATLAB 程序如下，其中取 $x=20$，$n=1,2,5$。

```
%Ex8_14.m
x=20;
f0=100;
a=10;
A=1;
l=40;
ro=0.283/386.4;
w=100;
n=1;
wn=(n^2)*360.393674;
for i=1:1001
    t(i)=3*(i-1)/1000;
    w1(i)=(2*f0/(ro*A*l))*sin(n*pi*a/l)*sin(n*pi*x/l)*sin
    (w*t(i))/(wn^2-w^2);
end
n=2;
for i=1:1001
    t(i)=3*(i-1)/1000;
    w2(i)=(2*f0/(ro*A*l))*(sin(pi*a/l)*sin(pi*x/l)*sin
    (w*t(i))/(360.393674^2-w^2)+sin(2*pi*a/l)*sin
    (2*pi*x/l)*sin(w*t(i))/((2*360.393674)^2-w^2));
end
for i=1:1001
    t(i)=3*(i- 1)/1000;
    w3(i)=(2*f0/(ro*A*l))*(sin(pi*a/l)*sin(pi*x/l)*sin
    (w*t(i))/(360.393674^2-w^2)+sin(2*pi*a/l)*sin
    (2*pi*x/l)*sin(w*t(i))/((2*360.393674)^2-w^2)+sin
    (5*pi*a/l)*sin(5*pi*x/l)*sin(w*t(i))/
    ((5*360.393674)^2-w^2));
end
subplot('311');
plot(t,w1);
ylabel ('w(x,t)');
title('x=20,n=1');
subplot('312');
plot(t,w2);
ylabel('w(x,t)');
title('x=20,n=1,2');
subplot('313');
```

```
plot(t,w3);
xlabel('t');
ylabel('w(x,t)');
title('x=20,n=1,2,5');
```

所绘曲线如图 8.20 所示。

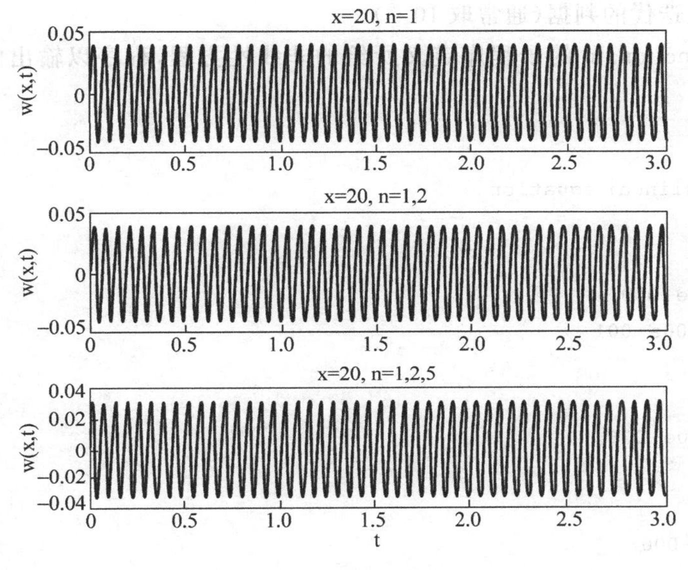

图 8.20　例 8.14 图

例 8.15　利用 MATLAB,求一端固定一端简支梁频率方程

$$\tan \beta_n l - \tanh \beta_n l = 0$$

的根。初始值取 $\beta_n l = 3.0$。

解:

```
>>x=fzero(inline('tan(y)-tanh(y)'),3.0)
x=
   3.92660231204792
>>tan(x)-tanh(x)
ans=
      -4.440892098500626e-016
```

例 8.16　编写一个命名为 Program12.m 的通用 MATLAB 程序,求解非线性超越方程,并用其求解下列方程

$$\tan \beta l - \tanh \beta l = 0 \tag{E.1}$$

解: 程序执行后需要输入下列数据

n——要求的根的数目

xs——第1个根的假设值

xinc——对根进行搜索时的初始增量

nint——子区间的最大数目(通常取50)

iter——对根进行搜索时允许迭代的次数(通常取100)

eps——停止迭代的判据(通常取10^{-6})

用一个命名为function.m的子程序定义所给的非线性方程,程序以输出的形式给出计算结果。

```
>>program12
Roots of nonlinear equation
Data:
n=5
xs=2.000000e+000
xinc=1.000000e-001
nint=50
iter=100
eps=1.000000e-006

Roots:
  3.926602e+000
  7.068583e+000
  1.021018e+001
  1.335177e+001
  1.649336e+001
```

本章小结

本章研究了推导连续系统如弦、杆、轴、梁和膜的运动微分方程的方法;给出了利用相应的边界条件和初始条件,求固有频率、振型和自由振动解的方法;概要地介绍了如何利用振型叠加法分析连续系统的受迫振动。此外,还给出了梁的轴向力、转动惯量和剪切变形的影响;介绍了如何利用瑞利法和瑞利-李兹法求连续系统固有频率的近似结果。最后,给出了利用MATLAB求连续系统自由振动和受迫振动解的例子。

参考文献

8.1 S. K. Clark, *Dynamics of Continuous Elements*, Prntice Hall, Englewood Cliffs, N. J., 1972.

8.2 S. Timoshenko, D. H. Young, and W. Weaver, Jr., *Vibration Problems in Engineering* (4th ed.), Wiley, New York, 1974.

8.3 A. Leissa, *Vibration of Plates*, NASA SP-160, Washington, D. C., 1969.

8.4 I. S. Habib, *Engineering Analysis Methods*, Lexington Books, Lexington, Mass., 1975.

8.5 J. D. Achenbach, *Wave Propagation in Elastic Solids*, North-Holland Publishing, Amsterdam., 1973.

8.6 K. K. Deb, "Dynamics of a string and an elastic hammer," *Journal of Sound and Vibration*, Vol. 40, 1975, pp. 243-248.

8.7 M. S. Triantafyllou, "Linear dynamics of cables and chains," *Shock and Vibration Digest*, Vol. 16, March 1984, pp. 9-17.

8.8 R. W. Fitzgerald, *Mechanics of Materials* (2nd ed.), Addison-Wesley, Reading, Mass., 1982.

8.9 S. P. Timoshenko and J. Gere, *Theory of Elastic Stability* (2nd ed.), McGraw-Hill, New York, 1961.

8.10 S. P. Timoshenko, "On the correction for shear of the differential equation for transverse vibration of prismatic bars," *Philosophical Magazine*, Series 6, Vol. 41, 1921, pp. 744-746.

8.11 G. R. Cowper, "The shear coefficient in Timoshenko's beam theory," *Journal of Applied Mechanics*, Vol. 33, 1966, pp. 335-340.

8.12 G. W. Housner and W. O. Keightley, "Vibrations of linearly tapered beams," Part Ⅰ, *Transactions of ASCE*, Vol. 128, 1963, pp. 1020-1048.

8.13 C. M. Harris (ed.), *Shock and Vibration Handbook* (3rd ed.), McGraw-Hill, New York, 1988.

8.14 J. H. Gaines and E. Volterra, "Transverse vibrations of cantilever bars of variable cross section," *Journal of the Acoustical Society of America*, Vol. 39, 1966, pp. 674-679.

8.15 T. M. Wang, "Natural frequencies of continuous Timoshenko beams," *Journal of Sound and Vibration*, Vol. 13, 1970, pp. 409-414.

8.16 S. L. Grassie, R. W. Gregory, D. Harrison, and K. L. Johnson, "The dynamic response of railway track to high frequency vertical excitation," *Journal of Mechanical Engineering Science*, Vol. 24, June 1982, pp. 77-90.

8.17 A. Dimarogonas, *Vibration Engineering*, West Publishing, Saint Paul, 1976.

8.18 T. Justine and A. Krishnan, "Effect of support flexibility on fundamental frequency of beams," *Journal of sound and Vibration*, Vol. 68, 1980, pp. 310-312.

8.19 K. A. R. Perkins, "The effect of support flexibility on the natural frequencies of a uniform cantilever," *Journal of Sound and Vibration*, Vol. 4, 1966, pp. 1-8.

8.20 S. S. Rao, "Natural frequencies of systems of elastically connected Timoshenko beams," *Journal of the Acoustical society of America*, Vol. 55, 1974, pp. 1232-1237.

8.21 A. M. Ebner and D. P. Billington, "Steady-state vibration of damped Timoshenko beams," *Journal of Structural Division* (ASCE), Vol. 3, 1968, p. 737.

8.22 M. Levinson and D. W. Cooke, "On the frequency spectra of timoshenko beams," *Journal of Sound and Vibration*, Vol. 84, 1982, pp. 319-326.

8.23 N. Y. Olcer, "General solution to the equation of the vibrating membrane," *Journal of Sound and Vibration*, Vol. 6, 1967, pp. 365-374.

8.24 G. R. Sharp, "Finite transform solution of the vibrating ammular membrane," *Journal of Sound and Vibration*, Vol. 6, 1967, pp. 117-128.

8.25 J. Mazumdar, "A review of approximate methods for determining the vibrational modes of membranes," *Shock and Vibration Digest*, Vol. 14, February 1982, pp. 11-17.

8.26 J. E. Penny and J. R. Reed, "An integral equation approach to the fundamental frequency of vibrating beams," *Journal of Sound and Vibration*, Vol. 19, 1971, pp. 393-400.

8.27 G. Temple and W. G. Bickley, *Rayleigh's Principle and Its Application to Engineering*, Dover, New York, 1956.

8.28 W. L. Craver, Jr. and D. M. Egle, "A method for selection of significant terms in the assumed solution in a Rayleigh-Ritz analysis," *Journal of Sound and Vibration*, Vol. 22, 1972, pp. 133-142.

8.29 L. Klein, "Transverse vibrations of non-uniform beams," *Journal of Sound and Vibration*, Vol. 37, 1974, pp. 491-505.

8.30 J. R. Hutchinson, "Transverse vibrations of beams: Exact versus aproximate solutions," *Journal of Applied Mechanics*, Vol. 48, 1981, pp. 923-928.

思 考 题

8.1 简答题

1. 从运动微分方程的性质上看，连续系统与离散系统有怎样的不同？
2. 一个连续系统有多少个固有频率？
3. 边界条件在离散系统中重要吗？为什么？
4. 什么是波动方程？什么是行波解？
5. 波的速度有什么意义？
6. 分别根据细长梁理论与铁木辛柯梁理论，简述简支梁的边界条件。
7. 简述弦的两端可能出现的边界条件。
8. 离散系统与连续系统在频率方程上的主要区别是什么？
9. 拉力对梁的固有频率有什么影响？
10. 在什么情况下，受轴向载荷作用的梁的固有振动频率等于零？
11. 考虑剪切变形与转动惯量的影响后，为什么梁的固有频率会降低？
12. 给出薄膜振动的两个实例。
13. 瑞利法的基本原理是什么？
14. 为什么采用瑞利法求得的固有频率总比 ω_1 的真实值要大？
15. 瑞利法与瑞利-李兹法的区别是什么？
16. 什么是瑞利商？

8.2 判断题

1. 连续系统与分布参数系统是相同的。 (　　)
2. 可以认为连续系统有无限多个自由度。 (　　)
3. 连续系统的控制方程是一个常微分方程。 (　　)
4. 与弦的横向振动、杆的纵向振动以及轴的扭转振动相对应的自由振动方程,具有相同的形式。 (　　)
5. 连续系统的固有振型是正交的。 (　　)
6. 薄膜没有弯曲抗力。 (　　)
7. 瑞利法可以视为能量守恒方法。 (　　)
8. 瑞利-李兹法假定问题的解是满足其边界条件的一组函数。 (　　)
9. 对于离散系统,也同样要用到边界条件。 (　　)
10. 欧拉-伯努利梁理论比铁木辛柯梁理论更精确。 (　　)

8.3 填空题

1. 索的自由振动方程也叫做________方程。
2. 频率方程也叫做________方程。
3. 分离变量法是将索自由振动的解表示为 x 的函数与 t 的函数的________。
4. 边界条件与________条件要同时用来求连续振动系统的解。
5. 在行波解 $w(x,t)=w_1(x-ct)+w_2(x+ct)$ 中,第 1 项表示沿 x 的________方向上传播的波。
6. EI 与 GJ 分别称为________刚度与________刚度。
7. 细梁理论也称为________理论。
8. 细梁横向振动的控制方程是关于空间坐标的________阶偏微分方程。
9. 当受轴向力拉伸时,梁的固有频率将________。
10. 铁木辛柯梁理论可以视为________梁理论。
11. 鼓的蒙皮可视为________。
12. 弦与梁之间的关系,和薄膜与________之间的关系是相同的。
13. 瑞利法可以用来估计连续系统的________固有频率。
14. $EI\dfrac{\partial^2 w}{\partial x^2}$表示梁的________。
15. 对于离散系统而言,控制方程是________微分方程。
16. 轴向拉伸载荷将使梁的弯曲________增加。
17. 梁的________能可以表示为 $\dfrac{1}{2}\int_0^l \rho A\left(\dfrac{\partial w}{\partial t}\right)^2 \mathrm{d}x$。

18. 梁的________能可以表示为 $\frac{1}{2}\int_0^l EI\left(\frac{\partial^2 w}{\partial x^2}\right)^2 \mathrm{d}x$。

8.4 选择题

1. 连续系统的频率方程是________。
   (a) 多项式方程　(b) 超越方程　(c) 微分方程
2. 连续系统的固有频率的数目是________。
   (a) 无限个　(b) 一个　(c) 有限个
3. 当轴向载荷接近欧拉屈曲载荷时,梁的基频将是________。
   (a) 无穷大　(b) 张紧弦的频率　(c) 零
4. 铁木辛柯剪切系数的值取决于________。
   (a) 横截面的形状　(b) 横截面的尺寸　(c) 梁的长度
5. 拉普拉斯算子的表达式为________。
   (a) $\frac{\partial^2}{\partial x \partial y}$　(b) $\frac{\partial^2}{\partial x^2}+\frac{\partial^2}{\partial y^2}+2\frac{\partial^2}{\partial x \partial y}$　(c) $\frac{\partial^2}{\partial x^2}+\frac{\partial^2}{\partial y^2}$
6. 杆作纵向振动时,自由端的边界条件为________。
   (a) $u(0,t)=0$
   (b) $\frac{\partial u}{\partial x}(0,t)=0$
   (c) $AE\frac{\partial u}{\partial x}(0,t)-u(0,t)=0$
7. 杆作纵向振动时,其振型函数正交性的含义为________。
   (a) $\int_0^l U_i(x)U_j(x)\mathrm{d}x = 0$
   (b) $\int_0^l (U'_iU_j - U'_jU_i)\mathrm{d}x = 0$
   (c) $\int_0^l (U_i(x)+U_j(x))\mathrm{d}x = 0$

8.5 连线题(关于细长梁的边界条件)

1. 自由端	(a) 弯矩等于零,剪力等于弹簧力。
2. 铰支端	(b) 挠度等于零,转角等于零。
3. 固定端	(c) 挠度等于零,弯矩等于零。
4. 弹性约束端	(d) 弯矩等于零,剪力等于零。

8.6 连线题(关于等截面梁)

1. $W=0$	(a) 零弯矩

2. $W'=0$ (b) 零横向位移

3. $W''=0$ (c) 零剪力

4. $W'''=0$ (d) 零转角

8.7 连线题$\left(关于波动方程\ c^2\dfrac{\partial^2 w}{\partial x^2}=\dfrac{\partial^2 w}{\partial t^2}\right)$

1. $c=\left(\dfrac{P}{\rho}\right)^{1/2}$ (a) 杆的纵向振动

2. $c=\left(\dfrac{E}{\rho}\right)^{1/2}$ (b) 轴的扭转振动

3. $c=\left(\dfrac{G}{\rho}\right)^{1/2}$ (c) 弦的横向振动

习 题

§8.2 弦或索的横向振动

8.1 索的线密度为 $\rho=5\ \mathrm{kg/m}$,在拉力 $P=4000\ \mathrm{N}$ 作用下张紧,试确定波的传播速度。

8.2 直径为 2 mm 的钢丝绳,在两点被固定,这两点之间的距离为 2 m。绳的张力为 250 N。试确定:(a)振动的基频;(b)绳上波的传播速度。

8.3 张紧索的长度为 2 m,基频为 3000 Hz,求第 3 阶振型对应的频率。若所受张力增加 20%,则基频与第 3 阶振型对应的频率分别变为多少?

8.4 求横波沿输电线从一个杆塔传播到距离为 300 m 的另一个杆塔所需的时间。假设输电线所受拉力的水平分量为 30 000 N,单位长度的质量为 2 kg/m。

8.5 长为 l、单位长度的质量为 ρ 的张紧索所受拉力为 P,其一端与质量块 m 相连,该质量块可以在无摩擦的槽内运动,其另一端系在刚度为 k 的弹簧上,如图 8.21 所示。试推导该索横向振动的频率方程。

8.6 乐器的弦两端固定,长为 2 m,直径为 0.5 mm,质量密度为 7800 kg/m³。为使基频为 1 Hz 与 5 Hz,试分别求张紧力的大小。

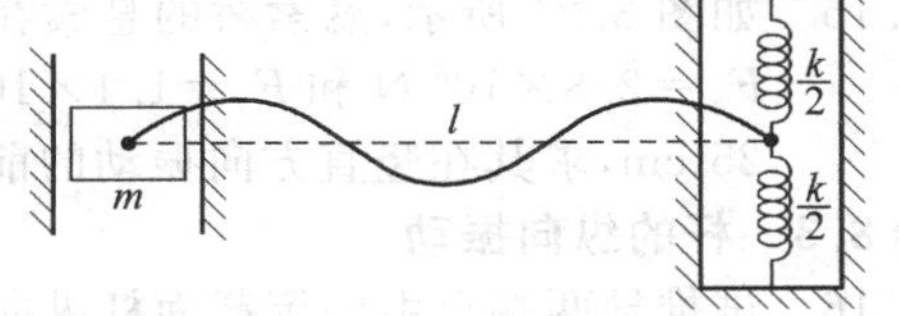

图 8.21 习题 8.5 图

8.7 长为 l、单位长度的质量为 ρ 的索在拉力 P 作用下张紧。其一端固定,一端与一销钉相连,该销钉可以在一无摩擦的槽中移动。求索的固有振动频率。

8.8 求两端固定弦的自由振动解。已知初始条件为:当 $0\leqslant x\leqslant\dfrac{l}{2}$ 时,$w(x,0)=0$;$\dfrac{\partial w}{\partial t}(x,0)=\dfrac{2ax}{l}$;当 $\dfrac{l}{2}\leqslant x\leqslant l$ 时,$\dfrac{\partial w}{\partial t}(x,0)=2a\left(1-\dfrac{x}{l}\right)$。

8.9 试证明对于通常的边界条件,式(8.18)与式(8.19)中的常数 a 为负数。(提示:将式(8.18)乘以 $W(x)$,并对 x 从 0 积分到 l。)

8.10* 两电力输送塔之间的电缆长 2000 m，两端夹紧后的张力为 P，如图 8.22 所示。电缆材料的密度为 8890 kg/m³。如果要求前 4 阶固有频率在 0～20 Hz 之间，确定电缆的横截面面积以及初始张力。

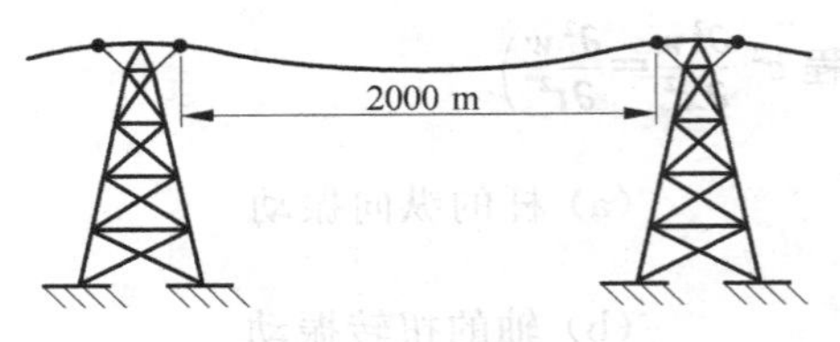

图 8.22 习题 8.10 图

8.11 两端固定、长为 l 的弦，在 $x=l/3$ 处受到初始横向位移 h 后释放，试确定其随后的运动。取级数解的前四项比较 $t=0, l/(4c), l/(3c), l/(2c)$ 和，$l/(c)$ 时弦的变形曲线。

8.12 若长为 l 的弦在黏性介质中振动，推导其运动微分方程。

8.13 两端固定的弦，初始条件为 $w(x,0)=w_0\sin(\pi x/l)$ 与 $(\partial w/\partial t)(x,0)=0$，试确定其自由振动解。

8.14 吉他（图 8.23）的弦是由专门的材料制成的，其直径为 0.05 mm，重量密度为 76.5 kN/m³，杨氏模量为 207 GPa，若其中两根的长度分别为 0.6 m 和 0.65 m，承受的张力为 5×10^4 N，求它们的第一阶固有频率。

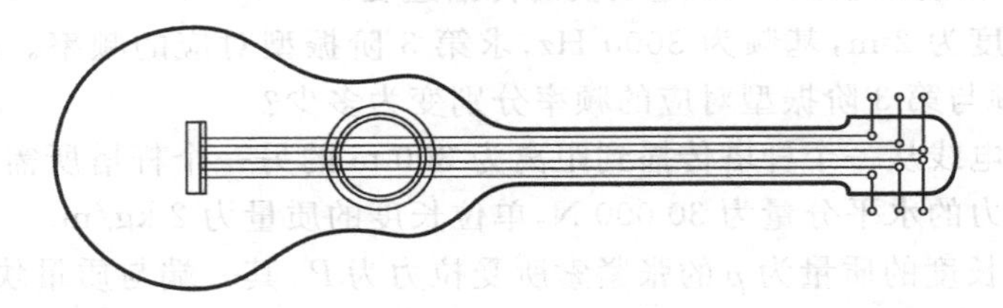

图 8.23 习题 8.14 图

8.15 如图 8.24 所示，悬索桥的悬索在 A、B 两连接处所受的竖直和水平方向的力分别为 $F_x=2.8\times10^6$ N 和 $F_y=1.1\times10^6$ N，(钢)索的重量密度为 76.5 kN/m³，有效直径是 25 cm，求其在竖直方向振动的前两阶固有频率，并说明求解过程所做的假设。

§8.3 杆的纵向振动

8.16 试推导两端自由的等截面杆纵向振动的主振型方程。

8.17 推导如图 8.25 所示杆纵向振动的频率方程。

8.18* 长为 l、质量为 m 的细长杆一端固定，一端自由。为使纵向振动的第一阶固有频率降低 50%，试确定必须在自由端附加的质量块 M 的大小。

8.19 试证明如图 8.26 所示杆的纵向振动的振型函数是正交的。

8.20 阶梯杆的两段横截面面积分别为 A_1 与 A_2，所对应的长度分别为 l_1 与 l_2。假定该杆两端分别为固定端与自由端，试推导其纵向振动的频率方程。

* 表示此题为设计题或无唯一解的题。

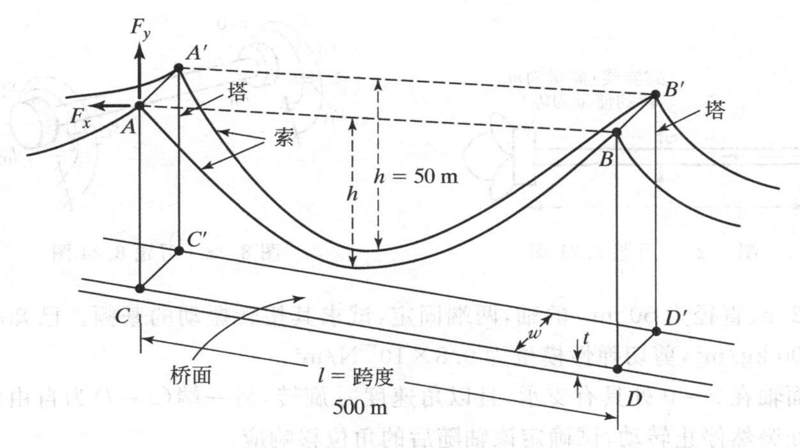

图 8.24 习题 8.15 图

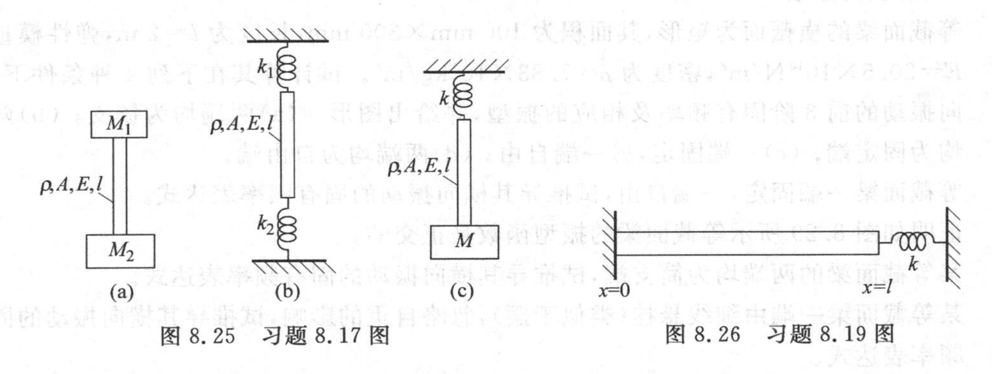

图 8.25 习题 8.17 图　　图 8.26 习题 8.19 图

8.21 直径为 d、长度为 l 的钢轴，一端固定，另一端装有一质量为 m、转动惯量为 J_0 的螺旋桨，如图 8.27 所示。(a)确定轴作轴向振动时的基频；(b)确定轴作扭转振动时的基频。已知数据为：$d=5$ cm，$l=1$ m，$m=100$ kg，$J_0=10$ kg · m^2。

§8.4 圆杆或轴的扭转振动

8.22 一扭振系统由一根轴及安装在该轴中点、转动惯量为 I_0 的圆盘组成。若轴的两端固定，试确定该系统在自由扭转振动下的响应。假定圆盘的初始角位移为零，初始角速度为 $\dot{\theta}_0$。

8.23 试求两端固定轴扭转振动的固有频率。

8.24 长为 l、扭转刚度为 GJ 的等截面轴两端分别装有一个圆盘，并与扭转弹簧、扭转阻尼器相连，如图 8.28 所示，试写出其边界条件。

8.25 若轴的一端固定，另一端自由，试重新求解习题 8.23。

8.26 等截面轴的两端分别装有转动惯量为 I_{01} 与 I_{02} 的转子，求该轴扭转振动的频率方程。

8.27 外扭矩 $M_t(t)=M_{t0}\cos\omega t$ 作用在等截面轴的自由端，该轴的另一端为固定端。试求该轴的稳态振动响应。

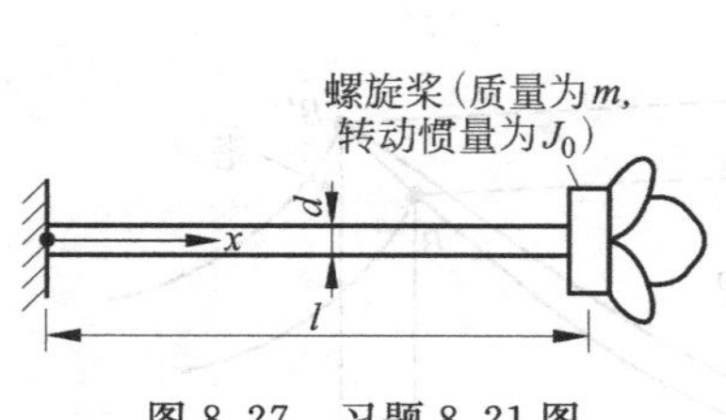

图 8.27　习题 8.21 图

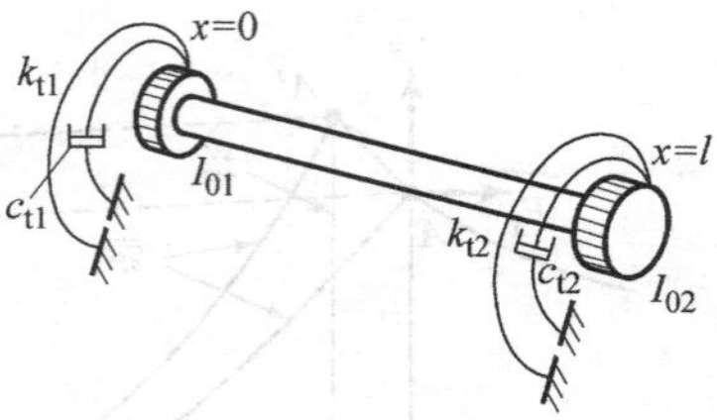

k_{t1} $x=0$ I_{01} c_{t1} k_{t2} $x=l$ c_{t2} I_{02}

图 8.28　习题 8.24 图

8.28　长为 2 m、直径为 50 mm 的轴，两端固定，试求其扭转振动的基频。已知材料的密度为 7800 kg/m³，剪切弹性模量为 0.8×10^{11} N/m²。

8.29　等截面轴在 $x=0$ 处具有支承，且以角速度 ω 旋转，另一端($x=l$)为自由端。若在此支承处突然停止转动，试确定该轴随后的角位移响应。

§8.5　梁的横向振动

8.30　等截面梁的横截面为矩形，其面积为 100 mm×300 mm，长度为 $l=2$ m，弹性模量为 $E=20.5\times10^{10}$ N/m²，密度为 $\rho=7.83\times10^{3}$ kg/m³。试计算其在下列 4 种条件下，横向振动的前 3 阶固有频率及相应的振型，并给出图形。(a)两端均为铰支；(b)两端均为固定端；(c)一端固定，另一端自由；(d)两端均为自由端。

8.31　等截面梁一端固定，一端自由，试推导其横向振动的固有频率表达式。

8.32　证明如图 8.29 所示等截面梁的振型函数是正交的。

8.33　某等截面梁的两端均为简支端，试推导其横向振动的固有频率表达式。

8.34　某等截面梁一端由细线悬挂(类似于摆)，忽略自重的影响，试推导其横向振动的固有频率表达式。

8.35　长为 1 m 的简支钢质梁，为使其前 3 阶固有频率在 1500～5000 Hz 之间，试求横截面面积 A 与横截面的惯性矩 I。

8.36　等截面梁两端简支，以第 1 阶振型振动时，其中点振幅为 10 mm。若 $A=120$ mm²，$I=1000$ mm⁴，$E=20.5\times10^{10}$ N/m²，$\rho=7.83\times10^{3}$ kg/m³，$l=1$ m，试确定梁的最大弯矩。

8.37　推导如图 8.30 所示两端置于弹簧上的等截面梁横向振动的频率方程。弹簧仅在垂向发生变形，在平衡位置梁处于水平位置。

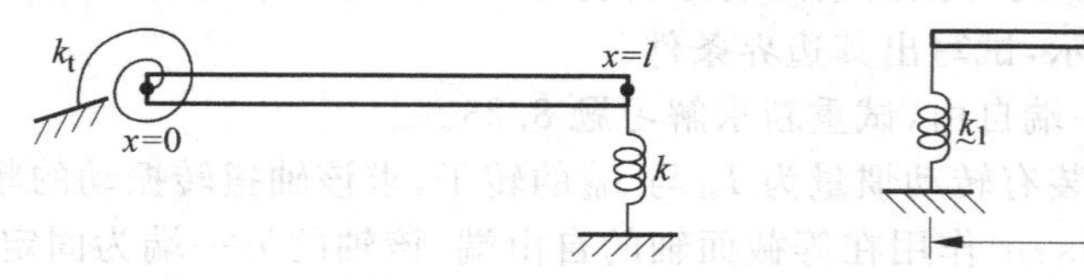

图 8.29　习题 8.32 图

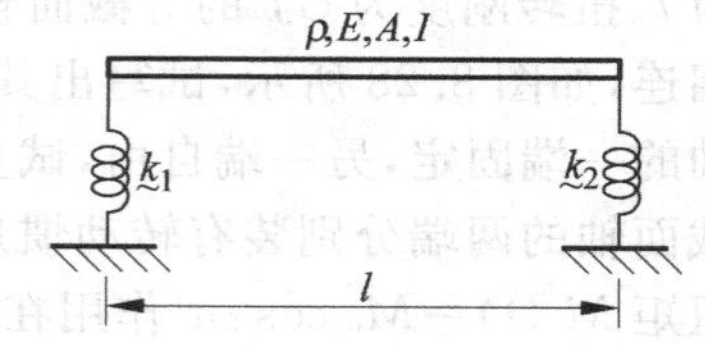

图 8.30　习题 8.37 图

8.38 长为 l 的简支梁在其中点附有一质量块 M，不计质量块的尺寸，试求系统的频率方程。

8.39 两端固定，长为 $2l$ 的等截面梁在中点处简支，试推导该梁横向振动的频率方程。

8.40 简支梁承受的初始均布载荷的集度为 f_0，若该载荷突然去掉，试求梁的振动响应。

8.41 估算悬臂梁的基频，该梁的横截面面积与惯性矩随 x 发生变化：$A(x)=A_0\dfrac{x}{l}$，$I(x)=\bar{I}\dfrac{x}{l}$，其中 x 是从自由端量起的距离。

8.42 (a)试推导受任意力作用的等截面梁的响应的一般表达式。(b)若在 $x=a$ 处受简谐力 $F_0\sin\omega t$ 的作用，利用(a)中的结果，求等截面简支梁的响应，假定初始条件为 $w(x,0)=(\partial w/\partial t)(x,0)=0$。

8.43 推导例 8.10 中的式(E.5)与式(E.6)。

8.44 推导例 8.10 中的式(E.7)与式(E.8)。

8.45 试证明对于通常的边界条件，式(8.82)中的常数 a 为正数。(提示：将式(8.83)的两边乘以 $W(x)$，并对 x 从 0 积分到 l。)

8.46 求简支梁在均布简谐变化载荷作用下的响应。

8.47 两端固定梁的正中间位置安装着一个质量为 100 kg、工作速度为 3000 r/min 的电动机，如图 8.31 所示。如果电动机的不平衡质量与其偏心距的乘积为 0.5 kg · m，求梁的稳态响应。假定梁的长度 $l=2$ m，横截面为 10 cm×10 cm 的正方形，材料为钢。

8.48 直径为 2 cm、长为 1 m 的钢质悬臂梁，如图 8.32 所示，在自由端受一个按指数规律衰减的力 $100e^{-0.1t}$，求梁的稳态响应。假设钢的密度与弹性模量分别为 7500 kg/m^3 和 210×10^9 N/m^2。

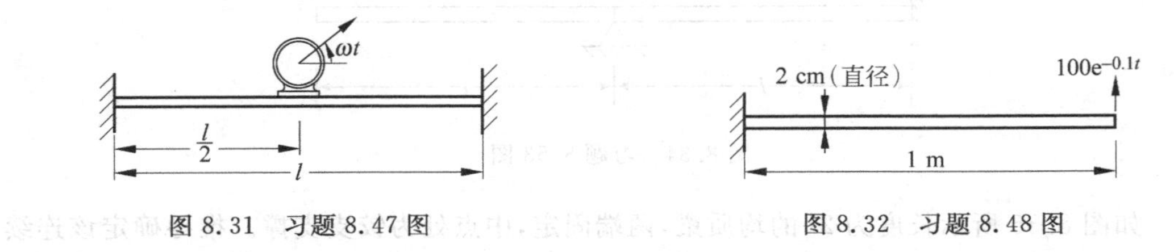

图 8.31 习题 8.47 图　　图 8.32 习题 8.48 图

8.49 悬臂梁的自由端受一个大小为 M_0 的突加阶跃弯矩的作用，试求梁的稳态响应。

8.50 长为 l、密度为 ρ、弹性模量为 E、横截面面积为 A、惯性矩为 I 的悬臂梁在其自由端附有一集中质量 M。试推导梁横向振动的频率方程。

8.51 考虑如图 8.33(a)所示的行驶在铁轨上的列车。轨道可以模型化为一静止在弹性基础上的无限长梁，列车可以理想化为一移动载荷 $F_0(x,t)$(见图 8.33(b))。若每单位长度土壤的刚度为 k，机车的常速度为 v_0。试证明梁的运动微分方程为

$$EI\frac{\partial^4 w(x,t)}{\partial x^4}+\rho A\frac{\partial^2 w(x,t)}{\partial t^2}+kw(x,t)=F_0(x-v_0t)$$

若移动载荷的大小为常数，试说明如何求解该运动微分方程。

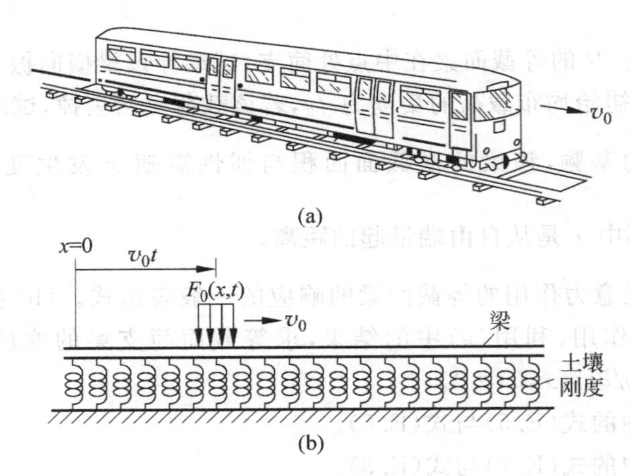

图 8.33 习题 8.51 图

8.52 基于如下假设：

(1) 桥面可以按均质梁考虑，且在 C 和 D 两处为简支端。

(2) 桥面的宽度(w)为 12 m，厚度(t)为 0.75 m，重量(含支撑梁)为 3000 N/m。

(3) 桥面材料的杨氏模量为 175GPa。

求如图 8.24 所示悬索桥面沿竖直方向振动的前两阶固有频率。

8.53 如图 8.34 所示长度为 $2l$ 的均质梁，左端固定，中点处为简支支撑，右端自由。推导确定该连续梁振动固有频率的频率方程。

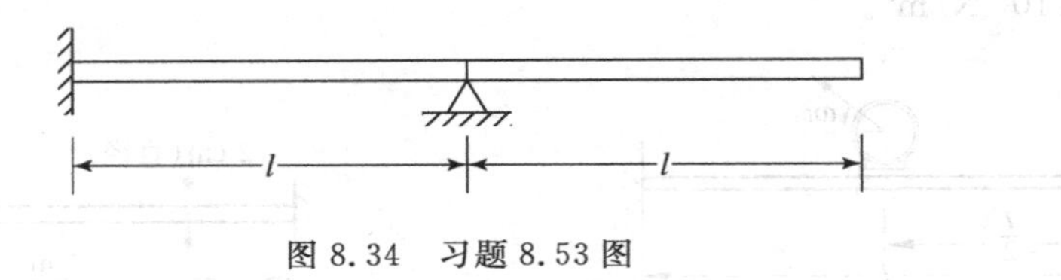

图 8.34 习题 8.53 图

8.54 如图 8.35 所示长度为 $2l$ 的均质梁，两端固定，中点处为铰支支撑。推导确定该连续梁振动固有频率的频率方程。

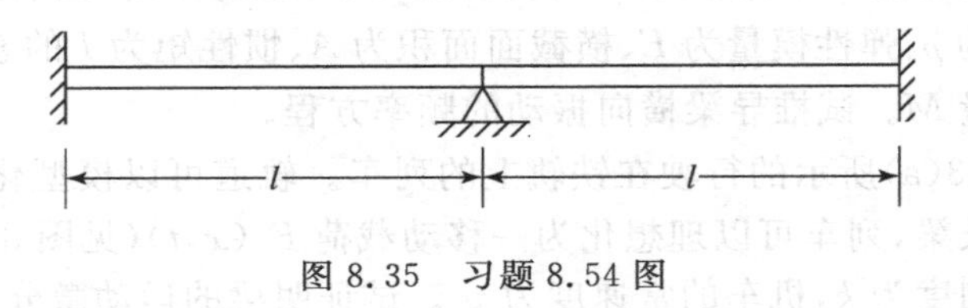

图 8.35 习题 8.54 图

8.55 如图 8.36 所示的 L 形框架，A 处为固定端，C 处为自由端。AB、BC 两段的材料和横截面(正方形)均相同。给出求该框架面内振动固有频率的过程(两段均按梁处理)。提示:指出 A、C 两处的边界条件以及在 B 处要满足的条件。

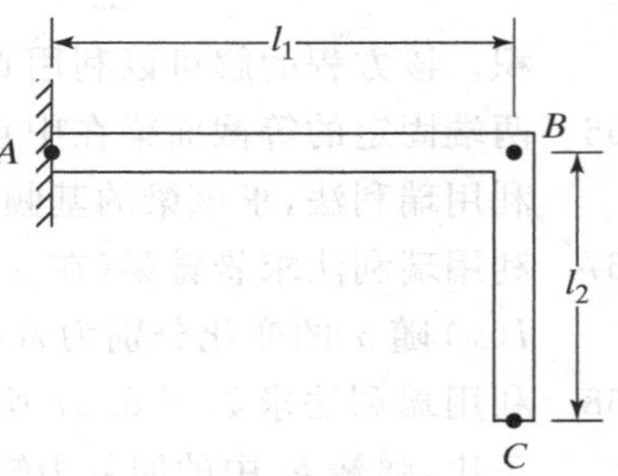

图 8.36 习题 8.55 图

§8.6 薄膜的振动

8.56 证明圆形薄膜的横向振动方程为

$$\frac{\partial^2 w}{\partial r^2}+\frac{1}{r}\frac{\partial w}{\partial r}+\frac{1}{r^2}\frac{\partial^2 w}{\partial \theta^2}=\frac{\rho}{P}\frac{\partial^2 w}{\partial t^2}$$

8.57 两边长分别为 a 与 b 的矩形薄膜,各边均固定。(a)推导该薄膜在任意压力 $f(x,y,t)$ 作用下的挠度 $w(x,y,t)$ 表达式;(b)当 $f(x,y,t)$ 为均布压力 f_0 时,试求该薄膜的振动响应,假定初始时刻薄膜静止。

8.58 求各边均固定的矩形薄膜的自由振动解与固有频率。该薄膜沿 x 与 y 方向的尺寸分别为 a 与 b。

8.59 矩形薄膜的两边长分别为 a 与 b,初始条件如下:

$$w(x,y,0)=w_0\sin\frac{\pi x}{a}\sin\frac{\pi y}{b},\quad 0\leqslant x\leqslant a,0\leqslant y\leqslant b$$

$$\frac{\partial w}{\partial t}(x,y,0)=0,\qquad 0\leqslant x\leqslant a,0\leqslant y\leqslant b$$

求其自由振动响应。

8.60 求各边均固定的矩形薄膜的自由振动响应。假定该矩形薄膜的边长分别为 a 与 b,初始条件如下:

$$\begin{cases}w(x,y,0)=0,\\ \dfrac{\partial w}{\partial t}(x,y,0)=\dot{w}_0\sin\dfrac{\pi x}{a}\sin\dfrac{2\pi y}{b},\end{cases}\quad 0\leqslant x\leqslant a,0\leqslant y\leqslant b$$

8.61 试比较具有下列形状的薄膜横向振动的固有频率。(a)方形;(b)圆形;(c)边长之比为 2∶1 的矩形。假设所有这些薄膜的各边均固定,面积、材料以及所受张力均相同。

8.62 利用习题 8.56 所给的运动微分方程,求半径为 R,在 $r=R$ 圆周上固定的圆形薄膜的固有频率。

§8.7 瑞利法

8.63 利用静挠曲线方程 $W(x)=\dfrac{c_0x^2}{24EI}(l-x)^2$,其中 c_0 为常量,求两端固定梁的基频。

8.64 利用挠曲线方程 $W(x)=c_0\left(1-\cos\dfrac{2\pi x}{l}\right)$,其中 c_0 为常数,求解习题 8.63。

8.65 求长为 l、一端固定、另一端简支的等截面梁的第一阶固有频率。假设该梁的振型曲线与梁在自身重力作用下引起的挠曲线相同。(提示:梁在自身重力作用下的静态

挠曲线方程为 $EI\dfrac{\mathrm{d}^4W(x)}{\mathrm{d}x^4}=\rho gA$，其中 ρ 为密度，g 是重力加速度，A 是梁横截面面积。该方程的解可以利用直接积分并根据任意已知的边界条件得到。）

8.66 两端固定的等截面梁在中点附有一质量为 M 的质量块，根据静挠曲线方程 $W(x)$，利用瑞利法，求该梁的基频。

8.67 利用瑞利法求悬臂梁（在 $x=l$ 处固定）的基频。该梁的横截面面积 $A(x)$ 与惯性矩 $I(x)$ 随 x 的变化分别为 $A(x)=A_0x/l$ 与 $I(x)=I_0x/l$。

8.68 利用瑞利法求如图 8.37 所示梁横向振动的基频。注：弹簧 k 中的回复力与位移成正比，弹簧 k_t 中的回复力矩与角位移成正比。

8.69 利用瑞利法估算两端固定等截面梁横向振动的基频。假设挠曲线方程为 $W(x)=c_1\left(1-\cos\dfrac{2\pi x}{l}\right)$。

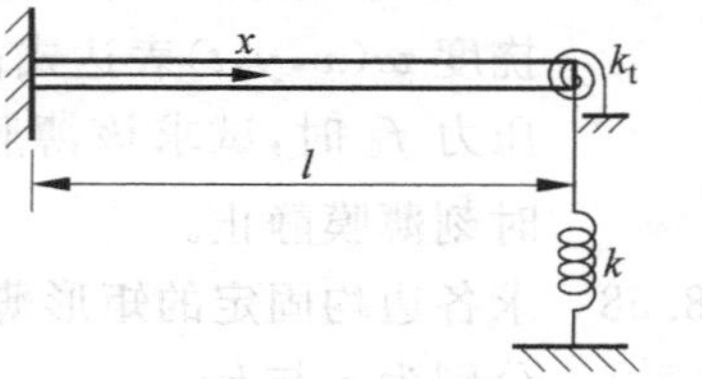

8.70 利用瑞利法并假设振型为 $U(x)=c_1\sin\dfrac{\pi x}{2l}$，求如图 8.38 所示锥形杆纵向振动的基频。该杆每单位长度的质量为 $m(x)=2m_0\left(1-\dfrac{x}{l}\right)$，梁的刚度为 $EA(x)=2EA_0\left(1-\dfrac{x}{l}\right)$。

图 8.37 习题 8.68 图

8.71 利用瑞利法并设 $W(x,y)=c_1xy(x-a)(y-b)$，估计四边均有支承的矩形薄膜的基频。$\left(\text{提示：}V=\dfrac{P}{2}\iint\left[\left(\dfrac{\partial w}{\partial x}\right)^2+\left(\dfrac{\partial w}{\partial y}\right)^2\right]\mathrm{d}x\mathrm{d}y,T=\dfrac{\rho}{2}\iint\left(\dfrac{\partial w}{\partial t}\right)^2\mathrm{d}x\mathrm{d}y\right)$

8.72 利用瑞利法，求如图 8.39 所示系统的基频。

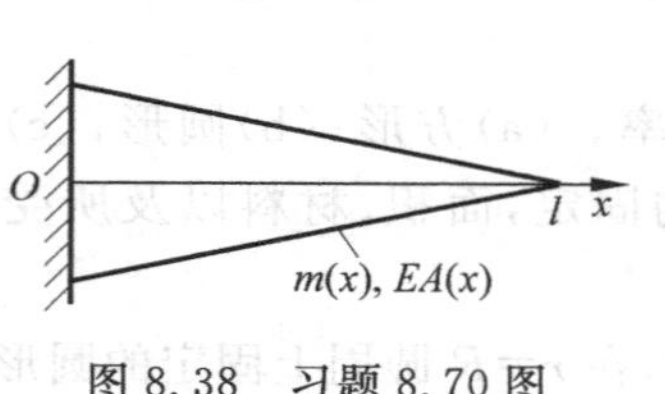

图 8.38 习题 8.70 图

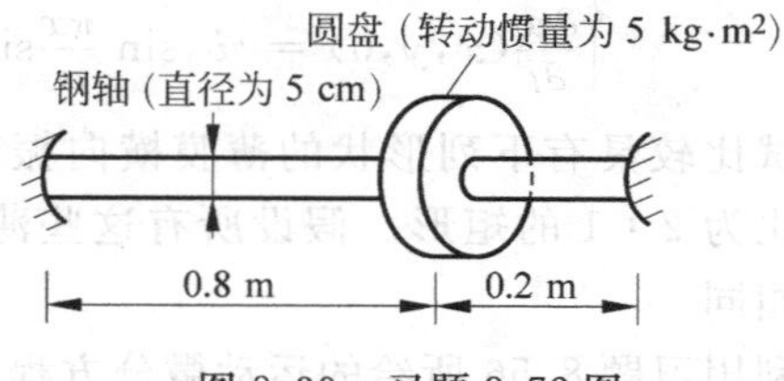

图 8.39 习题 8.72 图

§8.8 瑞利-李兹法

8.73 分别取假定振型为(a) $W(x)=c_1x(l-x)$，(b) $W(x)=c_1x(l-x)+c_2x^2(l-x)^2$，估算两端固定弦的基频。

8.74 确定一端固定($x=0$)、一端自由($x=l$)的等截面梁纵向振动的基频。假设振型分别为(a) $U(x)=c_1(x/l)$，(b) $U(x)=c_1(x/l)^2$。

8.75 一端固定($x=0$)、一端自由($x=l$)的某变截面杆，当 $0\leqslant x\leqslant l/3$ 时，其横截面面积为 $2A$，当 $l/3\leqslant x\leqslant l$ 时，其横截面面积为 A。取假设振型为

$$U(x)=c_1\sin\frac{\pi x}{2l}+c_2\sin\frac{3\pi x}{2l}$$

估计其纵向振动的前二阶固有频率。

8.76　利用瑞利-李兹法取假设振型为$U(x)=c_1\sin\frac{\pi x}{2l}+c_2\sin\frac{3\pi x}{2l}$，求解习题 8.70。

8.77　两端($x=0,l$ 处)固定的等截面弦单位长度的质量为ρ，初始张力为P，试求该弦的前两阶固有频率。假定挠曲线方程为$w_1(x)=x(l-x)$，$w_2(x)=x^2(l-x)^2$。

§8.9　利用 MATLAB 求解的例子

8.78　利用程序 Program12.m，求解例 8.4。

8.79　利用程序 Program12.m，求两端固定细梁的前 5 阶固有频率。

8.80　利用 MATLAB 程序，绘制例 8.1 中式(E.6)在$x=l/2$处的动态响应曲线。数据为：$h=0.1$ m，$l=1.0$ m，$c=100$ m/s。

8.81　编写一个计算机程序，借助固有频率的已知值，数值求解一端固定一端简支梁的主振型。

设计题目

8.82　重为F_0的汽车以常速度通过一座桥梁，如图 8.40(a)所示。这可以模型化为一集中载荷在简支梁上移动的情况，如图 8.40(b)所示。集中载荷F_0可以视为在一极小的2Δ上均匀分布的载荷，其可以展开为傅里叶正弦级数的和。试求桥的横向位移(注：该位移可以视为由于每个移动的简谐力引起的响应之和)，假定桥的初始条件为$w(x,0)=\partial w/\partial t(x,0)=0$。

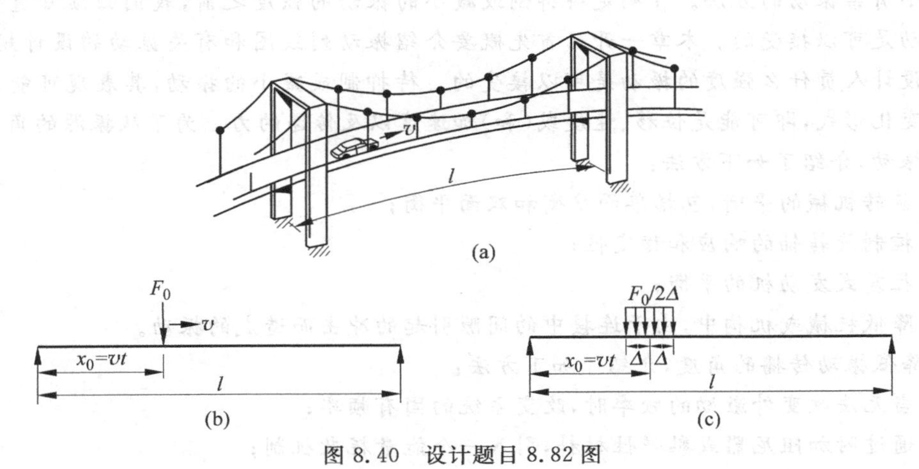

图 8.40　设计题目 8.82 图

欧拉(Leonhard Euler,1707—1783),瑞士数学家,后来成为一名官廷数学家和俄罗斯圣比德堡大学数学教授。欧拉在代数和几何领域均有诸多建树,并对材料强度理论中涉及的变形曲线的几何形状很感兴趣。机械工程师和土木工程师对欧拉杆的屈曲载荷都是耳熟能详的;欧拉常数和欧拉坐标系统在数学界也是众人皆知。他建立了杆弯曲振动的运动微分方程(Euler-Bemoulli 理论),并给出了一系列形式的解。此外,欧拉还研究了弦的动力学问题。

(引自:Struik D J. *A Concise History of Mathematics*,2nd ed. New York:Dover Publications,1948)

第9章 振动控制

导读

在前面各章,我们讨论了振动系统的建模与分析涉及的方方面面,现在让我们来考虑抑制和减小有害振动的方法。在确定待抑制或减小的振动的强度之前,我们必须知道什么强度的振动是可以接受的。本章一开始首先概要介绍振动列线图和有关振动的设计规范,它们告诉设计人员什么强度的振动是可以接受的。待抑制或减小的振动,其表现可能是一种或几种变化形式,即可能是位移、速度或(和)加速度以及传递的力。为了从振源的角度抑制或减小振动,介绍了如下方法:

- 旋转机械的平衡,包括单面平衡和双面平衡;
- 控制旋转轴的响应和稳定性;
- 往复式发动机的平衡;
- 降低机械或机构中,由于连接中的间隙引起的冲击而造成的振动。

从降低振动传播的角度,介绍了如下方法:

- 当无法改变外激励的频率时,改变系统的固有频率;
- 通过附加阻尼器或黏弹性材料,引入一个能量耗散机制;
- 设计隔振器以改变系统的刚度和(或)阻尼;
- 利用主动控制技术;
- (通过增加一个辅助质量)设计吸振器以吸收原来质量的振动能量。

最后，给出了利用 MATLAB 得到各种振动控制问题解的示例。

学习目标

学完本章后，读者应能达到以下几点：

- 利用振动列线图和有关振动的设计规范确定待控制或降低的振动的强度。
- 利用单面或双面平衡技术消除振动(不平衡)。
- 控制旋转轴中由于不平衡而引起的振动。
- 降低往复式发动机中的不平衡。
- 对具有固定和振动基础的系统，设计振动与冲击隔离装置。
- 设计主动振动控制系统。
- 设计有阻尼和无阻尼吸振器。
- 利用 MATLAB 求解振动控制问题。

9.1 引言

在工业环境中振源是多种多样的，常见的有冲击过程比如打桩和爆破，旋转或往复运动的机械如发动机、压缩机和马达，运输工具如卡车、火车、飞机，以及流体的流动等。振动往往会导致轴承的过度磨损、裂纹的形成、紧固件松弛、结构和机械的破坏、机械设备频繁的维修，以及由此引起的过高费用、焊点破裂引发的电路故障、绝缘材料磨损造成的短路等。长期处在振动环境中的人会感到疼痛、不适，工作效率降低。理论上有些情况下的振动是可以消除的，但是用于消除振动的费用会使制造成本过高，所以设计者需要在保证制造成本的情况下把振动限制在一个合理的范围内。有些情况下，机械设备所受到的激振力是不可避免的。如前所述，即使是相对很小的激励也可能在共振点附近引起非常大的响应，尤其是在小阻尼系统中。在这种情况下，利用隔振器或吸振器可以使响应的幅值得到很大程度的降低[9.1]。本章介绍各种振动控制技术，也就是那些消除或减小振动的方法。

9.2 振动列线图和振动标准

可接受的振动强度是用无阻尼单自由度系统在简谐激励下的响应来描述的，那些边界线被标明在图中，称为**振动列线图**。振动列线图反映了位移、速度、加速度的许可幅值随振动频率的变化情况。对于简谐运动

$$x(t) = X\sin\omega t \tag{9.1}$$

相应的速度和加速度为

$$v(t) = \dot{x}(t) = \omega X\cos\omega t = 2\pi f X\cos\omega t \tag{9.2}$$

$$a(t) = \ddot{x}(t) = -\omega^2 X\sin\omega t = -4\pi^2 f^2 X\sin\omega t \tag{9.3}$$

其中，ω 是圆频率(rad/s)；f 是频率(Hz)；X 是振幅。振幅(X)、速度的最大值($v_{\max}$)、加速度的最大值($a_{\max}$)的关系如下：

$$v_{\max} = 2\pi f X \tag{9.4}$$

$$a_{\max} = -4\pi^2 f^2 X = -2\pi f v_{\max} \tag{9.5}$$

对式(9.4)和式(9.5)取对数，可得到下面的线性关系：

$$\ln v_{\max} = \ln(2\pi f) + \ln X \tag{9.6}$$

$$\ln a_{\max} = -\ln v_{\max} - \ln(2\pi f) \tag{9.7}$$

不难看出，当式(9.6)中振幅(X)不变时，$\ln v_{\max}$ 和 $\ln(2\pi f)$ 是呈线性关系的，并且斜率为1。与此类似，在式(9.7)中，当速度的最大值($v_{\max}$)保持不变时，$\ln a_{\max}$ 和 $\ln(2\pi f)$ 也呈线性关系，但斜率为-1。这些关系在图9.1所示的列线图中也得到了说明。这样列线图中的每一个点都表示了一个特定的正弦(谐波)振动。

人和机械所承受的振动往往含有多种频率成分，单一频率的情况是很少见的。在说明振动的强弱程度时一般用 $x(t)$，$v(t)$ 和 $a(t)$ 的均方根表示。

在不同的领域，振动的幅值和频率的大致范围如下[9.2]：

(1) 原子的振动，其频率 $f=10^{12}$ Hz，振幅 $a=10^{-8}\sim10^{-6}$ mm。

(2) 微弱振动或地壳的颤动，其频率 $f=0.1\sim1$ Hz，振幅 $a=10^{-5}\sim10^{-3}$ mm。这种振动也常用于表示光学、电子、计算机设备等能承受的干扰上限。

(3) 机械设备和建筑物的振动，其频率 $f=10\sim100$ Hz，振幅 $a=0.01\sim1$ mm。人可以感知的频率范围是1～8 Hz。

(4) 高层建筑的振动，其频率 $f=0.1\sim5$ Hz，振幅 $a=10\sim1000$ mm。

ISO 2372[9.3]根据振动速度的均方根对机械振动的强度进行了定义。当速度范围为0.11～71 mm/s时，ISO对以下4种机械划分了15个振动强度级别：①小型，②中型，③大型，④涡轮机。图9.1中给出了第3类机械，包括大型拖车的振动强度。在使用这些标准时，应在机械表面比如轴承盖对频率在10～1000 Hz的振动进行测量。

ISO DP 4866[9.4]给出了在爆破和1～100 Hz的稳态振动情况下，整体建筑的振动强度。由于爆破引起的振动，其速度应在距爆破点最近的建筑物的地基上测量。而对于稳态振动，速度的最大值应在建筑物的顶部测量。能够引起建筑物破坏的振动速度阈值是3～5 mm/s，5～30 mm/s就会造成轻微破坏。图9.1还给出了Steffens[9.5]提供的由于振动引起结构破坏方面的其他结果。

图9.1中也给出了ISO 2631[9.6]推荐的人对振动的敏感极限。估计在美国有800多万名产业工人承受着全身或者部分身体的振动。全身的振动可能是由支承身体的部件(如直升机坐位)传递的。部分身体的振动可能是由工作过程造成的，比如冲压、钻削和切割作业。人能承受的全身振动的最低频率是4～8 Hz。如图9.2所示，部分身体的振动在某一频率范围时会对身体的某些部位产生局部损害。此外，在不同频率的振动下还可以观察到下面的后果[9.7]：晕动病(0.1～1 Hz)，视觉模糊(2～20 Hz)，语言障碍(1～20 Hz)，工作障碍

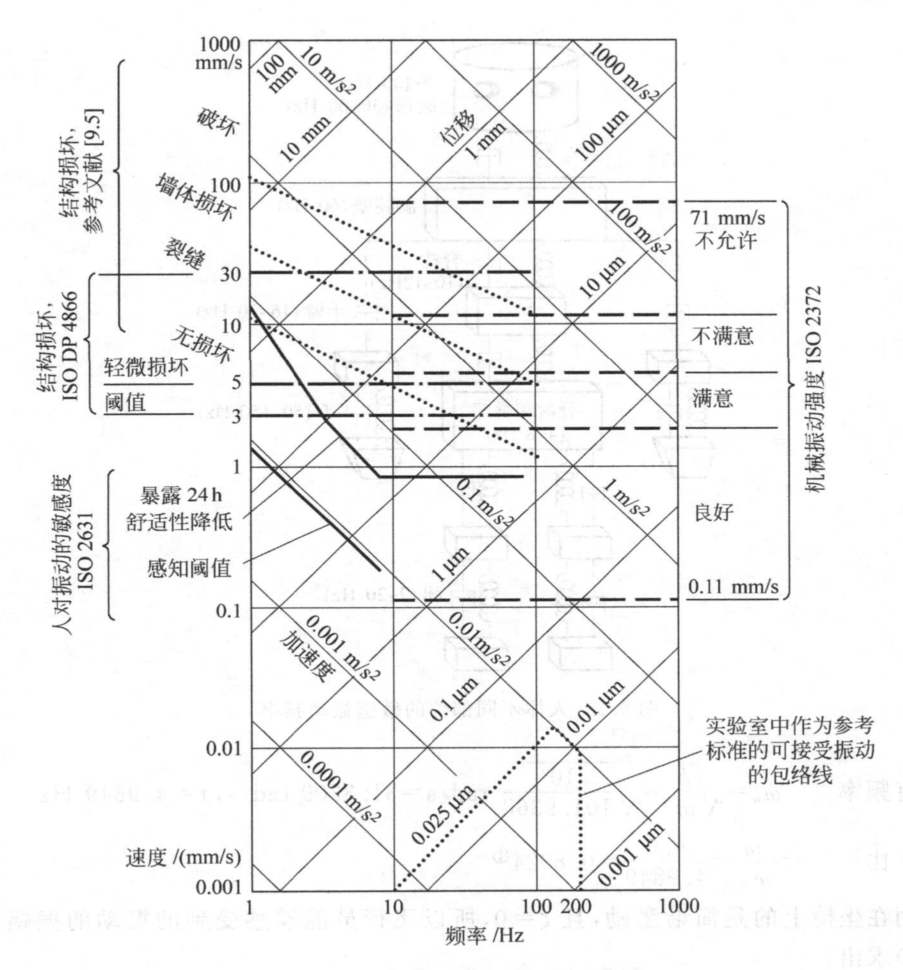

图 9.1 振动列线图和振动标准[9.2]

(0.5～20 Hz)，过度疲劳(0.2～15 Hz)。

图 9.1 中还给出了实验室中可以接受的振动强度标准。

例 9.1 直升机坐椅与飞行员的总重为 1000 N，其在自重作用下产生的静变形是 10 mm。螺旋桨的振动以简谐运动的形式传递给坐椅，频率为 4 Hz，振幅为 0.2 mm。

(a) 求飞行员能感受到的振动的大小。

(b) 怎样改进坐椅的设计才能使减振效果更好?

解：(a) 将坐椅看作一个单自由度无阻尼振动系统，可以得到下面的计算结果

质量 $$m=1000/9.81\ \text{kg}=101.9368\ \text{kg}$$

刚度 $$k=\frac{W}{\delta_{st}}=\frac{1000}{0.01}\ \text{N/m}=10^5\ \text{N/m}$$

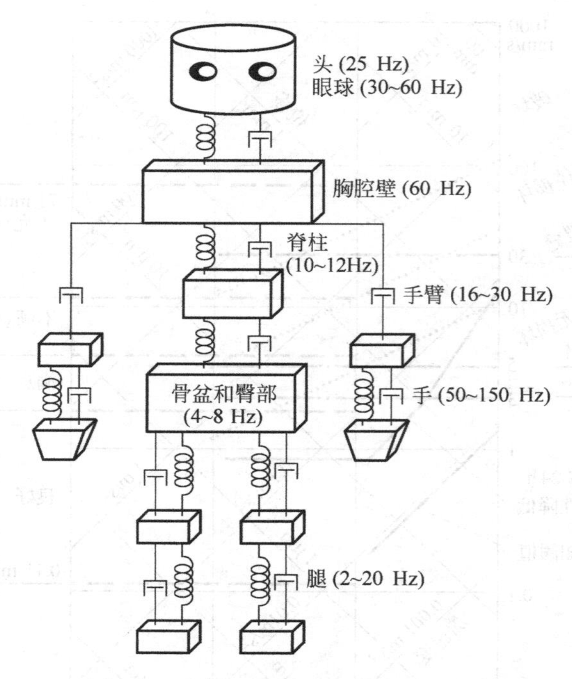

图 9.2　人体不同部位的敏感振动频率

固有频率　$\omega_n=\sqrt{\frac{k}{m}}=\sqrt{\frac{10^5}{101.9368}}$ rad/s$=31.3209$ rad/s, $f=4.9849$ Hz

频率比　$r=\frac{\omega}{\omega_n}=\frac{4.0}{4.9849}=0.8024$①

因为作用在坐椅上的是简谐激励，且 $\zeta=0$，所以飞行员能够感受到的振动的振幅可以由式(3.68)求出：

$$X=\pm\frac{Y}{1-r^2} \tag{E.1}$$

其中，Y 表示支撑位移的振幅。由式(E.1)计算得

$$X=\frac{0.2}{1-0.8024^2}\ \mathrm{mm}=0.5616\ \mathrm{mm}$$

飞行员感受到的振动的速度和加速度幅值为

$$\omega X=2\pi fX=2\pi\times4\times0.5616\ \mathrm{mm/s}=14.1145\ \mathrm{mm/s}$$
$$\omega^2X=(2\pi f)^2X=354.7373\ \mathrm{mm/s^2}=0.3547\ \mathrm{m/s^2}$$

由图 9.1 可以看到，频率为 4 Hz 时，振幅为 0.5616 mm，不会引起飞行员的不适，但是速度和加速度幅值没有在合理的范围内。

① 此处原著错，导致随后的结果错。——译者

(b) 为了将振动降到合理的水平，先将飞行员承受的加速度幅值从 $0.3547\ m/s^2$ 降到 $0.01\ m/s^2$。由式 $a_{max}=10\ mm/s^2=(2\pi f)^2X=(8\pi)^2X$，可得 $X=0.01583\ mm$。根据

$$\frac{X}{Y}=\frac{0.01583}{0.2}=\pm\frac{1}{1-r^2}$$

得 $r=3.6923$。计算出改进后坐椅的固有频率为

$$\omega_n=\frac{\omega}{3.6923}=\frac{8\pi}{3.6923}\ \text{rad/s}=6.8086\ \text{rad/s}$$

又因为 $\omega_n=\sqrt{k/m}$，$m=101.9368\ kg$，可得改进后的刚度为 $k=4722.9837\ N/m$。

这说明坐椅的刚度应当从 $10^5\ N/m$ 降到 $4722.9837\ N/m$。这可以通过采用刚度较小的坐椅材料或不同的弹簧设计来实现。也可以通过增加坐椅质量来满足加速度幅值的要求，但这样会增大直升机的质量，在设计中通常是不允许的。

9.3 抑制振源强度

研究振动控制首先要考虑的是降低振源强度，使之产生较弱的振动。但是这种方法在很多情况下并非有效。例如，地震激励、大气湍流、路面不平度以及发动机燃料燃烧的不稳定性等都是不可控的。但在有些情况下振源的强度是可以改变的。例如，回转机械和往复运动机械中的不平衡量可以通过改进变小。这一般可以通过改进机械内部的平衡和提高零件的加工精度来实现。对于那些有相对运动的机械零件来讲，较小的公差和较低的表面粗糙度都有利于降低振动的影响。显然，零件的平衡度和加工精度要受到经济条件和生产条件的限制。本章将分析存在不平衡力的旋转机械和往复运动机械，以及由不平衡力引起的振动的控制问题。

9.4 旋转机械的平衡

偏心或不平衡质量会引起旋转圆盘的振动，如果振动得不是很厉害，通常这是可以接受的。如果不平衡量引起的振动超过允许的程度，则可以通过去除偏心质量或在合适的位置增加一个相同的质量来消除不平衡的影响。应用这种方法时，需要通过实验来确定不平衡量的大小和位置。实际情况中，机械的不平衡往往是由加工误差以及螺栓、螺母、铆钉、焊缝的尺寸变化等不确定因素造成的。本节将讨论两种类型的平衡问题：单面平衡问题（静平衡问题）和双面平衡问题（动平衡问题）。[9.9,9.10]

9.4.1 单面平衡

像风扇、飞轮、齿轮、砂轮等装在轴上的圆盘形零件，由于加工误差，造成其质心偏离转动轴时，称这些零件是静不平衡的。要确定它们是否平衡，应首先将转动轴安装在两个低摩

擦轴承上，如图 9.3(a)所示。转动圆盘，经过一段时间停下来后用粉笔在轮缘的最低点处做上标记。重复上述过程，如果圆盘是平衡的，则标记点在轮缘上是随机分布的。反之，如果圆盘不平衡，这些标记将是重合的。

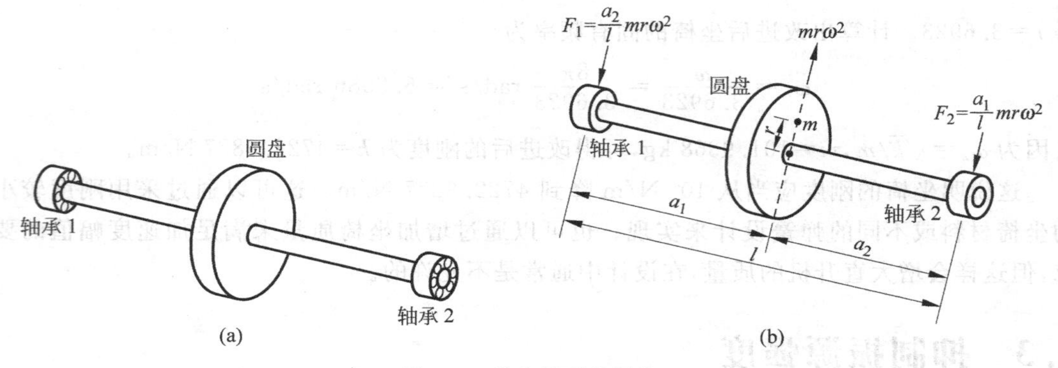

图 9.3　单盘转子的平衡

用这种方法检测出的不平衡称为**静不平衡**。静不平衡可以通过在粉笔标记处去除质量(例如钻孔)或在与粉笔标记处间隔 180°的位置增加质量来消除。由于不平衡量的大小是未知的，去除或要增加的质量必须通过反复的实验-校正来确定。因为要去除或增加的质量都是针对一个平面进行的，这种方法称为单面平衡。以确定的角速度 ω 转动圆盘，测量两轴承上的反作用力可以求出不平衡量(见图 9.3(b))。如果不平衡量 m 到圆盘中心的距离为 r，则离心力为 $mr\omega^2$。因此测量轴承上的反作用力 F_1 和 F_2 可以求出 m 和 r

$$F_1=\frac{a_2}{l}mr\omega^2,\quad F_2=\frac{a_1}{l}mr\omega^2 \tag{9.8}$$

图 9.4 说明如何借助振动分析仪进行单面平衡。图中旋转轴支承于轴承 A 处，由电动机驱动以恒定的角速度 ω 转动，端部固定一个砂轮(圆盘)。

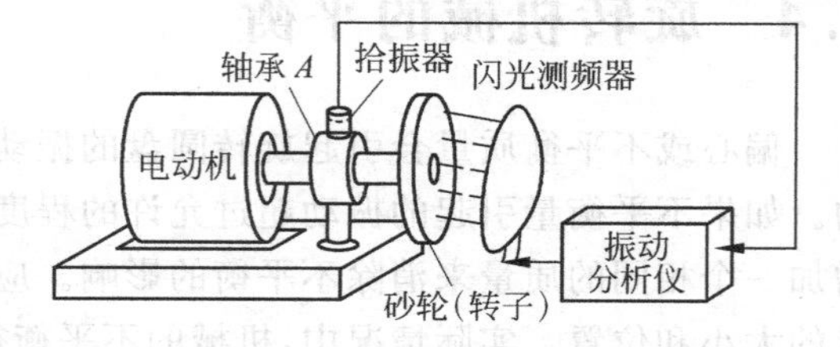

图 9.4　利用振动分析仪对单盘转子进行平衡标定

如图 9.5 所示，在开始测量之前，分别在转子(砂轮)和定子(支座)上面作**参考标记**，又叫**相位标记**。将拾振器与轴承相连，如图 9.4 所示，调整振动分析仪的频率与转动的角速度一致。由于转子的不平衡产生的振动信号(位移幅值)可以由分析仪表盘读出。频闪观测光(周期性光脉冲)被振动分析仪以转子的转动频率射出。当转子以角速度 ω 转动时，转子上的相位标记在频闪观测光的照射下看起来就会固定在某一位置不动，但由于响应的相位滞后，它与定子上的相位标记有一个夹角 θ，如图 9.5(b)所示。这样由初始不平衡产生的相角 θ 和振幅 A_u 都被测得(从振动分析仪读出)。然后关闭电机，待转子停止转动后，在转子上加上一个已知的实验载荷 W

(图 9.5(b)),再测量由于原始不平衡和实验载荷产生的新的相角 ϕ 和振幅 A_{u+w},如图 9.5(c)所示。①

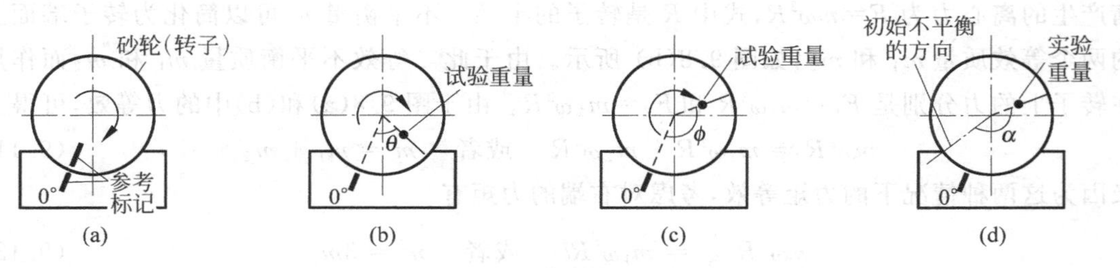

图 9.5 参考标记线

现在通过矢量图来确定圆盘平衡所需校正质量的大小和位置。如图 9.6 所示,先画出对应初始不平衡的矢量 $\boldsymbol{A}_u$,方向任意,长度为 A_u。然后再画出初始不平衡和实验载荷对应的矢量 $\boldsymbol{A}_{u+w}$,其与 $\boldsymbol{A}_u$ 夹角为 $\phi-\theta$,长度为 A_{u+w}。则差矢量 $\boldsymbol{A}_w=\boldsymbol{A}_{u+w}-\boldsymbol{A}_u$ 对应实验载荷 W 产生的不平衡量。$\boldsymbol{A}_w$ 的大小由余弦定理求出

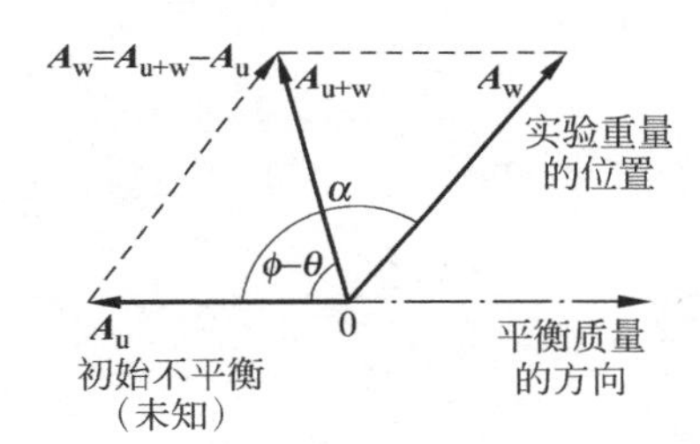

图 9.6 由于实验重量 W 引起的不平衡

$$A_w = [A_u^2 + A_{u+w}^2 - 2A_u A_{u+w}\cos(\phi-\theta)]^{\frac{1}{2}} \tag{9.9}$$

既然实验载荷 W 的大小已知,而且还知道它相对于初始不平衡的方向(图 9.6 中的 α),则初始不平衡量与实验载荷的夹角为 α,如图 9.5(d)所示。由余弦定理得

$$\alpha = \arccos\frac{A_u^2 + A_w^2 - A_{u+w}^2}{2A_u A_w} \tag{9.10}$$

初始不平衡量的大小为 $W_o=(A_u/A_w)W$,到圆心的距离与实验载荷相同。初始不平衡量的位置和大小确定之后,就可以添加校正质量使砂轮平衡。

9.4.2 双面平衡

单面平衡只能用于一个平面上的平衡,例如转子上装有一个刚性圆盘的情况。如果转子的形状为如图 9.7 所示的一个细长刚体,沿转子长度的任何一部分都可能有不平衡。这时可以在任意两个平面上增加平衡质量使转子平衡。[9.10,9.11]为了方便起见,一般选择转子的两个端面(图 9.7 的虚线部分)。

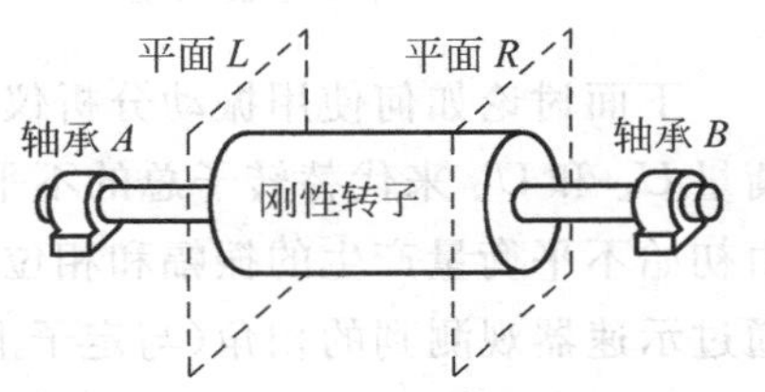

图 9.7 转子的双面平衡

① 注意如果实验重量放置在一个使得实际的不平衡按顺时针方向转动,相位标记线的静止位置将按着逆时针方向转过完全相同的量。反过来也是一样。

为了说明转子上的任意不平衡量都可以简化为任意两个平面上的等效质量，考虑如图9.8(a)所示在距右端面$l/3$处有一不平衡量m的情况。当转子转速为ω时，由于此不平衡产生的离心力为$F=m\omega^2R$，式中R是转子的半径。不平衡量m可以简化为转子端面上的两个等效质量m_1和m_2，如图9.8(b)所示。由于此二等效不平衡质量m_1和m_2而作用在转子上的力分别是$F_1=m_1\omega^2R$和$F_2=m_2\omega^2R$。由于图9.8(a)和(b)中的力等效，可得

$$m\omega^2R = m_1\omega^2R + m_2\omega^2R \quad 或者 \quad m = m_1 + m_2 \tag{9.11}$$

又因为这两种情况下的力矩等效，考虑对右端的力矩有

$$m\omega^2R\frac{l}{3} = m_1\omega^2Rl \quad 或者 \quad m = 3m_1 \tag{9.12}$$

由式(9.11)和式(9.12)可以求得$m_1=m/3$，$m_2=2m/3$。因此任何不平衡量都可以由两转子端面上的等效质量来替代。

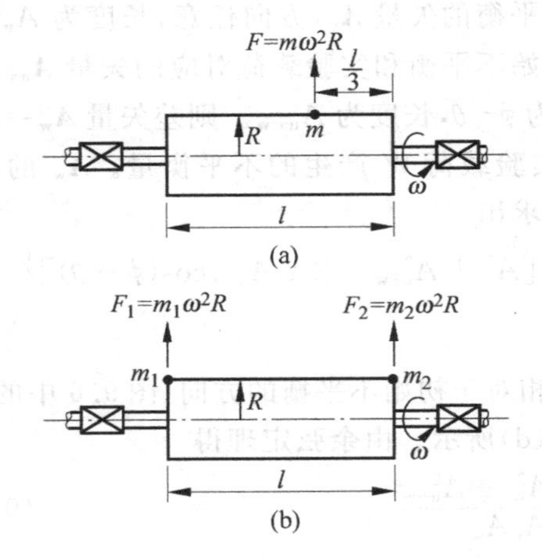

图9.8　用两个等效不平衡质量代替一个不平衡质量

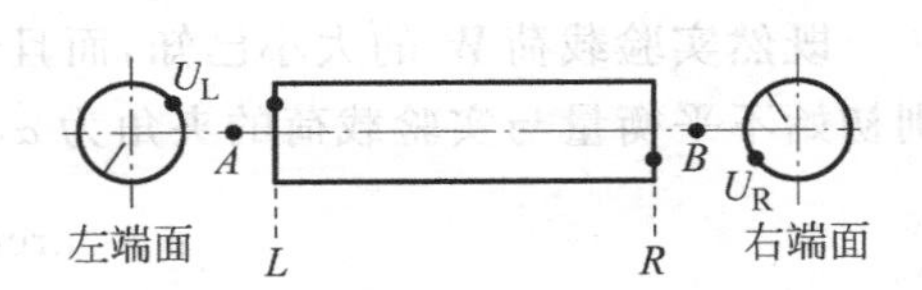

图9.9　双面平衡

下面讨论如何使用振动分析仪来实现**双面平衡**。图9.9中，用左、右两个端面上的不平衡量U_L和U_R来代替转子总的不平衡量。当转子以速度ω转动时，在轴承A和B上测量由初始不平衡量产生的振幅和相位，结果分别记作$\boldsymbol{V}_A$和$\boldsymbol{V}_B$。矢量的大小表示振幅，方向是通过示速器观测到的相角(与定子上标记线的夹角)的负值。矢量$\boldsymbol{V}_A$和$\boldsymbol{V}_B$可以表示为

$$\boldsymbol{V}_A = \boldsymbol{A}_{AL}\boldsymbol{U}_{\mathrm{L}} + \boldsymbol{A}_{AR}\boldsymbol{U}_{\mathrm{R}} \tag{9.13}$$

$$\boldsymbol{V}_B = \boldsymbol{A}_{BL}\boldsymbol{U}_{\mathrm{L}} + \boldsymbol{A}_{BR}\boldsymbol{U}_{\mathrm{R}} \tag{9.14}$$

其中，$\boldsymbol{A}_{ij}$表示平面j($j=\mathrm{L},\mathrm{R}$)处的不平衡对轴承i($i=A,B$)处振动的影响系数。显然，式(9.13)和式(9.14)中的$\boldsymbol{U}_{\mathrm{L}}$，$\boldsymbol{U}_{\mathrm{R}}$以及所有的$\boldsymbol{A}_{ij}$都是未知的。

与单面平衡的过程相似，增加已知的实验载荷后，再测量出与不平衡量有关的信息。首先在左端面上确定的角度上增加已知载荷$\boldsymbol{W}_{\mathrm{L}}$，当转子转速为$\omega$时在两轴承上测量振动的

振幅和相位。将测得的数据表示为矢量形式：

$$\boldsymbol{V}'_A = \boldsymbol{A}_{AL}(\boldsymbol{U}_L + \boldsymbol{W}_L) + \boldsymbol{A}_{AR}\boldsymbol{U}_R \tag{9.15}$$

$$\boldsymbol{V}'_B = \boldsymbol{A}_{BL}(\boldsymbol{U}_L + \boldsymbol{W}_L) + \boldsymbol{A}_{BR}\boldsymbol{U}_R \tag{9.16}$$

从式(9.15)和式(9.16)中分别减去式(9.13)和式(9.14)，化简后得①

$$\boldsymbol{A}_{AL} = \frac{\boldsymbol{V}'_A - \boldsymbol{V}_A}{\boldsymbol{W}_L} \tag{9.17}$$

$$\boldsymbol{A}_{BL} = \frac{\boldsymbol{V}'_B - \boldsymbol{V}_B}{\boldsymbol{W}_L} \tag{9.18}$$

去掉 $\boldsymbol{W}_L$，并在右端面确定的角度位置增加已知载荷 $\boldsymbol{W}_R$，当转速为 ω 时测量由 $\boldsymbol{W}_R$ 引起的振动。将测得的结果亦表示为矢量形式：

$$\boldsymbol{V}''_A = \boldsymbol{A}_{AR}(\boldsymbol{U}_R + \boldsymbol{W}_R) + \boldsymbol{A}_{AL}\boldsymbol{U}_L \tag{9.19}$$

$$\boldsymbol{V}''_B = \boldsymbol{A}_{BR}(\boldsymbol{U}_R + \boldsymbol{W}_R) + \boldsymbol{A}_{BL}\boldsymbol{U}_L \tag{9.20}$$

将式(9.19)和式(9.20)分别减去式(9.13)和式(9.14)，化简后得

$$\boldsymbol{A}_{AR} = \frac{\boldsymbol{V}''_A - \boldsymbol{V}_A}{\boldsymbol{W}_R} \tag{9.21}$$

$$\boldsymbol{A}_{BR} = \frac{\boldsymbol{V}''_B - \boldsymbol{V}_B}{\boldsymbol{W}_R} \tag{9.22}$$

只要矢量算子 $\boldsymbol{A}_{ij}$ 已知，就可以由式(9.13)和式(9.14)求出矢量 $\boldsymbol{U}_L$ 和 $\boldsymbol{U}_R$

$$\boldsymbol{U}_L = \frac{\boldsymbol{A}_{BR}\boldsymbol{V}_A - \boldsymbol{A}_{AR}\boldsymbol{V}_B}{\boldsymbol{A}_{BR}\boldsymbol{A}_{AL} - \boldsymbol{A}_{AR}\boldsymbol{A}_{BL}} \tag{9.23}$$

$$\boldsymbol{U}_R = \frac{\boldsymbol{A}_{BL}\boldsymbol{V}_A - \boldsymbol{A}_{AL}\boldsymbol{V}_B}{\boldsymbol{A}_{BL}\boldsymbol{A}_{AR} - \boldsymbol{A}_{AL}\boldsymbol{A}_{BR}} \tag{9.24}$$

这样转子就可以通过在不同的平面上增加等值反向的平衡质量来实现平衡。在左、右两平面上需增加的平衡量可以用矢量表示如下：$\boldsymbol{B}_L = -\boldsymbol{U}_L$，$\boldsymbol{B}_R = -\boldsymbol{U}_R$。不难看出，双面平衡是单面平衡的一种简单扩展。对高速转子而言，虽然在制造过程中就已经进行了平衡，但是由于蠕滑、高温作用以及其他一些因素的影响，也会造成轻微的不平衡，因此通常要在安装现场再次对它进行平衡。图 9.10 所示是双面平衡的实例。

例 9.2 关于汽轮机转子的双面平衡问题。下面表格中是初始不平衡、右端面增加实

---

① 可见，在计算所需的平衡重量时，经常要用到复数减法、除法和乘法。如果

$$\boldsymbol{A} = a\angle\theta_A,\quad \boldsymbol{B} = b\angle\theta_B$$

则可以把它们写成如下形式：

$$A = a_1 + \mathrm{i}a_2,\quad B = b_1 + \mathrm{i}b_2$$

式中 $a_1 = a\cos\theta_A$，$a_2 = a\sin\theta_A$，$b_1 = b\cos\theta_B$，$b_2 = b\sin\theta_B$。所以复数减法、除法和乘法的公式为[9.12]

$$\boldsymbol{A} - \boldsymbol{B} = (a_1 - b_1) + \mathrm{i}(a_2 - b_2)$$

$$\frac{\boldsymbol{A}}{\boldsymbol{B}} = \frac{(a_1b_1 + a_2b_2) + \mathrm{i}(a_2b_1 - a_1b_2)}{b_1^2 + b_2^2}$$

$$\boldsymbol{A}\cdot\boldsymbol{B} = (a_1b_1 - a_2b_2) + \mathrm{i}(a_2b_1 + a_1b_2)$$

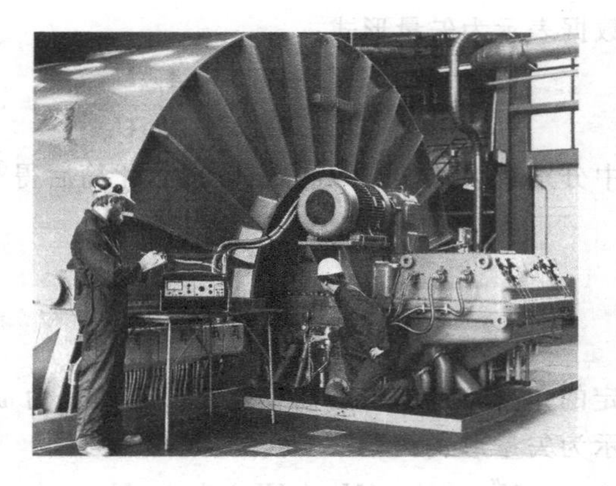

图 9.10　双面平衡的例子（蒙 Bruel and KjaerInstruments, Inc., Marlborough. Mass. 许可使用）

验载荷和左端面增加实验载荷所测得的数据。振幅的单位是 mils(1/1000 in)。对其进行双面平衡，确定所需的平衡质量的大小和位置。

条　件	位移幅值		相　角	
	轴承 A	轴承 B	轴承 A	轴承 B
初始不平衡	8.5	6.5	60°	205°
W_L=10.0 oz①，与参考标记呈 270°	6.0	4.5	125°	230°
W_R=12.0 oz，与参考标记呈 180°	6.0	10.5	35°	160°

解：将已知数据表示为矢量形式，有

$$\boldsymbol{V}_A = 8.5\underline{/60^\circ} = 4.2500 + \mathrm{i}7.3612$$

$$\boldsymbol{V}_B = 6.5\underline{/205^\circ} = -5.8910 - \mathrm{i}2.7470$$

$$\boldsymbol{V}'_A = 6.0\underline{/125^\circ} = -3.4415 + \mathrm{i}4.9149$$

$$\boldsymbol{V}'_B = 4.5\underline{/230^\circ} = -2.8926 - \mathrm{i}3.4472$$

$$\boldsymbol{V}''_A = 6.0\underline{/35^\circ} = 4.9149 + \mathrm{i}3.4472$$

$$\boldsymbol{V}''_B = 10.5\underline{/160^\circ} = -9.8668 + \mathrm{i}3.5912$$

$$\boldsymbol{W}_L = 10.0\underline{/270^\circ} = 0.0000 - \mathrm{i}10.0000$$

$$\boldsymbol{W}_R = 12\underline{/180^\circ} = -12.0000 + \mathrm{i}0.0000$$

由式(9.17)和式(9.18)得

$$\boldsymbol{A}_{AL} = \frac{\boldsymbol{V}'_A - \boldsymbol{V}_A}{\boldsymbol{W}_L} = \frac{-7.6915 - \mathrm{i}2.4463}{0.0000 - \mathrm{i}10.0000} = 0.2446 - \mathrm{i}0.7691$$

① 1 oz(盎司) $=\frac{1}{16}$ lb=28.34952 g。

$$\boldsymbol{A}_{BL}=\frac{\boldsymbol{V}'_B-\boldsymbol{V}_B}{\boldsymbol{W}_L}=\frac{2.9985-i0.7002}{0.0000-i10.0000}=0.0700+i0.2998$$

由式(9.21)和式(9.22)得

$$\boldsymbol{A}_{AR}=\frac{\boldsymbol{V}''_A-\boldsymbol{V}_A}{\boldsymbol{W}_R}=\frac{0.6649-i3.9198}{-12.0000+i0.0000}=-0.0554+i0.3266$$

$$\boldsymbol{A}_{BR}=\frac{\boldsymbol{V}''_B-\boldsymbol{V}_B}{\boldsymbol{W}_R}=\frac{-3.9758+i6.3382}{-12.0000+i0.0000}=0.3313-i0.5282$$

由式(9.23)和式(9.24)求出不平衡量

$$\boldsymbol{U}_L=\frac{(5.2962+i0.1941)-(1.2237-i1.7721)}{(-0.3252-i0.3840)-(-0.1018+i0.0063)}$$

$$=\frac{4.0725+i1.9661}{-0.2234-i0.3903}=-8.2930+i5.6879$$

$$\boldsymbol{U}_R=\frac{(-1.9096+i1.7898)-(3.5540+i3.8590)}{(-0.1018+i0.0063)-(-0.3252-i0.3840)}$$

$$=\frac{1.6443-i2.0693}{0.2234+i0.3903}=-2.1773-i5.4592$$

故所需的平衡质量为

$$\boldsymbol{B}_L=-\boldsymbol{U}_L=8.2930-i5.6879=10.0561\,\underline{/145.5548^\circ}$$

$$\boldsymbol{B}_R=-\boldsymbol{U}_R=2.1773+i5.4592=5.8774\,\underline{/248.2259^\circ}$$

即在左端面与参考标记成 145.5548°处增加 10.0561 oz 的质量，在右端面与参考标记成 248.2559°处增加 5.8774 oz 的质量就可以使转子平衡。同时，上面的分析过程也表明，增加的平衡量与实验载荷到轴心的距离是相同的。如果附加的平衡质量距轴心的距离发生变化，所需的平衡量与到轴心的距离是成反比例的。

9.5 轴的涡动

在前面几节，转子系统也就是轴和转子都被当作刚体来研究。但是在实际应用中，如涡轮、压缩机、电动机及水泵，都是一个较重的转子被安装在一个较轻的挠性轴上，此挠性轴再用轴承支承。由于制造误差，所有的转子都会有不平衡量。这些不平衡量和其他一些因素，如轴的刚度和阻尼、陀螺效应和轴承内的流体摩擦等，会使轴在以某一确定的速度旋转时产生复杂的弯曲变形，这个转速称为**涡动转速或临界转速**。严格地说，涡动是指由两轴承的中心线和变形以后的轴所组成的平面的转动。这一节主要研究转子系统的建模、临界速度、转子系统的响应和稳定性问题。[9.13,9.14]

9.5.1 运动微分方程

如图 9.11 所示，考虑一个由两个轴承支承、中间部位装有一个质量为 m 的转子或圆盘的轴。假设转子由于质量不平衡受到一个稳态激励,作用在转子上的力有由质心加速度引起的惯性力、轴的弹性力以及来自系统内部和外部的摩擦力。①

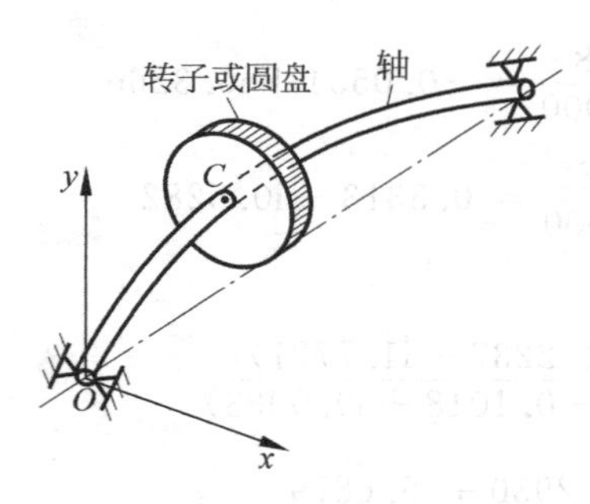

图 9.11 固定有转子的轴

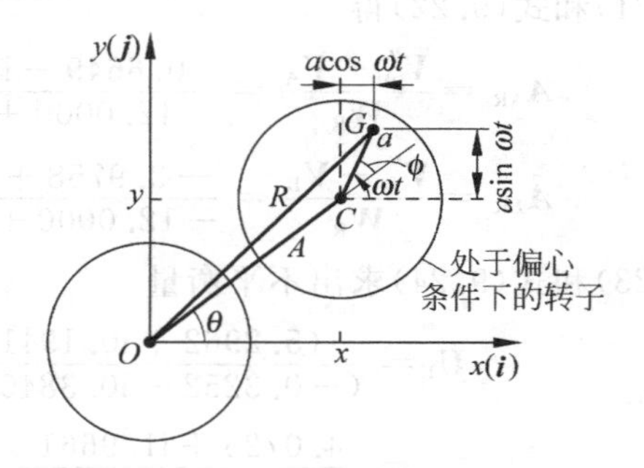

图 9.12 具有偏心的转子

如图 9.12 所示,设 O 为轴经过良好平衡后的平衡位置,轴(直线 CG)以等角速度 ω 转动。转动时,转子的径向变形为 $A=OC$(稳定状态时)。设转子的偏心为 a,即转子的质心 G 与其几何中心 C 的距离为 a。建立一个以 O 为原点的固定坐标系(x,y 相对地球静止)来描述系统的运动。OC 的角速度 $\dot{\theta}=\mathrm{d}\theta/\mathrm{d}t$ 称为涡动速度,一般来说它不等于 ω。转子(质量为 m)的运动微分方程可以写作如下形式

$$\text{惯性力}(\boldsymbol{F}_i)=\text{弹性力}(\boldsymbol{F}_{\mathrm{e}})+\text{内部阻尼力}(\boldsymbol{F}_{\mathrm{di}})+\text{外部阻尼力}(\boldsymbol{F}_{\mathrm{de}}) \tag{9.25}$$

式(9.25)中的几种力可以表示为

$$\text{惯性力}:\boldsymbol{F}_{\mathrm{i}}=m\ddot{\boldsymbol{R}} \tag{9.26}$$

其中,$\boldsymbol{R}$ 是质心的矢径,按下式计算

$$\boldsymbol{R}=(x+a\cos\omega t)\boldsymbol{i}+(y+a\sin\omega t)\boldsymbol{j} \tag{9.27}$$

x 和 y 表示几何中心 C 的坐标;$\boldsymbol{i}$ 和 $\boldsymbol{j}$ 分别表示 x 轴和 y 轴方向的单位矢量。由式(9.26)和式(9.27)得

$$\boldsymbol{F}_{\mathrm{i}}=m[(\ddot{x}-a\omega^2\cos\omega t)\boldsymbol{i}+(\ddot{y}-a\omega^2\sin\omega t)\boldsymbol{j}] \tag{9.28}$$

$$\text{弹性力}:\boldsymbol{F}_{\mathrm{e}}=-k(x\boldsymbol{i}+y\boldsymbol{j}) \tag{9.29}$$

其中,k 表示轴的刚度系数。

$$\text{内部阻尼力}:\boldsymbol{F}_{\mathrm{di}}=-c_{\mathrm{i}}[(\dot{x}+\omega y)\boldsymbol{i}+(\dot{y}+\omega x)\boldsymbol{j}] \tag{9.30}$$

其中,c_{i} 表示内部或旋转阻尼系数。

$$\text{外部阻尼力}:\boldsymbol{F}_{\mathrm{de}}=-c(\dot{x}\boldsymbol{i}+\dot{y}\boldsymbol{j}) \tag{9.31}$$

其中,c 表示外部阻尼系数。将式(9.28)~式(9.31)代入式(9.25),可以得到标量形式的运

---

① 对任意转子系统存在两种不同的阻尼力或摩擦力,这两种力根据力是否随轴的转动而发生变化来区分。如果力在空间的作用位置不变,如轴承支承结构的阻尼(造成能量损失),这种阻尼称为**稳态阻尼或外部阻尼**。反之,如果力在空间的作用位置随轴的转动发生变化,如轴材料内部的摩擦,这种阻尼称为**旋转阻尼或内部阻尼**。

动微分方程：

$$m\ddot{x}+(c_i+c)\dot{x}+kx-c_i\omega y=m\omega^2 a\cos\omega t \tag{9.32}$$

$$m\ddot{y}+(c_i+c)\dot{y}+ky-c_i\omega x=m\omega^2 a\sin\omega t \tag{9.33}$$

这些描述转子横向振动的运动方程都是耦合的，并且都与轴的稳态转动速度 ω 有关。定义复数 w

$$w=x+\mathrm{i}y \tag{9.34}$$

其中，$\mathrm{i}=(-1)^{1/2}$。用 i 乘以式(9.33) 再与式(9.32)相加，得到一个单一的运动方程

$$m\ddot{w}+(c_i+c)\dot{w}+kw-\mathrm{i}\omega c_i w=m\omega^2 a\mathrm{e}^{\mathrm{i}\omega t} \tag{9.35}$$

9.5.2 临界速度

临界速度是指轴转动的频率等于轴的某一固有频率时的转速。无阻尼转子系统的固有频率可以由式(9.32)、式(9.33)或式(9.35)(只保留齐次项，并令 $c_i=c=0$)求得。由此可得系统的固有频率(无阻尼系统的临界速度)

$$\omega_n=\left(\frac{k}{m}\right)^{1/2} \tag{9.36}$$

当转子的转动速度等于此临界速度时，转子会产生较大的变形，传递到轴承上的力会造成轴承的损坏。人们希望能使转子迅速地通过临界速度从而避免轴的涡动，因为缓慢地通过临界速度会使轴的涡动振幅不断增大。参考文献[9.15]研究了转子在加速和减速条件下通过临界速度时的行为。参考文献[9.16]给出了计算旋转轴的临界速度的 FORTRAN 程序。

9.5.3 系统的响应

为了确定转子的响应，不妨假设转子的不平衡产生的激励是简谐力，并且认为内部阻尼可忽略不计(即 $c_i=0$)。通过求解方程(9.32)和方程(9.33)(或方程(9.35))，可以得到由质量不平衡产生的转子的涡动振幅。当 $c_i=0$ 时，由式(9.35)得

$$m\ddot{w}+c\dot{w}+kw=m\omega^2 a\mathrm{e}^{\mathrm{i}\omega t} \tag{9.37}$$

式(9.37)的解可以表示为

$$w(t)=C\mathrm{e}^{-(\alpha t+\beta)}+A\mathrm{e}^{\mathrm{i}(\omega t-\phi)} \tag{9.38}$$

其中，C,β,A 和 ϕ 是常数。不难看出，式(9.38)中的第 1 项包含着指数衰减项，表示瞬态解，第 2 项表示的是稳态的圆周运动(涡动)。将式(9.38)的稳态解部分代入式(9.37)，可以求得涡动的振幅为

$$A=\frac{m\omega^2 a}{[(k-m\omega^2)^2+\omega^2c^2]^{1/2}}=\frac{ar^2}{[(1-r^2)^2+(2\zeta r)^2]^{1/2}} \tag{9.39}$$

相角为

$$\phi = \arctan \frac{c\omega}{k - m\omega^2} = \arctan \frac{2\zeta r}{1 - r^2} \tag{9.40}$$

其中

$$r = \frac{\omega}{\omega_n}, \quad \omega_n = \sqrt{\frac{k}{m}}, \quad \zeta = \frac{c}{2\sqrt{km}}$$

将式(9.39)对ω求导，并令导数等于零，可以求出振幅最大时ω的值

$$\omega \approx \frac{\omega_n}{\sqrt{1 - 2\zeta^2}} \tag{9.41}$$

其中，ω_n由式(9.36)确定。可以看到，只有当阻尼系数为零时，临界转速才恰好对应固有频率ω_n。此外，式(9.41)表明，一般情况下阻尼的存在将使临界转速的值大于ω_n。图9.13是根据式(9.39)、式(9.40)画出的。由于激振力是与ω^2成正比的，因此人们往往会认为振幅会随着ω的增大而增大，但振幅随ω的变化规律却是如图9.13所示的那样。由式(9.39)可知，低速时的涡动振幅是由弹簧常数k决定的，因为其他两项$m\omega^2$和$c^2\omega^2$都很小。此外，由式(9.40)可以看出，当ω很小时，相角ϕ的值可以认为是0°。随着ω的增大，当$k-m\omega^2=0$时发生共振，响应的振幅达到最大值。在共振区域的附近，响应由于阻尼的影响而得到抑制。共振时的相位差是90°。当ω增加到大于ω_n时，式(9.39)中的响应主要由质量项$m^2\omega^4$决定。因为这一项与不平衡力的相位差是180°，轴转动的方向和不平衡力的方向是相反的，所以轴的响应被削弱。

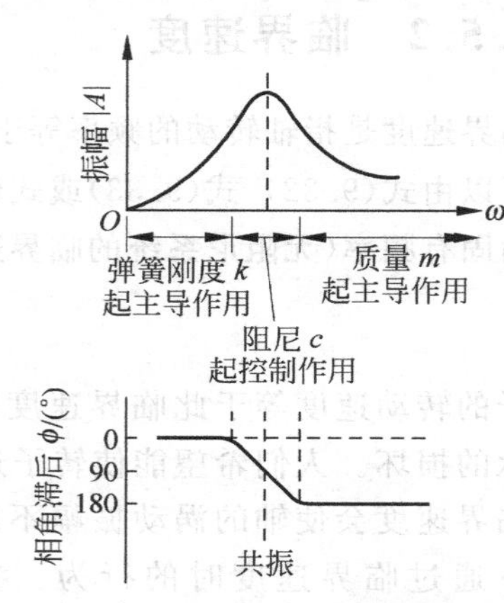

图9.13　式(9.39)和式(9.40)的图形表示

注：

(1) 式(9.38)是在默认满足向前同步涡动($\dot{\theta}=\omega$)的情况下得出的。对于一般的情况，如果设式(9.37)的稳态解为$w(t)=Ae^{i(\gamma t-\phi)}$，可以求出$\gamma=\pm\omega$。$\gamma=+\omega$表示向前的同步涡动，$\gamma=-\omega$表示向后的同步涡动。对于图9.11所示的简单转子，实际上只存在向前的同步涡动。

(2) 为了确定轴承反力，首先要求得圆盘质心与轴承中心线的偏心量，即图9.12中的R

$$R^2 = A^2 + a^2 + 2Aa\cos\phi \tag{9.42}$$

由式(9.39)和式(9.40)，式(9.42)可以写成

$$R = a\left[\frac{1 + (2\zeta r)^2}{(1 - r^2)^2 + (2\zeta r)^2}\right]^{1/2} \tag{9.43}$$

轴承的反力可以由离心力$m\omega^2 R$确定。

9.5.4 稳定性分析

内部摩擦、转子偏心、轴承中的油膜等都会引起挠性转子系统产生不稳定现象。正如前面提到的,可以通过研究动力学方程来讨论系统的稳定性。设 $w(t)=\mathrm{e}^{st}$,根据式(9.35)的齐次部分可以得到如下特征方程:

$$ms^2+(c_i+c)s+k-\mathrm{i}\omega c_i=0 \tag{9.44}$$

令 $s=\mathrm{i}\lambda$,式(9.44)转化为

$$-m\lambda^2+(c_i+c)\mathrm{i}\lambda+k-\mathrm{i}\omega c_i=0 \tag{9.45}$$

这是如下一般方程的特殊形式

$$(p_2+\mathrm{i}q_2)\lambda^2+(p_1+\mathrm{i}q_1)\lambda+(p_0+\mathrm{i}q_0)=0 \tag{9.46}$$

根据罗斯-霍尔威茨准则,特征方程所描述的系统稳定的充分与必要条件是满足以下不等式组

$$-\begin{vmatrix} p_2 & p_1 \\ q_2 & q_1 \end{vmatrix}>0 \tag{9.47}$$

$$\begin{vmatrix} p_2 & p_1 & p_0 & 0 \\ q_2 & q_1 & q_0 & 0 \\ 0 & p_2 & p_1 & p_0 \\ 0 & q_2 & q_1 & q_0 \end{vmatrix}>0 \tag{9.48}$$

注意到式(9.45)中 $p_2=-m, q_2=0, p_1=0, q_1=c_i+c, p_0=k, q_0=-\omega c_i$,由不等式(9.47)和(9.48)得

$$m(c_i+c)>0 \tag{9.49}$$

$$km(c_i+c)^2-m^2(\omega^2c_i^2)>0 \tag{9.50}$$

不等式(9.49)是自然成立的。由式(9.50)得以下条件:

$$\sqrt{\frac{k}{m}}\left(1+\frac{c}{c_i}\right)-\omega>0 \tag{9.51}$$

这个不等式也表明当转速高于第一临界速度 $\omega=\sqrt{\frac{k}{m}}$ 时,内部和外部的摩擦会导致系统的不稳定。

例 9.3 轴上装有一个重 100 lbf、偏心为 0.1 in 的转子,轴的转速为 1200 r/min。试确定:(a)稳态时的涡动振幅;(b)系统启动时最大的涡动振幅。假定轴的刚度系数为 2×10^5 lbf/in,外部阻尼比为 0.1。

解: 转子的激励频率(轴的转速)为

$$\omega=\frac{1200\times2\pi}{60}\ \mathrm{rad/s}=40\pi\ \mathrm{rad/s}=125.6640\ \mathrm{rad/s}$$

系统的固有频率为

$$\omega_n = \sqrt{\frac{k}{m}} = \sqrt{\frac{2.0\times10^5}{100/386.4}}\ \text{rad/s} = 87.9090\ \text{rad/s}$$

频率比为

$$r = \frac{\omega}{\omega_n} = \frac{125.6640}{87.9090} = 1.4295$$

(a) 稳态时的振幅可以由式(9.39)求得

$$A = \frac{ar^2}{\sqrt{(1-r^2)^2+(2\zeta r)^2}} \tag{E.1}$$

$$= \frac{0.1\times1.4295^2}{\sqrt{(1-1.4295^2)^2+(2\times0.1\times1.4295)^2}}\ \text{in} = 0.18887\ \text{in} \tag{E.2}$$

(b) 系统启动时，转子的频率(速度)ω要通过系统的固有频率。因此，在式(E.1)中令$r=1$，可得涡动振幅为

$$A\big|_{r=1} = \frac{a}{2\zeta} = \frac{0.1}{2\times0.1}\ \text{in} = 0.5\ \text{in}$$

9.6 活塞式发动机的平衡

活塞式发动机的基本运动部件为活塞、曲柄和连杆。引起其振动的原因包括汽缸中气体压力的周期性变化以及运动部件的惯性力。下面将对活塞式发动机进行分析，找出这些因素产生的不平衡力。

9.6.1 气体压力变化产生的不平衡力

图9.14(a)是活塞式发动机汽缸的示意图。发动机是由汽缸中膨胀的气体驱动的。膨胀气体对活塞产生一个压力F，并经连杆传递给曲轴。力F的反力可以分解为两部分：一部分沿连杆的方向，大小为$F/\cos\phi$；另一部分是水平方向的力，大小是$F\tan\phi$。力$F/\cos\phi$产生驱动曲轴转动的力矩M_t(图9.14(b)中，M_t使曲轴绕垂直于纸面并通过Q点的转动轴转动)，其值为

$$M_t = \left(\frac{F}{\cos\phi}\right)r\cos\theta \tag{9.52}$$

由整个系统受力平衡可知，曲轴轴承所受的垂直方向的力为F，水平方向上的力为$F\tan\phi$。

因此发动机固定元件受力如下：

(1) 汽缸盖所受的向上的力F。

(2) 汽缸盖所受的向右的力$F\tan\phi$。

(3) 曲轴轴承Q所受的向下的力F。

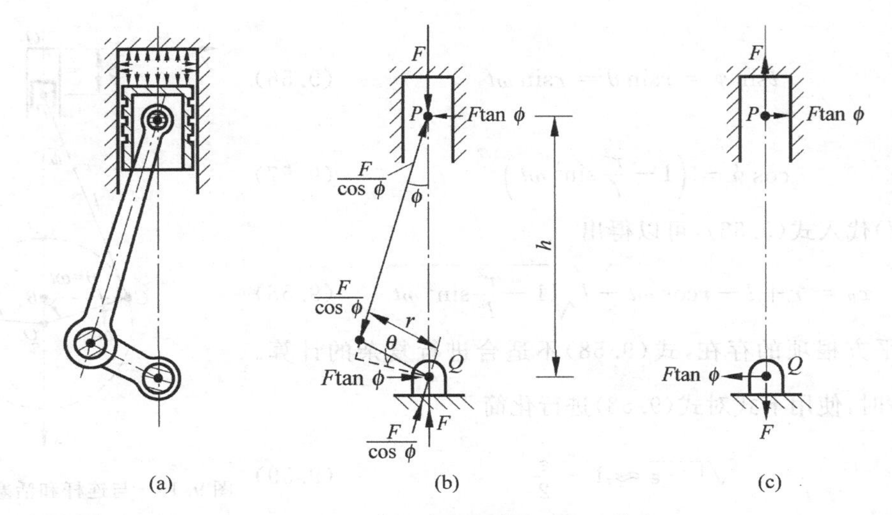

图 9.14 作用在活塞式发动机上的力

(4) 曲轴轴承所受的向左的力 $F\tan\phi$。

这些力都已标示在图 9.14(c)中。虽然合力为零，发动机体还受到合力矩 $M_Q=Fh\tan\phi$ 的作用，这里的 h 可由以下几何关系求出

$$h=\frac{r\cos\theta}{\sin\phi} \tag{9.53}$$

因此合力矩还可以表示为

$$M_Q=\frac{Fr\cos\theta}{\cos\phi} \tag{9.54}$$

正如所料，式(9.52)给出的结果 M_t 和式(9.54) 给出的结果 M_Q 是一样的。这表明，由于作用于活塞上的气体压力而引起的作用在曲轴上的力矩，传递给了发动机的支承。因为力 F 的大小是随时间变化的，所以合力矩 M_Q 也是随时间变化的。力 F 循环变化的频率由发动机汽缸的个数、工作循环的周期和发动机的转速决定。

9.6.2 运动部件的惯性产生的不平衡力

1. 活塞的加速度

图 9.15 中，活塞式发动机的曲柄长度为 r、连杆的长度为 l，假定曲柄以恒定的角速度 ω 沿逆时针方向转动。取活塞运动的上止点作为 x 轴的原点 O，随着活塞 P 的移动，曲柄也产生对应的角位移 $\theta=\omega t$。这时活塞的位移(从上止点(原点 O)计)为

$$\begin{aligned}x_P&=r+l-r\cos\theta-l\cos\phi\\&=r+l-r\cos\omega t-l\sqrt{1-\sin^2\phi}\end{aligned} \tag{9.55}$$

但是

$$l\sin\phi = r\sin\theta = r\sin\omega t \tag{9.56}$$

于是

$$\cos\phi = \left(1-\frac{r^2}{l^2}\sin^2\omega t\right)^{1/2} \tag{9.57}$$

将式(9.57)代入式(9.55)，可以得出

$$x_P = r + l - r\cos\omega t - l\sqrt{1-\frac{r^2}{l^2}\sin^2\omega t} \tag{9.58}$$

由于平方根项的存在，式(9.58)不适合进行复杂的计算。当 $r/l<\frac{1}{4}$ 时，使用下式对式(9.58)进行化简

$$\sqrt{1-\varepsilon}\approx 1-\frac{\varepsilon}{2} \tag{9.59}$$

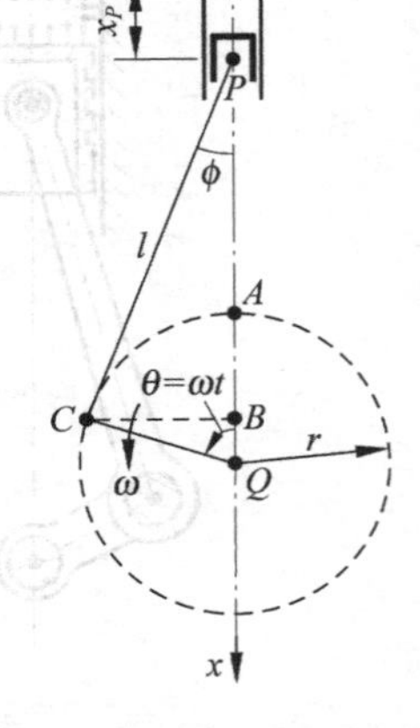

图 9.15　与连杆和活塞相连的曲柄的运动

因此式(9.58)可以写作

$$x_P \approx r(1-\cos\omega t)+\frac{r^2}{2l}\sin^2\omega t \tag{9.60}$$

或者

$$x_P = r\left(1+\frac{r}{2l}\right)-r\left(\cos\omega t+\frac{r}{4l}\cos 2\omega t\right) \tag{9.61}$$

式(9.61)对时间求导就可以得到活塞的速度和加速度

$$\dot{x}_P = r\omega\left(\sin\omega t+\frac{r}{2l}\sin 2\omega t\right) \tag{9.62}$$

$$\ddot{x}_P = r\omega^2\left(\cos\omega t+\frac{r}{l}\cos 2\omega t\right) \tag{9.63}$$

2. 曲柄销的加速度

根据图 9.15 中的 xy 坐标系，可以求出曲柄销 C 在水平和竖直方向的位移

$$x_C = OA + AB = l + r(1-\cos\omega t) \tag{9.64}$$

$$y_C = CB = r\sin\omega t \tag{9.65}$$

式(9.64)和式(9.65)对时间求导可以得到曲柄销的速度和加速度

$$\dot{x}_C = r\omega\sin\omega t \tag{9.66}$$

$$\dot{y}_C = r\omega\cos\omega t \tag{9.67}$$

$$\ddot{x}_C = r\omega^2\cos\omega t \tag{9.68}$$

$$\ddot{y}_C = -r\omega^2\sin\omega t \tag{9.69}$$

3. 惯性力

虽然连杆的质量是沿其长度分布的，但一般情况下可以将其简化为两端分别有一个集

中质量的无重杆。如果用 m_P 和 m_C 分别表示活塞和曲柄销的质量(包括连杆的集中质量)，则单个汽缸惯性力的垂直分量(F_x)为

$$F_x = m_P \ddot{x}_P + m_C \ddot{x}_C \tag{9.70}$$

将式(9.63)和式(9.68)表示的 P 和 C 的加速度代入后可得

$$F_x = (m_P + m_C) r\omega^2 \cos \omega t + \mathrm{m}_P \frac{r^2\omega^2}{l} \cos 2\omega t \tag{9.71}$$

可见，惯性力的垂直分量由两部分组成：第一部分称为主要部分，它的频率等于曲柄的转动频率 ω；第二部分称为次要部分，它的频率是曲柄转动频率的 2 倍。

与此类似，可以求得单个汽缸惯性力的水平分量为

$$F_y = m_P \ddot{y}_P + m_C \ddot{y}_C \tag{9.72}$$

式中，$\ddot{y}_P = 0$；$\ddot{y}_C$ 可由式(9.69)求出。因此

$$F_y = -m_C r\omega^2 \sin \omega t \tag{9.73}$$

可见，惯性力的水平分量只有一项。

9.6.3　活塞式发动机的平衡

单个汽缸的不平衡力或者惯性力可以由式(9.71)和式(9.73)求出。在这两个方程中，m_P 和 m_C 分别表示往复运动和转动的等效质量。m_P 总是正的，但是 m_C 可以通过曲轴的平衡而成为零。因此水平惯性力 F_y 可以减少为零，但是垂直方向的惯性力是永远存在的。因此本质上讲，单缸发动机肯定是不平衡的。

多缸发动机可以通过曲轴的合理排列实现部分或全部惯性力和惯性力矩的平衡。图 9.16(a)是一有 N 个汽缸(这里只画出了 6 个汽缸)的发动机的布置图。设所有的曲轴和

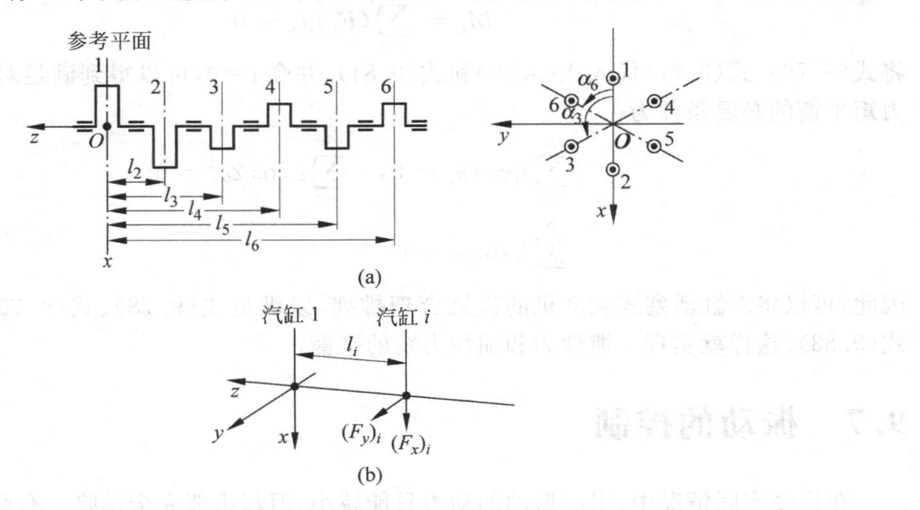

图 9.16　多缸发动机的布置

连杆的长度均分别为 r 和 l，所有的曲轴都维持恒定的角速度 ω。第 i 个汽缸到第1个汽缸的轴向距离以及方位角分别是 l_i 和 α_i，$i=2,3,\cdots,N$。由力的平衡可知，x 和 y 方向的惯性力都应该为零。因此

$$(F_x)_{\text{total}} = \sum_{i=1}^{N}(F_x)_i = 0 \tag{9.74}$$

$$(F_y)_{\text{total}} = \sum_{i=1}^{N}(F_y)_i = 0 \tag{9.75}$$

这里，$(F_x)_i$ 和 $(F_y)_i$ 分别是第 i 个汽缸的惯性力的竖直分量和水平分量，可以由下面的式子得出（见式(9.71)和式(9.73)）

$$(F_x)_i = (m_P + m_C)_i r\omega^2\cos(\omega t + \alpha_i) + (m_P)_i \frac{r^2\omega^2}{l}\cos(2\omega t + 2\alpha_i) \tag{9.76}$$

$$(F_y)_i = -(m_C)_i r\omega^2\sin(\omega t + \alpha_i) \tag{9.77}$$

为了简单起见，假定每个汽缸往复移动和转动的质量都是相等的，即 $(m_P)_i = m_P$，$(m_C)_i = m_C$，$i=1,2,\cdots,N$。不失一般性，在 $t=0$ 时由式(9.74)和式(9.75)可以求得力平衡的必要条件

$$\sum_{i=1}^{N}\cos\alpha_i = 0,\quad \sum_{i=1}^{N}\cos 2\alpha_i = 0 \tag{9.78}$$

$$\sum_{i=1}^{N}\sin\alpha_i = 0 \tag{9.79}$$

如图9.16(b)所示，第 i 个汽缸的惯性力 $(F_x)_i$ 和 $(F_y)_i$ 分别对 y 轴和 x 轴产生力矩。对 z 轴和 x 轴的力矩分别是

$$M_z = \sum_{i=2}^{N}(F_x)_i l_i = 0 \tag{9.80}$$

$$M_x = \sum_{i=2}^{N}(F_y)_i l_i = 0 \tag{9.81}$$

将式(9.76)、式(9.77)代入式(9.80)和式(9.81)，并令 $t=0$，可以得到满足对 z 轴和 x 轴的力矩平衡的必要条件为

$$\sum_{i=2}^{N}l_i\cos\alpha_i = 0,\quad \sum_{i=2}^{N}l_i\cos 2\alpha_i = 0 \tag{9.82}$$

$$\sum_{i=2}^{N}l_i\sin\alpha_i = 0 \tag{9.83}$$

因此，可以将多缸活塞式发动机的汽缸合理排列，以满足式(9.78)、式(9.79)、式(9.82)和式(9.83)。这样就实现了惯性力和惯性力矩的平衡。

9.7 振动的控制

在许多实际情况中，引起振动的动力只能减小，但却不能完全排除。有些方法可以用于对振动进行控制，其中以下几点是非常重要的

(1) 通过控制系统的固有频率,避免外激励作用下的共振。

(2) 通过引入阻尼或耗能机构来防止系统产生过大的响应,即使是在发生共振的情形。

(3) 使用隔振装置,减小从设备某一部分传递到其他部分的激振力。

(4) 附加平衡质量和吸振器,降低系统的响应。

下面详细介绍这些方法。

9.8 固有频率的控制

众所周知,激励频率等于系统的某一阶固有频率时会发生共振现象。共振最主要的特征就是响应的振幅达到峰值。对于机械系统和建筑系统,大振幅意味着不期望出现的大的应变和大的应力,这些都会造成系统的破坏。因此,在任何系统中都必须避免共振的发生。在大多数情况下,激励的频率是无法控制的,因为它是与系统或者机械的设计功能对应的。因此我们必须重点研究控制系统的固有频率,以避免共振。

式(2.14)表明,质量 m 或者刚度 k 的变化都会引起系统固有频率的改变。① 在许多实际情况中,质量是不能轻易改变的,因为它的值是由系统的功能要求决定的。例如,轴上飞轮的质量是由它每转一圈所存储的能量确定的。因此,为使系统的固有频率发生变化,最经常采取的措施是改变系统的刚度。例如,可以通过改变一个或几个参数,如材料或支承点(轴承)的数量以及位置来改变旋转轴的刚度。

9.9 阻尼的应用

为了简化分析过程,阻尼经常被忽略不计,尤其是在计算固有频率时,但是大多数系统都存在一定程度的阻尼。在许多情况下,阻尼的存在是有益的。有些系统,如汽车减振器以及一些振动测量仪器中,经常使用阻尼来实现其要求的功能。[9.20,9.21]

在受迫振动中,如果系统是无阻尼的,它的响应或者振幅会在共振点附近变得很大。阻尼的存在则对振幅有限制作用。如果激励频率已知,就可以改变固有频率来避免共振。然而系统或机械设备可能运行在某一个速度范围内,如变速电机或内燃机,所以并非在所有的运行条件下都可能避免共振。这时,可以通过在系统中引入阻尼来控制它的响应,例如使用内部阻尼较大的结构材料,比如铸铁或者层合材料。

在有些结构中,阻尼是通过连接引入的。例如,螺栓和铆钉连接,由于被连接的物体表面间有相对滑动,从而比焊接消耗更多的能量。因此为了增大结构的阻尼,可以使用螺栓或铆钉连接。但必须注意,螺栓和铆钉连接会降低结构的刚度,由于相对滑动还会导致磨损。尽管如此,为了得到较大的结构阻尼,还是应该考虑采用螺栓或铆钉连接。

① 尽管这一叙述是基于单自由度系统得到的结论,但对于多自由度和连续系统,一般来说也是适用的。

简谐激励 $F(t)=F_0 e^{i\omega t}$ 作用下的单自由度阻尼系统的运动微分方程为

$$m\ddot{x}+k(1+i\eta)x=F_0 e^{i\omega t} \tag{9.84}$$

这里，η 是损失因子（或损失系数），它的定义如下（见2.6.4节）

$$\eta=\frac{\Delta W/2\pi}{W} \tag{9.85}$$

其中 ΔW 是谐振位移的一个周期所消耗的能量，W 是指最大动能或最大势能。系统共振（$\omega=\omega_n$）时响应的振幅由下式给出

$$\frac{F_0}{k\eta}=\frac{F_0}{aE\eta} \tag{9.86}$$

因此，刚度系数和弹性模量是成正比的（$k=aE$，k 为常数）。

黏弹性材料的损失系数较大，所以常用于提供系统的内部阻尼。使用黏弹性材料进行振动控制时，材料受剪切应变或正应变。最简单的布置方法是把一层黏弹性材料附着在弹性体上。另一种方法是把黏弹性材料夹在两层弹性材料中间，这种布置被称为**约束层阻尼**。① 由黏弹性胶覆盖金属薄片构成的阻尼带，已被用于结构的振动控制。使用黏弹性材料也有缺点，因为它的性质会随温度、频率和应变的变化而变化。式(9.86)说明，$E\eta$ 值最大的材料，其共振振幅最小。由于应变与位移 x 成正比，应力与 Ex 成正比，所以损失系数最大的材料承受的应力最小。下面是一些材料的损失系数。

材料	损失系数 η	材料	损失系数 η	材料	损失系数 η
苯乙烯	2.0	玻璃钢	0.1	铝	1×10^{-4}
硬橡胶	1.0	软木	0.13～0.17	铁和钢	$(2\sim6)\times10^{-4}$

下面是不同结构或布置能得到的阻尼比。

结构形式或布置	等效黏性阻尼比	结构形式或布置	等效黏性阻尼比
焊接结构	1～4	钢筋混凝土梁上布置无约束黏弹性层	4～5
螺栓连接结构	3～10	钢筋混凝土梁上布置约束黏弹性层	5～8
钢框架	5～6		

9.10 振动隔离

振动隔离是减小有害振动的有效方法之一。一般地说，它有一个或几个安装在振动质量（或设备或有效载荷）和振源之间的弹性元件（或隔振器），以保证在特定的振动激励条件

① 似乎早在17世纪，在小提琴的生产过程中就无意中使用了约束层阻尼[9.22]。意大利著名小提琴制作师Antonio Stradivari (1644—1737)，从威尼斯购买制作小提琴所用的木料，他所用的油漆是由树脂和石粉混合而成的。这种油漆——树脂和石粉的混合物就起到了约束层（机械摩擦）的作用，它能够产生足够的阻尼，使他的许多小提琴音质非常优美而丰富多彩。

下减小系统的动力响应。根据隔振器工作时是否需要外界能量以实现其隔振功能，可把隔振系统分为主动式和被动式两种。被动式隔振器由一个弹性元件(刚度)和一个能量耗散器(阻尼)组成。常见的被动式隔振器有金属弹簧、软木、毛毡、气垫弹簧和高弹性(橡胶)弹簧。图 9.17 表明普通的弹簧和充气支座也可以用于被动隔振。图 9.18 显示的是在底座处采用了被动隔振器的高速冲床[9.25]。关于隔振器的若干最佳综合方案可见文献[9.26～9.30]。主动式隔振器的组成包括具有传感器的伺服机构、信号处理器和作动器。

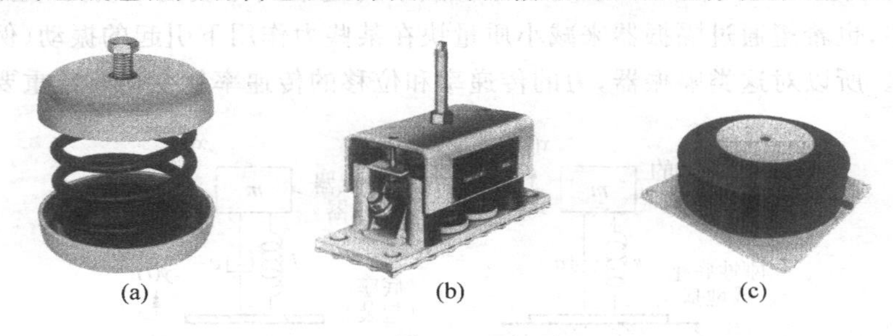

图 9.17

(a) 无阻尼弹簧底座；(b) 有阻尼弹簧底座；(c) 充气橡胶底座

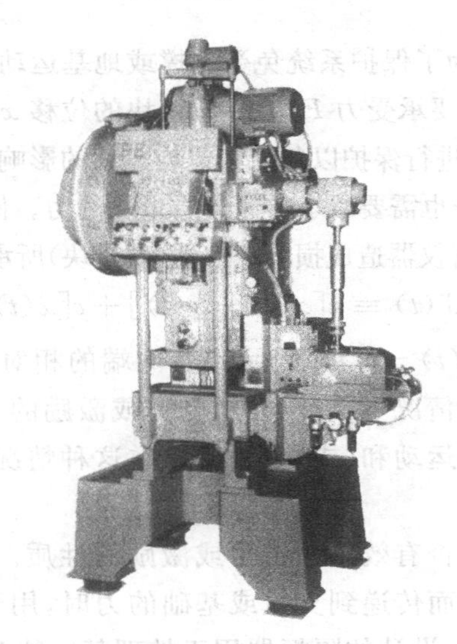

图 9.18 安装在充气橡胶底座上的高速冲压机(蒙 *Sound and Vibration* 杂志授权使用)

如图 9.19(a)和(b)所示，隔振一般用在两种情况下。第一种情况是振动机械的地基或支架需要保护，以免受到大的不平衡力。第二种情况是系统需要保护，以免受到基础或支撑运动的影响。

振动隔离的第一种形式用于质量块(或机械)受到力或激励作用的情况。例如在锻造和冲压过程中，被成形的物体会受到很大的冲击力。这些冲击作用会传递给设备的底座或基础。这不仅会引起设备底座或基础的损坏，也会引起周围或附近结构和设备的损坏，还会引起这些设备操作人员的不适。类似地，在往复和旋转运动机械中，固有的不平衡力会传递给机械的支撑或基础。在这种情况下，传递给支撑的力是简谐变化的。由此引起的地脚螺栓中的应力也是简谐变化的，这将会引起疲劳失效。即使传递给支撑的力不是简谐变化的，也应限制其大小不超过某个安全的许可值。在这样的场合，我们可以在承受力或激励作用的质量块和支撑或基础之间植入一个隔振器以减小传递给支撑或基础的力，这称为力隔离。在许多应用中，也希望通过隔振器来减小质量块在某些力作用下引起的振动(例如在锻造和冲压设备中)。所以对这类隔振器，力的传递率和位移的传递率就变得非常重要。

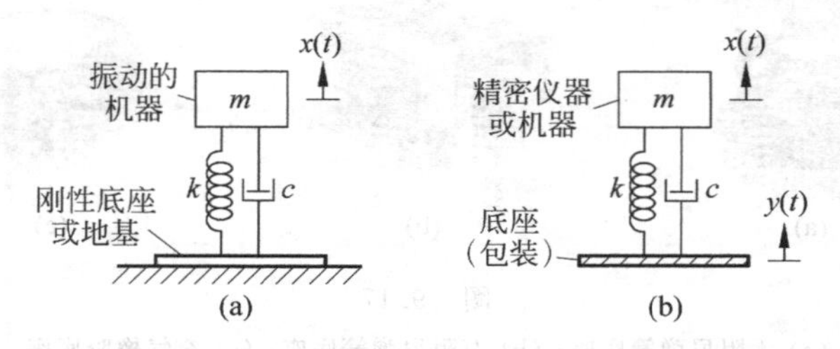

图 9.19 振动隔离

振动隔离的第二种情况是为了保护系统免受支撑或地基运动的影响。如果支撑是振动的，质量块不仅要承受位移 $x(t)$，还要承受力 $F_t(t)$。质量块的位移 $x(t)$ 期望比支撑的位移 $y(t)$ 要小。例如，要对精密仪器或设备进行保护以免受其包装运动的影响(例如装载着货物的车辆在粗糙的路面上行驶时会产生振动)，也需要减小传递给质量块的力。例如货物的包装要进行合理的设计以避免较大的力传递给精密仪器造成损坏。仪器(质量块)所承受的力由下式确定：

$$F_t(t)=m\ddot{x}(t)\equiv k[x(t)-y(t)]+c[\dot{x}(t)-\dot{y}(t)] \tag{9.87}$$

这里的 $y(t)$ 是支撑的位移，$(x(t)-y(t))$ 表示弹簧两端的相对位移，$(\dot{x}(t)-\dot{y}(t))$ 表示阻尼器两端的相对速度。在这种情况下，可以在承受力或激励的支座和质量块之间植入一个隔振器以减小传递给质量块的运动和(或)力。所以在这种情况下，位移隔离和力隔离也变得非常重要。

应该注意到一个隔振器是否有效依赖于力或激励的性质。例如，设计的隔振器用于减小由于锻造或冲压过程的冲击而传递到支撑或基础的力时，用于扰动是简谐的不平衡力的情况可能就是无效的。类似地，设计的隔振器用于处理某一特定频率的简谐激励时，用于其他频率或其他形式的激励如阶跃型激励的情况可能就是无效的。

9.10.1 具有刚性基础的振动隔离系统

1. 减小传递给基础的力

当设备用螺栓直接固定在刚性地基或地板上时，地基除了承受机床重力引起的静载荷外，还受到一个由机床不平衡产生的简谐力。因此可以将一个有弹性的元件安装在设备和刚性基础之间以减小传递到基础的力。如图 9.20(a)所示,此类问题可以理想化为一单自由度系统。这个既有弹性又有阻尼的构件可以看作弹簧 k 和阻尼器 c 的组合,如图 9.20(b)所示。假定机床运行时会产生一个按简谐规律变化的力 $F(t)=F_0\cos\omega t$,系统的运动微分方程为

$$m\ddot{x}+c\dot{x}+kx=F_0\cos\omega t \tag{9.88}$$

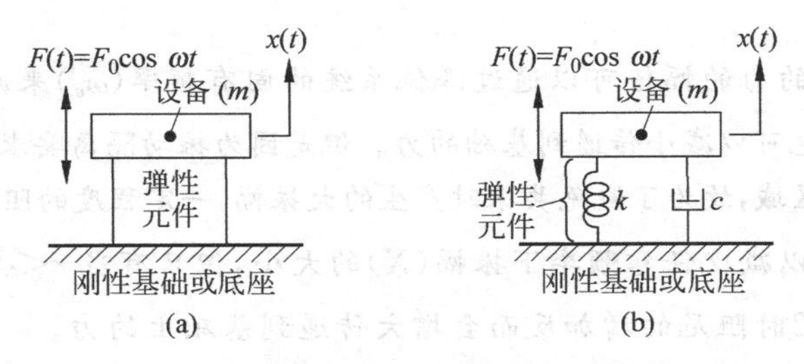

图 9.20 安装在刚性基础上的设备与弹性元件

由于经过一段时间后瞬态解消失,所以只有稳态解会保持下来。方程(9.88)的稳态解为(见式(3.25))

$$x(t)=X\cos(\omega t-\phi) \tag{9.89}$$

其中

$$X=\frac{F_0}{[(k-m\omega^2)^2+\omega^2c^2]^{1/2}} \tag{9.90}$$

$$\phi=\arctan\frac{\omega c}{k-m\omega^2} \tag{9.91}$$

经弹簧和阻尼器传递到基础的力 $F_t(t)$ 为

$$F_t(t)=kx(t)+c\dot{x}(t)=kX\cos(\omega t-\phi)-c\omega X\sin(\omega t-\phi) \tag{9.92}$$

此力的幅值为

$$F_T=[(kx)^2+(c\dot{x})^2]^{1/2}=X\sqrt{k^2+\omega^2c^2}$$
$$=\frac{F_0(k^2+\omega^2c^2)^{1/2}}{[(k-m\omega^2)^2+\omega^2c^2]^{1/2}} \tag{9.93}$$

隔振系数定义为力传递率,即传递的力的幅值与激振力幅值之比:

$$T_f=\frac{F_T}{F_0}=\left[\frac{k^2+\omega^2c^2}{(k-m\omega^2)^2+\omega^2c^2}\right]^{1/2}$$
$$=\left[\frac{1+(2\zeta r)^2}{(1-r^2)^2+(2\zeta r)^2}\right]^{1/2} \tag{9.94}$$

其中 $r=\frac{\omega}{\omega_n}$ 为频率比。T_f 随频率比 $r=\frac{\omega}{\omega_n}$ 的变化如图 9.21 所示。显然为了达到隔振的目的,传递到基础

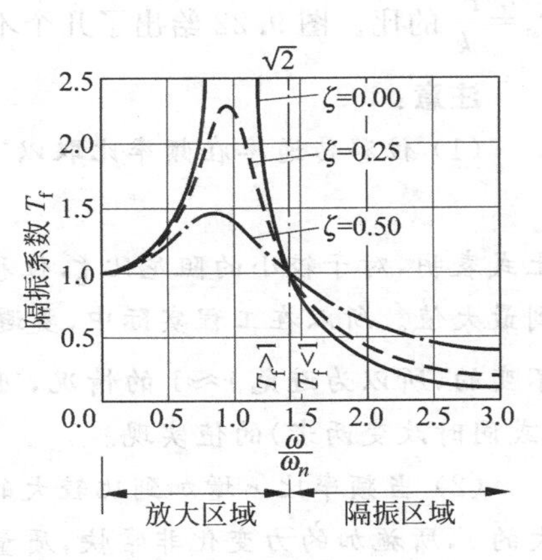

图 9.21 力的传递率(T_f)随频率比(r)的变化

的力应该小于激振力。从图9.21可以看出只有当激励频率大于系统固有频率的$\sqrt{2}$倍时，才能实现振动的隔离。

当阻尼比较小，且频率比大于1时，式(9.94)给出的力传递率可以近似为

$$T_f = \frac{F_T}{F_0} \approx \frac{1}{r^2 - 1} \quad 或 \quad r^2 \approx \frac{1 + T_f}{T_f} \tag{9.95}$$

注：

(1) 传递到基础的力的幅值可以通过降低系统的固有频率(ω_n)来减小。

(2) 减小阻尼比也可以减小传递到基础的力。但是因为振动隔离要求$r > \sqrt{2}$，设备在启动和停止时都会通过共振区域，故为了避免共振时产生的大振幅，一定程度的阻尼是必不可少的。

(3) 虽然阻尼可以减少任意频率下振幅(X)的大小，但只有当$r < \sqrt{2}$时才能减少传递到基础的力(F_t)。$r > \sqrt{2}$时阻尼的增加反而会增大传递到基础上的力。

(4) 当设备的运转速度(对应激励频率)变化时，为了使传递到基础的力最小，我们应该选择一个合适的阻尼值。此阻尼既要兼顾最大限度地减少共振时的振幅(X)，又要考虑传递到基础上的力(F_t)，从而保证正常运行时传递到基础上的力不会增大的太多。

2. 减小质量块的振动

在许多应用中，需要通过减振器来减小质量块(机器)在某些力作用下的运动。由式(9.90)给出的在力$F(t)$作用下质量块的位移振幅可以写成如下形式

$$T_d = \frac{X}{\delta_{st}} = \frac{kX}{F_0} = \frac{1}{\sqrt{(1 - r^2)^2 + (2\zeta r)^2}} \tag{9.96}$$

式中，$\frac{X}{\delta_{st}}$称为位移传递率或振幅比。它是质量块的位移振幅X和常力F_0作用下的静变形$\delta_{st} = \frac{F_0}{k}$的比。图9.22给出了几个不同的阻尼比下，位移传递率随频率比的变化规律。

注意：

(1) 位移传递率在频率比取以下值时增加到最大值(式(3.33))

$$r = \sqrt{1 - 2\zeta^2} \tag{9.97}$$

上式表明，对于较小的阻尼比ζ，位移传递率(或质量块的位移振幅)在$r \approx 1$或$\omega \approx \omega_n$时达到最大值。所以在工程实际中，要避免$r \approx 1$的情况。在大多数情况下，激励频率ω是确定不变的，所以为避免$r \approx 1$的情况，可以改变固有频率$\omega_n = \sqrt{k/m}$，这可以通过改变m或k(或同时改变两者)的值实现。

(2) 当频率比r增加到比较大的值时，质量块的位移振幅X将趋于零。原因是对于较大的r，所施加的力变化非常快，质量块的惯性使得它跟不上波动力的变化节奏。

例9.4 一个由四根弹簧支撑的排气扇以1000 r/min的速度旋转，每个弹簧的刚度都是K，如果期望风扇的不平衡力只有10%被传到基础上，K值应该取多少？假定排气扇的

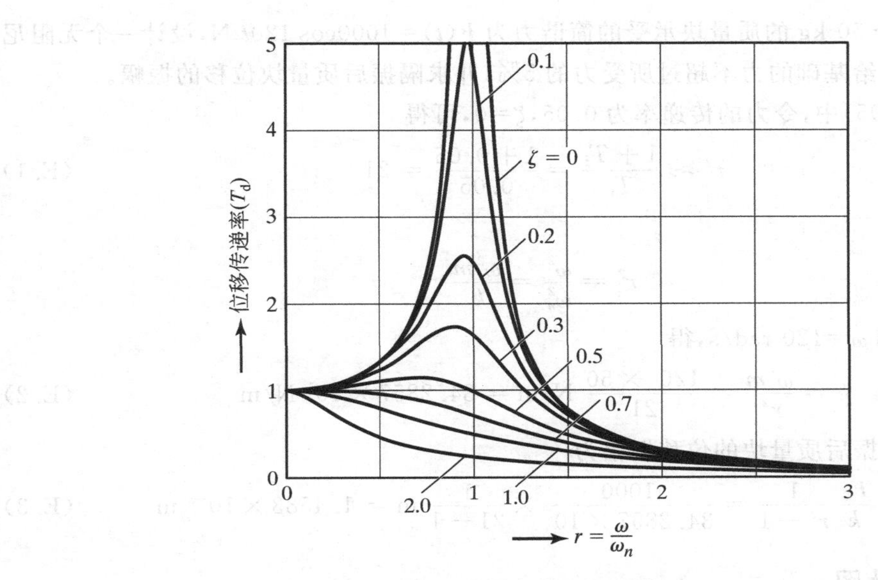

图 9.22 位移传递率(T_d)随 r 的变化

质量为 40 kg。

解：因为已知力的传递率为 0.1，由式(9.94)可得

$$0.1 = \left\{ \frac{1 + \left(2\zeta \frac{\omega}{\omega_n}\right)^2}{\left[1 - \left(\frac{\omega}{\omega_n}\right)^2\right]^2 + \left(2\zeta \frac{\omega}{\omega_n}\right)^2} \right\}^{1/2} \tag{E.1}$$

式中激励频率为

$$\omega = \frac{1000 \times 2\pi}{60} \text{ rad/s} = 104.72 \text{ rad/s} \tag{E.2}$$

系统的固有频率为

$$\omega_n = \left(\frac{k}{m}\right)^{1/2} = \left(\frac{4K}{40}\right)^{1/2} = \frac{\sqrt{K}}{3.1623} \tag{E.3}$$

假设阻尼比为 $\zeta = 0$，由式(E.1)可得

$$0.1 = \frac{\pm 1}{1 - \left(\frac{104.72 \times 3.1623}{\sqrt{K}}\right)^2} \tag{E.4}$$

为了避免出现虚数，式(E.4)右边取负号。由此得

$$\frac{331.1561}{\sqrt{K}} = 3.3166$$

即

$$K = 9969.6365 \text{ N/m}$$

例 9.5 一个 50 kg 的质量块承受的简谐力为 $F(t)=1000\cos 120t$ N，设计一个无阻尼隔振器，使得传递给基础的力不超过所受力的 5%，并求隔振后质量块位移的振幅。

解：在式(9.95)中，令力的传递率为 0.05，$\zeta=0$，可得

$$r^2 \approx \frac{1+T_f}{T_f}=\frac{1+0.05}{0.05}=21 \tag{E.1}$$

即

$$r^2=\frac{\omega^2}{\omega_n^2}=\frac{\omega^2 m}{k}$$

代入 $m=50$ kg 和 $\omega=120$ rad/s，得

$$k=\frac{\omega^2 m}{r^2}=\frac{120^2\times 50}{21}\ \text{N/m}=34.2857\times 10^3\ \text{N/m} \tag{E.2}$$

根据式(9.96)，隔振后质量块的位移振幅为

$$X=\frac{F_0}{k}\frac{1}{r^2-1}=\frac{1000}{34.2857\times 10^3}\times\frac{1}{21-1}\ \text{m}=1.4583\times 10^{-3}\ \text{m} \tag{E.3}$$

3. 隔振设计图

式(9.94)给出了如何计算振源（振动物体）传递给支撑或地基的力，对不同的阻尼比 ζ，传递率 $T_f=F_T/F_0$ 随频率比 $r=\omega/\omega_n$ 的变化如图 9.21 所示。如前所述，出于降低传递给地基的力考虑，此时只有在 $r>\sqrt{2}$ 时才能实现隔振。在 $r>\sqrt{2}$ 的区域，为实现更有效的隔振，期望阻尼的值要比较小。对较大的 r 值和较小的 ζ 值，$(2\zeta r)^2$ 这一项会变得非常小，因而为简单在式(9.94)中可以将其忽略不计。所以 $r>\sqrt{2}$ 时，对较小的 ζ 值，式(9.94)可以近似为式(9.95)。

定义如下无阻尼系统的固有振动频率：

$$\omega_n=\sqrt{\frac{k}{m}}=\sqrt{\frac{g}{\delta_{st}}} \tag{9.98}$$

和激励频率

$$\omega=\frac{2\pi N}{60} \tag{9.99}$$

式中 δ_{st} 是弹簧的静变形，N 是旋转机械例如电动机和汽轮机每分钟的循环数或每分钟的转数(r/min)。合并式(9.95)～式(9.99)可得

$$r=\frac{\omega}{\omega_n}=\frac{2\pi N}{60}\sqrt{\frac{\delta_{st}}{g}}=\sqrt{\frac{2-R}{1-R}} \tag{9.100}$$

其中 $R=1-T_f$ 用于表征隔振器的品质和被传递的力的衰减百分数。式(9.100)可以重新写为

$$N=\frac{30}{\pi}\sqrt{\frac{g}{\delta_{st}}\left(\frac{2-R}{1-R}\right)}=29.9092\sqrt{\frac{2-R}{\delta_{st}(1-R)}} \tag{9.101}$$

式(9.101)可以用来生成 $\log N$ 和 $\log \delta_{st}$ 之间的关系图，这是一组对应不同 R 值的直线，如图 9.23 所示。此图可以作为选择隔振弹簧的参考依据。

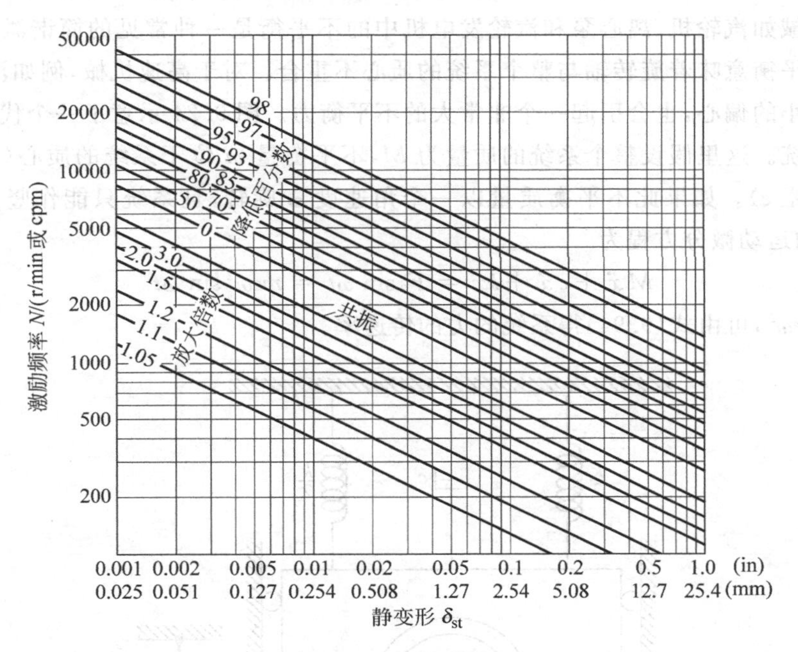

图 9.23 隔振效率

例 9.6 一个立体转盘的质量为 1 kg，产生的激振力频率为 3 Hz。转盘通过一个橡胶垫安装在基础上。橡胶垫的刚度为多少时传递到基础的振动才能减小到原来的 80%。

解：根据 $N=3\times 60=180$ 和 $R=0.80$，由式(9.101)得

$$180 = 29.9092\sqrt{\frac{2-0.80}{\delta_{st}(1-0.80)}}$$

或

$$\delta_{st} = 0.1657 \text{ m}$$

利用刚度常数(k)，橡胶垫的静变形为

$$\delta_{st} = \frac{mg}{k}$$

由此给出橡胶垫的刚度为

$$0.1657 = \frac{1\times 9.81}{k}$$

即

$$k = 59.2179 \text{ N/m}$$

4. 具有旋转不平衡系统的隔振

旋转机械如汽轮机、离心泵和汽轮发电机中的不平衡是一种常见的简谐激励源。旋转机械中的不平衡意味着旋转轴与整个系统的质心不重合。对于高速机械，例如汽轮机，即使是一个非常小的偏心，也会引起一个非常大的不平衡力。图9.24示意了一个代表性的具有不平衡的系统。这里假设整个系统的质量为M，不平衡量m位于系统的质心(与旋转中心有一个偏心距e)。如果此不平衡质量以一个角速度ω旋转，且系统只能作竖直方向的振动，则系统的运动微分方程为

$$M\ddot{x}+c\dot{x}+kx=F_0\sin\omega t=me\omega^2\sin\omega t \tag{9.102}$$

利用$F_0=me\omega^2$，可由式(9.94)得系统的力的传递率。

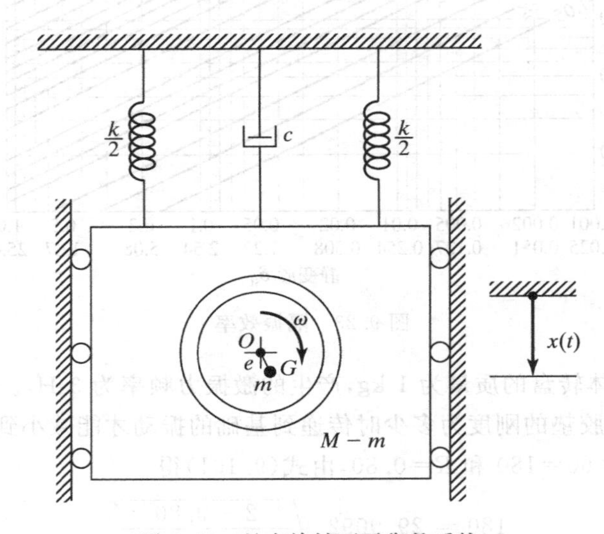

图9.24　具有旋转不平衡的系统

然而，F_0中出现的ω^2导致旋转不平衡引起的力的传递率的形式如下

$$T_f=\frac{F_T}{F_0}=\frac{F_T}{me\omega^2}=\frac{F_T}{mer^2\omega_n^2}$$

或

$$\frac{F_T}{me\omega_n^2}=r^2\left[\frac{1+(2\zeta r)^2}{(1-r)^2+(2\zeta r)^2}\right]^{\frac{1}{2}} \tag{9.103}$$

例9.7　一离心泵的质量为50 kg，转速为3000 r/min，安装在一长为100 cm的简支梁的中点，该梁横截面的高和宽分别为0.5 cm和20 cm。假设系统(梁)的阻尼比为$\zeta=0.05$，泵的转子质量为5 kg，偏心距为1 mm。如果规定梁的最大挠度不能超过3 mm的可用间隙

空间(the available clearance space①),问泵的支撑系统是否能满足要求。

解: 简支梁的弯曲刚度或弹簧常数由下式给出:

$$k=\frac{48EI}{l^3}$$

式中横截面的惯性矩可按下式计算

$$I=\frac{1}{12}wt^3=\frac{20\times 0.5^3}{12}\ \text{cm}^4=0.208333\ \text{cm}^4=20.8333\times 10^{-10}\ \text{m}^4$$

利用 $E=207\times 10^9$ Pa,梁的弹簧常数为

$$k=\frac{48\times(207\times 10^9)\times(20.8333\times 10^{-10})}{1.0^3}\ \text{N/m}=206999.6688\ \text{N/m}$$

取钢的密度为 7.85 g/cm³,梁的质量为

$$m_\text{b}=7.85\times 100\times 20\times 0.5\ \text{g}=7850\ \text{g}=7.85\ \text{kg}$$

系统的总质量等于离心泵的质量加上梁在其中点的等效质量$\left(\text{等于}\frac{17}{35}m_\text{b}\text{,见习题 2.86}\right)$

$$M=M_\text{pump}+\frac{17}{35}m_\text{b}=50+\frac{17}{35}\times 7.85\ \text{kg}=53.8128\ \text{kg}$$

系统的固有频率为

$$\omega_n=\sqrt{\frac{k}{M}}=\sqrt{\frac{206999.6688}{53.8128}}\ \text{rad/s}=62.0215\ \text{rad/s}$$

由转子的转速 3000 r/min 得 $\omega=2\pi\times 3000/60$ rad/s$=314.16$ rad/s。所以,频率比为

$$r=\frac{\omega}{\omega_n}=\frac{314.16}{62.0215}=5.0653$$

力函数(激励)的幅值为

$$me\omega^2=5\times 10^{-3}\times 314.16^2\ \text{N}=493.4825\ \text{N}$$

根据式(9.96),代入 $\zeta=0.05$ 和 $F_0=me\omega^2$,泵的稳态振幅为

$$\begin{aligned}X&=\frac{me\omega^2}{k}\times\frac{1}{\sqrt{(1-r^2)^2+(2\zeta r)^2}}\\&=\frac{493.4825}{206999.6688}\times\frac{1}{\sqrt{(1-25.6577^2)^2+(2\times 0.05\times 5.0653)^2}}\ \text{m}\\&=\frac{493.4825}{206999.6688}\times\frac{1}{24.6629}\ \text{m}=9.6662\times 10^{-5}\ \text{m}\end{aligned}$$

在泵的重力作用下梁的静变形为

$$\delta_\text{pump}=\frac{W_\text{pump}}{k}=\frac{50\times 9.81}{206999.6688}\ \text{m}=236.9569\times 10^{-5}\ \text{m}$$

---

① 可用间隙空间(the available clearance space)也叫防碰间隔(rattle space)或间隙(clearance),它允许系统在振动过程中所承受的变形能够自由发生。显然,若此间隙太小以致不能适应系统的变形,系统将会承受冲击作用(例如系统在每一个振动循环中会撞击周围或附近的表面或物体)。

所以系统的总变形为

$$\delta_{total} = X + \delta_{pump} = 9.662 \times 10^{-5} + 236.9569 \times 10^{-5} \text{ m}$$
$$= 246.6231 \times 10^{-5} \text{ m} = 2.4662 \text{ mm}$$

此变形比 3 mm 的可用间隙空间小，所以支撑系统满足要求。若 δ_{total} 超过可用间隙空间，则需要对支撑系统进行重新设计（修正）。这可以通过改变梁的弹簧常数（尺寸）和（或）引入阻尼得以实现。

9.10.2 具有支撑运动的振动隔离系统

在某些应用中，系统的支撑是振动着的。例如，地震时电厂的汽轮机的支撑或基础可能会承受来自地面的运动。如果没有合适的隔振设计，支撑的运动传递给质量块（汽轮机）后可能会引起损坏或电力故障。类似地，对精密仪器也可能必须采取某些措施加以保护，免得在运输过程中突然坠落时承受较大的力或冲击。此外，仪器在运输过程中，车辆在凹凸不平的路面上行驶时也会振动。此时，也需要采取必要的隔振措施对仪器进行保护，免得由于支撑的运动使其产生过大的位移或承受过大的力。

对于如图 9.19(b)所示的支撑受到激励的单自由度系统，其分析已在 3.6 节给出。当系统的支撑作简谐运动（$y(t)=Y\sin\omega t$）时，运动微分方程如式(3.75)，其形式为

$$m\ddot{z} + c\dot{z} + kz = -m\ddot{y} \tag{9.104}$$

式中 $z=x-y$ 表示质量块相对于支撑的位移。如果支撑的运动是简谐的，那么质量块的运动也将是简谐的。所以位移传递率由式(3.68)给出

$$T_d = \frac{X}{Y} = \left[\frac{1+(2\zeta r)^2}{(1-r^2)^2+(2\zeta r)^2}\right]^{1/2} \tag{9.105}$$

式中 X 和 Y 分别代表质量块和支撑运动的振幅。不难看出该式右侧与式(9.94)是一样的。注意式(9.105)也等于质量块的最大稳态加速度与支撑最大加速度的比。对于不同的阻尼比，位移传递率随频率比的变化如图 9.25 所示。从该图可以看出：

(1) 对于一个无阻尼系统，共振时（$r=1$）的位移传递率将趋于无穷大。所以无阻尼隔振器（刚度）的设计应确保系统的固有频率（ω_n）远离激励频率（ω）。

(2) 对于一个有阻尼的系统，当频率比接近于 1 时，位移传递率（因而位移的幅值）将达到最大值。质量块的位移振幅有可能比支撑运动的振幅还大——这表明支撑的运动被放大了一个因子。

(3) 对于较小的频率比，位移传递率接近于 1。当频率比 $r=\sqrt{2}$ 时，位移传递率严格地等于 1。

(4) 当频率比 $r<\sqrt{2}$ 时，位移传递率大于 1；当频率比 $r>\sqrt{2}$ 时，位移传递率小于 1。当频率比 $r<\sqrt{2}$ 时，阻尼比越小，位移传递率越大；而当频率比 $r>\sqrt{2}$ 时，阻尼越小，位移传递率也越小。所以如果系统的阻尼不能改变的话，可以通过改变系统的固有频率（刚度）以使得 $r>\sqrt{2}$。

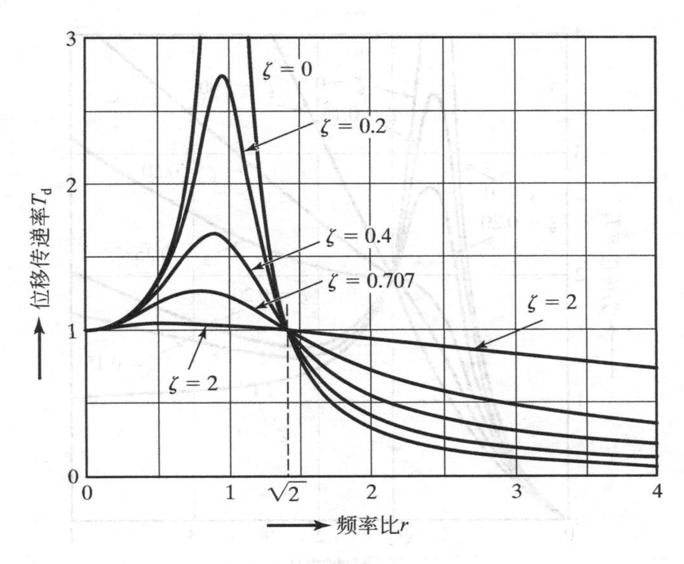

图 9.25 T_d 随 r 的变化

如果用 F_t 表示通过弹簧和阻尼器传递给质量块的力的幅值，那么系统的力的传递率（见式(3.74)）为

$$T_f=\frac{F_t}{kY}=r^2\left[\frac{1+(2\zeta r)^2}{(1-r^2)^2+(2\zeta r)^2}\right]^{1/2} \tag{9.106}$$

式中 kY 用来对力传递率进行无量纲化。注意一旦根据式(9.105)计算了位移传递率 T_d 或质量块的位移振幅 X，力的传递率就可以根据如下关系计算

$$\frac{F_t}{kY}=r^2\frac{X}{Y}\quad 或\quad F_t=kr^2X \tag{9.107}$$

对于不同的阻尼比 ζ，力传递率 T_f 随频率比 r 的变化如图 9.26 所示。从该图可以看出：

(1) 当频率比 $r=\sqrt{2}$时，不管阻尼比 ζ 为多大，力传递率都将为 2。

(2) 当频率比 $r>\sqrt{2}$时，较小的阻尼比对应着较小的力传递率。

(3) 当频率比 $r>\sqrt{2}$时，对任意的阻尼比，力传递率都随着 r 的增加而增加。这种行为与位移传递率的变化规律刚好相反。

(4) 对于较小的频率比 r，力传递率接近于零。而当 r 接近于 1 时，力传递率将取最大值。

例 9.8 若要对一个支撑是振动着的系统进行隔振设计，问能将在共振时的位移传递率限制在 $T_d=4$ 所必需的隔振器阻尼比应为多大。假设系统只有一个自由度。

解：令 $\omega=\omega_n$，由式(9.105)得

$$T_d=\frac{\sqrt{1+(2\zeta)^2}}{2\zeta}$$

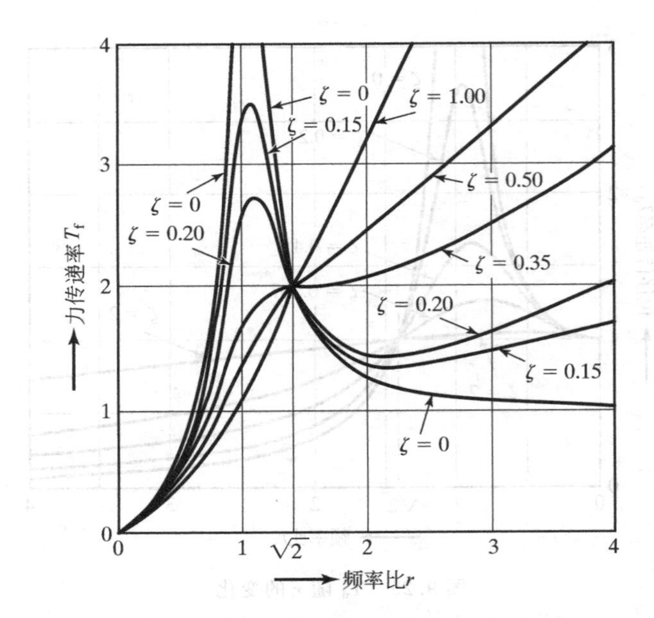

图 9.26　T_f 随 r 的变化(对支撑运动)

即

$$\zeta = \frac{1}{2\sqrt{T_d^2 - 1}} = \frac{1}{2\sqrt{15}} = 0.1291$$

例 9.9　用于加工积分电路的精密机器的质量为 50 kg,放置在一个作为支撑的工作台上。由于附近内燃机运行传递给地面的振动引起支撑(包括工作台的全部四个角)以 1800 r/min的频率振动。可置于工作台的四角作为隔振器使用的螺旋弹簧的阻尼比为 $\zeta=0.01$,分段线性的载荷(P)—变形(x)关系为

$$P = \begin{cases} 50000x, & 0 \leqslant x \leqslant 8\times 10^{-3} \\ 10^5 x - 4\times 10^5, & 8\times 10^{-3} \leqslant x \leqslant 13\times 10^{-3} \end{cases} \tag{E.1}$$

式中 P 和 x 的单位分别 N 和 m。如果希望传递给机械的振动不超过支撑振动的 10%,确定一个能实现此隔振要求的方案。

解:既然要求位移的传递率为 0.1,由式(9.105)(对 $\zeta=0.01$)得

$$T_d = \frac{X}{Y} = 0.1 = \sqrt{\frac{1 + (2\times 0.01\times r)^2}{(1-r^2)^2 + (2\times 0.01\times r)^2}} \tag{E.2}$$

对上式化简后得

$$r^4 - 2.0396r^2 - 99 = 0 \tag{E.3}$$

上式的解为

$$r^2 = 11.0218, -8.9822$$

由此得 $r=3.3199$。根据激励频率

$$\omega = \frac{2\pi \times 1800}{60}\ \text{rad/s} = 188.496\ \text{rad/s}$$

和频率比 $r=3.3199$,所需的系统固有频率应满足

$$r = 3.3199 = \frac{\omega}{\omega_n} = \frac{188.496}{\omega_n} \tag{E.4}$$

由此得 $\omega_n=56.7776\ \text{rad/s}$。

假设在工作台的每个角下方放置一个弹簧,由于所期望的弹簧变形是未知的,因而弹簧的刚度也是未知的。利用如下关系

$$\omega_n = \sqrt{\frac{g}{\delta_{\text{st}}}}, \quad 即 \quad 56.7666 = \sqrt{\frac{9.81}{\delta_{\text{st}}}} \tag{E.5}$$

得系统的静变形为

$$\delta_{\text{st}} = \frac{9.81}{56.7666^2}\ \text{m} = 3.0431 \times 10^{-3}\ \text{m}$$

既然所有的弹簧都要产生这样大的变形,因此根据式(E.1)可得作用于每个弹簧上的静载荷为

$$P = 50000 \times (3.0431 \times 10^{-3})\ \text{N} = 152.155\ \text{N}$$

作用于四个弹簧上的总载荷为 $4\times152.155\ \text{N}=608.62\ \text{N}$。由于机器的质量为 $50\ \text{kg}=50\times 9.81\ \text{N}=490.5\ \text{N}$,为达到所需的总载荷,需对系统增加 $608.62-490.5\ \text{N}=118.12\ \text{N}$ 的重量。此重量可以矩形钢板的形式附加在机器的底部,以使得总的振动质量为 62.0408 kg(对应重量为 608.62 N)。

例 9.10 用于汽车发动机计算机控制的印刷电路板(printed circuit board,PCB)是由纤维增强塑性复合材料制成的,其固定在计算机的底架上,计算机底架再固定在汽车的车架上,如图 9.27(a)所示。车架和计算机的底架承受着来自发动机(转速为 3000 r/min)的振动。在计算机底架和汽车车架之间设计一个合适的隔振系统,使得传递给 PCB 的位移传递率不超过 10%。假设计算机的底架是刚性的,质量为 0.25 kg。PCB 的数据如下:

长度(l):25 cm,宽度(w):20 cm,厚度(t):0.3 cm,单位表面积的质量:0.005 kg/cm^2,杨氏模量(E):$15\times10^9\ \text{N/m}^2$,阻尼比:0.01。

解:一端固定于计算机底架的电路板可以按悬臂梁处理,其质量(m_{PCB})为 $25\times20\times 0.005\ \text{kg}=2.5\ \text{kg}$。悬臂梁在自由端的等效质量 m_{b}(见习题 2.9)为

$$m_{\text{b}} = \frac{33}{140} m_{\text{PCB}} = \frac{33}{140} \times 2.5\ \text{kg} = 0.5893\ \text{kg}$$

PCB 横截面的惯性矩为

$$I = \frac{1}{12} w t^3 = \frac{1}{12} \times 0.20 \times 0.003^3\ \text{m}^4 = 45 \times 10^{-8}\ \text{m}^4$$

作为一个悬臂梁,PCB 的刚度为

$$k_b = \frac{3EI}{l^3} = \frac{3 \times (15 \times 10^9) \times (45 \times 10^{-8})}{0.25^3}\ \text{N/m} = 1.296 \times 10^6\ \text{N/m}$$

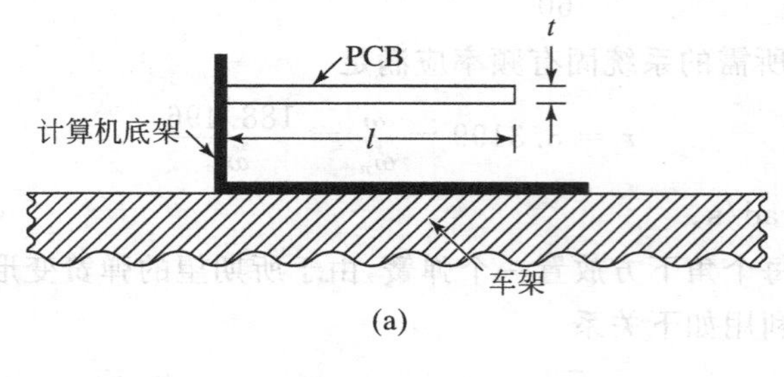

(a)

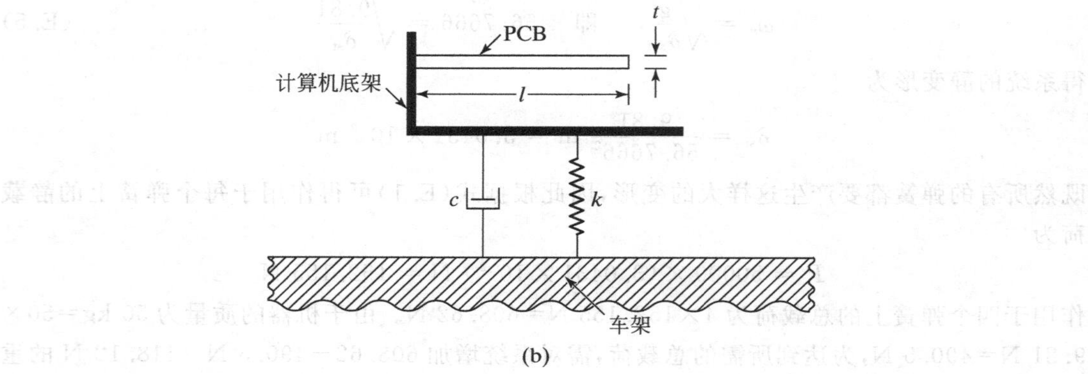

(b)

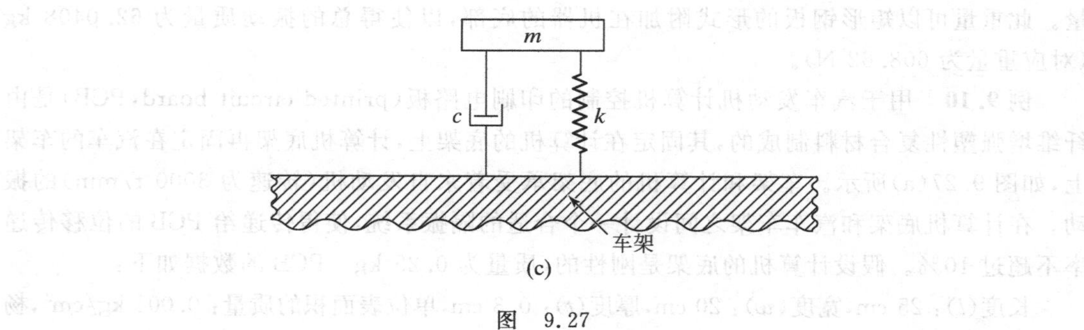

(c)

图 9.27

PCB的固有频率为

$$\omega_n = \sqrt{\frac{k_b}{m_b}} = \sqrt{\frac{1.296 \times 10^6}{0.5893}}\ \text{rad/s} = 1482.99\ \text{rad/s}$$

PCB支承（计算机底架）振动的频率为

$$\omega = \frac{2\pi \times 3000}{60}\ \text{rad/s} = 312.66\ \text{rad/s}$$

所以频率比为

$$r = \frac{\omega}{\omega_n} = \frac{312.66}{1482.99} = 0.2108$$

根据式(9.105),代入 $\zeta=0.01$,得位移传递率为

$$T_d = \frac{X}{Y} = \left[\frac{1+(2\zeta r)^2}{(1-r^2)^2+(2\zeta r)^2}\right]^{1/2}$$
$$= \left[\frac{1+(2\times 0.01\times 0.2108)^2}{(1-0.2108^2)^2+(2\times 0.01\times 0.2108)^2}\right]^{1/2}$$
$$= 1.0465 \tag{E.1}$$

此值 $T_d=104.65\%$已经超过了最大许可值 10%,所以需要在计算机底架和汽车车架之间设计一个如图 9.27(b)所示的隔振系统(刚度为 k,阻尼为 c)。同上,将 PCB 简化为一个质量为 m_b、刚度为 k_b 的系统。增加的隔振系统使得该问题变成了一个两自由度系统。为简单,不妨把悬臂梁(PCB)看成是一个没有弹性的刚性质量,由此得到一个如图 9.27(c)所示的单自由度系统。该系统的等效质量为

$$m = m_{PCB} + m_{chassis} = 2.5 + 0.25\ \text{kg} = 2.75\ \text{kg}$$

假设阻尼比为 $\xi=0.01$,根据所要求的位移传递率 10%可得频率比应满足如下关系

$$T_d = 0.1 = \left[\frac{1+(2\times 0.01\times r)^2}{(1-r^2)^2+(2\times 0.01\times r)^2}\right]^{1/2} \tag{E.2}$$

将上式两边分别平方再整理后得

$$r^4 - 2.0396r^2 - 99 = 0 \tag{E.3}$$

上式的解为 $r^2=11.0218$ 或 $r^2=-8.9822$。所以隔振器的刚度应为

$$k = \frac{m\omega^2}{r^2} = \frac{2.75\times 312.66^2}{11.0218}\ \text{N/m} = 24390.7309\ \text{N/m}$$

隔振器的阻尼常数为

$$c = 2\zeta\sqrt{mk} = 2\times 0.01\times\sqrt{2.75\times 24390.7309}\ \text{N}\cdot\text{s/m} = 5.1797\ \text{N}\cdot\text{s/m}$$

9.10.3 具有挠性基础的振动隔离系统

在许多实际问题中,与隔振器相连的结构或者基础在设备工作时是运动的。如安装在船上的涡轮机或安装在机翼上的航空发动机,支撑点附近的区域也同隔振器一起运动。这时,系统将是一个两自由度系统。图 9.28 中,m_1 和 m_2 分别表示机械设备的质量和与隔振器一起运动的支撑结构的质量。隔振器用弹簧 k 代替,为了计算简便,隔振器阻尼忽略不计。m_1 和 m_2 的运动微分方程为

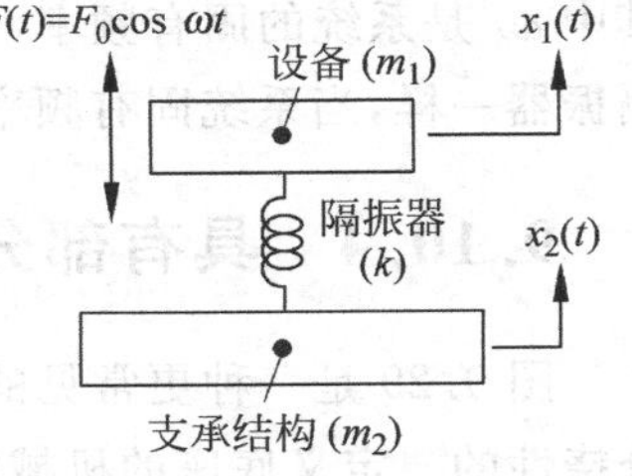

图 9.28 安装在柔性基础上具有隔振器的设备

$$m_1\ddot{x}_1 + k(x_1 - x_2) = F_0\cos\omega t$$
$$m_2\ddot{x}_2 + k(x_2 - x_1) = 0 \tag{9.108}$$

假设下列形式的谐波解

$$x_j = X_j \cos \omega t, \quad j = 1,2$$

由式(9.108)得

$$\left.\begin{aligned} X_1(k - m_1\omega^2) - X_2 k = F_0 \\ -X_1 k + X_2(k - m_2\omega^2) = 0 \end{aligned}\right\} \tag{9.109}$$

系统的固有频率由如下方程的解给出

$$\begin{vmatrix} k - m_1\omega^2 & -k \\ -k & k - m_2\omega^2 \end{vmatrix} = 0 \tag{9.110}$$

式(9.110)的解为

$$\omega_1^2 = 0, \quad \omega_2^2 = \frac{(m_1 + m_2)k}{m_1 m_2} \tag{9.111}$$

由于系统不受外界约束，$\omega_1 = 0$ 对应着系统的刚体运动。对于稳态运动，m_1 和 m_2 的振幅由式(9.109)的解确定

$$\begin{aligned} X_1 &= \frac{(k - m_2\omega^2)F_0}{(k - m_1\omega^2)(k - m_2\omega^2) - k^2} \\ X_2 &= \frac{kF_0}{(k - m_1\omega^2)(k - m_2\omega^2) - k^2} \end{aligned} \tag{9.112}$$

由 $m_2\ddot{x}_2$ 可求出传递到支撑结构的力(F_t)的幅值

$$F_t = -m_2\omega^2 X_2 = \frac{-m_2 k\omega^2 F_0}{(k - m_1\omega^2)(k - m_2\omega^2) - k^2} \tag{9.113}$$

隔振器的力传递率(T_f)为

$$\begin{aligned} T_f = \frac{F_t}{F_0} &= \frac{-m_2 k\omega^2}{(k - m_1\omega^2)(k - m_2\omega^2) - k^2} \\ &= \frac{1}{\dfrac{m_1 + m_2}{m_2} - \dfrac{m_1\omega^2}{k}} = \frac{m_2}{m_1 + m_2}\left(\frac{1}{1 - \dfrac{\omega^2}{\omega_2^2}}\right) \end{aligned} \tag{9.114}$$

其中 ω_2 是系统的固有频率，可由式(9.111)求出。式(9.114)表明，与安装在刚性基础上的隔振器一样，当系统固有频率 ω_2 变小时，传递到基础的力也会变小。

9.10.4 具有部分挠性基础的振动隔离系统

图 9.29 是一种更常见的情况，隔振器的底座不是完全刚性的或者完全挠性的，而是部分挠性的。定义底座的机械阻抗 $Z(\omega)$ 为使底座产生单位变形所需的频率为 ω 的力

$$Z(\omega) = \frac{\text{频率为 } \omega \text{ 的作用力}}{\text{变形}}$$

系统的运动微分方程为[①]

$$m_1 \ddot{x}_1 + k(x_1 - x_2) = F_0 \cos \omega t \quad (9.115)$$

$$k(x_2 - x_1) = -x_2 Z(\omega) \quad (9.116)$$

设谐波解的形式如下

$$x_j(t) = X_j \cos \omega t, \quad j = 1,2 \quad (9.117)$$

代入到方程(9.115)和(9.116)后,可以求出 X_1 和 X_2

$$X_1 = \frac{[k + Z(\omega)]X_2}{k} = \frac{[k + Z(\omega)]F_0}{Z(\omega)(k - m_1\omega^2) - km_1\omega^2}$$

$$X_2 = \frac{kF_0}{Z(\omega)(k - m_1\omega^2) - km_1\omega^2} \quad (9.118)$$

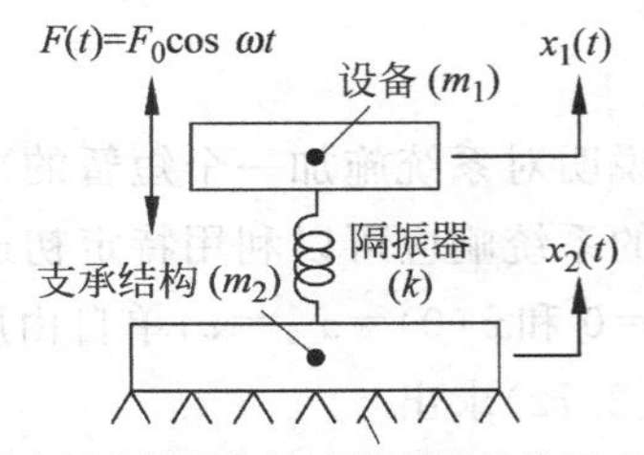

图 9.29 带有置于部分挠性基础上的隔振器的设备

被传递的力的幅值为

$$F_t = X_2 Z(\omega) = \frac{kZ(\omega)F_0}{Z(\omega)(k - m_1\omega^2) - km_1\omega^2} \quad (9.119)$$

隔振器的传递率为

$$T_f = \frac{F_t}{F_0} = \frac{kZ(\omega)}{Z(\omega)(k - m_1\omega^2) - km_1\omega^2} \quad (9.120)$$

对实际问题,机械阻抗 $Z(\omega)$是由基础的性质决定的。可以通过实验来得到一个实际系统的机械阻抗,即利用振动设备对基础施加一个简谐力,然后测量系统的变形即可。有些情况下,如隔振器安装在置于地面的混凝土板上时,在任意频率 ω 下的机械阻抗都可以根据土壤的弹簧-质量-阻尼模型求出。

9.10.5 冲击隔离

如前所述,冲击载荷包括在短时间(通常是比系统的固有周期还要短)内施加的力。锻锤、冲床、强气流和爆炸产生的力都是冲击载荷的例子。冲击隔离就是为了减小冲击产生的有害影响而采取的一些措施。我们知道,对谐波扰动(输入量)下的振动进行隔离时,当频率比 $r>\sqrt{2}$时,阻尼比 ζ 值越小,隔振的效果就越好。另一方面,应该在一个很大的频率范围内对冲击进行隔离,且通常阻尼比 ζ 都比较大。因此,一个好的隔振设计用于冲击隔离时反而会效果很差。尽管存在着这些差异,冲击隔离和振动隔离的基本原理还是相同的。但是由于冲击的瞬时性,它们的表达式是不同的。

作用于一个很短时间 T 内的冲击载荷 $F(t)$,可以看作是一个冲量 $\boldsymbol{F}$

$$\boldsymbol{F} = \int_0^T F(t)\mathrm{d}t \quad (9.121)$$

因为冲量作用在质量 m 上,利用冲量定理,可以求出质量块的速度为

① 如果底座是完全挠性的,且无约束质量为 m_2,则 $Z(\omega) = -\omega^2 m_2$。由式(9.115)~(9.117)可得式(9.109)。

$$v=\frac{F}{m} \tag{9.122}$$

这说明对系统施加一个短暂的冲击载荷相当于给了系统一个初速度。因此，冲击载荷作用下的系统响应可以利用特定初速度对应的自由振动的解来确定。假设初始条件为 $x(0)=x_0=0$ 和 $\dot{x}(0)=\dot{x}_0=v$，单自由度黏性阻尼系统的自由振动的解（质量块 m 的位移）可以由式(2.72)求出

$$x(t)=\frac{v\mathrm{e}^{-\zeta\omega_n t}}{\omega_\mathrm{d}}\sin\omega_\mathrm{d}t \tag{9.123}$$

这里，$\omega_\mathrm{d}=\sqrt{1-\zeta^2}\omega_n$ 表示阻尼振动的频率。通过弹簧和阻尼传递到基础的力 $F_\mathrm{t}(t)$ 为

$$F_\mathrm{t}(t)=kx(t)+c\dot{x}(t) \tag{9.124}$$

由式(9.123)，$F_\mathrm{t}(t)$ 可以写作

$$F_\mathrm{t}(t)=\frac{v}{\omega_\mathrm{d}}\sqrt{(k-c\zeta\omega_n)^2+(c\omega_\mathrm{d})^2}\,\mathrm{e}^{-\zeta\omega_n t}\sin(\omega_\mathrm{d}t+\phi) \tag{9.125}$$

其中

$$\phi=\arctan\frac{c\omega_\mathrm{d}}{k-c\zeta\omega_n} \tag{9.126}$$

由式(9.125)和式(9.126)可以计算出传递到基础的力的最大值。

冲击载荷的持续时间较长时，传递到基础的力的最大值可能出现在冲击过程中。这种情况下，4.6节中讨论过的冲击谱，可以用来计算被传递到基础的力的最大值。

下面的几个例题用来对冲击隔离设计中的不同方法做进一步说明。

例 9.11 某电子仪器的质量为 20 kg，受到一个 2 m/s 的阶跃速度形式的冲击。如果最大的许可变形（由于间隙的限制）和加速度分别是 20 mm 和 $25g$，求无阻尼冲击隔离器的弹簧常数。

解：由弹簧支承的电子仪器可以视为承受基础运动（以阶跃速度形式）的无阻尼系统。质量块以系统固有频率振动时的速度和加速度分别是

$$\dot{x}_{\max}=X\omega_n \tag{E.1}$$

$$\ddot{x}_{\max}=-X\omega_n^2 \tag{E.2}$$

这里，X 是质量块位移的振幅。因为（阶跃）速度的峰值是 2 m/s，而 X 的最大允许值是 0.02 m，由式(E.1)可得

$$X=\frac{\dot{x}_{\max}}{\omega_n}<0.02 \quad 或者 \quad \omega_n>\frac{\dot{x}_{\max}}{X}=\frac{2}{0.02}\ \mathrm{rad/s}=100\ \mathrm{rad/s} \tag{E.3}$$

同样，因为 $\ddot{x}_{\max}$ 的值为 $25g$，由式(E.2)得

$$X\omega_n^2\leqslant 25\times 9.81\ \mathrm{m/s^2}=245.25\ \mathrm{m/s^2}$$

$$\omega_n\leqslant\sqrt{\frac{\ddot{x}_{\max}}{X}}=\sqrt{\frac{245.25}{0.02}}\ \mathrm{rad/s}=110.7362\ \mathrm{rad/s} \tag{E.4}$$

由式(E. 3)和式(E. 4)可得 100 rad/s$\leqslant\omega_n\leqslant$110. 7362 rad/s。取中间值 105. 3681 rad/s,则弹簧(隔振器)的刚度为

$$k = m\omega_n^2 = 20\times 105.3681^2\ \text{N/m} = 2.2205\times 10^5\ \text{N/m} \tag{E. 5}$$

例 9.12 由弹簧支承的精密电子仪器的质量为 100 kg,包装后运输。在搬运过程中,包装箱从一定高度落下相当于对仪器施加了一个剧烈的冲击载荷 F_0,如图 9. 30(a)所示。如果仪器的最大许可变形为 2 mm,求用于包装的弹簧的刚度。图 9. 30(b)是 F_0=1000 N,t_0=0. 1 s 时,冲击载荷的响应谱。

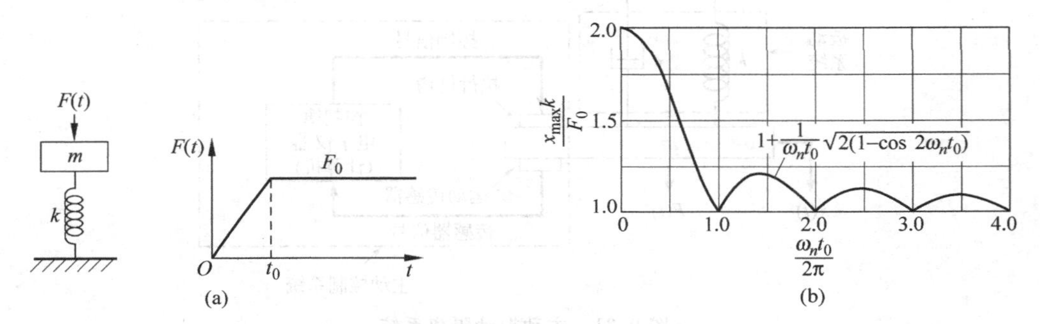

图 9. 30 作用于电子设备的冲击载荷

解:由响应谱可知,单自由度无阻尼系统受到给定冲击时的最大响应为

$$\frac{x_{\max}k}{F_0} = 1+\frac{1}{\omega_n t_0}\sqrt{2(1-\cos 2\omega_n t_0)} \tag{E. 1}$$

式中,ω_n 表示系统的固有频率,其值为

$$\omega_n = \sqrt{\frac{k}{m}} = \sqrt{\frac{k}{100}} = 0.1\sqrt{k} \tag{E. 2}$$

F_0=1000 N,t_0=0. 1 s,k 为包装时所用弹簧的刚度。将已知数据代入式(E. 1)得

$$\frac{x_{\max}k}{1000} = 1+\frac{1}{0.1\sqrt{k}\times 0.1}\sqrt{2(1-\cos 2\times 0.1\sqrt{k}\times 0.1)}$$

$$\leqslant \frac{2}{1000}\left(\frac{k}{1000}\right) \tag{E. 3}$$

当式(E. 3)取等号时,可以整理为

$$\frac{100}{\sqrt{k}}\sqrt{2(1-\cos 0.02\sqrt{k})} - 2\times 10^{-6}k + 1 = 0 \tag{E. 4}$$

由式(E. 4)可求得刚度 $k=6.2615\times 10^5$ N/m。式(E. 4)可以利用 MATLAB 或 MAPLE 的函数指令求解。

9. 10. 6 主动振动控制

如果对振动系统进行控制时需要借助于外界的能量来实现,则称为振动的**主动控制**。

如图 9.31 所示，主动控制系统包括一个具有传感器的伺服机构、信号处理器和执行机构。[9.31～9.33]此系统保持振动质量与参考平面之间的距离为一常数 l。当作用在系统(质量)上的力 F_t 变化时，距离 l 也将随之改变。传感器会感知 l 的变化，并产生一个与振动体的激励(或者响应)大小成比例的信号。信号处理器依据收到的传感器信号对执行机构产生一个指令信号，使执行机构产生一个正比于指令信号的运动或力，此运动或力将对基础的位移进行控制，使得距离 l 保持期望的常值。

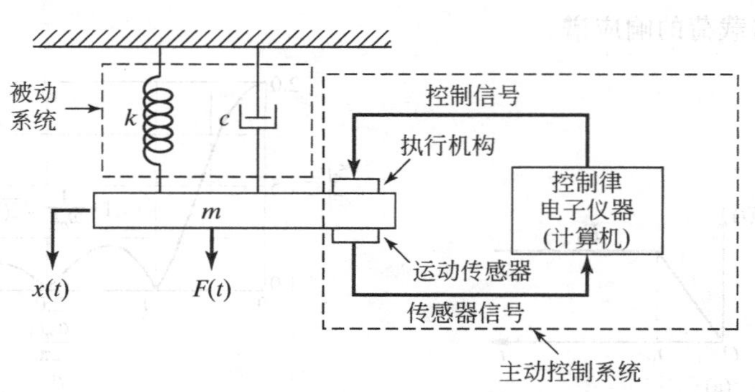

图 9.31　主动振动隔离系统

可以选用不同种类的传感器以根据位移、速度、加速度或者力产生反馈信号。信号处理器可以包含一个被动机构，比如机械联动装置或者一个主动的电子或液压系统，以实现对信号的相加、积分、微分、缩小或者放大。执行机构可以是一个机械系统，例如齿条-齿轮机构或滚珠-丝杠机构、液压系统或者压电和电磁力生成系统。根据所使用的传感器、信号处理器和执行机构的种类，振动主动控制系统可以是机电式、电液式、电磁式、压电式和液压式的。

考虑如图 9.31 所示的单自由度系统中质量块受到一个力 $f(t)$作用的情况。如果使用一个主动控制系统来控制质量块的振动，执行机构的设计是使得其对质量块提供一个作用力 $f_c(t)$，因而此时系统的运动微分方程的形式为

$$m\ddot{x}+c\dot{x}+kx=F(t)=f(t)+f_c(t) \tag{9.127}$$

最常用的情况是利用传感器(计算机)实时地(连续)测量质量块的位移和速度，计算机计算出控制质量块运动所必需的力，并命令执行机构将此力作用在质量块上。

通常情况下，事先编好的计算机程序会自动计算与质量块的位移和速度成比例的控制力，即控制力的形式为

$$f_c(t)=-g_p x-g_d\dot{x} \tag{9.128}$$

式中 g_p 和 g_d 均为常数，分别称为比例控制增益和微分控制增益，它们的值由设计人员确定并植入到计算机程序中。此时的控制算法就是通常所说的比例和微分(PD)控制。将式(9.128)代入到式(9.127)得

$$m\ddot{x}+(c+g_d)\dot{x}+(k+g_p)x=f(t) \tag{9.129}$$

上式表明 g_d 的作用相当于一个附加阻尼，而 g_p 的作用相当于一个附加刚度。式(9.129)称为闭环控制系统的运动微分方程，可用来求解系统的响应特性。例如，系统新的(有效)固有频率为

$$\omega_n=\left(\frac{k+g_p}{m}\right)^{\frac{1}{2}} \tag{9.130}$$

新的(有效)阻尼比为

$$\zeta=\frac{c+g_d}{2\sqrt{m(k+g_p)}} \tag{9.131}$$

新的(有效)时间常数(对 $\zeta\leqslant 1$)为

$$\tau=\frac{2m}{c+g_d} \tag{9.132}$$

所以，主动控制系统的作用可以描述如下：对于给定的系统常数 m、c 和 k，确定增益 g_p 和 g_d，以实现所期望的 ω_n、ζ 或 τ 值。在工程实际中，系统的响应是被连续监测的，计算机就实时地计算所需要的力并命令执行机构对质量块提供一个控制力 $f_c(t)$，以便系统的响应在期望的范围以内。注意根据测量到的实时信号和所期望的响应，控制增益 g_p 和 g_d 既可以是正的也可以是负的。

例 9.13　为对安放在一个弹性垫(无阻尼)上的精密电子系统的振动进行控制，提出一个被动或主动控制方法。已知系统的质量和固有频率分别为 15 kg 和 20 rad/s，为控制系统的振动，估计所需的阻尼比为 $\xi=0.85$，假设当前可用的阻尼器的阻尼常数范围为 $0\leqslant c\leqslant 400\ \text{N}\cdot\text{s/m}$。

解：首先考虑基于已有的阻尼器对系统的振动进行控制(被动控制)。根据已知的固有频率，可知弹性垫的刚度为

$$k=m\omega_n^2=15\times 20^2\ \text{N/m}=6000\ \text{N/m} \tag{E.1}$$

根据所需的阻尼比可以确定必须的阻尼常数应为

$$c=2\zeta\sqrt{km}=2\times 0.85\times\sqrt{6000\times 15}\ \text{N}\cdot\text{s/m}=510\ \text{N}\cdot\text{s/m} \tag{E.2}$$

由于当前可用的阻尼器的阻尼常数的最大值仅为 $400\ \text{N}\cdot\text{s/m}$，所以利用被动控制不能达到所期望的控制目标。

接下来考虑通过主动控制来得到所期望的阻尼比。设控制力的形式为 $f_c=-g_d\dot{x}$ ($g_p=0$)，所以由式(9.131)得阻尼比的计算表达式为

$$2\zeta\omega_n=\frac{c+g_d}{m} \tag{E.3}$$

取附加阻尼器的阻尼常数为 $400\ \text{N}\cdot\text{s/m}$，上式可以重写为

$$400+g_d=2m\zeta\omega_n=2\times 15\times 0.85\times 20\ \text{N}\cdot\text{s/m}=510\ \text{N}\cdot\text{s/m}$$

由此得主动控制所提供的阻尼常数(即微分增益)为

$$g_d=110\ \text{N}\cdot\text{s/m}$$

例 9.14 一单自由度系统的质量、刚度和阻尼常数分别为 $m=150$ kg、$k=6\times10^6$ N/m 和 $c=4000$ N·s/m。质量块受到一个旋转不平衡力的作用，其形式为 $f(t)=100\sin 60\pi t$ N。根据所给数据还知道：(1)系统的固有频率 $\omega_n=\sqrt{\frac{k}{m}}=\sqrt{\frac{6\times10^6}{150}}$ rad/s$=200$ rad/s 与扰动频率接近($\omega=60\pi$ rad/s$=188.4955$ rad/s)；(2)系统的阻尼比很小，其值为

$$\zeta=\frac{c}{2\sqrt{mk}}=\frac{4000}{2\sqrt{6\times10^6\times160}}=0.06667$$

期望将系统的固有频率和阻尼比分别改变为 100 rad/s 和 0.5，但由于系统的 k 值和 c 值不能改变，所以建议采用主动控制方法。确定所需的控制增益以使系统的固有频率和阻尼比达到所期望的值。再确定稳态时系统响应的幅值和作动力的幅值。

解：当采用同时具有 g_p 和 g_d 的主动控制时，系统固有频率的表达式为

$$\omega_n=100=\sqrt{\frac{6\times10^6+g_p}{150}}$$

即

$$g_p=150\times10^4-6\times10^6\text{ N/m}=-4.5\times10^6\text{ N/m}$$

这表明系统的刚度要降低到 1.5×10^6 N/m。系统新的阻尼比为

$$\zeta=0.5=\frac{c+g_d}{2\sqrt{mk}}=\frac{4000+g_d}{2\sqrt{1.5\times10^6\times150}}$$

即

$$g_d=15000-4000\text{ N}\cdot\text{s/m}=11000\text{ N}\cdot\text{s/m}$$

这表明系统的阻尼常数要增加到 15000 N·s/m。

主动控制系统的运动微分方程为

$$m\ddot{x}+c\dot{x}+kx=f(t)=f_0\sin\omega t \tag{E.1}$$

代入已知数据后，上式成为

$$150\ddot{x}+15000\dot{x}+1.5\times10^6x=f(t)=100\sin 60\pi t \tag{E.2}$$

根据式(E.1)，系统的传递函数的一般形式为(见 3.12 节)

$$\frac{X(s)}{F(s)}=\frac{1}{ms^2+cs+k} \tag{E.3}$$

与上式对应的系统的稳态响应的振幅为(见 3.13 节)

$$X=\frac{f_0}{[(k-m\omega^2)^2+(c\omega)^2]^{\frac{1}{2}}} \tag{E.4}$$

将 $f_0=100$ N，$m=150$ kg，$c=15000$ N·s/m，$k=1.5\times10^6$ N/m 和 $\omega=188.4955$ rad/s 代入上式得①

① 原著结果有误，已更正。译者注。

$$X=\frac{100}{[(1.5\times 10^{6}-150\times 188.4955)^{2}+(15000\times 188.4955)^{2}]^{\frac{1}{2}}}\text{ m}$$
$$=\frac{100}{4.7602\times 10^{6}}\text{ m}=21.0084\times 10^{-6}\text{ m}$$

稳态下的作动(控制)力可由以下关系确定

$$\frac{F_{t}(s)}{F(s)}=\frac{F_{t}(s)X(s)}{X(s)F(s)}=\frac{k+cs}{ms^{2}+cs+k} \tag{E.5}$$

由上式得

$$|F_{t}(\mathrm{i}\omega)|=|4.5\times 10^{6}-11000\mathrm{i}\omega||X(\mathrm{i}\omega)|$$
$$=|4.5\times 10^{6}-11000\times 188.4955\mathrm{i}|\times|21.0084\times 10^{-6}|\text{ N}$$
$$=\sqrt{(4.5\times 10^{6})^{2}+(11000\times 188.4955)^{2}}\times(21.0084\times 10^{-6})\text{ N}$$
$$=104.049\text{ N}$$

9.11 吸振器

吸振器也叫动力吸振器,是用于降低或抑制不期望的振动的机械装置。它由附加在需要保护以免受振动的主质量(或原始质量)上的另一个质量块和弹性元件组成。所以主质量和附加的吸振器的质量构成了一个两自由度系统,因此动力吸振器具有两个固有频率。吸振器通常用于以恒定速度运行的机械,因为吸振器工作时是调节到某一特定的频率,且仅是在一个很窄的频带内有效。应用吸振器的常用场合包括往复运动式工具,如磨砂机、锯、压实机和以恒定速度运行的大型往复式内燃机。在这些系统中,吸振器帮助实现往复力的平衡。如果没有吸振器,不平衡的往复力可能会使设备无法正常运行或失去控制。吸振器也用于高压输电线的振动抑制。此时吸振器的形式为一种哑铃型的装置(图 9.32),它悬挂在输电线的下方,以减缓风致振动引起的疲劳效应。

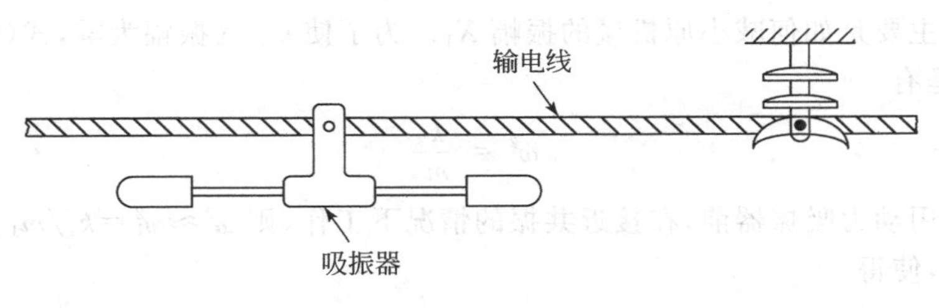

图 9.32

如果机械或系统的激励频率与它们的固有频率接近,就可能承受过大的振动。在这种情况下,机械或系统的振动就可以通过采用振动中和器或动力吸振器而减弱,这种动力吸振器就是一个简单的弹簧—质量系统。设计动力吸振器时,应使得最终系统的固有频率要远离激励频率。在讨论动力吸振器的相关分析时,我们将把机械理想化为一个单自由度系统。

9.11.1 无阻尼动力吸振器

利用刚度为 k_2 的弹簧将附加质量 m_2 连接到质量为 m_1 的机械上，就可以得到一个两自由度系统，如图 9.33 所示。m_1 和 m_2 的运动微分方程为

$$\left.\begin{aligned} m_1\ddot{x}_1 + k_1 x_1 + k_2(x_1 - x_2) &= F_0 \sin \omega t \\ m_2\ddot{x}_2 + k_2(x_2 - x_1) &= 0 \end{aligned}\right\} \tag{9.133}$$

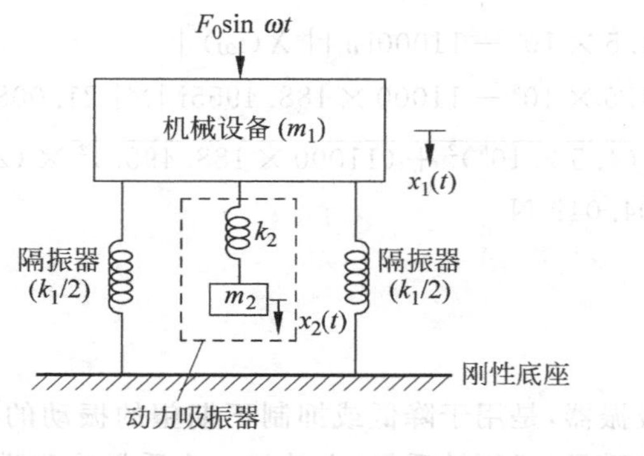

图 9.33　无阻尼动力吸振器

通过假设如下形式的谐波解

$$x_j(t) = X_j \sin \omega t, \quad j = 1,2 \tag{9.134}$$

可以得到 m_1 和 m_2 稳态运动的振幅为

$$X_1 = \frac{(k_2 - m_2\omega^2)F_0}{(k_1 + k_2 - m_1\omega^2)(k_2 - m_2\omega^2) - k_2^2} \tag{9.135}$$

$$X_2 = \frac{k_2 F_0}{(k_1 + k_2 - m_1\omega^2)(k_2 - m_2\omega^2) - k_2^2} \tag{9.136}$$

我们感兴趣的主要是如何减小原机械的振幅 X_1。为了使 m_1 的振幅为零，式(9.135)的分子应等于零，于是有

$$\omega^2 = \frac{k_2}{m_2} \tag{9.137}$$

如果机械在使用动力吸振器前，在接近共振的情况下工作，则 $\omega^2 \approx \omega_1^2 = k_1/m_1$。因此如果在设计吸振器时，使得

$$\omega^2 = \frac{k_2}{m_2} = \frac{k_1}{m_1} \tag{9.138}$$

则当机械在它原始的共振频率下运行时，振幅将会为零。定义

$$\delta_{st} = \frac{F_0}{k_1}, \quad \omega_1 = \left(\frac{k_1}{m_1}\right)^{1/2}$$

为机械或者主系统的固有频率，以及

$$\omega_2=\left(\frac{k_2}{m_2}\right)^{1/2} \tag{9.139}$$

为吸振器或者辅助系统的固有频率，则式(9.135)和式(9.136)可以重写为

$$\frac{X_1}{\delta_{st}}=\frac{1-\left(\frac{\omega}{\omega_2}\right)^2}{\left[1+\frac{k_2}{k_1}-\left(\frac{\omega}{\omega_1}\right)^2\right]\left[1-\left(\frac{\omega}{\omega_2}\right)^2\right]-\frac{k_2}{k_1}} \tag{9.140}$$

$$\frac{X_2}{\delta_{st}}=\frac{1}{\left[1+\frac{k_2}{k_1}-\left(\frac{\omega}{\omega_1}\right)^2\right]\left[1-\left(\frac{\omega}{\omega_2}\right)^2\right]-\frac{k_2}{k_1}} \tag{9.141}$$

图 9.34 显示了随着机械运行速度 ω/ω_1 的改变，原机械振幅 X_1/δ_{st} 的变化情况。两个峰值对应着组合系统的两个共振频率。正如在前面所看到的，当 $\omega=\omega_1$ 时，$X_1=0$。在该频率下，由式(9.141)可得

$$X_2=-\frac{k_1}{k_2}\delta_{st}=-\frac{F_0}{k_2} \tag{9.142}$$

这说明辅助弹簧产生的力与激振力($k_2X_2=-F_0$)等值反向，两者相互抵消使得 X_1 减小为零。动力吸振器的参数可以由式(9.142)和式(9.138)求出

$$k_2X_2=m_2\omega^2X_2=-F_0 \tag{9.143}$$

因此，k_2 和 m_2 的值是由 X_2 的允许值决定的。

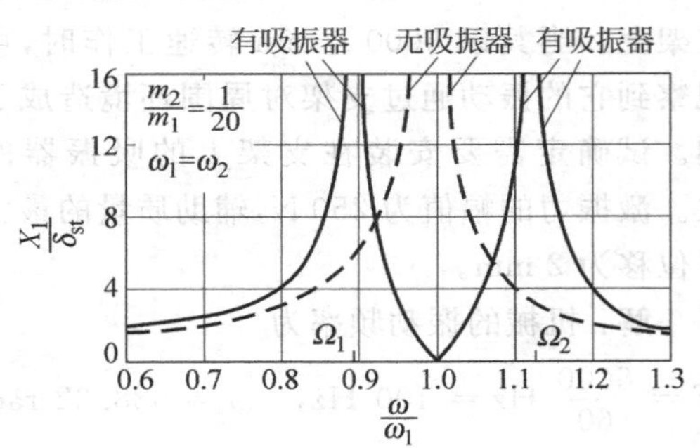

图 9.34 无阻尼动力吸振器对设备响应的抑制效果

由图 9.34 可知，动力吸振器在已知的激励频率 ω 作用下消除振动时，引入了两个共振频率 Ω_1 和 Ω_2。当激励频率为 Ω_1 或 Ω_2 时，原机械的振幅会非常大。所以在实际应用中，工作频率 ω 必须远离 Ω_1 和 Ω_2。令式(9.140)中分母的值为零可以求出 Ω_1 和 Ω_2。注意

$$\frac{k_2}{k_1}=\frac{k_2}{m_2}\frac{m_2}{m_1}\frac{m_1}{k_1}=\frac{m_2}{m_1}\left(\frac{\omega_2}{\omega_1}\right)^2 \tag{9.144}$$

由式(9.140)中分母的值为零可得

$$\left(\frac{\omega}{\omega_2}\right)^4\left(\frac{\omega_2}{\omega_1}\right)^2-\left(\frac{\omega}{\omega_2}\right)^2\left[1+\left(1+\frac{m_2}{m_1}\right)\left(\frac{\omega_2}{\omega_1}\right)^2\right]+1=0 \tag{9.145}$$

该方程的两个根为

$$\left.\begin{matrix}\left(\frac{\Omega_1}{\omega_2}\right)^2\\ \left(\frac{\Omega_2}{\omega_2}\right)^2\end{matrix}\right\}=\frac{\left[1+\left(1+\frac{m_2}{m_1}\right)\left(\frac{\omega_2}{\omega_1}\right)^2\right]\mp\left\{\left[1+\left(1+\frac{m_2}{m_1}\right)\left(\frac{\omega_2}{\omega_1}\right)^2\right]^2-4\left(\frac{\omega_2}{\omega_1}\right)^2\right\}^{1/2}}{2\left(\frac{\omega_2}{\omega_1}\right)^2} \tag{9.146}$$

它们可以看作是关于(m_2/m_1)和(ω_2/ω_1)的函数。

注意：

(1) 由式(9.146)可知，Ω_1 小于、Ω_2 大于机械的运行速度（同固有频率 ω_1 相等）。因此机械启动和制动时必然经过 Ω_1，这会引起大振幅。

(2) 因为动力吸振器是根据一个特定的激励频率 ω 设计的，只有频率为 ω 时原机械的稳态振幅才为零。如果机械在其他频率下运行或者作用在机械上的力包含几个不同的频率成分，则其振幅也可能会很大。

(3) 图9.35给出了3个不同频率比 ω_2/ω_1 下的 Ω_1/ω_2 和 Ω_2/ω_2 随质量比 m_2/m_1 的变化。可以看出，随着 m_2/m_1 的增大，Ω_1 和 Ω_2 的差增大。

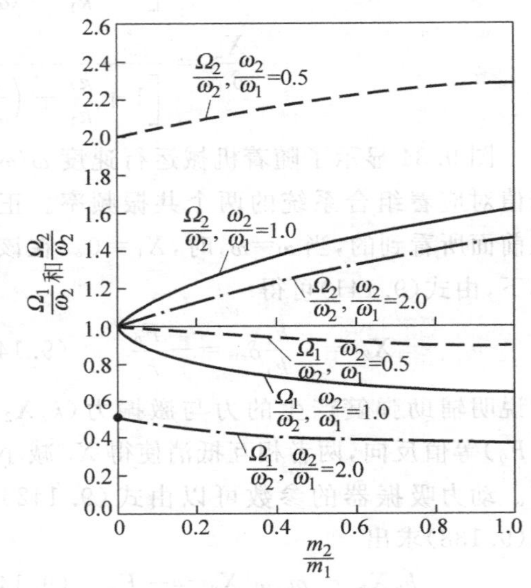

图9.35　式(9.146)中 Ω_1 和 Ω_2 的变化规律

例9.15　一台重3000 N的柴油机，安装在支架上。当其以6000 r/min转速工作时，可以观察到它的振动通过支架对周围环境造成了影响。试确定需要安装在支架上的吸振器的参数。激振力的幅值为250 N，辅助质量的最大许可位移为2 mm。

解： 机械的振动频率为

$$f = \frac{6000}{60}\ \text{Hz} = 100\ \text{Hz}, \quad \omega = 628.32\ \text{rad/s}$$

因为要使支架的运动为零，所以辅助质量的位移应该与激振力的位移大小相等、方向相反。因此由式(9.143)可得

$$|F_0| = m_2 \omega^2 X_2 \tag{E.1}$$

将已知数据代入，得

$$250 = m_2 \times 628.32^2 \times 0.002$$

所以 $m_2 = 0.31665$ kg。弹簧的刚度 k_2 可由式(9.138)确定

$$\omega^2 = \frac{k_2}{m_2}$$

故

$$k_2 = (628.32)^2 \times 0.31665\ \text{N/m} = 125009\ \text{N/m}$$

例9.16　一台电动机-发电机组，如图9.36所示，设计运行速度为2000～4000 r/min。但是由于转子存在微小的不平衡，该机械在运转速度为3000 r/min时发生剧烈振动。为此计划安装一个悬臂式集中质量吸振器来消除振动。当一个带有2 kg实验载荷的悬臂安装到机器上之后，所得系

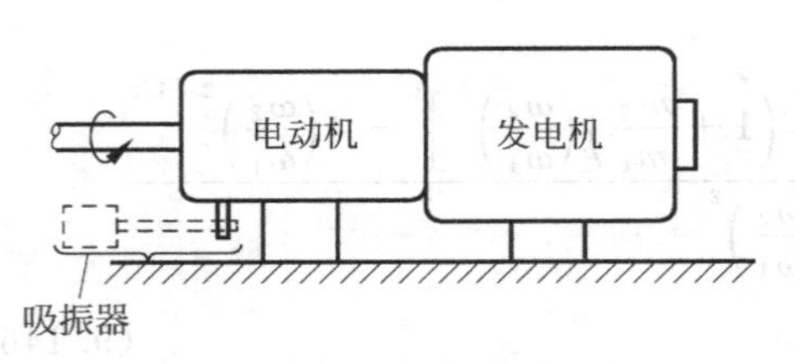

图9.36　电动机-发电机组

统的固有频率为 2500 r/min 和 3500 r/min。设计吸振器的质量和刚度，使得整个系统的固有频率在电动机-发电机组的转速范围之外。

解：电动机-发电机组的固有频率 ω_1、吸振器的固有频率 ω_2 分别是

$$\omega_1=\sqrt{\frac{k_1}{m_1}},\quad \omega_2=\sqrt{\frac{k_2}{m_2}} \tag{E.1}$$

安装吸振器后，系统的共振频率 Ω_1 和 Ω_2 可以由式(9.146)求出。因为吸振器(质量 $m_2=2$ kg)是可调的，令 $\omega_1=\omega_2=314.16$ rad/s(对应转速 3000 r/min)。采用下列记号

$$\mu=\frac{m_2}{m_1},\quad r_1=\frac{\Omega_1}{\omega_2},\quad r_2=\frac{\Omega_2}{\omega_2}$$

式(9.146)化为

$$r_1^2,r_2^2=\left(1+\frac{\mu}{2}\right)\mp\sqrt{\left(1+\frac{\mu}{2}\right)^2-1} \tag{E.2}$$

已知 Ω_1 和 Ω_2 分别是 261.80 rad/s(或 2500 r/min)和 366.52 rad/s(或 3500 r/min)，所以

$$r_1=\frac{\Omega_1}{\omega_2}=\frac{261.80}{314.16}=0.8333$$

$$r_2=\frac{\Omega_2}{\omega_2}=\frac{366.52}{314.16}=1.1667$$

因此

$$r_1^2=\left(1+\frac{\mu}{2}\right)-\sqrt{\left(1+\frac{\mu}{2}\right)^2-1}$$

$$\mu=\left(\frac{r_1^4+1}{r_1^2}\right)-2 \tag{E.3}$$

因为 $r_1=0.8333$，由式(E.3)可得 $\mu=m_2/m_1=0.1345$，$m_1=m_2/0.1345=14.8699$ kg。限定的最低转速 Ω_1 为 2000 r/min 或 209.44 rad/s，所以

$$r_1=\frac{\Omega_1}{\omega_2}=\frac{209.44}{314.16}=0.6667$$

根据此 r_1 值，由式(E.3)得 $\mu=m_2/m_1=0.6942$，$m_2=m_1\times0.6942=10.3227$ kg。因此，第二阶共振频率可以由下式得出

$$r_2^2=\left(1+\frac{\mu}{2}\right)+\sqrt{\left(1+\frac{\mu}{2}\right)^2-1}=2.2497$$

由此可求出 $\Omega_2\approx4499.4$ r/min，该值大于规定的转速上限 4000 r/min。吸振器弹簧的刚度为

$$k_2=\omega_2^2m_2=314.16^2\times10.3227\ \text{N/m}=1.0188\times10^6\ \text{N/m}$$

9.11.2 有阻尼动力吸振器

前面介绍的动力吸振器不仅使系统原幅频特性曲线的共振点发生了移动，并且使共振频率增加到两个。因此，机械在启动和停车经过第一个共振点时会引起较大的振幅。如图 9.37

所示，使用阻尼吸振器则可以减小系统共振时的振幅。两个质量块的运动微分方程为

$$m_1\ddot{x}_1 + k_1x_1 + k_2(x_1 - x_2) + c_2(\dot{x}_1 - \dot{x}_2) = F_0\sin\omega t \tag{9.147}$$

$$m_2\ddot{x}_2 + k_2(x_2 - x_1) + c_2(\dot{x}_2 - \dot{x}_1) = 0 \tag{9.148}$$

假设其解的形式为

$$x_j(t) = X_j e^{i\omega t}, \quad j = 1,2 \tag{9.149}$$

代入式(9.147)和式(9.148)后可以求出稳态解的振幅为

$$X_1 = \frac{F_0(k_2 - m_2\omega^2 + ic_2\omega)}{[(k_1 - m_1\omega^2)(k_2 - m_2\omega^2) - m_2k_2\omega^2] + i\omega c_2(k_1 - m_1\omega^2 - m_2\omega^2)} \tag{9.150}$$

$$X_2 = \frac{X_1(k_2 + i\omega c_2)}{(k_2 - m_2\omega^2 + i\omega c_2)} \tag{9.151}$$

引入下列记号

$\mu = m_2/m_1$——质量比＝吸振器质量/主质量

$\delta_{st} = F_0/k_1$——系统静变形

$\omega_a^2 = k_2/m_2$——吸振器固有频率的平方

$\omega_n^2 = k_1/m_1$——主质量固有频率的平方

$f = \omega_a/\omega_n$——固有频率比

$g = \omega/\omega_n$——激励频率比

$c_c = 2m_2\omega_n$——临界阻尼系数

$\zeta = c_2/c_c$——阻尼比

则 X_1 和 X_2 的大小可以表示为

$$\frac{X_1}{\delta_{st}} = \left\{\frac{(2\zeta g)^2 + (g^2 - f^2)^2}{(2\zeta g)^2(g^2 - 1 + \mu g^2)^2 + [\mu f^2g^2 - (g^2 - 1)(g^2 - f^2)]^2}\right\}^{1/2} \tag{9.152}$$

$$\frac{X_2}{\delta_{st}} = \left\{\frac{(2\zeta g)^2 + f^4}{(2\zeta g)^2(g^2 - 1 + \mu g^2)^2 + [\mu f^2g^2 - (g^2 - 1)(g^2 - f^2)]^2}\right\}^{1/2} \tag{9.153}$$

式(9.152)表明，主质量的振幅是 μ, f, g 和 ζ 的函数。图 9.38 是当 $f=1, \mu=1/20$ 时不同的 ζ 值对应的 $\left|\frac{X_1}{\delta_{st}}\right|$ 与频率比 $g=\omega/\omega_n$ 的关系曲线。

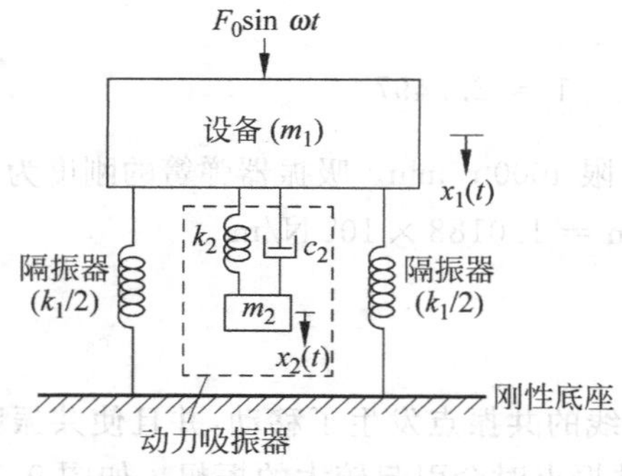

图 9.37 有阻尼动力吸振器

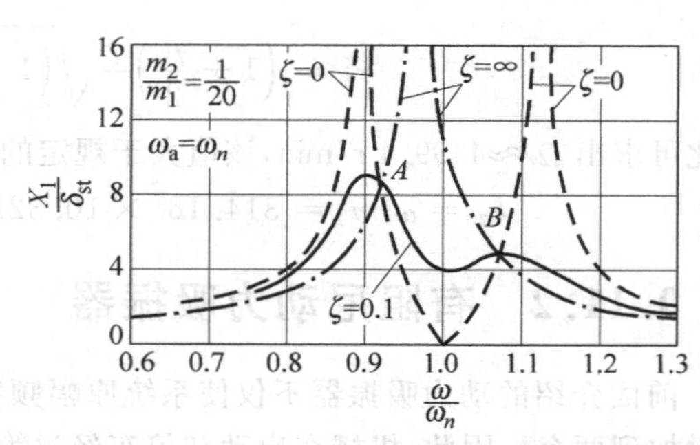

图 9.38 有阻尼动力吸振器对设备响应的抑制效果

如果阻尼为零($c_2=\zeta=0$),则共振发生在系统的两个无阻尼共振频率处,如图 9.34 所示。如果阻尼为无穷大($\zeta=\infty$),两个质量块 m_1 和 m_2 实际上是被固结在一起,系统本质上就变成一个质量为$(m_1+m_2)=(21/20)m$、刚度为 k 的单自由度系统。这时的共振将导致 $X_1=\infty$,共振发生在

$$g=\frac{\omega}{\omega_n}=\frac{1}{\sqrt{1+\mu}}=0.9759$$

因此当 $c_2=0$ 和 $c_2=\infty$ 时,X_1 的峰值为无穷大。所以在这两个极限情况之间一定存在某一个阻尼值,能使 X_1 的峰值最小。

从图 9.38 可以看出,无论阻尼的大小如何,所有的曲线都在 A 和 B 两点相交。将 $\zeta=0$ 和 $\zeta=\infty$ 两种临界情况代入式(9.152),并令两者相等,可以确定这两点的位置

$$g^4-2g^2\left(\frac{1+f^2+\mu f^2}{2+\mu}\right)+\frac{2f^2}{2+\mu}=0 \tag{9.154}$$

方程(9.154)的两个根对应着 A 和 B 两点的频率比,$g_A=\omega_A/\omega$ 和 $g_B=\omega_B/\omega$。将 g_A 和 g_B 分别代入式(9.152)就得到 A 点和 B 点的纵坐标。显然,当 A 点和 B 点的纵坐标相等时,吸振器的效果最好。这种情况要求[9.35]

$$f=\frac{1}{1+\mu} \tag{9.155}$$

满足式(9.155)的吸振器称为**调谐吸振器**。虽然式(9.155)说明了怎样对吸振器进行调谐设计,却没有给出最优的阻尼比 ζ 以及相应的 X_1/δ_{st}。不难理解,ζ 的最优值应使响应曲线 X_1/δ_{st} 在峰值点 A,B 处尽可能的平缓。例如,像图 9.39 所示的那样,响应曲线在 A,B 两处的切线为水平直线。为此先将式(9.155)代入式(9.152),使所得方程对应着最优调谐设计的情况。然后将化简后的式(9.152)对 g 求导,得到曲线 X_1/δ_{st} 的斜率。令斜率在 A 和 B 处为零,可得

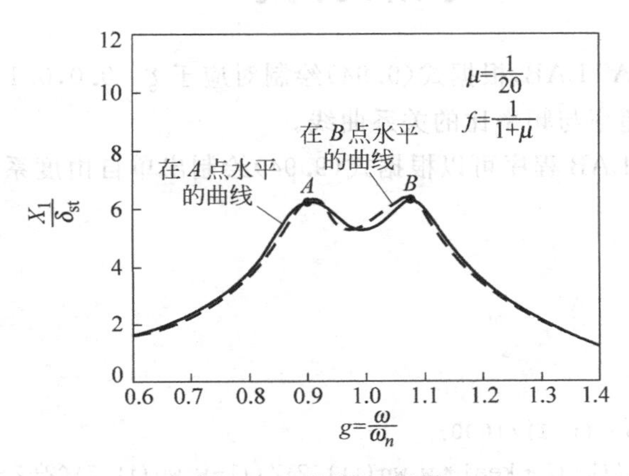

图 9.39　调谐吸振器

$$\zeta^2=\frac{\mu\left[3-\sqrt{\dfrac{\mu}{\mu+2}}\right]}{8(1+\mu)^3}, \quad \text{对}A\text{点} \tag{9.156}$$

$$\zeta^2=\frac{\mu\left[3+\sqrt{\dfrac{\mu}{\mu+2}}\right]}{8(1+\mu)^3}, \quad \text{对}B\text{点} \tag{9.157}$$

设计时一般可以按下式取式(9.156)和式(9.157)的平均值

$$\zeta^2_{\text{optimal}}=\frac{3\mu}{8(1+\mu)^3} \tag{9.158}$$

相应的$\dfrac{X_1}{\delta_{st}}$的最优值为

$$\left(\frac{X_1}{\delta_{st}}\right)_{\text{optimal}}=\left(\frac{X_1}{\delta_{st}}\right)_{\max}=\sqrt{1+\frac{2}{\mu}} \tag{9.159}$$

注意：

(1) 由式(9.153)可知吸振器质量块的振幅(X_2)总是远大于主质量的振幅(X_1)，因此设计时应考虑如何满足吸振器质量的大振幅要求。

(2) 因为期望m_2有较大的振幅，设计吸振器弹簧k_2时应考虑其疲劳问题。

(3) 在实际应用中，大多数吸振器都是无阻尼的。如果要增加阻尼，将会使吸振器失去消除不期望的振动这一作用。在有阻尼吸振器中，主质量的振幅将不会是零。只是在对机械的正常运行而言吸振器的有效频带特别窄的情况下才增加阻尼。

(4) 与吸振器优化设计有关的更多工作可参考文献[9.36～9.39]。

9.12 利用MATLAB求解的例子

例9.17 利用MATLAB，根据式(9.94)绘制对应于ζ=0.0，0.1，0.2，0.3，0.4，0.5的单自由度系统振动传递率与频率比的关系曲线。

解：下面的MATLAB程序可以根据式(9.94)绘制出单自由度系统振动传递率与频率比的关系曲线。

```
%Exam 9-2
for j=1:5
    kesi=j * 0.1;
    for i=1:1001
        w_wn(i)=3 * (i-1)/1000;
        T(i)=sqrt((1+(2 * kesi * w_wn(i))^2)/((1-w_wn(i)^2)^2+2 * kesi * w_wn(i)^2));
    end;
    plot(w_wn,T);
```

```
    hold on;
end;

xlabel('w/w_n');
ylabel('Tr');
gtext('zeta=0.1');
gtext('zeta=0.2');
gtext('zeta=0.3');
gtext('zeta=0.4');
gtext('zeta=0.5');
title('Ex9.2');
grid on;
```

所绘曲线如图 9.40 所示。

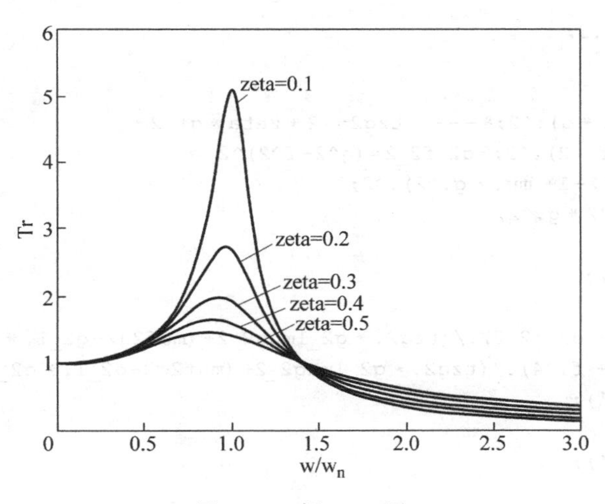

图 9.40　例 9.17 图

例 9.18　利用 MATLAB，根据式(9.140)和式(9.141)绘制吸振器主质量和辅助质量的振幅与频率比的关系曲线。

解：绘制式(9.140)和式(9.141) 的曲线时，所选数据如下：$f=\omega_a/\omega_n=1$，$\zeta=0.1$ 和 0.5，$\mu=m_2/m_1=0.05$ 和 0.1。

```
f=1;
%--------------- zeta=0.1, mu=0.05--------------------------------
------
zeta=0.1;
mu=0.05;
g=0.6:0.001:1.3;
```

```
tzg2=(2.*zeta.*g).^2; %---tzg2=(2*zeta*g)^2;
g2_f2_2=(g.^2-f.^2).^2;%g2_f2_2=(g^2-f^2)^2
g2_1mug2_2=(g.^2-1+ mu.*g.^2).^2;
muf2g2=mu.*f.^2*g.^2;
g2_1=g.^2-1;
g2_f2=g.^2-f.^2;

x1r=sqrt((tzg2+g2_f2_2)./(tzg2.*g2_1mug2_2 +(muf2g2-g2_1.*g2_f2).^2));
x2r=sqrt((tzg2+f.^4)./(tzg2.*g2_1mug2_2 +(muf2g2-g2_1.*g2_f2).^2));
plot(g,x1r)
hold on
plot(g,x2r);
hold on
%-------- zeta=0.1, mu=0.1 -----------------------------------------
------
zeta=0.1;
mu=0.1; 0.001:1.3;
g=0.6:

tzg2=(2.*zeta.*g).^2;%---  tzg2=(2*zeta*g)^2
g2_f2_2=(g.^2-f.^2).^2;%g2_f2_2=(g^2-f^2)^2
g2_1mug2_2=(g.^2-1+ mu.*g.^2).^2;
muf2g2=mu.*f.^2*g.^2;
g2_1=g.^2-1;
g2_f2=g.^2-f.^2;

x1r=sqrt((tzg2+ g2_f2_2)./(tzg2.*g2_1mug2_2+(muf2g2-g2_1.*g2_f2).^2));
x2r=sqrt((tzg2+ f.^4)./(tzg2.*g2_1mug2_2+(muf2g2-g2_1.*g2_f2).^2));
plot(g,x1r,'-.');
hold on
plot(g,x2r,'-.');
hold on
%--------- zeta=0.5, mu=0.05 ----------------------------------
------
zeta=0.5;
mu=0.05;
g=0.6:0.001:1.3;

tzg2=(2.*zeta.*g).^2;%---tzg2=(2*zeta*g)^2
g2_f2_2=(g.^2-f.^2).^2;%g2_f2_2=(g^2-f^2)^2
g2_1mug2_2=(g.^2-1+mu.*g.^2).^2;
muf2g2=mu.*f.^2*g.^2;
g2_1=g.^2-1;
g2_f2=g.^2-f.^2;

x1r=sqrt((tzg2+ g2_f2_2)./(tzg2.*g2_1mug2_2+(muf2g2-g2_1.*g2_f2).^2));
x2r=sqrt((tzg2+ f.^4)./(tzg2.*g2_1mug2_2+(muf2g2-g2_1.*g2_f2).^2));
```

```
plot(g,x1r,'--');
hold on
plot(g,x2r,'--');
hold on
%--------- zeta=0.5, mu=0.1 ------------------------------------------
------

zeta=0.5;
mu=0.1;
g=0.6:0.001:1.3;

tzg2=(2.*zeta.*g).^2;%---   tzg2=(2*zeta*g)^2
g2_f2_2=(g.^2-f.^2).^2;%g2_f2_2=(g^2-f^2)^2
g2_1mug2_2=(g.^2-1+ mu.*g.^2).^2;
muf2g2=mu.*f.^2*g.^2;
g2_1=g.^2-1;
g2_f2=g.^2-f.^2;

x1r=sqrt((tzg2+ g2_f2_2)./(tzg2.*g2_1mug2_2+(muf2g2-g2_1.*g2_f2).^2));
x2r=sqrt((tzg2+ f.^4)./(tzg2.*g2 1mug2 2+(muf2g2-g2 1.*g2 f2).^2));
plot(g,x1r,':');
hold on
plot(g,x2r,':');
xlabel('g')
ylabel('x1r and x2r')
axis([0.6 1.3 0 16])
```

所绘曲线如图 9.41 所示。

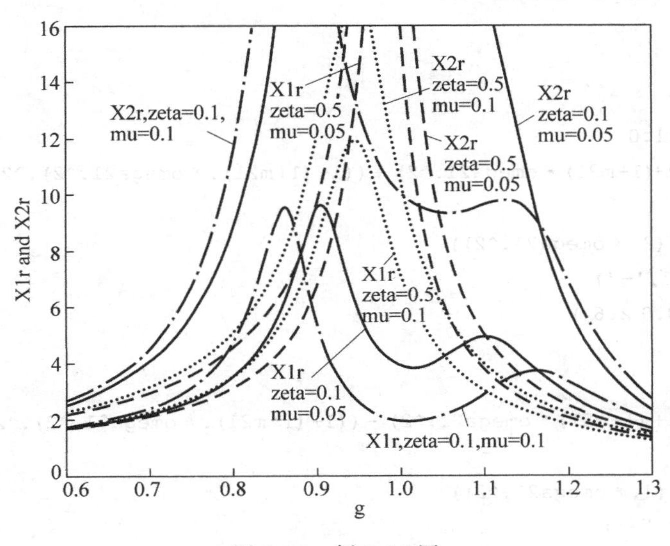

图 9.41 例 9.18 图

例 9.19　利用 MATLAB，根据式(9.146)绘制共振频率比随质量比 m_2/m 的变化曲线。

解：根据式(9.146)绘制共振频率比与质量比的关系曲线时考虑如下3种情况：$\omega_2/\omega_1 = 0.5, 1.0$ 和 2.0，质量比的范围为 $0 \leqslant m_2/m_1 \leqslant 1$。

```
%--------- omega2/omega1= 0.5 --------------------------------------------
------
omega21=0.5
m21=0:0.001:1.0
X11=sqrt(((1+(1+m21)*omega21.^2)+((1+(1+m21).*omega21.^2).^2-4.*omega21.
^2).^0.5)...
           /(2.*omega21.^2))
plot(m21,X11,':')
axis([0 1.0 0.0 2.6])
hold on

X12=sqrt(((1+(1+m21)*omega21.^2)-((1+(1+m21).*omega21.^2).^2-4.*omega21.
^2).^0.5)...
           /(2.*omega21.^2))
plot(m21,X12,':')
hold on

%-------- omega2/omegal=1.0------------------------------------------------
--
------
omega21=1.0
m21=0:0.001:1.0
X21=sqrt(((1+(1+m21)*omega21.^2)+((1+(1+m21).*omega21.^2).^2-4.*omega21.
^2).^0.5)...
           /(2.*omega21.^2))
plot (m21,X21,'-')
axis([0 1.0 0.0 2.6])
hold on

X22=sqrt(((1+(1+m21)*omega21.^2)-((1+(1+m21).*omega21.^2).^2-4.*omega21.
^2).^0.5)...
           /(2.*omega21.^2))
plot(m21,X22,'-')
hold on
```

```
%-------- omega2/omega1=2.0------------------------------------------
------
omega21=2.0
m21=0:0.001:1.0
X31= sqrt(((1+ (1+m21) * omega21.^2)+ ((1+ (1+m21). * omega21.^2).^2.^2-4. *
omega21.^2).^0.5)...
          /(2. * omega21.^2))
plot(m21,X31,'-.')
axis([0 1.0 0.0 2.6])
hold on

X32=sqrt(((1+ (1+m21) * omega21.^2) - ((1+ (1+m21). * omega21.^2).^2-4. * omega21.
^2).^0.5)...
          /(2. * omega21.^2))
plot(m21,X32,'-.')
hold on
xlabel('mr')
ylabel('OM1 and OM2')
```

所绘曲线如图 9.42 所示。

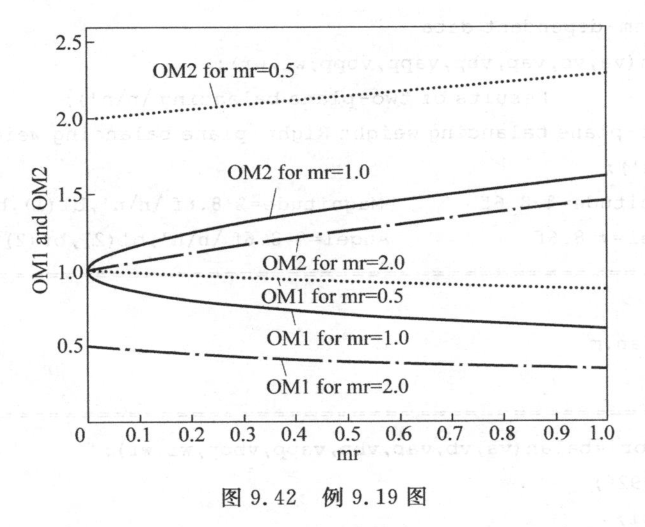

图 9.42　例 9.19 图

例 9.20　编写一个名为 Program13.m 的通用 MATLAB 程序实现转子的双面平衡，并使用该程序求解例 9.2。

解：程序 Program13.m 中向量 $\boldsymbol{V}_A, \boldsymbol{V}_B, \boldsymbol{V}_A', \boldsymbol{V}_B', \boldsymbol{V}_A'', \boldsymbol{V}_B'', \boldsymbol{W}_L, \boldsymbol{W}_R$ 分别记作 VA，VB，VAP，VBP，VAPP，VBPP，WL，WR。这些向量在程序执行后由键盘录入。程序以 BL 和 BR 的形式输出 B_L, B_R，分别表示左、右两平面上平衡质量的大小和位置。程序及运行后的

显示结果如下。

```
%==================================================
%
%Program13.m
%Two-plane balancing
%
%==================================================
%Run"Program13"in MATLAB command window.Progrm13.m,balan.m,vsub.m,
%vdiv.m and vmult.m should be in the same folder,and set the MATLAB path
%to this folder.
%following 8 lines contain problem-dependent data
va=[8.5 60];
vap=[6 125];
wl=[10 270];
vb=[6.5 205];
vbp=[4.5 230];
vapp=[6 35];
vbpp=[10.5 160];
wr=[12 180];
%end of problem-dependent data
[bl,br]=balan(va,vb,vap,vbp,vapp,vbpp,wl,wr);
fprintf('             Results of two-plane balancing \n\n');
fprintf('Left-plane balancing weight Right-plane balancing weight');
fprintf('\n\n');
fprintf('Magnitude=% 8.6f          Magnitude=% 8.6f \n\n',bl(1),br(1));
fprintf('Angel=% 8.6f              Angel=% 8.6f \n\n',bl(2),br(2));
%==================================================
%
%Function Balan.m
%
%==================================================
function [bl,br]=balan(va,vb,vap,vbp,vapp,vbpp,wl,wr);
pi=180/3.1415926;
va(2)=va(2)/pi;
p(1)=va(1);
p(2)=va(2);
va(1)=p(1)*cos(p(2));
va(2)=p(1)*sin(p(2));
vb(2)=vb(2)/pi;
p(1)=vb(1);
```

```
p(2)=vb(2);
vb(1)=p(1) * cos(p(2));
vb(2)=p(1) * sin(p(2));
vap(2)=vap(2)/pi;
p(1)=vap(1);
p(2)=vap(2);
vap(1)=p(1) * cos(p(2));
vap(2)=p(1) * sin(p(2));
vbp(2)=vbp(2)/pi;
p(1)=vbp(1);
p(2)=vbp(2);
vbp(1)=p(1) * cos(p(2));
vbp(2)=p(1) * sin(p(2));
vapp(2)=vapp(2)/pi;
p(1)=vapp(1);
p(2)=vapp(2);
vapp(1)=p(1) * cos(p(2));
vapp(2)=p(1) * sin(p(2));
vbpp(2)= vbpp(2)pi;
p(1)=vbpp(1);
p(2)=vbpp(2);
vbpp(1)=p(1) * cos(p(2));
vbpp(2)=p(1) * sin(p(2));
wl(2)=wl(2)/pi;
p(1)=wl(1);
p(2)=wl(2);
wl(1)=p(1) * cos(p(2));
wl(2)=p(1) * sin(p(2));
wr(2)=wr(2)/pi;
p(1)=wr(1);
p(2)=wr(2);
wr(1)=p(1) * cos(p(2));
wr(2)=p(1) * sin(p(2));
[r]=vsub(vap,va);
[aal]=vdiv(r,wl);
[s]=vsub(vbp,vb);
[abl]=vdiv(s,wl);
[p]=vsub(vapp,va);
[aar]=vdiv(p,wr);
[q]=vsub(vbpp,vb);
[abr]=vdiv(q,wr);
```

```
[ar1]=sqrt(aar(1)^2+aar(2)^2);
[ar2]=atan(aar(2)/aar(1)) * pi;
[al1]=sqrt(aal(1)^2 +aal(2)^2);
[al2]=atan(aal(2)/aal(1)) * pi;
[r]=vmult(abl,va);
[s]=vmult(aal,vb);
[vap]=vsub(r,s);
[r]=vmult(aar,abl);
[s]=vmult(aal,abr);
[vbp]=vsub(r,s);
[ur]=vdiv(vap,vbp);
[r]=vmult(abr,va);
[s]=vmult(aar,vb);
[vap]=vsub(r,s);
[r]=vmult(abr,aal);
[s]=vmult(aar,abl);
[vbp]=vsub(r,s);
[ul]=vdiv(vap,vbp);
bl(1)=sqrt(ul(1)^2+ul(2)^2);
a1=ul(2)/ul(1);
bl(2)=atan(ul(2)/ul(1));
br(1)=sqrt(ur(1)^2+ur(2)^2);
a2=ur(2)/ur(1);
br(2)=atan(ur(2)/ur(1));
bl(2)=bl(2) * pi;
br(2)=br(2) * pi;
bl(2)=bl(2)+180;
br(2)=br(2)+180;
%=========================================================
%
%Function vdiv.m
%
%=========================================================
function [c]=vdiv(a,b);.
c(1)=(a(1) * b(1)+a(2) * b(2))/(b(1)^2+b(2)^2);
c(2)=(a(2) * b(1)-a(1) * b(2))/(b(1)^2+b(2)^2);
%=========================================================
%
%Function vmult.m
%
%=========================================================
```

```
function [c]=vmult(a,b);.
c(1)=a(1)*b(1)-a(2)*b(2);
c(2)=a(2)*b(1)+a(1)*b(2);
%=====================================================
%
%Function vsub.m
%
%=====================================================
function [c]=vsub(a,b);.
c(1)=a(1)-b(1);
c(2)=a(2)-b(2);
```

```
                    Results of two-plane balancing
Left-plane balancing weight          Right-plane balancing weight
Magnitude=10.056139                  Magnitude=5.877362
Angel=145.554799                     Angel=248.255931
```

本章小结

本章讨论了如何利用振动列线图和振动设计规范确定什么强度的振动是可以接受的;介绍了几种从消除振源的角度抑制振动的方法,如旋转和往复运动机械的动平衡问题;概要地介绍了改变质量和(或)刚度以及通过附加阻尼引入耗能机制的方法;讨论了隔振器、吸振器和主动振动控制系统的设计方法,最后给出了利用MATLAB求振动控制问题解的示例。

参考文献

9.1 J. E. Ruzicka,"Fundamental concepts of vibration control," *Sound and Vibration*, Vol. 5, July 1971, pp. 16-22.

9.2 J. A. Macinante, *Seismic Mountings for Vibration Isolation*, Wiley, New York, 1984.

9.3 International Organization for Standardization, *Mechanical Vibration of Machines with Operating Speeds from* 10 *to* 200 *rev/s—Basis for Specifying Evaluation Standards*, ISO 2372, 1974.

9.4 International Organization for Standardization, *Evaluation and Measurement of Vibration in Buildings*, Draft Proposal, ISO DP 4866, 1975.

9.5 R. J. Steffens,"Some aspects of structural vibration," in *Proceedings of the Symposium on Vibrations in Civil Engineering*, B. O. Skipp(ed.), Butterworths, London, 1966, pp. 1-30.

9.6 Internatinal Organization for Standardization, *Guide for the Evaluation of Human Exposure to Whole-Body Vibration*, ISO 2631, 1974.

9.7 C. Zenz, *Occupational Medicine*: *Principles and Practical Application* (2nd ed.) Year Book Medical

Publishers, Chicago, 1988.

9.8 R. L. Fox, "Machinery vibration monitoring and analysis techniques," *Sound and Vibration*, Vol. 5, Noverber 1971, pp. 35-40.

9.9 D. G. Stadelbauer, "Dynamic balancing with microprocessors," *Shock and Vibration Digest*, Vol. 14, December 1982, pp. 3-7.

9.10 J. Vaughan, *Static and Dynamic Balancing* (2nd ed.), Bruel and Kjaer Application Notes, Naerum, Denmark.

9.11 R. L. Baxter, "Dynamic balancing," *Sound and Vibration*, Vol. 6, April 1972, pp. 30-33.

9.12 J. H. Harterand W. D. Beitzel, *Mathematics Applied to Electronics*, Reston Publishing, Reston, Virginia, 1980.

9.13 R. G. Loewy and V. J. Piarulli, "Dynamics of rotating shafts," *Shock and Vibration Monograph SVM-4*, Shock and Vibration Information Center, Naval Research Laboratory, Washington, D. C., 1969.

9.14 J. D. Irwin and E. R. Graf, *Industrial Noise and Vibration Control*, Prentice Hall, Englewood Cliffs, N. J., 1979.

9.15 T. Iwatsuba, "Vibration of rotors through critical speeds," *Shock and Vibration Digest*, Vol. 8, No. 2, February 1976, pp. 89-98.

9.16 R. J. Trivisonno, "Fortran Ⅳ computer program for calculating critical speeds of rotating shafts," NASA TN D-7385, 1973.

9.17 R. E. D. Bishop and G. M. L. Gladwell, "The vibration and balancing of an unbalanced flexible rotor," *Journal of Mechanical Engineering Science*, Vol. 1, 1959, pp. 66-77.

9.18 A. G. Parkinson, "The vibration and balancing of shafts rotating in asymmetric bearings," *Journal of Sound and Vibration*, Vol. 2, 1965, pp. 477-501.

9.19 C. E. Crede, *Vibration and Shock Isolation*, Wiley, New York, 1951.

9.20 W. E. Purcell, "Materials for noise and vibration control," *Sound and Vibration*, Vol. 16, July 1982, pp. 6-31.

9.21 B. C. Nakra, "Vibration control with viscoelastic materials," *Shock and Vibration Digest*, Vol. 8, No. 6, June 1976, pp. 3-12.

9.22 G. R. Tomlinson, "The use of constrained layer damping in vibration control," in *Modern Practice in Stress and Vibration Analysis*, J. E. Mottershead (ed.), Pergamon Press, Oxford, 1989, pp. 99-107.

9.23 D. E. Baxa and R. A. Dykstra, "PNeumatic isolation systems control forging hammer vibration," *Sound and Vibration*, Vol. 14, May 1980, pp. 22-25.

9.24 E. I. Rivin, "Vibration isolation of industrial machinery—Basic considerations," *Sound and Vibration*, Vol. 12, November 1978, pp. 14-19.

9.25 C. M. Salerno and R. M. Hochheiser, "How to select vibration isolators for use as machinery mounts," *Sound and Vibration*, Vol. 7, August 1973, pp. 22-28.

9.26 C. A. Mercer and P. L. Rees, "An optimum shock isolator," *Journal of Sound and Vibration*, Vol. 18, 1971, pp. 511-520.

9.27 M. L. Munjal, "A rational synthesis of vibration isolators," *Journal of Sound and Vibration*, Vol. 39,

1975, pp. 247-263.

9.28 C. Ng and P. F. Cunniff, "Optimization of mechanical vibration isolation systems with multidegrees of freedom," *Journal of Sound and Vibration*, Vol. 36, 1974, pp. 105-117.

9.29 S. K. Hati and S. S. Rao, "Cooperative solution in the synthesis of multidegree of freedom shock isolation systems," *Journal of Vibration, Acoustics, Stress, and Reliability in Design*, Vol. 105, 1983, pp. 101-103.

9.30 S. S. Rao and S. K. Hati, "Optimum design of shock and vibration isolation systems using game theory," *Journal of Engineering Optimization*, Vol. 4, 1980, pp. 1-8.

9.31 J. E. Ruzicka, "Active vibration and shock isolation," Paper no. 680747, *SAE Transactions*, Vol. 77, 1969, pp. 2872-2886.

9.32 R. W. Horning and D. W. Schubert, "Air suspension and active vibration-isolation systems," in *Shock and Vibration Handbook* (3rd ed.), C. M. Harris (ed.) McGraw-Hill, New York, 1988.

9.33 O. Vilnay, "Active control of machinery foundation," *Journal of Engineering Mechanics*, ASCE. Vol. 110, 1984, pp. 273-281.

9.34 J. I. Soliman and M. G. Hallam, "Vibration isolation between non-rigid machines and nonrigid foundations," *Journal of Sound and Vibration*, Vol. 8, 1968, pp. 329-351.

9.35 J. Ormondroyd and J. P. Den Hartog, "The theory of the dynamic vibration aborber," *Transactions of ASME*, Vol. 50, 1928, p. APM-241.

9.36 H. Puksand, "Optimum conditions for dynamic vibration absorbers for variable speed systems with rotating and reciprocating unbalance," *International Journal of Mechanical Engineering Education*, Vol. 3, April 1975, pp. 145-152.

9.37 A. Soom and M.-S. Lee, "Optimal design of linear and nonlinear absorbers for damped systems," *Journal of Vibration, Acoustics, Stress, and Reliability in Design*, Vol. 105, 1983, pp. 112-119.

9.38 J. B. Hunt, *Dynamic Vibration Absorbers*, Mechanical Engineering Publications, London, 1979.

思 考 题

9.1 简答题

1. 列举几种工业振源。
2. 列举振动控制的几种可行方法。
3. 什么是单面平衡?
4. 简述双面平衡的过程。
5. 什么是涡动?
6. 稳态阻尼和旋转阻尼的区别是什么?
7. 轴的临界转速是怎样确定的?
8. 哪些因素会导致转子系统的失稳?

9. 活塞式发动机的平衡需要考虑哪些方面的影响？
10. 隔振器有什么功能？
11. 什么是吸振器？
12. 吸振器和隔振器有什么区别？
13. 带有弹簧的支座一定会减小机床基础的振动吗？
14. 在机床的柔性支撑中使用较软的弹簧是否会有更好的效果？为什么？
15. 机器的激振力是否与转速的平方成比例？传递到基础的振动力是否随机器转速的增大而增大？
16. 为什么说满足动平衡的转子一定是静平衡的？
17. 说明动平衡为什么不能够仅通过静平衡实验来实现。
18. 为什么转轴总会产生振动？激振力的来源是什么？
19. 动力减振器辅助系统阻尼的存在是否总是有益的？
20. 什么是主动隔振？
21. 说明主动隔振和被动隔振的区别。

9.2 判断题

1. 振动会造成结构和机械的失效。（ ）
2. 使用隔振器和吸振器可以降低系统的响应。（ ）
3. 振动控制就是消除或者减小振动。（ ）
4. 旋转的不平衡圆盘造成的振动可通过在圆盘上增加一个合适的质量来消除。（ ）
5. 转子的任何不平衡量都可以由两端面上的等效不平衡量来代替。（ ）
6. 轴承中的油膜振荡会导致转子系统失稳。（ ）
7. 系统的固有频率可以通过改变系统阻尼来改变。（ ）
8. 改变轴承的位置会使旋转轴的刚度发生变化。（ ）
9. 所有的实际系统都有阻尼。（ ）
10. 材料的高损失系数意味着有较小的阻尼。（ ）
11. 被动隔振系统要求有外界能源来实现其作用。（ ）
12. 传递率也称作传递比。（ ）
13. 通过隔振器传递给刚性基础的力不会是无穷大。（ ）
14. 转动轴速度大于第一临界速度时，内部和外部的摩擦会导致失稳。（ ）

9.3 填空题

1. 在________附近，即使是很小的激励也会引起非常大的响应。
2. 机械零件较高的加工精度和较高的表面质量对振动有________作用。

3. 旋转的圆盘有不平衡量会导致________。
4. 当轴的转速等于轴的某一固有频率时被称为________速度。
5. 活塞式发动机的运动部件有曲柄、连杆和________。
6. 活塞式发动机惯性力的垂直分量有主要部分和________部分。
7. 层状结构有________阻尼。
8. 与一般的材料相比,损失系数较大的材料受到的应力________。
9. 振动隔离主要是在振动质量和________之间嵌入弹性元件。
10. 软木是一种________隔离器。
11. 主动隔振器包括传感器、数据处理器和________。
12. 振动中和器也叫做________。
13. 虽然无阻尼吸振器改变了原始响应的共振点,却引起了________新的共振点。
14. 单面平衡也称为________。
15. 使用振动分析仪进行平衡时,________面平衡用到了相位标记。
16. 机械加工误差会导致旋转机械________。
17. 燃烧不稳定是发动机________的原因之一。
18. 在________速度时,旋转轴的变形会非常大。
19. 轴承中的油膜振荡会导致挠性转子系统________。

9.4 选择题

1. 下列振源中不能被改变的是________。
   (a) 大气湍流　　(b) 锤子的敲击　　(c) 汽车轮胎的刚度
2. 双面平衡也被称作________。
   (a) 静平衡　　(b) 动平衡　　(c) 完全平衡
3. 到圆心距离为 r 的偏心质量 m 以角速度 ω 旋转时产生的不平衡力为________。
   (a) $mr^2\omega^2$　　(b) $mg\omega^2$　　(c) $mr\omega^2$
4. 下列材料中内阻尼最大的是________。
   (a) 铸铁　　(b) 铜　　(c) 黄铜
5. 传递率是________的比值。
   (a) 被传递的力与激振力
   (b) 作用力与其所引起的位移
   (c) 输入位移与输出位移
6. 机械阻抗是________的比值。
   (a) 被传递的力与激振力　　(b) 作用的力与被传递的力　　(c) 作用的力与位移
7. 振动________可以通过理论分析消除。
   (a) 有时　　(b) 总是　　(c) 永远不

8. 较长的转子可以通过在________增加质量实现平衡。

(a) 一个平面　　(b) 任意两个平面　　(c) 两个确定的平面

9. 由轴的材料的内部摩擦产生的阻尼称作________。

(a) 稳态阻尼　　(b) 外部阻尼　　(c) 旋转阻尼

10. 转轴轴承的支承结构产生的阻尼称作________。

(a) 稳态阻尼　　(b) 内部阻尼　　(c) 旋转阻尼

11. 无阻尼吸振器改变了原始的共振点，却产生了________。

(a) 一个新共振点　　(b) 两个新共振点　　(c) 多个新共振点

9.5 连线题

1. 控制固有频率　　(a) 引入阻尼
2. 避免共振时过大的响应　　(b) 使用隔振器
3. 减少激振力从一部分传递到另一部分　　(c) 增加吸振器
4. 减小系统的响应　　(d) 避免共振

习　题

§9.2 振动列线图和振动标准

9.1 一辆汽车行驶在按正弦规律变化的不平路面上。汽车可以简化为一个弹簧-质量系统，如图9.43所示。正弦曲面的波长是5 m，振幅为$Y=1$ mm。如果汽车的质量(包括乘员)为1500 kg，系统的悬架刚度k是400 kN/m。求汽车乘员能感受到振动时行驶速度v的范围，并提出改进乘坐舒适性的方案。

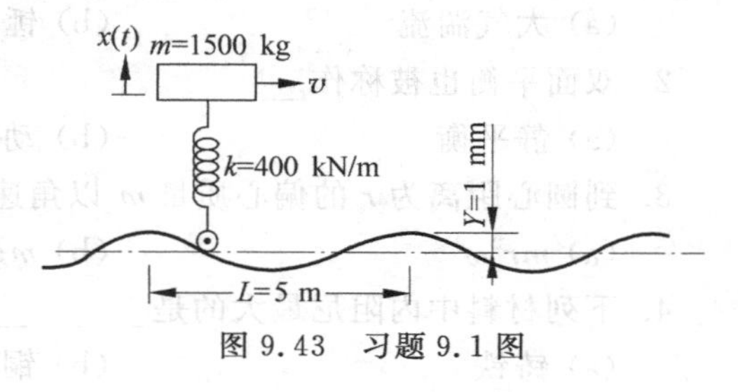

图 9.43 习题 9.1 图

9.2 信号$x(t)$的均方根x_{rms}定义为

$$x_{\text{rms}}=\left[\lim_{T\to\infty}\frac{1}{T}\int_0^T x^2(t)\,\mathrm{d}t\right]^{1/2}$$

根据以上定义，计算出对应于$x(t)=X\cos\omega t$的位移、速度和加速度的均方根x_{rms}，$\dot{x}_{\text{rms}}$和$\ddot{x}_{\text{rms}}$。

§9.4 旋转机械的平衡

9.3 安装在一根轴上的两个相同的圆盘用4个型号不同的螺栓连接在一起，如图9.44所示。其中3个螺栓的位置和质量如下：

$$m_1 = 35\ \text{g},\quad r_1 = 110\ \text{mm},\quad \theta_1 = 40°$$
$$m_2 = 15\ \text{g},\quad r_2 = 90\ \text{mm},\quad \theta_2 = 220°$$
$$m_3 = 25\ \text{g},\quad r_3 = 130\ \text{mm},\quad \theta_3 = 290°$$

确定第4个螺栓的位置和质量(m_c,r_c,θ_c),使圆盘满足静平衡。

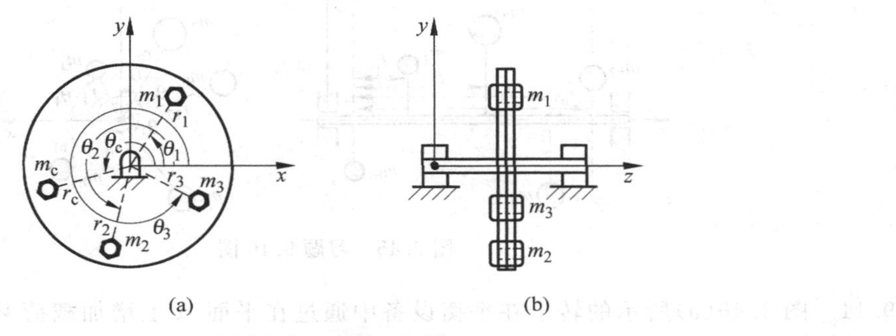

图9.44 习题9.3图

9.4 在一个均质圆盘上距圆心为4 in处钻了4个孔,角度分别是0°,60°,120°,180°。孔1,2去除的质量为4 oz,孔3,4去除的质量为5 oz。如果计划在距圆心为5 in处钻第5个孔,使圆盘实现静平衡,求第5个孔去除的质量和角度位置。

9.5 3个质量块的重量分别是0.5 lbf,0.7 lbf,1.2 lbf,粘接在一个直径为30 in的飞轮上,角度位置分别是$\theta=10°,100°,190°$。求使飞轮实现动平衡需增加的第4个质量块的重量和角度位置。

9.6 具有初始不平衡量的砂轮,转速为1200 r/min时的振幅是10 mil①,相角在逆时针方向与相位标记夹40°。在距圆心为2.5 in、在顺时针方向与相位标记线夹角为65°处增加一个大小为6 oz的实验载荷后,振幅和相角变为19 mil和150°(逆时针)。如果平衡载荷被粘附在距圆心为2.5 in处,求平衡载荷的大小和角度位置。

9.7 不平衡的飞轮振幅是6.5 mil,相位与相位标记顺时针方向夹角为15°。在与角度标记逆时针夹角45°处增加一个重2 oz的实验载荷后,振幅变为8.8 mil,相角是35°(逆时针)。求所需平衡载荷的大小和角度位置。假定平衡载荷也加在距圆心相同距离的位置上。

9.8 一个不平衡的砂轮,沿顺时针方向转动,速度为2400 r/min。利用振动分析仪可以观察到振幅为4 mil,相角为45°。在与相位标记顺时针方向夹角为20°处增加一个重$W=4$ oz的实验载荷后,振幅变为8 mil,相角是145°。如果相角是从右手侧的水平线沿逆时针方向测量的,求所需平衡质量的大小和位置。

9.9 汽轮机转子在系统的固有频率下运行。频闪观测仪显示转子的最大偏移发生在沿转动方向229°处。为改善转子的平衡,应在哪个角度位置上去除质量?

---

① 1 mil(密耳)=0.001 in。

9.10 一个转子在不同平面上存在3个偏心质量，如图9.45所示。质量m_i的轴向、径向和角度位置分别是$l_i, r_i, \theta_i, i=1,2,3$。对转子进行动平衡，分别在半径为$r_{b1}$和$r_{b2}$、角度为$\theta_{b1}$和$\theta_{b2}$的位置增加两个质量$m_{b1}$和$m_{b2}$，推导$m_{b1}r_{b1}, m_{b2}r_{b2}, \theta_{b1}$和$\theta_{b2}$的表达式。

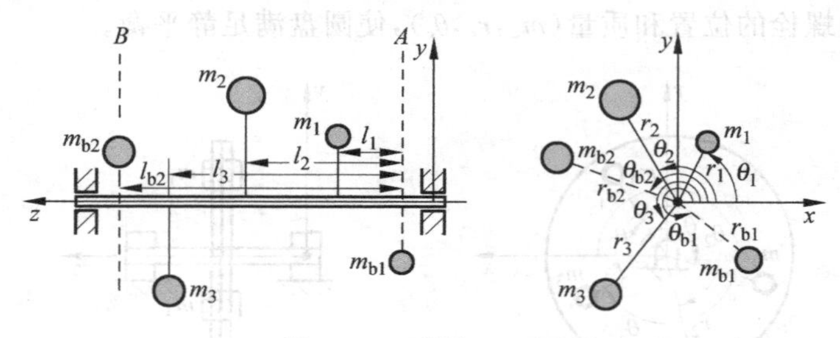

图9.45 习题9.10图

9.11 图9.46(a)所示的转子在平衡设备中通过在平面A上增加载荷$W_1=W_2=0.2$ lbf，在平面D上增加$W_3=W_4=0.2$ lbf暂时达到了平衡。所有的载荷都增加在距圆心为3 in处，见图9.46(b)。如果在平面B,C上距圆心为4 in处钻孔使转子达到永久的平衡，求去除质量的大小和位置。假定载荷W_1到W_4将从平面A和D上移除。

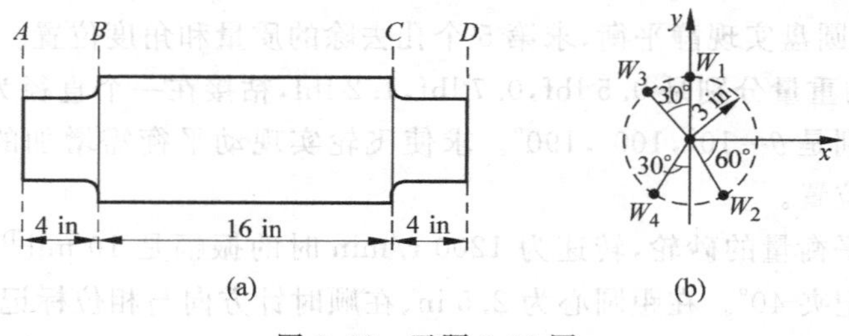

图9.46 习题9.11图

9.12 一根轴安装在轴承B和F上。在C,D,E平面上，半径为2 in，3 in，1 in处分别有2 lbf，4 lbf，3 lbf的不平衡量，如图9.47所示。要使作用在轴承上的动载荷为零，求需要在A和G两个端面上增加的平衡载荷的重量和角度位置。

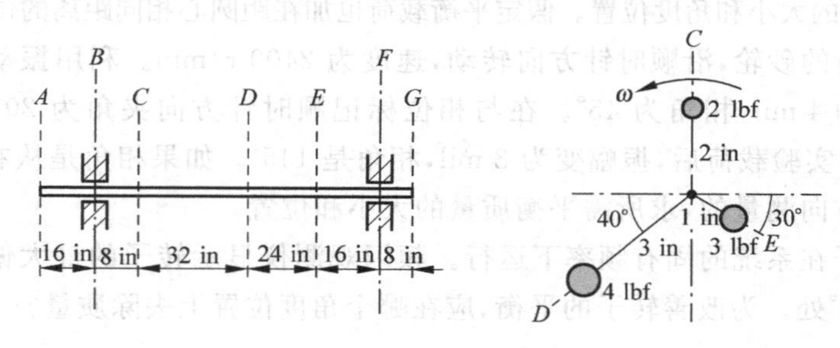

图9.47 习题9.12图

9.13　下面表格中的数据是在对转子进行双面平衡时得到的。试确定平衡质量的大小和角度位置。假定所有的角度都是从任意的相位标记线处量起的，各平衡质量的位置到圆心的距离相等。

条　件	振幅/mil		相角/(°)	
	轴承 A	轴承 B	轴承 A	轴承 B
初始不平衡	5	4	100	180
左端面30°处增加 $W_L=2$ oz	6.5	4.5	120	140
右端面 0°处增加 $W_R=2$ oz	6	7	90	60

9.14　图 9.48 是一个转动系统。一根轴在 A 和 B 两点由轴承支承。3 个质量块 m_1,m_2,m_3 被连接在轴上。(a)当轴的转速为 1000 r/min 时，求 A 和 B 两处轴承的反作用力。(b)在 L 和 R 两个平面上距圆心为 0.25 m 处增加平衡质量，试确定其大小和位置。假设平面 L 和 R 分别是通过轴承 A,B 的平面。

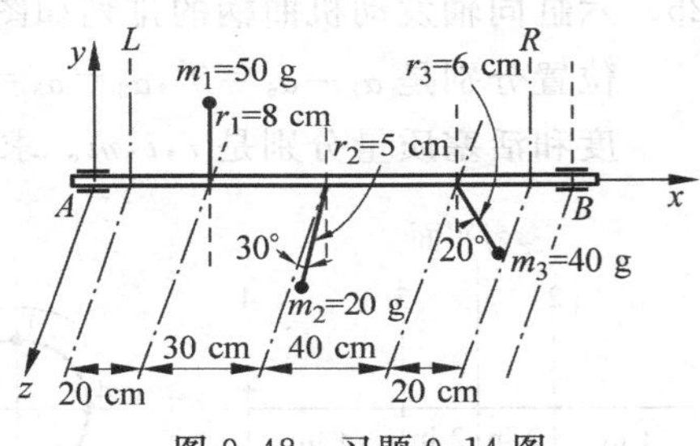

图 9.48　习题 9.14 图

§9.5　轴的涡动

9.15　一个重 100 lbf 的飞轮，偏心距为0.5 in，安装在一根钢质的轴上。轴的直径为1 in。如果轴承之间的长度为 30 in，飞轮的转速为1200 r/min，求：(a)临界速度；(b)转子的振幅；(c)传递到轴承上的力。

9.16　一根轴安放在两个轴承上，在它的中间部位有一个不平衡的集中质量。推导轴中应力的表达式。

9.17　一根钢质轴，长 1 m，直径为 2.5 cm，两端由轴承支承，工作转速为 6000 r/min。在轴的中部装有涡轮盘，涡轮的质量为 20 kg，偏心距为 0.005 m。系统阻尼可以用阻尼比为 $\zeta=0.01$ 的黏性阻尼等效。确定以下转速下轮盘的涡动幅度：(a)工作转速；(b)临界转速；(c)1.5 倍临界转速。

9.18　求习题 9.17 所述系统在以下情况下的轴承反作用力和轴的最大弯曲应力：(a)工作转速；(b)临界转速；(c)1.5 倍临界转速。

9.19　假设习题 9.17 中轴的材料为铝，对其进行求解。

9.20　假设习题 9.18 中轴的材料为铝，对其进行求解。

9.21　一根轴的刚度系数为 3.75 MN/m，转速为 3600 r/min，有一质量为 60 kg、偏心为 2000 μm 的转子安装在轴上。求：(a)转子的稳态振幅；(b)转子启动和停车时的最大振幅。假设系统的阻尼比为 0.05。

§9.6 活塞式发动机的平衡

9.22 四缸同轴的发动机汽缸间的轴向距离为12 in。曲柄长度相等，都是4 in，它们的角度位置分别是0°，180°，180°，0°。如果连杆的长度为10 in，每个汽缸的往复运动重量均为2 lbf。求转速为3000 r/min时的不平衡力和不平衡力矩。以汽缸1的中心线为参考平面。

9.23 两缸同轴的发动机，每个汽缸的活塞质量、曲柄半径、连杆长度分别是m，r和l。两汽缸曲柄的夹角为180°。求发动机的不平衡力和不平衡力矩。

9.24 一台四缸同轴的发动机，每个汽缸的活塞重量为3 lbf，冲程为6 in，连杆长10 in。曲柄间距为4 in，夹角为90°，如图9.49所示。求发动机转速为1500 r/min时不平衡力和不平衡力矩的主要部分和次要部分，参考平面如图9.49所示。

9.25 六缸同轴发动机曲柄的排列如图9.50所示。汽缸之间的轴向距离均为a，曲柄的角位置分别是$\alpha_1=\alpha_6=0°$，$\alpha_2=\alpha_5=120°$，$\alpha_3=\alpha_4=240°$。每个汽缸的曲柄长度、连杆长度和活塞质量分别是r，l，m。求不平衡力和不平衡力矩，参考平面如图9.50所示。

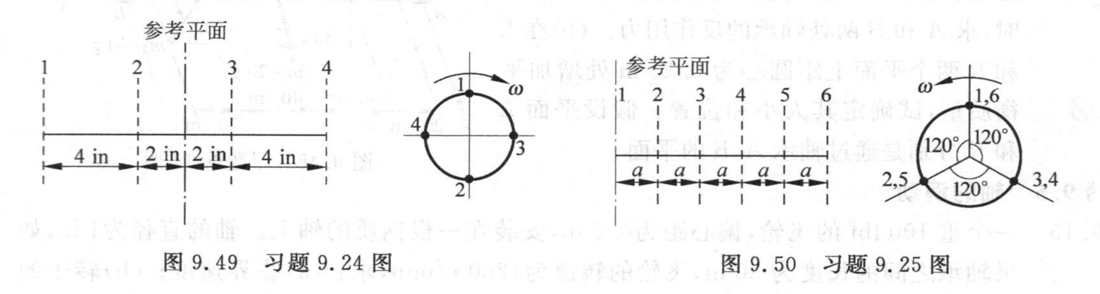

图9.49 习题9.24图　　图9.50 习题9.25图

9.26 一单缸发动机的总质量为150 kg，其中活塞质量为5 kg，旋转质量为2.5 kg。行程($2r$)为15 cm，转速为600 r/min。(a)如果发动机被安装在刚度非常小的弹簧上，求发动机垂直方向的振幅。(b)如果发动机安装在刚性基础上，求传递到基础的力的幅值。假定连杆是无限长。

§9.10 振动隔离

9.27 安放在控制台上的电子仪器要进行隔振，控制台振动的频率范围是25～35 Hz。为防止对仪器造成损坏，必须将振动至少隔离80%。如果仪器重85 N，求隔振器的静变形。

9.28* 有轻微不平衡的排气扇，重800 N，工作转速600 r/min。当排气扇启动通过共振区时，要求传递率不超过2.5，并且要求在工作转速下能隔离90%的振动。为排气扇设计一个合适的隔振器。

9.29* 质量为500 kg的空气压缩机有一50 kg·cm的偏心，[①]工作转速为300 r/min。若将

* 表示此题为设计题或无唯一解的题。

① 中文书中一般把偏心质量和偏心距分开说，原著这样给相当于告诉了偏心质量和偏心距的乘积。——译者

其安装在：(a)一个阻尼忽略的弹簧隔振器上；(b)阻尼比为 0.1,刚度忽略不计的冲击吸振器上。请选择合适的支承方式,并确定设计的细节(考虑压缩机的静变形、传递率和振幅)。

9.30 调速电机铁芯的质量为 200 kg,由于加工误差而造成一个不平衡量。电机安装在刚度为 10 kN/m 的隔振器上,其阻尼器的阻尼比为 0.15。(a)求传递到基础的力的幅值大于激振力幅值的速度范围；(b)求传递到基础的力的幅值小于激振力幅值的10%的速度范围。

9.31 洗碗机重 150 lbf,工作转速为 300 r/min。求隔振 60%的隔振器的最小静变形。假定隔振器阻尼忽略不计。

9.32 洗衣机的质量为 50 kg,工作转速为 1200 r/min。求隔振 75%的隔振器的最大刚度。假定隔振器的阻尼比为 7%。

9.33 排气扇的质量为 80 kg,转速为 1000 r/min,对刚性基础产生交变力的最大值为 10000 N。如果要求使用阻尼隔振器后传递到基础的力不超过 2000 N。试确定：(a)隔振器的最大允许刚度；(b)隔振器取最大允许刚度时排气扇的稳态振幅；(c)使用隔振器后排气扇启动时的最大振幅。

9.34 印刷机的质量为 300 kg,工作转速为 3000 r/min,对刚性基础产生的交变力的最大值为 30000 N。设计满足以下条件的黏性阻尼隔振器：(a)静位移尽可能小；(b)稳态振幅小于 2.5 mm；(c)启动时的振幅不超过 20 mm；(d)传递到基础的力小于 10000 N。

9.35 质量为 120 kg 的压缩机,转动不平衡量的大小为 0.2 kg · m。如果隔振器的刚度为 0.5 MN/m,阻尼比为 0.06,并要求传递到基础的力不超过 2500 N,求压缩机工作速度的范围。

9.36 一台内燃机有 1.0 kg · m 的转动不平衡量,工作转速在 800～2000 r/min 之间。如果直接将其安装在地板上,转速为 800 r/min 时传递给地板的力为 7018 N,转速为 2000 r/min 时传递给地板的力为 43865 N。求在工作速度范围内能够将传递到地板的力减少到 6000 N 的隔振器的刚度。假定隔振器的阻尼比是 0.08,内燃机质量为 200 kg。

9.37 一台小型机械的质量为 100 kg,工作转速为 600 r/min。求能隔离 90%振动的无阻尼隔振器的静变形。

9.38 一台柴油机的质量为 300 kg,工作转速为 1800 r/min,有 1 kg · m 的转动不平衡量,将其安装在地面上为工业设备提供动力。允许传递到地面的力的最大值是 8000 N,唯一可以使用的隔振器的刚度为 1 MN/m,阻尼比为 5%。讨论这个问题的可能解决方案。

9.39 内燃机的质量为 500 kg,直接安装在刚性地板上时传递到地板的力为

$$F_t(t) = 18000\cos 300t + 3600\cos 600t \ (\mathrm{N})$$

设计合适的无阻尼隔振器,使得传递到地板的力的最大值不超过 12000 N。

9.40 设计汽车悬架，使得当汽车以40～80 mile/h行驶在按 $y(u)=0.5\sin 2uft$（这里 u 为水平方向的位移）变化的路面上时，司机所承受的竖直方向的加速度不超过 $2g$。汽车的重量（连同司机）为1500 lbf，悬架的阻尼比为0.05。汽车的简化模型为一个单自由度系统。

9.41 考虑一个有库仑阻尼（产生一个大小不变的摩擦力 F_c）的单自由度系统。当质量受到一个简谐激励 $F(t)=F_0\sin\omega t$ 时，推导力传递率的表达式。

9.42 考虑一个有库仑阻尼（产生一个大小不变的摩擦力 F_c）的单自由度系统。当基础有一个按简谐规律变化的位移 $y(t)=Y\sin\omega t$ 时，推导绝对和相对位移的传递率。

9.43 一台洗衣机的质量为200 kg，有0.02 kg·m的不平衡量。将其安装在隔振器上时，在静载荷的作用下隔振器产生5 mm的变形。求工作转速为1200 r/min时：(a)洗衣机的振幅；(b)传递到基础的力。

9.44 一台电动机的质量为60 kg，转速为3000 r/min，有0.002 kg·m的不平衡量，将其安装在隔振器上，要求力传递率小于0.25。确定：(a)隔振器的刚度；(b)电机的动态振幅；(c)传递到基础的力。

9.45 一台发动机通过4根弹簧安装在刚性基础上。发动机工作时产生一个激振力，频率为3000 r/min。如果发动机的重量导致弹簧产生10 mm的变形，求传递到基础的力的减小量。

9.46 精密电子系统的质量为30 kg，通过一个弹簧-阻尼系统支撑在建筑物的地板上。该建筑物简谐运动的频率范围为10～75 Hz。若支撑系统的阻尼比为0.25，且要求在此频率范围内传递给电子系统的运动振幅小于地板振动振幅的15%，试确定支撑系统的刚度。

9.47 一个重2600 lbf的机械通过弹簧隔振安装在基础上。一个重 $w=60$ lbf的活塞在机械内部以600 r/min的速度作上下运动，冲程为15 in。如果认为这个过程是简谐运动，试确定传递给基础的力的最大值，如果(a) $k=10000$ lbf/in，(b) $k=25000$ lbf/in。

9.48 印刷电路板的质量为1 kg，通过一个无阻尼隔振器安装在基础上。工作时，基础受到一个幅值为2 mm、频率为2 Hz的谐波干扰（运动）。设计这个隔振器，使得传递到印刷电路板的位移不超过基础运动振幅的5%。

9.49 一个质量为10 kg的电子仪器，通过一个隔振垫安装在基础上。假设隔振垫的基础受到一个大小为10 mm/s的阶跃速度形式的冲击，如果该仪器的最大允许变形和加速度分别是10 mm和 $20g$，求隔振垫的刚度。

9.50 质量为 10^5 kg的水箱安放在钢筋混凝土柱子上，如图9.51(a)所示。一颗炮弹击中水箱时产生了一个阶跃力形式的冲击，如图9.51(b)。如果水箱的最大偏移不能超过0.5 m，确定柱子的刚度。冲击响应谱如图9.51(c)。

9.51 单自由度黏性阻尼系统中，质量块的重量是60 lb，弹簧常数为400 lb/in，其支撑承受简谐振动，(1)若支撑振动的振幅是2.0 in，共振时质量块的稳态振幅是5 in，确定系统的阻尼比；(2)当支撑振动的频率是10 Hz时，质量块的稳态振幅是1.5 in，确定传递到地基的力的幅值。

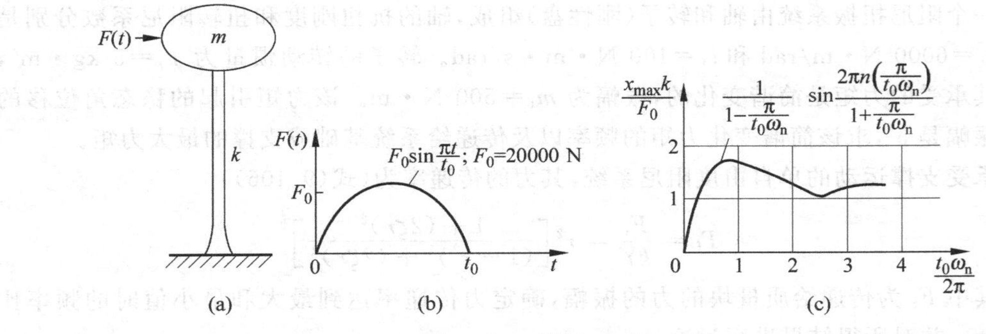

图 9.51　习题 9.50 图

9.52　质量为 m，阻尼系数为 c，刚度为 k 的一个单自由度系统用来表示一个行驶在不平路面上的汽车的简化模型。正弦波路面的振幅是 Y，波长是 l，如果汽车的行驶速度是 v，推导质量块 m 竖向运动的表达式。

9.53　一个质量是 100 kg 的敏感仪器，其安装位置发生的简谐运动频率为 20 Hz、加速度为 0.5 $\mathrm{m/s^2}$。如果将该仪器安装在一个刚度为 $k=25\times10^4$ N/m、阻尼比为 $\zeta=0.05$ 的隔振器上，确定该仪器的最大加速度。

9.54　发动机的工作转速范围为 1000～3000 r/min，为对某个质量为 20 kg 的电子仪器进行隔振，即降低发动机振动对它的影响，确定无阻尼隔振器的刚度以使得可以达到 90% 的隔振效率。

9.55　如图 9.52 所示，一个由 4 个相同的弹簧支撑的精密仪器装在一个刚性箱子内，其重量为 200 N，每个弹簧的刚度均为 50000 N/m。该箱子用卡车运输，如果卡车产生的竖向简谐运动形式为 $y(t)=0.02\sin 10t$(m)，确定该仪器的最大位移、最大速度和最大加速度。

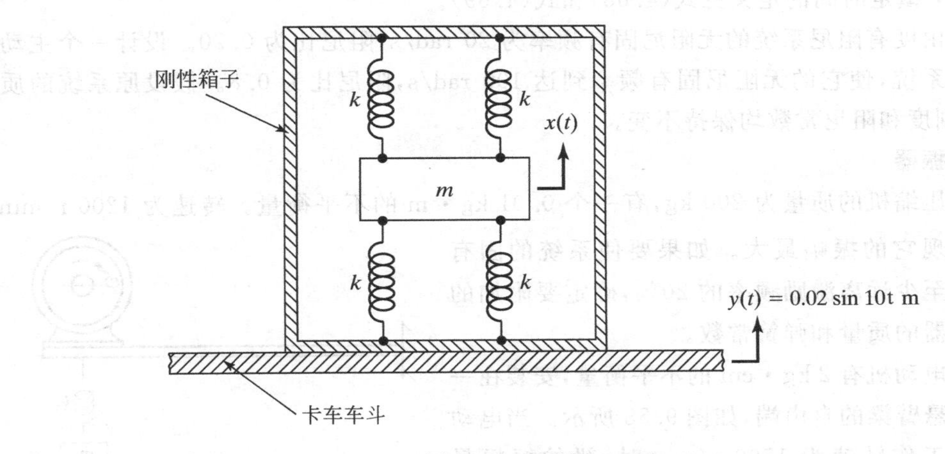

图 9.52　习题 9.55 图

9.56　一个阻尼扭振系统由轴和转子(刚性盘)组成，轴的抗扭刚度和扭转阻尼系数分别是 $k_t=6000$ N·m/rad 和 $c_t=100$ N·m·s/rad。转子的转动惯量为 $J_0=5$ kg·m²，其承受的力矩是简谐变化的，振幅为 $m_t=500$ N·m。该力矩引起的稳态角位移的振幅是5°，求该简谐变化力矩的频率以及传递给系统基础或支撑的最大力矩。

9.57　承受支撑运动的单自由度阻尼系统，其力的传递率为(式(9.106))

$$T_f=\frac{F_t}{kY}=r^2\left[\frac{1+(2\zeta r)^2}{(1-r^2)^2+(2\zeta r)^2}\right]^{\frac{1}{2}}$$

其中 F_t 为传递给质量块的力的振幅，确定力传递率达到最大和最小值时的频率比(r)，并对所得结果进行讨论。

9.58　一单自由度有阻尼系统承受的支撑运动形式为 $y(t)=Y\sin\omega t$，推导用相对位移 $\frac{Z}{Y}$ 表示的传递率的表达式($Z=Y-X$)。

9.59　冰箱压缩机的质量为75 kg，转速为900 r/min，运行时承受的动态力为200 N，其由4个相同的弹簧支撑(弹簧的刚度为 k，阻尼可以忽略不计)。如果要求仅15%的动态力传递到支撑或基础，确定相应的 k 值，同时确定应为压缩机组提供的间隙空间。

9.60　一个质量为20 kg的电子设备需要进行隔振设计，以使得系统的固有频率为15 rad/s，阻尼比为0.95。可用的阻尼器能产生的阻尼系数(c)范围是10～80 N·s/m。问利用被动控制系统能否达到所期望的阻尼比。如果不能，设计一个合适的主动控制系统以得到所需的阻尼比。

9.61　一单自由度阻尼系统的质量为5 kg，刚度 k 为20 N/m，阻尼系数为5 N·m/s。设计一个主动控制器以使得该闭环系统的镇定时间不超过15 s。

提示：镇定时间的定义见式(4.68)和式(4.69)。

9.62　单自由度有阻尼系统的无阻尼固有频率为20 rad/s，阻尼比为0.20。设计一个主动控制系统，使它的无阻尼固有频率到达100 rad/s，阻尼比为0.8。假设原系统的质量、刚度和阻尼常数均保持不变。

§9.11　吸振器

9.63　空气压缩机的质量为200 kg，有一个0.01 kg·m的不平衡量。转速为1200 r/min时发现它的振幅最大。如果要使系统的固有频率至少远离激励频率的20%，确定要附加的吸振器的质量和弹簧常数。

9.64　一台电动机有2 kg·cm的不平衡量，安装在一钢制悬臂梁的自由端，如图9.53所示。当电动机的工作转速为1500 r/min时，梁的振幅最大。现要安装一个吸振器来减小梁的振动。

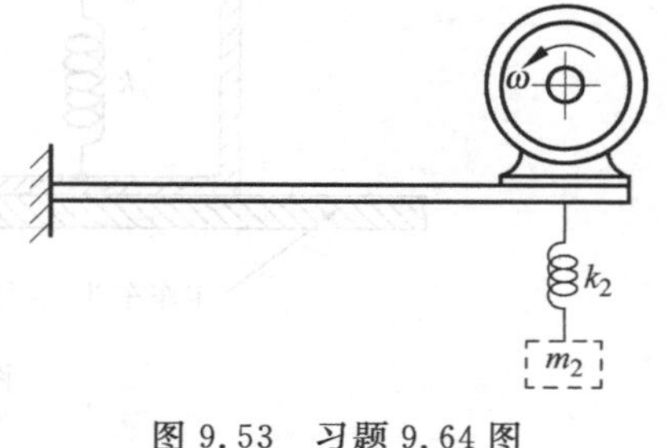

图9.53　习题9.64图

(a)求吸振器和电动机的质量比,使安装吸振器后系统的固有频率为电动机工作转速的 75%。(b)如果电动机的质量为 300 kg,确定吸振器的质量和刚度。(c)求吸振器质量的振幅。

9.65* 热力公司给供热锅炉供水的水管,当水泵转速为 800 r/min 时会发生剧烈振动。为了减小振动,在水管上安装了一个吸振器(由刚度为 k_2 的弹簧和一个质量为 1 kg 的实验载荷 m_2' 组成)。这使得系统的固有频率为 750 r/min 和 1000 r/min。为了使系统的固有频率在水泵的转速范围 700～1040 r/min 之外,求满足要求的 k_2 和 m_2 的值。

9.66 一台活塞式发动机安装在某建筑物的二楼。该建筑物可以看作是 4 根弹性柱子支承着的一个矩形刚性平板。发动机和楼板的等效重量为 2000 lbf。当发动机以额定转速 600 r/min 工作时,楼板会产生剧烈的振动。现欲在楼板的底部悬挂一个弹簧-质量系统来减振。假定弹簧刚度为 $k_2=5000$ lbf/in。求:(a)吸振器质量块的质量;(b)安装吸振器后系统的固有频率。

9.67* 为使习题 9.66 中系统的固有频率远离激励频率至少 30%,求 k_2 和 m_2 的值。

9.68* 一根空心轴的外径为 2 in,内径为 1.5 in,长 30 in,轴上装有一个直径为 15 in、重 100 lbf 的圆盘。将另外一根长 20 in,上面装有一个直径 6 in、重 20 lbf 圆盘的轴安装在第一个圆盘上,如图 9.54。如果要求附加的轴盘系统起到吸振器的作用,求满足要求的轴的外径和内径。

9.69* 一个转子的转动惯量为 $J_1=15\ \text{kg}\cdot\text{m}^2$,安装在一根扭转刚度为 0.6 MN·m/rad 的钢质轴的一端。当转子受到一个谐波扭转激励 $300\cos 200t$ N·m 时会发生剧烈的振动。一个扭转刚度为 k_{t2}、转动惯量为 J_2 的调谐吸振器安装在转子上以吸收其振动。若要求系统的固有频率远离激励频率不小于 20%,求 k_{t2} 和 J_2 的值。

9.70 绘制 $\omega_2/\omega_1=0.1$ 和 $\omega_2/\omega_1=10$ 时,Ω_1/ω_2 与 m_2/m_1、Ω_2/ω_2 与 m_2/m_1 的关系曲线,m_2/m_1 的取值范围为 0～1.0。

9.71 假定 $\omega_1=\omega_2$,$m_2=0.1m_1$,为使 $|X_1/\delta_{st}|$ 限制为 0.5,求无阻尼吸振器工作时的频率比 ω/ω_2 的范围。

9.72 无阻尼吸振器的质量为 30 kg,刚度为 k,安装在一个质量为 40 kg、刚度为 0.1 MN/m 的弹簧-质量系统上。当主质量(40 kg)受到一个幅值为 300 N 的谐波激振力时,其稳态振幅为零。求吸振器质量的稳态振幅。

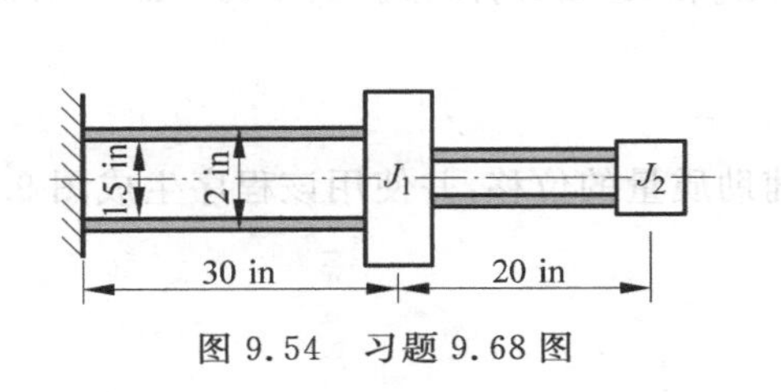

图 9.54　习题 9.68 图

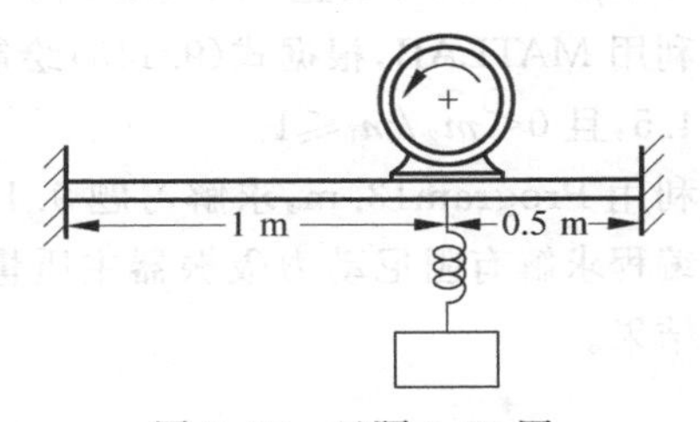

图 9.55　习题 9.73 图

9.73 如图 9.55 所示,一台质量为 20 kg 的电动机,工作转速为 1350 r/min,安装在横截面宽15 cm、高12 cm的钢质两端固支梁上。电动机有0.1 kg·m的转动不平衡量。电机稳定工作时，安装在电机下方的无阻尼吸振器抑制了梁的振幅。如果要求吸振器质量的振幅小于2 cm，求吸振器的质量和刚度。

9.74 车辆从桥上经过时会产生一个幅值为600 N的谐波载荷，从而引起桥梁发生剧烈振动。将桥梁简化为一个质量为15000 kg、刚度为2 MN/m的无阻尼弹簧-质量系统，为其设计一个合适的调频阻尼吸振器，并确定使用吸振器后桥梁振幅的改进效果。

9.75 一台小型电动机重100 lbf，固有频率为100 rad/s。计划使用一重为10 lbf的无阻尼吸振器来对其进行减振。若电动机的工作转速为80 rad/s，确定吸振器的刚度。

9.76 图9.56所示的系统，有一个简谐力作用在质量块 m 上。求使质量块 m 的稳态位移为零的条件。

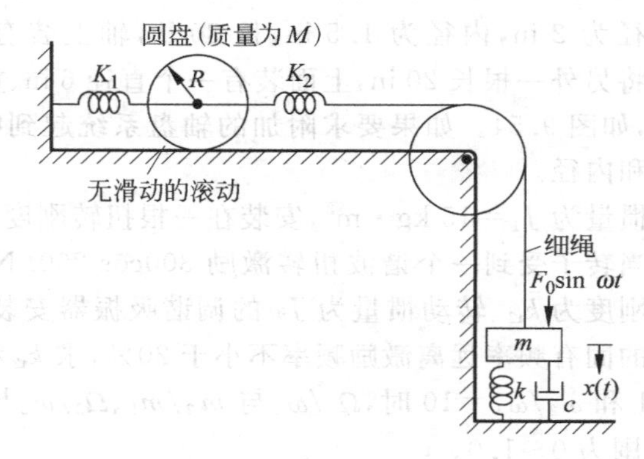

图9.56 习题9.76图

§9.12 利用MATLAB求解的例子

9.77 利用MATLAB，绘制 $\zeta=0,0.25,0.5,0.75$ 和1时式(9.94)的图形，其中 $0\leqslant r\leqslant 3$。

9.78 利用MATLAB，绘制式(9.140)和式(9.141)的图形，参数如下：$f=1$；$\zeta=0.2,0.3,0.4$；$\mu=0.2,0.5$；且 $0.6\leqslant \omega/\omega_1$。

9.79 利用MATLAB，根据式(9.140)绘制 Ω_1/ω_2 和 Ω_2/ω_2 的图形。其中，$\omega_2/\omega_1=1.5,3.0,4.5$，且 $0<m_2/m_1\leqslant 1$。

9.80 利用Program13.m，求解习题9.13。

9.81 编程求解有阻尼动力吸振器主质量和辅助质量的位移，并使用该程序生成图9.38的结果。

设计题目

9.82　起重机、锻床和空气压缩机工作时产生的振动传递给了附近的铣床。在进行特种精密加工时，这种振动是有害的。起重机、锻床和空气压缩机安装位置处地面的振动分别是 $x_c(t)=A_c e^{-\omega_c \zeta_c t}\sin \omega_c t$，$x_f(t)=A_f \sin \omega_f t$，$x_a(t)=A_a \sin \omega_a t$。其中，$A_c=20\ \mu\text{m}$，$A_f=30\ \mu\text{m}$，$A_a=25\ \mu\text{m}$，$\omega_c=10\ \text{Hz}$，$\omega_f=15\ \text{Hz}$，$\omega_a=20\ \text{Hz}$，$\zeta_c=0.1$。地面的振动在土壤中以剪切波的形式传播，速度为 980 ft/s，振幅按照以下的规律衰减：$A_r=A_0 e^{-0.005r}$，其中，A_0 为振源的振幅，A_r 为距振源 r ft 处的振幅。起重机、锻床、空气压缩机距铣床的距离分别是 60 ft，80 ft，40 ft。实验测得在竖直方向振动时铣床工作头的等效质量、刚度和阻尼比分别是 500 kg，480 kN/m 和 0.15。铣床底座的等效质量为 1000 kg。计划在铣床底座上安装一个吸振器以提高切削精度[9.2]，如图 9.57 所示。为铣床设计一个合适的隔振器（包括一个质量、一个弹簧和一个阻尼器），如图 9.57(b)所示，使得由全部 3 处振源产生的铣刀相对于被加工平面的竖向位移峰-峰值不超过 5 μm。

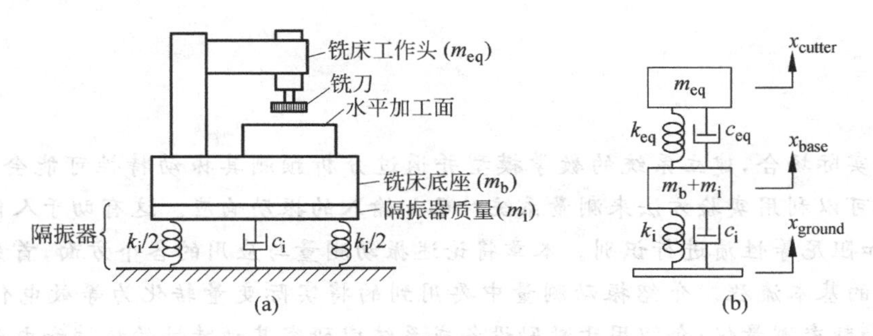

图 9.57　设计题目 9.82 图

基尔霍夫(Gustav Robert Kirchhoff,1824—1887),德国物理学家、化学家。1848 年开始任教于柏林大学,后来在海德堡任物理学教授。1859 年在海德堡完成了他对物理学的主要贡献,即通过实验和理论分析发现电磁辐射的基本原理。他还在电路和弹性理论方面做出了重大贡献。1850 年发表了关于板的理论的若干重要论文,首次给出了一个令人满意的板的弯曲振动理论以及准确的边界条件。1875 年又回到柏林大学任理论物理学教授。

(蒙 *Applied Mechanics Reviews* 授权使用。)

第 10 章 振动测量与应用

导读

在某些实际场合,建立系统的数学模型并通过分析预测其振动特性可能会难度很大。这时我们就可以利用实验方法来测量系统对已知输入的振动响应。这有助于人们对系统的质量、刚度和阻尼等性质进行识别。本章将论述振动测量与应用的各个方面,首先概要地给出振动测量的基本流程。介绍振动测量中要用到的将实际变量转化为等效电信号的传感器、拾振器和频率测量仪;介绍用于激励设备或系统以研究其动特性的机械和电动式激振器的工作原理;概要介绍与确定并以一个方便的方式呈现系统在已知激励下的响应相关的信号分析以及关于谱分析仪、带通滤波器和带宽分析仪的说明。实验模态分析是通过振动实验来确定系统的固有频率、阻尼比和主振型。介绍振动测量必需的仪器、数字信号处理、随机信号分析以及如何从观测到的峰值和奈奎斯特(Nyquist)图确定模态数据。介绍与设备运行状态监测和故障诊断相关的振动强度规范、设备维护技术、设备运行状态监测技术和仪器系统。最后给出了画奈奎斯特圆和加速度表达式的 MATLAB 程序。

学习目标

学完本章后,读者应能达到以下几点:

- 熟悉不同种类的传感器、拾振器和频率测量仪。
- 了解机械和电动式激振器的工作原理。
- 掌握数字分析的过程。

- 熟悉确定固有频率、阻尼比和主振型的实验模态分析技术。
- 了解设备运行状态监测的相关知识。
- 利用 MATLAB 画奈奎斯特圆并实现讨论的分析方法。

10.1 引言

在工程实际中，由于以下原因，使得振动测量变得十分必要：

(1) 对生产效率越来越高的要求以及设计时基于经济方面的考虑，要求机器以较高的速度运转①和大量使用轻质的结构材料。这些趋势使得机器在运行过程中发生共振的可能性更大，且降低了系统的可靠性。因此，为了保证足够的安全裕度，定期对机械或结构系统的振动特性进行测试十分必要。任何观察到的固有频率或其他振动特征的变化，往往表明机器系统已经发生了故障或需要及时维修。

(2) 结构或机器系统固有频率的测量对选择附近机械设备的运转速度以避免共振是非常有用的。

(3) 由于在进行分析时可能采用了某些假设，所以求得的机器或结构的振动特性的理论值可能与实际值有较大出入。

(4) 对振动频率以及由于振动而引起的力进行测量，对主动隔振系统的设计和运行都是必要的。

(5) 在许多应用中，都需要确定结构或机器能否承受特定的振动环境。如果一个结构或机器系统经过特定环境的振动测试后仍能完成预期的目标，就可以认为它能够承受这类特殊的振动环境而不发生破坏。

(6) 在进行振动分析时，为了简单，经常把连续系统近似为多自由度系统。如果测量所得连续系统的固有频率和振型与理论计算的结果比较接近，那么就可以认为这个近似是有效的。

(7) 通过测量振动系统输入和输出的特性，有助于识别系统的质量、刚度和阻尼。

(8) 在设计结构、机器、石油钻井平台和车辆的悬挂系统时，有关地震引起的地面振动、作用在结构上的风速变化、海浪的随机变化和路面不平度等信息，是非常重要的。

振动测量的基本过程如图 10.1 所示。振动传感器(也叫拾振器)把振动体的运动(或动力)转化为电信号。一般来说，传感器就是将机械量的变化(如位移、速度、加速度或力)转变成电量的变化(如电压或电流)的装置。由于传感器的输出信号(电压或电流)太小，不能够直接进行记录，因此需要用信号转换仪将信号放大到所需要的值。信号转换仪的输出可以显示以供观察，或通过记录仪进行记录或存储在计算机中以备使用。通过对采集的数据进行分析，就可以确定机器或结构振动特性。

---

① 根据 Eshleman 的说法[10.12]，在 1940—1980 年这段时间内，旋转机械的平均速度翻了一番，即从 1800 r/min 提高到了 3600 r/min。

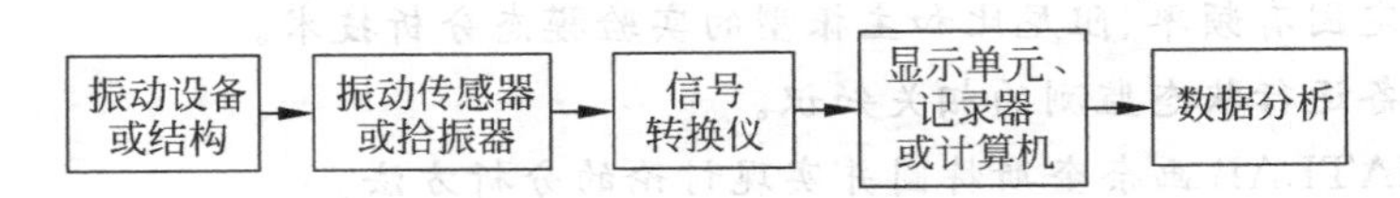

图 10.1 振动测量流程图

根据测量的物理量的不同，振动测量仪器可以分为振动计、速度计、加速度计、相位计或频率计等。如果设计的仪器是为了记录测量信号，那么后缀“计”改为“仪”。[10.1] 在有些应用中，需要使机器或结构产生振动，以找到它的共振特性。为此，还要用到电动激振器、电液激振器和信号发生器。

可以从以下几方面考虑进行振动测试时要用到哪些振动测量仪器：①频率和振幅的大致范围；②所测机器或结构的几何尺寸；③机器设备或结构的运行环境；④所用数据处理的类型（如图形显示或记录以及以数字形式存储记录以便计算机处理）。

10.2 传感器

如前所述，传感器是一种把其他物理量转化成相应的电信号的装置。一些常用的测量振动的传感器介绍如下。

10.2.1 变电阻传感器

这些传感器是把由于机械运动引起的变阻器、应变计或半导体的电阻变化，转换为输出电压或电流的变化。变电阻传感器的核心元件是电阻应变计，图 10.2 是其原理图。它包括一个由于机械变形会引起电阻变化的丝栅。当应变片粘贴在一个结构上以后，它会经历和构件相同的运动，因此其电阻的变化就能反应构件的应变。丝栅是夹在两层薄纸中间的。使用时将应变片粘贴在待测应变处的表面。最常见的应变片材料是铜镍合金的，也称为阿范斯（Advance）合金。当振动体表面产生正应变 ε 时，应变片也产生相同的应变，而相应的电阻变化为[10.6]

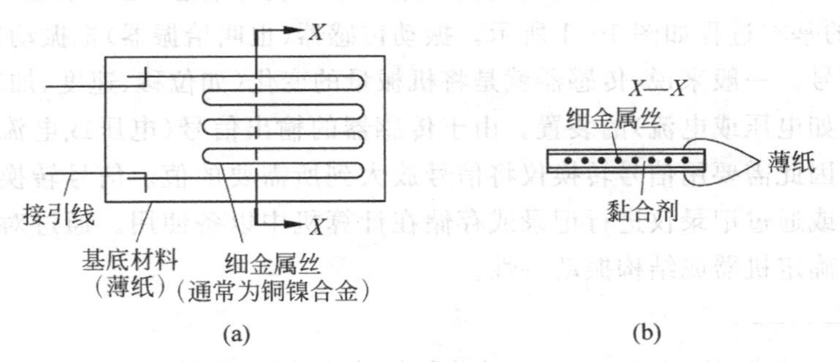

图 10.2 电阻应变片

$$K = \frac{\Delta R/R}{\Delta L/L} = 1 + 2\nu + \frac{\Delta r}{r}\frac{L}{\Delta L} \approx 1 + 2\nu \tag{10.1}$$

式中，K 为丝栅的灵敏系数；R 为初始电阻；ΔR 为电阻的变化；L 为丝栅的原长；ΔL 为丝栅长度的变化；ν 为丝栅材料的泊松比；r 为丝栅的电阻率；Δr 为丝栅的电阻率变化（对 Advance 合金，此值近似为零）。比例因数 K 的值是由制造商提供的，所以只要测定 ΔR 和 R 的值，就可以得到 ε 的值：

$$\varepsilon = \frac{\Delta L}{L} = \frac{\Delta R}{RK} \tag{10.2}$$

如图 10.3 所示，在一个拾振器中①，应变片粘贴在弹簧-质量系统的弹性元件上。根据测量，悬臂梁任何一点的应变与待测的质量块位移 $x(t)$ 成正比。因此，可以由应变片指示的应变值得到 $x(t)$。可以用惠斯通电桥、电位计电路或分压计测量丝栅电阻的改变量 ΔR。典型的惠斯通电桥如图 10.4 所示，此电路对电阻的微小变化非常敏感。若在 a，c 两点接上电压为 V 的直流电，则可以求出 b 和 d 之间的输出电压为[10.6]

$$E = \left[\frac{R_1R_3 - R_2R_4}{(R_1+R_2)(R_3+R_4)}\right]V \tag{10.3}$$

通过调节电阻使电桥处于初始平衡，即输出电压 E 等于零。由方程(10.3)得

$$R_1R_3 = R_2R_4 \tag{10.4}$$

当电阻 R_i 产生微小的变化 ΔR_i 时，输出电压的变化 ΔE 可以表示为

$$\Delta E \approx Vr_0\left(\frac{\Delta R_1}{R_1} - \frac{\Delta R_2}{R_2} + \frac{\Delta R_3}{R_3} - \frac{\Delta R_4}{R_4}\right) \tag{10.5}$$

式中

$$r_0 = \frac{R_1R_2}{(R_1+R_2)^2} = \frac{R_3R_4}{(R_3+R_4)^2} \tag{10.6}$$

如果应变片的两端分别连接在 a 点与 b 点，则 $R_1 = R_g$，$\Delta R_1 = \Delta R_g$，$\Delta R_2 = \Delta R_3 = \Delta R_4 = 0$。由方程(10.5)得

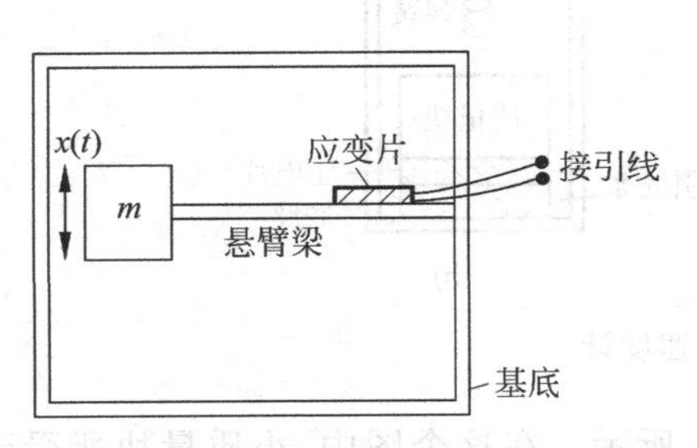

图 10.3 作为拾振器的电阻应变片

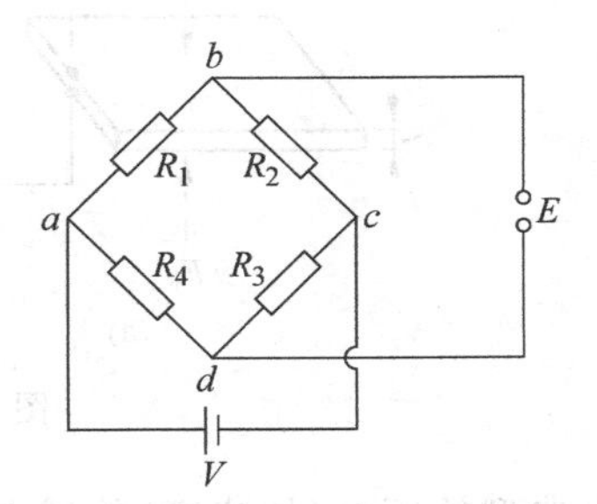

图 10.4 惠斯通电桥

① 当一个传感换器与其他器件联合起来使用以进行信号的处理与传递时，这样的装置称为拾振器。

$$\frac{\Delta R_g}{R_g}=\frac{\Delta E}{Vr_0} \tag{10.7}$$

式中,R_g 是应变片的初始阻值。由方程(10.2)和方程(10.7)得

$$\frac{\Delta R_g}{R_g}=\varepsilon K=\frac{\Delta E}{Vr_0}$$

或

$$\Delta E=KVr_0\varepsilon \tag{10.8}$$

因为输出电压与丝栅的应变成正比,所以可以在标定后直接读出应变的大小。

10.2.2 压电传感器

某些天然材料或人造材料,如石英、电石、硫酸锂、罗谢尔盐,在变形或受到机械应力时会产生电荷(见图10.5(a))。除去机械载荷时,电荷消失。这种材料称为**压电材料**。利用材料的压电效应制成的传感器称为**压电传感器**。当受到力 F_x 作用时,晶体中产生的电荷为

$$Q_x=kF_x=kAp_x \tag{10.9}$$

式中,k 称为压电常数;A 是力 F_x 的作用面积;p_x 是与 F_x 对应的压强。晶体的输出电压由下式给出:

$$E=\nu tp_x \tag{10.10}$$

式中,ν 称为电压灵敏度;t 是晶体的厚度。石英的压电常数和电压灵敏度的值分别为 2.25×10^{-12} C/N 和 0.055 V·m/N[10.6]。只有当这些垂直于晶体最大表面的载荷沿晶体的 x 轴向时,这些值才是有效的。如果这些晶体厚片是沿不同的方向切割得到的,则产生的电荷和输出的电压是不同的。

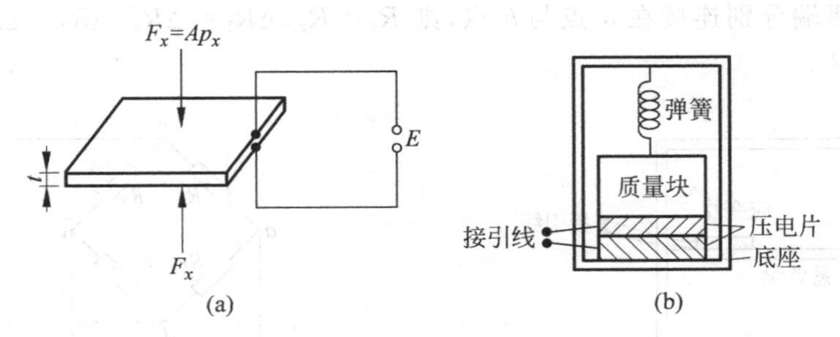

图10.5 压电式加速度计

一个典型的压电(加速度)传感器如图10.5(b)所示。在这个图中,小质量块所受到的弹簧力作用于压电晶体。当基座振动时,晶体上的小质量块产生的载荷随着加速度的变化而变化,因而产生的电压与加速度成正比。压电加速度计具有体积小、耐用性强、灵敏度高、测量频率范围大的特点。

例 10.1 一石英晶体的厚度为 0.1 in,承受的压力为 50 lbf/in²,如果灵敏系数为 0.055 V·m/N,求输出电压。

解:由于厚度为 $t=0.1\ \text{in}=0.00254\ \text{m}$,$p_x=50\ \text{lbf/in}^2=344738\ \text{N/m}^2$,$\nu=0.055\ \text{V}\cdot\text{m/N}$,所以根据式(10.10)得输出电压为

$$E=0.055\times0.00254\times344738=48.1599(\text{V})$$

10.2.3 电动式传感器

如图 10.6 所示,当一螺旋线圈形式的导体在磁场中运动时,导体中会产生电压 E,其值的表达式为

$$E=Dlv \tag{10.11}$$

式中,D 是磁通密度,T;l 是导体长度,m;v 是导体相对于磁场的速度,m/s。磁场可以由永久磁体或电磁铁产生。有时候也可以是线圈保持静止而磁铁移动。电动传感器的输出电压与线圈的相对速度成正比,因此它们通常用于速度测量。式(10.11)可以改写为

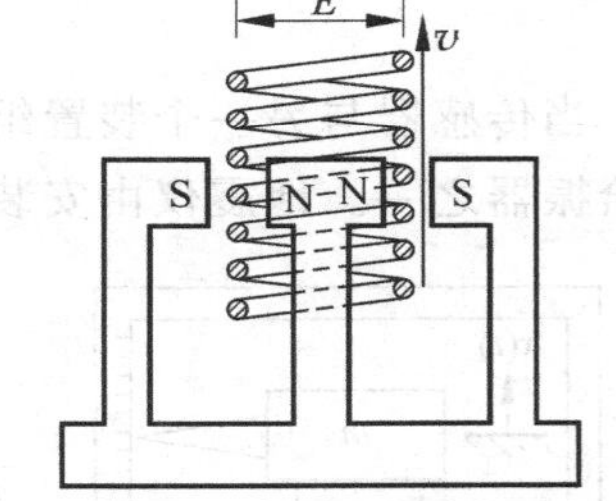

图 10.6 电动传感器的工作原理

$$Dl=\frac{E}{v}=\frac{F}{I} \tag{10.12}$$

式中,F(单位为 N)表示当线圈上的电流为 I(单位为 A)时,作用于线圈上的力。方程(10.12)表明,可以反向利用电动式传感器的特性。事实上,方程式(10.12)是以“激振器”形式使用电动传感器的基础,见 10.5.2 节。

10.2.4 线性可变差动变压器传感器

线性可变差动变压器(linear variable differential transformer,LVDT)传感器的示意图如图 10.7 所示。它是由中间的一个初级线圈、端部的两个次级线圈和一个可以在线圈内沿轴向自由移动的铁芯构成的。当交流输入电压作用于初级线圈时,输出电压等于感应出的次级线圈的电压差。输出电压与线圈和铁芯之间的磁耦合有关,而磁耦合与铁芯沿轴向的位移有关。两个次级线圈反相相连,使得当铁芯处于准确的中间位置时,两个线圈的电压相等,且相位差为 180°。这使得 LVDT 传感器的输出电压等于零。当铁芯移向此中间(零)位置的任一侧时,一个线圈的磁耦合将会增强,而另一个线圈的磁耦合将会减弱。输出的极性取决于铁芯的运动方向。LVDT 传感器的(位移)量

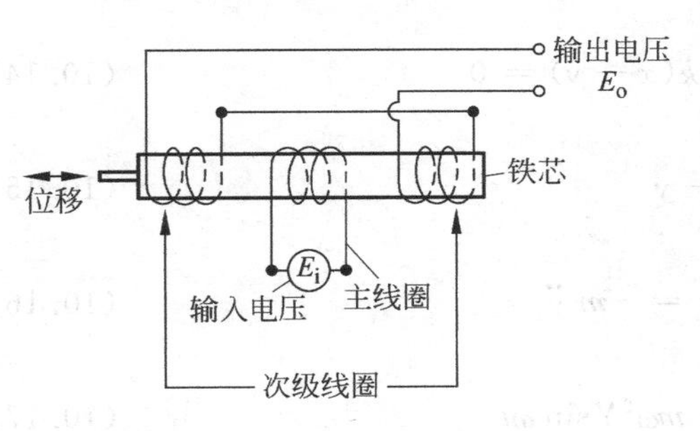

图 10.7 LVDT 传感器示意图

程在 0.0002～40 cm 之间。与其他类型的位移传感器相比，LVDT 传感器具有对温度不敏感、输出大等优点。

对于高频测量来说，铁芯的质量限制了 LVDT 传感器的应用。[10.4]

只要铁芯是在离线圈中心不是很远处移动，输出电压就与铁芯的位移呈线性关系，如图 10.8 所示，所以将其称为线性变化差动变压器。

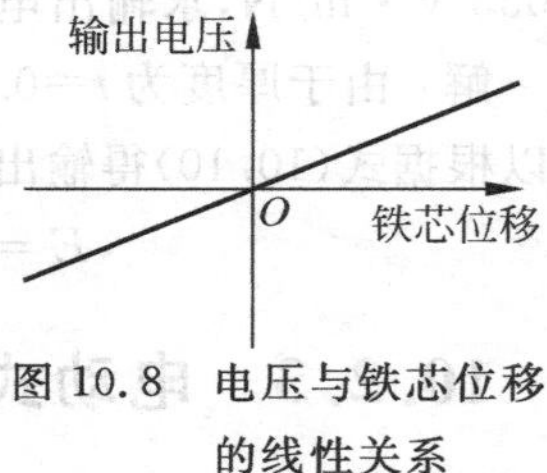

图 10.8 电压与铁芯位移的线性关系

10.3 拾振器

当传感器与另一个装置组合起来用于测量振动时，称为**拾振器**。地震仪就是人们常用的拾振器之一。地震仪由安装在振动体上的弹簧-质量-阻尼系统构成，如图 10.9 所示。通过测量安装于基座上的质量块相对于基座（安装在振动体上）的位移就可以知道振动体的运动。

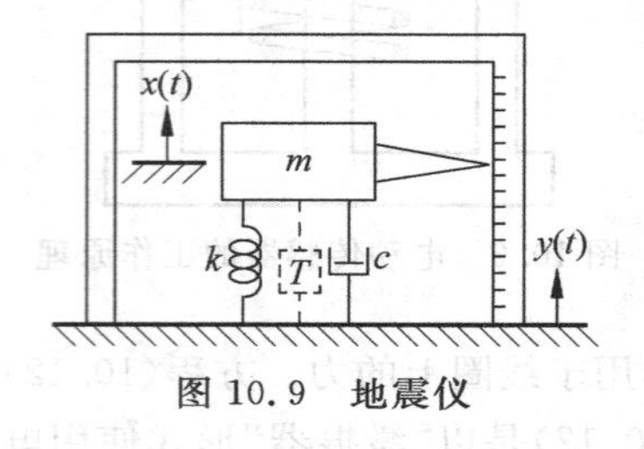

图 10.9 地震仪

将由质量块 m、弹簧 k 和阻尼器 c 组成的系统安装在一个壳体内，并将其与振动体固连，就构成了一个简单的地震仪。这种结构配置，使得弹簧和阻尼器的底部与壳体（即振动体）具有相同的运动（待测量的 y），且引起悬挂质量的运动。如图 10.9 所示，如果在质量块上标记一个点，在壳体内放一个标尺就可以测出质量块相对于壳体的位移 $z=x-y$，这里 x 代表悬挂质量的垂直位移。①

假设振动体的运动是简谐的，即

$$y(t)=Y\sin\omega t \tag{10.13}$$

则质量块 m 的运动微分方程为

$$m\ddot{x}+c(\dot{x}-\dot{y})+k(x-y)=0 \tag{10.14}$$

通过定义相对位移 z：

$$z=x-y \tag{10.15}$$

方程(10.14)可以写为

$$m\ddot{z}+c\dot{z}+kz=-m\ddot{y} \tag{10.16}$$

由方程(10.13)和方程(10.16)得

$$m\ddot{z}+c\dot{z}+kz=m\omega^2 Y\sin\omega t \tag{10.17}$$

这个方程与方程(3.75)是一样的。因此由下式可以得出稳态解：

① 图 10.9 中所示仪器的输出是质量块的相对机械运动，这可以通过外壳上的指针和刻度盘读出。为测量高速运行的情况以及为了方便起见，通常是利用转换器把这种运动信号转换成电信号。

$$z(t)=Z\sin(\omega t-\phi) \tag{10.18}$$

式中，Z 和 ϕ 的表达式可以由式(3.76)和式(3.77)表示如下：

$$Z=\frac{Y\omega^2}{[(k-m\omega^2)^2+c^2\omega^2]^{1/2}}=\frac{r^2Y}{[(1-r^2)^2+(2\zeta r)^2]^{1/2}} \tag{10.19}$$

$$\phi=\arctan\frac{c\omega}{k-m\omega^2}=\arctan\frac{2\zeta r}{1-r^2} \tag{10.20}$$

$$r=\frac{\omega}{\omega_n} \tag{10.21}$$

且

$$\zeta=\frac{c}{2m\omega_n} \tag{10.22}$$

Z 和 ϕ 随 r 的变化如图 10.10 和图 10.11 所示。正如稍后要讲的，地震仪的类型决定于所测频率的范围，如图 10.10 所示。

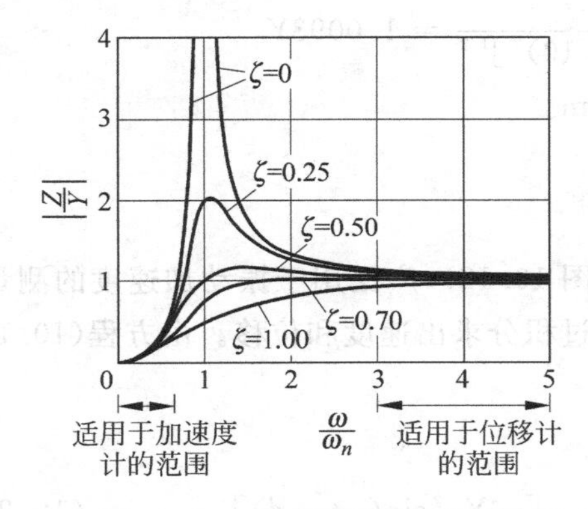

图 10.10 振动测量仪的响应

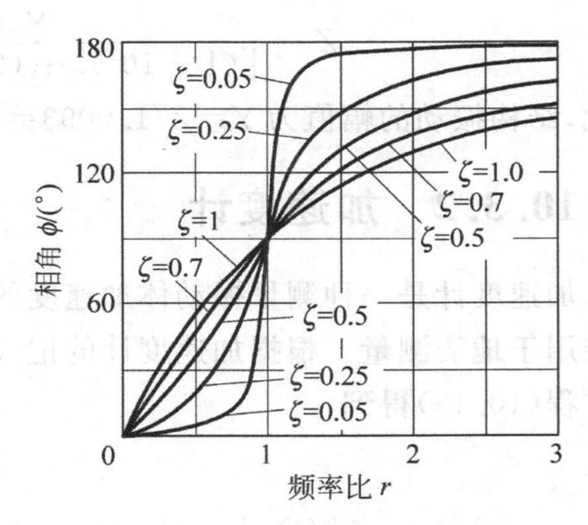

图 10.11 ϕ 随 r 的变化曲线

10.3.1 测振计

测振计或地震计是一种测量振动体位移的仪器。由图 10.10 可以看出，当 $\omega/\omega_n\geqslant3$ 时，$Z/Y\approx1$，因此质量块与基座之间的相对位移(传感器检测到的)基本上与基座的位移相等。为进行准确分析，现在考虑方程(10.19)。

注意到

$$z(t)\approx Y\sin(\omega t-\phi) \tag{10.23}$$

如果

$$\frac{r^2}{[(1-r^2)^2+(2\zeta r)^2]^{1/2}}\approx1 \tag{10.24}$$

比较方程(10.23)与 $y(t)=Y\sin\omega t$ 可以看出，两者只是相位不同，并且当 $\zeta=0$ 时，相位差为

180°。因此，记录的位移 $z(t)$ 滞后于测量位移 $y(t)$ 的时间为 $t'=\phi/\omega$。如果基座的位移由单一谐波分量构成，那么这一时间滞后是不重要的。

因为 $r=\omega/\omega_n$ 必须较大，且 ω_n 的值是固定的，所以要求弹簧-质量-阻尼系统的固有频率 $\omega_n=\sqrt{k/m}$ 较小。这就要求质量块的质量很大，弹簧的弹性系数较小，从而使得仪器变得十分庞大。这一点在许多应用中都是不期望出现的。在实践中，测振计的 r 可能并不很大，因此 Z 值就不会正好等于 Y 值。在这种情况下，要通过计算方程式(10.19)求出 Y 的真实值，如下例。

例 10.2 测振计的固有频率是 4 rad/s 且 $\zeta=0.2$，固连在一个作简谐运动的结构上。如果纪录的最大测量值和最小测量值的差是 8 mm，求结构振动的频率是 40 rad/s 时其振幅的大小。

解： 被测运动的振幅是 $Z=4$ mm。对 $\zeta=0.2$，$r=\dfrac{\omega}{\omega_n}=\dfrac{40}{4}=10.0$，由方程(10.19)得

$$Z=\frac{Y\times 10^2}{[(1-10^2)^2+(2\times 0.2\times 10)^2]^{1/2}}=1.0093Y$$

因此，结构振动的幅值为 $Y=Z/1.0093=3.9631$ mm。

10.3.2 加速度计

加速度计是一种测量振动体加速度的仪器(见图 10.12)，广泛用于振动加速度的测量，也能用于地震测量。根据加速度计的记录，可以通过积分求出速度和位移。由方程(10.18)和方程(10.19)得到

$$-z(t)\omega_n^2=\frac{1}{[(1-r^2)^2+(2\zeta r)^2]^{1/2}}[-Y\omega^2\sin(\omega t-\phi)] \tag{10.25}$$

这表明如果

$$\frac{1}{[(1-r^2)^2+(2\zeta r)^2]^{1/2}}\approx 1 \tag{10.26}$$

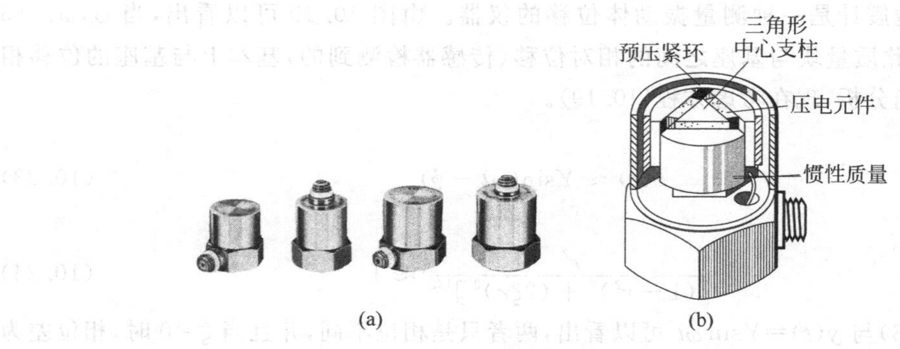

图 10.12 加速度计

则可由方程(10.25)得

$$-z(t)\omega_n^2 \approx -Y\omega^2\sin(\omega t-\phi) \tag{10.27}$$

通过比较方程(10.27)与 $\ddot{y}(t)=-Y\omega^2\sin\omega t$，可以发现 $z(t)\omega_n^2$ 给出的加速度与基座的加速度 $\ddot{y}$ 大小相同，但有一个相位滞后 ϕ。因此，加速度计可以用来直接记录 $\ddot{y}=-z(t)\omega_n^2$ 的值。测量值滞后的时间可以由 $t'=\phi/\omega$ 给出。如果 $\ddot{y}$ 由单一的谐波分量构成，则时间滞后是不重要的。

方程(10.26)等号左边表达式的值随 r 的变化绘于图 10.13 中。可以看出，当 $0\leqslant r\leqslant 0.6$ 时，如果 ζ 的值在 0.65～0.7 之间，那么此表达式的值在 0.96～1.04 之间。因为 r 的值较小，所以仪器的固有频率与待测振动的频率相比是较大的。从 $\omega_n=\sqrt{k/m}$ 可以看出，应选取较小的质量和较大的弹簧刚度(也就是短弹簧)，所以仪器在尺寸方面较小。由于它们的小尺寸和高灵敏性，所以加速度计在振动测量中很受欢迎。在实践中，方程(10.26)可能并不严格满足。在这种情况下，下列值

$$\frac{1}{[(1-r^2)^2+(2\zeta r)^2]^{1/2}}$$

可以用来求出测量加速度的准确值，如下例。

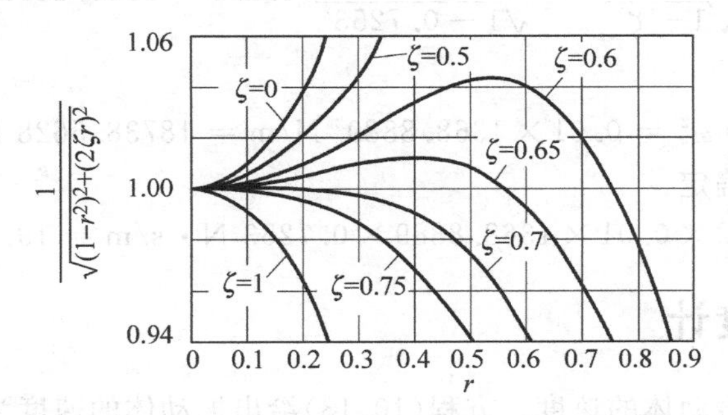

图 10.13 方程(10.26)的左边随 r 的变化曲线

例 10.3 加速度计有一个 0.01 kg 的悬挂质量，有阻尼自由振动的固有频率为 150 Hz。当安装在转速为 6000 r/min、加速度为 1 g 的发动机上时，测量的加速度值为 9.5 m/s²。求加速度计的阻尼常数和弹簧的刚度系数。

解：测量加速度与实际加速度的比由下式给出：

$$\frac{1}{[(1-r^2)^2+(2\zeta r)^2]^{1/2}}=\frac{测量值}{真实值}=\frac{9.5}{9.81}=0.9684 \tag{E.1}$$

即

$$(1-r^2)^2+(2\zeta r)^2=(1/0.9684)^2=1.0663 \tag{E.2}$$

发动机的运转速度为

$$\omega=\frac{6000\times 2\pi}{60}\ \text{rad/s}=628.32\ \text{rad/s}$$

加速度计的有阻尼固有频率为

$$\omega_{\mathrm{d}} = \sqrt{1-\zeta^2}\omega_n = 150 \times 2\pi \text{ rad/s} = 942.48 \text{ rad/s}$$

因此

$$\frac{\omega}{\omega_{\mathrm{d}}} = \frac{\omega}{\sqrt{1-\zeta^2}\omega_n} = \frac{r}{\sqrt{1-\zeta^2}} = \frac{628.32}{942.48} = 0.6667 \tag{E.3}$$

方程(E.3)给出

$$r = 0.6667\sqrt{1-\zeta^2} \quad 或 \quad r^2 = 0.4444(1-\zeta^2) \tag{E.4}$$

以ζ^2为未知数,将方程(E.4)代入方程(E.2)得到如下关于ζ^2的二次方程:

$$1.5801\zeta^4 - 2.2714\zeta^2 + 0.7576 = 0 \tag{E.5}$$

方程(E.5)的解为

$$\zeta^2 = 0.5260, 0.9115$$

或

$$\zeta = 0.7253, 0.9547$$

不妨选$\zeta = 0.7253$,则加速度计的无阻尼固有频率为

$$\omega_n = \frac{\omega_{\mathrm{d}}}{\sqrt{1-\zeta^2}} = \frac{942.48}{\sqrt{1-0.7253^2}} \text{ rad/s} = 1368.8889 \text{ rad/s}$$

因为$\omega_n = \sqrt{k/m}$,故

$$k = m\omega_n^2 = 0.01 \times 1368.8889^2 \text{ N/m} = 18738.5628 \text{ N/m}$$

阻尼常数可以由下式确定:

$$c = 2m\omega_n\zeta = 2 \times 0.01 \times 1368.8889 \times 0.7253 \text{ N} \cdot \text{s/m} = 19.8571 \text{ N} \cdot \text{s/m}$$

10.3.3 速度计

速度计用来测量振动体的速度。方程(10.13)给出振动体的速度为

$$\dot{y}(t) = \omega Y \cos \omega t \tag{10.28}$$

而由方程(10.18)得

$$\dot{z}(t) = \frac{r^2 \omega Y}{[(1-r^2)^2 + (2\zeta r)^2]^{1/2}} \cos(\omega t - \phi) \tag{10.29}$$

因而如果

$$\frac{r^2}{[(1-r^2)^2 + (2\zeta r)^2]^{1/2}} \approx 1 \tag{10.30}$$

则

$$\dot{z}(t) \approx \omega Y \cos(\omega t - \phi) \tag{10.31}$$

对比方程(10.28)和方程(10.31)可以看出,在方程(10.30)满足的条件下,$\dot{z}(t)$与$\dot{y}(t)$的大小相等,只是有一个相位差ϕ。为了满足方程(10.30),r一定要非常大。若方程(10.30)不满足,振动体的速度可以由方程(10.29)求出。

例 10.4 设计一个速度计，要求速度的误差限制在实际速度的 1%以内，固有频率是 80 Hz，悬挂质量为 0.05 kg。

解：由式(10.29)可以得出测量速度和实际速度的比为

$$R = \frac{r^2}{[(1-r^2)^2 + (2\zeta r)^2]^{1/2}} = \frac{\text{测量速度}}{\text{真实速度}} \tag{E.1}$$

当(见方程(3.84))

$$r = r^* = \frac{1}{\sqrt{1-2\zeta^2}} \tag{E.2}$$

时，方程(E.1)取得最大值。

将方程(E.2)代入(E.1)得

$$\frac{\dfrac{1}{1-2\zeta^2}}{\sqrt{\left[1-\left(\dfrac{1}{1-2\zeta^2}\right)\right]^2 + 4\zeta^2\left(\dfrac{1}{1-2\zeta^2}\right)}} = R$$

上式可化简为

$$\frac{1}{\sqrt{4\zeta^2 - 4\zeta^4}} = R \tag{E.3}$$

当误差为 1%时，$R=1.01$ 或 0.99，由方程(E.3)得

$$\zeta^4 - \zeta^2 + 0.245075 = 0 \tag{E.4}$$

和

$$\zeta^4 - \zeta^2 + 0.255075 = 0 \tag{E.5}$$

方程(E.5)没有实数解。由方程(E.4)得

$$\zeta^2 = 0.570178, 0.429821$$

即

$$\zeta = 0.755101, 0.655607$$

不妨选 $\zeta=0.755101$，则可以得到弹簧的刚度系数为

$$k = m\omega_n^2 = 0.05 \times 502.656^2 \text{ N/m} = 12633.1527 \text{ N/m}$$

由于

$$\omega_n = 80 \times 2\pi \text{ rad/s} = 502.656 \text{ rad/s}$$

可以确定阻尼常数为

$$c = 2\zeta\omega_n m = 2 \times 0.755101 \times 502.656 \times 0.05 \text{ N} \cdot \text{s/m} = 37.9556 \text{ N} \cdot \text{s/m}$$

10.3.4 相位失真

如方程(10.18)所示，所有振动测量仪器都表现出相位滞后性。因此，该仪器的响应或输出滞后于测量的运动或输入。时间滞后等于相角除以频率 ω。如果测量单一的谐波分

量,相位滞后并不重要。但是在有些情况下,测量的振动并不是单一谐波而是两个或两个以上谐波分量的和。此时,记录的信号可能不是被测振动的真实反映,因为不同谐波可能会得到不同程度的放大,且相位的改变可能也是不同的。记录信号波形的失真叫**相位失真或相移误差**。下面以图 10.14(a)所示的振动信号来说明相位失真的特点。该信号的解析表达式为[10.10]

$$y(t) = a_1 \sin \omega t + a_3 \sin 3\omega t \tag{10.32}$$

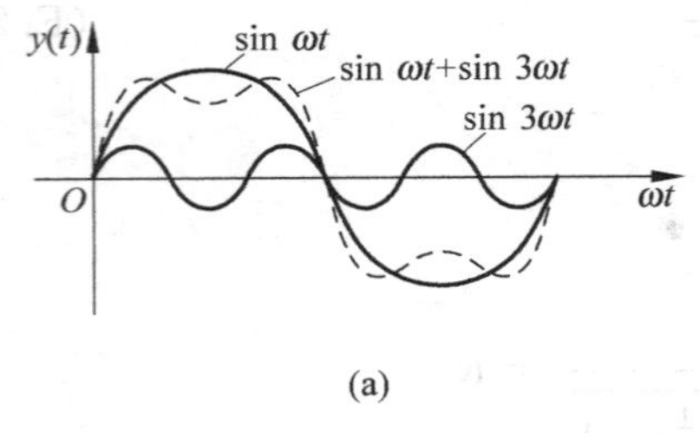

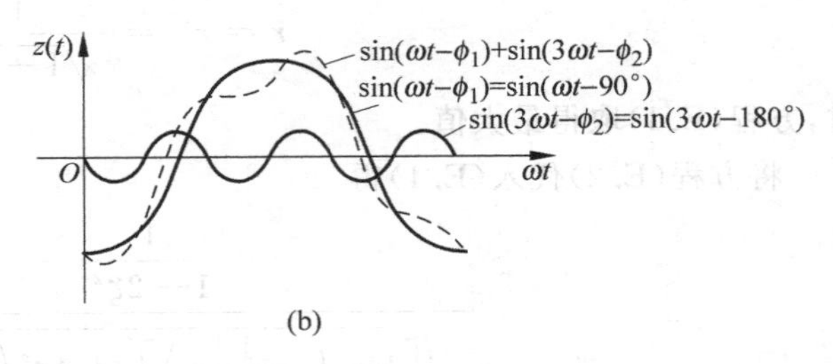

图 10.14 相位漂移引起的误差

(a) 输入信号;(b) 输出信号

令方程(10.32)中一次谐波的相移为 90°,三次谐波的相移为 180°。故相应的时间滞后分别为 $t_1 = \theta_1/\omega = 90°/\omega$ 和 $t_2 = \theta_2/(3\omega) = 180°/(3\omega)$。图 10.14(b)为该信号的输出。可以看出,由于相位失真,输出信号和输入信号有很大的不同。

在一般情况下,测量信号都是比较复杂的,即是几个谐波的和:

$$y(t) = a_1 \sin \omega t + a_2 \sin 2\omega t + \cdots \tag{10.33}$$

当用测振计测量位移时,它对各次谐波的响应都可以通过一个与方程(10.18)相似的方程得到,所以测振计的输出为

$$z(t) = a_1 \sin(\omega t - \phi_1) + a_2 \sin(2\omega t - \phi_2) + \cdots \tag{10.34}$$

式中

$$\tan \phi_j = \frac{2\zeta\left(j\dfrac{\omega}{\omega_n}\right)}{1-\left(j\dfrac{\omega}{\omega_n}\right)^2}, \quad j = 1,2,\cdots \tag{10.35}$$

因为对测量仪器来说 ω/ω_n 较大,可以从图 10.11 中看到 $\phi_j \approx \pi, j = 1,2,\cdots$,故方程(10.34)可以重写为

$$z(t) \approx -(a_1 \sin \omega t + a_2 \sin 2\omega t + \cdots) \approx -y(t) \tag{10.36}$$

因此记录的输出信号仅仅是与被测量的振动方向相反。这一点并不重要,且很容易纠正。

通过类似的分析,对于速度计,当输入信号由几个谐波组成时,可以得到

$$\dot{z}(t) \approx -\dot{y}(t) \tag{10.37}$$

接下来讨论加速度计的相位失真问题。根据方程(10.33),被测加速度的表达式如下:

$$\ddot{y}(t)=-a_1\omega^2\sin\omega t-a_2(2\omega)^2\sin 2\omega t-\cdots \tag{10.38}$$

根据方程(10.34)，可以得出仪器对每一个谐波分量的输出或响应，所以

$$\ddot{z}(t)=-a_1\omega^2\sin(\omega t-\phi_1)-a_2(2\omega)^2\sin(2\omega t-\phi_2)-\cdots \tag{10.39}$$

方程(10.39)中不同谐波的相位滞后 ϕ_j 是不同的。当 $\zeta=0.7$ 时，时间滞后 ϕ 基本上是线性地从 0°(对应 $r=0$)变到 90°(对应 $r=1$)(见图 10.11)。故可将 ϕ 表示为

$$\phi\approx\alpha r=\alpha\frac{\omega}{\omega_n}=\beta\omega \tag{10.40}$$

式中，α 和 $\beta=\alpha/\omega_n$ 是常数。而时间滞后为

$$t'=\frac{\phi}{\omega}=\frac{\beta\omega}{\omega}=\beta \tag{10.41}$$

上式表明，若频率范围为 $0\leqslant r\leqslant 1$，则加速度计记录信号中的时滞对于各阶谐波都是一样的。因为信号的每一个谐波都具有相同的时滞或相位滞后，从方程(10.39)可得

$$\begin{aligned}-\omega^2\ddot{z}(t)&=-a_1\omega^2\sin(\omega t-\omega\beta)-a_2(2\omega)^2\sin(2\omega t-2\omega\beta)-\cdots\\&=-a_1\omega^2\sin\omega\tau-a_2(2\omega)^2\sin 2\omega\tau-\cdots\end{aligned} \tag{10.42}$$

式中，$\tau=t-\beta$。方程(10.42)是基于假设 $0\leqslant r\leqslant 1$ 得到的，也就是认为即使是待测信号中的最高频率 $n\omega$ 也比 ω_n 小。在实际测量时，这一点有可能是不满足的。但幸运的是，即使当一些较高的频率比 ω_n 大时，输出信号也不会有严重的相位失真。因为一般来说，即使对于复杂的波形，也仅仅是前几阶低次谐波对于近似程度有重要影响。因为高次谐波的振幅较小，因此对整个波形的影响不大。因此，加速度计的输出能够很好地反映所测量的真实的加速度。

10.4 频率测量仪

大多数频率测量仪都是机械型的，并基于共振原理设计。下面简要介绍 3 种常见的频率测量仪。

1. 单簧仪或富拿顿(Fullarton)转速计

这个仪器由一个可变长度的悬臂簧片组成，簧片的一个自由端处有一个集中质量，另一端由夹具固定，它的长度能通过机械装置调节，见图 10.15(a)。因为簧片的每一个长度对应着一个确定的固有频率，所以可用沿其长度方向的标记来显示固有频率。实际上，簧片的固定端是压在振动体上的。通过螺丝装置改变其长度，直到自由端达到最大的振幅。此时，激励频率就等于簧片的固有频率，而该值可以从所作标记上直接读出。

2. 多簧仪或弗拉姆(Frahm)转速计

如图 10.15(b)所示，这种仪器包含若干个自由端带微小质量的悬臂簧片。每一个簧片

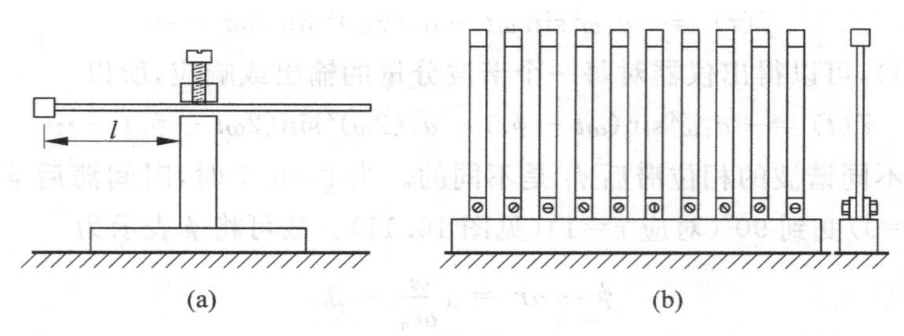

图 10.15 频率测量仪

有不同的固有频率并把它们相应地标定出来。许多簧片的使用，使得涵盖更宽范围的频率成为可能。当把仪器安装在振动体上时，固有频率与振动体的未知频率最接近的那个簧片的振幅最大。根据簧片的固有频率就可以得到振动体的频率。

3. 闪光测频仪

闪光测频仪是一种产生周期性光脉冲的仪器。产生光脉冲的频率是可以改变的，且可以从仪器中读出。当用闪光测频仪观测振动体上的某一特定点时，只有当脉冲光的频率等于振动体的速度时，这一点看上去才是静止的。闪光测频仪的主要优点是不与振动体本身接触。由于人眼的视觉暂留，通过闪光测频仪测量的最低频率约为 15 Hz。典型的闪光测频仪如图 10.16 所示。

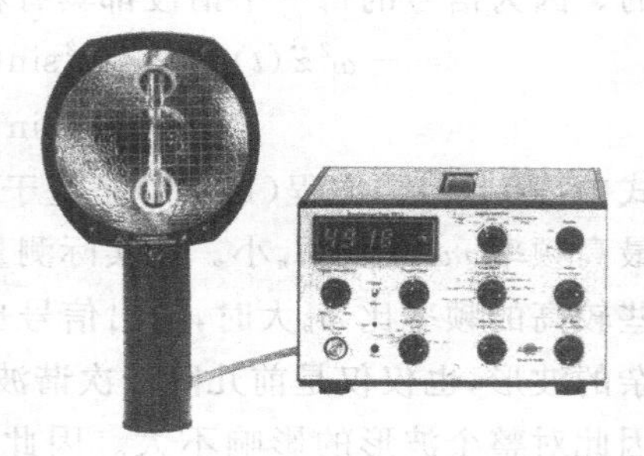
图 10.16 闪光测频仪

10.5 激振器

激振器或叫振荡器通常应用于如下几个方面，如确定机械或结构的动力学特性以及材料的疲劳实验等。激振器可以是机械式的、电磁式的、电动式的或液压式的。这一部分将介绍机械式和电动式激振器的工作原理。

10.5.1 机械式激振器

如 1.7 节中的图 1.28 所示，正弦机构可以用来产生简谐振动。曲柄由常速或变速电机驱动。当要激发一个结构产生振动时，简谐力可以是惯性力，如图 10.17(a)所示，或弹簧的弹性力，如图 10.17(b)所示。这些激振器通常用于频率低于 30 Hz 或载荷小于 700 N 的情况。

由速度相同、方向相反的两个旋转质量产生的不平衡力也可以用来作为机械式激振器，如图 10.18 所示。这种类型的振荡器可以产生 250～25000 N 的载荷。如果两

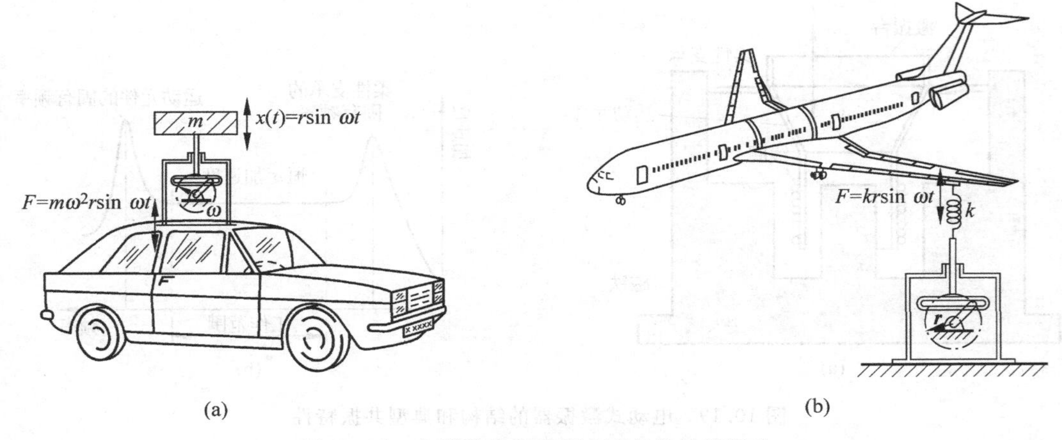

图 10.17 由惯性力和弹簧力引起的结构振动

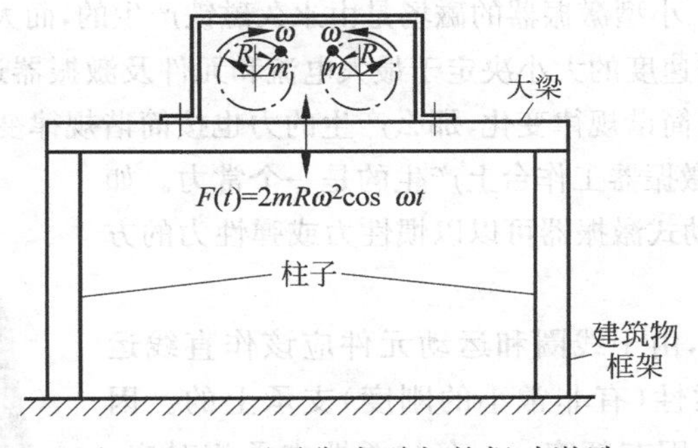

图 10.18 不平衡力引起的振动激励

个不平衡质量的大小为 m，绕半径为 R 的圆以角速度 ω 旋转，则所产生的垂向力 $F(t)$ 由下式给出：

$$F(t) = 2mR\omega^2 \cos \omega t \tag{10.43}$$

而两个水平方向的分量相互抵消，因此水平方向的合力为零。力 $F(t)$ 作用于与激振器相连的结构上。

10.5.2 电动式激振器

电动式激振器或称电磁式激振器的示意图如图 10.19(a)所示。正如 10.2.3 节所述，电动式激振器可以认为是与电动式传感器相反的装置。当电流通过置于磁场中的线圈时，产生一个与电流 I(单位为 A)及磁通密度 D(单位为 T)成比例的力 F(单位为 N)，这个力可以加速置于激振器工作台上的元件：

$$F = DIl \tag{10.44}$$

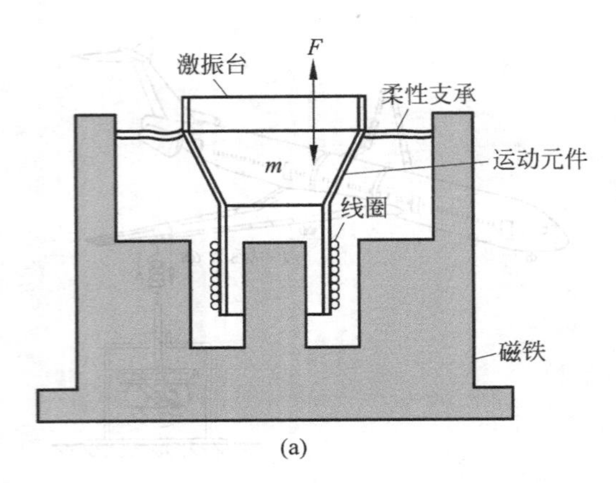

(a)

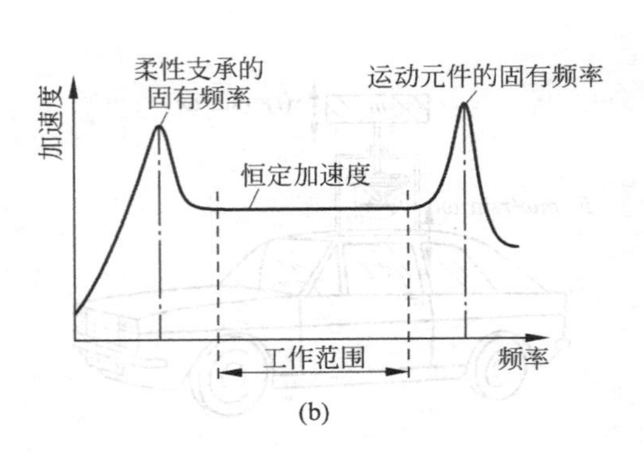

(b)

图 10.19　电动式激振器的结构和典型共振特性
(a) 结构；(b) 典型共振特性

式中，l 是线圈的长度，m。小型激振器的磁场是由永久磁铁产生的，而大型激振器用的是电磁铁。工作台或置于其上元件加速度的大小决定于最大电流和元件及激振器运动部件的质量。如果通过线圈的电流随着时间按简谐规律变化，那么产生的力也按简谐规律变化。另一方面，如果供给线圈的是直流电，那么在激振器工作台上产生的是一个常力。如图 10.17(a)，(b)所示，电动式激振器可以以惯性力或弹性力的方式使结构产生振动。

如图 10.19(a)所示，由于线圈和运动元件应该作直线运动，所以它们是悬挂在柔性（有非常小的刚度）支承上的。因此，电动式激振器有两个固有频率：一个与柔性支承相对应，另一个与运动元件相对应，此频率一般比较大。响应的两个共振频率如图 10.19(b)所示。激振器的工作频率范围在两个共振频率之间。

电动式激振器可以产生的力为 30000 N，位移为 25 mm，频率范围为 5 Hz～20 kHz。[10.1] 图 10.20 所示为某一型号的电动式激振器。

图 10.20　电动式激振器

10.6　信号分析

信号分析的目的就是为了确定某一系统在已知激励下的响应，并把它以一个方便的形式表示出来。通常情况下，系统响应的时间历程并不能给出很多有用的信息。然而，系统的频域响应却能够把能量集中的一个或一个以上的离散频率显示出来。由于系统单个元件的动态特性常常是已知的，所以可以将那些特殊的频率成分（频率响应）与某一具体元件联系起来。[10.3]

例如，承受过大振动的机身的加速度-时间曲线可能如图 10.21(a)所示。从这个图并不能确定引起振动的原因。如果将加速度的时间历程转化到频率域内，相应的频谱可能如图 10.21(b)所示。具体地说，此频谱显示能量主要集中在频率为 25 Hz 的成分上。很容易判断这一频率是否与某一电机转速有关。因此，借助加速度谱能够很好地证明电机是否可能是引起振动的原因。如果是电机引起的振动，那么通过改变电机或其运行速度就能够避免共振，并且可以解决过大振动的问题。

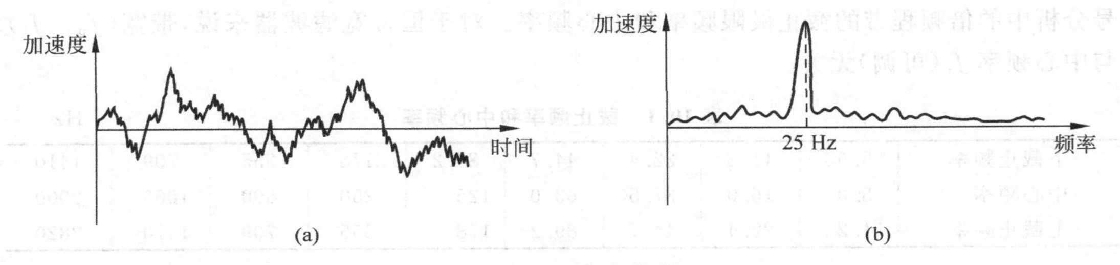

图 10.21　加速度曲线

10.6.1　频谱分析仪

频谱或频率分析仪可以用来进行信号分析。它们能在频率域内对信号进行分析，即识别信号的能量分布在哪几个不同的频带内。这种识别是由一组滤波器来完成的。频谱分析仪一般根据所使用的滤波器的种类分类。例如，如果使用倍频带滤波器，则频谱分析仪称为**倍频带分析仪**。

近些年来，数字分析仪用于实时信号分析已经十分普及。在实时频率分析中，信号是在全部频带内连续分析的。因此，计算过程未必比采集信号用的时间多。因为机器的运行状况发生变化时，可以同时观察到噪声或振动频谱的变化，所以实时分析对机器的健康状况监测是特别有用的。有两种类型的实时分析方法：数字滤波法和快速傅里叶变换（fast Fourier transform，FFT）法[10.13]。前者最适合于恒百分比带宽分析，而 FFT 法最适合于恒带宽分析。在考虑恒百分比带宽分析与恒带宽分析的不同之前，首先讨论频谱分析仪的基本元件，即带通滤波器。

10.6.2　带通滤波器

带通滤波器只允许信号中在某一频带内的频率成分通过，而不允许信号的其他频率成分通过。例如，可以通过使用电阻器、电感器和电容器得到一个这样的带通滤波器。图 10.22 为某一下截止频率为 f_l 和上截止频率为 f_u 的滤波器的响应特性。实际滤波器的响应特性都是

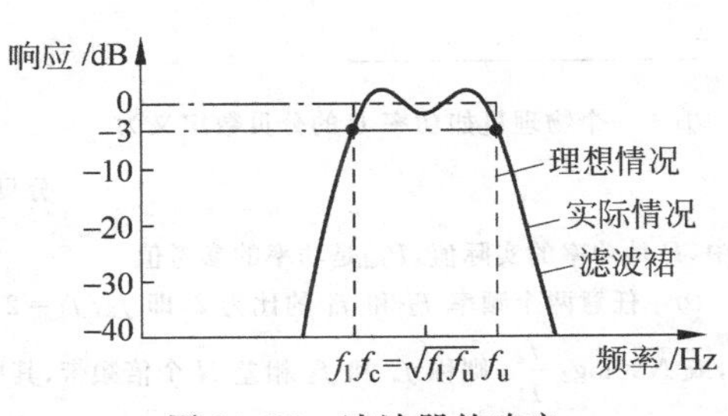

图 10.22　滤波器的响应

偏离理想矩形的，如图10.22中的实线所示。一个好的带通滤波器，应该是在频带内的波动最小、响应特性曲线中的裙线很陡，以保证实际带宽接近理想值 $B=f_u-f_l$。对于一个实际滤波器，频率 f_l 和 f_u 称为**截止频率**，在此二值处，响应比平均带通响应低3 dB①。

在信号分析中，有两种类型的带通滤波器：恒百分比带宽滤波器和恒带宽滤波器。对于一个恒百分比带宽滤波器来说，带宽与中心频率的比例 $(f_u-f_l)/f_c$ 是一个常数。倍频程②、半倍频程和1/3倍频程带通滤波器是恒百分比带宽滤波器的例子。表10.1是用在信号分析中的倍频程带的截止极限频率和中心频率。对于恒带宽滤波器来说，带宽 (f_u-f_l) 与中心频率 f_c（可调）无关。

表10.1　截止频率和中心频率　　Hz

下截止频率	5.63	11.2	22.4	44.7	89.2	178	355	709	1410
中心频率	8.0	16.0	31.5	63.0	125	250	500	1000	2000
上截止频率	11.2	22.4	44.7	89.2	178	355	709	1410	2820

10.6.3　恒百分比带宽滤波器和恒带宽滤波器

恒百分比带宽滤波器和恒带宽滤波器的主要不同在于各种带宽提供的细节不同。倍频程带通滤波器的上截止频率是下截止频率的2倍，它对机器中实际振动和噪声所提供的细节分析太少（分析太粗糙）。半倍频程带通滤波器给出2倍量的信息，但要求2倍量的时间来获得数据。可以选用具有一组倍频程和1/3倍频程滤波装置的频谱分析仪进行噪声分析，将每一个滤波器调谐到不同的中心频率就可以涵盖感兴趣的全部频率范围。由于当前滤波器的低截止频率等于前一个滤波器的高截止频率，所以复合滤波器特性如图10.23所示。

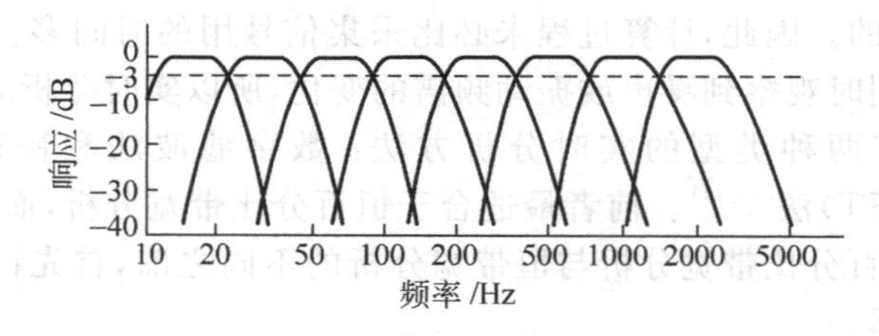

图10.23　典型倍频程滤波器的响应特性

---

①　一个物理量如功率 P 的分贝数定义为

$$分贝数=10\lg\frac{P}{P_{ref}}$$

式中，P 是功率的实际值，P_{ref} 是功率的参考值。

②　任意两个频率 f_2 和 f_1 的比为2，即 $f_2/f_1=2$ 时，它们的差 f_2-f_1 所代表的区间称为倍频带。如果 $f_2/f_1=2^N$，或 $N=\log_2\dfrac{f_2}{f_1}$，则称 f_1 和 f_2 相差 N 个倍频带，其中 N 即可以是整数也可以是分数。如果 $N=1$，即得所说的倍频带；如果 $N=1/3$，就得到一个1/3倍频带，依此类推。

图 10.24 所示是一个实时倍频程数字分析仪和分数倍频程数字分析仪。可以用恒带宽分析仪获得比恒百分比带宽分析仪更详细的分析结果，特别是在信号的高频范围内。当用于连续变化的中心频率时，恒带宽滤波器叫做波分析仪或差频振荡分析仪。它的恒带宽范围从 1 Hz 到几百赫兹不等。图 10.25 所示就是一个实际的差频振荡分析仪。

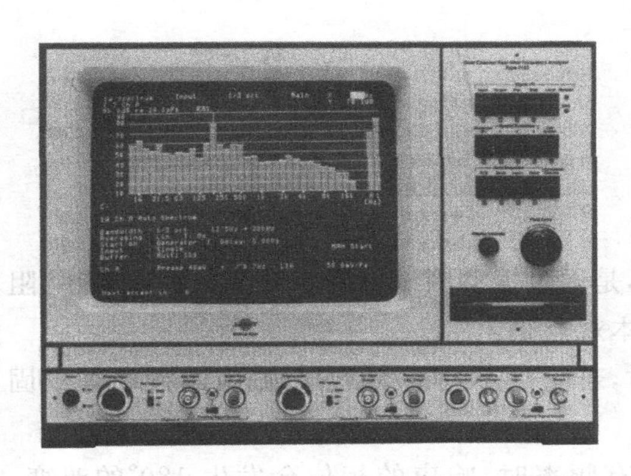

图 10.24 倍频程和分数倍频程数字分析仪（经 Bruel and Kjaer Instruments，Inc.，Marlborough，Mass. 授权使用）

图 10.25 差频振荡分析仪（经 Bruel and Kjaer Instruments，Inc.，Marlborough，Mass. 授权使用）

10.7 机械和结构的动态测试

机械或结构的动态测试包括确定机械或结构在临界频率下的变形。这可以通过以下两种方法实现。

10.7.1 利用测量运行时的变形

这种方法是在系统稳态（运行）频率下测量系统的受迫动态变形。为了测量，在机械或结构的某些点上安装加速度计作为参考，另一个移动的加速度计安装在另外几个点上。如果有必要，还要安装在不同的方向上。当系统以稳态运转时，所有点处的加速度计幅值的大小以及移动加速度计和参考加速度计的相位差是可以测量的。通过对这些测量结果绘图，可以发现机器（结构）的各个部件之间存在怎样的相对运动以及它们的绝对运动如何。

这种测量仅在力/频率与运行状态有关时才是有效的。因此，不能得到在其他力和频率下的变形信息。然而测量变形可能是相当有用的。例如，如果发现某一个部件或局部有过度的变形，就可以增加那个部件或局部的刚度。这可以有效地增大系统的固有频率，使其在系统运转频率范围以外。

10.7.2 利用模态测试

因为机械或结构的任何动态响应都可以通过模态的组合得到，所以对模态形状、模态频率和模态阻尼比的了解就构成了对机械或结构的完整的动态描述。实验模态分析的过程在10.8节介绍。

10.8 实验模态分析

10.8.1 基本观点

实验模态分析也称为模态分析或模态测试，是通过振动测试来确定系统的固有频率、阻尼比和模态形状的。与模态分析有关的两个基本观点是：

(1) 一个结构、机械或任何系统受到激励时，若阻尼不是很大，当激振力的频率等于固有频率时，它的响应会由于共振产生一尖峰；

(2) 当激振力的频率经过结构或机械的固有频率时，响应的相位会发生180°的改变。共振时，响应与激励的相位差是90°。

10.8.2 所需仪器

测量振动需要有以下硬件：

(1) 可以在结构或机械上产生输入力已知的激振器或振源。

(2) 可以将结构或机械的物理运动转变成电信号的传感器。

(3) 使传感器特性与数字数据采集系统的输入电信号相匹配的信号调理放大器。

(4) 利用合适的软件进行信号处理和模态分析的分析仪。

1. 激振器

激振器可以是电动激振器或冲击锤。正如10.5.2节所述，电动激振器能够提供较大的输入力，以便容易地测量响应。而且，如果是电动型的，激振器的输出是很容易控制的。激励信号通常是扫频正弦信号或随机信号。当输入为扫频正弦信号时，在感兴趣的特定频率范围内的许多离散频率上可以产生大小为 F 的简谐力。在每一个离散频率处，在测量响应的大小和相位之前应该使结构或机器达到稳态。如果激振器固定在要测量的结构或机械上，那么激振器的质量会影响测量的结果（称为**质量负载效应**）。因此，应该采取措施使激振器的质量影响减到最小。通常激振器是通过一个称为**衍条**的细短杆与结构或机械刚性地连接在一起，以使被测结构与激振器分开，从而减小附加质量，并应使力沿衍条的轴线方向作用在结构或机械上。这也使得控制作用在结构或机械上的力的方向成为可能。

冲击锤是一种在其头部内嵌有一个力传感器的重锤，如例 4.7 和例 4.8 所示。用冲击锤敲击要测量的结构或机械，不仅可以产生较宽频率范围的激励，而且没有质量负载的影响。冲击锤产生的冲击力基本上与锤头的质量及冲击速度成正比，这一点可以从嵌在锤头内部的传感器知道。如 6.15 节所述，结构或机械对脉冲的响应包括与结构或机械的固有频率对应的各种频率成分。

虽然冲击锤简单、便携，价格比激振器低，使用方便，但它通常不能够产生足够大的能量以获得感兴趣的频率范围内的足够强的响应信号。同时，通过冲击锤控制作用力的方向也是比较困难的。图 10.26 是用冲击锤获得的结构或机械的典型频率响应特性曲线。该曲线的形状与锤和结构或机械的质量和刚度有关。通常频率激励范围是受截止频率 ω_c 限制的，这意味着结构或机械得不到足够的能量以激起频率超过 ω_c 的振型。一般将频率响应的值比最大值小 10～20 dB 所对应的频率定义为 ω_c 的大小。

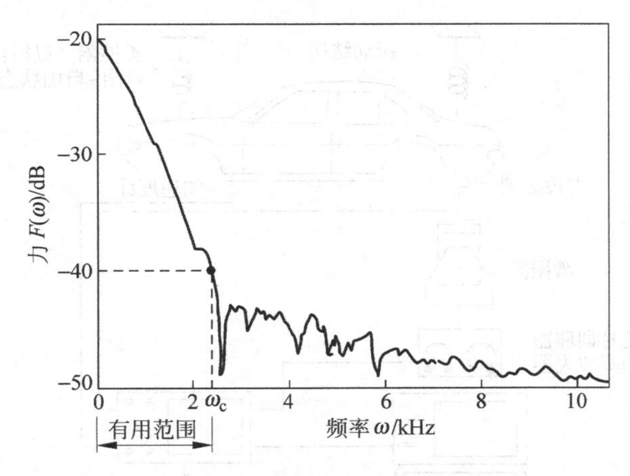

图 10.26 由冲击锤产生的脉冲的频响特性曲线

2. 传感器

在各类传感器中，压电传感器使用最为广泛（见 10.2.2 节）。通过设计，可以使压电传感器输出的信号与力或加速度成正比。在加速度计中，压电材料相当于一个刚性弹簧，使传感器产生共振频率或固有频率。通常情况下，加速度计的最大可测量频率只是其固有频率的几分之一。如 10.2.1 节所述，也可以用应变片来测量结构或机械的振动响应。

3. 信号调理器

由于传感器的输出阻抗不适于直接输入给信号分析仪器，通常选用电荷放大器或电压放大器作为信号调理器，在对信号进行分析之前对信号进行梳理和放大。

4. 分析仪

响应信号在调理之后输入到分析仪进行信号处理。经常使用的分析仪是快速傅里叶变换(FFT)分析仪。这样的分析仪可以接受来自信号调理放大器、滤波器和数字转换器的模拟电压信号(可以代表位移、速度、加速度、应变或力)。它可以计算单个信号的离散频谱，也可以计算输入信号和输出信号之间的互相关谱。可以根据所分析的信号以数值或图形的形式确定固有频率、阻尼比和模态形状。

结构或机械系统实验模态分析的一般布置如图 10.27 所示。注意：所有的仪器在实验之前都应该校准。例如，力锤的内置式力传感器在每次使用前都应该进行动态校准。与此类似，也应对传感器和信号调理器的幅值和相位在感兴趣的频率范围内进行校准。

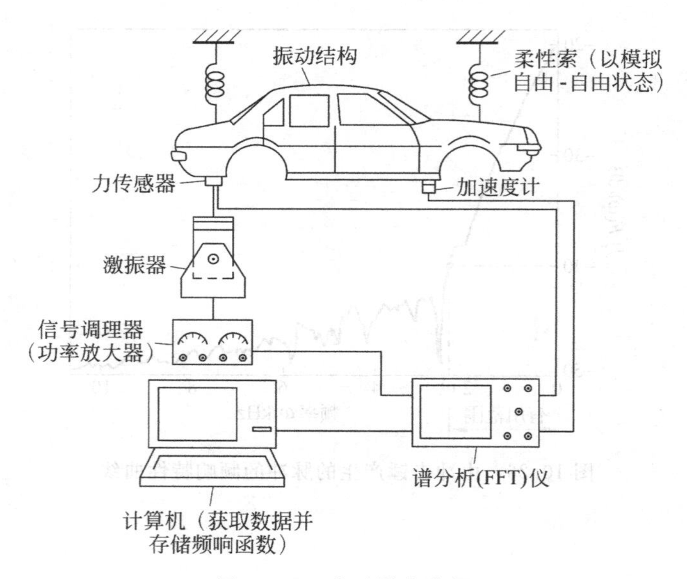

图 10.27　实验模态分析

10.8.3 数字信号处理

为便于进行数字运算，分析仪利用式(1.97)～式(1.99)所示的傅里叶级数关系，将模拟的时域信号 $x(t)$转换成频域内的数字数据。即分析仪对来自加速度计或力传感器的模拟信号 $x(t)$，利用式(1.97)～式(1.99)计算这些信号在频率域内的谱系数 a_0，a_n 和 b_n。在图 10.28 中给出了两个代表性信号从模拟信号转化为数字信号的过程。图中，$x(t)$表示模拟信号，$x_i=x(t_i)$表示相应的数字信号，t_i 代表第 i 个离散时间的值。这个过程是由数字分析仪中的模/数(A/D)转化器实现的。如果 $x(t)$的 N 个值是在 N 个离散时间处给出的，则

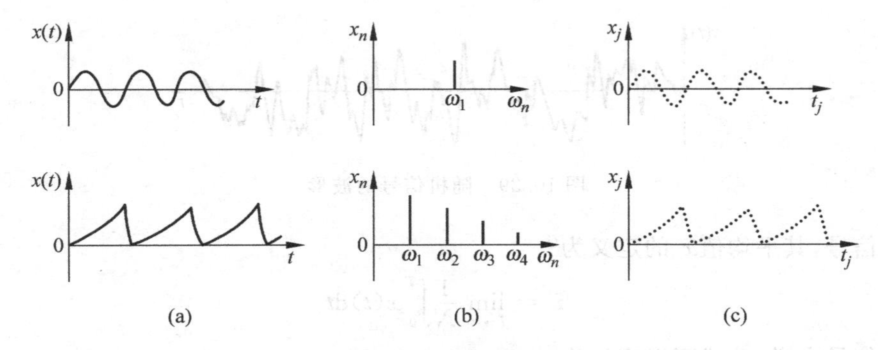

图 10.28 信号的不同表现形式

(a) 时间域；(b) 频率域；(c) 数字记录

根据这 N 个离散数据$[x_1(t_i),x_2(t_i),\cdots,x_N(t_i)]$所得到的离散傅里叶变换为

$$x_j = x(t_j) = \frac{a_0}{2} + \sum_{i=1}^{N/2}\left(a_i\cos\frac{2\pi i t_j}{T} + b_i\sin\frac{2\pi i t_j}{T}\right),\quad j = 1,2,\cdots,N \tag{10.45}$$

式中，系数 a_0，a_i 和 b_i 由下式给出(见式(1.97)～式(1.99))：

$$a_0 = \frac{1}{N}\sum_{j=1}^{N} x_j \tag{10.46}$$

$$a_i = \frac{1}{N}\sum_{j=1}^{N} x_j\cos\frac{2\pi i t_j}{N} \tag{10.47}$$

$$b_i = \frac{1}{N}\sum_{j=1}^{N} x_j\sin\frac{2\pi i t_j}{N} \tag{10.48}$$

样本 N 的数值等于 2 的指数次幂(如 256,215 或 1024)，对于某给定的分析仪来说，这是固定的值。式(10.46)～式(10.48)代表的 N 个代数方程可以用矩阵的形式表示为

$$\boldsymbol{X} = \boldsymbol{A}\boldsymbol{d} \tag{10.49}$$

式中，$\boldsymbol{X}=\{x_1 \quad x_2 \quad \cdots \quad x_N\}^{\mathrm{T}}$ 是样本矢量；$\boldsymbol{d}=\{a_0\, a_1\, a_2 \quad \cdots \quad a_{N/2}\, b_1\, b_2 \quad \cdots \quad b_{N/2}\}^{\mathrm{T}}$ 是谱系数矢量；$\boldsymbol{A}$ 是由式(10.47)和式(10.48)中的系数 $\cos\dfrac{2\pi i t_j}{T}$和 $\sin\dfrac{2\pi i t_j}{T}$构成的矩阵。信号或系统响应的频域信息可以根据下列解确定：

$$\boldsymbol{d} = \boldsymbol{A}^{-1}\boldsymbol{X} \tag{10.50}$$

这里，$\boldsymbol{A}^{-1}$ 是分析仪利用快速傅里叶变换计算得到的。

10.8.4 随机信号分析

传感器测量的输入和输出数据中通常包含一些随机成分或噪声，这使得以确定性的方式对其进行分析变得比较困难。而且，在某些情况下进行振动测试时也会用到随机激励。因此在进行振动测试时，对随机信号进行分析也是必要的。如图 10.29 所示，如果 $x(t)$是

图 10.29 随机信号的波形

一个随机信号，其平均值$\bar{x}$ 的定义为①

$$\bar{x} = \lim_{T\to\infty} \frac{1}{N}\int_0^T x(t)\mathrm{d}t \tag{10.51}$$

对于数字信号来说，此式可以表示为

$$\bar{x} = \lim_{N\to\infty} \frac{1}{N}\sum_{j=1}^{N} x(t_j) \tag{10.52}$$

对应于任意随机信号 $y(t)$，总可以定义一个新的变量 $x(t)=y(t)-\bar{y}(t)$，从而使 $x(t)$的平均值为零。因此，不失一般性，假定信号 $x(t)$ 的均值为零，定义 $x(t)$ 的均方值或方差 $\bar{x}^2(t)$为

$$\bar{x}^2(t) = \lim_{N\to\infty} \frac{1}{T}\int_0^T x^2(t)\mathrm{d}t \tag{10.53}$$

对于数字信号来说，上式变为

$$\bar{x}^2 = \lim_{n\to\infty} \frac{1}{N}\sum_{j=1}^{N} x^2(t_j) \tag{10.54}$$

$x(t)$的均方根值定义为

$$x_{\mathrm{rms}} = \sqrt{\bar{x}^2} \tag{10.55}$$

随机信号 $x(t)$的自相关函数 $R(t)$是其在时域内变化快慢的量度，其定义为

$$R(t) = x^2 = \lim_{T\to\infty} \frac{1}{T}\int_0^T x(\tau)x(\tau+t)\mathrm{d}\tau \tag{10.56}$$

对于数字信号来说，上式可以写为

$$R(n,\Delta t) = \frac{1}{N-n}\sum_{j=0}^{N-n} x_j x_{j+n} \tag{10.57}$$

这里，N 是样本数；Δt 是采样间隔；n 是可调整参数，用来控制计算点的数量。可以看出，$R(0)$表示 $x(t)$的均方值$\bar{x}^2$。自相关函数可以用来识别随机信号中的周期性成分。如果 $x(t)$是纯粹的随机信号，那么当 $T\to\infty$时 $R(t)\to 0$。然而，如果 $x(t)$是周期性的或有一个周期性的成分，那么 $R(t)$也将是周期性的。

随机信号 $x(t)$的功率谱密度(power spectral density，PSD)记为 $S(\omega)$，是信号在频域内变化快慢的量度，其定义为 $R(t)$的傅里叶变换，即

① 有关随机信号(过程)和随机变量的详细讨论见第 14 章。

$$S(\omega) = \frac{1}{2\pi}\int_{-\infty}^{\infty} R(\tau)\mathrm{e}^{-\mathrm{i}\omega\tau}\mathrm{d}\tau \tag{10.58}$$

对于数字信号来说，上式可以表示为

$$S(\Delta\omega) = \frac{|x(\omega)|^2}{N\Delta t} \tag{10.59}$$

式中，$|x(\omega)^2|$代表 $x(t)$的采样数据的傅里叶变换的大小。自相关函数和功率频谱密度函数的定义可以推广到两个不同信号的情况，例如位移信号 $x(t)$和作用力信号 $f(t)$。这就是互相关函数 $R_{xf}(t)$和互相关功率谱密度函数 $S_{xf}(\omega)$：

$$R_{xf}(t) = \lim_{T\to\infty}\frac{1}{T}\int_0^T x(\tau)f(\tau+t)\mathrm{d}\tau \tag{10.60}$$

$$S_{xf}(\omega) = \frac{1}{2\pi}\int_{-\infty}^{\infty} R_{xf}(\tau)\mathrm{e}^{-\mathrm{i}\omega\tau}\mathrm{d}\tau \tag{10.61}$$

式(10.60)和式(10.61)可以用来确定被测结构或机械的传递函数。在式(10.60)中，如果用 $x(\tau+t)$代替 $f(\tau+t)$，可以得到 $R_{xx}(t)$。同样，在式(10.61)中，用 $x(\tau+t)$代替$f(\tau+t)$，可以得到 $S_{xx}(\omega)$。频率响应函数 $H(\mathrm{i}\omega)$与功率谱密度函数的关系为

$$S_{xx}(\omega) = |H(\mathrm{i}\omega)|^2 S_{ff}(\omega) \tag{10.62}$$

$$S_{fx}(\omega) = H(\mathrm{i}\omega)S_{ff}(\omega) \tag{10.63}$$

$$S_{xx}(\omega) = H(\mathrm{i}\omega)S_{xf}(\omega) \tag{10.64}$$

式中，$f(t)$和 $x(t)$分别表示随机的力输入和相应的输出。式(10.62)定义的 $S_{xx}(\omega)$包括了系统(结构或机械)传递函数的大小信息，而式(10.63)和式(10.64)定义的 $S_{fx}(\omega)$和 $S_{xx}(\omega)$则同时包括了传递函数的大小和相位信息。在进行振动测试时，频谱分析仪首先根据传感器的输出计算谱密度函数，然后通过式(10.63)和式(10.64)计算系统的频率响应函数 $H(\mathrm{i}\omega)$。

相干函数β用来量度测试信号中的噪声，其定义如下：

$$\beta(\omega) = \frac{S_{fx}(\omega)}{S_{ff}(\omega)}\frac{S_{xf}(\omega)}{S_{xx}(\omega)} = \frac{|S_{xf}(\omega)|^2}{S_{xx}(\omega)S_{ff}(\omega)} \tag{10.65}$$

注意：如果测量的 x 和 f 是纯噪声，那么 $\beta=0$。如果测量的 x 和 f 不含任何噪声，那么$\beta=1$。典型的相干函数如图 10.30 所示。一般来说，在系统的固有频率附近 $\beta\approx1$，因为此时信号比较强，并且受噪声的影响很小。

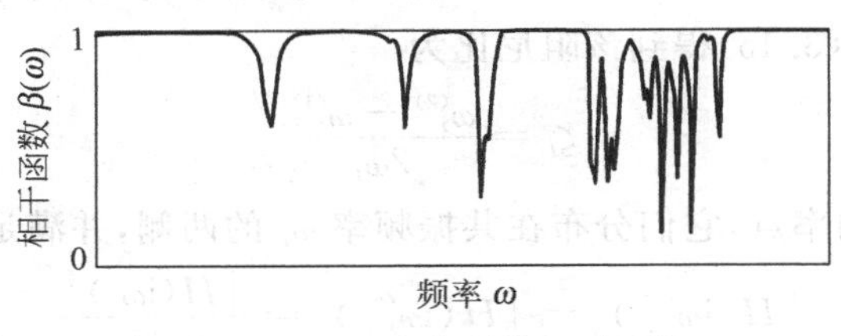

图 10.30　一个典型的相干函数

10.8.5 从观察到的峰值确定模态数据

根据式(10.63)或式(10.64)计算出的频率响应函数 $H(\mathrm{i}\omega)$，可以用来确定与频响函数曲线中观察到的全部共振峰对应的系统的固有频率、阻尼比和模态。例如，假设频响函数如图10.31所示，共有4个共振峰，则说明测试系统可以用一个四自由度系统来模拟。有时确定系统的自由度数很困难，尤其是频率响应函数曲线中的共振峰比较接近时。频率响应函数曲线可以通过下面的方法确定：在结构或机械的特殊点处作用频率可调的简谐力，在另一点处测量响应（如位移），再利用方程(10.63)或方程(10.64)得到频率响应函数的值。根据 $H(\mathrm{i}\omega)$ 在一系列不同简谐力频率处的值，就可以作出与图10.31类似的频率响应函数曲线。

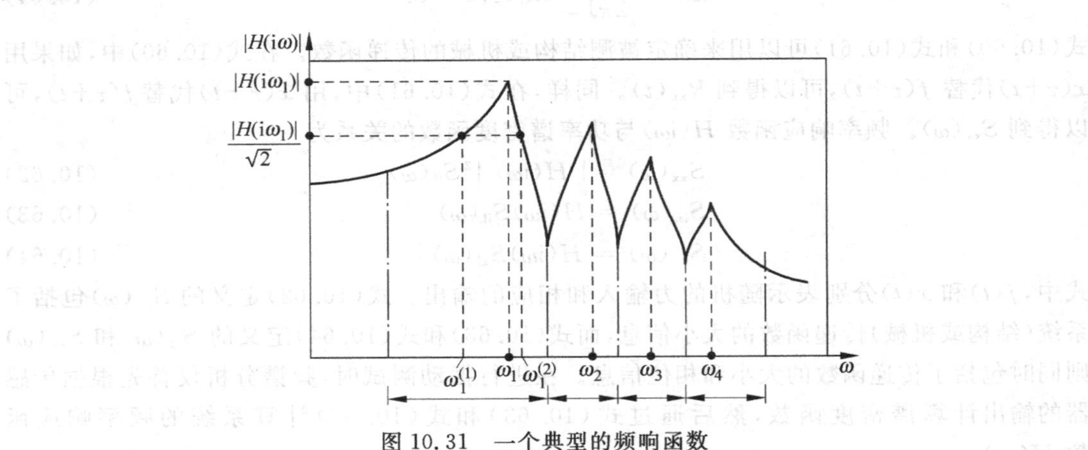

图10.31 一个典型的频响函数

得到模态数据的简单方法之一是单自由度法。在这种方法中，频率响应函数曲线被分成几个频率范围，且在每一个范围内有一个峰值，如图10.31所示。这样，可以认为每一个频率范围为单自由度系统的频率响应函数。这表明，在每一个频率范围内的频率响应函数是由特定的单一模态决定的。正如3.4节所述，每一个峰值对应着一个相角为90°的共振点。因此可以通过频响函数曲线上的峰值来识别共振频率，这可以通过观察每一个峰值处的相角是否为90°得到验证。图10.31中，对应于共振频率为 ω_j 的第 j 个峰值的阻尼比表示模态阻尼比 ζ_j。由式(3.45)得到该阻尼比为

$$\zeta_j=\frac{\omega_j^{(2)}-\omega_j^{(1)}}{2\omega_j} \tag{10.66}$$

式中，$\omega_j^{(1)}$ 和 $\omega_j^{(2)}$ 是半功率点，它们分布在共振频率 ω_j 的两侧，并满足下列关系：

$$|H(\mathrm{i}\omega_j^{(1)})|=|H(\mathrm{i}\omega_j^{(2)})|=\frac{|H(\mathrm{i}\omega_j)|}{\sqrt{2}} \tag{10.67}$$

注意：ω_j 实际上代表测试系统的有阻尼固有频率。然而，当阻尼比较小时，ω_j 可以认

为近似等于系统的无阻尼固有频率。当测试系统可以近似为一个 k(对应于图 10.31 的系统 $k=4$)自由度系统时,频响函数曲线上的每一个峰值可以认为对应着一个单自由度系统。通过重复上述步骤(用方程(10.66))k 次,可以确定 k 个共振频率(峰值)及对应的阻尼比。

例 10.5 某单自由度系统响应的幅值和相角随频率的变化即频响函数如图 3.11 所示。如果不是直接处理频响函数曲线,而是纵轴采用幅值比的对数(单位为 dB),则绘制的曲线称为波特图。根据图 10.32 所示的波特图确定系统的固有频率和阻尼比。

解:从图 10.32 中可以看出,对应于系统峰值响应的固有频率大概是 10 Hz,响应的峰值为 −35 dB。对应于半功率点 ω_1 和 ω_2 的响应大小等于 0.707 倍的峰值。根据图 10.32,可以确定半功率点为 $\omega_1=9.6$ Hz 和 $\omega_2=10.5$ Hz。因此,可以用方程(10.66)确定阻尼比为

$$\zeta=\frac{\omega_2-\omega_1}{2\omega_n}=\frac{10.5-9.6}{2\times 10.0}=0.045$$

本节介绍的确定模态参数的过程基本上是一个可视化方法。10.8.6 节将介绍一种更系统的基于计算机的方法,它可以通过分析仪以及适当的编程来实现。

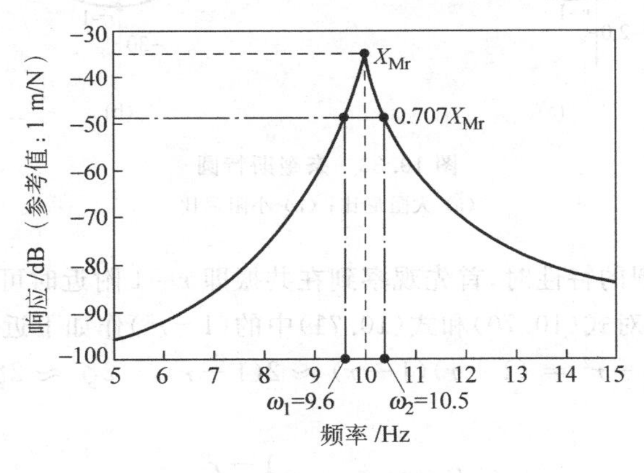

图 10.32 波特(Bode)图

10.8.6 根据奈奎斯特图确定模态数据

上面的方法实际上是认为在频率响应函数中,在固有频率附近只有单一模态在起主要作用。对单自由度系统而言,当分别用横、纵坐标表示其在某一频率范围内的频率响应函数(由式(3.54)给出)的实部和虚部时,所得图形将是一个圆,称为**奈奎斯特(Nyquist)圆**或**奈奎斯特图**。式(3.54)给出的频率响应函数可以写为

$$\alpha(\mathrm{i}\omega)=\frac{1}{1-r^2+\mathrm{i}2\zeta r}=u+\mathrm{i}v \tag{10.68}$$

式中

$$r=\frac{\omega}{\omega_n} \tag{10.69}$$

$$u=\alpha(\mathrm{i}\omega)\text{ 的实部 }=\frac{1-r^2}{(1-r^2)^2+4\zeta^2r^2} \tag{10.70}$$

$$v=\alpha(\mathrm{i}\omega)\text{ 的虚部 }=\frac{-2\zeta r}{(1-r^2)^2+4\zeta^2r^2} \tag{10.71}$$

在进行振动测试时，分析仪能够根据其驱动频率 ω 计算相应的测量数据的 $u=\mathrm{Re}\,\alpha$ 和 $v=\mathrm{Im}\,\alpha$ 的值。对于大的阻尼值 ζ，奈奎斯特图近似于一个圆；随着阻尼越来越小，可以假设其形状接近于一个圆，如图 10.33 所示。

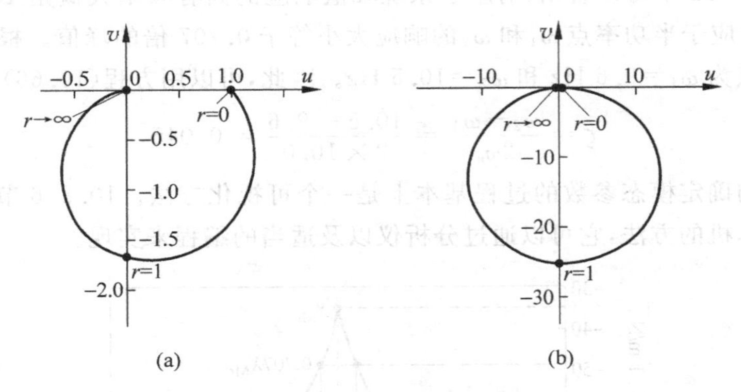

图 10.33　奈奎斯特圆

(a) 大阻尼比；(b) 小阻尼比

在说明奈奎斯特圆的特性时，首先观察到在共振即 $r=1$ 附近时可得到较大的 u 和 v 的值。在这一区域，可以对式(10.70)和式(10.71)中的$(1-r^2)$作如下近似：

$$1-r^2=(1+r)(1-r)\approx 2(1-r),\quad 2\zeta r\approx 2\zeta$$

所以

$$u=\mathrm{Re}\,\alpha\approx\frac{1-r}{2[(1-r)^2+\zeta^2]} \tag{10.72}$$

$$v=\mathrm{Im}\,\alpha\approx\frac{-\zeta}{2[(1-r)^2+\zeta^2]} \tag{10.73}$$

很容易证明，由式(10.72)和式(10.73)表示的 u 和 v 满足如下关系：

$$u^2+\left(v+\frac{1}{4\zeta}\right)^2=\left(\frac{1}{4\zeta}\right)^2 \tag{10.74}$$

该方程所表示圆的圆心坐标为$\left(u=0,v=-\dfrac{1}{4\zeta}\right)$，半径为$\dfrac{1}{4\zeta}$。半功率点 $r=1\pm\zeta$ 对应着 $u=\pm\dfrac{1}{4\zeta}$和 $v=\dfrac{1}{4\zeta}$，这两个点在圆的水平直径的两端点处，此时 u 取得最大值。

这些结果可以用来确定 $\omega_n(r=1)$和 ζ。一旦得到某一驱动频率范围内的频率响应函数 $H(\mathrm{i}\omega)$的测量值(作用力的大小固定)，而不是寻找频率响应函数曲线的峰值，就可以通过最小二乘法拟合一个圆来绘制奈奎斯特图，即 $\mathrm{Re}\,H(\mathrm{i}\omega)$-$\mathrm{Im}\,H(\mathrm{i}\omega)$曲线。这个过程还可以求出实验误差的平均值。拟合的圆与虚轴的负半轴的交点对应着 $H(\mathrm{i}\omega_n)$。从水平直径两端点处的频率的差值可以得到带宽$(\omega^{(2)}-\omega^{(1)})$，据此可以求出 $\zeta=\dfrac{\omega^{(2)}-\omega^{(1)}}{2\omega_n}$的值。

10.8.7 模态形状的测量

为了根据测量结果确定模态形状，需要用模态坐标来表示多自由度系统的运动微分方程。为此，首先考虑无阻尼的情况。

1. 多自由度无阻尼系统

用物理坐标表示的无阻尼多自由度系统的运动微分方程的形式为

$$\boldsymbol{m}\ddot{\boldsymbol{x}}+\boldsymbol{k}\boldsymbol{x}=\boldsymbol{f} \tag{10.75}$$

对于简谐自由振动，方程(10.75)变为

$$(\boldsymbol{k}-\omega_i^2\boldsymbol{m})\boldsymbol{y}_i=\boldsymbol{0} \tag{10.76}$$

式中，ω_i 为第 i 阶固有频率；$\boldsymbol{y}_i$ 是对应的模态。模态的正交性可以表示为

$$\boldsymbol{Y}^{\mathrm{T}}\boldsymbol{m}\boldsymbol{Y}=\mathrm{diag}\,\boldsymbol{M}=[M_i] \tag{10.77}$$

$$\boldsymbol{Y}^{\mathrm{T}}\boldsymbol{k}\boldsymbol{Y}=\mathrm{diag}\,\boldsymbol{K}=[K_i] \tag{10.78}$$

式中，$\boldsymbol{Y}$ 是以模态 $\boldsymbol{y}_1,\boldsymbol{y}_2,\cdots,\boldsymbol{y}_N$ 作为列的模态矩阵（N 表示系统的自由度数，也等于测量的固有频率或峰值数）；M_i 和 K_i 分别是对角阵 $\boldsymbol{M}$ 和 $\boldsymbol{K}$ 的元素，也称为对应于第 i 阶模态的模态质量和模态刚度，且

$$\omega_i^2=\frac{K_i}{M_i} \tag{10.79}$$

当激励函数是简谐函数时，可以表示为 $\boldsymbol{f}(t)=\boldsymbol{F}\mathrm{e}^{\mathrm{i}\omega t}$，其中 $\mathrm{i}=\sqrt{-1}$。由方程(10.75)得

$$\boldsymbol{x}(t)=\boldsymbol{X}\mathrm{e}^{\mathrm{i}\omega t}=(\boldsymbol{k}-\omega^2\boldsymbol{m})^{-1}\boldsymbol{F}\mathrm{e}^{\mathrm{i}\omega t}\equiv\boldsymbol{\alpha}(\omega)\boldsymbol{F}\mathrm{e}^{\mathrm{i}\omega t} \tag{10.80}$$

$\boldsymbol{\alpha}(\omega)$称为系统的**频率响应函数或响应矩阵**。根据式(10.77)和式(10.78)，$\boldsymbol{\alpha}(\omega)$可以表示为

$$\boldsymbol{\alpha}(\omega)=\boldsymbol{Y}[\boldsymbol{K}-\omega^2\boldsymbol{M}]^{-1}\boldsymbol{Y}^{\mathrm{T}} \tag{10.81}$$

矩阵$\boldsymbol{\alpha}(\omega)$的第 p 行第 q 列元素表示由简谐力 F_q（没有其他力）引起的响应 X_p。其又可以写为

$$\alpha_{pq}(\omega)=[\boldsymbol{\alpha}(\omega)]_{pq}=\left.\frac{X_p}{F_q}\right|_{F_j=0;j=1,2,\cdots,N;j\neq q}=\sum_{i=1}^{N}\frac{(\boldsymbol{y}_i)_p(\boldsymbol{y}_i)_q}{K_i-\omega^2M_i} \tag{10.82}$$

式中，$(\boldsymbol{y}_i)_j$ 表示第 i 阶模态的第 j 个元素。如果模态矩阵 $\boldsymbol{Y}$ 进一步正则化为

$$\boldsymbol{\Phi}\equiv[\boldsymbol{\phi}^{(1)}\boldsymbol{\phi}^{(2)}\cdots\boldsymbol{\phi}^{(N)}]=\boldsymbol{Y}\boldsymbol{M}^{-1/2} \tag{10.83}$$

模态$\boldsymbol{\phi}^{(1)},\boldsymbol{\phi}^{(2)},\cdots,\boldsymbol{\phi}^{(N)}$的形状将不会改变，但式(10.82)变为

$$\alpha_{pq}(\omega)=\sum_{i=1}^{N}\frac{(\boldsymbol{\phi}_i)_p(\boldsymbol{\phi}_i)_q}{\omega_i^2-\omega^2} \tag{10.84}$$

2. 多自由度有阻尼系统

用物理坐标表示的有阻尼多自由度系统的运动微分方程为

$$\boldsymbol{m}\ddot{\boldsymbol{x}}+\boldsymbol{c}\dot{\boldsymbol{x}}+\boldsymbol{k}\boldsymbol{x}=\boldsymbol{f} \tag{10.85}$$

为简化，假设系统存在比例阻尼，即阻尼矩阵可以表示为

$$\boldsymbol{c}=a\boldsymbol{k}+b\boldsymbol{m} \tag{10.86}$$

式中，a 和 b 是常数。无阻尼系统的模态 $\boldsymbol{y}^{(i)}$ 和 $\boldsymbol{\phi}^{(i)}$ 不仅可以是将质量矩阵和刚度矩阵对角化，如式(10.77)和式(10.78)所示，而且也可以将阻尼矩阵对角化，即

$$\boldsymbol{Y}^{\mathrm{T}}\boldsymbol{c}\boldsymbol{Y}=\mathrm{diag}\boldsymbol{C}=[C_i] \tag{10.87}$$

因此，阻尼系统的模态形状将会与无阻尼系统的模态形状一样，但是固有频率将会改变，而且一般来说变化比较复杂。当假设式(10.85)中的力均为简谐函数时，可以推得频率响应函数的表达式为

$$\alpha_{pq}(\omega)=[\boldsymbol{\alpha}(\omega)]_{pq}=\sum_{i=1}^{N}\frac{(\boldsymbol{y}_i)_p(\boldsymbol{y}_i)_q}{K_i-\omega^2M_i+\mathrm{i}\omega C_i} \tag{10.88}$$

当采用关于质量正交的正则模态时(见方程(10.83))，$\alpha_{pq}(\omega)$变为

$$\alpha_{pq}(\omega)=\sum_{i=1}^{N}\frac{(\boldsymbol{\phi}_i)_p(\boldsymbol{\phi}_i)_q}{\omega_i^2-\omega^2+2\mathrm{i}\zeta_i\omega_i\omega} \tag{10.89}$$

式中，ζ_i 是第 i 阶模态的阻尼比。

如前所述，矩阵$\boldsymbol{\alpha}(\omega)$的第 p 行第 q 列元素 $\alpha_{pq}(\omega)=[\boldsymbol{\alpha}(\omega)]_{pq}$ 表示被测系统在点 p 处的位移或响应 X_p 和点 q 处的输入 F_q(其他各点处力均为零)之间的传递函数。因为传递函数表示比值$\dfrac{X_p}{F_q}$，它一般用 $H_{pq}(\omega)$表示，因此

$$\alpha_{pq}(\omega)=H_{pq}(\omega) \tag{10.90}$$

如果能够很好地将系统的峰值或共振(固有)频率分散开来，那么式(10.88)或式(10.89)中对应于特定峰值(第 i 峰值)的项与其他项相比将处于主导地位。在式(10.89)中令 $\omega=\omega_i$，于是得到

$$\alpha_{pq}(\omega_i)=H_{pq}(\omega_i)=\frac{(\boldsymbol{\phi}_i)_p(\boldsymbol{\phi}_i)_q}{\omega_i^2-\omega^2+\mathrm{i}2\zeta_i\omega_i^2}$$

或者

$$|\alpha_{pq}(\omega_i)|=|H_{pq}(\omega_i)|=\frac{|(\boldsymbol{\phi}_i)_p(\boldsymbol{\phi}_i)_q|}{2\zeta_i\omega_i^2}$$

即

$$|(\boldsymbol{\phi}_i)_p(\boldsymbol{\phi}_i)_q|=2\zeta_i\omega_i^2|H_{pq}(\omega_i)| \tag{10.91}$$

从式(10.91)可以看出，根据所测得的第 i 个峰值处的固有频率 ω_i、阻尼比 ζ_i 和传递函数 $|H_{pq}\omega_i|$就可以计算$(\boldsymbol{\phi}_i)_p(\boldsymbol{\phi}_i)_q$ 的绝对值。可以根据 $H_{pq}(\omega_i)$的相图确定元素$(\boldsymbol{\phi}_i)_p(\boldsymbol{\phi}_i)_q$ 的正负号。因为在 N^2 个矩阵元素$[(\boldsymbol{\phi}_i)_p(\boldsymbol{\phi}_i)_q]=[\boldsymbol{\phi}_i\boldsymbol{\phi}_i^{\mathrm{T}}]_{pq}$中，只有 N 个未知元素是互不

相关的,所以需要$|H_{pq}(\omega_i)|$的 N 个测量值来确定对应于振型频率ω_i的振型$\boldsymbol{\phi}_i$。这可以通过在 q 点处分别测量首先在 1 点输入,其次在 2 点输入,…,最后在 N 点输入时的系统位移或响应实现。

10.9 机器运行状态监测与诊断

当设计合理时,大多数机器都只会引起不太剧烈的振动。在运行过程中,所有的机器都会受到疲劳、磨损、变形和地基下沉的影响。这些影响会使配合零件之间的间隙和轴的不平行度增大,转子的不平衡加剧,并会增大机械零件产生初始微裂纹的可能。这些都会导致振动强度的增加,从而对轴承产生附加的动力载荷。随着运行时间的延长,振动强度会继续提高,最终导致机器的故障或破坏。引起机器振动强度增加的故障或运转状态一般包括轴的弯曲和偏心、零件的不对中和不平衡、轴承故障、齿轮故障、叶轮叶片故障和机械零件的松动等。

10.9.1 振动强度标准

一些标准如 ISO 2372 给出的振动强度图表可以作为确定机器运行状态的指导。大多数情况下,是将机器振动速度的均方根值与标准中规定的值进行比较。虽然执行这个过程很简单,但是用于作比较的全部速度信号可能不会对机器即将发生的破坏给出足够的警告。

10.9.2 设备检修技术

机器的寿命符合图 10.34 所示的**浴盆曲线**。因为机器故障通常会以引起振动或噪声级别的增加为特征,振动级别也符合同样的浴盆曲线。在最初的磨合阶段,振动级别会逐渐下降。在正常的运行阶段,由于正常的磨损,振动级别会缓慢增加,最后因为过度磨损,振动级别会迅速增加直到在磨损期发生失效或故障。

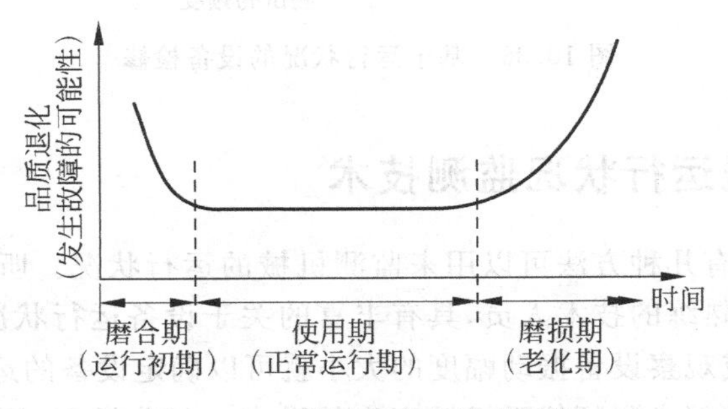

图 10.34 机器寿命的浴盆曲线

在工程实际中,通常采用如下 3 种检修方案:

(1) 事后检修。机器设备允许报废，当报废时就只能用新设备来代替。如果替换机器的价格低廉或并不会引起其他破坏时，就可以采用这种策略。否则，如果存在因停工引起的巨大损失，或由此带来安全方面的风险以及连带对其他机器造成破坏时，这种策略就是不可接受的。

(2) 定期检修。在固定的时间（如工作3000小时或1年）进行一次检修。合适的检修周期可以根据基于以前经验的统计数据来确定。虽然这种方法可以降低预料不到的故障发生的概率，但却是不经济的。因为检修时不仅损失生产时间，而且还要冒着由于人为原因产生差错的风险。除此之外，在正常磨损期，用新零件代替旧零件并不会降低其发生故障的可能性。

(3) 基于运行状态的检修。在固定的时间间隔内对设备进行测试，以代替在固定的时间间隔内对设备进行检修，从而定期观察机器运转状况的改变。因此，可以在初期就检测到运行故障并密切跟踪其发展情况。可以对测量的振动级别进行外推，以预测在什么时候振动的级别将达到不能接受的程度，以及在什么时候必须对设备进行检修。因此这种方法也称为**预测性检修**。采用这种方法时，由于可以减少突发性事故，能够较好地利用备用零件以及排除不必要的预防性检修，所以可以使得检修费用大幅降低。基于运行状态对设备进行检修时，机械设备的振动级别（亦即发生故障的可能性）随时间的变化规律如图10.35所示。

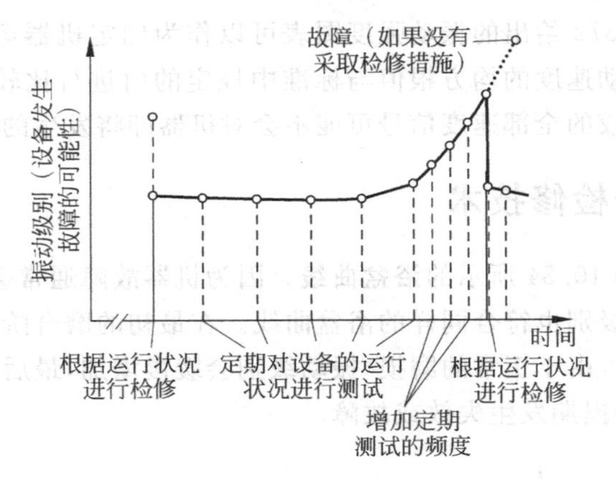

图10.35 基于运行状况的设备检修

10.9.3 机械运行状况监测技术

如图10.36所示，有几种方法可以用来监测机械的运行状况。听和看是监测机械运行状况的基本形式，一个熟练的技术人员，具有丰富的关于设备运行状况的知识，仅仅通过听机械运转产生的声音或观察设备振动幅度的大小就可以确定设备的运行状况是否正常。有时还可以借助传声器或闪光测频仪听机械产生的噪声。与此类似，可以利用放大镜或闪光测频仪观察机械的运行状态。可以利用对电流或电压的监测对电气设备如大型发电机和电动机的运行状态进行监测。

运行变量监测法(也称为性能或运行循环监测),是将观测到的机械性能与期望的运行值进行比较。与预期性能的任何偏离,都意味着机械的运行出现了故障。温度监测包括测量机械运转或表面的温度。这种方法可以认为是一种运行变量监测法。由于磨损所致零件温度的迅速上升,在大多数情况下,往往意味着设备故障,例如滑动轴承的润滑不好。温度检测经常使用的仪器包括光学测温计、热电偶、热成像仪、电阻温度计等。在有些情况下,使用染料渗透剂来确认机器表面出现的裂纹。此时,需要使用热敏涂料(也叫示热涂料)来检测热表面的裂纹。在这些情况下,需要选出与预计表面温度相匹配的涂料。

在承载机械零件的相对运动表面上会产生磨损碎片。在润滑油或润滑脂中发现的磨粒,可以用来估计损坏程度。随着磨损程度的增加,构成机器零件(如轴承和齿轮)材料的颗粒会不断增加。因此,可以通过观察磨粒的多少、尺寸、形状和颜色来估计机器的磨损程度。注意:磨粒的颜色可以说明它们曾达到的温度。

振动分析也广泛应用于机器运行状态监测。引起机械振动的因素有由于不平衡引起的周期性激励力、磨损或零件的故障。振动的强度会发生何种改变?这些改变如何进行检测?如何根据检测的数据说明机械的运行状态?这些在过去曾经是许多研究关注的课题。可用于振动监测的技术分类如图 10.37 所示,这些技术将在接下来的章节进行讨论。

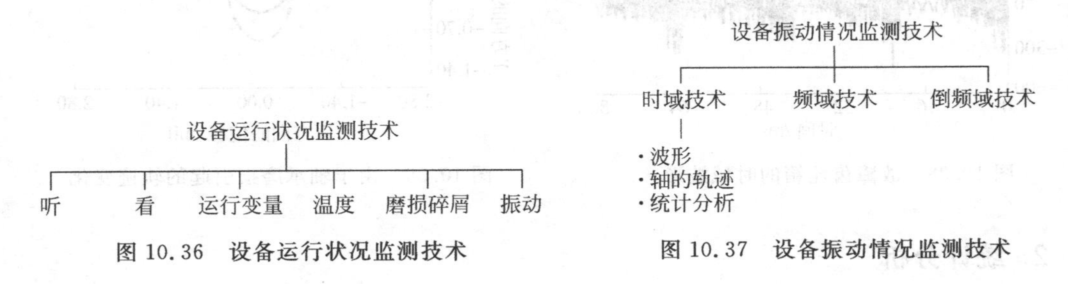

图 10.36 设备运行状况监测技术

图 10.37 设备振动情况监测技术

10.9.4 振动监测技术

1. 时域分析

(1) 时域波形。时域分析是利用信号(波形)的时间历程来进行的。信号存储在示波器或实时分析仪中,任何非稳态或瞬态脉冲都可以记录下来。不连续的损坏,如齿轮轮齿的损坏、轴承内圈或外圈的裂纹,都很容易通过变速箱外壳的波形来确认。例如,图 10.38 显示的是一个单级变速箱的加速度信号。小齿轮装在功率为 5.6 kW、转速为 2865 r/min 的交流电动机轴上。因为小齿轮的转速是 2865 r/min 或 47.75 Hz,周期就可以认为是 20.9 ms。加速度的波形表明,信号中的脉冲是周期性出现的,周期大约为 20 ms。注意到这个周期与小齿轮的周期近似相等,因而可以判断加速度信号中的脉冲可能是由于小齿轮的轮齿损坏造成的。

(2) 指标。在某些情况下,进行设备运行状态监测时,可以用如峰值大小、均方根值大小和波峰因素等指标来确认机器设备的损坏。由于峰值只出现一次，它不是一个统计量，因此，并不是一个检测连续运转系统是否发生破坏的可靠指标。虽然均方根值在应用于检测稳态过程是否发生损坏时是一个比较好的指标，但是如果信号包含的信息来自多个零件，如由几个齿轮、轴、轴承组成的整个齿轮箱的振动情况，那么这个值可能是没用的。波峰因素定义为峰值与均方根值的比，虽然它同时包含了峰值与均方根值的信息，但也可能无法确定某些情况下的故障。例如，如果故障是逐渐发生的，那么均方根值的大小可能是逐渐增加的，但波峰因素的大小却呈逐渐下降的趋势。

(3) 轨迹。有时，可以通过显示从两个传感器输出的时域波形（相位变化 90°）得到称为**李萨茹**(Lissajous)**图**的特性曲线。这些特性曲线或轨迹模式的任何改变，都可以用来确定如轴未对中、轴的不平衡、轴的摩擦、滑动轴承的磨损和润滑轴承的流体动力不稳定性等故障。图 10.39 显示的是由于轴承磨损引起的轨迹的变化。轨迹直径在竖直方向的变大表明轴承在水平方向的硬度变大，即在竖直方向轴承的间隙变大。

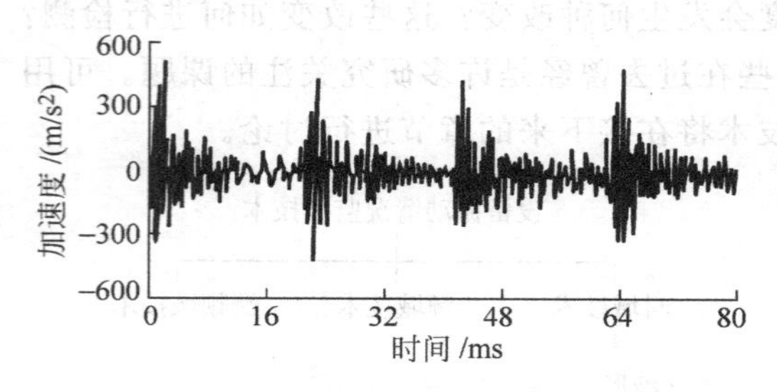

图 10.38　故障齿轮箱的时域波形

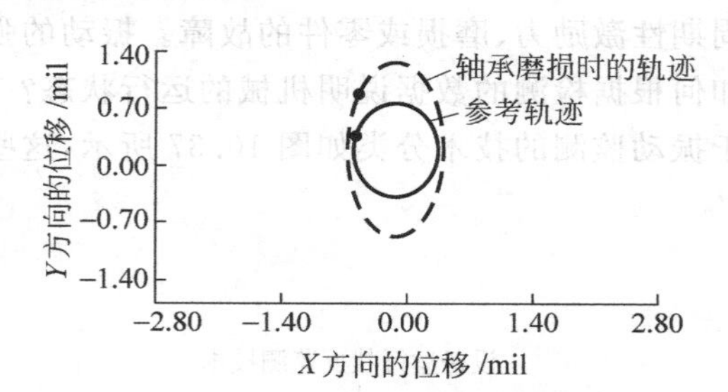

图 10.39　由于轴承磨损引起的轨迹变化

2. 统计分析

所有振动信号的概率密度曲线都有其特有的形状。信号的概率密度可以定义为其瞬时振幅发生在某一区间内的概率除以该区间的长度。通常情况下，与完好零件对应的波形的概率密度曲线是与正态分布的概率密度曲线类似的钟形曲线。因此，任何与钟形曲线有严重偏差的概率密度曲线，都可以认为是与零件的故障有关。由于使用概率密度曲线涉及形状的变化而不是振幅的变化，因此这对诊断机械故障是非常有用的。

可以利用概率密度曲线的矩来对机械设备的运行状态进行监测。这些矩的定义与该曲线围成的面积对于其形心轴的矩的定义类似。经常使用的概率密度曲线（经过适当的规范化）的矩分别为平均值、标准差、非对称性和峭度。对于实际测试信号，奇数阶矩通常接近零，而偶数阶矩表示信号的冲击。四阶矩即峭度一般用于机械设备的运行状态监测。峭度的定义为

$$k=\frac{1}{\sigma^4}\int_{-\infty}^{\infty}(x-\bar{x})^4 f(x)\mathrm{d}x \tag{10.92}$$

式中，$f(x)$是 t 时刻瞬态振幅 $x(t)$的概率密度函数；$\bar{x}$ 是平均值；σ 是 $x(t)$的标准差。轴承

内外圈的破裂以及球或滚柱的破碎等故障，会在信号的时域波形中引起比较大的脉冲，即会导致较大的峭度。因此，峭度的变大可以认为是机器零件发生故障的结果。

3. 频域分析

频域信号或频谱是振动响应的幅值与频率的关系曲线，可以通过对时域波形进行数字快速傅里叶分析得到。它能够提供关于机械设备运行状态的有用信息。机械的振动响应不仅与其零件有关，而且与装配和安装等因素有关。因此，任何机械的振动特性在某种程度上都具有唯一性，是与特定的运行条件相对应的。故振动的频谱可以看作是机械振动特征的标示。只要激振力是常值或变化比较小，那么测得的振动强度也应保持常值或有比较小的变化。然而，随着机械开始出现故障，它的振动强度以及频谱的形状就会发生变化。通过将故障状态下机械的频谱与正常状态下的频谱进行比较，就可以判断故障的性质和位置。频谱的另一个重要性质是机械中的每一个旋转零件都会产生可以辨认的频率，如图 10.40 所示。因此，根据给定频率处频谱的变化就可以直接判断哪一个零件发生了故障。因为这样的变化相对于整体振动强度的变化来说更容易检测到，所以这一特性在工程实际中是很有用的。

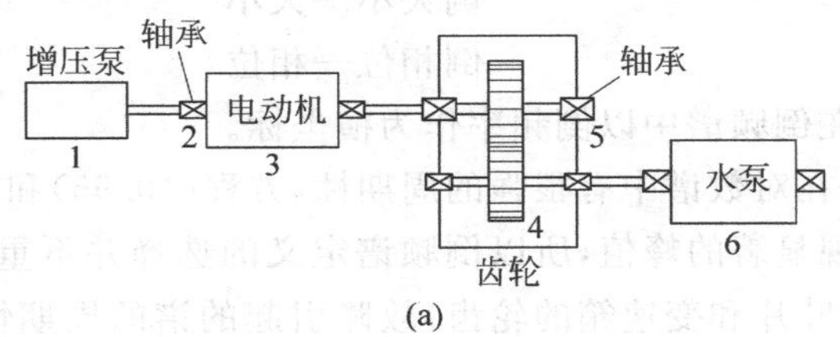

(a)

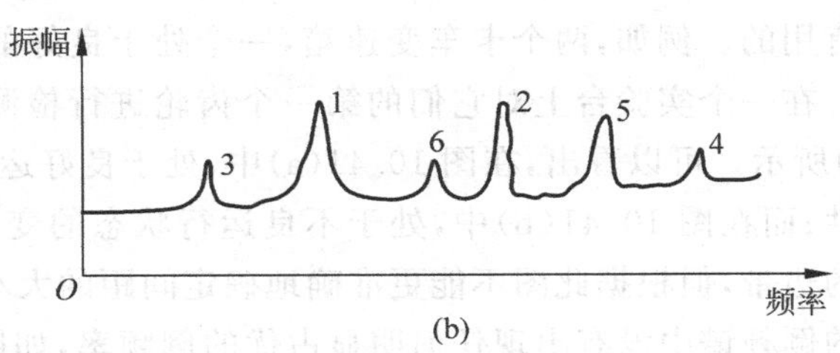

(b)

图 10.40 机械零件与振动谱之间的关系

因为频谱中的峰值是与各种机器零件相关的，所以计算故障频率是十分必要的。可以利用相关的公式计算常用零部件如轴承、变速箱、水泵、风扇和滑轮等的故障频率。类似地，可以用某些典型的故障状态来描述常见的故障，如不平衡、不对中、松动、油膜涡动和共振等。

4. 倒频域分析

以倒频率作为横坐标(x 轴)所得的频谱称为**倒频谱**，这与以频率作为横坐标所得到的频谱是类似的。在已知的参考文献中，倒频谱并没有一个统一的定义。最初，倒频谱定义为对数功率谱的功率谱。如果 $x(t)$ 代表时间信号，它的功率谱 $S_X(\omega)$ 由下式给出：

$$S_X(\omega) = | F\{x(t)\} |^2 \tag{10.93}$$

式中，$F\{\ \}$ 表示 $\{\ \}$ 的傅里叶变换，有

$$F\{x(t)\} = \frac{1}{T}\int_{-\frac{T}{2}}^{\frac{T}{2}} x(t) e^{i\omega t} dt \tag{10.94}$$

因此，倒频谱 $c(\tau)$ 为

$$c(\tau) = | F\{\lg S_X(\omega)\} |^2 \tag{10.95}$$

后来，倒频谱被定义为对数功率谱的傅里叶逆变换，所以 $c(\tau)$ 为

$$c(\tau) = F^{-1}\{\lg S_X(\omega)\} \tag{10.96}$$

倒频谱(cepstrum)一词是将频谱(spectrum)中的字母重新排列得到的。这一联系的原因是倒频谱基本上可以理解为是一个频谱的频谱。实际上，谱分析中的许多术语在倒频谱分析中已发生了改变。一些例子如下：

倒频率—频率

倒谐波—谐波

倒大小—大小

倒相位—相位

由此可以理解为什么在倒频谱中以倒频率作为横坐标。

实际上，因为如果在对数谱中有很强的周期性，方程(10.95)和方程(10.96)给出的两个定义将在同一位置出现显著的峰值，所以倒频谱定义的选择并不重要。由于倒频谱可以发现零件(如汽轮机中的叶片和变速箱的轮齿)故障引起的谱的周期性，所以其在机械运行状态检测和诊断中是很有用的。例如，两个卡车变速箱，一个处于良好的运行状态，而另一个处于不良的运行状态。在一个实验台上对它们的第一个齿轮进行检测时，频谱和倒频谱分别如图10.41(a)～(d)所示。可以看出，在图10.41(a)中，处于良好运行状态的变速箱的频谱中没有明显的周期性；而在图10.41(b)中，处于不良运行状态的变速箱的频谱中出现了大量间距约为10 Hz的边带，但根据此图不能更准确地确定间距的大小。与之类似，处于良好运行状态的变速箱的倒频谱中没有出现任何明显占优的倒频率，如图10.41(d)所示。但是如图10.41(c)所示，处于不良运行状态的变速箱的倒频谱中分别在28.1 ms(35.6 Hz)，95.9 ms(10.4 Hz)和191.0 ms(5.2 Hz)处出现了3个明显占优的倒频率。对应于35.6 Hz的第一系列倒谐波已经被确认是与变速箱的输入速度相对应的。由于理论输出速度是5.4 Hz，所以很难想象对应于10.4 Hz的倒谐波会与输出速度的二次谐波相同(其频率为10.8 Hz)。详细的分析发现，对应于10.4 Hz的倒谐波与第二个齿轮的速度相同。这表明虽然检测的是第一个齿轮，但却能发现第二个齿轮存在故障。

10.9.5 仪器系统

基于其精密程度，有3类仪器系统可以用于机械运行状态的监测——基本系统、便携式

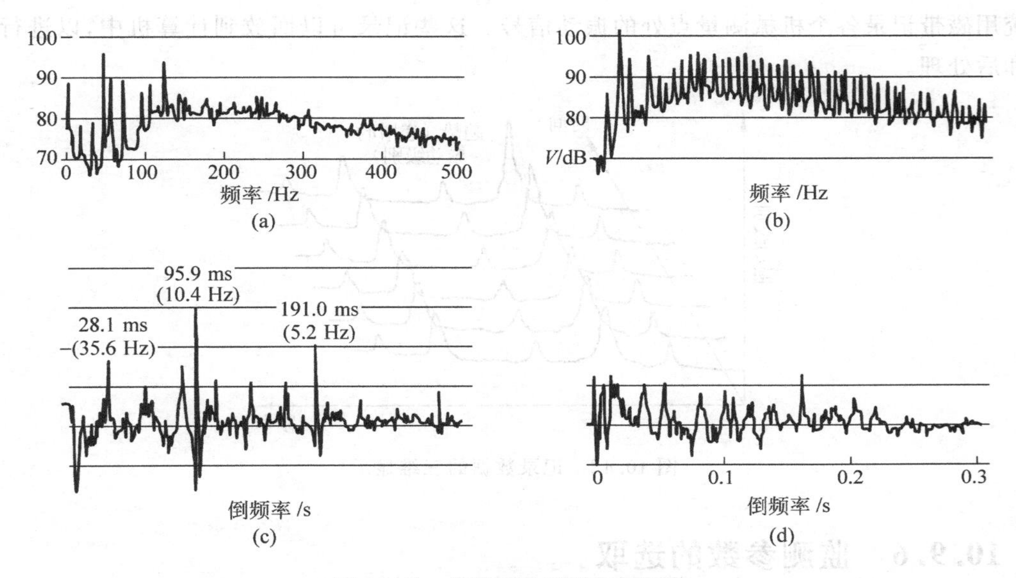

图 10.41 齿轮箱的频谱与倒频谱

(a) 状态良好齿轮箱的频谱；(b) 故障齿轮箱的频谱；(c) 故障齿轮箱的倒频谱；(d) 状态良好齿轮箱的倒频谱

系统、基于计算机的监测系统。基本系统包括一个简单的袖珍振动计、一个闪光测频仪和一个耳机。振动计在合适的频率范围内测量总的振动强度(加速度或速度的均方根值或峰值)；闪光测频仪显示机器的运行速度；耳机辅助通过听觉辨别机械的振动。读出的总的均方根速度可以与打印出来的振动强度的图表进行对比，从而得出基于运行状态检修所需的任何信息。还可以画出总的振动强度随时间的变化情况，以确定机器运行状态变化的快慢。还可以联合使用振动计和袖珍计算机来采集和储存测量值。有时，一个有经验的操作人员可以凭借听觉判断机械在一段时间内的振动情况，并记录相应的运行工况。在有些情况下，通过观察就可以发现零件的故障，如未对中、不平衡或松动等。

便携式状态监测系统包括一个使用电池的便携式快速傅里叶变换振动分析仪。这种振动分析仪可以通过记录并存储每个测量点的振动谱来检测故障。每一个新记录的谱都可以与那个特定点处的参考谱作比较，此参考谱是在机械处于良好运行状态时得到的。新记录谱中幅值的任何明显增加都意味着存在需要进一步研究的运行故障。振动分析仪也有一定的故障诊断能力，如变速箱故障、带传动故障和轴承松动等。当诊断的故障需要对零件进行替换时，可由操作者来完成。如果需要对转子重新进行平衡，振动分析仪可以用来计算所需附加质量的位置和大小。

当机械的数量、检测点的数量和故障检测的复杂性增加时，基于计算机的机械运行状态检测系统是非常有用的，而且是一个比较经济的选择。它是由一个 FFT 振动分析仪和一个具有中央数据库的计算机组成的，该中央数据库具有故障诊断能力。记录的数据存储在一个磁盘上，可以用来进行频谱比较以及生成三维图(见图 10.42)。某些基于计算机的监测系统用磁带记录各个机械测量点处的振动信号。这些记录可以回放到计算机中，以进行存储和后处理。

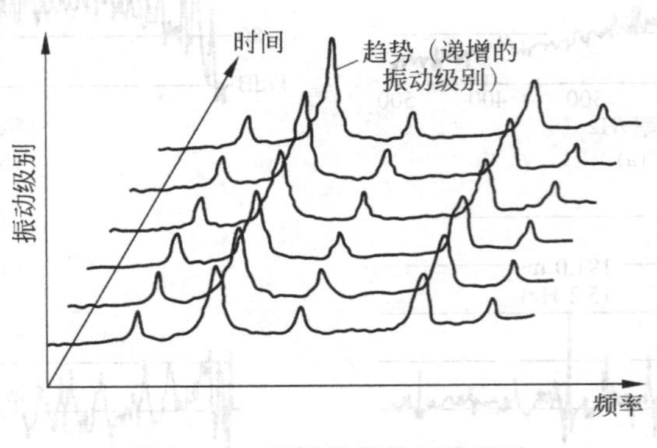

图 10.42 记录数据的三维显示

10.9.6 监测参数的选取

压电加速度计广泛应用于机械的振动测量。由于它们尺寸小，适合的频率范围大，可靠性好，耐用，因而是首选的。当加速度计用作拾振器时，可以利用分析仪中的积分器得到位移和速度信号。因此，使用者可以选择加速度、速度和位移作为监测参数。虽然这 3 个谱的任何一个都可以用于机械运行状态的检测，但通常速度谱是最平缓的(说明速度的大小变化最小)。因为速度幅值的改变可以很容易地通过比较平直的谱观察到，所以一般是选速度作为检测机器运行状态的参数。

10.10 利用 MATLAB 求解的例子

例 10.6 根据下列数据利用 MATLAB 绘制奈奎斯特圆

(a) $\zeta=0.75$

(b) $\zeta=0.05$

解：分别以式(10.70)和式(10.71)的结果为数据点的横坐标和纵坐标。绘制奈奎斯特圆的 MATLAB 程序如下。

```
%Ex10_6.m
zeta=0.05;
for i=1:10001
    r(i)=50 * (i-1)/10000;
    Re1(i)=(1-r(i)^2)/((1-r(i)^2)^2+4 * zeta^2 * r(i)^2);
    Im1(i)=-2 * zeta * r(i)/((1-r(i)^2)^2+4 * zeta^2* r(i)^2);
end
```

```
zeta=0.75;
for i=1:10001
    r(i)=50 * (i-1)/10000;
    Re2(i)=(1-r(i)^2)/((1-r(i)^2)^2+4 * zeta^2 * r(i)^2);
    Im2(i)=-2 * zeta * r(i)/((1-r(i)^2)^2+4 * zeta^2 * r(i)^2);
end
plot(Re1, Im1);
title('Nyquist plot:zeta=0.05');
ylabel('Imaginary axis');
xlabel('Real axis');
pause;
plot(Re2, Im2);
title('Nyquist plot:zeta=0.75');
ylable('Imaginary axis');
xlable('Real axis');
```

所绘曲线如图 10.43 所示。

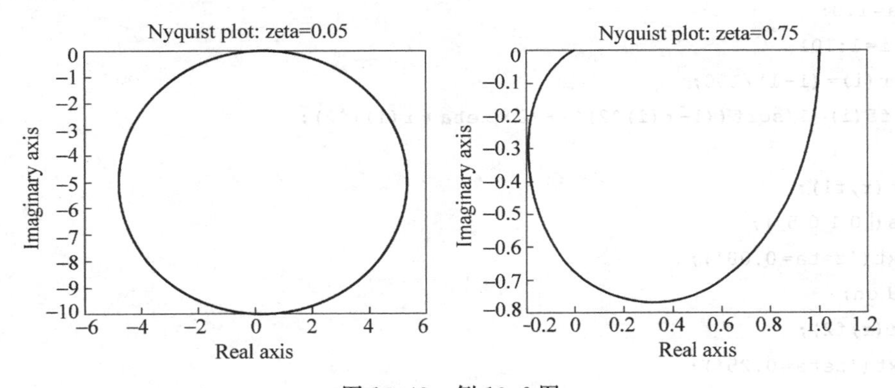

图 10.43 例 10.6 图

例 10.7 利用 MATLAB 绘制由下式给出的测量加速度和真实加速度比的变化曲线

$$f(r)=\frac{1}{[(1-r^2)^2+(2\zeta r)^2]^{1/2}} \tag{E.1}$$

分别取 $\zeta=0.0,0.25,0.5,0.75$ 和 1.0。

解：在 $0\leqslant r\leqslant 1$ 内绘制式(E.1)图形的 MATLAB 程序如下。

```
%Ex10_7.m
zeta=0.0;
for i=1:101
    r(i)=(i-1)/100;
    f1(i)=1/sqrt((1-r(i)^2)^2+(2 * zeta * r(i))^2);
```

```
end
zeta=0.25;
for i=1:101
    r(i)=(i-1)/100;
    f2(i)=1/sqrt((1-r(i)^2)^2+(2*zeta*r(i))^2);
end
zeta=0.5;
for i=1:101
    r(i)=(i-1)/100;
    f3(i)=1/sqrt((1-r(i)^2)^2+(2*zeta*r(i))^2);
end
zeta=0.75;
for i=1:101
    r(i)=(i-1)/100;
    f4(i)=1/sqrt((1-r(i)^2)^2+(2*zeta*r(i))^2);
end
zeta=1.0;
for i=1:101
    r(i)=(i-1)/100;
    f5(i)=1/sqrt((1-r(i)^2)^2+(2*zeta*r(i))^2);
end
plot(r,f1);
axis([0 1 0 5]);
gtext('zeta=0.00');
hold on;
plot(r,f2);
gtext('zeta=0.25');
hold on;
plot(r,f3);
gtext('zeta=0.50');
hold on;
plot(r,f4);
gtext('zeta=0.75');
hold on;
plot(r,f5);
gtext('zeta=1.00');
xlabel('r');
ylabel('f(r)');
```

所绘曲线如图 10.44 所示。

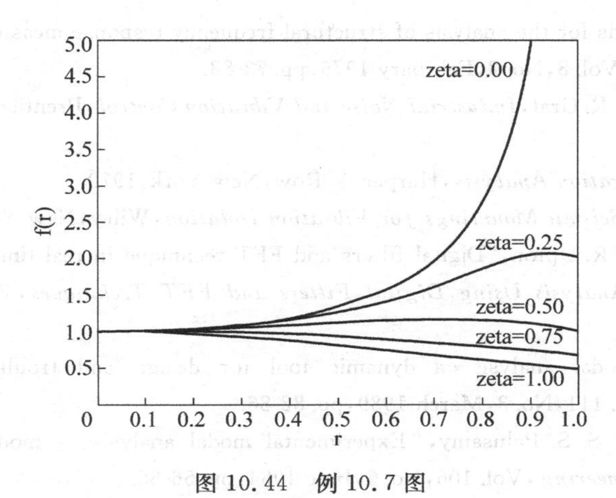

图 10.44 例 10.7 图

本章小结

在某些实际应用中,通过建立系统的数学模型即运动微分方程再进行分析并预测振动特性可能是非常困难的。在这种情况下,可以通过测量系统在已知输入条件下的振动特性来建立系统的数学模型。本章介绍了振动测量与应用的诸多方面,例如各种类型的传感器、拾振器、频率测量仪和激振器等;介绍了信号分析的相关知识以及如何利用实验模态分析确定系统的固有频率、阻尼比和主振型;还介绍了设备运行状态监测和故障诊断的相关技术;最后给出了利用 MATLAB 得到与振动测量相关的分析问题的解的示例。

参考文献

10.1 G. Buzdugan, E. Mihailescu, and M. Rades, *Vibration Measurement*, Martinus Nijhoff, Dordrecht, The Netherlands, 1986.

10.2 *Vibration Testing*, Bruel & Kjaer, Naerum, Denmark, 1983.

10.3 O. Dossing, *Structural Testing. Part I. Mechanical Mobility Measurements*, Bruel & Kjaer, Naerum, Denmark, 1987.

10.4 D. N. Keast, *Measurements in Mechanical Dynamics*, McGraw-Hill, New York, 1967.

10.5 B. W. Mitchell(ed.), *Instrumentation and Measurement for Environmental Sciences* (2nd ed.), American Society of Agricultural Engineers, Saint Joseph, Mich., 1983.

10.6 J. P. Holman, *Experimental Methods for Engineers* (4th ed.), McGraw-Hill, New York, 1984.

10.7 J. T. Broch, *Mechanical Vibration and Shock Measurements*, Bruel & Kjaer, Naerum, Denmark, 1976.

10.8 R. R. Bouche, *Calibration of Shock and Vibration Measuring Transducers*, Shock and Vibration Information Center, Washington, D. C., SVM-11, 1979.

10.9 M. Rades, "Methods for the analysis of structural frequency-response measurement data," *Shock and Vibration Digest*, Vol. 8, No. 2, February 1976, pp. 73-88.

10.10 J. D. Irwin and E. R. Graf, *Industrial Noise and Vibration Control*, Prentice Hall, Englewood Cliffs, N. J., 1979.

10.11 R. K. Vierck, *Vibration Analysis*, Harper & Row, New York, 1979.

10.12 J. A. Macinante, *Seismic Mountings for Vibration Isolation*, Wiley, New York, 1984.

10.13 R. B. Randall and R. Upton, "Digital filters and FFT technique in real-time analysis." pp. 45-67, in *Digital Signal Analysis Using Digital Filters and FFT Techniques*, Bruel & Kjaer, Naerum, Denmark, 1985.

10.14 G. Dovel, "A modal analysis—a dynamic tool for design and troubleshooting," *Mechanical Engineering*, Vol. 111, No. 3, March 1989, pp. 82-86.

10.15 C. W. deSilva and S. S. Palusamy, "Experimental modal analysis—a modeling and design tool," *Mechanical Engineering*, Vol. 106, No. 6, June 1984, pp. 56-65.

10.16 K. Zaveri, *Modal Analysis of Large Structures—Multiple Exciter Systems*, Bruel & Kjaer, Denmark, 1984.

10.17 O. Dossing, *Structural Testing—Part 2: Modal Analysis and Simulation*, Bruel & Kiaer, Naerum, Denmark, 1988.

10.18 D. J. Ewins, "Modal analysis as a tool for studying structural vibration," in *Mechanical Signature Analysis: Theory and Applications*, S. Braun (ed.), Academic Press, London, pp. 217-261, 1986.

10.19 B. A. Brinkman and D. J. Macioce, "Understanding modal parameters and mode shape scaling," *Sound and Vibration*, Vol. 19, No. 6, pp. 28-30, June 1985.

10.20 N. Tandon and B. C. Nakra, "Vibration and acoustic monitoring techniques for the detection of defects in rolling element bearings—a review," *Shock and Vibration Digest*, Vol. 24, No. 3, March 1992, pp. 3-11.

10.21 S. Braun, "Vibration monitoring," in *Mechanical Signature Analysis: Theory and Applications*, S. Braun (ed.), Academic Press, London, 1986, pp. 173-216.

10.22 A. El-Shafei, "Measuring vibration for machinery monitoring and diagnostics," *Shock and Vibration Digest*, Vol. 25, No. 1, January 1993, pp. 3-14.

10.23 J. Mathew, "Monitoring the vibrations of rotating machine elements—an overview," in *Diagnostics, Vehicle Dynamics and Special Topics*, T. S. Sankar (ed.), American Society of Mechanical Engineers, New York, 1989, pp. 15-22.

10.24 R. B. Randall, "Advances in the application of cepstrum analysis to gearbox diagnosis," in *Second International Conference Vibrations in Rotating Machinery (1980)*. Institution of Mechanical Engineers, London, 1980. pp. 169-174.

思考题

10.1 简答题

1. 振动测量的重要性是什么？

2. 振动计和示振仪的区别是什么?
3. 什么是传感器?
4. 讨论应变片工作的基本原理。
5. 定义应变片的灵敏系数。
6. 传感器和拾振器的不同点是什么?
7. 什么是压电材料?举两个此类材料的例子。
8. 电动式传感器的工作原理是什么?
9. 什么是 LVDT?它是怎样工作的?
10. 什么是地震仪?
11. 地震仪的频率范围是什么?
12. 什么是加速度计?
13. 什么是相移误差?它在什么时候变得非常重要?
14. 举两个机械式振动激励器的例子。
15. 什么是电磁式激振器?
16. 讨论利用测量运行时的变形进行动态测试的优点。
17. 实验模态分析的目的是什么?
18. 叙述模态分析中频响函数的用途。
19. 列举两种频率测量仪器。
20. 列举 3 种表示频率响应数据的方法。
21. 怎样使用波特图?
22. 怎样绘制奈奎斯特图?
23. 什么是模态叠加原理?它在模态分析中有什么用途?
24. 叙述用于机械设备检修的 3 种方案。
25. 如何利用特性轨线对设备进行故障诊断?
26. 术语峭度和倒频谱是如何定义的?

10.2 判断题

1. 应变片是一种变电阻传感器。 ( )
2. 应变片的灵敏系数是由制造商提供的。 ( )
3. 电磁式传感器的输出电压与线圈的相对速度成正比。 ( )
4. 电动式传感器的原理可以用于激振器。 ( )
5. 地震仪也是一种振动计。 ( )
6. 所有振动测量仪器都存在相位滞后。 ( )
7. 当测量频率为 ω 的简谐运动时,相位滞后是很重要的。 ( )
8. 止转棒轭机构(正弦机构)可以用于机械式激振器。 ( )

9. 系统的时间响应比频率响应能给出更好的能量分布信息。（ ）
10. 频谱分析仪是在频率域内对信号进行分析的一种装置。（ ）
11. 通过模态实验可以得出机器的全部动态响应。（ ）
12. 从波特图中可以得到振动系统的阻尼比。（ ）
13. 频谱分析仪也称为快速傅里叶变换(FFT)分析仪。（ ）
14. 在事后检修方案中，机器一直运行直到出现故障。（ ）
15. 可以利用时域波形来发现机械设备的不连续损坏。（ ）

10.3 填空题

1. 一个可以将非电物理量的值转变成等效的电信号的装置称为________。
2. 当受到机械压力时，压电传感器产生电________。
3. 安装在振动体上的测振仪由________系统构成。
4. 测量振动物体加速度的仪器称为________。
5. ________可以用于记录地震。
6. 测量振动物体速度的仪器称为________。
7. 大多数机械式频率测量仪都是基于________原理。
8. 弗拉姆转速计是由在自由端带有质量块的几个________构成的装置。
9. 闪光测频仪的主要优点是它可以不与旋转体________就能测量速度。
10. 实时频率分析中，是在全部________带上对信号连续进行分析。
11. 因为可以立刻观测到噪声和振动谱的改变，所以实时分析仪对机器的________监测是很有用的。
12. ________是任意的频率间隔(f_2-f_1)，其中两频率比$\left(\dfrac{f_2}{f_1}\right)=2$。
13. 机器的动态测试包括确定在极限频率下运行时，机器设备的________。
14. 在进行振动测试时，对设备的支承应能模拟________条件，以便能够观察到系统的刚体振型。
15. 激振力可以通过________测量。
16. 系统响应通常通过________测量。
17. 系统的频率响应通常通过________分析仪测量。
18. 机械的运行状况可以利用________来确定。
19. 机械设备的寿命曲线是典型的________曲线。
20. 在李萨茹图中观察到的________可以用来识别机器设备的故障。
21. 倒频谱可以定义为________的对数的功率谱。

10.4 选择题

1. 当传感器与另一个装置联合用来测量振动时,称为________。
   (a) 振动传感器　　(b) 拾振器　　(c) 振动作动器
2. 测量振动体位移的仪器称为________。
   (a) 测振仪　　(b) 传感器　　(c) 加速度计
3. 允许信号中一个频带内的频率成分通过,拒绝所有其他频率成分通过的电路称为________。
   (a) 带通滤波器　　(b) 频率滤波器　　(c) 频谱滤波器
4. 以功率(P)为例,根据参考值(P_{ref}),其分贝(dB)数定义为________。
   (a) $10\lg\dfrac{P}{P_{ref}}$　　(b) $\lg\dfrac{P}{P_{ref}}$　　(c) $\dfrac{1}{P_{ref}}\lg P$
5. ________在模态分析中起重要作用。
   (a) 时间响应函数　　(b) 模态响应函数　　(c) 频率响应函数
6. 使系统受到一个已知力的作用作为初始条件,之后不再受力,这种激励方式称为________。
   (a) 阶跃松弛　　(b) 电磁激振器激励　　(c) 冲击器
7. 利用频谱分析仪产生的电信号,对一个系统施加一个机械力的过程称为________。
   (a) 阶跃松弛　　(b) 电磁激振器激励　　(c) 冲击器
8. 利用有内置力传感器的力锤在系统的不同点处施加载荷的过程称为________。
   (a) 阶跃松弛　　(b) 电磁激振器激励　　(c) 冲击器
9. 在最初的磨合阶段,机械设备的运行故障一般会随着时间的延长而________。
   (a) 减少　　(b) 增加　　(c) 保持不变
10. 在正常运转阶段,机械设备的运行故障一般会随着时间的延长而________。
    (a) 减少　　(b) 增加　　(c) 保持不变
11. 在老化或磨损阶段,机械设备的运行故障一般会随着时间的延长而________。
    (a) 减少　　(b) 增加　　(c) 保持不变

10.5 连线题

1. 压电加速度计　　(a) 产生间歇光脉冲
2. 电动式传感器　　(b) 有高的输出且对温度不敏感
3. LVDT 传感器　　(c) 在速度拾振器中经常使用
4. 富拿顿飞球式转速计　　(d) 有高的灵敏度和大的频率适用范围
5. 闪光测频仪　　(e) 在自由端有一个集中质量的可变长度悬臂梁

习　题

§10.2　传感器

10.1　罗谢尔(Rochelle)盐晶体的电压灵敏度是 0.098 V·m/N，厚度是 2 mm，在某压力作用下的输出电压为 200 V。求此压力的大小。

§10.3　拾振器

10.2　可以忽略阻尼的弹簧-质量系统用来作拾振器，质量块的质量为 $m=0.5$ kg，弹簧的刚度系数为 $k=10000$ N/m。当装在一个振幅为 4 mm 的结构上时，拾振器质量块的绝对位移是 12 mm。求振动结构的频率。

10.3　利用如图 10.45 所示装置测量机器的竖向运动时，质量块 m 相对于机身的运动记录在磁鼓上。如果阻尼常数等于 $c=c_{cri}/\sqrt{2}$，机身的竖向运动由 $y(t)=Y\sin\omega t$ 给出，求记录在磁鼓上的运动的振幅。

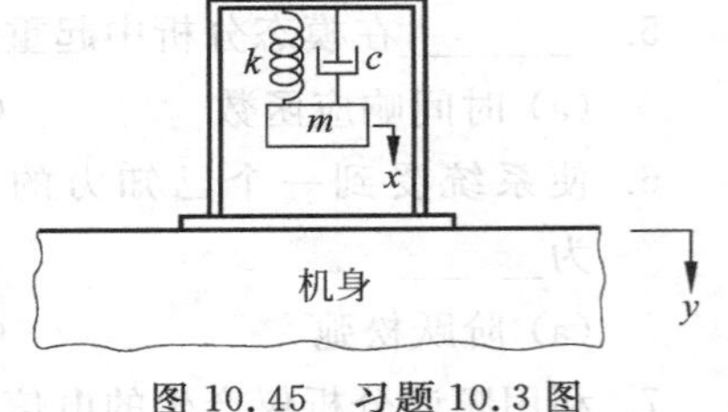

图 10.45　习题 10.3 图

10.4　在工程实际中，一般建议内燃机的转速在 500～2000 r/min 范围内时，应利用振动计对其基础的振动进行测试。此振动是由两个谐振动组成的，它们分别是由发动机上的主惯性力和次惯性力引起的。确定振动计的最大固有频率，以使所测振幅的失真率不超过 2%。

10.5　频率比范围为 $4\leqslant r<\infty$，阻尼比为 $\zeta=0$ 时，求振动计的最大百分误差。

10.6　当阻尼比 $\zeta=0.67$ 时，求解习题 10.5。

10.7　现利用一振动计来测量运转速度在 500～2000 r/min 之间的发动机的振动。已知发动机的振动是由两个谐振动组成的。若要求所测振幅的失真率不超过 3%，确定振动计的固有频率：(a)忽略阻尼；(b)阻尼比是 0.6。

10.8　用来作振动计的弹簧-质量系统的静变形是 10 mm，忽略阻尼。当安装在转速为 4000 r/min 的机器上时，相对运动振幅的记录值为 1 mm。求此机器的位移、速度、加速度的最大值。

10.9　拾振器的固有频率为 5 Hz，阻尼比为 $\zeta=0.5$。求能够测量的最低频率。要求测量误差不超过 1%。

10.10　拾振器的设计测量频率的最小值为 100 Hz，误差不超过 2%。当安装到振动频率为 100 Hz 的结构上时，质量块的相对振幅是 1 mm。如果弹簧的刚度是 4000 N/m，忽略阻尼，确定拾振器的悬挂质量。

10.11 振动计的无阻尼固有频率和有阻尼固有频率分别为10 Hz和8 Hz。若要求可以直接从振动计中读出的振幅误差不超过2%，确定测量频率的最小值。

10.12 当频率比为$0<r\leqslant0.65$，阻尼比为$\zeta=0$时，确定加速度计的最大百分误差。

10.13 当阻尼比为0.75时，求解习题10.12。

10.14 如果要求最大误差限制在3%以内，测量频率的范围为0～100 Hz，确定加速度计的最小刚度和阻尼常数。假定质量块的质量为0.05 kg。

10.15 加速度计由刚度系数为10000 N/m、悬挂质量为0.1 kg的弹簧-质量系统组成，忽略阻尼。当安装到发动机的基础上时，加速度计质量块振动的峰-峰值为10 mm，发动机转速为1000 r/min。确定基础的最大位移、最大速度和最大加速度。

10.16 无阻尼固有频率是100 Hz，阻尼常数是20 N·s/m的弹簧-质量-阻尼系统用作加速度计来测量机器在转速为3000 r/min时的振动。如果实际加速度是10 $\mathrm{m/s^2}$，而记录的加速度值是9 $\mathrm{m/s^2}$，求加速度计质量块的质量和弹簧的刚度系数。

10.17 电动机以不同的速度运行时，车间地面产生以下形式的振动：

$$x(t)=20\sin 4\pi t+10\sin 8\pi t+5\sin 12\pi t\ (\mathrm{mm})$$

如果用无阻尼固有频率和有阻尼固有频率分别为0.5 Hz和0.48 Hz的振动计来记录地面的振动，那么振动计的测量精度是多少？

10.18 机器的振动规律如下：

$$x(t)=20\sin 50\,t+5\sin 150t\ (\mathrm{mm})\quad (t\text{ 的单位是 s})$$

有阻尼固有频率和无阻尼固有频率分别为80 rad/s和100 rad/s的加速度计安装在该机器上，以直接读出加速度值(单位：$\mathrm{mm/s^2}$)。讨论加速度记录值的精度。

§10.4 频率测量仪

10.19 由弹簧钢制成的横截面为$\frac{1}{16}$ in×1 in的可变长度矩形悬臂梁用于测量振动频率。悬臂梁的长度可在2～10 in之间变化。确定这种装置能够测量的频率范围。

§10.8 实验模态分析

10.20 根据式(3.54)，证明当

$$R_1=\frac{\omega_1}{\omega_n}=\sqrt{1-2\zeta}\quad 和\quad R_2=\frac{\omega_2}{\omega_n}=\sqrt{1+2\zeta}$$

时，单自由度黏性阻尼系统简谐响应的实部分别取最大值和最小值。

10.21 根据式(3.54)，求单自由度黏性阻尼系统简谐响应的虚部取最小值时的激励频率值。

10.22 绘制单自由度滞后阻尼系统的奈奎斯特图。

10.23 惯性测试中汽轮机轴振动的波特图如图 10.46 所示,若轴的静变形等于 0.05 mil,确定系统的阻尼比。

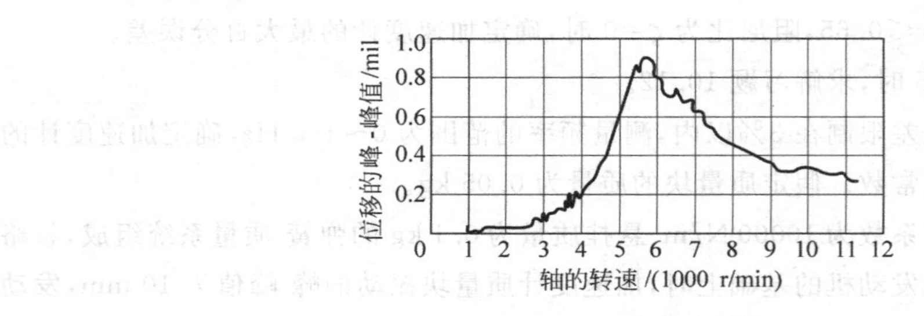

图 10.46 习题 10.23 图

10.24 内燃机轴承的振动响应如图 10.47 所示。确定系统的等效黏性阻尼比。

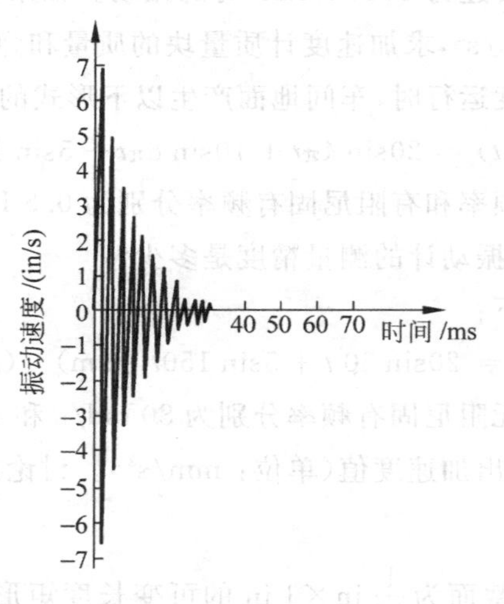

图 10.47 习题 10.24 图

10.25 提出一种利用相角-频率波特图(图 3.11(b))确定系统固有频率和阻尼比的方法。

§10.9 机器运行状态监测与诊断

10.26 每个有 16 个球的一对球轴承用于支承风机轴以 750 r/min 的速度旋转,假定 $d=15$ mm,$D=100$ mm,$\alpha=30°$,确定对应于以下组件故障的振动频率(单位: Hz):保持架,内圈,外圈,钢球。

10.27 假定 $d=2$ cm,$D=15$ cm,$\alpha=20°$,轴的转速为 1000 r/min。求具有 18 个滚柱的滚柱轴承的滚柱、内圈、外圈和保持架出现故障时的振动频率(单位: Hz)。

10.28 角接触推力轴承是由直径为 10 mm 的 18 个滚子构成的,安装在转速为 1500 r/min 的轴上。如果轴承接触角是 40°,平均直径是 80 mm,求保持架、内圈和外圈出现故障时相应的频率。[①]

10.29 求 1～5 mm 范围内均匀分布的振动信号的峭度：

$$f(x)=\frac{1}{4},\quad 1\ \mathrm{mm}\leqslant x\leqslant 5\ \mathrm{mm}$$

10.30 求可以用具有下列概率密度函数的离散随机变量近似的振动振幅的峭度。

x/mm	1	2	3	4	5	6	7
$f(x)$	1/32	3/32	3/16	6/16	3/16	3/32	1/32

§10.10 利用 MATLAB 求解的例子

10.31 图 10.48 为通过实验得到的某结构的传递函数，求 ω_i 和 ζ_i 的近似值。

10.32 通过实验得到某结构的奈奎斯特圆如图 10.49 所示，估计对应于这个圆的模态阻尼比。

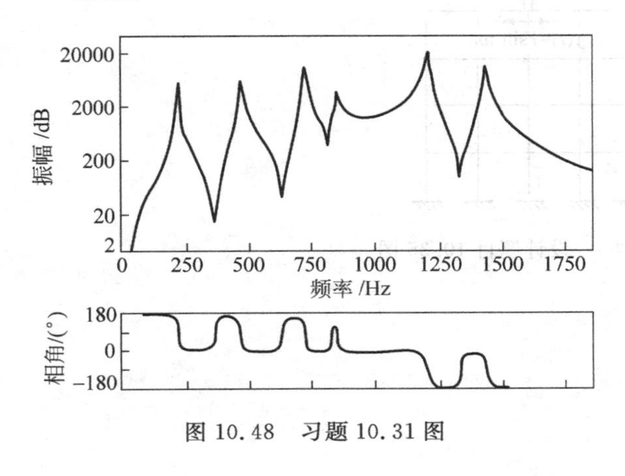

图 10.48 习题 10.31 图

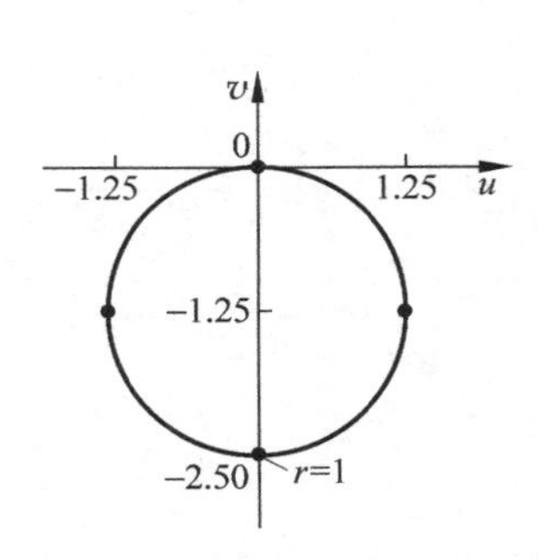

图 10.49 习题 10.32 图

设计题目

10.33 设计一个激振器满足下列要求：

a. 待测试样的最大重量为 10 N；

b. 工作频率范围为 10～50 Hz；

① 球轴承和滚珠轴承的每一种失效形式都会产生一种振动频率 f（每分钟的冲击次数），具体说来如下所述。内圈缺陷 $f=\frac{1}{2}nN(1+c)$；外圈缺陷 $f=\frac{1}{2}nN(1-c)$；球或滚柱缺陷 $f=\frac{DN}{d}c(2-c)$；保持架缺陷 $f=\frac{1}{2}N(1-c)$。式中，d 代表球或滚柱的直径；D 代表轴承的节圆直径；α 代表接触角；n 代表球或滚柱数；N 代表转速，r/min；$c=\frac{d}{D}\cos\alpha$。

c. 最大加速度为 $20g$；

d. 最大振幅为 0.5 cm(峰-峰值)。

10.34 弗拉姆转速计在测量旋转轴不易接近的发动机的转速时特别有用。将转速计放于运行中的发动机的框架内，当发动机的转速对应着某一个簧片的共振频率时，发动机产生的振动会使一个簧片产生明显振动。设计一个结构紧凑且轻质的有 12 个簧片的弗拉姆转速计，测量发动机在 300～600 r/min 范围内的转速。

10.35 多层建筑的顶层固定着一个末端质量为 m 的悬臂梁，以测量风载和地震载荷引起的建筑物顶层的加速度(见图 10.50)。假设末端质量等于梁质量的一半，设计此悬臂梁的结构(即确定材料、横截面尺寸和梁的长度)，使其在建筑物的顶层加速度为 $0.2g$ 时，梁中引发的应力不超过材料的屈服应力。

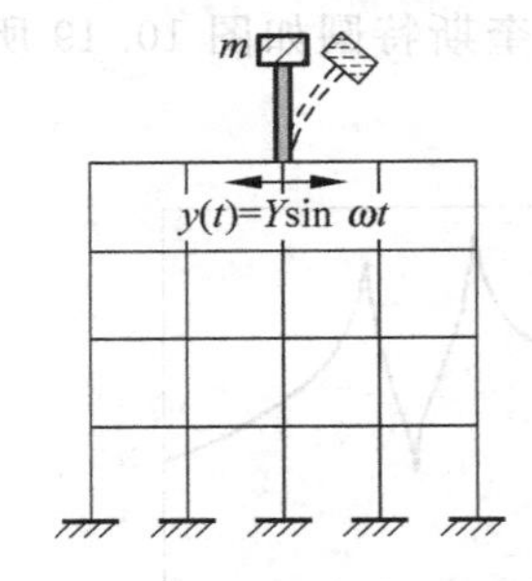

图 10.50 设计题目 10.35 图

纽马克(Nathan Newmark,1910—1981),美国工程师,曾任伊利诺伊大学香槟分校土木工程教授。他对抗震结构和结构动力学的研究广为人知,其于1959年提出的线性和非线性系统动态响应的数值计算方法称为Newmark-β法。

(蒙 University of Illinois Urbane-Champaign 许可使用。)

第11章 振动分析中的数值积分法

导读

当控制系统自由或受迫振动的运动微分方程不能通过积分而得到封闭形式的解时,在进行振动分析时就要用到数值方法。有限差分法是基于对运动微分方程中的导数和边界条件进行近似处理的一种数值计算方法。本章特别地概述了如何将中心差分法应用于单自由度和多自由度振动系统。在与不同边界条件下杆的纵向振动和梁的横向振动相关的章节中,介绍了如何利用有限差分法求连续系统自由振动的解。还介绍了如何用4阶龙格-库塔方法求单自由度和多自由度系统振动微分方程的解。本章亦介绍了如何用侯伯特(Houblt)法,威尔逊(Wilson)法和纽马克(Newmark)法求多自由度振动系统的一般解。最后结合几个例子给出了求解多自由度系统数值解的MATLAB程序。

学习目标

学完本章后,读者应能达到以下几点:

- 用有限差分法求单自由度和多自由度振动问题的解。
- 用有限差分法求解连续系统的振动问题。
- 用4阶龙格-库塔方法、侯伯特法,威尔逊法和纽马克法求解与离散(多自由度)系统振动问题相关的微分方程。
- 用MATLAB函数求解离散和连续系统振动问题。

11.1 引言

当振动系统的运动微分方程不能通过积分而得到封闭形式的解时，就必须使用数值方法。对于振动问题的求解，有好几种数值方法可以使用[11.1～11.3]①。数值积分法有两个基本特点。其一，并不期望它们对所有的时间 t 都满足振动微分方程，而是仅仅在时间间隔为 Δt 的离散时刻满足。其二，在每一个时间间隔 Δt 内，需要选择一个恰当的位移、速度和加速度的变化形式，并且基于这些假定的位移、速度和加速度的变化形式可以得到不同的数值积分法。假定在 $t=0$ 时刻，位移 x、速度$\dot{x}$的值分别是已知的 x_0、$\dot{x}_0$。为了求解系统的运动微分方程在时间$[0,T]$内的解，把连续时间 T 划分为 n 等分，即 $\Delta t=T/n$。以确定在时刻 $t_0=0,t_1=\Delta t,t_2=2\Delta t,\cdots,t_n=n\Delta t$ 时刻的解。我们将根据以下5种不同的数值积分法推导出从已知的 $t_{i-1}=(i-1)\Delta t$ 时刻的解求 $t_i=i\Delta t$ 时刻解的公式：(1)有限差分法；(2)龙格-库塔法；(3)侯伯特法；(4)威尔逊法；(5)纽马克法。在有限差分和龙格-库塔法中，当前的位移(振动微分方程的解)用先前确定的位移、速度和加速度表示，进而得到振动微分方程的解。这些方法被归为显式积分法一类。在侯伯特(Houbolt)法、威尔逊(Wilson)法和纽马克(Newmark)法中，求当前位移时，针对每一时刻的差分方程都是和运动方程混合在一起的，这些方法被归为隐式积分法一类。

11.2 有限差分法

有限差分法的主要思想是对运动微分方程中的导数进行近似处理，即用相应的有限差分方程代替运动的控制微分方程和边界条件(如果适用的话)。有三种差分公式即向前差分、向后差分和中心差分可用来推导有限差分方程[11.4～11.6]。本章仅研究中心差分公式，因为它们是最准确的。

在有限差分法中，把控制微分方程的求解区间用有限个离散点来代替，这些离散点称作网格点(节点)，以确定解在这些离散点处的近似值(图11.1)。通常认为这些格点沿着独立的时间坐标是等间隔的。利用泰勒级数展开，x_{i+1}和 x_{i-1}可以用第 i 个网格点处的值表示为

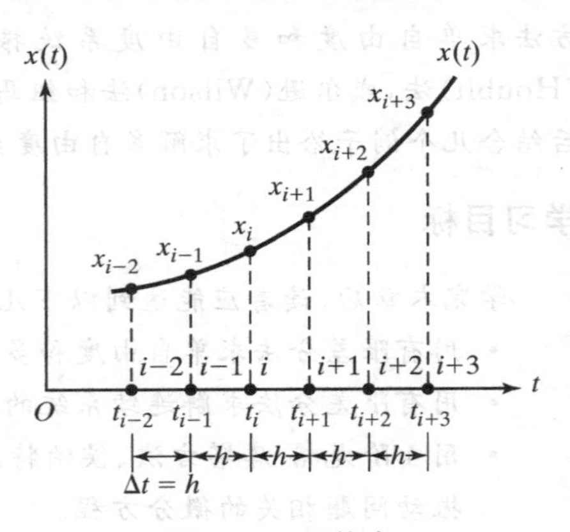

图 11.1 网格点

① 4.9节中说明了用不同类型的插值函数来逼近力函数 $F(t)$ 的过程

$$x_{i+1}=x_i+h\dot{x}_i+\frac{h^2}{2}\ddot{x}_i+\frac{h^3}{6}\dddot{x}_i+\cdots \tag{11.1}$$

$$x_{i-1}=x_i-h\dot{x}_i+\frac{h^2}{2}\ddot{x}_i-\frac{h^3}{6}\dddot{x}_i+\cdots \tag{11.2}$$

其中 $x_i=x(t=t_i)$，$h=t_{i+1}-t_i=\Delta t$。从式(11.1)中减去式(11.2)，并仅取前两项，得到 x 的一阶导数在 $t=t_i$ 时刻的中心差分近似为

$$\dot{x}_i=\left.\frac{\mathrm{d}x}{\mathrm{d}t}\right|_{t_i}=\frac{1}{2h}(x_{i+1}-x_{i-1}) \tag{11.3}$$

对式(11.1)和式(11.2)，只考虑到二阶导数项，再把它们相加，可得二阶导数的中心差分近似为

$$\ddot{x}_i=\left.\frac{\mathrm{d}^2x}{\mathrm{d}t^2}\right|_{t_i}=\frac{1}{h^2}(x_{i+1}-2x_i+x_{i-1}) \tag{11.4}$$

11.3　用中心差分法求单自由度系统的响应

单自由度黏性阻尼系统的振动微分方程为

$$m\frac{\mathrm{d}^2x}{\mathrm{d}t^2}+c\frac{\mathrm{d}x}{\mathrm{d}t}+kx=F(t) \tag{11.5}$$

首先将运动微分方程(11.5)对应的求解时间划分为步长为 $h=\Delta t$ 的 n 等分。为了得到一个满意的解，选择的时间步长 Δt 要小于临界时间步长 Δt_{cri}①。假设初始条件为 $x(t=0)=x_0$，$\dot{x}(t=0)=\dot{x}_0$。

利用中心差分代替导数项，方程(11.5)在网格点 i 处可以写为

$$m\left[\frac{x_{i+1}-2x_i+x_{i-1}}{(\Delta t)^2}\right]+c\left[\frac{x_{i+1}-x_{i-1}}{2\Delta t}\right]+kx_i=F_i \tag{11.6}$$

其中 $x_i=x(t_i)$，$F_i=F(t_i)$。由式(11.6)得 x_{i+1} 的形式为

$$x_{i+1}=\frac{1}{\dfrac{m}{(\Delta t)^2}+\dfrac{c}{2\Delta t}}\left\{\left[\frac{2m}{(\Delta t)^2}-k\right]x_i+\left[\frac{c}{2\Delta t}-\frac{m}{(\Delta t)^2}\right]x_{i-1}+F_i\right\} \tag{11.7}$$

上式称为递推公式。如果知道在 t_i 和 t_{i-1} 时刻的位移以及外力 F_i，那么就可以利用上式求得质量块的位移 x_{i+1}。反复利用式(11.7)就可以得到系统的全部时间历程。注意解 x_{i+1} 是由 t_i 时刻的平衡方程即式(11.6)决定的，因此该积分过程称为显式积分法。在应用

---

① 需要时间步长 Δt 小于临界时间步长 Δt_{cri} 的数值方法称为是条件稳定的[11.7]。如果 $\Delta t>\Delta t_{\mathrm{cri}}$，则数值积分方法是不稳定的。这将意味着对方程(11.3)和(11.4)中的导数进行高阶截断(或计算中的舍入)将会引起误差，从而使得在大多数情况下系统响应的计算没有意义。临界时间步长为 $\Delta t_{\mathrm{cri}}=\tau_n/\pi$，$\tau_n$ 为系统的固有周期或多自由度系统的最小固有周期[11.8]。当然，系统解的精度总是取决于步长的大小。通过使用无条件稳定法，可以仅仅根据精度而不是稳定性来选择时间步长。通常情况下，对于任意给定的精度这将允许更大的时间步长。

式(11.7)时，对 $i=0$ 的情况需要予以某些特殊的考虑。因为求 x_1 时需要同时知道 x_0 和 x_{-1} 的值，而初始条件仅仅给出了 x_0 和 $\dot{x}_0$ 的值，因此还需要确定 x_{-1} 的值。所以这种方法不是自启动的。然而可利用如下的方法并结合式(11.3)和式(11.4)求得 x_{-1} 的值。把 x_0 和 $\dot{x}_0$ 的值代入到式(11.5)可以求得 $\ddot{x}_0$。

$$\ddot{x}_0=\frac{1}{m}\left[F(t=0)-c\dot{x}_0-kx_0\right] \tag{11.8}$$

利用式(11.3)和式(11.4)，得到当 $i=0$ 时

$$x_{-1}=x_0-\Delta t\,\dot{x}_0+\frac{(\Delta t)^2}{2}\ddot{x}_0 \tag{11.9}$$

例 11.1 黏性阻尼单自由度系统所受的力为

$$F(t)=F_0\left(1-\sin\frac{\pi t}{2t_0}\right)$$

其中 $F_0=1, t_0=\pi, m=1, c=0.2, k=1$。假定初始位移和速度都为0，求其响应。

解： 系统的运动微分方程为

$$m\ddot{x}+c\dot{x}+kx=F(t)=F_0\left(1-\sin\frac{\pi t}{2t_0}\right) \tag{E.1}$$

方程(E.1)的有限差分解由式(11.7)给出。根据初始条件 $x_0=\dot{x}_0=0$，由方程(11.8)得 $\ddot{x}_0=1$，所以方程(11.9)给出 $x_{-1}=(\Delta t)^2/2$。因此方程(E.1)的解可由下述递推关系求得

$$x_{i+1}=\frac{1}{\dfrac{m}{(\Delta t)^2}+\dfrac{c}{2\Delta t}}\left\{\left[\frac{2m}{(\Delta t)^2}-k\right]x_i+\left[\frac{c}{2\Delta t}-\frac{m}{(\Delta t)^2}\right]x_{i-1}+F_i\right\},\quad i=0,1,2,\cdots \tag{E.2}$$

其中 $x_0=0, x_{-1}=(\Delta t)^2/2, x_i=x(t_i)=x(i\Delta t)$，以及

$$F_i=F(t_i)=F_0\left(1-\sin\frac{i\pi\Delta t}{2t_0}\right)$$

系统的无阻尼固有频率和固有周期分别为

$$\omega_n=\left(\frac{k}{m}\right)^{1/2}=1 \tag{E.3}$$

和

$$\tau_n=\frac{2\pi}{\omega_n}=2\pi \tag{E.4}$$

所以时间步长 Δt 必须小于 $\tau_n/\pi=2.0$。可利用时间步长 $\Delta t=\tau_n/40, \tau_n/20$ 以及 $\tau_n/2$ 来求方程(E.1)的解。时间步长 $\Delta\tau=\tau_n/2>\Delta t_{cri}$ 用来说明系统解的不稳定(发散)现象。表11.1给出了对应不同离散时刻 t_i 的响应值 x_i。

这个例子与例4.31是相同的，所以在表11.1中的最后一列给出了例4.31中的结果(直到 $t_i=\pi$)。从中可以看出对时间步长为 $\Delta t=\tau_n/40$ 以及 $\tau_n/20$(小于 Δt_{cri})的情况，有限

差分法给出了相当准确的结果，但当 $\Delta\tau=\tau_n/2$（大于 Δt_{cri}）时，结果是发散的。

表 11.1　例 11.1 解的对比

时刻 t_i	不同 t_i 时刻的 $x_i=x(t_i)$ 值 $\Delta t=\frac{\tau_n}{40}$	$\Delta t=\frac{\tau_n}{20}$	$\Delta t=\frac{\tau_n}{2}$	例 4.31 中基于对力的分段线性近似给出的 x_i 值
0	0.0000	0.0000	0.0000	0.0000
$\pi/10$	0.04638	0.04935	—	0.04541
$2\pi/10$	0.16569	0.17169	—	0.16377
$3\pi/10$	0.32767	0.33627	—	0.32499
$4\pi/10$	0.50056	0.51089	—	0.49746
$5\pi/10$	0.65456	0.66543	—	0.65151
$6\pi/10$	0.76485	0.77491	—	0.76238
$7\pi/10$	0.81395	0.82185	—	0.81255
$8\pi/10$	0.79314	0.79771	—	0.79323
$9\pi/10$	0.70297	0.70340	—	0.70482
π	0.55275	0.54869	4.9348	0.55647
2π	0.19208	0.19898	−29.551	—
3π	2.7750	2.7679	181.90	—
4π	0.83299	0.83852	−1058.8	—
5π	−0.05926	−0.06431	6253.1	—

11.4　用龙格-库塔法求单自由度系统的响应

在龙格-库塔法中，由 x_i 求 x_{i+1} 的近似公式与 x 在 x_{i+1} 处直到 $(\Delta t)^n$ 阶的泰勒级数展开是一致的。$x(t)$ 在 $t+\Delta t$ 时刻的泰勒级数展开为

$$x(t+\Delta t)=x(t)+\dot{x}\Delta t+\ddot{x}\frac{(\Delta t)^2}{2!}+\dddot{x}\frac{(\Delta t)^3}{3!}+\ddddot{x}\frac{(\Delta t)^4}{4!}+\cdots \tag{11.10}$$

相比于需要更高阶导数的方程(11.10)，龙格-库塔法不需要超过一阶以上的显式导数[11.9~11.11]。为求二阶微分方程的解，需首先把它降为两个一阶方程。例如方程(11.5)可

以写为

$$\ddot{x} = \frac{1}{m}(F(t) - c\dot{x} - kx) = f(x, \dot{x}, t) \tag{11.11}$$

通过定义 $x_1 = x$ 和 $x_2 = \dot{x}$，方程(11.11)可以写成如下两个一阶微分方程

$$\begin{aligned} \dot{x}_1 &= x_2 \\ \dot{x}_2 &= f(x_1, x_2, t) \end{aligned} \tag{11.12}$$

通过定义

$$\boldsymbol{X}(t) = \begin{bmatrix} x_1(t) \\ x_2(t) \end{bmatrix} \quad 和 \quad \boldsymbol{F}(t) = \begin{bmatrix} x_2 \\ f(x_1, x_2, t) \end{bmatrix}$$

可利用下面的递推公式，根据四阶龙格-库塔法得到在不同网格点 t_i 处 $\boldsymbol{X}(t)$ 的值

$$\boldsymbol{X}_{i+1} = \boldsymbol{X}_i + \frac{1}{6}[\boldsymbol{K}_1 + 2\boldsymbol{K}_2 + 2\boldsymbol{K}_3 + \boldsymbol{K}_4] \tag{11.13}$$

其中

$$\boldsymbol{K}_1 = h\boldsymbol{F}(\boldsymbol{X}_i, t_i) \tag{11.14}$$

$$\boldsymbol{K}_2 = h\boldsymbol{F}\left(\boldsymbol{X}_i + \frac{1}{2}\boldsymbol{K}_1, t_i + \frac{1}{2}h\right) \tag{11.15}$$

$$\boldsymbol{K}_3 = h\boldsymbol{F}\left(\boldsymbol{X}_i + \frac{1}{2}\boldsymbol{K}_2, t_i + \frac{1}{2}h\right) \tag{11.16}$$

$$\boldsymbol{K}_4 = h\boldsymbol{F}(\boldsymbol{X}_i + \boldsymbol{K}_3, t_{i+1}) \tag{11.17}$$

这种方法是稳定的并且是自启动的，即仅需要前一步的函数值就可以求得当前的函数值。

例 11.2　利用龙格-库塔法求例 11.1 的解。

解：选取时间步长为 $\Delta t = 0.3142$，并且定义

$$\boldsymbol{X}(t) = \begin{bmatrix} x_1(t) \\ x_2(t) \end{bmatrix} = \begin{bmatrix} x(t) \\ \dot{x}(t) \end{bmatrix}$$

以及

$$\boldsymbol{F}(t) = \begin{bmatrix} x_2 \\ f(x_1, x_2, t) \end{bmatrix} = \begin{bmatrix} \dot{x}(t) \\ \frac{1}{m}\left[F_0\left(1 - \sin\frac{\pi t}{2t_0}\right) - c\dot{x}(t) - kx(t)\right] \end{bmatrix}$$

已知的初始条件为

$$\boldsymbol{X}_0 = \begin{bmatrix} 0 \\ 0 \end{bmatrix}$$

表 11.2 给出了由式(11.13) 得到的 $\boldsymbol{X}_{i+1}$ $(i = 0, 1, 2, \cdots)$ 的值。

表　11.2

第 i 步	时刻 t_i	$x_1=x$	$x_2=\dot{x}$
1	0.3142	0.045406	0.275591
2	0.6283	0.163726	0.461502
3	0.9425	0.324850	0.547296
⋮			
19	5.9690	−0.086558	0.765737
20	6.2832	0.189886	0.985565

11.5　用中心差分法求多自由度系统的响应

黏性阻尼多自由度系统的运动微分方程为(参见方程(6.119))

$$\boldsymbol{m}\ddot{\boldsymbol{x}}+\boldsymbol{c}\dot{\boldsymbol{x}}+\boldsymbol{k}\boldsymbol{x}=\boldsymbol{F} \tag{11.18}$$

其中,$\boldsymbol{m}$,$\boldsymbol{c}$,$\boldsymbol{k}$ 分别为系统的质量矩阵、阻尼矩阵和刚度矩阵,$\boldsymbol{x}$ 代表位移向量,$\boldsymbol{F}$ 代表外力向量。用于单自由度系统的分析过程可以直接应用到多自由度系统的情况[11.12,11.13]。$t_i=i\Delta t$ 时刻,速度向量($\dot{\boldsymbol{x}}_i$)和加速度向量($\ddot{\boldsymbol{x}}_i$)的中心差分公式分别为

$$\dot{\boldsymbol{x}}_i=\frac{1}{2\Delta t}(\boldsymbol{x}_{i+1}-\boldsymbol{x}_{i-1}) \tag{11.19}$$

$$\ddot{\boldsymbol{x}}_i=\frac{1}{(\Delta t)^2}(\boldsymbol{x}_{i+1}-2\boldsymbol{x}_i+\boldsymbol{x}_{i-1}) \tag{11.20}$$

以上两式与式(11.3)和式(11.4)是相似的。在 t_i 时刻,方程(11.18)可以写为

$$\boldsymbol{m}\frac{1}{(\Delta t)^2}(\boldsymbol{x}_{i+1}-2\boldsymbol{x}_i+\boldsymbol{x}_{i-1})+\boldsymbol{c}\frac{1}{2\Delta t}(\boldsymbol{x}_{i+1}-\boldsymbol{x}_{i-1})+\boldsymbol{k}\boldsymbol{x}_i=\boldsymbol{F}_i \tag{11.21}$$

其中 $\boldsymbol{x}_{i+1}=\boldsymbol{x}(t=t_{i+1})$,$\boldsymbol{x}_i=\boldsymbol{x}(t=t_i)$,$\boldsymbol{x}_{i-1}=\boldsymbol{x}(t=t_{i-1})$,$\boldsymbol{F}_i=\boldsymbol{F}(t=t_i)$,$t_i=i\Delta t$。方程(11.21)重新整理为

$$\left(\frac{1}{(\Delta t)^2}\boldsymbol{m}+\frac{1}{2\Delta t}\boldsymbol{c}\right)\boldsymbol{x}_{i+1}+\left(-\frac{2}{(\Delta t)^2}\boldsymbol{m}+\boldsymbol{k}\right)\boldsymbol{x}_i+\left(\frac{1}{(\Delta t)^2}\boldsymbol{m}-\frac{1}{2\Delta t}\boldsymbol{c}\right)\boldsymbol{x}_{i-1}=\boldsymbol{F}_i$$

或

$$\left(\frac{1}{(\Delta t)^2}\boldsymbol{m}+\frac{1}{2\Delta t}\boldsymbol{c}\right)\boldsymbol{x}_{i+1}=\boldsymbol{F}_i-\left(\boldsymbol{k}-\frac{2}{(\Delta t)^2}\boldsymbol{m}\right)\boldsymbol{x}_i-\left(\frac{1}{(\Delta t)^2}\boldsymbol{m}-\frac{1}{2\Delta t}\boldsymbol{c}\right)\boldsymbol{x}_{i-1} \tag{11.22}$$

所以一旦 $\boldsymbol{x}_i$ 和 $\boldsymbol{x}_{i-1}$ 已知,方程(11.22)便可给出解向量 $\boldsymbol{x}_{i+1}$。既然方程(11.22)适用于 $i=1,2,\cdots,n$,那么计算 $\boldsymbol{x}_1$ 就需要 $\boldsymbol{x}_0$ 和 $\boldsymbol{x}_{-1}$ 的值。因此,确定 $\boldsymbol{x}_{-1}=\boldsymbol{x}(t=-\Delta t)$ 就需要一个特殊的启动过程。为此在方程(11.18)～(11.20)中令 $i=0$ 得

$$\boldsymbol{m}\ddot{\boldsymbol{x}}_0+\boldsymbol{c}\dot{\boldsymbol{x}}_0+\boldsymbol{k}\boldsymbol{x}_0=\boldsymbol{F}_0=\boldsymbol{F}(t=0) \tag{11.23}$$

$$\dot{\boldsymbol{x}}_0 = \frac{1}{2\Delta t}(\boldsymbol{x}_1 - \boldsymbol{x}_{-1}) \tag{11.24}$$

$$\ddot{\boldsymbol{x}}_0 = \frac{1}{(\Delta t)^2}(\boldsymbol{x}_1 - 2\boldsymbol{x}_0 + \boldsymbol{x}_{-1}) \tag{11.25}$$

由方程(11.23)得加速度向量的初值为

$$\ddot{\boldsymbol{x}}_0 = \boldsymbol{m}^{-1}(\boldsymbol{F}_0 - \boldsymbol{c}\boldsymbol{x}_0 - \boldsymbol{k}\boldsymbol{x}_0) \tag{11.26}$$

由方程(11.24)得 t_1 时刻位移向量为

$$\boldsymbol{x}_1 = \boldsymbol{x}_{-1} + 2\Delta t\,\dot{\boldsymbol{x}}_0 \tag{11.27}$$

把方程(11.27)中的 $\boldsymbol{x}_1$ 代入到方程(11.25)得

$$\ddot{\boldsymbol{x}}_0 = \frac{2}{(\Delta t)^2}(\Delta t\,\dot{\boldsymbol{x}}_0 - \boldsymbol{x}_0 + \boldsymbol{x}_{-1})$$

或

$$\boldsymbol{x}_{-1} = \boldsymbol{x}_0 - \Delta t\boldsymbol{x}_0 + \frac{(\Delta t)^2}{2}\ddot{\boldsymbol{x}}_0 \tag{11.28}$$

式中 $\ddot{\boldsymbol{x}}_0$ 由方程(11.26)给出。这样,方程(11.28)就给出了应用式(11.22)时所需的 $\boldsymbol{x}_{-1}$(对 $i=0$)。全部计算过程可以归纳为以下步骤:

(1) 从已知的初始条件 $\boldsymbol{x}(t=0)=\boldsymbol{x}_0$ 和 $\dot{\boldsymbol{x}}(t=0)=\dot{\boldsymbol{x}}_0$,利用式(11.26)计算 $\ddot{\boldsymbol{x}}(t=0)=\ddot{\boldsymbol{x}}_0$。

(2) 选择一个满足 $\Delta t<\Delta t_{\text{cri}}$ 的时间步长 Δt。

(3) 利用式(11.28)计算 $\boldsymbol{x}_{-1}$。

(4) 由方程(11.22)求 $\boldsymbol{x}_{i+1}=\boldsymbol{x}(t=t_{i+1})$(从 $i=0$ 开始),形式如下

$$\boldsymbol{x}_{i+1} = \left[\frac{1}{(\Delta t)^2}\boldsymbol{m} + \frac{1}{2\Delta t}\boldsymbol{c}\right]^{-1}\left[\boldsymbol{F}_i - \left(\boldsymbol{k} - \frac{2}{(\Delta t)^2}\boldsymbol{m}\right)\boldsymbol{x}_i - \left(\frac{1}{(\Delta t)^2}\boldsymbol{m} - \frac{1}{2\Delta t}\boldsymbol{c}\right)\boldsymbol{x}_{i-1}\right] \tag{11.29}$$

其中

$$\boldsymbol{F}_i = (t = t_i) \tag{11.30}$$

如果需要,还可以计算 t_i 时刻的加速度和速度

$$\ddot{\boldsymbol{x}}_i = \frac{1}{(\Delta t)^2}(\boldsymbol{x}_{i+1} - 2\boldsymbol{x}_i + \boldsymbol{x}_{i-1}) \tag{11.31}$$

和

$$\dot{\boldsymbol{x}}_i = \frac{1}{2\Delta t}(\boldsymbol{x}_{i+1} - \boldsymbol{x}_{i-1}) \tag{11.32}$$

重复步骤(4)直至得到 $x_{n+1}(i=n)$ 为止。文献[11.14]讨论了用有限差分法求解矩阵方程的稳定性问题。

例 11.3 求如图 11.2 所示两自由度系统的响应,力函数为 $F_1(t)=0$ 和 $F_2(t)=10$。假定 $c=0$,初始条件为 $\boldsymbol{x}(t=0)=\dot{\boldsymbol{x}}(t=0)=\boldsymbol{0}$。

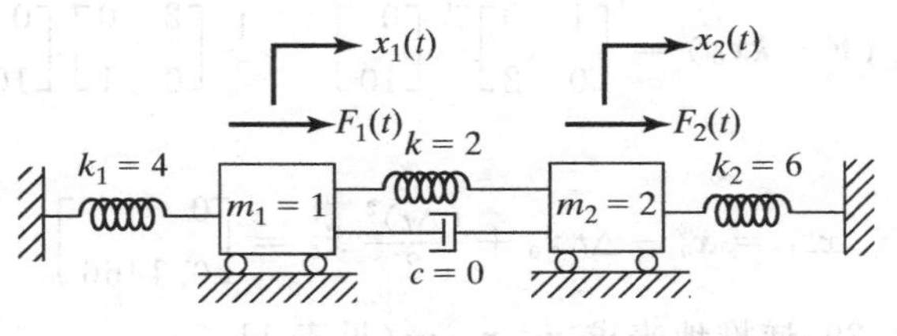

图 11.2　两自由度系统

解：令 $\Delta t=\tau/10$，其中 τ 是中心差分法中最小的时间周期。

系统的运动微分方程为

$$\boldsymbol{m}\ddot{\boldsymbol{x}}(t)+\boldsymbol{c}\dot{\boldsymbol{x}}(t)+\boldsymbol{k}\boldsymbol{x}(t)=\boldsymbol{F}(t) \tag{E.1}$$

其中

$$\boldsymbol{m}=\begin{bmatrix} m_1 & 0 \\ 0 & m_2 \end{bmatrix}=\begin{bmatrix} 1 & 0 \\ 0 & 2 \end{bmatrix} \tag{E.2}$$

$$\boldsymbol{c}=\begin{bmatrix} c & -c \\ -c & c \end{bmatrix}=\begin{bmatrix} 0 & 0 \\ 0 & 0 \end{bmatrix} \tag{E.3}$$

$$\boldsymbol{k}=\begin{bmatrix} k_1+k & -k \\ -k & k+k_2 \end{bmatrix}=\begin{bmatrix} 6 & -2 \\ -2 & 8 \end{bmatrix} \tag{E.4}$$

$$\boldsymbol{F}(t)=\begin{bmatrix} F_1(t) \\ F_2(t) \end{bmatrix}=\begin{bmatrix} 0 \\ 10 \end{bmatrix} \tag{E.5}$$

和

$$\boldsymbol{x}(t)=\begin{bmatrix} x_1(t) \\ x_2(t) \end{bmatrix} \tag{E.6}$$

通过求解下列特征值问题可以求得系统的无阻尼固有频率和固有振型

$$\left[-\omega^2\begin{bmatrix} 1 & 0 \\ 0 & 2 \end{bmatrix}+\begin{bmatrix} 6 & -2 \\ -2 & 8 \end{bmatrix}\right]\begin{bmatrix} X_1 \\ X_2 \end{bmatrix}=\begin{bmatrix} 0 \\ 0 \end{bmatrix} \tag{E.7}$$

方程(E.7)的解为

$$\omega_1=1.807747,\quad \boldsymbol{X}^{(1)}=\begin{bmatrix} 1.0000 \\ 1.3661 \end{bmatrix} \tag{E.8}$$

$$\omega_2=2.594620,\quad \boldsymbol{X}^{(2)}=\begin{bmatrix} 1.0000 \\ -0.3661 \end{bmatrix} \tag{E.9}$$

所以系统的两个固有周期分别为

$$\tau_1=\frac{2\pi}{\omega_1}=3.4757\quad 和\quad \tau_2=\frac{2\pi}{\omega_2}=2.4216$$

选择时间步长为 $\Delta t=\tau_2/10=0.24216$。用下式可以得到 $\ddot{\boldsymbol{x}}_0$ 的初始值

$$\ddot{\boldsymbol{x}}_0 = \boldsymbol{m}^{-1}(\boldsymbol{F} - \boldsymbol{k}\boldsymbol{x}_0) = \begin{bmatrix} 1 & 0 \\ 0 & 2 \end{bmatrix}^{-1} \begin{bmatrix} 0 \\ 10 \end{bmatrix} = \frac{1}{2}\begin{bmatrix} 2 & 0 \\ 0 & 1 \end{bmatrix}\begin{bmatrix} 0 \\ 10 \end{bmatrix} = \begin{bmatrix} 0 \\ 5 \end{bmatrix} \tag{E.10}$$

而 $\boldsymbol{x}_{-1}$ 的值为

$$\boldsymbol{x}_{-1} = \boldsymbol{x}_0 - \Delta t\, \dot{\boldsymbol{x}}_0 + \frac{(\Delta t)^2}{2}\ddot{\boldsymbol{x}}_0 = \begin{bmatrix} 0 \\ 0.1466 \end{bmatrix} \tag{E.11}$$

这样就可以利用式(11.29)递推地来求 $\boldsymbol{x}_1, \boldsymbol{x}_2, \cdots$(见表 11.3)。

表 11.3

时刻 $t_i = i\Delta t$	$\boldsymbol{x}_i = \boldsymbol{x}(t = t_i)$	时刻 $t_i = i\Delta t$	$\boldsymbol{x}_i = \boldsymbol{x}(t = t_i)$
t_1	$\begin{bmatrix} 0 \\ 0.1466 \end{bmatrix}$	t_7	$\begin{bmatrix} 1.2354 \\ 2.6057 \end{bmatrix}$
t_2	$\begin{bmatrix} 0.0172 \\ 0.5520 \end{bmatrix}$	t_8	$\begin{bmatrix} 1.4391 \\ 2.4189 \end{bmatrix}$
t_3	$\begin{bmatrix} 0.0931 \\ 1.1222 \end{bmatrix}$	t_9	$\begin{bmatrix} 1.4202 \\ 2.0422 \end{bmatrix}$
t_4	$\begin{bmatrix} 0.2678 \\ 1.7278 \end{bmatrix}$	t_{10}	$\begin{bmatrix} 1.1410 \\ 1.5630 \end{bmatrix}$
t_5	$\begin{bmatrix} 0.5510 \\ 2.2370 \end{bmatrix}$	t_{11}	$\begin{bmatrix} 0.6437 \\ 1.0773 \end{bmatrix}$
t_6	$\begin{bmatrix} 0.9027 \\ 2.5470 \end{bmatrix}$	t_{12}	$\begin{bmatrix} 0.0463 \\ 0.6698 \end{bmatrix}$

11.6 用有限差分法求连续系统的响应

11.6.1 杆的纵向振动

均质杆的纵向自由振动的运动微分方程为(参见方程(8.49)和(8.20))

$$\frac{\mathrm{d}^2 U}{\mathrm{d}x^2} + \alpha^2 U = 0 \tag{11.33}$$

其中

$$\alpha^2 = \frac{\omega^2}{c^2} = \frac{\rho\omega^2}{E} \tag{11.34}$$

为了得到方程(11.33)的有限差分近似，首先把长为 l 的杆等分为 $n-1$ 部分，每部分长度为 $h = l/(n-1)$，对二阶导数，利用与式(11.4)类似的处理方法，并把网格点标以序号 $1, 2, 3, \cdots, i, \cdots, n$，如图 11.3 所示。网格点 i 处的值用 U_i 表示，那么在此点处方程(11.33)可以

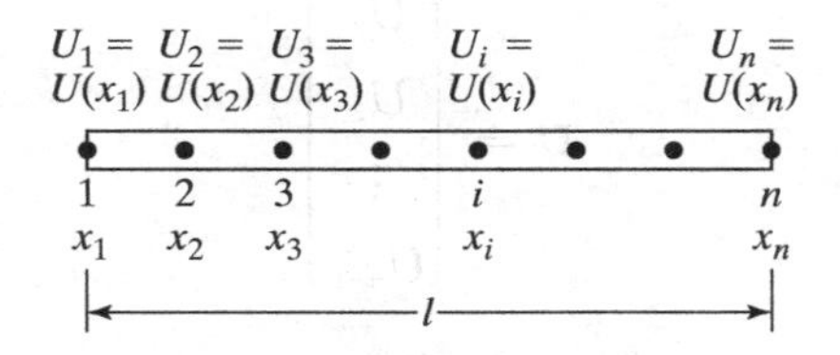

图 11.3　用于有限差分近似的杆的分割

写为

$$\frac{1}{h^2}(U_{i+1}-2U_i+U_{i-1})+\alpha^2 U_i=0$$

或者

$$U_{i+1}-(2-\lambda)U_i+U_{i-1}=0 \tag{11.35}$$

其中 $\lambda=h^2\alpha^2$。在网格点 $i=2,3,\cdots,n-1$ 处，利用方程(11.35)得到以下各式

$$\begin{aligned} U_3-(2-\lambda)U_2+U_1&=0\\ U_4-(2-\lambda)U_3+U_2&=0\\ &\vdots\\ U_n-(2-\lambda)U_{n-1}+U_{n-2}&=0 \end{aligned} \tag{11.36}$$

它们可写成如下的矩阵形式

$$\begin{bmatrix} -1 & (2-\lambda) & -1 & 0 & 0 & \cdots & 0 & 0 & 0\\ 0 & -1 & (2-\lambda) & -1 & 0 & \cdots & 0 & 0 & 0\\ 0 & 0 & -1 & (2-\lambda) & -1 & \cdots & 0 & 0 & 0\\ \vdots & \vdots & \vdots & \vdots & \vdots & \cdots & \vdots & \vdots & \vdots\\ 0 & 0 & 0 & 0 & 0 & \cdots & -1 & (2-\lambda) & -1 \end{bmatrix}\begin{Bmatrix} U_1\\ U_2\\ U_3\\ \vdots\\ U_n \end{Bmatrix}=\begin{Bmatrix} 0\\ 0\\ 0\\ \vdots\\ 0 \end{Bmatrix} \tag{11.37}$$

边界条件

固定端　固定端的挠度为 0。假定杆在 $x=0$ 和 $x=l$ 两处是固定的，设方程(11.37)中 $U_1=U_n=0$，得到如下方程

$$(\boldsymbol{A}-\lambda\boldsymbol{I})\boldsymbol{U}=\boldsymbol{0} \tag{11.38}$$

其中

$$\boldsymbol{A}=\begin{bmatrix} 2 & -1 & 0 & 0 & \cdots & 0 & 0 & 0\\ -1 & 2 & -1 & 0 & \cdots & 0 & 0 & 0\\ 0 & -1 & 2 & -1 & \cdots & 0 & 0 & 0\\ \vdots & \vdots & \vdots & \vdots & & \vdots & \vdots & \vdots\\ 0 & 0 & 0 & 0 & \cdots & 0 & -1 & 2 \end{bmatrix} \tag{11.39}$$

$$\boldsymbol{U}=\begin{bmatrix} U_2 \\ U_3 \\ \vdots \\ U_{n-1} \end{bmatrix} \tag{11.40}$$

并且 $\boldsymbol{I}$ 为 $n-2$ 阶的单位阵。

注意方程(11.38)的特征值问题是很容易求解的，因为矩阵 $\boldsymbol{A}$ 是一个三对角矩阵[11.15~11.17]。

自由端 自由端处的应力为0，所以 $\mathrm{d}U/\mathrm{d}x=0$。可以利用与方程(11.3)相似的方法处理一阶导数。为说明分析过程，不妨假定 $x=0$ 处为自由端，$x=l$ 处为固定端，故边界条件可以表示为

$$\left.\frac{\mathrm{d}U}{\mathrm{d}x}\right|_1 \approx \frac{U_2-U_{-1}}{2h}=0 \quad 或 \quad U_{-1}=U_2 \tag{11.41}$$

$$U_n=0 \tag{11.42}$$

为了利用方程(11.41)，假想函数 $U(x)$ 在超出杆长的部分也是连续的，并有一个虚拟的网格点 -1，且该点处的位移为 U_{-1}。对网格点 $i=1$，利用方程(11.35)得

$$U_2-(2-\lambda)U_1+U_{-1}=0 \tag{11.43}$$

引入条件 $U_{-1}=U_2$ 即式(11.41)，式(11.43)可以写为

$$(2-\lambda)U_1-2U_2=0 \tag{11.44}$$

将方程(11.44)与方程(11.37)相加得到最终的方程

$$(\boldsymbol{A}-\lambda\boldsymbol{I})\boldsymbol{U}=\boldsymbol{0} \tag{11.45}$$

其中

$$\boldsymbol{A}=\begin{bmatrix} 2 & -2 & 0 & 0 & \cdots & 0 & 0 & 0 \\ -1 & 2 & -1 & 0 & \cdots & 0 & 0 & 0 \\ 0 & -1 & 2 & -1 & \cdots & 0 & 0 & 0 \\ \vdots & \vdots & \vdots & \vdots & & \vdots & \vdots & \vdots \\ 0 & 0 & 0 & 0 & \cdots & -1 & 2 & -1 \\ 0 & 0 & 0 & 0 & \cdots & 0 & -1 & 2 \end{bmatrix} \tag{11.46}$$

以及

$$\boldsymbol{U}=\begin{bmatrix} U_1 \\ U_2 \\ \vdots \\ U_{n-1} \end{bmatrix} \tag{11.47}$$

11.6.2 梁的横向振动

均质梁横向振动的控制微分方程由方程(8.83)给出

$$\frac{d^4 W}{dx^4}-\beta^4 W=0 \tag{11.48}$$

其中

$$\beta^4=\frac{\rho A\omega^2}{EI} \tag{11.49}$$

对 4 阶导数利用中心差分公式①后,在任意网格点 i 处,方程(11.48)可以写为

$$W_{i+2}-4W_{i+1}+(6-\lambda)W_i-4W_{i-1}+W_{i-2}=0 \tag{11.50}$$

其中

$$\lambda=h^4\beta^4 \tag{11.51}$$

在梁上取 n 个等分网格点,则梁被等分为 $n-1$ 部分,每部分长度为 $h=l/(n-1)$。在网格点 $i=3,4,\cdots,n-2$ 处,利用方程(11.50)得到如下方程

$$\begin{bmatrix} 1 & -4 & (6-\lambda) & -4 & 1 & 0 & 0 & \cdots & 0 & 0 & 0 & 0 & 0 \\ 0 & 1 & -4 & (6-\lambda) & -4 & 1 & 0 & \cdots & 0 & 0 & 0 & 0 & 0 \\ 0 & 0 & 1 & -4 & (6-\lambda) & -4 & 1 & \cdots & 0 & 0 & 0 & 0 & 0 \\ \vdots & \vdots & \vdots & \vdots & \vdots & \vdots & \vdots & & \vdots & \vdots & \vdots & \vdots & \vdots \\ 0 & 0 & 0 & 0 & 0 & 0 & 0 & \cdots & 1 & -4 & (6-\lambda) & -4 & 1 \end{bmatrix} \begin{bmatrix} W_1 \\ W_2 \\ W_3 \\ \vdots \\ W_n \end{bmatrix} = \begin{bmatrix} 0 \\ 0 \\ 0 \\ \vdots \\ 0 \end{bmatrix} \tag{11.52}$$

边界条件

固定端 在固定端处,梁的挠度 W 和转角 dW/dx 均为 0。如果 $x=0$ 处为固定端,那么在梁的左端引入假想网格点 -1,如图 11.4 所示。对 dW/dx 利用中心差分公式后,边界

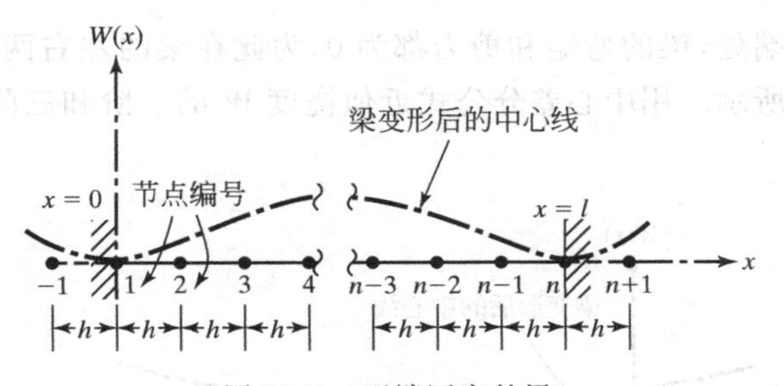

图 11.4 两端固定的梁

① 4 阶导数的中心差分公式为(参见习题 11.3)

$$\left.\frac{d^4 f}{dx^4}\right|_i=\frac{1}{h_4}(f_{i+2}-4f_{i+1}+6f_i-4f_{i-1}+f_{i-2})$$

条件可以表示为

$$W_1 = 0$$

$$\left.\frac{\mathrm{d}W}{\mathrm{d}x}\right|_1 = \frac{1}{2h}(W_2 - W_{-1}) = 0 \quad 或 \quad W_{-1} = W_2 \tag{11.53}$$

其中 W_i 表示为网格点 i 处 W 的值。若 $x=l$ 处为固定端，那么在梁的右端引入假想网格点 $n+1$，如图 11.4 所示。边界条件表示为

$$W_n = 0$$

$$\left.\frac{\mathrm{d}W}{\mathrm{d}x}\right|_n = \frac{1}{2h}(W_{n+1} - W_{n-1}) = 0 \quad 或 \quad W_{n+1} = W_{n-1} \tag{11.54}$$

简支端　如果端点 $x=0$ 是简支的（参见图 11.5），则有

$$W_1 = 0$$

以及

$$\left.\frac{\mathrm{d}^2W}{\mathrm{d}x^2}\right|_1 = \frac{1}{h^2}(W_2 - 2W_1 + W_{-1}) = 0 \quad 或 \quad W_{-1} = -W_2 \tag{11.55}$$

如果端点 $x=l$ 也是简支的，则可以得到类似的方程。

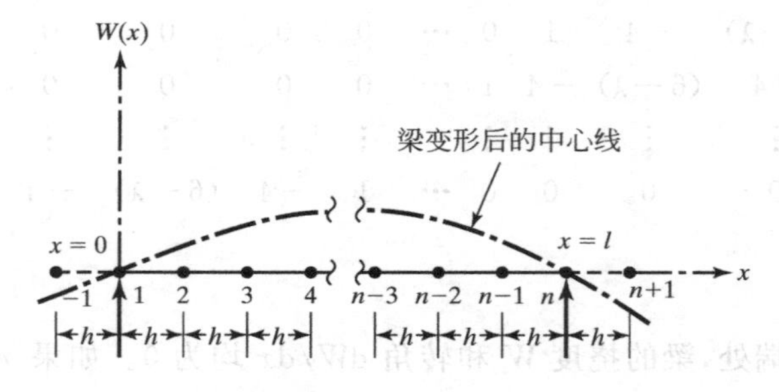

图 11.5　简支梁

自由端　在自由端处，梁的弯矩和剪力都为 0，为此在梁的左右两端外侧引入两个假想的网格点，如图 11.6 所示。用中心差分公式近似挠度 W 的二阶和三阶导数。例如，当 $x=0$ 处为自由端时，则有

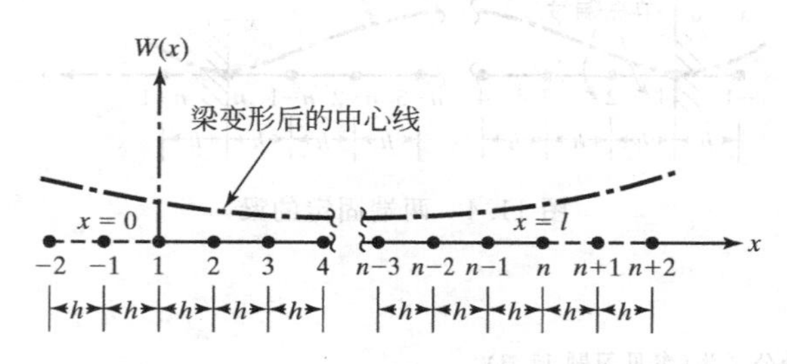

图 11.6　两端自由梁

$$
\left.\frac{d^2W}{dx^2}\right|_1 = \frac{1}{h^2}(W_2 - 2W_1 + W_{-1}) = 0
$$
$$
\left.\frac{d^3W}{dx^3}\right|_1 = \frac{1}{2h^3}(W_3 - 2W_2 + 2W_{-1} - W_{-2}) = 0 \tag{11.56}
$$

例 11.4 求如图 11.7 所示一端固定一端简支梁的固有频率。假定梁的横截面积沿梁长是一个常数。

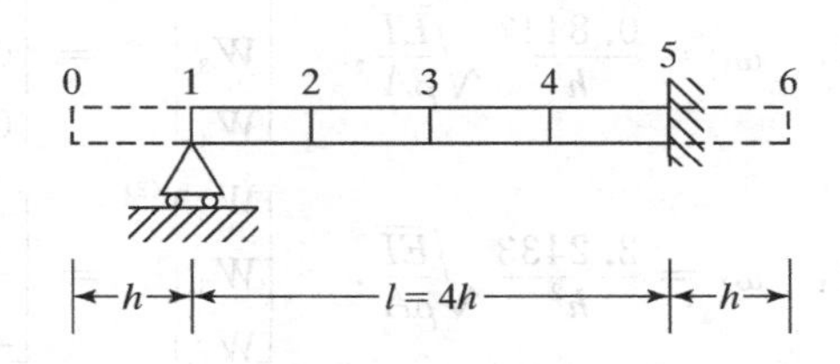

图 11.7 一端固定一端简支梁

解：把梁分为 4 部分，将梁的振动微分方程

$$
\frac{d^4W}{dx^4} - \beta^4 W = 0 \tag{E.1}
$$

在每个网格点处用有限差分的形式表示，则得

$$
W_0 - 4W_1 + (6-\lambda)W_2 - 4W_3 + W_4 = 0 \tag{E.2}
$$
$$
W_1 - 4W_2 + (6-\lambda)W_3 - 4W_4 + W_5 = 0 \tag{E.3}
$$
$$
W_2 - 4W_3 + (6-\lambda)W_4 - 4W_5 + W_6 = 0 \tag{E.4}
$$

其中 W_0 和 W_6 分别表示在假想网格点 0 和 6 处 W 的值，并且

$$
\lambda = h^4\beta^4 = \frac{h^4\rho A\omega^2}{EI} \tag{E.5}
$$

简支端(网格点 1)处的边界条件为

$$
W_1 = 0, \quad W_0 = -W_2 \tag{E.6}
$$

固定端(网格点 5)处的边界条件为

$$
W_5 = 0, \quad W_6 = W_4 \tag{E.7}
$$

利用式(E.6)和式(E.7)，方程(E.2)～(E.4)可以简化为

$$
(5-\lambda)W_2 - 4W_3 + W_4 = 0 \tag{E.8}
$$
$$
-4W_2 + (6-\lambda)W_3 - 4W_4 = 0 \tag{E.9}
$$
$$
W_2 - 4W_3 + (7-\lambda)W_4 = 0 \tag{E.10}
$$

方程(E.8)～(E.10)可以写成如下的矩阵形式

$$\begin{bmatrix} 5-\lambda & -4 & 1 \\ -4 & 6-\lambda & -4 \\ 1 & -4 & 7-\lambda \end{bmatrix} \begin{bmatrix} W_2 \\ W_3 \\ W_4 \end{bmatrix} = \begin{bmatrix} 0 \\ 0 \\ 0 \end{bmatrix} \tag{E.11}$$

由方程(E.11)表示的特征值问题可得到如下结果

$$\lambda_1 = 0.7135, \quad \omega_1 = \frac{0.8447}{h^2}\sqrt{\frac{EI}{\rho A}}, \quad \begin{bmatrix} W_2 \\ W_3 \\ W_4 \end{bmatrix}^{(1)} = \begin{bmatrix} 0.5880 \\ 0.7215 \\ 0.3656 \end{bmatrix} \tag{E.12}$$

$$\lambda_2 = 5.0322, \quad \omega_2 = \frac{2.2433}{h^2}\sqrt{\frac{EI}{\rho A}}, \quad \begin{bmatrix} W_2 \\ W_3 \\ W_4 \end{bmatrix}^{(2)} = \begin{bmatrix} 0.6723 \\ -0.1846 \\ -0.7169 \end{bmatrix} \tag{E.13}$$

$$\lambda_3 = 12.2543, \quad \omega_3 = \frac{3.5006}{h^2}\sqrt{\frac{EI}{\rho A}}, \quad \begin{bmatrix} W_2 \\ W_3 \\ W_4 \end{bmatrix}^{(3)} = \begin{bmatrix} 0.4498 \\ -0.6673 \\ 0.5936 \end{bmatrix} \tag{E.14}$$

11.7 用龙格-库塔法求多自由度系统的响应

在龙格-库塔法中，由矩阵形式的运动微分方程(11.18)，可将加速度向量表示为

$$\ddot{\boldsymbol{x}}(t) = \boldsymbol{m}^{-1}\,(\boldsymbol{F}(t) - \boldsymbol{c}\,\dot{\boldsymbol{x}}(t) - \boldsymbol{k}\boldsymbol{x}(t)) \tag{11.57}$$

把位移和速度都看成是未知的，定义一个新的向量 $\boldsymbol{X}(t) = \begin{bmatrix} \boldsymbol{x}(t) \\ \dot{\boldsymbol{x}}(t) \end{bmatrix}$，因而

$$\dot{\boldsymbol{X}} = \begin{bmatrix} \dot{\boldsymbol{x}} \\ \ddot{\boldsymbol{x}} \end{bmatrix} = \begin{bmatrix} \dot{\boldsymbol{x}} \\ \boldsymbol{m}^{-1}(\boldsymbol{F} - \boldsymbol{c}\,\dot{\boldsymbol{x}} - \boldsymbol{k}\boldsymbol{x}) \end{bmatrix} \tag{11.58}$$

方程(11.58)又可重新整理为

$$\dot{\boldsymbol{X}}(t) = \begin{bmatrix} \boldsymbol{0} & \boldsymbol{I} \\ -\boldsymbol{m}^{-1}\boldsymbol{k} & -\boldsymbol{m}^{-1}\boldsymbol{c} \end{bmatrix} \begin{bmatrix} \boldsymbol{x}(t) \\ \dot{\boldsymbol{x}}(t) \end{bmatrix} + \begin{bmatrix} \boldsymbol{0} \\ \boldsymbol{m}^{-1}\boldsymbol{F}(t) \end{bmatrix}$$

即

$$\dot{\boldsymbol{X}}(t) = \boldsymbol{f}(\boldsymbol{X}, t) \tag{11.59}$$

其中

$$\boldsymbol{f}\,(\boldsymbol{X}, t) = \boldsymbol{A}\boldsymbol{X}(t) + \underset{\sim}{\boldsymbol{F}}(t) \tag{11.60}$$

$$\boldsymbol{A} = \begin{bmatrix} \boldsymbol{0} & \boldsymbol{I} \\ -\boldsymbol{m}^{-1}\boldsymbol{k} & -\boldsymbol{m}^{-1}\boldsymbol{c} \end{bmatrix} \tag{11.61}$$

以及

$$\underset{\sim}{F}(t)=\begin{bmatrix}\mathbf{0}\\ \boldsymbol{m}^{-1}\boldsymbol{F}(t)\end{bmatrix} \tag{11.62}$$

据此，根据 4 阶龙格-库塔方法，在网格点 i 处计算 $\boldsymbol{X}(t)$ 的递推公式为

$$\boldsymbol{X}_{i+1}=\boldsymbol{X}_i+\frac{1}{6}[\boldsymbol{K}_1+2\boldsymbol{K}_2+2\boldsymbol{K}_3+\boldsymbol{K}_4] \tag{11.63}$$

其中

$$\boldsymbol{K}_1=h\boldsymbol{f}(\boldsymbol{X}_i,t_i) \tag{11.64}$$

$$\boldsymbol{K}_2=h\boldsymbol{f}\left(\boldsymbol{X}_i+\frac{1}{2}\boldsymbol{K}_1,t_i+\frac{1}{2}h\right) \tag{11.65}$$

$$\boldsymbol{K}_3=h\boldsymbol{f}\left(\boldsymbol{X}_i+\frac{1}{2}\boldsymbol{K}_2,t_i+\frac{1}{2}h\right) \tag{11.66}$$

$$\boldsymbol{K}_4=h\boldsymbol{f}(\boldsymbol{X}_i+\boldsymbol{K}_3,t_{i+1}) \tag{11.67}$$

例 11.5 用 4 阶龙格-库塔法求例 11.3 中两自由度系统的响应。

解：取步长为 $\Delta t=0.24216$。

根据初始条件 $\boldsymbol{x}(t=0)=\dot{\boldsymbol{x}}(t=0)=\mathbf{0}$，顺次地利用方程(11.63)，可得如表 11.4 所示的结果。

表 11.4

时刻 $t_i=i\Delta t$	$\boldsymbol{x}_i=\boldsymbol{x}(t=t_i)$	时刻 $t_i=i\Delta t$	$\boldsymbol{x}_i=\boldsymbol{x}(t=t_i)$
t_1	$\begin{bmatrix}0.0014\\0.1437\end{bmatrix}$	t_7	$\begin{bmatrix}1.2008\\2.6153\end{bmatrix}$
t_2	$\begin{bmatrix}0.0215\\0.5418\end{bmatrix}$	t_8	$\begin{bmatrix}1.4109\\2.4452\end{bmatrix}$
t_3	$\begin{bmatrix}0.0978\\1.1041\end{bmatrix}$	t_9	$\begin{bmatrix}1.4156\\2.0805\end{bmatrix}$
t_4	$\begin{bmatrix}0.2668\\1.7059\end{bmatrix}$	t_{10}	$\begin{bmatrix}1.1727\\1.6050\end{bmatrix}$
t_5	$\begin{bmatrix}0.5379\\2.2187\end{bmatrix}$	t_{11}	$\begin{bmatrix}0.7123\\1.1141\end{bmatrix}$
t_6	$\begin{bmatrix}0.8756\\2.5401\end{bmatrix}$	t_{12}	$\begin{bmatrix}0.1365\\0.6948\end{bmatrix}$

11.8 侯伯特法

本节将利用多自由度系统来说明如何用侯伯特法求响应的数值解。在这种方法中，将用到如下形式的有限差分展开

$$\dot{\boldsymbol{x}}_{i+1}=\frac{1}{6\Delta t}\left(11\boldsymbol{x}_{i+1}-18\boldsymbol{x}_i+9\boldsymbol{x}_{i-1}-2\boldsymbol{x}_{i-2}\right)\tag{11.68}$$

$$\ddot{\boldsymbol{x}}_{i+1}=\frac{1}{(\Delta t)^2}\left(2\boldsymbol{x}_{i+1}-5\boldsymbol{x}_i+4\boldsymbol{x}_{i-1}-\boldsymbol{x}_{i-2}\right)\tag{11.69}$$

为推导方程(11.68)和方程(11.69)，考虑函数 $x(t)$。如图 11.8 所示，x 在等距网格点 $t_{i-2}=t_i-2\Delta t, t_{i-1}=t_i-\Delta t, t_i, t_{i+1}=t_i+\Delta t$ 处的值分别用 $x_{i-2}, x_{i-1}, x_i, x_{i+1}$ 表示[11.18]。利用向后的泰勒级数展开，将有以下几种可能情况。

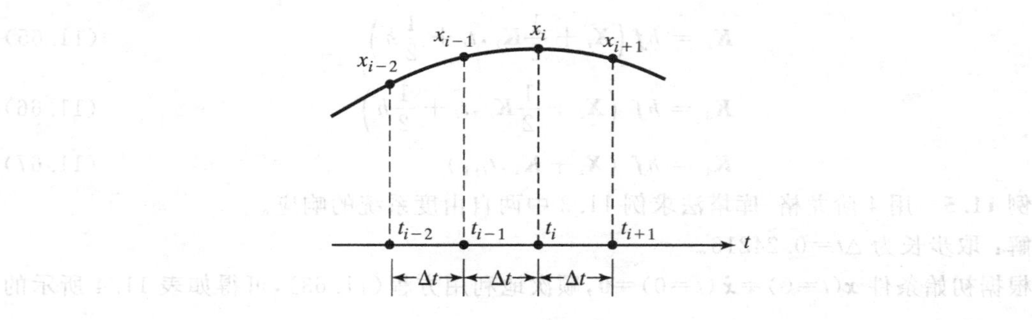

图 11.8 等距网格点

- 步长为 Δt

$$x(t)=x(t+\Delta t)-\Delta t\,\dot{x}(t+\Delta t)+\frac{(\Delta t)^2}{2!}\ddot{x}(t+\Delta t)-\frac{(\Delta t)^3}{3!}\dddot{x}(t+\Delta t)$$

或

$$x_i=x_{i+1}-\Delta t\,\dot{x}_{i+1}+\frac{(\Delta t)^2}{2}\ddot{x}_{i+1}-\frac{(\Delta t)^3}{6}\dddot{x}_{i+1}+\cdots\tag{11.70}$$

- 步长为 $2\Delta t$

$$x(t-\Delta t)=x(t+\Delta t)-(2\Delta t)\dot{x}(t+\Delta t)+\frac{(2\Delta t)^2}{2!}\ddot{x}(t+\Delta t)-\frac{(2\Delta t)^3}{3!}\dddot{x}(t+\Delta t)+\cdots$$

或

$$x_{i-1}=x_{i+1}-2\Delta t\,\dot{x}_{i+1}+2(\Delta t)^2\ddot{x}_{i+1}-\frac{4}{3}(\Delta t)^3\dddot{x}_{i+1}+\cdots\tag{11.71}$$

- 步长为 $3\Delta t$

$$x(t-2\Delta t)=x(t+\Delta t)-(3\Delta t)\dot{x}(t+\Delta t)+\frac{(3\Delta t)^2}{2!}\ddot{x}(t+\Delta t)-\frac{(3\Delta t)^3}{3!}\dddot{x}(t+\Delta t)+\cdots$$

或

$$x_{i-2}=x_{i+1}-3\Delta t\,\dot{x}_{i+1}+\frac{9}{2}(\Delta t)^2\,\ddot{x}_{i+1}-\frac{9}{2}(\Delta t)^3\,\dddot{x}_{i+1}+\cdots \tag{11.72}$$

仅考虑到$(\Delta t)^3$项，基于方程(11.70)～(11.72)可用$x_{i-2},x_{i-1},x_i,x_{i+1}$来表示$\dot{x}_{i+1},\ddot{x}_{i+1},\dddot{x}_{i+1}$，其形式如下[11.18]

$$\dot{x}_{i+1}=\frac{1}{6\,\Delta t}(11x_{i+1}-18x_i+9x_{i-1}-2x_{i-2}) \tag{11.73}$$

$$\ddot{x}_{i+1}=\frac{1}{(\Delta t)^2}(2x_{i+1}-5x_i+4x_{i-1}-x_{i-2}) \tag{11.74}$$

方程(11.68)～(11.69)给出了这些方程的矢量形式。

为了求解第$i+1$步的解$\boldsymbol{x}_{i+1}$，在t_{i+1}处考虑方程(11.18)，得到

$$\boldsymbol{m}\,\ddot{\boldsymbol{x}}_{i+1}+\boldsymbol{c}\,\dot{\boldsymbol{x}}_{i+1}+\boldsymbol{k}\boldsymbol{x}_{i+1}=\boldsymbol{F}_{i+1}=\boldsymbol{F}(t=t_{i+1}) \tag{11.75}$$

把方程(11.68)和(11.69)代入到方程(11.75)中，得

$$\left(\frac{2}{(\Delta t)^2}\boldsymbol{m}+\frac{11}{6\Delta t}\boldsymbol{c}+\boldsymbol{k}\right)\boldsymbol{x}_{i+1}=\boldsymbol{F}_{i+1}+\left(\frac{5}{(\Delta t)^2}\boldsymbol{m}+\frac{3}{\Delta t}\boldsymbol{c}\right)\boldsymbol{x}_i-\left(\frac{4}{(\Delta t)^2}\boldsymbol{m}+\frac{3\boldsymbol{c}}{2\Delta t}\right)\boldsymbol{x}_{i-1}$$
$$+\left(\frac{1}{(\Delta t)^2}\boldsymbol{m}+\frac{\boldsymbol{c}}{3\Delta t}\right)\boldsymbol{x}_{i-2} \tag{11.76}$$

注意通过方程(11.76)确定解$\boldsymbol{X}_{i+1}$时用到了在t_{i+1}时刻的平衡方程(11.75)。这也适用于威尔逊法和纽马克法。因此，该法称为隐式积分法。

由方程(11.76)可知，为确定$\boldsymbol{x}_{i+1}$必须知道$\boldsymbol{x}_i$，$\boldsymbol{x}_{i-1}$和$\boldsymbol{x}_{i-2}$。所以在利用方程(11.76)确定向量$\boldsymbol{x}_1$前必须知道$\boldsymbol{x}_{-1}$和$\boldsymbol{x}_{-2}$。既然没有一种直接的方法可以确定$\boldsymbol{x}_{-1}$和$\boldsymbol{x}_{-2}$，因此不能利用方程(11.76)求$\boldsymbol{x}_1$和$\boldsymbol{x}_2$，故该方法不是自启动的。为启动该方法，可以利用11.5节所述的中心差分法去求$\boldsymbol{x}_1$和$\boldsymbol{x}_2$。一旦从初始条件中知道$\boldsymbol{x}_0$，并且由中心差分法得到$\boldsymbol{x}_1$和$\boldsymbol{x}_2$，随后的解$\boldsymbol{x}_3,\boldsymbol{x}_4,\cdots$就可利用方程(11.76)很容易地得到。

侯伯特方法中使用的步进式过程可总结如下：

(1) 由已知的初始条件$\boldsymbol{x}(t=0)=\boldsymbol{x}_0$和$\dot{\boldsymbol{x}}(t=0)=\dot{\boldsymbol{x}}_0$，利用方程(11.26)求得$\ddot{\boldsymbol{x}}_0=\ddot{\boldsymbol{x}}(t=0)$。

(2) 选择一个恰当的时间步长Δt。

(3) 利用方程(11.28)求解$\boldsymbol{x}_{-1}$。

(4) 利用中心差分公式(11.29)求$\boldsymbol{x}_1$和$\boldsymbol{x}_2$。

(5) 利用方程(11.76)从$i=2$开始，计算$\boldsymbol{x}_{i+1}$

$$\boldsymbol{x}_{i+1}=\left[\frac{2}{(\Delta t)^2}\boldsymbol{m}+\frac{11}{6\Delta t}\boldsymbol{c}+\boldsymbol{k}\right]^{-1}\times\left\{\boldsymbol{F}_{i+1}+\left(\frac{5}{(\Delta t)^2}\boldsymbol{m}+\frac{3}{\Delta t}\boldsymbol{c}\right)\boldsymbol{x}_i-\left(\frac{4}{(\Delta t)^2}\boldsymbol{m}+\frac{3}{2\Delta t}\boldsymbol{c}\right)\boldsymbol{x}_{i-1}\right.$$
$$\left.+\left(\frac{1}{(\Delta t)^2}\boldsymbol{m}+\frac{1}{3\Delta t}\boldsymbol{c}\right)\boldsymbol{x}_{i-2}\right\} \tag{11.77}$$

如果需要的话，可利用方程(11.68)和(11.69)计算速度向量$\dot{\boldsymbol{x}}_{i+1}$和加速度向量$\ddot{\boldsymbol{x}}_{i+1}$。

例 11.6 利用侯伯特法求解例 11.3 中两自由度系统的响应。

解：取时间步长为 $\Delta t = 0.24216$。

利用方程(11.26)求出 $\ddot{\boldsymbol{x}}_0$。

$$\ddot{\boldsymbol{x}}_0 = \begin{bmatrix} 0 \\ 5 \end{bmatrix}$$

根据时间步长 $\Delta t = 0.24216$，利用方程(11.29)可以求出 $\boldsymbol{x}_1$ 和 $\boldsymbol{x}_2$，然后利用式(11.77)可以递推地得到 $\boldsymbol{x}_3, \boldsymbol{x}_4, \cdots$，这些结果如表 11.5 所示。

表 11.5

时刻 $t_i = i\Delta t$	$\boldsymbol{x}_i = \boldsymbol{x}(t = t_i)$	时刻 $t_i = i\Delta t$	$\boldsymbol{x}_i = \boldsymbol{x}(t = t_i)$
t_1	$\begin{bmatrix} 0.0000 \\ 0.1466 \end{bmatrix}$	t_7	$\begin{bmatrix} 1.0734 \\ 2.6489 \end{bmatrix}$
t_2	$\begin{bmatrix} 0.0172 \\ 0.5520 \end{bmatrix}$	t_8	$\begin{bmatrix} 1.2803 \\ 2.5454 \end{bmatrix}$
t_3	$\begin{bmatrix} 0.0917 \\ 1.1064 \end{bmatrix}$	t_9	$\begin{bmatrix} 1.3432 \\ 2.2525 \end{bmatrix}$
t_4	$\begin{bmatrix} 0.2501 \\ 1.6909 \end{bmatrix}$	t_{10}	$\begin{bmatrix} 1.2258 \\ 1.8325 \end{bmatrix}$
t_5	$\begin{bmatrix} 0.4924 \\ 2.1941 \end{bmatrix}$	t_{11}	$\begin{bmatrix} 0.9340 \\ 1.3630 \end{bmatrix}$
t_6	$\begin{bmatrix} 0.7867 \\ 2.5297 \end{bmatrix}$	t_{12}	$\begin{bmatrix} 0.5178 \\ 0.9224 \end{bmatrix}$

11.9 威尔逊法

威尔逊法假定系统的加速度在两个瞬时之间是线性变化的。特别地，考虑如图 11.9 所示的两个瞬时，假定从 $t_i = i\Delta t$ 到 $t_{i+\theta} = t_i + \theta\Delta t$ 这一时间间隔内($\theta \geqslant 1.0$)，加速度是线性变化的。因此该方法也称为威尔逊-θ 法。当 $\theta = 1.0$ 时，此法退化为线性加速度法[11.20]。

威尔逊法的稳定性分析表明当 $\theta \geqslant 1.37$ 时，该法是无条件稳定的。本节主要考虑威尔逊法用于多自由度系统的情况。

由于假定 $\ddot{x}(t)$ 在时间间隔 $[t_i, t_{i+\theta}]$ 内是线性变化的，因此可以预测 $t_i + \tau (0 \leqslant \tau \leqslant \theta\Delta t)$ 时刻 $\ddot{x}$ 的值为

$$\ddot{x}(t_i + \tau) = \ddot{\boldsymbol{x}}_i + \frac{\tau}{\theta\Delta t}(\ddot{\boldsymbol{x}}_{i+\theta} - \ddot{\boldsymbol{x}}_i) \tag{11.78}$$

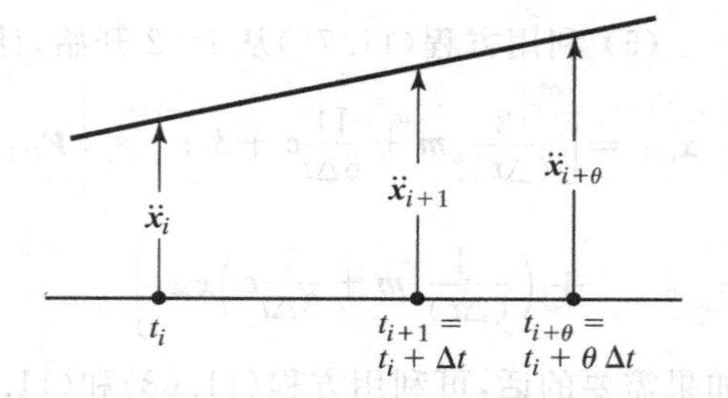

图 11.9 威尔逊法的线性加速度假设

对方程(11.78)积分，可以得

$$\dot{\boldsymbol{x}}(t_i+\tau)=\dot{\boldsymbol{x}}_i+\ddot{\boldsymbol{x}}_i\tau+\frac{\tau^2}{2\theta\Delta t}(\ddot{\boldsymbol{x}}_{i+\theta}-\ddot{\boldsymbol{x}}_i) \tag{11.79}$$

以及

$$\boldsymbol{x}(t_i+\tau)=\boldsymbol{x}_i+\dot{\boldsymbol{x}}_i\tau+\frac{1}{2}\ddot{\boldsymbol{x}}_i\tau^2+\frac{\tau^3}{6\theta\Delta t}(\ddot{\boldsymbol{x}}_{i+\theta}-\ddot{\boldsymbol{x}}_i) \tag{11.80}$$

把 $\tau=\theta\Delta t$ 代入方程(11.79)和(11.80)，得

$$\dot{\boldsymbol{x}}_{i+\theta}=\dot{\boldsymbol{x}}(t_i+\theta\Delta t)=\dot{\boldsymbol{x}}_i+\frac{\theta\Delta t}{2}(\ddot{\boldsymbol{x}}_{i+\theta}+\ddot{\boldsymbol{x}}_i) \tag{11.81}$$

$$\boldsymbol{x}_{i+\theta}=\boldsymbol{x}(t_i+\theta\Delta t)=\boldsymbol{x}_i+\theta\Delta t\,\dot{\boldsymbol{x}}_i+\frac{\theta^2(\Delta t)^2}{6}(\ddot{\boldsymbol{x}}_{i+\theta}+2\ddot{\boldsymbol{x}}_i) \tag{11.82}$$

求解方程(11.82)得

$$\ddot{\boldsymbol{x}}_{i+\theta}=\frac{6}{\theta^2(\Delta t)^2}(\boldsymbol{x}_{i+\theta}-\boldsymbol{x}_i)-\frac{6}{\theta\Delta t}\dot{\boldsymbol{x}}_i-2\ddot{\boldsymbol{x}}_i \tag{11.83}$$

把式(11.83)代入式(11.81)得

$$\dot{\boldsymbol{x}}_{i+\theta}=\frac{3}{\theta\Delta t}(\boldsymbol{x}_{i+\theta}-\boldsymbol{x}_i)-2\dot{\boldsymbol{x}}_i-\frac{\theta\Delta t}{2}\ddot{\boldsymbol{x}}_i \tag{11.84}$$

为求 $x_{i+\theta}$，考虑在 $t_{i+\theta}=t_i+\theta$ 时刻的平衡方程(11.18)，它可以写为

$$\boldsymbol{m}\ddot{\boldsymbol{x}}_{i+\theta}+\boldsymbol{c}\dot{\boldsymbol{x}}_{i+\theta}+\boldsymbol{k}\boldsymbol{x}_{i+\theta}=\underset{\sim}{\boldsymbol{F}}_{i+\theta} \tag{11.85}$$

其中力向量 $\underset{\sim}{\boldsymbol{F}}_{i+\theta}$ 也可以利用线性假设得到

$$\underset{\sim}{\boldsymbol{F}}_{i+\theta}=\boldsymbol{F}_i+\theta(\boldsymbol{F}_{i+1}-\boldsymbol{F}_i) \tag{11.86}$$

把 $\ddot{\boldsymbol{x}}_{i+\theta}$，$\dot{\boldsymbol{x}}_{i+\theta}$ 和 $\underset{\sim}{\boldsymbol{F}}_{i+\theta}$ 的表达式(11.83)，(11.84)和(11.86)代入到方程(11.85)得

$$\left[\frac{6}{\theta^2(\Delta t)^2}\boldsymbol{m}+\frac{3}{\theta\Delta t}\boldsymbol{c}+\boldsymbol{k}\right]\boldsymbol{x}_{i+1}=\boldsymbol{F}_i+\theta(\boldsymbol{F}_{i+1}-\boldsymbol{F}_i)+\left[\frac{6}{\theta^2(\Delta t)^2}\boldsymbol{m}+\frac{3}{\theta\Delta t}\boldsymbol{c}\right]\boldsymbol{x}_i+\left(\frac{6}{\theta\Delta t}\boldsymbol{m}+2\boldsymbol{c}\right)\dot{\boldsymbol{x}}_i+\left(2\boldsymbol{m}+\frac{\theta\Delta t}{2}\boldsymbol{c}\right)\ddot{\boldsymbol{x}}_i \tag{11.87}$$

此式可用来求 $\boldsymbol{x}_{i+1}$。

威尔逊法的求解过程可以叙述为如下步骤：

(1) 由已知的初始条件 $\boldsymbol{x}_0$ 和 $\dot{\boldsymbol{x}}$，利用方程(11.26)求 $\ddot{\boldsymbol{x}}$。

(2) 选择一个合适的时间步长 Δt 和一个合适的 θ 值(通常取 $\theta=1.4$)。

(3) 从 $i=0$ 开始计算有效荷载 $\underset{\approx}{\boldsymbol{F}}_{i+\theta}$

$$\underset{\approx}{\boldsymbol{F}}_{i+\theta}=\boldsymbol{F}_i+\theta(\boldsymbol{F}_{i+1}-\boldsymbol{F}_i)+\boldsymbol{m}\left(\frac{6}{\theta^2(\Delta t)^2}\boldsymbol{x}_i+\frac{6}{\theta\Delta t}\dot{\boldsymbol{x}}_i+2\ddot{\boldsymbol{x}}_i\right)+\boldsymbol{c}\left(\frac{3}{\theta\Delta t}\boldsymbol{x}_i+2\dot{\boldsymbol{x}}_i+\frac{\theta\Delta t}{2}\ddot{\boldsymbol{x}}_i\right) \tag{11.88}$$

(4) 计算 $t_{i+\theta}$时刻的位移

$$\boldsymbol{x}_{i+\theta} = \left[\frac{6}{\theta^2 (\Delta t)^2}\boldsymbol{m} + \frac{3}{\theta\Delta t}\boldsymbol{c} + \boldsymbol{k}\right]^{-1} \underset{\approx}{\boldsymbol{F}}_{i+\theta} \tag{11.89}$$

(5) 计算 t_{i+1}时刻的加速度向量、速度向量和位移向量

$$\ddot{\boldsymbol{x}}_{i+1} = \frac{6}{\theta^3 (\Delta t)^2}(\boldsymbol{x}_{i+\theta} - \boldsymbol{x}_i) - \frac{6}{\theta^2\Delta t}\dot{\boldsymbol{x}}_i + \left(1 - \frac{3}{\theta}\right)\ddot{\boldsymbol{x}}_i \tag{11.90}$$

$$\dot{\boldsymbol{x}}_{i+1} = \dot{\boldsymbol{x}}_i + \frac{\Delta t}{2}(\ddot{\boldsymbol{x}}_{i+1} + \ddot{\boldsymbol{x}}_i) \tag{11.91}$$

$$\boldsymbol{x}_{i+1} = \boldsymbol{x}_i + \Delta t\,\dot{\boldsymbol{x}}_i + \frac{(\Delta t)^2}{6}(\ddot{\boldsymbol{x}}_{i+1} + 2\,\ddot{\boldsymbol{x}}_i) \tag{11.92}$$

例 11.7　用威尔逊-θ 法求例 11.3 中系统的响应，取 $\theta=0.4$。

解：时间步长取为 $\Delta t=0.242\ 16$。

如例 11.3，$\ddot{\boldsymbol{x}}_0$ 的值为

$$\ddot{\boldsymbol{x}}_0 = \begin{bmatrix} 0 \\ 5 \end{bmatrix}$$

接下来，由方程(11.90)～(11.92)(时间步长为 $\Delta t=0.24216$)，可得列于表 11.6 中的结果。

表　11.6

时刻 $t_i=i\Delta t$	$\boldsymbol{x}_i=\boldsymbol{x}\ (t=t_i)$	时刻 $t_i=i\Delta t$	$\boldsymbol{x}_i=\boldsymbol{x}\ (t=t_i)$
t_1	$\begin{bmatrix} 0.0033 \\ 0.1392 \end{bmatrix}$	t_7	$\begin{bmatrix} 1.1035 \\ 2.6191 \end{bmatrix}$
t_2	$\begin{bmatrix} 0.0289 \\ 0.5201 \end{bmatrix}$	t_8	$\begin{bmatrix} 1.3158 \\ 2.5056 \end{bmatrix}$
t_3	$\begin{bmatrix} 0.1072 \\ 1.0579 \end{bmatrix}$	t_9	$\begin{bmatrix} 1.3688 \\ 2.1929 \end{bmatrix}$
t_4	$\begin{bmatrix} 0.2649 \\ 1.6408 \end{bmatrix}$	t_{10}	$\begin{bmatrix} 1.2183 \\ 1.7503 \end{bmatrix}$
t_5	$\begin{bmatrix} 0.5076 \\ 2.1529 \end{bmatrix}$	t_{11}	$\begin{bmatrix} 0.8710 \\ 1.2542 \end{bmatrix}$
t_6	$\begin{bmatrix} 0.8074 \\ 2.4981 \end{bmatrix}$	t_{12}	$\begin{bmatrix} 0.3897 \\ 0.8208 \end{bmatrix}$

11.10　纽马克法

纽马克积分法同样也是基于在两个瞬时之间加速度呈线性变化的假设。因而多自由度系统的速度向量和位移向量亦可分别写为方程(11.79)和(11.80)的形式[11.21]

$$\dot{\boldsymbol{x}}_{i+1} = \dot{\boldsymbol{x}}_i + [(1-\beta)\,\ddot{\boldsymbol{x}}_i + \beta\ddot{\boldsymbol{x}}_{i+1}]\Delta t \tag{11.93}$$

$$\boldsymbol{x}_{i+1}=\boldsymbol{x}_i+\Delta t\,\dot{\boldsymbol{x}}_i+\left[\left(\frac{1}{2}-\alpha\right)\ddot{\boldsymbol{x}}_i+\alpha\,\ddot{\boldsymbol{x}}_{i+1}\right](\Delta t)^2 \tag{11.94}$$

其中参数 α 和 β 分别表示在时间间隔 Δt 结束时的加速度有多少要进入到该间隔结束时刻的位移和速度方程。实际上 α 和 β 可按期望的精度和稳定性特点来选取[11.22]。当 $\beta=\frac{1}{2}$ 和 $\alpha=\frac{1}{6}$ 时，方程(11.93)和(11.94)对应线性加速度法（也可通过在威尔逊法中令 $\theta=1$ 得到）。当 $\beta=\frac{1}{2}$ 和 $\alpha=\frac{1}{4}$ 时，方程(11.93)和(11.94)对应着在区间 $[t_i,t_{i+1}]$ 内加速度为常量的情况。为求 $\ddot{\boldsymbol{x}}$ 的值，由 $t=t_i$ 时刻的平衡方程(11.18)得

$$\boldsymbol{m}\,\ddot{\boldsymbol{x}}_{i+1}+\boldsymbol{c}\,\dot{\boldsymbol{x}}_{i+1}+\boldsymbol{k}\boldsymbol{x}_{i+1}=\boldsymbol{F}_{i+1} \tag{11.95}$$

根据方程(11.94)，可用 $\boldsymbol{x}_{i+1}$ 表示 $\ddot{\boldsymbol{x}}_{i+1}$，将相应的结果代入到方程(11.93)，用 $\boldsymbol{x}_{i+1}$ 表示 $\dot{\boldsymbol{x}}_{i+1}$。把 $\dot{\boldsymbol{x}}_{i+1}$ 和 $\ddot{\boldsymbol{x}}_{i+1}$ 的表达式代入到方程(11.95)，得到求 $\boldsymbol{x}_{i+1}$ 的表达式

$$\begin{aligned}\boldsymbol{x}_{i+1}=&\left[\frac{1}{\alpha(\Delta t)^2}\boldsymbol{m}+\frac{\beta}{\alpha\Delta t}\boldsymbol{c}+\boldsymbol{k}\right]^{-1}\\&\times\left\{\boldsymbol{F}_{i+1}+\boldsymbol{m}\left[\frac{1}{\alpha(\Delta t)^2}\boldsymbol{x}_i+\frac{1}{\alpha\Delta t}\dot{\boldsymbol{x}}_i+\left(\frac{1}{2\alpha}-1\right)\ddot{\boldsymbol{x}}_i\right]\right.\\&\left.+\boldsymbol{c}\left[\frac{\beta}{\alpha\Delta t}\boldsymbol{x}_i+\left(\frac{\beta}{\alpha}-1\right)\dot{\boldsymbol{x}}_i+\left(\frac{\beta}{\alpha}-2\right)\frac{\Delta t}{2}\ddot{\boldsymbol{x}}_i\right]\right\}\end{aligned} \tag{11.96}$$

纽马克法可总结为如下步骤：

(1) 由已知的初始条件 $\boldsymbol{x}_0$ 和 $\dot{\boldsymbol{x}}_0$，利用方程(11.26)求 $\ddot{\boldsymbol{x}}_0$。

(2) 选择合适的 Δt，α 和 β 的值。

(3) 从 $i=0$ 开始，利用方程(11.96)计算位移向量 $\boldsymbol{x}_{i+1}$。

(4) 求在 t_{i+1} 时刻的加速度和速度向量

$$\ddot{\boldsymbol{x}}_{i+1}=\frac{1}{\alpha(\Delta t)^2}(\boldsymbol{x}_{i+1}-\boldsymbol{x}_i)-\frac{1}{\alpha\Delta t}\dot{\boldsymbol{x}}_i-\left(\frac{1}{2\alpha}-1\right)\ddot{\boldsymbol{x}}_i \tag{11.97}$$

$$\dot{\boldsymbol{x}}_{i+1}=\dot{\boldsymbol{x}}_i+(1-\beta)\Delta t\,\ddot{\boldsymbol{x}}_i+\beta\Delta t\,\ddot{\boldsymbol{x}}_{i+1} \tag{11.98}$$

在使用纽马克法时，必须注意，除非 $\beta=\frac{1}{2}$，否则将会引入一个正比于 $\beta-\frac{1}{2}$ 的附加阻尼，这一点非常重要。如果 $\beta=0$，则对应着负阻尼的情况，这将导致一个完全由于数值计算而引起的自激振动。类似地，如果 $\beta>\frac{1}{2}$，则对应着正阻尼的情况。这将会导致响应的幅值降低，即使所讨论的问题中没有真实的阻尼[11.21]。当 $\alpha\geqslant\frac{1}{4}\left(\beta+\frac{1}{2}\right)^2$，$\beta\geqslant\frac{1}{2}$ 时，这种方法是无条件稳定的。

例 11.8 用纽马克法求例 11.3 中所讨论系统的响应$\left(\text{取 }\alpha=\frac{1}{6},\beta=\frac{1}{2}\right)$。

解：时间步长取为 $\Delta t=0.24216$。

利用方程(11.26)可得

$$\ddot{\boldsymbol{x}}_0=\begin{bmatrix}0\\5\end{bmatrix}$$

当取 $\alpha=\frac{1}{6}$，$\beta=0.5$，$\Delta t=0.24216$ 时，方程(11.96)给出的 $\boldsymbol{x}_i=\boldsymbol{x}\ (t=t_i)$ 的值，列于表11.7中。

表 11.7

时刻 $t_i=i\Delta t$	$\boldsymbol{x}_i=\boldsymbol{x}\ (t=t_i)$	时刻 $t_i=i\Delta t$	$\boldsymbol{x}_i=\boldsymbol{x}\ (t=t_i)$
t_1	$\begin{bmatrix}0.0026\\0.1411\end{bmatrix}$	t_7	$\begin{bmatrix}1.1730\\2.6229\end{bmatrix}$
t_2	$\begin{bmatrix}0.0246\\0.5329\end{bmatrix}$	t_8	$\begin{bmatrix}1.3892\\2.4674\end{bmatrix}$
t_3	$\begin{bmatrix}0.1005\\1.0884\end{bmatrix}$	t_9	$\begin{bmatrix}1.4134\\2.1137\end{bmatrix}$
t_4	$\begin{bmatrix}0.2644\\1.6870\end{bmatrix}$	t_{10}	$\begin{bmatrix}1.1998\\1.6426\end{bmatrix}$
t_5	$\begin{bmatrix}0.5257\\2.2027\end{bmatrix}$	t_{11}	$\begin{bmatrix}0.7690\\1.1485\end{bmatrix}$
t_6	$\begin{bmatrix}0.8530\\2.5336\end{bmatrix}$	t_{12}	$\begin{bmatrix}0.2111\\0.7195\end{bmatrix}$

11.11 利用 MATLAB 求解的例子

例 11.9 利用 MATLAB 函数 ode23 求解例 11.1。

解：令 $x_1=x$，$x_2=\dot{x}$，例 11.1 中的式(E.1)可以写成如下一阶微分方程组的形式

$$\dot{x}_1=x_2 \tag{E.1}$$

$$\dot{x}_2=\frac{1}{m}\left[F_0\left(1-\sin\frac{\pi t}{2t_0}\right)-cx_2-kx_1\right] \tag{E.2}$$

初始条件为 $x_1(0)=0$，$x_2(0)=0$。利用 MATLAB 求解式(E.1)和(E.2)的程序如下。

```
%Ex11_9.m
tspan=[0:0.1:5*pi];
x0=[0;0];
[t,x]=ode23('dfunc11_9',tspan,x0);
```

```
plot(t,x(:,1));
xlabel('t');
ylabel('x(t)andxd(t)');
gtext('x(t)');
holdon;
plot(t,x(:,2),'--');
gtext('xd(t)')
%dfunc11_9.m
functionf=dfunc11_9(t,x)
m=1;
k=1;
c=0.2;
t0=pi;
F0=1;
f=zeros(2,1);
f(1)=x(2);
f(2)=(F0*(1-sin(pi*t/(2*t0)))-c*x(2)-k*x(1))/m;
```

该程序的运行结果如图 11.10 所示。

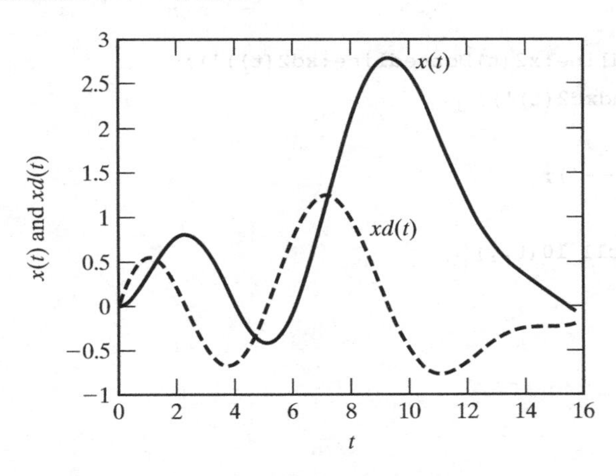

图 11.10　例 11.9 图

例 11.10　利用 MATLAB 函数 ode23 求解例 11.3。

解：令 $y_1=x_1,y_2=\dot{x}_1,y_3=x_2,y_4=\dot{x}_2$，例 11.3 所讨论系统的运动微分方程可以写成如下一阶微分方程组的形式

$$\dot{y}_1=y_2 \tag{E.1}$$

$$\dot{y}_2=\frac{1}{m_1}[F_1(t)-cy_2+cy_4-(k_1+k)y_1+ky_3]=-6y_1+y_3 \tag{E.2}$$

$$\dot{y}_3 = y_4 \tag{E.3}$$

$$\dot{y}_4 = \frac{1}{m_2}\left[F_2(t) + cy_2 - cy_4 + ky_1 - (k+k_2)y_3\right]$$

$$= \frac{1}{2}(10 + 2y_1 - 8y_3) = 5 + y_1 - 4y_3 \tag{E.4}$$

初始条件为 $y_i(0)=0, i=1,2,3,4$。利用 MATLAB 求解式(E.1)～(E.4)的程序如下。

```
%Ex11_10.m
tspan=[0:0.05:50];
y0=[0;0;0;0];
[t,y]=ode23('dfunc11_10',tspan,y0);
subplot(211);
plot(t,y(:,1));
xlabel('t(Solidline:x1(t)Dottedline:xd1(t))');
ylabel('x1(t)amdxd1(t)');
holdon;
plot(t,y(:,2),'--');
subplot(212);
plot(t,y(:,3));
xlabel('t(Solidline:x2(t)Dottedline:xd2(t))');
ylabel('x2(t)amdxd2(t)');
holdon;
plot(t,y(:,4),'--');
%dfunc11_10.m
functionf=dfunc11_10(t,y)
m1=1;
m2=2;
k1=4;
k2=6;
k=2;
c=0;
F1=0;
F2=10;
f=zeros(4,1);
f(1)=y(2);
f(2)=(F12c*y(2)+c*y(4)-(k1+k)*y(1)+k*y(3))/m1;
f(3)=y(4);
f(4)=(F2+c*y(2)-c*y(4)+k*y(1)-(k+k2)*y(3))/m2;
```

该程序的运行结果如图 11.11 所示。

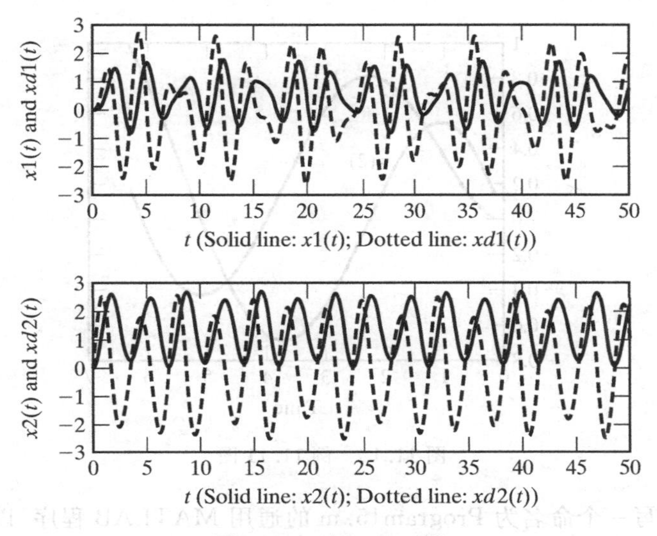

图 11.11　例 11.10 图

例 11.11　编写用 4 阶龙格-库塔法求解一阶微分方程组的通用 MATLAB 程序，命名为 Program14.m，并用此程序求解例 11.2。

解：运行程序 Program14.m 时需要输入以下数据

n——一阶微分方程的数目

xx——初始条件 $x_i(0)$，一个 n 维向量

dt——时间增量

此程序需要一个定义 $f_i(\boldsymbol{x},t)(i=1,2,\cdots,n)$ 的子程序。该程序运行后给出在不同时刻 t 的 $x_i(t)(i=1,2,\cdots,n)$ 的值。

```
I   Time(I)          x(1)              Ax(2)
1   1.570800e-001    1.186315e-002     1.479138e-001
2   3.141600e-001    4.540642e-002     2.755911e-001
3   4.712400e-001    9.725706e-002     3.806748e-001
4   6.283200e-001    1.637262e-001     4.615022e-001
5   7.854000e-001    2.409198e-001     5.171225e-001
⋮
36  5.654880e+000    -2.868460e-001    5.040887e-001
37  5.811960e+000    -1.969950e-001    6.388500e-001
38  5.969040e+000    -8.655813e-002    7.657373e-001
39  6.126120e+000    4.301693e-002     8.821039e-001
40  6.283200e+000    1.898865e-001     9.855658e-001
```

该程序的运行结果如图 11.12 所示。

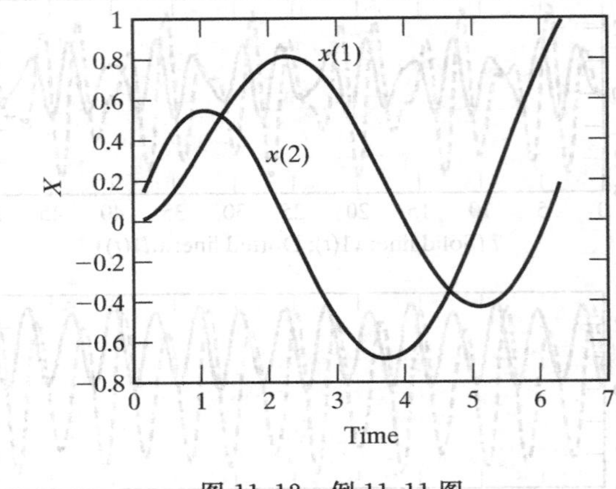

图 11.12 例 11.11 图

例 11.12 编写一个命名为 Program15.m 的通用 MATLAB 程序,以利用中心差分法求多自由度系统的动力学响应,并用此程序求解例 11.3。

解:运行程序 Program15.m 时需要输入以下数据

n——系统的自由度数

m——$n\times n$ 的质量矩阵

c——$n\times n$ 的阻尼矩阵

k——$n\times n$ 的刚度矩阵

xi——x_i 的初始值,一个 n 维向量

xdi——$\dot{x}_i$ 的初始值,一个 n 维向量

nstep(nstp)—求数值解对应的时间步长数目

delt——时间步长增量

该程序需要一个定义任意时刻 t 的力函数 $f_i(t)(i=1,2,\cdots,n)$ 的子程序。程序运行后给出的不同时间步长 i 对应的响应值 $x_j(i),\dot{x}_j(i),\ddot{x}_j(i)(j=1,2,\cdots,n)$ 如下。

```
Solution by central difference method
Given data:
n=2  nstp=24  delt=2.421627e*001
Solution:
step  time    x(i,1)        xd(i,1)       xdd(i,1)      x(i,2)        xd(i,2)       xdd(i,2)
  1   0.0000  0.0000e+000   0.0000e+000   0.0000e+000   0.0000e+000   0.0000e+000   5.0000e+000
  2   0.2422  0.0000e+000   0.0000e+000   0.0000e+000   1.4661e-001   0.0000e+000   5.0000e+000
  3   0.4843  1.7195e-002   3.5503e-002   2.9321e-001   5.5204e-001   1.1398e+000   4.4136e+000
  4   0.7265  9.3086e-002   1.9220e-001   1.0009e+000   1.1222e+000   2.0143e+000   2.8090e+000
  5   0.9687  2.6784e-001   5.1752e-001   1.6859e+000   1.7278e+000   2.4276e+000   6.0429e-001
```

⋮

```
21  4.8433  1.6034e+000  1.7764e+000   -4.0959e+000  2.2077e+000  1.6763e+000   -1.0350e+000
22  5.0854  1.6083e+000  6.5025e-001   -5.2053e+000  2.4526e+000  1.2813e+000   -2.2272e+000
23  5.3276  1.3349e+000  -5.5447e-001  -4.7444e+000  2.5098e+000  6.2384e-001   -3.2023e+000
24  5.5697  8.8618e-001  -1.4909e+000  -2.9897e+000  2.3498e+000  -2.1242e-001  -3.7043e+000
25  5.8119  4.0126e-001  -1.9277e+000  -6.1759e-001  1.9837e+000  -1.0863e+000  -3.5128e+000
```

该程序的运行结果如图 11.13 所示。

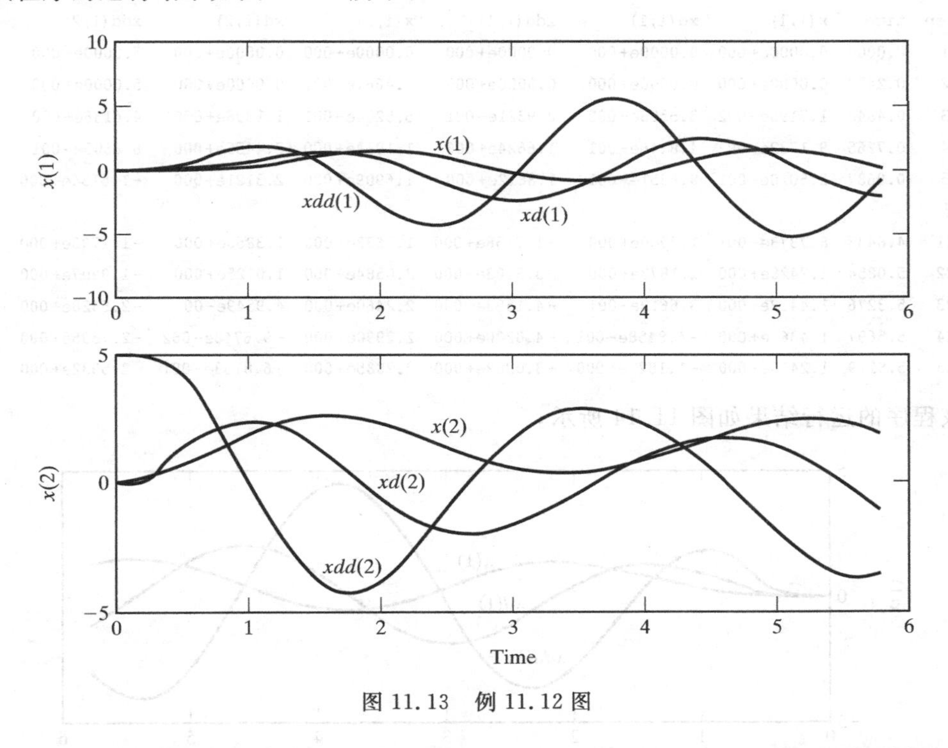

图 11.13　例 11.12 图

例 11.13　用侯伯特法编写一个命名为 Program16. m 的通用 MATLAB 程序以求多自由度系统的动力学响应，并用此程序求解例 11.6。

解：运行程序 Program15. m 时需要输入以下数据

n——系统的自由度数

m——$n\times n$ 的质量矩阵

c——$n\times n$ 的阻尼矩阵

k——$n\times n$ 的刚度矩阵

xi——x_i 的初始值，一个 n 维向量

xdi——$\dot{x}_i$ 的初始值，一个 n 维向量

nstep(nstp)——求数值解对应的时间步长数目

delt——时间步长增量

该程序需要一个定义任意时刻 t 的力函数 $f_i(t)(i=1,2,\cdots,n)$ 的子程序。运行该程序给出的在不同时间点 i 的响应值 $x_j(i),\dot{x}_j(i),\ddot{x}_j(i)(j=1,2,\cdots,n)$ 如下。

```
Solution by Houbolt method
Given data:
n=2  nstp=24  delt=2.421627e*001
Solution:
step  time    x(i,1)        xd(i,1)       xdd(i,1)      x(i,2)        xd(i,2)       xdd(i,2)
 1    0.0000  0.0000e+000   0.0000e+000   0.0000e+000   0.0000e+000   0.0000e+000   5.0000e+000
 2    0.2422  0.0000e+000   0.0000e+000   0.0000e+000   1.4661e-001   0.0000e+000   5.0000e+000
 3    0.4843  1.7195e-002   3.5503e-002   2.9321e-001   5.5204e-001   1.1398e+000   4.4136e+000
 4    0.7265  9.1732e-002   4.8146e-001   1.6624e+000   1.1064e+000   2.4455e+000   6.6609e-001
 5    0.9687  2.5010e-001   8.6351e-001   1.8812e+000   1.6909e+000   2.3121e+000   -1.5134e+000
 ⋮
 21   4.8433  8.7373e-001   1.7900e+000   -1.7158e+000  1.7633e+000   1.3850e+000   -1.1795e+000
 22   5.0854  1.2428e+000   1.1873e+000   -3.3403e+000  2.0584e+000   1.0125e+000   -1.9907e+000
 23   5.3276  1.4412e+000   3.6619e-001   -4.1553e+000  2.2460e+000   4.9549e-001   -2.5428e+000
 24   5.5697  1.4363e+000   -4.8458e-001  -4.0200e+000  2.2990e+000   -9.6748e-002  -2.7595e+000
 25   5.8119  1.2410e+000   -1.1822e+000  -3.0289e+000  2.2085e+000   -6.8133e-001  -2.5932e+000
```

该程序的运行结果如图 11.14 所示。

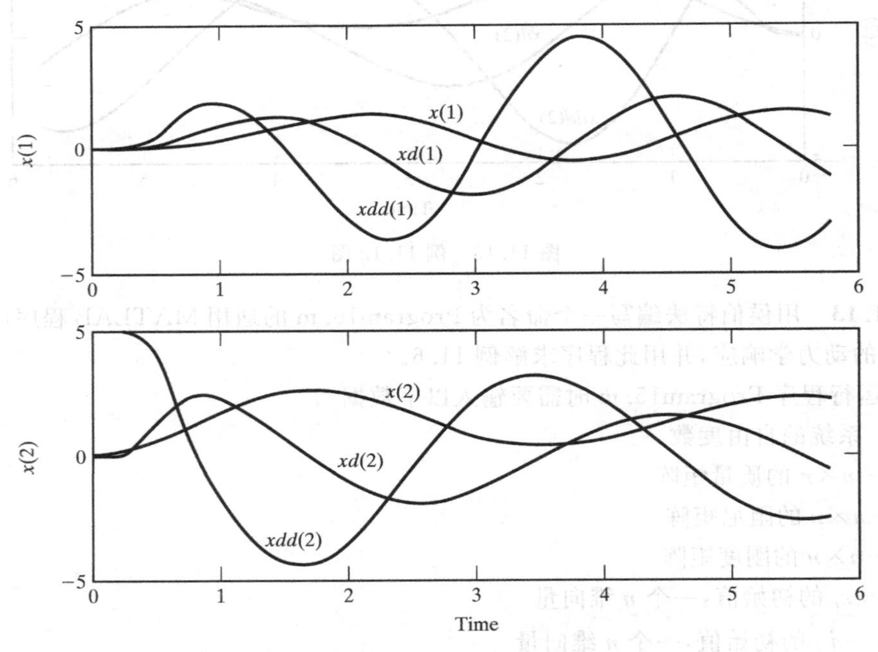

图 11.14　例 11.13 图

本章小结

当控制系统自由振动和受迫振动的运动微分方程不能得到封闭解时，就要用到数值计算方法。本章介绍了用于求解离散和连续系统运动微分方程解的有限差分法，概述了如何用 4 阶龙格-库塔法、侯伯特法、威尔逊法和纽马克法求多自由度系统振动问题的解，最后给出了用 MATLAB 求振动问题数值解的示例。

参考文献

11.1 G. L. Goudreau and R. L. Taylor, Evaluation of numerical integration methods in elastodynamics, *Computational Methods in Applied Mechanics and Engineering*, Vol. 2, 1973, pp. 69-97.

11.2 S. W. Key, Transient response by time integration: Review of implicit and explicit operations, in J. Donéa (ed.), *Advanced Structural Dynamics*, Applied Science Publishers, London, 1980.

11.3 R. E. Cornwell, R. R. Craig, Jr., and C. P. Johnson, On the application of the mode-acceleration method to structural engineering problems, *Earthquake Engineering and Structural Dynamics*, Vol. 11, 1983, pp. 679-688.

11.4 T. Wah and L. R. Calcote, *Structural Analysis by Finite Difference Calculus*, Van Nostrand Reinhold, New York, 1970.

11.5 R. Ali, Finite difference methods in vibration analysis, *Shock and Vibration Digest*, Vol. 15, March 1983, pp. 3-7.

11.6 P. C. M. Lau, Finite difference approximation for ordinary derivatives, *International Journal for Numerical Methods in Engineering*, Vol. 17, 1981, pp. 663-678.

11.7 R. D. Krieg, Unconditional stability in numerical time integration methods, *Journal of Applied Mechanics*, Vol. 40, 1973, pp. 417-421.

11.8 S. Levy and W. D. Kroll, Errors introduced by finite space and time increments in dynamic response computation, *Proceedings, First U. S. National Congress of Applied Mechanics*, 1951, pp. 1-8.

11.9 A. F. D Souza and V. K. Garg, *Advanced Dynamics. Modeling and Analysis*, Prentice Hall, Englewood Cliffs, NJ, 1984.

11.10 A Ralston and H. S. Wilf (eds.), *Mathematical Methods for Digital Computers*, Wiley, New York, 1960.

11.11 S. Nakamura, *Computational Methods in Engineering and Science*, Wiley, New York, 1977.

11.12 T. Belytschko, Explicit time integration of structure-mechanical systems, in J. Donéa (ed.), *Advanced Structural Dynamics*, Applied Science Publishers, London, 1980, pp. 97-122.

11.13 S. Levy and J. P. D. Wilkinson, *The Component Element Method in Dynamics with Application to Earthquake and Vehicle Engineering*, McGraw-Hill, New York, 1976.

11.14 J. W. Leech, P. T. Hsu, and E. W. Mack, Stability of a finite-difference method for solving matrix equations, *AIAA Journal*, Vol. 3, 1965, pp. 2172-2173.

11.15 S. D. Conte and C. W. DeBoor, *Elementary Numerical Analysis: An Algorithmic Approach* (2nd ed.), McGraw-Hill, New York, 1972.

11.16 C. F. Gerald and P. O. Wheatley, *Applied Numerical Analysis* (3rd ed.), Addison-Wesley, Reading, MA, 1984.

11.17 L. V. Atkinson and P. J. Harley, *Introduction to Numerical Methods with PASCAL*, Addison-Wesley, Reading, MA, 1984.

11.18 J. C. Houbolt, A recurrence matrix solution for the dynamic response of elastic aircraft, *Journal of Aeronautical Sciences*, Vol. 17, 1950, pp. 540-550, 594.

11.19 E. L. Wilson, I. Farhoomand, and K. J. Bathe, Nonlinear dynamic analysis of complex structures, *International Journal of Earthquake Engineering and Structural Dynamics*, Vol. 1, 1973, pp. 241-252.

11.20 S. P. Timoshenko, D. H. Young, and W. Weaver, Jr., *Vibration Problems in Engineering* (4th ed.), Wiley, New York, 1974.

11.21 N. M. Newmark, A method of computation for structural dynamics, *ASCE Journal of Engineering Mechanics Division*, Vol. 85, 1959, pp. 67-94.

11.22 T. J. R. Hughes, A note on the stability of Newmark s algorithm in nonlinear structural dynamics, *International Journal for Numerical Methods in Engineering*, Vol. 11, 1976, pp. 383-386.

思 考 题

11.1 简答题

1. 叙述有限差分法的求解过程。
2. 用泰勒级数展开，推导一阶导数和二阶导数的中心差分公式。
3. 什么样的方法是有条件稳定的？
4. 中心差分法和龙格-库塔法的主要区别是什么？
5. 为什么在有限差分法中必须引入假想网格点？
6. 三对角阵是如何定义的。
7. 威尔逊法的基本假设是什么？
8. 什么是线性加速度法？
9. 显式和隐式积分法的区别是什么？
10. 是否可以利用本章所讨论的数值积分法来解决非线性振动问题？

11.2 判断题

1. 有限差分法中的网格点要求是等间隔的。 (　　)
2. 龙格-库塔法是稳定的。 (　　)

3. 龙格-库塔法是自启动的。 (　　)

4. 有限差分法是一种隐式积分法。 (　　)

5. 纽马克法是一种隐式积分法。 (　　)

6. 对于一个网格点编号为 $-1,1,2,3,\cdots$,的梁,边界条件 $\left.\frac{\mathrm{d}W}{\mathrm{d}x}\right|_1=0$ 用中心差分近似后的等价条件为 $W_{-1}=W_2$。 (　　)

7. 对于一个网格点编号为 $-1,1,2,3,\cdots$,的梁,网格点 1 处的简支边界条件用中心差分近似后的形式为 $W_{-1}=W_2$。 (　　)

8. 对于一个网格点编号为 $-1,1,2,3,\cdots$,的梁,边界条件 $\left.\frac{\mathrm{d}^2W}{\mathrm{d}x^2}\right|_1=0$ 用中心差分近似后的形式为 $W_2-2W_1+W_{-1}=0$。 (　　)

11.3 填空题

1. 当不能求出一个运动微分方程________形式的解时,需要使用数值计算方法。
2. 在有限差分法中,是用有限差分来近似________。
3. 可以利用________种不同的方法推导有限差分方程。
4. 在有限差分法中,解域用________点所取代。
5. 有限差分近似是基于________级数展开得到的。
6. 要求使用的时间步长(Δt)小于一个临界时间步长(Δt_{cri})时,该数值计算方法称为是________稳定的。
7. 在一个条件稳定方法中,$\Delta t>\Delta t_{\text{cri}}$ 会使得该方法________。
8. ________公式允许利用已知的 x_{i-1} 计算 x_i。

11.4 选择题

1. 在 t_i 时刻,$\mathrm{d}x/\mathrm{d}t$ 的中心差分近似为________。

(a) $\frac{1}{2h}(x_{i+1}-x_i)$　　(b) $\frac{1}{2h}(x_i-x_{i-1})$　　(c) $\frac{1}{2h}(x_{i+1}-x_{i-1})$

2. 在 t_i 时刻,$\mathrm{d}^2x/\mathrm{d}t^2$ 的中心差分近似为________。

(a) $\frac{1}{h^2}(x_{i+1}-2x_i+x_{i-1})$　　(b) $\frac{1}{h^2}(x_{i+1}-x_{i-1})$　　(c) $\frac{1}{h^2}(x_i-x_{i-1})$

3. 基于 t_i 时刻的平衡方程计算 x_{i+1} 的积分方法,被称为________。

(a) 显式法　　(b) 隐式法　　(c) 常规法

4. 在一个非自启动的方法中,需要利用 $\dot{x}_i$ 和 $\ddot{x}_i$ 的有限差分近似得到________。

(a) $\dot{x}_{-1}$　　(b) $\ddot{x}_{-1}$　　(c) x_{-1}

5. 龙格-库塔法用来求________的近似解。

(a) 代数方程　　(b) 微分方程　　(c) 矩阵方程

6. 在 x_i 处，$\mathrm{d}^2U/\mathrm{d}x^2+\alpha^2U=0$ 的有限差分近似为________

(a) $U_{i+1}-(2-h^2\alpha^2)U_i+U_{i-1}=0$

(b) $U_{i+1}-2U_i+U_{i+1}=0$

(c) $U_{i+1}-(2-\alpha^2)U_i+U_{i-1}=0$

7. 在有限差分法中需要对________利用有限差分近似。

(a) 仅仅控制微分方程

(b) 仅边界条件

(c) 边界条件以及控制微分方程

8. 作纵向振动的杆，如果在网格点 1 处是固定的，那么向前差分公式给出________。

(a) $U_1=0$　　(b) $U_1=U_2$　　(c) $U_1=U_{-1}$

9. 作纵向振动的杆，如果在网格点 1 处是自由的，那么向前差分公式给出________。

(a) $U_1=0$　　(b) $U_1=U_2$　　(c) $U_1=U_{-1}$

10. 在网格点 i 处（步长为 h），$\mathrm{d}^4W/\mathrm{d}x^4-\beta^4W=0$ 的中心差分近似为________。

(a) $W_{i+2}-4W_{i+1}+(6-h^4\beta^4)W_i-4W_{i-1}+W_{i-2}=0$

(b) $W_{i+2}-6W_{i+1}+(6-h^4\beta^4)W_i-6W_{i-1}+W_{i-2}=0$

(c) $W_{i+3}-4W_{i+1}+(6-h^4\beta^4)W_i-4W_{i-1}+W_{i-3}=0$

11.5 连线题

1. 侯伯特法	(a) 假定在 $[t_i,t_i+\theta\Delta t]$ $(\theta\geqslant1)$ 内，加速度是线性变化的
2. 威尔逊法	(b) 假定在 $[t_i,t_{i+1}]$ 内加速度呈线性变化，可导致负阻尼
3. 纽马克法	(c) 基于等效一阶微分方程组的解
4. 龙格-库塔法	(d) 当 $\theta=1$ 时，与 Wilson 法相同
5. 有限差分法	(e) 利用由 $x_{i-2},x_{i-1},x_i,x_{i+1}$ 表示的 $\dot{x}_{i+1},\ddot{x}_{i+1}$ 的有限差分表达式
6. 线性加速度法	(f) 条件稳定的

习　题

§11.2 有限差分法

11.1 向前差分公式要用到函数在当前网格点之右侧那一点即 $i+1$ 处的值，因此在点 $i(t=t_i)$ 处一阶导数的近似为

$$\frac{\mathrm{d}x}{\mathrm{d}t}=\frac{x(t+\Delta t)-x(t)}{\Delta t}=\frac{x_{i+1}-x_i}{\Delta t}$$

推导 $t=t_i$ 时 $\mathrm{d}^2x/\mathrm{d}t^2$，$\mathrm{d}^3x/\mathrm{d}t^3$，$\mathrm{d}^4x/\mathrm{d}t^4$ 的向前差分公式。

11.2 向后差分公式要用到函数在当前网格点左侧那一点即 $i-1$ 处的值，因此，在点 $i(t=t_i)$ 处一阶导数的近似为

$$\frac{\mathrm{d}x}{\mathrm{d}t}=\frac{x(t)-x(t-\Delta t)}{\Delta t}=\frac{x_i-x_{i-1}}{\Delta t}$$

推导 $t=t_i$ 时 $\mathrm{d}^2x/\mathrm{d}t^2$，$\mathrm{d}^3x/\mathrm{d}t^3$，$\mathrm{d}^4x/\mathrm{d}t^4$ 的向后差分公式。

11.3 根据中心差分法推导 4 阶导数 $\mathrm{d}^4x/\mathrm{d}t^4$ 的表达式。

§11.3 用中心差分法求单自由度系统的响应

11.4 用中心差分法求无阻尼单自由度系统的自由振动响应，取 $m=1,k=1$。假设 $x_0=0$，$\dot{x}_0=1$，并将 $\Delta t=1$ 和 $\Delta t=0.5$ 时的结果与准确解 $x(t)=\sin t$ 进行比较。

11.5 利用向后差分公式，对下面的微分方程进行数值积分

$$-\frac{\mathrm{d}^2x}{\mathrm{d}t^2}+0.1x=0\quad(0\leqslant t\leqslant 10)$$

取 $\Delta t=1$，并假设初始条件为 $x_0=1,\dot{x}_0=0$。

11.6 用中心差分法求黏性阻尼单自由度系统的自由振动响应，其中 $m=1,k=1,c=1$，并假设 $x_0=0,\dot{x}_0=1,\Delta t=0.5$。

11.7 假设 $c=2$，求解习题 11.6。

11.8 假设 $c=4$，求解习题 11.6。

11.9 求方程 $4\ddot{x}+2\dot{x}+3000x=F(t)$ 的解，其中 $F(t)$ 如图 11.15 所示，计算时间为 $0\leqslant t\leqslant 1$。假设 $x_0=\dot{x}_0=0,\Delta t=0.05$。

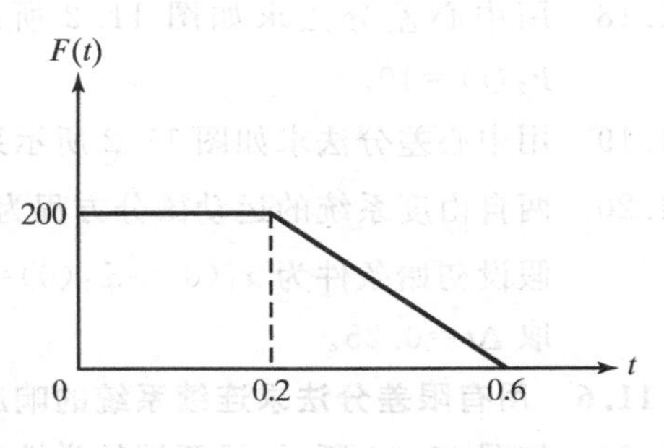

图 11.15 习题 11.9 图

11.10 弹簧-质量-阻尼器系统的运动微分方程为 $m\ddot{x}+c\dot{x}+kx=F(t)=\delta F\cdot t$，其中 $m=c=k=1,\delta F=1$。假设 x 和 $\dot{x}$ 的初始值都为 0，并且 $\Delta t=0.5$，求其解。并对中心差分解与例 4.9 所给出的准确解进行比较。

§11.4 用龙格-库塔法求单自由度系统的响应

11.11 把下面的 n 阶微分方程表示为 n 个一阶微分方程的形式

$$a_n\frac{\mathrm{d}^nx}{\mathrm{d}t^n}+a_{n-1}\frac{\mathrm{d}^{n-1}x}{\mathrm{d}t^{n-1}}+\cdots+a_1\frac{\mathrm{d}x}{\mathrm{d}t}=g(x,t)$$

11.12 用 4 阶龙格-库塔法求下面方程的解，取 $\Delta t=0.1$

(a) $\dot{x}=x-1.5\mathrm{e}^{-0.5t}$；$x_0=1$；(b) $\dot{x}=-tx^2$；$x_0=1$。

11.13 2 阶龙格-库塔公式的形式为

$$\boldsymbol{X}_{i+1}=\boldsymbol{X}_i+\frac{1}{2}(\boldsymbol{K}_1+\boldsymbol{K}_2)$$

其中

$$\boldsymbol{K}_1 = h\boldsymbol{F}(\boldsymbol{X}_i, t_i),\quad \boldsymbol{K}_2 = h\boldsymbol{F}(\boldsymbol{X}_i + \boldsymbol{K}_1, t_i + h)$$

用此公式求解例 11.2 中的问题。

11.14 3 阶龙格-库塔公式的形式为

$$\boldsymbol{X}_{i+1} = \boldsymbol{X}_i + \frac{1}{6}(\boldsymbol{K}_1 + 4\boldsymbol{K}_2 + \boldsymbol{K}_3)$$

其中

$$\boldsymbol{K}_1 = h\boldsymbol{F}(\boldsymbol{X}_i, t_i)$$

$$\boldsymbol{K}_2 = h\boldsymbol{F}\left(\boldsymbol{X}_i + \frac{1}{2}\boldsymbol{K}_1, t_i + \frac{h}{2}\right)$$

$$\boldsymbol{K}_3 = h\boldsymbol{F}(\boldsymbol{X}_i - \boldsymbol{K}_1 + 2\boldsymbol{K}_2, t_i + h)$$

用此公式求解例 11.2 中的问题。

11.15 用 2 阶龙格-库塔公式,求解微分方程 $\ddot{x} + 1000x = 0$。初始条件为 $x_0 = 5, \dot{x}_0 = 0$,步长为 $\Delta t = 0.01$。

11.16 用 3 阶龙格-库塔公式,求解习题 11.15。

11.17 用 4 阶龙格-库塔公式,求解习题 11.15。

§11.5 用中心差分法求多自由度系统的响应

11.18 用中心差分法求如图 11.2 所示两自由度系统的响应,其中,$c = 2, F_1(t) = 0, F_2(t) = 10$。

11.19 用中心差分法求如图 11.2 所示系统的响应,其中 $F_1(t) = 10\sin 5t, F_2(t) = 0$。

11.20 两自由度系统的运动微分方程为 $2\ddot{x}_1 + 6x_1 - 2x_2 = 5$ 和 $\ddot{x}_2 - 2x_1 + 4x_2 = 20\sin 5t$。假设初始条件为 $x_1(0) = \dot{x}_1(0) = x_2(0) = \dot{x}_2(0) = 0$,用中心差分法求系统的响应,取 $\Delta t = 0.25$。

§11.6 用有限差分法求连续系统的响应

11.21 如图 11.16 所示,梁两端的弹性约束分别由线性的螺旋弹簧和扭簧提供,用有限差分法表示这些边界条件。

11.22 用 4 阶龙格-库塔法求解习题 11.20。

11.23 在 $0 < x < l$ 范围内采用 3 个网格点,求两端固定杆作纵向振动的固有频率。

11.24 均质杆的一端固定一端自由,采用 n 个网格点,推导其纵向受迫振动的有限差分方程。并求当 $n = 4$ 时,杆的固有频率。

11.25 均质轴的两端固定,采用 n 个网格点,推导其作受迫扭转振动的有限差分公式。

11.26 求两端固定梁的前 3 阶固有频率。

11.27 悬臂梁的自由端受到横向力 $f(x,t) = f_0\cos\omega t$ 的作用,推导其受迫振动分析的有限差分公式。

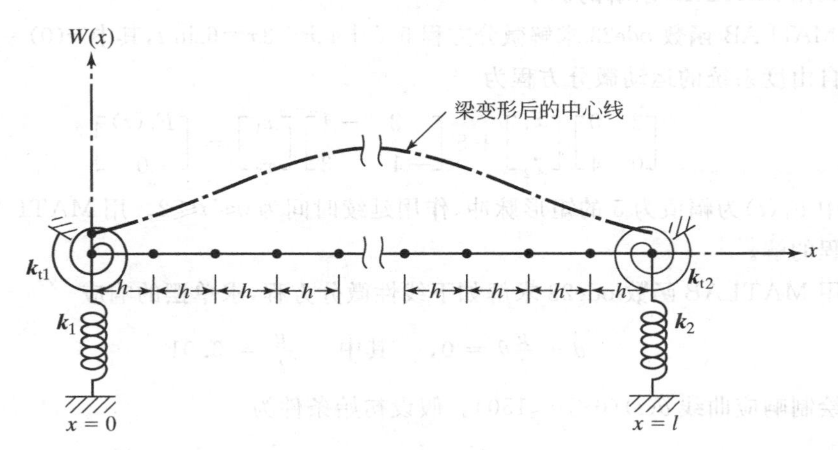

图 11.16　习题 11.21 图

11.28　假设矩形薄膜的所有边界都是固定的，x 和 y 方向分别采用 m 和 n 个网格点，用中心差分法推导其受迫振动分析的有限差分公式。

§ 11.7　用龙格-库塔法求多自由度系统的响应，§ 11.11　利用 MATLAB 求解的例子

11.29　用 Program14.m (4 阶龙格-库塔法)求解习题 11.18，取 $c=1$。

11.30　用 Program14.m (4 阶龙格-库塔法)求解习题 11.19。

11.31　用 Program15.m (中心差分法法)求解习题 11.20。

§ 11.8　侯伯特法，§ 11.11　利用 MATLAB 求解的例子

11.32　用 Program15.m (中心差分法)求解习题 11.18，取 $c=1$。

11.33　用 Program16.m (侯伯特法)求解习题 11.19。

11.34　用 Program16.m (侯伯特法)求解习题 11.20。

§ 11.9　威尔逊法

11.35　用威尔逊法求解习题 11.18，取 $\theta=1.4$。

11.36　用威尔逊法求解习题 11.19，取 $\theta=1.4$。

11.37　用威尔逊法求解习题 11.20，取 $\theta=1.4$。

§ 11.10　纽马克法

11.38　用纽马克法求解习题 11.18，取 $\alpha=\frac{1}{6}$，$\beta=\frac{1}{2}$。

11.39　用纽马克法求解习题 11.19，取 $\alpha=\frac{1}{6}$，$\beta=\frac{1}{2}$。

11.40　用纽马克法求解习题 11.20，取 $\alpha=\frac{1}{6}$，$\beta=\frac{1}{2}$。

§11.11 利用MATLAB求解的例子

11.41 用MATLAB函数ode23求解微分方程 $5\ddot{x}+4\dot{x}+3x=6\sin t$，其中 $x(0)=\dot{x}(0)=0$。

11.42 两自由度系统的运动微分方程为

$$\begin{bmatrix}2 & 0\\0 & 4\end{bmatrix}\begin{bmatrix}\ddot{x}_1\\\ddot{x}_2\end{bmatrix}+5\begin{bmatrix}2 & -1\\-1 & 3\end{bmatrix}\begin{bmatrix}x_1\\x_2\end{bmatrix}=\begin{bmatrix}F_1(t)\\0\end{bmatrix}$$

其中 $F_1(t)$ 为幅值为5的矩形脉冲，作用延续时间为 $0\leqslant t\leqslant 2$。用MATLAB求微分方程的解。

11.43 利用MATLAB函数ode23求解如下线性微分方程，求单摆的响应

$$\dot{\theta}+\frac{g}{l}\theta=0,\quad 其中\quad \frac{g}{l}=0.01$$

并绘制响应曲线 $\theta(t)(0\leqslant t\leqslant 150)$。假设初始条件为

$$\theta(t=0)=\theta_0=1\ \text{rad},\quad \dot{\theta}(t=0)=\dot{\theta}_0=1.5\ \text{rad/s}$$

11.44 利用MATLAB函数ode23求解如下准确形式的微分方程，求单摆的响应

$$\dot{\theta}+\frac{g}{l}\sin\theta=0,\quad 其中\quad \frac{g}{l}=0.01$$

并绘制响应曲线 $\theta(t)(0\leqslant t\leqslant 150)$。假设初始条件为 $\theta(t=0)=\theta_0=1$ rad，$\dot{\theta}(t=0)=\dot{\theta}_0=1.5$ rad/s。

11.45 利用MATLAB函数ode23求解如下非线性形式的微分方程，求单摆的响应

$$\dot{\theta}+\frac{g}{l}\left(\theta-\frac{\theta^3}{6}\right)=0,\quad 其中\quad \frac{g}{l}=0.01$$

并绘制响应曲线 $\theta(t)(0\leqslant t\leqslant 150)$。假设初始条件为 $\theta(t=0)=\theta_0=1$ rad，$\dot{\theta}(t=0)=\dot{\theta}_0=1.5$ rad/s。

11.46 编写一个实现威尔逊法的子程序（WILSON），并用该程序求例11.7的解。

11.47 编写一个实现纽马克法的子程序（NUWMARK），并用该程序求例11.8的解。

斯塔达拉(Aurel Boreslav Stodola,1859—1942),瑞士工程师,1892年在苏黎世加入瑞士联邦理工学院,任热工机械教授。他的研究领域包括机械设计、自动控制、热动力学、转子动力学和汽轮机学。他在1903年出版了其最著名的书籍之一 *Die Dampfturbin*。该书不仅讨论了汽轮机设计中的热力学问题,还涉及流体流动,振动,板、壳和旋转盘的应力分析、热应力、孔和圆角处的应力集中,被译成了多种语言。他提出的计算梁的固有频率的近似方法称为Stodola法。

(蒙 *Applied Mechanics Reviews* 授权使用。)

第12章 有限单元法

导读

有限单元法是一种可用于求解许多复杂振动问题准确解(但本身又是近似解)的数值方法。本章推导了在对基本的一维单元例如作轴向运动的杆、作扭转运动的轴以及作弯曲运动的梁进行有限元分析时,都要用到的质量矩阵、刚度矩阵以及载荷向量。分析包括一维单元的二维和三维结构(如桁架和框架结构)时,单元矩阵需要转换到相关的高维空间。解释了在构造复杂系统的有限元运动方程时,单元矩阵和单元向量的转换细节,以及如何使用随后得到的矩阵和向量。还讨论了如何把边界条件引入到组集系统矩阵和方程中。给出了说明如何用有限元法确定杆和梁振动的固有频率以及进行简单的二维桁架应力分析的实例。用例子概要地说明了在振动问题的有限元分析中一致质量矩阵和集中质量矩阵的使用。最后,给出了求解在特定轴向载荷作用下阶梯形杆的节点位移和振动的固有频率以及阶梯形梁特征值分析的MATLAB程序。

学习目标

学完本章后,读者应能达到以下几点:

- 确定用于求解不同类型振动问题的刚度矩阵和质量矩阵。
- 把单元矩阵从局部坐标系下变换到整体坐标系下。
- 集成单元矩阵,引入边界条件。
- 对杆、轴、梁单元问题进行静力学分析。

- 对杆、轴、梁单元问题进行动力学分析，求出固有频率和主振型。
- 在有限元振动分析中使用一致质量矩阵和集中质量矩阵。
- 利用 MATLAB 求解基于有限元分析的振动问题。

12.1 引言

有限单元法是用来求复杂机械和结构振动问题准确解的一种数值计算方法（见文献[12.1,12.2]）。在这种方法中，实际的结构被离散化为许多个单元，并把每个单元都看成是一个连续的结构件，称为有限单元。单元与单元之间通过节点（或节点）相互连接。因为在许多情况下都很难求解原始结构在工作载荷作用下的精确解（比如位移），所以在每个单元里面假定有一个近似解。其基本思想是如果单元选取合适的话，随着单元尺寸的不断减小，将会收敛到整个结构的精确解。在求解过程中，应满足节点处力的平衡以及单元之间位移的连续性，以便整个结构（单元集成）的行为就如同一个整体一样。

本章给出了对简单振动问题进行有限元分析的基本过程。推导了杆单元、扭转单元和梁单元的刚度矩阵、质量矩阵和载荷向量。推导了单元矩阵和单元载荷向量从局部坐标系到整体坐标系的变换关系。讨论了整个有限单元系统的运动方程以及边界条件的引入。用一个数值示例说明了一致质量矩阵和集中质量矩阵的概念。最后给出了阶梯形梁特征值分析过程的计算机程序。虽然本章仅介绍一维单元，但所使用的方法也可以应用于包含二维单元和三维单元的复杂问题。

12.2 单元的运动方程

作为一个例子，龙门铣床（图 12.1(a)）的有限元模型如图 12.1(b)所示。在这个模型中，立柱和横梁采用了三角形板单元，横向滑板和刀架采用了梁单元[12.3]。假定单元仅在节点处相互连接。单元内部各点的位移可以用单元的节点位移来表示。在图 12.1(b)中，假定单元 e 的横向位移为 $w(x,y,t)$。节点 1、2、3 处 w，$(\partial w)/(\partial x)$，$(\partial w)/(\partial y)$——即 $w(x_1,y_1,t)$，$(\partial w)/(\partial x)(x_1,y_1,t)$，$(\partial w)/(\partial y)(x_1,y_1,t)$，…，$(\partial w)/(\partial y)(x_3,y_3,t)$——是未知的，可以表示为 $w_1(t)$，$w_2(t)$，$w_3(t)$，…，$w_9(t)$。根据未知的节点位移 $w_i(t)$，$w(x,y,t)$ 可以表示为

$$w(x,y,t)=\sum_{i=1}^{n}N_i(x,y)w_i(t) \tag{12.1}$$

其中 $N_i(x,y)$ 称为对应于节点位移 $w_i(t)$ 的形状函数，n 代表未知节点位移的数量（图 12.1(b)中 $n=9$）。如果有分布载荷 $f(x,y,t)$ 作用于该单元，那么可以将其转化为等效的节点载荷 $f_i(t)$ $(i=1,2,\cdots,9)$。如果有集中力作用于某些节点，那么也可以将它们附加到合适的节点载荷 $f_i(t)$ 上。现在来推导运动方程以确定对应于指定节点载荷 $f_i(t)$ 的节点位移

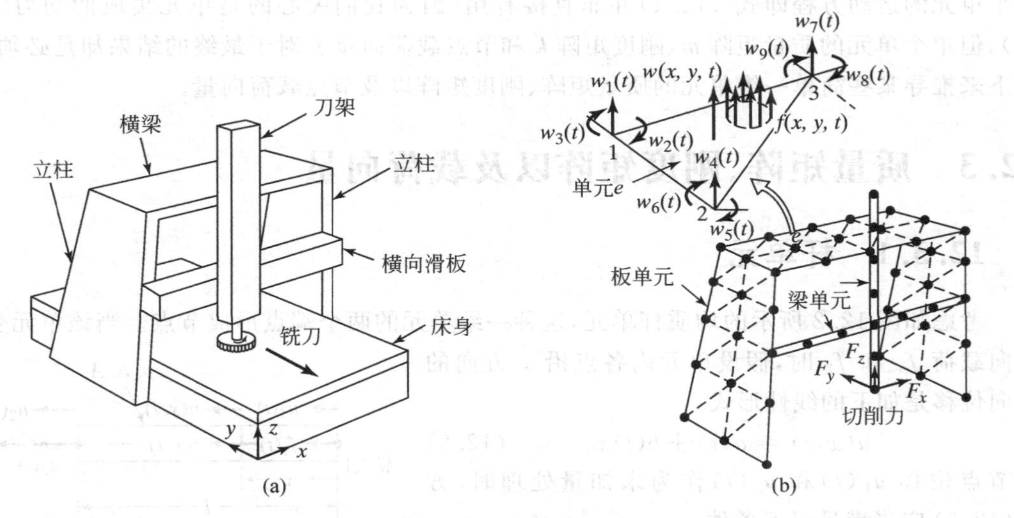

图 12.1 有限元建模

(a) 龙门铣床结构示意图；(b) 有限元模型

$w_i(t)$。利用方程(12.1)，单元的动能 T 和应变能 V 可以表示为

$$T = \frac{1}{2}\dot{\boldsymbol{W}}^{\mathrm{T}}\boldsymbol{m}\dot{\boldsymbol{W}} \tag{12.2}$$

$$V = \frac{1}{2}\boldsymbol{W}^{\mathrm{T}}\boldsymbol{k}\boldsymbol{W} \tag{12.3}$$

其中

$$\boldsymbol{W} = \begin{bmatrix} w_1(t) \\ w_2(t) \\ \vdots \\ w_n(t) \end{bmatrix}, \quad \dot{\boldsymbol{W}} = \begin{bmatrix} \dot{w}_1(t) \\ \dot{w}_2(t) \\ \vdots \\ \dot{w}_n(t) \end{bmatrix} = \begin{bmatrix} \mathrm{d}w_1/\mathrm{d}t \\ \mathrm{d}w_2/\mathrm{d}t \\ \vdots \\ \mathrm{d}w_n/\mathrm{d}t \end{bmatrix}$$

上角标 T 表示矩阵的转置，$\boldsymbol{m}$ 和 $\boldsymbol{k}$ 分别为单元的质量矩阵和刚度矩阵。把式(12.2)和式(12.3)代入拉格朗日方程(6.44)，则有限单元的运动方程为

$$\boldsymbol{m}\dot{\boldsymbol{W}} + \boldsymbol{k}\boldsymbol{W} = \boldsymbol{f} \tag{12.4}$$

其中 $\boldsymbol{f}$ 是节点载荷向量，$\ddot{\boldsymbol{W}}$ 为节点加速度向量，由下式给出：

$$\dot{\boldsymbol{W}} = \begin{bmatrix} \ddot{w}_1 \\ \ddot{w}_2 \\ \vdots \\ \ddot{w}_n \end{bmatrix} = \begin{bmatrix} \mathrm{d}^2 w_1/\mathrm{d}t^2 \\ \mathrm{d}^2 w_2/\mathrm{d}t^2 \\ \vdots \\ \mathrm{d}^2 w_n/\mathrm{d}t^2 \end{bmatrix}$$

注意在不同的情况下，有限单元的形状函数以及未知的节点位移数量可能会不一样。虽然一个单元的运动方程即式 (12.4)并非直接有用(因为我们关心的是单元集成的动力学响应),但单个单元的质量矩阵 $\boldsymbol{m}$,刚度矩阵 $\boldsymbol{k}$ 和节点载荷向量 $\boldsymbol{f}$ 对于最终的结果却是必须的。接下来推导某些简单一维单元的质量矩阵、刚度矩阵以及节点载荷向量。

12.3　质量矩阵、刚度矩阵以及载荷向量

12.3.1　杆单元

考虑如图 12.2 所示的均质杆单元,这种一维单元的两个端点形成节点。当该单元受到轴向载荷 f_1 和 f_2 时,假设单元内各点沿 x 方向的轴向位移是如下的线性形式:

$$u(x,t) = a(t) + b(t)x \tag{12.5}$$

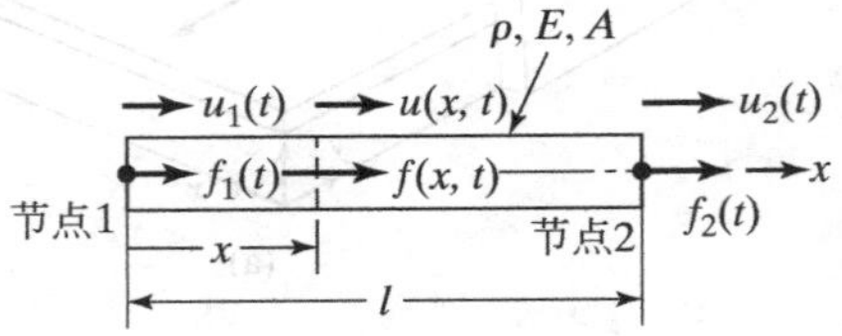

当节点位移 $u_1(t)$ 和 $u_2(t)$ 作为未知量处理时,方程(12.5)应当满足以下条件:

$$u(0,t) = u_1(t), \quad u(l,t) = u_2(t) \tag{12.6}$$

图 12.2　均质杆单元

由方程(12.5)和(12.6)得到

$$a(t) = u_1(t)$$

以及

$$a(t) + b(t)l = u_2(t) \quad 或者 \quad b(t) = \frac{u_2(t) - u_1(t)}{l} \tag{12.7}$$

把 $a(t)$和方程(12.7)中的 $b(t)$代入方程(12.5),得到

$$u(x,t) = \left(1 - \frac{x}{l}\right)u_1(t) + \frac{x}{l}u_2(t) \tag{12.8}$$

或

$$u(x,t) = N_1(x)u_1(t) + N_2(x)u_2(t) \tag{12.9}$$

其中

$$N_1(x) = \left(1 - \frac{x}{l}\right), \quad N_2(x) = \frac{x}{l} \tag{12.10}$$

是形状函数。

杆单元的动能可以表示为

$$\begin{aligned} T(t) &= \frac{1}{2}\int_0^l \rho A \left[\frac{\partial u(x,t)}{\partial t}\right]^2 \mathrm{d}x \\ &= \frac{1}{2}\int_0^l \rho A \left[\left(1 - \frac{x}{l}\right)\frac{\mathrm{d}u_1(t)}{\mathrm{d}t} + \left(\frac{x}{l}\right)\frac{\mathrm{d}u_2(t)}{\mathrm{d}t}\right]^2 \mathrm{d}t \\ &= \frac{1}{2}\frac{\rho A l}{3}(\dot{u}_1^2 + \dot{u}_1\dot{u}_2 + \dot{u}_2^2) \end{aligned} \tag{12.11}$$

其中

$$\dot{u}_1 = \frac{\mathrm{d}u_1(t)}{\mathrm{d}t}, \quad \dot{u}_2 = \frac{\mathrm{d}u_2(t)}{\mathrm{d}t}$$

ρ 是材料的质量密度，A 是单元的横截面面积。

方程(12.11)可写成如下的矩阵形式

$$T(t) = \frac{1}{2}\dot{\boldsymbol{u}}(t)^{\mathrm{T}} \boldsymbol{m} \dot{\boldsymbol{u}}(t) \tag{12.12}$$

其中

$$\dot{\boldsymbol{u}}(t) = \begin{bmatrix} \dot{u}_1(t) \\ \dot{u}_2(t) \end{bmatrix}$$

由此可以确定质量矩阵 $\boldsymbol{m}$ 的形式为

$$\boldsymbol{m} = \frac{\rho A l}{6}\begin{bmatrix} 2 & 1 \\ 1 & 2 \end{bmatrix} \tag{12.13}$$

单元的应变能可以写成

$$\begin{aligned} V(t) &= \frac{1}{2}\int_0^l EA\left[\frac{\partial u(x,t)}{\partial t}\right]^2 \mathrm{d}x \\ &= \frac{1}{2}\int_0^l EA\left[-\frac{1}{l}u_1(t) + \frac{1}{l}u_2(t)\right]^2 \mathrm{d}x \\ &= \frac{1}{2}\frac{EA}{l}(u_1^2 - 2u_1u_2 + u_2^2) \end{aligned} \tag{12.14}$$

其中 $u_1 = u_1(t)$，$u_2 = u_2(t)$，E 是杨氏模量。若将方程(12.14)写成如下的矩阵形式：

$$V(t) = \frac{1}{2}\boldsymbol{u}(t)^{\mathrm{T}}\boldsymbol{k}\boldsymbol{u}(t) \tag{12.15}$$

其中

$$\boldsymbol{u}(t) = \begin{Bmatrix} u_1(t) \\ u_2(t) \end{Bmatrix} \quad 和 \quad \boldsymbol{u}(t)^{\mathrm{T}} = [u_1(t) \quad u_2(t)]$$

则由此可以确定刚度矩阵的形式为

$$\boldsymbol{k} = \frac{EA}{l}\begin{bmatrix} 1 & -1 \\ -1 & 1 \end{bmatrix} \tag{12.16}$$

载荷向量

$$\boldsymbol{f} = \begin{Bmatrix} f_1(t) \\ f_2(t) \end{Bmatrix}$$

可以由虚功的表达式推得。如果杆受到分布载荷 $f(x,t)$ 的作用，虚功 δW 可以表示为

$$\begin{aligned} \delta W(t) &= \int_0^l f(x,t)\delta u(x,t)\mathrm{d}x \\ &= \int_0^l f(x,t)\left[\left(1-\frac{x}{l}\right)\delta u_1(t) + \left(\frac{x}{l}\right)\delta u_2(t)\right]\mathrm{d}x \end{aligned}$$

$$= \left[\int_0^l f(x,t)\left(1-\frac{x}{l}\right)\mathrm{d}x\right]\delta u_1(t) + \left[\int_0^l f(x,t)\left(\frac{x}{l}\right)\mathrm{d}x\right]\delta u_2(t) \tag{12.17}$$

若将方程(12.17)写成如下的矩阵形式：

$$\delta W(t) = \delta \boldsymbol{u}(t)^{\mathrm{T}} \boldsymbol{f}(t) = f_1(t)\delta u_1(t) + f_2(t)\delta u_2(t) \tag{12.18}$$

则等效节点载荷为

$$\left.\begin{aligned} f_1(t) &= \int_0^1 f(x,t)\left(1-\frac{x}{l}\right)\mathrm{d}x \\ f_2(t) &= \int_0^1 f(x,t)\left(\frac{x}{l}\right)\mathrm{d}x \end{aligned}\right\} \tag{12.19}$$

12.3.2 扭转单元

考虑如图12.3所示的等截面扭转单元，x 轴沿其中心轴线方向。令 I_p 表示杆横截面的极惯性矩，GJ 表示扭转刚度(对于圆形截面 $J=I_p$)。假设单元内各点的扭转位移沿 x 方向的变化呈如下线性形式：

$$\theta(x,t) = a(t) + b(t)x \tag{12.20}$$

节点处的扭转位移 $\theta_1(t)$ 和 $\theta_2(t)$ 为未知量。与处理杆单元类似，方程(12.20)可以表示为

$$\theta(x,t) = N_1(x)\theta_1(t) + N_2(x)\theta_2(t) \tag{12.21}$$

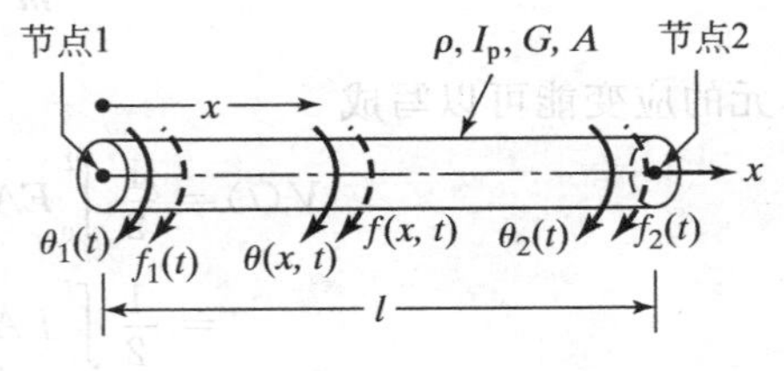

图12.3 均质扭转单元

其中 $N_1(x)$ 和 $N_2(x)$ 如式(12.10)。纯扭转的动能、应变能和虚功分别为

$$T(t) = \frac{1}{2}\int_0^l \rho I_p \left[\frac{\partial \theta(x,t)}{\partial t}\right]^2 \mathrm{d}x \tag{12.22}$$

$$V(t) = \frac{1}{2}\int_0^l GJ \left[\frac{\partial \theta(x,t)}{\partial t}\right]^2 \mathrm{d}x \tag{12.23}$$

$$\delta W(t) = \int_0^l f(x,t)\delta\theta(x,t)\mathrm{d}x \tag{12.24}$$

其中 ρ 表示质量密度，$f(x,t)$ 表示单位长度上的分布力矩。与12.3.1节中的推导过程相同，可以得到单元质量矩阵、刚度矩阵以及载荷向量分别为

$$\boldsymbol{m} = \frac{\rho I_p l}{6}\begin{bmatrix} 2 & 1 \\ 1 & 2 \end{bmatrix} \tag{12.25}$$

$$\boldsymbol{k} = \frac{GJ}{l}\begin{bmatrix} 1 & -1 \\ -1 & 1 \end{bmatrix} \tag{12.26}$$

$$\boldsymbol{f} = \begin{bmatrix} f_1(t) \\ f_2(t) \end{bmatrix} = \begin{bmatrix} \int_0^l f(x,t)\left(1-\frac{x}{l}\right)\mathrm{d}x \\ \int_0^l f(x,t)\left(\frac{x}{l}\right)\mathrm{d}x \end{bmatrix} \tag{12.27}$$

12.3.3　梁单元

本节根据欧拉-伯努利梁理论[1]，讨论梁单元。图 12.4 中的均质梁单元，受到横向分布载荷 $f(x,t)$的作用。在这种情况下，节点同时发生了平动位移和转动位移，即挠度和转角。因此未知的节点位移为 $w_1(t)$、$w_2(t)$、$w_3(t)$和 $w_4(t)$。节点的线位移即挠度 $w_1(t)$和 $w_3(t)$对应着节点载荷 $f_1(t)$和 $f_3(t)$，而角位移 $w_2(t)$和 $w_4(t)$对应着节点弯矩 $f_2(t)$和 $f_4(t)$。假设单元内各点的横向位移沿 x 方向为三次方程(与梁的静变形情况相同)：

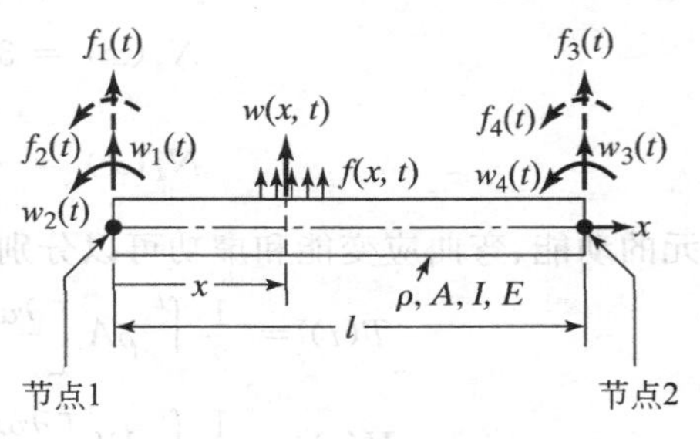

图 12.4　均质梁单元

$$w(x,t)=a(t)+b(t)x+c(t)x^2+d(t)x^3 \tag{12.28}$$

未知的节点位移必须满足如下边界条件

$$\left.\begin{aligned} w(0,t)=w_1(t),\quad \frac{\partial w}{\partial x}(0,t)=w_2(t)\\ w(l,t)=w_3(t),\quad \frac{\partial w}{\partial x}(l,t)=w_4(t)\end{aligned}\right\} \tag{12.29}$$

由方程(12.28)和(12.29)得

$$\begin{aligned} a(t)&=w_1(t)\\ b(t)&=w_2(t)\\ c(t)&=\frac{1}{l^2}\left[-3w_1(t)-2w_2(t)l+3w_3(t)-w_4(t)l\right]\\ d(t)&=\frac{1}{l^3}\left[2w_1(t)+w_2(t)l-2w_3(t)+w_4(t)l\right]\end{aligned} \tag{12.30}$$

把方程(12.30)代入方程(12.28)，则 $w(x,t)$可以写为

$$\begin{aligned} w(x,t)=&\left(1-3\,\frac{x^2}{l^2}+2\,\frac{x^3}{l^3}\right)w_1(t)+\left(\frac{x}{l}-2\,\frac{x^2}{l^2}+\frac{x^3}{l^3}\right)lw_2(t)\\ &+\left(3\,\frac{x^2}{l^2}-2\,\frac{x^3}{l^3}\right)w_3(t)+\left(-\frac{x^2}{l^2}+\frac{x^3}{l^3}\right)lw_4(t)\end{aligned} \tag{12.31}$$

此方程可以重新写为

$$w(x,t)=\sum_{i=1}^{4}N_i(x)w_i(t) \tag{12.32}$$

其中 $N_i(x)$为如下形式的形状函数

---

① 基于铁木辛柯理论的梁单元的相关描述见参考文献[12.4～12.7]。

$$N_1(x) = 1 - 3\left(\frac{x}{l}\right)^2 + 2\left(\frac{x}{l}\right)^3 \tag{12.33}$$

$$N_2(x) = x - 2l\left(\frac{x}{l}\right)^2 + l\left(\frac{x}{l}\right)^3 \tag{12.34}$$

$$N_3(x) = 3\left(\frac{x}{l}\right)^2 - 2\left(\frac{x}{l}\right)^3 \tag{12.35}$$

$$N_4(x) = -l\left(\frac{x}{l}\right)^2 + l\left(\frac{x}{l}\right)^3 \tag{12.36}$$

单元的动能、弯曲应变能和虚功可以分别表示为

$$T(t) = \frac{1}{2}\int_0^l \rho A\left[\frac{\partial w(x,t)}{\partial t}\right]^2 \mathrm{d}x = \frac{1}{2}\dot{\boldsymbol{w}}(t)^{\mathrm{T}}\boldsymbol{m}\dot{\boldsymbol{w}}(t) \tag{12.37}$$

$$V(t) = \frac{1}{2}\int_0^l EI\left[\frac{\partial w(x,t)}{\partial t}\right]^2 \mathrm{d}x = \frac{1}{2}\boldsymbol{w}(t)^{\mathrm{T}}\boldsymbol{k}\boldsymbol{w}(t) \tag{12.38}$$

$$\delta W(t) = \int_0^l f(x,t)\delta w(x,t)\mathrm{d}x = \delta\boldsymbol{w}(t)^{\mathrm{T}}\boldsymbol{f}(t) \tag{12.39}$$

其中 ρ 是梁的质量密度，E 是材料的杨氏模量，I 是横截面的惯性矩，A 是横截面面积，以及

$$\boldsymbol{w}(t) = \begin{bmatrix} w_1(t) \\ w_2(t) \\ w_3(t) \\ w_4(t) \end{bmatrix}, \quad \dot{\boldsymbol{w}}(t) = \begin{bmatrix} \mathrm{d}w_1/\mathrm{d}t \\ \mathrm{d}w_2/\mathrm{d}t \\ \mathrm{d}w_3/\mathrm{d}t \\ \mathrm{d}w_4/\mathrm{d}t \end{bmatrix}$$

$$\delta\boldsymbol{w}(t) = \begin{bmatrix} \delta w_1(t) \\ \delta w_2(t) \\ \delta w_3(t) \\ \delta w_4(t) \end{bmatrix}, \quad \boldsymbol{f}(t) = \begin{bmatrix} f_1(t) \\ f_2(t) \\ f_3(t) \\ f_4(t) \end{bmatrix}$$

把方程(12.31)代入到方程(12.37)～(12.39)，并进行必要的整理，可得

$$\boldsymbol{m} = \frac{\rho A l}{420}\begin{bmatrix} 156 & 22l & 54 & -13l \\ 22l & 4l^2 & 13l & -3l^2 \\ 54 & 13l & 156 & -22l \\ -13l & -31^2 & -22l & 4l^2 \end{bmatrix} \tag{12.40}$$

$$\boldsymbol{k} = \frac{EI}{l^3}\begin{bmatrix} 12 & 6l & -12 & 6l \\ 6L & 4l^2 & -6l & 2l^2 \\ -12 & -6l & 12 & -6l \\ 6l & 2l^2 & -6l & 4l^2 \end{bmatrix} \tag{12.41}$$

$$f_i(t) = \int_0^l f(x,t)N_i(x)\mathrm{d}x, \quad i = 1,2,3,4 \tag{12.42}$$

12.4 单元矩阵和单元向量的变换

如前所述，有限单元法是把所给的动力系统看成是全部有限单元的组合。单元节点位移的选取应尽可能简便，并且取决于所选单元的性质。例如对于图 12.2 中的杆单元，节点位移 $u_1(t)$ 和 $u_2(t)$ 选为沿单元的轴线方向。然而其他的杆单元在整体中却可能有不同的方位，如图 12.5 所示。在此，x 表示某一个单元的轴向，称为局部坐标轴。如果用 $u_1(t)$，$u_2(t)$ 定义不同杆单元的节点位移，那么在节点 1 处有 1 个节点位移，节点 2 处有 3 个节点位移，节点 3 处有 2 个节点位移，节点 4 处有 2 个节点位移。然而利用整体坐标轴 X 和 Y 可以更方便地表示节点位移。因此可以在整体坐标系中把平行于 X 和 Y 轴的节点位移分量作为节点位移来使用，它们标示为 $U_i(t)$，$i=1,2,\cdots,8$。代表性杆单元 e 在局部坐标系和整体坐标系中的节点位移如图 12.6 所示。这两组节点位移之间的关系如下

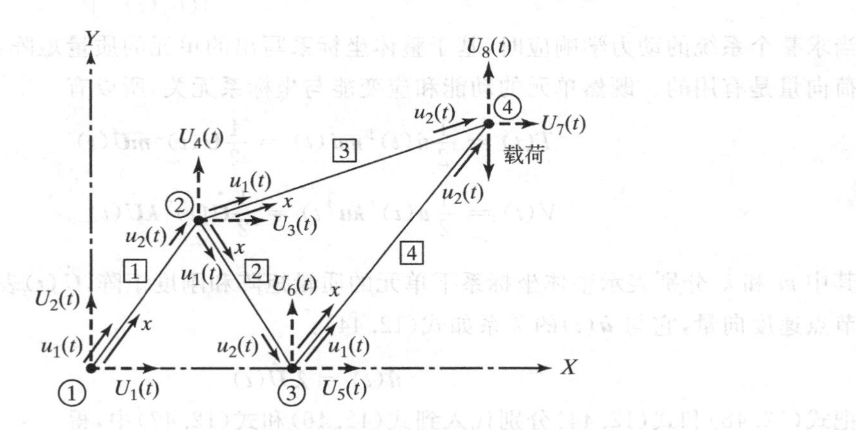

图 12.5 一个动力系统(桁架)理想化为四个杆单元的组合

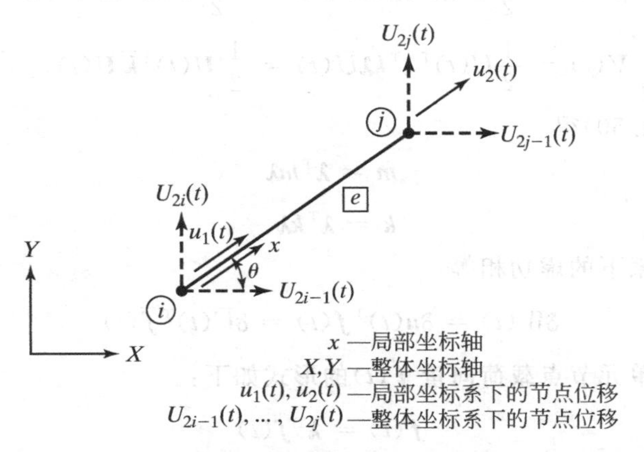

图 12.6 单元 e 在局部坐标系和整体坐标系下的节点位移

$$u_1(t) = U_{2i-1}(t)\cos\theta + U_{2i}(t)\sin\theta$$
$$u_2(t) = U_{2i-1}(t)\cos\theta + U_{2i}(t)\sin\theta \tag{12.43}$$

它们可以重写为

$$\boldsymbol{u}(t) = \boldsymbol{\lambda}\boldsymbol{U}(t) \tag{12.44}$$

其中 $\boldsymbol{\lambda}$ 为如下的坐标变换矩阵：

$$\boldsymbol{\lambda} = \begin{bmatrix} \cos\theta & \sin\theta & 0 & 0 \\ 0 & 0 & \cos\theta & \sin\theta \end{bmatrix} \tag{12.45}$$

$\boldsymbol{u}(t)$和 $\boldsymbol{U}(t)$分别表示在局部坐标系和整体坐标系下的节点位移向量，并由下式给出

$$\boldsymbol{u}(t) = \begin{bmatrix} u_1(t) \\ u_2(t) \end{bmatrix},\quad \boldsymbol{U}(t) = \begin{bmatrix} U_{2i-1}(t) \\ U_{2i}(t) \\ U_{2j-1}(t) \\ U_{2j}(t) \end{bmatrix}$$

当求整个系统的动力学响应时，基于整体坐标系写出的单元的质量矩阵、刚度矩阵和节点载荷向量是有用的。既然单元的动能和应变能与坐标系无关，所以有

$$T(t) = \frac{1}{2}\dot{\boldsymbol{u}}(t)^{\mathrm{T}}\boldsymbol{m}\dot{\boldsymbol{u}}(t) = \frac{1}{2}\dot{\boldsymbol{U}}(t)^{\mathrm{T}}\bar{\boldsymbol{m}}\dot{\boldsymbol{U}}(t) \tag{12.46}$$

$$V(t) = \frac{1}{2}\boldsymbol{u}(t)^{\mathrm{T}}\boldsymbol{k}\boldsymbol{u}(t) = \frac{1}{2}\dot{\boldsymbol{U}}(t)^{\mathrm{T}}\bar{\boldsymbol{k}}\dot{\boldsymbol{U}}(t) \tag{12.47}$$

其中 $\bar{\boldsymbol{m}}$ 和 $\bar{\boldsymbol{k}}$ 分别表示整体坐标系下单元的质量矩阵和刚度矩阵，$\dot{\boldsymbol{U}}(t)$表示整体坐标系下的节点速度向量，它与 $\dot{\boldsymbol{u}}(t)$的关系如式(12.44)：

$$\dot{\boldsymbol{u}}(t) = \boldsymbol{\lambda}\dot{\boldsymbol{U}}(t) \tag{12.48}$$

把式(12.48)和式(12.44)分别代入到式(12.46)和式(12.47)中，得

$$T(t) = \frac{1}{2}\dot{\boldsymbol{U}}(t)^{\mathrm{T}}\boldsymbol{\lambda}^{\mathrm{T}}\boldsymbol{m}\boldsymbol{\lambda}\dot{\boldsymbol{U}}(t) = \frac{1}{2}\dot{\boldsymbol{U}}(t)^{\mathrm{T}}\bar{\boldsymbol{m}}\dot{\boldsymbol{U}}(t) \tag{12.49}$$

$$V(t) = \frac{1}{2}\overline{U}(t)^{\mathrm{T}}\boldsymbol{\lambda}^{\mathrm{T}}\boldsymbol{k}\boldsymbol{\lambda}\overline{U}(t) = \frac{1}{2}\boldsymbol{U}(t)^{\mathrm{T}}\bar{\boldsymbol{k}}\boldsymbol{U}(t) \tag{12.50}$$

由式(12.49)和式(12.50)得

$$\bar{\boldsymbol{m}} = \boldsymbol{\lambda}^{\mathrm{T}}\boldsymbol{m}\boldsymbol{\lambda} \tag{12.51}$$

$$\bar{\boldsymbol{k}} = \boldsymbol{\lambda}^{\mathrm{T}}\boldsymbol{k}\boldsymbol{\lambda} \tag{12.52}$$

类似地，令两种坐标系下的虚功相等：

$$\delta W(t) = \delta\boldsymbol{u}(t)^{\mathrm{T}}\boldsymbol{f}(t) = \delta\overline{U}(t)^{\mathrm{T}}\bar{\boldsymbol{f}}(t) \tag{12.53}$$

可得整体坐标系下，单元节点载荷向量 $\bar{\boldsymbol{f}}(t)$的形式如下：

$$\bar{\boldsymbol{f}}(t) = \boldsymbol{\lambda}^{\mathrm{T}}\boldsymbol{f}(t) \tag{12.54}$$

利用式(12.51)、式(12.52)和式(12.54)可得在整体坐标系下一个有限单元的运动方程：

$$\bar{m}\ddot{U}(t)+\bar{k}U(t)=\bar{f}(t) \tag{12.55}$$

虽然这个方程用处不大，因为我们的兴趣在于单元集成的运动方程，所以在推导整个系统的运动方程时，矩阵 $\boldsymbol{m}$、$\boldsymbol{k}$ 以及向量 $\bar{\boldsymbol{f}}$ 是有用的，这些将在接下来的部分讨论。

12.5　有限单元集成系统的运动方程

因为整个结构被看成是若干有限单元的集成，所以现在要把整体坐标系下单个有限单元的运动方程拓展到整个结构的情况。定义整体坐标系下整个结构的节点位移为 $U_1(t)$，$U_2(t)$，…，$U_M(t)$，或者等价地说，定义为一个列向量：

$$\underset{\sim}{\boldsymbol{U}}(t)=\begin{bmatrix}U_1(t)\\U_2(t)\\\vdots\\U_M(t)\end{bmatrix}$$

为方便，与单元集成中第 i 个单元相关的量用上标 e 表示。因为在整个结构的节点位移向量中可以确定单元 e 的节点位移，所以向量 $\boldsymbol{U}^{(e)}(t)$ 和 $\underset{\sim}{\boldsymbol{U}}(t)$ 有如下的关系

$$\boldsymbol{U}^{(e)}(t)=\boldsymbol{A}^{(e)}\underset{\sim}{\boldsymbol{U}}(t) \tag{12.56}$$

其中[$\boldsymbol{A}^{(e)}$]是一个矩形矩阵，由 0 和 1 构成。例如，对于图 12.5 中的单元 1，式(12.56)可以写为

$$\boldsymbol{U}^{(1)}(t)=\begin{bmatrix}U_1(t)\\U_2(t)\\U_3(t)\\U_4(t)\end{bmatrix}=\begin{bmatrix}1&0&0&0&0&0&0&0\\0&1&0&0&0&0&0&0\\0&0&1&0&0&0&0&0\\0&0&0&1&0&0&0&0\end{bmatrix}\begin{bmatrix}U_1(t)\\U_2(t)\\\vdots\\U_8(t)\end{bmatrix} \tag{12.57}$$

把每个单元的单元动能相加可以得到整个系统的动能

$$T=\sum_{e=1}^{E}\frac{1}{2}\dot{\boldsymbol{U}}^{(e)\mathrm{T}}\boldsymbol{m}\dot{\boldsymbol{U}}^{(e)} \tag{12.58}$$

其中 E 表示在单元集成中有限单元的数量。通过对式(12.56)微分得到速度向量之间的关系

$$\dot{\boldsymbol{U}}^{(e)}(t)=\boldsymbol{A}^{(e)}\dot{\underset{\sim}{\boldsymbol{U}}}(t) \tag{12.59}$$

把式(12.59)代入到式(12.58)得

$$T=\frac{1}{2}\sum_{e=1}^{E}\dot{\underset{\sim}{\boldsymbol{U}}}^{\mathrm{T}}\boldsymbol{A}^{(e)\mathrm{T}}\bar{\boldsymbol{m}}^{(e)}\boldsymbol{A}^{(e)}\dot{\underset{\sim}{\boldsymbol{U}}} \tag{12.60}$$

整个结构的动能还可以用节点的速度 $\dot{\underset{\sim}{\boldsymbol{U}}}$ 表示为

$$T=\frac{1}{2}\dot{\underset{\sim}{\boldsymbol{U}}}^{\mathrm{T}}\underset{\sim}{\boldsymbol{M}}\dot{\underset{\sim}{\boldsymbol{U}}} \tag{12.61}$$

其中 $\underset{\sim}{\boldsymbol{M}}$ 表示整个结构的质量矩阵。通过比较式(12.60)和式(12.61)可得如下关系①

$$\underset{\sim}{\boldsymbol{M}} = \sum_{e=1}^{E} \boldsymbol{A}^{(e)\mathrm{T}} \overline{\boldsymbol{m}}^{(e)} \boldsymbol{A}^{(e)} \tag{12.62}$$

类似地考虑应变能，则整个结构的刚度矩阵 $\underset{\sim}{\boldsymbol{K}}$ 可以表示为

$$\underset{\sim}{\boldsymbol{K}} = \sum_{e=1}^{E} \boldsymbol{A}^{(e)\mathrm{T}} \overline{\boldsymbol{k}}^{(e)} \boldsymbol{A}^{(e)} \tag{12.63}$$

最后考虑虚功，可以得到整个结构的节点载荷向量 $\underset{\sim}{\boldsymbol{F}}$

$$\underset{\sim}{\boldsymbol{F}} = \sum_{e=1}^{E} \boldsymbol{A}^{(e)\mathrm{T}} \overline{\boldsymbol{f}}^{(e)} \tag{12.64}$$

一旦知道了质量矩阵、刚度矩阵以及载荷向量，那么根据拉格朗日方程，整个结构的运动方程就可表示为

$$\underset{\sim}{\boldsymbol{M}}\ddot{\underset{\sim}{\boldsymbol{U}}} + \underset{\sim}{\boldsymbol{K}}\underset{\sim}{\boldsymbol{U}} = \underset{\sim}{\boldsymbol{F}} \tag{12.65}$$

其中 $\underset{\sim}{\boldsymbol{K}}$ 表示整个结构的刚度矩阵。

注意式(12.65)中的节点载荷向量 $\underset{\sim}{\boldsymbol{F}}$ 是仅考虑作用于各个单元的分布载荷得到的。如果沿节点位移 $U_i(t)$ 方向还有集中载荷，那么也必须添加到 $\underset{\sim}{\boldsymbol{F}}$ 的第 i 个分量上。

12.6　边界条件的引入

在前面的推导中，假定全部节点都不是固定的，所以在节点载荷作用下，整个结构可以产生刚体运动，这意味着 $\underset{\sim}{\boldsymbol{K}}$ 是一个奇异矩阵(参见6.12节)。通常情况下，为避免整个结构产生刚体运动，被支撑的结构在一些节点处的位移为零。引入这些零位移条件的一个简单方法是消除矩阵 $\underset{\sim}{\boldsymbol{M}}$,$\underset{\sim}{\boldsymbol{K}}$，以及向量 $\underset{\sim}{\boldsymbol{F}}$ 中所对应的行和列。受到约束的整个结构的最终运动方程可以表示为

$$\underset{N\times N}{\boldsymbol{M}}\ \underset{N\times 1}{\ddot{\boldsymbol{U}}} + \underset{N\times N}{\boldsymbol{K}}\ \underset{N\times 1}{\boldsymbol{U}} = \underset{N\times 1}{\boldsymbol{F}} \tag{12.66}$$

其中 N 表示整个结构中自由节点位移的数目。

在对结构进行有限单元分析时，应注意以下几点：

(1) 以上叙述中使用的方法称为有限元分析的位移法，因为是直接对单元的位移进行近似。还可以利用其他方法比如力法和混合法(见文献[12.8,12.9])。

(2) 只要形状函数已知，对其他形式的有限单元包括二维和三维单元，也可以用相似的方式得到刚度矩阵、质量矩阵和载荷向量(见文献[12.1,12.2])。

---

① 也可以用另外一种方法对单元矩阵进行集成。在这种方法中，对单元(质量或刚度)矩阵的行和列用在集成系统中的自由度序号进行标识。之后，单元矩阵的诸元素将被置于系统集成矩阵的合适位置。例如，单元矩阵中的第 i 行(用自由度 p 标示)第 j 列(用自由度 q 标示)的元素将被置于集成矩阵的第 p 行第 q 列。在例12.3中，就使用了这种方法。

(3) 在 8.8 节所讨论的瑞利-李兹法中，连续系统的位移是用一些假定函数的和来近似的，其中每个函数都表示整个结构的变形形状。而在有限元法中，基于形状函数(与假定函数相似)的近似是用于一个有限单元，而不是整个结构。所以有限元分析的过程也可以看成是一种瑞利-李兹法。

(4) 也可以对有限元法中的误差分析进行研究[12.10]。

例 12.1 杆的有限元分析

如图 12.7 所示，杆的左端固定，右端自由，长为 0.5 m，横截面积为 5×10^{-4} m^2，材料的杨氏模量为 200 GPa，密度为 7850 kg/m^3。

(a) 在节点 2 处沿 u_2 作用一大小为 1000 N 的轴向静载荷，求杆的应力。

(b) 求杆的固有频率。

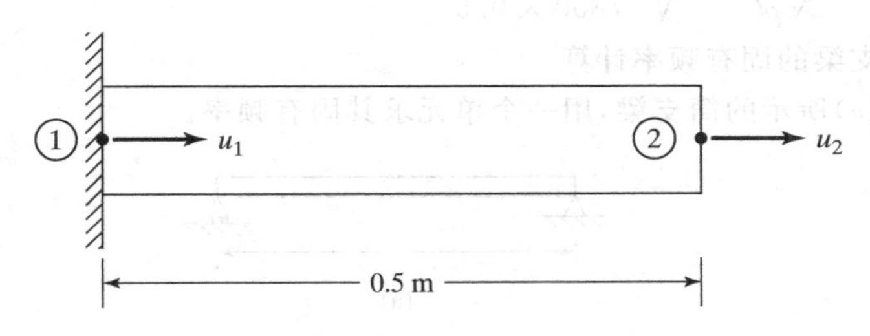

图 12.7 两自由度均质杆

解：可利用一个单元进行理想化。

(a) 利用杆单元的刚度矩阵，即方程(12.16)，平衡方程可以写为

$$\frac{AE}{l}\begin{bmatrix}1 & -1\\ -1 & 1\end{bmatrix}\begin{bmatrix}u_1\\ u_2\end{bmatrix}=\begin{bmatrix}f_1\\ f_2\end{bmatrix} \tag{E.1}$$

将 $A=5\times10^{-4}$，$E=2\times10^{11}$，$l=0.5$，$f_2=1000$ 代入方程(E.1)得

$$2\times10^8\begin{bmatrix}1 & -1\\ -1 & 1\end{bmatrix}\begin{bmatrix}u_1\\ u_2\end{bmatrix}=\begin{bmatrix}f_1\\ 1000\end{bmatrix} \tag{E.2}$$

其中 u_1 和 f_1 分别表示节点 1 处的位移和未知的约束反力。为引入边界条件 $u_1=0$，删掉式(E.2)中的第一个标量方程(第一行)，并在剩下的方程中令 $u_1=0$，可得

$$2\times10^8 u_2=1000 \quad 或 \quad u_2=500\times10^{-8}\text{ m} \tag{E.3}$$

由应力(σ)与应变(ε)的关系得

$$\sigma=E\varepsilon=E\frac{\Delta l}{l}=E\left(\frac{u_2-u_1}{l}\right) \tag{E.4}$$

其中 $\Delta l=u_2-u_1$ 表示单元长度的变化，$\frac{\Delta l}{l}$表示应变。由式(E.4)得

$$\sigma=2\times10^{11}\times\left(\frac{500\times10^{-8}-0}{0.5}\right)\text{ Pa}=2\times10^6\text{ Pa} \tag{E.5}$$

(b) 利用杆单元的刚度矩阵即式(12.16)和质量矩阵即式(12.13)，特征值问题可以表示为

$$\frac{AE}{l}\begin{bmatrix}1 & -1\\ -1 & 1\end{bmatrix}\begin{bmatrix}U_1\\ U_2\end{bmatrix}=\omega^2\frac{\rho Al}{6}\begin{bmatrix}2 & 1\\ 1 & 2\end{bmatrix}\begin{bmatrix}U_1\\ U_2\end{bmatrix} \tag{E.6}$$

其中 ω 表示杆的固有频率，U_1 和 U_2 分别表示杆在节点 1 和 2 处的振幅。为了引入边界条件 $U_1=0$，删掉矩阵的第一行和第一列以及向量的第一行，所得到的方程可以写为

$$\frac{AE}{l}U_2=\omega^2\frac{\rho Al}{6}\times 2\times U_2$$

或

$$\omega=\sqrt{\frac{3E}{\rho l^2}}=\sqrt{\frac{3\times(2\times 10^{11})}{7850\times 0.5^2}}\ \mathrm{rad/s}=17485.2076\ \mathrm{rad/s} \tag{E.7}$$

例 12.2 简支梁的固有频率计算

对如图 12.8(a)所示的简支梁，用一个单元求其固有频率。

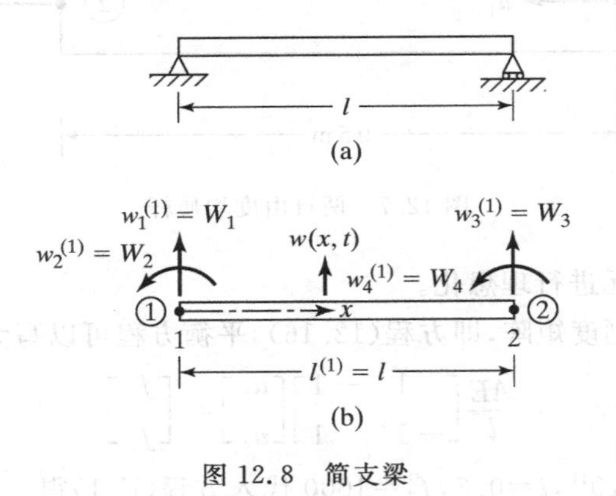

图 12.8 简支梁

解：由于梁仅用一个单元进行理想化，所以在整体和局部坐标系中，单元的节点位移是相同的，如图 12.8(b)所示。梁的刚度矩阵和质量矩阵分别为

$$\underset{\sim}{\boldsymbol{K}}=\boldsymbol{K}^{(1)}=\frac{EI}{l^3}\begin{bmatrix}12 & 6l & -12 & 6l\\ 6l & 4l^2 & -6l & 2l^2\\ -12 & -6l & 12 & -6l\\ 6l & 2l^2 & -6l & 4l^2\end{bmatrix} \tag{E.1}$$

$$\underset{\sim}{\boldsymbol{M}}=\boldsymbol{M}^{(1)}=\frac{\rho Al}{420}\begin{bmatrix}156 & 22l & 54 & -13l\\ 22l & 4l^2 & 13l & -3l^2\\ 54 & 13l & 156 & -22l\\ -13l & -3l^2 & -22l & 4l^2\end{bmatrix} \tag{E.2}$$

节点的位移向量为

$$\underset{\sim}{W} = \begin{bmatrix} W_1 \\ W_2 \\ W_3 \\ W_4 \end{bmatrix} = \begin{bmatrix} w_1^{(1)} \\ w_2^{(1)} \\ w_3^{(1)} \\ w_4^{(1)} \end{bmatrix} \tag{E. 3}$$

两端的边界条件 $W_1=0, W_3=0$，可以通过删掉方程(E. 1)和(E. 2)中与 W_1 和 W_3 对应的行和列引入，从而得到整体矩阵为

$$\boldsymbol{K} = \frac{2EI}{l}\begin{bmatrix} 2 & 1 \\ 1 & 2 \end{bmatrix} \tag{E. 4}$$

$$\boldsymbol{M} = \frac{\rho A l^3}{420}\begin{bmatrix} 4 & -3 \\ -3 & 4 \end{bmatrix} \tag{E. 5}$$

而特征方程可以写为

$$\left[\frac{2EI}{l}\begin{bmatrix} 2 & 1 \\ 1 & 2 \end{bmatrix} - \frac{\rho A l^3 \omega^2}{420}\begin{bmatrix} 4 & -3 \\ -3 & 4 \end{bmatrix}\right]\begin{bmatrix} W_2 \\ W_4 \end{bmatrix} = \begin{bmatrix} 0 \\ 0 \end{bmatrix} \tag{E. 6}$$

上式两边同时乘以 $l/(2EI)$ 后可以写为

$$\begin{bmatrix} 2-4\lambda & 1+3\lambda \\ 1+3\lambda & 2-4\lambda \end{bmatrix}\begin{bmatrix} W_2 \\ W_4 \end{bmatrix} = \begin{bmatrix} 0 \\ 0 \end{bmatrix} \tag{E. 7}$$

其中

$$\lambda = \frac{\rho A l^4 w^2}{840EI} \tag{E. 8}$$

令方程(E. 7)中的系数矩阵的行列式为零，可以得到频率方程

$$\begin{vmatrix} 2-4\lambda & 1+3\lambda \\ 1+3\lambda & 2-4\lambda \end{vmatrix} = (2-4\lambda)^2 - (1+3\lambda)^2 = 0 \tag{E. 9}$$

方程(E. 9)的根给出梁的固有频率为

$$\lambda_1 = \frac{1}{7} \quad \text{或} \quad \omega_1 = \left(\frac{120EI}{\rho A l^4}\right)^{1/2} \tag{E. 10}$$

$$\lambda_2 = 3 \quad \text{或} \quad \omega_2 = \left(\frac{2520EI}{\rho A l^4}\right)^{1/2} \tag{E. 11}$$

这些结果与如下的精确值具有一定的可比性(参见图 8. 15)：

$$\omega_1 = \left(\frac{97.4EI}{\rho A l^4}\right)^{1/2}, \quad \omega_2 = \left(\frac{1558.56EI}{\rho A l^4}\right)^{1/2} \tag{E. 12}$$

例 12. 3　两杆桁架中的应力计算

如图 12. 9(a)所示的桁架，在节点 3 处作用有一 200 lbf 的垂向载荷。杆 1、杆 2 的横截面面积分别为 1 in^2 和 2 in^2，材料的杨氏模量为 30×10^6 lbf/in^2，求两杆的应力。

解：可通过推导静平衡方程并求解得到节点位移，再利用弹性关系求单元的应力。每一根杆按一个杆单元处理，由图 12. 9(a)，各节点的坐标为

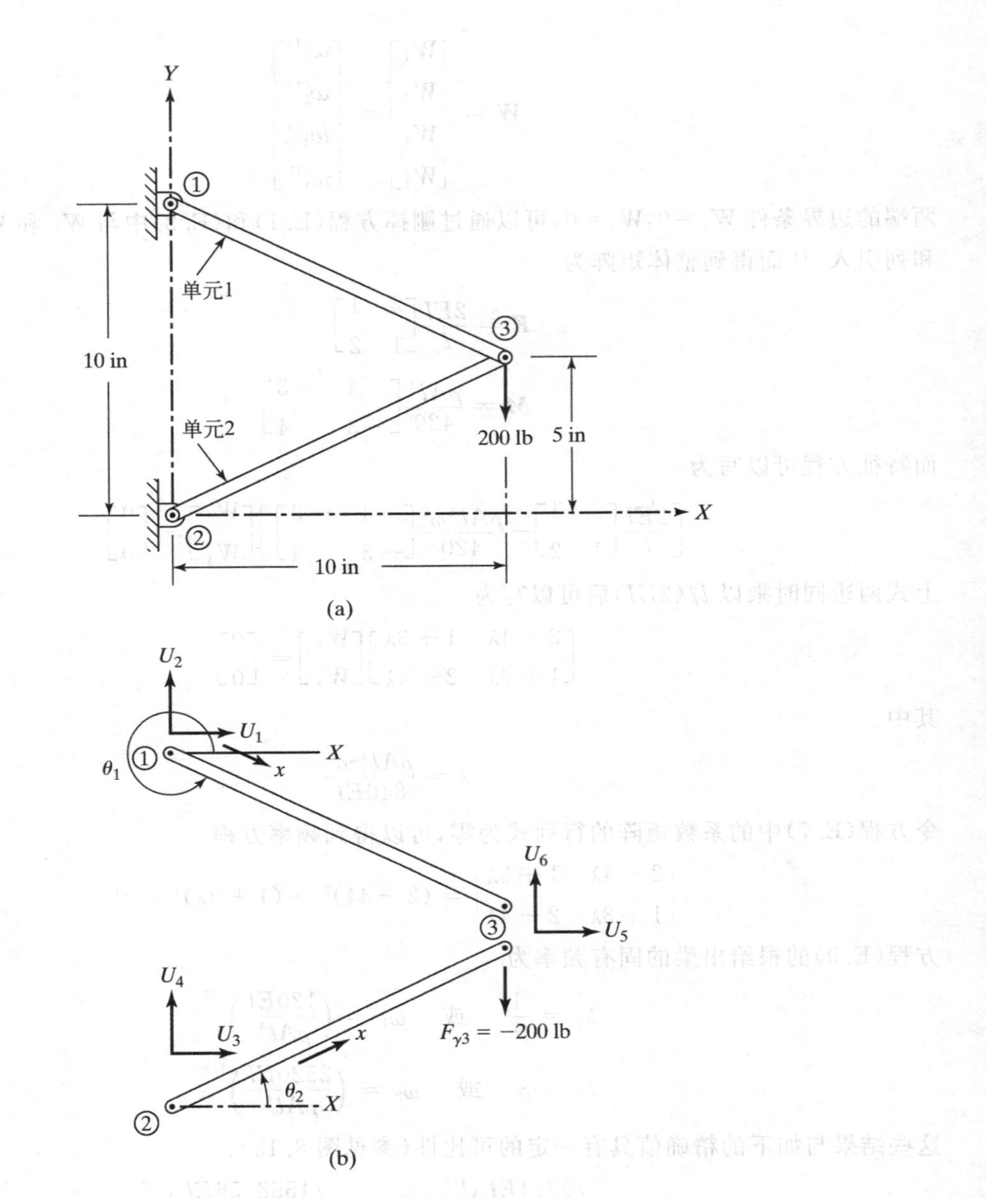

图 12.9 两杆桁架

$$(X_1, Y_1)=(0,10)\text{in},\quad (X_2, Y_2)=(0,0)\text{in},\quad (X_3, Y_3)=(10,5)\text{in}$$

此桁架可以简化为两个杆单元的组合，各节点的位移自由度如图 12.9(b)所示。由节点坐标可以求出各单元的长度：

$$l^{(1)}=[(X_3-X_1)^2+(Y_3-Y_1)^2]^{1/2}=[(10-0)^2+(5-10)^2]^{1/2}\text{ in}$$
$$=11.1803\text{ in}$$

$$l^{(2)}=[(X_3-X_2)^2+(Y_3-Y_2)^2]^{1/2}=[(10-0)^2+(5-0)^2]^{1/2}\ \text{in}$$
$$=11.1803\ \text{in} \tag{E.1}$$

在局部坐标系下，各单元的刚度矩阵分别为

$$\boldsymbol{k}^{(1)}=\frac{A^{(1)}E^{(1)}}{l^{(1)}}\begin{bmatrix}1&-1\\-1&1\end{bmatrix}=\frac{1\times(30\times10^6)}{11.1803}\begin{bmatrix}1&-1\\-1&1\end{bmatrix}$$
$$=2.6833\times10^6\begin{bmatrix}1&-1\\-1&1\end{bmatrix}$$
$$\boldsymbol{k}^{(2)}=\frac{A^{(2)}E^{(2)}}{l^{(2)}}\begin{bmatrix}1&-1\\-1&1\end{bmatrix}=\frac{2\times(30\times10^6)}{11.1803}\begin{bmatrix}1&-1\\-1&1\end{bmatrix}$$
$$=5.3666\times10^6\begin{bmatrix}1&-1\\-1&1\end{bmatrix} \tag{E.2}$$

局部坐标轴 x 与整体坐标轴 X 的角度关系为

$$\left.\begin{aligned}\cos\theta_1&=\frac{X_3-X_1}{l^{(1)}}=\frac{10-0}{11.1803}=0.8944\\ \sin\theta_1&=\frac{Y_3-Y_1}{l^{(1)}}=\frac{5-10}{11.1803}=-0.4472\end{aligned}\right\}\text{单元 1} \tag{E.3}$$

$$\left.\begin{aligned}\cos\theta_2&=\frac{X_3-X_2}{l^{(2)}}=\frac{10-0}{11.1803}=0.8944\\ \sin\theta_2&=\frac{Y_3-Y_2}{l^{(2)}}=\frac{5-0}{11.1803}=0.4472\end{aligned}\right\}\text{单元 2} \tag{E.4}$$

在整体坐标系(X,Y)下，单元的刚度矩阵分别为

$$\bar{\boldsymbol{k}}^{(1)}=\boldsymbol{\lambda}^{(1)\mathrm{T}}\boldsymbol{k}^{(1)}\boldsymbol{\lambda}^{(1)}$$

$$=2.6833\times10^6\begin{array}{c}\begin{matrix}1&\quad 2&\quad 5&\quad 6\end{matrix}\\ \begin{bmatrix}0.8&-0.4&-0.8&0.4\\-0.4&0.2&0.4&-0.2\\-0.8&0.4&0.8&-0.4\\0.4&-0.2&-0.4&0.2\end{bmatrix}\end{array}\begin{matrix}1\\2\\5\\6\end{matrix} \tag{E.5}$$

$$\bar{\boldsymbol{k}}^{(2)}=\boldsymbol{\lambda}^{(2)\mathrm{T}}\boldsymbol{k}^{(2)}\boldsymbol{\lambda}^{(2)}$$

$$=5.366\times10^6\begin{array}{c}\begin{matrix}3&\quad 4&\quad 5&\quad 6\end{matrix}\\ \begin{bmatrix}0.8&-0.4&-0.8&-0.4\\0.4&0.2&-0.4&-0.2\\-0.8&-0.4&0.8&0.4\\-0.4&-0.2&0.4&0.2\end{bmatrix}\end{array}\begin{matrix}3\\4\\5\\6\end{matrix} \tag{E.6}$$

其中

$$\boldsymbol{\lambda}^{(1)}=\begin{bmatrix}\cos\theta_1 & \sin\theta_1 & 0 & 0\\ 0 & 0 & \cos\theta_1 & \sin\theta_1\end{bmatrix}$$

$$=\begin{bmatrix}0.8944 & -0.4472 & 0 & 0\\ 0 & 0 & 0.8944 & -0.4472\end{bmatrix} \tag{E.7}$$

$$\boldsymbol{\lambda}^{(2)}=\begin{bmatrix}\cos\theta_2 & \sin\theta_2 & 0 & 0\\ 0 & 0 & \cos\theta_2 & \sin\theta_2\end{bmatrix}$$

$$=\begin{bmatrix}0.8944 & 0.4472 & 0 & 0\\ 0 & 0 & 0.8944 & 0.4472\end{bmatrix} \tag{E.8}$$

注意在式(E.5)和(E.6)的顶端和右端分别标明了各刚度矩阵中的行和列对应的整体自由度。整个集成系统的刚度矩阵 $\underset{\sim}{\boldsymbol{K}}$ 可以通过把 $\bar{\boldsymbol{k}}^{(1)}$ 和 $\bar{\boldsymbol{k}}^{(2)}$ 中的诸元素放置在 $\underset{\sim}{\boldsymbol{K}}$ 中的合适位置而得到：

$$\underset{\sim}{\boldsymbol{K}}=2.6833\times10^6\begin{array}{c}\begin{matrix}\quad 1 & \quad 2 & \quad 3 & \quad 4 & \qquad 5 & \qquad\quad 6\end{matrix}\\ \begin{bmatrix}0.8 & -0.4 & & & -0.8 & 0.4\\ -0.4 & 0.2 & & & 0.4 & -0.2\\ & & 1.6 & 0.8 & -1.6 & -0.8\\ & & 0.8 & 0.4 & -0.8 & -0.4\\ -0.8 & 0.4 & -1.6 & -0.8 & (0.8+1.6) & (-0.4+0.8)\\ 0.4 & -0.2 & -0.8 & -0.4 & (-0.4+0.8) & (0.2+0.4)\end{bmatrix}\end{array}\begin{matrix}\\ 1\\2\\3\\4\\5\\6\end{matrix} \tag{E.9}$$

集成后的载荷向量可以写为

$$\underset{\sim}{\boldsymbol{F}}=\begin{bmatrix}F_{X1}\\ F_{Y1}\\ F_{X2}\\ F_{Y2}\\ F_{X3}\\ F_{Y3}\end{bmatrix} \tag{E.10}$$

其中，一般而言，(F_{Xi},F_{Yi})表示作用于节点 i 处沿(X,Y)方向的载荷。特别地，(F_{X1},F_{Y1})和(F_{X2},Y_{Y2})分别表示节点1和2处的约束反力，而$(F_{X3},F_{Y3})=(0,-200)$lb 表示节点3处的外载荷。通过引入边界条件 $U_1=U_2=U_3=U_4=0$(即删除方程(E.9)和(E.10)中的第1,2,3,4行和第1,2,3,4列)，得到最终的集成系统的刚度矩阵和载荷向量分别为

$$\boldsymbol{K}=2.6833\times10^6\begin{array}{c}\begin{matrix}5 & \quad 6\end{matrix}\\ \begin{bmatrix}2.4 & 0.4\\ 0.4 & 0.6\end{bmatrix}\end{array}\begin{matrix}\\ 5\\ 6\end{matrix} \tag{E.11}$$

$$\boldsymbol{F}=\begin{bmatrix}0\\ -200\end{bmatrix}\begin{matrix}5\\ 6\end{matrix} \tag{E.12}$$

系统的平衡方程可以写为

$$\boldsymbol{KU}=\boldsymbol{F} \tag{E.13}$$

其中$\boldsymbol{U}=\begin{bmatrix}U_5\\U_6\end{bmatrix}$。方程(E.13)的解为

$$U_5=23.2922\times10^{-6}\text{ in},\quad U_6=-139.7532\times10^{-6}\text{ in} \tag{E.14}$$

单元 1 和单元 2 的轴向位移为

$$\begin{bmatrix}u_1\\u_2\end{bmatrix}^{(1)}=\boldsymbol{\lambda}^{(1)}\begin{bmatrix}U_1\\U_2\\U_5\\U_6\end{bmatrix}$$

$$=\begin{bmatrix}0.8944 & -0.4472 & 0 & 0\\0 & 0 & 0.8944 & -0.4472\end{bmatrix}\begin{bmatrix}0\\0\\23.2922\times10^{-6}\\-139.7532\times10^{-6}\end{bmatrix}\text{in}$$

$$=\begin{bmatrix}0\\83.3301\times10^{-6}\end{bmatrix}\text{in} \tag{E.15}$$

$$\begin{bmatrix}u_1\\u_2\end{bmatrix}^{(2)}=\boldsymbol{\lambda}^{(2)}\begin{bmatrix}U_3\\U_4\\U_5\\U_6\end{bmatrix}$$

$$=\begin{bmatrix}0.8944 & 0.4472 & 0 & 0\\0 & 0 & 0.8944 & 0.4472\end{bmatrix}\begin{bmatrix}0\\0\\23.2922\times10^{-6}\\-139.7532\times10^{-6}\end{bmatrix}\text{in}$$

$$=\begin{bmatrix}0\\-41.6651\times10^{-6}\end{bmatrix}\text{in} \tag{E.16}$$

单元 1 和单元 2 中的应力分别为

$$\sigma^{(1)}=E^{(1)}\varepsilon^{(1)}=E^{(1)}\frac{\Delta l^{(1)}}{l^{(1)}}=\frac{E^{(1)}(u_2-u_1)^{(1)}}{l^{(1)}}$$

$$=\frac{(30\times10^6)\times(83.3301\times10^{-6})}{11.1803}\text{ lb/in}^2=223.5989\text{ lb/in}^2 \tag{E.17}$$

$$\sigma^{(2)}=E^{(2)}\varepsilon^{(2)}=\frac{E^{(2)}\Delta l^{(2)}}{l^{(2)}}=\frac{E^{(2)}(u_2-u_1)^{(2)}}{l^{(2)}}$$

$$=\frac{(30\times10^6)\times(-41.6651\times10^{-6})}{11.1803}\text{ lb/in}^2=-111.7996\text{ lb/in}^2 \tag{E.18}$$

其中$\sigma^{(i)}$表示应力，$\varepsilon^{(i)}$表示应变，$\Delta l^{(i)}$表示单元$i(i=1,2)$长度的变化。

12.7 一致质量矩阵和集中质量矩阵

在12.3节中得到的质量矩阵称为一致质量矩阵，因为用于推导单元刚度矩阵的位移模式也用于质量矩阵的推导。但有趣的是，我们已经采用具有简单形式的质量矩阵解决了某些动力学问题。最简单形式的质量矩阵称为集中质量矩阵，是通过设置节点i处的集中质量仅在假定的自由度方向上而得到的。集中质量所指的单元的平动惯性和转动惯性可以这样计算，即假定在特定位移两侧的平均位置内材料的行为类似于一个刚体，而单元的其他部分并不参与这种运动。所以这种假设排除了单元位移之间的动力耦合，因此所得的单元质量矩阵是纯对角的[12.11]。

12.7.1 杆单元的集中质量矩阵

把单元的全部质量均分给两个节点，则均质杆单元的集中质量矩阵为

$$\boldsymbol{m}=\frac{\rho A l}{2}\begin{bmatrix}1 & 0\\ 0 & 1\end{bmatrix} \tag{12.67}$$

12.7.2 梁单元的集中质量矩阵

在图12.4中，把整个梁单元质量的一半分别集中在两个节点处，并假设它们只有平动自由度，因此梁单元的集中质量矩阵为

$$\boldsymbol{m}=\frac{\rho A l}{2}\begin{bmatrix}1 & 0 & 0 & 0\\ 0 & 0 & 0 & 0\\ 0 & 0 & 1 & 0\\ 0 & 0 & 0 & 0\end{bmatrix} \tag{12.68}$$

注意在式(12.68)中，假定与转动自由度有关的惯性效应为零。如果把此惯性效应考虑在内，可以计算出二分之一梁单元关于节点的转动惯量，并将它们置于质量矩阵对角线中与转动自由度对应的位置。对于一个均质梁，有

$$I=\frac{1}{3}\left(\frac{\rho A l}{2}\right)\left(\frac{l}{2}\right)^2=\frac{\rho A l^3}{24} \tag{12.69}$$

所以此时梁单元的集中质量矩阵变为

$$\boldsymbol{m}=\frac{\rho A l}{2}\begin{bmatrix}1 & 0 & 0 & 0\\ 0 & \frac{l^2}{12} & 0 & 0\\ 0 & 0 & 1 & 0\\ 0 & 0 & 0 & \frac{l^2}{12}\end{bmatrix} \tag{12.70}$$

12.7.3 集中质量矩阵与一致质量矩阵的关系

对于一个一般的动态响应问题，是基于集中质量矩阵还是一致质量矩阵会得到更精确的结果，这并不是显而易见的。没有考虑出现在单元多种位移自由度中的动态耦合，因而在这个意义下集中质量矩阵是近似的。但是，由于集中质量矩阵是对角阵，因此在计算中所需的存储空间较小。另一方面，由于一致质量矩阵不是对角阵，因此其所需存储空间较大。但由于是基于静态位移模式下的形状函数来求解动力学问题，因而在这个意义下一致质量矩阵也是近似的。下面用一个例子来说明在求解一个简单的振动问题时如何应用集中质量矩阵和一致质量矩阵。

例 12.4 杆的一致质量矩阵和集中质量矩阵

用一致质量矩阵和集中质量矩阵求图 12.10 中两端固定等截面杆的固有频率（用两个杆单元进行理想化）。

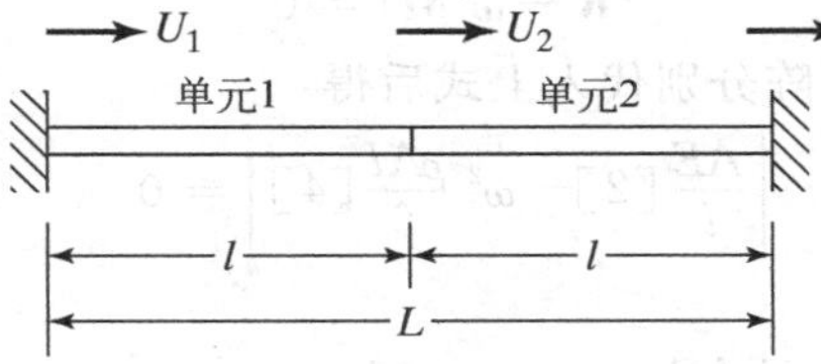

图 12.10 两端固定等截面杆

解：杆单元的刚度矩阵和质量矩阵分别为

$$\boldsymbol{k}=\frac{EA}{l}\begin{bmatrix}1&-1\\-1&1\end{bmatrix}\tag{E.1}$$

$$\boldsymbol{m}_c=\frac{\rho Al}{6}\begin{bmatrix}2&1\\1&2\end{bmatrix}\tag{E.2}$$

$$\boldsymbol{m}_l=\frac{\rho Al}{2}\begin{bmatrix}1&0\\0&1\end{bmatrix}\tag{E.3}$$

其中下标 c 和 l 分别表示一致质量矩阵和集中质量矩阵。由于杆理想化为两个单元，所以集成系统的刚度矩阵和质量矩阵分别为

$$\underset{\sim}{\boldsymbol{K}}=\frac{AE}{l}\begin{array}{c}\begin{matrix}1&\quad 2&\quad 3\end{matrix}\\ \left[\begin{matrix}1&-1&0\\-1&1+1&-1\\0&-1&1\end{matrix}\right]\end{array}\begin{matrix}\\1\\2\\3\end{matrix}=\frac{AE}{l}\begin{bmatrix}1&-1&0\\-1&2&-1\\0&-1&1\end{bmatrix}\tag{E.4}$$

$$\underset{\sim}{M}_c = \frac{\rho A l}{6}\begin{bmatrix} 2 & 1 & 0 \\ 1 & 2+2 & 1 \\ 0 & 1 & 2 \end{bmatrix} = \frac{\rho A l}{6}\begin{bmatrix} 2 & 1 & 0 \\ 1 & 4 & 1 \\ 0 & 1 & 2 \end{bmatrix} \tag{E.5}$$

$$\underset{\sim}{M}_l = \frac{\rho A l}{2}\begin{bmatrix} 1 & 0 & 0 \\ 0 & 1+1 & 0 \\ 0 & 0 & 1 \end{bmatrix} = \frac{\rho A l}{2}\begin{bmatrix} 1 & 0 & 0 \\ 0 & 2 & 0 \\ 0 & 0 & 1 \end{bmatrix} \tag{E.6}$$

式(E.4)～式(E.6)中，虚线框所包围部分分别对应着单元1和单元2。它们的列和行对应的自由度分别标示在矩阵的上边和右边。根据边界条件$U_1=U_3=0$，特征值问题的形式为

$$[\boldsymbol{K}-\omega^2\boldsymbol{M}]\boldsymbol{U}_2=\boldsymbol{0} \tag{E.7}$$

特征值ω^2由下面的方程确定

$$|\boldsymbol{K}-\omega^2\boldsymbol{M}|=0 \tag{E.8}$$

将一致质量矩阵和集中质量矩阵分别代入上式后得

$$\left|\frac{AE}{l}[2]-\omega^2\frac{\rho A l}{6}[4]\right|=0 \tag{E.9}$$

和

$$\left|\frac{AE}{l}[2]-\omega^2\frac{\rho A l}{2}[2]\right|=0 \tag{E.10}$$

解方程(E.9)和(E.10)可得

$$\omega_c=\sqrt{\frac{3E}{\rho l^2}}=3.4641\sqrt{\frac{E}{\rho L^2}} \tag{E.11}$$

$$\omega_l=\sqrt{\frac{2E}{\rho l^2}}=2.8284\sqrt{\frac{E}{\rho L^2}} \tag{E.12}$$

这些值和如下的精确解(见图8.7)比较接近

$$\omega_1=\pi\sqrt{\frac{E}{\rho L^2}} \tag{E.13}$$

12.8 利用MATLAB求解的例子

例12.5 阶梯形杆的有限元分析。

考虑如图12.11所示的阶梯形杆，所用数据如下：$A_1=16\times10^{-4}\ \text{m}^2$，$A_2=9\times10^{-4}\ \text{m}^2$，$A_3=4\times10^{-4}\ \text{m}^2$，$E_i=20\times10^{10}\ \text{Pa}(i=1,2,3)$，$\rho_i=7.8\times10^3\ \text{kg/m}^3(i=1,2,3)$，$l_1=1\ \text{m}$，$l_2=0.5\ \text{m}$，$l_3=0.25\ \text{m}$。编写一个MATLAB程序来求解如下问题：(a)在载荷$p_3=1000\ \text{N}$作用下的位移u_1，u_2和u_3；(b)杆的固有频率和振型。

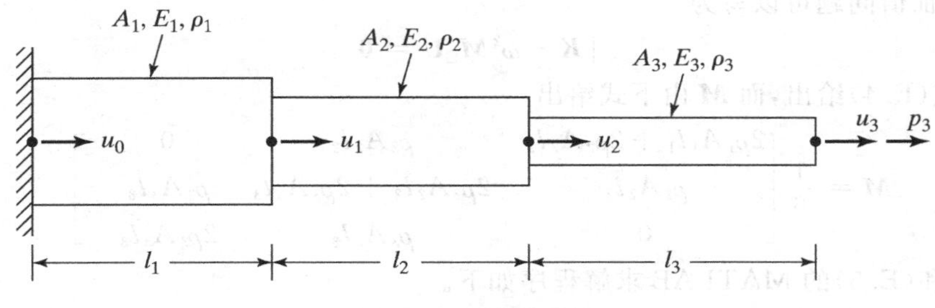

图 12.11 阶梯形杆

解：阶梯形杆的集成刚度矩阵和质量矩阵分别为

$$\underset{\sim}{\boldsymbol{K}}=\begin{bmatrix} \frac{A_1E_1}{l_1} & \frac{-A_1E_1}{l_1} & 0 & 0 \\ \frac{-A_1E_1}{l_1} & \frac{A_1E_1}{l_1}+\frac{A_2E_2}{l_2} & \frac{-A_2E_2}{l_2} & 0 \\ 0 & \frac{-A_2E_2}{l_2} & \frac{A_2E_2}{l_2}+\frac{A_3E_3}{l_3} & \frac{-A_3E_3}{l_3} \\ 0 & 0 & \frac{-A_3E_3}{l_3} & \frac{A_3E_3}{l_3} \end{bmatrix} \tag{E. 1}$$

$$\underset{\sim}{\boldsymbol{M}}=\frac{1}{6}\begin{bmatrix} 2\rho_1A_1l_1 & \rho_1A_1l_1 & 0 & 0 \\ \rho_1A_1l_1 & 2\rho_1A_1l_1+2\rho_2A_2l_2 & \rho_2A_2l_2 & 0 \\ 0 & \rho_2A_2l_2 & 2\rho_2A_2l_2+2\rho_3A_3l_3 & \rho_3A_3l_3 \\ 0 & 0 & \rho_3A_3l_3 & 2\rho_3A_3l_3 \end{bmatrix} \tag{E. 2}$$

系统的刚度矩阵 $\boldsymbol{K}$ 和质量矩阵 $\boldsymbol{M}$ 可以通过引入边界条件 $u_0=0$ 而得到，即删去方程(E. 1)和(E. 2)中的第一行和第一列。

(a) 载荷 $p_3=1000$ N 作用下的平衡方程为

$$\boldsymbol{KU}=\boldsymbol{P} \tag{E. 3}$$

其中

$$\boldsymbol{K}=\begin{bmatrix} \frac{A_1E_1}{l_1}+\frac{A_2E_2}{l_2} & \frac{-A_2E_2}{l_2} & 0 \\ \frac{-A_2E_2}{l_2} & \frac{A_2E_2}{l_2}+\frac{A_3E_3}{l_3} & -\frac{A_3E_3}{l_3} \\ 0 & \frac{-A_3E_3}{l_3} & \frac{A_3E_3}{l_3} \end{bmatrix} \tag{E. 4}$$

$$\boldsymbol{U}=\begin{bmatrix} u_1 \\ u_2 \\ u_3 \end{bmatrix},\quad \boldsymbol{P}=\begin{bmatrix} 0 \\ 0 \\ 1000 \end{bmatrix}$$

(b) 特征值问题可以写为

$$[\boldsymbol{K}-\omega^2\boldsymbol{M}]\boldsymbol{U}=\boldsymbol{0} \tag{E.5}$$

其中$\boldsymbol{K}$由式(E.4)给出，而$\boldsymbol{M}$由下式给出

$$\boldsymbol{M}=\frac{1}{6}\begin{bmatrix} 2\rho_1A_1l_1+2\rho_2A_2l_2 & \rho_2A_2l_2 & 0 \\ \rho_2A_2l_2 & 2\rho_2A_2l_2+2\rho_3A_3l_3 & \rho_3A_3l_3 \\ 0 & \rho_3A_3l_3 & 2\rho_3A_3l_3 \end{bmatrix} \tag{E.6}$$

方程(E.3)和(E.5)的MATLAB求解程序如下。

```
%---Program Ex12_5.m
%---Initialization of values-------
A1=16e-4;
A2=9e-4;
A3=4e-4;

E1=20e10;
E2=E1;
E3=E1;

R1=7.8e3;
R2=R1;
R3=R1;

L1=1;
L2=0.5;
L3=0.25;
%---Definition of [K]---------

K11=A1*E1/L1+A2*E2/L2;
K12=-A2*E2/L2;
K13=0;

K21=K12;
K22=A2*E2/L2+A3*E3/L3;
K23=-A3*E3/L3;

K31=K13;
K32=K23;
K33=A3*E3/L3;

K=[ K11 K12 K13; K21 K22 K23; K31 K32 K33 ]
```

```
%---Calculation of matrix

P=[ 0 0 1000]'

U=inv(K) * P

%---Definition of [M]---------

M11=(2 * R1 * A1 * L1+2 * R2 * A2 * L2)/6;
M12=(R2 * A2 * L2)/6;
M13=0;

M21=M12;
M22=(2 * R2 * A2 * L2+2 * R3 * A3 * L3)/6;
M23=R3 * A3 * L3;

M31=M13;
M32=M23;
M33=2 * M23;

M=[ M11 M12 M13; M21 M22 M23; M31 M32 M33 ]

MI=inv(M)

KM=MI * K

%---Calculation of eigenvector and eigenvalue-------

[L,V]=eig(KM)

>>Ex12_5

K=

680000000    -360000000  0
-360000000  680000000    -320000000
0           -320000000  320000000

P=

0
0
1000
```

```
U=

1.0e-05*

0.3125
0.5903
0.9028

M=

5.3300  0.5850  0
0.5850  1.4300  0.7800
0       0.7800  1.5600

MI=

0.2000   -0.1125  0.0562
-0.1125  1.0248   -0.5124
0.0562   -0.5124  0.8972

KM=

1.0e+08*

1.7647   -1.6647  0.5399
-4.4542  9.0133   -4.9191
2.2271   -6.5579  4.5108

L=

-0.1384  0.6016   0.3946
0.7858   -0.1561  0.5929
-0.6028  -0.7834  0.7020

V=

1.0e+09*

1.3571  0       0
0       0.1494  0
0       0       0.0224
>>
```

例 12.6 阶梯形梁的特征值分析程序。

编写一个名为 Program17.m 的 MATLAB 程序以求解图 12.12 中的两端固定阶梯形梁的特征值。

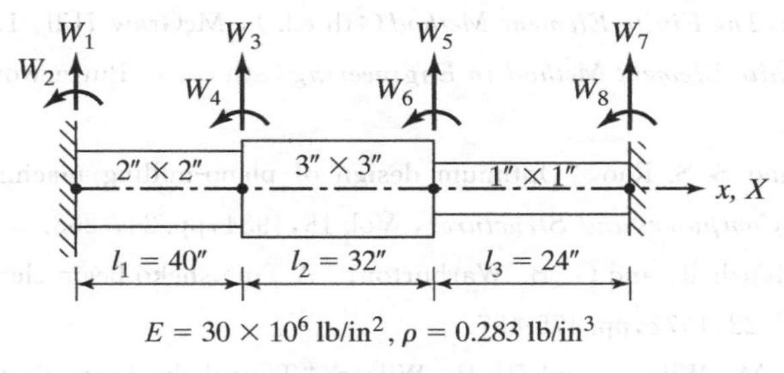

图 12.12 阶梯形梁

解：程序 Program17.m 运行时要输入如下数据

xl(i)：单元 i 的长度

xi(i)：单元 i 的惯性矩

a(i)：单元 i 的横截面面积

bj(i,j)：单元 i 的第 j 个局部自由度对应的全局自由度序号

e：杨氏模量

rho：质量密度

程序执行后输出的梁的固有频率和振型如下。

```
Natural frequencies of the stepped beams
1.6008e+ 002   6.1746e+ 002   2.2520e+ 003   7.1266e+ 003
Mode shapes
1     1.0333e- 002    1.8915e- 004  1.4163e- 002  4.4518e- 005
2   - 3.7660e- 003    2.0297e- 004  4.7109e- 003  2.5950e- 004
3     1.6816e- 004  - 1.8168e- 004  1.3570e- 003  2.0758e- 004
4     1.8324e- 004    6.0740e- 005  3.7453e- 004  1.6386e- 004
```

本章小结

有限单元法是求解复杂实际系统准确解的一个很常用的方法。本章介绍了该方法如何应用于振动问题的求解，概述了简单结构单元如杆、轴和梁单元的刚度矩阵和质量矩阵的推导方法、这些矩阵如何转换到整体坐标系下、单元矩阵的集成以及有限元方程的求解。本章提供了几个有限元法应用于静态和动态(振动)分析的例子。同时提供了利用 MATLAB 求解基于有限单元法的振动问题的例子。

参考文献

12.1 O. C. Zienkiewicz, *The Finite Element Method* (4th ed.), McGraw-Hill, London, 1987.

12.2 S. S. Rao, *The Finite Element Method in Engineering* (3th ed.), Butterworth-Heinemann, Boston, 1999.

12.3 G. V. Ramana and S. S. Rao, "Optimum design of plano-milling machine structure using finite element analysis," *Computers and Structures*, Vol. 18, 1984, pp. 247-253.

12.4 R. Davis, R. D. Henshell, and G. B. Warburton, "A Timosheko beam element," *Journal of Sound and Vibration*, vol. 22, 1972, pp. 475-487.

12.5 D. L. Thomas, J. M. Wilson, and R. R. Wilson, "Timosheko beam finite elements," *Journal of Sound and Vibration*, vol. 31, 1973, pp. 315- 330.

12.6 J. Thomas and B. A. H. Abbas, "Finite element model for dynamic analysis of Tmioshenko beams," *Journal of Sound and Vibration*, vol. 41, 1975, pp. 291-299.

12.7 R. S. Gupta and S. S. Rao, "Finite elementeigenvalue analysis of tapered and twisted Tmioshenko beams," *Journal of Sound and Vibra- tion*, vol. 56, 1978, pp. 187-200.

12.8 T. H. H. Pian, "Derivation of element stiffness matrices by assum- ed stressdistribution," *AIAA Jornal*, Vol. 2, 1964, pp. 1333-1336.

12.9 H. Alaylioglu and R. Ali, "Analysis of an automotive structure using hybrid stress finite elements," *Computers and Structures*, Vol. 8, 1978, pp. 237-242.

12.10 I. Fried "Accuracy of finite element eigenproblems," *Journal of Sound and Vibration*, vol. 18, 1971, pp. 289-295.

12.11 P. Tong, T. H. H. Pian, and L. L. Bucciarelli, "Mode shapes and frequencies by the finite element method using consistent and lumped matrices," *Computers and Structures*, Vol. 1, 1971, pp. 623-638.

思考题

12.1 简答题

1. 有限单元法的基本思想是什么？
2. 什么是形状函数？
3. 有限单元法中变换矩阵的作用是什么？
4. 变换矩阵的推导基础是什么？
5. 固定边界条件是如何引入到有限元方程中的？
6. 对几何和载荷均对称的有限元问题，如何只取其一半建模来解决？
7. 为什么本章中所讨论的有限元法称为位移法？

8. 什么是一致质量矩阵?
9. 什么是集中质量矩阵?
10. 有限单元法和瑞利-李兹法的区别是什么?
11. 在有限单元法中,如何把分布力转换为等效的节点载荷向量?

12.2 判断题

1. 一个长为 l 的两节点杆单元,对应于节点2的形状函数的形式为 x/l。 ( )
2. 单元刚度矩阵总是奇异的。 ( )
3. 单元质量矩阵总是奇异的。 ( )
4. 除非引入边界条件,否则系统的刚度矩阵总是奇异的。 ( )
5. 除非引入边界条件,否则系统质量矩阵总是奇异的。 ( )
6. 集中质量矩阵总是对角阵。 ( )
7. 所有系统都需要对单元矩阵进行坐标变换。 ( )
8. 整体坐标系下的单元刚度矩阵 $\bar{\boldsymbol{k}}$,可以用局部坐标系下的单元刚度矩阵 $\boldsymbol{k}$ 和变换矩阵 $\boldsymbol{\lambda}$ 表示为 $\boldsymbol{\lambda}^{\mathrm{T}}\boldsymbol{k}\boldsymbol{\lambda}$。 ( )
9. 系统矩阵的推导包含对单元矩阵的集成。 ( )
10. 引入边界条件是为了避免产生系统的刚体运动。 ( )

12.3 填空题

1. 在有限单元法中,求解域被一些________代替。
2. 在有限单元法中,假设各个单元在称为________的那些点处相互连接。
3. 在有限单元法中,假设在每个单元内有一个________解。
4. 在每个有限单元内,位移用________函数表示。
5. 对于一个薄的梁单元,每个节点只考虑________个自由度。
6. 对于一个薄的梁单元,假定形状函数是________次多项式。
7. 在位移法中,是对单元的________进行直接近似。
8. 如果用于推导单元刚度矩阵的位移模式也用来推导单元质量矩阵,这样得到的质量矩阵称为________质量矩阵。
9. 如果质量矩阵是通过假设节点处的质点质量得到的,这样得到的质量矩阵称为________质量矩阵。
10. 集中质量矩阵没有考虑单元不同位移自由度之间的________耦合。
11. 不同方位的有限单元需要满足单元矩阵之间________。

12.4 选择题

1. 对于一个长为 l 的两节点单元,对应于节点1的形状函数是________。

(a) $\left(1-\dfrac{x}{l}\right)$　　(b) $\dfrac{x}{l}$　　(c) $\left(1+\dfrac{x}{l}\right)$

2. 质量矩阵的最简单形式是________。

(a) 集中质量矩阵　　(b) 一致质量矩阵　　(c) 整体质量矩阵

3. 有限单元法是________。

(a) 一种近似的分析方法　　(b) 一种数值方法　　(c) 一种精确的解析方法

4. 杆单元的刚度矩阵形式为________。

(a) $\dfrac{EA}{l}\begin{bmatrix}1 & 1\\1 & 1\end{bmatrix}$　　(b) $\dfrac{EA}{l}\begin{bmatrix}1 & -1\\-1 & 1\end{bmatrix}$　　(c) $\dfrac{EA}{l}\begin{bmatrix}1 & 0\\0 & 1\end{bmatrix}$

5. 杆单元的一致质量矩阵形式为________。

(a) $\dfrac{\rho Al}{6}\begin{bmatrix}2 & 1\\1 & 2\end{bmatrix}$　　(b) $\dfrac{\rho Al}{6}\begin{bmatrix}2 & -1\\-1 & 2\end{bmatrix}$　　(c) $\dfrac{\rho Al}{6}\begin{bmatrix}1 & 0\\0 & 1\end{bmatrix}$

6. 有限元法与________是类似的。

(a) 瑞利法　　(b) 瑞利-李兹法　　(c) 拉格朗日法

7. 杆单元的集中质量矩阵形式为________。

(a) $\rho Al\begin{bmatrix}1 & 0\\0 & 1\end{bmatrix}$　　(b) $\dfrac{\rho Al}{6}\begin{bmatrix}2 & 1\\1 & 2\end{bmatrix}$　　(c) $\dfrac{\rho Al}{2}\begin{bmatrix}1 & 0\\0 & 1\end{bmatrix}$

8. 在整体坐标系下，单元质量矩阵 $\bar{\boldsymbol{m}}$ 可以用局部坐标系下的质量矩阵 $\boldsymbol{m}$ 和变换矩阵 $\boldsymbol{\lambda}$ 表示为________。

(a) $\bar{\boldsymbol{m}}=\boldsymbol{\lambda}^{\mathrm{T}}\boldsymbol{m}$　　(b) $\bar{\boldsymbol{m}}=\boldsymbol{m}\boldsymbol{\lambda}$　　(c) $\bar{\boldsymbol{m}}=\boldsymbol{\lambda}^{\mathrm{T}}\boldsymbol{m}\boldsymbol{\lambda}$

12.5　连线题

假设一个两端固定的杆，有一个中间节点。单元矩阵如下：

$$\boldsymbol{k}=\frac{AE}{l}\begin{bmatrix}1 & -1\\-1 & 1\end{bmatrix},\quad \boldsymbol{m}_c=\frac{\rho Al}{6}\begin{bmatrix}2 & 1\\1 & 2\end{bmatrix},\quad \boldsymbol{m}_l=\frac{\rho Al}{2}\begin{bmatrix}1 & 0\\0 & 1\end{bmatrix}$$

钢杆：$E=30\times10^6$ lbf/in^2，$\rho=0.0007298$ lbf·s^2/in^4，$L=12$ in

铝杆：$E=10.3\times10^6$ lbf/in^2，$\rho=0.0002536$ lbf·s^2/in^4，$L=12$ in

1. 由集中质量矩阵给出的钢杆的固有频率　　(a) 58528.5606 rad/s
2. 由一致质量矩阵给出的铝杆的固有频率　　(b) 47501.0898 rad/s
3. 由一致质量矩阵给出的钢杆的固有频率　　(c) 58177.2469 rad/s
4. 由集中质量矩阵给出的铝杆的固有频率　　(d) 47787.9336 rad/s

习　题

§12.3　质量矩阵、刚度矩阵以及载荷向量

12.1　推导如图 12.13 所示的变截面杆单元(沿轴向变形)的刚度矩阵。杆的直径沿长度方向由 D 减小为 d。

12.2　推导横截面面积按 $A(x)=A_0 e^{-(x/l)}$ 变化的沿纵向振动的杆单元的刚度矩阵,其中 A_0 是根部的面积(见图 12.14)。

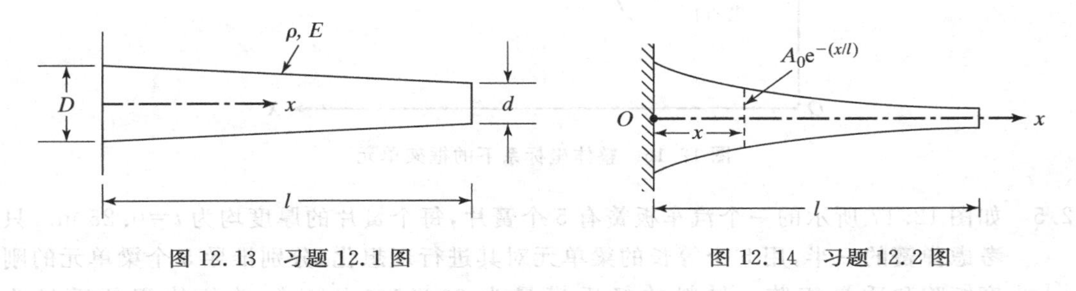

图 12.13　习题 12.1 图　　图 12.14　习题 12.2 图

12.3　如图 12.15 所示的变截面悬臂梁用来作为一个弹簧使用,所承受的载荷为 P。若用一个单元来对其进行理想化,推导其刚度矩阵。假设 $B=25$ cm,$b=10$ cm,$t=2.5$ cm,$l=2$ m,$E=2.07\times10^{11}$ N/m^2,$P=1000$ N。

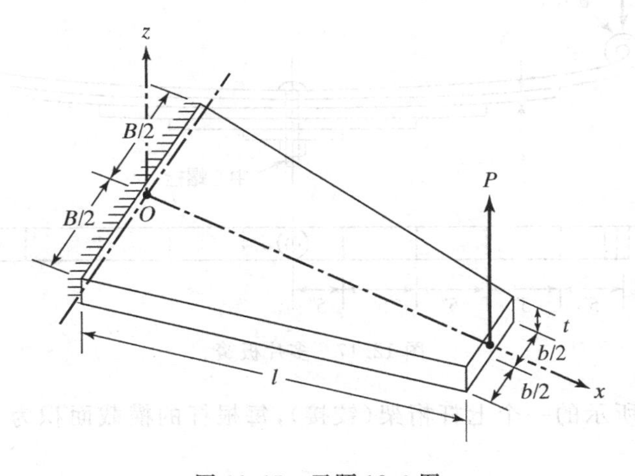

图 12.15　习题 12.3 图

12.4　推导如图 12.16 所示平面框架单元(常规的梁单元)在整体坐标系 X-Y 下的刚度矩阵和质量矩阵。

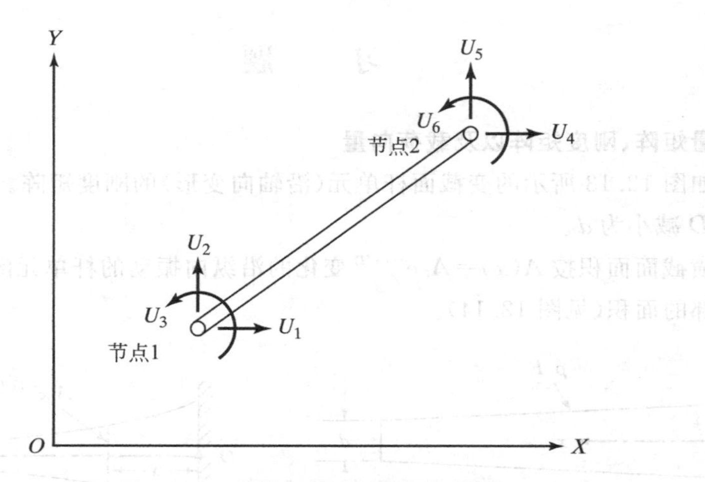

图 12.16 整体坐标系下的框架单元

12.5 如图 12.17 所示的一个汽车板簧有 5 个簧片，每个簧片的厚度均为 $t=0.25$ in。只考虑弹簧的一半，用 5 个等长的梁单元对其进行理想化，分别推导 5 个梁单元的刚度矩阵和质量矩阵。材料的杨氏模量为 30×10^6 lbf/in^2，单位体积的重量为 0.283 lbf/in^3。

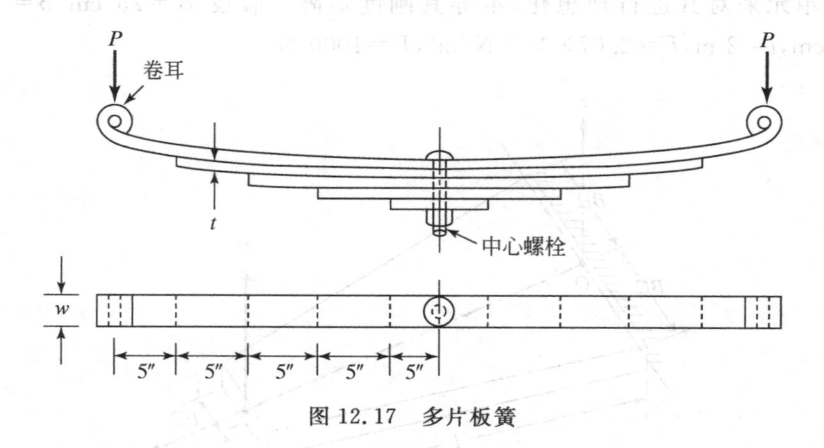

图 12.17 多片板簧

12.6 如图 12.18 所示的一个七杆桁架（铰接），每根杆的横截面积为 4 cm^2，杨氏模量为 207 GPa。

(a) 对桁架所有的节点位移自由度在局部坐标系和整体坐标系下进行标号，假设图 12.18中所示的 X 和 Y 为整体坐标轴。

(b) 写出每根杆的坐标变换矩阵。

(c) 写出每根杆在局部坐标系和整体坐标系下的刚度矩阵。

12.7　把梁理想化为一个有限单元，计算如图 12.19 所示支撑在弹簧上的梁的刚度矩阵和质量矩阵。假设梁的材料为钢，其杨氏模量为 207 GPa，重量密度为 7650 N/m³，忽略弹簧的质量。

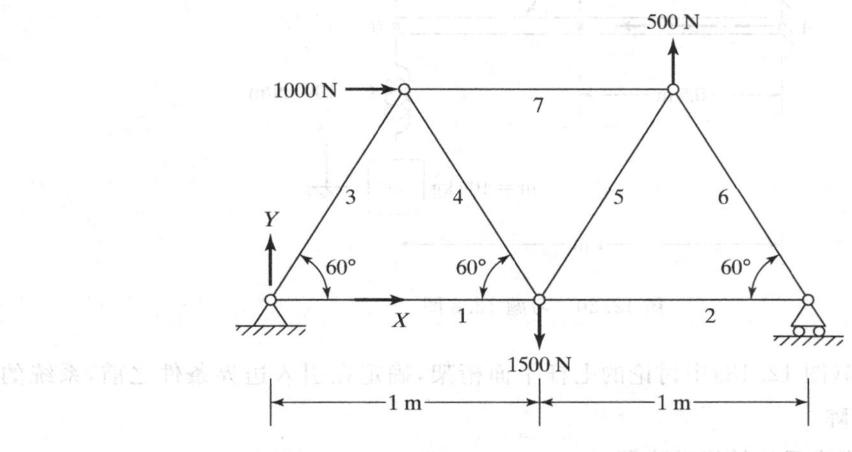

图 12.18　习题 12.6 图

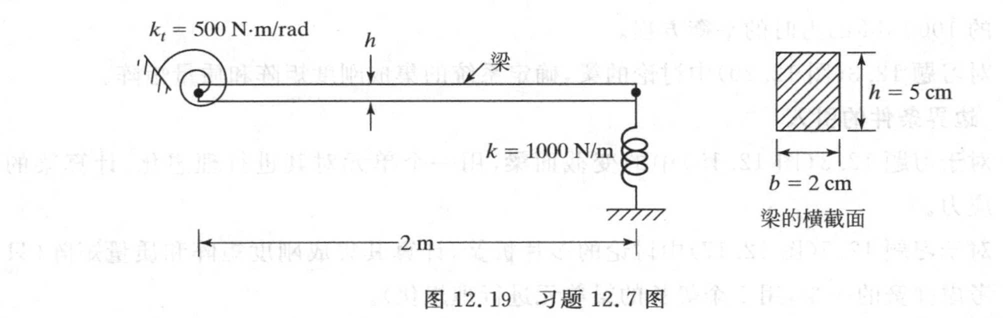

图 12.19　习题 12.7 图

12.8　如图 12.20 所示的梁，一端(点 A)固定，另一端(点 B)连接着一个弹簧-质量系统，假设梁的横截面是半径为 2 cm 的圆，梁的材料为钢，且杨氏模量为 207 GPa，重量密度为 7650 N/m³。把梁理想化为两个等长的梁单元，推导这两个单元的单元刚度矩阵和质量矩阵。

§12.4　单元矩阵和单元向量的变换

12.9　计算如图 12.5 所示的四杆桁架中每根杆的整体刚度矩阵，所用数据如下：

节点坐标：$(X_1, Y_1)=(0,0)$，$(X_2, Y_2)=(50,100)$in，$(X_3, Y_3)=(100,0)$in，$(X_4, Y_4)=(200,150)$in

横截面面积：$A_1=A_2=A_3=A_4=2\text{in}^2$，杨氏模量：$30\times10^6$ lbf/in²

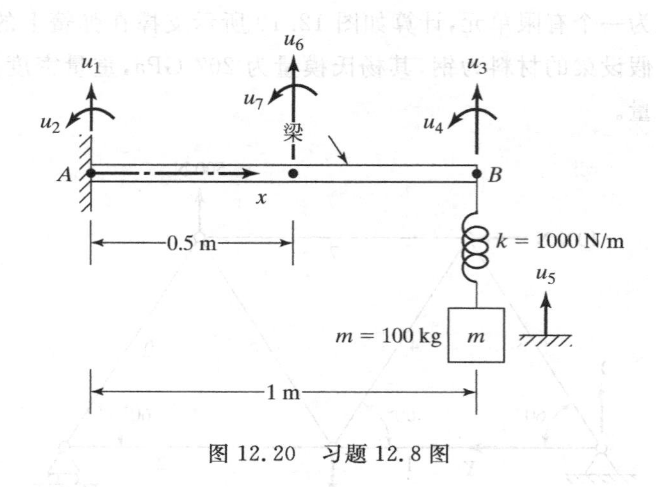

图 12.20 习题 12.8 图

12.10 对习题 12.6(图 12.18)中讨论的七杆平面桁架，确定在引入边界条件之前，系统的集成刚度矩阵。

§12.5 有限单元集成系统的运动方程

12.11 利用习题 12.9 的结果，确定桁架的集成刚度矩阵并写出在节点 4 上施加竖直向下的 1000 lbf 的力时的平衡方程。

12.12 对习题 12.8(图 12.20)中讨论的梁，确定系统的集成刚度矩阵和质量矩阵。

§12.6 边界条件的引入

12.13 对于习题 12.3(图 12.15)中的变截面梁，用一个单元对其进行理想化，计算梁的应力。

12.14 对于习题 12.5(图 12.17)中讨论的多片板簧，计算其集成刚度矩阵和质量矩阵(只考虑弹簧的一半，用 5 个等长的梁单元进行理想化)。

12.15 计算如图 12.21 所示起重机在节点 4 上施加一个竖直向下的大小为 1000 lbf 的载荷时的节点位移。杨氏模量为 30×10^6 lbf/in^2，杆 1 和 2 的横截面面积为 2 in^2，杆 3 和杆 4 的横截面面积为 1 in^2。

12.16 计算如图 12.22 所示的悬臂梁在 Q 点施加一个竖直向下大小为 $P=500$ N 的载荷时，自由端的挠度，用(a)一个单元近似；(b)两个单元近似。假设 $l=0.25$ m，$h=25$ mm，$b=50$ mm，$E=2.07\times10^{11}$ Pa，$k=10^5$ N/m。

12.17 如图 12.23 所示的阶梯梁，当在节点 2 施加一个大小为 1000 N·m 的力矩时，用两个单元对梁进行理想化计算梁的应力。在节点 1 和节点 2 之间的横截面为 50 mm×50 mm 的正方形，在节点 2 和节点 3 之间的横截面为 25 mm×25 mm 的正方形。假设杨氏模量为 2.1×10^{11} Pa。

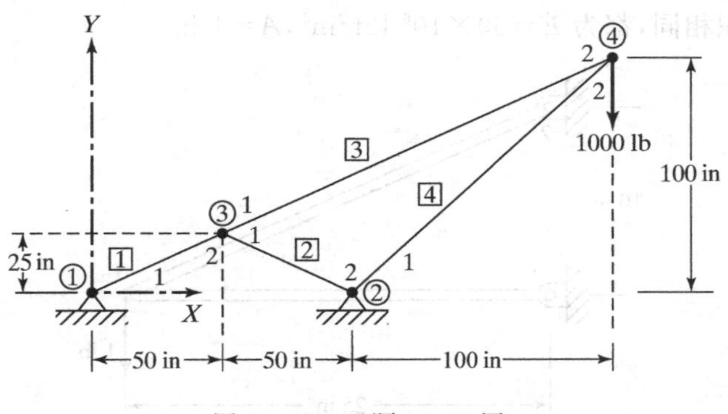

图 12.21 习题 12.15 图

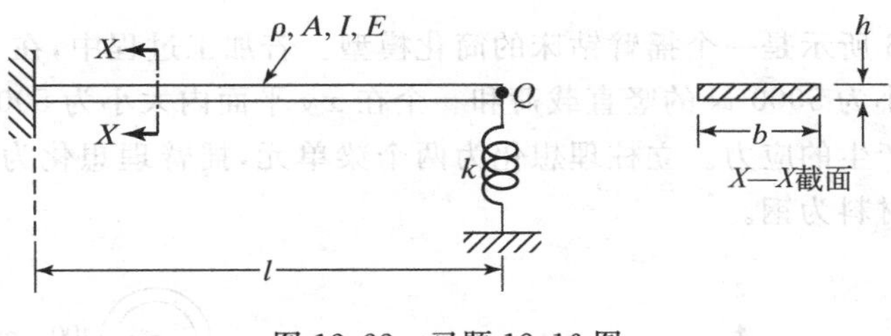

图 12.22 习题 12.16 图

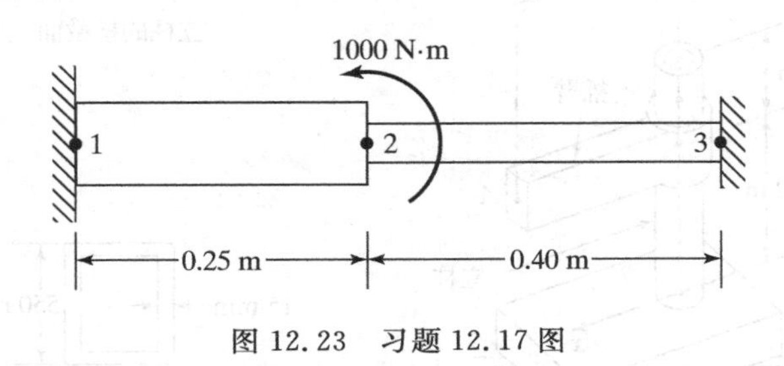

图 12.23 习题 12.17 图

12.18 计算如图 12.24 所示梁节点 2 的挠度和转角，用两个单元进行理想化，并把结果和简支梁的理论解进行比较。

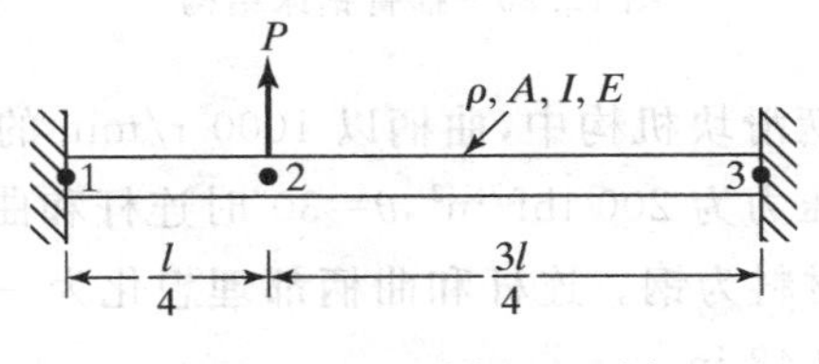

图 12.24 习题 12.18 图

12.19 计算如图 12.25 所示桁架中节点 3 的位移和两杆的应力。假设杨氏模量和两根杆的横截面积相同，都为 $E=30\times10^6$ lbf/in²，$A=1$ in²。

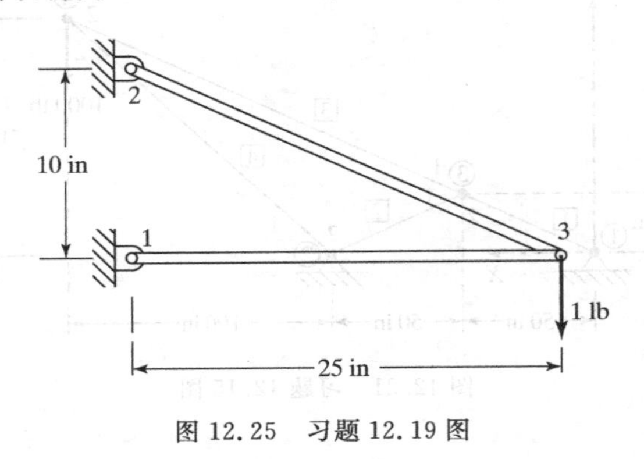

图 12.25 习题 12.19 图

12.20 如图 12.26 所示是一个摇臂钻床的简化模型。若加工过程中，在 A 点产生一个沿 z 方向的大小为 5000 N 的竖直载荷和一个在 xy 平面内大小为 500 N·m 的弯矩，计算机器中产生的应力。立柱理想化为两个梁单元，摇臂理想化为一个梁单元，假设机器所用材料为钢。

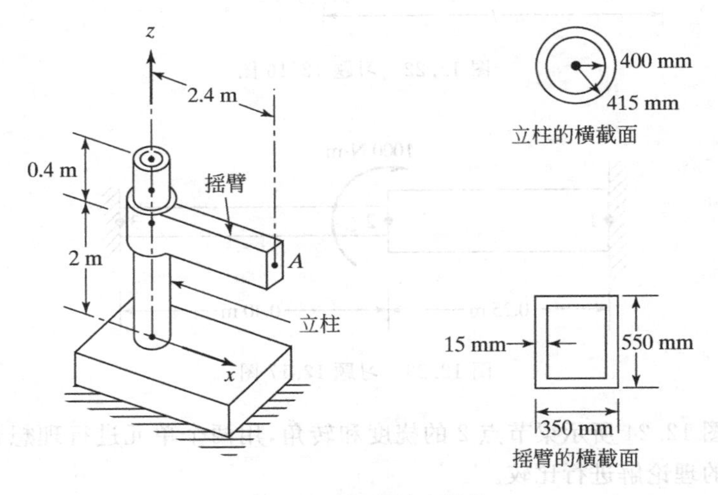

图 12.26 摇臂钻床结构

12.21 如图 12.27 所示曲柄滑块机构中，曲柄以 1000 r/min 的角速度顺时针转动。计算当作用在活塞上的压力为 200 lbf/in²，$\theta=30°$时连杆和曲柄中的应力。活塞的直径为 12 in，机构所用材料为钢。连杆和曲柄都理想化为一个梁单元。曲柄和连杆的长度分别为 12 in 和 48 in。

12.22 一个重为 W 的水箱由一个内径为 d、壁厚为 t、高为 l 的钢管支撑。假设作用于钢管上的风压从 $0\sim P_{\max}$ 线性变化，如图 12.28 所示。把支撑钢管理想化为一个梁单元，

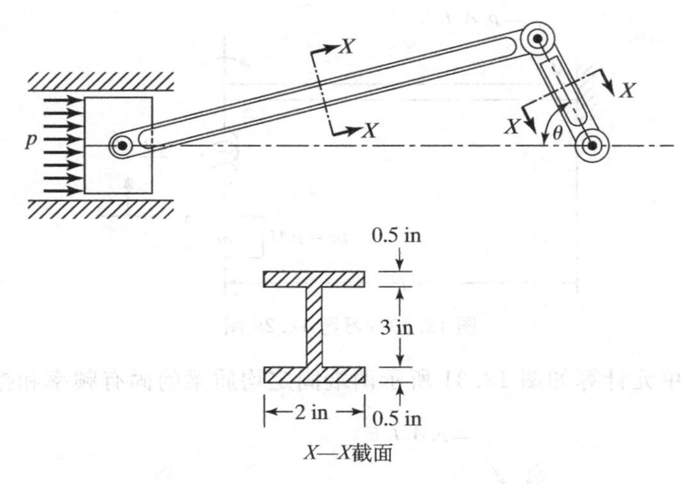

图 12.27 曲柄-滑块机构

计算钢管中的弯曲应力，所用数据如下：$W=10000$ lbf，$l=40$ ft，$d=2$ ft，$t=1$ in，$P_{\max}=100$ lbf/in^2。

12.23 对习题 12.6(图 12.18)中的七杆桁架，求：

(a) 引入边界条件后的系统刚度矩阵；

(b) 在图 12.18 所示载荷作用下桁架的节点位移。

12.24 用一个梁单元计算如图 12.29 所示的均质铰支-自由梁的固有频率。

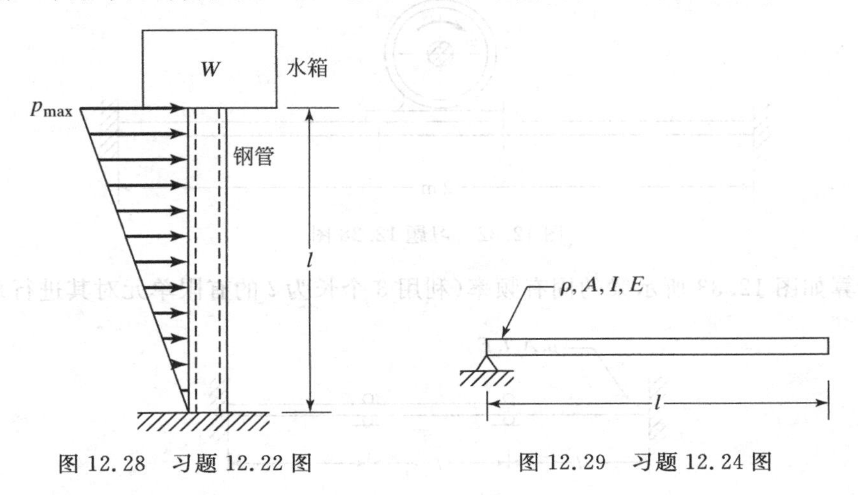

图 12.28 习题 12.22 图　　图 12.29 习题 12.24 图

12.25 用一个梁单元和一个弹簧单元计算如图 12.22 所示一端用弹簧支撑的悬臂梁的固有频率。

12.26 用一个梁单元和一个弹簧单元计算如图 12.30 所示系统的固有频率。

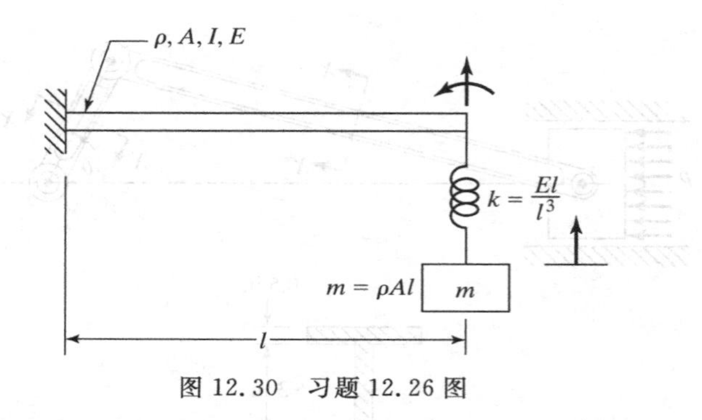

图 12.30　习题 12.26 图

12.27　用两个梁单元计算如图 12.31 所示两端固定均质梁的固有频率和振型。

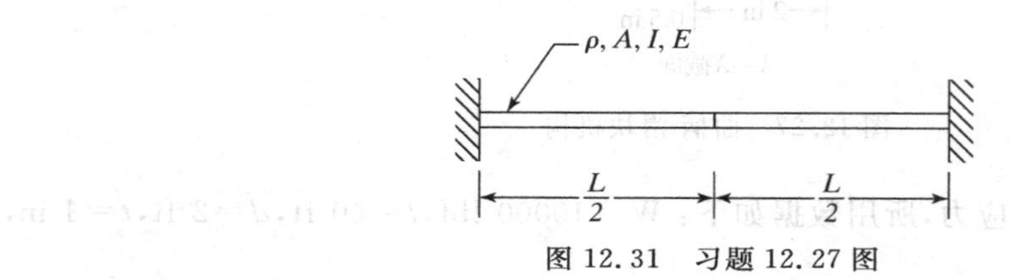

图 12.31　习题 12.27 图

12.28*　一个质量为 100 kg、运转速度为 1800 r/min 的电动机，固定在一个横截面为矩形的两端固定的钢梁的中点，如图 12.32 所示。对该梁进行设计使得此系统的固有频率大于电动机的运转速度。

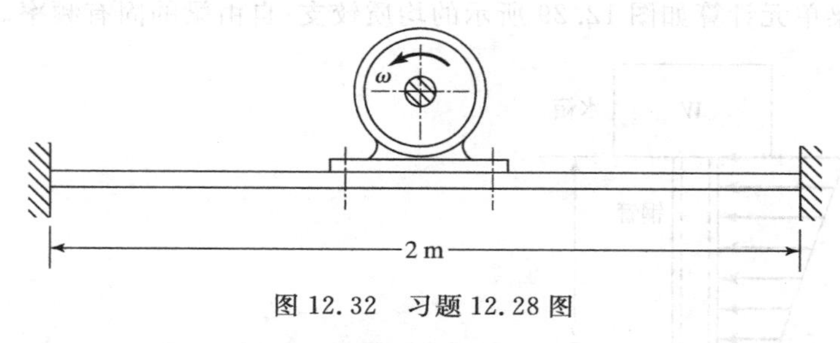

图 12.32　习题 12.28 图

12.29　计算如图 12.33 所示梁的固有频率（利用 3 个长为 l 的有限单元对其进行理想化）。

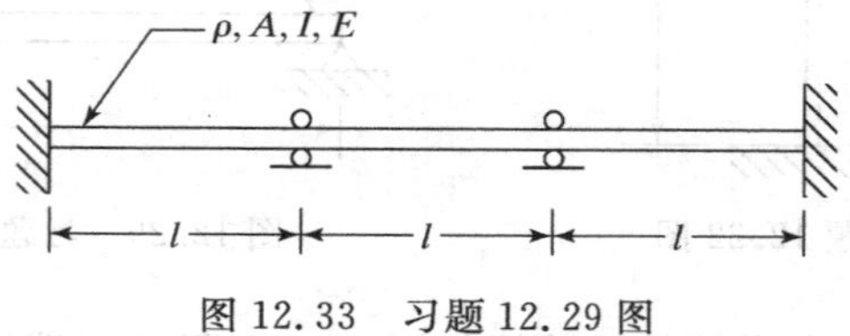

图 12.33　习题 12.29 图

* 星号表示此问题的解不是唯一的。

12.30 如图 12.34 所示，悬臂梁自由端的附着质量为 M，用一个单元对梁进行理想化，求其固有频率。

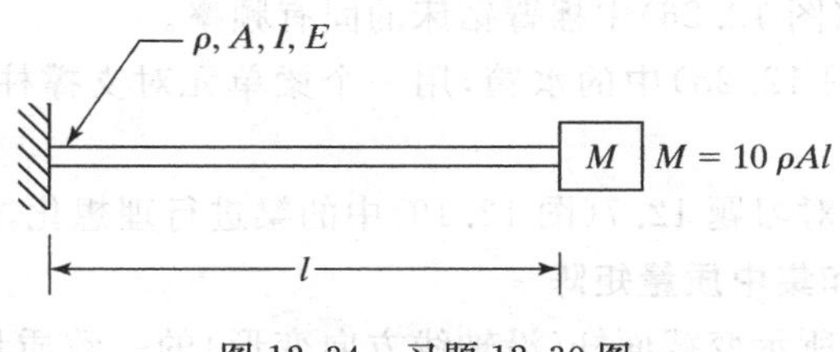

图 12.34 习题 12.30 图

12.31 用两个梁单元对如图 12.35 所示的梁进行理想化，求其振动的固有频率。同时计算当在单元 1 上作用横向的均布载荷 p 时的载荷向量。

12.32 用一个梁单元，计算一个长为 l 的在 $x=0$ 处铰接、在 $x=l$ 处固定的梁的固有频率。

12.33 如图 12.36 所示的阶梯形轴，假设 $\rho_1=\rho_2=\rho, G_1=G_2=G, I_{p1}=2I_{p2}=2I_p, J_1=2J_2=2J, l_1=l_2=l$，求其扭转振动的固有频率。

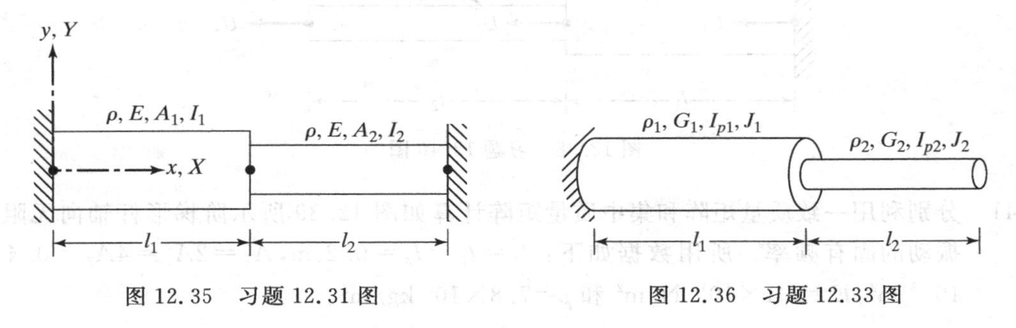

图 12.35 习题 12.31 图　　图 12.36 习题 12.33 图

12.34 如图 12.37(a)所示的阶梯形杆，自由端受到如图 12.37(b)所示的载荷，求其动态响应。

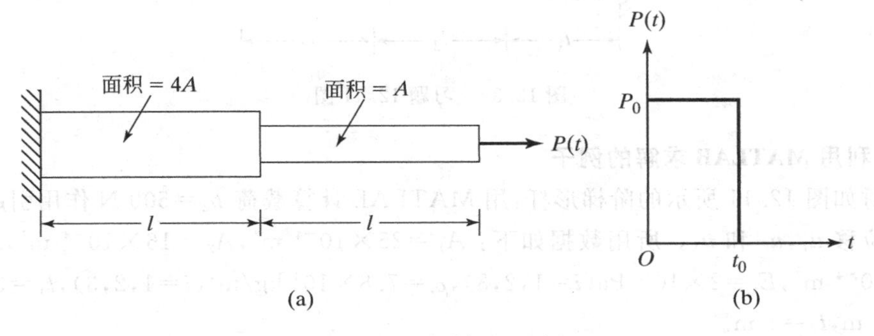

图 12.37 习题 12.34 图

12.35　用一个有限单元，计算长为l、横截面积为A、惯性矩为I、杨氏模量为E、密度为ρ的悬臂梁的固有频率。

12.36　计算习题12.20（图12.26）中摇臂钻床的固有频率。

12.37　对习题12.22（图12.28）中的水箱，用一个梁单元对支撑柱进行理想化，求其固有频率。

12.38　用一个有限单元对习题12.7（图12.19）中的梁进行理想化，求其固有频率。

§12.7　一致质量矩阵和集中质量矩阵

12.39　推导如图12.13所示变截面杆（沿轴线方向变形）的一致质量矩阵和集中质量矩阵（杆的直径沿长度方向由D减小为d）。

12.40　分别利用一致质量矩阵和集中质量矩阵计算如图12.38所示阶梯形杆的固有频率，数据如下：$A_1=2\ \text{in}^2$，$A_2=1\ \text{in}^2$，$E=30\times10^6\ \text{lbf/in}^2$，$\rho_w=0.283\ \text{lbf/in}^3$，$l_1=l_2=50\ \text{in}$。

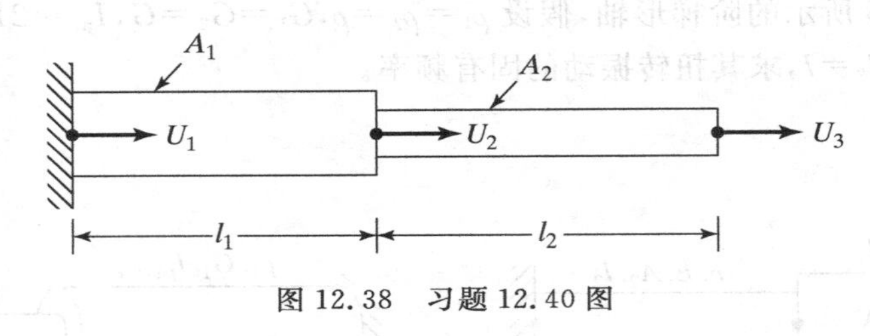

图12.38　习题12.40图

12.41　分别利用一致质量矩阵和集中质量矩阵计算如图12.39所示阶梯形杆轴向无阻尼振动的固有频率。所用数据如下：$l_1=l_2=l_3=0.2\ \text{m}$，$A_1=2A_2=4A_3=0.4\times10^{-3}\ \text{m}^2$，$E=2.1\times10^{11}\ \text{N/m}^2$和$\rho=7.8\times10^3\ \text{kg/m}^3$。

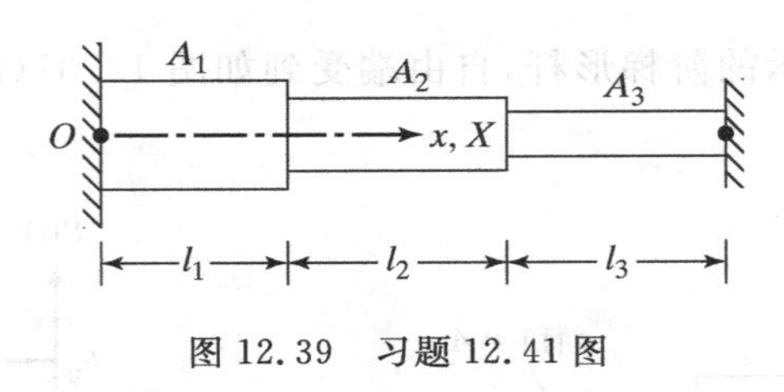

图12.39　习题12.41图

§12.8　利用MATLAB求解的例子

12.42　对如图12.11所示的阶梯形杆，用MATLAB计算载荷$p_3=500\ \text{N}$作用引起的轴向位移u_1，u_2和u_3。所用数据如下：$A_1=25\times10^{-4}\ \text{m}^2$，$A_2=16\times10^{-4}\ \text{m}^2$，$A_3=9\times10^{-4}\ \text{m}^2$，$E_i=2\times10^{11}\ \text{Pa}(i=1,2,3)$，$\rho_i=7.8\times10^3\ \text{kg/m}^3(i=1,2,3)$，$l_1=3\ \text{m}$，$l_2=2\ \text{m}$，$l_3=1\ \text{m}$。

12.43　利用MATLAB计算习题12.42中阶梯形杆的固有频率和振型。

12.44　梁的横截面变化、每一段的长度及约束情况与如图12.12所示的两端固定阶梯形梁类似，利用 MATLAB 程序 Program17.m 计算其固有频率。所用数据如下：

单元的横截面：1，2，3：4 in×4 in，3 in×3 in，2 in×2 in

单元长度：1，2，3：30 in，20 in，10 in

所有单元的杨氏模量：10^7 lbf/in^2

所有单元的重量密度：0.1 lbf/in^3

12.45 编写一个用于计算一般平面桁架的集成刚度矩阵的 MATLAB 程序。

设计题目

12.46 如图 12.40(a)所示，横向振动的均质梁单元以角速度 Ω rad/s 绕竖直轴旋转，试推导其刚度矩阵和质量矩阵，并利用这些矩阵计算旋转速度为 300 r/min 的直升机转子叶片(见图 12.40(b))横向振动的固有频率。假设叶片的横截面为 1 in×12 in 的矩形且其长为 48 in，叶片的材料为铝。

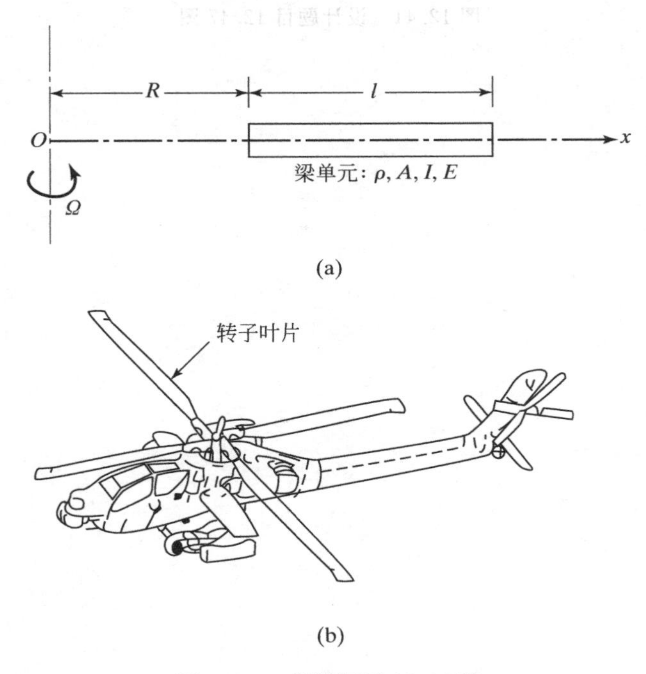

图 12.40 设计题目 12.46 图

12.47 如图 12.41 所示，一个建筑框架可以理想化为两个钢筋混凝土立柱支撑着一个钢质大梁，在其上有一个重为 1000 lbf 的电动机运行。如果电动机的运转速度为 1500 r/min，试对大梁和钢筋混凝土立柱进行设计使得该建筑框架的振动基频大于电动机的运转速度。利用两个梁单元和两个杆单元进行理想化。所用数据如下：

大梁：$E=30\times10^6\ \text{lbf/in}^2$，$\rho=8.8\times10^{-3}\ \text{lbf/in}^3$，$h/b=2$

立柱：$e=4\times10^6\ \text{lbf/in}^2$，$\rho=2.7\times10^{-3}\ \text{lbf/in}^3$

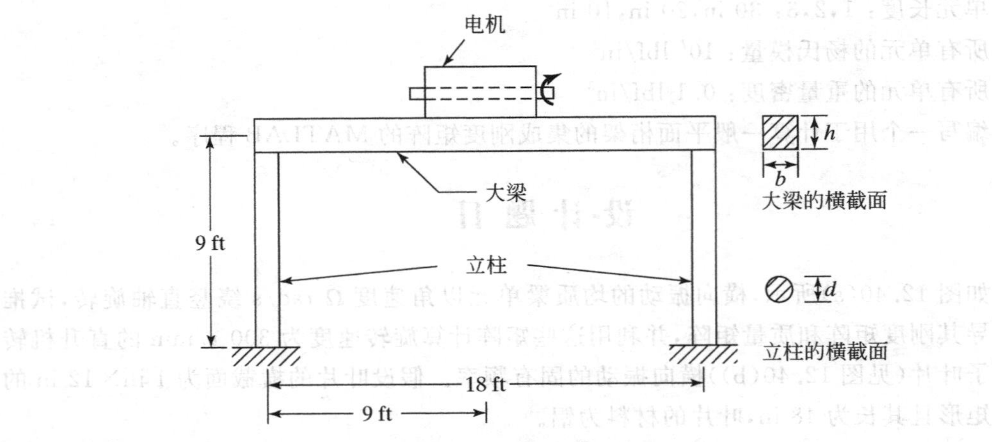

图 12.41　设计题目 12.47 图

庞加莱(Jules Henri Poincaré,1854—1912),法国数学家,巴黎大学天体力学教授,埃可尔(Ecole)工业大学力学教授。他对纯数学和应用数学,特别是对天体力学和电动力学的贡献都是非常巨大的。其关于非线性自治系统奇点的分类在非线性振动理论中占有非常重要的地位。

(引自:Struik D J. *A Concise History of Mathematics*,2nd ed. New York: Dover Publ ications,1948)

第13章 非线性振动

导读

如果一个振动系统的运动微分方程中出现位移或其导数的二次或高次项,则称这个方程是非线性,相应的振动问题就称为非线性振动问题,相应的系统则称为非线性系统。非线性问题往往会包含线性问题所不能预测或揭示的一些现象。本章介绍了几种求解非线性振动问题的方法。在列举了几个非线性振动问题的例子后,首先介绍了精确的解析方法,它们仅能应用于一些简单问题。通过示例解释了求解非线性振动问题的近似解析方法的基本思想,并较详细地介绍了三种常用的方法——林兹泰德摄动法、迭代法和李兹-伽辽金法。通过实际应用问题解释了超谐振动和亚谐振动的概念。还利用林兹泰德摄动法讨论了时变系数系统(Mathieu 方程)的周期解与稳定性。介绍了非线性振动分析的图解法,它可以给出非线性系统行为的定性信息。与非线性系统的相平面表示法相关的概念包括相速度、相轨迹的画法、平衡状态的稳定性、奇点的分类以及极限环。混沌现象是非线性系统固有的一种不可预测的行为,本章讨论了具有稳定和不稳定轨道的非线性映射、分岔以及有外激励项和没有外激励项的达芬(Duffing)方程的混沌行为。最后,给出了利用 MATLAB 求解各种非线性振动问题的示例。

学习目标

学完本章后,读者应能达到以下几点:

- 会识别一个非线性振动问题。
- 利用精确方法求解简单的非线性振动问题。

- 利用各种近似分析方法——林兹泰德摄动法、迭代法以及李兹-伽辽金法求解非线性振动问题。
- 理解超谐和亚谐振动的概念。
- 掌握时变系数系统周期解的求法，并能进行稳定性分析。
- 利用图解法理解非线性系统的行为。
- 理解混沌现象以及与稳定轨道、不稳定轨道和分岔相关的概念。
- 利用 MATLAB 求解非线性振动问题。

13.1 引言

在前述各章中，运动微分方程仅仅包含位移和它对时间导数的一次项，没有位移和速度的二次项或高次项。因此，运动微分方程和相应的系统被称为线性的。为分析方便，大多数系统都被模型化为线性系统。但是实际上，真实系统是非线性的情况比线性的情况更常见[13.1～13.6]。当研究有限小振幅的运动时，非线性分析就变得非常重要。在线性分析中非常有用的叠加原理，在非线性分析中并不适用。由于质量、阻尼和弹簧是振动系统的基本构成，所以控制微分方程中的非线性可以是由这些构成中的任何一种引入的。在许多情况下，线性分析对充分描述物理系统的行为是远远不够的。把一个物理系统模型化为一个非线性系统的主要理由之一是那些有时出现在非线性系统中的完全超出想象的现象——利用线性理论根本无法作出预测甚至没有任何线索。本章介绍几种对非线性振动问题求解的方法，包括一些精确的解析法、近似分析方法、图解法和数值方法。

13.2 非线性振动问题的例子

下面给出几个物理系统中反映非线性特征的实例。

13.2.1 单摆

考虑如图 13.1(a)所示摆长为 l、摆锤质量为 m 的单摆。根据图 13.1(b)，得单摆的自由振动微分方程为

$$ml^2\ddot{\theta} + mgl\sin\theta = 0 \tag{13.1}$$

对于小角度情况，$\sin\theta \approx \theta$，方程(13.1)简化为线性方程

$$\ddot{\theta} + \omega_0^2\theta = 0 \tag{13.2}$$

其中

$$\omega_0 = (g/l)^{1/2} \tag{13.3}$$

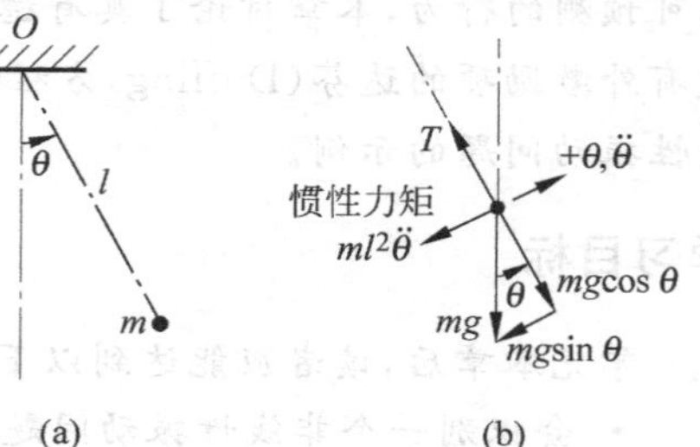

图 13.1 单摆

方程(13.2)的解为

$$\theta(t)=A_0\sin(\omega_0 t+\phi) \tag{13.4}$$

其中，A_0 是摆动的振幅；ϕ 是相角；ω_0 是固有角频率。A_0 和 ϕ 的值由初始条件确定；ω_0 的值与振幅 A_0 无关。式(13.4)表示单摆的近似解。更好的近似可用 $\sin\theta$ 在 $\theta=0$ 附近的两项代替，即 $\sin\theta\approx\theta-\theta^3/6$，则有

$$ml^2\ddot{\theta}+mgl\left(\theta-\frac{\theta^3}{6}\right)=0$$

或

$$\ddot{\theta}+\omega_0^2\left(\theta-\frac{1}{6}\theta^3\right)=0 \tag{13.5}$$

由于方程(13.5)包含立方项 θ^3，所以是非线性方程(属于几何非线性)。方程(13.5)类似于具有非线性弹簧的弹簧-质量系统。如果弹簧是非线性的(属于材料非线性)，恢复力可以表达成 $f(x)$，x 表示弹簧的变形，则弹簧-质量系统的运动微分方程为

$$m\ddot{x}+f(x)=0 \tag{13.6}$$

如果 $\mathrm{d}f/\mathrm{d}x=k=$ 常数，则弹簧是线性的；如果 $\mathrm{d}f/\mathrm{d}x$ 是严格单调递增的，则弹簧被称为**硬弹簧**；如果 $\mathrm{d}f/\mathrm{d}x$ 是严格单调递减的，则弹簧被称为**软弹簧**，如图 13.2 所示。简化的方程(13.5)与方程(13.6)是类似的，于是考虑摆的大幅运动时，这个系统可以看作是具有非线性弹性元件。

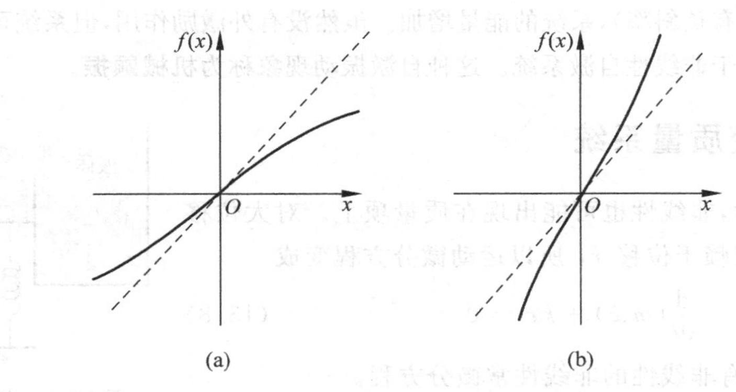

图 13.2 非线性弹簧

(a) 软弹簧；(b) 硬弹簧

13.2.2 机械颤振，皮带摩擦系统

如图 13.3(a)所示，非线性也可能是由阻尼项引起的。系统的非线性行为是由于在质量 m 和运动的皮带之间的干摩擦产生的。这个系统有两个摩擦系数：静摩擦系数 μ_s，它对应着质量块 m 与皮带没有相对运动时所受的摩擦力；动摩擦系数 μ_k，它对应着质量块 m 与

皮带有相对运动时所受的摩擦力。在这两种情况下，沿摩擦面切线方向的摩擦力 F 总是等于摩擦系数与正压力的乘积。

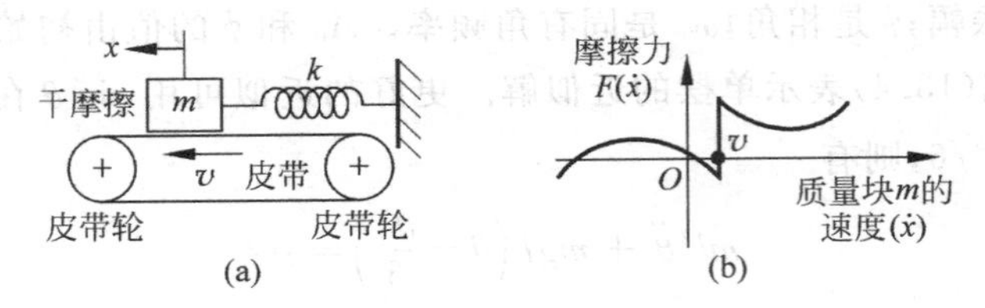

图 13.3 干摩擦阻尼

图 13.3(a)所示系统中，质量块 m 振动的诱发过程如下：质量块 m 开始与皮带保持相对静止。由于质量块 m 随皮带运动产生位移，所以弹簧伸长。随着弹簧的伸长，在质量块上的弹簧力增加，直到超过静摩擦力时质量块开始滑动。质量块快速向右滑动弹簧力不断减小，直到向左的动摩擦力使其静止下来。然后随着质量块一起与皮带运动，弹簧再次产生恢复力。阻尼力随质量块速度的变化如图 13.3(b)所示。运动微分方程可以表达为

$$m\ddot{x}+F(\dot{x})+kx=0 \tag{13.7}$$

其中，摩擦力 F 是 $\dot{x}$ 的非线性函数，如图 13.3(b)所示。

对于较大的$\dot{x}$，阻尼力是正的(曲线具有正斜率)，系统的能量减少；相反，对于较小的$\dot{x}$，阻尼力是负的(曲线具有负斜率)，系统的能量增加。虽然没有外激励作用，但系统可以产生振荡运动，这个系统相当于非线性自激系统。这种自激振动现象称为**机械颤振**。

13.2.3 变质量系统

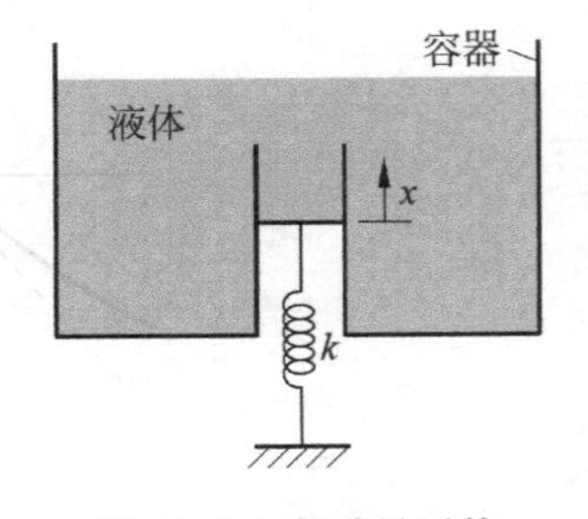

图 13.4 变质量系统

如图 13.4 所示，非线性也可能出现在质量项上。对大位移问题，系统的质量依赖于位移 x，所以运动微分方程变成

$$\frac{\mathrm{d}}{\mathrm{d}t}(m\dot{x})+kx=0 \tag{13.8}$$

这是一个第一项具有非线性的非线性常微分方程。

13.3 精确解法

只有极少数特殊类型的二阶非线性常微分方程才有可能得到精确解。精确解的含义是指得到一个精确的表达式，或者可以获得任何精度数值解的表达式。在这一部分，我们将考虑一个可以获得精确解的简单非线性系统。对具有一般恢复力 $F(x)$ 的单自由度系统，自由振动方程可以表达为

$$\ddot{x} + a^2 F(x) = 0 \tag{13.9}$$

其中，a^2 为常数。方程(13.9)可以重写成

$$\frac{\mathrm{d}}{\mathrm{d}x}(\dot{x}^2) + 2a^2 F(x) = 0 \tag{13.10}$$

假定在 $t=t_0$ 时的初始位移是 x_0，初始速度是零，则对方程(13.10)积分可以得到

$$\dot{x}^2 = 2a^2\int_x^{x_0} F(\eta)\mathrm{d}\eta \quad 或 \quad |\dot{x}| = \sqrt{2}a\left[\int_x^{x_0} F(\eta)\mathrm{d}\eta\right]^{1/2} \tag{13.11}$$

这里，η 是积分变量。方程(13.11)再积分一次得到

$$t - t_0 = \frac{1}{\sqrt{2}a}\int_0^x \frac{\mathrm{d}\xi}{\left[\int_\xi^{x_0} F(\eta)\mathrm{d}\eta\right]^{1/2}} \tag{13.12}$$

这里，ξ 是新的积分变量，时间 t_0 对应于 $x=0$。因此，只要方程(13.12)中的积分能够以封闭的形式给出，其就给出了方程(13.9)的精确解。在计算方程(13.12)的积分后，将所得结果转化，可以得到位移-时间关系。如果 $F(x)$是奇函数，则

$$F(-x) = -F(x) \tag{13.13}$$

考虑到方程(13.12)是从零位移到最大位移的积分，则可以得到振动的周期 τ 为

$$\tau = \frac{4}{\sqrt{2}a}\int_0^{x_0} \frac{\mathrm{d}\xi}{\left[\int_\xi^{x_0} F(\eta)\mathrm{d}\eta\right]^{1/2}} \tag{13.14}$$

例如，若设 $F(x)=x^n$，方程(13.12)和方程(13.14)变成

$$t - t_0 = \frac{1}{a}\sqrt{\frac{n+1}{2}}\int_0^{x_0} \frac{\mathrm{d}\xi}{(x_0^{n+1} - \xi^{n+1})^{1/2}} \tag{13.15}$$

和

$$\tau = \frac{4}{a}\sqrt{\frac{n+1}{2}}\int_0^{x_0} \frac{\mathrm{d}\xi}{(x_0^{n+1} - \xi^{n+1})^{1/2}} \tag{13.16}$$

通过变换 $y=\xi/x_0$，方程(13.16) 可以写成

$$\tau = \frac{4}{a}\frac{1}{(x_0^{n-1})^{1/2}}\sqrt{\frac{n+1}{2}}\int_0^1 \frac{\mathrm{d}y}{(1 - y^{n+1})^{1/2}} \tag{13.17}$$

这个表达式可以获得任何精度的数值解。

13.4 近似分析方法

非线性振动问题如果没有精确解，我们至少希望找到近似解。虽然求非线性振动问题的近似解时解析方法和数值方法都是可用的，但是解析方法更是人们所希望的。其理由是一旦获得解析解，就可以取得任何数值结果并且可以找到解的范围。下面讨论 4 种近似分析的方法。

13.4.1 基本原理

把控制非线性系统振动的微分方程用由 n 个一阶微分方程构成的方程组来描述①

$$\dot{\boldsymbol{x}}(t)=\boldsymbol{f}(\boldsymbol{x},t)+\alpha\boldsymbol{g}(\boldsymbol{x},t) \tag{13.18}$$

这里，非线性项假设仅仅出现在 $\boldsymbol{g}(\boldsymbol{x},t)$ 上，α 是小参数。方程(13.18)中，

$$\boldsymbol{x}=\begin{Bmatrix}x_1\\x_2\\\vdots\\x_n\end{Bmatrix},\quad \dot{\boldsymbol{x}}=\begin{Bmatrix}\mathrm{d}x_1/\mathrm{d}t\\\mathrm{d}x_2/\mathrm{d}t\\\vdots\\\mathrm{d}x_n/\mathrm{d}t\end{Bmatrix},\quad \boldsymbol{f}(\boldsymbol{x},t)=\begin{Bmatrix}f_1(x_1,x_2,\cdots,x_n,t)\\f_2(x_1,x_2,\cdots,x_n,t)\\\vdots\\f_n(x_1,x_2,\cdots,x_n,t)\end{Bmatrix}$$

及

$$\boldsymbol{g}(\boldsymbol{x},t)=\begin{Bmatrix}g_1(x_1,x_2,\cdots,x_n,t)\\g_2(x_1,x_2,\cdots,x_n,t)\\\vdots\\g_n(x_1,x_2,\cdots,x_n,t)\end{Bmatrix}$$

具有非线性项微分方程的解假设为小参数的展开式是由庞加莱首先提出的。他假设方程(13.18)的解是下列级数形式

$$\boldsymbol{x}(t)=\boldsymbol{x}_0(t)+\alpha\boldsymbol{x}_1(t)+\alpha^2\boldsymbol{x}_2(t)+\alpha^3\boldsymbol{x}_3(t)+\cdots \tag{13.19}$$

形如式(13.19)的级数解有两个基本特征

(1) 当 $\alpha\to 0$ 时，方程(13.19)退化为线性方程 $\dot{\boldsymbol{x}}=\boldsymbol{f}(\boldsymbol{x},t)$ 的精确解；

(2) 当参数 α 的值比较小时，式(13.19)所示的级数解快速收敛，以致即使取前 2 项或前 3 项就可能得到适当精确的解。

在这一部分介绍的各种近似解析方法是式(13.19)所包含的基本思想的改进或修正。虽然庞加莱解即式(13.19)仅仅对小参数 α 有效，但这种方法仍然适合于大参数系统。现在作为例子，利用庞加莱方法求单摆的运动微分方程，即式(13.5)的解。

方程 (13.5) 可以写成

$$\ddot{x}+\omega_0^2x+\alpha x^3=0 \tag{13.20}$$

其中，$x=\theta,\omega_0=(g/l)^{1/2},\alpha=-\omega_0^2/6$。方程(13.20)是熟知的自由达芬方程。假设是弱非线性(即 α 是小参数)，则方程(13.20) 的解可以表示成

$$x(t)=x_0(t)+\alpha x_1(t)+\alpha^2x_2(t)+\cdots+\alpha^nx_n(t)+\cdots \tag{13.21}$$

其中，$x_i(t)(i=0,1,2,\cdots,n)$是待定函数。取方程(13.21)的两项近似，则方程(13.20)可以写成

① 在式(13.18)中，由于显含时间 t，此类方程所代表的系统称为非自治系统。与之相反，如下形式的控制方程

$$\dot{\boldsymbol{x}}(t)=\boldsymbol{f}(x)+\alpha\boldsymbol{g}(x)$$

由于不显含时间 t，此类方程所代表的系统称为自治系统。

$$(\ddot{x}_0+\alpha\ddot{x}_1)+\omega_0^2(x_0+\alpha x_1)+\alpha(x_0+\alpha x_1)^3=0$$

即

$$(\ddot{x}_0+\omega_0^2x_0)+\alpha(\ddot{x}_1+\omega_0^2x_1+x_0^3)+\alpha^2(3x_0^2x_1)+\alpha^3(3x_0x_1^2)+\alpha^4x_1^3=0 \tag{13.22}$$

如果忽略 α^2,α^3 和 α^4 项（因为 α 是小参数），则下列方程成立：

$$\ddot{x}_0+\omega_0^2x_0=0 \tag{13.23}$$

$$\ddot{x}_1+\omega_0^2x_1=-x_0^3 \tag{13.24}$$

方程(13.23)的解可以表示为

$$x_0(t)=A_0\sin(\omega_0t+\phi) \tag{13.25}$$

考虑到式(13.25)，方程(13.24)变成

$$\begin{aligned}\ddot{x}_1+\omega_0^2x_1&=-A_0^3\sin^3(\omega_0t+\phi)\\&=-A_0^3\left[\frac{3}{4}\sin(\omega_0t+\phi)-\frac{1}{4}\sin 3(\omega_0t+\phi)\right]\end{aligned} \tag{13.26}$$

方程(13.26)的特解是（代入后可以验证）

$$x_1(t)=\frac{3}{8\omega_0}tA_0^3\cos(\omega_0t+\phi)-\frac{A_0^3}{32\omega_0^2}\sin 3(\omega_0t+\phi) \tag{13.27}$$

因此方程(13.20)的近似解为

$$\begin{aligned}x(t)&=x_0(t)+\alpha x_1(t)\\&=A_0\sin(\omega_0t+\phi)+\frac{3\alpha t}{8\omega_0}A_0^3\cos(\omega_0t+\phi)-\frac{A_0^3\alpha}{32\omega_0^2}\sin 3(\omega_0t+\phi)\end{aligned} \tag{13.28}$$

根据 $x(t)$ 的初始条件可以确定常数 A_0 和 ϕ。

注意：

(1) 由于式(13.28)右边第二项不具有周期性，因此即使是弱非线性（即 α 是小参数）的情况，该解也是非周期的。一般来说，如果只取有限项，则由式(13.21)确定的解将不是周期的。

(2) 由于式(13.28)中存在第二项，所以整体解随着时间 t 趋向无穷大而趋向无穷大。众所周知，方程(13.20)的精确解对所有时间 t 是有界的。导致解(13.28)的无界性的原因是在式(13.21)中仅取了两项。方程(13.28) 的第二项称为**长期项**[①]。式(13.21)中无穷级数的收敛性将导致方程(13.20)的解的有界性。为了说明这一点，考察 $\sin(\omega t+\alpha t)$ 的泰勒展开式

$$\sin(\omega+\alpha)t=\sin\omega t+\alpha t\cos\omega t-\frac{\alpha^2t^2}{2!}\sin\omega t-\frac{\alpha^3t^3}{3!}\cos\omega t+\cdots \tag{13.29}$$

如果仅仅取式(13.29)右边的前两项，当 $t\to\infty$ 时解将趋向无穷大。然而，这个函数本身和它的无穷级数表达式都是有界的。

① 有的中文文献中也称为永年项。——译者

13.4.2　林兹泰德(Lindstedt)摄动方法

这种方法假设角频率和解都是振幅 A_0 的函数。在这种方法中，每一步都要根据使近似解保持周期性来消除长期项[13.5]。假设解和角频率的形式分别如下

$$x(t) = x_0(t) + \alpha x_1(t) + \alpha^2 x_2(t) + \cdots \tag{13.30}$$

$$\omega^2 = \omega_0^2 + \alpha\omega_1(A_0) + \alpha^2\omega_2(A_0) + \cdots \tag{13.31}$$

作为摄动方法的例子，仍讨论单摆运动微分方程(即式(13.20))的解。在式(13.30)和式(13.31)中仅取 α 的线性项，有

$$x(t) = x_0(t) + \alpha x_1(t) \tag{13.32}$$

$$\omega^2 = \omega_0^2 + \alpha\omega_1(A_0) \quad 或 \quad \omega_0^2 = \omega^2 - \alpha\omega_1(A_0) \tag{13.33}$$

把式(13.32)和式(13.33)代入式(13.20)，得到

$$\ddot{x}_0 + \alpha\ddot{x}_1 + [\omega^2 - \alpha\omega_1(A_0)][x_0 + \alpha x_1] + \alpha[x_0 + \alpha x_1]^3 = 0$$

即

$$\begin{aligned}\ddot{x}_0 + \omega_0^2 x_0 &+ \alpha(\omega^2 x_1 + x_0^3 - \omega_1 x_0 + \ddot{x}_1) \\ &+ \alpha^2(3x_1 x_0^2 - \omega_1 x_1) + \alpha^3(3x_1^2 x_0) + \alpha^4 x_1^3 = 0\end{aligned} \tag{13.34}$$

在方程(13.34)中忽略含 α 的高次幂 α^2，α^3 和 α^4 的项，得到

$$\ddot{x}_0 + \omega^2 x_0 = 0 \tag{13.35}$$

$$\ddot{x}_1 + \omega^2 x_1 = -x_0^3 + \omega_1 x_0 \tag{13.36}$$

方程(13.35)的解为

$$x_0(t) = A_0\sin(\omega t + \phi) \tag{13.37}$$

代入方程(13.36)，得到

$$\begin{aligned}\ddot{x}_1 + \omega^2 x_1 &= -[A_0\sin(\omega t + \phi)]^3 + \omega_1[A_0\sin(\omega t + \phi)] \\ &= -\frac{3}{4}A_0^3\sin(\omega t + \phi) + \frac{1}{4}A_0^3\sin 3(\omega t + \phi) + \omega_1 A_0\sin(\omega t + \phi)\end{aligned} \tag{13.38}$$

式(13.38)中右边的第一项和最后一项将引起长期项，根据消除长期项的条件，即令 $\sin(\omega t + \phi)$ 的系数为零，得

$$\omega_1 = \frac{3}{4}A_0^2, \quad A_0 \neq 0 \tag{13.39}$$

这样式(13.38)变成

$$\ddot{x}_1 + \omega^2 x_1 = \frac{1}{4}A_0^3\sin 3(\omega t + \phi) \tag{13.40}$$

方程(13.40)的解为

$$x_1(t) = A_1\sin(\omega t + \phi_1) - \frac{A_0^3}{32\omega^2}\sin 3(\omega t + \phi) \tag{13.41}$$

假设初始条件为 $x(t=0) = A$ 和 $\dot{x}(t=0) = 0$。利用林兹泰德方法时，应使解 $x_0(t)$(即

式(13.37))满足初始条件

$$x(0)=A=A_0\sin\phi,\quad \dot{x}(0)=0=A_0\omega\cos\phi$$

或

$$A_0=A \quad 及 \quad \phi=\frac{\pi}{2}$$

由于 $x_0(t)$ 本身满足初始条件,所以解 $x_1(t)$(即式(13.41))必须满足零初始条件。① 因此

$$x_1(0)=0=A_1\sin\phi_1-\frac{A_0^3}{32\omega^2}\sin 3\phi$$

$$\dot{x}_1(0)=0=A_1\omega\cos\phi_1-\frac{A_0^3}{32\omega^2}(3\omega)\cos 3\phi$$

由于 $A_0=A$ 和 $\phi=\pi/2$,根据以上方程解得

$$A_1=-\frac{A^3}{32\omega^2} \quad 和 \quad \phi_1=\frac{\pi}{2}$$

因此方程(13.20)的全解为

$$x(t)=A_0\sin(\omega t+\phi)-\frac{\alpha A_0^3}{32\omega^2}\sin 3(\omega t+\phi) \tag{13.42}$$

并且

$$\omega^2=\omega_0^2+\alpha\,\frac{3}{4}A_0^2 \tag{13.43}$$

式(13.30)中考虑 3 项的情况见习题 13.11。注意:林兹泰德方法仅能给出方程(13.20)的周期解,即使周期解不存在,它也不能求出非周期解。

13.4.3　迭代法

在基本的迭代法中,首先是把原方程忽略某些项后进行求解。然后把解的结果代入原方程,得到改进的近似解。仍以达芬方程为例说明迭代法的求解过程。此处讨论的达芬方程是简谐激励下,具有阻尼和非线性弹簧的单自由度系统。下面首先讨论无阻尼方程的解。

1. 无阻尼方程的解

如果忽略阻尼,达芬方程可以写成

$$\ddot{x}+\omega_0^2x\pm\alpha x^3=F\cos\omega t$$

或

$$\ddot{x}=-\omega_0^2x\mp\alpha x^3+F\cos\omega t \tag{13.44}$$

作为第一次近似,假设其解为

$$x_1(t)=A\cos\omega t \tag{13.45}$$

① 如果 $x_0(t)$ 满足初始条件,式(13.30)中的 $x_1(t),x_2(t),\cdots$ 必满足零初始条件。

这里，A是未知数。把式(13.45)代入方程(13.44)，可以得到第二次近似后的微分方程

$$\ddot{x}_2 = -A\omega_0^2\cos\omega t \mp A^3\alpha\cos^3\omega t + F\cos\omega t \tag{13.46}$$

利用恒等式

$$\cos^3\omega t = \frac{3}{4}\cos\omega t + \frac{1}{4}\cos 3\omega t \tag{13.47}$$

方程(13.46)可以改写成

$$\ddot{x}_2 = -\left(A\omega_0^2 \pm \frac{3}{4}A^3\alpha - F\right)\cos\omega t \mp \frac{1}{4}A^3\alpha\cos 3\omega t \tag{13.48}$$

积分这个方程并且使积分常数为零（为了使谐波解具有周期 $\tau=2\pi/\omega$），可以得到第2次近似的解为

$$x_2(t) = \frac{1}{\omega^2}\left(A\omega_0^2 \pm \frac{3}{4}A^3\alpha - F\right)\cos\omega t \pm \frac{A^3\alpha}{36\omega^6}\cos 3\omega t \tag{13.49}$$

达芬认为，如果 $x_1(t)$ 和 $x_2(t)$ 是 $x(t)$ 的较好近似，那么式(13.45)和式(13.49)中 $\cos\omega t$ 的系数不应该有很大的误差。因此令它们相等，则得到

$$A = \frac{1}{\omega^2}\left(A\omega_0^2 \pm \frac{3}{4}A^3\alpha - F\right)$$

或

$$\omega^2 = \omega_0^2 \pm \frac{3}{4}A^2\alpha - \frac{F}{A} \tag{13.50}$$

由于此处只是说明迭代法的过程，故可停止用二次近似解继续迭代。令 $\alpha=0$，式(13.50)就退化为线性弹簧情况下的精确解：

$$A = \frac{F}{\omega_0^2 - \omega^2} \tag{13.51}$$

这里，A表示线性系统谐波响应的振幅。对于一个非线性系统（$\alpha\neq 0$），方程(13.50)表示激励频率 ω 与 α、A 和 F 之间的函数关系。注意 A 在非线性系统中并不是谐波响应的振幅，而仅仅是它的解的第1项的系数。然而它通常被看作系统谐波响应的振幅。① 对非线性自由振动，有 $F=0$，则方程(13.50)退化为

$$\omega^2 = \omega_0^2 \pm \frac{3}{4}A^2\alpha \tag{13.52}$$

这个方程表示响应的频率，对于硬弹簧系统，随振幅的增加而增加；对于软弹簧系统，随振幅的增加而减少。方程(13.52)的解与采用林兹泰德方法得到的解（式(13.43)）是完全相同的。

对于线性系统和非线性系统，当 $F\neq 0$（受迫振动）时，对任何给定的振幅 $|A|$，频率 ω 都有两个值：一个 ω 值比自由振动时该振幅对应的频率小，另一个 ω 值比自由振动时该振幅对应的频率大。对较小的 ω 值，$A>0$，系统的谐波响应和强迫力同相位；对较大的 ω 值，

---

① 可以看出，第一次近似的解即式(13.45)满足初始条件 $x(0)=A$ 和 $\dot{x}(0)=0$。

$A<0$，系统的谐波响应和强迫力反相位。注意我们仅仅讨论了达芬方程的谐波解，即现在的分析只考虑了和外激励 $F\cos\omega t$ 频率相同的解。达芬方程还可能产生如 $\frac{1}{2}\omega,\frac{1}{3}\omega,\cdots,\frac{1}{n}\omega$ 等分数频率响应。这样的振动称为**亚谐振动**，将在 13.5 节中讨论。

2. 阻尼方程的解

如果考虑黏性阻尼，可以得到达芬方程为

$$\ddot{x}+c\dot{x}+\omega_0^2\omega_0^2 x\pm\alpha x^3=F\cos\omega t \tag{13.53}$$

对于阻尼系统，在前面的章节中我们已经观察到强迫力和响应之间有一个相位差。通常是首先规定强迫力的相位，然后再确定解的相位。然而为了方便起见，此处先固定解的相位，然后将强迫力的相位用一个待定的量来表示。把微分方程(13.53)写成

$$\ddot{x}+c\dot{x}+\omega_0^2 x\pm\alpha x^3=F\cos(\omega t+\phi)=A_1\cos\omega t-A_2\sin\omega t \tag{13.54}$$

强迫力的振幅 $F=(A_1^2+A_2^2)^{1/2}$ 和比 $A_1/A_2=\arctan\phi$ 是确定的。假设 c,A_1 和 A_2 都是 α 的同阶小量。与讨论方程 (13.44)时的情况一样，假设第一阶近似解为

$$x_1=A\cos\omega t \tag{13.55}$$

这里，假设 A 是固定的，ω 是待定的。把式(13.55)代入方程(13.54)，利用关系式(13.47)得

$$\left[(\omega_0^2-\omega^2)A\pm\frac{3}{4}\alpha A^3\right]\cos\omega t-c\omega A\sin\omega t\pm\frac{\alpha A^3}{4}\cos 3\omega t$$
$$=A_1\cos\omega t-A_2\sin\omega t \tag{13.56}$$

忽略含 $\cos 3\omega t$ 的项并且比较方程(13.56)两边 $\cos\omega t$ 和 $\sin\omega t$ 的系数，得到下列关系

$$(\omega_0^2-\omega^2)A\pm\frac{3}{4}\alpha A^3=A_1 \tag{13.57a}$$

$$c\omega A=A_2 \tag{13.57b}$$

把方程(13.57)的两边平方后相加，得到强迫力和常量 A 及 ω 之间的关系

$$\left[(\omega_0^2-\omega^2)A\pm\frac{3}{4}\alpha A^3\right]^2+(c\omega A)^2=A_1^2+A_2^2=F^2 \tag{13.58}$$

方程(13.58)可以写成

$$S^2(\omega,A)+c^2\omega^2A^2=F^2 \tag{13.59}$$

其中

$$S(\omega,A)=(\omega_0^2-\omega^2)A\pm\frac{3}{4}\alpha A^3 \tag{13.60}$$

如果 $c=0$，则方程(13.59)退化为 $S(\omega,A)=F$，这与方程(13.50)是相同的。方程(13.59)对应的响应曲线如图 13.5 所示。

3. 跳跃现象

如前所述，非线性系统出现的跳跃现象在线性系统中是不会出现的。如图 13.6 所示，

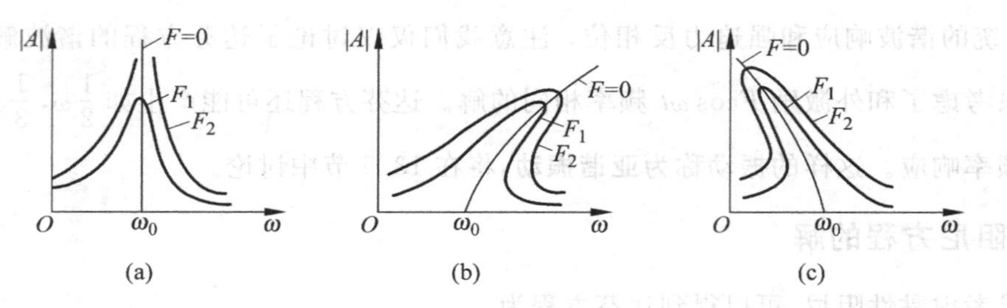

图 13.5 达芬方程的响应曲线

(a) $\alpha=0$；(b) $\alpha>0$；(c) $\alpha<0$

由方程(13.54)描述的系统的振幅会随着激励频率 ω 的增加或减少产生突然增加或减少的现象。对于一个确定的 F 值，当激励频率 ω 缓慢增加时，振幅将沿着曲线上点 1,2,3,4,5 变化，并且振幅在曲线上由点 3 跳跃到点 4。同样，当激励频率 ω 缓慢减少时，振幅将沿着点 5,4,6,7,2,1 变化，并且振幅在曲线上由点 6 跳跃到点 7。这种行为称为**跳跃现象**。如图 13.6 中的阴影部分所示，显然，对于一个给定的激励频率，对应两个振幅。在某种意义上，阴影区的下边界曲线是不稳定的。因此，跳跃现象的理解在数学上变成了周期解的稳定性分析。跳跃现象也可以通过实验研究观察到。

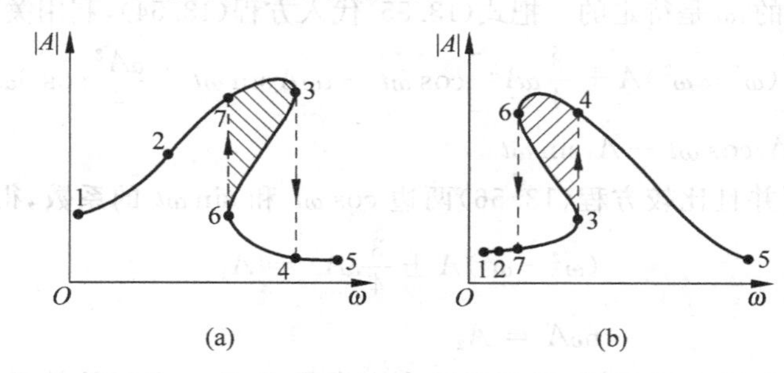

图 13.6 跳跃现象

(a) $\alpha>0$(硬弹簧)；(b) $\alpha<0$(软弹簧)

13.4.4 李兹-伽辽金法

李兹-伽辽金法(Ritz-Galerkin)法是按平均法的思想，通过满足控制非线性微分方程得到问题的近似解。为了说明这种方法，首先把非线性微分方程表达成

$$E[x]=0 \tag{13.61}$$

假设方程(13.61)的一个近似解为

$$\underset{\sim}{x}(t)=a_1\phi_1(t)+a_2\phi_2(t)+\cdots+a_n\phi_n(t) \tag{13.62}$$

这里，$\phi_1(t),\phi_2(t),\cdots,\phi_n(t)$ 是假定的时间函数；$a_1,a_2,\cdots,a_n$ 是待定的权系数。如果把方程(13.62)代入方程(13.61)，可以得到函数 $E[\underset{\sim}{x}(t)]$。由于一般来说 $\underset{\sim}{x}(t)$ 不是方程(13.61)的精确解，所以 $\underset{\sim}{E}(t)=E[\underset{\sim}{x}(t)]$ 将不等于零。然而，$\underset{\sim}{E}[t]$ 的值可以作为近似解

准确程度的量度。事实上，当 $\underset{\sim}{E}[t]\to 0$ 时，有 $\underset{\sim}{x}\to x$。

权系数 a_i 通过使下列积分的值最小确定

$$\int_0^\tau \underset{\sim}{E}^2[t]\mathrm{d}t \tag{13.63}$$

这里，τ 表示运动的周期。为使函数(13.63)的值最小，需

$$\frac{\partial}{\partial a_i}\left(\int_0^\tau \underset{\sim}{E}^2[t]\mathrm{d}t\right)=2\int_0^\tau \underset{\sim}{E}[t]\,\frac{\partial \underset{\sim}{E}[t]}{\partial a_i}\mathrm{d}t=0,\quad i=1,2,\cdots,n \tag{13.64}$$

联立求解方程(13.64)表示的 n 个代数方程，从而得到 $a_1,a_2,\cdots,a_n$。下面通过一个具体的例子来说明此法的求解过程。

例 13.1 利用李兹-伽辽金法求单摆的运动微分方程

$$E[x]=\ddot{x}+\omega_0^2 x-\frac{\omega_0^2}{6}x^3=0 \tag{E.1}$$

的一项近似解。

解：假设 $x(t)$ 的一项近似解为

$$\underset{\sim}{x}(t)=A_0\sin\omega t \tag{E.2}$$

由方程(E.1)和方程(E.2)得到

$$\begin{aligned}E[\underset{\sim}{x}(t)]&=-\omega^2A_0\sin\omega t+\omega_0^2\left(A_0\sin\omega t-\frac{1}{6}\sin^3\omega t\right)\\&=\left(\omega_0^2-\omega^2-\frac{1}{8}\omega_0^2A_0^2\right)A_0\sin\omega t+\frac{\omega_0^2}{24}A_0^3\sin 3\omega t\end{aligned} \tag{E.3}$$

为得到 A_0，李兹-伽辽金法要求下列积分有最小值

$$\int_0^\tau E^2[\underset{\sim}{x}(t)]\mathrm{d}t \tag{E.4}$$

利用方程 (13.64)得

$$\begin{aligned}\int_0^\tau \underset{\sim}{E}\,\frac{\partial \underset{\sim}{E}}{\partial A_0}\mathrm{d}t=&\int_0^\tau\left[\left(\omega_0^2-\omega^2-\frac{1}{8}\omega_0^2A_0^2\right)A_0\sin\omega t+\frac{\omega_0^2}{24}A_0^3\sin 3\omega t\right]\\&\cdot\left[\left(\omega_0^2-\omega^2\right)\left(-\frac{1}{8}\omega_0^2A_0^2\right)\sin\omega t+\frac{1}{8}\omega_0^2A_0^2\sin 3\omega t\right]\mathrm{d}t=0\end{aligned}$$

即

$$\begin{aligned}&A_0\left(\omega_0^2-\omega^2-\frac{1}{8}\omega_0^2A_0^2\right)\left(\omega_0^2-\omega^2-\frac{3}{8}\omega_0^2A_0^2\right)\int_0^\tau\sin^2\omega t\,\mathrm{d}t\\&+\frac{\omega_0^2A_0^3}{24}\left(\omega_0^2-\omega^2-\frac{3}{8}\omega_0^2A_0^2\right)\int_0^\tau\sin\omega t\sin 3\omega t\,\mathrm{d}t\\&+\frac{1}{8}\omega_0^2A_0^2\left(\omega_0^2-\omega^2-\frac{3}{8}\omega_0^2A_0^2\right)\int_0^\tau\sin\omega t\sin 3\omega t\,\mathrm{d}t\\&+\frac{\omega_0^4A_0^5}{192}\int_0^\tau\sin^2 3\omega t\,\mathrm{d}t=0\end{aligned}$$

即

$$A_0\left[\left(\omega_0^2-\omega^2-\frac{1}{8}\omega_0^2A_0^2\right)\left(\omega_0^2-\omega^2-\frac{3}{8}\omega_0^2A_0^2\right)+\frac{\omega_0^4A_0^4}{192}\right]=0 \tag{E.5}$$

对非平凡解，$A_0\neq0$，由方程(E.5)得到

$$\omega^4+\omega^2\omega_0^2\left(\frac{1}{2}A_0^2-2\right)+\omega_0^4\left(1-\frac{1}{2}A_0^2+\frac{5}{96}A_0^4\right)=0 \tag{E.6}$$

解关于 ω^2 的一元二次方程(E.6)，可得

$$\omega^2=\omega_0^2(1-0.147\,938A_0^2) \tag{E.7}$$

$$\omega^2=\omega_0^2(1-0.352\,062A_0^2) \tag{E.8}$$

可以验证，方程(E.7)确定的 ω^2 使式(E.4)取得最小值，而方程(E.8)确定的 ω^2 使式(E.4)取得最大值。因此由式(E.2)给出的方程(E.1)的解中

$$\omega^2=\omega_0^2(1-0.147\,938A_0^2) \tag{E.9}$$

这个表达式和林兹泰德法的结果即式(13.43)以及迭代法的结果即式(13.52)比较接近

$$\omega^2=\omega_0^2(1-0.125A_0^2) \tag{E.10}$$

利用 $x(t)$ 的两项近似解可以改善解的精度：

$$\underset{\sim}{x}(t)=A_0\sin\omega t+A_3\sin3\omega t \tag{E.11}$$

对于解(E.11)，利用方程(13.64)可以得到关于 A_0 和 A_3 的两个代数方程，但必须采用数值方法求解。

其他近似方法，例如等效线性化方法和谐波平衡法，对于求解非线性振动问题也是非常有效的。[13.10～13.12] 利用这些方法，人们得到了单自由度系统的自由振动响应[13.13,13.14]、两自由度系统的自由振动响应[13.15]、弹性梁的自由振动响应[13.16,13.17]和受迫振动系统的瞬态响应[13.18,13.19]。在文献[13.30]中，兰德尔(Crandall)讨论了几个结构动力学中的非线性问题。

13.5 亚谐振动和超谐振动

在第3章中，我们注意到对于线性系统，当激励频率为某一确定值时，稳态响应将具有与之相同的频率。然而，非线性系统还会出现亚谐振动和超谐振动。亚谐振动的频率 ω_n 与激励频率 ω 的关系为

$$\omega_n=\frac{\omega}{n} \tag{13.65}$$

这里，n 是整数，$n=2,3,4,\cdots$。类似地，超谐振动的频率 ω_n 与激励频率 ω 的关系为

$$\omega_n=n\omega \tag{13.66}$$

这里，$n=2,3,4,\cdots$。

13.5.1 亚谐振动

下面讨论下列方程(无阻尼达芬方程)确定的无阻尼摆的$\frac{1}{3}$亚谐振动

$$\ddot{x}+\omega_0^2x+\alpha x^3=F\cos 3\omega t \tag{13.67}$$

这里,α 是小参数。采用摄动方法寻找下列形式的解

$$x(t)=x_0(t)+\alpha x_1(t) \tag{13.68}$$

$$\omega^2=\omega_0^2+\alpha\omega_1 \quad 或 \quad \omega_0^2=\omega^2-\alpha\omega_1 \tag{13.69}$$

这里,ω 表示解的基频$\left(等于激励频率的\frac{1}{3}\right)$。把式(13.68)和式(13.69)代入式(13.67)得到

$$\ddot{x}_0+\alpha\ddot{x}_1+\omega^2x_0+\omega^2\alpha x_1-\alpha\omega_1x_0-\alpha^2x_1\omega_1+\alpha(x_0+\alpha x_1)^3$$
$$=F\cos 3\omega t \tag{13.70}$$

如果忽略含 α^2,α^3 和 α^4 的项,式(13.70)简化为

$$\ddot{x}_0+\omega^2x_0+\alpha\ddot{x}_1+\alpha\omega^2x_1-\alpha\omega_1x_0+\alpha x_0^3=F\cos 3\omega t \tag{13.71}$$

首先考虑线性方程(令 $\alpha=0$)

$$\ddot{x}_0+\omega^2x_0=F\cos 3\omega t \tag{13.72}$$

式(13.72)的解可以表示为

$$x_0(t)=A_1\cos\omega t+B_1\sin\omega t+C\cos 3\omega t \tag{13.73}$$

如果初始条件为 $x(t=0)=A$ 和 $\dot{x}(t=0)=0$,可以得到 $A_1=A$ 和 $B_1=0$,所以式(13.73)简化为

$$x_0(t)=A\cos\omega t+C\cos 3\omega t \tag{13.74}$$

这里,C 表示受迫振动的振幅。为确定 C 的值,把式(13.74)代入式(13.72),令方程两边 $\cos 3\omega t$ 的系数相等得

$$C=-\frac{F}{8\omega^2} \tag{13.75}$$

现在考虑式(13.71)中含 α 的项,使它们等于零,得

$$\alpha(\ddot{x}_1+\omega^2x_1-\omega_1x_0+x_0^3)=0$$

或

$$\ddot{x}_1+\omega^2x_1=\omega_1x_0-x_0^3 \tag{13.76}$$

把式(13.74)代入式(13.76)得

$$\ddot{x}_1+\omega^2x_1=\omega_1A\cos\omega t+\omega_1C\cos 3\omega t-A^3\cos^3\omega t-C^3\cos^3 3\omega t$$
$$-3A^2C\cos^2\omega t\cos 3\omega t-3AC^2\cos\omega t\cos^2 3\omega t \tag{13.77}$$

利用下列三角恒等关系

$$\left.\begin{aligned}\cos^2\theta&=\frac{1}{2}+\frac{1}{2}\cos 2\theta\\ \cos^3\theta&=\frac{3}{4}\cos\theta+\frac{1}{4}\cos 3\theta\\ \cos\theta\cos\phi&=\frac{1}{2}\cos(\theta-\phi)+\frac{1}{2}\cos(\theta+\phi)\end{aligned}\right\} \tag{13.78}$$

式(13.77)可以表示成

$$\begin{aligned}\ddot{x}_1+\omega^2 x_1 &= A\left(\omega_1-\frac{3}{4}A^2-\frac{3}{2}C^2-\frac{3}{4}AC\right)\cos\omega t\\&\quad+\left(\omega_1 C-\frac{A^3}{4}-\frac{3}{4}C^3-\frac{3}{2}A^2C\right)\cos 3\omega t\\&\quad-\frac{3}{4}AC(A+C)\cos 5\omega t-\frac{3AC^2}{4}\cos 7\omega t-\frac{C^3}{4}\cos 9\omega t\end{aligned}\tag{13.79}$$

在式(13.79)中消除长期项，使 $\cos\omega t$ 的系数等于零。由于在亚谐响应中 $A\neq 0$，则

$$\omega_1=\frac{3}{4}(A^2+AC+2C^2)\tag{13.80}$$

由式(13.80)和式(13.75)给出

$$\omega_1=\frac{3}{4}\left(A^2-\frac{AF}{8\omega^2}+\frac{2F^2}{64\omega^4}\right)\tag{13.81}$$

把式(13.81)代入式(13.69)，整理后即可得到亚谐振动中 A 和 ω 满足的关系

$$\omega^6-\omega_0^2\omega^4-\frac{3\alpha}{256}(64A^2\omega^4-8AF\omega^2+2F^2)=0\tag{13.82}$$

方程(13.82)可以看成是关于 ω^2 的三次方程和 A 的二次方程。图13.7表示由方程(13.82)给出的亚谐频率 ω 和振幅 A 之间的关系。由图可见，曲线 PQ 的斜率是正的，表示响应是稳定的；而曲线 QR 的斜率是负的，表示不稳定解。[13.4,13.6] 由 $d\omega^2/dA=0$ 得到 $A=(F/16\omega^2)$①，此式确定了稳定亚谐振动振幅的最小值。

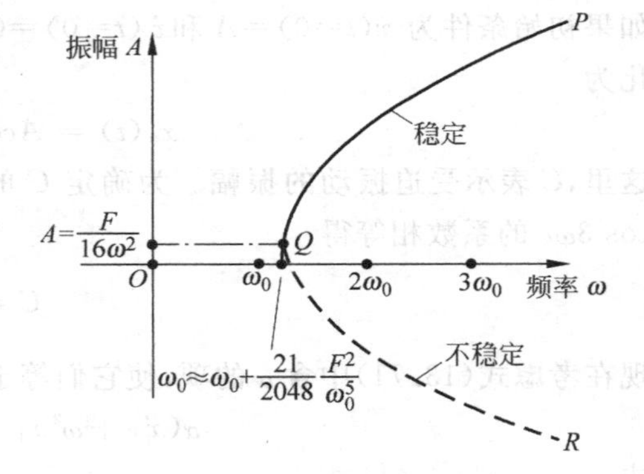

图13.7 亚谐振动

13.5.2 超谐振动

考虑无阻尼达芬方程

$$\ddot{x}+\omega_0^2 x+\alpha x^3=F\cos\omega t\tag{13.83}$$

这个方程的解可以假设为

$$x(t)=A\cos\omega t+C\cos 3\omega t\tag{13.84}$$

式中，A 和 C 分别是待定的谐波和超谐波分量的振幅。把方程(13.84)代入方程(13.83)并

---

① 式(13.82)可以重写为

$$(\omega^2)^3-\omega_0^2(\omega^2)^2-\frac{3\alpha}{4}A^2(\omega^2)^2+\frac{3\alpha F}{32}A(\omega^2)-\frac{3\alpha F^2}{128}=0$$

对上式求导得

$$3(\omega^2)^2 d\omega^2-2\omega_0^2\omega^2 d\omega^2-\frac{3\alpha}{4}(2AdA)(\omega^2)^2-\frac{3\alpha}{2}A^2\omega^2 d\omega^2+\frac{3\alpha F}{32}\omega^2 dA+\frac{3\alpha F}{32}Ad\omega^2=0$$

令 $d\omega^2/dA=0$，得 $A=(F/16\omega^2)$。

利用三角恒等关系(13.78),得到

$$\begin{aligned}&\cos\omega t\left[-\omega^2A+\omega_0^2A+\frac{3}{4}\alpha A^3+\frac{3}{4}\alpha A^2C+\frac{3}{2}\alpha AC^2\right]\\&+\cos 3\omega t\left[-9\omega^2C+\omega_0^2C+\frac{1}{4}\alpha A^3+\frac{3}{4}\alpha C^3+\frac{3}{2}\alpha A^2C\right]\\&+\cos 5\omega t\left[\frac{3}{4}\alpha A^2C+\frac{3}{4}\alpha AC^2\right]+\cos 7\omega t\left[\frac{3}{4}\alpha AC^2\right]\\&+\cos 9\omega t\left[\frac{1}{4}\alpha C^3\right]=F\cos\omega t\end{aligned}\tag{13.85}$$

忽略含 $\cos 5\omega t$,$\cos 7\omega t$ 和 $\cos 9\omega t$ 的项,并令式(13.85)两边 $\cos\omega t$ 和 $\cos 3\omega t$ 的系数相等,得

$$\omega_0^2A-\omega^2A+\frac{3}{4}\alpha A^3+\frac{3}{4}\alpha A^2C+\frac{3}{2}\alpha AC^2=F\tag{13.86}$$

$$\omega_0^2C-9\omega^2C+\frac{1}{4}\alpha A^3+\frac{3}{4}\alpha C^3+\frac{3}{2}\alpha A^2C=0\tag{13.87}$$

可以利用数值方法联立求解式(13.86)和式(13.87)。

在特殊情况下,如果 C 与 A 相比是比较小的,则可以忽略含 C^2 和 C^3 的项,由式(13.87)得

$$C\approx\frac{-\frac{1}{4}\alpha A^3}{\frac{3}{2}\alpha A^2+\omega_0^2-9\omega^2}\tag{13.88}$$

而由式(13.86)得

$$C\approx\frac{F-\omega_0^2A+\omega^2A-\frac{3}{4}\alpha A^3}{\frac{3}{4}\alpha A^2}\tag{13.89}$$

由式(13.88)和式(13.89)中的 C 相等,得

$$\left(-\frac{1}{4}\alpha A^3\right)\left(\frac{3}{4}\alpha A^2\right)=\left(\frac{3}{2}\alpha A^2+\omega_0^2-9\omega^2\right)\left(F-\omega_0^2A+\omega^2A-\frac{3}{4}\alpha A^3\right)\tag{13.90}$$

这个方程可以重新写成

$$\begin{aligned}&-A^5\left(\frac{15}{16}\alpha^2\right)+A^3\left(\frac{33}{4}\alpha\omega^2-\frac{9}{4}\alpha\omega_0^2\right)+A^2\left(\frac{3}{2}\alpha F\right)\\&+A(10\omega^2\omega_0^2-9\omega^4-\omega_0^4)+(\omega_0^2F-9\omega^2F)=0\end{aligned}\tag{13.91}$$

由方程(13.88)和方程(13.91)可以得到超谐振动振幅 C 和相应频率 3ω 之间的关系。

13.6 变参数系统(马休方程)

考虑图 13.8(a)所示的单摆。设支点在铅垂方向作如下形式的简谐运动

$$y(t)=Y\cos\omega t\tag{13.92}$$

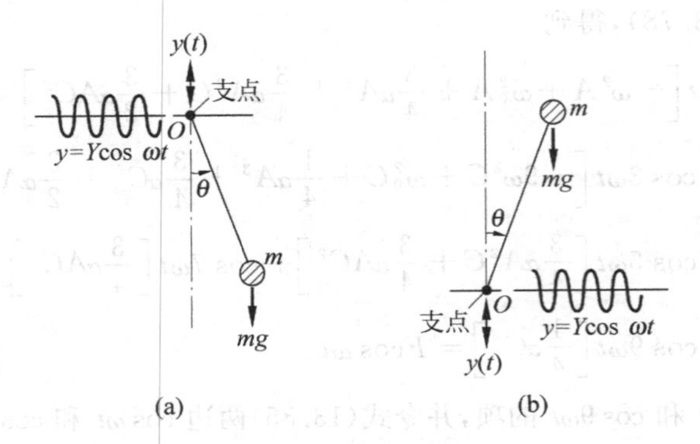

图 13.8 带运动支承的单摆

这里，Y 是振幅，ω 是频率。因为整个系统具有铅垂方向的加速度，所以实际加速度为 $g-\ddot{y}(t)=g-\omega^2 Y\cos\omega t$。单摆的运动微分方程可以写成

$$ml^2\ddot{\theta}+m(g-\ddot{y})l\sin\theta=0 \tag{13.93}$$

对于接近于 $\theta=0$ 的小角度，$\sin\theta\approx\theta$，方程(13.93)简化为

$$\ddot{\theta}+\left(\frac{g}{l}-\frac{\omega^2 Y}{l}\cos\omega t\right)\theta=0 \tag{13.94}$$

如果是如图 13.8(b)所示的倒立摆，则运动微分方程为

$$ml^2\ddot{\theta}-mgl\sin\theta=0$$

或

$$\ddot{\theta}-\frac{g}{l}\sin\theta=0 \tag{13.95}$$

这里，角 θ 是从不稳定的竖直位置量起的。如果支点 O 以 $y(t)=Y\cos\omega t$ 作简谐振动，则运动微分方程变为

$$\ddot{\theta}+\left(-\frac{g}{l}+\frac{\omega^2 Y}{l}\cos\omega t\right)\sin\theta=0 \tag{13.96}$$

对于 $\theta=0$ 附近的微小角位移，式(13.96)可以简化为

$$\ddot{\theta}+\left(-\frac{g}{l}+\frac{\omega^2 Y}{l}\cos\omega t\right)\theta=0 \tag{13.97}$$

式(13.94)和式(13.97)中，θ 的系数是随时间变化的，这构成了一类特殊的非自治齐次微分方程，称为**马休**(Mathieu)**方程**。下面用林兹泰德摄动方法求马休方程的周期解[13.7]和 Y 是小值时系统的稳定性特征。

考虑下列形式的马休方程

$$\frac{\mathrm{d}^2 y}{\mathrm{d}t^2}+(a+\varepsilon\cos t)y=0 \tag{13.98}$$

这里假设 ε 是小参数。设式(13.98) 的近似解为

$$y(t) = y_0(t) + \varepsilon y_1(t) + \varepsilon^2 y_2(t) + \cdots \tag{13.99}$$

$$a = a_0 + \varepsilon a_1 + \varepsilon^2 a_2 + \cdots \tag{13.100}$$

这里,$a_0, a_1, a_2, \cdots$是常数。由于方程(13.98)中周期系数 $\cos t$ 的周期是 2π,因此只存在周期为 2π 和周期为 4π 的解[13.7,13.28]。我们采用这样一种方法来寻找式(13.99)中的函数 $y_0(t), y_1(t)$:即使得到的 $y(t)$ 就是式(13.98)的周期为 2π 或周期为 4π 的解。把式(13.99)和式(13.100)代入式(13.98)得到

$$(\ddot{y}_0 + a_0 y_0) + \varepsilon(\ddot{y}_1 + a_1 y_0 + y_0 \cos t + a_0 y_1)$$
$$+ \varepsilon^2(\ddot{y}_2 + a_2 y_0 + a_1 y_1 + y_1 \cos t + a_0 y_2) + \cdots = 0 \tag{13.101}$$

这里,$\ddot{y}_i = \mathrm{d}^2 y_i/\mathrm{d}t^2, i = 0,1,2,\cdots$。在式(13.101)中令 ε 的各次幂系数等于零,得到

$$\varepsilon^0: \ddot{y}_0 + a_0 y_0 = 0 \tag{13.102}$$

$$\varepsilon^1: \ddot{y}_1 + a_0 y_1 + a_1 y_0 + y_0 \cos t = 0 \tag{13.103}$$

$$\varepsilon^2: \ddot{y}_2 + a_0 y_2 + a_2 y_0 + a_1 y_1 + y_1 \cos t = 0 \tag{13.104}$$

$$\vdots$$

在这里,每一个函数 y_i 需要具有周期 2π 或 4π。式(13.102)的解可以表达为

$$y_0(t) = \begin{cases} \cos \sqrt{a_0}\, t \\ \sin \sqrt{a_0}\, t \end{cases} \equiv \begin{cases} \cos \dfrac{n}{2} t, \\ \sin \dfrac{n}{2} t, \end{cases} \quad n = 0,1,2,\cdots \tag{13.105}$$

其中

$$a_0 = \frac{n^2}{4}, \quad n = 0,1,2,\cdots$$

现在考虑下列 n 的特殊值。

(1) $n=0$ 的情形

对这种情形,式(13.105) 给出 $a_0 = 0$ 和 $y_0 = 1$,并且式(13.103)变成

$$\ddot{y}_1 + a_1 + \cos t = 0 \quad 或 \quad \ddot{y}_1 = -a_1 - \cos t \tag{13.106}$$

为了使 y_1 成为周期函数,a_1 必须为零。将式(13.106) 积分两次,得到周期解的表达式为

$$y_1(t) = \cos t + \alpha \tag{13.107}$$

这里,α 是常数。把 $a_0 = 0, a_1 = 0, y_0 = 1$ 和 $y_1 = \cos t + \alpha$ 代入式(13.104),得

$$\ddot{y}_2 + a_2 + (\cos t + \alpha)\cos t = 0$$

或

$$\ddot{y}_2 = -\frac{1}{2} - a_2 - \alpha \cos t - \frac{1}{2}\cos 2t \tag{13.108}$$

为了使 y_2 成为周期函数,$\left(-\dfrac{1}{2} - a_2\right)$必须为零$\left(即\ a_2 = -\dfrac{1}{2}\right)$。因此对 $n=0$,式(13.100)成为

$$a=-\frac{1}{2}\varepsilon^2+\cdots \tag{13.109}$$

(2) $n=1$ 的情形

对这种情形，式(13.105)给出 $a_0=\frac{1}{4}$，$y_0=\cos(t/2)$ 或 $y_0=\sin(t/2)$。对 $y_0=\cos(t/2)$，由式(13.103)得

$$\ddot{y}_1+\frac{1}{4}y_1=\left(-a_1-\frac{1}{2}\right)\cos\frac{t}{2}-\frac{1}{2}\cos\frac{3t}{2} \tag{13.110}$$

式(13.110)的齐次解可以假设为

$$y_1(t)=A_1\cos\frac{t}{2}+A_2\sin\frac{t}{2}$$

这里，A_1 和 A_2 是积分常数。由于激励函数和齐次解函数同时出现 $\cos(t/2)$，所以特解包含 $t\cos(t/2)$，这不是周期的。因此，激励函数中 $\cos(t/2)$ 的系数 $(-a_1-1/2)$ 必须为零，得到 $a_1=-1/2$，式(13.110)变成

$$\ddot{y}_1+\frac{1}{4}y_1=-\frac{1}{2}\cos\frac{3t}{2} \tag{13.111}$$

把亚谐特解 $y_1(t)=A_2\cos(3t/2)$ 代入式(13.111)，得到 $A_2=\frac{1}{4}$，因此 $y_1(t)=\frac{1}{4}\cos(3t/2)$。把 $a_0=\frac{1}{4}$，$a_1=-\frac{1}{2}$ 和 $y_1=\frac{1}{4}\cos(3t/2)$ 代入式(13.104)，得到

$$\begin{aligned}\ddot{y}_2+\frac{1}{4}y_2&=-a_2\cos\frac{t}{2}+\frac{1}{2}\left(\frac{1}{4}\cos\frac{3t}{2}\right)-\left(\frac{1}{4}\cos\frac{3t}{2}\right)\cos t\\&=\left(-a_2-\frac{1}{8}\right)\cos\frac{t}{2}+\frac{1}{8}\cos\frac{3t}{2}-\frac{1}{8}\cos\frac{5t}{2}\end{aligned} \tag{13.112}$$

由于式(13.112)的齐次通解包含 $\cos(t/2)$ 项，所以式(13.112)中右边 $\cos(t/2)$ 的系数必须为零，由此得到 $a_2=-\frac{1}{8}$。因此，式(13.100)变成

$$a=\frac{1}{4}-\frac{\varepsilon}{2}-\frac{\varepsilon^2}{8}+\cdots \tag{13.113a}$$

同样，对 $y_0=\sin(t/2)$，得到关系式（见习题13.17）

$$a=\frac{1}{4}+\frac{\varepsilon}{2}-\frac{\varepsilon^2}{8}+\cdots \tag{13.113b}$$

(3) $n=2$ 的情形

对这种情形，式(13.105)给出 $a_0=1$，$y_0=\cos t$ 或 $y_0=\sin t$。把 $a_0=1$ 和 $y_0=\cos t$ 代入式(13.103)得

$$\ddot{y}_1+y_1=-a_1\cos t-\frac{1}{2}-\frac{1}{2}\cos 2t \tag{13.114}$$

根据消除式(13.114)长期项的条件得到 $a_1=0$。由此，式(13.114)的特解可以假设为 $y_1(t)=$

$A_3+B_3\cos 2t$。将其代入式(13.114),可得 $A_3=-\frac{1}{2}$和 $B_3=\frac{1}{6}$。因此式(13.104)变成

$$\ddot{y}_2+y_2+a_2\cos t+y_1\cos t=0$$

或

$$\begin{aligned}\ddot{y}_2+y_2&=-a_2\cos t-\left(-\frac{1}{2}+\frac{1}{6}\cos 2t\right)\cos t\\&=\cos t\left(-a_1+\frac{1}{2}-\frac{1}{12}\right)+\frac{1}{2}\cos 3t\end{aligned}\tag{13.115}$$

根据消除式(13.115)中长期项的条件得到 $a_2=\frac{5}{12}$。因此

$$a=1+\frac{5}{12}\varepsilon^2+\cdots\tag{13.116a}$$

同样,对 $y_0=\sin t$ 可得(见习题 13.17)

$$a=1-\frac{1}{12}\varepsilon^2+\cdots\tag{13.116b}$$

为了讨论系统的稳定性特征,把式(13.109)、式(13.113)和式(13.116)在(a,ε)平面上画出,如图 13.9 所示。这些方程所代表的曲线称为**边界曲线或转迁曲线**,它们把平面(a,ε)分割成稳定区域和不稳定区域。属于这些边界线上的点表示式(13.98)的一个周期解。事实上,还可以研究这些周期解的稳定性[13.7,13.25,13.28]。在图 13.9 中,阴影区域代表不稳定区域,非阴影区域代表稳定区域。从图中可以看出,稳定区域 a 也可能取为负数,它对应于 $\theta=180°$的平衡位置。因此如果参数选择正确,可以通过使支点作简谐运动,使单摆运动到铅垂位置成倒摆形式而仍然保持稳定。

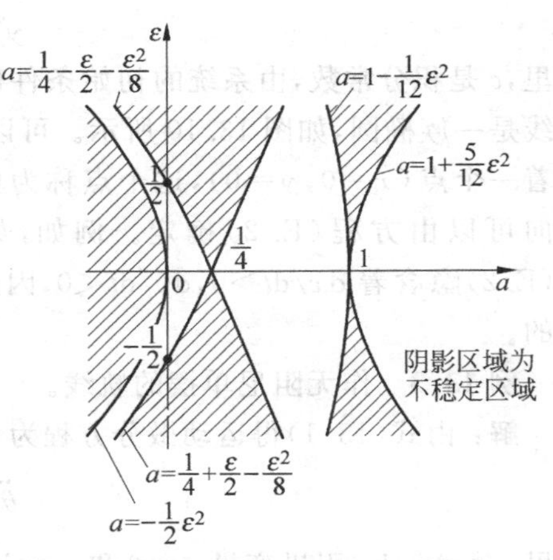

图 13.9 周期解的稳定性

13.7 图解法

13.7.1 相平面法

图解法可以获得非线性系统动力学特性的定性信息,也可以用来对运动微分方程进行积分。首先考虑**相平面**的基本概念。对于单自由度系统,两个变量就可以完全描述运动的状态。这些变量通常选作系统的运动位移和速度。以这些变量作为坐标轴时,相应的用图形表示运动的方法称为**相平面法**。因此,相平面上的每一点都表示系统可能的状态。随着

时间的变化，系统的状态也在变化。相平面上一个代表性的点（例如代表 $t=0$ 时刻系统状态的点）的运动轨线称作**相轨迹**、**轨线**或**相图**。相轨迹表示系统的解随时间是如何变化的。

例 13.2　画出简单谐波振子的轨线。

解：无阻尼线性系统的运动微分方程为

$$\ddot{x}+\omega_n^2 x=0 \tag{E.1}$$

令 $y=\dot{x}$，式(E.1)可以写成

$$\left.\begin{aligned}\frac{\mathrm{d}y}{\mathrm{d}t}&=-\omega_n^2 x\\ \frac{\mathrm{d}x}{\mathrm{d}t}&=y\end{aligned}\right\} \tag{E.2}$$

由式(E.2)得

$$\frac{\mathrm{d}y}{\mathrm{d}x}=-\frac{\omega_n^2 x}{y} \tag{E.3}$$

式(E.3)的积分为

$$y^2+\omega_n^2 x^2=c^2 \tag{E.4}$$

这里，c 是积分常数，由系统的初始条件确定。式(E.4)表示系统在相平面（x-y 平面）上的轨线是一族椭圆，如图 13.10 所示。可以看到，由闭轨线包围着一个点（$x=0$，$y=0$），这个点称为**中心**。轨线运动的方向可以由方程(E.2)确定。例如，如果 $x>0$，$y>0$，式(E.2)隐含着 $\mathrm{d}x/\mathrm{d}t>0$，$\mathrm{d}y/\mathrm{d}t<0$，因此运动是顺时针方向的。

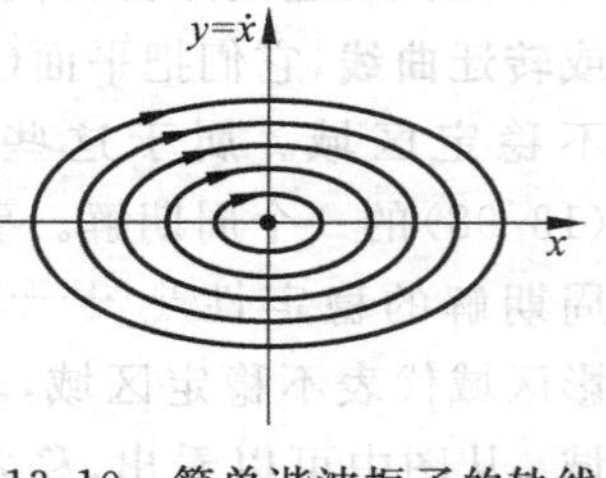

图 13.10　简单谐波振子的轨线

例 13.3　作无阻尼单摆的轨线。

解：由式(13.1)得运动微分方程为

$$\ddot{\theta}=-\omega_0^2\sin\theta \tag{E.1}$$

这里，$\omega_0^2=g/l$。引进变量 $x=\theta$ 和 $y=\dot{x}=\dot{\theta}$，式(E.1)可以重新写为

$$\frac{\mathrm{d}x}{\mathrm{d}t}=y,\quad \frac{\mathrm{d}y}{\mathrm{d}t}=-\omega_0^2\sin x$$

或

$$\frac{\mathrm{d}y}{\mathrm{d}x}=-\frac{\omega_0^2\sin x}{y}$$

或

$$y\mathrm{d}y=-\omega_0^2\sin x\mathrm{d}x \tag{E.2}$$

积分式(E.2)并利用条件 $x=x_0$ 时，$\dot{x}=0$（在摆动的极限位置时），得到

$$y^2=2\omega_0^2(\cos x-\cos x_0) \tag{E.3}$$

引进变量 $z=y/\omega_0$，式(E.3)可以表达为

$$z^2 = 2(\cos x - \cos x_0) \tag{E.4}$$

由式(E.4)表示的轨线如图 13.11 所示。

例 13.4 画出下列非线性弹簧-质量系统的轨线：

$$\ddot{x} + \omega_0^2(x - 2\alpha x^3) = 0 \tag{E.1}$$

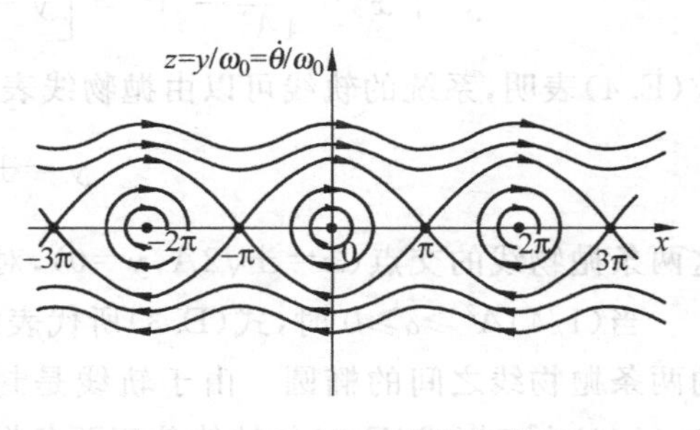

图 13.11 无阻尼单摆的轨线

解：非线性摆的方程可以看作是式(E.1)的特殊情况。可以看出，对例 13.3 中的式(E.1)，在 $\theta=0$ 附近有 $\sin\theta\approx\theta-\theta^3/6$，得到

$$\ddot{\theta} + \omega_0^2\left(\theta - \frac{\theta^3}{6}\right) = 0$$

它可以看作式(E.1)的特殊情况。式(E.1)可以改写为

$$\frac{\mathrm{d}x}{\mathrm{d}t} = y, \quad \frac{\mathrm{d}y}{\mathrm{d}t} = -\omega_0^2(x - 2\alpha x^3)$$

或

$$\frac{\mathrm{d}y}{\mathrm{d}x} = -\frac{\omega_0^2(x - 2\alpha x^3)}{y}$$

或

$$y\mathrm{d}y = -\omega_0^2(x - 2\alpha x^3)\mathrm{d}x \tag{E.2}$$

积分式(E.2)，利用条件 $x=x_0$ 时 $\dot{x}=0$(对于单摆，相当于摆动到极限位置时)，得到

$$z^2 + x^2 - \alpha x^4 = A^2 \tag{E.3}$$

这里，$z=y/\omega_0$；$A^2=x_0^2(1-\alpha x_0^2)$是积分常数。由式(E.3)表示的相轨迹如图 13.12 所示。

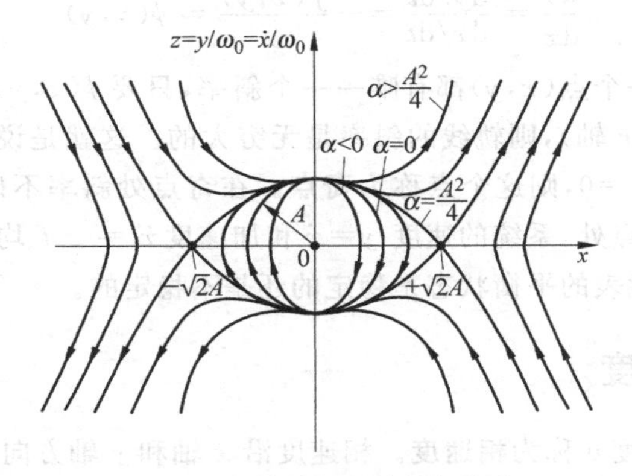

图 13.12 非线性系统的相轨迹

可以观察到 $\alpha=0$ 时，式(E.3)表示半径为 A 的圆，它对应简谐振动。当 $\alpha<0$ 时，式(E.3)表示位于 $\alpha=0$ 对应的圆内的椭圆，并且椭圆在点$(0,\pm A)$和圆相切。当 $\alpha=(1/4)A^2$

时，式(E.3)变成

$$y^2+x^2-\frac{x^4}{4A^2}-A^2=\left[y-\left(A-\frac{x^2}{2A}\right)\right]\left[y+\left(A-\frac{x^2}{2A}\right)\right]=0 \tag{E.4}$$

式(E.4)表明，系统的轨线可以由抛物线表示，即

$$y=\pm\left(A-\frac{x^2}{2A}\right) \tag{E.5}$$

这两条抛物线的交点($x=\pm\sqrt{2}A, y=0$)，对应着不稳定的平衡点，称为**鞍点**。

当$(1/4)A^2\geqslant\alpha\geqslant0$时，式(E.3)所代表的轨线是位于$\alpha=0$对应的圆与$\alpha=(1/4)A^2$对应的两条抛物线之间的椭圆。由于轨线是封闭的曲线，所以它们对应系统的周期振动。当$\alpha>(1/4)A^2$时，式(E.3)的轨线位于两条抛物线所围成的区域之外，并延伸到无穷远处。这些轨线对应着允许物体离开其平衡位置的条件。

为了了解轨线的一些特征，考虑一个由如下形式的控制微分方程描述的单自由度非线性振动系统

$$\ddot{x}+f(x,\dot{x})=0 \tag{13.117}$$

通过定义

$$\frac{\mathrm{d}x}{\mathrm{d}t}=\dot{x}=y \tag{13.118}$$

和

$$\frac{\mathrm{d}y}{\mathrm{d}t}=\dot{y}=-f(x,y) \tag{13.119}$$

可得

$$\frac{\mathrm{d}y}{\mathrm{d}x}=\frac{\mathrm{d}y/\mathrm{d}t}{\mathrm{d}x/\mathrm{d}t}=-\frac{f(x,y)}{y}=\phi(x,y) \tag{13.120}$$

因此，在相平面上的每一个点(x,y)都有唯一一个斜率，只要$\phi(x,y)$是确定的。如果$y=0$且$f\neq0$(即如果点位于x轴)，则轨线的斜率是无穷大的。这就是说，所有相轨迹与横坐标轴正交。如果$y=0$且$f=0$，则这个点称为**奇点**。在奇点处斜率不确定。奇点对应着系统的一个平衡状态。在奇点处，系统的速度$y=\dot{x}$和加速度$\ddot{x}=-f$均为零，必须进行进一步的研究，以说明奇点所代表的平衡状态是稳定的还是不稳定的。

13.7.2 相速度

点沿轨线运动的速度$\boldsymbol{v}$称为**相速度**。相速度沿x轴和y轴方向的分量为

$$v_x=\dot{x},\quad v_y=\dot{y} \tag{13.121}$$

相速度$\boldsymbol{v}$的大小为

$$|\boldsymbol{v}|=\sqrt{v_x^2+v_y^2}=\sqrt{\left(\frac{\mathrm{d}x}{\mathrm{d}t}\right)^2+\left(\frac{\mathrm{d}y}{\mathrm{d}t}\right)^2} \tag{13.122}$$

显然，如果系统具有周期运动，那么它的轨线在相平面上是一条封闭曲线。这是因为从轨线上任意位置(x,y)出发的点，经过一个周期后将回到运动开始的位置。该点沿着封闭轨线运动一周所需的时间（即系统的振动周期）是有限的，因为在轨线上任何位置点的相速度都是一个不为零的值。

13.7.3 绘制相轨迹的方法

下面讨论绘制单自由度动力学系统相轨迹的**等倾线法**。首先把系统的运动微分方程写成如下形式

$$\left.\begin{aligned}\frac{\mathrm{d}x}{\mathrm{d}t} &= f_1(x,y)\\ \frac{\mathrm{d}y}{\mathrm{d}t} &= f_2(x,y)\end{aligned}\right\} \tag{13.123}$$

其中，f_1 和 f_2 是 x 和 $y=\dot{x}$ 的非线性函数。由式(13.123)得积分曲线满足的方程为

$$\frac{\mathrm{d}y}{\mathrm{d}x} = \frac{f_2(x,y)}{f_1(x,y)} = \phi(x,y) \tag{13.124}$$

对于某一个固定的 c 值，下列方程所确定的曲线称为等倾线：

$$\phi(x,y) = c \tag{13.125}$$

不难看出，等倾线是相轨迹上切线斜率等于常数 c 的点的轨迹。在利用等倾线法时，首先给斜率 $\mathrm{d}y/\mathrm{d}x$ 一个确定的常数 c_1，然后再利用式(13.125)确定轨线。显然，曲线 $\phi(x,y)-c_1=0$ 就代表相平面中的等倾线。给定斜率 $\phi=\mathrm{d}y/\mathrm{d}x$ 不同的值，就可以得到一族等倾线。在图 13.13(a)中，这些等倾线用 $h_1,h_2,\cdots$ 表示。不失一般性，假设想绘制经过等倾线 h_1 上点 R_1 的轨线。为此先过点 R_1 作两条线段：一条的斜率为 c_1 且与 h_2 相交于点 R_2'，另一条的斜率为 c_2 且与 h_2 相交于点 R_2''。h_2 上点 R_2' 和点 R_2'' 的中点用点 R_2 表示。以点 R_2 为起点，重复上述过程，找到 h_3 上的点 R_3。依此类推，直到所得的以 $R_1R_2,R_2R_3,R_3R_4,\cdots$ 为边的折线可以看作是过点 R_1 的实际轨线的近似。显然，所作等倾线的数目越多，用这种作图法所得的相轨迹的近似程度就越好。图 13.13(b)给出了一个用这种方法确定的完整的相轨迹。

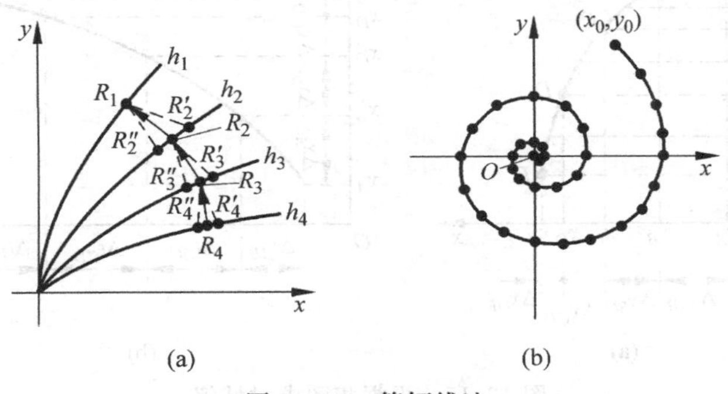

图 13.13 等倾线法

例 13.5 利用等倾线法作简谐振子的相轨迹。

解：简谐振子的相轨迹方程为例 13.2 中的式(E.3)，所以等倾线族可以由下式定义

$$c = -\frac{\omega_n^2 x}{y} \quad 或 \quad y = \frac{-\omega_n^2}{c}x \tag{E.1}$$

这个方程代表了一族经过坐标原点的直线。其中，c 是相轨迹在等倾线上的斜率。式(E.1)所代表的等倾线如图 13.14 所示。一旦知道了这些等倾线，就可以按照上面的步骤画出相轨迹。

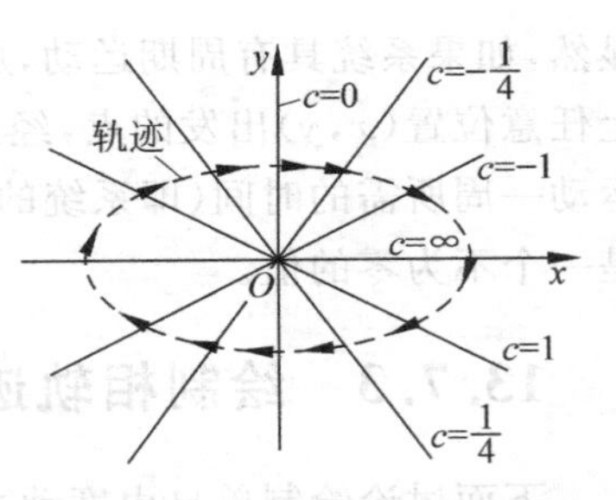

图 13.14 简谐振子的等倾线

13.7.4 根据相轨迹求时域解

相平面中的相轨迹是$\dot{x}$作为 x 的函数所对应的曲线，并没有显式地出现时间 t。对于系统的定性分析，相轨迹所反映的系统特性是足够的。但在某些情况下，也需要知道振动位移随时间 t 的变化规律。这可以借助于相图得到，即使不能通过原始运动微分方程求解。基于相图求时域解是一个逐步的过程。有几种方法可以利用，在这一部分所介绍的方法是基于关系$\dot{x} = \Delta x / \Delta t$。

对于小的位移增量 Δx 和时间增量 Δt，平均速度可取为$\dot{x}_{av} = \Delta x / \Delta t$，故

$$\Delta t = \frac{\Delta x}{\dot{x}_{av}} \tag{13.126}$$

在图 13.15 所示的相轨迹中，与位移增量 Δx_{AB} 对应的时间用 Δt_{AB} 表示。如果$\dot{x}_{AB}$ 表示在 Δt_{AB} 内的平均速度，则有 $\Delta t_{AB} = \Delta x_{AB} / \dot{x}_{AB}$。类似地有 $\Delta t_{BC} = \Delta x_{BC} / \dot{x}_{BC}$ 等。如果知道 Δt_{AB}，Δt_{BC}…则时域解可以像图 13.15(b)所示的那样很容易地画出。显然，为了得到较好的近似，位移增量 Δx_{AB} Δx_{BC}…必须取得足够小，以保证相应的速度增量和时间增量也足够小。注意：位移增量 Δx 可以不取常数，根据相轨迹的特点其值可以变化。

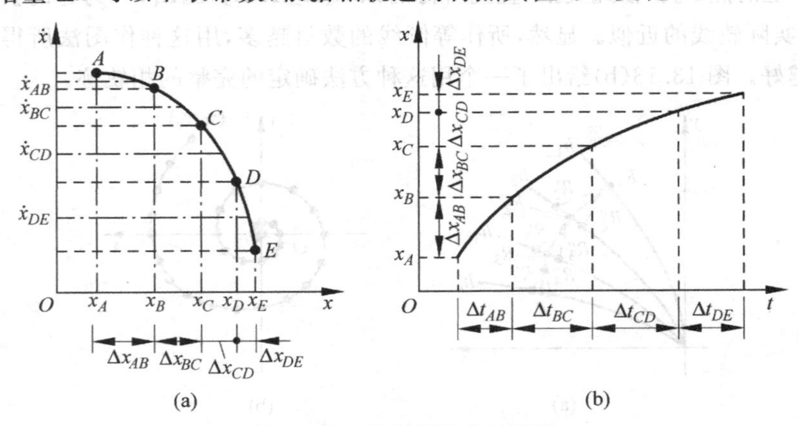

图 13.15 根据相图求时域解

13.8 平衡状态的稳定性

13.8.1 稳定性分析

考虑用如下两个一阶常微分方程描述的单自由度非线性振动系统

$$\left.\begin{aligned}\frac{\mathrm{d}x}{\mathrm{d}t} &= f_1(x,y)\\ \frac{\mathrm{d}y}{\mathrm{d}t} &= f_2(x,y)\end{aligned}\right\} \tag{13.127}$$

式中，f_1 和 f_2 是 x 和 y 的非线性函数。在相平面中，相轨迹的斜率为

$$\frac{\mathrm{d}y}{\mathrm{d}x} = \frac{\dot{y}}{\dot{x}} = \frac{f_2(x,y)}{f_1(x,y)} \tag{13.128}$$

用(x_0,y_0)表示奇点，也叫**平衡点**，则在此处 $\mathrm{d}y/\mathrm{d}x$ 为 0/0 不定式的形式

$$f_1(x_0,y_0) = f_2(x_0,y_0) = 0 \tag{13.129}$$

研究式(13.127)在奇点附近的行为称为**平衡点的稳定性分析**。不失一般性，假设奇点在(0,0)。这是因为当把 x 和 y 轴分别平移到 x' 和 y' 时，相轨迹的斜率并不发生变化，即

$$\begin{aligned}x' &= x - x_0\\ y' &= y - y_0\\ \frac{\mathrm{d}y}{\mathrm{d}x} &= \frac{\mathrm{d}y'}{\mathrm{d}x'}\end{aligned} \tag{13.130}$$

所以可以假设点(0,0)是奇点，即

$$f_1(0,0) = f_2(0,0) = 0$$

将 f_1 和 f_2 在奇点处进行泰勒展开，得

$$\left.\begin{aligned}\dot{x} &= f_1(x,y) = a_{11}x + a_{12}y + \text{高阶项}\\ \dot{y} &= f_2(x,y) = a_{21}x + a_{22}y + \text{高阶项}\end{aligned}\right\} \tag{13.131}$$

式中

$$a_{11} = \left.\frac{\partial f_1}{\partial x}\right|_{(0,0)},\quad a_{12} = \left.\frac{\partial f_1}{\partial y}\right|_{(0,0)},\quad a_{21} = \left.\frac{\partial f_2}{\partial x}\right|_{(0,0)},\quad a_{22} = \left.\frac{\partial f_2}{\partial y}\right|_{(0,0)}$$

在原点(0,0)附近，x 和 y 都是小量；f_1 和 f_2 可以只用线性项近似。此时式(13.131)可以写为

$$\begin{Bmatrix}\dot{x}\\ \dot{y}\end{Bmatrix} = \begin{bmatrix}a_{11} & a_{12}\\ a_{21} & a_{22}\end{bmatrix}\begin{Bmatrix}x\\ y\end{Bmatrix} \tag{13.132}$$

可以期望，式(13.132)的解与式(13.127)的解在几何上是相似的。假设式(13.132)的解为

$$\begin{Bmatrix}x\\ y\end{Bmatrix} = \begin{Bmatrix}X\\ Y\end{Bmatrix}\mathrm{e}^{\lambda t} \tag{13.133}$$

式中，X,Y 和 λ 是常量。将式(13.133)代入式(13.132)，得下列特征值问题

$$\begin{bmatrix} a_{11}-\lambda & a_{12} \\ a_{21} & a_{22}-\lambda \end{bmatrix}\begin{Bmatrix} X \\ Y \end{Bmatrix}=\begin{Bmatrix} 0 \\ 0 \end{Bmatrix} \tag{13.134}$$

根据下列特征方程

$$\begin{vmatrix} a_{11}-\lambda & a_{12} \\ a_{21} & a_{22}-\lambda \end{vmatrix}=0$$

可以求得两个特征根为

$$\lambda_1,\lambda_2=\frac{1}{2}\left(p\pm\sqrt{p^2-4q}\right) \tag{13.135}$$

式中，$p=a_{11}+a_{22}$，$q=a_{11}a_{22}-a_{12}a_{21}$。如果用

$$\begin{Bmatrix} X_1 \\ Y_1 \end{Bmatrix} \quad 及 \quad \begin{Bmatrix} X_2 \\ Y_2 \end{Bmatrix}$$

分别表示与 λ_1 和 λ_2 对应的特征向量，方程(13.132)的解可以表示为(假设 $\lambda_1\neq0$，$\lambda_2\neq0$，且 $\lambda_1\neq\lambda_2$)

$$\begin{Bmatrix} x \\ y \end{Bmatrix}=C_1\begin{Bmatrix} X_1 \\ Y_1 \end{Bmatrix}e^{\lambda_1 t}+C_2\begin{Bmatrix} X_2 \\ Y_2 \end{Bmatrix}e^{\lambda_2 t} \tag{13.136}$$

式中，C_1 和 C_2 是两个任意常数。这里我们不加证明地给出以下结论

如果 $p^2-4q<0$，则运动具有振动的属性；

如果 $p^2-4q>0$，则运动是非周期的；

如果 $p>0$，则系统是不稳定的；

如果 $p<0$，则系统是稳定的。

如果引入变换

$$\begin{Bmatrix} x \\ y \end{Bmatrix}=\begin{bmatrix} X_1 & X_2 \\ Y_1 & Y_2 \end{bmatrix}\begin{Bmatrix} \alpha \\ \beta \end{Bmatrix}=\boldsymbol{T}\begin{Bmatrix} \alpha \\ \beta \end{Bmatrix}$$

其中，$\boldsymbol{T}$ 是振型矩阵；α 和 β 是正则坐标。则方程(13.132)可以解耦为

$$\begin{Bmatrix} \dot{\alpha} \\ \dot{\beta} \end{Bmatrix}=\begin{bmatrix} \lambda_1 & 0 \\ 0 & \lambda_2 \end{bmatrix}\begin{Bmatrix} \alpha \\ \beta \end{Bmatrix} \quad 或 \quad \left\{\begin{aligned} \dot{\alpha}&=\lambda_1\alpha \\ \dot{\beta}&=\lambda_2\beta \end{aligned}\right. \tag{13.137}$$

方程(13.137)的解可以写成如下形式：

$$\left.\begin{aligned} \alpha(t)&=e^{\lambda_1 t} \\ \beta(t)&=e^{\lambda_2 t} \end{aligned}\right\} \tag{13.138}$$

13.8.2 奇点的分类

根据式(13.135)中 λ_1 和 λ_2 的值，奇点可以分成如下几类。

(1) λ_1 和 λ_2 均为实数且不相等($p^2>4q$)。此时,由式(13.138)得

$$\alpha(t)=\alpha_0\mathrm{e}^{\lambda_1 t} \quad 及 \quad \beta(t)=\beta_0\mathrm{e}^{\lambda_2 t} \tag{13.139}$$

式中,α_0 和 β_0 分别是 α 和 β 的初始值。运动的属性依赖于 λ_1 和 λ_2 是同号还是反号。如果 λ_1 和 λ_2 同号($q>0$),此时的奇点称为**节点**。图 13.16(a)中给出了 $\lambda_2<\lambda_1<0$(λ_1 和 λ_2 是负的实数或 $p<0$)相轨迹的形状。式(13.139)表明,在这种情况下当 t 趋于无穷时,所有的轨线都趋向原点。所以此时的节点称为**稳定节点**。反之,如果 $\lambda_2>\lambda_1>0$($p>0$),则相图中箭头的指向就会发生变化,此时的节点称为**不稳定节点**(图 13.16(b))。如果 λ_1 和 λ_2 是符号相反的实数($q<0$),则其中的一个解趋于原点而另一个解趋于无穷大,此时的奇点称为**鞍点**,它对应着系统的不稳定平衡点(图 13.16(d))。

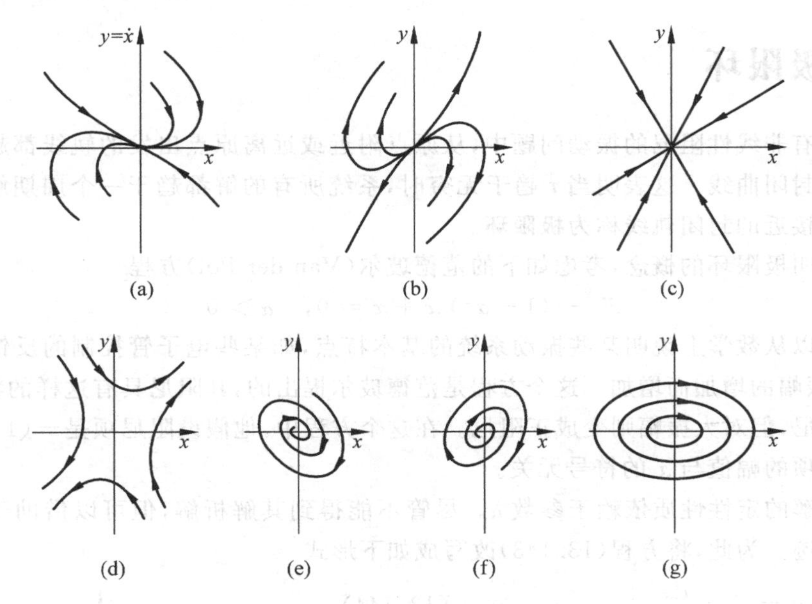

图 13.16 平衡点的分类

(a),(c) 稳定节点;(b) 不稳定节点;(d) 鞍点;(e) 稳定焦点;(f) 不稳定焦点;(g) 中心

(2) λ_1 和 λ_2 是相等的实数($p^2=4q$)。此时,由式(13.138)得

$$\alpha(t)=\alpha_0\mathrm{e}^{\lambda_1 t} \quad 及 \quad \beta(t)=\beta_0\mathrm{e}^{\lambda_1 t} \tag{13.140}$$

对应的相轨迹是经过原点的直线。当 $\lambda_1<0$ 时,平衡点(原点)是稳定节点(图 13.16(c));当 $\lambda_1>0$ 时,平衡点是不稳定节点。

(3) λ_1 和 λ_2 是共轭复数($p^2<4q$)。令 $\lambda_1=\theta_1+\mathrm{i}\theta_2$,$\lambda_2=\theta_1-\mathrm{i}\theta_2$,其中 θ_1 和 θ_2 是实数,由方程(13.137)得

$$\dot{\alpha}=(\theta_1+\mathrm{i}\theta_2)\alpha \quad 及 \quad \dot{\beta}=(\theta_1-\mathrm{i}\theta_2)\beta \tag{13.141}$$

这表明 α 和 β 也必然是复数。式(13.138)可以重写为

$$\alpha(t)=(\alpha_0 e^{\theta_1 t})e^{i\theta_2 t},\quad \beta(t)=(\beta_0 e^{\theta_1 t})e^{-i\theta_2 t} \tag{13.142}$$

这些方程对应的是对数螺旋线，此时的平衡点称为**焦点**。既然 $\alpha(t)$ 中的幅值项 $e^{i\theta_2 t}$ 代表复平面中角速度为 θ_2 的单位旋转矢量，所以运动的稳定性由 $e^{\theta_1 t}$ 决定。如果 $\theta_1<0$，则运动是渐进稳定的，此时的平衡点为**稳定焦点**（$p<0,q>0$）。如果 $\theta_1>0$，则是**不稳定焦点**（$p>0,q>0$）。θ_2 的符号只是给出复数矢量的旋转方向。当 $\theta_2>0$ 时为逆时针方向；当 $\theta_2<0$ 时为顺时针方向。

如果 $\theta_1=0(p=0)$，复矢量 $\boldsymbol{\alpha}(t)$ 的模将是一个常数，所以轨线退化为以平衡点（原点）为中心的圆。运动将是周期的，因而是稳定的。此时的平衡点称为**中心**，运动是稳定的而不是渐进稳定的。稳定焦点、不稳定焦点和中心分别如图 13.16(e)～(g)所示。

13.9 极限环

在某些有非线性阻尼的振动问题中，从原点附近或远离原点出发的轨线都趋于对应系统周期解的封闭曲线。这表明当 t 趋于无穷时，系统所有的解都趋于一个周期解。这条全部解都无限接近的封闭轨线称为**极限环**。

为了说明极限环的概念，考虑如下的范德玻尔(Van der Pol)方程

$$\ddot{x}-\alpha(1-x^2)\dot{x}+x=0,\quad \alpha>0 \tag{13.143}$$

这个方程可以从数学上说明某些振动系统的基本特点，如某些电子管控制的反馈振荡电路中，能源随振幅的增加而增加。这个方程是范德玻尔提出的，其阻尼具有这样的特点：对小振幅为负阻尼，但对大振幅则变成正阻尼。在这个方程中，他假设阻尼项是 $-(1-x^2)\dot{x}$，从而保证阻尼项的幅值与 x 的符号无关。

该方程解的定性性质依赖于参数 α。尽管不能得到其解析解，但可以借助于等倾线法得到其相轨迹。为此，将方程(13.143)改写成如下形式

$$y=\dot{x}=\frac{dx}{dt} \tag{13.144}$$

$$\dot{y}=\frac{dy}{dt}=\alpha(1-x^2)y-x \tag{13.145}$$

所以相应于某一个特定斜率值 $dy/dx=c$ 的等倾线方程为

$$\frac{dy}{dx}=\frac{dy/dt}{dx/dt}=\frac{\alpha(1-x^2)y-x}{y}=c$$

或写成

$$y+\left[\frac{x}{-\alpha(1-x^2)+c}\right]=0 \tag{13.146}$$

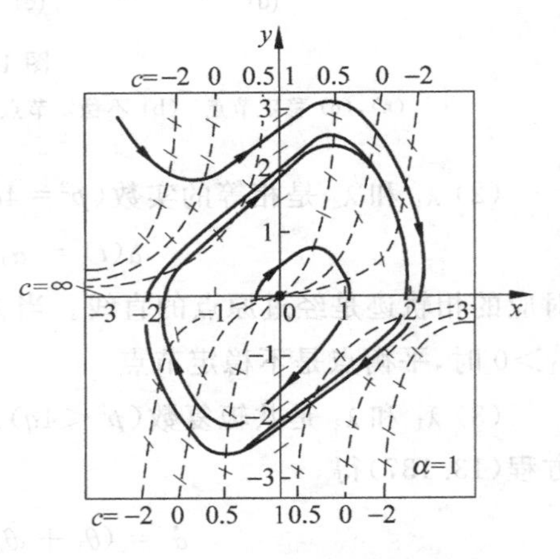

图 13.17 范德波尔的相轨迹和极限环

如图 13.17 所示，对于一组不同的 c 值，通过绘制方程(13.146)对应的曲线，可以相当精确地画出

相轨迹。显然，由于式(13.146)是非线性的，所以等倾线是曲线。有无数条等倾线通过原点，这反映了原点是一个奇点。

从图 13.17 可以看出解的一个有趣性质，即不管初始条件如何，全部相轨迹都将渐进地趋于一条特殊的封闭曲线。该封闭曲线称为极限环，它代表着稳态周期运动(但不是简谐的)。这种特殊的现象只能在某些非线性振动问题中出现，而不会出现在任何线性振动问题中。如果初始条件在极限环的内部，则相应的解曲线以外螺旋的形式逼近极限环；反之，如果初始条件在极限环的外部，则相应的解曲线以内螺旋的形式逼近极限环。如上所述，在这种情况下，最终得到的都是该极限环。极限环的一个重要特点是不管 α 的取值为多少，x 的最大值总是接近于 2。这个结果可以用摄动法求解方程(13.143)得到验证。

13.10 混沌

混沌反映的是系统本身固有的不确定性。换句话说，混沌是指系统的这样一种动力学行为，即尽管该系统是用一个确定性的方程描述，但由于方程中的非线性会极度地扩大系统初始条件的偏差，所以其响应却具有不确定性。

1. 吸引子

为了说明吸引子的概念，可以考虑由于摩擦的存在振幅不断减小的单摆的运动。由于在每一个周期中都会损失部分能量，所以单摆最终会回到静平衡位置，如图 13.18(a)所示。这一点也可以借助于相轨迹得到说明。单摆的静平衡位置称为它的**吸引子**。显然，单摆只有一个吸引子。如果在每一个摆动结束的位置推单摆，使单摆得到能量补给以补偿由于摩擦而引起的能量损耗，则单摆的运动在相平面上表现为一条封闭曲线，如图 13.18(b)所示。一般来说，一个动力学系统的吸引子是这样的一个点(或目标)，随着时间的延续，附近的所有解都向其发展。

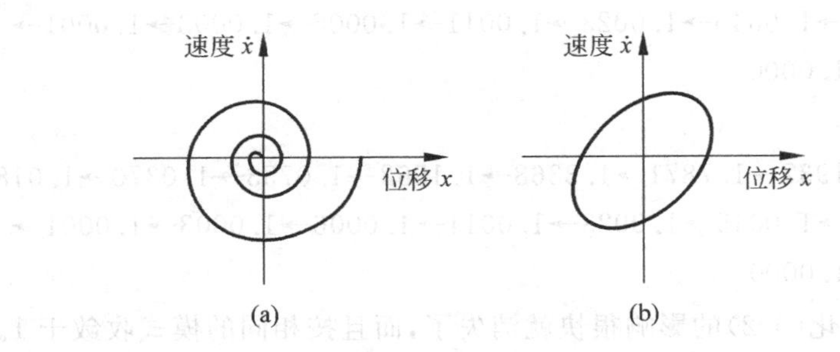

图 13.18 吸引子

2. 庞加莱截面

下面以单摆为例，说明庞加莱映射的概念。习惯上称单摆为一个二维系统：一维是位移 x，一维是速度 $\dot{x}$。一般来说，一个系统的维数定义为其相空间的维数。所以，一个三维系统的相轨迹可能像图 13.19(a) 所示的那样，是一条沿 z 轴方向收敛的螺旋线。既然相轨迹上的每一个点与其他点都有一个位置改变并且永远不会重合，所以系统没有周期运动。用 yz 平面去截相轨迹，所得交点如图 13.19(b)所示。此图称为**庞加莱截面或庞加莱映射**。显然，图中各点对应着相等的时间间隔 $nT(n=1,2,\cdots)$，其中 T 是激励函数的基频成分的周期。不难理解，如果系统具有周期运动，那么这些点将成为庞加莱截面中的同一个点。

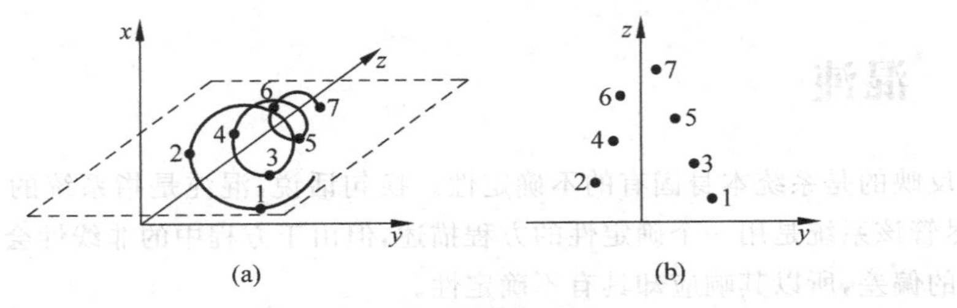

图 13.19　三维系统的相空间

13.10.1　具有稳定轨道的函数

考虑由下面的迭代方程产生的数列

$$x_{n+1}=\sqrt{x_n},\quad n=1,2,\cdots \tag{13.147}$$

对于 x_1 的任意两个具有微小偏差的初值，x_{n+1} 的值都将收敛于 1。例如，当取 $x_1=10.0$ 和 $x_1=10.2$ 时，由式(13.147)给出的数列分别为

10.0→3.1623→1.7783→1.3335→1.1548→1.0746→1.0366→1.0182
→1.0090→1.0045→1.0023→1.0011→1.0006→1.0003→1.0001→
1.0001→1.0000

和

10.2→3.1937→1.7871→1.3368→1.1562→1.0753→1.0370→1.0183
→1.0091→1.0045→1.0023→1.0011→1.0006→1.0003→1.0001→
1.0001→1.0000

不难看出，x_1 初值变化(0.2)的影响很快就消失了，而且按相同的模式收敛于 1。在 0～1 之间的任何初值经过若干次迭代后也都将收敛于 1。所以说式(13.147)确定的函数关系在 $x=1$ 处有一个稳定的轨道。

13.10.2 具有不稳定轨道的函数

与式(13.147)对比,再考虑由下面的迭代方程产生的数列

$$x_{n+1} = ax_n(1-x_n), \quad n=1,2,\cdots \tag{13.148}$$

式中,a 是一个常数。式(13.148)曾作为研究鱼类和鸟类在没有捕食者的情况下种群数量增长的模型。此时,a 代表种群数量的增长率;x_n 代表第 n 代的种群数量;$(1-x_n)$相当于一个稳定因子。可以看出,式(13.148)的行为会受到下列限制

(1) x_1 的值必须在 0~1 之间。如果 x_1 超过 1,那么迭代过程将导致发散到 $-\infty$,这意味着种群灭绝。

(2) 当 $x_n=\frac{1}{2}$时,x_{n+1}有最大值$\frac{a}{4}$,这表明 $a<4$。

(3) 如果 $a<1$,则 x_{n+1} 收敛于零。

(4) 当讨论系统的非平凡动力学行为时(避免种群灭绝),a 应该满足 $1\leqslant a\leqslant 4$。

如果出生率和由于死亡或迁徙导致的损失率相抵,则系统将达到一个平衡状态。此时对于一些 a 值,例如 $a=3.0$,种群数量将达到一个确定的极限值。对于 a 的一些其他值,例如 $a=4.0$,当 $x_1=0.5$ 时,种群仅经过两代后就将消失。这可以通过下面的迭代结果得到说明。对 $a=4.0$,当 $x_1=0.5$ 时,式(13.148)的迭代结果为

$$0.5 \to 1.0 \to 0.0 \to 0.0 \to 0.0 \to \cdots$$

然而,对 $a=4.0$,当 $x_1=0.4$ 时,种群的数量却是完全随机的。此时式(13.148)的迭代结果为

$$0.4\to0.96\to0.154\to0.520\to0.998\to0.006\to0.025\to0.099\to$$
$$0.358\to0.919\to0.298\to0.837\to0.547\to0.991\to0.035\to0.135\to$$
$$0.466\to0.996\to0.018\to\cdots$$

这表明该系统是一个混沌系统。对于确定性方程(13.148),即使是非常微小的改变也会导致不可预见的结果。它的物理意义是当每年种群数量的变化毫无规律时,系统就进入了混沌。事实上,正如将要在下面讨论的那样,式(13.148)具有不稳定的轨道。

1. 分岔

式(13.148)还展示了一种被称为**分岔**的现象。为了说明此现象,先取 $a=2$ 和不同的 x_1 值。可以发现,对于不同的 x_1 值,x_{n+1}将收敛于 0.5。当取$a=2.5$ 时,对于不同的x_1 值,迭代将收敛于 0.6。如果取 $a=3.0$ 和 $x_1=0.1$,迭代也将收敛。但在向最终值收敛的过程中,是在两个值(0.68…和 0.65…)之间振荡。如果取 $a=3.25$ 和 $x_1=0.5$,x_{n+1}在收敛的过程中,是在两个值 $x^{(1)}=0.4952$ 和 $x^{(2)}=0.8124$ 之间振荡。在这个点称系统是周期 2 的。在这种情况下,解进入一种两支的叉形状态,即具有两个平衡点。如果取 $a=3.5$ 和 $x_1=0.5$,系统是周期 4 的。即在这种情况下,平衡状态在 4 个值 $x^{(3)}=0.3828$,$x^{(4)}=0.5008$,$x^{(5)}=0.8269$,$x^{(6)}=0.8749$ 之间振荡。这表明原来的两个稳态解发生了进一

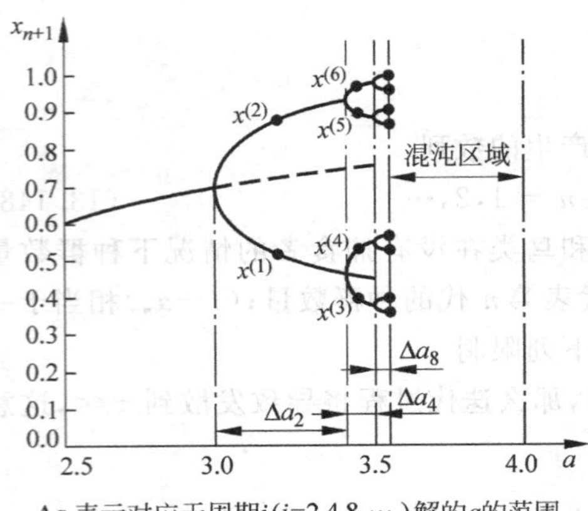

图 13.20　分岔图

步的分岔。事实上，系统将随着 a 的增加继续分岔，而分岔的区间越来越小，如图 13.20 所示。图 13.20 称为**分岔图**。可以看出，系统已经通过一系列的分岔进入了混沌状态。由式(13.148)得到的结果的数目在每个区间内都成倍增加。

2. 奇怪吸引子

曾经有一段时间，人们认为物理系统不断接近的吸引子就是平衡点(或静平衡位置)、极限环或不断重复的空间构形。然而近年来人们发现，与混沌系统有关的吸引子要比静平衡位置和极限环复杂得多。在相空间中，混沌轨道无限迫近的那些点称为**奇怪吸引子**。

13.10.3　没有激励项时达芬方程的混沌行为

作为一个含非线性弹簧力的典型问题，达芬系统在简谐激励作用下的运动微分方程为

$$\ddot{x}+\mu\dot{x}-\alpha x+\beta x^{3}=F_{0}\cos\omega t \tag{13.149}$$

为简单起见，首先考虑没有阻尼和激励的情况，并取 $\alpha=\beta=0.5$。由式(13.149)得

$$\ddot{x}-0.5x+0.5x^{3}=0 \tag{13.150}$$

根据弹簧力为零，可得 3 个静平衡位置：$x=0, x=+1, x=-1$。对上述平衡解施加无限小的扰动，容易验证，平衡点 $x=0$ 是不稳定的(鞍点)，而 $x=-1, x=+1$ 是稳定的。以上3个平衡解的稳定性还可以通过系统的势能图得到更清楚的说明。为得到系统势能的表达式，用$\dot{x}$乘以式(13.150)，并将所得结果积分，可得

$$\frac{1}{2}\dot{x}^{2}+\frac{1}{8}x^{4}-\frac{1}{4}x^{2}=C \tag{13.151}$$

式中，C 是一个常数。式(13.151)左边的第 1 项代表系统的动能，第 2 项和第 3 项代表系统的势能。式(13.151)表明，系统的动能与势能的和是一个常数(保守系统)。系统势能随振动位移的变化如图 13.21 所示。

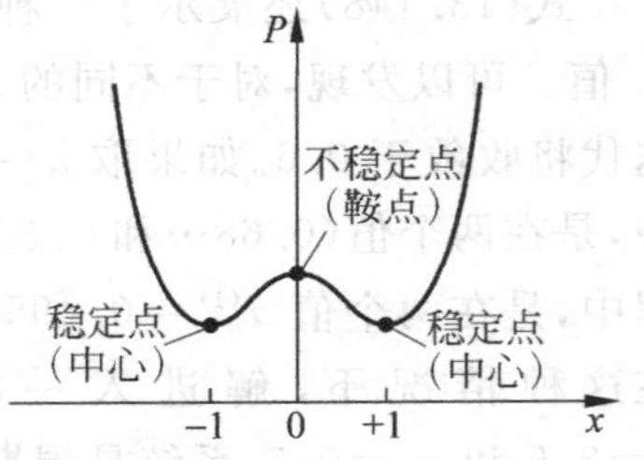

图 13.21　系统势能的变化

现在讨论该系统的无阻尼自由振动。此时的控制方程为

$$\ddot{x}+\mu\dot{x}-0.5x+0.5x^{3}=0 \tag{13.152}$$

并假设初始条件如下：

$$x(t=0)=x_{0},\quad \dot{x}(t=0)=\dot{x}_{0} \tag{13.153}$$

根据图 13.21 不难想象，静平衡位置 $x=0$ 在有限扰动下是不稳定的。它的物理意义是，一个平衡点受到有限的扰动

后，系统将运动到另外一个平衡位置。事实上，系统的稳态解对初始条件是相当敏感的，乃至系统产生混沌运动。容易验证，对应于初始条件$x_0=1$和$0<\dot{x}_0<0.521799$，系统的稳态解是$x(t\to\infty)=+1$。当$\dot{x}_0=0.52$时，系统的相轨迹如图 13.22(a)所示。注意：此时对所有的时间t，均有$x>0$。对应于初始条件$x_0=1$和$0.521799<\dot{x}_0<0.5572$，系统的稳态解是$x(t\to\infty)=-1$。当$\dot{x}_0=0.54$时，系统的相轨迹如图 13.22(b)所示。可以看出，相轨迹只有一次穿过直线$x=0$。对应于初始条件$0.5572<\dot{x}_0<0.5952$，系统的稳态解是$x(t\to\infty)=+1$。当$\dot{x}_0=0.56$时，系统的相轨迹如图 13.22(c)所示。可以看出，相轨迹两次穿过直线$x=0$。

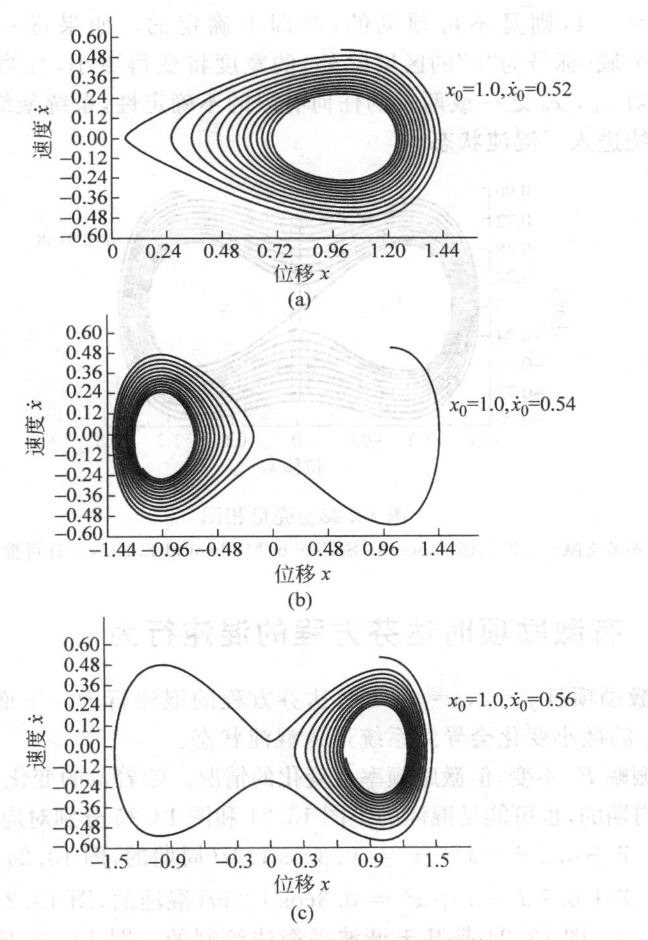

图 13.22 不同初始条件对应的轨线

(引自参考文献[13.32]，经 Society of Industrial and Applied Mathematics 以及 Dowell E H 和 Pierre C 许可重印)

事实上，通过给x_0一系列不同的值，我们就能够得到如图 13.23 所示的壳形相图。从这个图可以看出，依赖于初始条件x_0和$\dot{x}_0$，稳态解是$+1$或-1。此外，还可以发现整个相平面可以分为用数字 0,1,2,…进行标记的不同区域。首先考虑当 $x_0 \geqslant 0$ 时的区域“0”。若初始条件落在这个区域,则解曲线将螺旋地趋于 $x=+1$(当 $t\to\infty$),并且不经过直线 $x=0$(与图 13.22(a)相似)。接下来,考虑标号为“1”的区域。若初始条件落在这个区域,则解曲线将顺时针地趋于 $x=-1$(当 $t\to\infty$),并且经过直线 $x=0$ 一次(与图 13.22(b)相似)。再考虑标号为“2”的区域。若初始条件落在这个区域,则解曲线将顺时针地趋于 $x=+1$(当 $t\to\infty$),并且经过直线 $x=0$ 两次(与图 13.22(c)相似)。标号为其他值的区域,将继续重复这种模式,该区域的标号代表轨线经过直线 $x=0$ 的次数。

图 13.23 表明,如果初始条件 x_0 和 $\dot{x}_0$ 具有足够的不确定性,那么系统最终的状态究竟是 $x=1$ 还是 $x=-1$,则是不可预见的,亦即不确定的。如果进一步减小阻尼,那么图 13.23 中每一个域(标号为“0”的区域除外)的宽度将变得更小,且当 $\mu\to 0$ 时最终消失。所以当 $\mu\to 0$ 时,对 x_0, $\dot{x}_0$ 之一或两者的任何有限的不确定性,系统最终的状态是不可预测的。这意味着系统进入了混沌状态。

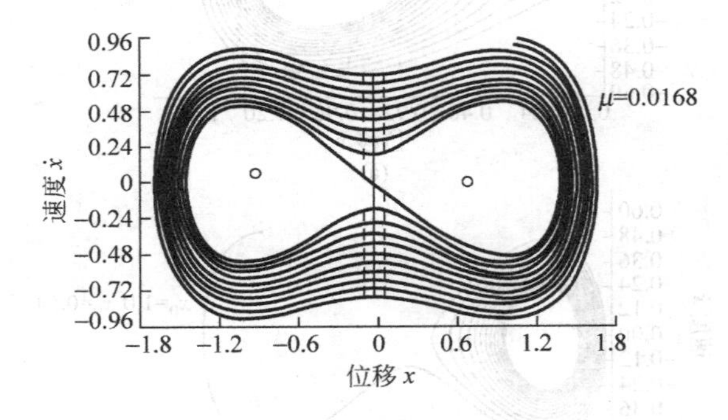

图 13.23 壳形相图

(引自参考文献[13.33],经 American Society of Mechanical Engineers 许可重印)

13.10.4 有激励项时达芬方程的混沌行为

本节讨论有激励项且 $\mu=2, \alpha=\beta=1$ 时达芬方程的混沌行为。下面的分析将说明激励频率 ω 或振幅 F_0 的微小变化会导致系统进入混沌状态。

先讨论激励振幅 F_0 不变,但激励频率 ω 变化的情况。随着 ω 的变化,根据相轨迹可知,系统的响应可能是周期的,也可能是混沌的。图 13.24 和图 13.25 分别对应着如下两个方程

$$\ddot{x}+0.2\dot{x}-x+x^3=0.3\cos 1.4t\text{(周期的,图 13.24)} \tag{13.154}$$

$$\ddot{x}+0.2\dot{x}-x+x^3=0.3\cos 1.29t\text{(混沌的,图 13.25)} \tag{13.155}$$

式中,假定 $F_0=0.3$。图 13.24 是基于谐波平衡法绘制的。图 13.25 是相轨迹的庞加莱映射,它反映的是经过相等的时间间隔 $T_0, 2T_0, 3T_0, \cdots$ 时出现的点,其中 T_0 代表激励的周期,$T_0=\dfrac{2\pi}{\omega}=\dfrac{2\pi}{1.29}$。

当激励频率 ω 不变,但激励振幅 F_0 变化时,同样可以观察到混沌现象。随着ω的变

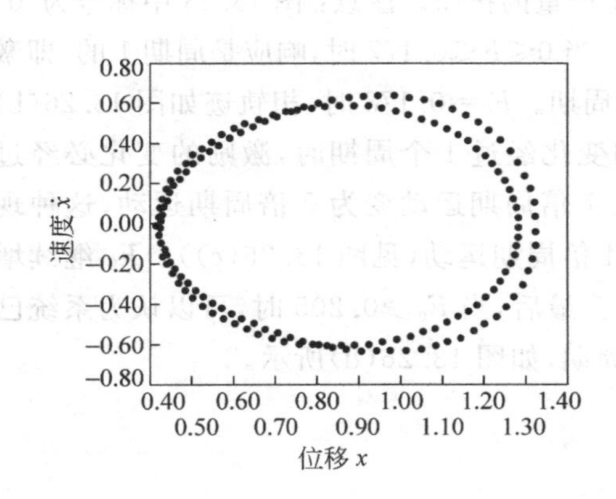

图 13.24 式(13.154)的相图

引自参考文献[13.34],经 Academic Press 许可重印

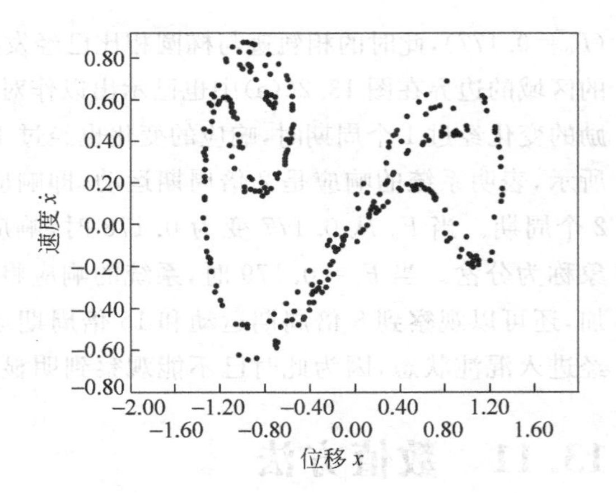

图 13.25 式(13.155)的庞加莱映射

(引自参考文献[13.34],经 Academic Press 许可重印)

化,根据相轨迹可知,系统的响应可能是周期的,也可能是混沌的。为此,考虑如下方程

$$\ddot{x} + 0.168\dot{x} - 0.5x + 0.5x^3 = F_0 \sin \omega t \equiv F_0 \sin t \tag{13.156}$$

为了更确切地说明激励振幅的变化对系统响应的影响,不妨约定 $x_0 = 1$ 和 $\dot{x}_0 = 0$。当 F_0 足够小时,系统的响应将是在其静平衡位置 $x=1$ 附近的微幅简谐运动(此时的相轨迹是一个椭圆)。随着 F_0 的增加,响应中除基频成分外还有其他的简谐成分。如图 13.26(a)所示

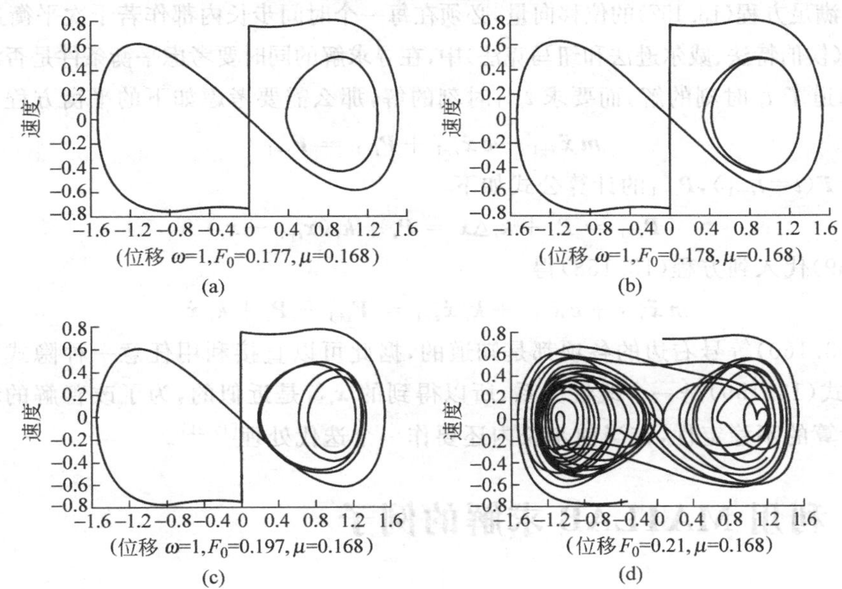

图 13.26 相轨迹的不规则变化

(a) 周期 1; (b) 周期 2; (c) 周期 4; (d) 混沌

(引自参考文献[13.33],经 American Society of Mechanical Engineers 许可重印)

($F_0=0.177$),此时的相轨迹与椭圆相比已经发生了严重的扭曲。注意:图13.23中标号为“0”的区域的边界在图13.26(a)中也已示出以作对比。当$0\leqslant F\leqslant 0.177$时,响应是周期1的,即激励的变化经过1个周期时,响应的变化也经过1个周期。$F_0=0.178$时,相轨迹如图13.26(b)所示,表明系统的响应是2倍周期运动,即响应的变化经过1个周期时,激励的变化必经过2个周期。当F_0从0.177变为0.178时,响应从1倍周期运动变为2倍周期运动,这种现象称为分岔。当$F_0=0.179$时,系统的响应将是4倍周期运动(见图13.26(c))。F_0继续增加,还可以观察到8倍周期运动和16倍周期运动。最后,当$F_0\geqslant 0.205$时,可以认为系统已经进入混沌状态,因为此时已不能观察到明显的周期,如图13.26(d)所示。

13.11 数值方法

在以前各章所介绍的大多数数值方法都可以用来求非线性系统的响应。11.4节介绍的龙格-库塔方法可以直接应用于非线性系统,13.12节给出了这方面的示例。第11章中介绍的中心差分法、侯伯特法、威尔逊法和纽马克法略作修改也可以用于求解非线性多自由度系统的振动问题。设一个多自由度系统的控制微分方程为

$$\boldsymbol{m}\ddot{\boldsymbol{x}}(t)+\boldsymbol{c}\dot{\boldsymbol{x}}(t)+\boldsymbol{P}(\boldsymbol{x}(t))=\boldsymbol{F}(t) \tag{13.157}$$

式中假设与位移方向相反的内力$\boldsymbol{P}$是$\boldsymbol{x}$的非线性函数。对于线性的情况,其形式为$\boldsymbol{P}=\boldsymbol{kx}$。

为了求满足方程(13.157)的位移向量,必须在每一个时间步长内都作若干次平衡迭代,在各种隐式方法(侯伯特法、威尔逊法和纽马克法)中,在寻求解的同时要考虑平衡条件是否满足。

如果知道了t_i时刻的解,而要求t_{i+1}时刻的解,那么需要考虑如下的平衡方程

$$\boldsymbol{m}\ddot{\boldsymbol{x}}_{i+1}+\boldsymbol{c}\dot{\boldsymbol{x}}_{i+1}+\boldsymbol{P}_{i+1}=\boldsymbol{F}_{i+1} \tag{13.158}$$

式中$\boldsymbol{F}_{i+1}=\boldsymbol{F}(t=t_{i+1})$,$\boldsymbol{P}_{i+1}$的计算公式如下

$$\boldsymbol{P}_{i+1}=\boldsymbol{P}_i+\boldsymbol{k}_i\Delta\boldsymbol{x}=\boldsymbol{P}_i+\boldsymbol{k}_i(\boldsymbol{x}_{i+1}-\boldsymbol{x}_i) \tag{13.159}$$

把式(13.159)代入到方程(13.158)得

$$\boldsymbol{m}\ddot{\boldsymbol{x}}_{i+1}+\boldsymbol{c}\dot{\boldsymbol{x}}_{i+1}+\boldsymbol{k}_i\dot{\boldsymbol{x}}_{i+1}=\boldsymbol{F}_{i+1}-\boldsymbol{P}_i+\boldsymbol{k}_i\dot{\boldsymbol{x}}_i \tag{13.160}$$

既然方程(13.160)等号右边的各项都是知道的,据此可以直接利用任意一种隐式方法确定$\boldsymbol{x}_{i+1}$。由于式(13.159)是一个线性关系,所以得到的$\boldsymbol{x}_{i+1}$是近似的,为了改善解的精度以及避免数值计算的不稳定性,在当前步长内还要作一个迭代处理[13.21]。

13.12 利用MATLAB求解的例子

例13.6 利用MATLAB,求下列形式的单摆的运动微分方程的解,其中$\omega_0=\sqrt{\dfrac{g}{l}}=0.09$。

$$\text{(a)}\ \ddot{\theta}+\omega_0^2\theta=0 \tag{E.1}$$

$$(b)\ \ddot{\theta}+\omega_0^2\theta-\frac{1}{6}\omega_0^2\theta^3=0 \tag{E. 2}$$

$$(c)\ \ddot{\theta}+\omega_0^2\sin\theta=0 \tag{E. 3}$$

初始条件分别为

$$(i)\ \theta(0)=0.1,\quad \dot{\theta}(0)=0 \tag{E. 4}$$

$$(ii)\ \theta(0)=\frac{\pi}{4},\quad \dot{\theta}(0)=0 \tag{E. 5}$$

$$(iii)\ \theta(0)=\frac{\pi}{2},\quad \dot{\theta}(0)=0 \tag{E. 6}$$

解：令 $x_1=\theta, x_2=\dot{\theta}$，则式(E. 1)～方程(E. 3)可以写成如下一阶微分方程组的形式

$$(a)\ \dot{x}_1=x_2$$

$$\dot{x}_2=-\omega_0^2x_1\quad(\text{线性方程}) \tag{E. 7}$$

$$(b)\ \dot{x}_1=x_2$$

$$\dot{x}_2=-\omega_0^2x_1+\frac{1}{6}\omega_0^2x_1^3\quad(\text{非线性方程}) \tag{E. 8}$$

$$(c)\ \dot{x}_1=x_2$$

$$\dot{x}_2=-\omega_0^2\sin x_1\quad(\text{非线性方程}) \tag{E. 9}$$

可以用 MATLAB 指令 ode23 求解式(E. 7)～式(E. 9)对不同初始条件(E. 4)～(E. 6)的响应。对于确定的初始条件，式(E. 7)～式(E. 9)的解 $\theta(t)$ 画在了同一个图中。

```
%Ex11_6.m
%This program will use the function dfunc1_a.m, dfunc1_b.m and dfun1_c.m
%They should be in the same folder
tspan=[0: 1: 250];
x0=[0.1;0.0];
x0_1=[0. 7854; 0.0];
x0_2=[1.5708; 0.0];
[t, xa]=ode23('dfunc1_a', tspan, x0);
[t, xb]=ode23('dfunc1_b', tspan, x0);
[t, xc]=ode23('dfunc1_c', tspan, x0);
[t, xa1]=ode23('dfunc1_a', tspan, x0_1);
[t, xb1]=ode23('dfunc1_b', tspan, x0_1);
[t, xc1]=ode23('dfunc1_c', tspan, x0_1);
[t, xa2]=ode23('dfunc1_a', tspan, x0_2);
[t, xb2]=ode23('dfunc1_b', tspan, x0_2);
[t, xc2]=ode23('dfunc1_c', tspan, x0_2);
plot(t, xa(:, 1));
ylabel('Theta(t)');
xlabel('t');
ylabel('i.c.=[0.1,0.0]');
title...
```

```
('Function a: solid line, Function b: dashed line, Function c: dotted line');
hold on;
plot(t, xb(:, 1), '--');
hold on;
plot(t, xc(:, 1), ':');
pause
hold off;
plot(t, xa1(:, 1));
ylabel('Theta(t)');
xlabel('t');
ylabel('i.c.=[0.7854;0.0]');
title...
('Function a: solid line, Function b: dashed line, Function c: dotted line');
hold on;
plot(t, xb1(:, 1), '--');
hold on;
plot(t, xc1(:, 1), ':');
pause
hold off;
plot(t, xa2(:, 1));
hold on;
ylabel('Theta(t)');
xlabel('t');
ylabel('i.c.=[1.5708;0.0]')
title...
('Function a: solid line, Function b: dashed line, Function c: dotted line');
plot(t, xb2(:,1), '--');
hold on;
plot(t, xc2(:, 1), ':');

%dfunc1_a.m
function f=dfunc1_a(t,x);
f=zeros(2,1);
f(1)=x(2);
f(2)=-0.0081*x(1);

%dfunc1_b.m
function f=dfunc1_b(t,x);
f=zeros(2,1);
f(1)=x(2);
f(2)=0.0081*((x(1))^3)/6.0-0.0081*x(1);

%dfunc1_c.m
function f=dfunc1_c(t,x);
f=zeros(2,1);
f(1)=x(2);
f(2)=-0.0081*sin(x(1));
```

所绘曲线如图13.27所示。

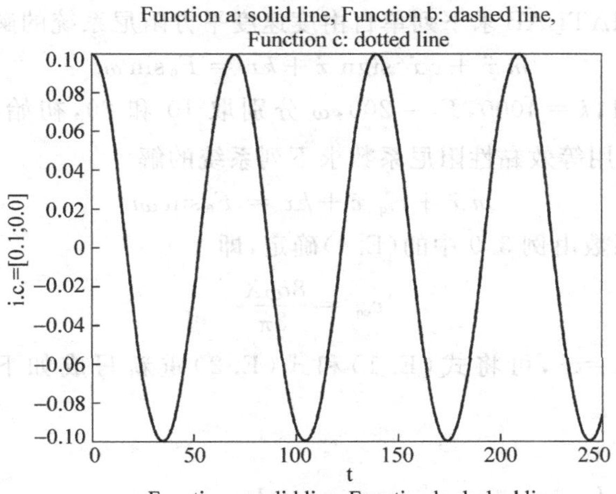
Function a: solid line, Function b: dashed line,
Function c: dotted line
i.c.=[0.1;0.0]
t

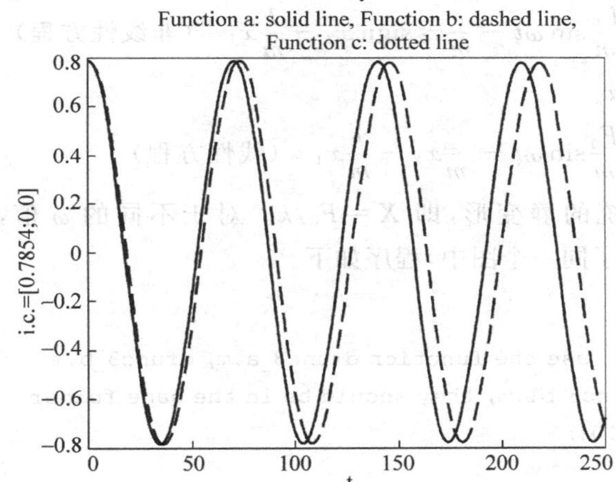
Function a: solid line, Function b: dashed line,
Function c: dotted line
i.c.=[0.7854;0.0]
t

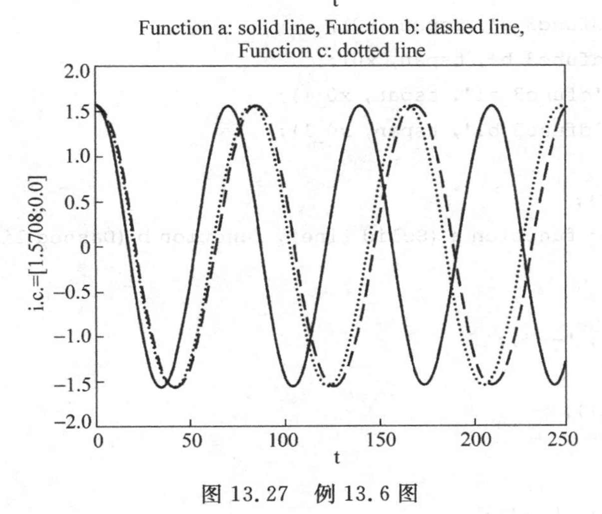
Function a: solid line, Function b: dashed line,
Function c: dotted line
i.c.=[1.5708;0.0]
t

图 13.27 例 13.6 图

例 13.7 利用 MATLAB 求下列单自由度速度平方阻尼系统的解

$$m\ddot{x}+c\dot{x}^2\operatorname{sign}\dot{x}+kx=F_0\sin\omega t \tag{E.1}$$

其中，$m=10$，$c=0.01$，$k=4000$，$F_0=200$，ω 分别取 10 和 20，初始条件为 $x(0)=0.5$，$\dot{x}(0)=1.0$。此外再利用等效黏性阻尼系数求下列系统的解

$$m\ddot{x}+c_{\mathrm{eq}}\dot{x}+kx=F_0\sin\omega t \tag{E.2}$$

其中，等效黏性阻尼系数由例 3.9 中的(E.4)确定，即

$$c_{\mathrm{eq}}=\frac{8c\omega X}{3\pi} \tag{E.3}$$

解：令 $x_1=x$，$x_2=\dot{x}$，可将式(E.1)和式(E.2)重新写成如下一阶微分方程组的形式

(a)
$$\dot{x}_1=x_2$$
$$\dot{x}_2=\frac{F_0}{m}\sin\omega t-\frac{c}{m}x_2^2\operatorname{sign}x_2-\frac{k}{m}x_1 \quad \text{（非线性方程）} \tag{E.4}$$

(b)
$$\dot{x}_1=x_2$$
$$\dot{x}_2=\frac{F_0}{m}\sin\omega t-\frac{c_{\mathrm{eq}}}{m}x_2-\frac{k}{m}x_1 \quad \text{（线性方程）} \tag{E.5}$$

式(E.3)中的 X 为系统的静变形，即 $X=F_0/k$。对于不同的 ω 值，程序将式(E.4)和式(E.5)的解分别画在了同一个图中，程序如下。

```
%Ex11_7.m
%This program will use the function dfunc3_a.m, dfunc3_b.m
%dfunc3_a1.m, dfunc3_b1.m, they should be in the same folder
tspan=[0: 0.005: 10];
x0=[0.5; 1.0];
[t, xa]=ode23('dfunc3_a', tspan, x0);
[t, xb]=ode23('dfunc3_b', tspan, x0);
[t, xa1]=ode23('dfunc3_a1', tspan, x0_1);
[t, xb1]=ode23('dfunc3_b1', tspan, x0_1);
subplot(211)
plot(t, xa(:, 1));
title('Theta(t): function a (Solid line), function b (Dashed line)');
ylabel('w=10');
hold on;
plot(t, xb(:, 1), '--');
subplot(2 1 2);
plot(t, xa1(:, 1));
ylabel('w=20');
hold on;
plot(t, xb1(:, 1), '--');
```

```
xlabel('t');

%dfunc3_a.m
function f=dfunc3_a(t,x);
f0=200;
m=10;
a=0.01;
k=4000;
w=10;
f=zeros(2,1);
f(1)=x(2);
f(2)=f0*sin(w*t)/m-a*x(2)^2*sign(x(2))/m-k*x(1)/m;

%dfunc3_a1.m
function f=dfunc3_a1(t,x);
f0=200;
m=10;
a=0.01;
k=4000;
w=20;
f=zeros(2,1);
f(1)=x(2);
f(2)=f0*sin(w*t)/m-a*x(2)^2*sign(x(2))/m-k*x(1)/m;

%dfunc3_b.m
function f=dfunc3_b(t,x);
f0=200;
m=10;
a=0.01;
k=4000;
ceq=sqrt(8*a*f0/(3*pi))
w=10;
f=zeros(2,1);
f(1)=x(2);
f(2)=f0*sin(w*t)/m-ceq*x(2)/m-k*x(1)/m;

%dfunc3_b1.m
function f =dfunc3_b1(t,x);
f0=200;
m=10;
a=0.01;
```

```
k=4000;
ceq=sqrt(8*a*f0/(3*pi));
w=20;
f=zeros(2,1);
f(1)=x(2);
f(2)=f0*sin(w*t)/m-ceq*x(2)/m-k*x(1)/m;
```

所绘曲线如图 13.28 所示。

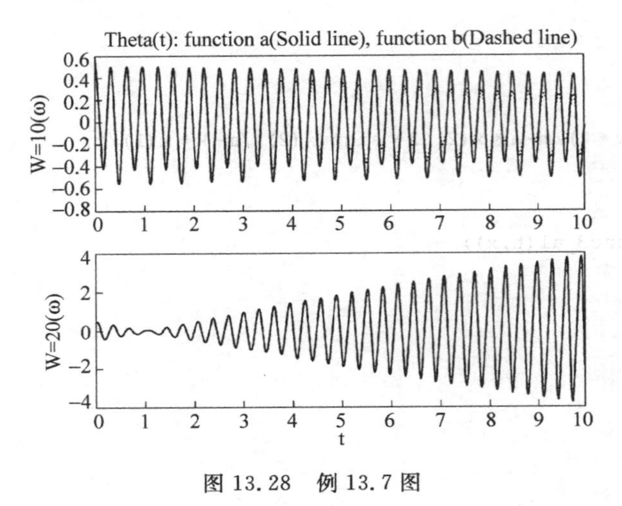

图 13.28　例 13.7 图

例 13.8　利用 MATLAB,求下列非线性单自由度系统的解

$$m\ddot{x}+k_1x+k_2x^3=f(t) \tag{E.1}$$

其中,$f(t)$是一个矩形脉冲函数,幅值为 F_0,作用时间为 $0\leqslant t\leqslant t_0$。其他参数如下:$m=10$,$k_1=4000$,$F_0=1000$,$t_0=1$。初始条件为 $x(0)=0.05$,$\dot{x}(0)=5$。k_2 分为如下两种情况:(a)$k_2=0$;(b)$k_2=500$。

解:令 $x_1=x$,$x_2=\dot{x}$,将式(E.1)重新写成如下一阶微分方程组的形式

$$\left.\begin{aligned}\dot{x}_1&=x_2\\ \dot{x}_2&=\frac{F(t)}{m}-\frac{k_1}{m}x_1-\frac{k_2}{m}x_1^3\end{aligned}\right\} \tag{E.2}$$

程序将 $k_2=0$(线性系统)和 $k_2=500$(非线性系统)时的响应画在了同一个图中,程序如下。

```
%Ex11_8.m
%This program will use the function dfunc11_8_1.m, and dfunc11_8_2.m
%they should be in the same folder
tspan=[0: 0.01: 5];
x0=[0.05; 5];
[t, x]=ode23('dfunc11_8_1', tspan, x0);
```

```
plot (t, x(:, 1));
xlabel('t');
ylabel('x(t)');
hold on;
[t, x]=ode23('dfunc11_8_2', tspan, x0);
plot (t, x(:, 1), '--');
gtext('Solid line: k_2=500');
gtext('Dashed line: k_2=0');

%dfunc11_8_1.m
function f=dfunc11_8_1 (t,x);
f=zeros(2,1);
m=10;
k1=4000;
k2=500;
F0=1000;
F=F0 * (stepfun(t,0)-stepfun(t,1));
f(1)=x(2);
f(2)=-F/m-k1 * x(1)/m-k2 * (x(1))^3/m;
%dfunc11_8_2.m
function f=dfunc11_8_2 (t,x);
f=zeros(2,1);
m=10;
k1=4000;
k2=0;
F0=1000;
F=F0 * (stepfun(t,0)-stepfun(t,1));
f(1)=x(2);
f(2)=-F/m-k1 * x(1)/m-k2 * (x(1))^3/m;
```

所绘曲线如图 13.29 所示。

例 13.9 利用四阶龙格-库塔方法编写一个名为 Program18.m 的 MATLAB 程序，求下列形式的单自由度系统的解

$$m\ddot{x}+c\dot{x}+kx+k^{*}x^{3}=0 \tag{E.1}$$

方程中的各系数如下：$m=0.01, c=0.1, k=2.0, k^{*}=0.5$。初始条件为 $x(0)=7.5$，$\dot{x}(0)=0$。

解：把方程(E.1)重新写成如下形式

$$\left.\begin{aligned}\dot{x}_1&=f_1(x_1,x_2)=x_2\\ \dot{x}_2&=f_2(x_1,x_2)=-\frac{c}{m}x_2-\frac{k}{m}x_1-\frac{k^{*}}{m}x_1^3\end{aligned}\right\} \tag{E.2}$$

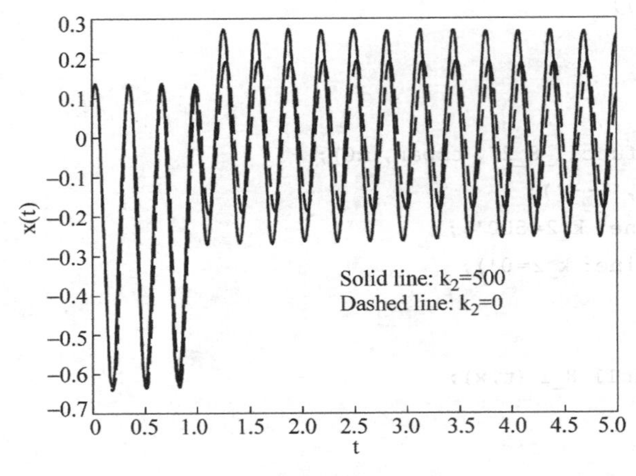

图 13.29　例 13.8 图

编写程序时，将 m,c,k,k^* 的值分别赋给 YM，YC，YK 和 YKS，时间步长取 $\Delta t=0.0025$，积分长度取 400 个时间步长，即 NSTEP＝400。用子程序 fun 定义函数 $f_1(x_1,x_2)$ 和 $f_2(x_1,x_2)$。程序的输出结果为 $t_i,x(t_i),\dot{x}(t_i)(i=1,2,\cdots)$ 和 NSTEP 的值。作图时的纵坐标分别为 $x(t)=x_1(t)$ 和 $\dot{x}(t)=x_2(t)$。程序的输入和输出如下。

```
Solution of nonlinear vibration problem by fourth order Runge-Kutta method

    Data:
    ym=1.000000e-002
    yc=1.000000e-001
    yk=2.00000000e+000
    yks=5.00000000e-001

    Results:
            i         time(i)             x(i,1)            x(i,2)
            1      2.500000e-003      7.430295e+000     -5.528573e+001
            6      1.500000e-002      5.405670e+000     -2.363166e+002
           11      2.750000e-002      2.226943e+000     -2.554475e+002
           16      4.000000e-002     -8.046611e-001     -2.280328e+002
           21      5.250000e-002     -3.430513e+000     -1.877713e+002
           26      6.500000e-002     -5.296623e+000     -1.002752e+002
            ⋮
          371      9.275000e-001      1.219287e-001      7.673075e-002
          376      9.400000e-001      1.209954e-001     -2.194914e-001
          381      9.525000e-001      1.166138e-001     -4.744062e-001
```

```
386        9.650000e-001        1.093188e-001        -6.853283e-001
391        9.775000e-001        9.966846e-002        -8.512093e-001
396        9.900000e-001        8.822462e-002        -9.724752e-001
```

所绘曲线如图 13.30 所示。

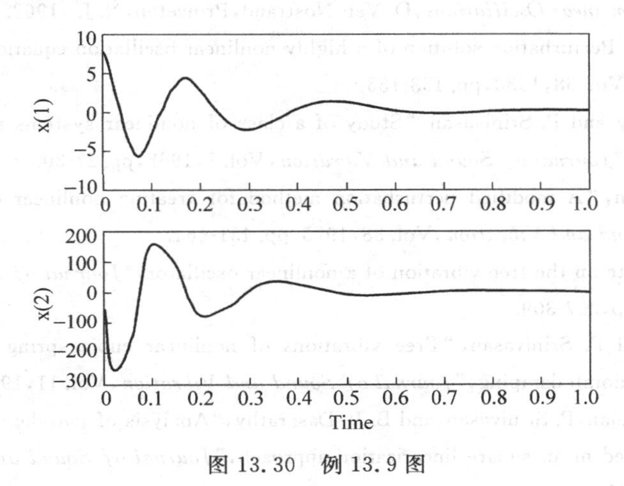

图 13.30 例 13.9 图

本章小结

如果振动系统的控制微分方程是非线性的，即包含位移或其导数的二次或高次项，则称相应的振动问题是非线性的。本章给出了求解非线性振动问题的若干方法，包括精确和近似解析方法；通过示例解释了超谐振动和亚谐振动的概念；讨论了时变系数系统的周期解以及稳定性特点；介绍了非线性振动分析的图解法及相关的概念，如相平面、相速度、相轨迹、平衡状态的稳定性、奇点、极限环；还讨论了意味着系统行为不可预测性的混沌现象；最后，给出了利用 MATLAB 求解非线性振动问题的示例。

参考文献

13.1 C. Hayashi, *Nonlinear Oscillations in Physical Systems*, McGraw-Hill, New York, 1964.

13.2 A. A. Andronow and C. E. Chaikin, *Theory of Oscillations* (English language edition), Princeton University Press, Princeton, N. J. , 1949.

13.3 N. V. Butenin, *Elements of the Theory of Nonlinear Oscillations*, Blaisdell Publishing, New York, 1965.

13.4 A. Blaquiere, *Nonlinear System Analysis*, Academic Press, New York, 1966.

13.5 Y. H. Ku, *Analysis and Control of Nonlinear Systems*, Ronald Press, New York, 1958.

13.6 J. N. J. Cunningham, *Introduction to Nonlinear Analysis*, McGraw-Hill, New York, 1958.

13.7 J. J. Stoker, *Nonlinear Vibrations in Mechanical and Electrical Systems*, Interscience Publishers, New York, 1950.

13.8 J. P. Den Hartog, *Mechanical Vibrations* (4th ed.), McGraw-Hill, New York, 1956.

13.9 N. Minorsky, *Nonlinear Oscillations*, D. Van Nostrand, Princeton, N. J., 1962.

13.10 R. E. Mickens, "Perturbation solution of a highly nonlinear oscillation equation," *Journal of Sound and Vibration*, Vol. 68, 1980, pp. 153-155.

13.11 B. V. Dasarathy and P. Srinivasan, "Study of a class of nonlinear systems reducible to equivalent linear systems," *Journal of Sound and Vibration*, Vol. 7, 1968, pp. 27-30.

13.12 G. L. Anderson, "A modified perturbation method for treating nonlinear oscillation problems," *Journal of Sound and Vibration*, Vol. 38, 1975, pp. 451-464.

13.13 B. L. Ly, "A note on the free vibration of a nonlinear oscillator," *Journal of Sound and Vibration*, Vol. 68, 1980, pp, 307-309.

13.14 V. A. Bapat and P. Srinivasan, "Free vibrations of nonlinear cubic spring mass systems in the presence of Coulomb damping," *Journal of Sound and Vibration*, Vol. 11, 1970, pp. 121-137.

13.15 H. R. Srirangarajan, P. Srinivasan, and B. V. Dasarathy, "Analysis of two degrees of freedom sytems through weighted mean square linearization approach," *Journal of Sound and Vibration*, Vol. 36, 1974, pp. 119-131.

13.16 S. R. Woodall, "On the large amplitude oscillations of a thin elastic beam," *International Journal of Nonlinear Mechanics*, Vol. 1, 1966, pp. 217-238.

13.17 D. A. Evenson, "Nonlinear vibrations of beams with various boundary conditions," *AIAA Journal*, Vol. 6, 1968, pp. 370-372.

13.18 M. E. Beshai and M. A. Dokainish, "The transient response of a forced nonlinear system," *Journal of Sound and Vibration*, Vol. 41, 1975, pp. 53-62.

13.19 V. A. Bapat and P. Srinivasan, "Response of undamped nonlinear spring mass systems subjected to constant forec excitation." *Journal of Sound and Vibration*, Vol. 9, 1969, Part Ⅰ: pp. 53-58 and Part Ⅱ: pp. 438-446.

13.20 W. E. Boyce and R. C. Diprima, *Elementary Differential Equations and Boundary Value Problems* (4th ed.), Wiley, New York, 1986.

13.21 D. R. J. Owen, "Implicit finite element methods for the dynamic transient analysis of solids with particular reference to nonlinear situations," in *Advanced Structural Dynamics*, J. Donéa (ed.), Applied Science Publishers, London, 1980, pp. 123-152.

13.22 B. van der Pol, "Relaxation oscillations," *Philosophical Magazine*, Vol. 2, pp. 978-992, 1926.

13.23 L. A. Pipes and L. R. Harvill, *Applied Mathematics for Engineers and Physicists* (3rd ed.), McGraw-Hill, New York, 1970.

13.24 N. N. Bogoliubov and Y. A. Mitropolsky, *Asymptotic Methods in the Theory of Nonlinear Oscillations*, Hindustan Publishing, Delhi, 1961.

13.25 A. H. Nayfeh and D. T. Mook, *Nonlinear Oscillations*, Wiley, New York, 1979.

13.26 G. Duffing, "Erzwungene Schwingungen bei veranderlicher Eigenfrequenz und ihre technische Bedeutung," Ph. D. thesis (Sammlung Vieweg, Braunschweig, 1918).

13.27 C. A. Ludeke, "An experimental investigation of forced vibrations in a mechanical system having a nonlinear restoring force," *Journal of Applied Physics*, Vol. 17, pp. 603-609, 1946.

13.28 D. W. Jordan and P. Smith, *Nonlinear Ordinary Differential Equations* (2nd ed.), Clarendon Press, Oxford, 1987.

13.29 R. E. Mickens, *An Introduction to Nonlinear Oscillations*, Cambridge University Press, Cambridge, 1981.

13.30 S. H. Crandall, "Nonlinearities in structural dynamics," *The Shock and Vibration Digest*, Vol. 6, No. 8, August 1974, pp. 2-14.

13.31 R. M. May, "Simple mathematical models with very complicated dynamics," *Nature*, Vol. 261, June 1976, pp. 459-467.

13.32 E. H. Dowell and C. Pierre, "Chaotic oscillations in mechanical systems," in *Chaos in Nonlinear Dynamical Systems*, J. Chandra (ed.), SIAM, Philadelphia, 1984, pp. 176-191.

13.33 E. H. Dowell and C. Pezeshki, "On the understanding of chaos in Duffing's equation including a comparison with experiment," *ASME Journal of Applied Mechanics*, Vol. 53, March 1986, pp. 5-9.

13.34 B. H. Tongue, "Existence of chaos on a one-degree-of-freedom system," *Journal of Sound and Vibration*, Vol. 110, No. 1, October, 1986, pp. 69-78.

13.35 M. Cartmell, *Introduction to Linear, Parametric, and Nonlinear Vibrations*, Chapman and Hall, London, 1990.

思 考 题

13.1 简答题

1. 如何判断一个振动问题是非线性的？
2. 振动问题中的非线性可能来自哪些方面？
3. 达芬方程中的非线性来源于什么？
4. 达芬方程的解的频率受弹簧性质怎样的影响？
5. 什么是亚谐振动？
6. 解释跳跃现象。
7. 李兹-伽辽金(Ritz-Galerkin)法利用的是什么原理？
8. 解释下列名词：相平面，相轨迹，奇点，相速度。
9. 什么是等倾线法？
10. 硬弹簧和软弹簧的区别是什么？
11. 解释亚谐振动和超谐振动的区别。
12. 什么是长期项？

13. 举出一个运动微分方程中含时变系数的例子。

14. 说明下列奇点的重要意义：稳定节点，不稳定节点，鞍点，焦点和中心。

15. 什么是极限环？

16. 举出两个能用范德波尔方程描述的物理现象。

13.2 判断题

1. 可以通过质量、弹簧和(或)阻尼把非线性引入到系统的控制微分方程中。 (　　)
2. 对一个系统的非线性分析可能会发现一些出乎意料的现象。 (　　)
3. 马休方程是一个自治方程。 (　　)
4. 奇点对应着系统的平衡状态。 (　　)
5. 在线性系统和非线性系统中都可以观察到跳跃现象。 (　　)
6. 李兹-伽辽金法是利用在一个周期上平均满足非线性方程得到近似解。 (　　)
7. 干摩擦可引起系统中的非线性。 (　　)
8. 非线性方程的庞加莱解是一种级数形式的解。 (　　)
9. 达芬系统在自由振动时，其解中存在长期项。 (　　)
10. 在林兹泰德摄动法中，假设角频率是振幅的函数。 (　　)
11. 等倾线是这样的一些点的集合，相轨迹通过它们时具有恒定的斜率。 (　　)
12. 在相平面中所作的相轨迹上不直接出现时间。 (　　)
13. 解随时间的变化情况可以通过相轨迹来观察。 (　　)
14. 极限环代表一种稳定的周期振动。 (　　)

13.3 填空题

1. 当系统运动的振幅是有限小(非无限小)时，________分析就变得非常必要。
2. ________原理不适用于非线性分析。
3. ________方程包含时变系数。
4. 如果单摆的支点承受竖直方向的振动，则其控制微分方程称为________方程。
5. 在位移-速度平面内表示系统的运动称为________平面表示法。
6. 在相平面中，用一个代表性的点追踪所得到的曲线称为________。
7. 相点沿着相轨迹移动的速度称为________速度。
8. 同一个频率对应着两个振幅值的情况称为________现象。
9. 受迫型达芬方程的解，其角频率 ω 对任意给定的振幅 $|A|$ 具有________值。
10. 在李兹-伽辽金法中，包含求________方程的解。
11. 机械颤振是一种________振动。
12. 如果在控制微分方程中不显含时间 t，则相应的系统称为________。
13. 可以利用________法来画单自由度动力学系统的相轨迹。

14. 范德波尔方程可以揭示________现象。

15. 非线性振动问题的近似解可以用数值方法得到，如侯伯特法、威尔逊法和纽马克法。

13.4 选择题

1. 一个线性系统的运动微分方程中，每一项都是位移、速度和加速度的________。
   (a) 一阶项　(b) 二阶项　(c) 零阶项
2. 非线性应力-应变关系可以导致________的非线性。
   (a) 质量　(b) 弹簧　(c) 阻尼
3. 如果力随位移的变化率 df/dx 是增函数，则这样的弹簧称为________。
   (a) 软弹簧　(b) 硬弹簧　(c) 线性弹簧
4. 如果力随位移的变化率 df/dx 是减函数，则这样的弹簧称为________。
   (a) 软弹簧　(b) 硬弹簧　(c) 线性弹簧
5. 闭轨线围绕的奇点称为________。
   (a) 中心　(b) 中点　(c) 焦点
6. 具有周期运动的系统，其相轨迹是________。
   (a) 闭合曲线　(b) 非闭合曲线　(c) 点
7. 在亚谐振动中，激励频率 ω 和系统固有频率 ω_n 之间的关系是________。
   (a) $\omega_n=\omega$　(b) $\omega_n=n\omega; n=2,3,4,\cdots$　(c) $\omega_n=\dfrac{\omega}{n}; n=2,3,4,\cdots$
8. 在超谐振动中，激励频率 ω 和系统固有频率 ω_n 之间的关系是________。
   (a) $\omega_n=\omega$　(b) $\omega_n=n\omega; n=2,3,4,\cdots$　(c) $\omega_n=\dfrac{\omega}{n}; n=2,3,4,\cdots$
9. 如果在控制微分方程中显含时间 t，则相应的系统称为________。
   (a) 自治系统　(b) 非自治系统　(c) 线性系统
10. 达芬方程的形式为________。
   (a) $\ddot{x}+\omega_0^2x+\alpha x^3=0$　(b) $\ddot{x}+\omega_0^2x=0$　(c) $\ddot{x}+\alpha x^3=0$
11. 林兹泰德摄动法给出________。
   (a) 周期解和非周期解　(b) 只是周期解　(c) 只是非周期解

13.5 连线题（设 λ_1 和 λ_2 是在讨论平衡状态的稳定性时平衡点对应的特征值）

1. λ_1 和 λ_2 是不同的实数，正负号相同　(a) 不稳定节点
2. λ_1 和 λ_2 是不同的实数，均小于零　(b) 鞍点
3. λ_1 和 λ_2 是不同的实数，均大于零　(c) 节点
4. λ_1 和 λ_2 是正负号相反的实数　(d) 焦点
5. λ_1 和 λ_2 是共轭复数　(e) 稳定节点

13.6 连线题

1. $\ddot{x}+f\dfrac{\dot{x}}{|\dot{x}|}+\omega_n{}^2x=0$ (a) 质量非线性

2. $\ddot{x}+\omega_0{}^2\left(x-\dfrac{x^3}{6}\right)=0$ (b) 阻尼非线性

3. $ax\ddot{x}+kx=0$ (c) 线性方程

4. $\ddot{x}+c\dot{x}+kx=ax^3$ (d) 弹簧力非线性

习 题

§13.1 引言

13.1 受到一个恒定力矩 $M_t=ml^2f$ 的单摆的运动微分方程是

$$\ddot{\theta}+\omega_0^2\sin\theta=f \tag{E.1}$$

如果 $\sin\theta$ 用它的两项展开 $\theta-\theta^3/6$ 来代替，则方程可以写为

$$\ddot{\theta}+\omega_0^2\theta=f+\frac{\omega_0^2}{6}\theta^3 \tag{E.2}$$

如果定义线性化方程

$$\ddot{\theta}+\omega_0^2\theta=f \tag{E.3}$$

的解为 $\theta_1(t)$，方程

$$\ddot{\theta}+\omega_0^2\theta=\frac{\omega_0^2}{6}\theta^3 \tag{E.4}$$

的解为 $\theta_2(t)$。讨论 $\theta(t)=\theta_1(t)+\theta_2(t)$ 作为式(E.2)的解是否可行。

13.2 一个系统的运动微分方程为

$$m\ddot{x}+a\cos x=0 \tag{E.1}$$

对该方程分别用 $\cos\theta$ 的多项式展开的一项、两项和三项近似，讨论每一种情况下非线性的特点。

13.3 具有非线性弹簧和非线性阻尼器的单自由度系统的自由振动的运动微分方程为

$$m\ddot{x}+c_1\dot{x}+c_2\dot{x}^2+k_1x+k_2x^3=0 \tag{E.1}$$

若 $x_1(t)$ 和 $x_2(t)$ 是方程(E.1)的两个不同的解，证明叠加原理不成立。

§13.2 非线性振动问题的例子

13.4 如图 13.31 所示，两个弹簧分别放置在质量块 m 的两侧，弹簧的刚度分别是 k_1 和 k_2，且 $k_2>k_1$。当质量块放置在平衡位置时，两个弹簧都不和它接触。但当质量块偏离平衡

位置时，只有一根弹簧被压缩。如果 $t=0$ 时，质量块的初始速度为 $\dot{x}_0$。求质量块振动的最大偏离位置和周期。

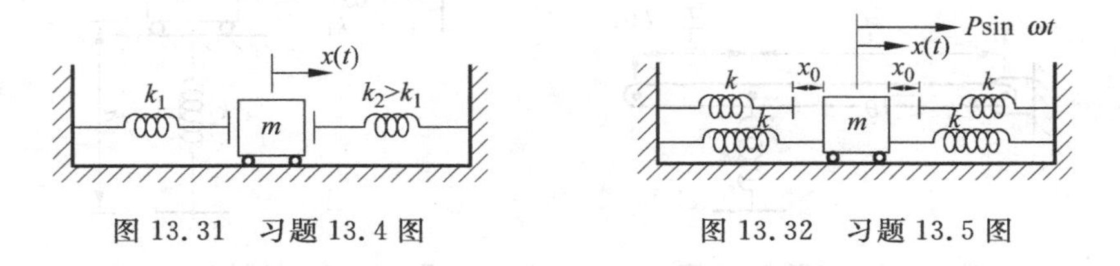

图 13.31 习题 13.4 图　　　图 13.32 习题 13.5 图

13.5 建立图 13.32 中质量块的运动微分方程，画出弹簧力随 x 的变化曲线。

13.6 如图 13.33 所示，横截面积为 A，长度为 l，材料杨氏模量为 E 的张紧绳的中点附有一集中质量 m。如果绳的初始张力为 P，推导 m 的非线性运动微分方程。

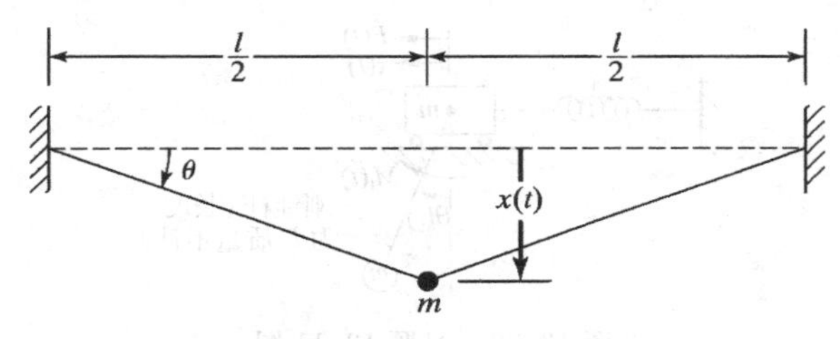

图 13.33 习题 13.6 图

13.7 两个质量 m_1 和 m_2 固定在一段张紧的绳子上，如图 13.34 所示。如果绳子的初始张力为 P，推导质量块沿横向作大幅运动时的运动微分方程。

13.8 在如图 13.35 所示的弹簧摆中，质量块 m 与一个弹性橡胶带相连。橡胶带不受力时长度为 l，刚度为 k。以 x 和 θ 为广义坐标，推导系统运动的非线性方程。对其进行线性化后，求系统的固有频率。

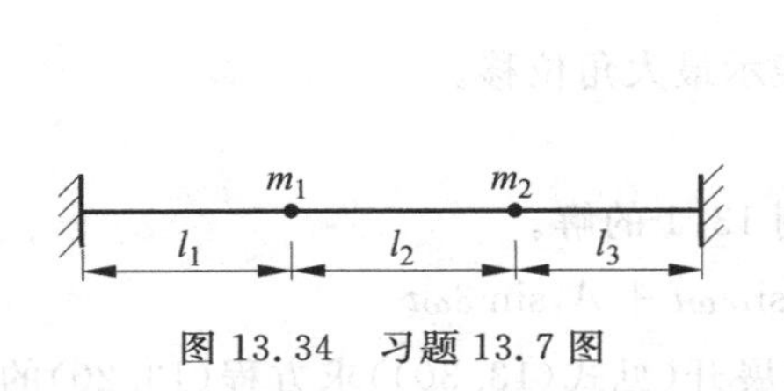

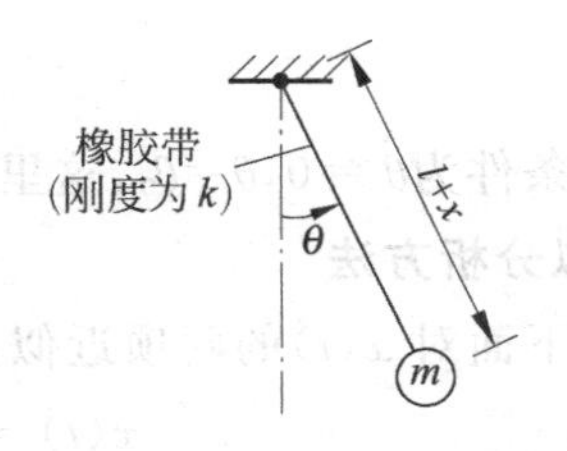

图 13.34 习题 13.7 图　　　图 13.35 习题 13.8 图

13.9 均质等截面杆长为 l，质量为 m，一端($x=0$)铰支，在 $x=\dfrac{2l}{3}$ 处有一根弹簧支承，在 $x=l$ 处作用着一个力，如图 13.36 所示。推导系统的非线性运动微分方程。

13.10 推导如图 13.37 所示弹簧-质量系统的非线性运动微分方程。

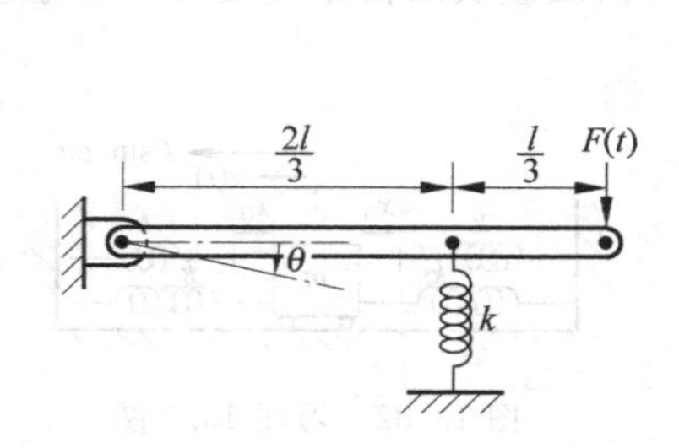

图 13.36　习题 13.9 图

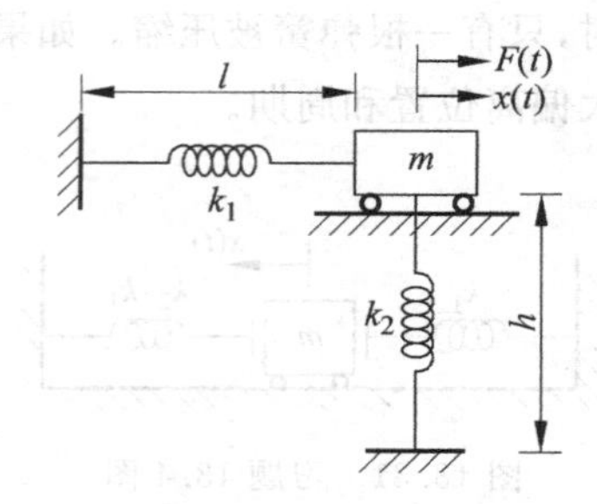

图 13.37　习题 13.10 图

13.11　推导如图 13.38 所示系统的非线性运动微分方程，并求质量块和单摆均作微幅振动时的线性化方程。

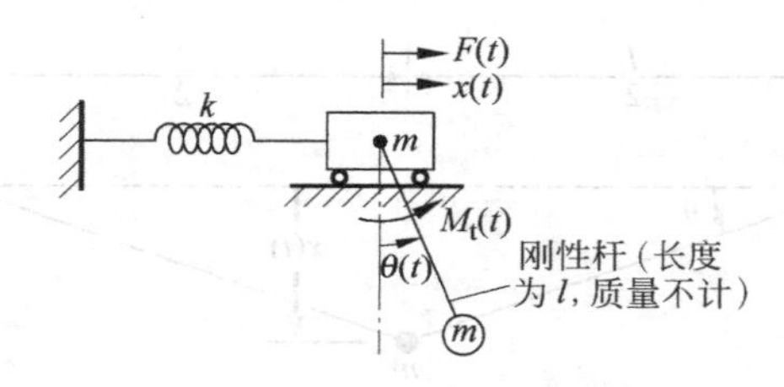

图 13.38　习题 13.11 图

§13.3　精确解法

13.12　利用式(13.1)和式(13.12)，求图 13.1(a)所示单摆的固有周期，假定$-\pi/2\leqslant\theta\leqslant\pi/2$。

13.13　单摆摆长 $l=30$ in，从与垂直方向成 80°的初始位置释放，求单摆回到 $\theta=0°$位置所需的时间。

13.14　求如下单摆的非线性方程的准确解

$$\ddot{\theta}+\omega_0^2\left(\theta-\frac{\theta^3}{6}\right)=0$$

初始条件为$\dot{\theta}=0,\theta=\theta_0$，这里 θ_0 表示最大角位移。

§13.4　近似分析方法

13.15　利用下面对 $x(t)$的两项近似，求例 13.1 的解。

$$\underset{\sim}{x}(t)=A_0\sin\omega t+A_3\sin 3\omega t$$

13.16　在林兹泰德摄动方法中，利用三项展开(见式(13.30))求方程(13.20)的解。

§13.5　亚谐振动和超谐振动

13.17　单自由度非线性受迫振动系统的运动微分方程如下

$$\ddot{x}+c\dot{x}+k_1x+k_2x^3=a_1\cos 3\omega t-a_2\sin 3\omega t$$

求该系统存在 3 阶亚谐振动的条件。

13.18 一个非线性系统的运动微分方程如下

$$\ddot{x}+c\dot{x}+k_1x+k_2x^2=a\cos 2\omega t$$

讨论其 2 阶亚谐解。

13.19 对 13.5.1 节中讨论的例子，证明

(a) 使亚谐振动的振幅 A 为实数的 ω^2 的最小值为 $\omega_{\min}=\omega_0+\dfrac{21}{2048}\dfrac{F^2}{\omega_0^5}$；

(b) 对于稳定的亚谐振动，振幅的最小值为 $A_{\min}=\dfrac{F}{16\omega^2}$。

§13.6 变参数系统(马休方程)

13.20 对马休方程，推导式(13.113b)和式(13.116b)。

§13.7 图解法

13.21 一个单自由度系统的运动微分方程如下

$$2\ddot{x}+0.8\dot{x}+1.6x=0$$

若初始条件为 $x(0)=-1,\dot{x}(0)=2$。(a)作图表示 $x(t)$ 随 t 变化的规律，$0\leqslant t\leqslant 10$；(b)作相图。

13.22 求下列方程所对应的平衡位置，并绘制平衡位置附近的相图

$$\ddot{x}+0.1(x^2-1)\dot{x}+x=0$$

13.23 用等倾线法画下列方程所代表的系统的相图

$$\ddot{x}+0.4\dot{x}+0.8x=0$$

初始条件取 $x(0)=2,\dot{x}(0)=1$。

13.24 画下列方程所代表的系统的相图

$$\ddot{x}+0.1\dot{x}+x=5$$

初始条件取 $x(0)=\dot{x}(0)=0$。

13.25 具有干摩擦阻尼的单自由度系统的运动微分方程如下

$$\ddot{x}+f\frac{\dot{x}}{|\dot{x}|}+\omega_n{}^2x=0$$

利用初始条件 $x(0)=10f/\omega_n{}^2,\dot{x}(0)=0$ 作其相图。

§13.8 平衡状态的稳定性

13.26 具有黏性阻尼的单自由度系统的运动微分方程如下

$$\ddot{\theta}+c\dot{\theta}+\sin\theta=0$$

如果初始条件为 $\theta(0)=\theta_0,\dot{\theta}(0)=0$，证明相平面中的坐标原点：(a)当 $c>0$ 时是稳定焦点；(b)当 $c<0$ 时是不稳定焦点。

13.27 受外激励的单摆的运动微分方程如下

$$\ddot{\theta}+0.5\dot{\theta}+\sin\theta=0.8$$

讨论在 $\theta=\arcsin 0.8$ 处的奇异性。

13.28 单自由度系统的相轨迹方程如下

$$\frac{dy}{dx}=\frac{-cy-(x-0.1x^3)}{y}$$

讨论 $c>0$ 时，奇点 $(x,y)=(0,0)$ 的性质。

13.29 求如下范德波尔方程的奇点，并讨论其解在奇点附近的性质

$$\ddot{x}-\alpha(1-x^2)\dot{x}+x=0$$

13.30 求无阻尼硬弹簧系统的奇点，并讨论其解在奇点附近的性质

$$\ddot{x}+\omega_n{}^2(1+k^2x^2)x=0$$

13.31 求无阻尼软弹簧系统的奇点，并讨论其解在奇点附近的性质

$$\ddot{x}+\omega_n{}^2(1-k^2x^2)x=0$$

13.32 求下列系统的奇点，并讨论其解在奇点附近的性质

$$\ddot{\theta}+\omega_n{}^2\sin\theta=0$$

13.33 求下列系统的特征值和特征向量

(a) $\dot{x}=x-y,\dot{y}=x+3y$；

(b) $\dot{x}=x+y,\dot{y}=4x+y$。

13.34 作下列系统的相图

$$\dot{x}=x-2y,\quad \dot{y}=4x-5y$$

13.35 作下列系统的相图

$$\dot{x}=x-y,\quad \dot{y}=x+3y$$

13.36 作下列系统的相图

$$\dot{x}=2x+y,\quad \dot{y}=-3x-2y$$

§13.9 极限环

13.37 利用林兹泰德摄动法求范德波尔方程(13.143)的解。

§13.10 混沌

13.38 证明下列系统存在混沌运动

$$x_{n+1}=kx_n(1-x_n)$$

提示：分别取 $k=3.25$，3.5 和 3.75，观察 $x_1=0.5$ 时的迭代结果。

13.39 证明下列系统存在混沌运动

$$x_{n+1}=2.0x_n(x_n-1)$$

提示：分别取 $x_1=1.001$，1.002 和 1.003，观察迭代结果。

§13.11 利用 MATLAB 求解的例子

13.40 利用 MATLAB 求解例 13.6 中单摆的运动微分方程(E.1)～(E.3)，其中

$\omega_0=0.1, \theta(0)=0.01, \dot{\theta}(0)=0$。

13.41 利用 MATLAB 求解例 13.6 中单摆的运动微分方程(E.1)～(E.3)，其中

$$\omega_0=0.1,\quad \theta(0)=0.01,\quad \dot{\theta}(0)=10$$

13.42 利用 MATLAB 求解例 13.7 中的非线性阻尼系统的运动微分方程(E.1)，数据如下

$$m=10,\quad c=0.1,\quad k=4000,\quad F_0=200,$$

$$\omega=20,\quad x(0)=0.5,\quad \dot{x}(0)=1.0$$

13.43 利用 MATLAB 求解例 13.8 中的方程(E.1)，数据如下

$$m=10,\quad k_1=4000,\quad k_2=1000,\quad F_0=1000,$$

$$t_0=5,\quad x(0)=0.05,\quad \dot{x}(0)=5$$

13.44 利用程序 Program18.m 中的龙格-库塔方法求解下列方程

$$\ddot{x}+0.5\dot{x}+x+1.2x^3=1.8\cos 0.4t$$

取 $\Delta t=0.05, t_{\max}=5.0$，初始条件为 $x(0)=\dot{x}(0)=0$，并画出 $x(t)$ 随 t 变化的规律。

13.45 利用程序 Program18.m 中的龙格-库塔方法，取 $g/l=0.5$，根据方程(13.5)求单摆的角位移随时间的变化规律。初始条件取 $\theta_0=45°, \dot{\theta}_0=0$。

13.46 在火箭的静发射实验中，火箭通过一个非线性的弹簧-阻尼系统锚固在墙上。燃料燃烧后形成一个推力，如图 13.39 所示。在 $0\leqslant t\leqslant t_0$ 时间内，作用在火箭上的推力为 $F=m_0 v$，式中 m_0 是常数，v 是气流的速度。火箭的原始质量为 M，在 t 时刻的质量为 $m=M-m_0 t, 0\leqslant t\leqslant t_0$。设弹簧力和阻尼力的表达式分别为 $8\times10^5 x+6\times10^3 x^3$ N 和 $10\dot{x}+20\dot{x}^2$ N，取 $v=2000$ m/s，$m_0=10$ kg/s，$M=2000$ kg，$t_0=100$ s。(a)利用数值积分中的龙格-库塔方法推导火箭的运动微分方程；(b)利用程序 Program18.m 求位移随时间的变化规律。

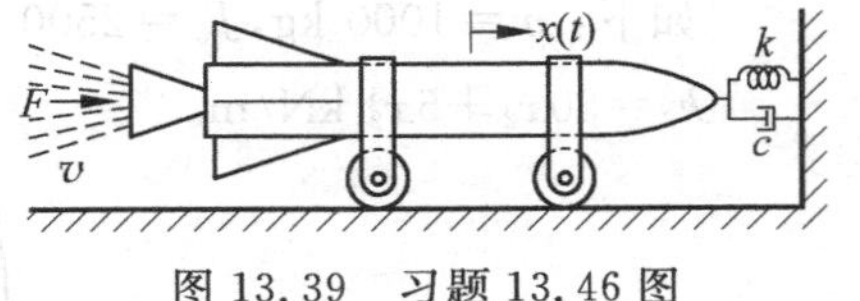

图 13.39 习题 13.46 图

13.47 利用合适的数值积分方法，编写一个计算机程序，求方程(13.14)代表的系统的振动周期，再利用此程序求解习题 13.45。

13.48 一个单自由度系统的弹簧具有软特性，在简谐力的作用下运动微分方程为

$$m\ddot{x}+c\dot{x}+k_1 x-k_2 x^3=A\cos\omega t \tag{E.1}$$

用四阶龙格-库塔方法分别求在忽略和考虑弹簧非线性这两种情况下系统响应的数值解，通过对它们进行比较，总结所观察到的现象。所需数据如下：$m=10$ kg，$c=15$ N·s/m，$k_1=1000$ N/m，$k_2=250$ N/m^3，$\omega=5$ rad/s。

13.49 求解习题 13.48，取激励频率为 $\omega=10$ rad/s。

设计题目

13.50 在某些周期振动系统中，外界能量的补给发生在前半个周期，而在后半个周期没有能量的补给只有能量的消耗，这样的周期振动称为**张弛振动**。例如，许多张弛振动的例子都可以用范德波尔方程来描述

$$\ddot{x}-\alpha(1-x^2)\dot{x}+x=0 \tag{E.1}$$

(a) 分别画出 $\alpha=0.1,\alpha=1,\alpha=10$ 时范德波尔方程的相图，初始条件分别取 $x(0)=0.5,\dot{x}(0)=0$ 和 $x(0)=0,\dot{x}(0)=5$。

(b) 用四阶龙格-库塔方法求解方程(E.1)，分别取 $\alpha=0.1,\alpha=1,\alpha=10$，初始条件同上。

13.51 如图 13.40 所示，一个机床安装在两个非线性底座上，用坐标 $x(t)$ 和 $\theta(t)$ 表示的系统的运动微分方程为

$$m\ddot{x}+k_{11}(x-l_1\theta)+k_{12}(x-l_1\theta)^3+k_{21}(x+l_2\theta)+k_{22}(x+l_2\theta)^3=0 \tag{E.1}$$

$$J_0\ddot{\theta}-k_{11}(x-l_1\theta)l_1-k_{12}(x-l_1\theta)^3l_1+k_{21}(x+l_2\theta)l_2+k_{22}(x+l_2\theta)^3l_2=0 \tag{E.2}$$

式中，m 是质量；J_0 是关于 G 点的转动惯量。利用龙格-库塔方法求 $x(t)$ 和 $\theta(t)$，数据如下：$m=1000\ \text{kg}$，$J_0=2500\ \text{kg}\cdot\text{m}^2$，$l_1=1\ \text{m}$，$l_2=1.5\ \text{m}$，$k_1=40x_1+10x_1^3\ \text{kN/m}$，$k_2=50x_2+5x_2^3\ \text{kN/m}$。

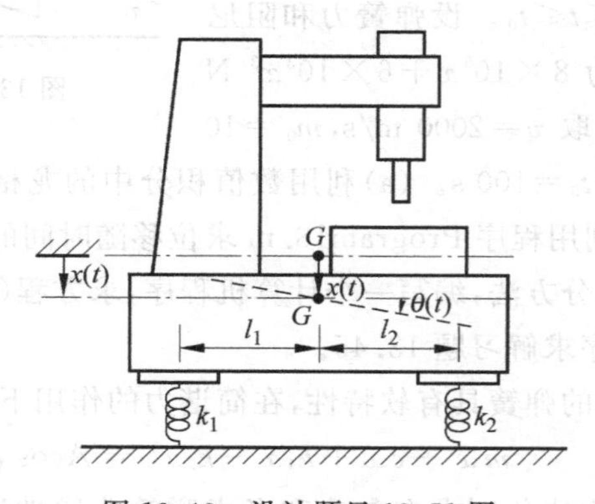

图 13.40 设计题目13.51图

高斯(Karl Friedrich Gauss,1777—1855),德国数学家,天文学家,物理学家。在众多的伟大数学家中,高斯与阿基米德、牛顿齐名。他虽然出生于一个贫困家庭,但其在少年时代表现出的超常智力和天赋便使布伦兹维克(Brunswick)公爵下定决心为其支付全部教育过程的一切费用。1795年,高斯进入格丁根(Göttingen)大学学习数学。1798年,高斯到黑尔姆施特(Helmstadt)大学求学并在那里于1799年获得了博士学位。1801年,高斯出版了其最著名的著作《算术研究》(*Arithmetical Researches*)。现在人们使用的测量电磁场强度的仪器就是以他的名字命名的,称为高斯计。在概率论和随机振动理论中广泛使用的最小二乘法和正态分布率也是由他发明的。

(引自:Struik D J. *A Concise History of Mathematics*, 2nd ed. New York:Dover Publications,1948)

第14章 随机振动

导读

具有随机性的现象,例如作用于系统的外力称为随机过程。如果一个振动系统的参数不能够精确地预测,则称为随机系统。本章介绍了随机振动(包括随机系统和/或随机过程)的简单处理方法。解释了随机变量和随机过程的概念以后,介绍了随机变量的概率分布、均值和标准差(均方差)的定义。介绍了几个随机变量的联合概率分布、随机过程的相关函数、自相关函数、稳态随机过程和各态历经随机过程的定义。介绍了高斯(正态)随机过程以及相关概率的计算。基于傅里叶级数和傅里叶积分的基本观点,介绍了如何对一个随机过程进行傅里叶分析。解释了功率谱密度、宽带和窄带随机过程的概念。回顾了求单自由度系统响应的诸方法(包括脉冲响应函数方法和频率响应函数方法)以及响应函数的性质以后,介绍了如何利用脉冲响应函数方法和频率响应函数方法求单自由度系统在稳态随机激励下的响应以及在这种情况下,均值、自相关、功率谱密度、均方响应的概念。讨论了多自由度系统随机振动响应的求解过程,并给出了一个示例。最后,给出了利用MATLAB求解各种非线性振动问题的例子。

学习目标

学完本章后，读者应能达到以下几点：

- 会识别一个随机振动问题。
- 理解与随机变量有关的基本概念，如概率分布、联合密度函数、均值和标准差。
- 掌握与随机过程相关的术语——相关函数、自相关函数、平稳过程和各态历经过程。
- 会计算与高斯分布的随机变量相关的各种概率。
- 理解功率谱密度、宽带和窄带随机过程的概念。
- 求单自由度和多自由度随机振动问题的响应。
- 利用 MATLAB 求随机振动问题的解。

14.1 引言

如果振动系统的响应如位移、加速度和应力可以准确地用一个时间的函数来表示，则称这种振动是**确定性振动**。这意味着确定性的系统（或结构）和确定性的载荷（或激励）。确定性振动仅存在于影响结构特性的参数和载荷均可控的情况。然而在工程实际中，有许多过程和现象的参数是不能准确预测的，这样的过程称为**随机过程**。例如，飞机在空中飞行时，表面上某一个特殊点的压力变化就是一个随机过程。因为在同样的飞行速度、飞行高度和载荷因素下，多次记录压力的变化时，它们很可能像图 14.1 所示的那样。即使在看上去相同的条件下进行测量，这些记录也是不一样的。与此类似，承受由于地震引起的地面加速度的建筑物、承受风载荷的水箱、行驶在粗糙路面上的汽车等表现的也都是随机过程。本章就是要讨论如何处理随机振动。

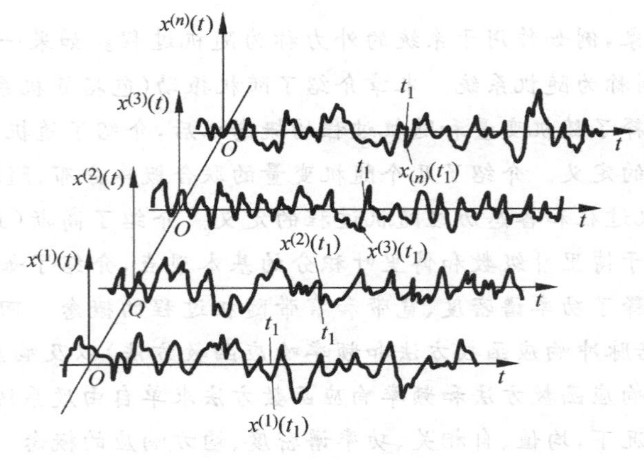

图 14.1　随机过程总体

14.2 随机变量与随机过程

实际生活中的绝大部分现象都是不确定的。例如,钢的拉伸强度、机械零件的尺寸都是不确定的。如果取许多试样进行实验,它们的拉伸强度不会是一样的,而是在某一个平均值附近波动。像钢的拉伸强度这样的量,它们的量值并不能准确预测,称为**随机变量**。如果通过实验来确定这个随机变量 x 的值,每次实验给出的结果并不是某一个量的函数。例如,取 20 个试样进行实验的话,结果可能是 $x^{(1)}=284$ MPa, $x^{(2)}=302$ MPa, $x^{(3)}=269$ MPa,…,$x^{(20)}=298$ MPa。每一个实验结果称为**样本点**。如果进行 n 次实验,这 n 个可能的结果构成随机变量的一个**样本空间**(sample space)。

还有一些概率现象的实验结果会是时间或空间坐标的函数,如图 14.1 所示的压力波动,这样的量的变化过程称为**随机过程**。随机过程的每一次实验结果称为一个**样本函数**。如果进行 n 次实验,这 n 个可能的结果构成随机过程的**总体**(ensemble)[14.5]。注意:如果时间参数取一个固定的值 t_1,则 $x(t_1)$ 是一个随机变量,它的样本点是 $x^{(1)}(t_1),x^{(2)}(t_1),\cdots,x^{(n)}(t_1)$。

14.3 概率分布

现在考虑一个随机变量 x,如前面提到的钢的拉伸强度。如果 n 次实验的结果分别记为 $x_1,x_2,\cdots,x_n$,则结果小于某一个特殊值的概率可以表示为

$$\text{Prob}(x \leqslant \underset{\sim}{x}) = \frac{\underset{\sim}{n}}{n} \tag{14.1}$$

式中,$\underset{\sim}{n}$ 代表结果小于或等于 $\underset{\sim}{x}$ 的实验次数。当实验次数趋于无穷大时,式(14.1)就定义了 x 的概率分布函数:

$$P(x) = \lim_{n\to\infty} \frac{\underset{\sim}{n}}{n} \tag{14.2}$$

对于随机的时间函数,同样可以定义概率分布函数。为此,考虑图 14.2 所示的时间函数。在一个固定的时间跨度 t 内,把 $x(t)\leqslant x$ 的时间间隔分别记为 $\Delta t_1,\Delta t_2,\Delta t_3$ 和 Δt_4,那么,$x(t)\leqslant x$ 的概率为

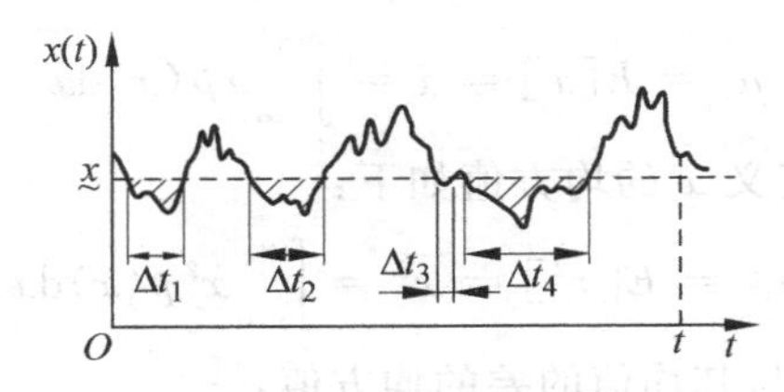

图 14.2 随机时间函数

$$\mathrm{Prob}[x(t) \leqslant \underset{\sim}{x}] = \frac{1}{t}\sum_{i} \Delta t_i \tag{14.3}$$

当时间跨度 t 趋于无穷大时，式(14.3)就定义了 $x(t)$ 的概率分布函数：

$$P(x) = \lim_{t\to\infty}\frac{1}{t}\sum_{i} \Delta t_i \tag{14.4}$$

如果 $x(t)$代表一个物理量，那么它的幅值一定是一个有限值，所以必然有 $\mathrm{Prob}[x(t)<-\infty]=P(-\infty)=0$（不可能事件），并且 $\mathrm{Prob}[x(t)<\infty]=P(\infty)=1$（必然事件）。典型的$P(x)$随着$x$ 的变化如图 14.3(a)所示。$P(x)$称为 x 的**概率分布函数**。$P(x)$关于 x 的导数称为**概率密度函数**，记为$p(x)$，即

$$p(x) = \frac{\mathrm{d}P(x)}{\mathrm{d}x} = \lim_{\Delta x\to 0}\frac{P(x+\Delta x)-P(x)}{\Delta x} \tag{14.5}$$

式中，$P(x+\Delta x)-P(x)$代表 $x(t)$取值在 x 和$x+\Delta x$之间的概率。既然 $p(x)$是 $P(x)$的导数，所以

$$P(x) = \int_{-\infty}^{x} p(x')\mathrm{d}x' \tag{14.6}$$

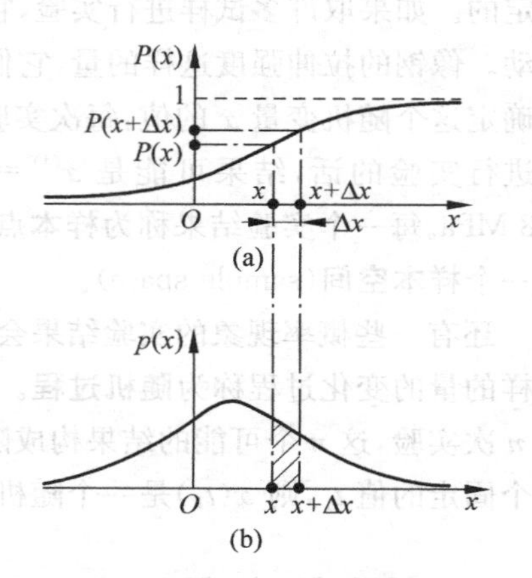

图 14.3　概率分布函数和概率密度函数

因为 $P(\infty)=1$，由式(14.6)得

$$P(\infty) = \int_{-\infty}^{\infty} p(x')\mathrm{d}x' = 1 \tag{14.7}$$

此式表明，曲线 $p(x)$下方的面积等于 1。

14.4　均值与标准差（均方差）

如果 $f(x)$是随机变量 x 的函数，$f(x)$的数学期望（记为 μ_f 或 $E[f(x)]$或$\overline{f(x)}$）的定义如下：

$$\mu_f = E[f(x)] = \overline{f(x)} = \int_{-\infty}^{\infty} f(x)p(x)\mathrm{d}x \tag{14.8}$$

如果 $f(x)=x$，式(14.8)给出 x 的数学期望（也叫**均值**）如下：

$$\mu_x = E[x] = \bar{x} = \int_{-\infty}^{\infty} xp(x)\mathrm{d}x \tag{14.9}$$

与此类似，如果 $f(x)=x^2$，定义 x 的均方值如下：

$$\mu_{x^2} = E[x^2] = \overline{x^2} = \int_{-\infty}^{\infty} x^2 p(x)\mathrm{d}x \tag{14.10}$$

x 的方差，记为 σ_x^2，定义为 x 与其均值的差的均方值：

$$\sigma_x^2 = E[(x-\bar{x})^2] = \int_{-\infty}^{\infty} (x-\bar{x})^2 p(x)\mathrm{d}x = \overline{x^2} - \bar{x}^2 \tag{14.11}$$

方差的正的平方根 $\sigma(x)$，称为 x 的**标准差**。

例 14.1 由于制造误差，转子的偏心具有下列分布规律：

$$p(x) = \begin{cases} kx^2, & 0 \leqslant x \leqslant 5\ \mathrm{mm} \\ 0, & \text{其他} \end{cases} \tag{E.1}$$

式中，k 为一常数。求其均值、标准差、均方值以及其不大于 2 mm 的概率。

解：式(E.1)中的 k 可以按如下方法确定：

$$\int_{-\infty}^{\infty} p(x)\mathrm{d}x = \int_0^5 kx^2\mathrm{d}x = 1$$

即

$$k\left(\frac{x^3}{3}\right)\Bigg|_0^5 = 1$$

所以

$$k = \frac{3}{125} \tag{E.2}$$

根据式(14.9)，x 的均值为

$$\bar{x} = \int_0^5 p(x)x\mathrm{d}x = k\left(\frac{x^4}{4}\right)\Bigg|_0^5 = 3.75\ \mathrm{mm} \tag{E.3}$$

根据式(14.11)，有

$$\sigma_x^2 = \int_0^5 (x-\bar{x})^2 p(x)\mathrm{d}x = \int_0^5 (x^2+\bar{x}^2-2\bar{x}x)p(x)\mathrm{d}x$$

$$= \int_0^5 kx^4\mathrm{d}x - \bar{x}^2 = k\left(\frac{x^5}{5}\right)\Bigg|_0^5 - \bar{x}^2 = k\frac{3125}{5} - 3.75^2 = 0.9375$$

所以 x 的标准差为

$$\sigma_x = 0.9682\ \mathrm{mm} \tag{E.4}$$

x 的均方值为

$$\overline{x^2} = k\frac{3125}{5} = 15\ \mathrm{mm}^2 \tag{E.5}$$

x 的值不大于 2 mm 的概率为

$$\mathrm{Prob}[x \leqslant 2] = \int_0^2 p(x)\mathrm{d}x = k\int_0^2 x^2\mathrm{d}x = k\left(\frac{x^3}{3}\right)\Bigg|_0^2 = \frac{8}{125} = 0.064 \tag{E.6}$$

14.5 几个随机变量的联合概率分布

当同时考虑两个或多个随机变量时，它们的联合行为由**联合概率分布函数**决定。例如，在测试金属试样的拉伸强度时，每一次实验都可以得到屈服极限和强度极限。但如果想了解这两个随机变量之间的关系，就必须知道它们的联合概率密度函数。单个随机变量的概率分布叫**单变量分布**，包括两个随机变量的概率分布叫**双变量分布**。一般来说，包含多于一个变量的分布问题都称为**多变量分布**。

二随机变量 x_1 和 x_2 的概率密度函数定义如下：

$$p(x_1,x_2)\mathrm{d}x_1\mathrm{d}x_2 = \mathrm{Prob}[x_1 < x_1' < x_1 + \mathrm{d}x_1, x_2 < x_2' < x_2 + \mathrm{d}x_2] \tag{14.12}$$

即第1个随机变量在 x_1 和 $x_1+\mathrm{d}x_1$ 之间且第2个随机变量在 x_2 和 $x_2+\mathrm{d}x_2$ 之间的概率。联合概率密度函数显然具有如下性质：

$$\int_{-\infty}^{\infty}\int_{-\infty}^{\infty} p(x_1,x_2)\mathrm{d}x_1\mathrm{d}x_2 = 1 \tag{14.13}$$

x_1 和 x_2 的联合分布函数为

$$P(x_1,x_2) = \mathrm{Prob}[x_1' < x_1, x_2' < x_2] = \int_{-\infty}^{x_1}\int_{-\infty}^{x_2} p(x_1',x_2')\mathrm{d}x_1'\mathrm{d}x_2' \tag{14.14}$$

x 和 y 各自的概率密度函数（边缘概率密度函数）可以根据联合概率密度函数按下式确定：

$$p(x) = \int_{-\infty}^{\infty} p(x,y)\mathrm{d}y \tag{14.15}$$

$$p(y) = \int_{-\infty}^{\infty} p(x,y)\mathrm{d}x \tag{14.16}$$

x 和 y 的方差按下式确定：

$$\sigma_x^2 = E[(x-\mu_x)^2] = \int_{-\infty}^{\infty} (x-\mu_x)^2 p(x)\mathrm{d}x \tag{14.17}$$

$$\sigma_y^2 = E[(y-\mu_y)^2] = \int_{-\infty}^{\infty} (y-\mu_y)^2 p(y)\mathrm{d}y \tag{14.18}$$

x 和 y 的**协方差** σ_{xy} 定义为 x 和 y 与其各自均值差的乘积的期望值或平均，它的表达式为

$$\begin{aligned}
\sigma_{xy} &= E[(x-\mu_x)(y-\mu_y)] = \int_{-\infty}^{\infty}\int_{-\infty}^{\infty} (x-\mu_x)(y-\mu_y)p(x,y)\mathrm{d}x\mathrm{d}y \\
&= \int_{-\infty}^{\infty}\int_{-\infty}^{\infty} (xy - x\mu_y - y\mu_x + \mu_x\mu_y)p(x,y)\mathrm{d}x\mathrm{d}y \\
&= \int_{-\infty}^{\infty}\int_{-\infty}^{\infty} xyp(x,y)\mathrm{d}x\mathrm{d}y - \mu_y\int_{-\infty}^{\infty}\int_{-\infty}^{\infty} xp(x,y)\mathrm{d}x\mathrm{d}y \\
&\quad - \mu_x\int_{-\infty}^{\infty}\int_{-\infty}^{\infty} yp(x,y)\mathrm{d}x\mathrm{d}y + \mu_x\mu_y\int_{-\infty}^{\infty}\int_{-\infty}^{\infty} p(x,y)\mathrm{d}x\mathrm{d}y \\
&= E[xy] - \mu_x\mu_y
\end{aligned} \tag{14.19}$$

x 和 y 之间的**相关系数** ρ_{xy} 定义如下：

$$\rho_{xy} = \frac{\sigma_{xy}}{\sigma_x\sigma_y} \tag{14.20}$$

不难看出，相关系数满足关系 $-1 \leqslant \rho_{xy} \leqslant 1$。

14.6 随机过程的相关函数

如果 $t_1,t_2,\cdots$ 是 t 的几个固定值，习惯上可以用简写符号 $x_1,x_2,\cdots$ 分别表示 $x(t)$ 在 $t_1,t_2,\cdots$ 时刻的值。由于有几个随机变量 $x_1,x_2,\cdots$，所以可以作随机变量 $x_1,x_2,\cdots$（也就是 $x(t)$ 在不同时刻的值）的乘积，并取这些乘积的平均，从而得到一个序列函数：

$$K(t_1,t_2)=E[x(t_1)x(t_2)]=E[x_1x_2]$$

$$K(t_1,t_2,t_3)=E[x(t_1)x(t_2)x(t_3)]=E[x_1x_2x_3] \tag{14.21}$$

这些函数描述了 $x(t)$ 在不同时刻的值之间的静态联系，称为**相关函数**。

x_1x_2 的数学期望即相关函数 $K(t_1,t_2)$ 也称为**自相关函数**，并记为 $R(t_1,t_2)$，所以

$$R(t_1,t_2)=E[x_1x_2] \tag{14.22}$$

如果 x_1 和 x_2 的联合概率密度函数 $p(x_1,x_2)$ 是已知的，则自相关函数可以表示为

$$R(t_1,t_2)=\int_{-\infty}^{\infty}\int_{-\infty}^{\infty}x_1x_2p(x_1,x_2)\mathrm{d}x_1\mathrm{d}x_2 \tag{14.23}$$

借助于实验，可以通过取第 i 个样本函数的 $x^{(i)}(t_1)$ 和 $x^{(i)}(t_2)$ 的乘积并取总体平均找到 $R(t_1,t_2)$：

$$R(t_1,t_2)=\frac{1}{n}\sum_{i=1}^{n}x^{(i)}(t_1)x^{(i)}(t_2) \tag{14.24}$$

式中，n 代表样本函数的个数（见图 14.4）。如果 t_1 和 t_2 相差间隔 τ，即 $t_1=t,t_2=t+\tau$，则有 $R(t+\tau)=E[x(t)x(t+\tau)]$。

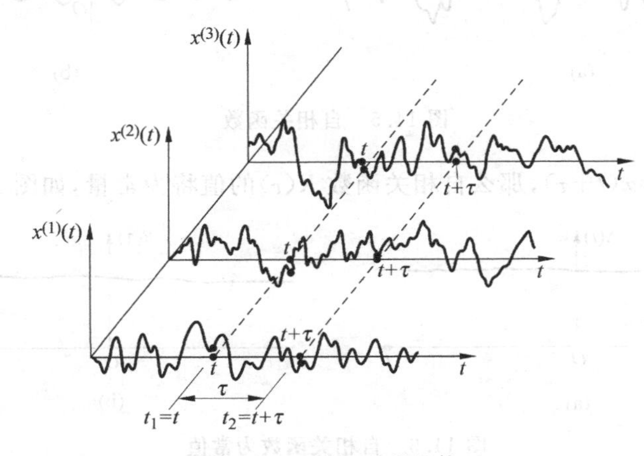

图 14.4 随机过程总体

14.7 平稳随机过程

一个平稳随机过程的概率分布相对于任意一个时间推移都保持不变，即当前时刻的概率密度函数在5 h或500 h以后仍然适用。所以概率密度函数 $p(x_1)$ 变成了一个统一的表达式 $p(x)$，而与时间无关。与此类似，联合概率密度函数 $p(x_1, x_2)$ 相对于任意一个时间推移也保持不变，只与时间推移 $\tau = t_2 - t_1$ 有关，但与 t_1 或 t_2 无关。所以概率密度函数 $p(x_1, x_2)$ 可以写成 $p(t, t+\tau)$。平稳随机过程 $x(t)$ 的数学期望对任意时刻都可以写成

$$E[x(t_1)] = E[x(t_1 + t)] \tag{14.25}$$

并且自相关函数也与绝对时间无关，而是与时间推移 $\tau = t_2 - t_1$ 有关，即

$$R(t_1, t_2) = E[x_1 x_2] = E[x(t)x(t+\tau)] = R(\tau) \tag{14.26}$$

如果同时考虑几个随机过程，则可用脚标加以区别。例如，可以分别用 $R_x(\tau)$ 和 $R_y(\tau)$ 表示随机过程 $x(t)$ 和 $y(t)$ 的自相关函数。自相关函数具有下列特性：[14.2,14.4]

(1) 如果 $\tau=0$，根据 $R(\tau)$ 可以得到 $x(t)$ 的均方值，即

$$R(0) = E[x^2] \tag{14.27}$$

(2) 如果随机过程 $x(t)$ 的均值为零，并且非常不规律，如图14.5(a)所示，那么它的自相关函数 $R(\tau)$ 的值将很小（$\tau=0$ 除外），如图14.5(b)所示。

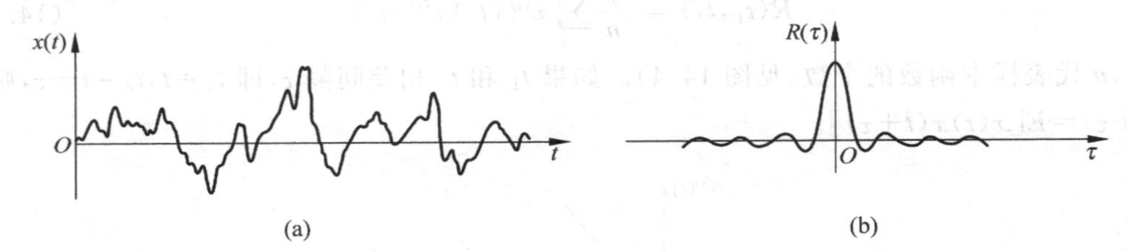

图14.5 自相关函数

(3) 如果 $x(t) \approx x(t+\tau)$，那么自相关函数 $R(\tau)$ 的值将为常量，如图14.6所示。

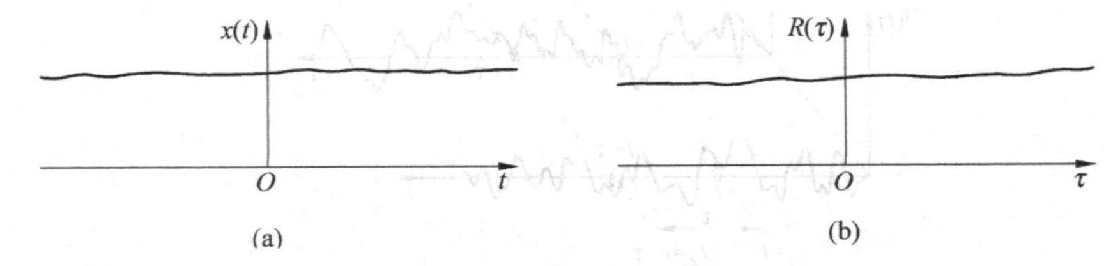

图14.6 自相关函数为常值

(4) 如果 $x(t)$ 是平稳的，那么它的均值和标准差将与时间 t 无关，即

$$E[x(t)] = E[x(t+\tau)] = \mu \tag{14.28}$$

$$\sigma_{x(t)} = \sigma_{x(t+\tau)} = \sigma \tag{14.29}$$

而 $x(t)$ 和 $x(t+\tau)$ 的相关系数为

$$\rho=\frac{E[\{x(t)-\mu\}\{x(t+\tau)-\mu\}]}{\sigma^2}$$

$$=\frac{E[x(t)x(t+\tau)]-\mu E[x(t+\tau)]-\mu E[x(t)]+\mu^2}{\sigma^2}$$

$$=\frac{R(\tau)-\mu^2}{\sigma^2} \tag{14.30}$$

也就是

$$R(\tau)=\rho\sigma^2+\mu^2 \tag{14.31}$$

由于 $|\rho|\leqslant 1$，由式(14.31)可知

$$-\sigma^2+\mu^2\leqslant R(\tau)\leqslant\sigma^2+\mu^2 \tag{14.32}$$

式(14.32)表明，自相关函数不会比均方值 $E[x^2]=\sigma^2+\mu^2$ 大。

(5) 既然 $R(\tau)$ 只依赖于时间间隔 τ 而与绝对时间 t 无关，所以对一个平稳随机过程必然有

$$R(\tau)=E[x(t)x(t+\tau)]=E[x(t)x(t-\tau)]=R(-\tau) \tag{14.33}$$

即 $R(\tau)$ 是 τ 的偶函数。

(6) 当 τ 很大($\tau\to\infty$)时，$x(t)$ 和 $x(t+\tau)$ 将不存在相关关系，所以相关系数 ρ 趋于零。由式(14.31)可知

$$R(\tau\to\infty)\to\mu^2 \tag{14.34}$$

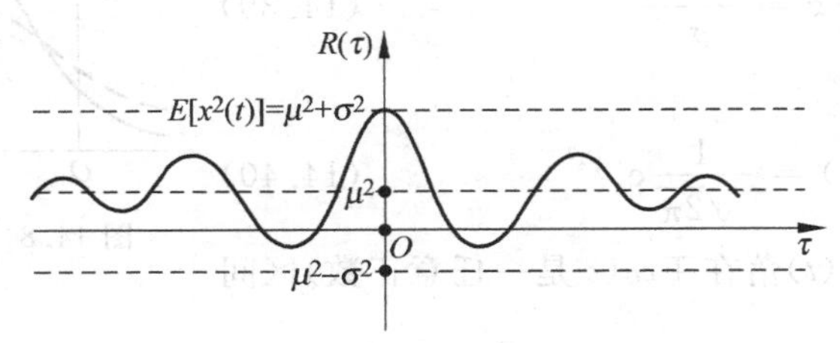

图 14.7　自相关函数

各态历经过程是这样的一个平稳随机过程，我们可以通过单个样本函数得到它的统计特性，并且可以应用于总体。如果 $x^{(i)}(t)$ 代表一个典型的样本函数，持续时间为 T，那么可以沿时间积分取其平均，这样的平均称为**时间平均**。若将其记为 $\langle x(t)\rangle$，则

$$E[x]=\langle x(t)\rangle=\lim_{T\to\infty}\frac{1}{T}\int_{-T/2}^{T/2}x^{(i)}(t)\mathrm{d}t \tag{14.35}$$

式中，$x^{(i)}(t)$ 约定定义在 $t=-T/2$ 到 $t=T/2$ 区间上，且 T 趋于无穷。类似地有

$$E[x^2]=\langle x^2(t)\rangle=\lim_{T\to\infty}\frac{1}{T}\int_{-T/2}^{T/2}[x^{(i)}(t)]^2\mathrm{d}t \tag{14.36}$$

和

$$R(\tau)=\langle x(t)x(t+\tau)\rangle=\lim_{T\to\infty}\frac{1}{T}\int_{-T/2}^{T/2}x^{(i)}(t)x^{(i)}(t+\tau)\mathrm{d}t \tag{14.37}$$

14.8 高斯随机过程

在模拟实际物理问题中的随机过程时，应用最广的分布问题是**高斯分布或正态分布**问题。高斯过程有几个重要特性决定了可以采用一种比较简单的方式来计算描述随机振动的一些特征量。高斯过程的概率密度函数为

$$p(x)=\frac{1}{\sqrt{2\pi}\sigma_x}\mathrm{e}^{-\frac{1}{2}\left(\frac{x-\bar{x}}{\sigma_x}\right)^2} \tag{14.38}$$

式中，$\bar{x}$ 和 σ_x 代表 x 的均值和标准差。对于非平稳过程，均值和标准差是随时间变化的，但对平稳过程，均值和标准差是常量，不随时间变化。高斯过程的一个重要特点是其概率分布形式在线性运算法则下保持不变。这表明，如果一个线性系统受到的激励是一个高斯过程，那么一般来说响应也是一个高斯随机过程，只不过响应和激励的均值和标准差等统计特性的量值不同而已。

高斯过程的概率密度函数是一条关于均值对称的钟形曲线，其向两侧的延伸情况由标准差的值决定，如图14.8所示。通过定义如下标准正态分布变量：

$$z=\frac{x-\bar{x}}{\sigma_x} \tag{14.39}$$

式(14.38)成为

$$p(z)=\frac{1}{\sqrt{2\pi}}\mathrm{e}^{-\frac{1}{2}z^2} \tag{14.40}$$

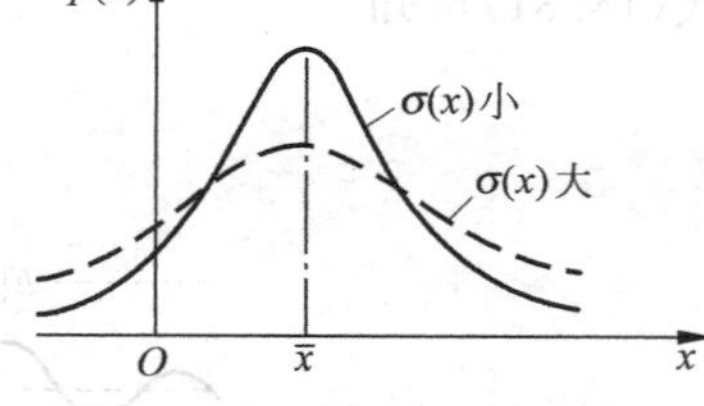

图 14.8 高斯概率密度函数

若假设均值 $\bar{x}=0$，则 $x(t)$ 落在 $\mp c\sigma$（c 是一任意正数）区间内的概率为

$$\mathrm{Prob}[-c\sigma\leqslant x(t)\leqslant c\sigma]=\int_{-c\sigma}^{c\sigma}\frac{1}{\sqrt{2\pi}\sigma}\mathrm{e}^{-\frac{1}{2}\frac{x^2}{\sigma^2}}\mathrm{d}x \tag{14.41}$$

$x(t)$ 落在 $\mp c\sigma$ 区间外的概率是1减去式(14.41)的值，或者表示为

$$\mathrm{Prob}[|x(t)|\geqslant c\sigma]=\frac{2}{\sqrt{2\pi}\sigma}\int_{c\sigma}^{\infty}\mathrm{e}^{-\frac{1}{2}\frac{x^2}{\sigma^2}}\mathrm{d}x \tag{14.42}$$

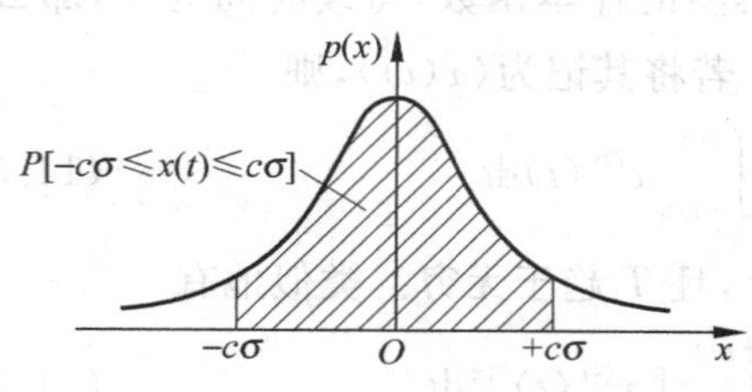

图 14.9 Prob[$-c\sigma\leqslant x(t)\leqslant c\sigma$]的图形化表示

式(14.41)和式(14.42)中的积分已经通过数值方法完成并列于一个表[14.5]中。下页表给出了这些值中的一部分（也可参见图14.9）。

c 值	1	2	3	4
$\text{Prob}[-c\sigma\leqslant x(t)\leqslant c\sigma]$	0.6827	0.9545	0.9973	0.999937
$\text{Prob}[\lvert x(t)\rvert>c\sigma]$	0.3173	0.0455	0.0027	0.000063

14.9 傅里叶分析

14.9.1 傅里叶级数

第 1 章已经指出，任何一个周期为 τ 的周期函数 $x(t)$，都可展开成复指数形式的傅里叶级数：

$$x(t)=\sum_{n=-\infty}^{\infty}c_n\mathrm{e}^{\mathrm{i}n\omega_0 t} \tag{14.43}$$

式中，ω_0 是基频，由下式决定：

$$\omega_0=\frac{2\pi}{\tau} \tag{14.44}$$

而复系数可用 $\mathrm{e}^{-\mathrm{i}m\omega_0 t}$ 乘以式(14.43)的两边并在一个周期内积分得到：

$$\begin{aligned}\int_{-\tau/2}^{\tau/2}x(t)\mathrm{e}^{-\mathrm{i}m\omega_0 t}\mathrm{d}t&=\sum_{n=-\infty}^{\infty}\int_{-\tau/2}^{\tau/2}c_n\mathrm{e}^{\mathrm{i}(n-m)\omega_0 t}\mathrm{d}t\\&=\sum_{n=-\infty}^{\infty}c_n\int_{-\tau/2}^{\tau/2}[\cos(n-m)\omega_0 t+\mathrm{i}\sin(n-m)\omega_0 t]\mathrm{d}t\end{aligned} \tag{14.45}$$

式(14.45)化简后得

$$c_n=\frac{1}{\tau}\int_{-\tau/2}^{\tau/2}x(t)\mathrm{e}^{-\mathrm{i}n\omega_0 t}\mathrm{d}t \tag{14.46}$$

式(14.43)表明，周期为 τ 的函数 $x(t)$ 可以展成无穷多项谐函数的和。各阶谐函数的幅值由式(14.46)决定，而频率为基频的整倍数。相邻频率的差为

$$\omega_{n+1}-\omega_n=(n+1)\omega_0-n\omega_0=\Delta\omega=\frac{2\pi}{\tau}=\omega_0 \tag{14.47}$$

所以周期越大，谱线越密。式(14.46)表明，一般来说傅里叶系数是复数。然而，如果 $x(t)$ 是实的偶函数，那么 c_n 将是实数。对一般的实函数 $x(t)$，式(14.46)中 c_n 的被积函数是 c_{-n} 的被积函数的共轭，故

$$c_n=c_{-n}^{*} \tag{14.48}$$

$x(t)$ 的均方值，即 $x(t)$ 的平方沿时间的平均可以按下式确定：

$$\begin{aligned}\overline{x^2(t)}&=\frac{1}{\tau}\int_{-\tau/2}^{\tau/2}x^2(t)\mathrm{d}t=\frac{1}{\tau}\int_{-\tau/2}^{\tau/2}\Big(\sum_{n=-\infty}^{\infty}c_n\mathrm{e}^{\mathrm{i}n\omega_0 t}\Big)^2\mathrm{d}t\\&=\frac{1}{\tau}\int_{-\tau/2}^{\tau/2}\Big(\sum_{n=-\infty}^{-1}c_n\mathrm{e}^{\mathrm{i}n\omega_0 t}+c_0+\sum_{n=1}^{\infty}c_n\mathrm{e}^{\mathrm{i}n\omega_0 t}\Big)^2\mathrm{d}t\end{aligned}$$

$$= \frac{1}{\tau}\int_{-\tau/2}^{\tau/2}\left[\sum_{n=1}^{\infty}(c_n e^{in\omega_0 t} + c_n^* e^{-in\omega_0 t}) + c_0\right]^2 dt$$

$$= \frac{1}{\tau}\int_{-\tau/2}^{\tau/2}\left(\sum_{n=1}^{\infty}2c_n c_n^* + c_0^2\right)dt$$

$$= c_0^2 + \sum_{n=1}^{\infty}2\,|\,c_n\,|^2 = \sum_{n=-\infty}^{\infty}|\,c_n\,|^2 \tag{14.49}$$

所以 $x(t)$ 的均方值由傅里叶系数的绝对值的平方和确定。式(14.49)称为周期函数的**帕塞瓦尔(Parsval)定理**。

例 14.2　求图 14.10(a)所示函数的复数形式的傅里叶级数展开。

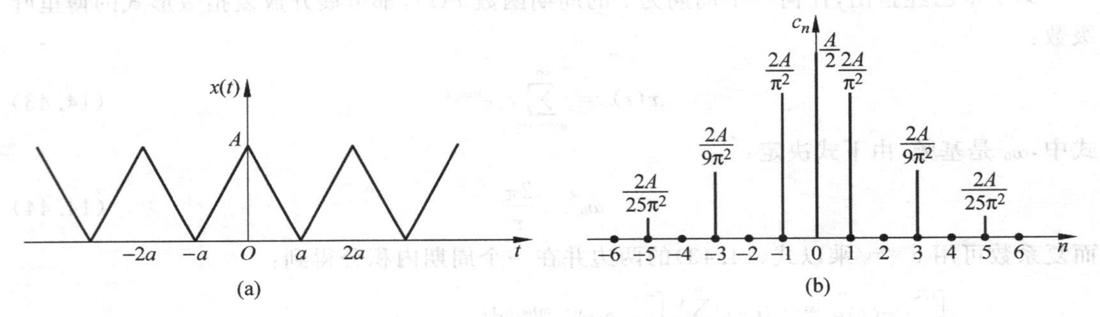

图 14.10　复数形式的傅里叶级数的表示

解：该函数的解析表达式为

$$x(t) = \begin{cases} A\left(1+\dfrac{t}{a}\right), & -\dfrac{\tau}{2} \leqslant t \leqslant 0 \\ A\left(1-\dfrac{t}{a}\right), & 0 \leqslant t \leqslant \dfrac{\tau}{2} \end{cases} \tag{E.1}$$

式中，周期 τ 和相应的基频 ω_0 为

$$\tau = 2a, \quad \omega_0 = \frac{2\pi}{\tau} = \frac{\pi}{a} \tag{E.2}$$

傅里叶系数由下式确定：

$$c_n = \frac{1}{\tau}\int_{-\tau/2}^{\tau/2} x(t) e^{-in\omega_0 t} dt$$

$$= \frac{1}{\tau}\left[\int_{-\tau/2}^{0} A\left(1+\frac{t}{a}\right)e^{-in\omega_0 t}dt + \int_{0}^{\tau/2} A\left(1-\frac{t}{a}\right)e^{-in\omega_0 t}dt\right] \tag{E.3}$$

利用下列关系：

$$\int t e^{kt} dt = \frac{e^{kt}}{k^2}(kt-1) \tag{E.4}$$

由式(E.3)得

$$c_n = \frac{1}{\tau}\left[\frac{A}{-in\omega_0}e^{-in\omega_0 t}\bigg|_{-\tau/2}^{0} + \frac{A}{a}\left\{\frac{e^{-in\omega_0 t}}{(-in\omega_0)^2}[-in\omega_0 t - 1]\right\}\bigg|_{-\tau/2}^{0}\right.$$

$$+\frac{A}{-\mathrm{i}n\omega_0}\mathrm{e}^{-\mathrm{i}n\omega_0 t}\Big|_0^{\tau/2}-\frac{A}{a}\left\{\frac{\mathrm{e}^{-\mathrm{i}n\omega_0 t}}{(-\mathrm{i}n\omega_0)^2}[-\mathrm{i}n\omega_0 t-1]\right\}\Big|_0^{\tau/2}\Bigg] \tag{E.5}$$

化简式(E.5)得

$$c_n=\frac{1}{\tau}\Bigg[\frac{A}{\mathrm{i}n\omega_0}\mathrm{e}^{\mathrm{i}n\pi}+\frac{2A}{a}\frac{1}{n^2\omega_0^2}-\frac{A}{\mathrm{i}n\omega_0}\mathrm{e}^{-\mathrm{i}n\pi}-\frac{A}{a}\frac{1}{n^2\omega_0^2}\mathrm{e}^{\mathrm{i}n\pi}$$
$$-\frac{A}{a}\frac{1}{n^2\omega_0^2}\mathrm{e}^{-\mathrm{i}n\pi}+\frac{A}{a}\frac{1}{n^2\omega_0^2}(\mathrm{i}n\pi)\mathrm{e}^{\mathrm{i}n\pi}-\frac{A}{a}\frac{1}{n^2\omega_0^2}(\mathrm{i}n\pi)\mathrm{e}^{-\mathrm{i}n\pi}\Bigg] \tag{E.6}$$

注意下列结果：

$$\mathrm{e}^{\mathrm{i}n\pi}(或\ \mathrm{e}^{-\mathrm{i}n\pi})=\begin{cases}1, & n=0\\ -1, & n=1,3,5,\cdots\\ 1, & n=2,4,6,\cdots\end{cases} \tag{E.7}$$

化简式(E.6)得

$$c_n=\begin{cases}\dfrac{A}{2}, & n=0\\ \dfrac{4A}{a\tau n^2\omega_0^2}=\dfrac{2A}{n^2\pi^2}, & n=1,3,5,\cdots\\ 0, & n=2,4,6,\cdots\end{cases} \tag{E.8}$$

频谱如图14.10(b)所示。

14.9.2 傅里叶积分

一个非周期函数，例如图14.11中实线表示的曲线，可以按周期为无穷的周期函数处理。周期函数的傅里叶展开由式(14.43)、式(14.44)和式(14.46)给出，即

$$x(t)=\sum_{n=-\infty}^{\infty}c_n\mathrm{e}^{\mathrm{i}n\omega_0 t} \tag{14.50}$$

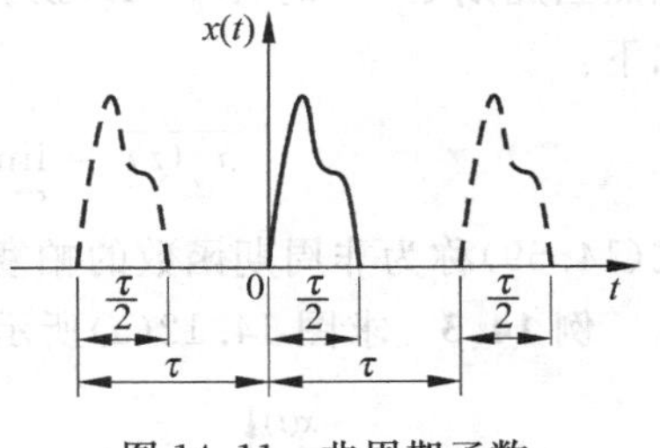

图14.11 非周期函数

其中

$$\omega_0=\frac{2\pi}{\tau} \tag{14.51}$$

$$c_n=\frac{1}{\tau}\int_{-\tau/2}^{\tau/2}x(t)\mathrm{e}^{-\mathrm{i}n\omega_0 t}\mathrm{d}t \tag{14.52}$$

当周期τ趋于无穷时，频谱就变成连续的了，并且基频变成无穷小。既然基频都变得非常小，可以将其记为$\Delta\omega$，$n\omega_0$记为ω，式(14.52)可以重写为

$$\lim_{\tau\to\infty}\tau c_n=\lim_{\tau\to\infty}\int_{-\tau/2}^{\tau/2}x(t)\mathrm{e}^{-\mathrm{i}\omega t}\mathrm{d}t=\int_{-\infty}^{\infty}x(t)\mathrm{e}^{-\mathrm{i}\omega t}\mathrm{d}t \tag{14.53}$$

定义$X(\omega)$为

$$X(\omega)=\lim_{\tau\to\infty}(\tau c_n)=\int_{-\infty}^{\infty}x(t)\mathrm{e}^{-\mathrm{i}\omega t}\mathrm{d}t \tag{14.54}$$

由式(14.50)，$x(t)$可以表示为

$$x(t)=\lim_{\tau\to\infty}\sum_{n=-\infty}^{\infty}c_n e^{i\omega t}\frac{2\pi\tau}{2\pi\tau}=\lim_{\tau\to\infty}\sum_{n=-\infty}^{\infty}(c_n\tau)e^{i\omega t}\left(\frac{2\pi}{\tau}\right)\frac{1}{2\pi}$$

$$=\frac{1}{2\pi}\int_{-\infty}^{\infty}X(\omega)e^{i\omega t}d\omega \tag{14.55}$$

此式阐明了非周期函数 $x(t)$在连续频域的频率分解，这与周期函数在离散频域的频率分解是类似的。下面这两个公式称为非周期函数的傅里叶变换对，它们与相应于周期函数的式(14.50)和式(14.52)是类似的：[14.9,14.10]

$$x(t)=\frac{1}{2\pi}\int_{-\infty}^{\infty}X(\omega)e^{i\omega t}d\omega \tag{14.56}$$

$$X(\omega)=\int_{-\infty}^{\infty}x(t)e^{-i\omega t}dt \tag{14.57}$$

根据式(14.49)，非周期函数 $x(t)$的均方值可按下式确定：

$$\frac{1}{\tau}\int_{-\tau/2}^{\tau/2}x^2(t)dt=\sum_{n=-\infty}^{\infty}|c_n|^2=\sum_{n=-\infty}^{\infty}c_n c_n^*\frac{\tau\omega_0}{\tau\omega_0}$$

$$=\sum_{n=-\infty}^{\infty}c_n c_n^*\frac{\tau\omega_0}{\tau\left(\dfrac{2\pi}{\tau}\right)}=\frac{1}{\tau}\sum_{n=-\infty}^{\infty}(\tau c_n)(c_n^*\tau)\frac{\omega_0}{2\pi} \tag{14.58}$$

既然当周期 $\tau\to\infty$时，$\tau c_n\to X(\omega)$，$\tau c_n^*\to X^*(\omega)$，并且 $\omega_0\to d\omega$，式(14.58)给出 $x(t)$的均方值如下：

$$\overline{x^2(t)}=\lim_{\tau\to\infty}\frac{1}{\tau}\int_{-\tau/2}^{\tau/2}x^2(t)dt=\int_{-\infty}^{\infty}\frac{|X(\omega)|^2}{2\pi\tau}d\omega \tag{14.59}$$

式(14.59)称为非周期函数的帕塞瓦尔定理。

例 14.3　求图 14.12(a)所示三角形脉冲的傅里叶变换。

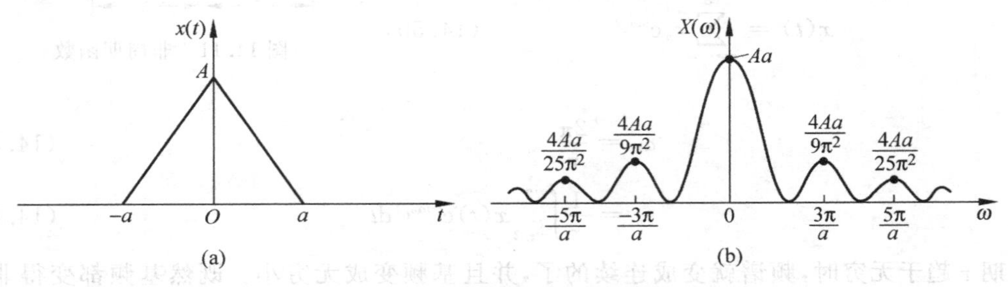

图 14.12　三角形脉冲的傅里叶变换

解：该函数的解析表达式为

$$x(t)=\begin{cases}A\left(1-\dfrac{|t|}{a}\right), & |t|\leqslant a\\ 0, & 其他\end{cases} \tag{E.1}$$

根据式(14.57),$x(t)$的傅里叶变换为

$$
\begin{aligned}
X(\omega)&=\int_{-\infty}^{\infty}A\left(1-\frac{|t|}{a}\right)\mathrm{e}^{-\mathrm{i}\omega t}\,\mathrm{d}t\\
&=\int_{-\infty}^{0}A\left(1+\frac{t}{a}\right)\mathrm{e}^{-\mathrm{i}\omega t}\,\mathrm{d}t+\int_{0}^{\infty}A\left(1-\frac{t}{a}\right)\mathrm{e}^{-\mathrm{i}\omega t}\,\mathrm{d}t
\end{aligned}
\tag{E.2}
$$

既然当$|t|>a$ 时 $x(t)=0$,所以式(E.2) 可以进一步表示为

$$
\begin{aligned}
X(\omega)&=\int_{-a}^{0}A\left(1+\frac{t}{a}\right)\mathrm{e}^{-\mathrm{i}\omega t}\,\mathrm{d}t+\int_{0}^{a}A\left(1-\frac{t}{a}\right)\mathrm{e}^{-\mathrm{i}\omega t}\,\mathrm{d}t\\
&=\left(\frac{A}{-\mathrm{i}\omega}\right)\mathrm{e}^{-\mathrm{i}\omega t}\bigg|_{-a}^{0}+\frac{A}{a}\left\{\frac{\mathrm{e}^{-\mathrm{i}\omega t}}{(-\mathrm{i}\omega)^2}[-\mathrm{i}\omega t-1]\right\}\bigg|_{-a}^{0}\\
&\quad+\left(\frac{A}{-\mathrm{i}\omega}\right)\mathrm{e}^{-\mathrm{i}\omega t}\bigg|_{0}^{a}-\frac{A}{a}\left\{\frac{\mathrm{e}^{-\mathrm{i}\omega t}}{(-\mathrm{i}\omega)^2}[-\mathrm{i}\omega t-1]\right\}\bigg|_{0}^{a}
\end{aligned}
\tag{E.3}
$$

化简式(E.3)得

$$
\begin{aligned}
X(\omega)&=\frac{2A}{a\omega^2}+\mathrm{e}^{\mathrm{i}\omega a}\left(-\frac{A}{a\omega^2}\right)+\mathrm{e}^{-\mathrm{i}\omega a}\left(-\frac{A}{a\omega^2}\right)\\
&=\frac{2A}{a\omega^2}-\frac{A}{a\omega^2}(\cos\omega a+\mathrm{i}\sin\omega a)-\frac{A}{a\omega^2}(\cos\omega a-\mathrm{i}\sin\omega a)\\
&=\frac{2A}{a\omega^2}(1-\cos\omega a)=\frac{4A}{a\omega^2}\sin^2\frac{\omega a}{2}
\end{aligned}
\tag{E.4}
$$

式(E.4)的图形如图 14.12(b)所示。注意此图与图 14.10(b)中的离散傅里叶谱的相似之处。

14.10 功率谱密度

一个平稳随机过程的功率谱密度 $S(\omega)$定义为 $R(\tau)/2\pi$ 的傅里叶变换,即

$$S(\omega)=\frac{1}{2\pi}\int_{-\infty}^{\infty}R(\tau)\mathrm{e}^{-\mathrm{i}\omega\tau}\,\mathrm{d}\tau \tag{14.60}$$

而

$$R(\tau)=\int_{-\infty}^{\infty}S(\omega)\mathrm{e}^{\mathrm{i}\omega t}\,\mathrm{d}\omega \tag{14.61}$$

式(14.60)和式(14.61)称为维纳-辛钦(Wiener-Khintchine)公式[14.1]。在对随机振动进行分析时,功率谱密度比自相关函数应用更广泛。功率谱密度函数的性质如下:

(1) 根据式(14.27)和式(14.61),可得

$$R(0)=E[x^2]=\int_{-\infty}^{\infty}S(\omega)\,\mathrm{d}\omega \tag{14.62}$$

$$\sigma_x^2=R(0)=\int_{-\infty}^{\infty}S(\omega)\,\mathrm{d}\omega \tag{14.63}$$

如果 $x(t)$ 代表振动位移，那么 $R(0)$ 表示平均能量。从式(14.62)不难看出，$S(\omega)$ 代表与频率 ω 有关的能量密度，所以 $S(\omega)$ 反映的是系统的能量谱分布。此外，在电路中，如果 $x(t)$ 代表随机电流，那么均方值反映的是系统的能量（当电阻是1时）。这正是**功率谱密度**一词的由来。

(2) 既然 $R(\tau)$ 是 τ 的实偶函数，所以 $S(\omega)$ 是 ω 的实偶函数，即 $S(\omega)=-S(\omega)$。一个典型的功率谱密度函数如图14.13所示。

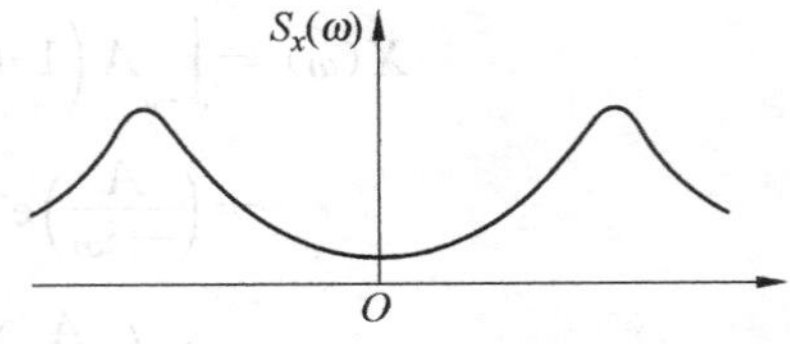

图 14.13　典型的功率谱密度函数

(3) 根据式(14.62)，可知功率谱密度的单位是 x^2 的单位除以角频率的单位。显然，式(14.62)不仅考虑了正频率，还考虑了负频率。在进行实验时，为了方便，更多的是采用一种等价的单边谱 $W_x(f)$①，参见文献[14.1]和[14.2]。

单边谱 $W_x(f)$ 是根据线性频率（单位时间内的循环次数）定义的，并且只考虑正频率。参考图14.14，可以得到单边谱 $W_x(f)$ 和双边谱 $S_x(\omega)$ 之间的关系。在图14.14(a)中，角频率增量 $\mathrm{d}\omega$ 对应着图14.14(b)中的频率增量 $\mathrm{d}f=\mathrm{d}\omega/2\pi$。既然单边谱 $W_x(f)$ 是仅定义在正频率域上的等效谱，所以

$$E[x^2]=\int_{-\infty}^{\infty}S_x(\omega)\mathrm{d}\omega\equiv\int_0^{\infty}W_x(f)\mathrm{d}f \tag{14.64}$$

为了使频带 $\mathrm{d}\omega$ 和 $\mathrm{d}f$ 对均方值的贡献一样，图14.14(a)和(b)中的阴影面积应相等。所以

$$2S_x(\omega)\mathrm{d}\omega=W_x(f)\mathrm{d}f \tag{14.65}$$

由此得

$$W_x(f)=2S_x(\omega)\frac{\mathrm{d}\omega}{\mathrm{d}f}=2S_x(\omega)\frac{\mathrm{d}\omega}{\mathrm{d}\omega/2\pi}=4\pi S_x(\omega) \tag{14.66}$$

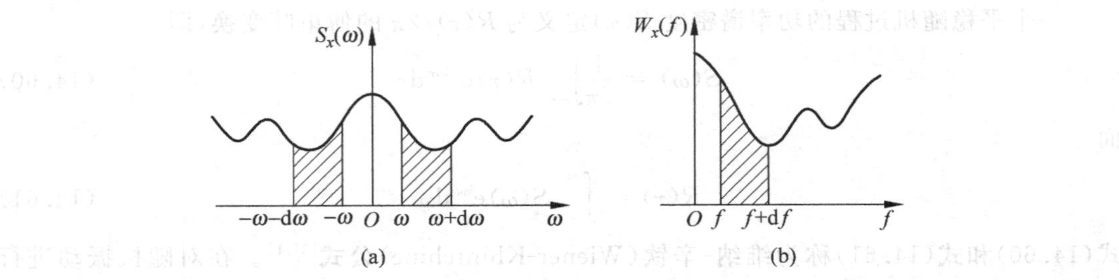
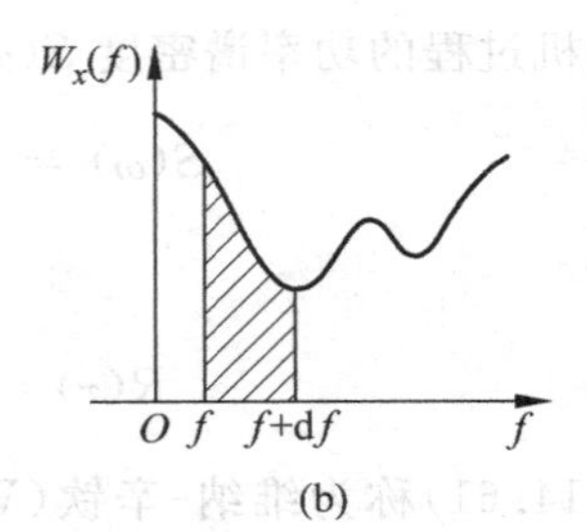

图 14.14　双边谱和单边谱

① 当不止一个随机过程时，用角标来区别不同随机过程的功率谱密度函数。例如，用 $S_x(\omega)$ 表示随机过程 $x(t)$ 的谱。

14.11　宽带和窄带随机过程

一个宽带过程的谱密度函数 $S(\omega)$ 在一个频率范围(或叫频带)内都有较大的值,即在整个频带内的谱密度值与频带中心处的谱密度值是一个量级。一个宽带随机过程的例子如图 14.15 所示。由于喷气噪声或超音速边界层扰动引起的火箭表面的压力波动是典型的宽带随机过程。一个窄带过程的谱密度函数 $S(\omega)$ 只在一个很小的频带内有较大的值,此带宽要比整个过程的中心频率小。图 14.16 给出了一个窄带随机过程及相应的谱密度函数和自相关函数。

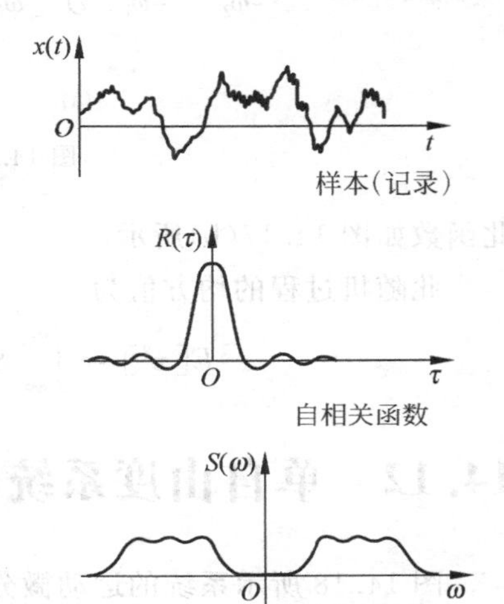

图 14.15　宽带平稳随机过程

如果一个随机过程的功率谱密度函数在某个频带内是一个常量,则称为**白噪声**。我们可以作这样的一个类推,白光所对应的可见光谱基本上是均匀的。如果带宽为无限大,则称为**理想白噪声**。理想白噪声在物理上是不能实现的,因为这样的一个随机过程的均方值为无限大(对应着谱密度函数曲线下方的面积为无限大)。如果一个白噪声的频带有两个截止频率 ω_1 和 ω_2,则称为**限带白噪声**[14.8]。限带白噪声的均方值等于谱密度函数曲线下方的面积,故为 $2S_0(\omega_2-\omega_1)$,式中 S_0 代表谱密度函数的常值。

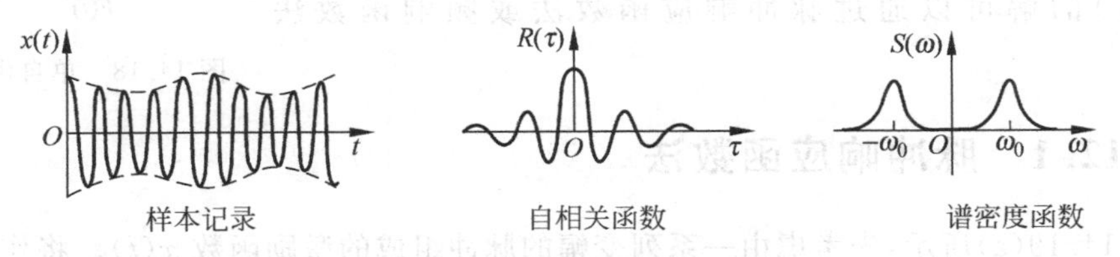

图 14.16　窄带平稳随机过程

例 14.4　一个平稳随机过程 $x(t)$ 的功率谱密度函数如图 14.17(a)所示,求其自相关函数和均方值。

解:既然 $S_x(\omega)$ 是关于 ω 的实的偶函数,式(14.61)可以重新写成如下形式:

$$R_x(\tau)=2\int_0^{\infty}S_x(\omega)\cos\omega\tau\,\mathrm{d}\omega=2S_0\int_{\omega_1}^{\omega_2}\cos\omega\tau\,\mathrm{d}\omega$$

$$=2S_0\left(\frac{1}{\tau}\sin\omega\tau\right)\Bigg|_{\omega_1}^{\omega_2}=\frac{2S_0}{\tau}(\sin\omega_2\tau-\sin\omega_1\tau)$$

$$=\frac{4S_0}{\tau}\cos\frac{\omega_1+\omega_2}{2}\tau\sin\frac{\omega_2-\omega_1}{2}\tau$$

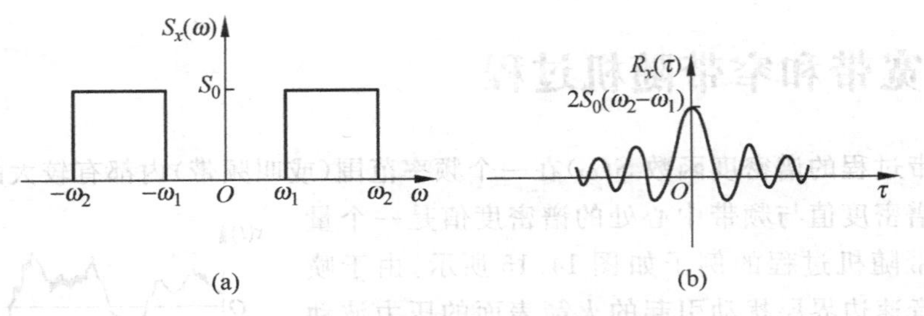

图 14.17　平稳随机过程的自相关函数

此函数如图 14.17(b)所示。

此随机过程的均方值为

$$E[x^2]=\int_{-\infty}^{\infty}S_x(\omega)\mathrm{d}\omega=2S_0\int_{\omega_1}^{\omega_2}\mathrm{d}\omega=2S_0(\omega_2-\omega_1)$$

14.12　单自由度系统的响应

图 14.18 所示系统的运动微分方程为

$$\ddot{y}+2\zeta\omega_n\dot{y}+\omega_n^2y=x(t)\qquad(14.67)$$

其中

$$x(t)=\frac{F(t)}{m},\quad \omega_n=\sqrt{\frac{k}{m}},\quad \zeta=\frac{c}{c_c},\quad c_c=2km$$

式(14.67)的解可以通过脉冲响应函数法或频响函数法得到。

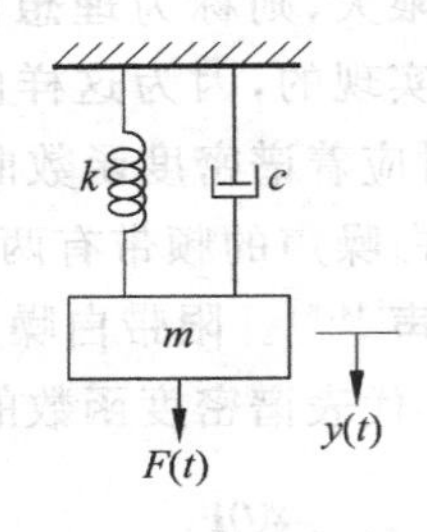

图 14.18　单自由度系统

14.12.1　脉冲响应函数法

如图 14.19(a)所示，先考虑由一系列变幅的脉冲组成的激励函数 $x(t)$。将作用于 τ 时刻的脉冲记为 $x(\tau)\mathrm{d}\tau$，系统对单位脉冲激励 $\delta(t-\tau)$ 的响应记为 $y(t)=h(t-\tau)$，称为**单位脉冲响应函数**。① 系统在 t 时刻的全部响应可以通过叠加对作用在不同时刻 $t=\tau$、幅值为 $x(\tau)\mathrm{d}\tau$ 的脉冲的响应得到。对应于激励 $x(\tau)\mathrm{d}\tau$ 的响应为 $[x(\tau)\mathrm{d}\tau]h(t-\tau)$，所以利用叠加法对应于全部激励的响应为

---

① 作用在 $t=\tau$ 时刻的单位脉冲表示为 $x(t)=\delta(t-\tau)$。式中，$\delta(t-\tau)$ 是狄拉克 δ 函数（见图 14.19(b)），其定义为

$$\delta(t-\tau)\to\infty,\quad t\to\tau$$

$$\delta(t-\tau)=0,\quad t\neq\tau$$

$$\int_{-\infty}^{\infty}\delta(t-\tau)\mathrm{d}t=1\text{（曲线下方的面积为 1）}$$

$$y(t)=\int_{-\infty}^{t}x(\tau)h(t-\tau)\mathrm{d}\tau \tag{14.68}$$

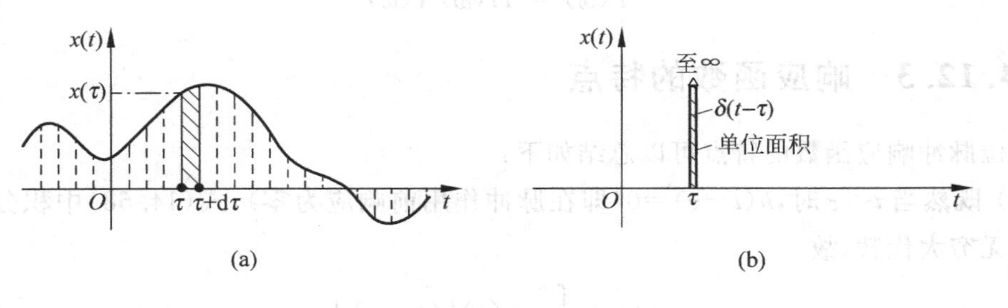

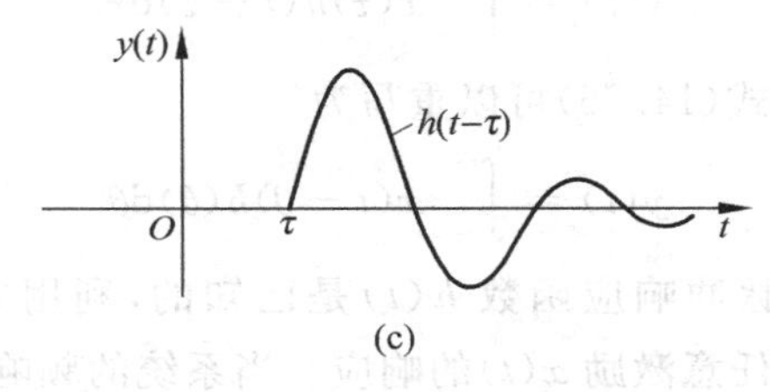

图 14.19 脉冲响应函数方法

(a) 系列脉冲形式的力函数；(b) 作用在 $t=\tau$ 时刻的单位脉冲激励；(c) 脉冲响应函数

14.12.2 频响函数法

利用傅里叶变换 $X(\omega)$，瞬态函数 $x(t)$ 可以表示为

$$x(t)=\frac{1}{2\pi}\int_{-\infty}^{\infty}X(\omega)\mathrm{e}^{\mathrm{i}\omega t}\mathrm{d}\omega \tag{14.69}$$

所以，$x(t)$ 可以看成是不同频率成分 ω 的叠加。如果考虑一个模为1的激励函数

$$\underset{\sim}{x}(t)=\mathrm{e}^{\mathrm{i}\omega t} \tag{14.70}$$

则它的响应可以表示为

$$\underset{\sim}{y}(t)=H(\omega)\mathrm{e}^{\mathrm{i}\omega t} \tag{14.71}$$

式中，$H(\omega)$ 称为**复频响函数**。既然实际的激励可以看成是不同频率成分的叠加，系统的全部响应利用叠加法可得

$$\begin{aligned}y(t)&=H(\omega)x(t)=\int_{-\infty}^{\infty}H(\omega)\frac{1}{2\pi}X(\omega)\mathrm{e}^{\mathrm{i}\omega t}\mathrm{d}\omega\\&=\frac{1}{2\pi}\int_{-\infty}^{\infty}H(\omega)X(\omega)\mathrm{e}^{\mathrm{i}\omega t}\mathrm{d}\omega\end{aligned} \tag{14.72}$$

如果 $Y(\omega)$ 代表频响函数 $y(t)$ 的傅里叶变换，则 $y(t)$ 可以用 $Y(\omega)$ 表示为

$$y(t)=\frac{1}{2\pi}\int_{-\infty}^{\infty}Y(\omega)\mathrm{e}^{\mathrm{i}\omega t}\mathrm{d}\omega \tag{14.73}$$

比较式(14.72)和式(14.73)可知

$$Y(\omega)=H(\omega)X(\omega) \tag{14.74}$$

14.12.3 响应函数的特点

单位脉冲响应函数的特点可以总结如下：

(1) 既然当$t<\tau$时，$h(t-\tau)=0$（即在脉冲作用前响应为零），式(14.68)中积分的上限可以用无穷大代替，故

$$y(t)=\int_{-\infty}^{\infty}x(\tau)h(t-\tau)\mathrm{d}\tau \tag{14.75}$$

(2) 用$\theta=t-\tau$代替τ，式(14.75)可以重写为

$$y(t)=\int_{-\infty}^{\infty}x(t-\theta)h(\theta)\mathrm{d}\theta \tag{14.76}$$

(3) 只要系统的单位脉冲响应函数$h(t)$是已知的，利用式(14.68)或式(14.75)或式(14.76)就可以求系统对任意激励$x(t)$的响应。当系统的频响函数$H(\omega)$已知时，也可以利用式(14.72)求系统的响应。尽管看上去这两种方法不同，但它们却是紧密相关的。为了找到它们之间的内在联系，考虑系统的激励为一个单位脉冲的情况。根据定义，此时的响应为$h(t)$，利用式(14.72)得

$$y(t)=h(t)=\frac{1}{2\pi}\int_{-\infty}^{\infty}X(\omega)H(\omega)\mathrm{e}^{\mathrm{i}\omega t}\mathrm{d}\omega \tag{14.77}$$

式中，$X(\omega)$是$x(t)=\delta(t)$的傅里叶变换，即

$$X(\omega)=\int_{-\infty}^{\infty}x(t)\mathrm{e}^{-\mathrm{i}\omega t}\mathrm{d}t=\int_{-\infty}^{\infty}\delta(t)\mathrm{e}^{-\mathrm{i}\omega t}\mathrm{d}t=1 \tag{14.78}$$

利用δ函数的性质以及当$t=0$时$\mathrm{e}^{-\mathrm{i}\omega t}=1$，根据式(14.77)和式(14.78)得

$$h(t)=\frac{1}{2\pi}\int_{-\infty}^{\infty}H(\omega)\mathrm{e}^{\mathrm{i}\omega t}\mathrm{d}\omega \tag{14.79}$$

此式是$h(t)$的傅里叶积分表达式，其中的$H(\omega)$是$h(t)$的傅里叶变换，即

$$H(\omega)=\int_{-\infty}^{\infty}h(t)\mathrm{e}^{-\mathrm{i}\omega t}\mathrm{d}t \tag{14.80}$$

14.13 平稳随机激励下的响应

前面已经讨论了对于任意已知的激励$x(t)$，响应与激励之间的关系。本节将讨论当激励是一个平稳随机过程时，响应与激励之间的关系。相关文献已经指出，当激励是一个平稳随机过程时，响应也是一个平稳随机过程。[14.15,14.16]以下用两种方法来讨论响应与激励之间的关系。

14.13.1 脉冲响应函数法

1. 均值

根据式(14.76)，系统对任意激励的响应为

$$y(t)=\int_{-\infty}^{\infty}x(t-\theta)h(\theta)\mathrm{d}\theta \tag{14.81}$$

对总体平均，把式(14.81)重写为①

$$E[y(t)]=E\left[\int_{-\infty}^{\infty}x(t-\theta)h(\theta)\mathrm{d}\theta\right]=\int_{-\infty}^{\infty}E[x(t-\theta)]h(\theta)\mathrm{d}\theta \tag{14.82}$$

由于约定激励为平稳随机过程，$E[x(\tau)]$是一个与 τ 无关的常量，故式(14.82)成为

$$E[y(t)]=E[x(t)]\int_{-\infty}^{\infty}h(\theta)\mathrm{d}\theta \tag{14.83}$$

式(14.83)中的积分可以通过在式(14.80)中令 $\omega=0$ 得到，所以

$$H(0)=\int_{-\infty}^{\infty}h(t)\mathrm{d}t \tag{14.84}$$

因此，只要知道了脉冲响应函数或频响函数，就可以确定响应的均值和激励的均值之间的关系。

2. 自相关性

利用类似的方法，可以得到响应和激励的自相关函数之间的关系。根据定义

$$\begin{aligned}y(t)y(t+\tau)&=\int_{-\infty}^{\infty}x(t-\theta_1)h(\theta_1)\mathrm{d}\theta_1\int_{-\infty}^{\infty}x(t+\tau-\theta_2)h(\theta_2)\mathrm{d}\theta_2\\&=\int_{-\infty}^{\infty}\int_{-\infty}^{\infty}x(t-\theta_1)x(t+\tau-\theta_2)h(\theta_1)h(\theta_2)\mathrm{d}\theta_1\mathrm{d}\theta_2\end{aligned} \tag{14.85}$$

为避免混淆，式中用 θ_1 和 θ_2 代替 θ。故响应 $y(t)$的自相关函数为

$$\begin{aligned}R_y(\tau)&=E[y(t)y(t+\tau)]=\int_{-\infty}^{\infty}\int_{-\infty}^{\infty}E[x(t-\theta_1)x(t+\tau-\theta_2)]h(\theta_1)h(\theta_2)\mathrm{d}\theta_1\mathrm{d}\theta_2\\&=\int_{-\infty}^{\infty}\int_{-\infty}^{\infty}R_x(\tau+\theta_1-\theta_2)h(\theta_1)h(\theta_2)\mathrm{d}\theta_1\mathrm{d}\theta_2\end{aligned} \tag{14.86}$$

14.13.2 频响函数法

1. 功率谱密度

系统的响应还可以用功率谱密度函数来描述。根据定义式(14.60)，其表达式为

---

① 在推导式(14.82)时，认为积分是求和的极限情况，所以可以认为和的平均值与平均值的和是一样的，即

$$E[x_1+x_2+\cdots]=E[x_1]+E[x_2]+\cdots$$

$$S_y(\omega) = \frac{1}{2\pi}\int_{-\infty}^{\infty} R_y(\tau)\mathrm{e}^{-\mathrm{i}\omega\tau}\mathrm{d}\tau \tag{14.87}$$

将式(14.86)代入式(14.87)得

$$S_y(\omega) = \frac{1}{2\pi}\int_{-\infty}^{\infty} \mathrm{e}^{-\mathrm{i}\omega\tau}\mathrm{d}\tau\int_{-\infty}^{\infty}\int_{-\infty}^{\infty} R_x(\tau+\theta_1-\theta_2)h(\theta_1)h(\theta_2)\mathrm{d}\theta_1\mathrm{d}\theta_2 \tag{14.88}$$

利用下列关系：

$$\mathrm{e}^{\mathrm{i}\omega\theta_1}\mathrm{e}^{-\mathrm{i}\omega\theta_2}\mathrm{e}^{-\mathrm{i}\omega(\theta_1-\theta_2)} = 1 \tag{14.89}$$

由式(14.88)得

$$S_y(\omega) = \int_{-\infty}^{\infty} h(\theta_1)\mathrm{e}^{\mathrm{i}\omega\theta_1}\mathrm{d}\theta_1\int_{-\infty}^{\infty} h(\theta_2)\mathrm{e}^{-\mathrm{i}\omega\theta_2}\mathrm{d}\theta_2\,\frac{1}{2\pi}\int_{-\infty}^{\infty} R_x(\tau+\theta_1-\theta_2)\mathrm{e}^{-\mathrm{i}\omega(\theta_1-\theta_2)}\mathrm{d}\tau \tag{14.90}$$

式(14.90)等号右边的第3个积分中，θ_1 和 θ_2 是常量。引入下列新的积分变量：

$$\eta = \tau+\theta_1-\theta_2 \tag{14.91}$$

可得

$$\frac{1}{2\pi}\int_{-\infty}^{\infty} R_x(\tau+\theta_1-\theta_2)\mathrm{e}^{-\mathrm{i}\omega(\tau+\theta_1-\theta_2)}\mathrm{d}\tau = \frac{1}{2\pi}\int_{-\infty}^{\infty} R_x(\eta)\mathrm{e}^{-\mathrm{i}\omega\eta}\mathrm{d}\eta \equiv S_x(\omega) \tag{14.92}$$

式(14.90)等号右边的第1个和第2个积分分别是复频响函数 $H(\omega)$ 和 $H(-\omega)$，$H(-\omega)$ 是 $H(\omega)$ 的共轭，所以由(14.90)得

$$S_y(\omega) = |H(\omega)|^2 S_x(\omega) \tag{14.93}$$

上式给出了响应的功率谱密度和激励的功率谱密度之间的关系。

2. 均方响应

平稳随机过程 $y(t)$ 的均方响应可以利用自相关函数 $R_y(\tau)$ 或功率谱密度函数 $S_y(\omega)$ 得到：

$$E[y^2] = R_y(0) = \int_{-\infty}^{\infty}\int_{-\infty}^{\infty} R_x(\theta_1-\theta_2)h(\theta_1)h(\theta_2)\mathrm{d}\theta_1\mathrm{d}\theta_2 \tag{14.94}$$

$$E(y^2) = \int_{-\infty}^{\infty} S_y(\omega)\mathrm{d}\omega = \int_{-\infty}^{\infty} |H(\omega)|^2 S_x(\omega)\mathrm{d}\omega \tag{14.95}$$

式(14.93)和式(14.95)是单自由度和多自由度随机振动分析的基础。[14.11,14.12]

例 14.5 图14.20(a)所示系统受到一个随机载荷的作用，其谱密度是一个白噪声 $S_x(\omega)=S_0$。求：(1)系统的复数形式的频响函数；(2)响应的功率谱密度；(3)响应的均方值。

解：(1) 为求复数形式的频响函数 $H(\omega)$，将输入和相应的响应都写成复指数函数的形式，即 $x(t)=\mathrm{e}^{\mathrm{i}\omega t}$，$y(t)=H(\omega)\mathrm{e}^{\mathrm{i}\omega t}$，并代入如下的运动微分方程：

$$m\ddot{y}+c\dot{y}+ky = x(t)$$

可得

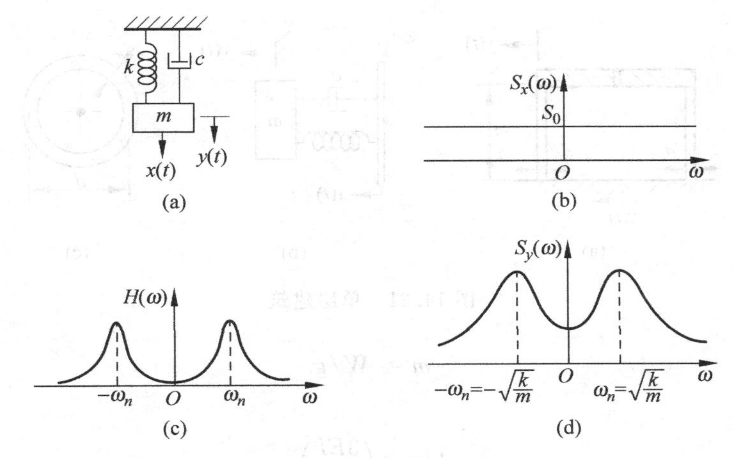

图 14.20　单自由度系统

$$(-m\omega^2+\mathrm{i}c\omega+k)H(\omega)\mathrm{e}^{\mathrm{i}\omega t}=\mathrm{e}^{\mathrm{i}\omega t}$$

故

$$H(\omega)=\frac{1}{-m\omega^2+\mathrm{i}c\omega+k} \tag{E.1}$$

(2) 输出的功率谱密度函数为

$$S_y(\omega)=|H(\omega)|^2S_x(\omega)=S_0\left|\frac{1}{-m\omega^2+\mathrm{i}c\omega+k}\right|^2 \tag{E.2}$$

(3) 输出的均方值为①

$$E[y^2]=\int_{-\infty}^{\infty}S_y(\omega)\mathrm{d}\omega=S_0\int_{-\infty}^{\infty}\left|\frac{1}{-m\omega^2+k+\mathrm{i}c\omega}\right|^2\mathrm{d}\omega=\frac{\pi S_0}{kc} \tag{E.3}$$

不难看出，此均方值与质量块 m 的质量无关。函数 $H(\omega)$ 和 $S_y(\omega)$ 的图形如图 14.20(c)，(d)所示。

例 14.6　一个单层建筑结构可以简化为图 14.21(a)所示的模型。其中，4 根管形柱子的弹性模量为 E，高度为 h，刚性屋顶的重量为 W。柱子可以简化为固定在地面的悬臂梁，系统阻尼用等效黏性阻尼常数 c 代替。由于地震引起的地面加速度可以近似地用常数谱 S_0 表示。如果每一根柱子的平均直径为 d，壁厚为 $t=d/10$，求柱子的平均直径。要求屋顶相对于地面的位移的标准差不超过某一值 δ。

解：首先将此结构模型化为一个单自由度系统，再利用激励的功率谱函数和输出的功率谱函数之间的关系求解。单自由度系统模型如图 14.21(b)所示，其中的质量为

---

① 此积分或其他类似积分的值可以参考文献[14.1]。例如，对 $H(\omega)=\dfrac{\mathrm{i}\omega B_1+B_0}{-\omega^2A_2+\mathrm{i}\omega A_1+A_0}$，积分的结果为

$$\int_{-\infty}^{\infty}|H(\omega)|^2\mathrm{d}\omega=\pi\left[\frac{(B_0^2/A_0)A_2+B_1^2}{A_1A_2}\right]。$$

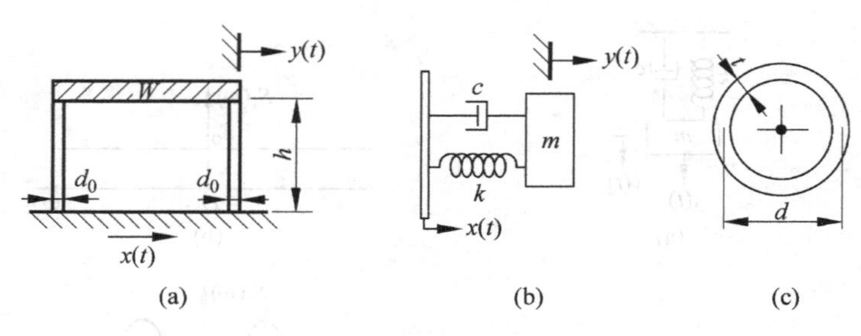

图 14.21 单层建筑

$$m = W/g \tag{E.1}$$

刚度为

$$k = 4\left(\frac{3EI}{h^3}\right) \tag{E.2}$$

因为一根悬臂梁（柱子）的刚度为 $3EI/h^3$。式中，E 是材料的弹性模量，h 是柱子的高度，I 是柱子横截面的惯性矩：

$$I = \frac{\pi}{64}(d_o^4 - d_i^4) \tag{E.3}$$

利用 $d_o = d + t$ 和 $d_i = d - t$，式(E.3)可以化简为

$$\begin{aligned} I &= \frac{\pi}{64}(d_o^2 + d_i^2)(d_o + d_i)(d_o - d_i) \\ &= \frac{\pi}{64}[(d+t)^2 + (d-t)^2][(d+t) + (d-t)][(d+t) - (d-t)] \\ &= \frac{\pi}{8}dt(d^2 + t^2) \end{aligned} \tag{E.4}$$

对于 $t = d/10$ 的情况，式(E.4)成为

$$I = \frac{101\pi}{8000}d^4 = 0.03966d^4 \tag{E.5}$$

由式(E.2)得

$$k = \frac{12E \times 0.03966d^4}{h^3} = \frac{0.47592Ed^4}{h^3} \tag{E.6}$$

当地面运动时，系统的运动微分方程为

$$m\ddot{z} + c\dot{z} + kz = -m\ddot{x} \tag{E.7}$$

式中，$z = y - x$ 是质量块（屋顶）相对于地面的位移。式(E.7)还可以重写为

$$\ddot{z} + \frac{c}{m}\dot{z} + \frac{k}{m}z = -\ddot{x} \tag{E.8}$$

为求复数形式的频响函数，令

$$\ddot{x} = e^{i\omega t}, \quad z(t) = H(\omega)e^{i\omega t} \tag{E.9}$$

将其代入式(E.8)后可得

$$\left(-\omega^2+\mathrm{i}\omega\frac{c}{m}+\frac{k}{m}\right)H(\omega)\mathrm{e}^{\mathrm{i}\omega t}=-\mathrm{e}^{\mathrm{i}\omega t}$$

故

$$H(\omega)=\frac{-1}{-\omega^2+\mathrm{i}\omega\frac{c}{m}+\frac{k}{m}} \tag{E.10}$$

功率谱密度函数为

$$S_z(\omega)=|H(\omega)|^2S_{\ddot{x}}(\omega)=S_0\left|\frac{1}{-\omega^2+\mathrm{i}\omega\frac{c}{m}+\frac{k}{m}}\right|^2 \tag{E.11}$$

利用例14.5中的式(E.4),响应$z(t)$的均方值为

$$E(z^2)=\int_{-\infty}^{\infty}S_z(\omega)\mathrm{d}\omega=S_0\int_{-\infty}^{\infty}\left|\frac{-1}{-\omega^2+\mathrm{i}\omega\frac{c}{m}+\frac{k}{m}}\right|^2\mathrm{d}\omega=S_0\frac{\pi m^2}{kc} \tag{E.12}$$

将式(E.1)和式(E.6)代入式(E.12)后可得

$$E[z^2]=\pi S_0\frac{W^2h^3}{g^2c\times 0.47592Ed^4} \tag{E.13}$$

假设$z(t)$的均值为零,则$z(t)$的标准差为

$$\sigma_z=\sqrt{E[z^2]}=\sqrt{\frac{\pi S_0W^2h^3}{0.47592g^2cEd^4}} \tag{E.14}$$

既然$\sigma_z\leqslant\delta$,所以有

$$\frac{\pi S_0W^2h^3}{0.47592g^2cEd^4}\leqslant\delta^2$$

或

$$d^4\geqslant\frac{\pi S_0W^2h^3}{0.47592g^2cE\delta^2} \tag{E.15}$$

故所需的柱子的平均直径为

$$d\geqslant\left(\frac{\pi S_0W^2h^3}{0.47592g^2cE\delta^2}\right)^{1/4} \tag{E.16}$$

14.14 多自由度系统的响应

利用振型正交性,可得具有比例阻尼的多自由度系统的运动微分方程为

$$\ddot{q}_i(t)+2\zeta_i\omega_i\dot{q}_i(t)+\omega_i^2q_i(t)=Q_i(t),\quad i=1,2,\cdots,n \tag{14.96}$$

式中,n是系统的自由度数;ω_i是第i阶固有频率;$q_i(t)$是第i阶正则坐标;$Q_i(t)$是第i阶正

则力。物理坐标和正则坐标之间的关系为

$$\boldsymbol{x}(t)=\boldsymbol{X}\boldsymbol{q}(t)$$

或

$$x_i(t)=\sum_{j=1}^{n}X_i^{(j)}q_j(t) \tag{14.97}$$

式中，$\boldsymbol{X}$ 是正则振型矩阵；$X_i^{(j)}$ 是第 j 阶正则矢量的第 i 个元素。物理载荷与正则载荷之间的关系为

$$\boldsymbol{Q}(t)=\boldsymbol{X}^{\mathrm{T}}\boldsymbol{F}(t)$$

或

$$Q_i(t)=\sum_{j=1}^{n}X_j^{(i)}F_j(t) \tag{14.98}$$

式中，$F_j(t)$是作用在坐标 $x_j(t)$上的力，可以表示成如下形式：

$$F_j(t)=f_j\tau(t) \tag{14.99}$$

因而式(14.98)成为

$$Q_i(t)=\left(\sum_{j=1}^{n}X_j^{(i)}f_j\right)\tau(t)=N_i\tau(t) \tag{14.100}$$

式中

$$N_i=\sum_{j=1}^{n}X_j^{(i)}f_j \tag{14.101}$$

假设激励力按简谐规律变化，即

$$\tau(t)=\mathrm{e}^{\mathrm{i}\omega t} \tag{14.102}$$

式(14.96)的解可以表示为

$$q_i(t)=\frac{N_i}{\omega_i^2}H_i(\omega)\tau(t) \tag{14.103}$$

式中，$H_i(\omega)$代表频响函数，由下式计算：

$$H_i(\omega)=\frac{1}{1-\left(\dfrac{\omega}{\omega_i}\right)^2+\mathrm{i}2\zeta_i\dfrac{\omega}{\omega_i}} \tag{14.104}$$

根据式(14.97)和式(14.103)，位移 $x_i(t)$的均方值为

$$\begin{aligned}\overline{x_i^2(t)}&=\lim_{t\to\infty}\frac{1}{2T}\int_{-T}^{T}x_i^2(t)\,\mathrm{d}t\\&=\sum_{r=1}^{n}\sum_{s=1}^{n}X_i^{(r)}X_i^{(s)}\frac{N_rN_s}{\omega_r^2\omega_s^2}\lim_{T\to\infty}\int_{-T}^{T}H_r(\omega)H_s(\omega)\tau^2(t)\,\mathrm{d}t\end{aligned} \tag{14.105}$$

由式(3.56)，$H_r(\omega)$可以表示为

$$H_r(\omega)=|H_r(\omega)|\,\mathrm{e}^{-\mathrm{i}\phi_r} \tag{14.106}$$

式中，$H_r(\omega)$的模称为放大因子，其表达式为

$$|H_r(\omega)| = \left\{\left[1-\left(\frac{\omega}{\omega_r}\right)^2\right]^2 + \left(2\zeta_r\frac{\omega}{\omega_r}\right)^2\right\}^{-1/2} \tag{14.107}$$

相角为

$$\phi_r = \arctan\frac{2\zeta_r\dfrac{\omega}{\omega_r}}{1-\left(\dfrac{\omega}{\omega_r}\right)^2} \tag{14.108}$$

忽略相角，式(14.105)右边的积分可以表示为

$$\begin{aligned}&\lim_{T\to\infty}\frac{1}{2T}\int_{-T}^{T}H_r(\omega)H_s(\omega)\tau^2(t)\mathrm{d}t\\ \approx &\lim_{T\to\infty}\frac{1}{2T}\int_{-T}^{T}|H_r(\omega)||H_s(\omega)|\tau^2(t)\mathrm{d}t\end{aligned} \tag{14.109}$$

对于一个平稳随机过程，均方值 $\tau^2(t)$ 可以根据其功率谱密度函数 $S_\tau(\omega)$ 表示为

$$\overline{\tau^2(t)} = \lim_{T\to\infty}\frac{1}{2T}\int_{-T}^{T}\tau^2(t)\mathrm{d}t = \int_{-\infty}^{\infty}S_\tau(\omega)\mathrm{d}\omega \tag{14.110}$$

结合式(14.109)和式(14.110)，有

$$\lim_{T\to\infty}\frac{1}{2T}\int_{-T}^{T}H_r(\omega)H_s(\omega)\tau^2(t)\mathrm{d}t \approx \int_{-\infty}^{\infty}|H_r(\omega)||H_s(\omega)|S_\tau(\omega)\mathrm{d}\omega \tag{14.111}$$

将式(14.111)代入式(14.105)，得 $x_i(t)$ 的均方值为

$$\overline{x_i^2(t)} \approx \sum_{r=1}^{n}\sum_{s=1}^{n}X_i^{(r)}X_i^{(s)}\frac{N_rN_s}{\omega_r^2\omega_s^2}\int_{-\infty}^{\infty}|H_r(\omega)||H_s(\omega)|S_\tau(\omega)\mathrm{d}\omega \tag{14.112}$$

放大因子 $|H_r(\omega)|$ 和 $|H_s(\omega)|$ 如图 14.22 所示。可以看出，乘积 $|H_r(\omega)||H_s(\omega)|(r\neq s)$ 与 $|H_r(\omega)|^2$ 和 $|H_s(\omega)|^2$ 相比经常是可以忽略不计的。所以，式(14.112)可以重写为

$$\overline{x_i^2(t)} \approx \sum_{r=1}^{n}(X_i^{(r)})^2\frac{N_r^2}{\omega_r^4}\int_{-\infty}^{\infty}|H_r(\omega)|^2S_\tau(\omega)\mathrm{d}\omega \tag{14.113}$$

对弱阻尼系统，式(14.113)中的积分可以利用 $S_\tau(\omega)=S_\tau(\omega_r)$ 作近似计算，即

$$\int_{-\infty}^{\infty}|H_r(\omega)|^2S_\tau(\omega)\mathrm{d}\omega \approx S_\tau(\omega_r)\int_{-\infty}^{\infty}|H_r(\omega)|^2\mathrm{d}\omega = \frac{\pi\omega_rS_\tau(\omega_r)}{2\zeta_r} \tag{14.114}$$

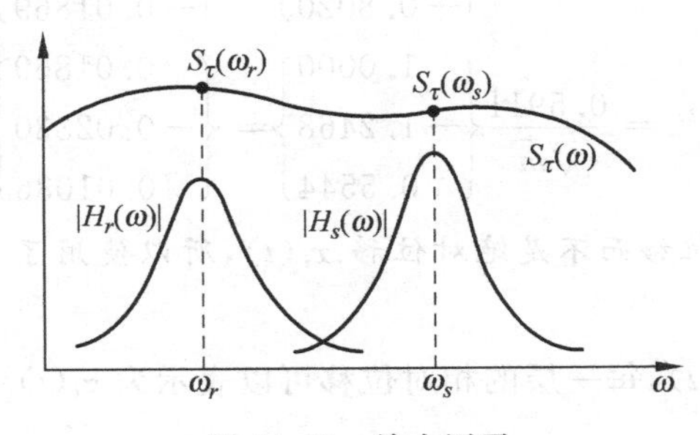

图 14.22 放大因子

由式(14.113)和式(14.114)得

$$\overline{x_i^2(t)} = \sum_{r=1}^{n} (X_i^{(r)})^2 \frac{N_r^2}{\omega_r^4} \frac{\pi\omega_r S_\tau(\omega_r)}{2\zeta_r} \tag{14.115}$$

例 14.7 图 14.23 所示的三层建筑结构承受地震波的作用。假设地面的加速度是一个平稳随机过程，功率谱密度为 $S(\omega)=0.05(\mathrm{m^2/s^4})/(\mathrm{rad/s})$，各阶模态阻尼比为 0.02，求各层屋顶响应的均方值。

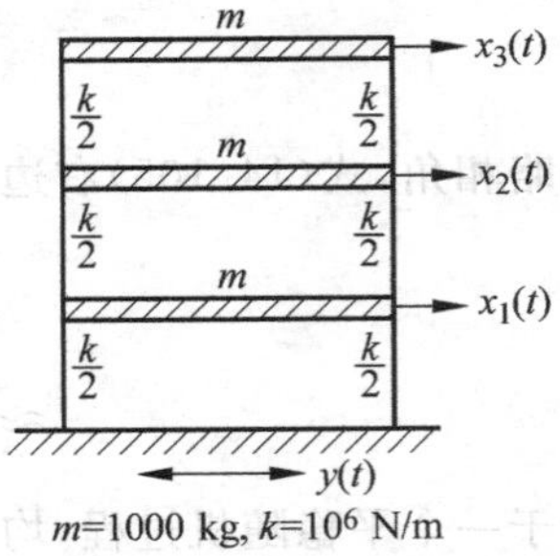

图 14.23 三层建筑

解：系统的刚度矩阵和质量矩阵分别为

$$\boldsymbol{k} = k\begin{bmatrix} 2 & -1 & 0 \\ -1 & 2 & -1 \\ 0 & -1 & 1 \end{bmatrix} \tag{E.1}$$

$$\boldsymbol{m} = m\begin{bmatrix} 1 & 0 & 0 \\ 0 & 1 & 0 \\ 0 & 0 & 1 \end{bmatrix} \tag{E.2}$$

根据例 6.11 和例 6.12 的结果，$k=10^6$ N/m，$m=1000$ kg 时，各阶特征值和特征向量分别为

$$\omega_1 = 0.44504\sqrt{\frac{k}{m}} = 14.0734 \text{ rad/s} \tag{E.3}$$

$$\omega_2 = 1.2471\sqrt{\frac{k}{m}} = 39.4368 \text{ rad/s} \tag{E.4}$$

$$\omega_3 = 1.8025\sqrt{\frac{k}{m}} = 57.0001 \text{ rad/s} \tag{E.5}$$

$$\boldsymbol{Z}^{(1)} = \frac{0.3280}{\sqrt{m}}\begin{Bmatrix} 1.0000 \\ 1.8019 \\ 2.2470 \end{Bmatrix} = \begin{Bmatrix} 0.01037 \\ 0.01869 \\ 0.02330 \end{Bmatrix} \tag{E.6}$$

$$\boldsymbol{Z}^{(2)} = \frac{0.7370}{\sqrt{m}}\begin{Bmatrix} 1.0000 \\ 0.4450 \\ -0.8020 \end{Bmatrix} = \begin{Bmatrix} 0.02331 \\ 0.01037 \\ -0.01869 \end{Bmatrix} \tag{E.7}$$

$$\boldsymbol{Z}^{(3)} = \frac{0.5911}{\sqrt{m}}\begin{Bmatrix} 1.0000 \\ -1.2468 \\ 0.5544 \end{Bmatrix} = \begin{Bmatrix} 0.01869 \\ -0.02330 \\ 0.01036 \end{Bmatrix} \tag{E.8}$$

注意：由于要求相对位移而不是绝对位移 $x_i(t)$，所以使用了 $\boldsymbol{Z}^{(i)}$ 来表示第 i 阶振型而不是 $\boldsymbol{X}^{(i)}$。

将地面的运动记为 $y(t)$，每一层的相对位移可以表示为 $z_i(t)=x_i(t)-y(t)$，$i=1,2,3$。系统的运动微分方程为

$$\boldsymbol{m}\ddot{\boldsymbol{x}} + \boldsymbol{c}\dot{\boldsymbol{z}} + \boldsymbol{k}\boldsymbol{z} = \boldsymbol{0} \tag{E.9}$$

或写成

$$m\ddot{z}+c\dot{z}+kz=-m\ddot{y} \tag{E.10}$$

式中，$\ddot{y}=\{\ddot{y}\quad \ddot{y}\quad \ddot{y}\}^{\mathrm{T}}$。将矢量 z 用各阶振型表示：

$$z=Zq \tag{E.11}$$

式中，Z 代表振型矩阵。将式(E.11)代入式(E.10)，并用 Z^{T} 左乘所得方程，可得解耦的运动微分方程。假设各阶模态阻尼比为 $\zeta_i=0.02$，解耦后的运动微分方程为

$$\ddot{q}_i+2\zeta_i\omega_i+\omega_i^2 q_i=Q_i,\quad i=1,2,3 \tag{E.12}$$

式中

$$Q_i=\sum_{j=1}^{n}Z_j^{(i)}F_j(t) \tag{E.13}$$

而

$$F_j(t)=-m_j\ddot{y}(t)=-m\ddot{y}(t) \tag{E.14}$$

式中，$m_j=m$ 代表第 j 层屋顶的质量。令

$$F_j(t)=f_j\tau(t) \tag{E.15}$$

注意

$$f_j=-m_j=-m \tag{E.16}$$

和

$$\tau(t)=\ddot{y}(t) \tag{E.17}$$

根据式(14.115)，均方值为

$$\overline{z_i^2(t)}=\sum_{r=1}^{3}(Z_i^{(r)})^2\frac{N_r^2}{\omega_r^3}\frac{\pi}{2\zeta_r}S_\tau(\omega_r) \tag{E.18}$$

注意：$Z^{(1)}$，$Z^{(2)}$，$Z^{(3)}$ 分别由式(E.6)、式(E.7)、式(E.8)给出，所以

$$N_1=\sum_{j=1}^{3}Z_j^{(1)}f_j=-m\sum_{j=1}^{3}Z_j^{(1)}=-1000\times 0.05236=-52.36 \tag{E.19}$$

$$N_2=\sum_{j=1}^{3}Z_j^{(2)}f_j=-m\sum_{j=1}^{3}Z_j^{(2)}=-1000\times 0.05237=-52.37 \tag{E.20}$$

$$N_3=\sum_{j=1}^{3}Z_j^{(3)}f_j=-m\sum_{j=1}^{3}Z_j^{(3)}=-1000\times 0.05235=-52.35 \tag{E.21}$$

根据式(E.18)，各层屋顶相对位移的均方值为

$$\overline{z_1^2(t)}=0.00053132\ \mathrm{m}^2 \tag{E.22}$$

$$\overline{z_2^2(t)}=0.00139957\ \mathrm{m}^2 \tag{E.23}$$

$$\overline{z_3^2(t)}=0.00216455\ \mathrm{m}^2 \tag{E.24}$$

例 14.8 求例 14.7 中，各层屋顶相对位移的值超过它们的 1，2，3 和 4 倍标准差(均方差)的概率。

解：假设地面加速度 $\ddot{y}(t)$ 是呈正态分布的随机过程，均值为零，则各层屋顶的相对位

移也呈均值为零的正态分布。所以各层屋顶相对位移的标准差(均方差)为

$$\sigma_{zi} = \sqrt{\overline{z_i^2(t)}}, \quad i = 1,2,3$$

根据标准正态分布表(见14.8节),相对位移 $z_i(t)$ 的绝对值超过标准差(均方差)的某一整倍数的概率为

$$P[\,|\,z_i(t)\,| > p\sigma_{zi}\,] = \begin{cases} 0.31732, & p = 1 \\ 0.04550, & p = 2 \\ 0.00270, & p = 3 \\ 0.00006, & p = 4 \end{cases}$$

14.15 利用 MATLAB 求解的例子

例 14.9 利用 MATLAB 软件,画图表示谱密度为 S_0 的下列白噪声的自相关函数

(1) 限带白噪声的 $\omega_1=0$,$\omega_2=4$ rad/s,6 rad/s,8 rad/s;

(2) 限带白噪声的 $\omega_1=2$ rad/s,$\omega_2=4$ rad/s,6 rad/s,8 rad/s;

(3) 理想白噪声。

解:对(1)和(2),根据例14.4,自相关函数的表达式为

$$\frac{R(\tau)}{S_0} = \frac{2}{\tau}(\sin\omega_2\tau - \sin\omega_1\tau) \tag{E.1}$$

对(3),取上式当 $\tau\to 0$ 时的极限,即得自相关函数

$$R(0) = \lim_{\tau\to 0}\left\{2S_0\left(\frac{\omega_2\sin\omega_2\tau}{\omega_2\tau}\right) - 2S_0\left(\frac{\omega_1\sin\omega_1\tau}{\omega_1\tau}\right)\right\} = 2S_0(\omega_2 - \omega_1) \tag{E.2}$$

由于是理想白噪声,令 $\omega_1=0$,$\omega_2\to\infty$,由式(E.2)得 $R=2S_0\delta(\tau)$,其中 $\delta(\tau)$ 是狄拉克 δ 函数。利用 MATLAB 画图表示(E.1)的程序如下。

```
%Ex12_9.m
w1=0;
w2=4;
for i=1:101
    t(i)=-5+ 10*(i-1)/100;
    R1(i)=2*(sin(w2*t(i))-sin(w1*t(i)))/t(i);
end
w1=0;
w2=6;
for i=1:101
    t(i)=-5+10*(i-1)/100;
    R2(i)=2*(sin(w2*t(i))-sin(w1*t(i)))/t(i);
end
w1=0;
w2=8;
```

```
for i=1:101
    t(i)=-5+10*(i-1)/100;
    R3(i)=2*(sin(w2*t(i))-sin(w1*t(i)))/t(i);
end
for i=1:101
    t1(i)=0.0001+4.9999*(i-1)/100;
    R3_1(i)=2*(sin(w2*t(i))-sin(w1*t(i)))/t(i);
end
xlabel('t');
ylabel('R/S_0');
plot(t,R1);
hold on;
gtext('Solid line: w1=0, w2=4');
gtext('Dashed line: w1=0, w2=6');
plot(t,R2,'--');
gtext('Dotted line: w1=0, w2=8');
plot(t,R3,':');
w1=2;
w2=4;
for i=1:101
    t(i)=-5+10*(i-1)/100;
    R4(i)=2*(sin(w2*t(i))-sin(w1*t(i)))/t(i);
end
w1=2;
w2=6;
for i=1:101
    t(i)=-5+10*(i-1)/100;
    R5(i)=2*(sin(w2*t(i))-sin(w1*t(i)))/t(i);
end
w1=2;
w2=8;
for i=1:101
    t(i)=-5+10*(i-1)/100;
    R6(i)=2*(sin(w2*t(i))-sin(w1*t(i)))/t(i);
end
pause
hold off;
xlabel('t');
ylabel('R/S_0');
plot(t,R4);
hold on;
```

```
gtext('Solid line: w1=2, w2=4');
gtext('Dashed line: w1=2, w2=6');
plot(t,R5,'--');
gtext('Dotted line: w1=2, w2=8');
plot(t,R6,':');
```

所绘图形如图 14.24 所示。

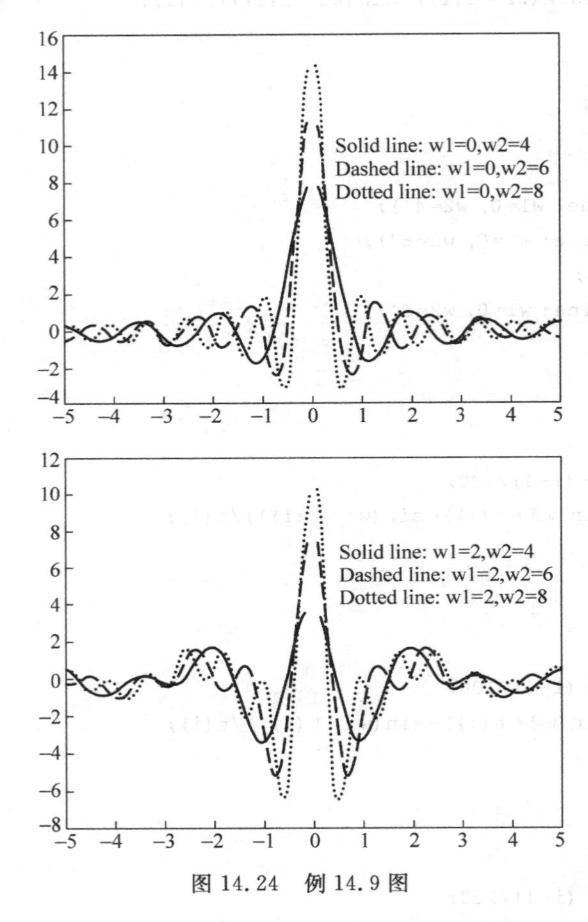

图 14.24　例 14.9 图

例 14.10　利用 MATLAB 软件计算 $c=1,2,3$ 时下式表示的概率

$$\text{Prob}[|x(t)|\geqslant c\sigma]=\frac{2}{\sqrt{2\pi}\sigma}\int_{c\sigma}^{\infty}e^{-\frac{1}{2}\frac{x^2}{\sigma^2}}\,dx \tag{E.1}$$

假设 $x(t)$ 的均值为零，标准差为 1。

解：对 $\sigma=1$，式(E.1)可以重写为

$$\text{Prob}[|x(t)|\geqslant c]=\frac{2}{\sqrt{2\pi}}\int_{-\infty}^{c}e^{-0.5x^2}\,dx \tag{E.2}$$

计算式(E.2)的 MATLAB 程序如下。

```
Ex12_10.m
>>q=quad('normp',-7,1);
>>prob1=2*q
prob1=
     1.6827
>>q=quad('normp',-7,2);
>>prob2=2*q
prob2=
     1.9545
>>q=quad('normp',-7,3);
>>prob3=2*q
prob3=
     1.9973
%normp.m
function pdf=normp(x)
pdf=exp(-0.5*x.^2)/sqrt(2.0*pi);
```

本章小结

若振动问题中任何一个参数的值都不能精确预测，则称为随机振动问题。本章介绍了随机变量、随机过程、概率分布、联合概率分布、均值和标准差(均方差)等基本概念；给出了相关函数、自相关函数、平稳过程、各态历经过程的定义；介绍了傅里叶分析如何应用于一个随机过程；解释了功率谱密度、宽带和窄带随机过程的概念；概述了求单自由度和多自由度系统的随机振动响应的各种方法；最后，给出了利用 MATLAB 处理随机振动的各种问题的示例。

参考文献

14.1 S. H. Crandall and W. D. Mark, *Random Vibration in Mechanical Systems*, Academic Press, New York, 1963.

14.2 D. E. Newland, *An Introduction to Random Vibrations and Spectral Analysis*, Longman, London, 1975.

14.3 J. D. Robson, *An Introduction to Random Vibration*, Edinburgh University Press, Edinburgh, 1963.

14.4 C. Y. Yang, *Random Vibration of Structures*, Wiley, New York, 1986.

14.5 A. Papoulis, *Probability, Random Variables and Stochastic Processes*, McGraw-Hill, New York, 1965.

14.6 J. S. Bendat and A. G. Piersol, *Engineering Applications of Correlation and Spectral Analysis*, Wiley, New York, 1980.

14.7 P. Z. Peebles, Jr., *Probability, Random Variables, and Random Signal Principles*, McGraw-Hill, New York, 1980.

14.8 J. B. Roberts, "The response of a simple oscillator to band-limited white noise," *Journal of Sound and Vibration*, Vol. 3, 1966, pp. 115-126.

14.9 M. H. Richardson, "Fundamentals of the discrete Fourier transform," *Sound and Vibration*, Vol. 12, March 1978, pp. 40-46.

14.10 E. O. Brigham, *The Fast Fourier Transform*, Prentice Hall, Englewood Cliffs, N. J., 1974.

14.11 J. K. Hammond, "On the response of single and multidegree of freedom systems to non-stationary random excitations," *Journal of Sound and Vibration*, Vol. 7, 1968, pp. 393-416.

14.12 S. H. Crandall, G. R. Khabbaz, and J. E. Manning, "Random vibration of an oscillator with nonlinear damping," *Journal of the Acoustical Society of America*, Vol. 36, 1964, pp. 1330-1334.

14.13 S. Kaufman, W. Lapinski, and R. C. McCaa, "Response of a single-degree-of-freedom isolator to a random disturbance," *Journal of the Acoustical Society of America*, Vol. 33, 1961, pp. 1108-1112.

14.14 C. J. Chisholm, "Random vibration techniques applied to motor vehicle structures," *Journal of Sound and Vibration*, Vol. 4, 1966, pp. 129-135.

11.15 Y. K. Lin, *Probablilistic Theory of Structural Dynamics*, McGraw-Hill, New York, 1967.

14.16 I. Elishakoff, *Probabilistic Methods in the Theory of Structures*, Wiley, New York, 1983.

14.17 H. W. Liepmann, "On the application of statistical concepts to the buffeting problem," *Journal of the Aeronautical Sciences*, Vol. 19. No. 12, 1952, pp. 793-800, 822.

14.18 W. C. Hurty and M. F. Rubinstein, *Dynamics of Structures*, Prentice Hall, Englewood Cliffs, N. J., 1964.

思 考 题

14.1 简答题

1. 样本空间和总体的区别是什么？
2. 概率密度函数和概率分布函数是如何定义的？
3. 随机变量的均值和方差是如何定义的？
4. 什么是双变量分布函数？
5. 随机变量 X 和 Y 的协方差是如何定义的？
6. 相关系数 ρ_{xy} 是如何定义的？
7. 相关系数的上、下限是什么？
8. 什么是边缘概率密度函数？
9. 什么是自相关函数？

10. 平稳随机过程和非平稳随机过程的区别是什么？
11. 各态历经随机过程是如何定义的？
12. 一个平稳随机过程的自相关函数的上、下限是什么？
13. 什么是时间平均？
14. 什么是高斯随机过程？为什么在振动分析中经常要用到它？
15. 什么是帕塞瓦尔(Parseval)公式？
16. 功率谱密度函数、白噪声、限带白噪声、宽带过程和窄带过程是如何定义的？
17. 一个平稳随机过程的均方值、自相关函数和功率谱密度函数之间有什么关系？
18. 什么是脉冲响应函数？
19. 用杜哈美积分表示一个单自由度系统的响应。
20. 什么是复数频率响应函数？
21. 对单自由度系统，输入和输出的功率谱密度函数之间有什么关系？
22. 什么是维纳-辛钦(Wiener-Khintchine)公式？

14.2　判断题

1. 一个确定性系统具有确定性的系统参数和确定性的载荷。　(　　)
2. 真实生活中的大多数现象都是确定性的。　(　　)
3. 随机变量的大小不能够准确地预测。　(　　)
4. 如果随机变量 x 的概率密度函数为 $p(x)$，那么其数学期望的表达式为 $\int_{-\infty}^{\infty} xp(x)\mathrm{d}x$。　(　　)
5. 相关系数 ρ_{XY} 满足关系 $|\rho_{XY}|\leqslant 1$。　(　　)
6. 自相关函数 $R(t_1,t_2)$ 与 $E[x(t_1)x(t_2)]$ 相同。　(　　)
7. $x(t)$ 的均方值可以表示为 $E(x^2)=R(0)$。　(　　)
8. 如果 $x(t)$ 是平稳的，则其均值与 t 无关。　(　　)
9. 自相关函数 $R(\tau)$ 是关于 τ 的偶函数。　(　　)
10. Wiener-Khintchine 公式建立了功率谱密度函数和自相关函数之间的关系。　(　　)
11. 理想白噪声是一个物理上可以实现的概念。　(　　)

14.3　填空题

1. 若一个系统的振动响应是准确知道的，则这种振动称为________振动。
2. 如果一个振动系统的任何参数都不能准确地知道，则其振动称为________振动。
3. 空中飞行的飞机，其表面上某一点的压力波动是一个________过程。
4. 在一个随机过程中，每一次实验的结果是某些________(例如时间)的函数。
5. 标准差(均方差)等于________的正的平方根。

6. 几个随机变量的联合分布行为可以用________概率分布函数来描述。
7. 单变量分布用来描述________随机变量的概率分布。
8. 描述两个相关的随机变量的分布用________。
9. 描述几个相关的随机变量的分布用________。
10. 一个平稳随机过程 $x(t)$ 的标准差与________无关。
11. 如果一个平稳随机过程的全部概率信息可以通过一个样本函数确定，则该过程称为________。
12. 高斯密度函数是关于均值对称的________形曲线。
13. 标准正态分布变量的均值和标准差分别为________、________。
14. 非周期函数可以看成是一个具有________周期的周期函数。
15. ________谱密度函数是 ω 的偶函数。
16. 如果 $S(\omega)$ 在一个比较宽的频带内都有较大的值，则该过程称为________过程。
17. 如果 $S(\omega)$ 只是在一个比较窄的频带内有较大的值，则该过程称为________过程。
18. 一个平稳随机过程的功率谱密度 $S(\omega)$ 定义为 $R(\tau)/2\pi$ 的________变换。
19. 如果一个白噪声的频带有有限个截止频率，则称为________白噪声。

14.4 选择题

1. 一个随机变量的每一次实验结果称为________。
   (a) 样本点　　(b) 随机点　　(c) 观测值
2. 一个随机过程的每一次实验结果称为________。
   (a) 样本点　　(b) 样本空间　　(c) 样本函数
3. 概率分布函数 $P(\tilde{x})$ 的具体含义是________。
   (a) $P(x\leqslant\tilde{x})$　　(b) $P(x>\tilde{x})$　　(c) $P(\tilde{x}\leqslant x\leqslant\tilde{x}+\Delta x)$
4. 概率密度函数 $p(\tilde{x})$ 的具体含义是________。
   (a) $P(x\leqslant\tilde{x})$　　(b) $P(x>\tilde{x})$　　(c) $P(\tilde{x}\leqslant x\leqslant\tilde{x}+\Delta x)$
5. 概率分布归一化的含义是________。
   (a) $P(\infty)=1$　　(b) $\int_{-\infty}^{\infty}p(x)=1$　　(c) $\int_{-\infty}^{\infty}p(x)=0$
6. 表示 x 的方差用________。
   (a) $\overline{x^2}$　　(b) $\overline{x^2}-\bar{x}^2$　　(c) $\bar{x}^2$
7. 根据双变量概率密度函数 $p(x,y)$，x 的边缘概率密度函数 $p(x)$ 为________。
   (a) $p(x)=\int_{-\infty}^{\infty}p(x,y)\mathrm{d}y$
   (b) $p(x)=\int_{-\infty}^{\infty}p(x,y)\mathrm{d}x$

(c) $p(x)=\int_{-\infty}^{\infty}\int_{-\infty}^{\infty}p(x,y)\mathrm{d}x\mathrm{d}y$

8. 表示 x 和 y 的相关系数用________。

(a) σ_{xy} (b) $\sigma_{xy}/(\sigma_x\sigma_y)$ (c) $\sigma_x\sigma_y$

9. 与正态分布变量 x 对应的标准正态分布变量 z 定义为________。

(a) $z=\dfrac{\bar{x}}{\sigma_x}$ (b) $z=\dfrac{x-\bar{x}}{\sigma_x}$ (c) $z=\dfrac{x}{\sigma_x}$

10. 如果一个线性系统的激励是一个高斯过程，则其响应为________。

(a) 一个不同的随机过程 (b) 一个高斯过程 (c) 一个各态历经过程

11. 对于一个正态概率密度函数，$\text{Prob}[-3\sigma\leqslant x(t)\leqslant 3\sigma]$的大小为________。

(a) 0.6827 (b) 0.999937 (c) 0.9973

12. 一个平稳随机过程的均方响应可以________。

(a) 仅由自相关函数确定

(b) 仅由功率谱密度函数确定

(c) 由自相关函数或功率谱密度函数确定

14.5 连线题

1. 一个随机变量的所有可能结果 (a) 一个实验的相关函数
2. 一个随机过程的所有可能结果 (b) 非平稳过程
3. $x(t)$在 t_1,t_2 时刻的值之间的统计联系 (c) 样本空间
4. 在任意时间推移下随机过程的一个不变量 (d) 白噪声
5. $x(t)$的均值和标准差(均方差)随 t 发生变化 (e) 平稳过程
6. 在一个频带内功率谱密度是常量 (f) 总体

习 题

§14.3 概率分布

14.1 一个往复运动机器的基础的强度按以下概率密度函数在 20～30 klbf/ft^2 之间变化：

$$p(x)=\begin{cases}k\left(1-\dfrac{x}{30}\right), & 20\leqslant x\leqslant 30\\ 0, & \text{其他}\end{cases}$$

问基础承受的载荷大于 28 klbf/ft^2 的概率是多少？

14.2 振动传感器的寿命 $T(\mathrm{h})$按如下指数规律分布：

$$p_T(t)=\begin{cases}\lambda \mathrm{e}^{-\lambda t}, & t\geqslant 0\\ 0, & t<0\end{cases}$$

式中，λ 是常数。求：(a)T 的概率分布函数；(b)T 的平均值；(c)T 的标准差。

§14.4 均值与标准差(均方差)

14.3 随机变量 x 的概率密度函数如下：

$$p(x)=\begin{cases}0, & x<0\\ 0.5, & 0\leqslant x\leqslant 2\\ 0, & x>2\end{cases}$$

求 $E[x]$，$E[x^2]$和 σ_x。

14.4 求函数 $x(t)=x_0\sin(\pi t/2)$的时间平均值和均方值。

§14.5 几个随机变量的联合概率分布

14.5 两个随机变量 X 和 Y 的联合概率密度函数如下：

$$p_{X,Y}(x,y)=\begin{cases}\dfrac{xy}{9}, & 0\leqslant x\leqslant 2, 0\leqslant y\leqslant 3\\ 0, & 其他\end{cases}$$

(a)求 X，Y 的边缘概率密度函数；(b)求 X，Y 的均值和标准差；(c)求相关系数 $\rho_{X,Y}$。

14.6 如果 x 和 y 是两个独立的随机变量，那么 $E[xy]=E[x]E[y]$，即两个独立的随机变量的积的数学期望等于它们各自数学期望的积。若令 $z=x+y$，证明 $E[z^2]=E[x^2]+E[y^2]+2E[x]E[y]$。

§14.6 随机过程的相关函数

14.7 求图 14.25 所示周期函数的自相关函数。

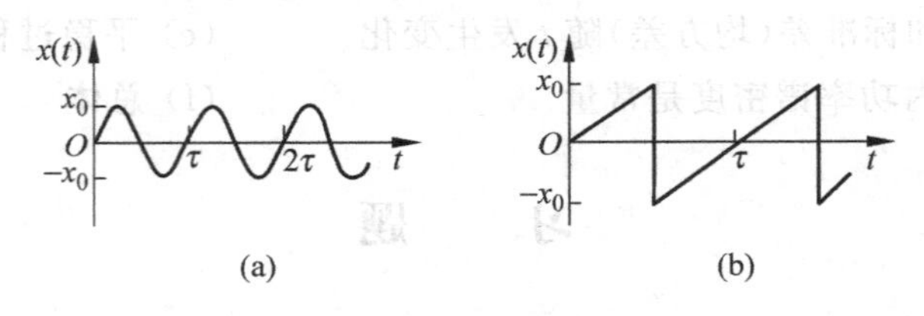

图 14.25 习题 14.7 图

14.8 计算均值为零的周期方波的自相关函数，并将此结果与具有相同周期的正弦波比较。假设这两个波的振幅相同。

§14.7 平稳随机过程

14.9 随机过程 $x(t)$的自相关函数为

$$R_x(\tau)=20+\frac{5}{1+3\tau^2}$$

求 $x(t)$的均方值。

14.10 一个随机信号的功率谱密度函数如下：

$$S(f)=\begin{cases}0.0001\ \text{m}^2/(\text{周期 s}), & 10\ \text{Hz}\leqslant f\leqslant 1000\ \text{Hz}\\ 0, & \text{其他}\end{cases}$$

求该随机信号的标准差和均方根值，假设其均值为 0.05 m。

§14.8 高斯随机过程

14.11 一个空气压缩机的质量为 100 kg，安装在一个无阻尼的隔振器上，运转的角速度为 1800 r/min。隔振器的弹簧刚度系数是一个平均值为 $\bar{k}=2.25\times10^6$ N/m、标准差为 $\sigma_k=0.225\times10^6$ N/m 的正态分布随机变量。求系统固有频率超过激励频率的概率。

§14.9 傅里叶分析

14.12 求图 14.25(b)所示周期函数的复数形式的傅里叶级数展开。

14.13 求图 14.26 所示时间函数的傅里叶变换，并画出频谱曲线。

14.14 求图 14.27 所示时间函数的傅里叶变换，并画出频谱曲线。

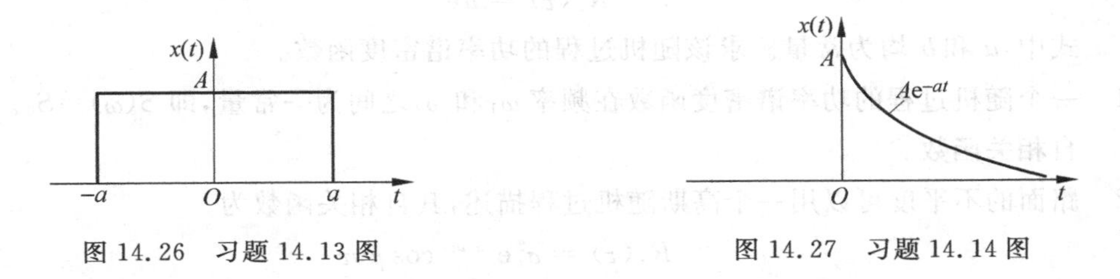

图 14.26 习题 14.13 图　　图 14.27 习题 14.14 图

14.15 求图 14.28 所示时间函数的傅里叶变换，并画出频谱曲线。

14.16 求图 14.29 所示时间函数的傅里叶变换，并画出频谱曲线。

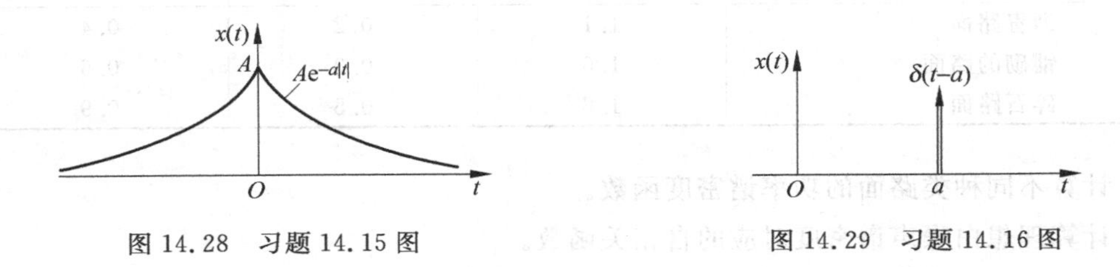

图 14.28 习题 14.15 图　　图 14.29 习题 14.16 图

14.17 根据式(14.45)推导式(14.46)。

14.18 一个随机过程的自相关函数如下：

$$R_x(\tau)=A\cos\omega\tau,\quad -\frac{\pi}{2\omega}\leqslant\tau\leqslant\frac{\pi}{2\omega}$$

式中，A 和 ω 均为常量。求该随机过程的功率谱密度函数。

14.19 周期函数 $f(t)$如图 14.30 所示，利用其在 10 个等间隔离散时间处的值，求其频谱和均方值。

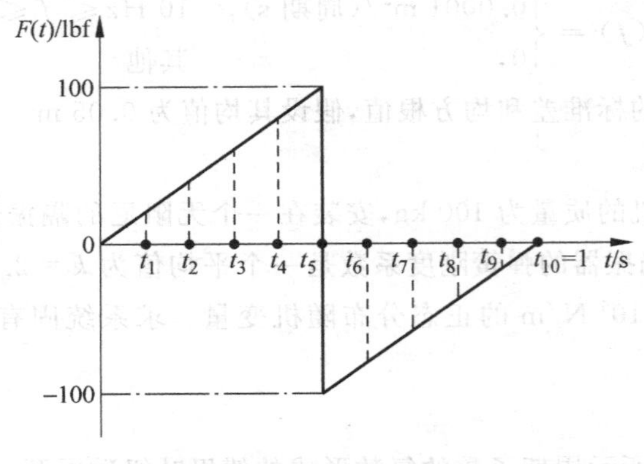

图 14.30 习题 14.19 图

14.20 一个平稳随机过程的自相关函数如下：

$$R_x(\tau)=a\mathrm{e}^{-b|\tau|}$$

式中，a 和 b 均为常量。求该随机过程的功率谱密度函数。

14.21 一个随机过程的功率谱密度函数在频率 ω_1 和 ω_2 之间为一常量，即 $S(\omega)=S_0$。求其自相关函数。

14.22 路面的不平度可以用一个高斯随机过程描述，其自相关函数为

$$R_x(\tau)=\sigma_x^2\mathrm{e}^{-\alpha|v\tau|}\cos\beta v\tau$$

式中，σ_x^2 是该随机过程的方差；v 是车速。不同路面的 σ_x，α 和 β 的值如下表所示：

路面种类	σ_x	α	β
沥青路面	1.1	0.2	0.4
铺砌的路面	1.6	0.3	0.6
碎石路面	1.8	0.5	0.9

计算不同种类路面的功率谱密度函数。

14.23 计算理想白噪声谱密度对应的自相关函数。

14.24 根据式(14.60)和式(14.61)，推导下列关系：

$$R(\tau)=\int_0^\infty S(f)\cos 2\pi f\tau\,\mathrm{d}f$$

$$S(f)=4\int_0^\infty R(\tau)\cos 2\pi f\tau\,\mathrm{d}\tau$$

§14.12 单自由度系统的响应

14.25 编写一个计算机程序，计算单自由度系统响应的均方值。已知随机激励的功率谱密

度函数为 $S_x(\omega)$。

14.26 某机器可以简化为一个单自由度振动系统，各参数如下：$mg=2000$ lbf，$k=4\times10^4$ lbf/in，$c=1200$ lbf·in/s 。激励如图 14.30 所示，求响应的均方值。

14.27 一质量块与一阻尼器相连，如图 14.31 所示。若激励为 $F(t)$，求质量块速度的频响函数。

14.28 行驶在不平路面上的摩托车的简化模型如图 14.32 所示。假设车轮是刚性的，并始终与地面接触，行驶速度为常量，车身质量为 m，悬挂系统的弹簧系数为 k，阻尼系数为 c。若路面的功率谱密度函数为 S_0，求质量 m 竖向位移的均方值。

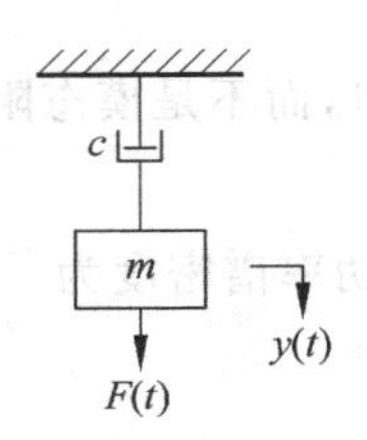

图 14.31 习题 14.27 图

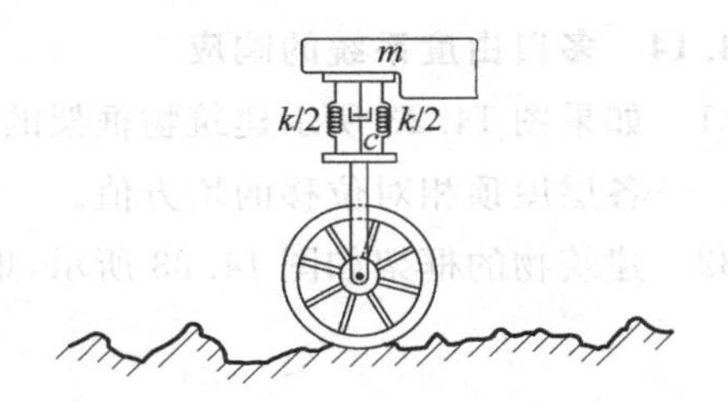

图 14.32 习题 14.28 图

14.29 机翼表面由于气流扰动相对于其静飞行路线的运动可以由下面的方程描述：

$$\ddot{x}(t)+2\zeta\omega_n\dot{x}(t)+\omega_n^2x(t)=\frac{1}{m}F(t)$$

式中，ω_n 是固有频率；m 是质量；ζ 是系统的阻尼系数；$F(t)$ 代表随机升力，其谱密度是

$$S_F(\omega)=\frac{S_T(\omega)}{1+\dfrac{\pi\omega c}{v}}$$

式中，c 是机翼的长度；v 是飞机向前的速度；$S_T(\omega)$ 是气流向上速度的谱密度函数，由下式计算：

$$S_T(\omega)=A^2\frac{1+\left(\dfrac{L\omega}{v}\right)^2}{\left[1+\left(\dfrac{L\omega}{v}\right)^2\right]^2}$$

式中，A 是常量；L 是扰动尺度（常量）。求机翼表面响应的均方值。

14.30 飞机在阵风中飞行时，机翼可以简化为图 14.33 所示的弹簧-质量-阻尼系统。若机翼的无阻尼和有阻尼固有频率分别为 ω_1 和 ω_2，在随机风力（谱密度函数为常量 $S(\omega)=S_0$）的作用下位移的均方值为 δ，求系统参数 m_{eq}，k_{eq}，c_{eq} 的表达式。

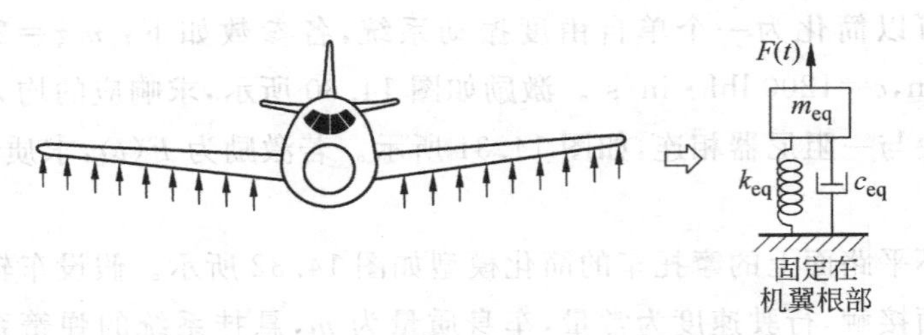

图 14.33　习题 14.30 图

§ 14.14　多自由度系统的响应

14.31　如果图 14.23 所示建筑物框架的结构阻尼系数为 0.01，而不是模态阻尼比 0.02，求各层屋顶相对位移的均方值。

14.32　建筑物的框架如图 14.23 所示，地震时地面加速度的功率谱密度为

$$S(\omega)=\frac{1}{4+\omega^2}$$

求各层屋顶相对位移的均方值。假设各阶模态的模态阻尼比均为 0.02。

§ 14.15　利用 MATLAB 求解的例子

14.33　利用 MATLAB 画图表示如下高斯概率密度函数：

$$f(x)=\frac{1}{\sqrt{2\pi}}\mathrm{e}^{-0.5x^2},\quad -7\leqslant x\leqslant 7$$

14.34　画图表示如下三角形脉冲的傅里叶变换（见图 14.12）：

$$X(\omega)=\frac{4A}{a\omega^2}\sin^2\frac{\omega a}{2},\quad -7\leqslant\frac{\omega a}{\pi}\leqslant 7$$

14.35　当激励如图 14.30 所示时，某机器振动响应的均方值如下：

$$E[y^2]=\sum_{n=0}^{N-1}\frac{|c_n|^2}{(k-m\omega_n^2)^2+c^2\omega_n^2}$$

式中

$$c_n=\frac{1}{N}\sum_{j=1}^{N}F_j\left\{\cos\frac{2\pi nj}{N}-\mathrm{i}\sin\frac{2\pi nj}{N}\right\}$$

已知：$m=5.1760$，$k=4\times10^4$，$c=1200$，$\omega_n=2\pi n$。当 $j=0,1,2,3,4,5,6,7,8,9,10$ 时，$F_j=0,20,40,60,80,100,-80,-60,-40,-20,0$。利用 MATLAB 求 $E[y^2]$ 的值，取 $N=10$。

设计题目

14.36　水箱的容积为 10000 gal，由空心钢制圆柱支承，如图 14.34 所示。对支柱进行设计以满足如下要求：(a)不管是空的还是储满水时，水箱的无阻尼固有振动频率必须大于 1 Hz；(b)不管是空的还是储满水时，若地震引起的地面加速度的功率谱密度为 $S(\omega)=0.0002\ (\mathrm{m^2/s^4})/(\mathrm{rad/s})$，水箱位移的均方值不能超过 16 $\mathrm{in^2}$。假设阻尼是临界阻尼的 1/10。

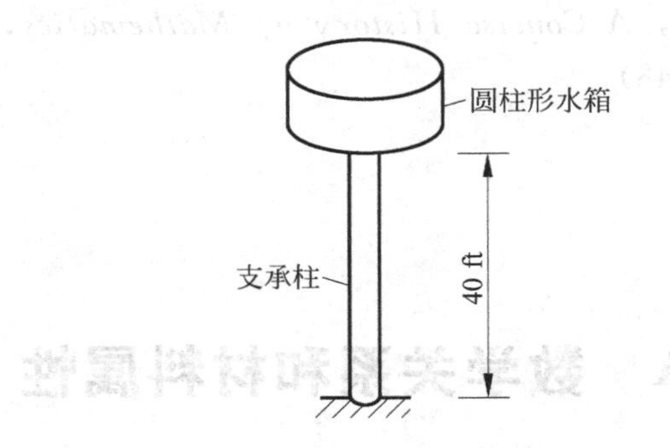

图 14.34　设计题目 14.36 图

达朗贝尔(Jean Le Rond D' Alembert，1717—1783)，法国数学家和物理学家，他一出生就被母亲遗弃在巴黎圣让勒隆(Saint Jean Le Rond)教堂附近。1741年，他出版了著名的《动力学》(*Traite de Dynamique*)一书，其中包含的一种方法就是后人熟知的达朗贝尔(D'Alembert)原理。达朗贝尔首次采用偏微分方程解决了弦的振动问题。他早期的辉煌成就使他成为法国科学院的终身秘书，该职位确保他为法国最有影响力的科学家。

(引自：Dirk J. Struik，*A Concise History of Mathematics*，2nd ed.，Dover Publications，New York，1948)

附录A 数学关系和材料属性

下面列出了在振动分析中常用的一些三角函数关系式、代数以及微积分关系。

$\sin(\alpha\pm\beta)=\sin\alpha\cos\beta\pm\cos\alpha\sin\beta$

$\cos(\alpha\pm\beta)=\cos\alpha\cos\beta\mp\sin\alpha\sin\beta$

$\sin(\alpha+\beta)\sin(\alpha-\beta)=\sin^2\alpha-\sin^2\beta=\cos^2\beta-\cos^2\alpha$

$\cos(\alpha+\beta)\cos(\alpha-\beta)=\cos^2\alpha-\sin^2\beta=\cos^2\beta-\sin^2\alpha$

$\sin\alpha\sin\beta=\frac{1}{2}[\cos(\alpha-\beta)-\cos(\alpha+\beta)]$

$\cos\alpha\cos\beta=\frac{1}{2}[\cos(\alpha-\beta)+\cos(\alpha+\beta)]$

$\sin\alpha\cos\beta=\frac{1}{2}[\sin(\alpha+\beta)+\sin(\alpha-\beta)]$

$\sin\alpha+\sin\beta=2\sin\left(\frac{\alpha+\beta}{2}\right)\cos\left(\frac{\alpha-\beta}{2}\right)$

$\sin\alpha-\sin\beta=2\cos\left(\frac{\alpha+\beta}{2}\right)\sin\left(\frac{\alpha-\beta}{2}\right)$

$\cos\alpha+\cos\beta=2\cos\left(\frac{\alpha+\beta}{2}\right)\cos\left(\frac{\alpha-\beta}{2}\right)$

$\cos\alpha-\cos\beta=-2\sin\left(\frac{\alpha+\beta}{2}\right)\sin\left(\frac{\alpha-\beta}{2}\right)$

$A\sin\alpha + B\cos\beta = \sqrt{A^2+B^2}\cos(\alpha-\varphi_1) = \sqrt{A^2+B^2}\sin(\alpha+\varphi_2)$

其中 $\varphi_1 = \arctan\dfrac{A}{B}$，$\varphi_2 = \arctan\dfrac{B}{A}$，$\sin^2\alpha + \cos^2\alpha = 1$

$\cos 2\alpha = 1 - 2\sin^2\alpha = 2\cos^2\alpha - 1 = \cos^2\alpha - \sin^2\alpha$

三角形的余弦定理：$c^2 = a^2 + b^2 - 2ab\cos C$

$\pi = 3.14159265$ rad，1 rad $= 57.29577951°$，$1° = 0.017453292$ rad，e $= 2.71828183$

$\log a^b = b\log a$，$\log_{10}x = 0.4343\log_e x$，$\log_e x = 2.3026\log_{10}x$，$e^{ix} = \cos x + i\sin x$

$\sin x = \dfrac{e^{ix}-e^{-ix}}{2i}$，$\cos x = \dfrac{e^{ix}+e^{-ix}}{2}$，$\sinh x = \dfrac{e^{x}-e^{-x}}{2}$，$\cosh x = \dfrac{e^{x}+e^{-x}}{2}$

$\cosh^2 x - \sinh^2 x = 1$

$$\frac{d}{dx}(u\nu) = u\frac{dv}{dx} + \nu\frac{du}{dx}$$

$$\frac{d}{dx}\left(\frac{u}{\nu}\right) = \frac{1}{\nu}\frac{du}{dx} - \frac{u}{\nu^2}\frac{dv}{dx} = \frac{\nu\dfrac{dv}{dx} - u\dfrac{dv}{dx}}{\nu^2}$$

$$\int e^{ax}dx = \frac{1}{a}e^{ax}, \int uv\,dx = u\int v\,dx - \int\left(\frac{du}{dx}\int v\,dx\right)dx$$

复数代数：

$$z = x + iy = Ae^{i\theta}, \text{其中 } A = \sqrt{x^2+y^2}, \theta = \arctan\left(\frac{y}{x}\right)$$

假设 $z_1 = x_1 + iy_1$，$z_2 = x_2 + iy_2$

$z_1 \pm z_2 = (x_1 \pm x_2) + i(y_1 \pm y_2)$

$z_1 z_2 = (x_1x_2 - y_1y_2) + i(x_1y_1 + x_2y_2)$

$$\frac{z_1}{z_2} = \frac{(x_1x_2 + y_1y_2) + i(x_2y_1 - x_1y_2)}{\sqrt{x_2^2 + y_2^2}}$$

假设 $z_1 = A_1e^{i\theta_1}$，$z_2 = A_2e^{i\theta_2}$，$z_1 + z_2 = Ae^{i\theta}$，则 $A = [A_1^2 + A_2^2 - 2A_1A_2\cos(\theta_1 - \theta_2)]^{\frac{1}{2}}$

$$\theta = \arctan\left(\frac{A_1\sin\theta_1 + A_2\sin\theta_2}{A_1\cos\theta_1 + A_2\cos\theta_2}\right)$$

$z_1 z_2 = A_1A_2e^{i(\theta_1+\theta_2)}$

$$\frac{z_1}{z_2} = \frac{A_1}{A_2}e^{i(\theta_1-\theta_2)}$$

材料属性

材　料	杨氏模量(E)	剪切模量(G)	泊松比(ν)	重量密度 ρ_w
钢(碳钢)	30×10^6 lbf/in^2 207 GPa	11.5×10^6 lbf/in^2 79.3 GPa	0.292	0.282 lbf/in^3 76.5 kN/m^3

续表

材　料	杨氏模量(E)	剪切模量(G)	泊松比(ν)	重量密度 ρ_w
铝(铝合金)	10.3×10^6 lbf/in^2 71 GPa	3.8×10^6 lbf/in^2 26.2 GPa	0.334	0.098 lbf/in^3 26.6 kN/m^3
黄铜	15.4×10^6 lbf/in^2 106 GPa	5.8×10^6 lbf/in^2 40 GPa	0.324	0.309 lbf/in^3 83.8 kN/m^3
铜	17.2×10^6 lbf/in^2 119 GPa	6.5×10^6 lbf/in^2 44.7 GPa	0.326	0.322 lbf/in^3 87.3 kN/m^3

雅可比(Carl Gustav Jacob Jacobi，1804—1851)，德国数学家，毕业于柏林大学，并于1832年成为柯尼斯堡大学(University of Konigsberg)的全职教授。他提出了实对称矩阵特征解的求法，即著名的雅可比方法(Jacobi method)。他在椭圆函数、数论、微分方程、力学等领域作出了重要贡献，并在行列式理论中定义了雅可比矩阵。

(引自：Dirk J. Struik，A *Concise History of Mathematics*，2nd ed.，Dover Publications，New York，1948)

附录B　梁和板的挠度

悬臂梁：

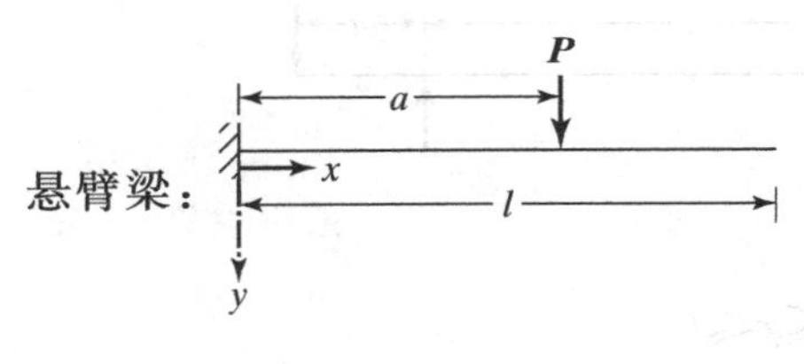

$$y(x)=\begin{cases}\dfrac{Px^2}{6EI}(3a-x), & 0\leqslant x\leqslant a\\ \dfrac{Pa^2}{6EI}(3x-a), & a\leqslant x\leqslant l\end{cases}$$

简支梁：

$$y(x)=\begin{cases}\dfrac{Pbx}{6EIl}(l^2-x^2-b^2), & 0\leqslant x\leqslant a\\ \dfrac{Pa(l-x)}{6EIl}(2lx-x^2-a^2), & a\leqslant x\leqslant l\end{cases}$$

两端固定梁：

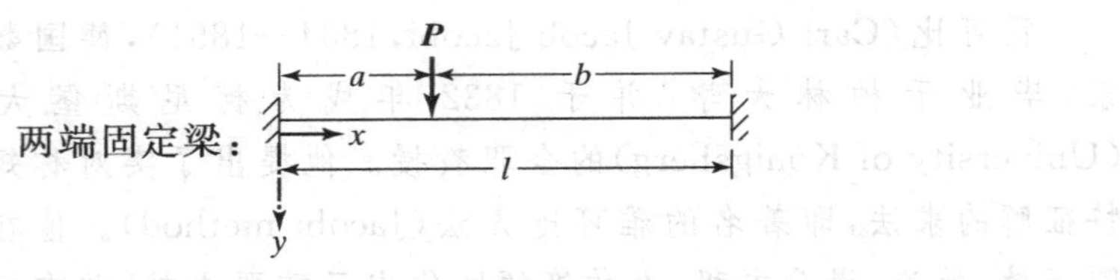

$$y(x)=\begin{cases}\dfrac{Pb^2x^2}{6EIl^3}[3al-x(3a+b)], & 0\leqslant x\leqslant a\\ \dfrac{Pa^2(l-x)^2}{6EIl^3}[3bl-(l-x)(3b+a)], & a\leqslant x\leqslant l\end{cases}$$

具有外伸端的简支梁：

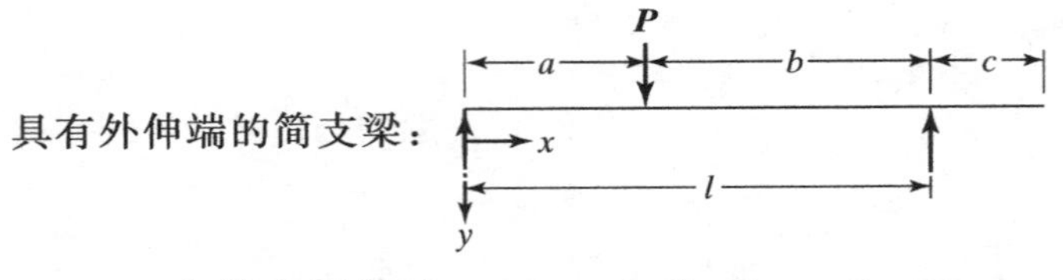

$$y(x)=\begin{cases}\text{与简支梁相同}, & 0\leqslant x\leqslant a, a\leqslant x\leqslant l\\ \dfrac{Pa}{6EIl}(l^2-a^2)(x-l), & l\leqslant x\leqslant l+c\end{cases}$$

具有外伸端的简支梁（外伸端受载）：

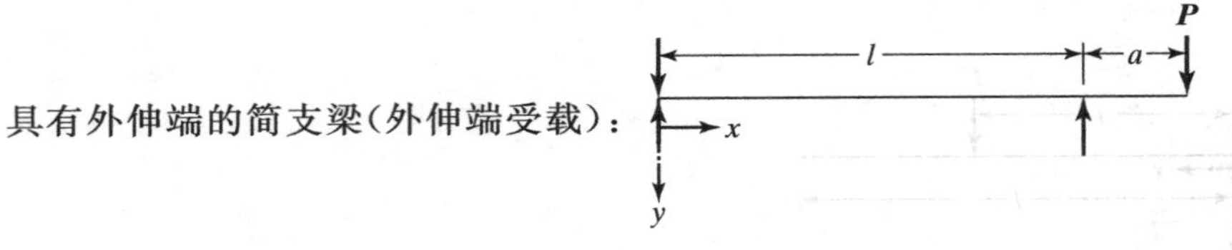

$$y(x)=\begin{cases}\dfrac{Pax}{6EIl}(x^2-l^2), & 0\leqslant x\leqslant l\\ \dfrac{P(x-l)}{6EIl}[a(3x-l)-(x-l)^2], & l\leqslant x\leqslant l+a\end{cases}$$

两端固定梁（一固定端有位移）：

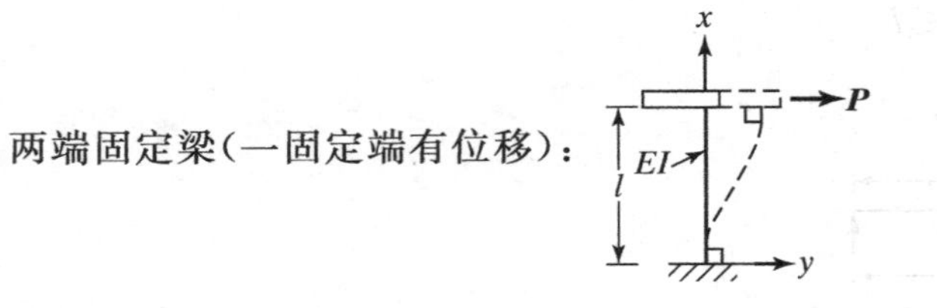

$$y(x)=\frac{P}{12El}(3lx^2-2x^3)$$

周边简支圆板：

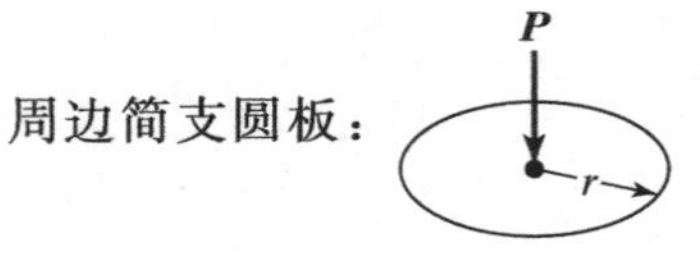

$y_{\text{center}}=\dfrac{Pr^2(3+\nu)}{16\pi D(1+\nu)}$，其中 $D=\dfrac{Et^3}{12(1-\nu^2)}$，$t$ 为圆盘的厚度，ν 为泊松比

周边固定圆板：

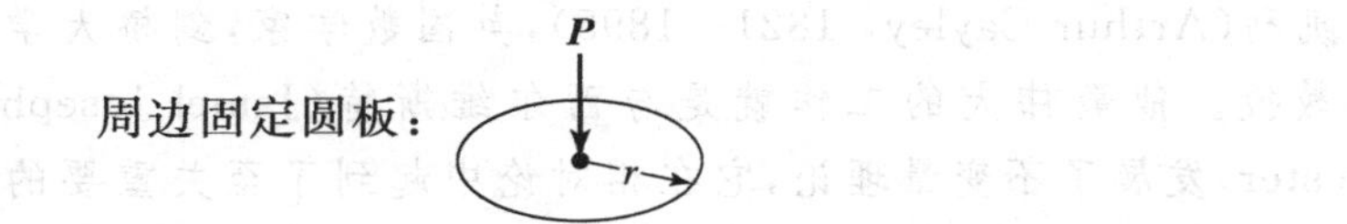

$$y_{\text{center}}=\frac{Pr^2}{16\pi D}$$

四边简支的方板：

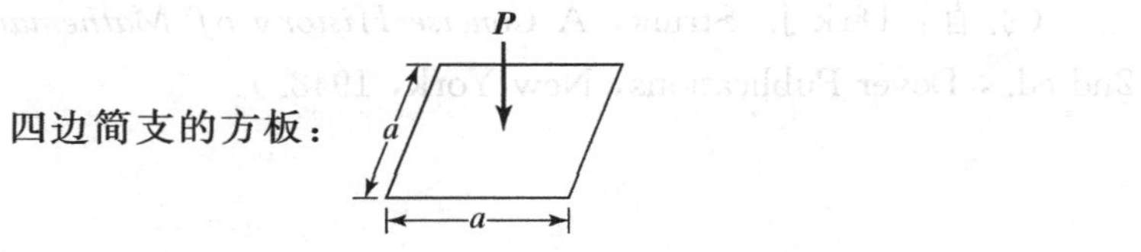

$y_{\text{center}}=\dfrac{\alpha Pa^2}{Et^3}$，$\nu=0.3$ 时，$\alpha=0.1267$

四边固定的方板：

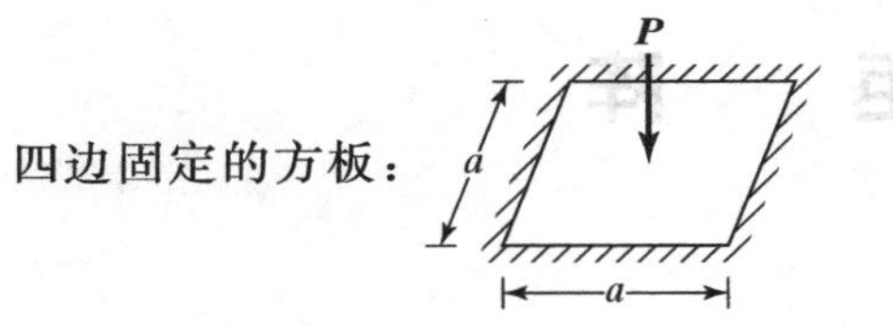

$y_{\text{center}}=\dfrac{\alpha Pa^2}{Et^3}$，$\nu=0.3$ 时，$\alpha=0.0611$

凯利(Arthur Cayley，1821—1895)，英国数学家，剑桥大学数学教授。他最伟大的工作就是与西尔维斯特(Jamel Joseph Sylvester)发展了不变量理论，它在相对论中起到了至关重要的作用。他对 n 维几何学作出了许多重要的贡献，并发明和发展了矩阵理论。

(引自：Dirk J. Struik，A *Concise History of Mathematics*，2nd ed.，Dover Publications，New York，1948.)

附录C 矩 阵

C.1 定义

矩阵 矩阵是由数组成的矩形阵列。一个由括号内 m 行和 n 列元素构成的矩阵，称为 $m\times n$ 矩阵。如果 $\boldsymbol{A}$ 是 $m\times n$ 的矩阵，则可以表示为

$$\boldsymbol{A}=[a_{ij}]=\begin{bmatrix} a_{11} & a_{12} & \cdots & a_{1n} \\ a_{21} & a_{22} & \cdots & a_{2n} \\ \vdots & \vdots & \cdots & \vdots \\ a_{m1} & a_{m2} & \cdots & a_{mn} \end{bmatrix} \tag{C.1}$$

其中 a_{ij} 为矩阵的元素，第一个下标 i 表示矩阵元素 a_{ij} 的行，第二个下标 j 表示矩阵元素 a_{ij} 的列。

方阵 当行的数目 m 等于列的数目 n 时，称为方阵。

列矩阵 当一个矩阵只有一列时，即 $m\times 1$ 矩阵，称为列矩阵或者是列向量。因此，如果 $\boldsymbol{a}$ 是含有 m 个元素的列向量时，可以表示为

$$\boldsymbol{a}=\begin{bmatrix} a_1 \\ a_2 \\ \vdots \\ a_m \end{bmatrix} \tag{C.2}$$

行矩阵 当一个矩阵只有一行时，即 $1\times n$ 矩阵，称为行矩阵或者是行向量。因此，如果 $\boldsymbol{b}$ 是含有 n 个元素的行向量时，可以表示为

$$\boldsymbol{b}=[b_1 \quad b_2 \quad \cdots \quad b_n] \tag{C.3}$$

对角矩阵 当方阵除了对角线上的元素不为零外，其他元素都是零时称为对角矩阵，例如，如果$\boldsymbol{A}$为n阶对角矩阵，则可以表示为

$$\boldsymbol{A}=\begin{bmatrix} a_{11} & 0 & 0 & \cdots & 0 \\ 0 & a_{22} & 0 & \cdots & 0 \\ 0 & 0 & a_{33} & \cdots & 0 \\ \vdots & \vdots & \vdots & \cdots & \vdots \\ 0 & 0 & 0 & \cdots & a_{nn} \end{bmatrix} \tag{C.4}$$

恒等矩阵 当对角矩阵对角线上的值为1时，这个矩阵称为恒等矩阵或者单位矩阵，通常用$\boldsymbol{I}$表示。

零矩阵 当矩阵中所有元素均为零时，该矩阵称为零矩阵，通常用$\boldsymbol{0}$表示。如果$\boldsymbol{0}$是一个2×4矩阵，可以表示为

$$\boldsymbol{0}=\begin{bmatrix} 0 & 0 & 0 & 0 \\ 0 & 0 & 0 & 0 \end{bmatrix} \tag{C.5}$$

对称矩阵 当方阵中第i行第j列的元素与第j行第i列的元素相同时，该矩阵称为对称矩阵。因此，这就意味着如果$\boldsymbol{A}$是对称矩阵，则$a_{ij}=a_{ji}$，例如

$$\boldsymbol{A}=\begin{bmatrix} 4 & -1 & -3 \\ -1 & 0 & 7 \\ -3 & 7 & 5 \end{bmatrix} \tag{C.6}$$

该矩阵是一个3阶对称矩阵。

转置矩阵 $m\times n$的矩阵$\boldsymbol{A}$的转置矩阵是通过将$\boldsymbol{A}$矩阵中的行与列相互交换后的一个$n\times m$的矩阵，表示为$\boldsymbol{A}^{\mathrm{T}}$。因此，如果

$$\boldsymbol{A}=\begin{bmatrix} 2 & 4 & 5 \\ 3 & 1 & 8 \end{bmatrix} \tag{C.7}$$

则$\boldsymbol{A}^{\mathrm{T}}$为

$$\boldsymbol{A}^{\mathrm{T}}=\begin{bmatrix} 2 & 3 \\ 4 & 1 \\ 5 & 8 \end{bmatrix} \tag{C.8}$$

注意列矩阵(向量)的转置矩阵是行矩阵(向量)，反之亦然。

迹 方阵$\boldsymbol{A}=[a_{ij}]$的主对角线上所有元素之和称为$\boldsymbol{A}$的迹，即

$$\mathrm{tr}\boldsymbol{A}=a_{11}+a_{22}+\cdots+a_{nn} \tag{C.9}$$

行列式 如果$\boldsymbol{A}$是一个n阶的方阵，则$\boldsymbol{A}$的行列式可以表示为$|\boldsymbol{A}|$。因此

$$|\boldsymbol{A}| = \begin{vmatrix} a_{11} & a_{12} & \cdots & a_{1n} \\ a_{21} & a_{22} & \cdots & a_{2n} \\ \vdots & \vdots & & \vdots \\ a_{n1} & a_{n2} & \cdots & a_{nn} \end{vmatrix} \tag{C.10}$$

行列式的值可以用行列式的余子式和代数余子式表示。

n 阶行列式$|\boldsymbol{A}|$中元素 a_{ij} 的余子式是一个 $n-1$ 阶行列式,该行列式由原来矩阵中删除第 i 行和第 j 列。a_{ij} 的代数余子式定义为

$$\beta_{ij} = (-1)^{i+j} M_{ij} \tag{C.11}$$

得到,记为 M_{ij}。例如,下面的行列式中

$$\det\boldsymbol{A} = \begin{bmatrix} a_{11} & a_{12} & a_{13} \\ a_{21} & a_{22} & a_{23} \\ a_{31} & a_{32} & a_{33} \end{bmatrix} \tag{C.12}$$

元素 a_{32} 的代数余子式为

$$\beta_{32} = (-1)^5 M_{32} = -\begin{vmatrix} a_{11} & a_{13} \\ a_{21} & a_{23} \end{vmatrix} \tag{C.13}$$

2 阶行列式$|\boldsymbol{A}|$的值定义为

$$\det \boldsymbol{A} = \begin{vmatrix} a_{11} & a_{12} \\ a_{21} & a_{22} \end{vmatrix} = a_{11}a_{22} - a_{12}a_{21} \tag{C.14}$$

n 阶行列式$|\boldsymbol{A}|$的值定义为

$$\det\boldsymbol{A} = \sum_{j=1}^{n} a_{ij}\beta_{ij}, \quad \text{对任意的第 } i \text{ 行}$$

或

$$\det\boldsymbol{A} = \sum_{i=1}^{n} a_{ij}\beta_{ij}, \quad \text{对任意的第 } j \text{ 列} \tag{C.15}$$

例如,如果

$$\det\boldsymbol{A} = |\boldsymbol{A}| = \begin{bmatrix} 2 & 2 & 3 \\ 4 & 5 & 6 \\ 7 & 8 & 9 \end{bmatrix} \tag{C.16}$$

则,按第一列展开,可得

$$\begin{aligned} \det \boldsymbol{A} &= 2\begin{vmatrix} 5 & 6 \\ 8 & 9 \end{vmatrix} - 4\begin{vmatrix} 2 & 3 \\ 8 & 9 \end{vmatrix} + 7\begin{vmatrix} 2 & 3 \\ 5 & 6 \end{vmatrix} \\ &= 2\times(45-48) - 4\times(18-24) + 7\times(12-15) = -3 \end{aligned} \tag{C.17}$$

行列式具有如下性质

(1) 行与列互换后,该行列式的值不变。

(2) 如果行列式中某一行(列)的元素全为 0,则行列式的值为 0。

(3) 如果行列式中的两行(列)相互交换位置,则行列式的值要乘以-1。

(4) 如果行列式中某一行(列)中的全部元素都乘以同一个系数a,则新的行列式的值为原行列式值的a倍。

(5) 如果行列式中两行(列)的对应的元素成比例,则行列式的值为0。例如

$$\det\boldsymbol{A}=\begin{bmatrix}4 & 7 & -8\\ 2 & 5 & -4\\ -1 & 3 & 2\end{bmatrix}=0 \tag{C.18}$$

伴随矩阵 方阵$\boldsymbol{A}=[a_{ij}]$的伴随矩阵是由矩阵中每个元素a_{ij}的代数余子式β_{ij}替换a_{ij},并进行转置后得到的。因此

$$\operatorname{adj}\boldsymbol{A}=\begin{bmatrix}\beta_{11} & \beta_{12} & \cdots & \beta_{1n}\\ \beta_{21} & \beta_{22} & \cdots & \beta_{2n}\\ \vdots & \vdots & \cdots & \vdots\\ \beta_{n1} & \beta_{n2} & \cdots & \beta_{nn}\end{bmatrix}^{\mathrm{T}}=\begin{bmatrix}\beta_{11} & \beta_{22} & \cdots & \beta_{n1}\\ \beta_{12} & \beta_{22} & \cdots & \beta_{n2}\\ \vdots & \vdots & \cdots & \vdots\\ \beta_{1n} & \beta_{2n} & \cdots & \beta_{nn}\end{bmatrix} \tag{C.19}$$

逆矩阵 方阵$\boldsymbol{A}$的逆矩阵为$\boldsymbol{A}^{-1}$,两者之间的关系如下

$$\boldsymbol{A}^{-1}\boldsymbol{A}=\boldsymbol{A}\boldsymbol{A}^{-1}=\boldsymbol{I} \tag{C.20}$$

其中,$\boldsymbol{A}^{-1}\boldsymbol{A}$表示为$\boldsymbol{A}^{-1}$和$\boldsymbol{A}$的乘积。$\boldsymbol{A}$的逆矩阵由下列关系确定:

$$\boldsymbol{A}^{-1}=\frac{\operatorname{adj}\boldsymbol{A}}{\det\boldsymbol{A}} \tag{C.21}$$

其中$\det\boldsymbol{A}$不为零。例如

$$\boldsymbol{A}=\begin{bmatrix}2 & 2 & 3\\ 4 & 5 & 6\\ 7 & 8 & 9\end{bmatrix} \tag{C.22}$$

该行列式的值$\det\boldsymbol{A}=-3$,则a_{11}的代数余子式

$$\beta_{11}=(-1)^2\begin{vmatrix}5 & 6\\ 8 & 9\end{vmatrix}=-3 \tag{C.23}$$

同理可以得到其他代数余子式,因此

$$\boldsymbol{A}^{-1}=\frac{\operatorname{adj}\boldsymbol{A}}{\det\boldsymbol{A}}=\frac{1}{-3}\begin{bmatrix}-3 & 6 & -3\\ 6 & -3 & 0\\ -3 & -2 & 2\end{bmatrix}=\begin{bmatrix}1 & -2 & 1\\ -2 & 1 & 0\\ 1 & 2/3 & -2/3\end{bmatrix} \tag{C.24}$$

奇异矩阵 如果方阵的行列式为零,则该矩阵称为奇异矩阵。

C.2 矩阵的基本运算

矩阵相等 两个矩阵$\boldsymbol{A}$和$\boldsymbol{B}$,具有相同阶数,当且仅当对于任意i和j时,存在$a_{ij}=b_{ij}$,则两矩阵相等。

矩阵加减运算 矩阵 $\boldsymbol{A}$ 和 $\boldsymbol{B}$ 具有相同阶数,两矩阵相加构成新的矩阵,新矩阵的元素是由两矩阵相对应元素的和构成的。因此,如果 $\boldsymbol{C}=\boldsymbol{A}+\boldsymbol{B}=\boldsymbol{B}+\boldsymbol{A}$,则对于任意的 i 和 j,均有 $c_{ij}=a_{ij}+b_{ij}$。同理具有相同阶数的两矩阵的差 $\boldsymbol{D}=\boldsymbol{A}-\boldsymbol{B}$,其元素是由 $\boldsymbol{A}$、$\boldsymbol{B}$ 两矩阵相对应的元素的差构成的,即对任意的 i 和 j,均有 $d_{ij}=a_{ij}-b_{ij}$。

矩阵乘法运算 当且仅当矩阵 $\boldsymbol{A}$ 的列数与矩阵 $\boldsymbol{B}$ 的行数相同时,才可以进行矩阵乘法运算。假设矩阵 $\boldsymbol{A}$ 为 $m\times n$ 的矩阵,$\boldsymbol{B}$ 为 $n\times p$ 的矩阵,两矩阵乘积所构成的新矩阵 $\boldsymbol{C}=\boldsymbol{AB}$ 是一个 $m\times p$ 的矩阵。该矩阵为 $\boldsymbol{C}=[c_{ij}]$,其中

$$c_{ij}=\sum_{k=1}^{n}a_{ik}b_{kj} \tag{C.25}$$

即 c_{ij} 为矩阵 $\boldsymbol{A}$ 中第 i 行元素与矩阵 $\boldsymbol{B}$ 中第 j 列对应元素的乘积的和。例如

$$\boldsymbol{A}=\begin{bmatrix}2 & 3 & 4\\1 & -5 & 6\end{bmatrix},\quad \boldsymbol{B}=\begin{bmatrix}8 & 0\\2 & 7\\-1 & 4\end{bmatrix} \tag{C.26}$$

则

$$\begin{aligned}\boldsymbol{C}=\boldsymbol{AB}&=\begin{bmatrix}2 & 3 & 4\\1 & -5 & 6\end{bmatrix}\begin{bmatrix}8 & 0\\2 & 7\\-1 & 4\end{bmatrix}\\&=\begin{bmatrix}2\times8+3\times2+4\times(-1) & 2\times0+3\times7+4\times4\\1\times8+(-5)\times2+6\times(-1) & 1\times0+(-5)\times7+6\times4\end{bmatrix}\\&=\begin{bmatrix}18 & 37\\-8 & -11\end{bmatrix}\end{aligned} \tag{C.27}$$

假设矩阵是可以相乘的,则矩阵乘积符合结合律,即

$$(\boldsymbol{AB})\boldsymbol{C}=\boldsymbol{A}(\boldsymbol{BC}) \tag{C.28}$$

以及分配律,即

$$(\boldsymbol{A}+\boldsymbol{B})\boldsymbol{C}=\boldsymbol{AC}+\boldsymbol{BC} \tag{C.29}$$

$\boldsymbol{AB}$ 的积表示 $\boldsymbol{A}$ 左乘 $\boldsymbol{B}$,或者 $\boldsymbol{B}$ 右乘 $\boldsymbol{A}$。需注意 $\boldsymbol{AB}$ 的积与 $\boldsymbol{BA}$ 的积不一定是相等的。

矩阵乘积的转置等于两转置矩阵的乘积,但次序相反。因此,若 $\boldsymbol{C}=\boldsymbol{AB}$,那么

$$\boldsymbol{C}^{\mathrm{T}}=(\boldsymbol{AB})^{\mathrm{T}}=\boldsymbol{B}^{\mathrm{T}}\boldsymbol{A}^{\mathrm{T}} \tag{C.30}$$

两矩阵乘积的逆矩阵等于两矩阵之逆矩阵的乘积,但次序相反。因此,若 $\boldsymbol{C}=\boldsymbol{AB}$,则

$$\boldsymbol{C}^{-1}=(\boldsymbol{AB})^{-1}=\boldsymbol{B}^{-1}\boldsymbol{A}^{-1} \tag{C.31}$$

参考文献

C.1 Barnett, *Matrix Methods for Engineers and Scientists*, McGraw-Hill, New York, 1982.

拉普拉斯(Pierre Simon Laplace，1827—1749)，法国数学家，因其在概率论、数学物理和天体力学等领域作出了重要贡献而被人们所铭记。拉普拉斯的名字在机械工程领域和电机工程领域都广为人知。在振动和应用力学中会大量地用到拉普拉斯变换。拉普拉斯方程被广泛地应用于电场和磁场的研究。

(引自：Dirk J. Struik，*A Concise History of Mathematics*，2nd ed.，Dover Publications，New York，1948.)

附录 D　拉普拉斯变换

拉普拉斯变换法对解决线性常系数常微分方程，特别是当力函数是不连续函数(这种问题其他方法很难求解)时是非常有效的。本附录简要介绍的拉普拉斯变换原理，其基本思想是将常微分方程变换成多项式形式的方程，然后再用拉普拉斯逆变换得到原方程的解。

D.1　定义

假设函数 $f(t)$是关于时间($t\geqslant 0$)的任意函数，其拉普拉斯变换 $\mathscr{L}[f(t)]$的定义如下

$$\mathscr{L}[f(t)] = F(s) = \int_0^{\infty} \mathrm{e}^{-st} f(t)\,\mathrm{d}t \tag{D.1}$$

其中 e^{-st}为变换的核，s 为辅助变量，亦称为拉普拉斯变量，一般地说其为复数。

注意：原函数是关于 t 的函数，拉普拉斯变换是关于 s 的函数。原函数是用小写字母表示，而拉普拉斯变换函数则是用相对应的大写字母表示，比如 $f(t)$、$y(t)$的拉普拉斯变换函数分别表示为 $F(s)$、$Y(s)$。$\alpha f(t)$(其中 α 是常数)的拉普拉斯变换为 $\alpha F(s)$。同理，两个函数 $\alpha_1 f_1(t)$与 $\alpha_2 f_2(t)$的和$\alpha_1 f_1(t)+\alpha_2 f_2(t)$的拉普拉斯变换为

$$\mathscr{L}[\alpha_1 f_1(t) + \alpha_2 f_2(t)] = \alpha_1 F_1(s) + \alpha_2 F_2(s) \tag{D.2}$$

拉普拉斯逆变换：从已经变换后的函数 $F(s)$得到原函数 $f(t)$，要利用拉普拉斯逆变换

$$\mathscr{L}^{-1}[F(s)] = \frac{1}{2\pi \mathrm{i}} \int_{s=\sigma-\mathrm{i}\infty}^{\sigma+\mathrm{i}\infty} F(s)\mathrm{e}^{st}\,\mathrm{d}s = f(t)u(t) \tag{D.3}$$

其中 $u(t)$ 是单位阶跃函数，其定义如下

$$u(t)=\begin{cases}1, & t>0\\ 0, & t<0\end{cases} \tag{D.4}$$

σ 为在 s 平面上 $F(s)$ 所有奇点右侧的值。在实际中，式(D.3)很少使用。取而代之的是，将复杂形式的拉普拉斯变换分解为若干个能在拉普拉斯变换表中找到其逆变换的简单形式。

D.2 导数的拉普拉斯变换

当使用拉普拉斯变换求解常微分方程时，要用到函数的各阶导数的拉普拉斯变换。函数 $f(t)$ 第一阶导数的拉普拉斯变换为

$$\mathscr{L}\left[\frac{\mathrm{d}f(t)}{\mathrm{d}t}\right]=\int_0^{\infty}\mathrm{e}^{-st}\,\frac{\mathrm{d}f(t)}{\mathrm{d}t}\mathrm{d}t \tag{D.5}$$

利用分部积分，则式(D.5)可以表示为

$$\mathscr{L}\left[\frac{\mathrm{d}f(t)}{\mathrm{d}t}\right]=\mathrm{e}^{-st}f(t)\Big|_0^{\infty}-\int_0^{\infty}(-s\mathrm{e}^{-st})f(t)\mathrm{d}t=-f(0)+sF(s) \tag{D.6}$$

其中 $f(0)$ 为函数 $f(t)$ 的初始值，即函数 $f(t=0)$ 的值。类似地，函数 $f(t)$ 二阶导数的拉普拉斯变换为

$$\mathscr{L}\left[\frac{\mathrm{d}^2f(t)}{\mathrm{d}t^2}\right]=\int_0^{\infty}\mathrm{e}^{-st}\,\frac{\mathrm{d}^2f(t)}{\mathrm{d}t^2}\mathrm{d}t \tag{D.7}$$

式(D.7)可以化简为

$$\mathscr{L}\left[\frac{\mathrm{d}^2f(t)}{\mathrm{d}t^2}\right]=-\dot{f}(0)-sf(0)+s^2F(s) \tag{D.8}$$

其中 $\dot{f}(0)$ 是导数 $\dfrac{\mathrm{d}f}{\mathrm{d}t}$ 在 $t=0$ 时的值。依此类推，函数 $f(t)$ 的 n 阶导数的拉普拉斯变换为

$$\mathscr{L}\left[\frac{\mathrm{d}^nf(t)}{\mathrm{d}t^n}\right]=\mathscr{L}[f^{(n)}]=s^nF(s)-s^{n-1}f(0)-s^{n-2}f^{(1)}(0)-\cdots-sf^{(n-1)}(0) \tag{D.9}$$

其中 $f^{(n)}$ 表示 f 的第 n 阶导数 $\dfrac{\mathrm{d}^nf}{\mathrm{d}t^n}$。

D.3 移位定理

在某些应用中，函数 $f(t)$ 往往会和 e^{at} 一起出现，构成 $f(t)\mathrm{e}^{at}$，其中 a 是实数或复数。这个乘积的拉普拉斯变换 $F_1(s)$ 的表达式为

$$F_1(s)=\mathscr{L}[f(t)\mathrm{e}^{at}]=\int_0^{\infty}\{f(t)\mathrm{e}^{at}\}\mathrm{e}^{-st}\mathrm{d}t=\int_0^{\infty}f(t)\mathrm{e}^{-(s-a)}\mathrm{d}t\equiv F(s-a) \tag{D.10}$$

因此，得到

$$\mathscr{L}[f(t)\mathrm{e}^{at}] = F(s-a) \tag{D.11}$$

这表明函数 $f(t)$ 与 e^{at} 相乘的效果为在 s 域将 $f(t)$ 的拉普拉斯变换移动了一个数量 a。如式(D.11)所示的结果就是著名的移位定理。

D.4 部分分式法

在某些问题中，函数 $F(s)$ 的形式为

$$F(s) = \frac{B(s)}{A(s)} \tag{D.12}$$

其中 $B(s)$，$A(s)$ 是关于 s 的多项式，且 $A(s)$ 通常比 $B(s)$ 的阶次高很多。如果将式(D.12)中的等号右边展开为部分分式的形式，则 $F(s)$ 的逆拉普拉斯变换可以得到简化。为了使用部分分式展开方法，首先要知道分母即多项式 $A(s)$ 的根。

当分母 $A(s)$ 所有的根都不相同时，可用 $-p_1,-p_2,-p_3,\cdots,-p_n$ 表示，也称为 $A(s)$ 的极点，则式(D.12)可以写为

$$F(s) = \frac{B(s)}{A(s)} = \frac{a_1}{s+p_1} + \frac{a_2}{s+p_2} + \cdots + \frac{a_n}{s+p_n} \tag{D.13}$$

其中 a_k 为未知常数，称为在极点 $s=-p_k(k=1,2,\cdots,n)$ 处的留数。将式(D.13)的等式左右两边同时乘以 $(s+p_k)$，同时令 $s=-p_k$，则可以确定 a_k 的值

$$a_k = \left\{(s+p_k)\frac{B(s)}{A(s)}\right\}_{s=-p_k} \tag{D.14}$$

注意：$f(t)$ 是关于时间 t 的实函数，假设 $A(s)$ 的根 p_1、p_2 是复数形式，则相对应的留数即常数 a_1，a_2 也将是复数形式。一旦得到了 $F(s)$ 的部分分式表达式(D.13)，则可用下面关系确定 $F(s)$ 的拉普拉斯逆变换

$$\mathscr{L}^{-1}\left[\frac{a_k}{s+p_k}\right] = a_k\mathrm{e}^{-p_k t} \tag{D.15}$$

因此可以得到 $f(t)$ 的形式为

$$f(t) = \mathscr{L}^{-1}[F(s)] = a_1\mathrm{e}^{-p_1 t} + a_2\mathrm{e}^{-p_2 t} + \cdots + a_k\mathrm{e}^{-p_n t} \tag{D.16}$$

当 $A(s)$ 含有重根时，以在 $s=-p_1$ 处，多项式 $A(s)$ 有1个 k 阶的重根为例，即除在 p_1 处 $F(s)$ 有一个 k 阶的极点之外，在 $-p_2,-p_3,\cdots,-p_n$ 处还有非重根，因此 $A(s)$ 可以表示为

$$A(s) = (s+p_1)^k(s+p_2)(s+p_3)\cdots(s+p_n) \tag{D.17}$$

$F(s)$ 的部分分式展开可以写成

$$F(s) = \frac{B(s)}{A(s)} = \frac{a_{11}}{(s+p_1)^k} + \frac{a_{12}}{(s+p_2)^{k-1}} + \cdots + \frac{a_{1k}}{s+p_1} + \frac{a_2}{s+p_2} + \frac{a_3}{s+p_3} + \cdots + \frac{a_n}{s+p_n} \tag{D.18}$$

可以验证，常数 $a_{11}, a_{22}, \cdots, a_{1k}$ 可以按如下形式确定

$$a_{1r} = \frac{1}{(1-r)!} \frac{\mathrm{d}^{r-1}}{\mathrm{d}s^{r-1}}[(s+p_1)^k F(s)]_{s=-p_1}, \quad r=1,2,\cdots,k \tag{D.19}$$

注意到

$$\mathscr{L}[t^{r-1}] = \frac{(r-1)!}{s^r} \tag{D.20}$$

利用移位定理，可以得到那些对应着高阶极点的那些项的拉普拉斯逆变换的表达式为

$$\mathscr{L}^{-1}\left[\frac{1}{(s+p_1)^r}\right] = \frac{t^{r-1}}{(r-1)!}\mathrm{e}^{-p_1 t} \tag{D.21}$$

因此式(D.18)中 $F(s)$ 的拉普拉斯逆变换成为

$$f(t) = \mathscr{L}^{-1}[F(s)] = \left[a_{11}\frac{t^{k-1}}{(k-1)!} + a_{12}\frac{t^{k-2}}{(k-2)!} + \cdots + a_{1k}\right]\mathrm{e}^{-p_1 t} + a_2\mathrm{e}^{-p_2 t} + \cdots + a_n\mathrm{e}^{-p_n t} \tag{D.22}$$

D.5 卷积积分

两个函数 $f_1(t)$、$f_2(t)(t>0)$，其对应的拉普拉斯变换分别为 $F_1(s)$ 与 $F_2(s)$。考虑用如下几种方式定义的函数 $f(t)$

$$f(t) = f_1(t) * f_2(t) = \int_0^t f_1(\tau)f_2(t-\tau)\mathrm{d}\tau = \int_0^\infty f_1(\tau)f_2(t-\tau)\mathrm{d}\tau \tag{D.23}$$

函数 $f(t)$ 称为函数 $f_1(t)$ 与 $f_2(t)$ 在 $0<t<\infty$ 区间内的卷积。注意式(D.23)中积分上限是可以相互转换的，因为 $f_2(t-\tau)=0$，当 $\tau>t$，即 $t-\tau<0$ 时。式(D.23)的拉普拉斯变换可以表示为

$$F(s) = \mathscr{L}[f_1(t) * f_2(t)] = F_1(s)F_2(s) \tag{D.24}$$

其中

$$F_1(s) = \int_0^\infty \mathrm{e}^{-s\tau} f_1(\tau)\mathrm{d}\tau, \quad F_2(s) = \int_0^\infty \mathrm{e}^{-s\sigma} f_2(\sigma)\mathrm{d}\sigma \tag{D.25}$$

式(D.25)的拉普拉斯逆变换为

$$\begin{aligned} f(t) &= \mathscr{L}^{-1}[F(s)] = \mathscr{L}^{-1}[F_1(s)F_2(s)] \\ &= \int_0^t f_1(\tau)f_2(t-\tau)\mathrm{d}\tau = \int_0^t f_1(t-\tau)f_2(\tau)\mathrm{d}\tau \end{aligned} \tag{D.26}$$

例 D.1 利用部分分式展开法展开函数 $F(s) = \dfrac{4s+7}{(s+3)(s+4)^2}$。

解：利用部分分式展开法展开函数 $F(s)$，其表达式为

$$F(s) = \frac{4s+7}{(s+3)(s+4)^2} = \frac{C_1}{s+3} + \frac{C_2}{s+4} + \frac{C_3}{s+4^2} \tag{E.1}$$

其中常数 $C_i(i=1,2,3)$ 的值如下

$$C_1 = (s+3)F(s)\big|_{s=-3} = \left.\frac{4s+7}{(s+4)^2}\right|_{s=-3} = -5 \tag{E.2}$$

$$C_2 = \frac{\mathrm{d}}{\mathrm{d}s}[(s+4)^2 F(s)]_{s=-4} = \left.\frac{\mathrm{d}}{\mathrm{d}s}\left(\frac{4s+7}{s+3}\right)\right|_{s=-4}$$
$$= \left.\frac{(s+3)\times 4-(4s+7)\times 1}{(s+3)^2}\right|_{s=-4} = 5 \tag{E.3}$$

$$C_3 = [(s+4)^2 F(s)]\big|_{s=-4} = \left.\left(\frac{4s+7}{s+3}\right)\right|_{s=-4} = 9 \tag{E.4}$$

因此函数 $F(s)$的展开式为

$$F(s) = \frac{4s+7}{(s+3)(s+4)^2} = -\frac{5}{s+3}+\frac{5}{s+4}-\frac{9}{(s+4)^2} \tag{E.5}$$

部分分式展开也可以利用 MATLAB 中的余式函数得出

```
num=[4 7];                         %分子多项式中各项的系数
den=conv([1 3],[1 8 8]);           %分母中两个多项式中各项的系数
[r,p,k]=residue(num,den)           %计算余式并输出结果
R=[-5 5 9]',p=[-3 -4 -4],and k=[].
```

可以看到输出的结果和上面运算的结果是相同的。

下面给出一些常用的拉普拉斯变换对。

拉普拉斯变换表

拉普拉斯域	时域
$F(s) = \int_0^\infty f(t)\mathrm{e}^{-st}\mathrm{d}t$	$f(t)$
1. $c_1F(s)+c_2G(s)$	$c_1 f(t)+c_2 g(t)$
2. $F\left(\frac{s}{a}\right)$	$f(a\cdot t)a$
3. $F(s)G(s)$	$\int_0^t f(t-\tau)g(\tau)\mathrm{d}\tau = \int_0^t f(\tau)g(t-\tau)\mathrm{d}\tau$
4. $s^nF(s)-\sum_{j=1}^{\infty} s^{n-j}\frac{\mathrm{d}^{j-1}f(0)}{\mathrm{d}t^{j-1}}$	$\frac{\mathrm{d}^n f(t)}{\mathrm{d}t^n}$
5. $\frac{1}{s^n}F(s)$	$\underbrace{\int_0^t\cdots\int_0^t}_{n} f(\tau)\mathrm{d}\tau\cdots\mathrm{d}\tau$
6. $F(s+a)$	$\mathrm{e}^{-at}f(t)$
7. $\frac{1}{s^{n+1}}$	$t^n;n=1,2,3,\cdots,n$

续表

拉普拉斯变换表	
拉普拉斯域	时域
$F(s)=\int_0^\infty f(t)e^{-st}dt$	$f(t)$
8. $\frac{1}{s+a}$	e^{-at}
9. $\frac{1}{(s+a)^2}$	te^{-at}
10. $\frac{a}{s(s+a)}$	$1-e^{-at}$
11. $\frac{s+a}{s^2}$	$1+at$
12. $\frac{a^2}{s^2(s+a)}$	$at-(1-e^{-at})$
13. $\frac{s+b}{s(s+a)}$	$\frac{b}{a}\left\{1-\left(1-\frac{a}{b}\right)e^{-at}\right\}$
14. $\frac{a}{s^2+a^2}$	$\sin at$
15. $\frac{s}{s^2+a^2}$	$\cos at$
16. $\frac{a^2}{s(s^2+a^2)}$	$1-\cos at$
17. $\frac{s}{s^2-a^2}$	$\cosh at$
18. $\frac{a}{s^2-a^2}$	$\sinh at$
19. $\frac{a(s^2-a^2)}{(s^2+a^2)^2}$	$at\cos at$
20. $\frac{2sa^2}{(s^2+a^2)^2}$	$at\sin at$
21. $\frac{s+a}{(s+a)^2+b^2}$	$e^{-at}\cos bt$
22. $\frac{b}{(s+a)^2+b^2}$	$e^{-at}\sin bt$
23. $\frac{1}{(s+a)(s+b)}$	$\frac{e^{-at}-e^{-bt}}{b-a}$
24. $\frac{s+w}{(s+a)(s+b)}$	$\frac{(w-a)e^{-at}-(w-b)e^{-bt}}{b-a}$

续表

拉普拉斯变换表	
拉普拉斯域	时域
$F(s)=\int_0^\infty f(t)\mathrm{e}^{-st}\mathrm{d}t$	$f(t)$
25. $\dfrac{1}{(s+a)(s+b)(s+c)}$	$\dfrac{\mathrm{e}^{-at}}{(b-a)(c-a)}+\dfrac{\mathrm{e}^{-bt}}{(a-b)(c-b)}+\dfrac{\mathrm{e}^{-ct}}{(a-c)(b-c)}$
26. $\dfrac{(s+w)}{(s+a)(s+b)(s+c)}$	$\dfrac{(w-a)\mathrm{e}^{-at}}{(b-a)(c-a)}+\dfrac{(w-b)\mathrm{e}^{-bt}}{(a-b)(c-b)}+\dfrac{(w-c)\mathrm{e}^{-ct}}{(a-c)(b-c)}$
27. * $\dfrac{1}{s^2+2\xi\omega_n s+\omega_n^2}$	$\dfrac{1}{\omega_\mathrm{d}}\mathrm{e}^{-\xi\omega_n t}\sin\omega_\mathrm{d}t$
28. $\dfrac{s_n}{s^2+2\xi\omega_n s+\omega_n^2}$	$\dfrac{\omega_n}{\omega_\mathrm{d}}\mathrm{e}^{-\xi\omega_n t}\sin(\omega_\mathrm{d}t-\varphi_1)$
29. $\dfrac{s+2\xi\omega_n s}{s^2+2\xi\omega_n s+\omega_n^2}$	$\dfrac{\omega_n}{\omega_\mathrm{d}}\mathrm{e}^{-\xi\omega_n t}\sin(\omega_\mathrm{d}t+\varphi_1)$
30. $\dfrac{\omega_n^2}{s(s^2+2\xi\omega_n s+\omega_n^2)}$	$1-\dfrac{\omega_n}{\omega_\mathrm{d}}\mathrm{e}^{-\xi\omega_n t}\sin(\omega_\mathrm{d}t+\varphi_1)$
31. * $\dfrac{s+\xi\omega_n}{s(s^2+2\xi\omega_n s+\omega_n^2)}$	$\mathrm{e}^{-\xi\omega_n t}\sin(\omega_\mathrm{d}t+\varphi_1)$
32. 1	$\frac{1}{\varepsilon}$, O, ε, t $t=0$时的单位脉冲
33. $\dfrac{\mathrm{e}^{-as}}{s}$	1, O, a, t $t=a$时的单位脉冲
* $\omega_\mathrm{d}=\omega_n\sqrt{1-\xi^2}$, $\xi<1$	
$\varphi_1=\arccos\xi$; $\xi<1$	

赫兹(Heinrich Rudolf Hertz,1857—1894),德国物理学家,先后在卡尔斯鲁厄(Karlsruhe)工业大学和波恩(Bonn)大学担任物理学教授,凭其关于无线电波的实验而声名显赫。他在弹性理论方面的研究虽然只是其全部成就中的一小部分,但对于工程师们来说却是极其重要的。其关于弹性体接触问题分析的工作被称为赫兹应力问题,这一点在滚珠轴承和滚柱轴承的设计中是非常重要的。在国际单位制中,周期现象中的频率(每秒钟完成的循环次数)的单位就是用赫兹来命名的。

(蒙 *Applied Mechanics Reviews* 许可使用。)

附录E 单　　位

英制单位现正在被国际(SI)单位所取代。国际单位制是公制单位制的现代版本,它在法语中的名字是 System International,所以简称为 SI。在国际单位制中,有 7 个基本单位,所有其他物理量的单位都可以由这 7 个基本单位导出。在讨论振动问题时,要用到的 3 个基本单位是:长度的单位——米(m),质量的单位——千克(kg)和时间的单位——秒(s)。

表 E.1 中列出了国际单位制中倍数和亚倍数的常用前缀。在国际单位制中,组合单位的缩写必须十分小心。例如,一个 4 N×2 m 的扭矩必须写成 8 N m 或 8 N・m,即必须在 N 和 m 之间空一格或加上一个圆点,而不能写成 N・m。再如,8 m×5 s=40 ms 可以写成 40 m・s 或 40 ms,也可以写成 40 meter-seconds。如果写成 40 ms,则其含义是 40 milliseconds。

表 E.1　国际单位制中倍数和亚倍数的前缀

倍数	前缀	符号	亚倍数	前缀	符号
10	deka	da	10^{-1}	deci	d
10^2	hecto	h	10^{-2}	centi	c
10^3	kilo	k	10^{-3}	milli	m
10^6	mega	M	10^{-6}	micro	μ
10^9	giga	G	10^{-9}	nano	n
10^{12}	tera	T	10^{-12}	pico	p

单位的换算

为了把任意一个给定的物理量的单位从一种单位制换算到另一种单位制，必须利用表 E.2 中所给的等价量。下面的两个例子用来说明整个换算过程。

表 E.2 单位换算

物理量	国际制单位的等价量	英制单位的等价量
质量	1 lbf・s^2/ft(slug)＝14.5939 kg ＝32.174 lb 1 lbm＝0.45359237 kg	1 kg＝2.204623 lbm ＝0.06852178 slug(lbf・s^2/ft)
长度	1 in＝0.0254 m 1 ft＝0.3048 m 1 mile＝5280 ft＝1.609344 km	1 m＝39.37008 in ＝3.28084 ft 1 km＝3280.84 ft＝0.621371 mile
面积	1 in^2＝0.00064516 m^2 1 ft^2＝0.0929030 m^2	1 m^2＝1550.0031 in^2 ＝10.76391 ft^2
体积	1 in^3＝16.3871×10^{-6} m^3 1 ft^3＝28.3168×10^{-3} m^3 1 US gallon＝3.7853 litres ＝3.7853×10^{-3} m^3	1 m^3＝61.0237×10^3 in^3 ＝35.3147 ft^3 ＝10^3 litres ＝0.26418 US gallon
力或重量	1 lbf＝4.448222 N	1 N＝0.2248089 lbf
扭矩或力矩	1 lbf・in＝0.1129848 N・m 1 lbf・ft＝1.355818 N・m	1 N・m＝8.850744 lbf・in ＝0.737562 lbf・ft
应力、压力或弹性模量	1 lbf/in^2(psi)＝6894.757 Pa 1 lbf/ft^2＝47.88026 Pa	1 Pa＝1.450377×10^{-4} lbf/in^2(psi) ＝208.8543×10^{-4} lbf/ft^2
质量密度	1 lbm/in^3＝27.6799×10^3 kg/m^3 1 lbm/ft^3＝16.0185 kg/m^3	1 kg/m^3＝36.127×10^{-6} lbm/in^3 ＝62.428×10^{-3} lbm/ft^3
功或能量	1 in・lbf＝0.1129848 J 1 ft・lbf＝1.355818 J 1 Btu＝1055.056 J 1 kW・h＝3.6×10^6 J	1 J＝8.850744 in・lbf 1 J＝0.737562 ft・lbf ＝0.947817×10^{-3} Btu ＝0.277778 kW・h
功率	1 in・lbf/s＝0.1129848 W 1 ft・lbf/s＝1.355818 W ＝0.0018182 hp 1 hp＝745.7 W	1 W＝8.850744 in・lbf/s 1 W＝0.737562 ft・lbf/s ＝1.34102×10^{-3} hp
惯性矩或面积的二次矩	1 in^4＝41.6231×10^{-8} m^4 1 ft^4＝86.3097×10^{-4} m^4	1 m^4＝240.251×10^4 in^4 ＝115.862 ft^4
转动惯量	1 in・lbf・s^2＝0.1129848 m^2・kg	1 m^2・kg＝8.850744 in・lbf・s^2

续表

物理量	国际制单位的等价量	英制单位的等价量
弹簧常数 平动的情况 转动的情况	1 lbf/in＝175.1268 N/m 1 lbf/ft＝14.5939 N/m 1 in・lbf/rad＝0.1129848 m・N/rad	1 N/m ＝5.71017×10⁻³ lbf/in ＝68.5221×10⁻³ lbf/ft 1 m・N/rad ＝8.850744 in・lbf/rad ＝0.737562 lbf・ft/rad
阻尼常数 平动的情况 转动的情况	1 lbf・s/in＝175.1268 N・s/m 1 in・lbf・s/rad＝0.1129848 m・N・s/rad	1 N・s/m＝5.71017×10⁻³ lbf・s/in 1 m・N・s/rad＝8.850744 lbf・in・s/rad
角度	1 rad＝57.295754°； 1 r/min＝0.166667 r/s＝0.104720 rad/s；	1°＝0.0174533 rad； 1 rad/s＝9.54909 r/min

例 E.1 转动惯量单位的换算。

（国际制单位中的转动惯量）＝（英制单位中的转动惯量）×放大系数

$$1(\text{kg}\cdot\text{m}^2)=1(\text{N}\cdot\text{m}\cdot\text{s}^2)=1(\text{lbf/N})(\text{in/m})(\text{lbf}\cdot\text{in}\cdot\text{s}^2)$$
$$=0.224809\times39.37008(\text{lbf}\cdot\text{in}\cdot\text{s}^2)$$
$$=8.85075(\text{lbf}\cdot\text{in}\cdot\text{s}^2)$$

例 E.2 应力单位的换算。

（国际制单位中的应力）＝（英制单位中的应力）×放大系数

$$1(\text{Pa})=1(\text{N/m}^2)=1\left(\frac{\text{N}}{\text{lbf}}\cdot\text{lbf}\right)\frac{1}{\left(\frac{\text{m}}{\text{in}}\cdot\text{in}\right)^2}=1\left(\frac{\text{lbf/N}}{\text{in/m}}\right)(\text{lbf/in}^2)$$
$$=\frac{0.224809}{39.37008}\ \text{lbf/in}^2$$
$$=0.000145\ \text{lbf/in}^2$$

参考文献

E.1 E. A. Mechtly,"The International System of Units"(2nd rev.),NASA SP-7012,1973.

E.2 C. Wandmacher,*Metric Units in Engineering—Going SI*,Industrial Press, New York,1978.

杨(Thomas Young,1773—1829),英国物理学家、医生,他提出了杨氏模量和光的干涉原理。他最初学医并于1796年获得博士学位。1801年其被任命为皇家学院的自然哲学教授,但于1803年辞职。其原因是,他的讲座总是令普通听众失望。1811年其入职在伦敦的圣乔治医院,并一直工作在那里至逝世。杨对力学做出了许多贡献。是他首次使用术语"能量"(energy)和"所消耗的劳动"(即做的功)来分别表示 mv^2 和 Fx,其中 m 是物体的质量,v 是其速度,F 是力,x 是 F 移动的距离,并阐明这两个量之间成正比关系。他将术语"模量"(已成为著名的杨氏模量)定义为使单位截面的杆的长度加倍的重量。

附录F MATLAB简介

MATLAB是MATrix LABoratory的缩写,是一个用于解决各种科学与工程问题的软件,包括线性代数方程的求解、非线性方程的求解、数值微分与积分、曲线拟合、常微分和偏微分方程的求解、优化及画图功能。它主要使用矩阵符号进行各种运算。实际上MATLAB只有一个数据类型,即复值矩阵。因此,它可以处理像标量、矢量、实数或整数矩阵等这些复数矩阵的特殊形式。该软件可以执行单条语句或者一串语句,称为脚本文件。MATLAB具有卓越的绘图及编程功能。也可以作很多类型的符号运算问题。输入指令即可以进行简单的运算,就像我们使用计算器一样。加、减、乘、除及幂运算这些基本的运算符号分别为+、-、*、/和^。任何表达式的运算大多都是从左往右进行的,幂运算具有最高优先权,其次是乘除运算(二者优先权相等),最后是加减运算(二者优先权相等)。MATLAB中使用log表示自然对数(ln)。MATLAB在运算过程中使用双精度,但是在屏幕上显示时则使用短格式输出计算结果。可以通过格式命令对这个默认设置进行修改。

F.1 变量

在MATLAB中变量命名必须以字母开头,并且任一字母、数字和下画线的组合不能超过31个字符。对于上标和下标字母,系统会对其进行单独处理。如前所述,MATLAB对所有变量均按矩阵处理,尽管标量并不需要写成数组的形式。

F.2 数组和矩阵

矩阵的名字必须以字母开头，其后面可以是字母或数字的任意组合，字母可以是上标或者下标形式。在对矩阵进行运算如加减乘除运算时，必须先生成这些矩阵，例如

行向量

```
≫A=[1  2  3];
```

行向量按 $1\times n$ 的矩阵处理，它的元素要写在括号内，并且用空格或者逗号隔开。注意在 MATLAB 专业版本中命令行的提示是≫，而在 MATLAB 学生版本中命令行的提示则是 EDU≫。如果在命令行结束端没有分号，MATLAB 会在屏幕上显示该行的执行结果。

列向量

```
≫ A = [1
       2    或者   A = [1;2;3]   或者   A = [1  2  3]';
       3]
```

列向量按 $n\times 1$ 的矩阵处理，它的元素可不在同一行输入，或者在同一行用分号隔开输入，也可以是在行向量形式的右上方打一撇表示（代表转置）。

矩阵

为定义矩阵

$$\boldsymbol{A}=\begin{bmatrix}1 & 2 & 3\\ 4 & 5 & 6\\ 7 & 8 & 9\end{bmatrix}$$

可以采用如下的格式

```
≫ A = [1  2  3
       4  5  6   或者 A = [1  2  3;4  5  6;  7  8  9];
       7  8  9]
```

F.3 特殊结构的数组

在有些情况下，可以使用特殊的数组结构以用更简单的方式来表示数组。例如，A=1：10表示行向量

```
A=[1  2  3  4  5  6  7  8  9  10]
```

而 A=2：0.5：4，则表示

```
A=[2.5  3.0  3.5  4.0]
```

F.4 特殊矩阵

一些特殊矩阵的表示形式如下

≫A＝eye(3)，表示一个3阶单位矩阵

$$A=\begin{bmatrix}1 & 0 & 0\\0 & 1 & 0\\0 & 0 & 1\end{bmatrix}$$

≫A＝ones(3)，表示一个3阶方阵，并且其所有元素都等于1，

$$A=\begin{bmatrix}1 & 1 & 1\\1 & 1 & 1\\1 & 1 & 1\end{bmatrix}$$

≫A＝zeros(2,3)，表示一个2×3的矩阵，并且其所有元素都等于0，

$$A=\begin{bmatrix}0 & 0 & 0\\0 & 0 & 0\end{bmatrix}$$

F.5 矩阵运算

为求矩阵 ***A*** 与矩阵 ***B*** 相加得到的矩阵 ***C***，利用如下语句

≫C＝A＋B

为了求解线性方程组 ***AX***＝***B***，需首先定义矩阵 ***A*** 和向量 ***B***，再利用如下语句

≫X＝A\B

F.6 MATLAB中的函数

MATLAB自身含有大量的内嵌函数，例如

x 的平方根：sqrt(x)

x 的正弦值：sin(x)

x 对底数10的对数：log10(x)

x 的伽马函数：gamma(x)

通过函数 $y=e^{-2x}\cos x$，其中 $x=0.0,0.1,0.2,\cdots,1.0$，生成含有11个值的新向量 y，可以键入如下语句

≫*x*＝[0：0.1：1]；

≫*y*＝exp(－2＊*x*).＊cos(*x*).；

F.7 复数

MATLAB可以自动按复数代数运算处理。符号 i 或者 j 可用来表示复数的虚部，而不需要在虚部和 i(或 j)之间加一个星号。比如，复数 $a=1-3i$ 中 1 和 -3 分别代表实部和虚部。可以通过如下语句得到复数的模和辐角，

```
>>a=1-3i;
>>abs(a)
ans=
...
>>angle(a)
ans=
...(in radians)
```

F.8 M 文件

MATLAB可以通过键盘输入每一个指令而实现人机交互模式。MATLAB可以像高级计算器一样进行各种运算。然而也有一些情况下运算效率比较低。比如，如果所输入参数的值不同时，需要重复几次去执行一些相同的语句。这时编写一个 MATLAB 程序会大大提高计算效率。

一个 MATLAB 程序由一系列的指令组成(在 MATLAB 外进行编写)，然后再作为一个命令块在 MATLAB 中执行。这样的文件称为脚本文件或者 M 文件。必须对脚本文件进行命名，后缀名为.m(点(.)后面为小写的 m)。下面是一个典型的 M 文件

```
file "fibo.m"
%m-file to compute Fibonacci numbers
f=[1 1];
i=1;
while f(i)+f(i+1)< 1000
    f(i+2)=f(i)+f(i+1);
    i=i+1;
end
```

也可以用 M 文件来写函数子程序。例如，如下二元一次方程

$$Ax^2+Bx+C=0$$

的根可用下面的程序得到

```
%roots_quadra.m(Note: Line starting with %denotes a
```

```
comment line)
function [x1, x2]=roots_quadra(A, B, C)
%det=determinant
det =^2 -4 * A * C;
if(det <0.0);
    x1= (-B+j * sqrt(-det))/(2 * A);
    x2= (-B-j * sqrt(-det))/(2 * A);
disp( Roots are complex conjugates );
elseif(abs(det)<1e-8); %det =0.0
    x1=-B /(2 * A);
    x2=-B /(2 * A);
disp('Roots are identical');
else(det >  0);
    x1= ( -B +sqrt(det))/(2 * A);
    x2= ( -B -sqrt(det))/(2 * A);
disp(' Roots are real and distinct' );
end
```

也可以用程序 roots_quadra.m 来求 $A=2,B=2,C=1$ 时二次方程的根

```
>>[x1,x2]=roots_quadra(2, 2, 1)
Roots are complex conjugates
x1=
    -0.5000 +0.5000i
x2=
    -0.5000 -0.5000i
```

F.9 绘图

为在 MATLAB 中画图，需首先定义独立变量 x 的值为一个向量（数组 x），以及与变量 x 相对应的独立变量 y 的值为另一个向量（数组 y），然后利用下列命令即可画出 x-y 的图形：

plot(x,y)

例如，在 MATLAB 中输入下列指令就可以得到函数 $y=x^2+1$ 在区间 $0\leqslant x\leqslant 3$ 的图形

```
x=0:0.2:3;
y=power(x,2)+1;
plot(x,y);
hold on
x1=[0 3];
```

```
y1=[0 0];
plot(x1,y1);
grid on
hold off
```

注意前两行是生成数组 x 和数组 y(x 的增量步长为 0.2)；第三行是画图指令(用直线将点与点相连)；后六行则是画 x 轴和 y 轴以及网格的划分(用 grid on 指令)。

F.10 非线性方程的根

利用 MATLAB 中的 fzero(y,x1)函数可以得到非线性方程的根，这里 y 定义为非线性函数，x1 表示根的初始值。而多项式的根可以利用函数 roots(p)求得，其中 p 是多项式中各系数根据降幂排列所得的行向量

```
>>f='tan(x)-tanh(x)'
f=
tan(x)-tanh(x)
>>root=fzero(f,1.0)
root=
   1.5708
>>roots([1 0 0 0 0 0 -2])
ans=
   -1.1225
   -0.5612 +0.9721i
   -0.5612 0.9721i
   0.5612 +0.9721i
   0.5612 -0.9721i
   1.1225
>>
```

F.11 线性代数方程组的解

在 MATLAB 中，有两种不同方法求线性代数方程组 $\boldsymbol{Ax}=\boldsymbol{b}$ 的根，即将 $\boldsymbol{x}$ 视为$\boldsymbol{A}^{-1}\boldsymbol{b}$ 或者如下例所示直接得到 $\boldsymbol{x}$

```
>>A=[4 -3 2; 2 -3 1; 5 4 7]
A=
4 -3 2
2 3 1
5 4 7
```

```
>>b=[16; -1; 18]
b=
16
-1
18
>>C=inv(A)
C=
0.2099 0.3580 -0.1111
-0.1111 0.2222 0.0000
-0.0864 -0.3827 0.2222
>>x=c*b
x=
1.0000
-2.0000
3.0000
>>x=A\b
x=
1.0000
2.0000
3.0000
>>
```

F.12 特征值问题的解

通过方程 $AX=\lambda X$ 可以定义特征值问题,其中 A 是一个 $n\times n$ 的方阵,X 是 n 维的列向量,λ 是标量因子。对于任意矩阵 A,可以利用两种不同的命令求解。用 b=eig(A)命令,将矩阵 A 的特征值作为向量 b 的元素,或者利用命令[V,D]=eig(A),将矩阵 A 的特征值作为矩阵 D 的对角线元素,特征向量作为矩阵 V 中对应的各列。下面通过实例来说明这个过程

```
>>A=[2 1 3 4; 1 -3 1 5; 3 1 6 -2; 4 5 -2 -1]
A=
2    1    3    4
1   -3    1    5
3    1    6   -2
4    5   -2   -1
>>b=eig(A)
b=
7.9329
```

```
5.6689
-1.5732
-8.0286
>>[V, d]=eig(A)
V=
0.5601      0.3787      0.6880      0.2635
0.2116      0.3624     -0.6241      0.6590
0.7767     -0.5379     -0.2598     -0.1996
0.1954      0.6602     -0.2638     -0.6756
d=
7.9329           0           0           0
     0      5.6689           0           0
     0           0     -1.5732           0
     0           0           0     -8.0286
>>
```

F.13 微分方程的解

基于龙格-库塔方法，MATLAB 中有几种函数或求解器可以用来求一阶常微分方程组的解。注意，在利用 MATLAB 函数求解 n 阶常微分方程之前，必须先将其转化成 n 个一阶常微分方程。MATLAB 中的函数 ode23 实现的是第 2 阶和第 3 阶龙格-库塔方法的组合。函数 ode45 是基于第 4 阶和第 5 阶龙格-库塔法的组合。利用 MATLAB 函数 ode23 求解一阶常微分方程组 $\dot{\boldsymbol{y}}=\boldsymbol{f}(t,\boldsymbol{y})$ 的指令如下

```
>>[t,y]=ode('dfunc',tspan,y0)
```

其中'dfunc'是 m 文件的名字，该文件的输入必定为 t 和 y，其输出为表示 dy/dt 的列向量，即 f(t,y)。列向量的行数必须和一阶微分方程组的数目相等。向量 tspan 应该包含独立变量 t 的初始值和最终值，或者是 t 的任意一个中间值（期望得到此处的解）。向量 y0 应当包含 y(t) 的初始值。注意 m 文件'dfunc' 必须有两个输入变量 t 和 y，即使函数 f(t,y) 不包含 t。MATLAB 函数 ode45 的用法与此相似。

作为例子，考虑求 c=0.1，k=10.0 时，以下常微分方程的解

$$\frac{\mathrm{d}^2 y}{\mathrm{d}t^2}+c\frac{\mathrm{d}y}{\mathrm{d}t}+ky=0;\quad y(0)=0,\quad \frac{\mathrm{d}y}{\mathrm{d}t}(0)=0$$

该方程通过引入如下两个变量

$$y_1=y$$

和

$$y_2=\frac{\mathrm{d}y}{\mathrm{d}t}=\frac{\mathrm{d}y_1}{\mathrm{d}t}$$

可以写成如下一阶常微分方程组的形式

$$\frac{d\boldsymbol{y}}{dt}=\boldsymbol{f}=\begin{bmatrix}f_1(t,\boldsymbol{y})\\f_2(t,\boldsymbol{y})\end{bmatrix}=\begin{bmatrix}y_2\\-cy_2-ky_1\end{bmatrix},\quad \boldsymbol{y}(0)=\begin{bmatrix}1\\0\end{bmatrix}$$

下面的 MATLAB 程序可以得到上面常微分方程的解

```
%ProbappendixF.m
tspan=[0: 0.05: 3];
y0=[1; 0];
[t,y]=ode23( 'dfunc', tspan, y0);
[t y]
plot(t, y(:,1));
xlabel( 't' );
ylabel( 'y(1) and y(2)' )
gtext( 'y(1)' );
hold on
plot(t,y(:,2));
gtext( 'y(2)' );
%dfunc.m
function f=dfunc(t,y)
f=zeros(2,1);
f(1)=y(2);
f(2)=-0.1 * y(2)-10.0 * y(1);

>>ProbappendixF
ans=
0           1.0000      0
0.0500      0.9875      -0.4967
0.1000      0.9505      -0.9785
0.1500      0.8901      -1.4335
0.2000      0.8077      -1.8505
0.2500      0.7056      -2.2191
0.3000      0.5866      -2.5308
0.3500      0.4534      -2.7775
0.4000      0.3098      -2.9540
0.4500      0.1592      -3.0561
0.5000      0.0054      -3.0818
0.5500      -0.1477     -3.0308
⋮
2.7500      -0.6380     -1.8279
2.8000      -0.7207     -1.4788
2.8500      -0.7851     -1.0949
2.9000      -0.8296     -0.6858
2.9500      -0.8533     -0.2617
3.0000      -0.8556     0.1667
```

部分习题答案

第 1 章

1.7 $k_{eq}=\dfrac{k_2k_3k_4k_5+2k_1k_3k_4k_5+k_1k_2k_4k_5+2k_1k_2k_3k_5}{k_2k_3k_4+k_2k_3k_5+2k_1k_3k_4+2k_1k_3k_5+k_1k_2k_4+k_1k_2k_5+2k_1k_2k_3}$

1.11 (a) $k=37.08\times10^7$ N/m, (b) $k=12.36\times10^7$ N/m, (c) $k=4.12\times10^7$ N/m

1.15 $k_{eq}=253.75$ lb/in

1.17 $k_{eq}=3k\cos^2\alpha$

1.21 $k_{eq}=2\gamma A$

1.24 $l_{eq}=\dfrac{4t(d+t)}{Dd}$

1.29 $k=\dfrac{p\gamma A^2}{v}$

1.32 $k=77.441$ N/m

1.36 $F(x)=(32000x-80)$N

1.39 $k_{eq}=\dfrac{1}{l}(E_sA_s+E_aA_a)$

1.43 (a) $k_{teq}=5.54811\times10^6$ N·m/rad; (b) $k_{teq}=5.59597\times10^6$ N·m/rad

1.45 (a) $k_{eq}=89.931$ lb/in; (b) $k_{eq}=3.0124$ lb/in

1.47 $k_{axial}=16681.896$ lb/in; $k_{torsion}=139.1652$ lb·in/rad

1.49 $m_{eq}=m_1\left(\dfrac{a}{b}\right)^2+m_2+J_0\left(\dfrac{1}{b^2}\right)$

1.52 $m_{eq}=m_h+\dfrac{J_b}{l_3^2}+J_c\left(\dfrac{l_2}{l_3r_c}\right)^2$

1.55 (a) $c_{eq}=c_1+c_2+c_3$; (b) $\dfrac{1}{c_{eq}}=\dfrac{1}{c_1}+\dfrac{1}{c_2}+\dfrac{1}{c_3}$;

(c) $c_{eq}=c_1+c_2\left(\dfrac{l_2}{l_1}\right)^2+c_3\left(\dfrac{l_3}{l_1}\right)^2$; (d) $c_{teq}=c_{t1}+c_{t2}\left(\dfrac{n_1}{n_2}\right)^2+c_{t3}\left(\dfrac{n_1}{n_3}\right)^2$

1.59 $c_t=\dfrac{\pi\mu D^2(l-h)}{2d}+\dfrac{\pi\mu D^3}{32h}$

1.64 $c=3225.8$ N·s/m

1.71 $c=4205.64$ N·s/m

1.76 $A=4.4721, \theta=-26.5651°$

1.78 $z=11.1803e^{0.1798i}$

1.81 $X=9.8082$ mm, $Y=9.4918$ mm, $\phi=39.2072°$

1.85 $x_2(t)=6.1966\sin(\omega t+83.7938°)$

1.87 非周期

1.90 $X=2.5$ mm, $\omega=5.9092$ rad/s, $\omega+\delta\omega=6.6572$ rad/s

1.92 $A=0.5522$ mm, $\dot{x}_{max}=52.04$ mm/s

1.104 $x_{rms}=X/\sqrt{2}$

1.108 $x(t)=\dfrac{A}{\pi}+\dfrac{A}{2}\sin\omega t-\dfrac{2A}{\pi}\sum_{n=2,4,6,\cdots}^{\infty}\dfrac{\cos n\omega t}{n^2-1}$

1.110 $x(t)=\dfrac{8A}{\pi^2}\sum_{n=1,3,5,\cdots}^{\infty}(-1)^{\frac{n-1}{2}}\dfrac{\sin n\omega t}{n^2}$

1.114 $p(t)=\dfrac{a_0}{2}+\sum_{m=1}^{\infty}(a_m\cos m\omega t+b_m\sin m\omega t)$ lb/in², 其中 $a_0=50, a_1=31.8309, a_2=0$, $a_3=-10.6103, b_1=31.8309, b_2=31.8309, b_3=10.6103$

1.117 $a_0=19.92, a_1=-20.16, a_2=3.31, a_3=3.77; b_1=23.52, b_2=12.26, b_3=-0.41$

第 2 章

2.2 (a) 0.1715 s; (b) 0.2970 s

2.4 0.0993 s

2.6 (a) $A=0.03183$ m; (b) $\dot{x}_0=0.07779$ m/s; (c) $\ddot{x}_{max}=0.31415$ m/s²; (d) $\phi_0=51.0724°$

2.8 $\omega_n=22.1472$ rad/s

2.10 $\omega_n=4.8148$ rad/s

2.13 $\omega_n=[k/(4m)]^{1/2}$

2.15 (a) $\omega_n=\sqrt{\dfrac{4k}{M}}$; (b) $\omega_n=\sqrt{\dfrac{4k}{m+M}}$

2.17 $\omega_n=\sqrt{\dfrac{g}{W}\left(\dfrac{3E_1I_1}{l_1^3}+\dfrac{48E_2I_2}{l_2^3}\right)}$

2.19 $k=52.6381$ N/m, $m=1/3$ kg

2.21 (a) $\omega_n=\sqrt{\dfrac{kg\cos^2\theta}{W\sin^2\theta}}$; (b) $\omega_n=\sqrt{\dfrac{kg}{W}}$

2.23 (a) $\omega_n=\sqrt{\dfrac{k}{2m}}$; (b) $\omega_n=\sqrt{\dfrac{8m}{b^2}\left(l^2-\dfrac{b^2}{4}\right)}$

2.26 (a) $m\ddot{x}+\left(\frac{1}{a}+\frac{1}{b}\right)Tx=0$；(b) $\omega_n=\sqrt{\frac{T(a+b)}{mab}}$

2.28 $T=1656.3147$ lbf

2.30 (a) $N=81.914$ r/min；(b) $\omega_n=37.5851$ rad/s

2.32 $\omega_n=\sqrt{\frac{2g}{L}}$

2.34 $A=0.9536\times10^{-4}\,\text{m}^2$

2.37 关于 z 轴的扭矩

2.39 $\omega_n=2578.9157$ rad/s

2.42 $\mu=\sqrt{\frac{\omega^2Wc-2kgc}{Wg+Wa\omega^2-2kga}}$

2.44 $m\ddot{x}+(k_1+k_2)x=0$

2.47 $\left(m+\frac{J_0}{r^2}\right)\ddot{x}+16kx=0$

2.49 $\omega_n=359.6872$ rad/s

2.51 $x(t)=0.1\cos 15.8114t+0.3162\sin 15.8114t$ m

2.53 $x_0=0.007864$ m；$\dot{x}_0=-0.013933$ m/s

2.55 $\dot{x}_0=4$ m/s

2.57 $d=0.1291$ in，$N=29.58$

2.64 $\omega_n=2$ rad/s，$l=2.4525$ m

2.66 $\tau_n=1.4185$ s

2.68 $\omega_n=13.4841$ rad/s

2.70 $\tau_n=0.04693$ s

2.72 $\omega_n=17.7902$ rad/s

2.74 $\omega_n=\left\{\frac{(k_1+k_2)(R+a)^2}{1.5mR^2}\right\}^{1/2}$

2.76 $\frac{1}{3}ml^2\ddot{\theta}+(k_t+k_1a^2+k_2l^2)\theta=0$

2.86 $m_{\text{eff}}=\frac{17}{35}\text{m}$

2.88 $\omega_n=\sqrt{\frac{k}{4m}}$

2.91 45.1547 rad/s

2.93 $\omega_n=\sqrt{\frac{\rho_0 g}{\rho_w h}}$

2.95 $\omega_n=\sqrt{\dfrac{16kr^2}{mr^2+J_0}}$

2.98 (a) 14265.362; (b) 3.8296

2.100 $x_{\max}=\left(x_0+\dfrac{\dot{x}_0}{\omega_n}\right)e^{-(\dot{x}_0/(\dot{x}_0+\omega_n x_0))}$

2.103 (a) $c_c=1000$ N·s/m; (b) $\omega_d=8.6603$ rad/s; (c) $\delta=3.6276$

2.105 $\theta=0.09541°$

2.107 $\zeta=0.013847$

2.109 $m=500$ kg, $k=27066.403$ N/m

2.112 $\omega_n=\sqrt{\dfrac{2k}{3m}}$

2.116 $\dfrac{3}{2}m\ddot{x}+c\dot{x}+2kx=0$

2.118 $\rho_0=2682.8816\ \text{kg/m}^3$

2.120 (a) $J_0=1.9436\times10^{-4}$ N·m·s²; (b) $\tau_n=1.8297$ s;
(c) $c_t=5.3887\times10^{-4}$ N·m·s/rad; (d) $k_t=2.2917\times10^{-3}$ N·m/rad

2.121 (a) $\zeta=0.75$, $\omega_d=6.6144$ rad/s; (b) $\zeta=1.0$, $\omega_d=0$; (c) $\zeta=1.25$

2.123 (a) 60.8368 J; (b) 124.6784 J

2.139 库仑阻尼,5 N,14.1421 rad/s

2.141 5.8 mm

2.143 (a) 5; (b) 0.7025 s; (c) 1.9620 cm

2.145 $c_{eq}=\dfrac{4\mu N}{\pi\omega X}$

2.148 1.404 97 s

2.150 1.7022 s,0.004 m

2.152 $\beta=0.030\,32$, $c_{eq}=0.042\,88$ N·s/m, $\Delta W=19.05\times10^{-6}$ N·m

2.154 $h=0.583\,327$ N/m

第3章

3.2 5 s

3.4 (a) $x(t)=0.1\cos 20t+t\sin 20t$; (b) $x(t)=(0.5+t)\sin 20t$;
(c) $x(t)=0.1\cos 20t+(0.5+t)\sin 20t$

3.6 (a) $x(t)=0.18\cos 20t-0.08\cos 30t$;
(b) $x(t)=0.08\cos 20t+0.5\sin 20t-0.08\cos 30t$;
(c) $x(t)=0.18\cos 20t+0.5\sin 20t-0.08\cos 30t$

3.8 9.1189 kg

3.16 $X=\left|\dfrac{mrl^3N^2}{22.7973Eba^3-0.2357\rho abl^4N^2}\right|$

3.18 $\omega=743.7442$ Hz

3.22 0.676 s

3.24 $\theta_p(t)=\Theta\sin\omega t,\Theta=-8.5718\times10^{-4}$ rad, $\omega=104.72$ rad/s

3.26 $x_p(t)=0.06610\cos(10t-0.1325)$ m

$x_{total}(t)=0.0345e^{-2t}\cos(19.8997t+0.0267)+0.0661\cos(10t-0.1325)$ m

3.28 $x_p(t)=0.25\cos\left(20t-\dfrac{\pi}{2}\right)$ m

$x_{total}(t)=0.2611e^{-2t}\cos(19.8997t+1.1778)+0.25\cos\left(20t-\dfrac{\pi}{2}\right)$ m

3.30 $k=6.6673\times10^4$ lb/in，$c=2.3983$ lb · s/in

3.32 $r=\sqrt{1-2\zeta^2},X_{max}=\dfrac{\delta_{st}}{2\zeta\sqrt{1-\zeta^2}}$

3.34 $\zeta=0.1180$

3.41 (a) 64.16 rad/s；(b) 967.2 N · m

3.43 (a) $\zeta=0.25$；(b) $\omega_1=22.2145$ rad/s；$\omega_2=38.4766$ rad/s

3.45 169.5294×10^{-6} m

3.47 $k=1.0070\times10^5$ N/m, $c=633.4038$ N · s/m

3.53 $0.3339\sin 25t$ mm

3.55 $X=0.106$ m, $s=246.73$ km/h

3.57 $c=(k-m\omega^2)/\omega$

3.59 $\theta(t)=0.01311\sin(10t-0.5779)$ rad

3.63 $x_p(t)=110.9960\times10^{-6}\sin(314.16t+0.07072)$ m

3.66 0.4145×10^{-3} m, 1.0400×10^{-3} m

3.68 1.4195 N · m

3.70 $\zeta=0.1364$

3.74 最大力=26.68 lbf

3.82 $\mu=0.1$

3.85 (a) 10.2027 lb/in；(b) 40.8108 lb · in

3.88 $\dfrac{1}{\dfrac{4\mu N}{\pi Xk}+\dfrac{3}{4k}c\omega^3X^2}$

3.91 (a) 1.0623 Hz；(b) 1.2646 m/s；(c) 5.557×10^{-4} m

第4章

4.2 $x(t)=\dfrac{F_0}{2k}-\dfrac{4F_0}{\pi^2 k}\sum_{n=1,3,\cdots}^{\infty}\dfrac{1}{n^2}\dfrac{1}{\sqrt{(1-r^2n^2)^2+(2\zeta nr)^2}}\cos(n\omega t-\phi_n)$,

其中 $r=\omega/\omega_n$, $\phi_n=\arctan\left(\dfrac{2\zeta nr}{1-n^2r^2}\right)$

4.6 $\theta(t)=0.0023873+\sum_{n=1}^{\infty}\left[\dfrac{318.3091\sin 5.8905n\cos n\omega t+318.3091(1-\cos 5.8905n)\sin n\omega t}{n(392700.0-1096.6278n^2)}\right]\text{rad}$

4.13 $x_p(t)=6.6389\times10^{-4}-13.7821\times10^{-4}\cos(10.472t-0.0172)$
$+15.7965\times10^{-4}\sin(10.472t-0.0172)+\cdots\text{ m}$

4.16 $x(t)=\dfrac{F_0}{k}\left[1+\dfrac{\sin\omega_n(t-t_0)-\sin\omega_n t}{\omega_n t_0}\right], t\geqslant t_0$

4.19 $x(t)=\dfrac{F_0}{2k\left(1-\dfrac{\omega^2}{\omega_n^2}\right)}\left[2-\dfrac{\omega^2}{\omega_n^2}\left(1-\cos\dfrac{\omega_n\pi}{\omega}\right)\right]+\dfrac{F_0}{k}\left[1-\cos\omega_n\left(t-\dfrac{\pi}{\omega}\right)\right], t>\pi/\omega$

4.25 $x(t)=1.7689\sin 6.2832(t-0.018)-0.8845\sin 6.2832t$
$-0.8845\sin 6.2832(t-0.036)\text{ m}, t>0.036\text{ s}$

4.29 $x_p(t)=0.002667\text{ m}$

4.32 $\theta(t)=0.3094e^{-t}+0.05717\sin 5.4127t-0.3094\cos 5.4127\,t\text{ rad}$

4.35 $x(t)=0.04048e^{-t}+0.01266\sin 3.198t-0.04048\cos 3.198t\text{ m}$

4.37 $x(t)=0.5164e^{-t}\sin 3.8729t\text{ m}$

4.50 $x_m=\dfrac{F_0}{k\omega_n t_0}[(1-\cos\omega_n t_0)^2+(\omega_n t_0-\sin\omega_n t_0)^2]^{1/2}, t>t_0$

4.53 $d=0.6\text{ in}$

4.56 $k=12771.2870\text{ lbf/in}$

4.61 $x(t)=\begin{cases}\dfrac{F_0}{m\omega_n^2}(1-\cos\omega_n t), & 0\leqslant t\leqslant t_0\\ \dfrac{F_0}{m\omega_n^2}[\cos\omega_n(t-t_0)-\cos\omega_n t], & t\geqslant t_0\end{cases}$

第5章

5.5 $\omega_1=3.6603\text{ rad/s}, \omega_2=13.6603\text{ rad/s}$

5.7 $\omega_1=\sqrt{\dfrac{k}{m}}, \omega_2=\sqrt{\dfrac{2k}{m}}$

5.9 1.1 in^2

5.10 $\omega_1=7.3892\text{ rad/s}, \omega_2=58.2701\text{ rad/s}$

5.11 $\omega_{1,2}^2=\dfrac{48}{7}\dfrac{EI}{m_1m_2}\left[(m_1+8m_2)\mp\sqrt{(m_1-8m_2)^2+25m_1m_2}\right]$

5.13 $\omega_1=0.7654\sqrt{\dfrac{g}{l}},\omega_2=1.8478\sqrt{\dfrac{g}{l}}$

5.16 $\omega_1=12.8817\ \text{rad/s},\omega_2=30.5624\ \text{rad/s}$

5.19 $x_1(t)=0.1046\sin 40.4225t+0.2719\sin 58.0175t,$

$x_2(t)=0.1429\sin 40.4225t-0.09952\sin 58.0175t$

5.21 $\omega_1=3.7495\sqrt{\dfrac{EI}{mh^3}},\omega_2=9.0524\sqrt{\dfrac{EI}{mh^3}}$

5.23 $\mathbf{X}^{(1)}=\begin{Bmatrix}1.0\\2.3029\end{Bmatrix},\mathbf{X}^{(2)}=\begin{Bmatrix}1.0\\-1.3028\end{Bmatrix}$

5.25 $x_2(0)=r_1x_1(0)=\dfrac{x_1(0)}{\sqrt{3}-1},\dot{x}_2(0)=r_1\dot{x}_1(0)=\dfrac{\dot{x}_1(0)}{\sqrt{3}-1}$

5.29 $x_1(t)=0.5\cos 2t+0.5\cos\sqrt{12}t;x_2(t)=0.5\cos 2t-0.5\cos\sqrt{12}t$

5.36 $\omega_1=0.5176\sqrt{k_t/J_0},\omega_2=1.9319\sqrt{k_t/J_0}$

5.39 $\omega_1=0.38197\sqrt{k_t/J_0},\omega_2=2.61803\sqrt{k_t/J_0}$

5.41 频率方程

$$\omega^4(m_1m_2l_1^2l_2^2)-\omega^2[m_2l_2^2(W_1l_1+kl_1^2)+m_1l_1^2(W_2l_2+kl_2^2)]$$
$$+(W_1l_1W_2l_2+W_2l_2kl_1^2+W_1l_1kl_2^2)=0$$

5.43 $\omega_{1,2}^2=\left[\dfrac{(J_0k+mk_t)\pm\sqrt{(J_0k+mk_t)^2-4(J_0-me^2)mkk_t}}{2m(J_0-me^2)}\right]$

5.46 $1000\ddot{x}+40000x+15000\theta=900\sin 8.7267t+1100\sin(8.7267t-1.5708)$

$810\ddot{\theta}+15000x+67500\theta=1650\sin(8.7267t-1.5708)-900\sin 8.7267t$

5.49 (a) $\begin{bmatrix}m&0\\0&J_0\end{bmatrix}\begin{Bmatrix}\ddot{x}\\\ddot{\theta}\end{Bmatrix}+\begin{bmatrix}3k&kl/6\\kl/6&17kl^2/36\end{bmatrix}\begin{Bmatrix}x\\\theta\end{Bmatrix}=\begin{Bmatrix}F(t)\\lF(t)/3\end{Bmatrix}$，式中 $J_0=ml^2/12$，

$F(t)=F_0\sin\omega t$；

(b) 静态耦合

5.53 (a) $\omega_1=12.2474\ \text{rad/s};\omega_2=38.7298\ \text{rad/s}$

5.56 $x_j(t)=X_je^{i\omega t}$

$X_1=(-40.0042-0.01919i)\times10^{-4}\text{in}$

$X_2=(0.9221+0.2948i)\times10^{-4}\text{in}$

5.57 $k_2=m_2\omega^2$

5.58 $x_2(t)=\left[\dfrac{k_2F_0}{(-m_1\omega^2+k_1+k_2)(-m_2\omega^2+k_2)-k_2^2}\right]\sin\omega t$

5.60 $x_1(t)=(17.2915F_0\cos\omega t+6.9444F_0\sin\omega t)10^{-4}$

$x_2(t)=(17.3165F_0\cos\omega t+6.9684F_0\sin\omega t)10^{-4}$

5.62 $x_1(t)=0.009773\sin 4\pi t$ m, $x_2(t)=0.016148\sin 4\pi t$ m

5.64 $x_2(t)=\left(\frac{1}{60}-\frac{1}{40}\cos 10t+\frac{1}{120}\cos 10\sqrt{3}t\right)u(t)$

5.66 $\omega_1=0, \omega_2=\sqrt{\frac{4k}{3m}}$

5.67 $b_1c_2-c_1b_2=0$

5.69 $\ddot{\alpha}+\left(\frac{k_t}{J_1}+\frac{k_t}{J_2}\right)\alpha=0$，其中 $\alpha=\theta_1-\theta_2$

5.71 $\omega_1=0, \omega_2=\sqrt{\frac{6k(m+M)}{mM}}$

5.77 $k\geqslant\frac{mg}{2l}$

第6章

6.1 $$\begin{bmatrix} m_1 & 0 & 0 \\ 0 & m_2 & 0 \\ 0 & 0 & m_3 \end{bmatrix}\begin{bmatrix} \ddot{x}_1 \\ \ddot{x}_2 \\ \ddot{x}_3 \end{bmatrix}+k\begin{bmatrix} 7 & -1 & -5 \\ -1 & 2 & -1 \\ -5 & -1 & 7 \end{bmatrix}\begin{bmatrix} x_1 \\ x_2 \\ x_3 \end{bmatrix}=\begin{bmatrix} F_1(t) \\ F_2(t) \\ F_3(t) \end{bmatrix}$$

6.3 $$\frac{m}{3}\begin{bmatrix} 1 & 0 & 2 \\ 2 & 0 & 1 \\ 0 & 15 & 0 \end{bmatrix}\begin{bmatrix} \ddot{x}_1 \\ \ddot{x}_2 \\ \ddot{x}_3 \end{bmatrix}+\frac{c}{25}\begin{bmatrix} 6 & -10 & 4 \\ 9 & -15 & 6 \\ -15 & 25 & -10 \end{bmatrix}\begin{bmatrix} \dot{x}_1 \\ \dot{x}_2 \\ \dot{x}_3 \end{bmatrix}$$

$$+\frac{k}{25}\begin{bmatrix} 6 & -10 & 29 \\ 34 & -15 & 6 \\ -15 & 25 & -10 \end{bmatrix}\begin{bmatrix} x_1 \\ x_2 \\ x_3 \end{bmatrix}=\begin{bmatrix} F_3(t) \\ F_1(t) \\ F_2(t) \end{bmatrix}$$

6.5 $I_1\ddot{\theta}_1+k_{t1}(\theta_1-\theta_2)=M_1\cos\omega t$

$$\left(I_2+I_3\frac{n_2^2}{n_3^2}\right)\ddot{\theta}_2+k_{t_1}(\theta_2-\theta_1)+k_{t_2}\frac{n_2}{n_3}\left(\theta_2\frac{n_2}{n_3}-\theta_3\right)=0$$

$$\left(I_4+I_5\frac{n_4^2}{n_5^2}\right)\ddot{\theta}_3+k_{t_2}\left(\theta_3-\theta_2\frac{n_2}{n_3}\right)+k_{t_3}\frac{n_4}{n_5}\left(\theta_3\frac{n_4}{n_5}-\theta_4\right)=0$$

$$I_6\ddot{\theta}_4+k_{t_3}\left(\theta_4-\theta_3\frac{n_4}{n_5}\right)=0$$

6.12 $$k\begin{bmatrix} 7 & -1 & -5 \\ -1 & 2 & -1 \\ -5 & -1 & 7 \end{bmatrix}$$

6.14 $\frac{k}{25}\begin{bmatrix} 34 & -15 & 6 \\ -15 & 25 & -10 \\ 6 & -10 & 29 \end{bmatrix}$

6.16 $\begin{bmatrix} k_{t1} & -k_{t1} & 0 & 0 \\ -k_{t1} & k_{t1}+k_{t2}\left(\frac{n_2}{n_3}\right)^2 & -k_{t2}\left(\frac{n_2}{n_3}\right) & 0 \\ 0 & -k_{t2}\left(\frac{n_2}{n_3}\right) & k_{t2}+k_{t3}\left(\frac{n_4}{n_5}\right)^2 & -k_{t3}\left(\frac{n_4}{n_5}\right) \\ 0 & 0 & -k_{t3}\left(\frac{n_4}{n_5}\right) & k_{t3} \end{bmatrix}$

6.18 $\begin{bmatrix} \frac{k_1+k_2}{k_1k_2} & \frac{1}{k_1r} \\ \frac{1}{k_1r} & \frac{1}{k_1r^2} \end{bmatrix}$

6.20 $\begin{bmatrix} \frac{2}{3k} & -\frac{1}{3kl} \\ -\frac{1}{3kl} & \frac{2}{3kl^2} \end{bmatrix}$

6.22 $\begin{bmatrix} m & 0 \\ 0 & 4ml^2 \end{bmatrix}$

6.24 $\boldsymbol{k}=\begin{bmatrix} k_1+k_2 & -k_2 & 0 \\ -k_2 & k_2+k_3 & -k_3 \\ 0 & -k_3 & k_3+k_4 \end{bmatrix}$

6.26 $\boldsymbol{a}=\frac{l^3}{EI}\begin{bmatrix} 9/64 & 1/6 & 13/192 \\ 1/6 & 1/3 & 1/6 \\ 13/192 & 1/6 & 9/64 \end{bmatrix}$

6.30 $2k$

6.32 $\begin{bmatrix} m_1 & 0 & 0 \\ 0 & m_2 & 0 \\ 0 & 0 & m_3 \end{bmatrix}$

6.34 $\frac{m}{3}\begin{bmatrix} 2 & 0 & 1 \\ 0 & 15 & 0 \\ 1 & 0 & 2 \end{bmatrix}$

6.36 $\begin{bmatrix} I_1 & 0 & 0 & 0 \\ 0 & I_2+I_3\left(\frac{n_2}{n_3}\right)^2 & 0 & 0 \\ 0 & 0 & I_4+I_5\left(\frac{n_4}{n_5}\right)^2 & 0 \\ 0 & 0 & 0 & I_6 \end{bmatrix}$

6.39 $2m\ddot{x}+kx=0, l\ddot{\theta}+g\theta=0$

6.41 $m_1\ddot{x}_1+(k_1+k_2)x_1-k_2x_2=0$

$m_2\ddot{x}_2-k_2x_1+(k_2+k_3)x_2-k_3x_3=0$

$m_3\ddot{x}_3-k_3x_2+(k_3+k_4)x_3=0$

6.44 $m_1\ddot{x}_1+7kx_1-kx_2-5kx_3=F_1(t)$

$m_2\ddot{x}_2-kx_1+2kx_2-kx_3=F_2(t)$

$m_3\ddot{x}_3-5kx_1-kx_2+7kx_3=F_3(t)$

6.47 $\left(M+\frac{J_0}{9r^2}\right)\ddot{x}_1-\frac{J_0}{9r^2}\ddot{x}_2+\frac{41}{9}kx_1-\frac{8}{9}kx_2-\frac{8}{3}kx_3=F_1(t)$

$-\frac{J_0}{9r^2}\ddot{x}_1+\left(3m+\frac{J_0}{9r^2}\right)\ddot{x}_2-\frac{8}{9}kx_1+\frac{2}{9}kx_2+\frac{2}{3}kx_3=F_2(t)$

$m\ddot{x}_3-\frac{8}{3}kx_1+\frac{2}{3}kx_2+5kx_3=F_3(t)$

6.49 $\omega_1=0.44504\sqrt{k/m}, \omega_2=1.2471\sqrt{k/m}, \omega_3=1.8025\sqrt{k/m}$

6.52 $\omega_1=0.533399\sqrt{k/m}, \omega_2=1.122733\sqrt{k/m}, \omega_3=1.669817\sqrt{k/m}$

6.55 $\lambda_1=2.21398, \lambda_2=4.16929, \lambda_3=10.6168$

6.58 $\omega_1=0.644798\sqrt{g/l}, \omega_2=1.514698\sqrt{g/l}, \omega_3=2.507977\sqrt{g/l}$

6.61 $\omega_1=0.562587\sqrt{\frac{P}{ml}}, \omega_2=0.915797\sqrt{\frac{P}{ml}}, \omega_3=1.584767\sqrt{\frac{P}{ml}}$

6.64 $\boldsymbol{X}=\frac{1}{2}\begin{bmatrix} 1 & 1 & 0 \\ -1 & 1 & \sqrt{2/3} \\ 1 & 1 & \sqrt{8/3} \end{bmatrix}$

6.67 $\omega_1=0.7653\sqrt{\frac{k}{m}}, \omega_2=1.8478\sqrt{\frac{k}{m}}, \omega_3=3.4641\sqrt{\frac{k}{m}}$

6.75 $\omega_1=0, \omega_2=0.752158\sqrt{k/m}, \omega_3=1.329508\sqrt{k/m}$

6.77 $x_3(t)=x_{10}\left(0.5\cos 0.4821\sqrt{\frac{k}{m}}t-0.3838\cos\sqrt{\frac{k}{m}}t+0.8838\cos 1.1976\sqrt{\frac{k}{m}}t\right)$

6.79 $x_3(t)=x_{20}\left(0.1987\cos 0.5626\sqrt{\frac{P}{lm}}t-0.06157\cos 0.9158\sqrt{\frac{P}{lm}}t\right.$

$\left.-0.1372\cos 1.5848\sqrt{\frac{P}{lm}}t\right)$

6.82 $x_1(t)=\dot{x}_0\left(\frac{t}{3}+\sqrt{\frac{m}{4k}}\sin\sqrt{\frac{k}{m}}t+\sqrt{\frac{m}{108k}}\sin\sqrt{\frac{3k}{m}}t\right)$

6.84 $x_1(t)=\frac{1}{2}\left(\cos 2t+\frac{1}{2}\sin 2t+\cos\sqrt{12}\,t-\frac{1}{\sqrt{12}}\sin\sqrt{12}\,t\right)$

$x_2(t)=\frac{1}{2}\left(\cos 2t+\frac{1}{2}\sin 2t-\cos\sqrt{12}\,t+\frac{1}{\sqrt{12}}\sin\sqrt{12}\,t\right)$

6.90 (a) $\omega_1=0.44497\sqrt{k_t/J_0}$，$\omega_2=1.24700\sqrt{k_t/J_0}$，$\omega_3=1.80194\sqrt{k_t/J_0}$；

(b) $\boldsymbol{\theta}(t)=\begin{bmatrix}-0.0000025\\0.0005190\\-0.0505115\end{bmatrix}\cos 100t$ rad

6.92 $\boldsymbol{x}(t)=\begin{bmatrix}5.93225\\10.28431\\12.58863\end{bmatrix}\frac{F_0}{k}\cos\omega t$

6.95 $\boldsymbol{x}(t)=\begin{bmatrix}0.03944(1-\cos 18.3013t)+0.01057(1-\cos 68.3015t)\\0.05387(1-\cos 18.3013t)-0.00387(1-\cos 68.3015t)\end{bmatrix}$

6.99 $x_3(t)=0.0256357\cos(\omega t+0.5874°)$ m

第7章

7.1 (a) $\omega_1\approx 2.6917\sqrt{\frac{EI}{ml^3}}$；(b) $\omega_1\approx 2.7994\sqrt{\frac{EI}{ml^3}}$

7.3 $3.5987\sqrt{\frac{EI}{ml^3}}$

7.5 $0.3015\sqrt{k/m}$

7.10 $0.4082\sqrt{k/m}$

7.12 $1.0954\sqrt{\frac{T}{lm}}$

7.19 $\omega_1=0$，$\omega_2\approx 6.2220$ rad/s，$\omega_3\approx 25.7156$ rad/s

7.22 $\omega_1=\sqrt{k/m}$

7.27 $\omega_1=0.3104$，$\omega_2=0.4472$，$\omega_3=0.6869$，式中 $\omega_i=1/\sqrt{\lambda_i}$

7.30 $\tilde{\omega}_1=0.765366$，$\tilde{\omega}_2=1.414213$，$\tilde{\omega}_3=1.847759$ 而 $\omega_i=\tilde{\omega}_i\sqrt{\frac{GJ}{lJ_0}}$

7.37 $\omega_1=0.2583, \omega_2=3.0, \omega_3=7.7417$

7.41 $$U^{-1}=\begin{bmatrix} 0.44721359 & 0.083045475 & -0.12379687 \\ 0 & 0.41522738 & 1.1760702 \\ 0 & 0 & 1.7950547 \end{bmatrix}$$

第8章

8.1 28.2843 m/s

8.3 $\omega_3 = 9000$ Hz,二者均增加 9.54%

8.6 (a) 0.1248×10^6N;(b) 3.12×10^6N

8.8 $w(x,t)=\dfrac{8al}{\pi^3 c}\sum\limits_{n=1,3,5,\cdots}(-1)^{\frac{n-1}{2}}\dfrac{1}{n^3}\sin\dfrac{n\pi x}{l}\sin\dfrac{n\pi ct}{l}$

8.11 $w\left(x,\dfrac{l}{c}\right)=-\dfrac{\sqrt{39}h}{2\pi^2}\sin\dfrac{\pi x}{l}+\dfrac{\sqrt{39}h}{8\pi^2}\sin\dfrac{2\pi x}{l}-\dfrac{\sqrt{39}h}{32\pi^2}\sin\dfrac{4\pi x}{l}+\dfrac{\sqrt{39}h}{50\pi^2}\sin\dfrac{5\pi x}{l}$

8.17 $\tan\dfrac{\omega l}{c}=\dfrac{AE\omega c(k-M\omega^2)}{A^2E^2\omega^2-M\omega^2kc^2}$

8.20 $\tan\dfrac{\omega l_1}{c_1}\tan\dfrac{\omega l_2}{c_2}=\dfrac{A_1E_1c_2}{A_2E_2c_1}$

8.23 $\omega_n=\dfrac{n\pi}{l}\sqrt{\dfrac{G}{\rho}}; n=1,2,3,\cdots$

8.25 $\omega_n=\dfrac{(2n+1)\pi}{2}\sqrt{\dfrac{G}{\rho l^2}}; n=0,1,2,\cdots$

8.28 5030.59 rad/s

8.31 $\cos\beta l\cosh\beta l=-1$

8.34 $\tan\beta l-\tanh\beta l=0$

8.36 20.2328 N·m

8.39 $\cos\beta l\cosh\beta l=1$ 和 $\tan\beta l-\tanh\beta l=0$

8.41 $\omega\approx\sqrt{120}\left(\dfrac{EI_0}{\rho A_0 l^4}\right)^{1/2}$

8.46 $w(x,t)=\dfrac{F_0}{2\rho Ac^2}\left(\cos\beta x+\cosh\beta x+\tan\dfrac{\beta l}{2}\sin\beta x-\tanh\dfrac{\beta l}{2}\sinh\beta x-2\right)\sin\omega t$

8.49 $w(x,t)=\sum\limits_{n=1}^{\infty}W_n(x)q_n(t)$,其中 $q_n(t)=\dfrac{M_0}{\rho Al\omega_n^2}\left.\dfrac{dW_n}{dx}\right|_{x=l}(1-\cos\omega_n t)$

8.60 $w(x,y,t)=\dfrac{\dot{w}_0}{\omega_{12}}\sin\dfrac{\pi x}{a}\sin\dfrac{2\pi y}{b}\sin\omega_{12}t$

8.62 $\omega_{mn}^2=\dfrac{\gamma_n P}{\rho}, J_m(\gamma_n R)=0; m=0,1,2,\cdots; n=1,2,\cdots$

8.63 $22.4499\sqrt{\frac{EI}{\rho A l^4}}$

8.65 $\omega = 15.4510\sqrt{\frac{EI}{\rho A l^4}}$

8.67 $7.7460\sqrt{\frac{EI_0}{\rho A_0 l^4}}$

8.70 $2.4146\sqrt{\frac{EA_0}{m_0 l^2}}$

8.72 $\omega \approx 13867.3328$ rad/s

8.74 (a) $1.73205\sqrt{\frac{E}{\rho l^2}}$；(b) $1.57669\sqrt{\frac{E}{\rho l^2}}, 5.67280\sqrt{\frac{E}{\rho l^2}}$

8.77 $\omega_1 = 3.142\sqrt{\frac{P}{\rho l^2}}, \omega_2 = 10.12\sqrt{\frac{P}{\rho l^2}}$

第9章

9.1 约 46.78 km/h

9.3 $m_c r_c = 3354.6361$ g·mm, $\theta_c = -25.5525°$

9.5 $m_4 = 0.99$ oz, $\theta_4 = -35°$

9.8 1.6762 oz, $\alpha = 75.6261°$，顺时针

9.11 在 B 面上半径为 4 in、沿逆时针 10.8377°处去除 0.1336 lb，在 C 面上半径为 4 in、沿逆时针 1.3957°处去除 0.2063 lb

9.14 (a) $\boldsymbol{R}_A = -28.4021\boldsymbol{j} - 3.5436\boldsymbol{k}, \boldsymbol{R}_B = 13.7552\boldsymbol{j} + 4.7749\boldsymbol{k}$；
(b) $m_L = 10.44$ g, $\theta_L = 7.1141°$

9.17 (a) 0.005124 m；(b) 0.06074 m；(c) 0.008457 m

9.20 (a) 0.5497×10^8 N/m²；(b) 6.4698×10^8 N/m²；(c) 0.9012×10^8 N/m²

9.22 $F_{xp} = 0, F_{xs} = 3269.4495$ lb, $M_{zp} = M_{zs} = 0$

9.25 该发动机的力和力矩完全平衡

9.27 0.2385 mm

9.30 (a) $\omega < 95.4927$ r/min；(b) $\omega > 276.7803$ r/min

9.32 $k = 152\,243.1865$ N/m

9.35 79.7808 rad/s—1419.8481 rad/s

9.37 $\delta_{st} = 0.027\,33$ m

9.40 $k = 1332.6646$ lb/ft

9.43 (a) $X = 11.4188\times10^{-3}$ m；(b) $F_T = 44.8069$ N

9.45 98.996%

9.47 (a) 2775.66 lb; (b) 40 145.81 lb

9.49 49 752.86 N/m

9.64 $\mu=0.3403$; $m_2=102.09$ kg, $k_2=2.519$ MN/m; $X_2=-0.1959$ mm

9.66 (a) 487.379 lb; (b) $\Omega_1=469.65$ r/min, $\Omega_2=766.47$ r/min

9.68 $D/d=4/3$, $d=0.5732$ in, $D=0.7643$ in

9.71 $0.9764\leqslant\frac{\omega}{\omega_2}\leqslant1.051\,25$

9.73 $m_2=10$ kg, $k_2=0.199\,86$ MN/m

9.75 165.6315 lb/in

第10章

10.2 18.3777 Hz

10.4 3.6935 Hz

10.6 0.53%

10.9 35.2635 Hz

10.12 73.16%

10.14 $k=33\,623.85$ N/m, $c=50.55$ N·s/m

10.16 $m=19.41$ g, $k=7622.8$ N/m

10.19 111.20～2780.02 rad/s

10.21 $r\approx1$

10.23 $\zeta=0.1111$

10.26 保持架(51.93 Hz),内圈(1078.97 Hz),外圈(830.88 Hz),钢球(193.31 Hz)

10.29 1.8

10.30 2.9630

10.32 $\zeta=0.2$

第11章

11.2 $\left.\frac{\mathrm{d}^4x}{\mathrm{d}t^4}\right|_i=\frac{x_i-4x_{i-1}+6x_{i-2}-4x_{i-3}+x_{i-4}}{(\Delta t)^4}$

11.4 对于 $\Delta t=1$, $x(t=5)=-1$; 对于 $\Delta t=0.5$, $x(t=5)=-0.9733$

11.6 $x_{10}=-0.0843078$, $x_{15}=0.00849639$

11.9 $x(t=0.1)=0.131173$, $x(t=0.4)=-0.0215287$, $x(t=0.8)=-0.0676142$

11.14 当 $\Delta t=0.07854$, $x_1=x$, $x_2=\dot{x}$,

$x_1(t=0.2356)=0.100111$, $x_2(t=0.2356)=0.401132$;

$x_1(t=1.5708)=1.040726$, $x_2(t=1.5708)=-0.378066$

11.20

t	x_1	x_2
0.25	0.07813	1.1860
1.25	2.3360	−0.2832
3.25	−0.6363	2.3370

11.23 $\omega_1=3.06147\sqrt{\frac{E}{\rho l^2}}$，$\omega_2=5.65685\sqrt{\frac{E}{\rho l^2}}$，$\omega_3=7.39103\sqrt{\frac{E}{\rho l^2}}$

11.26 对 $\Delta t=0.24216267$，$\omega_1=17.9274\sqrt{\frac{EI}{\rho A l^4}}$，$\omega_2=39.1918\sqrt{\frac{EI}{\rho A l^4}}$，$\omega_3=57.1193\sqrt{\frac{EI}{\rho A l^4}}$

11.38

t	x_1	x_2
0.2422	0.01776	0.1335
2.4216	0.7330	1.8020
4.1168	0.1059	0.8573

第12章

12.2 $\boldsymbol{k}=\frac{EA_0}{l}\times 0.6321\begin{bmatrix}1 & -1\\ -1 & 1\end{bmatrix}$

12.3 $3.3392\times 10^7\ \text{N/m}^2$

12.15 0.05165 in

12.18 挠度$=0.002197\frac{Pl^3}{EI}$，转角$=0.008789\frac{Pl^3}{EI}$

12.19 $\delta^{(1)}=-2.5056\ \text{lbf/in}^2$，$\delta^{(2)}=2.69396\ \text{lbf/in}^2$

12.21 最大弯曲应力：$-39218\ \text{lbf/in}^2$（杆和曲柄连接处），最大轴向应力：$-6411\ \text{lbf/in}^2$（连接杆），$-5649\ \text{lbf/in}^2$（曲柄）

12.26 $\omega_1=0.8587\sqrt{\frac{EI}{\rho A l^4}}$，$\omega_2=4.0965\sqrt{\frac{EI}{\rho A l^4}}$，$\omega_3=34.9210\sqrt{\frac{EI}{\rho A l^4}}$

12.29 $\omega_1=15.1357\sqrt{\frac{EI}{\rho A l^4}}$，$\omega_2=28.9828\sqrt{\frac{EI}{\rho A l^4}}$

12.32 $\omega_1=20.4939\sqrt{\frac{EI}{\rho A l^4}}$

12.40 $\omega_1=6445\ \text{rad/s}$，$\omega_2=12451\ \text{rad/s}$

第 13 章

13.4 (a) $\sqrt{\frac{m}{k_1}}\dot{x}_0$；(b) $\tau_n=\pi\left(\sqrt{\frac{m}{k_1}}+\sqrt{\frac{m}{k_2}}\right)$

13.8 $\sqrt{\frac{k}{m}},\sqrt{\frac{g}{l}}$

13.10 $m\ddot{x}+k_1x+k_2x^3/(2h^2)=F(t)$

13.12 $\tau=4\sqrt{\frac{l}{g}}\int_0^{\pi/2}\frac{\mathrm{d}\phi}{\sqrt{1-k^2\sin^2\phi}}$，式中 $k=\sin(\theta_0/2)$

13.14 $\frac{4}{\omega_0\left(1-\frac{\theta_0^2}{12}\right)}F\left(a,\frac{\pi}{2}\right)$，其中 $F(a,\beta)$ 是第一类不完全椭圆积分

13.16 $x(t)=A_0\cos\omega t-\frac{A_0^3\alpha}{32\omega^2}(\cos\omega t-\cos 3\omega t)-\frac{A_0^5\alpha^2}{1024\omega^4}(\cos\omega t-\cos 5\omega t)$；

$\omega^2=\omega_0^2+\frac{3}{4}A_0^2\alpha-\frac{3}{128}\frac{A_0^4}{\omega^2}\alpha^2$

13.21 (a) $x(t)=\mathrm{e}^{-0.2t}(-\cos 0.87178t+1.7708\sin 0.87178t)$

13.24 $x(t)=5[1-1.0013\mathrm{e}^{-0.05t}\{\cos(0.9987t-2.8681°)\}]$

13.28 对 $0<c<2$：稳定焦点；对 $c\geqslant 2$：稳定节点

13.30 平衡点是中心

13.33 (a) $\lambda_1=\lambda_2=2$；(b) $\lambda_1=-1,\lambda_2=3$

13.35 $x(t)=c_1\begin{Bmatrix}1\\-1\end{Bmatrix}\mathrm{e}^{2t}+c_2\begin{Bmatrix}1\\-1\end{Bmatrix}t\mathrm{e}^{2t}+c_2\begin{Bmatrix}0\\-1\end{Bmatrix}\mathrm{e}^{2t}$

13.37 $x(t)=2\cos\omega t+\frac{\alpha}{4\omega}\sin 3\omega t+\frac{3\alpha^2}{32\omega^2}\cos 3\omega t+\frac{5\alpha^2}{96\omega^2}\cos 5\omega t$；$\omega^2=1+\frac{\alpha^2}{8}$

第 14 章

14.1 0.04

14.2 (a) $1-\mathrm{e}^{-\lambda t}$；(b) $\frac{1}{\lambda}$；(c) $\frac{1}{\lambda}$

14.3 1.0,1.3333,0.5773

14.9 25

14.10 $\sigma=0.3106$ m

14.11 0.3316×10^{-8}

14.14 $X(\omega)=\left(\frac{Aa}{a^2+\omega^2}\right)-\mathrm{i}\left(\frac{A\omega}{a^2+\omega^2}\right)$

14.19 (b) 3400.0

14.21 $\dfrac{2S_0}{\tau}(\sin\omega_2\tau-\sin\omega_1\tau)$

14.28 $E[z^2]=\dfrac{\pi S_0\omega^4}{2\zeta\omega_n^3}$

14.30 $m_{\mathrm{eq}}=\left[\dfrac{\pi S_0}{2\delta\omega_1^2(\omega_1^2-\omega_2^2)^{1/2}}\right]^{1/2}, k_{\mathrm{eq}}=\left[\dfrac{\pi S_0\omega_1^2}{2\delta(\omega_1^2-\omega_2^2)^{1/2}}\right]^{1/2}, C_{\mathrm{eq}}=\left[\dfrac{2\pi S_0(\omega_1^2-\omega_2^2)^{1/2}}{\delta\omega_1^2}\right]^{1/2}$

14.32 $\overline{z_1^2(t)}=42.4744\times10^{-6}\,\mathrm{m}^2$，$\overline{z_2^2(t)}=133.9971\times10^{-6}\,\mathrm{m}^2$，
$\overline{z_3^2(t)}=208.3902\times10^{-6}\,\mathrm{m}^2$